THE SERIES OF TEACHING MATERIALS FOR THE 14TH FIVE-YEAR PLAN OF "DOUBLE-FIRST CLASS" UN JECT

“双一流”高校建设“十四五”规

SHUPEISHUI GONGCHENG

输配水工程

主　编　刘洪波
副主编　彭　森　布　多

图书在版编目(CIP)数据

输配水工程 / 刘洪波主编 ; 彭森, 布多副主编. --
天津 : 天津大学出版社, 2022.7
“双一流”高校建设“十四五”规划系列教材
ISBN 978-7-5618-7132-4

Ⅰ. ①输… Ⅱ. ①刘… ②彭… ③布… Ⅲ. ①给水工程－高等学校－教材 Ⅳ. ①TU991

中国版本图书馆CIP数据核字(2022)第020840号

SHUPEISHUI GONGCHENG

出版发行	天津大学出版社
地　　址	天津市卫津路92号天津大学内(邮编:300072)
电　　话	发行部:022-27403647
网　　址	www.tjupress.com.cn
印　　刷	廊坊市海涛印刷有限公司
经　　销	全国各地新华书店
开　　本	185 mm×260 mm
印　　张	40
字　　数	948千
版　　次	2022年7月第1版
印　　次	2024年6月第2次
定　　价	118.00元

序

党的十八大向中国人民发出了向实现“两个一百年”奋斗目标进军的时代号召,党的十九大报告清晰擘画出全面建成社会主义现代化强国的时间表、路线图。我们要建设的现代化是人与自然和谐共生的现代化,追求既要满足人民日益增长的美好生活要求,又要满足优美生态环境的构建需求的发展模式。城市输配水工程作为人类生活和发展必需的市政工程设施,在城市现代化进程中扮演着越来越重要的角色,其稳定性和可靠性是关系到国民经济和生命安全的重要因素。

未来几十年新一轮科技革命和产业变革将同我国加快转变经济发展模式发生历史性交汇,工程在社会中的作用发生了深刻变化,工程科技进步和创新成为推动人类社会发展的重要引擎,这给工程教育创新变革带来了重大机遇,同时,也颠覆了传统产业和劳动力市场,产生了全新的工程技术人才需求。城市输配水工程的发展也正面临着一场技术革命,即由传统的以专业知识为核心的工程技术和管理转向多学科交叉的新型高效输配水工程技术和信息化、智能化技术与专业知识深度融合的现代化管理服务技术。传统的输配水工程教育模式、课程体系、课程内容和教学方法已经不能满足新经济和新时代产业发展的人才培养需求,需要针对科学技术革命和社会发展需求,遵循工程教育和工程创新人才的发展规律,面向未来、面向世界进行深刻变革和全面创新。

针对建设生态文明、建设美丽中国战略和服务“一带一路”倡议的人才需求,为适应以新技术、新产品、新业态和新模式为特点的新经济,天津大学环境科学与工程学院以刘洪波老师为核心的教学团队围绕学生品格、思维、知识、能力的全面发展,坚持立德树人的根本目标,按照面向需求、面向未来、面向学生的理念,组织力量编写了这本《输配水工程》。众所周知,输配水工程是保障城市运行的重要基础设施,是“城市生命线工程”的重要组成部分。我国目前处于城市化快速发展的进程中,新技术的涌现使得我们对输配水工程技术的原理和方法有了更新的认知，人民生活和社会发展也对我国的输配水工程技术提出了新的需求，我国城市给水、排水管道系统的规划、建设、管理水平亟待提高。随着城市规模不断扩大，输配水系统的规模与运行负荷也不断增大，近年来一些城市频繁发生暴雨内涝、管网泄漏甚至爆管事故，给城市的平稳运行与人民群众的生命、财产安全造成了负面影响。因此，本书力图为相关技术人员提供更多、更新的知识和技术。

该书围绕我国给排水科学与工程专业和环境工程专业学生的人才培养需求，系统地论述了城市输配水工程领域的新理念与新技术，全面更新了输配水工程设计的标准与规范，并结合学科发展趋势与研究热点，增加了海绵城市建设、信息化技术、智慧水务、给排水管道数学模型等输配水工程领域的新应用。同时，该书采用了融媒体的形式，读者可通过扫描二维码获得相关教学课件、设计标准、例题解析及国内外最新进展等内容，体现了多学科、多技术、多需求相结合的新工科人才培养理念。

我非常荣幸应刘洪波老师的邀请为此书作序，衷心祝贺《输配水工程》一书顺利出版！我相信，本书的出版对进一步提高天津大学国家级环境工程一流本科专业的建设水平，扩大天津大学环境工程专业的影响力，必将产生深远的影响。

张兴伟

2022年6月

前　言

工程科技改变世界，工程教育领跑创新。近代以来，工程科技把科学发现与产业发展直接联系在一起，成为经济社会发展的主要驱动力，当前新一轮世界科技革命和产业变革的孕育、兴起对人类社会产生了难以估量的作用和影响。美国麻省理工学院发布的报告《全球一流工程教育发展现状》(*The global state of the art in engineering education*)指出，工程教育进入了快速发展和根本性变革的时期，最好的工程教育不限于世界一流研究型大学和小而精的学校，新的竞争者将为优秀的工程教育建立新的标准。世界正在改变，工程教育迎来了从量变到质变的新阶段。

面对全球性淡水资源短缺、水污染加剧和我国水环境、水生态恶化的严峻局面，水问题已成为政府和媒体关注、民众关心的焦点。作为与水密切相关的专业，给排水工程主要涉及城市水的输送、净化和水资源的保护、利用，以实现水的良性社会循环。本书主要围绕给排水科学与工程专业和环境工程专业学生的人才培养需求编写，目的是使学生重点掌握城市给水管网、城市排水管道和泵站工程的理论知识、设计原理和方法，为学生走上工作岗位打下坚实的专业理论基础。

同时，随着我国城市化水平不断提高、城市规模不断扩大，给排水基础设施的建设亟须理念与技术的突破。本书在保证基本理论的系统性和完整性的同时，特别注重对城市给排水系统在模型理论、系统构建、运行管理等方面与信息化、大数据等新技术不断融合和创新的阐述，以更好地满足相关专业的人才培养需要，同时为相关工程领域的从业人员提供有益的参考。

本书以培养学生的知识能力、设计能力和解决实际工程问题能力为重点，力求满足给排水科学与工程专业和环境工程专业在新工科建设与工程领域人才培养方面的需求。全书包含四部分内容，第一篇介绍水泵与水泵站，第二、三篇阐述给水管网与排水管道的设计与计算，第四篇介绍当前在给水、排水工程领域广泛应用的新理念、新技术。

本书由天津大学、西藏大学、西北大学、天津城建大学、天津仁爱学院共同编写，由天津大学的刘洪波任主编并主持统稿工作。第 1 篇由彭森（天津大学）、吕学斌（西藏大学）编写，第 2 篇由李楠（西北大学）、布多（西藏大学）编写，第 3 篇由刘洪波（天津大学）、耿雪（天津仁爱学院）编写，第 4 篇由张新波（天津城建大学）、刘洪波、李楠、耿雪、彭森编写。

本书的完成离不开行业专家和企业的大力支持，是他们的热情指导和对我国高校人才培养的博大情怀使我们最终完成了本书的撰写。在这里特别感谢汪悦平（中交第一航务工程勘察设计院有限公司）、高金良（哈尔滨工业大学）、黎荣（天津城建设计院有限公司）在本书写作过程中的无私指导和细致审校。在本书编写过程中，亦参考了国内外很多专家、学者的相关专著与论述，已在参考文献中列出，在此一并致谢。本书的编写与出版得到了天津大学出版社的大力帮助与支持，在此表示由衷的感谢！

由于编者水平有限，书中难免存在错误与疏漏，恳请读者批评指正。

编者

2021 年 12 月

目　　录

第 1 篇　水泵与水泵站

第 2 篇　给水管网

第 3 篇 排水管道系统

第4篇　输配水工程新概念、新技术

第 1 篇　水泵与水泵站

第 1 章　绪　论

1.1　水泵与水泵站的作用和地位

给排水工程是城市不可缺少的公共设施，是城市生活的“动脉”和“静脉”，是城市赖以生存的基础设施。

在给排水系统中，水的输送、运动和加压一般是靠水泵完成的，因而水泵站是给排水工程不可缺少的重要组成部分，是给排水系统运转的水力枢纽，只有水泵正常工作才能保证整个给排水系统正常运行。

图 1.1 是城市给水系统和排水系统示意图。城市的给水系统要从天然水体中取水并将水输送到各用水单元，就要靠给水系统的取水泵站、送水泵站和加压泵站协同工作，给水增加能量。虽然城市排水系统中的水多数是靠重力流动的，但是部分区域仍然需要靠污水泵站（如中途提升泵站、污水总提升泵站）和雨水泵站才能把城市污水和雨水送达目的地（污水处理厂和天然水体）。

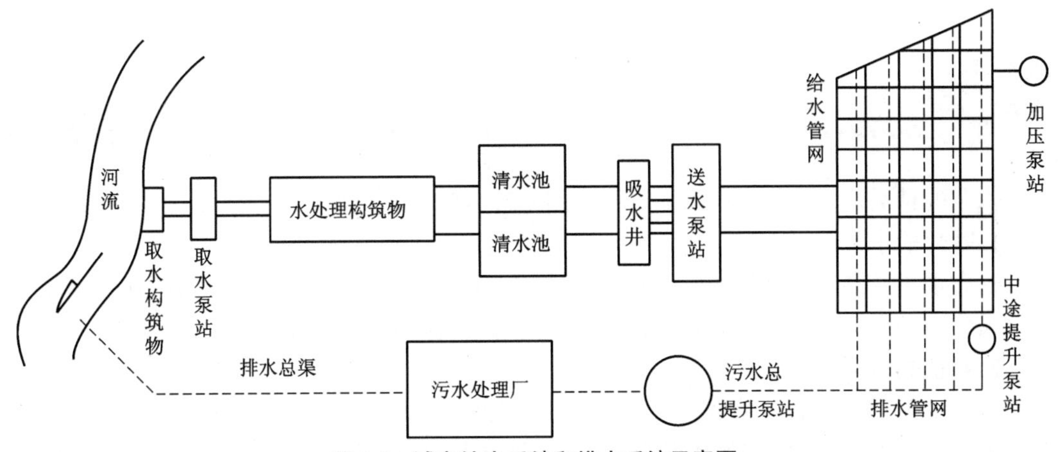

图 1.1　城市给水系统和排水系统示意图

此外，水泵与水泵站在我国许多大型的引水工程中发挥着巨大作用。例如，建于 20 世纪 80 年代的引滦入津工程，从潘家口水库取水输送至天津市区，全长 234 km，每年供水量达 10 亿 m^3，沿途修建了 4 座大型加压泵站，分别采用叶片可调的大型轴流泵组和高压离心泵组对水进行抽升，解决了天津市的用水问题。2014 年建成通水的南水北调中线工程，从长江最大的支流汉江中上游的丹江口水库引水输送到北京，总干渠全长 1 432 km，工程中建设的惠南庄泵站（位于北京市房山区大石窝镇惠南庄）设计装机流量为 60 m^3/s，泵站共设置 8 台卧式单级双吸离心泵（6 台工作，2 台备用），单机设计流量为 10 m^3/s，设计扬程为 58.2 m。

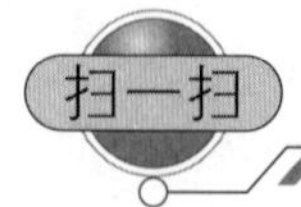

【二维码 1-1】

除此之外,在农田灌溉、防洪排涝等方面,水泵与水泵站也经常作为独立的构筑物而服务于各项事业,发挥着作用。

1.2 水泵的定义和分类

水泵是一种把原动机(如电动机)的机械能传给液体,使液体能量增加的机械。

泵最初是作为提水器具出现的。例如埃及的链泵(公元前 17 世纪)、中国的桔槔(公元前 17 世纪)等。公元前 200 年左右,古希腊工匠克特西比乌斯发明的灭火泵是最原始的活塞泵,其已具有典型活塞泵的主要元件。而利用离心力输水的想法最早出现在达·芬奇所作的草图中。1689 年,法国物理学家帕潘发明了四叶片叶轮的蜗壳离心泵。1754 年,瑞士数学家欧拉提出了叶轮式水力机械的基本方程式,奠定了离心泵设计的理论基础。到了 19 世纪末,高速电动机的发明使离心泵获得理想的动力源之后,它的优越性才得以充分发挥。在英国的雷诺和德国的普夫莱德雷尔等许多学者的理论研究和实践的基础上,离心泵的效率大大提高,成为现代应用最广、产量最大的泵。

【二维码 1-2】

水泵的种类繁多,用途各异,通常按作用原理分为如下几类。

1. 叶片式水泵

这类水泵是靠装有叶片的叶轮高速旋转扬升液体的。根据叶轮出水的方向可以将叶片式水泵分为径向流、轴向流和斜向流三种,即离心泵、轴流泵和混流泵等。

2. 容积式水泵

这类水泵对液体的压送是靠泵体工作室容积的周期性变化完成的。一般使工作室容积改变的方式有往复运动和旋转运动两种。通过往复运动改变工作室容积的有活塞式往复泵、柱塞式往复泵等;通过旋转运动改变工作室容积的有转子泵等。

3. 其他类型的水泵

这类水泵指除叶片式水泵和容积式水泵以外的特殊水泵,主要有螺旋泵、射流泵(又称水射器)、水锤泵、水轮泵和气升泵(又称空气扬水机)等。其中除螺旋泵利用螺旋推进原理增加液体的位能以外,其他水泵都利用高速液流或气流的动能输送液体。在给排水工程中,结合具体条件应用特殊水泵输送水或药剂(混凝剂、消毒药剂等),常常能收到良好的效果。

上述各种类型的水泵适用范围是不相同的。图 1.2 所示为常用的几种水泵的总型谱图。由图可见,目前定型生产的各种叶片式水泵的适用范围相当广泛。离心泵、轴流泵、混流泵和往复泵等适用于不同的工况:往复泵更适用于高扬程、小流量工况;轴流泵和混流泵更适用于低扬程、大流量工况；离心泵介于两者之间，工作区间最大，品种、系列和规格最多。

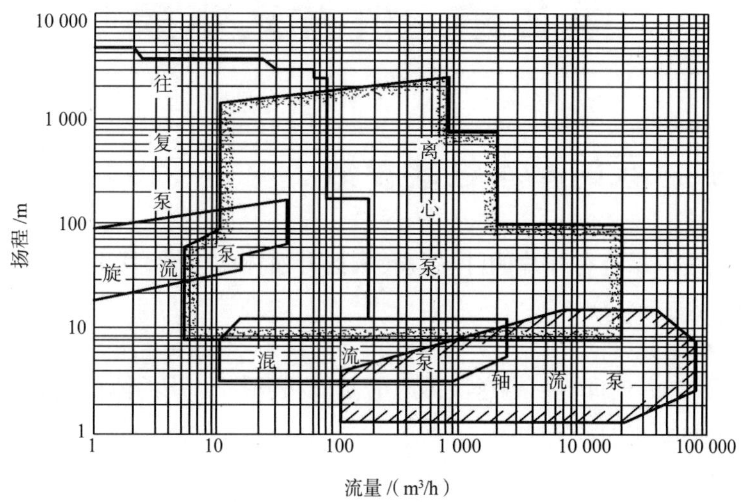

图 1.2　常用的几种水泵的总型谱图

对城市给水工程来说，一般水泵的扬程在 20~100 m，单泵流量在 50~10 000 m³/h。要满足这样的工作区间，由总型谱图可以看出，选用离心泵是十分合适的。即使某些大型水厂，也可以在泵站中采取多台离心泵并联工作的方式来满足供水量的要求。从排水工程来看，城市污水、雨水泵站的特点是低扬程、大流量，扬程一般在 2~12 m，流量可以超过 10 000 m³/h。对这样的工作范围，采用轴流泵比较合适。

综上所述，可以认为在城镇及工业企业的给排水工程中，普遍大量使用叶片式水泵。

思考题

1. 叙述水泵在给排水工程中的作用和地位。
2. 水泵的定义是什么？水泵是如何分类的？

第 2 章　叶片式水泵

2.1　叶片式水泵的基本性能参数

叶片式水泵是依靠装有叶片的叶轮旋转来扬升液体的机械,其工作性能可用下列 6 个基本性能参数来表示。

1. 流量(抽水量)

流量是水泵在单位时间内所输送液体的量,用 Q 表示。常用的体积流量单位有 m^3/s、m^3/h、L/s;常用的质量流量单位为 t/h。

2. 扬程(总扬程)

扬程是单位重量的液体通过水泵所获得的能量,也就是水泵传给单位重量的液体的能量,用 H 表示。工程中采用国际压力单位帕斯卡(简称帕, Pa),千帕(kPa)、兆帕(MPa)是帕斯卡的倍数单位;在工程中也可用所抽送液体的液柱高度(m)表示($1\ mH_2O=9\ 806.65$ Pa)。要注意扬程指的是液体通过水泵后增加的比能(单位重量的液体增加的能量)或水头。

3. 轴功率

轴功率是水泵在单位时间内把体积为 Q 的液体的水头提高到 H 所消耗的功率,即原动机传给水泵泵轴的功率,用 N 表示,常用单位为 kW。

4. 效率

效率是水泵的有效功率与轴功率的比值,用 η 表示,一般采用百分数的形式。

在单位时间内通过水泵的液体所增加的能量称为水泵的有效功率 N_u。

$$N_u = \rho gQH \tag{2-1}$$

式中　N_u——有效功率,W;

ρ——液体的密度,kg/m^3;

g——重力加速度,N/kg;

Q——流量,m^3/s;

H——水头,m。

水泵不可能把原动机输入的功率(即轴功率)全部传递给液体,在传递过程中有能量损失,这一损失的大小以效率 η 来衡量。

$$\eta = \frac{N_u}{N} \tag{2-2}$$

由此可得水泵的轴功率:

$$N = \frac{N_u}{\eta} = \frac{\rho gQH}{\eta} \tag{2-3}$$

式中　N——轴功率,W。

或

$$N = \frac{\rho g Q H}{1\ 000\eta} \tag{2-4}$$

式中　N——轴功率，kW。

有了轴功率、有效功率和效率的概念后，就可按式（2-3）计算水泵的电耗。

$$W = \frac{\rho g Q H t}{1\ 000\eta_1\eta_2} \tag{2-5}$$

式中　W——水泵的电耗，kW·h；

t——水泵运行的时间，h；

η_1、η_2——水泵和电动机的效率。

5. 转速

转速是水泵的叶轮每分钟的旋转次数，以 n 表示，常用单位为 r/min。每台水泵都有一个设计的额定转速，当转速变化时其他 5 个参数都将按一定的规律变化。

6. 允许吸上真空高度或气蚀余量

允许吸上真空高度和气蚀余量是表示水泵的吸水性能的参数。前者用 H_s 表示，后者用 H_{sv} 表示，其单位均以液柱高度（m）表示。

允许吸上真空高度（H_s）和气蚀余量（H_{sv}）是从不同角度反映水泵的吸水性能的性能参数。

允许吸上真空高度（H_s）：水泵在标准状况（即水温为 20 ℃、表面压强为 1.013×10^5 Pa）下运转时所允许的最大吸上真空高度。

气蚀余量（H_{sv}）：在水泵进口处，单位重量的水所具有的超过饱和蒸气压的富余能量，一般用来反映轴流泵、锅炉给水泵等的吸水性能，在部分水泵中也用 Δh 表示。

为了方便用户使用，水泵厂家在每台水泵的泵壳上都钉有一块铭牌，铭牌上简明地列出了该水泵在设计转速下运转，效率达到最高值时的流量 Q、扬程 H、轴功率 N 和允许吸上真空高度 H_s 或气蚀余量 H_{sv}，称为额定参数。额定参数是水泵在设计工况下运行时的参数，反映了水泵在最高效率下工作时的参数。100S90A 单级双吸离心泵的铭牌如下：

单级双吸离心泵	
型号：100S90A	转速：2 950 r/min
扬程：90 m	效率：64%
流量：72 m³/h	轴功率：21.6 kW
气蚀余量：2.5 m	配带功率：30 kW
质量：120 kg	生产日期：× × 年 × 月 × 日
	× × × × 水泵厂

型号中各符号的意义如下：

100——泵的入口直径，mm；

S——单级双吸离心泵；

90——泵的额定（设计点）扬程，m；

A——泵的叶轮外径经过一次切割。

老式单级双吸离心泵的型号 12Sh-28A 中各符号的意义是：

12——泵的入口直径，in（1 in = 0.0254 m）；

Sh——单级双吸卧式离心泵；

28——泵的比转数除以 10 的整数值，即该水泵的比转数为 280；

A——泵的叶轮外径经过一次切削。

2.2 离心泵的工作原理

给排水工程大量使用的叶片式水泵中尤以离心泵最为普遍。图 2.1 所示是单级单吸离心泵的构造。叶轮是离心泵最主要的工作部件，它由两个锥形圆盘（盖板）和若干弯曲的叶片组成。在叶轮的前盖板上有一个圆孔，它是叶轮的进水孔。图 2.2 所示是离心泵机组的外形。

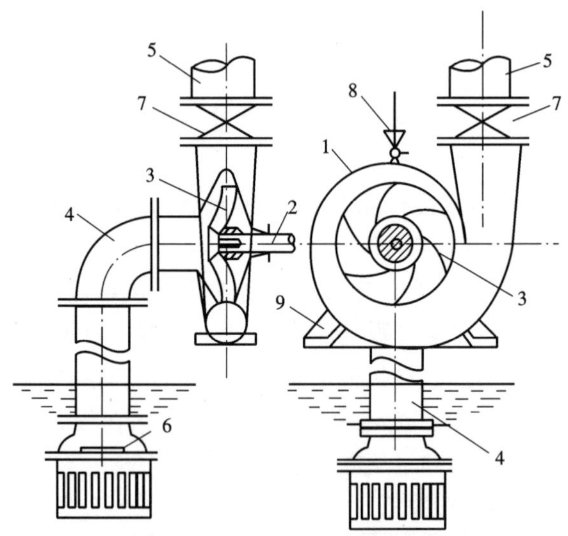

图 2.1 单级单吸离心泵的构造

1—泵壳；2—泵轴；3—叶轮；4—吸水管；5—压水管；6—底阀；7—闸阀；8—灌水漏斗；9—泵座

图 2.2 离心泵机组的外形

从图 2.1 中可以看出，叶轮的进水孔和水泵的吸水管相连通。在离心泵启动前应先把水灌满泵壳和叶轮，然后开动水泵使叶轮旋转。这时叶轮中的水在离心力的作用下被甩出，流向叶轮外缘，经蜗形的泵壳流向压水管。与此同时，叶轮中心处由于水被甩出而形成真空，吸水池中的水在大气压的作用下沿吸水管流入叶轮的进水孔，又在叶轮旋转的离心力作用下流向叶轮外缘而进入出水管，形成源源不断的水流，这就是离心泵的工作原理。由此可见，离心泵要能工作，必须在启动前用水把泵壳和叶轮灌满，否则叶轮中不能形成真空，就不能抽水。

【二维码 2-1】

2.3 离心泵的基本构造和主要零件

图 2.3 所示是单级单吸卧式离心泵的构造。

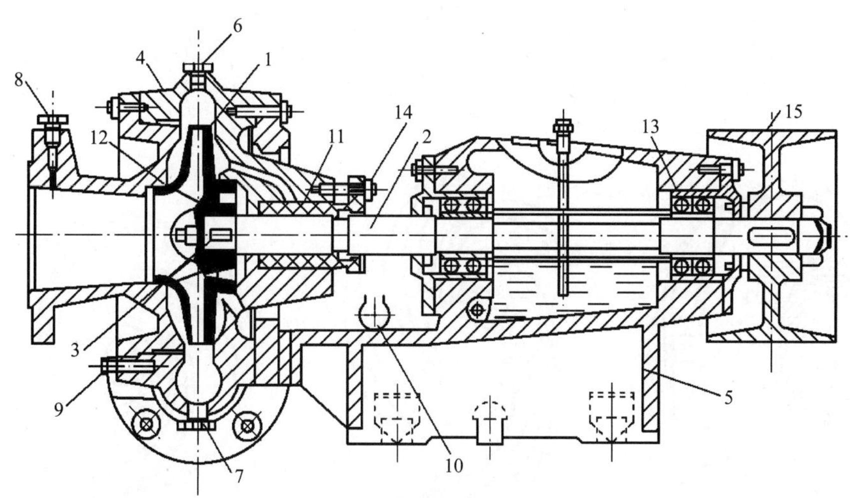

图 2.3 单级单吸卧式离心泵

1—叶轮；2—泵轴；3—叶轮键；4—泵壳；5—泵座；6—灌水孔；7—放水孔；8—接真空表孔；9—接压力表孔；10—泄水孔；11—填料盒；12—减漏环；13—轴承座；14—压盖调节螺栓；15—传动轮

由图 2.3 可知，离心泵有下列主要零件。

1. 叶轮

叶轮是离心泵最主要的零件，其形状和尺寸通过水力计算确定。除了要考虑离心力作用下的机械强度之外，还要考虑材料的耐磨和耐腐蚀性能，故叶轮一般用高性能铸铁制造。抽升非侵蚀性液体的大型水泵的叶轮会承受巨大的应力，可用钢制造。抽升侵蚀性液体的水泵的叶轮可以用青铜、耐酸硅铁或陶瓷制造。

按进水方式，叶轮可分为单吸式叶轮和双吸式叶轮两种。单吸式叶轮如图 2.4(a)所示；双吸式叶轮如图 2.4(b)所示，盖板呈对称状，板上都有进水孔，很像两个单吸式叶轮靠在一起。大、中型离心泵多数用双吸式叶轮。

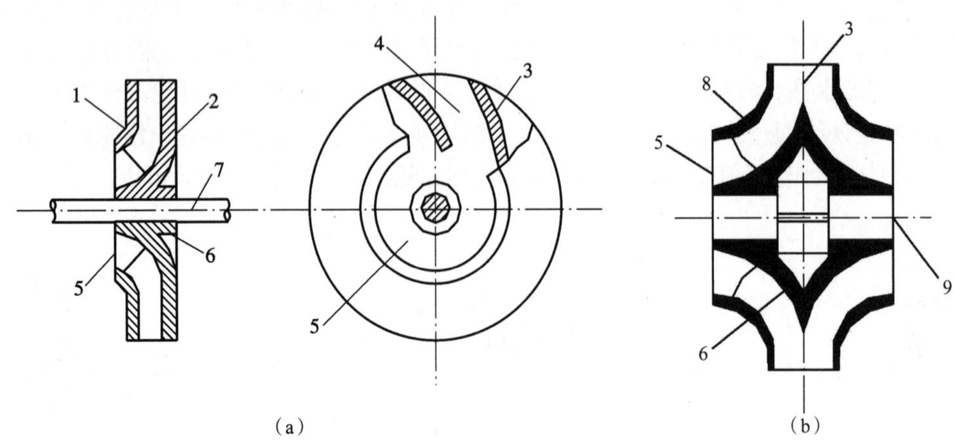

图 2.4　叶轮结构示意图

(a)单吸式叶轮　(b)双吸式叶轮

1—前盖板;2—后盖板;3—叶片;4—叶槽;5—吸水口;6—轮毂;7—泵轴;8—轮盖;9—轴孔

按有无盖板,叶轮可分为闭式叶轮、开式叶轮和半开式叶轮三种,如图 2.5 所示。没有前盖板的叶轮称为半开式叶轮,没有前后盖板、只有叶片的叶轮称为开式叶轮。半开式叶轮与开式叶轮多用于抽升含有较多悬浮杂质的液体的水泵中。如旋流泵(属于离心泵的一种)一般采用开式或半开式叶轮,为固体介质通过提供了良好的条件。

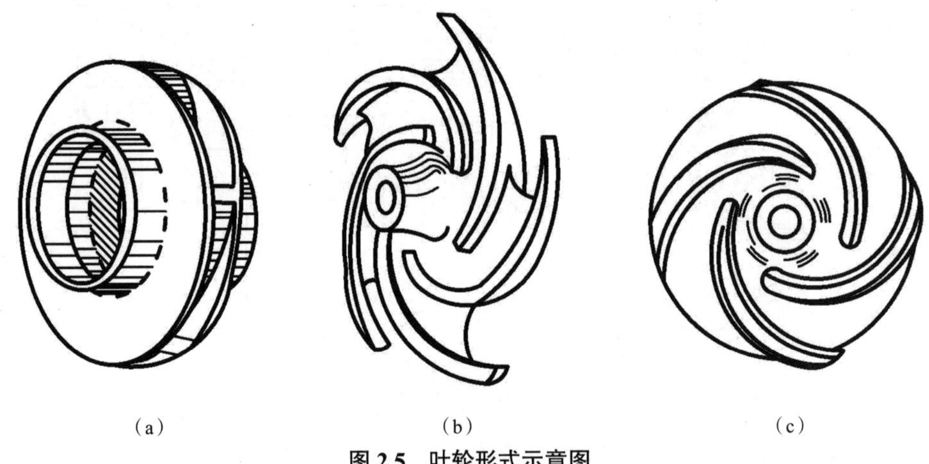

图 2.5　叶轮形式示意图

(a)闭式叶轮　(b)开式叶轮　(c)半开式叶轮

一般水泵的叶轮叶片数为 6~8 片,抽升含悬浮物较多的液体的水泵的叶轮叶片数较少,仅有 2~4 片。

2. 泵轴

泵轴将电动机的动力传递给水泵以使叶轮旋转,因此要求有足够的强度和刚度,通常用优质碳素钢制造。为了防止泵轴磨损和腐蚀,在泵轴与液体接触和承磨的部分装有轴套,轴套磨损或锈蚀后可以更换。

3. 泵壳

泵壳的作用主要是把从叶轮中流出的液体以尽量小的水头损失引到出水管中，因此过水部分要求有良好的水力条件。叶轮工作时，叶轮的各个液槽中的液体流向泵壳，因而沿泵壳的断面流量是逐渐增大的。为了减小水力损失，应使泵壳在设计流量下各断面流速相等，因此把泵壳制成蜗壳形，使断面不断增大，如图 2.1 所示。液体由蜗壳流入泵壳的锥形管，然后流入出水管。锥形管中各断面的流量是一样的，但由于断面逐渐扩大，所以流速不断减小，一部分速度头转化为压头。

泵壳顶上设有充水或放气的螺孔，以在泵启动前充液体或排走泵壳内的空气。泵壳底部设有放水螺孔，以在水泵检修或长期停用时把泵内的液体放空。在泵壳的出水法兰盘上开有安装压力表的螺孔，以在运行时测定出口处的压强。

4. 泵体

泵壳下部为泵座，泵座安装在底板或基础上，一般与泵壳铸在一起，少数分开浇铸。

泵体起支撑或固定泵壳的作用，是水泵的固定部件。

在转动的泵轴、叶轮与固定的泵壳、泵体之间，有三个交接的部分，为填料盒、减漏环和轴承座。

5. 填料盒

填料盒设在泵轴穿过泵壳处，在单吸式水泵中，其作用为防止泵壳内的高压液体大量外泄；在双吸式水泵中，其作用则为防止空气进入叶轮的吸水孔而破坏真空。图 2.6 所示为常用的压盖填料型填料盒。填料一般为浸石墨、浸油的石棉绳或棉织物，起阻水或阻气的密封作用。水封环装在填料中部，一般用铸铁制成。它是一个中间凹下、四周凸起的圆环，环上开有若干小孔，如图 2.7 所示。该环对准水封管，当水泵运转时，泵内的压力经水封管进入水封环，透过小孔渗入填料进行水封，同时起到冷却和润滑泵轴的作用。轴封套和压盖套在轴上，在填料的两端，起阻挡和压紧填料的作用。调节压盖上的螺丝可以改变填料的压紧程度，一般以水能呈滴状漏出为宜，这样既可以避免压得过紧而增大摩擦力，延长填料和轴封套寿命，又不会大量漏水或透入空气。

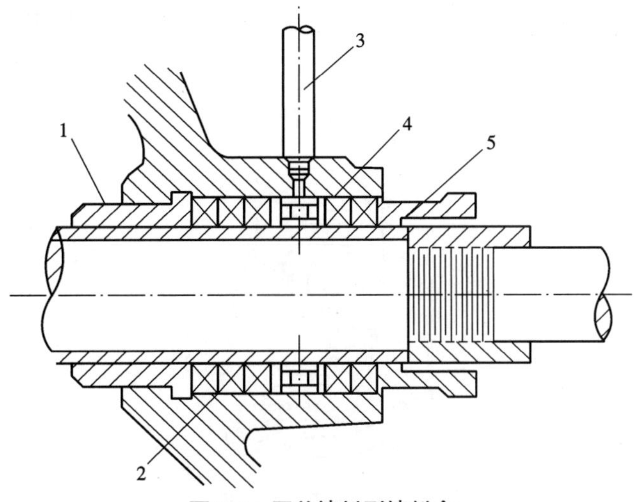

图 2.6　压盖填料型填料盒

1—轴封套；2—填料；3—水封管；4—水封环；5—压盖

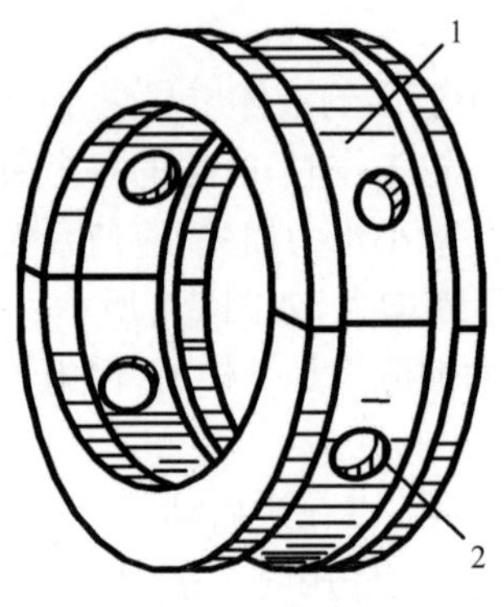

图 2.7 水封环

1—环圈空间;2—水孔

6. 减漏环

减漏环设在叶轮前盖板进水口外缘与泵壳内壁之间的转动间隙处,如图 2.8 所示。此处是液体高低压的交界处,如间隙过大,则叶轮出水侧的高压液体会大量回流到叶轮的进水侧,降低效率,因此要尽量减小间隙,但间隙太小叶轮与泵壳又易磨损。为了延长泵的使用寿命,通常在泵壳上镶嵌一个金属环(即减漏环),磨坏后可以更换此环,而不必更换水泵。

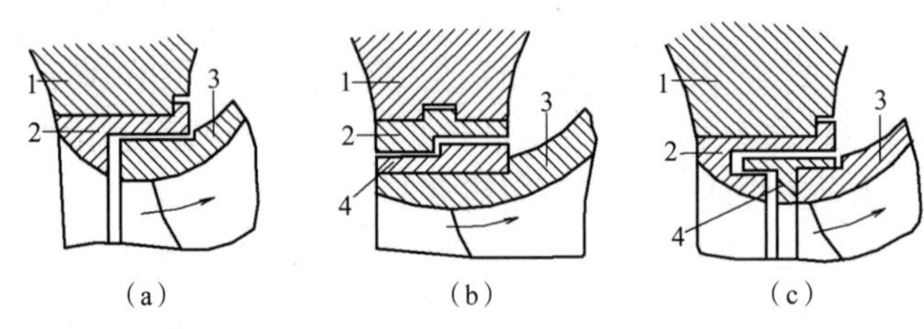

图 2.8 减漏环

(a)单环型 (b)双环型 (c)双环迷宫型

1—泵壳;2—镶在泵壳上的减漏环;3—叶轮;4—镶在叶轮上的减漏环

7. 轴承座

轴承装在轴承座内作为轴的支承体,常用的有滚动轴承和滑动轴承两类。依负载特性,轴承座可分为只承受径向荷载的径向轴承、只承受轴向荷载的止推轴承和能同时承受上述两种荷载的径向止推轴承。图 2.9 所示为轴承座的构造。

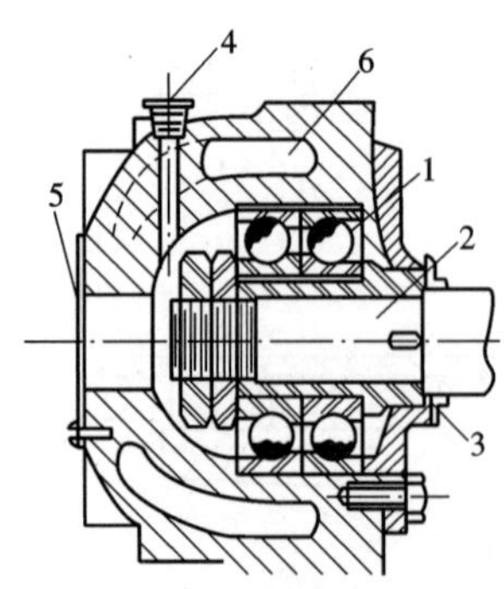

图 2.9 轴承座的构造

1—双列滚珠轴承;2—泵轴;3—阻漏橡胶圈;4—油杯孔;5—封板;6—冷却水套

8. 联轴器

在给排水泵站中，水泵与电动机通常用联轴器连接，联轴器分为刚性和挠性两种。刚性联轴器实际上是两个法兰盘连接，要求安装精度高，常用于小型水泵和立式水泵。挠性联轴器是两个圆盘以平键分别与泵轴和电动机轴连接，用带有弹性橡胶圈的钢柱销将两个圆盘连接，以传递力矩，如图 2.10 所示。大、中型水泵为了减小传动时因机轴少量偏心而引起的周期性应力和振动，常采用挠性联轴器。

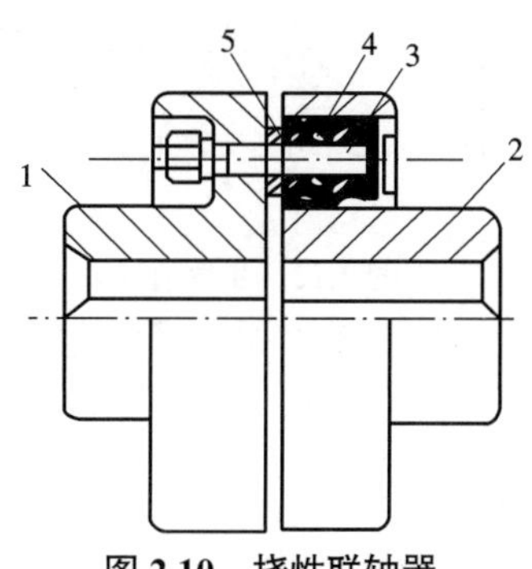

图 2.10　挠性联轴器

1—泵侧联轴器；2—电动机侧联轴器；3—钢柱销；4—弹性橡胶圈；5—挡圈

单吸式水泵工作时，叶轮两侧的液体压力不同，会产生一个指向吸水口的轴向力，如图 2.11 所示。叶轮进口侧的压力小于叶轮后盖板上的压力，轴向力 ΔP 将叶轮推向进口侧，使泵的转动部分发生轴向窜动，造成减漏环磨损，机组振动和发热。因此，要采取措施平衡轴向力，常用的措施如下。

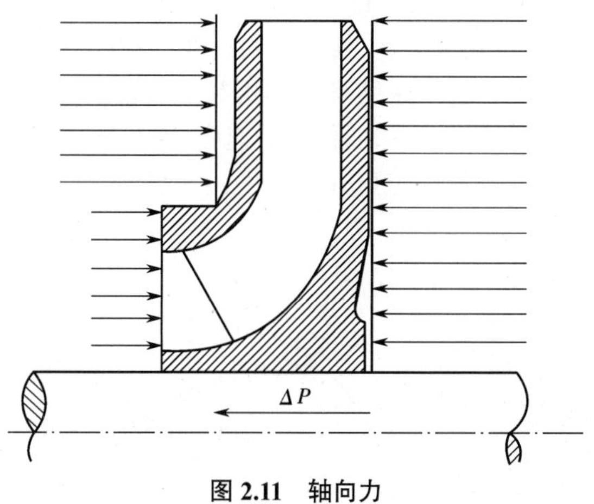

图 2.11　轴向力

（1）设置平衡孔。如图 2.12 所示，在叶轮的后盖板上开几个平衡孔，并增加密封环，使叶轮前、后盖板的压力相近，从而消除轴向力。这一方法的缺点是吸入口处的液体受平衡孔回流的影响，水力条件变差，渗漏量增加，效率降低，因此该方法只用于小型水泵。

（2）用旁道孔连接叶轮进口处与叶轮后盖板后面的空间，代替平衡孔，但这样会使渗漏量增加。

（3）采用双吸式叶轮。由于叶轮具有对称性，故消除了轴向力。

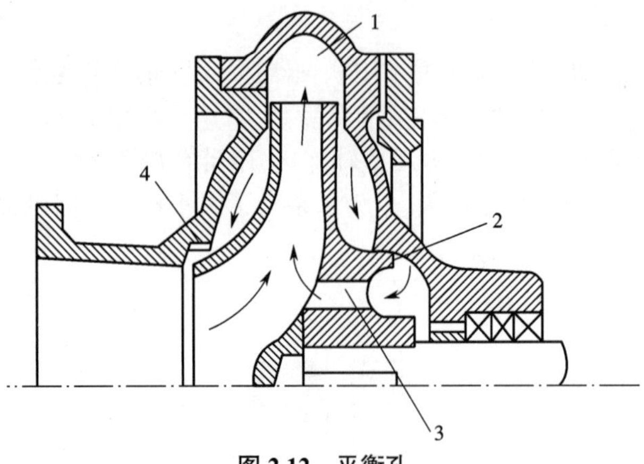

图 2.12 平衡孔

1—排出压力水;2—加装的减漏环;3—平衡孔;4—泵壳上的减漏环

2.4 离心泵的基本方程式

离心泵是靠叶轮旋转来抽升液体的,那么液体在叶轮中是如何运动的?一个旋转的叶轮究竟能产生多大的扬程?下面通过离心泵的基本方程式进行推导与分析。

2.4.1 叶轮中液体的运动情况

叶轮旋转时,液体沿着吸水管流向叶轮,进入叶轮以后,液体质点一方面随叶轮做圆周运动,另一方面由于离心作用从叶轮中心向外缘运动,因此液体质点做的是复合圆周运动。液体随叶轮做圆周运动的速度用 $\boldsymbol{u}$ 表示,叫作圆周速度;液体由叶轮中心向外缘运动的速度用 $\boldsymbol{w}$ 表示,叫作相对速度,因为这个速度是液体相对于旋转的叶轮的速度。液体运动的速度可以看成两种速度的合成,用 $\boldsymbol{c}$ 表示,叫作绝对速度,因为这个速度才是液体真正的速度。图 2.13 所示为液体在叶片入口处与出口处的速度,入口处的速度以下标 1 表示,出口处的速度以下标 2 表示。

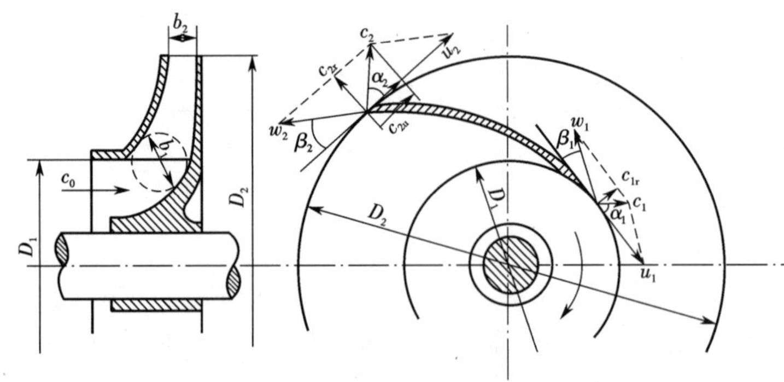

图 2.13 离心泵叶轮中液体的速度

显然,绝对速度 $\boldsymbol{c}$ 是圆周速度 $\boldsymbol{u}$ 和相对速度 $\boldsymbol{w}$ 的矢量和。$\boldsymbol{c}$ 和 $\boldsymbol{u}$ 的夹角为 α, $\boldsymbol{w}$ 与 $\boldsymbol{u}$ 的反向延长线的夹角为 β。当 β_2 分别小于、等于或大于 90° 时,叶轮的叶片相应地呈后弯式、

径向式或前弯式。实际工程中使用的离心泵叶轮大部分是后弯式叶片。下面以后弯式叶片为例进行讨论。为了简便，常用速度三角形代替图 2.13 中的速度平行四边形，如图 2.14 所示，$\boldsymbol{c}$ 的圆周方向分速度用 $\boldsymbol{c}_{2u}$ 表示，$\boldsymbol{c}$ 的径向分速度用 $\boldsymbol{c}_{2r}$ 表示。

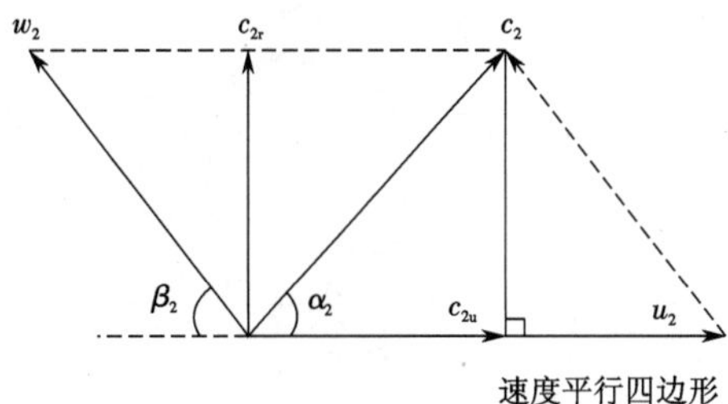

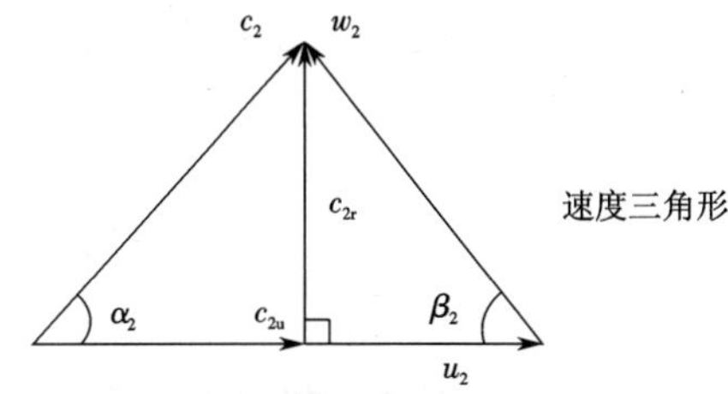

图 2.14　叶轮出口处液体速度

由图 2.14 可知：

$$c_{2u} = c_2 \cos\alpha_2 = u_2 - c_{2r} \cot\beta_2 \tag{2-6}$$

$$c_{2r} = c_2 \sin\alpha_2 \tag{2-7}$$

2.4.2　基本方程式的推导

为方便研究，提出如下三条假定：

（1）液流为恒定流；

（2）叶槽中的液流均匀一致，即液流的相对速度与叶片处处相切，同半径处液流的同名速度相等；

（3）液体是理想的，即没有水头损失。

分析了液体在叶轮中的运动之后，可以利用动量矩定理推出叶轮产生的理论扬程。如图 2.15 所示，以叶轮内径和外径为底圆直径作两个以泵轴为中心的同心圆柱面，分隔出叶轮内的一部分液体，并标出某一叶槽内液体所受的作用力，这时液体处于两个圆柱面之间。经过 dt 时间后，这部分液体从 $abdc$ 移到 $efhg$。在 dt 时间内，有很薄的一层液体 $abfe$ 流出叶槽，用 dm 表示其质量。根据假定，在 dt 时间内，流入叶槽的液体 $cdhg$ 质量也为 dm，而且叶槽内液体 $abhg$ 的动量矩可以认为没有变化。因此，叶槽所容纳的整股液体动量矩的变化等于质量为 dm 的液体动量矩的变化，根据假定（2），应用动量矩定理可以得到：

$$\frac{\mathrm{d}m}{\mathrm{d}t}(c_2 R_2 \cos\alpha_2 - c_1 R_1 \cos\alpha_1) = M \tag{2-8}$$

式中　M——作用在叶槽内整股液体上的所有外力矩。

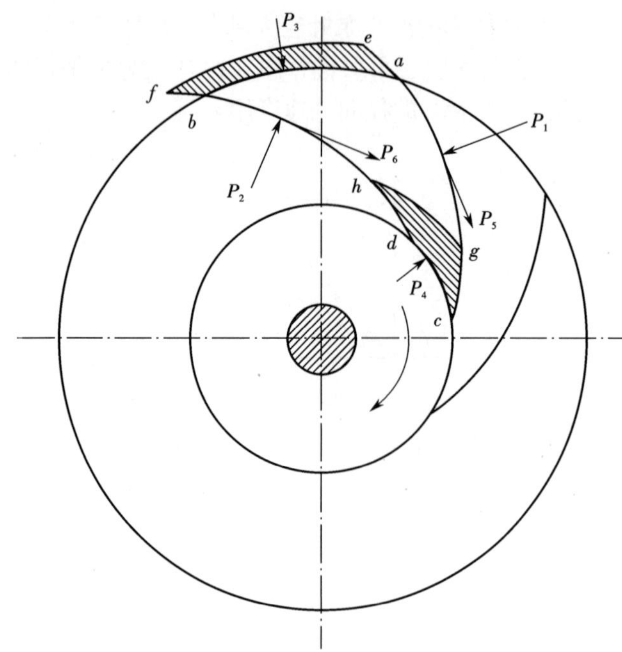

图 2.15 叶槽内液体所受的作用力

将式（2-8）用于全部叶槽时，M 须换成所有外力矩之和 $\sum M$，而 $\mathrm{d}m=\rho Q_{\mathrm{t}}\mathrm{d}t=\dfrac{\gamma}{g}Q_{\mathrm{t}}\mathrm{d}t$，因此得

$$\sum M=\frac{\gamma}{g}Q_{\mathrm{t}}(c_2R_2\cos\alpha_2-c_1R_1\cos\alpha_1) \tag{2-9}$$

式中 Q_{t}——通过叶轮的理论流量；

γ——液体的容重。

根据假定（1）可知，叶轮的功率全部传给液体，其理论功率为

$$N_{\mathrm{t}}=\gamma Q_{\mathrm{t}}H_{\mathrm{t}} \tag{2-10}$$

式中 H_{t}——叶轮产生的理论扬程。

理论功率也可以用 $\sum M$ 与叶轮的角速度 ω 的乘积来表示，即

$$\sum M\omega=\gamma Q_{\mathrm{t}}H_{\mathrm{t}} \tag{2-11}$$

将式（2-9）代入式（2-11），并整理得

$$H_{\mathrm{t}}=\frac{\omega}{g}(c_2R_2\cos\alpha_2-c_1R_1\cos\alpha_1) \tag{2-12}$$

由假定（2）可知，$u_1=R_1\omega$，$u_2=R_2\omega$，代入式（2-12）得

$$H_{\mathrm{t}}=\frac{1}{g}(u_2c_{2\mathrm{u}}-u_1c_{1\mathrm{u}}) \tag{2-13}$$

2.4.3 基本方程式的讨论

式（2-13）被称为离心泵的基本方程式，下面对其进行讨论。

（1）对大多数单吸式离心泵，液体进入叶轮时绝对速度 c_1 没有圆周分速度，即 $\alpha_1=90°$，

$c_{1u}=0$。因此,基本方程式变为

$$H_t=\frac{u_2c_{2u}}{g} \tag{2-14}$$

(2)由基本方程式可知,离心泵的理论扬程仅与液体的运动状态有关,而与液体的种类无关。例如用同一台泵抽升不同的流体,如水、柴油等,扬程按所抽流体的液柱高度表示是相等的。

(3)根据图 2.14,按余弦定律可得

$$w^2=u^2+c^2-2uc\cos\alpha \tag{2-15}$$

把叶轮进口、出口处液体的各速度代入式(2-15),然后代入式(2-13)得

$$H_t=\frac{u_2^2-u_1^2}{2g}+\frac{c_2^2-c_1^2}{2g}+\frac{w_1^2-w_2^2}{2g} \tag{2-16}$$

式(2-16)右边的第一项是由离心力做功引起的压头增大值,第三项是由于叶槽中液体的相对速度下降而转换的压头增大值,第二项是液体增加的动能。扬程等于单位重量的液体通过水泵所获得的能量,所以叶轮出口和进口处液体的比能差等于扬程:

$$H_t=\left(z_2+\frac{p_2}{\gamma}+\frac{c_2^2}{2g}\right)-\left(z_1+\frac{p_1}{\gamma}+\frac{c_1^2}{2g}\right) \tag{2-17}$$

由于 z_2 与 z_1 大致相等,所以

$$H_t=\left(\frac{p_2-p_1}{\gamma}\right)+\left(\frac{c_2^2-c_1^2}{2g}\right) \tag{2-18}$$

对比式(2-16)和式(2-18),可以看出

$$\frac{u_2^2-u_1^2}{2g}+\frac{w_1^2-w_2^2}{2g}=\frac{p_2-p_1}{\gamma} \tag{2-19}$$

即式(2-16)右边的第一、第三项是增加的压能。

由上述内容可知,叶轮旋转时不但使液体的动能增加,如式(2-16)右边的第二项,而且使液体的压能(势能)增加。

2.4.4　基本方程式的修正

上面讨论的离心泵基本方程式是在三条假定的条件下得出的,现讨论如下。

(1)液流为恒定流的假定,在叶轮的转速不变和水泵的工作条件不变时是符合实际情况的。

(2)关于叶槽中的液流均匀一致的假定,实际上由于叶片数目较少,叶槽间距较大,叶片对液体的约束力不足,因此叶槽中的液流并不均匀,也不与叶片相切。当叶轮转动时,液体由于惯性趋向于保持原来的状态,因而产生相对于叶槽的反旋现象,如图 2.16 所示。这个现象会影响液体流出叶轮的方向,使 β_2 减小,使扬程降低。因此,考虑到叶片约束力不足的影响,理论扬程应减小,修正后的理论扬程为

$$H_t'=\frac{H_t}{1+p} \tag{2-20}$$

式中　p——修正系数,由经验公式确定。

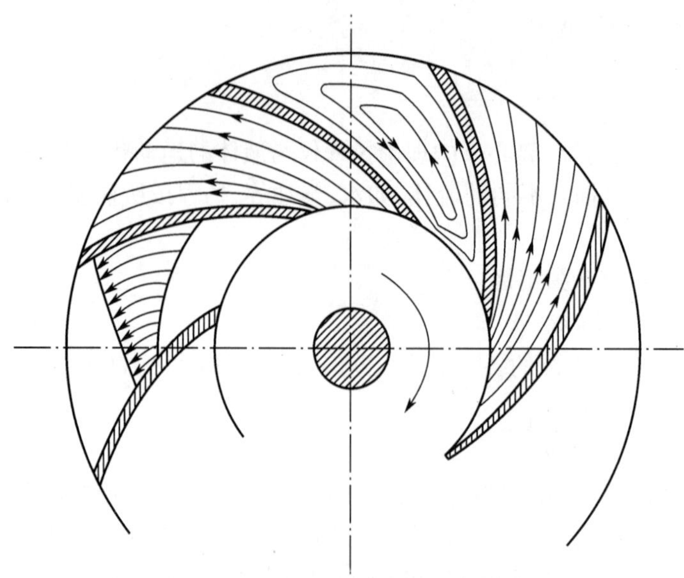

图 2.16　反旋现象对流速分布的影响

（3）抽升实际液体时，叶轮和泵壳中有水头损失，所以泵的实际扬程 H 小于 H_t'。

$$H = \eta_h H_t' = \eta_h \frac{H_t}{1+p} \tag{2-21}$$

式中　η_h——水力效率。

2.5　离心泵的特性曲线

每台离心泵的泵壳上都钉有一块铭牌，上面列出泵的型号和性能参数。铭牌上所列的数值并不说明该泵只能在这个流量、扬程、功率和效率等条件下工作，而是该泵的设计数据，即该泵运行效率最高时的性能参数。每台泵都有一个额定转速，在这个转速下，泵的工作条件不同，Q、H、N、η 和 H_s（或 H_{sv}）也会变化，而且互相联系，其中一个改变，其他的也相应改变。一般在额定转速 $n=c$ 下，以流量为自变量，存在下列关系：

$$H=f(Q)$$

$$N=F(Q)$$

$$\eta=\phi(Q)$$

$$H_s=\psi(Q)$$

把这些关系用曲线表示，称为离心泵的特性曲线。到目前为止还不能用理论方法准确计算得到这些特性曲线，而只能用“性能试验”方法来测定。离心泵的特性曲线一般由水泵厂提供。

2.5.1　实测特性曲线的讨论

在以 H 为纵坐标、Q 为横坐标的图上，作出 Q-H 曲线，表示流量和扬程之间的关系。图 2.17 所示为 14SA-10 型离心泵的特性曲线。其中 Q-H 曲线是一条下降的曲线，说明随着扬程减小，流量将增大，这是离心泵的普遍规律，但不同离心泵的 Q-H 曲线的形状和斜率是不同的。

在以 N 为纵坐标、Q 为横坐标的图上，作出 Q-N 曲线，表示流量和轴功率之间的关系。图 2.17 所示为一般的 Q-N 曲线，它是一条上升的曲线，随着 Q 增大，N 将增大。当 Q 为 0 时，N 最小但不是 0，这时 N 消耗在机械摩擦轮盘的水力摩阻上，使水的温度上升。在实际运行时，为了防止电动机的启动电流太大，应先把水泵出水管上的闸阀关闭，然后启动电动机，这时流量为 0，消耗的功率最小。待电动机的转速正常后，再逐步开启出水管上的闸阀，直到达到所需的流量。

在以 η 为纵坐标、Q 为横坐标的图上，作出 Q-η 曲线，表示流量和效率之间的关系，如图 2.17 所示。它是一条两边低、中间高的曲线，对应于最高效率（即铭牌效率）的流量是离心泵的设计流量，即铭牌上的流量；对应于设计流量的扬程称为设计扬程，即铭牌上的扬程；对应于设计流量的轴功率称为设计功率，即铭牌上的功率。因此，离心泵铭牌上的性能参数是泵在最高效率下的性能，而不是泵的全部性能，只有特性曲线才能反映泵在一定转速下的全部性能。

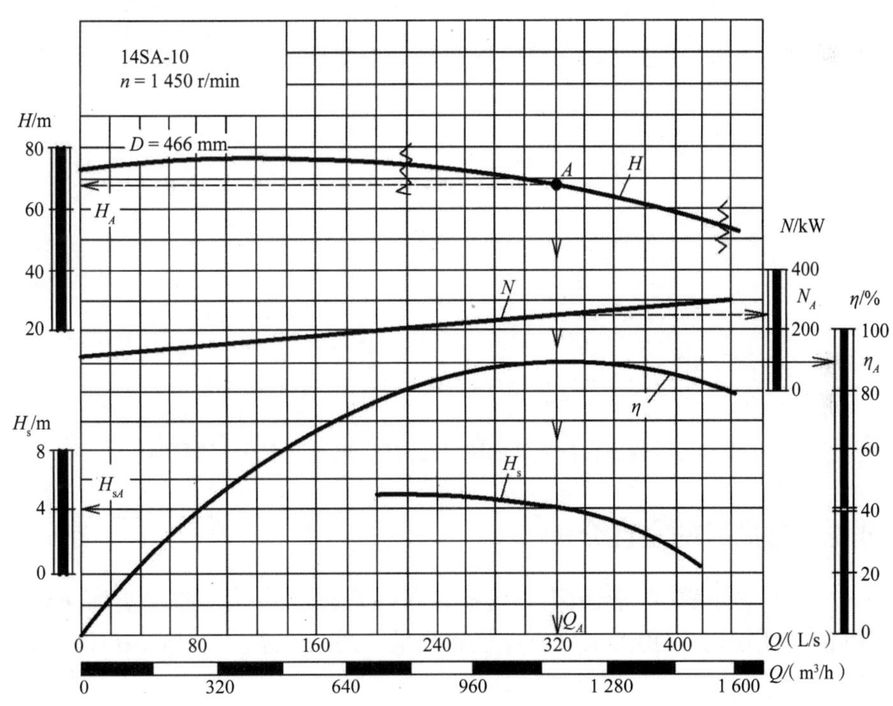

图 2.17　14SA-10 型离心泵的特性曲线

在以 H_s（或 H_{sv}）为纵坐标、Q 为横坐标的图上，作出 Q-H_s 曲线（或 Q-H_{sv} 曲线），表示流量与允许吸上真空高度（或气蚀余量）之间的关系。这一曲线将在后边详细讨论。

综上所述，在一定转速下离心泵的性能可以用四条特性曲线来描述，为了方便使用，水泵厂往往把它们画在一张图上，如图 2.17 所示。特性曲线反映了离心泵的流量、扬程、轴功率、效率和允许吸上真空高度的变化范围，但离心泵有经济运行范围，在经济运行范围之外运行会在经济上造成很大的浪费。例如，图 2.17 所示的泵流量范围为

0~400 L/s,但如在 80 L/s 的流量和 73 m 的扬程下工作,其效率仅为 38%,会浪费大量能量;而当它在 240 L/s 的流量和 70 m 的扬程下工作时,效率可达 83%。此外,经常在低效率下运行还会引起水泵的零件过早磨损,这是因为蜗形泵壳是按在设计流量下等流速设计的。当在设计流量下运行时,液体在蜗壳内流动和流出叶轮的速度基本一致。当流量小于设计流量时,蜗壳内液体的流速减小,但从叶轮出口处液体的速度三角形来看,由于流量等于液流绝对速度的径向分速度 c_{2r} 与叶轮出口的面积 F_2 的乘积,即 $Q_t=c_{2r}F_2$,当流量小时 c_{2r} 减小为 c_{2r}',因而 α_2 减小为 α_2',c_2 增大为 c_2',方向也发生变化,如图 2.18 所示。因而从叶轮中流出的液体不能平顺地与蜗壳中的液体汇合,而是发生撞击,把一部分动能传给蜗壳内的液体,使其压头增大。液体在从蜗壳前端(隔舌)流动到蜗壳出口的过程中不断受到撞击而压力增大,使蜗壳中的压力分布不匀,形成作用在叶轮上的径向力。在流量大于设计流量时,蜗壳中的压力不断下降也会引起径向力,只是方向相反而已。当流量偏离设计流量较大,即泵在低效率下运行时,径向力较大,会使轴产生较大的挠度,甚至使减漏环、轴套和轴承过早磨损,缩短了泵的使用寿命。最理想的情况是让泵在最高效率下运行,但由于客观情况往往不能确保这一运行条件,所以水泵厂通常在 Q-H 曲线上用波形线标出高效段,表示这台泵的流量和扬程的推荐使用范围,如图 2.17 所示。在选择水泵时应尽量使流量和扬程在高效段范围内,以使水泵有较高的运行效率和较好的运行条件。

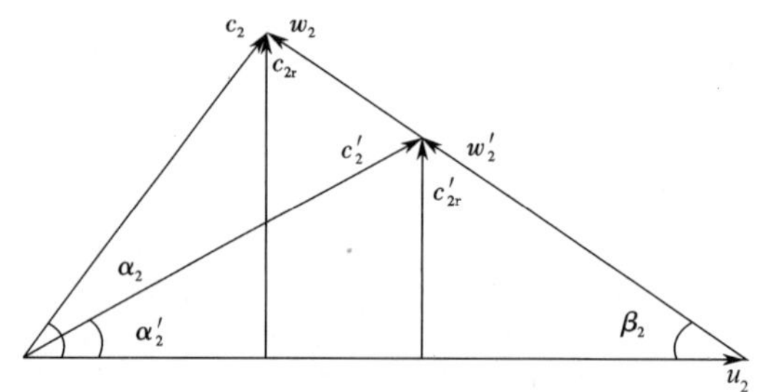

图 2.18 叶轮出口处液体的速度三角形(流量小于设计流量时)

2.5.2 理论特性曲线的定性分析

了解了离心泵的扬程、功率、效率和流量之间的关系之后,为了进一步加深对离心泵的性能的了解,可以用速度三角形来分析扬程和流量之间的关系。将式(2-6)代入式(2-14),得

$$H_t=\frac{u_2}{g}(u_2-c_{2r}\cot\beta_2) \tag{2-22}$$

叶轮出口处液体的流量可用叶轮出口的面积 F_2 与垂直于叶轮出口的液体绝对速度的径向分速度 c_{2r} 的乘积表示:

$$Q_t=c_{2r}F_2$$

因此

$$c_{2r}=\frac{Q_t}{F_2} \tag{2-23}$$

把式(2-23)代入式(2-22),得

$$H_{\mathrm{t}}=\frac{u_2}{g}\left(u_2-\frac{Q_{\mathrm{t}}}{F_2}\cot\beta_2\right) \tag{2-24}$$

式(2-24)中 β_2、F_2 均取决于叶轮的构造,对一台水泵来说是常数,在一定转速下 u_2 也是常数,故式(2-24)是直线方程式。实际上现代离心泵的叶片出口角都小于 90°,即 $\beta_2<90°$,因此式(2-24)为一条下降的直线,其在纵坐标轴上的截距为 u_2^2/g,如图 2.19 所示。

由式(2-21)可知,水泵的理论扬程要进行修正。首先,考虑叶槽中液流不均匀的影响,则直线纵坐标值减小,成为直线Ⅰ,与纵轴相交于 $u_2^2/[(1+p)g]$。

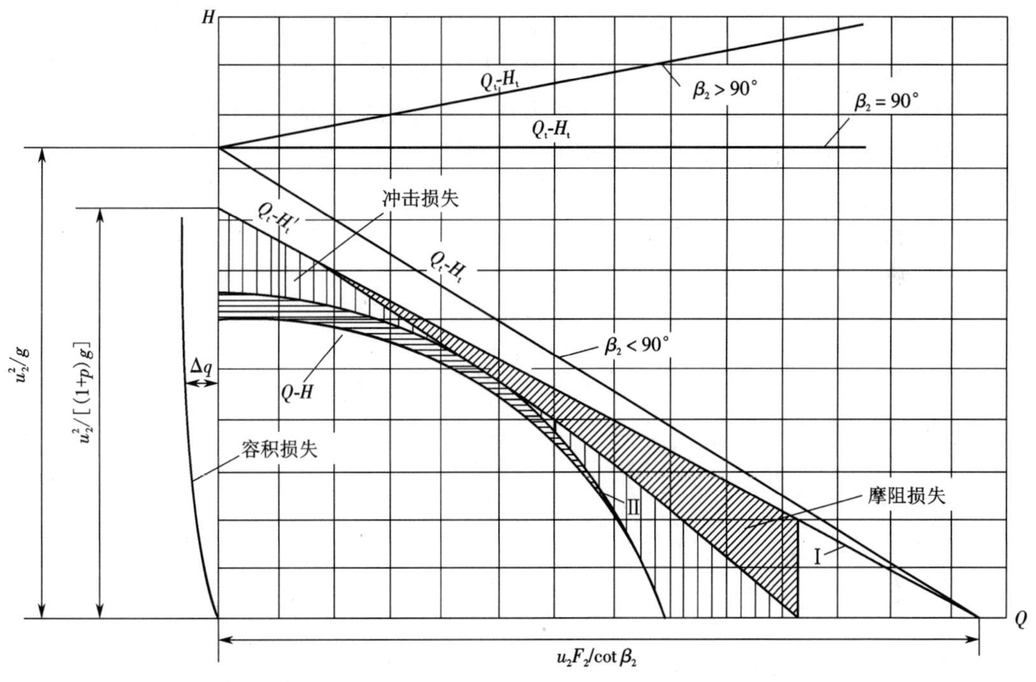

图 2.19　离心泵的理论特性曲线

其次,考虑到在叶轮中会产生水头损失,所以扬程比直线Ⅰ还要小一些。叶轮中的水头损失可分为如下两类。

第一类是摩阻损失,可以近似地表示为

$$\Delta h_1=k_1Q_{\mathrm{t}}^2 \tag{2-25}$$

其随着流量增大呈二次方增大。

第二类为冲击损失,这种损失在流量不等于设计流量时产生。前面讲过当流量不等于设计流量时,在蜗壳中会发生冲击现象,产生水头损失。此外,在叶轮入口处也会产生冲击损失,但主要产生在叶轮出口处。冲击损失可用下式表示:

$$\Delta h_2=k_2(Q_{\mathrm{t}}-Q_0)^2 \tag{2-26}$$

式中　Q_0——设计流量。

在图 2.19 中作出 Q_{t}-Δh_1 和 Q_{t}-Δh_2 曲线,从直线Ⅰ上减去这两条曲线,得到曲线Ⅱ,表示

实际扬程 H 与理论流量 Q_t 的关系。

曲线Ⅱ还不是真正的 Q-H 曲线，因为通过叶轮的液体流量是 Q_t，在叶轮出口和进口的压差作用下，一些液体会从叶轮和泵壳之间的减漏环的隙缝处漏液体回吸水管，所以泵的流量比 Q_t 小一个渗漏量 Δq，Δq 随着扬程的增大而增加。在图 2.19 中绘出 Δq-H_t 曲线，并将曲线Ⅱ的横坐标值减去 Δq-H_t 曲线的横坐标值，即得到 Q-H 曲线。可以看出，其形状正如前面所介绍的实测特性曲线的形状。

对 Q_t-H_t 曲线，还可以从叶轮出口处液体的速度三角形的变化来理解，当离心泵的流量变化时，速度三角形是变化的。把速度三角形画成如图 2.20 所示的形状，当离心泵的流量不同时，速度三角形中的 c_{2r} 不同，不同的 c_{2r} 对应的 c_{2u} 也不同。由于 $H_t = u_2c_{2u}/g$，而 u_2 在一定转速下为常数，所以 u_2/g 也是常数，因此 c_{2u} 可以代表理论扬程的大小，而 c_{2r} 可以代表理论流量的大小。所以速度三角形的斜边 ab 可以代表理论流量与理论扬程的变化轨迹，也就是 Q_t-H_t 曲线。当 $c_2 = c_{2r}$ 时，$c_{2u} = 0$，扬程为 0，这时理论流量最大；当 $c_2 = c_{2u}$ 时，$c_{2r} = 0$，这时理论流量为 0，扬程最大。H_t-Q_t 的倾斜度由 β_2 控制。

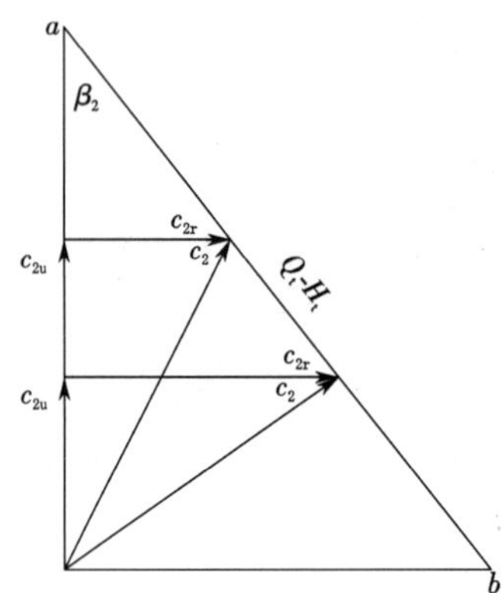

图 2.20 速度三角形与 Q_t-H_t 特性曲线的关系

水泵中存在各种能量损失，从原动机传给水泵的轴功率并未全部传给液体，而是在克服了轴承、填料、叶轮盖板外侧与液体间的摩擦之后，把剩余的能量传给液体，这些损失统称机械损失，其大小用机械效率 η_m 来衡量。

$$\eta_m = \frac{N_h}{N} \tag{2-27}$$

式中 N_h——水力功率，$N_h = \gamma Q_t H_t'$。

扬程 H 和考虑叶槽内液流的反旋后修正的理论扬程 H_t' 之比称为水力效率 η_h，它表示泵内水头损失的大小：

$$\eta_h = \frac{H}{H_t'} = \frac{H}{H + \Delta h_1 + \Delta h_2} \tag{2-28}$$

流量 Q 和理论流量 Q_t 之比称为容积效率 η_v，它表示渗漏量的大小：

$$\eta_v = \frac{Q}{Q_t} = \frac{Q}{Q + \Delta q} \tag{2-29}$$

因此，水泵的效率为

$$\eta=\frac{\gamma Q_{\mathrm{t}}H_{\mathrm{t}}'}{N}\frac{\gamma QH}{\gamma Q_{\mathrm{t}}H_{\mathrm{t}}'}=\frac{N_{\mathrm{h}}}{N}\frac{\gamma QH}{\gamma Q_{\mathrm{t}}H_{\mathrm{t}}'}=\eta_{\mathrm{m}}\eta_{\mathrm{v}}\eta_{\mathrm{h}} \tag{2-30}$$

2.6　离心泵装置工况的确定

在泵站中，水泵和管路系统相连接，我们把它称为水泵装置。水泵装置的工作情况，即瞬间的流量（Q）、扬程（H）、功率（N）和效率（η）等简称工况。这些值在特性曲线上的具体位置称为该水泵装置的瞬间工况点。下面讨论如何根据管路系统的具体条件来确定水泵的工况。

图 2.21 所示为一套离心泵装置，一台离心泵通过吸水管从吸水池中抽水，经出水管把水扬升到水箱中。在这套装置中，一方面离心泵把能量传给液体，另一方面管路系统要消耗液体的能量，这就构成了一对矛盾。下面通过对这一对矛盾的分析来研究离心泵装置的工况。

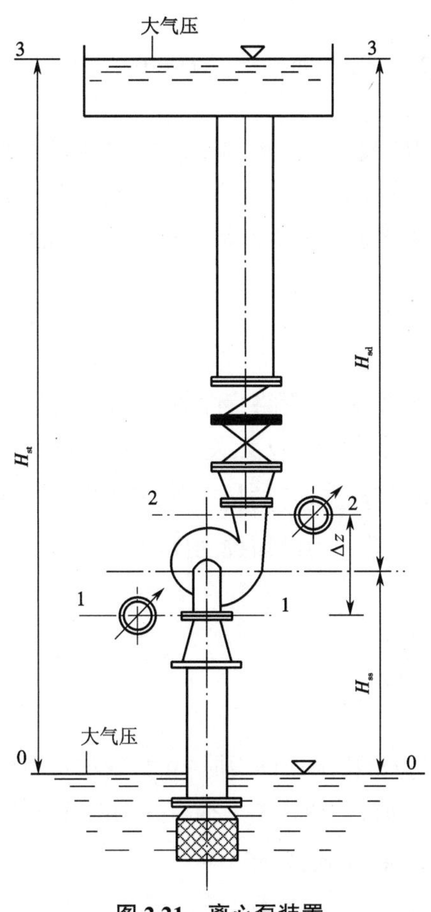

图 2.21　离心泵装置

离心泵传给液体的比能就是它的扬程，扬程在抽升流量不同时是不同的，可用 Q-H 曲线来反映 H-$f(Q)$的关系。

在管路系统中，把液体从吸水池扬升到水箱，需要给液体以比能，包括：①从吸水池水面把液体提高到水箱水面，要增加静扬程 H_{st}；②克服液体在管路系统中的水头损失 $\sum h$。$\sum h$ 可表示如下：

$$\sum h = \sum h_f + \sum h_l \tag{2-31}$$

式中 $\sum h_f$——各管段的沿程损失之和；

$\sum h_l$——各局部水头损失之和。

$\sum h$ 也是流量的函数，即 $\zeta(Q)$，因此管路系统所需的比能可表示为

$$H = H_{st} + \sum h = H_{st} + \zeta(Q) \tag{2-32}$$

显然，液体从吸水池流到水箱所需要的比能正是由水泵提供的比能（即扬程），而管路系统中的流量必定等于水泵的流量，因此水泵装置的流量和扬程可由下列方程式联立解得：

$$\begin{cases} H = f(Q) \\ H = H_{st} + \zeta(Q) \end{cases} \tag{2-33}$$

但是水泵厂一般提供 Q-H 曲线，而不提供 $H=f(Q)$ 方程式。因此，要求解式（2-33）可通过以下两个途径：

（1）把 $H=H_{st}+\zeta(Q)$ 用曲线的形式画出来，称为管路特性曲线，把它与水泵的 Q-H 特性曲线画在同一张图上，找出交点，交点即工况点，这种方法叫图解法；

（2）把泵的 Q-H 曲线用近似的方程式表示出来，与式（2-32）联立求解，解得 Q 与 H，这种方法叫数解法。

2.6.1 图解法

图解法的关键是把式（2-32）画成管路特性曲线，并以相同的比例画在水泵的特性曲线图上。式（2-32）中间的前一项一般与 Q 无关，在一定条件下是常数；第二项分为 $\sum h_f$ 和 $\sum h_l$ 两项。在管路系统的布局等已确定的情况下，管路长度（l）、管径（D）、比阻（A）、修正函数（k）以及局部阻力系数（ζ）等均为已知数，由水力学知：

$$\sum h_f = \sum AklQ^2 \tag{2-34}$$

$$\sum h_l = \sum \zeta \frac{4^2 \times Q^2}{(\pi D)^2 \times 2g} \tag{2-35}$$

1. 管路特性曲线

式（2-34）和式（2-35）可查给排水设计手册中的“管渠水力计算表”计算，然后将不同流量 Q 对应的 $H_{st}+\sum h$ 在水泵的特性曲线图上描点并画出管路特性曲线。

另外，由式（2-31）、式（2-34）和式（2-35）得

$$\sum h = \left[\sum Akl + \sum \zeta \frac{4^2}{(\pi D)^2 \times 2g}\right] Q^2 = SQ^2 \tag{2-36}$$

式中，S 为管道的沿程摩阻与局部阻力之和，简称阻抗。如图 2.22 所示，式（2-36）代表的 Q-$\sum h$ 曲线是一条开口向上的抛物线，称为管路系统水头损失特性曲线。

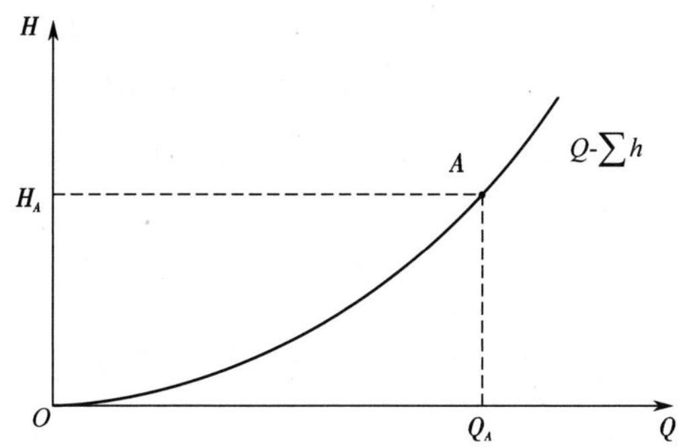

图 2.22　管路系统水头损失特性曲线

将式(2-36)代入式(2-32),得

$$H = H_{st} + SQ^2 \tag{2-37}$$

由图 2.23 可知,式(2-37)表示的是一条截距为 H_{st}、开口向上的抛物线,即管路系统特性曲线。它是管路系统水头损失特性曲线向上移动 H_{st} 形成的,用 $(Q\text{-}H)_G$ 来表示。

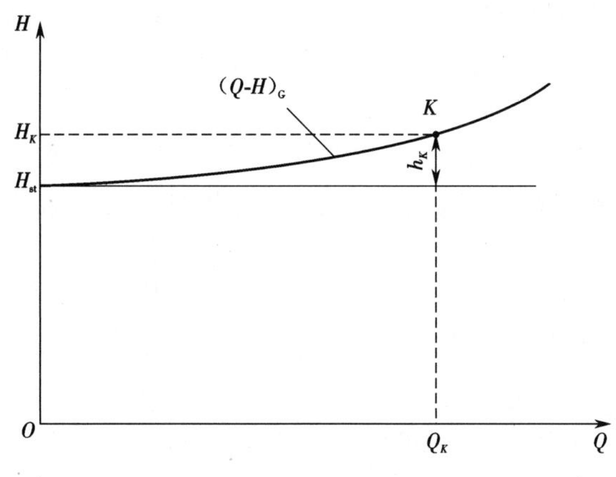

图 2.23　管路系统特性曲线

2. 离心泵装置的工况点

根据能量守恒原理,在水泵装置系统中,水泵供给水的比能应和管路系统所需要的比能相等,即水泵扬程曲线($Q\text{-}H$)和管路特性曲线 $(Q\text{-}H)_G$ 的交点就是二者相互平衡的点。

图 2.24 所示为离心泵装置的工况。首先绘制出水泵的 $Q\text{-}H$ 曲线,再根据公式 $H = H_{st} + SQ^2$ 画出管路特性曲线 $(Q\text{-}H)_G$,二者的交点 M 点就是水泵提供的比能与管路系统所需要的比能相等的点,即水泵提供的比能与管路需要的比能相平衡的点,称为平衡工况点。只要条件不发生变化,水泵将稳定工作,工况点不会发生变化,此时水泵的出水量为 Q_M,扬程为 H_M。

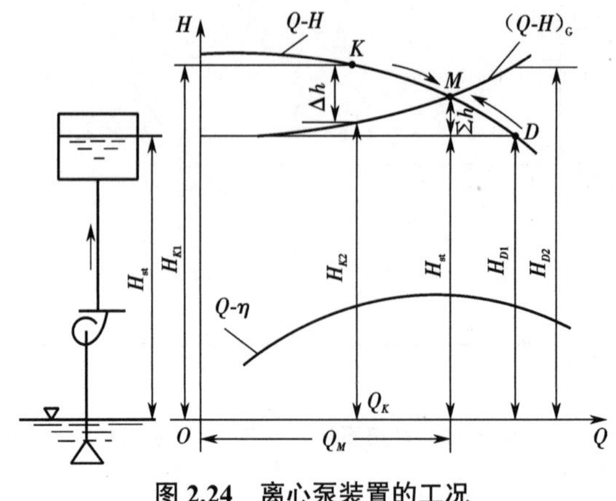

图 2.24 离心泵装置的工况

下面分析水泵能否在 M 点以外的工况下工作，先看水泵能否在 M 点左侧的 K 点平稳工作。此时，水泵提供的比能 H_{K1} 大于管路需要的比能 H_{K2}，$H_{供} > H_{需}$，多余的能量将转化为液体的动能，使液体速度加快，即流量 Q 增大，工况点右移，一直到 $H_{供} = H_{需}$，达到 M 点为止。

反之，水泵在 M 点右侧的 D 点工作时，$H_{供} < H_{需}$，水泵提供的比能 H_{D1} 小于管路需要的比能 H_{D2}，管道中的液体能量不足，速度降低，从而流量 Q 减小，工况点左移，一直到 $H_{供} = H_{需}$，达到 M 点为止。

所以，水泵只能在 M 点工作，只有外界条件改变，工况点才能改变。

根据流量，可在水泵的 Q-N 和 Q-η 曲线上查得相应的功率和效率。

3. 折引曲线法

为了确定工况，除了用上述作图方法以外，还可用折引特性曲线法（简称折引曲线法）。如图 2.25 所示，先沿 Q 轴画出管路损失特性曲线 $Q\text{-}\sum h$，再把水泵的 H 减去相应流量下的管道水头损失，得到（Q-H）′ 曲线，叫作折引特性曲线。该曲线表示水泵提供的比能扣除管道中相应流量下的水头损失以后剩余的比能，用以增加液体的势能。（Q-H）′ 曲线与 H_{st} 高度线相交于 M_1 点，由此点即可确定工况，这时水泵的流量为 Q_M，扬程为 H_M。应该注意，扬程应在水泵的特性曲线上找而不是 M_1 点的纵坐标。

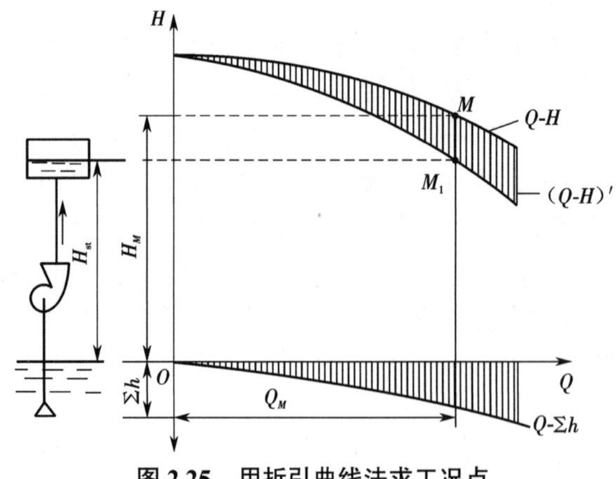

图 2.25 用折引曲线法求工况点

在运用折引曲线法时，可以把 $\sum h$ 和 H_{st} 全部从水泵的 H 中减去，这时折引特性曲线与水平轴的交点就决定了水泵装置的流量，由流量可求得 H、N 和 η。因此，折引曲线法的本质是把一部分或全部管路特性合并到水泵特性中，亦即把这部分管路特性折引成泵的一部分。这种方法在解决水泵并联运行等较复杂的问题时是极其方便的。

4. 离心泵装置工况点的改变

工况点是水泵和管路系统能量供需的平衡点，但这种平衡是暂时的，只要二者之一情况改变，工况点就会转移，被新的平衡点代替。在城市供水中，这样的情况随时都可能发生。例如，一台离心泵从清水池抽水至水塔，已知水塔与清水池的最低水位高差为 H_{st}，清水池、水塔的水位变幅分别为 z_1、z_2，并已选定清水池至水塔间的输水管。图 2.26 中的曲线 1 是水塔、清水池均处于最低水位时的管路特性曲线，其与水泵的 Q-H 曲线的交点 M 点即为此时的工况点。当水塔的水位因用水减少而升高时，水泵装置的工况点沿 Q-H 曲线向流量减小侧移动，直至到达 A 点。此时静扬程增大 z_2，管路特性曲线为 2，供水量减小。反之，当清水池的水位升高时，水泵装置的工况点沿 Q-H 曲线向流量增大侧移动，直至到达 B 点。此时静扬程减小 z_1，管路特性曲线为 3，供水量增大。所以，水泵装置的工况点是可以在幅度相当大的区间内移动的。离心泵具有自动调节工况点的性能。

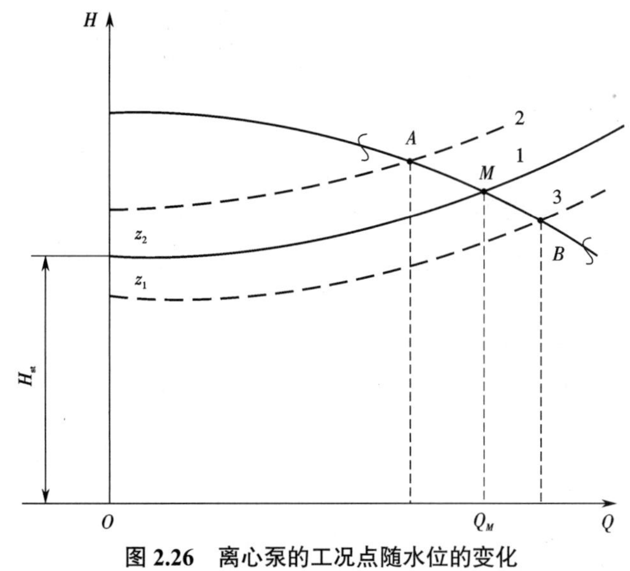

图 2.26　离心泵的工况点随水位的变化

对水泵的工况进行分析，目的是正确地选择水泵，使水泵在所需的扬程和流量下（也就是所需的工况下）有较高的效率。按上述情况，选择的水泵的 Q-H 曲线应分别与 2、3 两曲线交于 A、B 两点，A、B 处于 Q-H 曲线的高效段之内。

当管网中压力变化幅度大时，工况点有可能移出高效段。所以，在泵站的运行管理中，常需要人为地对水泵装置的工况点进行必要的改变与控制——“调节”，最常见的调节为用闸阀来节流。离心泵的出水管上往往设有闸阀，改变闸阀的开启度，使其局部阻力系数改变，即改变了管路特性曲线。闸阀的开启度减小，局部阻力增大，管路特性曲线变陡，它与 Q-H 曲线的交点往左移，流量减小；反之，流量增大。闸阀的开启度最大时的工况点叫极限工作点，如图 2.27 所示。这种用闸阀来调节流量的方法叫节流法。该法虽很简便，但是增大了局部损失，浪费了动力。在流量变化巨大时，往往用不同大小的泵来适应变化，而不用节流法，只有小型泵站才用节流法调节流量。

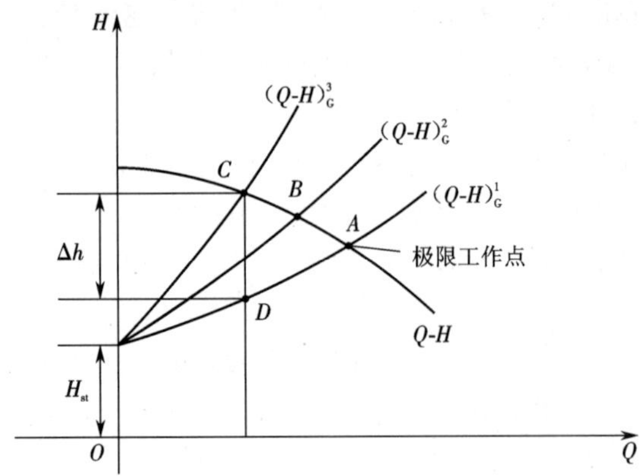

图 2.27　用闸阀调节工况点

2.6.2　数解法

用数解法求工况，关键在于把水泵的 Q-H 曲线用数学式表达出来。已知水泵厂提供的 Q-H 曲线，可把高效段用下式表示：

$$H = H_x - S_x Q^m \tag{2-38}$$

式中　H——水泵的扬程，m；

H_x——水泵在 $Q = 0$ 时所产生的虚扬程，即按式(2-38)延长高效段至 $Q = 0$ 时的扬程，不等于 $Q = 0$ 时的实际扬程；

S_x——水泵的虚阻耗系数；

m——指数，对给水管道，一般为 2 或 1.84。

在高效段内任选两点，将其坐标代入式(2-38)，有

$$H_1 + S_x Q_1^m = H_2 + S_x Q_2^m$$

从而有

$$S_x = \frac{H_1 - H_2}{Q_2^m - Q_1^m} \tag{2-39}$$

因 H_1、H_2、Q_1、Q_2 为选定值，均已知，故可求出 S_x。取 $m = 2$，可得

$$H_x = H_1 + S_x Q_1^2 \tag{2-40}$$

由式(2-39)、式(2-40)求出 S_x 和 H_x，便可写出水泵的 Q-H 曲线方程式，与管路特性曲线方程式联立求解便可得工况。

根据式(2-38)，可将水泵的特性曲线看作一条纵坐标为 H_x 的水平线与一条曲线 $S_x Q^2$ 的纵坐标相减所得，如图 2.28 所示，即把水泵看作一个高度为 H_x 的水塔和一段阻力系数为 S_x 的管路的联合体。这一概念在给水多水源管网的计算中很有用。

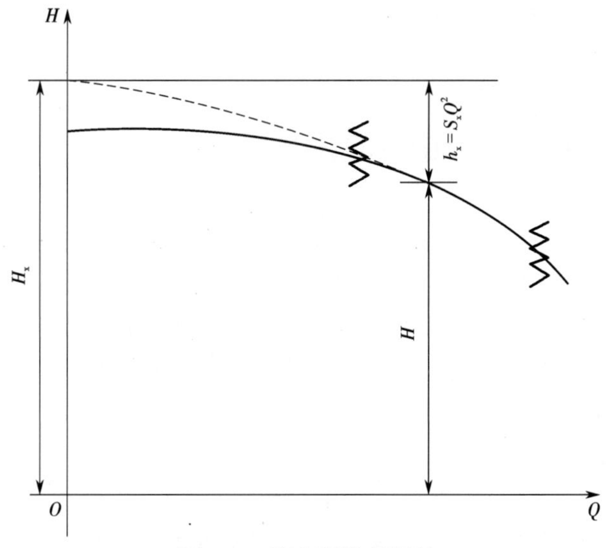

图 2.28　离心泵的虚扬程

2.6.3　离心泵装置的运行工况

对运行中的水泵，可根据操作运行的需要，通过安装在吸入口处的真空表和安装在出水法兰上的压力表随时了解其工况。如图 2.21 所示，在真空表设置处 1—1 断面上，液体具有比能 E_1；在压力表设置处 2—2 断面上，液体的比能为 E_2。

因为 E_2 是液体通过水泵后具有的比能，而 E_1 是液体进入水泵前具有的比能，所以 E_2-E_1 等于水泵的扬程 H。

$$H=\frac{p_2-p_1}{\gamma}+\frac{v_2^2-v_1^2}{2g}+\Delta z \tag{2-41}$$

$$p_2=p_a+p_d \ , \ p_1=p_a-p_v$$

式中　v_1——1—1 断面流速；

v_2——2—2 断面流速；

p_a——大气压强；

p_d——压力表的读数；

p_v——真空表的读数。

所以，

$$H=\frac{p_d+p_v}{\gamma}+\frac{v_2^2-v_1^2}{2g}+\Delta z \tag{2-42}$$

将 $H_d=p_d/\gamma, H_v=p_v/\gamma$ 代入式（2-42），可得

$$H=H_d+H_v+\frac{v_2^2-v_1^2}{2g}+\Delta z \tag{2-43}$$

式中　H_d、H_v——用液柱高度表示的压力表、真空表的读数。

在一般情况下，Δz 很小，吸入口与出水口的口径只差一号，所以 $(v_2^2-v_1^2)/2g$ 也很小，故式（2-43）在实际应用时可改为

$$H = H_d + H_v \tag{2-44}$$

按式(2-44)可以迅速估计水泵的扬程,然后从 H-Q 曲线上查得 Q,便可了解其运行工况。

2.7 叶轮的相似定律和相似准数

由于水泵内液流的复杂性,很难用理论的方法对水泵的特性进行精确的计算,可利用流体力学中的相似理论来解决叶片泵的设计与运行的问题。相似理论不仅可以进行模型水泵与设计水泵特性曲线的换算,还可以调节水泵的转速来改变水泵的特性,从而扩大水泵的使用范围。相似理论还是叶片式水泵规格化的理论基础,所以相似理论不但对水泵的设计者有用,对水泵的使用者来说也是有用的。

2.7.1 叶轮工况相似的条件

水泵叶轮的相似定律基于几何相似和运动相似,如果两台水泵满足几何相似和运动相似,则其工况相似。

(1)几何相似——两台水泵叶轮的过流部分的一切对应尺寸成一定比例,所有对应角相等。

(2)运动相似——两台几何相似的水泵叶轮对应点上流体的同名速度方向相同、大小成一定比例,即在对应点上液体的速度三角形相似。

在几何相似的前提下,运动相似则工况相似。

下面研究两台几何相似的水泵在相似工况下运行,一台为模型泵,以脚标 m 表示,另一台为实际泵。由于工况相似,所以叶轮出口处液体的速度三角形相似,如图 2.29 所示,可得出下列关系:

$$\frac{c_2}{c_{2m}} = \frac{u_2}{u_{2m}} = \frac{nD_2}{n_m D_{2m}} = \lambda \frac{n}{n_m} \tag{2-45}$$

$$u_2 = \pi D_2 n$$

式中 λ ——实际泵与模型泵的任一线性尺寸之比,$\lambda = \frac{D_2}{D_{2m}} = \frac{b_2}{b_{2m}}$;

n、n_m——实际泵、模型泵的转速;

D_2、D_{2m}——实际泵、模型泵叶轮的外径;

b_2、b_{2m}——实际泵、模型泵叶轮的出口宽度。

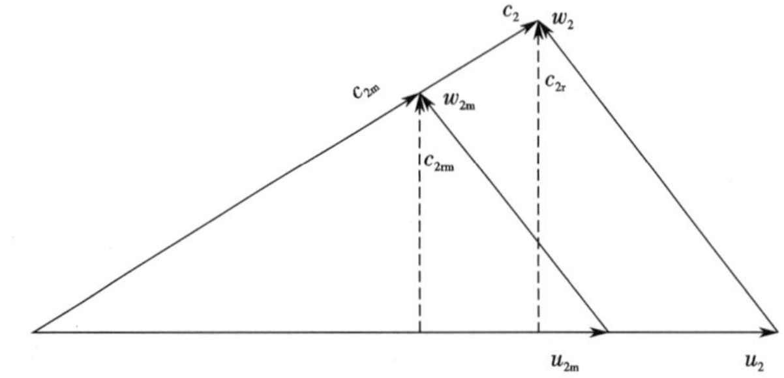

图 2.29 在相似工况下两台泵的叶轮出口处液体的速度三角形

则

$$\frac{c_{2u}}{(c_{2u})_m}=\frac{c_{2r}}{(c_{2r})_m}=\frac{u_2}{(u_2)_m}=\frac{nD_2}{n_m D_{2m}}=\lambda\frac{n}{n_m} \tag{2-46}$$

2.7.2　相似定律

借助式(2-4)、式(2-21)和式(2-29),可以由式(2-46)得出三个相似定律。

(1)第一相似定律——两台在相似工况下运行的水泵的流量之间的关系。

$$\frac{Q}{Q_m}=\lambda^3\frac{\eta_v n}{\eta_{vm}n_m} \tag{2-47}$$

式(2-47)是第一相似定律的表达式,它说明在相似工况下运行的水泵的流量之比与转速、容积效率之比的一次方,线性尺寸之比的三次方成正比。

(2)第二相似定律——两台在相似工况下运行的水泵的扬程之间的关系。

$$\frac{H}{H_m}=\lambda^2\frac{\eta_h n^2}{\eta_{hm}n_m^2} \tag{2-48}$$

式(2-48)是第二相似定律的表达式,它说明在相似工况下运行的水泵的扬程之比与线性尺寸、转速之比的二次方成正比,与水力效率之比成正比。

(3)第三相似定律——两台在相似工况下运行的水泵的功率之间的关系。

$$\frac{N}{N_m}=\lambda^5\frac{\eta_{mm}n^3}{\eta_m n_m^3} \tag{2-49}$$

式(2-49)是第三相似定律的表达式,它说明在相似工况下运行的水泵的功率之比与转速之比的三次方、线性尺寸之比的五次方成正比,与机械效率之比成反比。

如果叶轮出口的面积缩减系数相等,则上述三个相似定律是很精确的。

如果实际泵的尺寸与模型泵相差不太大,且转速相差也不极其悬殊,可近似地认为三种效率都相等,则相似定律可写成

$$\frac{Q}{Q_m}=\lambda^3\frac{n}{n_m} \tag{2-50}$$

$$\frac{H}{H_m}=\lambda^2\frac{n^2}{n_m^2} \tag{2-51}$$

$$\frac{N}{N_m}=\lambda^5\frac{n^3}{n_m^3} \tag{2-52}$$

式(2-52)是在所抽液体重率相等的条件下得出的。

2.7.3　比例律

如果模型泵的尺寸和实际泵一样,则当工况相似时,相似定律可以写成

$$\frac{Q_1}{Q_2}=\frac{n_1}{n_2} \tag{2-53}$$

$$\frac{H_1}{H_2}=\left(\frac{n_1}{n_2}\right)^2 \tag{2-54}$$

$$\frac{N_1}{N_2}=\left(\frac{n_1}{n_2}\right)^3 \tag{2-55}$$

式(2-53)~式(2-55)是相似定律的特例,称为比例律。比例律是近似的,因为假定容积效率、水力效率和机械效率在转速改变时不变,但式(2-53)、式(2-54)比式(2-55)精确,因为转速改变时,容积效率和水力效率变化较小,所以式(2-53)、式(2-54)可以在转速变化很大的条件下应用,而机械效率在转速改变时变化较大,因此式(2-55)只能在转速相差不大的条件下应用。

2.7.4 叶轮的相似准数——比转数

叶片式水泵种类繁多,为了进行分类,并有利于系列生产,要求有一个能反映一系列相似水泵的共性的相似准数作为规格化的基础。

根据相似定律,一系列在相似工况下运行的相似水泵满足下列关系:

$$\frac{Q_1}{(nD_2^3)_1}=\frac{Q_2}{(nD_2^3)_2}=\cdots\cdots=C_Q\text{(常数)} \tag{2-56}$$

$$\frac{H_1}{\left(n^2D_2^2\right)_1}=\frac{H_2}{\left(n^2D_2^2\right)_2}=\cdots\cdots=C_H\text{(常数)} \tag{2-57}$$

即在相似工况下,相似水泵具有相同的常数 C_Q 和 C_H,可以把这两个数作为相似水泵在工况相似时的相似准数。但是式(2-56)和式(2-57)中都含有尺寸 D_2,用相似理论设计新泵时,尺寸未知,因而无法利用,故消去 D_2,将 C_Q^2 除以 C_H^3 再开四次方得

$$\sqrt[4]{\frac{C_Q^2}{C_H^3}}=\frac{n\sqrt{Q}}{H^{\frac{3}{4}}} \tag{2-58}$$

因为在相似工况下 C_Q 和 C_H 对系列内的相似水泵是相同的,所以 $n\sqrt{Q}/H^{\frac{3}{4}}$ 对系列内的相似水泵也相同,可以作为相似准数。在我国习惯上把它乘以 3.65,称为比转数 n_s:

$$n_s=3.65\times\frac{n\sqrt{Q}}{H^{\frac{3}{4}}} \tag{2-59}$$

在使用式(2-59)计算 n_s 时应注意以下几点。

(1)n_s 是一系列相似水泵在相似工况下的相似准数,因此在利用式(2-59)时,选用的工况应相同,现一律规定用水泵在最高效率下的流量、扬程和转速,即额定值来计算 n_s。

(2)n_s 是由速度三角形相似推出的,因此实质上是叶轮相似准数,即式(2-59)中的 Q、H 指单级单吸叶轮的 Q、H。如计算双吸泵的 n_s,因其叶轮实际上类似于两个并联的单吸叶轮,所以公式中的 Q 应采用水泵的额定流量的一半(即 $Q/2$);若是多级泵,由于多个叶轮串联,所以公式中的 H 应采用单个叶轮的额定扬程(即 H/i,i 为水泵的级数)。

(3)公式采用不同的单位时,n_s 数值也不同,我国采用如下单位:H(m),Q(m^3/s),n(r/min),在与其他国家的水泵的比转数比较时要特别注意。

2.7.5　比转数与叶轮的形状和性能的关系

由比转数的定义可知，凡是相似的叶轮其比转数都是相等的，所以叶轮的形状和比转数有关，可以据此对叶片式水泵进行分类。

习惯上把额定流量为 0.075 m^3/s、额定扬程为 1 m 的泵的叶轮作为比较的标准，称为比叶轮，代入比转数的公式中，得

$$n_s = 3.65 \times \frac{n\sqrt{0.075}}{1^{\frac{3}{4}}} = n \tag{2-60}$$

由式（2-60）可以看出，所谓比转数大的泵，就是叶轮在产生 0.075 m^3/s 的流量和 1 m 的扬程时，转速大；比转数小的泵就是叶轮在产生同样的流量和扬程时，转速小。由此可体会到把 n_s 叫作比转数的原因。

下面分析比转数对叶轮的形状的影响。

（1）由第二相似定律可得

$$H \propto n^2 D_2^2$$

当选取额定流量为 0.075 m^3/s、额定扬程为 1 m 的泵的叶轮时，$n_s = n$。当 n_s 小时，为了保持 $H = 1$ m，D_2 就得大；当 n_s 大时，为了保持 $H = 1$ m，D_2 就得小。因此，低比转数的叶轮外径较大，高比转数的叶轮外径较小，但为了保持 $Q = 0.075$ m^3/s，当比叶轮的 D_2 较大时，叶轮出口宽度 b_2 应较小，当比叶轮的 D_2 较小时，则必须增大 b_2，才能保持一定的出口断面积 F_2。由此可见，低比转数的叶轮必定外径大而扁，高比转数的叶轮必定外径小而宽厚。

（2）当 n_s 很大时，D_2 将进一步减小，使得叶槽中 ab 流线与 cd 流线的长度相差太多，各流线上的液体获得的比能差别较大，引起回流而增加能量损失，因此叶轮出口应做成倾斜的，这种泵叫作混流泵，如图 2.30 所示。

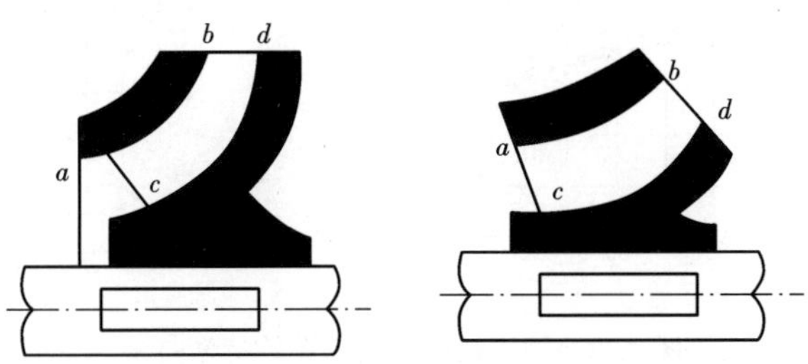

图 2.30　叶轮出口倾斜示意

进一步增大 n_s，叶轮出口过渡到轴向，就成为轴流泵。

离心泵、混流泵、轴流泵都是叶片式水泵，只是比转数不同，由量变到质变而已。叶片式水泵的类型和比转数的关系如图 2.31 所示。

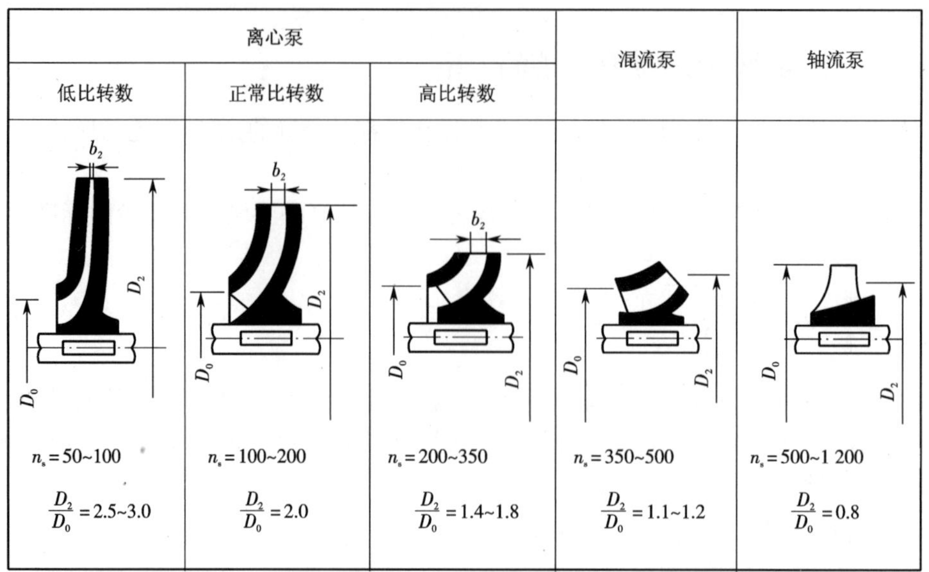

图 2.31 叶片式水泵按比转数分类

(3)不同比转数的水泵的性能曲线不同,如图 2.32 所示。

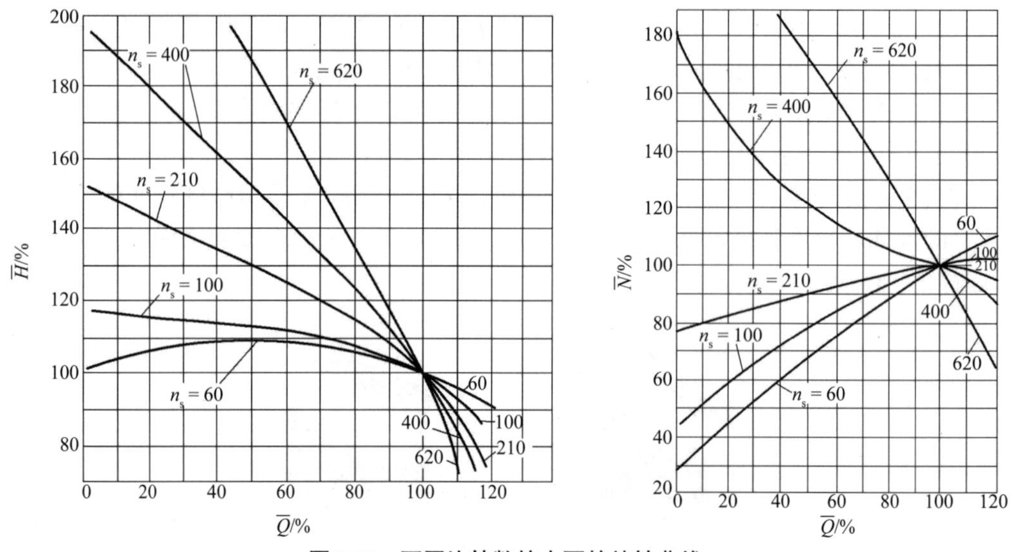

图 2.32 不同比转数的水泵的特性曲线

图 2.32 所示是相对性能曲线。取水泵的额定流量 Q_p、额定扬程 H_p、额定功率 N_p 均为 100%,按下面的公式算出其他工况下 Q、H、N 的相对值 $\overline{Q}$、$\overline{H}$、$\overline{N}$:

$$\begin{cases}\overline{Q}=\dfrac{Q}{Q_P}\\\overline{H}=\dfrac{H}{H_p}\\\overline{N}=\dfrac{N}{N_P}\end{cases}\tag{2-61}$$

然后绘制成相对性能曲线图。由图 2.32 可看出：n_s 越小，Q-H 曲线越平坦，n_s 增大，Q-H 曲线变陡；n_s 较小时，Q-N 曲线随 Q 增大而上升，n_s 较大时，Q-N 曲线随 Q 增大而下降。

2.8　离心泵装置的调速运行工况

对水泵装置调速来说，比例律很有用处，如已知水泵在转速为 n_1 时的特性曲线，通过比例律可换算出其他转速下的特性曲线。特别是离心泵工况的变速调节，是利用比例律来节能的重要应用。

2.8.1　比例律的应用

1. 图解法

比例律的实际应用经常遇到如下两种情况。

第一种，已知水泵在转速为 n_1 时的 Q_1-H_1 曲线，但所需工况点 $A_2(Q_2,H_2)$ 不在该特性曲线上。

在夜间城市用水量常下降至 Q_2，这时由于用户关小水龙头，所需工况点由 M 点变为 $A_2(Q_2,H_2)$，但水泵在 n_1 时的扬程将自动提高到 H_2'，白白浪费了大量能量。如图 2.33 所示，如果使水泵的转速降低，扬程降至 H_2，则可大大节约能量，因此应求出夜间水泵的转速 n_2。

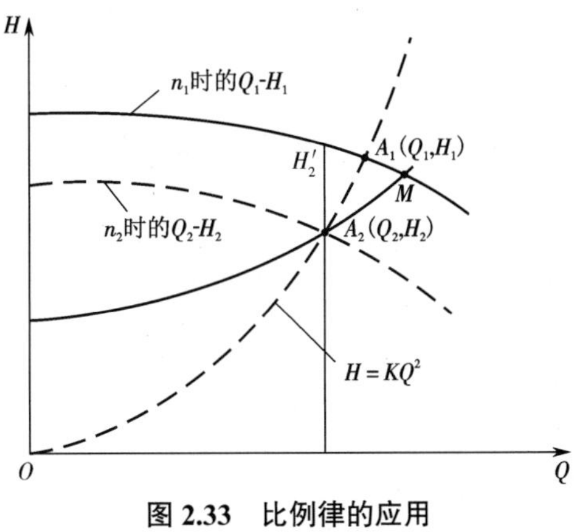

图 2.33　比例律的应用

这里应注意，不能将 M 点和 A_2 点的坐标直接代入比例律求 n_2，因为利用比例律的前提是工况相似，而 M 点与 A_2 点工况不一定相似。

因此，首先要在转速为 n_1 时的特性曲线上找出与 A_2 点工况相似的 A_1 点的坐标（Q_1，H_1），为此由式（2-53）、式（2-54）消去 n，得

$$\frac{H_1}{H_2}=\left(\frac{Q_1}{Q_2}\right)^2 \tag{2-62}$$

$$\frac{H_1}{Q_1^2}=\frac{H_2}{Q_2^2}=K\text{（}K\text{ 为常数）} \tag{2-62a}$$

则

$$H = KQ^2 \tag{2-63}$$

由式(2-63)可看出，凡是与 A_2 点符合比例律关系的工况点，均分布在由该式表示的抛物线上，这种抛物线称为相似工况抛物线。把 A_2 点的坐标(Q_2, H_2)代入式(2-62)，求出 K，按式(2-63)作出抛物线和转速为 n_1 时的 Q-H 曲线，两条线交于 A_1 点，该点的坐标为(Q_1, H_1)。利用式(2-53)可求得 n_2，即 $n_2 = n_1Q_2/Q_1$。

第二种，求得 n_2 后，可以利用比例律画出 n_2 时的 Q-H 曲线，此时 n_1、n_2 均已知，在 n_1 时的 Q-H 曲线上任取一点，把其坐标代入式(2-53)和式(2-54)可求出 n_2 时相似工况点的 Q、H。如此取 6~7 个点(a、b、c 等点)，求出 6~7 个新点(a'、b'、c' 等点)，用光滑的曲线连接，即可得到 n_2 时的 Q-H 曲线，如图 2.34 所示。

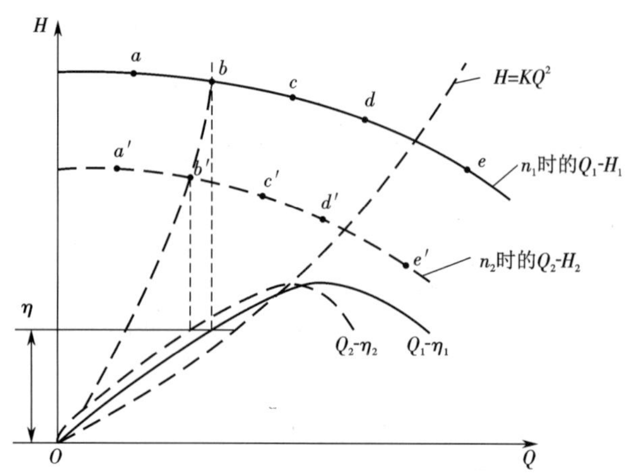

图 2.34　转速变化时特性曲线的变化

采用上述方法，在已知 n_1 时的 Q-H 曲线后，可以作出不同转速(n_2, n_3,…)时的 Q-H 曲线。由于利用比例律时认为效率不变，所以各相似工况点的效率相等，因此相似工况抛物线是理论上的等效率曲线。

但实际上当转速改变较大时，效率会变化，实测的等效率曲线与理论上有差别，只是在转速改变不大时才相符，如图 2.34 所示。

可见，利用比例律可以改变泵的转速，大大扩展其高效范围，把高效段扩大为高效区。只要原动机能有效地调节转速，这一方法将为泵站节能开创极其有效的途径。

2. 数解法

由图 2.33 可知，相似工况抛物线与转速为 n_1 时的 Q_1-H_1 曲线的交点 A_1(Q_1, H_1)是与所需工况点 A_2(Q_2,H_2)相似的工况点。求出 A_1 点的 Q_1、H_1，即可方便地应用比例律求出 n_2。

由式(2-38)和式(2-63)得

$$H = H_x - S_xQ^2 = KQ^2$$

则

$$Q = \sqrt{\frac{H_x}{S_x + K}} = Q_1 \tag{2-64}$$

$$H = K\frac{H_x}{S_x + K} = H_1 \tag{2-65}$$

因此，由比例律可求出 n_2：

$$n_2 = n_1 \frac{Q_2}{Q_1} = \frac{n_1 Q_2 \sqrt{S_x + K}}{\sqrt{H_x}} \tag{2-66}$$

下面介绍已知水泵的转速为 n_2 时，推求 Q_2-H_2 曲线的方程的方法。转速为 n_2 时，水泵的 Q_2-H_2 曲线的方程为 $H_2 = H'_x - S'_x Q_2^2$。要确定 H'_x 及 S'_x，可以在 Q_2-H_2 曲线上取两点（Q'_A，H'_A）和（Q'_B，H'_B），与之相似的位于转速为 n_1 时的 Q_1-H_1 曲线上的两点为（Q_A，H_A）和（Q_B，H_B），它们之间应满足

$$\begin{cases} \dfrac{Q'_A}{Q_A} = \dfrac{n_2}{n_1}, & \dfrac{H'_A}{H_A} = \left(\dfrac{n_2}{n_1}\right)^2 \\ \dfrac{Q'_B}{Q_B} = \dfrac{n_2}{n_1}, & \dfrac{H'_B}{H_B} = \left(\dfrac{n_2}{n_1}\right)^2 \end{cases} \tag{2-67}$$

由式（2-40）知，转速为 n_1 时 $H_1 = H_x - S_x Q_1^2$，式中的 H_x、S_x 可按下式确定：

$$\begin{cases} S_x = \dfrac{H_A - H_B}{Q_B^2 - Q_A^2} \\ H_x = H_A + S_x Q_A^2 \end{cases} \tag{2-68}$$

同样，由式（2-40）可得转速为 n_2 时 $H_2 = H'_x - S'_x Q_2^2$，式中的 H'_x、S'_x 可按下式确定：

$$\begin{cases} S'_x = \dfrac{H'_A - H'_B}{Q'^2_B - Q'^2_A} \\ H'_x = H'_A + S'_x Q'^2_A \end{cases} \tag{2-69}$$

将式（2-67）代入式（2-69），得

$$\begin{cases} S'_x = \dfrac{H_A - H_B}{Q_B^2 - Q_A^2} \\ H'_x = H'_A + S'_x Q'^2_A = \left(\dfrac{n_2}{n_1}\right)^2 (H_A + S_x Q_A^2) \end{cases} \tag{2-70}$$

由式（2-68）和式（2-70）得

$$\begin{cases} S'_x = S_x \\ H'_x = \left(\dfrac{n_2}{n_1}\right)^2 H_x \end{cases} \tag{2-71}$$

求出 H'_x 和 S'_x 后，即可推出转速为 n_2 时 Q_2-H_2 曲线的方程：

$$H_2 = \left(\frac{n_2}{n_1}\right)^2 H_x - S_x Q_2^2 \tag{2-72}$$

需要指出，式（2-72）对水泵高效段的 Q-H 曲线具有较高的精度，但当工况点偏离高效段时，精度较低。它是水泵调速运行工况计算的基本方程。

2.8.2 调速途径和范围

实现变速调节的途径一般有两种：一种是电动机的转速不变，通过中间耦合器（常见

的有液力耦合器）达到改变转速的目的；另一种是电动机的转速可变，如改变电动机定子电压调速、改变电动机定子极数调速、改变电动机转子电阻调速、串级调速和变频调速等（详见第 4 章）。

调节转速虽是扩大泵的使用范围、降低泵站的能耗的一种好方法，但在实际应用中必须注意的是：一般不提高水泵的转速，如必须提高转速，则需考虑水泵零件的强度和接近泵轴的临界转速时可能发生共振等问题，所以转速提高不得超过额定转速的 10%；而降低转速也不宜太多，一般以不低于额定转速的 30%~50% 为宜，否则效率太低。

2.9 离心泵装置的换轮运行工况

离心泵除了通过调节转速改变性能之外，还可通过切削叶轮来改变性能。把水泵的叶轮拆下来在车床上切削再装回去，就相当于更换了叶轮。经过切削后的叶轮性能会发生规律性的变化。

2.9.1 切削律的应用

抽升清水用的离心泵在切削叶轮后性能的变化符合下列规律：

$$\frac{Q'}{Q}=\frac{D_2'}{D_2} \tag{2-73}$$

$$\frac{H'}{H}=\left(\frac{D_2'}{D_2}\right)^2 \tag{2-74}$$

$$\frac{N'}{N}=\left(\frac{D_2'}{D_2}\right)^3 \tag{2-75}$$

式中 Q、Q' ——切削前、后的流量；

H、H' ——切削前、后的扬程；

N、N' ——切削前、后的功率。

必须注意，一些抽升含杂质的液体的泵，如污泥泵等，是不能随便利用上述规律的。

切削律的应用可能遇到以下两类问题。

第一类问题，已知切削量，求切削叶轮后水泵的特性。

这类问题与已知转速为 n_1 时水泵的特性，求转速为 n_2 时水泵的特性一样，可参阅上一节的内容。

第二类问题，如图 2.35 所示，所需工况点（Q_B, H_B）不在水泵的特性曲线上，需要通过切削叶轮使水泵的特性曲线通过该点，求切削百分数或切削后叶轮的外径。

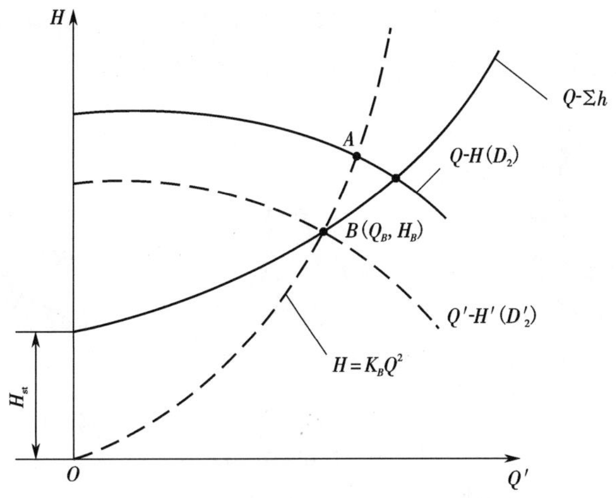

图 2.35　通过切削抛物线求叶轮的切削量

这类问题的解法与已知工况点求新转速的问题一样。

按切削律有

$$\frac{H_B}{(Q_B)^2}=K_B \tag{2-76}$$

或

$$H=K_BQ^2 \tag{2-77}$$

式(2-77)为一条抛物线,凡是满足切削律的工况点都在这条抛物线上,故这条线称为切削抛物线。实践证明当切削量在一定限度内时,切削后水泵的效率降低很微小,可以视为相等,所以切削抛物线又称等效率曲线。

把所需工况点代入式(2-76),求出 K_B,然后按式(2-77)作切削抛物线,与切削叶轮前水泵的 H-Q 曲线交于 A 点,A 点与所需工况点均满足切削律式(2-76)。

$Q'=Q_B$,且 Q_A、D_2 已知,则可求得 D_2',也可进一步求出切削百分数:

$$切削百分数=\frac{D_2-D_2'}{D_2}\times 100\% \tag{2-78}$$

2.9.2　应用切削律应注意的问题

(1)叶轮的切削量应有一定的限度。实际上,切削叶轮后水泵的效率略有下降。切削限量、切削后效率下降值都与 n_s 有关,如表 2.1 所示。

表 2.1　叶轮的切削限量

比转数 n_s/(r/min)	60	120	200	300	350	>350
最大允许切削量/%	20	15	11	9	7	0
效率下降值	每切削 10%,效率下降 1%		每切削 4%,效率下降 1%			

(2)对 n_s 不同的叶轮,切削方式应不同。对低 n_s 的离心式叶轮,叶轮前、后盖板和叶片

的切削量应一样；对高 n_s 离心式叶轮，后盖板的切削量应大于前盖板，并应保证切削后前盖板叶片流线与后盖板叶片流线等长；混流式叶轮则只切削前盖板的外缘，如图 2.36 所示。

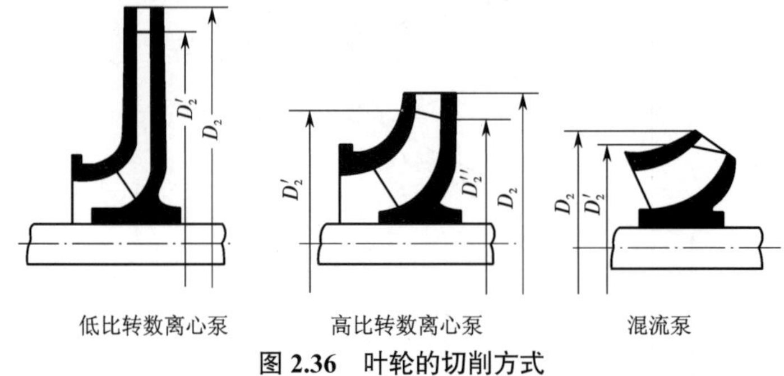

图 2.36 叶轮的切削方式

如叶轮出口处有导流器或减漏环，则切削时只切叶片，不切盖板。

（3）虽然切削律在形式上与比例律相似，但两者的本质是不同的，比例律由相似理论推出，而切削律是纯经验的。

（4）在允许的范围内切削，只影响叶轮出口的流体运动，并不影响叶轮进口的流体运动，所以切削后虽然 $Q\text{-}H$、$Q\text{-}N$、$Q\text{-}\eta$ 曲线改变，但 $Q\text{-}H_s$ 曲线是不变的。

2.9.3 叶片式水泵的性能曲线型谱图

切削叶轮是扩大水泵的使用范围的重要手段，利用切削律可以把水泵的高效段扩大为高效区。按水泵的最大切削百分数作出切削后的特性曲线，然后过水泵高效段的两个边界点 A、B 作切削抛物线，和切削后的特性曲线交于 C、D 两点，如图 2.37 所示，$ABDC$ 就是水泵在一定转速下的高效率工作区域（简称“高效区”）。选用水泵时，如果所需工况点位于高效率工作区域内，选这台水泵就比较合适。

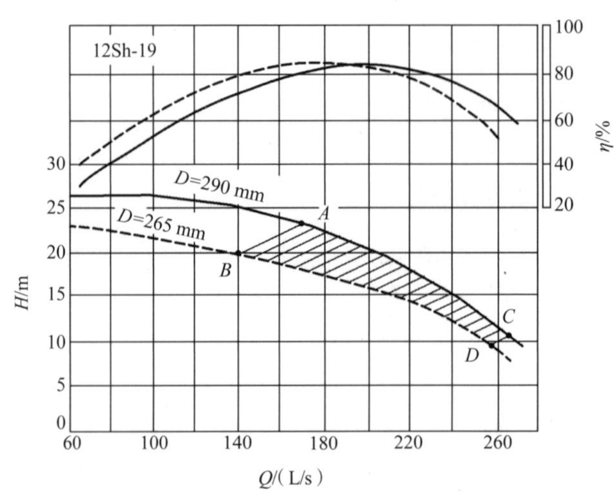

图 2.37 水泵的高效率工作区域

目前，一台水泵除了原尺寸的叶轮外，水泵厂往往另配几个具有一定切削量的叶轮供用户选择。为了方便选择，厂方配的经过切削的叶轮的特性曲线也画在样本的特性曲线图上，有时把某种类型的多型号水泵的特性曲线画在对数坐标纸上，如图 2.38 所示，称为性能曲线型谱图。用户使用这种图选泵，只需看所需工况点落在哪一个区域内，即选用哪一型号的水泵，十分方便。

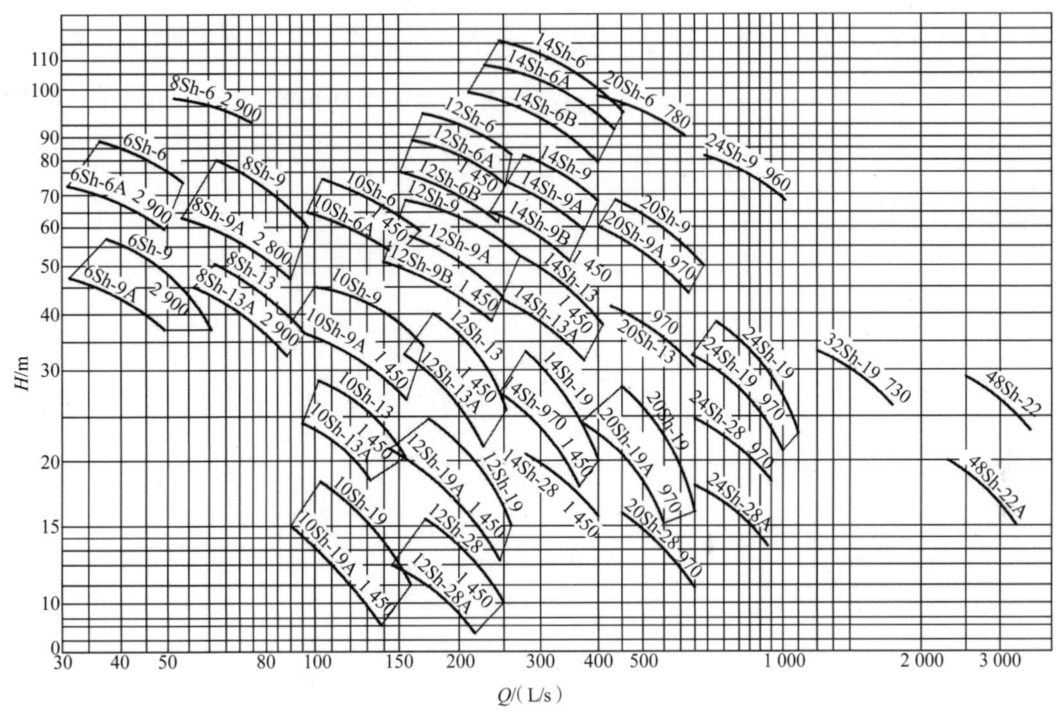

图 2.38　Sh 型离心泵的性能曲线型谱图

当然，如果水泵厂配置的叶轮不合要求，也可按所需工况自行计算切削量并进行切削，但不得超过切削限度。

2.10　水泵的并、串联运行

2.10.1　水泵的并联运行

给排水泵站通常采用多台水泵并联运行，所谓并联运行就是一台以上的水泵共同向管系供水。并联运行的目的是：①调节流量，当输水量大时多开几台水泵，当输水量小时少开几台水泵；②提高安全性，当一台水泵出事故时不致中断供水。因此，并联运行提高了水泵站运行的灵活性和可靠性。

1. 水泵并联运行的图解法

下面研究水泵并联运行的工况，图 2.39 左侧为两台水泵并联向水塔供水的图示。由图可以看出，在 B 点处液体的比能 $E_B = H_{\mathrm{I}} - \sum h_{AB} = H_{\mathrm{II}} - \sum h_{CB}$，$H_{\mathrm{I}}$、$H_{\mathrm{II}}$ 为泵Ⅰ、Ⅱ的扬程，$\sum h_{AB}$、$\sum h_{CB}$ 为管道 AB、CB 中的水头损失。

在此装置中，$H_{\mathrm{I}} - \sum h_{AB}$ 永远与 $H_{\mathrm{II}} - \sum h_{CB}$ 相等，因此可用折引曲线法作图，如图 2.39 右

侧所示。先作出泵Ⅰ、Ⅱ的特性曲线$(Q\text{-}H)_{\text{I}}$、$(Q\text{-}H)_{\text{II}}$，然后分别作出曲线$Q\text{-}\sum h_{AB}$和$Q\text{-}\sum h_{CB}$。$(Q\text{-}H)_{\text{I}}$曲线减去$Q\text{-}\sum h_{AB}$曲线的纵坐标得折引曲线$(Q\text{-}H)'_{\text{I}}$，$(Q\text{-}H)_{\text{II}}$曲线的纵坐标减去$Q\text{-}\sum h_{CB}$曲线的纵坐标得折引曲线$(Q\text{-}H)'_{\text{II}}$。因为在任何流量下均有$H_{\text{I}}-\sum h_{AB}=H_{\text{II}}-\sum h_{CB}$，所以把曲线$(Q\text{-}H)'_{\text{I}}$和$(Q\text{-}H)'_{\text{II}}$的横坐标相加，即得曲线$(Q\text{-}H)'_{\text{I+II}}$。

曲线$(Q\text{-}H)'_{\text{I+II}}$表示$B$点的比能与流量的关系，也表示两泵并联运行时总出水量与扣除各泵管道中的水头损失之后传给液体的比能的关系。因此，曲线$(Q\text{-}H)'_{\text{I+II}}$也称为水泵并联的折引特性曲线。

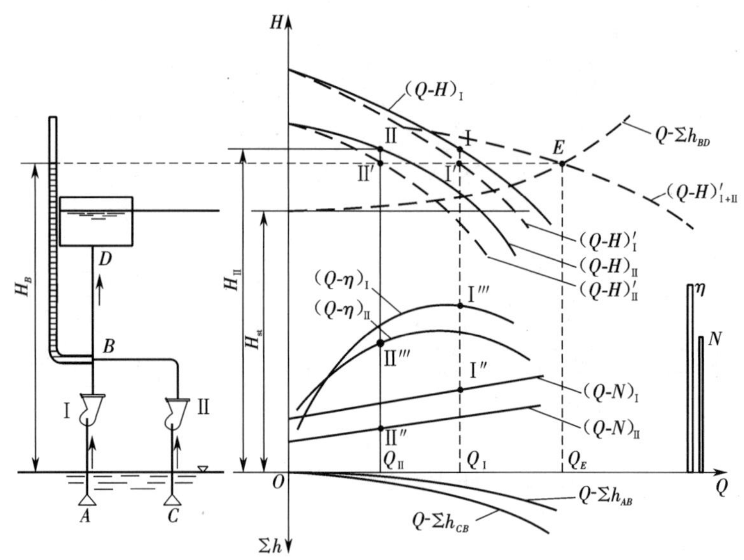

图 2.39 相同水位下不同型号的两台水泵并联

然后作出管道BD的水头损失与流量的关系曲线$Q\text{-}\sum h_{BD}$，把曲线的纵坐标加上H_{st}，得到管路特性曲线$Q\text{-}\sum h_{BD}$，如图 2.39 所示。由于管道BD中的流量就是B点的流量，而B点处液体的比能正是用来把液体提升到水塔并克服管道BD中的水头损失的，所以曲线$(Q\text{-}H)'_{\text{I+II}}$和曲线$Q\text{-}\sum h_{BD}$的交点$E$即为工况点。由$E$点引垂线可得$B$点的流量$Q_E$，即两泵并联运行的供水量。由$E$点引水平线交曲线$(Q\text{-}H)'_{\text{I}}$于Ⅰ′点，交曲线$(Q\text{-}H)'_{\text{II}}$于Ⅱ′点，由Ⅰ′、Ⅱ′点引垂线可得$Q_{\text{I}}$、$Q_{\text{II}}$，分别为泵Ⅰ、Ⅱ在并联运行时的供水量。因为$E$点的横坐标等于Ⅰ′点和Ⅱ′点的横坐标值之和，所以$Q_{\text{I}}+Q_{\text{II}}=Q_E$，即$E$点的流量等于Ⅰ、Ⅱ两泵的流量之和。由Ⅰ′、Ⅱ′点引垂线向上，分别与$(Q\text{-}H)_{\text{I}}$、$(Q\text{-}H)_{\text{II}}$交于Ⅰ、Ⅱ点，两点的纵坐标H_{I}、H_{II}分别为泵Ⅰ、Ⅱ的扬程。H_{I}不一定等于H_{II}，因为两泵不同，管道AB、CB也不同。要注意泵的扬程不能在曲线$(Q\text{-}H)'_{\text{I}}$和$(Q\text{-}H)'_{\text{II}}$上找，因为这两条曲线分别表示$H_{\text{I}}\text{-}\sum h_{AB}$和$H_{\text{II}}\text{-}\sum h_{CB}$，而不是$H_{\text{I}}$和$H_{\text{II}}$。

知道了Q_{I}、Q_{II}，就可以由水泵的功率和效率曲线求得并联运行时泵Ⅰ、Ⅱ的功率和效率，如图 2.39 所示。

当泵Ⅱ停车，泵Ⅰ单独运行时，工况可由曲线 $Q\text{-}\sum h_{BD}$ 和曲线 $(Q\text{-}H)'_{\text{I}}$ 的交点决定，这时泵Ⅰ的流量为 Q'_{I}。当泵Ⅰ停车，泵Ⅱ单独运行时，工况由曲线 $Q\text{-}\sum h_{BD}$ 和曲线 $(Q\text{-}H)'_{\text{II}}$ 的交点决定，这时泵Ⅱ的流量为 Q'_{II}。显然 $Q'_{\text{I}} > Q_{\text{I}}$，$Q'_{\text{II}} > Q_{\text{II}}$，这是因为并联运行时，公用管道 BD 中的流量大，因而水头损失大，使并联时的扬程大于单泵运行时。由于泵的 Q 随 H 增大而减小，所以并联时单台泵的流量小于其单独运行时的流量。基于这一关系，对水泵站（例如用增减运行水泵数来调节流量的泵站）中可能并联运行也可能单独运行的水泵必须注意下述问题。

（1）由于单独运行时的流量大于并联运行时的流量，因此水泵单独运行时的功率大于并联运行时的功率，选配电动机时功率应按单独运行时的工况考虑，以免过载。

（2）两台水泵并联运行时的流量不能按单泵运行时流量的两倍计算，公用管道的管路特性曲线越陡，并联时流量增加得越少。

图 2.40 所示为五台同型号的水泵并联工作的情况。由图可知：一台泵工作时的流量 Q_1 为 100 L/s，两台泵并联工作时的总流量 Q_2 为 190 L/s，比单泵工作时增加了 90 L/s；三台泵并联工作时的总流量 Q_3 为 251 L/s，比两台泵并联工作时增加了 61 L/s；四台泵并联工作时的总流量 Q_4 为 284 L/s，比三台泵并联工作时增加了 33 L/s；五台泵并联工作时的总流量 Q_5 为 300 L/s，只比四台泵并联工作时增加了 16 L/s。由此可见，再增加并联的水泵效果就不大了。每台泵的工况点都随着并联台数的增多而向扬程大的一侧移动，台数过多就可能使工况点移出高效段。因此，在对旧泵房进行挖潜、扩建时，不能简单地认为并联水泵的台数增加一倍，流量就会增加一倍。产生这种错误的认识常常是因为将并联运行时的工况点与绘制水泵的总 $Q\text{-}H$ 曲线时所采用的等扬程下流量叠加的概念混为一谈。必须考虑管道的过水能力，并经过并联工况的计算和分析后，才能下结论。没经过工况分析就随便增加水泵的台数是不可靠的，因为忽略了管路系统的特性对并联工作的影响。

（3）选择水泵时应注意：如所选水泵是按单独运行考虑的，那么并联运行时水泵的流量会减小，扬程会增大；如所选水泵是按并联运行考虑的，则单独运行时水泵的流量会增大，功率会增大。

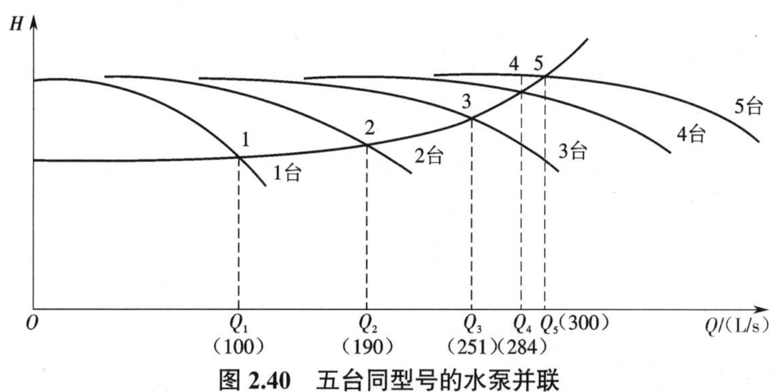

图 2.40　五台同型号的水泵并联

在图 2.39 中，如果管道 AB、CB 相对于 BD 来说很短，水头损失很小，则图解法可以简化为如下步骤。如图 2.41 所示，先作出 $Q\text{-}H_{\text{I}}$、$Q\text{-}H_{\text{II}}$ 曲线，把两条曲线的横坐标相加（不进行折减),得并联曲线,其与管道 BD 的特性曲线交于点 E,按交点 E 求工况,其他步骤同图 2.39。

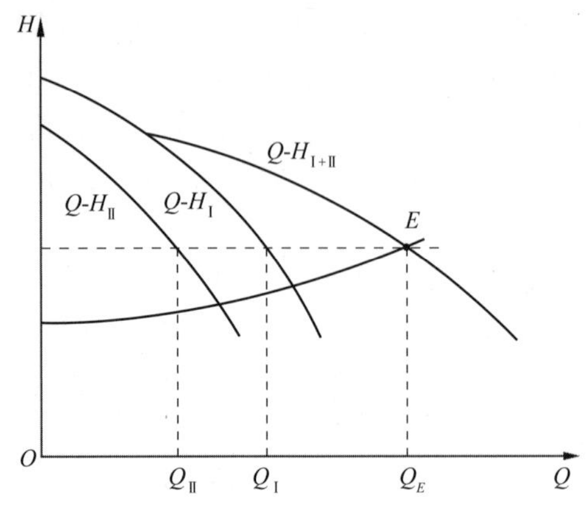

2.41　水泵并联运行时的 Q-H 曲线

下面再通过一些例子进一步掌握并联运行的图解法。

例 2.1　两台水泵从水位不同的水池中将水抽到水塔,如图 2.42 所示,用图解法求工况。

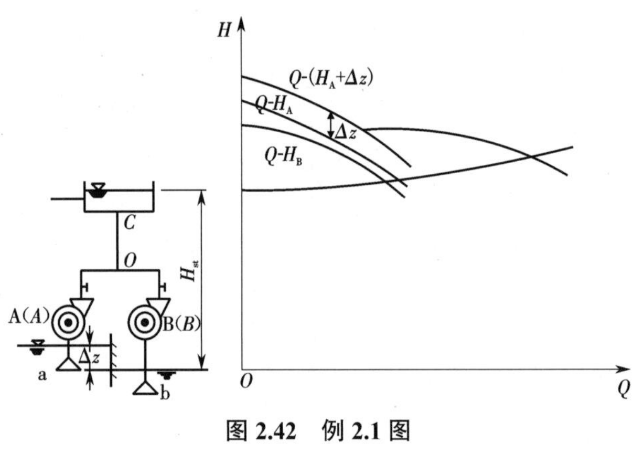

图 2.42　例 2.1 图

解　先作出 $Q\text{-}H_A$、$Q\text{-}H_B$ 曲线,A 泵的吸水池水面比 B 泵的吸水池水面高 Δz,所以 a 池中的比能比 b 池大 Δz。如以 b 池的水面为基准,则 A 泵的 $Q\text{-}H_A$ 曲线的纵坐标应加上 Δz,其他步骤同图 2.39。

实际上这也是折引曲线法,即把水位差 Δz 折引到泵的 Q-H 曲线中,然后求交点,从而求出工况。

例 2.2　一台水泵向两个并联工作的水池输水,如图 2.43 所示,用图解法求工况。

解　首先假设在管路分支 B 处安装一根测压管,依此测压管的水面高度可分析出水泵向两个不同高度的水池输水时可能存在三种情况:①测压管的水面高于 D 处的水面(即 $H_B > z_D$),水泵向两个高水池输水;②测压管的水面低于 D 处的水面,而高于 C 处的水面(即 $z_C < H_B < z_D$),水泵和高水池并联工作,共同向低水池输水;③测压管的水面等于 D 处的水面(即 $H_B = z_D$),D 处的水面维持平衡,水泵单独向一个低水池输水(这是一种瞬间的临界

状态，在工程中意义不大）。

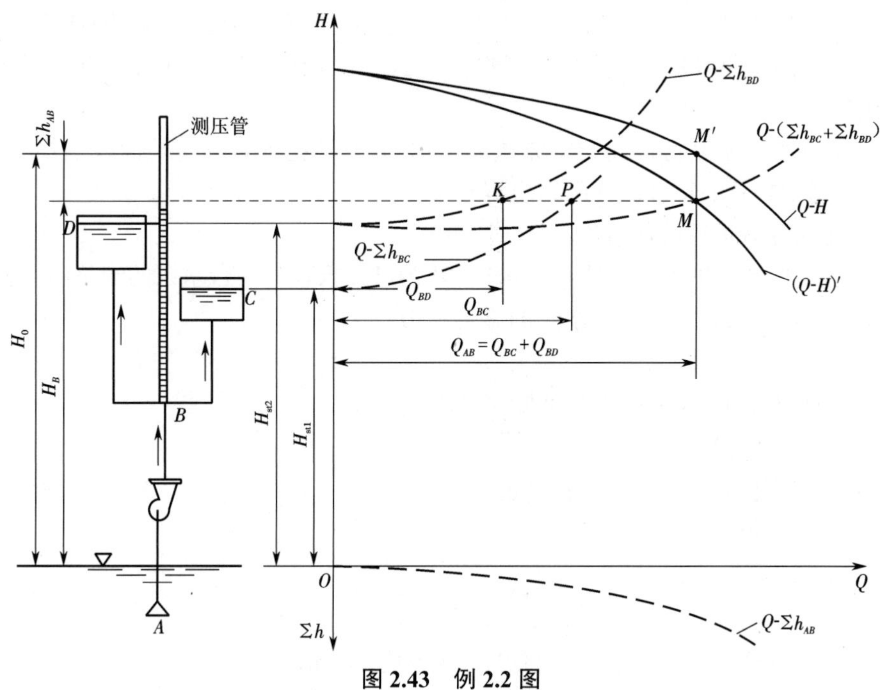

图 2.43　例 2.2 图

对工况①：水泵的扬程为 H_0，水在 B 点具有的比能 $E_B=H_0-\sum h_{AB}$（因动能甚小，忽略不计），B 点的测压管水头

$$H_B=E_B=H_0-\sum h_{AB} \tag{2-79}$$

按管道布置作出 Q-$\sum h_{AB}$ 曲线，然后用折引曲线法，按式（2-79）将水泵的 Q-H 曲线的纵坐标减去管道 AB 在相应流量下的水头损失，得到将水泵折引到 B 点处的折引特性曲线 $(Q\text{-}H)'$。

再画出管道 BC、BD 的管路特性曲线 Q-$\sum h_{BC}$、Q-$\sum h_{BD}$（按 $H_B=z_C+\sum h_{BC}=z_D+h_{BD}$ 绘在图 2.43 上）。由于 $Q_{AB}=Q_{BC}+Q_{BD}$，所以将两条管路特性曲线叠加得 Q-$(\sum h_{BC}+\sum h_{BD})$，其与水泵在 B 点的折引特性曲线（Q-H）′ 交于 M 点，M 点的横坐标为 B 点的总流量。由 M 点向上引垂线与 Q-H 曲线交于 M' 点，M' 点即为水泵的工况点，其纵坐标为水泵的扬程。由 M 点向左引水平线与 Q-$\sum h_{BC}$、Q-$\sum h_{BD}$ 分别交于 P、K 两点，P 点的横坐标即为 Q_{BC}，K 点的横坐标即为 Q_{BD}。

综上可得出以下结论。

（1）作水泵并联特性曲线，可把水泵的 Q-H 曲线的横坐标叠加（管道 AB、CD 中的水头损失可略去不计），或把水泵的折引特性曲线的横坐标叠加（管道 AB、CD 中的水头损失不能略去不计）。作管路并联特性曲线，可把各并联管路的特性曲线横坐标叠加。求并联运行工况的实质是求出水泵并联特性曲线和管路并联特性曲线的交点。

（2）求并联工况常用折引曲线法，它的优点在于在一张图上不但可知并联工况，还可知各泵单独运行的工况。折引曲线法的关键是把"只与"该泵有关的装置特性（如管道的水头损失，吸水池的水位、压力等）折引到该泵的 Q-H 曲线中，作出折引特性曲线。要特别注意"只与"两个字，以例 2.1 为例，管道 OC 虽与 A 泵有关，但亦与 B 泵有关，因此不能折引到 A 泵或 B 泵的 Q-H 曲线中，而管道 BO、水位差 Δz 只与 B 泵有关，所以应折引到 B 泵的 Q-H 曲线中。

（3）复杂管系作管路特性曲线的方法如下：并联管道把各管的特性曲线的横坐标相加得出；串联管道把各管的特性曲线的纵坐标相加得出。

2. 水泵定速并联运行的数解法

n 台同型号的水泵并联工作时，$Q = nQ'$，Q' 为已知扬程时一台水泵的流量（L/s）。并联工作水泵的总虚扬程 H_x 等于每台水泵的虚扬程 H'_x。

$$H_x = H'_x$$

因此，n 台同型号的水泵并联工作时，水泵的扬程为

$$H = H_x - (nQ')^m S_x \tag{2-80}$$

式中 S_x——并联工作时水泵的总虚阻耗。

S_x 可由下式求得：

$$S_x = \frac{H'_a - H'_b}{(nQ'_b)^m - (nQ'_a)^m} = \frac{H'_a - H'_b}{n^m[(Q'_b)^m - (Q'_a)^m]} \tag{2-81}$$

式中 H'_a、H'_b——Q-H 曲线的高效段上任取两点的扬程，m；

Q'_a、Q'_b——在扬程为 H'_a、H'_b 的情况下，各水泵的流量，L/s。

由式（2-39）可得

$$S_x = \frac{S'_x}{n^m} \tag{2-82}$$

式中 S'_x——单台泵的虚阻耗。

两台不同型号的水泵并联工作时：

$$S_x = \frac{H_a - H_b}{(Q'_b + Q''_b)^m - (Q'_a + Q''_a)^m} \tag{2-83}$$

式中 Q'_a、Q''_a——在扬程为 H_a 时，两台水泵的流量，L/s；

Q'_b、Q''_b——在扬程为 H_b 时，两台水泵的流量，L/s。

因此，两台不同型号的水泵并联工作时：

$$H_x = H_a + (Q'_a + Q''_a)^m S_x = H_b + (Q'_b + Q''_b)^m S_x \tag{2-84}$$

可用类似的方法确定 n 台不同型号的水泵并联时的总虚扬程 H_x 和总虚阻耗 S_x，求得 H_x、S_x 后即可进一步用数解法来推求并联运行的工况点。

3. 本泵调速并联运行的数解法

在给水工程中，泵站的输配水系统一般由取水泵站和送水泵站这两种类型的水泵站组成。

（1）取水泵站调速运行的数解法。

通常取水泵站会由于水源水位涨落导致水泵流量变化。为了保证水厂中的净化构筑物均匀负荷，可采用调速运行的方法实现取水泵站的均匀供水，这在现实工程中有很重要的意义。

设某水厂的取水泵站有两台不同型号的水泵并联工作，如图 2.44 所示。其中 1# 泵为定速泵，其 Q-H 曲线高效段的方程为 $H=H_{x1}-S_{x1}Q^2$；2# 泵为可调速泵，当转速为 n_0 时，其 Q-H 曲线高效段的方程为 $H=H_{x2}-S_{x2}Q^2$。z_1、z_2 分别为 1# 泵、2# 泵吸水井水面的标高（m），z_0 为水厂混合井水面的标高（m），S_i 为管道阻耗系数（$i=1,\ 2,\ 3$），水厂要求取水泵站供水量为 Q_t。试求：实现取水泵站均匀供水的调速泵的转速 n^*。

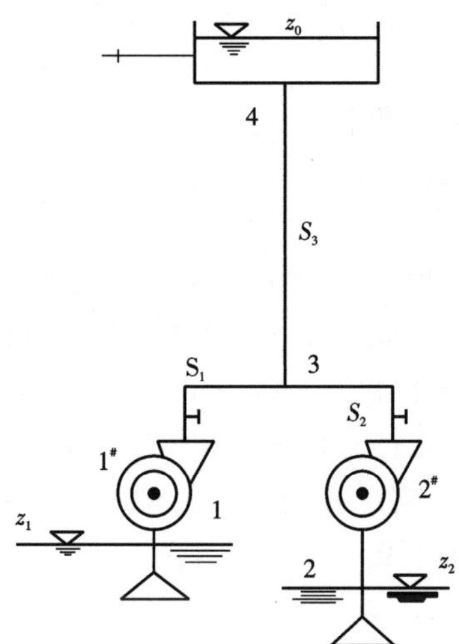

图 2.44　调速泵站示意

计算步骤如下。

①计算公共节点 3 处的总水压 H_3。

$$H_3=z_0+S_3Q_t^2$$

式中，z_0、S_3、Q_t 均为定值。

②计算水泵的出水量。

由式（2-38）、式（2-39）可得

$$H_x-S_xQ^2=H_{st}+\sum SQ^2$$

则

$$Q=\sqrt{\frac{H_x-H_{st}}{S_x+\sum S}} \tag{2-85}$$

定速泵的出水量可按式（2-85）计算，此时 $H_{st}=H_3-z_1$（而不是 $H_{st}=z_1-z_1$）。因此，

$$Q_1=\sqrt{\frac{H_{x1}+z_1-H_3}{S_1+S_{x1}}} \tag{2-86}$$

调速泵的出水量 Q_2 与水泵的转速有关。当水泵的转速为 n 时，根据式（2-72），其 Q-H 曲线高效段的方程为

$$H=\left(\frac{n}{n_0}\right)^2H_{x2}-S_{x2}Q^2$$

由式（2-85）可得（此时 $H_{st}=H_3-z_2$）：

$$Q_2=\sqrt{\frac{\left(\frac{n}{n_0}\right)^2 H_{x2}+z_2-H_3}{S_2+S_{x2}}} \tag{2-87}$$

③计算实现均匀供水的调速泵的转速 n^*。

实现均匀供水，即要求运行泵的出水量之和保持在水厂所要求的供水量 Q_t。按连续性方程，在公共节点 3 处有 $Q_1+Q_2=Q_t$，即

$$Q_t=\sqrt{\frac{H_{x1}+z_1-H_3}{S_1+S_{x1}}}+\sqrt{\frac{\left(\frac{n}{n_0}\right)^2 H_{x2}+z_2-H_3}{S_2+S_{x2}}} \tag{2-88}$$

解式（2-88）即可求出实现均匀供水的调速泵的转速 n^*（即 n）。

通常，当取水泵站中有多台定速泵与一台调速泵并联运行时，可按前面介绍的方法求出并联后定速泵的 Q-H 曲线，并视它们为一台当量水泵。这样就转换为一台定速泵（当量水泵）与一台调速泵联合运行，再按上述方法求出调速泵的转速 n^*。或者先按式（2-86）求出每台定速泵的出水量，然后按连续性方程列出类似于式（2-88）的方程并解出 n^*。一般而言，后一种方式可能更适用于数解法。

④求水泵的实际工况。

前面已经指出，水泵调速有一定的范围限制，只有在这个范围内才有等效率工况相似点。当求得的 n^* 小于允许的最低转速 $n_{\min}$ 时，应取 $n^*=n_{\min}$，此时有必要计算出 $n^*=n_{\min}$ 时各水泵的工况和总出水量，以采取其他措施实现均匀供水（如增加调速泵）。

（2）送水泵站调速运行的数解法。

送水泵站与管网联合工作的工况计算是一个比较复杂的课题。下面介绍以等压配水为目标的单水源管网的水泵调速运行的计算方法。所谓等压配水，简述之就是控制水厂送水泵站的出水压力，使管网控制点的自由水压满足用户所需的服务水压，并尽量使两者接近。

计算步骤如下。

①水厂送水泵站出水压力的确定。

水厂送水泵站的出水压力应保证管网中各节点的自由水压均不小于用户所需的服务水压。当管网中某控制节点的服务水压小于用户所需值时，送水泵站应采取增开水泵等措施来增大出水压力；当服务水压大于用户所需值时，为节省电耗、减少漏水和爆管事故的发生，可采用调速或减少开启水泵的方法来减小出水压力，从而降低服务水压。这是水厂调度中较常见的等压配水调度模式。

图 2.45 为送水泵站与管网联合工作的示意图。设水厂出水点 A 的出水压力为 H_A，地面标高为 z_A，水厂至管网中任一节点 i 的管段水头损失为 $\sum h_i$，节点 i 的地面标高为 z_i，用户所需的服务水压为 H_{ci}。节点 i 处的实际自由水压（服务水压）H_i 可由下式计算确定：

$$H_i=H_A+z_A-z_i-\sum h_i \tag{2-89}$$

服务水压 H_i 应保证用户的用水需要：

$$H_i \geqslant H_{ci}$$

即 （2-90）

$$H_A \geqslant H_{ci} + z_i + \sum h_i - z_A \tag{2-91}$$

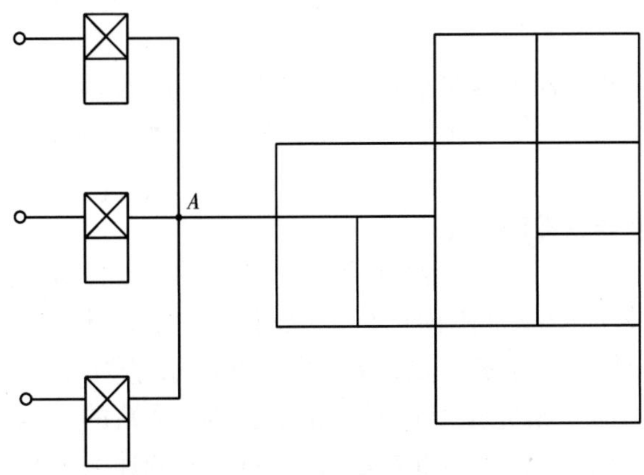

图 2.45　送水泵站与管网联合工作

设管网中节点 t 为控制点，则理想的水厂出水压力 H_A^* 为

$$H_A^* = H_{ci} + z_i + \sum h_i - z_A$$

②调速计算。

对单水源供水管网，泵站的供水量 Q_t 即为管网中用户的用水量，即管网节点流量之和。如能确定水厂出水压力 H_A^*，就能确定所要求的泵站运行工况（Q_t, H_A^*）。

水厂出水压力为 H_A^* 时，各定速泵的实际供水量 Q_j 可由式（2-85）求出。此时 $H_{st} = H_A^* + z_A - z_j$，则

$$Q_j = \sqrt{\frac{H_{xj} + z_j - H_A^* - z_A}{S_{xj} + S_j}} \tag{2-92}$$

求出各定速泵的供水量后，调速泵的供水量 Q' 可由下式确定：

$$Q' = Q_t - \sum Q_i \tag{2-93}$$

调速泵的扬程 H' 为

$$H' = H_A^* + z_A + S'Q'^2 - z_p \tag{2-94}$$

式中　S' ——调速泵吸水管及压水管的阻耗系数；

z_p——调速泵吸水井的水面标高。

设调速泵在额定转速 n_0 下运行时 Q-H 曲线方程为 $H = H_x - S_x Q^2$，由式（2-72）可求出所需的调速泵转速

$$n^* = \frac{n_0 Q' \sqrt{S_x + k}}{\sqrt{H_x}} \tag{2-95}$$

式中

$$k = \frac{H'}{Q'^2} = \frac{S'Q'^2 + H_A^* + z_A - z_p}{Q'^2} \tag{2-96}$$

③调速后水泵工况的计算。

若按式(2-95)求出的 $n^* < n_{min}$，则取 $n^* = n_{min}$，此时需重新确定水泵的实际工况及节点的实际水压。

此外应注意，在实际工程中送水泵站与管网联合工作时，送水扬程、流量每时每刻都在变化，并与管网中是否有水量调节构筑物(水塔、高地水池、调节水箱等)有很大的关系。

4. 水泵并联运行调速台数的选定

泵站中如果有多台水泵并联运行，调速泵与定速泵台数比例的确定应以每台调速泵在调速运行时都能在较高效率范围内运行为原则。图 2.46 所示为三台同型号的水泵并联运行。如果采用一调二定方案配置，当泵站要求供水量为 Q_A 时，若 $Q_2 < Q_A < Q_3$，开启两台定速泵、一台调速泵是完全可以满足的。此时，泵站的供水量为 Q_A，每台定速泵的流量为 Q_0，调速泵的流量为 Q_1。如果 Q_A 很接近 Q_2，调速泵的出水量 Q_i 就很小，其效率 η 一定很低，达不到节能效果。如果采用二调一定的方案，情况就不一样了。此时，泵站的供水量为 Q_A，一台定速泵的流量为 Q_0，每台调速泵的流量为 $Q_0 + Q_i/2$，$Q_0 + Q_i/2$ 可以控制在单泵的高效段内。如果泵站要求的供水量 Q_A 减少($Q_A \leqslant Q_2$)，可以关掉一台定速泵，由两台调速泵供水，这样比较容易使调速泵在高效段内工作，从而达到调速节能的目的。

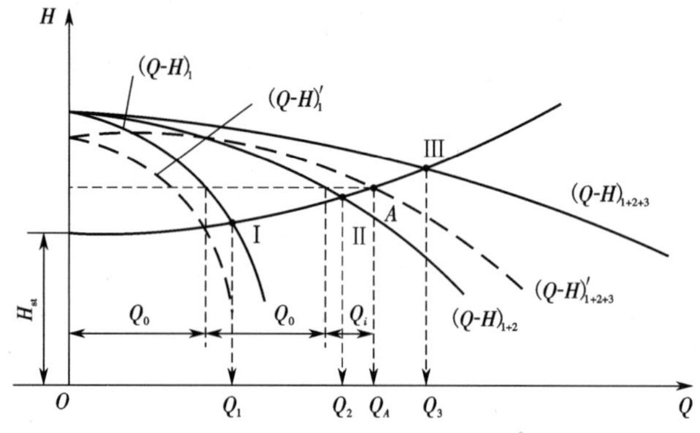

图 2.46 三台同型号的水泵并联运行

显然，如果泵站要求供水量 $Q_A > Q_3$，可设两台定速泵、两台调速泵，使每台调速泵的流量在定速泵流量的 1/2 到满额定速泵供水量之间变化，这样可以缩小单台调速泵的调速范围，使其在高效段内运行，以达到调速节能的目的。

2.10.2 水泵的串联运行

水泵串联运行就是将前一台水泵的压水管作为后一台水泵的吸水管，水由前一台水泵压入后一台水泵，以相同的流量依次流过各台水泵。串联运行时，液体获得的能量为各台水泵所供给的能量之和。图 2.47 所示为两台水泵串联运行。

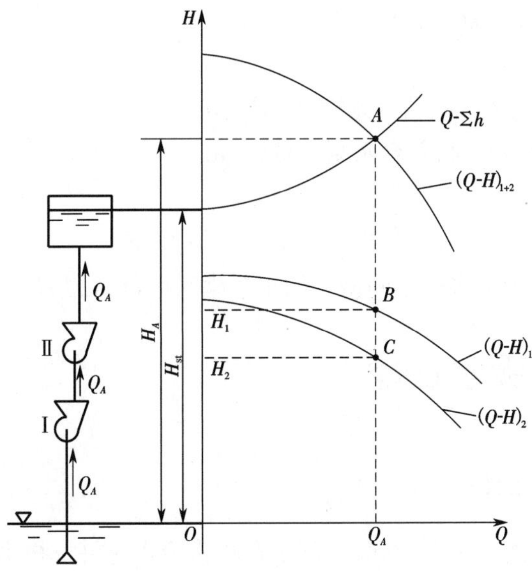

图 2.47　两台水泵串联运行

1. 图解法

两台水泵串联运行的总扬程为 $H_A = H_1 + H_2$。由此可见，多台水泵串联运行时，总扬程等于同一流量下各泵扬程的加和。把串联的两台水泵 $Q\text{-}H$ 曲线上横坐标相等的各点的纵坐标相加，即可得到总和 $(Q\text{-}H)_{1+2}$ 曲线，它与管路特性曲线交于 A 点。A 点的流量为 Q_A、扬程为 H_A，为串联装置的工况点。自 A 点引垂线分别与两台泵的 $Q\text{-}H$ 曲线交于 B 点、C 点，B 点、C 点为两台泵在串联运行时的工况点。

多级泵实质上就是 n 台水泵串联运行。随着水泵制造工艺的提高，目前生产的各种型号的水泵的扬程基本上已能满足给排水工程的要求，所以水泵站已很少采用水泵串联运行的形式。

如果需要水泵串联运行，各台水泵的设计流量应接近。否则，就不能保证各台泵都在较高效率下运行，严重时会使小泵过载或者反而不如大泵单独运行。因为在水泵串联运行条件下，通过大泵的流量与通过小泵的流量相等，小泵就可能在很大的流量下“强迫”工作，轴功率增大，电动机可能过载。另外，两台泵串联运行时，应考虑到后一台泵泵体的强度问题。

2. 数解法

采用数解法同样可以推求串联运行时水泵的工况。n 台同型号的水泵串联运行时，总扬程 $H = H' + H'' + \cdots + H^n = nH'$（$H'$、$H''$、…、$H^n$ 为各台泵在已知流量下的扬程），因此总虚扬程

$$H_x = nH'_x \tag{2-97}$$

总虚阻耗

$$S_x = nS'_x \tag{2-98}$$

$$H = H_x - Q^m nS'_x = n(H'_x - Q^m S'_x) = nH' \tag{2-99}$$

两台不同型号的水泵串联时，总虚阻耗为

$$S_x = \frac{(H_2' + H_2'') - (H_1' + H_1'')}{Q_1^m - Q_2^m} \tag{2-100}$$

式中 H_2'、H_2''——流量为 Q_2 时，每台水泵的扬程，m；

H_1'、H_1''——流量为 Q_1 时，每台水泵的扬程，m。

总虚扬程为

$$H_x = H_x' + H_x'' = H_1' + H_1'' + Q_1^m S_x = H_2' + H_2'' + Q_2^m S_x \tag{2-101}$$

采用类似的方法可确定多台不同型号的水泵串联运行时的 H_x、S_x。

2.11 离心泵的吸水性能

2.11.1 吸水段的特殊性

前面各节中所述的离心泵性能问题，都是在正常吸水条件下得出的，如果所要求的正常吸水条件不能满足，那么离心泵的性能会受到影响，甚至不能抽水。

如图 2.48 所示，离心泵从 *A* 点向 *B* 点抽水，从 *A* 点到水泵这一段叫吸水段，从水泵到 *B* 点这一段称为压水段。

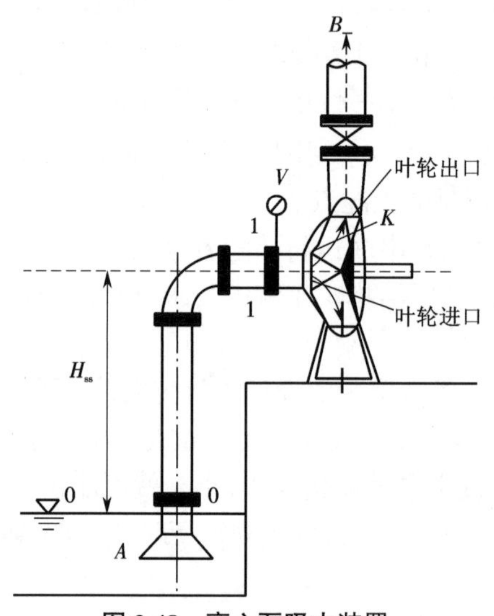

图 2.48 离心泵吸水装置

在压水段中，从理论上说只要原动机功率足够大，转速足够快，水泵传给水的能量就能够不受限制，可以把水扬升到无限的高度。

而在吸水段中，情况完全不同，水从 *A* 点流入水泵，是由吸水池水面上的大气压强和水泵入口处的真空之间的压差引起的。在海平面以上的地方，大气压强不会超过 10.33 mH_2O（1 mH_2O = 9 806.65 Pa），即使水泵的入口处达到绝对真空，两者的差值也只有 10.33 mH_2O。因此不论原动机功率多大，转速多快，吸水段的铅直距离，即吸水高度，绝不可能超过 10.33 m，这就是吸水段的特殊性。

2.11.2　气穴与气蚀

实际上由于吸水管中产生水头损失和其他原因，水泵的吸水高度远较 10.33 m 小。

泵内最低压力并不出现在泵入口处，而是出现在叶片入口端背面的 K 点附近，如图 2.48 所示。最低压力 P_K 降低到被抽液体工作温度下的饱和蒸气压力（即汽化压力）P_{va} 时，泵壳内即发生气穴和气蚀现象。

水的饱和蒸气压就是在一定水温下，防止水汽化的最小压力。其值与水温有关，如表 2.2 所示。水的汽化将随泵壳内压力的下降和水温的升高而加剧。当叶轮进口低压区的压力 $P_K \leqslant P_{va}$ 时，水就大量汽化，同时，原先溶解在水里的气体自动逸出，出现"冷沸"现象，形成的气泡中充满蒸汽和逸出的气体。气泡随水流进入叶轮中压力升高的区域时，突然被四周的水压压破，水流因惯性以高速冲向气泡中心，在气泡闭合区产生强烈的局部水锤现象，其瞬间的局部压力可以达到几十兆帕，此时可以听到气泡被冲破时炸裂的噪声，这种现象称为气穴现象。

表 2.2　水温与饱和蒸气压的关系

水温/℃	0	5	10	20	30	40	50	60	70	80	90	100
饱和蒸气压 h_{va}/mH_2O	0.06	0.09	0.12	0.24	0.43	0.75	1.25	2.02	3.17	4.82	7.14	10.33

在水泵中，气穴一般发生在叶片进口的壁面，金属表面承受着局部水锤作用，该作用的频率可达 20 000~30 000 次/s，就像水力楔子那样集中作用在以平方微米计的小面积上，经过一段时间后，金属就产生疲劳，金属表面开始呈蜂窝状，随之应力更加集中，叶片出现裂缝和剥落。同时，由于水和蜂窝状表面间歇接触，蜂窝的侧壁与底之间产生电位差，引起电化腐蚀，使裂缝加宽，最后几条裂缝互相贯穿，达到完全蚀坏的程度。水泵叶轮进口端产生的这种效应被称为气蚀。

气蚀现象是气穴现象侵蚀材料的结果。在许多书中将气蚀现象和气穴现象统称为气蚀现象。气蚀开始时被称为气蚀第一阶段，表现为水泵有轻微的噪声、振动（频率可达 600~25 000 次/s）和水泵的扬程、功率开始有些下降。如果外界条件促使气蚀更加严重，气蚀就进入第二阶段，气穴区会突然扩大，水泵的 H、N、η 将达到临界值后急剧下降，最后停止出水。

气蚀的影响对不同类型的水泵是不同的。对 n_s 较小（n_s<100）的水泵，因水泵叶片流槽狭长，很容易被气泡阻塞，在出现气蚀后，Q-H、Q-η 曲线迅速下降。对 n_s 较大（n_s>150）的水泵，因流槽宽，不易被气泡阻塞，所以 Q-H、Q-η 曲线先缓慢下降，过一段时间才迅速下降，正常输水被破坏。

气蚀现象对水泵运行是极其有害的，所以水泵不允许在气蚀条件下运行。

2.11.3　吸水管中压力的变化

图 2.49 为离心泵管路安装示意。在水泵运行中，由于叶轮的高速旋转，在入口处形成

了真空,水自吸水管端流入叶轮的进口。吸水池水面的大气压与叶轮进口处的绝对压力之差转化成位置水头、流速水头,并克服各项水头损失。图 2.49 中绘出了水从吸水管经泵壳流入叶轮的绝对压力线。以吸水管轴线为相对压力零线,则吸水管轴线与绝对压力线之间的高差表示了真空度的大小。绝对压力沿水流减小,在叶片背面(即背水面)靠近吸水口的 K 点处达到最小值, $P_K=P_{\min}$。接着水流在叶轮中受到由叶片传来的机械能,压力才迅速上升。下面介绍如何确定最低压力 P_K。

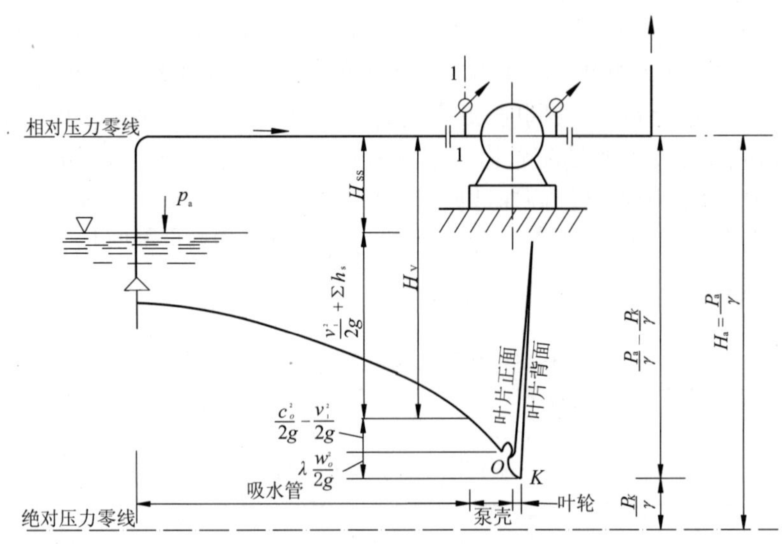

图 2.49 吸水管及泵入口中压力变化示意图

首先列池面与 1—1 断面的能量方程:

$$\frac{p_{\mathrm{a}}}{\gamma}=\frac{p_1}{\gamma}+H_{\mathrm{ss}}+\frac{v_1^2}{2g}+\sum h_{\mathrm{s}} \tag{2-102}$$

式中 γ——容重,N/m³;

$\frac{p_{\mathrm{a}}}{\gamma}$、$\frac{p_1}{\gamma}$——池面的大气压头与 1—1 断面处的绝对压头,m;

H_{ss}——吸水地形高度(即安装高度),m;

$\sum h_{\mathrm{s}}$——自吸水管至 1—1 断面间的水头损失之和,m。

列池面与叶片入口前 $O—O$ 断面的能量方程,得

$$\frac{p_{\mathrm{a}}}{\gamma}-\frac{p_O}{\gamma}=H_{\mathrm{ss}}+\frac{c_O^2}{2g}+\sum h_{\mathrm{s}} \tag{2-103}$$

式中 c_O、P_O——$O—O$ 断面上的流速与压力。

K 点的压力比 $O—O$ 断面低,原因如下:

(1)由于从 1—1 断面到 $O—O$ 断面过水断面面积减小,因此速度头变大,这一速度头增值 $\left(\frac{c_O^2}{2g}-\frac{v_1^2}{2g}\right)$ 只能由压头减小来转换;

(2)从 $O—O$ 断面到 K 点,液流流线弯曲产生附加离心力,在流线的凹侧,压强必定降

低，叶片背面更较正面低，这一压头降可用 $\frac{w_K^2}{2g}-\frac{w_O^2}{2g}=\frac{w_O^2}{2g}\left(\frac{w_K^2}{w_O^1}-1\right)=\lambda\frac{w_O^2}{2g}$ 表示，式中 λ 为气穴系数，w_O、w_K 分别为 O 点、K 点处的液流相对速度。

因此 1—1 断面与 K 点的压差可写为

$$\frac{p_1}{\gamma}-\frac{p_K}{\gamma}=\left(\frac{c_O^2}{2g}-\frac{v_1^2}{2g}\right)+\lambda\frac{w_O^2}{2g} \tag{2-104}$$

将式(2-104)代入式(2-102)有

$$\frac{p_a}{\gamma}-\frac{p_K}{\gamma}=\left(H_{ss}+\frac{v_1^2}{2g}+\sum h_s\right)+\left(\frac{c_O^2}{2g}-\frac{v_1^2}{2g}\right)+\lambda\frac{w_O^2}{2g} \tag{2-105}$$

按图 2.49 分析式(2-105)中各项的含义，池面的压头与泵壳内的最低压头之差 $\left(\frac{p_a}{\gamma}-\frac{p_K}{\gamma}\right)$ 用来：

(1)把池中液体的高度提升 H_{ss}；

(2)克服吸水管中的水头损失 $\sum h_s$，产生流速水头 $\frac{v_1^2}{2g}$；

(3)产生速度头增值 $\frac{c_O^2-v_1^2}{2g}$；

(4)进一步降压，供应 K 点产生的 $\lambda\frac{w_O^2}{2g}$。

式(2-105)中左边的项 $\frac{p_a}{\gamma}-\frac{p_K}{\gamma}$ 的物理意义为吸水池水面相较于泵内 K 点的能量余裕值：

$\frac{p_a}{\gamma}$——当地的大气压水柱高；

$\frac{p_K}{\gamma}$——是一个条件值，不能低于该水温下的饱和蒸气压，否则会发生汽化。

再进一步，式(2-105)右边可分为泵壳外部与内部压头的减小，如以大气压为界，真空表所示为泵壳外部的压降。$H_{ss}+\frac{v_1^2}{2g}+\sum h_s$ 反映了该处的实际压降 H_v，而 $\frac{c_O^2-v_1^2}{2g}+\lambda\frac{w_O^2}{2g}$ 反映了泵壳内部的压降。其中 $\lambda\frac{w_O^2}{2g}$ 是叶轮入口与叶轮背面的压头差，该值变化较大，通常不小于 3 mH_2O。λ 与构造和 Q、H 等因素有关，所以泵内的压头降是相当可观的，是由水泵的构造和工况决定的。

2.11.4　吸水性能参数

由上所述，为了避免气蚀的发生，必须使水泵内的最低压力大于汽化压力。因此水泵厂在水泵样本中用气蚀余量 H_{sv} 或允许吸上真空高度 H_s 来表示泵的吸水性能，并用来计算水泵的安装高度，以避免水泵内发生气蚀。下面分别对这两个性能参数进行讨论。

1）气蚀余量 H_{sv}（net positive suction head，NPSH）

令 $\frac{c_O^2}{2g}+\lambda\frac{w_O^2}{2g}=\Delta h'$，代入式（2-104）可得

$$\left(\frac{p_1}{\gamma}+\frac{v_1^2}{2}\right)-\frac{p_K}{\gamma}=\Delta h' \tag{2-106}$$

$\Delta h'$ 表示泵入口处 1—1 断面的液体比能与最低压力区 K 处压头的差值，它只与 λ、c_O、w_O 有关，即与泵入口的构造形式和工况有关，对一定的水泵来说，只与工况有关，所以

$$\Delta h'=f(Q) \tag{2-107}$$

目前，由于泵内液体的运动规律以及气蚀发生、发展的过程尚未完全弄清，不能从理论上算出 $\Delta h'$ 的数值，只能通过气蚀实验求出不同工况下的 $\Delta h'$，作出 Q-$\Delta h'$ 曲线。根据 Q-$\Delta h'$ 曲线可推知在气蚀临界条件（即 $\frac{p_K}{\gamma}$ 刚刚降到 $\frac{p_{va}}{\gamma}$）下，不同工况下的泵吸入口处的液体比能：

$$\left(\frac{p_1}{\gamma}+\frac{v_1^2}{2g}\right)-\frac{p_{va}}{\gamma}=\Delta h' \tag{2-108}$$

在气蚀临界条件下，泵入口处液体比能超过液体汽化压力的值称为临界气蚀余量 $\Delta h'$，离心泵的 $\Delta h'$ 一般随 Q 增大而增大，所以 Q-$\Delta h'$ 曲线为一条上升的曲线。

在吸水池水面与泵吸入口断面 1—1 之间列能量方程：

$$\frac{p_1}{\gamma}+\frac{v_1^2}{2g}=\frac{p_a}{\gamma}-H_{ss}-\sum h_s \tag{2-109}$$

或

$$\left(\frac{p_1}{\gamma}+\frac{v_1^2}{2g}\right)-\frac{p_{va}}{\gamma}=\frac{p_a}{\gamma}-H_{ss}-\sum h_s-\frac{p_{va}}{\gamma}$$

上式右边表示泵吸入口处的液体实际具有的比能超过液体汽化压力的值，可见实际上泵吸入口处液体的比能由吸水装置的外部条件决定，叫作实际气蚀余量 Δh。

$$\Delta h=\frac{p_a}{\gamma}-H_{ss}-\sum h_s-\frac{p_{va}}{\gamma} \tag{2-110}$$

显然，当 $\Delta h\leqslant\Delta h'$ 时，水泵会发生气蚀，因此 $\Delta h'$ 越大，越易发生气蚀，水泵的吸水性能越差，所以 $\Delta h'$ 可以作为水泵的吸水性能参数。

当 $\Delta h>\Delta h'$ 时，Δh 与 $\Delta h'$ 的差值表示泵内最低压力 $\frac{p_K}{\gamma}$ 与液体汽化压力 $\frac{p_{va}}{\gamma}$ 的差值，其值越大，越不易发生气蚀。

为了保证水泵不发生气蚀，水泵厂把临界气蚀余量 $\Delta h'$ 加上 0.4~0.6 m 的安全量作为允许的气蚀余量，以 H_{sv} 表示（简称气蚀余量），提供在水泵样本中。

应该注意，很多有关水泵的著作或资料中并不区别 $\Delta h'$、Δh 和 H_{sv}，而统统称之为气蚀余量，因此在阅读时应按含义自行辨别，才不致在概念上发生混乱，本书以下都用 H_{sv} 表示。

2）允许吸上真空高度 H_s

由式（2-108）有 $\left(\frac{p_1}{\gamma}+\frac{v_1^2}{2g}\right)-\frac{p_{va}}{\gamma}=H_{sv}$，代入 $p_1=p_a-p_v$ 得

$$\left(\frac{p_a}{\gamma}-\frac{p_v}{\gamma}+\frac{v_1^2}{2g}\right)=\frac{p_{va}}{\gamma}+H_{sv} \tag{2-111}$$

使 $\frac{p_v}{\gamma}=H_v$，并移项可得

$$H_v=\left(\frac{p_a}{\gamma}-\frac{p_{va}}{\gamma}\right)-H_{sv}+\frac{v_1^2}{2g} \tag{2-112}$$

因为 H_{sv} 用允许值，故 $\frac{p_v}{\gamma}=H_v\rightarrow H_s$，即允许吸上真空高度

$$H_s=\left(\frac{p_a}{\gamma}-\frac{p_{va}}{\gamma}\right)-\left(H_{sv}-\frac{v_1^2}{2g}\right) \tag{2-113}$$

从式（2-113）可以看出，H_s 是 H_{sv} 和 v_1 的函数，因此也是工况的函数，还与 $\frac{p_a}{\gamma}$ 和 $\frac{p_{va}}{\gamma}$ 有关，即与气压和水温有关。水泵厂在一个标准大气压和 20 ℃的水温下，通过气蚀实验作出 Q-H_s 曲线，并把实验得出的值减去一个安全量作为允许吸上真空高度，在样本中提供 Q-H_s 曲线。我国以 H_s 作为离心泵和混流泵的吸水性能参数，对离心泵来说，Q-H_s 曲线一般是一条下降的曲线，而 Q-H_{sv} 曲线则是一条上升的曲线，如图 2.50 所示。

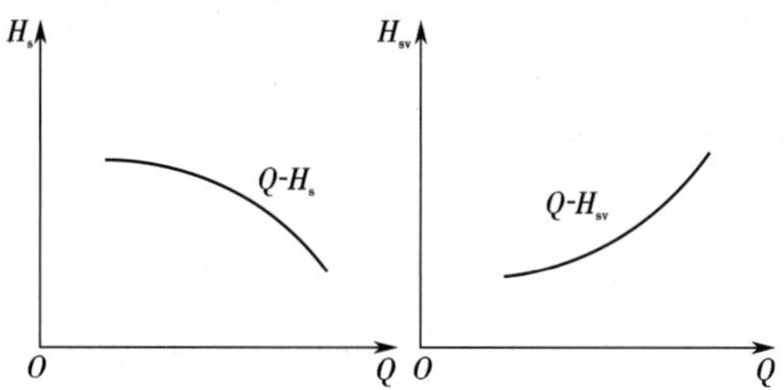

图 2.50　离心泵的 Q-H_s、Q-H_{sv} 曲线

H_s—允许吸上真空高度；H_{sv}—气蚀余量

实际的真空表读数 H_v，可由式（2-109）得出：

$$H_v=\frac{p_a}{\gamma}-\frac{p_1}{\gamma}=H_{ss}+\sum h_s+\frac{v_1^2}{2g} \tag{2-114}$$

只要 $H_v<H_s$，水泵就可以避免发生气蚀。

用 H_s 作为吸水性能参数与 H_{sv} 不同，它不但与工况有关，还与当地的气压和水温有关，如当地的气压与水温不是一个标准大气压和 20 ℃，则应对样本中提供的 H_s 值加以校正，由式（2-113）可知：

$$H_s'=H_s-(10.33-0.24)+\left(\frac{p_a}{\gamma}-\frac{p_{va}}{\gamma}\right)=H_s-(10.33-h_a)-(h_{va}-0.24) \tag{2-115}$$

式中 H_s'——校正后的允许吸上真空高度；

10.33——一个标准大气压的水柱高度；

0.24——20 ℃时的饱和蒸汽压的水柱高度；

h_a、h_{va}——安装地点的大气压和实际气温下的饱和蒸气压的水柱高度。

注意：Q-H_{sv} 或 Q-H_s 曲线是另一条重要的性能曲线，当水泵正常运行时，扬程、功率、效率一定在 Q-H、Q-N、Q-η 曲线上，因此这三条曲线是工况线，但水泵实际的气蚀余量或吸上真空高度则不一定在 Q-H_{sv} 或 Q-H_s 曲线上。这说明 Q-H_{sv}、Q-H_s 曲线是限度线，而不是工况线，如果 H_s、H_{sv} 超越限度线，则水泵会发生气蚀，这时 H、N、η 会脱离工况线下降，严重时甚至中断抽水。

2.11.5 最大安装高度的计算

由式（2-114）可得安装高度的计算公式：

$$H_{ss}=H_v-\sum h_s-\frac{v_1^2}{2g} \tag{2-116}$$

水泵样本中提供的 H_s 值即为式（2-116）中 H_v 的最大极限值，即 $H_v\to H_s$，$H_{ss}\to H_{ss,\max}$，所以最大安装高度

$$H_{ss,\max}=H_s-\sum h_s-\frac{v_1^2}{2g} \tag{2-117}$$

在计算时应注意：

（1）因为不同流量对应于不同的 H_s 值，因此必须按水泵可能运行的 Q 的范围挑选最小的 H_s 代入式（2-117）进行计算；

（2）安装高度应从吸水池最低水位算起，对卧式泵算到吸入口上缘（对小泵也可算到泵轴），对立式泵算到吸入口叶片上缘；

（3）计算所得是最大安装高度，实际安装高度可以小于此值；

（4）当水泵安装地区的气压和水温不是标准状态时，应按表 2.2、表 2.3 校正 H_s 值，然后代入式（2-117）中计算。

表 2.3 海拔与大气压的关系

海拔/m	0	100	200	300	400	600	900	1 200	1 500	2 100	3 000
大气压/mH_2O	10.33	10.21	10.08	10.00	9.83	9.62	9.26	8.90	8.70	8.00	7.29

2.11.6 防止和减轻气蚀的措施

防止和减轻气蚀的措施如下：

（1）正确计算安装高度；

（2）尽量减少吸水管水头损失；

（3）如已发生气蚀，应用调节工况的方法，使水泵在吸水条件较好的工况下运行（即使工作点移动，增大 H_s 或减小 H_{sv}）；

（4）对已发生气蚀的水泵，可在吸水管中充入微量空气，但空气量必须控制，否则会使水泵性能下降，甚至供水中断；

（5）当无法或很难避免轻度气蚀时，在气蚀部位涂耐蚀材料或采用高硬度材料等。

2.12　离心泵机组的启动和维护

2.12.1　启动

离心泵在启动前应先检查供配电设备是否完好，然后进行盘车（转动机组的联轴器，检查水泵和电动机内有无异常现象）和给泵壳、吸水管充水，并关上出水阀、压力表和真空表的阀门。在开动水泵的时候，应当打开压力表的旋塞阀，并启动电动机。当水泵转速达到正常，压力表达到适当的压力时，应当开启真空表的旋塞阀，并逐渐开启压水管路上的闸阀，直到获得所需的流量为止。同时应当打开通往填料函水封的管道上的旋塞阀（轴流泵应开启闸阀启动）。为了避免液体发热，在出水闸阀关闭的情况下，水泵持续工作不应超过 2~3 min。

在轴承需要冷却的场合，应当开启相应管道上的旋塞阀，让水流入轴承。

2.12.2　运行应注意的问题

在水泵运行时应注意以下问题：

（1）注意油环，要让它自由地随泵轴转动；

（2）注意轴承温度，一般不超过泵房环境温度 35 ℃，最高不超过 75 ℃；

（3）按油面计读数把轴承中的油面维持在所需的高度，运转 800~1 000 h 后，应放出轴承盒内肮脏的油，清洗轴承盒，然后充以新油；

（4）适当地压紧填料函，使水从其中以稀疏的水滴不断渗出，这不但对保证水封正常工作是必要的，而且对防止填料磨损泵轴和轴套也是必要的；

（5）遵守安全技术规定，注意特别危险的高速转动部件（联轴器轴、皮带轮）。

上述各项也适用于混流泵与轴流泵。

2.12.3　水泵的停车

停车前先关出水闸阀，实行闭闸停车，然后关闭真空表和压力表的阀门。如果水泵处在不采暖的房屋中，在冬季停车后必须放空水泵和管道内的水，以免发生冰冻。

2.12.4　水泵的故障和故障的排除

离心泵常见的故障及其排除方法可参见表 2.4。

表 2.4 离心泵常见的故障及其排除方法

故障	产生的原因	排除方法
启动后泵不出水或出水不足	1. 泵壳内有空气，灌泵工作没有做好 2. 吸水管路、填料漏气 3. 泵转向不对 4. 泵转速太低 5. 叶轮进水口、流道堵塞 6. 底阀堵塞或漏水 7. 吸水井水位下降，泵安装高度太大 8. 减漏环、叶轮磨损 9. 水面产生旋涡，空气被带入泵内 10. 水封管堵塞	1. 继续灌水或抽气 2. 堵塞漏气处，适当压紧填料 3. 对换一对接线，改变泵转向 4. 检查电路，是否电压太低 5. 揭开泵盖，清除杂物 6. 清除杂物或修理底阀 7. 核算吸水高度，必要时减小安装高度 8. 更换磨损的零件 9. 加大吸水口淹没深度或采取旋涡防止措施 10. 将水封管拆下清通
泵开启后不动或启动后轴功率过大	1. 填料压得太紧，泵轴弯曲，轴承磨损 2. 多级泵中的平衡孔或回水管堵塞 3. 靠背轮间隙太小，在运行中两轴相顶 4. 电压太低 5. 实际液体的相对密度远大于设计液体的相对密度 6. 流量太大，超过使用范围太多	1. 松一点压盖，矫直泵轴，更换轴承 2. 清除杂物，疏通回水管 3. 调整靠背轮间隙 4. 检查电路，向电路部门反映情况 5. 更换电动机，提高功率 6. 关小出水闸阀
泵机组振动和发出噪声	1. 地脚螺栓松动或没填实 2. 安装不良，联轴器不同心或泵轴弯曲 3. 泵发生气蚀 4. 轴承损坏或磨损 5. 基础松软 6. 泵内有严重摩擦 7. 出水管存留空气	1. 拧紧并填实地脚螺栓 2. 找正联轴器使其同心，矫直或更换泵轴 3. 减小吸水高度，减少水头损失 4. 更换轴承 5. 加固基础 6. 检查咬住部位 7. 在存留空气处加装排气阀
轴承发热	1. 轴承损坏 2. 轴承缺油或油太多（使用黄油时） 3. 油质不良，不干净 4. 泵轴弯曲或联轴器没找正 5. 滑动轴承的油环不起作用 6. 叶轮的平衡孔堵塞，使轴向力不能平衡 7. 多级泵的平衡轴向力装置失去作用	1. 更换轴承 2. 按规定的油面加油或去除多余的黄油 3. 更换合格的润滑油 4. 矫直泵轴或更换联轴器 5. 放正油环或更换油环 6. 清除平衡孔中堵塞的杂物 7. 检查回水管是否堵塞，联轴器是否相碰，平衡环是否损坏
电动机过载	1. 转速高于额定转速 2. 泵流量过大，扬程小 3. 电动机或泵发生机械损坏	1. 检查电路和电动机 2. 关小闸阀 3. 检查电动机和泵
填料处发热、漏渗水过少或没有	1. 填料压得太紧 2. 填料环装的位置不对 3. 水封管堵塞 4. 填料盒与轴不同心	1. 调整填料松紧度，使水呈滴状连续渗出 2. 调整填料环的位置，使它正好对准水封管口 3. 疏通水封管 4. 检修，调整不同心的地方

2.13 轴流泵与混流泵

2.13.1 轴流泵

轴流泵是比转数最大的叶片泵，n_s 一般为 500~1 200。

1. 轴流泵的基本构造

图 2.51(a)所示为轴流泵的外形,很像一根水管。轴流泵有立式、卧式和斜式三种。图 2.51(b)所示为轴流泵的结构。轴流泵的基本零件如下。

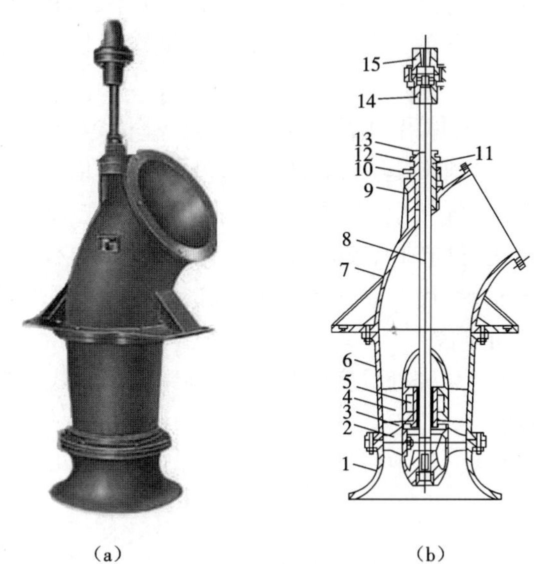

(a)　(b)

图 2.51　立式半调型轴流泵

(a)外形　(b)结构

1—吸入管;2—叶片:3—轮毂体;4—导叶;5—下导轴承;6—导叶管;7—出水弯管;8—泵轴;9—上导轴承;10—引水管;11—填料;12—填料盒;13—压盖;14—泵联轴器;15—电动机联轴器

(1)吸入管:一般采用流线型的喇叭口,以改善水力条件,为了消除进口的液体旋转运动,有时也具有导叶。

(2)叶轮:是主要工作部件,按构造可分为固定式、半调式和全调式三种。固定式叶片与轮毂铸成一体,叶片角不能改变。半调式叶轮如图 2.52 所示。

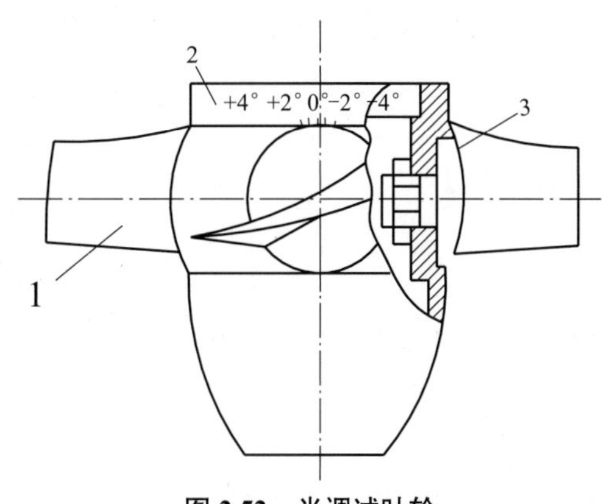

图 2.52　半调试叶轮

1—叶片;2—轮毂体;3—调节螺母

叶片用螺母拧紧在轮毂上,可按工况的要求把叶片装成不同的角度。在叶片根部刻有基准线,在轮毂上标有角度线(在图 2.52 中刻有 −4°、−2°、0°、+2°、+4° 等),把基准线按要求对准某一选定的角度线，拧紧螺母即可。一般基准线对准 0° 角度线时，叶片角为设计叶片角，负角度线表示比设计角减小的度数，正角度线表示比设计角增大的度数，当工况发生变化时，可把叶轮卸下调节叶片角。

全调式泵可以不拆卸叶轮，在停泵甚至不停泵的情况下，用机械调节机构或油压调节机构来改变叶片角，以适应工况的变化。全调式调节机构很复杂，所以只用于特大的轴流泵中。

（3）导叶：在轴流泵中，液体沿轴做螺旋运动，导叶是固定在泵壳上不动的，因此水流通过导叶消除了旋转运动，变为轴向运动，旋转的动能转化为压能。

（4）轴和轴承：轴用来传递转矩，全调式泵的轴常做成空心，在中间安置调节机构。

轴承分为两种：一种是导向轴承，起径向定位作用，常用的有水润滑的橡胶轴承和油润滑的轴承；另一种是止推轴承，用在立式轴流泵上部，承受水流作用在叶片上向下的推力和泵转子的重量，以保持轴向定位。

（5）密封装置：在轴穿过泵壳处设密封装置，目前常用压盖式填料盒。

2. 轴流泵的工作原理

轴流泵的工作以空气动力学中机翼的升力理论为基础，其叶片与机翼具有形状相似的截面，如图 2.53 所示。

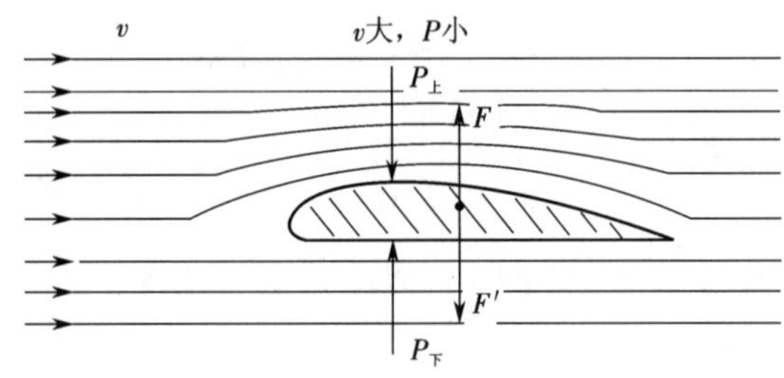

图 2.53　机翼升力示意

轴流泵与离心泵一样，都是叶片泵，只是由于 n_s 大，所以水流方向变为轴向。因此，轴流泵的理论扬程可以用与离心泵相同的基本方程式（2-13）计算：

$$H_t = \frac{u_2 c_{2u} - u_1 c_{1u}}{g}$$

但在轴流泵中，$u_1 = u_2 = u$，所以

$$H_t = \frac{u\left(c_{2u} - c_{1u}\right)}{g} \tag{2-118}$$

如液体在进入叶轮前无旋转运动，则 $c_{1u} = 0$，所以

$$H_t = \frac{u c_{2u}}{g} \tag{2-119}$$

由式（2-16）可知，轴流泵的理论扬程

$$H_t = \frac{c_2^2 - c_1^2}{2g} + \frac{w_1^2 - w_2^2}{2g} \tag{2-120}$$

式（2-120）与离心泵的理论扬程相比减少了一项由离心力做功引起的压头增值，因为

轴流泵叶轮入口处与出口处 u 值相等。

3. 轴流泵的性能特点

轴流泵的特性曲线如图 2.54 所示，它的特点如下。

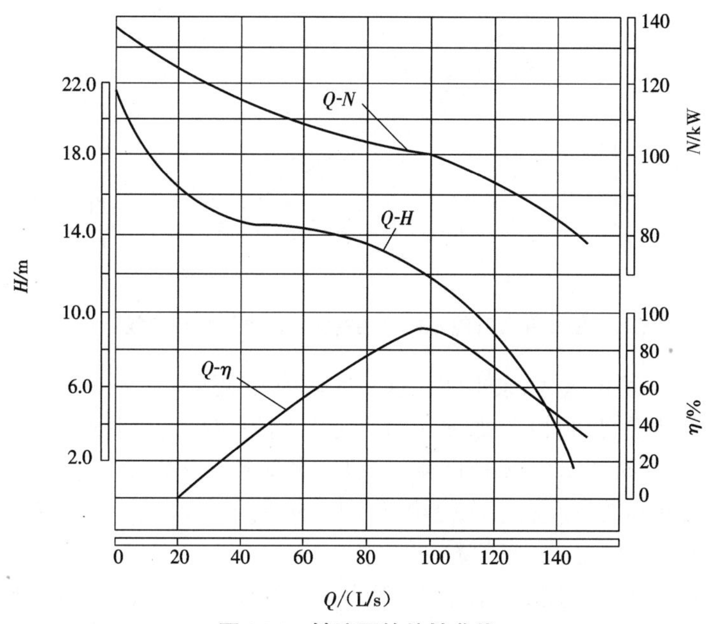

图 2.54　轴流泵的特性曲线

(1)轴流泵是一种大流量、小扬程的泵，适合排水泵站、取水泵站使用。

(2)轴流泵的 Q-H 曲线斜率很大，并有转折点，这主要是由于其叶片呈扭曲状，不同半径处具有不同的叶片角。叶片为什么扭曲呢？从出口速度三角形可知叶轮外缘的切线速度 $u_{外}=\dfrac{2\pi Rn}{60}$，而叶轮内缘的切线速度 $u_{内}=\dfrac{2\pi rn}{60}$（$R$、$r$ 分别为叶轮、轮毂的半径），显然 $u_{外}>u_{内}$。为了使轴流泵的水力性能好，使它在设计工况下不同半径的流线通过相同流量的液体时产生相同的扬程，必须使 $c_{2u外}<c_{2u内}$，因此将内缘的 β 增大，如图 2.55 所示。所以叶片呈扭曲状，叶轮不同半径的流线的理论特性曲线斜率不同，如图 2.56 所示。当流量小于设计流量时，各流线上产生的扬程不等，扬程大的向扬程小的回流，使水流在叶轮中上下旋转，多次获得能量，所以扬程增大，特性曲线如图 2.54 中的 Q-H 曲线所示。

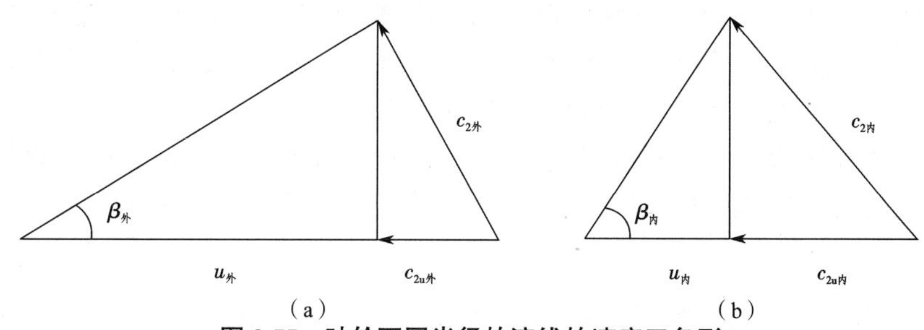

图 2.55　叶轮不同半径的流线的速度三角形

(a)叶轮外像　(b)叶轮内像

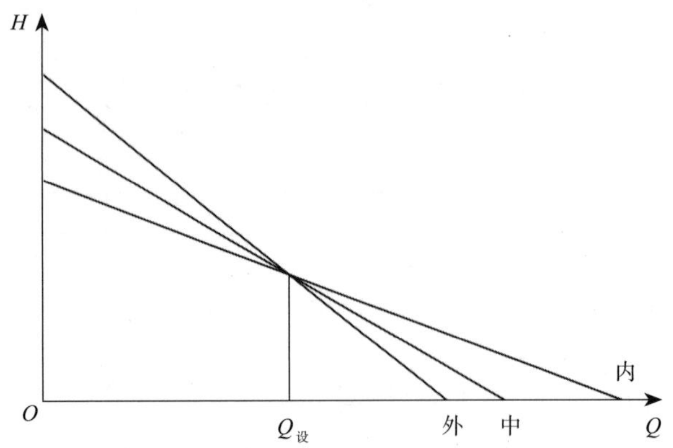

图 2.56 叶轮不同半径的流线的理论特性曲线

转折点附近是不稳定区，水泵不能在这一区域内稳定运行。

(3)Q-N 曲线也是陡降曲线，如图 2.54 所示。因为在小流量时产生回流，功率增大，因此轴流泵与离心泵不同，启动时不能闭闸，一般出水管上不设闸阀。

(4)Q-η 曲线在高效点左右下降很快，如图 2.54 所示，这也是因为偏离设计工况时产生回流，使水流阻力损失增大，效率下降。

(5)轴流泵的吸水性能用 H_{sv} 表示，一般当偏离设计工况时，H_{sv} 增大，吸水性能变差。

根据式(2-113)和(2-117)，最大允许安装高度 $H_{ss,max}$ 可按下式计算：

$$H_{ss,max}=\left(\frac{p_a}{\gamma}-\frac{p_{va}}{\gamma}\right)-\sum h_s-H_{sv} \tag{2-121}$$

立式轴流泵因无吸水管，$\sum h_s=0$，式(2-121)变为

$$H_{ss,max}=\left(\frac{p_a}{\gamma}-\frac{p_{va}}{\gamma}\right)-H_{sv} \tag{2-122}$$

(6)轴流泵因 n_s 大，调节性能时不能用切削叶轮的方法，但可以用改变转速的方法，并同样可应用比例律。半调式或全调式轴流泵还可用调节叶片角的方法调节性能。

轴流泵的叶片角是叶片外缘断面的弦与圆周运动方向之间的夹角。因此，改变叶片角就是改变速度三角形中的 β。

当叶片角调大时，由速度三角形可知，β 增大。要在扬程不变的情况下使流量增加或在流量不变的情况下使扬程增大，可调大叶片角。这就是调节叶片角改变性能的原理。

水泵厂常常把不同叶片角的性能曲线绘在一张图上，并画上等效率、等功率、等 H_{sv} 等曲线，以便应用，称为轴流泵的通用特性曲线，如图 2.57 所示。

(7)由于轴流泵吸水管很短或没有吸水管，因此吸水池中的水流情况会直接影响其性能。例如吸水池中有旋涡，其旋转方向与水泵叶轮转向相反，则计算理论扬程的基本方程式(2-13)变为

$$H_t'=\frac{u\left(c_{2u}+c_{1u}\right)}{g} \tag{2-123}$$

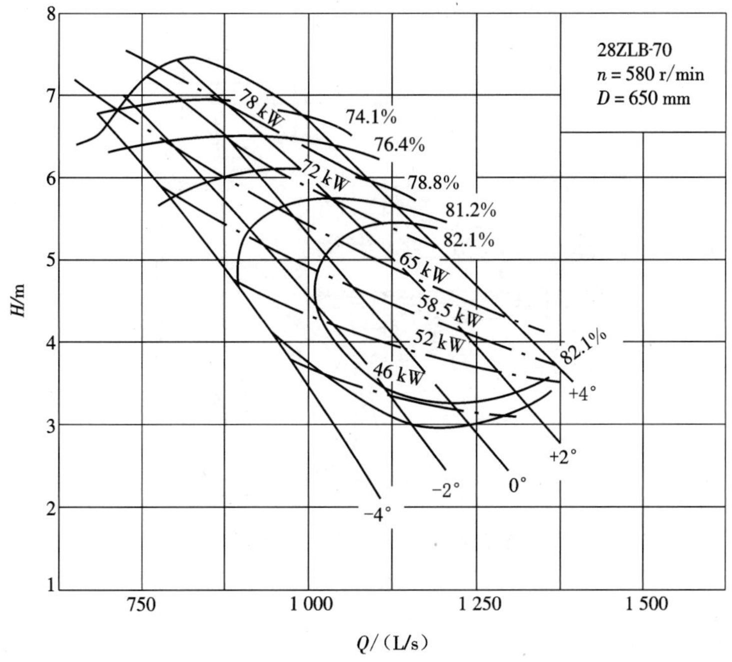

图 2.57　轴流泵的通用特性曲线

显然，$H_t' > H_t$（ $H_t = \frac{uc_{2u}}{g}$ ），使水泵扬程增大，功率相应增加，使电动机有超载的危险。

若旋涡与叶轮转向相同，则理论扬程

$$H_t' = \frac{u\left(c_{2u} - c_{1u}\right)}{g} \tag{2-124}$$

显然，$H_t' < H_t$，使水泵扬程减小，机组效率降低，不能正常发挥作用。如果旋涡不稳定，时生时灭，会引起机组震动，加快零件损坏。因此对轴流泵来说，吸水池的设计十分重要。

2.13.2　混流泵

n_s 为 350~500 的叶片泵叶轮出口方向与轴大致成 45° 角，介于离心泵与轴流泵之间，所以称为混流泵，它主要用于农用排灌、城市排水等。

1. 混流泵的基本构造

混流泵主要分为蜗壳式和导叶式两种。

（1）蜗壳式混流泵，如图 2.58 所示，由泵壳、泵盖、叶轮、泵轴、轴承等组成，其结构简单，但体积较大，我国生产的大多为卧式泵。

（2）导叶式混流泵，如图 2.59 所示，泵体外形类似轴流泵，由导叶体、叶轮、进水喇叭、泵轴等组成，这类泵结构简单、轻巧，多制成立式泵。

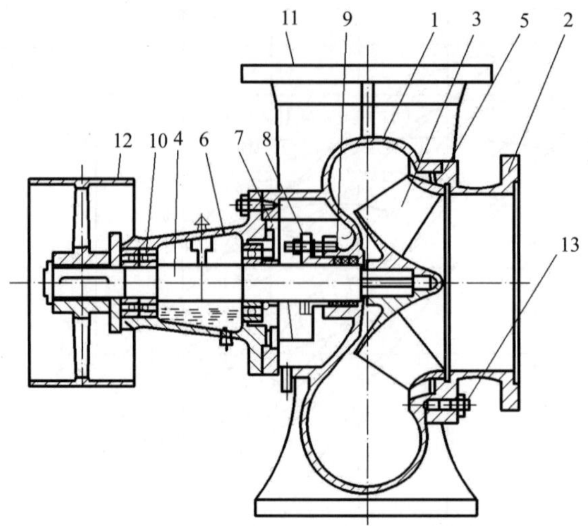

图 2.58 蜗壳式混流泵的构造

1—泵壳;2—泵盖;3—叶轮;4—泵轴;5—减漏环;6—轴承盒;7—轴套;8—填料压盖;9—填料;10—滚动轴承;11—出水口 12—皮带轮;13—双头螺丝

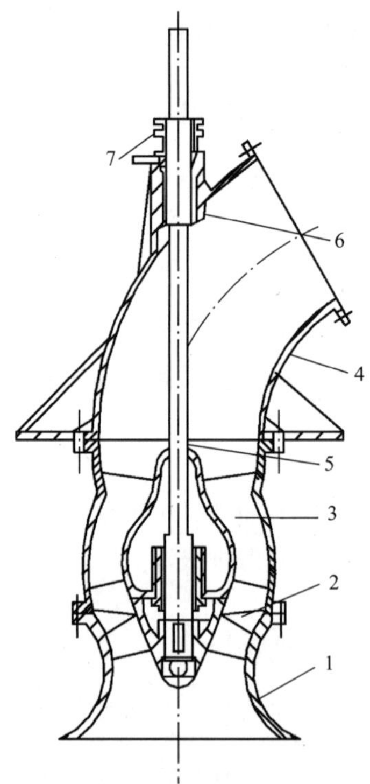

图 2.59 导叶式混流泵的构造

1—进水喇叭;2—叶轮;3—导叶体;4—出水弯管;5—泵轴;6—橡胶轴承;7—填料函

2. 混流泵的性能特点

混流泵的工作原理介于离心泵与轴流泵之间,叶片泵的基本方程同样适用于混流泵。其性能与轴流泵相比,具有下列特点。

(1)功率曲线比较平坦,高效区宽广,所以运行效率高,功率受工况变化影响小,原动机运行经济性较好。

(2)与轴流泵相比,吸水性能好,因此可采用比轴流泵更高的转数,在相同的参数下,体积可减小。

(3)可以用改变转速调节性能的方法,大型导叶式混流泵也可用调节叶片角的方法调节性能。

思考题

1. 简述离心泵的工作原理和工作过程。

2. 为什么把泵壳做成蜗壳形?

3. 什么叫轴向力? 它是怎样产生的? 怎样平衡?

4. 某水泵抽升清水时,额定扬程为 50 m,现抽另一种黏度与水相同,但 $\gamma = 800\ \mathrm{kgf/m^3}$ 的液体,则扬程为多少?

5. 离心泵的特性曲线有几条? 各表示什么关系?

6. Q-H 特性曲线上的高效段表示什么意义?

7. 什么叫径向力? 什么情况会引起径向力?

8. Q-H 曲线上的不同点与出口速度三角形有什么对应关系?

9. 什么叫容积效率、水力效率和机械效率?

10. 现有离心泵一台,测量得其叶轮的外径为 $D_2 = 280$ mm,宽度 $b_2 = 40$ mm,出水角 $\beta_2 = 30°$,假设此水泵的转速 $n = 1\,450$ r/min,试绘制其 Q_t-H_t 理论特性曲线。

11. 试用数解法拟合 12Sh-19 型离心泵的 Q-H 特性曲线方程。

12. 水泵叶轮的相似条件是什么?

13. 试从比例律的内涵说明泵站采用调速运行的重要意义。

14. 同一台水泵在运行中转速由 n_1 变为 n_2,其比转数 n_s 是否发生相应的变化? 为什么?

15. 从 n_s 与叶轮形状的关系来说明为什么 n_s 大,允许切削的百分率小。

16. 水泵工况调节的方法有哪些?

习　题

1. 如习题 1 图所示的水泵装置从一个密闭的水箱中抽水,输送至另一个密闭的水箱,水箱内的水面与泵轴齐平,试求:

(1)水泵装置的静扬程 H_{st}(m);

(2)水泵的吸水地形高度 H_{ss}(m);

(3)水泵的压水地形高度 H_{sd}(m)。

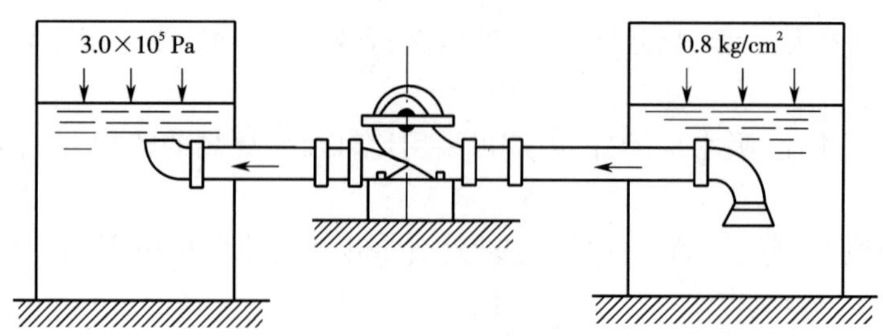

习题 1 图

2. 三台水泵装置分别如习题 2 图(a)、(b)、(c)所示。三台泵的泵轴都在同一标高上,其中(b)、(c)装置的吸水箱是密闭的,(a)装置的吸水井是敞开的。试问:要使 $\alpha=\frac{Q_2}{Q_1}$,则 P_C 为多少?

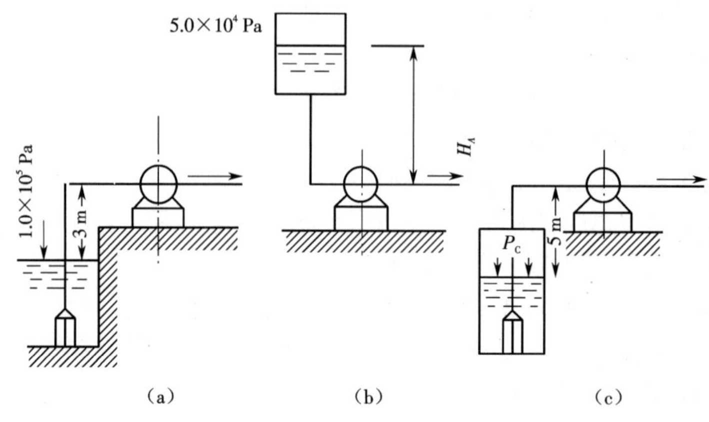

习题 2 图

3. 一台 10Sh-9 型离心泵从水池向水塔输水,水塔水面比水池水面高 25 m,输水管线长 1 000 m,管径为 300 mm(铸铁管),求这台泵的工况。如水塔水面上升 5 m,流量变为多少?(注:输水管中的沿程水头损失可查给排水手册中的水力计算表,局部水头损失略去不计)

4. 已知一台水泵出口压力表读数为 3.5 kg/cm²,入口真空表读数为 0.3 kg/cm²,真空表和压力表的安装高度差可略去不计,估计该泵的扬程是多少?

5. 从一个水池用 1 000 m 长、直径为 300 mm 的钢管向一个水塔供水,水塔水面比水池水面高 12 m,要求供水量为 110 L/s,试选一台合适的水泵。

6. 在习题 6 图所示的水泵装置的出水闸阀前、后装 A、B 两只压力表,在进水口处装一只真空表 C,并均相应地接上测压管。试问:

(1)闸阀全开时,压力表 A、B 的读数和相应的测压管的水面高度是否一样;

(2)闸阀逐渐关小时,压力表 A、B 的读数和相应的测压管的水面高度有何变化;

(3)闸阀逐渐关小时,真空表 C 的读数和相应的测压管的水面高度如何变化。

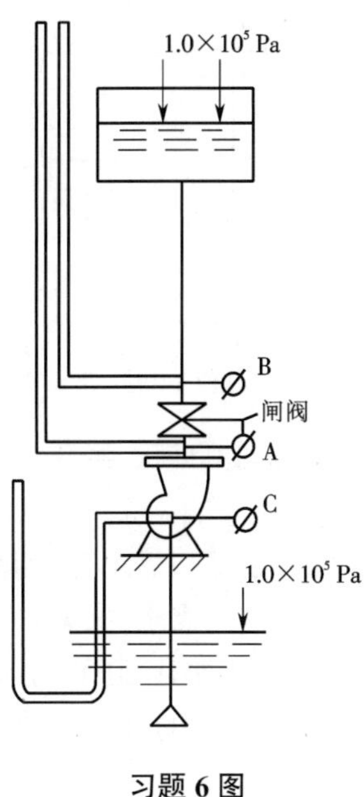

习题 6 图

【二维码 2-2】

7. 当 10Sh-9 型泵的转速变为 960 r/min 时,其最高效率点的流量、扬程、功率变为多少?

8. 10Sh-9 型泵的转数增大 10%,其出水量是否也增加 10%?为什么?

9. 12Sh-13 型泵的最大切削限度是多少?

10. 如希望 10Sh-9 型泵的流量减少 10%,应切削多少叶轮?

11. 有一台双吸式水泵,铭牌上流量为 200 L/s,扬程为 60 m,转速为 1 450 r/min,该泵的最大允许切削量为多少?在切削后如流量仍为 200 L/s,则其允许吸上真空高度怎样变化?

12. 一台 10Sh-9 型泵和一台 12Sh-13 型泵并联工作,所需工况点为 $Q=315$ L/s,$H=35$ m,要求切削 10Sh-9 型泵的叶轮以满足这一需求,求切削百分率。

13. 一台 6BA-8 型泵和一台 12Sh-13 型泵并联向一个水塔供水,水塔水面比水池水面高 22 m,总输水管管径为 DN400,管长 1 000 m, 6BA-8 型泵的吸、压水管长 20 m,管径为 DN200,12Sh-13 型泵的吸、压水管长 100 m,管径为 DN350,管道皆为铸铁管,求总流量和每台泵的流量、扬程。当 12Sh-13 型泵单独工作时,出水量为多少?效率与并联时相比变化多少?(管中局部损失略去不计)

14. 如习题 14 图所示,一台 10Sh-9 型泵向两个水塔供水,管道用铸铁管,管 OC 长 20 m,管径为 DN300,管 OA 长 100 m,管径为 DN200,管 OB 长 1 000 m,管径为 DN350。试求各管中的流量。

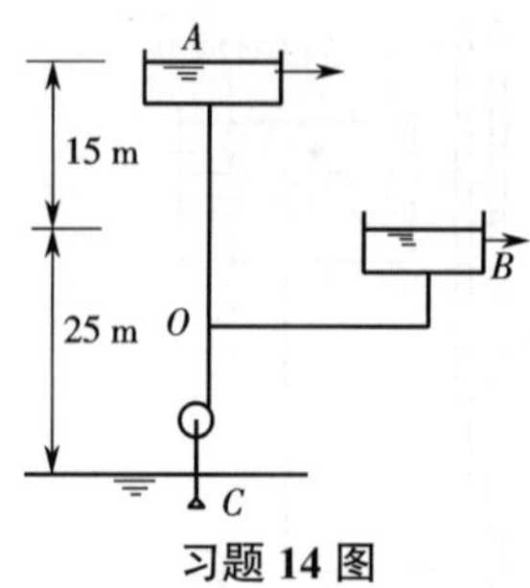

习题 14 图

15. 一台 10Sh-9 型泵和一台 12Sh-13 型泵并联工作，所需工况点为 Q = 315 L/s，H = 35 m。

（1）如切削 10Sh-9 型泵的叶轮以满足这一需求，求切削百分率。

（2）如调 10Sh-9 型泵的转速以满足这一需求，求 n_2。

16. 24Sh-19 型离心泵的铭牌上注明：在抽升 20 ℃的水时，H_s = 2.5 m。试问：

（1）该泵在实际使用中，是否只要吸入口的真空表值 H_v 不大于 2.5 mH_2O，就能够保证该泵在运行中不发生气蚀；

（2）铭牌上的 H_s = 2.5 m 是否意味着该泵叶轮中的绝对压力不能低于 10.33 − 2.5 = 7.83 mH_2O？为什么？

【二维码 2-3】

17. 已知一台水泵（8Sh-9，n = 2 950 r/min）的 Q-H_s 曲线，欲使其流量为 80 L/s，在此流量下其吸水管中的水头损失为 2 m，泵吸入口管径为 DN200。问这台水泵的最大安装高度是多少？（查图得 H_s = 4.3 m）

如该泵装于海拔 1 000 m 处，其安装高度应降低多少？

18. 水泵装置如习题 18 图所示，该泵在装置工况下的允许吸上真空高度 H_s = 4.5 m，水泵吸入口流速为 2 m/s，吸水管内的水头损失为 0.5 m。问该泵是否能正常运行？

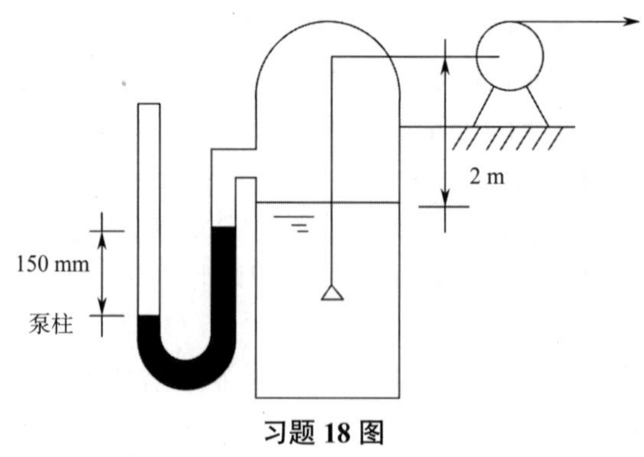

习题 18 图

【二维码 2-4】

19. 某水泵装置运行工况为 $Q=100$ L/s，扬程为 30 m，按流量为 100 L/s 时的 H_s 计算最大安装高度，并已安装完毕，后来由于水塔下沉，使其扬程减小。问该泵能否正常工作？为什么？采用何法可以不重新安装而保持正常工作？

20. 某水泵装置及其吸水性能如习题 20 图所示，当它按 $P>P_a$、$P=P_a$、$P<P_a$ 三种情况抽水时，在哪种情况下水泵的 H_s、H_{sv}、H_v 最大？在哪种情况下最小？为什么？

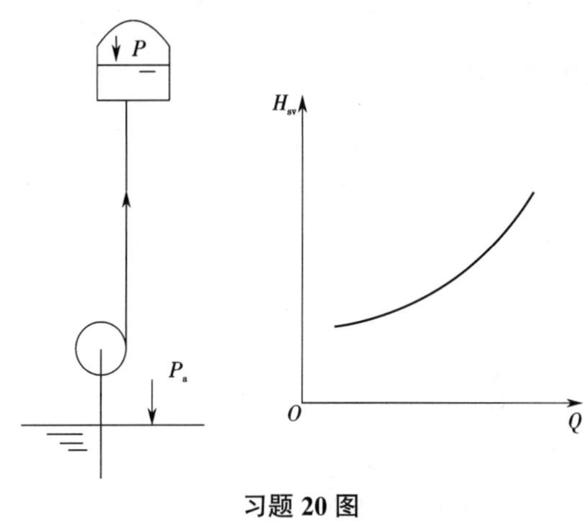

习题 20 图

21. 轴流泵和离心泵启动时有什么不同？为什么？

22. 已知一台轴流泵在 $Q=3\ 140$ L/s 时 $H_{sv}=12$ m，试求这时的最大安装高度。如该泵装在海拔 2 000 m 处，其最大安装高度为多少？如该泵抽升 40 ℃的热水，则最大安装高度为多少？

第3章 常用泵介绍

3.1 给排水工程中常用的叶片泵

叶片式水泵构造形式繁多,除理论上按 n_s 分类之外,在工程应用中常根据构造特点和用途分类,下面按这种分类来介绍给排水工程中常用的叶片式水泵。

3.1.1 IS 型单级单吸清水离心泵

IS 型单级单吸清水离心泵是现行水泵行业首批采用国际标准联合设计的新系列产品。该泵主要由泵体、泵盖、叶轮、泵轴、密封环、轴套、悬架轴承部件等组成,如图 3.1 所示。该系列泵的特点是:性能分布合理(流量范围为 6.3~400 m^3/h,扬程范围为 5~125 m),标准化程度高,结构简单,检修方便,效率达到国际水平。

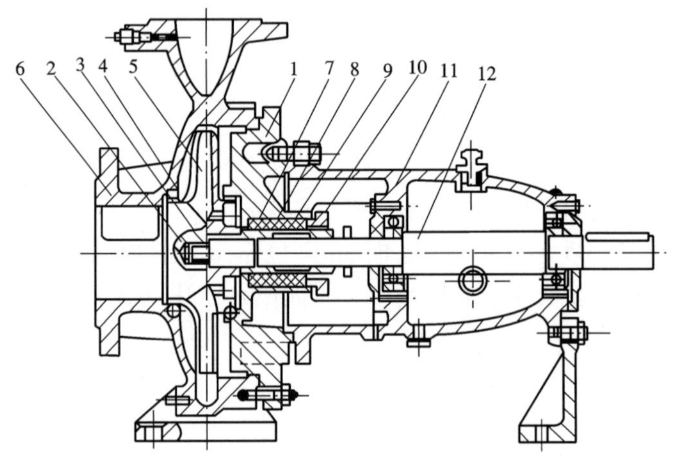

图 3.1 IS 型单级单吸清水离心泵的结构

1—泵体;2—叶轮螺母;3—止动垫圈;4—密封环;5—叶轮;6—泵盖;7—轴套;8—填料环;9—填料;10—填料压盖;11—悬架轴承部件;12—泵轴

IS 型单级单吸清水离心泵用于输送清水或物理性质与清水类似的其他液体,且要求液体温度不高于 80 ℃。

该泵的性能范围:流量(Q)6.3~400 m^3/h;扬程(H)5~125 m;转速(n)1 450 r/min 和 2 900 r/min。

以 IS80-65-160(A)为例,型号的意义如下:

IS——采用 ISO 国际标准的单级单吸清水离心泵;

80——水泵入口直径,mm;

65——水泵出口直径,mm;

160——叶轮名义直径,mm;

A——叶轮外径经第一次切削。

3.1.2　单级双吸离心泵

单级双吸离心泵又称单级双吸中开式离心泵，它与其他泵相比较最明显的特征是具有两个吸液口，所以通常流量较大，是给水工程中重要且应用十分广泛的泵。单级双吸离心泵分为卧式与立式两种，立式种类较少，卧式有 S 型、SA 型和 Sh 型。

单级双吸离心泵的工作原理是入口液体进入叶轮中心区域，高速旋转的叶轮在离心力的作用下将液体甩出，叶轮中心就形成低压区，入口液体在大气压的作用下源源不断地流向低压区，进入叶轮中心后又被甩出。

Sh 型与 SA 型、S 型的共同特点是泵壳分上下两块，接缝面水平，泵吸入口和压出口均在下面的壳体上，如图 3.2 所示。在检修时，只要卸下上面的壳盖即可，不必移动电动机和管路。这类泵的正常出厂装配形式为向吸入口方向看去，电动机在泵的右方，也可根据泵站布置的需要将原动机接在左方，但应在订货时向水泵厂提出此要求。

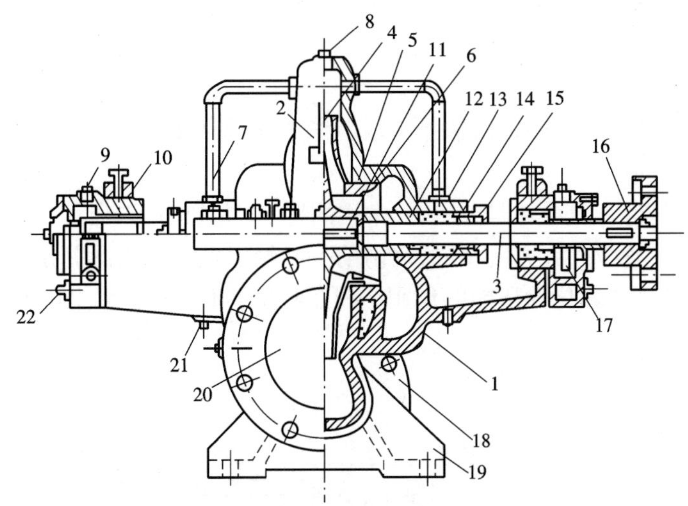

图 3.2　单级双吸离心泵的结构

1—泵体；2—泵盖；3—泵轴；4—叶轮；5—叶轮上的减漏环；6—泵壳上的减漏环；7—水封管；8—充水孔；9—油孔；10—双列球轴承；11—键；12—填料套；13—填料环；14—填料；15—压盖；16—联轴器；17—油杯指示管；18—压水管法兰；19—泵座；20—吸水管；21—泄水孔；22—放油孔

该泵的常见性能范围：流量（Q）144~11 000 m³/h；扬程（H）11~125 m。

以 6Sh-9A 为例，型号的意义如下：

6——水泵入口直径，in；

Sh——单级双吸中开式离心泵；

9——水泵的比转数除以 10 后的整数；

A——叶轮外径经第一次切削。

S 型单级双吸离心泵的吸入口与压出口均在泵轴心线的下方，与轴线垂直，检修时只需要松开泵盖结合面的螺母，揭开泵盖即可将其内部零件拆下，无须拆卸进出口管路和电动机。从传动方向看去，水泵为顺时针方向旋转（亦可根据用户需要改为逆时针方向旋转）。该泵的主要零件有泵体、泵盖、叶轮、泵轴、双吸密封环、轴套等。泵体与泵盖构成叶轮的工作室。在进出水法兰的上部,制有安装真空表和压力表的管螺孔。在进出水法兰的下部,制有放水的管螺孔。经过静平衡校验的叶轮用轴套和两边的轴套螺母固定在轴上,其轴向位置可通过轴套螺母进行调整。泵轴由两个单列向心球轴承支承。轴承装在轴承体内、安装在泵体两端,用黄油润滑。双吸密封环用以减少水泵压水室的水漏回吸水室。泵通过弹性联轴器由电动机直接传动,必要时亦可用内燃机传动。轴封为软填料密封(可根据用户需要采用机械密封)。

以 150S78A 为例,型号的意义如下:

150——水泵入口直径,mm;

S——单级双吸离心泵;

78——扬程,m;

A——叶轮外径经第一次切削。

SA 型泵中还有一种 SLA 型泵,它是将 SA 型的泵轴改为立式,以减小泵房平面面积,其上端轴承体内装有止推轴承。习惯上把这种泵称为"卧式立泵"。

3.1.3 多级离心泵

这种泵是多个叶轮装在一根泵轴上串联工作,因而是高扬程的泵,分为多级分段式和多级蜗壳式两种。

(1)多级分段式泵。其泵体是分段式,常用的有 D 型,如图 3.3 所示。多级分段式泵的叶轮为单吸式,每个叶轮吸入口方向相同,水由前一叶轮出来经导流器引导入下一叶轮。导流器起引导水流并把动能转化为压能的作用。图 3.4 为导叶式离心泵,图 3.5 为多级分段式离心泵的液流示意。

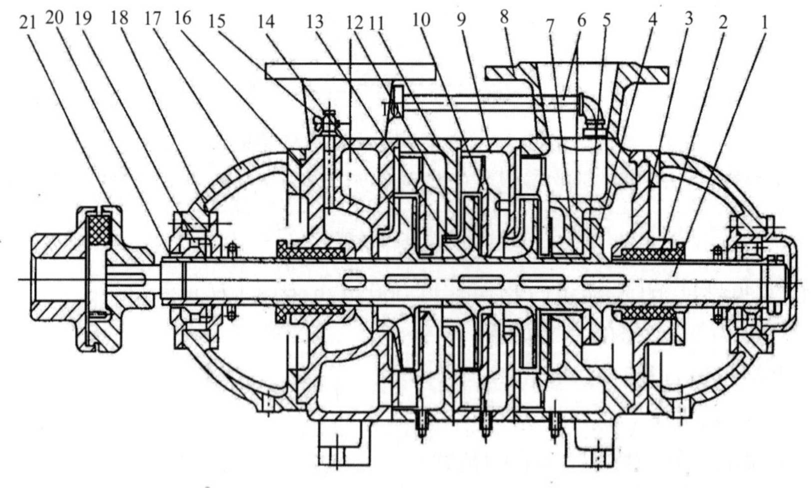

图 3.3 D 型泵的结构

1—轴;2—轴套;3—尾盖;4—平衡盘;5—平衡板;6—平衡水管;7—平衡套;8—排出段;9—中段;10—导叶;11—导叶套;12—次级叶轮;13—密封环;14—首级叶轮;15—气嘴;16—吸入段;17—轴承体;18—轴承盖;19—轴承;20—轴承螺母;21—联轴器

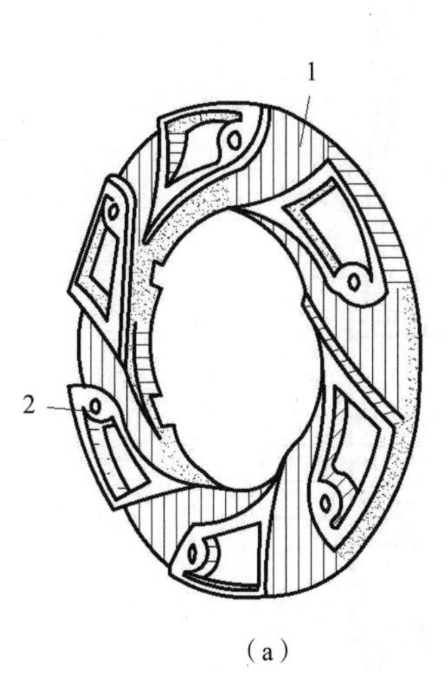

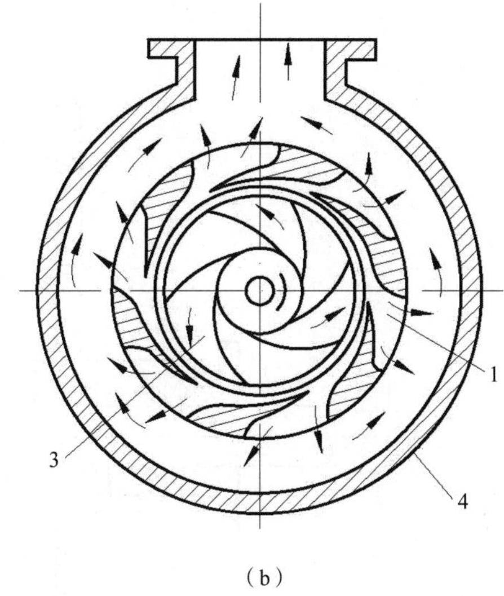

图 3.4　导叶式离心泵

(a)导流器　(b)水流运动情况

1—流槽;2—固定螺栓孔;3—叶轮;4—泵壳

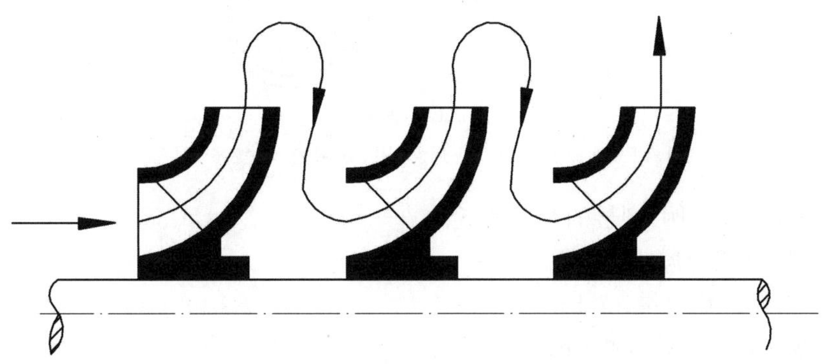

图 3.5　多级分段式离心泵中的液流示意

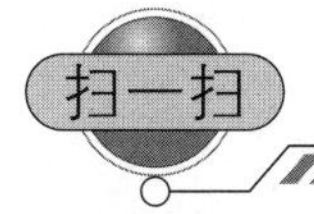

【二维码 3-1】

在这种泵中轴向推力随叶轮级数增大而增大,因此要用平衡盘装置来消除轴向力。平衡盘装在泵轴上,位于最后一个叶轮后面,如图 3.6 所示。

平衡盘以键销与轴相连,随轴旋转,平衡盘后的空间有小管与大气连通。而平衡盘前的压强等于最后一级叶轮的出口压强,因此平衡盘前后水压不同,平衡盘受到的向后的推力与作用在叶轮上的轴向力平衡。当向后的推力与向前的轴向力不平衡时,泵轴会前后窜动,使平衡盘的间隙大小变化而自动调整至推力平衡。因此用平衡盘后,水泵不再用止推轴承,泵轴可以自由窜动。

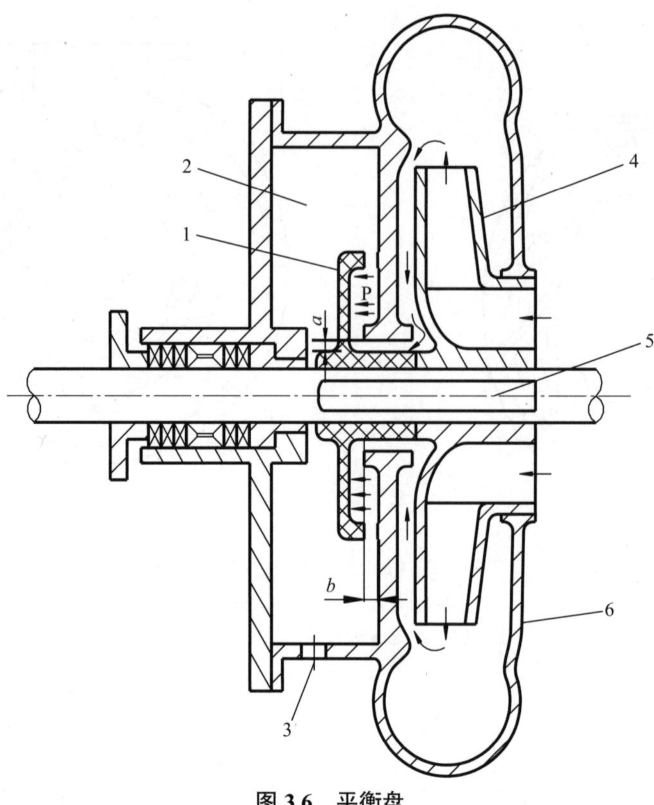

图 3.6 平衡盘

1—平衡盘;2—平衡室;3—通大气孔;4—叶轮;5—键;6—泵壳

以 D150-30×3 为例,型号的意义如下:

D——单吸多级分段式离心泵;

150——泵设计点流量,m^3/h;

30——泵设计点单级扬程,m;

3——泵的级数。

(2)多级蜗壳式泵。其泵壳类似 Sh 型泵,为平接缝,其叶轮对称布置(图 3.7)以消除轴向力,因此不必用平衡盘,其泵壳用蜗形道而不用导流器。这种泵零件较少,但泵壳铸造复杂,比较笨重。

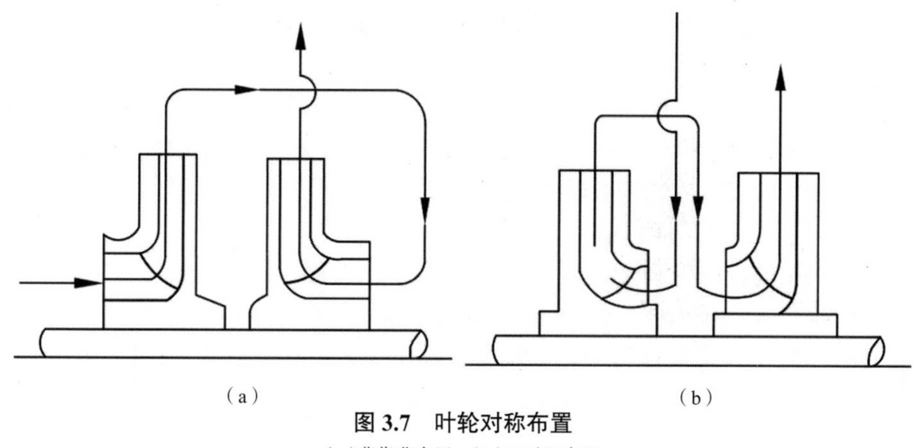

(a)　　(b)

图 3.7　叶轮对称布置

(a)背靠背布置　(b)面对面布置

3.1.4　深井泵

深井泵是一种用于抽升管井地下水的水泵，目前使用较广泛的有 J 型和 JD 型两种。

以 8J35×10 为例，型号的意义如下：

8——适用的最小井径，in；

J——井的拼音首字母；

35——额定流量，m^3/h；

10——泵的级数。

1. 深井泵的基本构造

J 型和 JD 型构造大致相同，由三部分组成，即泵体、带传动轴的扬水管、带出水弯管的泵座与电动机。图 3.8(a)所示为 JD 型深井泵的外形。

1)泵体

泵体由滤水网、吸水管、叶轮、导流壳、橡胶轴承和泵轴等零件组成。

叶轮是最主要的零件，J 型泵采用闭式叶轮，JD 型泵采用半开式混流叶轮。由于井径较小，井中水位很低，泵必须深入井中抽水，所以叶轮直径受限制。为了有较高的扬程，一般采用多级叶轮，所以深井泵是一种立式分段式多级泵。导流壳是重要的过流部件，内有导叶起导流作用。第一级叶轮前有前导流壳，中间级叶轮出口连接中导流壳，最后一级叶轮出口连接后导流壳。

水泵工作时，水先从滤水管、吸水管进入前导流壳，再进入第一级叶轮，叶轮旋转使水的压力和速度增大，然后通过中导流壳消除旋转运动导入下一级叶轮进口，这样逐级流过所有叶轮和导流壳，最后从后导流壳流入扬水管。

导流壳之间的连接方式有两种，一般 12 in 以下的泵用螺纹，12 in 以上的泵用法兰。

在导流壳中心座孔内有橡胶轴承，以防止泵轴径向摆动，橡胶轴承内表面沿轴向开有 4~8 个导水槽，在水泵运行时可以过水，对橡胶轴承进行润滑和冷却。

2)带传动轴的扬水管

带传动轴的扬水管由扬水管、传动轴、轴承支架和橡胶轴承等零件组成，起传递动力和输水的作用。

扬水管上连泵座，下连泵体，一般由上、下两根短管和中间若干根等长（1.5~3.0 m）的管道组成，J 型泵用法兰连接，JD 型泵用螺纹套管连接。

传动轴用上、下两节短轴和若干节长轴连接而成，上短轴比长轴略短，下短轴的长度为 1.5 m 左右，长轴的长度为 25~30 m，由连轴节（带螺纹的短套管）把各段传动轴连接。

传动轴穿过轴承支架内的橡胶轴承，轴承支架设在两节扬水管之间。

3）带出水弯管的泵座与动力机

泵座承受水泵的轴向力和全部井下部分的重量，动力机提供动力。

泵座与出水弯管铸成一体，如图 3.8（b）所示，用螺栓固定在井口基础上，泵座下部与最上节扬水短管用法兰或螺纹连接。在泵轴穿过泵座处设填料密封装置；泵座上还有预润水管，用于在水泵启动前灌水预润传动轴的橡胶轴承。

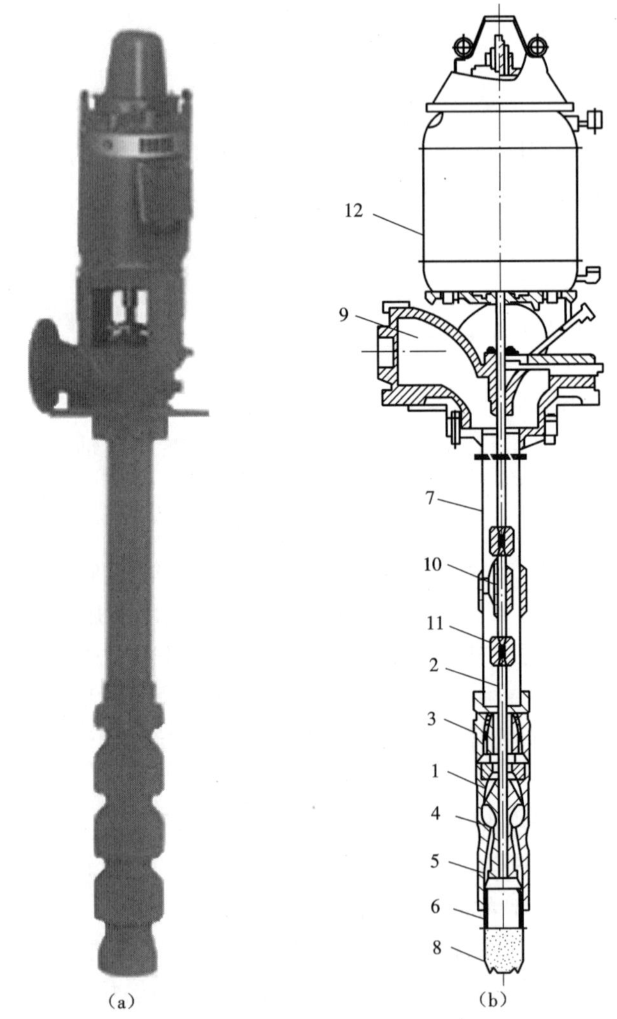

图 3.8 JD 型深井泵

（a）外形 （b）构造

1—叶轮；2—传动轴；3—上导流管；4—中导流管；5—下导流管；6—吸水管；7—扬水管；8—滤水网；9—泵座底弯管；10—轴承；11—联轴器；12—电动机

深井泵专用电动机的轴是空心的,泵轴可穿过空心轴伸至电动机顶部,与调节螺母相连。可以从调节螺母定位孔调节叶轮与导流壳之间的轴向间隙,间隙太小易于磨损,间隙太大渗漏率增大,但有时为了减小流量,可用增大间隙、增加渗漏的方法,比节流法好。

深井泵的电动机顶部一般有止逆装置,可以防止水泵倒转。

2. 深井泵的性能和工况特点

深井泵的性能一般由单级叶轮实验得出,多级的性能按串联特性曲线的做法,由单级特性纵坐标相加画出。一般只画 Q-H 曲线和 Q-η 曲线而将配套功率和叶轮级数注在 Q-H 曲线上,高效段不用波形线标出,可按比最高效率低 3%~5% 自行选定。

确定深井泵工况的特点是把井水水位作为流量的函数,如以井的静水位(即不抽水时水位)为基线,则水位降 S 与 Q 的关系曲线(Q-S 曲线)应由抽水实验资料得出。

得到 Q-S 曲线后,以静水位为基线,做泵的 Q-H 曲线,减去 Q-S 曲线的纵坐标,得出折引曲线,然后做出管道特性曲线与之相交,即可求得工况。

应该注意,深井泵的扬水管中有传动轴穿过,所以其水头损失与一般管道不同,可按实验资料确定。

3. 深井泵的选择

可按井径初选,如 8 in 井可选 8J 或 8JD 型。如由抽水实验资料,已确定井的最大涌水量,则可按流量、扬程选泵,流量为最大涌水量,扬程从井的动水位算起。

3.1.5　潜水泵

潜水泵是把水泵和电动机连成一体,一般电动机放在泵下部,机泵合一潜入水下运行。

潜水泵由于机泵合一潜入水中工作,具有下列优点:

(1)无须长的传动轴,泵的价格可降低;

(2)无长轴,安装方便,对井筒的要求不如深井泵严;

(3)不必在井口旁建泵房,节省投资,有利于战备。潜水泵的泵体构造与深井泵类似,主要不同处是电动机,按电动机防水技术来分,常用的有干式、半干式、充油式、湿式。

下面介绍几种常用的潜水泵。

1. 潜水供水泵

潜水供水泵常见的型号有 QG(W)、QXG。QG(W)系列潜水供水泵流量范围为 200~12 000 m^3/h,扬程范围为 9~60 m,功率范围为 11~1 600 kW。315 kW 及以下的电动机采用 380 V 电压供电,315 kW 以上的电动机采用 6 kV 或 10 kV 电压供电。为适应用户的不同使用条件,可提供导叶式出水(轴向)和蜗壳式出水(径向)两种泵型。

以 500QG(W)-2400-22-220 为例,型号的意义如下:

500——泵出口直径(排出口直径),mm;

QG(W)——潜水供水泵,带“W”表示蜗壳式泵,径向出水,不带“W”表示导叶式泵,轴向出水,如图 3.9 所示。

2400——流量,m^3/h;

22——扬程,m;

220——电动机功率,kW。

QXG 型为湿式潜水供水泵，其流量范围为 200~4 000 m^3/h，扬程范围为 6.5~60 m，功率范围为 11~250 kW。QXG 型潜水供水泵径向出水，采用自动耦合式安装。

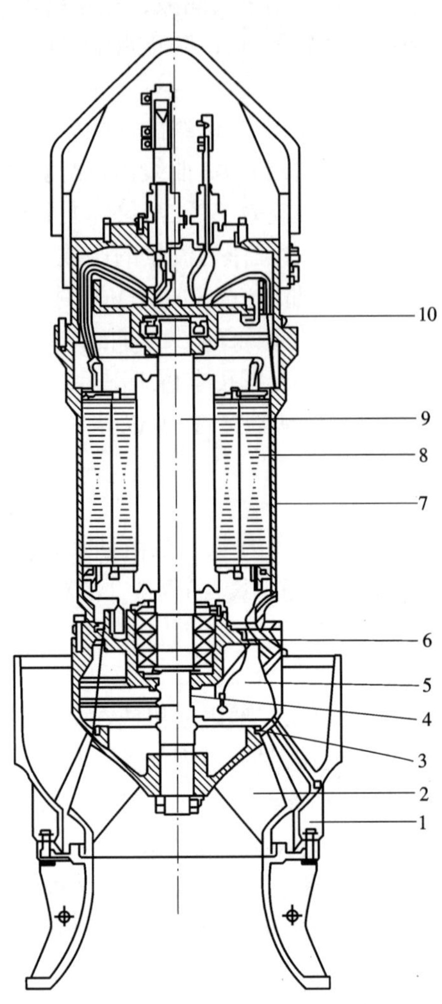

图 3.9　QG 型潜水供水泵的结构

1—防转装置；2—叶轮；3—水力平衡装置；4—轴密封；5—油室；6—轴承；7—冷却装置；8—电动机；9—泵 / 电动机轴；10—监测装置

2. 潜水轴流泵和混流泵

潜水轴流泵和混流泵的型号有 QZ、QH、ZQB、HQB。

QZ 型潜水轴流泵排出口直径为 350~1 750 mm，单机流量可达 40 000 m^3/h 左右。QH 型潜水混流泵排出口直径为 400~900 mm，单机流量可达 8 000 m^3/h。QZ、QH 型泵的安装方式同 QG 型潜水供水泵。ZQB、HQB 型泵出水口直径为 350~1 400 mm，单机流量可超过 20 万 m^3/d。

以 500ZQB-70 为例，型号的意义如下：

500——泵出口名义直径，mm；

Z——轴流泵（如果是“H”代表混流泵）；

Q——潜水泵；

B——泵叶轮的叶片为半可调式；

70——泵的比转数除以 10 后的整数（即比转数为 700）。

3. 井用潜水泵

井用潜水泵是一种泵与电动机都潜于水中的深井泵。国家标准《井用潜水泵》（GB/T 2816—2014）对井用潜水泵的形式、基本参数和流量、扬程的适用范围做了规定。

以 200QJ80-55 为例，型号的意义如下：

200——机座号，适用的最小井径，mm；

QJ——井用潜水泵；

80——流量，m^3/h；

55——扬程，m。

4. 潜水排污泵

QW 系列泵的结构、外形、安装方式均类似于 QGW 型潜水供水泵。潜水排污泵常用型号为 QW。该系列泵排出口直径为 50~600 mm，流量范围为 18~3 750 m^3/h，扬程范围为 5~60 m，功率范围为 5~280 kW。

以 500QW600-15-160 为例，型号的意义如下：

500——排出口直径，mm；

QW——潜水排污泵；

600——流量，m^3/h；

15——扬程，m；

160——电动机功率，kW。

由于潜水泵是在水中运行的，故其结构上有一些特殊的要求，特别是潜水电动机较一般电动机有特殊要求，有干式、半干式、湿式和充油式电动机等几种类型。

干式电动机采用向电动机内充入压缩空气或在电动机的轴伸端用机械密封等办法来阻止水或潮气进入电动机内腔，以保证电动机正常运行。半干式电动机仅将电动机的定子密封，而让转子在水中旋转。湿式电动机定子内腔充以清水或蒸馏水，转子在清水中转动，定子绕组采用耐水绝缘导线，这种电动机结构简单，应用较多。充油式电动机内充满绝缘油（如变压器油），防止水和潮气进入电动机绕组，并起绝缘、冷却和润滑作用。

3.1.6　污水泵

由于污水中含有大量杂质，因此对污水泵在构造上有些特殊要求。

（1）叶轮应有较宽的流槽，一般只用两个叶片，并加大叶轮宽度。

（2）蜗壳中隔舌处间隙加大，形成环形螺旋道，以防堵塞。

（3）泵壳上应设检视孔，以便堵塞时打开清除。

图 3.10 所示为 WL 型污水泵，是杂质泵的一种，另外还有 PWL 型立式污水泵也较常用。

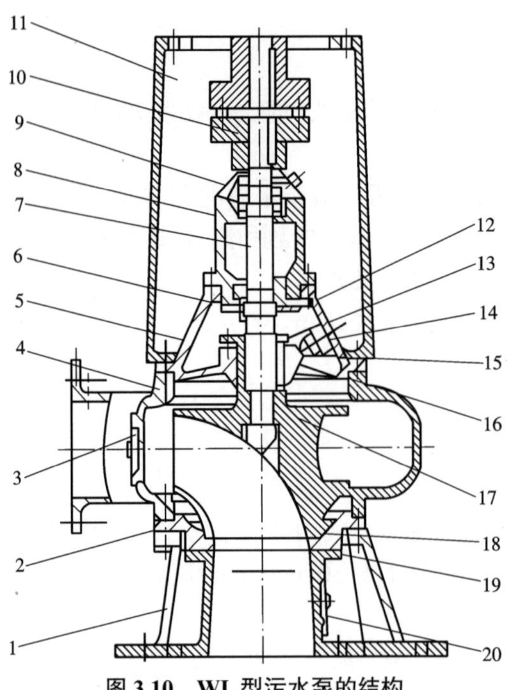

图 3.10 WL 型污水泵的结构

1—底座;2—前泵盖;3—手孔盖;4—泵体;5—后泵盖;6—下轴承盖;7—轴;8—轴承架;9—上轴承盖;10—弹性联轴器;11—电动机支架;12—挡水圈;13—填料压盖;14—汽油杯;15—填料;16—填料杯;17—叶轮;18—密封环;19—进口锥管

3.1.7 轴流泵

常用的轴流泵有 ZLB、ZLQ、ZL 型等,其中: Z 代表轴流泵,L 代表立式,B 代表半调,Q 代表全调。

以 20ZLB-70 为例,型号的意义如下:

20——出水口直径(in);

70——泵的比转数除以 10 后的整数(即比转数为 700 左右)。

立式半调整型轴流泵外形参见图 2.51。

3.1.8 旋涡泵

旋涡泵也是靠叶轮扬水的泵,因此也是一种叶片泵,但其作用原理略有不同。

旋涡泵的叶轮是一个等厚的圆盘,外缘铣出叶片,泵体内有等截面的流槽,在吸入口与出水口之间用隔舌分开,隔舌与叶轮间只有极小的间隙。

当水泵工作时,叶轮旋转,液体受惯性离心力作用,从叶片端部甩入泵壳流槽。在流槽中部分动能转变为压能,液体从下一个叶片根部进入叶轮,又受到叶轮传递能量,这样液体在泵内做旋涡运动,多次流经叶片,液体每经过一次叶片,就获得一次能量。所以旋涡泵的作用类似于多级离心泵,扬程较高,是一种小流量、高扬程的泵,它的结构简单、轻巧,扬程比相同叶轮直径的离心泵大得多。

3.1.9　真空泵

水环式真空泵的工作原理如图 3.11 所示。

在圆形的泵壳内安装一个偏心叶轮 1,并注入适量的水,当叶轮旋转时,水在离心力作用下形成一个等厚度的水环 2,在各叶片间形成不等的空腔。在前半圈旋转过程中,叶片间的空腔体积从小逐渐增大,室内部空气压力减小产生真空,真空泵的进气管 3 通过进气口 4 与之连通,外部空气在压差下进入。当进入的空气被叶轮带到下半圈旋转过程时,叶片间的空腔体积减小,空气压力增大,从排气口 5 进入、排气管 6 排出。这种真空泵因为靠水环形成不等的空腔来抽气,所以叫水环式真空泵。

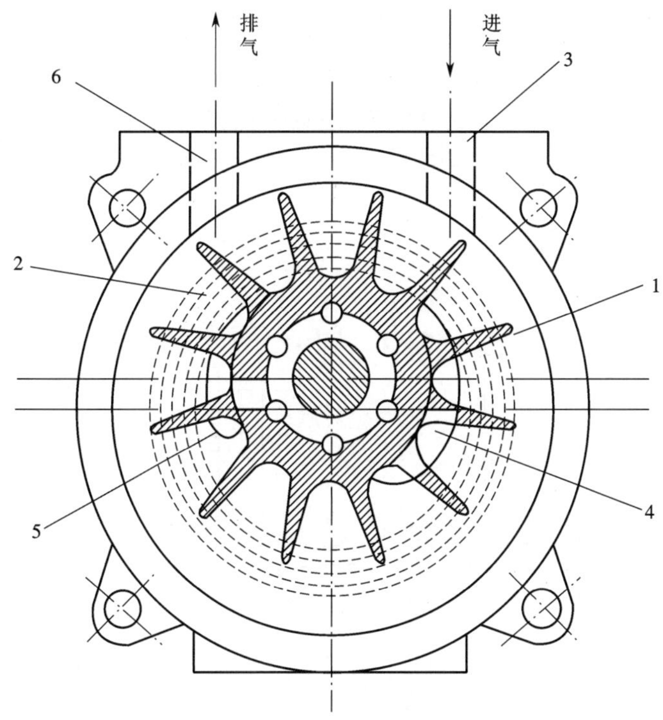

图 3.11　SZ 型水环式真空泵

1—偏心叶轮;2—水环;3—进气管;4—进气口;5—排气口;6—排气管

3.2　射流泵

射流泵是一种利用高速的流体来抽升另一种流体的泵,也称射流器或喷射泵。

3.2.1　射流泵的基本构造和工作原理

射流泵的基本构造如图 3.12 所示,由喷嘴、吸入室、混合管(或称喉管)和扩散管构成。

射流泵的工作原理如图 3.13 所示,射流泵工作时,高压液体(Q_1)以高速从喷嘴 1 射出,把吸入室 2 内的空气连续卷吸带走,使吸入室内形成真空,被抽液体(Q_2)在大气压作用下从吸水管 5 进入室内，被高速射流卷吸，两股液体（Q_1+Q_2）在混合管 3 内进行能量传递和交换，达到流速、压力平衡，然后经扩散管 4 把部分动能转化为压能后，以一定的流速从压出管 6 输出。

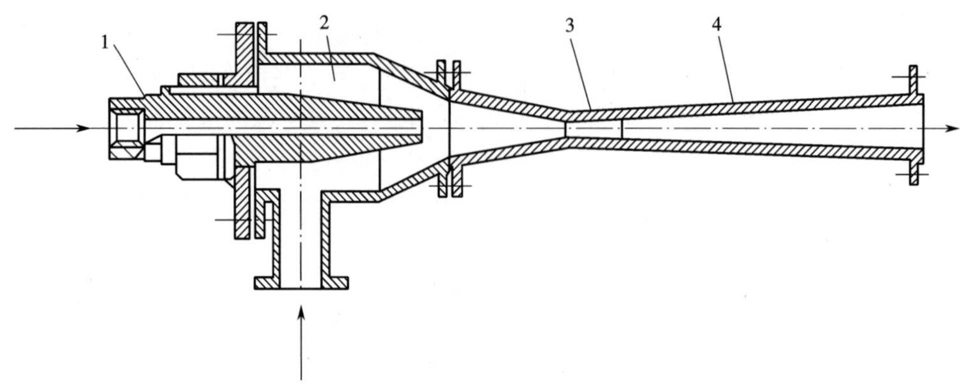

图 3.12 射流泵的基本构造

1—喷嘴；2—吸入室；3—混合管；4—扩散管

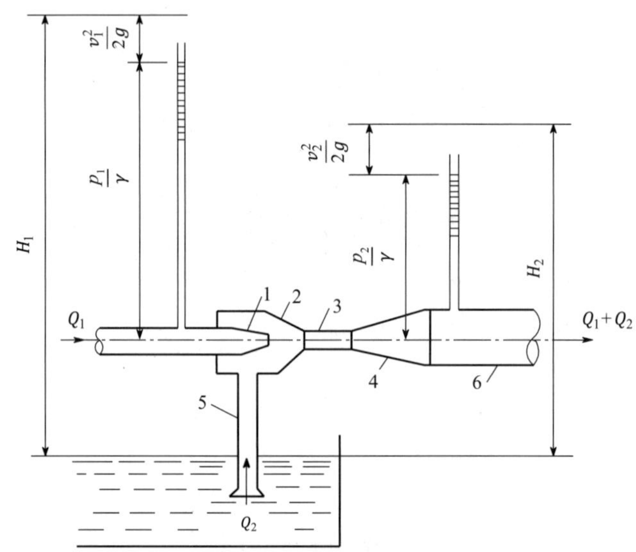

图 3.13 射流泵的工作原理

1—喷嘴；2—吸入室；3—混合管；4—扩散管；5—吸水管；6—压出管

射流泵可以用液体抽升液体或气体，也可以用气体抽升液体或气体。

3.2.2 射流泵的性能

射流泵的性能一般可用下列几个参数来表示。

（1）流量比

$$\alpha=\frac{Q_2}{Q_1} \tag{3-1}$$

式中 Q_1——工作液体的流量，m^3/s；

Q_2——被抽液体的流量，m^3/s。

（2）压头比

$$\beta = \frac{H_2}{H_1 - H_2} \tag{3-2}$$

式中　H_2——射流泵出口处的液体具有的比能，m，也是射流泵的扬程；

H_1——喷嘴前的工作液体具有的比能，m。

（3）断面比

$$m = \frac{F_1}{F_2} \tag{3-3}$$

式中　F_1——喷嘴的断面面积，m^2；

F_2——喉管的断面面积，m^2。

（4）射流泵的效率

$$\eta = \frac{Q_2 H_2}{Q_1 (H_1 - H_2)} = \alpha\beta \tag{3-4}$$

3.2.3　射流泵的计算

射流泵的计算通常是按已知的工作流量、扬程和实际需要抽吸的流量、扬程来确定射流泵各部分的尺寸。计算常采用实验数据和经验公式进行。目前，这方面的公式与图表甚多，在实际使用中有时因适用条件的差异、加工精度的不同，数据出入较大。因此，在实际中可按运行情况适当调整。表 3.1 所示为射流泵效率较高（达 30% 左右）时，参数 α、β、m 之间的关系。

表 3.1　射流泵参数 α、β、m 之间的关系

m	0.15	0.20	0.25	0.30	0.40	0.50	0.60	0.70	0.80	0.90	1.00
α	2.00	1.30	0.95	0.78	0.55	0.38	0.30	0.24	0.20	0.17	0.15
β	0.15	0.22	0.30	0.38	0.60	0.80	1.00	1.20	1.45	1.70	2.00

计算射流泵尺寸的方法很多，现介绍一种常用于液液射流泵的计算方法，步骤如下。

（1）按实际需要的 Q_2、H_2 和工作液压力 H_1，由式（3-2）求出 β 值。

（2）按表 3.1 求出 m 和 α。

（3）由 α、Q_2，按式（3-1）求出 Q_1。

（4）由 Q_1 计算喷嘴尺寸。

喷嘴面积

$$F_1 = \frac{Q_1}{C\sqrt{2gH_1}} \ (\mathrm{m}^2)$$

式中　C——喷嘴流量系数，采用 0.9~0.95。

喷嘴直径

$$d_1 = \sqrt{\frac{4F_1}{\pi}}$$

喷嘴收缩段长度

$$l_1'' = \frac{D_1 - d_1}{2\tan\gamma}$$

式中 D_1——工作液进口管直径,m,一般按流速不大于 1 m/s 计算;

γ——喷嘴的收缩角,取 10°~30°。

喷嘴直线长度

$$l_1' = (0.55 \sim 0.9)d_1\text{(m)}$$

所以,喷嘴总长度

$$l_1 = l_1' + l_1''\text{(m)}$$

(5)计算混合管尺寸。

混合管面积

$$F_2 = \frac{F_1}{m}$$

混合管直径

$$d_2 = \sqrt{\frac{4F_2}{\pi}}$$

混合管长度

$$l_2 = 6d_2\text{(m)}$$

混合管进口扩散角

$$\alpha = 120°$$

(6)计算扩散管尺寸。

扩散管长度

$$l_2 = \frac{D_2 - d_2}{2\tan\theta}\text{(m)}$$

式中 D_2——射流泵出口管径,m;

θ——扩散管的扩散角,一般为 5°~10°。

(7)计算喷嘴与混合管的间距。

一般采用喷嘴与混合管的间距 Z

$$Z = d_1 \sim 3d_1$$

(8)由式(3-4)计算射流泵的效率。

3.2.4 射流泵的应用

射流泵的优点有:①构造简单,尺寸小,重量轻,价格便宜;②便于就地加工,安装容易,维修简单;③无运动部分,启闭方便,当吸水口完全露出水面后,断流无危险;④可以抽升污泥或其他含颗粒的液体;⑤可以与离心泵联合串联工作,从大口井或深井中取水。其缺点是效率较低。

射流泵在给排水工程中一般用于以下方面。

(1)用作离心泵的抽气引水装置,在离心泵泵壳顶部接一台射流泵,在离心泵启动前,可用外接给水管的高压水通过射流泵来抽吸泵体内的空气，达到在离心泵启动前抽气引水的目的。

（2）在水厂中利用射流泵来抽吸液氯和矾液，俗称“水老鼠”。

（3）在地下水除铁曝气的充氧工艺中，用射流泵作为带气、充气装置，射流泵抽吸的始终是空气，通过混合管进行水气混合，以达到充氧的目的。这种射流泵一般被称为加气阀。

（4）在排水工程中，作为污泥消化池中搅拌和混合污泥用泵。

（5）与离心泵联合工作，以增大离心泵装置的吸水高度。如图3.14所示，在离心泵的吸水管末端安装射流泵，用离心泵压出的压力水作为工作液体，这样可使离心泵从深达30~40 m的井中提升液体。目前，这种联合工作的装置较常见，它适用于地下水位较低的地区或牧区，以解决人民生活用水、畜牧用水和小面积农田灌溉用水。

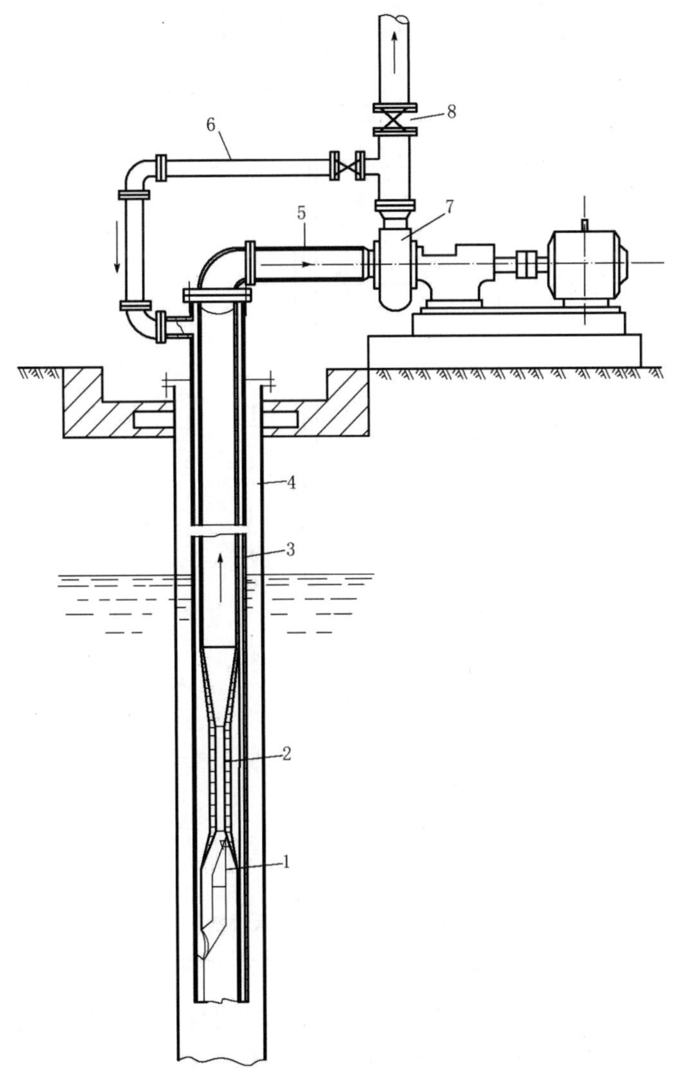

图3.14 射流泵与离心泵联合工作

1—喷嘴；2—混合管；3—套管；4—井管；5—水泵吸水管；6—工作压力水管；7—水泵；8—闸阀

3.3 气升泵

3.3.1 气升泵的基本构造和工作原理

气升泵又名空气扬水机，它是利用压缩空气来抽水的设备，其基本构造如图 3.15 所示。

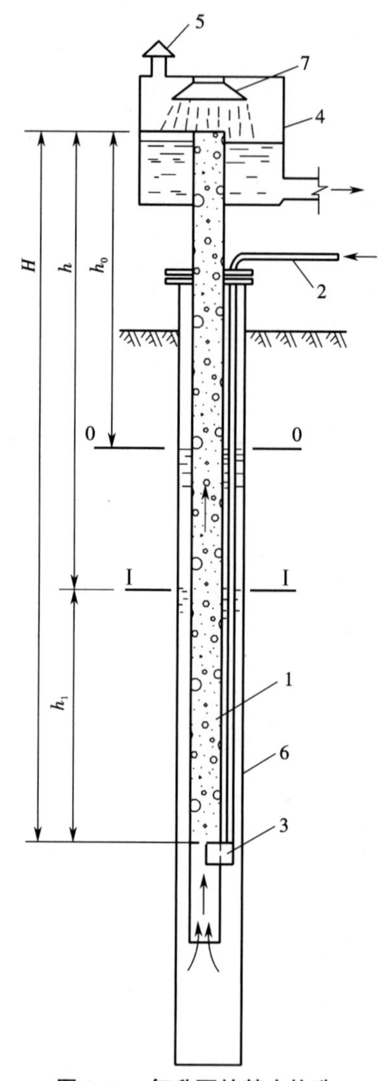

图 3.15 气升泵的基本构造

1—扬水管；2—输气管；3—喷嘴；4—气水分离箱；5—排气孔；6—井管；7—伞形钟罩

气升泵工作时，设地下静水位为 0—0，当井出水量达某一定值时，与之相平衡的动水位为 Ⅰ—Ⅰ。来自空压机的压缩空气由输气管通过喷嘴进入扬水管。于是，在扬水管内空气以微小气泡的形式与水形成混合物——乳状液。水气混合物的容重 γ_m 小于水。根据液体平衡条件，

$$\gamma_w h_1 = \gamma_m H = \gamma_m (h + h_1) \tag{3-5}$$

式中　γ_m——扬水管内乳状液的容重，N/m³；

γ_w——水的容重，N/m³；

h_1——井内动水位距喷嘴的距离，称为喷嘴的淹没深度，m；

h——提升高度，m。

只要 $\gamma_w h_1 > \gamma_m H$，气升泵即可正常工作，混合液就能沿扬水管上升流至气水分离箱。在该箱中，水气乳状液以一定的速度撞到伞形钟罩上，实现气水分离的效果。空气经箱顶部的排气孔逸出，落下的水借重力流入清水池。

3.3.2　气升泵的性能和应用

实际上由于气泡一方面自身上升，另一方面又带动液体上升，情况比较复杂，式（3-5）并不符合实际情况。式（3-5）可写为

$$h = \left(\frac{\gamma_w}{\gamma_m} - 1\right) h_1 \tag{3-6}$$

由式（3-6）可知，要使水气乳状液上升至 h，必须使喷嘴降至动水位以下某一深度 h_1，并需供应一定量的压缩空气，以形成一定的 γ_m。

按式（3-6）作图，当 h_1 为常数时，如图 3.16 中的实线所示，但实际情况如虚线所示，如 γ_m 小于某一临界值 γ_m'，则由于气量太多引起水流断裂而使升水高度 h 减小。因此，如要考察空气量与扬水量的关系，当空气量高于某一临界值时水才流出，此后气量加大，水量 Q 亦增大，但当超过某一限值后，由于气量太多，出水量反而减少。

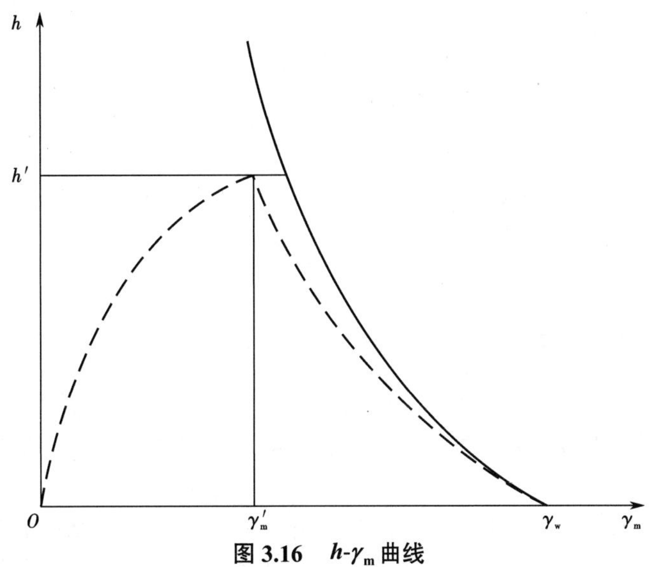

图 3.16　h-γ_m 曲线

许多实验证明，要使气升泵具有较高的效率，必须使 h、h_1 和 H 三者之间有一个合理的配合关系。h_1 与 H 的关系一般用淹没深度百分数来表示，即

$$m = \frac{h_1}{H} \times 100\% \tag{3-7}$$

由升水高度 h 选择较佳的 m 值时，可参照表 3.2，表中为一般建议采用的数据。在 h 很小时，淹没深度大大超过升水高度，故气升泵在抽地下水时，要将井打得比较深，以满足喷嘴淹没深度的要求。例如，已知 h=30 m，查表 3.2 得 m=0.7，代入式（3-7）可求出 h_1=70 m。

表 3.2 升水高度 h 与较佳的 m 值的关系

升水高度 h/m	<40	40~45	45~74	90~120	120~180
较佳的 m 值/%	70~65	65~60	60~55	55~50	45~40

气升泵过去常用来抽升井水，现在用于给排水工程中深井的扬水实验，也常用来在曝气池中抽升回流活性污泥等。图 3.17 为气升泵装置总图，该装置主要由空气过滤器、风罐、空气压缩机、输气管、井管、扬水管、清水池和水泵等组成。

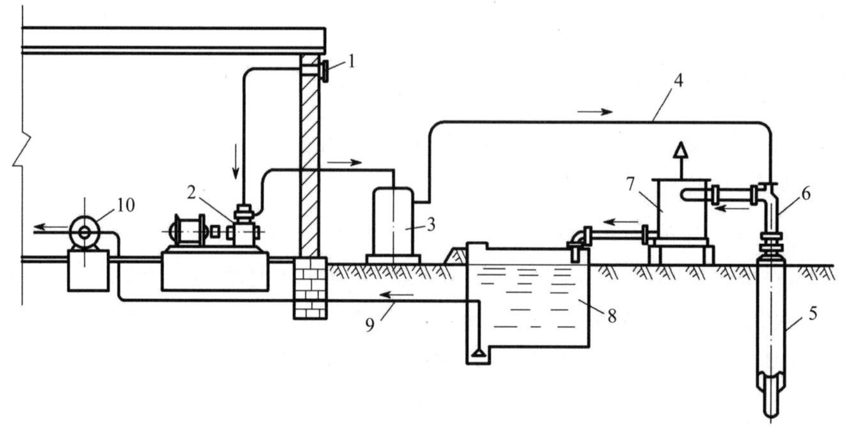

图 3.17 气升泵装置总图

1—空气过滤器；2—空气压缩机；3—风罐；4—输气管；5—井管；6—扬水管；
7—空气分离器；8—清水池；9—吸水管；10—水泵；11—泵缸

3.4 往复泵

3.4.1 往复泵的基本构造和工作原理

往复泵的基本构造如图 3.18 所示，主要由泵缸、活塞（或柱塞）和吸、压水阀等构成。它的工作原理是依靠在泵缸内做往复运动的柱塞来改变工作室的容积，从而达到吸入和排出液体的目的。

由图 3.18 可知，柱塞 7 由飞轮通过曲柄连杆机构带动。当柱塞向右运动时，泵缸内形成真空，上端的压水阀 3 关闭，下端的吸水阀 4 在吸水池的大气压力下打开，水由吸水管路 6 流入泵缸，完成吸水过程。相反，当柱塞向左运动时，压水阀在压力下打开，吸水阀关闭，泵缸内的液体被压入压水管路。因此曲柄每转一周，柱塞往复一次吸入和压出，水就间歇而不断地被吸入和排出。

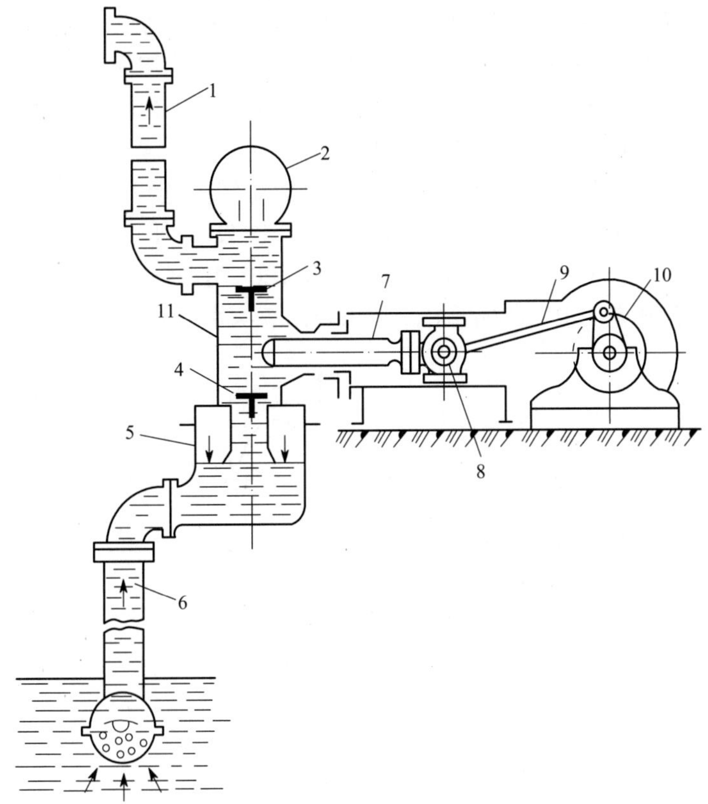

图 3.18　往复泵的基本构造

1—压水管路；2—压水空气室；3—压水阀；4—吸水阀；5—吸水空气室；6—吸水管路；7—柱塞；8—滑块；9—连杆；10—曲柄；11—泵缸

活塞或柱塞在泵缸内从一个顶端移至另一个顶端，这两端间的距离 S 称为行程长度（也称冲程）。两个顶端叫作死点。活塞或柱塞往复一次，泵缸内只吸入和压出一次水的泵称为单动往复泵。其理论流量

$$Q_t = FSn = \frac{\pi D^2}{4} Sn \tag{3-8}$$

式中　F——活塞（柱塞）断面面积，m^2；

S——活塞（柱塞）冲程，m；

n——曲柄每分钟的往复次数，次/min；

D——活塞（柱塞）直径，m。

实际上，由于泵内吸、压水阀的开关动作均略有延迟，会有一些水漏回，因此往复泵的实际流量一定小于理论流量，其值可用容积效率来表示：

$$Q = \eta_v Q_t = \eta_v FSn \tag{3-9}$$

式中　η_v 为容积效率。

由图 3.18 可以看出，当柱塞向右时，水泵不出水，当柱塞向左时，水泵不吸水。此外，由于曲柄一般等速旋转，因此由理论力学可知柱塞的速度呈正弦函数变化。柱塞在两个死点时，速度为零，加速度达最大值；在中间位置时速度达最大值，加速度为零。由于柱塞断面面

积 F 为一个常数，因此水泵供水量与柱塞速度变化规律一样，也按正弦曲线的规律变化，如图 3.19(a)所示。因此，不论在压水管路还是吸水管路中，水流均为非恒定流。

由上述内容可知，在吸水、压水管路中由于流量极不稳定，有很大的惯性水头，水泵无法正常工作，为了使水流恒定，可采取如下两种方法。

(1)第一种方法是把水泵改成多动泵。如曲柄每转一周可以出两次水，其构造如图 3.20 所示，为双动泵，即活塞向左、向右都分别完成一次吸水、压水过程，其出水量变化曲线如图 3.19(b)所示。另外，也可使三个单动泵互成 120° 用一根曲轴连接起来，组成一台三动泵，它们的初相位相差 120°，曲柄每转一周可以出三次水，如图 3.19(c)所示。

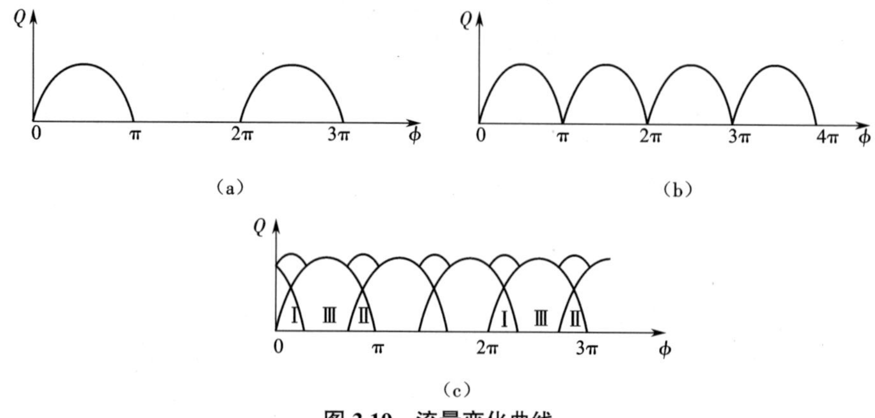

图 3.19 流量变化曲线

(a)单动泵 (b)双动泵 (c)三动泵

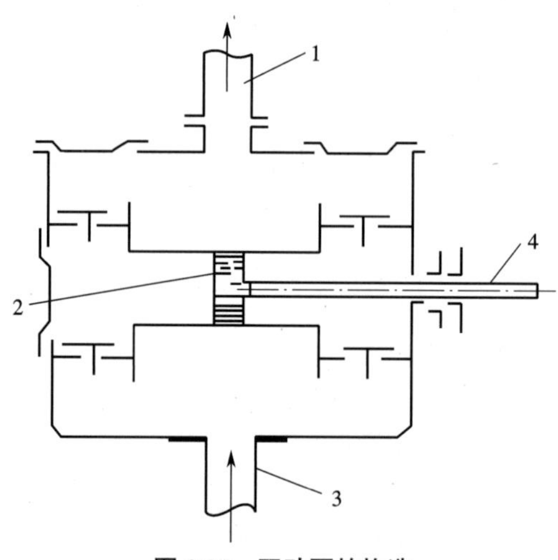

图 3.20 双动泵的构造

1—出水管;2—活塞;3—吸水管;4—活塞杆

可以看出，双动泵、三动泵出水量变化是比较均匀的，但由于是正弦曲线的叠加，仍有惯性水头。

双动泵的理论出水量

$$Q_t = (2F - f)Sn \tag{3-10}$$

式中　f——活塞(或柱塞)杆的截面面积。

(2)第二种方法是在出水口、吸水口附近装上空气罐,使管路中形成稳定流。

所谓空气罐是一个内有空气的罐,利用空气罐中的压力大于或小于管路中的压力,将水压入或吸入管路。由于空气的 pV 为常数,因此只要空气罐的体积 V 足够大,就可使 p 变化很小,在管路中形成恒定流。

3.4.2　往复泵的性能和应用

由式(3-9)可知,往复泵的流量与扬程无关,而与转速和冲程 S 有关,因此调节流量常用调节 S 的方法,十分方便。往复泵由于流量不受管路和扬程的影响,可以在要求投药量比较精确的处理厂中作为计量泵。

往复泵的扬程取决于管路系统中的压力和水头损失,理论上只要电动机功率和泵缸机械强度足够大,扬程便可无限大。往复泵的特性曲线如图 3.21 所示,实线为理论特性,而虚线则计及扬程增大后渗漏加大而引起的流量减小。因此往复泵不能用节流法调节流量,在泵运行时不得关小出水管上的闸阀。

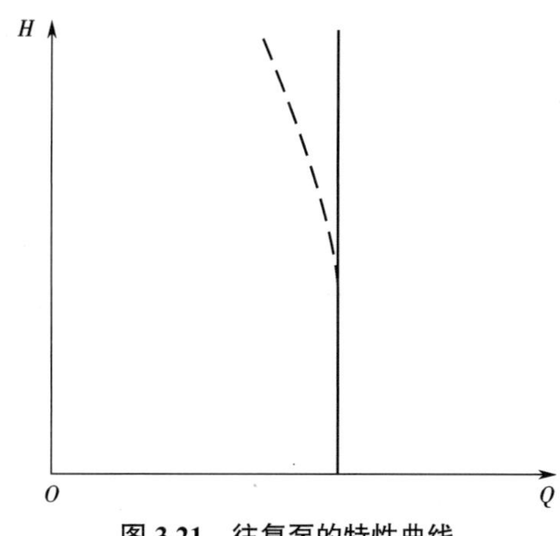

图 3.21　往复泵的特性曲线

往复泵的性能特点如下。

(1)扬程取决于管路系统中的压力、原动机的功率和泵缸的机械强度,理论上可达无穷大。供水量受泵缸容积的限制,因此,往复泵是高扬程、小流量的容积式水泵。

(2)必须在开闸的情况下启动。如果像离心泵一样在压水闸关闭的情况下启动水泵,将使水泵或原动机发生危险,传动机构有折断之虞。

(3)不能用闸阀来调节流量。因为关小闸阀非但不能达到减小流量的目的,反而由于闸阀的阻力而增大原动机所消耗的功率,因此,管路上的闸阀只作检修时隔离之用,平时须常年开闸运行。另外,由于流量与排出压力无关,因此,往复泵适宜输送黏度随温度而变化的液体。

(4)在给排水泵站中,如果采用往复泵,则必须有调节流量的设施,否则当水泵供水量大于用水量时,管网压力将骤增,易引起爆管事故。

(5)具有自吸能力。往复泵是依靠活塞在泵缸中改变容积而吸入和排出液体的,吸入口与排出口是相互间隔各不相通的,因此,泵启动时能把吸入管内的空气逐步抽上排走,具有自吸能力，因而往复泵启动时不必先灌泵引水。为了避免活塞在泵启动时与泵缸干磨，缩短启动时间和使启动方便，也有在系统中装设底阀的。

（6）出水不均匀，严重时可能造成在运转中产生振动和冲击现象。

表 3.3 为往复泵与离心泵的比较。虽然近代在城市给排水工程中，往复泵已被离心泵逐渐取代，但它在锅炉给水、输送特殊液体方面和要求自吸能力强、需要精确计量的场合仍有独特的用途。

表 3.3 往复泵与离心泵的比较

项目	往复泵	离心泵
流量	较小，一般不超过 200~300 m^3/h	很大
扬程	很高	较低
转数（往复次数）	低，一般小于 400 次/min	很高，常用 3 000 r/min
效率	较高	较低
流量调节和计量	流量不易调节，一般为恒定值，可计量	流量容易调节，范围广，要用专门的仪表计量
适宜输送的液体介质	允许输送黏度较大的液体，不宜输送含颗粒的液体	不宜输送黏度较大的液体，但可以输送污水等
流量均匀度	不均匀	基本均匀，脉动小
结构	较复杂，零件多	简单，零件少
体积、重量	体积大，重量大	体积小，重量小
自吸能力	能自吸	一般不能自吸，需灌泵
操作管理	操作管理不便	操作管理较方便
造价	较高	较低

3.5 螺旋泵

螺旋泵也称阿基米德螺旋泵。近代的螺旋泵在荷兰、丹麦等国应用较早，目前已推广到世界各国，广泛应用于灌溉、排涝和提升污水、污泥等方面。

3.5.1 螺旋泵的工作原理

螺旋泵的提水原理与我国古代的龙骨水车十分相似。如图 3.22 所示，螺旋泵倾斜放置在水中，由于螺旋泵轴对水面的倾角小于螺旋叶片的倾角，当电动机通过变速装置带动螺旋泵轴时，螺旋叶片下端与水接触，水就从螺旋叶片的 P 点进入叶片，水在重力作用下随叶片下降到 Q 点，由于转动时的惯性力，叶片又将 Q 点的水提升至 R 点，而后在重力作用下，水又下降至高一级叶片的底部，如此不断循环，水沿螺旋泵轴被一级一级地往上提起，最后升到螺旋泵的最高点流出。螺旋泵的提水原理不同于离心泵和轴流泵，它的转速十分缓慢，一般仅为 20~90 r/min。

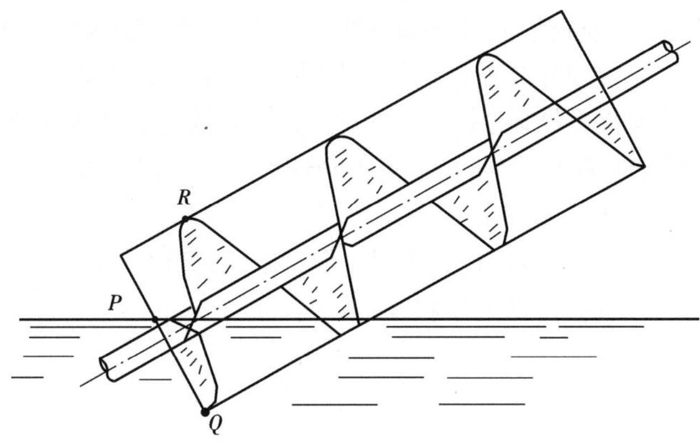

图 3.22　螺旋泵的提水原理

3.5.2　螺旋泵装置

螺旋泵装置由电动机、变速装置、泵轴、叶片、轴承座和泵壳等部分组成，如图 3.23 所示。泵体连接着上、下水池，泵壳仅包住泵轴和叶片的下半部，上半部安装小半截挡板，以防止液体外溅。泵壳与叶片间既要保持一定的间隙，又要做到密贴，尽量减少液体侧流，以提高泵的效率，一般叶片与泵壳之间保持 1 mm 左右的间隙。大、中型泵泵壳可用预制混凝土砌块拼成，小型泵泵壳一般采用金属材料卷焊制成，也可用玻璃钢等其他材料制造。

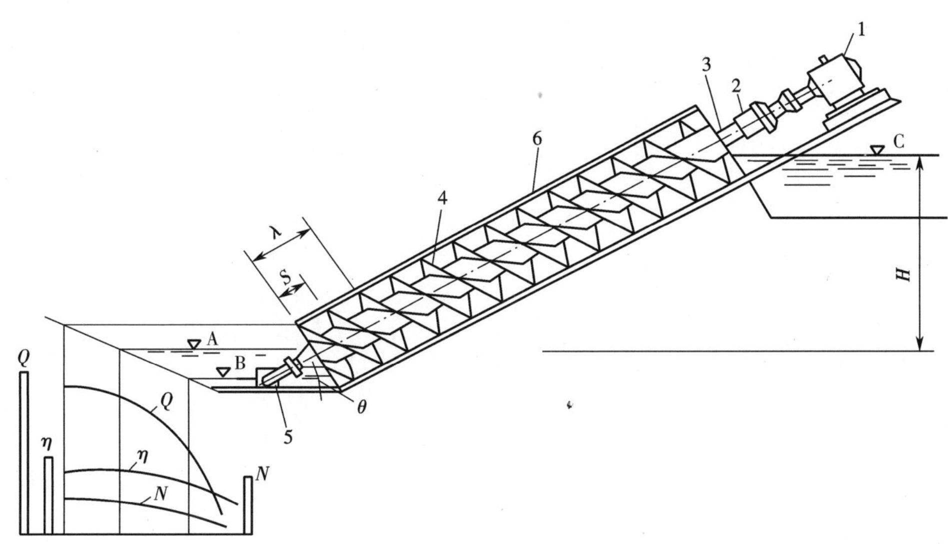

图 3.23　螺旋泵装置

1—电动机；2—变速装置；3—泵轴；4—叶片；5—轴承座；6—泵壳；A—最佳进水位；B—最低进水位；C—正常出水位；H—扬程；θ—倾角；S—螺距

3.5.3　螺旋泵的优缺点

优点：①提升流量大，省电；②只要叶片接触到水面就可把水提升上来，并可按进水水位的高度自行调节出水量，水头损失小，吸水井可以避免不必要的静水压差；③由于不必设置集水井和封闭管道,泵站设施简单,土建费用低,有时甚至可将螺旋泵直接安装在下水道内工作;④离心式污水泵一般要在泵前设格栅,以去除碎片和纤维物质,防止堵塞泵,而螺旋泵因叶片间隙大,可以直接提升杂质、木块、碎布等污物;⑤结构简单,制造容易;⑥由于低速运转,机械磨损小,日常维修简单;⑦离心泵由于转速高,会破坏活性污泥绒絮,而螺旋泵是缓慢地提升活性污泥,对绒絮破坏较小。

缺点:①扬程一般不超过 6~8 m,在使用上受到限制;②出水量直接与进水水位有关,故不适用于水位变化较大的场合;③必须斜装,占地较大。

第 4 章　给水泵站

泵站在给水系统中占有很重要的地位，取水泵站一旦断水，就会使处理厂停止工作，而送水泵站一旦断水，则可能使整个给水管网停水，从而引起严重的事故。从经济上看，给水泵站的电费往往在给水系统的经营费用中占很大的比重，对供水成本起决定作用。因此，正确设计泵站对保障安全供水、降低供水成本有重大意义。

本章主要讨论常见给水泵站（如送水泵站）的工艺设计问题，尽管各种泵站有不同的特点，但彼此间的共性很多。只要掌握了送水泵站的工艺设计，就可举一反三。

4.1　泵站的组成与分类

4.1.1　泵站的组成

给水泵站是给水系统的一个重要组成部分，它的主要作用是按照服务对象的需要提供必要的水量和水压。

不论哪一类泵站都是一个包括机械设备和管道配件等的综合体，其组成部分有水泵、原动机（一般为电动机）、管道及其附件（包括闸阀、止逆阀等）、配套电控设备、附属设备（如充水设备、计量设备、起重设备等）。在上述 5 个组成部分中，前 4 个是必要的，缺少了就不能运行，第 5 个则可视具体情况进行设置。

水泵、原动机、管道及其附件一般设在专门的建筑物内，这种建筑物被称为泵房。

4.1.2　泵站的分类

按照水泵机组与地面的相对标高关系，泵站可分为地面式泵站、地下式泵站与半地下式泵站；按照操作条件和方式，泵站可分为人工手动控制泵站、半自动化泵站、全自动化泵站和遥控泵站 4 种。

在给水工程中，通常按在给水系统中的作用将泵站分为取水泵站、送水泵站、加压泵站和循环泵站 4 种。

1. 取水泵站

取水泵站一般从水源取水，把水送到净水构筑物、贮水池，有时直接送到用户。取水泵站往往和进水构筑物合建在一起。

取水泵站在水厂中也称为一级泵站、水源泵站。对地面水水源，取水泵站一般由吸水井、泵房和闸阀井（又称闸阀切换井）3 部分组成。其工艺流程如图 4.1 所示。由于取水泵站具有靠江临水的特点，所以河道的水文、地质、水运和航道的变化都会直接影响到取水泵站的埋深、结构形式和工程造价等。

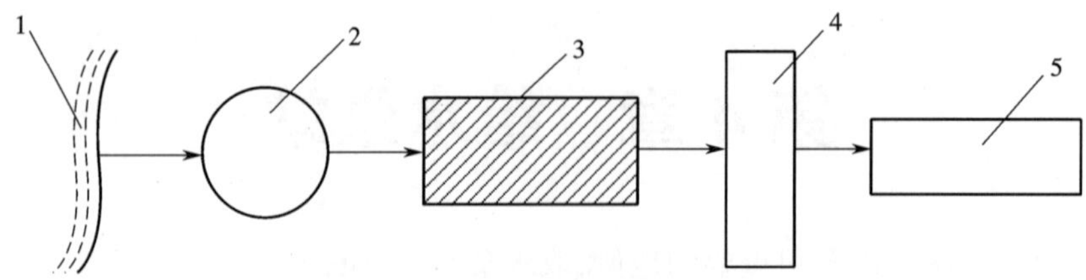

图 4.1 地面水取水泵站的工艺流程

1—水源;2—吸水井;3—泵房;4—闸阀井;5—净化厂

在近代的城市给水工程中,受城市水源的污染、市政规划的限制等诸多因素的影响,水源取水点常常远离市区,因此取水泵站成为远距离输水的工程设施。泵站工程中水锤的防护问题、泵组的节电问题、远距离沿线管道的检修问题、与调度室的通信问题等都是需要注意的。

采用地下水作为生活饮用水水源且水质符合饮用水卫生标准时,取水泵站可直接将水送到用户。在工业企业中,有时同一泵站内可能设置既输水给净水构筑物又直接将原水输送给某些车间的水泵。

2. 送水泵站

送水泵站是从净水处理厂或贮水池把水送到给水管网或用户的泵站,通常建在水厂内。因为在一般地面水(水源)给水系统中,取水泵站是第一次抽升,送水泵站是第二次抽升,所以送水泵站也称为二级泵站。其工艺流程如图 4.2 所示。送水泵站抽送的是清水,所以又称为清水泵站。

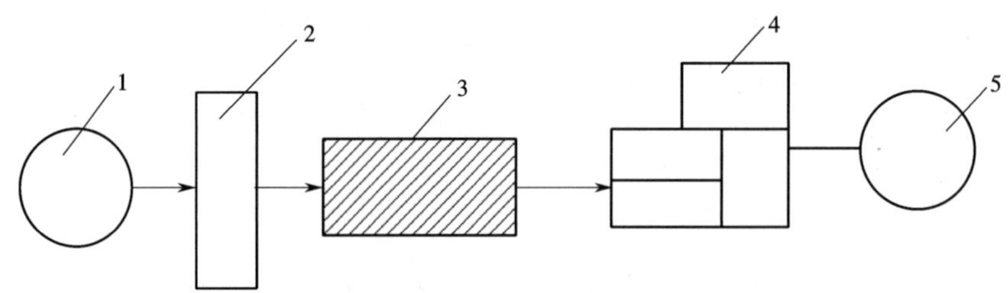

图 4.2 送水泵站的工艺流程

1—清水池;2—吸水井;3—泵房;4—管网;5—高地水池(水塔)

由净化构筑物处理后的出厂水由清水池流入吸水井,泵房中的水泵从吸水井中吸水,通过输水干管将水输往管网。送水泵站的供水情况直接受用户用水情况的影响,其出厂流量与水压在一天内是不断变化的。

3. 加压泵站

在某些情况下,如城市管网面积较大、输配水管线很长、城市内地形起伏较大、给水对象所在地的地势很高等,由于管网中某一区域的水压不能满足要求,经过技术经济比较,可以在城市管网中增设加压泵站。另外,在近代大中型城市给水系统中实行分区分压供水时,设置加压泵站也十分普遍。

加压泵站的工况取决于加压所用的手段,一般有两种方式。

(1)在输水管线上直接串联加压方式,如图 4.3(a)所示。采用这种方式供水时,水厂内的送水泵站和加压泵站同步工作。该方式一般用于水厂远离城市管网的长距离输水场合。

（2）清水池和泵站加压方式（又称水库泵站加压方式）。即水厂内的送水泵站将水输入远离水厂、接近管网起端处的清水池，加压泵站将水输入管网，如图 4.3（b）所示。采用这种方式供水时，城市中的用水负荷可借助于加压泵站的清水池调节，从而使送水泵站工况比较均匀，有利于调度管理。此外，送水泵站的出厂输水干管因输水均匀而时变化系数 $K_{时}$减小，可减小输水干管的管径，且输水干管越长，经济效益就越可观。

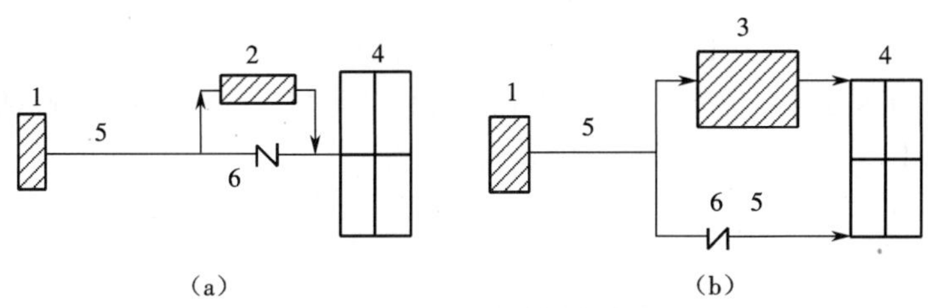

图 4.3　加压泵站的供水方式

（a）直接串联加压　（b）清水池和泵站加压

1—送水泵站；2—增压泵站；3—水库泵站；4—配水管网；5—输水干管；6—止逆阀

加压泵站的内部布置与送水泵站类似。

4. 循环泵站

循环泵站是循环给水系统中的供水泵站。在某些工业企业中，生产用水可以循环使用或经过简单处理后回用。常见的循环泵站是用来供给冷却水的，因此一般设在冷却构筑物旁。例如：生产车间排出的废热水送入冷却构筑物进行降温，冷却后的水由冷水泵输送到生产车间使用，此时即设置循环泵站。图 4.4 所示为循环给水系统的工艺流程。

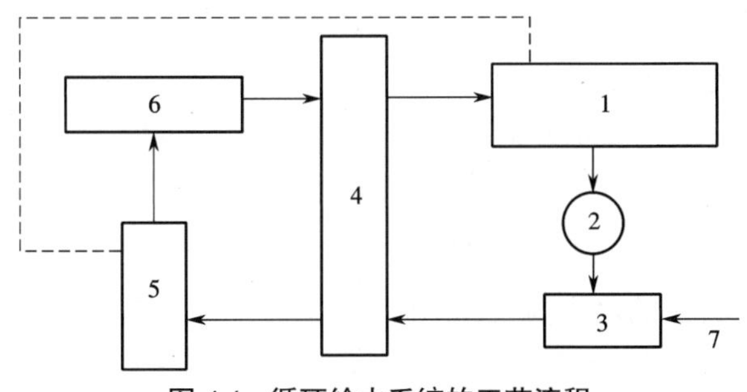

图 4.4　循环给水系统的工艺流程

1—生产车间；2—净水构筑物；3—热水井；4—循环泵站；5—冷却构筑物；6—集水池；7—补充新鲜水

4.2　水泵的选择

4.2.1　选泵的主要依据

泵站的任务是把所需的水量以所需的压力送达用水地点。从系统运行经济和节能的角度，要掌握用水量的变化规律。因此，所需的流量、扬程及其变化规律就是选泵的主要依据。

【二维码 4-1】

1. 泵站的设计流量和扬程

1）一级泵站

（1）第一种，泵站从水源取水，输送到净水构筑物。

为了减小取水构筑物、输水管道和净水构筑物的尺寸，节约基建投资，通常要求一级泵站中的水泵昼夜均匀工作，因此，泵站的设计流量为

$$Q_r = \frac{\alpha Q_d}{T} \tag{4-1}$$

式中 Q_r——一级泵站中水泵所供给的流量，m^3/h；

α——因输水管漏损和净水构筑物自身用水而引入的系数，一般取 $\alpha = 1.05 \sim 1.1$；

Q_d——供水对象的最高日用水量，m^3/d；

T——一级泵站在一昼夜内工作的小时数，h/d。

对于供应工厂生产用水的一级泵站，泵站的流量应视工厂生产给水系统的性质而定。如为直流给水系统，泵站的流量应按最高日最高时用水量计算。当用水量变化时，可采取开动不同台数的泵的方法予以调节。

一级泵站中水泵的扬程是由所采用的给水系统的工作条件决定的。当泵站送水至净化构筑物（图 4.5）时，泵站的扬程按下式计算：

$$H = H_{st} + \sum h_s + \sum h_d \tag{4-2}$$

式中 H——泵站的扬程，m；

H_{st}——静扬程，采用吸水井的最枯水位（或最低动水位）与净水构筑物的进口水面标高之差，m；

$\sum h_s$——吸水管路的水头损失，m；

$\sum h_d$——压水管路的水头损失，m。

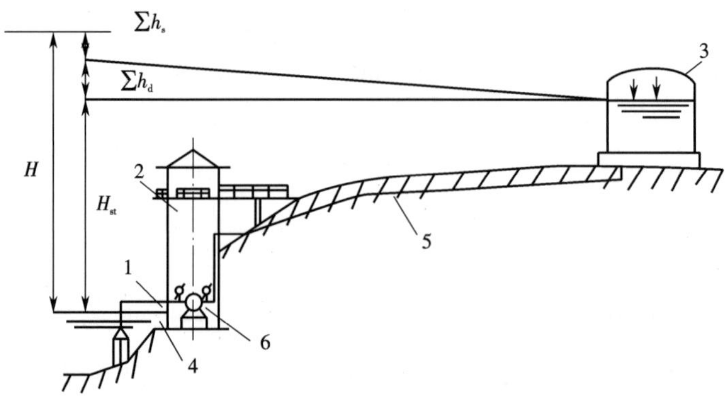

图 4.5 一级泵站供水到净水构筑物的流程

1—吸水井；2—泵站；3—净化构筑物；4—吸水管路；5—压水管路；6—水泵

此外，计算时还应考虑增加一定的安全水头，一般为 1~2 m。

（2）第二种，泵站将水直接供给用户。

当采用地下水作为生活饮用水水源且水质符合卫生标准时，就可将水直接供给用户。在这种情况下，泵站实际上起二级泵站的作用。

由于此时给水系统中没有净水构筑物，泵站的设计流量为

$$Q_r = \frac{\beta Q_d}{T} \tag{4-3}$$

式中　Q_r——一级泵站中水泵所供给的流量，m^3/h；

β——给水系统的自身用水系数，一般取 $\beta = 1.01 \sim 1.02$；

Q_d——供水对象的最高日用水量，m^3/d；

T——一级泵站在一昼夜内工作的小时数，h/d。

泵站的扬程

$$H = H'_{st} + \sum h + H_c \tag{4-4}$$

式中　H'_{st}——水源井中最低动水位与给水管网中控制点的地面标高差，m；

$\sum h$——管路中的总水头损失，m；

H_c——给水管网中控制点所要求的最小自由水压（也叫服务水头，m）。

2）二级泵站

（1）第一种，管网中无调节构筑物。

由于以最大流量和最大扬程为设计依据，因此泵站的设计流量为供水对象的最高日最高时用水量，即 Q_h。

泵站的扬程为

$$H_p = (Z_c - Z_p + H_c + h_{网} + h_{输} + h_{站}) \times 1.05 \tag{4-5}$$

式中　H_p——二级泵站的扬程，m；

$Z_c - Z_p$——吸水井的最低水位与管网控制点的地面标高之差，m；

$h_{网}$——管网的总水头损失，m；

$h_{输}$——输水管路的水头损失，m；

$h_{站}$——泵站内吸、压水管路的水头损失，m；

1.05——考虑的安全水头系数。

（2）第二种，管网中有调节构筑物。

一般先按最大日逐时用水变化曲线来确定各时段中水泵的分级供水线，然后取最大一级供水量作为泵站的设计流量。

扬程应视管网中调节构筑物的位置而定，可分几种情况进行管网平差计算。

【二维码 4-2】

2. 泵站供水流量与扬程的变化

综上，泵站的供水能力必须满足最大流量和最大扬程的需要，但如用水量是变化的，则

仅仅以最大流量和最大扬程为依据来选泵是极不经济的。因为供水由水泵和管道系统联合工作完成，由管道特性分析可知，供水量越小，所需的扬程越低；而根据水泵特性分析，流量越小，扬程越高。如仅按最大流量和最大扬程选泵，会导致水泵扬程的浪费，如图 4.6 所示。

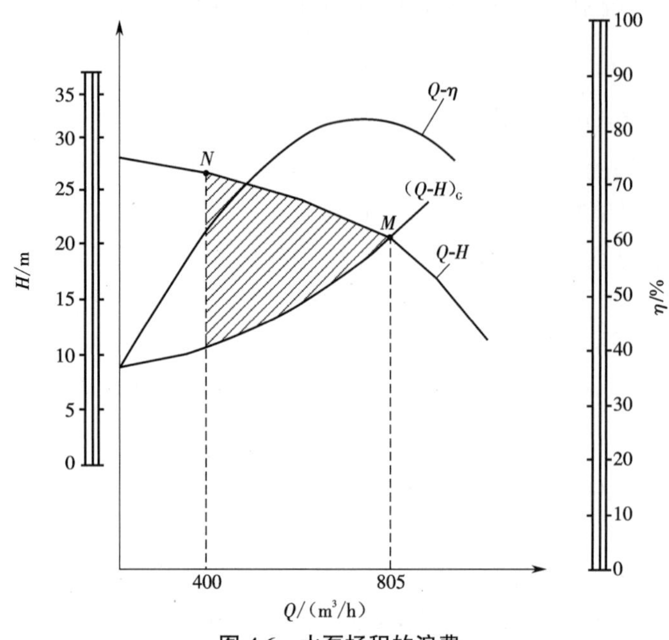

图 4.6　水泵扬程的浪费

在图 4.6 中，水泵按最大流量 805 m³/h 和最大扬程 20 m 选择，如用水量变化范围为 400~805 m³/h，则在用水量变小时，管道中的水压自 20 m 增至 27 m，浪费了大量能量（对一个供水量为 10 000 m³/d 的泵站来说，如浪费 1 m 扬程，全年将多消耗电约 1 万 kW · h）。因此对一个泵站来说，其运行的经济性要从两方面来评价：一是水泵效率高，即水泵的工作点在高效率段，使原动机传来的功率浪费少；二是水泵的扬程与管道系统所需的扬程相等，否则会导致管道中压力不必要的升高，造成能量浪费。这部分能量浪费的多少可用用户所需扬程 $H_{管}$（管道特性曲线的纵坐标）与水泵扬程 $H_{泵}$（水泵特性曲线的纵坐标）之比表示，称为扬程利用效率：

$$\eta' = \frac{H_{管}}{H_{泵}} \times 100\% \tag{4-6}$$

泵站运行效率 $\eta_{运}$ 应为水泵效率 η 与扬程利用效率 η' 的乘积，即

$$\eta_{运} = \eta\eta' \tag{4-7}$$

如果用水量是均匀变化的，则图 4.6 中斜线部分的面积表示由于扬程利用效率低而造成的能量浪费。实际上由于最大用水量在整个设计年限中出现的频率极低，因此浪费的能量远较图中斜线部分的面积要大，因而是极不经济的。

对图 4.6 所示的例子，如选用几台不同性能的水泵来供水，则可以减少能量浪费。多台不同型号的泵工况如图 4.7 所示，图中的四条曲线代表四台不同性能的水泵的 Q-H 曲线。用水量从 400 m³/h 到 Q_1 用泵 4 工作，用水量从 Q_1 到 Q_2 用泵 3 工作，用水量从 Q_2 到 Q_3 用泵 2 工作，用水量从 Q_3 到 805 m³/h 用泵 1 工作。与图 4.6 相比，显然在这种情况下浪费的

能量(斜线部分的面积)大为减少,比只按最大流量和最大扬程选一台泵的情况节省大量能量。

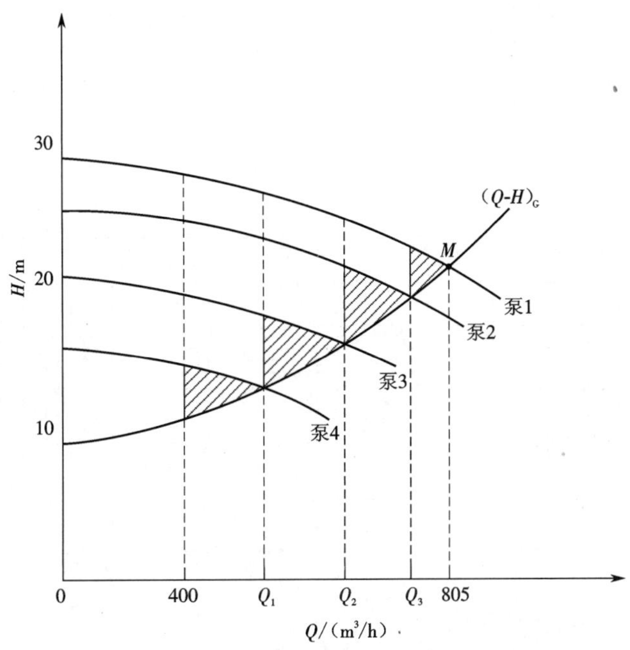

图 4.7　多台不同型号泵的工况

由此可见,在用水量变化的条件下,除了考虑最大流量和最大扬程之外,还必须考虑流量的变化和由流量变化(或其他原因)引起的所需扬程的变化。在上例中,显然选用不同性能的水泵的台数越多,浪费的能量越少。但水泵型号越多,维护管理越复杂,而且会带来泵站投资的增大,因此也不能达到经济的目的。

因此,必须从节能的角度出发,尽量选用较少的水泵,以适应流量的变化,并使维护管理方便,同时降低基建和设备投资。

4.2.2　选泵方法

如上所述,选泵对泵站的运行费用有决定性的影响,选泵既要满足最大流量和最大扬程的要求,还必须兼顾在流量变化时运行的经济性且避免选泵太多,这是极其复杂的。下面分两种情况来讨论。

1. 水量和扬程变化较大的泵站

如管网中无水塔,在扬程中水头损失占相当大比重的送水泵站。

无水塔的二级泵站的供水量是随着用水量的变化而被动变化的,选泵既要满足最高日最高时的用水量与相应的扬程要求,还必须兼顾在其他用水量条件下能经济地运行。从经济的观点出发,尤应着眼于出现频率较高的供水工况范围,使得在此范围内有较高的运行效率。

要解决上述问题,需要掌握各种用水量的出现频率的资料,并计算出在各种用水量下的管网水头损失,这实际上是非常困难的。

为了较合理地选泵,可以按下面的方法进行。在如图 4.8 所示的水泵型谱图上,根据管网平差结果算出泵站的最大扬程和最高日最高时用水量,定出一个工况点 a;然后根据用水量为零(或接近型谱图横坐标原点的流量)保持管网控制点的自由水头所必需的扬程作出一个点 b,用直线连接 a、b 两点,并由 a 作水平线 ac。ab 大致表示管网特性,即所需的扬程与流量的关系,而 ac 表示最大扬程。由 ab 与 ac 构成的三角形区是选泵的参考范围,可以较快地选出合适的水泵。

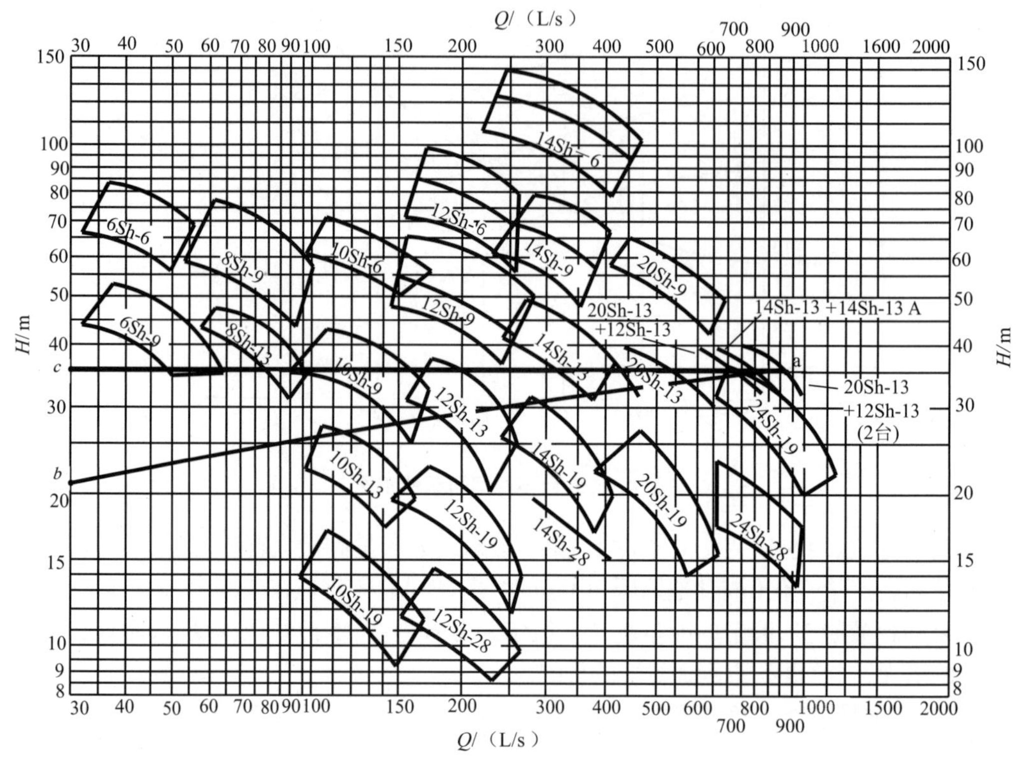

图 4.8 选泵参考特性曲线

必须强调:在选泵时,要着重注意出现频率较高的用水范围,这一范围一般在平均用水量附近。新建的泵站如能参考条件类似地区的用水量变化资料来选泵,将会大大提高其经济合理性。

这类泵站由于流量和扬程变化较大,需要的工作泵台数较多,一般为 3~6 台。在扬程变化范围不很大时,可采用两种型号;在扬程变化较大时,可采用三种型号。

下面举一个例子来具体说明选泵方法。

【例 4.1】根据给水管网设计资料,最高日最高时用水量为 920 L/s,时变化系数为 1.7,日变化系数为 1.3,用水量最大时管网水头损失为 11.5 m,输水管水头损失为 1.5 m,泵站吸水井最低水位与管网控制点的地形高差为 2 m,用水区建筑层数为三层,试选择送水泵站水泵的型号与台数。

【解】由建筑层数知管网自由水头为 16 m,假设泵站内管路中的水头损失在用水量最大时为 2 m,则泵站的最大扬程为

$H = 2 + 1.5 + 11.5 + 16 + 2 = 33$ m

选泵时应加 5% 左右的富裕水头，现取 2 m，则水泵的最大扬程为

$H = 33 + 2 = 35$ m

根据 $Q = 920$ L/s 和 $H = 35$ m，在水泵型谱图上作出 a 点，如图 4.8 所示。当 $Q = 30$ L/s 时（即水泵型谱图 4.8 上的横坐标原点），输水管和管网中的水头损失也较小，假定两者之和为 2 m，则水泵的扬程为

$H = 2 + 2 + 16 + 2 = 22$ m

根据 $Q = 30$ L/s 和 $H = 22$ m，在图 4.8 上作出 b 点，该用水区域平均日平均时用水量为 920/（1.7 × 1.3）=416 L/s，由图得出 $Q = 416$ L/s 时 $H = 31$ m。

从图 4.8 中找到共有 10Sh-9、12Sh-13、14Sh-13、20Sh-13 四种泵位于由 ab 和 ac 构成的三角区内，可以考虑采用。8Sh-13 和 24Sh-19 虽也有一部分高效区在这个三角区内，但不能采用，因为 8Sh-13 的高效区扬程只适合于最大扬程 ac 线附近，说明它只能多台并联用于最大流量的情况，在流量变小时能量浪费太大。而 24Sh-19 则只能用于大流量，流量略小就不合用，也不宜采用。因此，对上述四种泵选择几种不同的组合方案进行比较。

从图 4.8 中可看出，用一台 20Sh-13 和两台 12Sh-13 并联，可以满足 a 点的工况要求。当一台 20Sh-13 和一台 12Sh-13 并联时，与 ab 线交于 $Q = 750$ L/s；当 20Sh-13 单独运行时，与 ab 线交于 $Q = 600$ L/s；当 12Sh-13 单独运行时，与 ab 线交于 $Q = 240$ L/s；当两台 12Sh-13 并联时，与 ab 线交于 $Q = 460$ L/s。因此，选用一台 20Sh-13 和两台 12Sh-13 为第一方案。

从图 4.8 中还可以看出，两台 14Sh-13（其中一台为 14Sh-13A）一台 12Sh-13 并联运行，亦可满足 a 点的工况要求。并可看出当 14Sh-13A 和 12Sh-13 并联及分别单独运行时，分别与 ab 线交于 $Q = 570$ L/s、370 L/s 和 240 L/s；一台 14Sh-13 和一台 14Sh-13A 并联时，与 ab 线交于 $Q = 760$ L/s。

下面列出分级供水的水泵运行参考方案，见表 4.1。

表 4.1　选泵方案比较

方案	用水量变化范围 /（L/s）	运行水泵型号及台数	水泵扬程 /m	所需扬程 /m	扬程利用率 /%	水泵效率 /%	运行效率 /%
第一方案选用一台 20Sh-13 两台 12Sh-13	750~920	一台 20Sh-13 两台 20Sh-13	40~35	34~35	85~100	80~88 78~82	68~88 66~82
	600~750	一台 20Sh-13 一台 12Sh-13	39~34	33~34	85~100	82~88 79~86	70~88 67~86
	460~600	一台 20Sh-13	38~33	31~33	82~100	82~87	67~87
	240~460	两台 12Sh-13	42~31	28~31	67~100	69~84	46~84
	<240	一台 12Sh-13	~28	~28		~83	~83

续表

方案	用水量变化范围/(L/s)	运行水泵型号及台数	水泵扬程/m	所需扬程/m	扬程利用率/%	水泵效率/%	运行效率/%
第二方案选用一台14Sh-13 一台14Sh-13A 一台12Sh-13	760~920	一台 14Sh-13 一台 14Sh-13A 一台 12Sh-13	40~35	34~35	82~100	83~75 82~84 78~85	71~75 70~84 66~85
	570~760	一台 14Sh-13 一台 14Sh-13A	40~34	32~34	81~100	83~74 82~83	66~74 66~83
	370~570	一台 14Sh-13A 一台 12Sh-13	42~32	30~32	71~100	76~82 69~84	54~82 49~84
	240~370	一台 14Sh-13A	42~30	28~30	80~100	76~78	51~78
	<240	一台 12Sh-13	~28	~28		~83	~83

从表 4.1 可看出，在用水量为 400~700 L/s 的范围内（即在平均用水量附近），第一方案的运行效率较高，而且两个方案水泵台数相同，因此采用第一方案。

从例 4.1 可知，在选泵时，应力求采用不同水泵并联搭配、单独运行等方法，以便在选用较少的泵型和泵数的条件下达到节能的目的。

2. 水量和扬程变化不大的泵站

例如水源水位变化不很大的一级泵站或管网中有水塔调节的二级泵站。这类泵站一般全日均匀供水或一日中分成二级（两种不同的供水量）供水。

全日均匀供水的泵站可按拟定的供水量作出管道特性曲线来选泵，如图 4.9 所示。

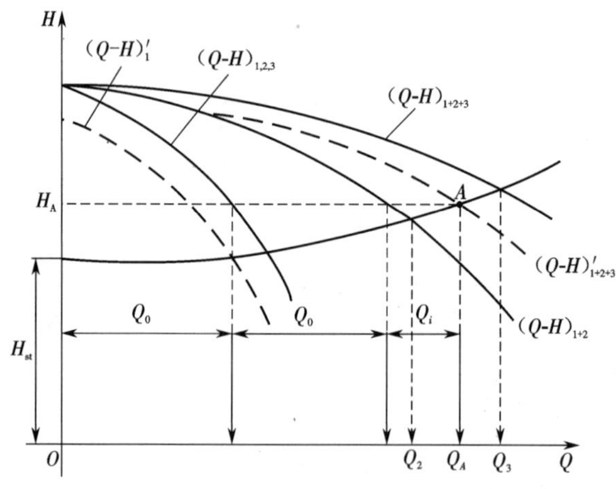

图 4.9　3 台同型号的泵并联的工况

图 4.9 中 H_{st} 为水源最低水位与用水点最高水位的高差。由拟定的泵站设计流量在管道特性曲线上确定工况点 A，一般选 2~3 台泵满足 A 点的要求。如选 3 台泵，则按 $Q_{设}/3$ 和 H_A 选泵，3 台泵并联一定可以满足 A 点的要求。

当水源水位上涨时，管道特性曲线下降至虚线位置，出水量会增大。如水位变化不大，可用节流法调节；当水位变化较大时，可减少工作泵的台数调节；当季节性水位有较大的变化时，可换用不同轮径的叶轮来调节。

因为泵是按最高日用水量选定的，在用水量较低的日子可以减少工作泵的台数或在用水量低的季节换用经过切削的叶轮，以获得较经济的效果。

当分级供水时，最好选用一种水泵来满足不同级供水的需要，使泵站中水泵型号划一，互为备用。

4.2.3　选泵时须考虑的其他因素

在选泵时除了考虑满足水量和水压的要求，力求节省运行费用之外，尚须考虑一些其他因素。

（1）泵的结构形式对泵房的大小、形式和内部管道布置都有影响，因而会影响到泵房的造价。例如，对水源水位涨落很大，必须深入地下建造的泵房，采用立式泵可以比卧式泵减小泵房面积，降低造价。又如，采用单吸式竖接缝的水泵和采用双吸式平接缝的水泵在泵站的管路布置上有很大的不同。

（2）选泵时应考虑水泵的吸水性能。例如，当泵站吸水水位降低时，如果选用吸水性能较差的水泵，势必使泵房埋深增大，在地质条件不利时会使造价剧增并使施工复杂化。在这种情况下选用吸水性能较好的水泵就可以增大水泵安装高度，减小泵房埋深，降低造价，即使运行效率较低，仍有经济意义。

（3）选泵时应考虑泵站的分期建设和发展情况。一般泵站在开始投入运转时，流量和扬程都较小，以后逐步增大到设计流量和设计扬程，如初期即使用大泵，往往浪费大量能量，所以初期可以安装小泵来满足用水要求，在用水量增加后，再逐步增添水泵或换大泵。在设计时应使初期使用的小泵在以后仍能适应低流量时的需要，此外还可在初期采用切削的叶轮，到远期再换用较大的叶轮。

（4）应尽量结合地区条件，优先选用当地制造的成系列、性能优良的国家定型产品。

4.2.4　备用泵的选择

泵站除了按上述主要依据和其他因素选择工作泵之外，还应根据供水对象、供水可靠性的不同要求选用一定数量的备用泵。

（1）在不允许减少供水量的情况下（例如冶金厂的高炉与平炉车间供水），应有两套互为备用的机组，保证在一套机组大修或发生事故时，另一套可以供水。

（2）在允许短时间减少供水量的情况下，备用泵可只保证供应发生事故时的水量；允许短时间中断供水时，可只设一台备用泵。

（3）城市给水系统中的泵站一般只设一台备用泵。

以上备用泵的型号与泵站中最大的工作泵相同。

（4）当管网中无水塔的二级泵站内机组较多时，也可考虑增设一台备用泵，增设的备用泵的型号与最常运行的工作泵相同。

（5）如果给水系统中有足够大的高地水池或水塔可以部分代替泵站进行短时间供水，则泵站中可不设备用泵，仅在仓库中储存一套备用机组即可。

（6）备用泵与工作泵一样，应处于随时可以启动的状态。

4.2.5 选泵后的消防校核

对担负消防供水功能的泵站，选泵后还必须按照发生火灾的消防供水情况校核泵站是否能满足要求。

对一级泵站，只要灭火后能在规定的时间内向清水池中补充必要的消防储备水即可。在补充消防储备水时，泵站的供水量将增大，超过正常供水量，一般可以不另设专用消防泵而开动备用泵，以增加这部分增大的流量，因此应校核备用泵的流量。

$$Q=\frac{2\alpha(Q_{\mathrm{f}}+Q')-2Q_{\tau}}{t_{\mathrm{f}}} \tag{4-8}$$

式中 α——同式（4-1）；

Q_{f}——设计的消防用水量，$\mathrm{m^3/h}$；

Q_{τ}——一级泵站的正常流量，$\mathrm{m^3/h}$；

Q'——最高日连续最大 2 h 用水量，$\mathrm{m^3/h}$；

t_{f}——补充消防用水的小时数量，由《建筑设计防火规范》（GB 50016—2014（2018 版））按用水区建筑的性质确定，一般为 24~48。

对二级泵站，虽然城市给水系统采用低压制，但由于消防时供水量大大增加，因此应开动备用泵，以供紧急供水之需。

对消防情况进行校核时，应把泵站中的备用泵与用水量最大时所用的工作泵并联起来，画出并联曲线。如消防时所需工况点位于并联曲线之下，则校核合格，说明泵站开动备用泵之后总流量和扬程都超过消防时的要求。如开动备用泵之后仍满足不了消防时的总流量要求，可再设一台备用泵以增加流量。如开动备用泵之后由于消防时管网中损失太大而不能满足消防时的扬程，则泵站中的工作泵在消防时都将不能使用。这时应另选一组泵作为消防时工作的水泵，若其流量为消防总流量（即消防流量加最高日最高时水量），扬程应满足消防扬程，这样将使泵站设备投资大大增加，因而是不合理的。出现这种情况时，应调整管网设计中个别管段的管径，使消防扬程下降，备用泵能满足消防要求。

对泵站进行消防校核的目的是检查泵站是否具有供给消防总流量和消防扬程的能力。由于火灾是一种偶然的非常事件，在消防时并不要求泵站具有高的运行效率，只要求泵站满足消防工况的要求，以保障人民的生命、财产安全。

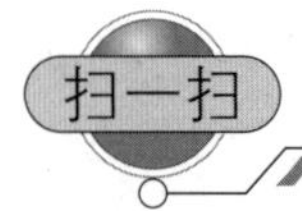

【二维码 4-3】

对管网事故，泵站供水能力的校核也按上述原则进行。

4.3　泵站动力设施

4.3.1　电动机的选择

泵站中的水泵一般用电动机带动，在选定水泵之后，电动机可以根据水泵厂样本中提供的配套电动机选定，一般不必另选电动机。

电动机从电网获得电能，带动水泵运转，同时又在一定的外界环境和条件下工作。因此，在个别情况下，如需要自行选择电动机，要正确选择电动机，处理好电动机与水泵、电动机与电网、电动机与工作环境的关系，并且尽量使投资节省、设备简单、运行安全、管理方便。一般应综合考虑以下四个方面的因素。

（1）根据所要求的最大功率、转矩和转数选用电动机。

电动机的额定功率要稍大于水泵的设计轴功率。电动机的启动转矩要大于水泵的启动转矩。电动机的转数应和水泵的设计转数基本一致。

（2）根据电动机的功率大小，参考外电网的电压确定电动机的电压。

通常可以参照以下原则，按电动机的功率选择电压：

功率在 100 kW 以下的，选用 380/220 V 的三相交流电；

功率在 200 kW 以上的，选用 10 kV（或 6 kV）的三相交流电；

功率在 100~200 kW 的，视泵站内的电动机配置情况而定，若多数电动机为高压，则用高压；若多数电动机为低压，则用低压。

如果外电网是 10 kV 的高压，电动机功率又较大，则应尽量选用高压电动机。

（3）根据工作环境和条件确定电动机的外形和构造形式。

不潮湿、无灰尘、无有害气体的场合（如地面式送水泵站），可选用一般防护式电动机；多灰尘、水土飞溅的场合，或有潮气、滴水之处（如较深的地下式地面取水泵站），宜选用封闭自扇冷式电动机；防潮式电动机一般用于暂时或永久的露天泵站中。

（4）根据投资少、效率高、运行简便等原则确定所选电动机的类型。

在给排水泵站中，广泛采用三相交流异步电动机（包括鼠笼型和绕线型），有时也采用同步电动机。

鼠笼型电动机结构简单，价格便宜，工作可靠，维护比较方便，且易于实现自动控制或遥控，因此使用最多。其缺点是启动电流大，可达到额定电流的 4~7 倍，并且不能调节转速。但是由于离心泵是低负荷启动，需要的启动转矩较小，故这种电动机一般均能满足要求。

绕线型电动机适用于启动转矩较大、功率较大或者需要调速的场合，但它的控制系统比较复杂。

同步电动机价格昂贵，设备维护和启动复杂；但它具有很高的功率因数，对节约电耗，改善整个电网的工作条件作用很大，因此功率在 300 kW 以上的大型机组利用同步电动机具有很大的经济意义。

在没有电力之处或者燃料便宜、供应方便之处可以采用热力机提供动力，在没有双电源且不许断水的泵站中，可用热力机作为备用动力设施。

4.3.2 交流电动机调速

交流电动机转速的公式如下。

同步电动机：

$$n=\frac{60}{P}f \tag{4-9}$$

异步电动机：

$$n=\frac{60f}{P}(1-S) \tag{4-10}$$

式中 n——电动机转速，r/min；

f——交流电源的频率，Hz；

P——电动机的极对数；

S——电动机运行的转差率。

由式（4-9）和式（4-10）可知，调节交流电动机的 f、P 和 S 均可调节转速。通常把调节转速的方法分为两类。

1. 调节同步转速

式（4-9）中的 $60f/P$ 一项称为同步转速，根据公式改变 f 或 P 均可达到调速的目的。因此有两种调速方案：调节电源频率，称为变频调速；改变电动机极对数，称为变极调速。

2. 调节转差率

这种方法只用于异步电动机，此时同步转速不变。调节转差率调速的方案甚多，如调节电动机定子电压、改变串入绕线式电动机转子电路的附加电阻等。调节转差率调速方法的共同缺点是效率低，所以通常称此方法为能耗型调速，而调节同步转速称为高效型调速。

变极调速就是通过电动机定子三相绕组接成几种极对数的方式，使鼠笼型异步电动机得到几种同步转速，一般称为多速电动机，常用的有双速、三速和四速电动机 3 种。变极调速虽然具有初投资小，节能效果好等优点，但它的调速档数较少，应用范围受到限制。

变频调速既适用于同步电动机也适用于异步电动机，后者用得更普遍。变频调速必须有一个频率可调的电源装置，这就是变频器。目前变频器种类繁多，国内外已广泛使用。

4.3.3 泵站电力负荷等级和电压的选择

1. 电力负荷等级的选择

电力负荷的等级是根据用电设备对供电可靠性的要求确定的。电力负荷一般分为三级。

（1）一级负荷，指突然停电将造成人身伤亡，或重大设备损坏且长期难以修复，因而给国民经济带来重大损失的电力负荷。大中城市的水厂和钢铁厂、炼油厂等重要工业企业的净水厂均应按一级负荷考虑。一级负荷应由两个独立电源供电，按生产需要与允许停电时间，采用双电源自动或手动切换的接线。独立电源指若干个电源中的任一个电源发生故障或停止供电时，不影响其他电源继续供电。

（2）二级负荷，指突然停电将产生大量废品，大量原材料报废，或发生主要设备损坏事故，但采取适当的措施后能够避免的电力负荷。对有些城市水厂而言，允许短时断水，经采取适当的措施能恢复供水，通过管网紧急调度等手段可以避免用水单位发生重大损失者属于这种负荷。例如有一个以上水厂的多水源联网供水系统，备有蓄水池的泵站，或有大容量高地水池的城市水厂。二级负荷应有两个回路供电，当设置两回路线路有困难时，允许由一回路专用线路供电。

（3）三级负荷，指所有不属一级负荷和二级负荷的电力负荷。例如村镇水厂、只供生活用水的小型水厂等。其供电方式无特殊要求。

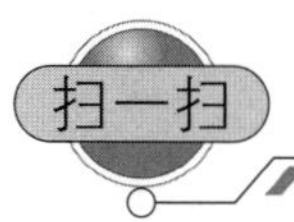

【二维码 4-4】

2. 电压的选择

水厂中泵站的变配电系统随供电电压等级的不同而异。电压的选定与泵站的规模（即负荷容量）和供电距离有关。目前，电压等级有下列几种：220 V、380 V、6 kV、10 kV、35 kV 等。其中 6 kV 不是国家标准等级，趋于淘汰。规模很小的水厂（总功率小于 100 kW）供电电压一般为 380 V。中、小型水厂供电电压以 6 kV 和 10 kV 居多，今后将以 10 kV 代替 6 kV。大型水厂大多供给 35 kV 电压。

一般由 380 V 电压供电的小型水厂只有一个电源。因此，不能确保不间断供水。由 6 kV 或 10 kV 电压供电的中、小型水厂需视其重要程度由两个独立电源同时供电，或由一个常用电源和一个备用电源供电。

4.3.4　变电所

变电所的变配电设备是用来接收、变换和分配电能的电气装置，它由变压器、开关设备、保护电源、测量仪表、连接母线和电缆等组成。

在给排水工程中，泵站多附设变电所或泵站室内变电所。因此，变电所和泵房可以组合布置，主要从下述几方面考虑：变电所应尽量靠近电源，低压配电室应尽量靠近泵房；线路应顺直并尽量短；泵房应可以方便地通向高、低压配电室和变压器室；建筑应与周围环境协调。图 4.10 所示为几种组合布置方案。

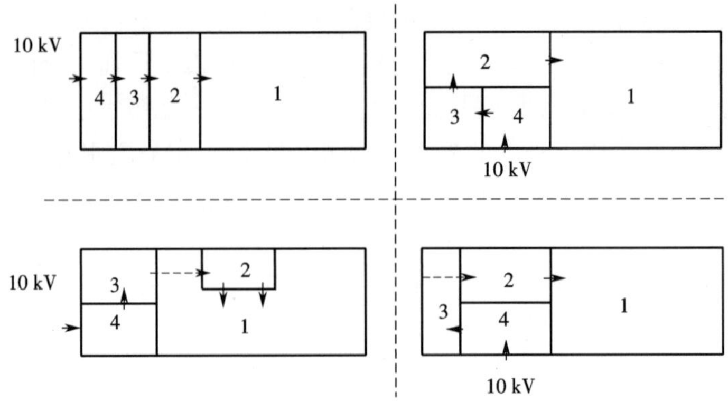

图 4.10 变电所与泵房组合布置

1—泵房;2—低压配电室(含值班);3—变压器室;4—高压配电室

4.3.5 常用的变配电设备

1. 变压器

变压器的作用是把进来的高压电(10 kV 或 6 kV)变为适合泵站电动机和照明用的低压电。

2. 高压部分

图 4.11 所示为 10 kV 总变电所的接线图,总变电所设有两台主变压器、两台厂变压器。主变压器将 10 kV 电压降为 6 kV 后进行配电,厂变压器将 10 kV 电压降为 380 V 后进行配电。图中每个油开关前后均设置隔离开关,隔离开关主要在油开关需要检修时起切断电路的作用,不能带电操作。

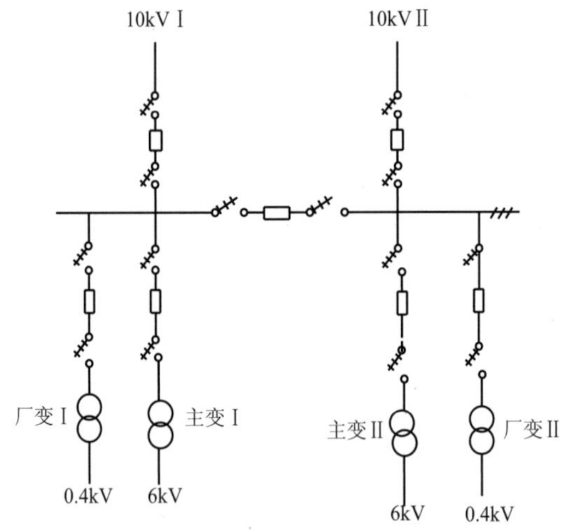

图 4.11 10 kV 总变电所的接线图(双电源)

图 4.12 所示为 6 kV~10 kV 总变电所常用的接线图。图 4.12(a)有一个常用电源、一个备用电源,可自动切换,中间的隔离开关在检修时起切断电路的作用。图 4.12(b)适用于备用电源允许手动切换且切换时可以短时间停电的场合。中小型水厂一般由 6 kV 或 10 kV 电压以双回路供电,经降压为 380 V 后进行配电使用。

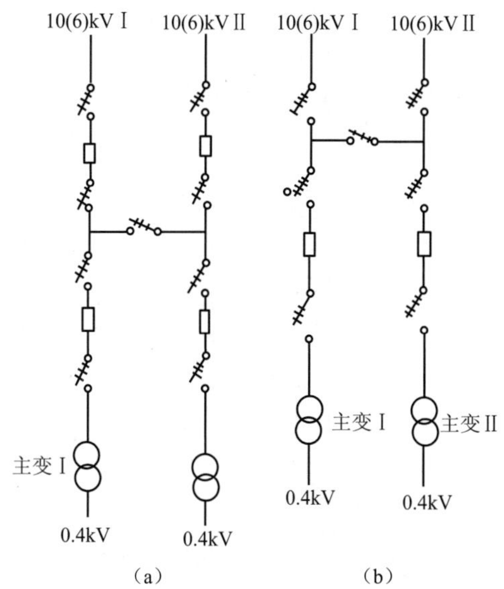

图 4.12　6 kV、10 kV 变电所常用的接线图

(a)双电源自动切换　(b)双电源手动切换

图 4.13 所示为常用高压配电屏的外形与接线图。水泵闭闸启动的步骤是先推上隔离开关(电路仍未接通),然后推上油开关(电路接通),电动机开始运转。水泵闭闸停车过程则相反,先拉下油开关(电路断开),然后拉下隔离开关。

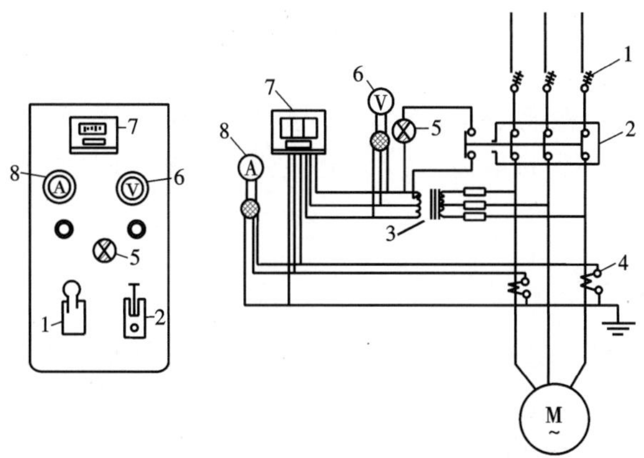

图 4.13　常用高压配电屏的外形与接线图

1—隔离开关;2—油开关;3—电压互感器;4—电流互感器;5—指示灯;6—电压表;7—功率表;8—电流表

3. 低压部分

变压器低压侧的设备为低压部分,包括普通闸刀开关、低压母线、接触器、电动机电流互感器、测量仪表等。图 4.14 所示为低压配电屏的接线图,电流的测量是通过电流互感器进行的。

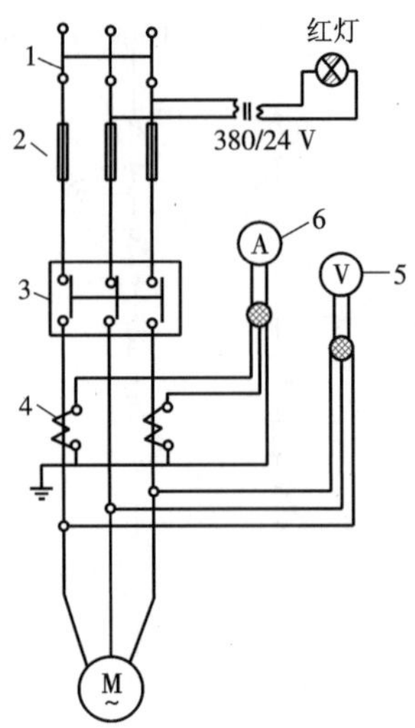

图 4.14 低压配电屏的接线图

1—隔离开关；2—熔断器；3—油开关；4—电流互感器；5—电压表；6—电流表

无论是高压配电还是低压配电，现在都采用成套设备，一般称为配电屏。

4.4 水泵机组的布置与基础

给水泵站的平面形式基本上分为矩形和圆形两种。圆形泵站内部布置不及矩形泵站方便，但受力条件较好，便于用沉井法施工，可用于埋深很大的给水泵站，一般地面或半地下的泵站采用矩形。

泵站内机组的布置应保证工作安全、可靠，安装、拆卸、维修、管理方便，尽量减少接头和配件，使水头损失最小，面积选取适当，并考虑发展的可能性（例如增加水泵，小泵换大泵，泵房扩建等）。

4.4.1 水泵机组的布置

机组（水泵和电动机一起称为机组）布置是泵站平面布置的核心，一切管道、设备的布置和泵站的平面尺寸都取决于机组布置的形式。

1. 纵向排列（水泵轴线平行）

纵向排列（图 4.15）适用于机组轴线彼此平行的单行排列，常用于单吸式水泵的布置，如 IS 系列单级单吸悬臂式离心泵。因为悬臂式水泵系顶端进水，采用纵向排列能使吸水管保持顺直状态（图 4.15 中泵 1）。而双吸式水泵采用这类布置就不太好，因为吸水管中的水流由于惯性趋向弯头外侧，使叶轮的两个吸入口之间流量不均匀，从而影响水泵的性能（图 4.15 中 2，系 Sh 系列泵或 SA 系列泵）。如果 Sh 系列泵占多数，纵向排列方案就不可取。例如，20Sh-9 型泵纵向排列时，泵宽加上吸、压水口的大小头和两个 90° 弯头长度共计 3.9 m（图 4.16）；如果横向排列，泵宽为 4.1 m，宽度并不比纵排增加多少，但进出口的水力条件就大为改善了，在长期运行中可以节省大量电耗。

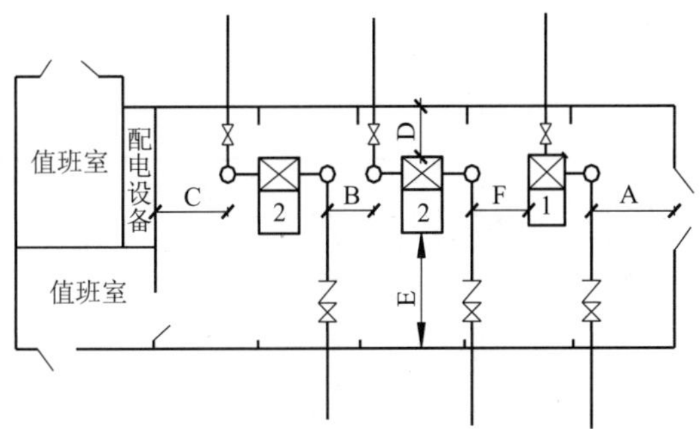

图 4.15　水泵机组纵向排列

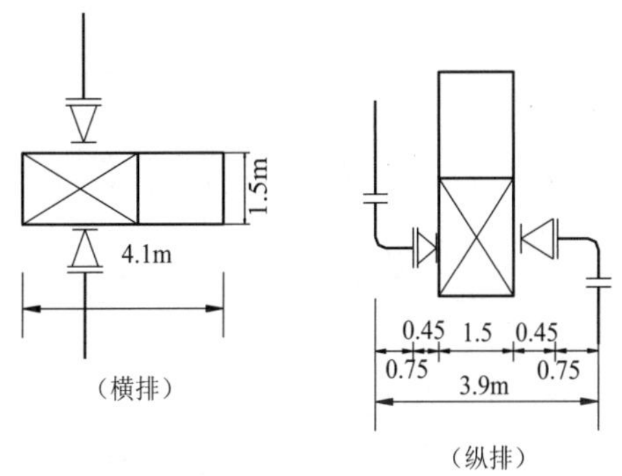

图 4.16　纵排与横排比较（20Sh-9 型）

在图 4.15 中，机组各部分的尺寸应符合下列要求。

（1）泵房大门口要求通畅，既能容纳最大的设备（水泵或电动机），又有操作的余地。其场地宽度一般用水管外壁和墙壁的净距 *A* 表示。*A* 等于最大设备的宽度加 1 m，但不得小于 2 m。

（2）水管和水管的净距 *B* 应不小于 0.8 m，以保证工作人员能较方便地通过。

（3）水管外壁与配电设备应保持一定的安全操作距离 *C*。低压配电设备的 *C* 应不小于 1.5 m，高压配电设备的 *C* 应不小于 2 m。

（4）水泵外形的凸出部分与墙壁的净距 *D* 须满足管道配件安装的要求，但是为了便于就地检修水泵，*D* 不宜小于 1 m。如水泵外形不凸出基础，则 *D* 表示基础与墙壁的距离。

（5）电动机外形的凸出部分与墙壁的净距 *E* 应保证电动机转子在检修时能拆卸，并适当留有余地。*E* 一般为电动机轴长加 0.5 m，但不宜小于 3 m。如电动机外形不凸出基础，则 *E* 表示基础与墙壁的距离。

（6）水管外壁与相邻机组的凸出部分的净距 *F* 应不小于 0.7 m。如电动机容量大于 55 kW，*F* 应不小于 1 m。

纵向排列布置的特点是布置紧凑，跨度小，适宜布置单吸式泵；但电动机散热条件差，起重设备较难选择。

2. 横向排列（水泵轴线在一条直线上）

图 4.17 所示是机组横向排列的方式，适用于侧向进、出水的水泵，如单级双吸卧式离心泵 S 型、Sh 型、SA 型。横向排列虽然稍增大泵房的长度，但跨度可减小，进、出水管顺直，水

力条件好，降低电耗，故被广泛采用。横向排列各部分的尺寸应符合下列要求。

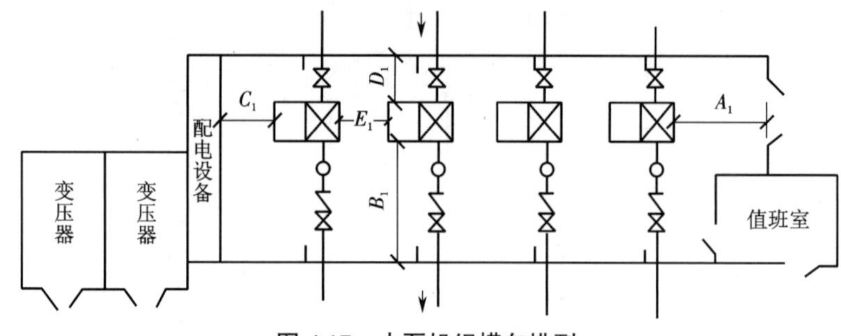

图 4.17 水泵机组横向排列

（1）水泵的凸出部分与墙壁的净距 A_1 与纵向排列的要求（1）相同。如水泵外形不凸出基础，则 A_1 表示基础与墙壁的净距。

（2）出水侧的水泵基础与墙壁的净距 B_1 应按管道配件安装的需要确定。但是考虑到水泵出水侧是管理操作的主要通道，故 B_1 不宜小于 3 m。

（3）进水侧的水泵基础与墙壁的净距 D_1 也应根据管道配件的安装要求确定，但不小于 1 m。

（4）电动机的凸出部分与配电设备的净距应保证电动机转子在检修时能拆卸，并保持一定的安全距离，其值要求为：C_1= 电动机轴长 + 0.5 m。但是低压配电设备 $C_1 \geqslant 1.5$ m；高压配电设备 $C_1 \geqslant 2.0$ m。

（5）水泵基础之间的净距 E_1 与 C_1 相同，即 $E_1 = C_1$。如果电动机和水泵凸出基础，则 E_1 表示凸出部分的净距。

（6）为了减小泵房的跨度，也可以考虑将吸水阀门设置在泵房外面。

3. 横向双行排列

当泵站机组较多时，采用单行排列会使泵房长度过大，因此采用双行排列。当采用双吸式水泵时，可以采用交错的双行排列，如图 4.18 所示。这种布置两行电动机装在水泵的不同侧，两行电动机转向相反，但水泵转向相同。要采用这种布置，在订购水泵时应通知水泵厂对部分水泵进行改装，因为双吸式水泵出厂时一般按电动机接在吸水管右侧装配。这种布置使管道布置呈直线，可以减少水头损失。

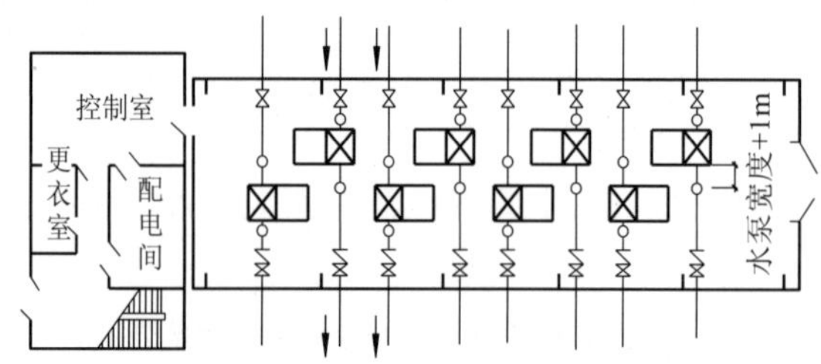

图 4.18 水泵机组横向双行排列（倒、顺转）

上述排列方式在实际应用时应结合具体情况选用，对大型泵站，如水泵形式较多，也可以把几种排列方式结合起来。

圆形泵站的布置原则与矩形泵站相同。

4.4.2　水泵机组的基础

机组安装在基础上，基础的作用是支撑并固定机组，使它运转平稳，不发生剧烈振动，因此要求基础能承受机组的动、静荷载，不能浇筑在松软的地基上，以免发生过量的或不均匀的沉陷。

1. 基础的尺寸

基础的尺寸可按所选水泵样本中提供的安装尺寸确定。

（1）带底座的小型水泵。

基础长度 L = 水泵底座长度 L_1 +（0.2~0.3）m；

基础宽度 B = 水泵底座螺孔间距 B_1 +（0.2~0.3）m；

基础高度 H = 水泵底座螺孔长度 l +（0.15~0.20）m。

（2）不带底座的大、中型水泵。

基础长度 L = 水泵机组底脚螺孔长向间距 L_1 +（0.4~0.6）m；

基础宽度 B = 水泵底座螺孔宽向间距 B_1 +（0.4~0.6）m；

基础高度 H = 水泵底座螺孔长度 l +（0.15~0.20）m。

2. 高度校核

为保证机组稳定工作，还应校核基础的质量，一般基础的质量为机组总质量的 2.5~4.0 倍。

已知基础的平面尺寸，可以由质量算出其高度，然后与计算得到的高度 H 进行校核，取数值较大者。基础的最小高度不应小于 0.5~0.7 m。

基础应以混凝土或钢筋混凝土浇筑，顶面应高出室内地坪 0.1~0.2 m 以上，基础在室内地坪下的深度不得小于邻近的管沟。

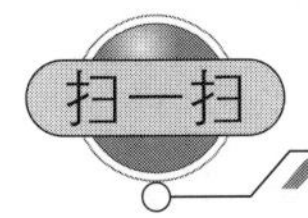

【二维码 4-5】

4.4.3　水泵机组布置的有关规定

为了满足安装、拆卸、维护、管理上的要求，在布置水泵机组时应遵照下列规定。

（1）相邻机组的基础之间应有一定宽度的过道，以便通行。电动机容量不大于 55 kW 时，过道的宽度应不小于 0.8 m；电动机容量大于 55 kW 时，过道的宽度应不小于 1.2 m。设备的凸出端净距或凸出端与墙的净距应不小于 0.7 m，当机组容量大于 55 kW 时，则不得小于 1.0 m。

（2）对非水平接缝的水泵，在检修时往往要将泵轴和叶轮沿轴向抽出，因此机组之间或水泵与墙的距离考虑这一要求时应不小于泵轴长度加 0.25 m。为了从电动机中取出转子，也应考虑留有电动机轴长加 0.25 m 的间距。

（3）在泵站内应考虑留有适当的面积为检修机组之用，其尺寸应保证在被检修机组四周留有 0.7~1.0 m 以上的过道。

（4）泵站内主要通道的宽度应不小于 1.2 m。

(5)辅助泵可以靠墙、墙角布置,也可架空,以不增大泵房面积为原则。

【二维码 4-6】

4.5 泵站内的管道布置

4.5.1 吸水管的布置

吸水管是泵站中的重要部分,如果布置不当会影响水泵的正常运行甚至导致停止出水。

由于水泵的吸水高度是有限的,为了防止气蚀,创造有利的吸水条件,对吸水管布置的基本要求如下。

1. 不漏气

吸水管管壁或接头容易漏气,当吸水管中的压力小于大气压时会漏入空气。因此吸水管应采用不透气的材料(如钢管或铸铁管),接头最好焊接,也可用法兰接头。

2. 不积气

吸水管敷设不当时,管线上有高起的管段,当吸水管中的压力小于大气压时,水中溶解的气体不断逸出,在管线的高起处形成空气囊,就会影响水泵的工作。因此在敷设吸水管时,应向水泵的方向连续上升,具有不小于 0.005 的坡度,使逸出的空气不断随水流排走,消除形成空气囊的条件。图 4.19 所示是不正确的和正确的吸水管布置方案。

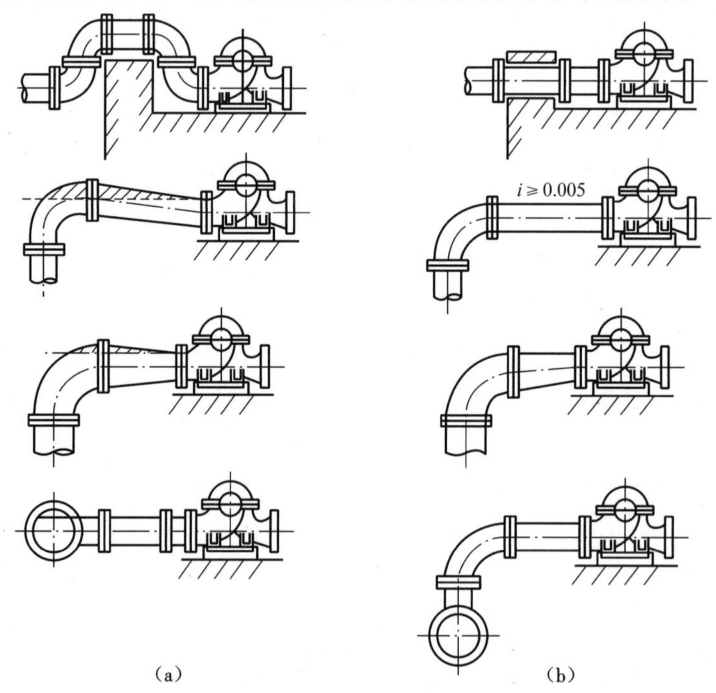

图 4.19 不正确的和正确的吸水管布置方案

(a)不正确 (b)正确

3. 不吸气

吸水管入口浸入深度不够会使入口处的水流形成旋涡而吸入空气。

为了改善吸水管入口的水力条件，应把入口做成喇叭口，喇叭口的直径 D 是吸水管管径的 1.3~1.5 倍。喇叭口距吸水井底的高度 h_1 应按进口阻力最小来确定，根据实验资料 h_1 应等于 0.8D。

为了避免吸水管入口进入空气，吸水井最低水位至吸水口的最小淹没深度 h 应能避免产生有害的旋涡。一般 h 越大，吸水井中流速越小，越难产生旋涡。最小淹没深度与吸水井中流速、吸水管入口流速和吸水管入口与后墙的距离有关。一般最小淹没深度不应小于 0.5~1.0 m。对已建成的泵站，如淹没深度偏小产生旋涡，可以在吸水管入口装上平板，即可以消除旋涡（图 4.20）。

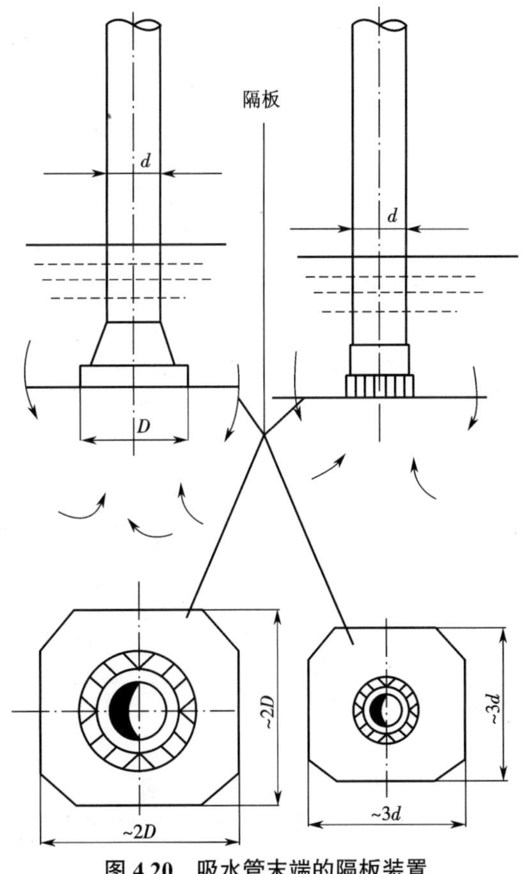

图 4.20　吸水管末端的隔板装置

泵站往往设有吸水井，为了保证几台水泵在吸水井中有良好的水力条件，不互相干扰，吸水井的尺寸应如图 4.21 所示。吸水井最好从正面进水。泵站的吸水井应能分成隔开的两个独立单间，以在清理或检修时不致中断供水。

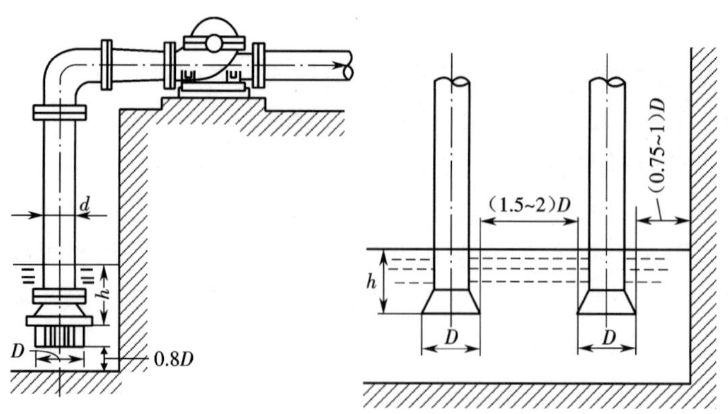

图 4.21　吸水管在吸水井中的位置

【二维码 4-7】

除满足基本要求外,水泵的吸水管路还应注意以下三个问题。

(1)应尽量减小吸水管中的水头损失,所以在布置吸水管时要力求减少配件。

(2)泵站中的每台水泵都应有单独的吸水管,如图 4.22(a)所示,这样便于水泵迅速启动和安全运行。有时由于吸水管较长,为了节省管道,也可把几台泵的吸水管连接到总吸水管上,由总吸水管吸水。吸水管总数不应少于同时工作的泵数。图 4.22(b)所示为三台水泵(其中一台备用)设置两根吸水总管的布置形式。一般以每台泵有一根单独的吸水管为宜。

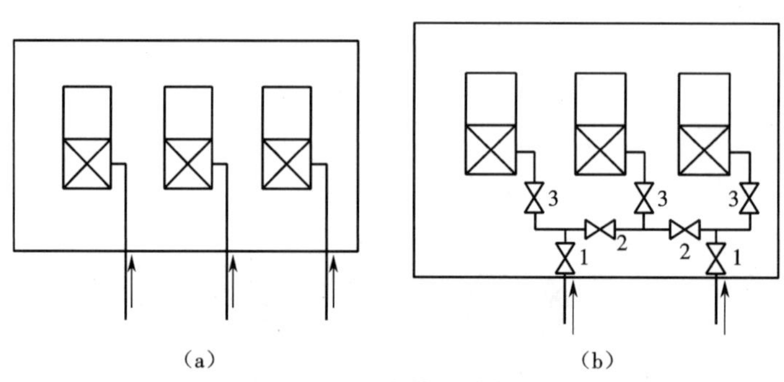

图 4.22　吸水管路的布置

(a)每台泵设置一根吸水管　(b)三台泵设置两根吸水总管

(3)吸水管上不应设闸阀,只有当吸水井水位高于水泵安装高度时,为了防止拆卸水泵时水从吸水井流入泵站,才必须在吸水管上安装闸阀。

当水泵从压力管引水启动时,吸水管上应装有底阀。它的作用是使水只能被吸入水泵,而不能从吸水喇叭口流出。图 4.23 所示为一种水下式铸铁底阀,图 4.24 所示为一种水上式底阀。

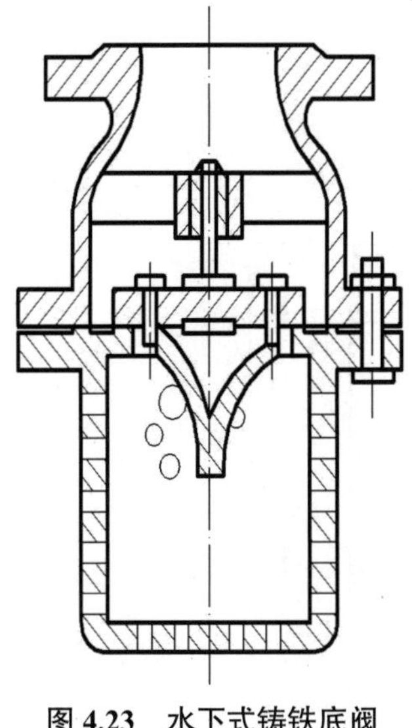

图 4.23　水下式铸铁底阀

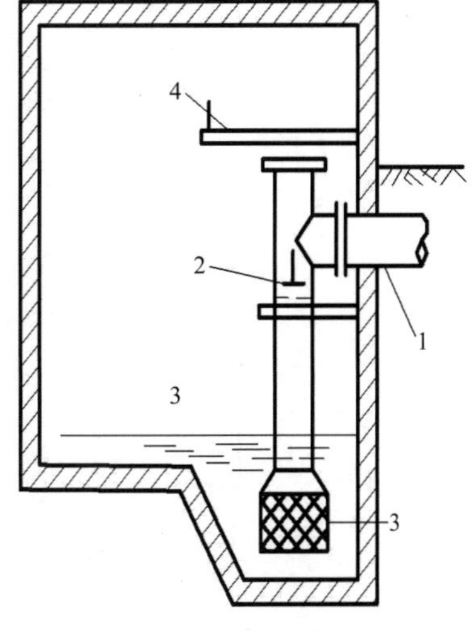

图 4.24　水上式底阀

1—吸水管；2—底阀；3—滤罩；4—工作台

4.5.2　压水管的布置

压水管路经常承受较高的压力，所以要求坚固、耐压，一般采用钢管，并尽量采用焊接接口。在与闸阀和止逆阀连接处可采用法兰接头。此外为了拆装与检修方便，在适当的地点可采用法兰接头。

为了安装、维修方便和避免管路中的应力传至水泵，一般应在吸、压水管路上设置伸缩节或可曲挠的橡胶接头（图 4.25）。

图 4.25　可曲挠的双球体橡胶接头

水泵的压水管上常设有止逆阀，其作用是防止水泵突然停转时水由压水管倒流入水泵引起水泵倒转，或防止并联运行时一台水泵停转，使其他水泵的出水大量从该水泵倒流，造成其他水泵的电动机过载。但设止逆阀会引起增大停泵水击压力的危险（这将在以后讨论），因此设不设止逆阀应视具体情况而定。止逆阀通常装于水泵与压水闸阀之间，图 4.26 所示为法兰连接的旋启式止逆阀。目前，有许多不同形式的止逆阀可供选择。

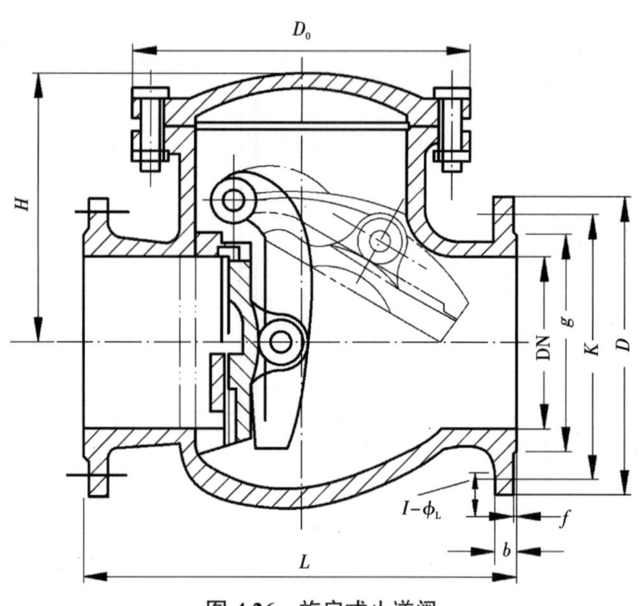

图 4.26 旋启式止逆阀

由于泵站通常设两根输水干管，而站内的水泵台数往往在三台以上，因此各泵的压水管常用一根横连管连通，然后接到输水干管上。在布置时要求任意水泵或闸阀发生事故进行修理时泵站不致中断供水，并保证供水量不低于给水系统所要求的事故供水量。

下面介绍一些压水管布置的例子。

图 4.27 所示是三台水泵（其中一台备用）与两根输水干管的布置图。如图 4.27（a）所示，当一台工作泵发生故障进行检查时，关闭该泵压水管上的闸阀 1，并开动备用泵，泵站供水量不受影响。如果有一个闸阀 1 要修理，则要关闭和它邻近的闸阀 2 和闸阀 3，这时泵站只有两台泵和一根输水干管供水，供水量将减少一些。当有一个闸阀 2 要修理时，只能关闭另一个闸阀 2，这时只有一台泵和一根输水干管工作，供水量将减少 50%。如果给水系统的事故供水量大于 50% 的设计流量，这样布置不能满足要求，应如图 4.27（b）所示，在横连管 ab 上设四个闸阀 2，这样当任一个闸阀 2 或 3 损坏时，仍能保持两台泵和一根输水干管正常工作，因而供水量下降不多。有时为了减小泵房的跨度，可将闸阀 3 装在横连管 ab 的延长线上，如图 4.27（c）所示。

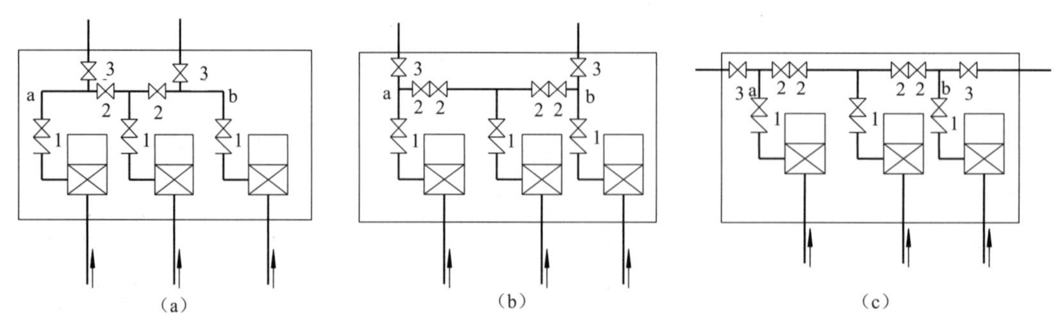

图 4.27 三台水泵压水管的布置

（a）横连管设 2 个闸阀 （b）横连管设 4 个阀 （c）输水干管闸阀设在横连管延长线上

实际上，因为闸阀 2、闸阀 3 与闸阀 1 不同，是常开的检修阀，只在检修时才关闭，因而使用机会很少，不易损坏，只需考虑定期开闭和加油保护，即使定期大修，也可选择在用水量较低的季节进行。

图 4.28 所示是四台水泵（其中一台备用）与两根输水干管供水的布置形式，当任一台水泵检修时可保证供水量不减少供水，当检修任一个水泵出水闸阀时，还有两台泵和一根输水干管供水，供水量下降不很多。

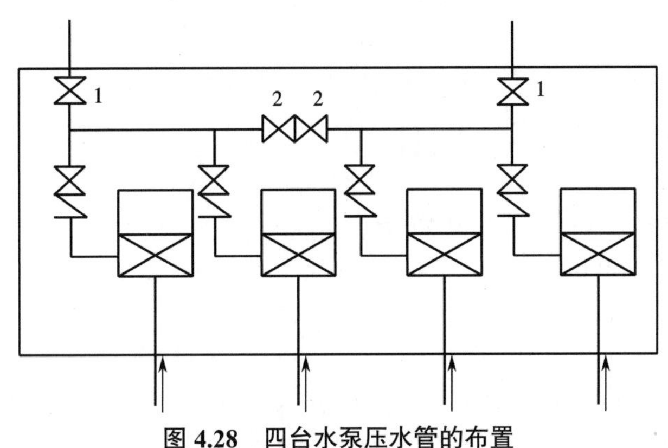

图 4.28　四台水泵压水管的布置

图 4.29 所示为把横连管设在泵房外，这样减小了泵房的跨度，降低了造价。

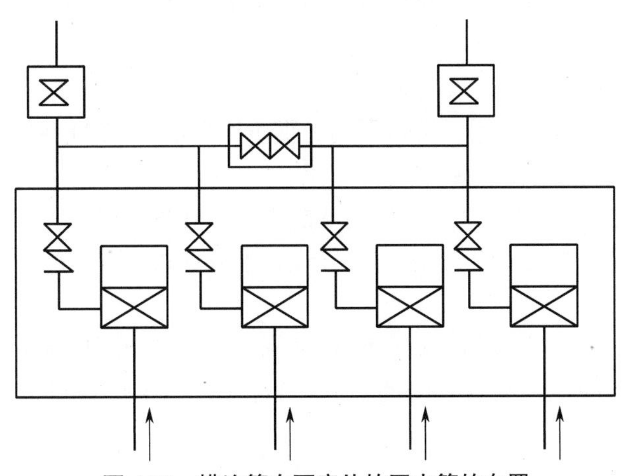

图 4.29　横连管在泵房外的压水管的布置

由于检修阀不易损坏，所以现在有些泵站在每台泵的压水管上加设一个检修阀，即每台泵出口设两个闸阀，从而省去横连管上的大口径闸阀，以节省闸阀的投资，并使经常开闭的闸阀 1 检修时不减小泵站的供水量。但这种泵站修理检修阀时，泵站不免全部停水。

4.5.3　泵站内管路的设计与敷设

泵站内管道的直径可以根据其设计流量和允许流速来确定。

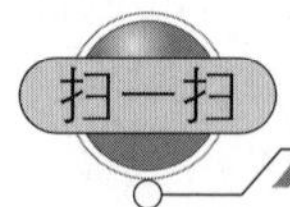
【二维码 4-8】

1. 吸水管中的设计流速

建议采用以下数值：

管径小于 250 mm 时，$v = 1.0 \sim 1.2$ m/s；

管径大于或等于 250 mm 时，$v = 1.2 \sim 1.6$ m/s；

在吸水管路不长且吸水高度不很大的情况下，$v = 1.6 \sim 2.0$ m/s。

2. 压水管中的设计流速

建议采用以下数值：

管径小于 250 mm 时，$v = 1.5 \sim 2.0$ m/s；

管径等于或大于 250 mm 时，$v = 2.0 \sim 2.5$ m/s。

3. 管路的敷设

为了安装、检修方便，泵房内的管道一般不直接埋入地板下的土中，而是敷设在地板上或管沟中。但管径在 500 mm 以上的大管敷设在管沟中经济性差，一般可直接敷设在地板上或敷设在专门的地下室中。敷设平行的管路时，应保持管壁相距 0.4~0.5 m，以便拆装接头和配件。当管道敷设在管沟中时，从管壁到沟底应有 300 mm 的间距，管顶距盖板应有 100 mm 的间距，管壁至沟壁应有 200~300 mm 的间距，沟底应有 0.01 的坡度，坡向集水坑或排水口。

管道直接敷设在地板上时应在管道上架设便桥或通道，以便通行。

管道的质量和管内的水压不应由水泵的地脚螺栓来承受，因此在闸阀、止逆阀和其他配件（如弯头、三通等）处应设支墩或拉杆。

在深入地下的泵房中，管道也可以用沿墙的支柱或托架架设，管底与地板的距离应不妨碍通行。高架的管道不能从机组、仪表和电气设备上方通过，以免妨碍检修和管道上的凝结水滴落到设备、仪表上。

管道伸出泵房之后应埋在冰冻线以下，否则应有适当的防冻措施。

泵站管道上的闸阀如为经常开闭的，一般当管径大于 300 mm 时，应采用电动闸阀，以便操作。

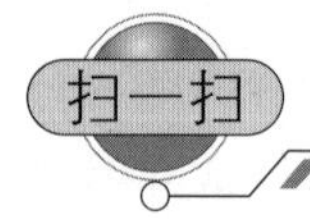
【二维码 4-9】

4.5.4 泵站平面尺寸和高程的确定

在选定机组、计算管径、根据具体情况布置了机组和管道之后，应考虑机组与管道间距的规定（图 4.30）。图中 a 为机组基础长度，b 为机组基础间距，c 为机组基础与墙的距离，这样可以定出机器间的最小长度 L；然后根据管道布置的草图查有关手册，确定各配件的型号、规格、尺寸，注在图上，即可得到机器间的最小宽度 B（图 4.31）。

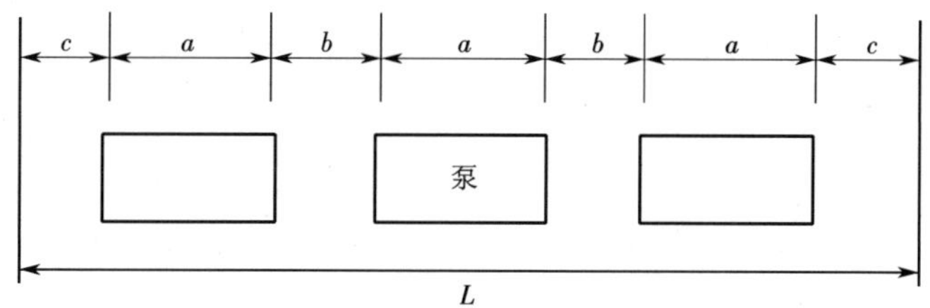

图 4.30　机器间的最小长度 L

a—机组基础长度；b—机组基础间距；c—机组基础与墙距离

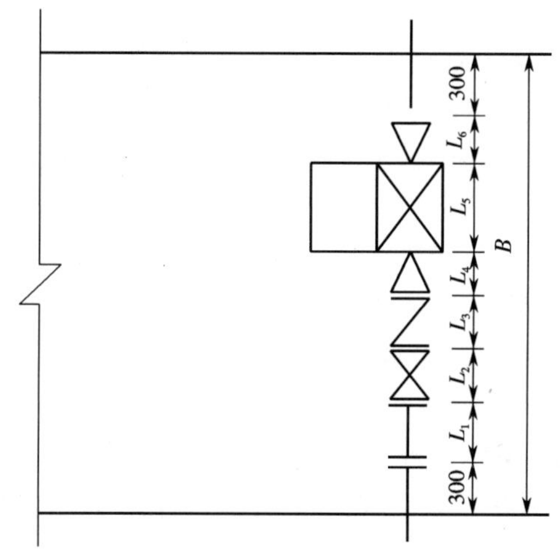

图 4.31　机器间的最小宽度 B

L_5—机组基础宽度；L_1~L_4，L_6 三通、闸阀、止逆阀和水泵进、出口的大小头的长度

L 和 B 确定后，再考虑检修面积和主通道等面积，然后便可确定机器间的平面尺寸。

确定泵站的平面布置和尺寸之后就可以确定高程，即确定水泵的安装高度，泵站机器间地面标高、管沟标高和机器间房屋高度。

对要求自灌式引水的泵站来说，泵轴安装高度必须低于吸水井最低水位，这样才能使水自流到泵壳，因此可按吸水井水位确定泵轴安装高度，不必进行计算。泵轴安装高度确定后，从手册中查出泵轴至底脚的高度，就可推算出基础面标高，然后定出室内地坪标高。这种泵站一般为地下式或半地下式，造价比较高，一般用于水泵启动频繁、运行可靠性要求高的泵站和自动化泵站。

对吸上式泵站来说，可从手册或样本中按各台泵可能遇到的工况查出最小的允许吸上真空高度计算最大安装高度，这时泵站的平面布置已定，可以知道吸水管上各配件的情况，推求出最大安装高度 H_{ss}。

必须注意，泵站如选用几种不同型号的泵，则应该按吸水性能最差的泵进行计算，算出其 H_{ss} 后，可定出其泵轴标高，减去泵轴至底脚的高度，再减去底座和基础凸出地面的高度，就得到室内地坪标高。如计算所得的室内地坪标高大于室外地坪标高，则可降低安装高度，使室内地坪略高于室外地坪即可。

泵房的高度在无吊车时应不小于 3 m（指泵房入口处地坪或平台至屋顶梁底的距离）；在有吊车时应保证起吊物底部和最高的机组顶部的距离不小于 0.5 m。因此在选定吊车的类型之后，可按《给水排水设计手册》中的有关公式计算确定。

【二维码 4-10】

4.6 泵站水锤及其防护

水锤也称为水击，是在压力管路中由于液体流速突然变化而引起的压力急剧交替升高和降低的水力冲击现象。实际水锤是很复杂的，一般都是间接水锤，压力增值可达到正常压力的 200%。根据经验，给水管路中的水流速度一般不宜大于 3.0 m/s。

4.6.1 停泵水锤

叶片式水泵供水均匀，所以当泵站正常工作时，压力管道中为恒定流，不会发生水锤。但如泵站突然发生停泵事故，造成开阀停车，则将使管内水流速度剧变而引起压力的递变，就会发生水锤，这种水锤叫停泵水锤。

突然停泵的原因可能有如下几种：

（1）由于电力系统、电气设备突然发生故障或人为误操作等致使电力供应突然中断；

（2）雨天雷电引起突然断电；

（3）水泵机组突然发生机械故障，如联轴器断开，水泵密封环被咬住等，致使水泵转动困难而使电动机过载，由于保护装置的作用而将电动机切断；

（4）自动化泵站维护管理不善，也可能导致机组突然停电。

停泵水锤的主要特点是当电力突然中断时，机组失去驱动力，转速下降。管道中的水流在惯性作用下继续向出口水池流动，转动变慢的叶轮对流过水泵的液体产生阻力，引起泵出口处压力下降。此压力下降以波的形式向出口水池传递，当降压波传至出口水池时，由于水池水位保持不变，在管口内、外形成压差，使出口水池处的水向水泵倒流，同时管内水压逐段恢复原状。当这一压力恢复波自水池传到水泵出口时，使水泵出口处的止逆阀关闭，阀前水体流速下降，压力上升。这一压力上升逐段向出口水池的方向传递，形成一个升压波，如止逆阀关闭迅速，会引起很大的水锤压力，造成管道和设备损坏。图 4.32 所示为有止逆阀的停泵水锤转速、压力、流量的变化。

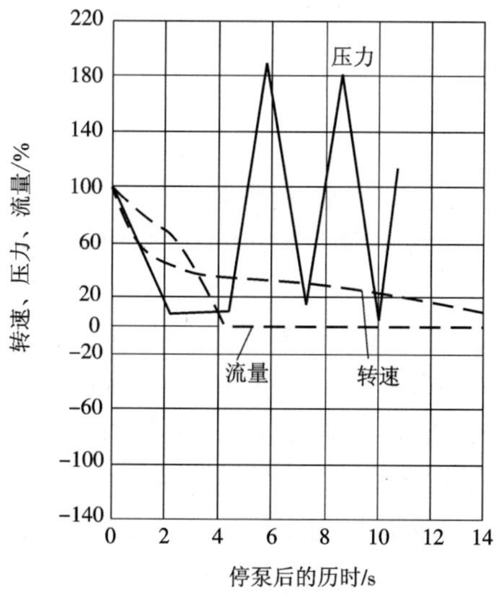

图 4.32　有止逆阀的停泵水锤转速、压力、流量的变化

发生停泵水锤时，在水泵处首先压力下降，然后压力升高，最高压力可达正常压力的200%，能击坏管路和设备。

实践证明止逆阀突然关闭危害性极大(旋启式止逆阀是瞬间关闭的)，很容易发生水锤。二次关闭止逆阀和缓闭止逆阀等关闭时间长，间接水锤的危害就小得多。

两种布管方式如图 4.33 所示。若水泵的压水管路起伏较大，还会发生断流水锤。在停泵水锤初期，管路局部最高的 *B* 点产生负压，有水柱分离现象，当水流倒流时，就在 *B* 点处发生水流撞击，形成很大的压力升高，称为断流水锤，其往往比水泵处的水锤压力增值大得多，因而危害也大得多。所以，讨论停泵水锤尤其要注意断流水锤的问题，判断水柱分离现象发生的位置，采取防护措施。

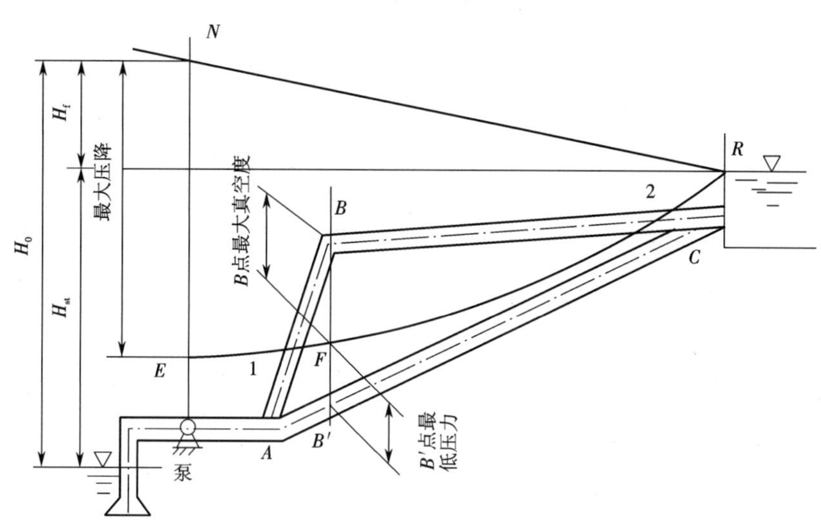

图 4.33　两种布管方式(*ABC* 及 *AB′ C*)

NR—正常运行时的压力线；*EFR*—发生水锤时的最低压力线

4.6.2 水锤的危害和防护措施

1. 水锤的危害

一般停泵水锤事故会造成跑水、停水；严重时会造成泵房被淹，甚至使取水囤船沉没；有的还会引起次生灾害，如冲坏铁路、中断运输；还有的会损坏设备，甚至造成人身伤亡。

2. 水锤的防护措施

（1）尽可能不设止逆阀。在压水管路较短，水泵倒转无危害，突然停电可以及时关闭出水闸阀的情况下可以不设止逆阀，从而可减小发生停泵水锤的可能性。

（2）在压水管路设有止逆阀时，应采取防止压力升高的措施，如设置下开式水锤消除器（图 4.34）、自闭式水锤消除器、自动复位式水锤消除器、空气缸（图 4.35）、安全阀等。

（3）采用缓闭止逆阀、自动缓闭水力闸阀、液控止逆阀、两阶段自闭阀门等，可以减小水锤产生的压力增值。

（4）防止因压力下降出现负压和水柱分离现象。

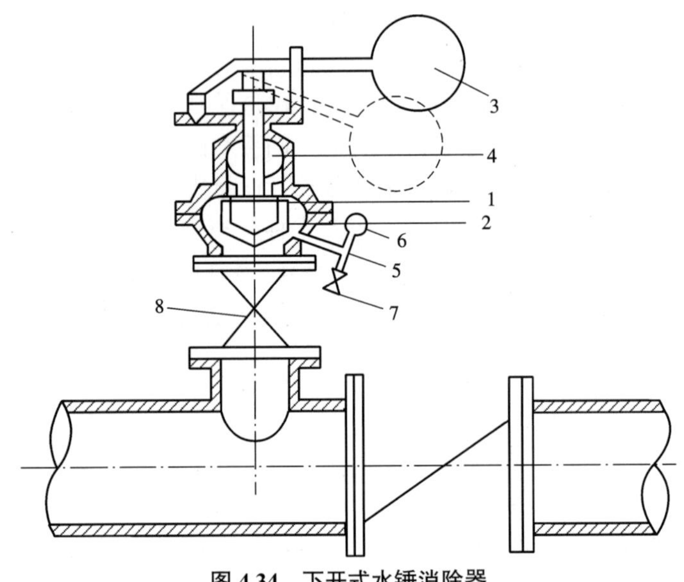

图 4.34 下开式水锤消除器

1—阀板；2—分水锤；3—重锤；4—排水口；5—三通管；6—压力表；7—放气门；8—闸阀

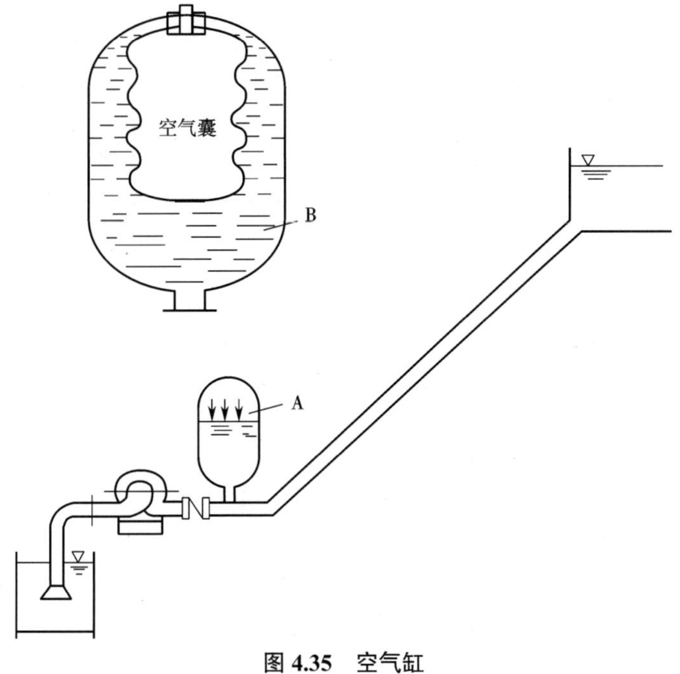

图 4.35　空气缸

A—没有气囊;B—有气囊

【二维码 4-11】

4.7　泵站内的附属设备

4.7.1　充水设备

吸上式泵站在水泵启动前都要向泵壳内充水,充水方法视吸水管上有无底阀分为两大类。

1. 吸水管上有底阀

底阀是一种止逆阀,水只能流入而不能流出,一般用于小型泵站。底阀易损坏、漏水,常给运行带来不便,而且会产生较大的水头损失,能量耗费较多。

吸水管上有底阀时,最简单的充水方法是人工灌水,把水从泵壳顶部的引水孔灌入,同时排出壳内的气体,但这种方法只适用于临时性供水的小泵。

常用的充水方法是从压水管中引水倒灌,如图 4.36 所示。

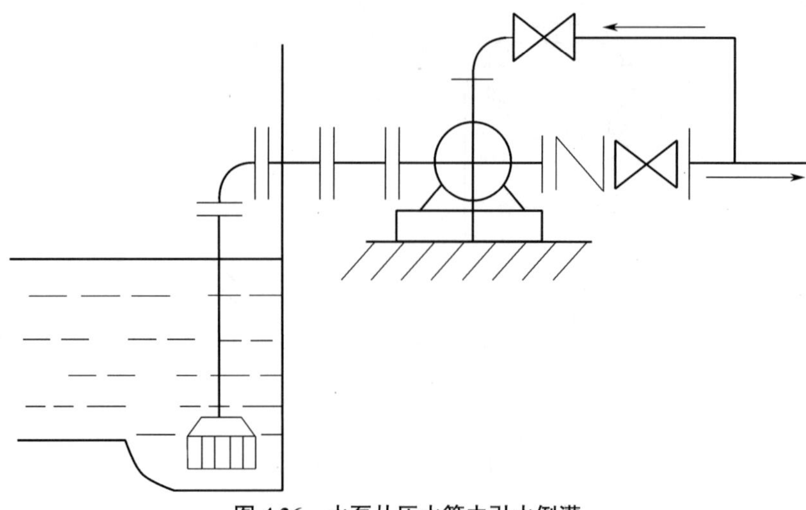

图 4.36 水泵从压水管中引水倒灌

2. 吸水管上无底阀

一般中、大型泵均不装底阀，其充水方法有下列几种。

(1)真空泵引水。

这是最普遍的一种方法，优点是充水快，运行可靠，易于实现自动化。目前一般用水环式真空泵作为引水工具。

水环式真空泵的工作原理如图 4.37 所示。

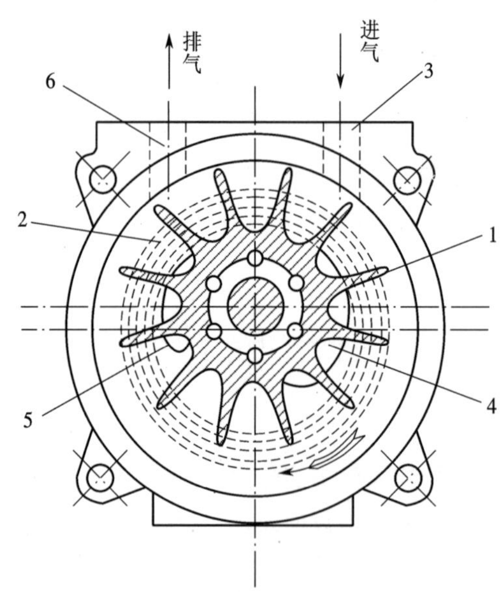

图 4.37 水环式真空泵的工作原理

1—偏心叶轮；2—水环；3—进气管；4—进气口；5—排气口；6—排气管

在圆形的泵壳内偏心地安装一个叶轮 1，并注入适量的水，当叶轮旋转时，水在离心力的作用下形成一个等厚度的水环 2，因此在各叶片间形成不等的空腔。在前半圈旋转过程中，叶片间的空腔体积从小逐渐增大，室内部空气压力减小产生真空，真空泵的进气管 3 通过进气口 4 与这里连通，所以外部空气在压差下进入，当进入的空气被叶轮带到下半圈旋转过程时，叶片间的空腔体积减小，空气压力增大，从排气口 5 进入、排气管 6 排出。这种真空泵因为靠水环形成不等的空腔来抽气，所以叫水环式真空泵。

在水环式真空泵运行时，要不断地供给补充水，以补充随气排出而损失的水，冷却被压缩的空气，不致因温度上升使空气膨胀而降低效率。一般可在真空泵旁设一个循环水箱兼作气水分离器使用，一个水箱可供几台真空泵共用，如图 4.38 所示。真空泵的排气管接入循环水箱，空气由此排入大气，而随气排出的水则落入水箱，再进入吸气管循环使用。

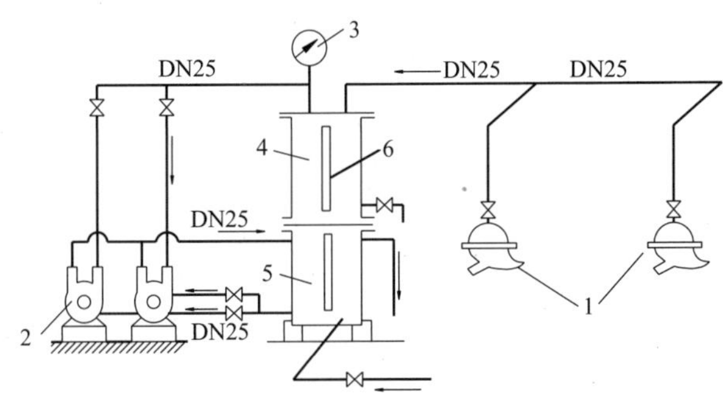

图 4.38　泵站内真空泵管路布置

1—水泵；2—水环式真空泵；3—真空表；4—气水分离器；5—循环水箱；6—玻璃水位计

真空泵的抽气流量和抽气容器中的真空度有关，当真空度增大时，流量相应减小，类似于水泵的扬程和流量的关系。

利用真空泵来引水，就是用真空泵把泵壳和出水闸阀之前的管段中的空气抽走，使水从吸水井上升到泵壳中。在抽气过程中，一方面由于泵壳中真空度的变化，真空泵的抽气流量不断改变，另一方面泵壳和吸水管中的空气又因气压不断下降而不断膨胀，情况相当复杂。为了简化计算，真空泵可按下式计算抽气流量和真空度进行选择：

$$Q_v = K\frac{(W_p + W_s)\ H_a}{T(H_a - H_{ss})} \tag{4-11}$$

式中　Q_v——真空泵的抽气流量，m^3/h；

K——漏气系数，一般取 1.05~1.10；

W_p——最大一台水泵的泵壳容积，m^3，可按泵壳吸入口面积乘以吸入口与出水闸阀之间的距离简略计算；

W_s——自水泵吸水井最低水位算起的吸水管容积，m^3，根据吸水管直径和长度计算；

T——水泵的引水时间，一般不长于 5 min；

H_a——大气压的水柱高，取 10.33 m；

H_{ss}——水泵的安装高度，m。

最大真空度为

$$H_{v\max} = \frac{760}{10.33}H \tag{4-12}$$

式中　H——从吸水井最低水位到水泵最高点的竖直距离，m。

用式（4-12）计算得到的结果一般比用复杂的精确算法得到的结果大 5%~20%，考虑到真空泵漏气的因素，这一算法是满足要求的。

有了抽气流量和真空度，就可以根据真空泵样本中的特性曲线选择真空泵的型号，通常除一台工作外，还要有一台备用。两台真空泵可共用一个气水分离器。

(2)射流泵引水。

用射流泵引水的管路布置如图 4.39 所示。射流泵吸入口接在水泵壳顶，高压水(通常从泵站压水管引来)从射流泵喷嘴射出时产生抽吸作用，把水泵中的空气稀释，使水泵充水。射流泵引水简单、可靠，维护方便，但要耗费大量高压水。

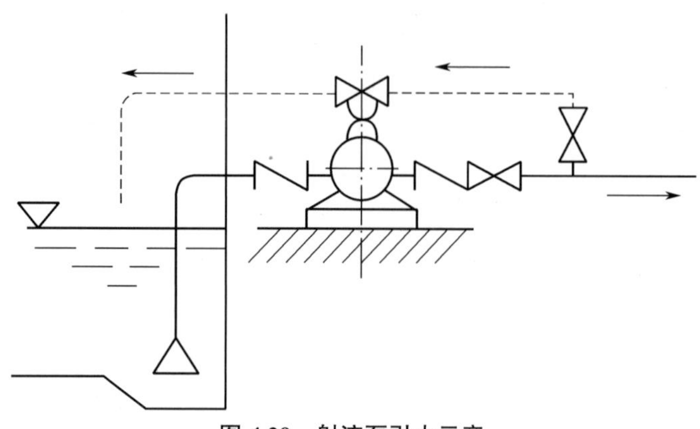

图 4.39 射流泵引水示意

4.7.2 计量设备

为了有效地调度泵站的工作，泵站内必须设置计量设备。目前，水厂泵站中常用的计量设备有电磁流量计、超声波流量计、插入式涡轮流量计、插入式涡街流量计和均速管流量计。这些流量计虽然工作原理各不相同，但基本上都由变送器(传感元件)和转换器(放大器)两部分组成。传感元件在管流中产生的微电信号或非电信号通过变送、转换放大为电信号在液晶显示仪上显示或记录。一般而言，上述流量计相较于过去水厂中使用的诸如孔板流量计、文氏管流量计等压差式流量计，具有水头损失小，节能和易于远传、显示等优点。

1. 电磁流量计

电磁流量计是利用电磁感应定律制成的流量计，如图 4.40 所示，当被测的导电液体在导管内以平均流速 v 切割磁力线时，便产生感应电势。感应电势的大小与磁力线的密度和导体的运动速度成正比，即

$$E = BvD \times 10^{-8}$$

而流量为

$$Q = \frac{\pi}{4} D^2 v$$

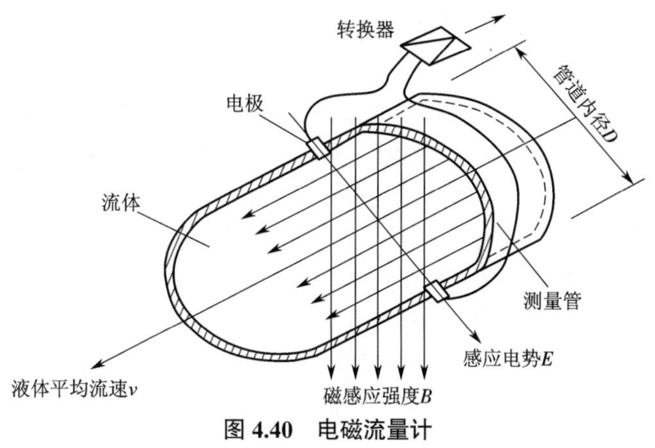

图 4.40　电磁流量计

可得

$$Q=\frac{\pi}{4}\frac{E}{B}D\times 10^{8} \tag{4-13}$$

式中 E——感应电势,V;

B——磁感应强度,T;

Q——导管内的流量,cm^3/s;

D——管内径,cm;

v——导体通过导管的平均流速,cm/s。

所以当磁力线的密度一定时,导体的流量与感应电势成正比,测出电势即可算出流量。

电磁流量计由电磁流量变送器和电磁流量转换器(放大器)组成。变送器安装在管道上,把管道内的流量变换为交流毫伏级的信号,转换器则把信号放大,并转换成 0~10 mA 的直流电信号输出,与其他电动仪表配套,进行记录指示、调节控制等。

电磁流量计的特点是:变送器结构简单,工作可靠;水头损失小,且不易堵塞,电耗少;无机械惯性,反应灵敏,可以测量脉动的流量,流量测量范围大,低负荷亦可测量,而且输出信号与流量呈线性关系,计量方便(这是最主要的优点),测量精度约为 ±1.5%;安装方便;重量轻,体积小,占地少;但价格较高,怕潮,怕浸水。

电磁流量计的直径等于或小于工艺管道直径(由于电磁流量计具有很大的测量范围,所以在一般情况下,即使管道中流量很大,也不必选用直径比管道直径大的流量计),量程应比设计流量大,一般正常工艺流量为量程的 65%~80%,而最大流量不超过量程。例如管道设计直径为 700 mm,设计流量为 1 500 m^3/h,就可以选用 LD-600 型电磁流量计,其量程范围为 0~2 000 m^3/h。在这种情况下,正常工作时最大流量应为最大量程的 75%。

电磁流量计的安装环境温度应为 0~40 ℃;应尽量避免阳光直射和高温的场合;尽量远离大的电气设备,如电动机、变压器等。为了保证测量精度,从流量计的电极中心起在上游侧 5 倍直径的范围内不要安装影响管内流速的设备配件,如闸阀等。对于地下埋设的管道,电磁流量计的变送器应装在钢筋混凝土水表井内。

2. 超声波流量计

超声波流量计是利用超声波在流体中的传播速度随着流体的流速变化这一原理设计的。这种方法称为速度差法,目前世界各国所用的超声波流量计大部分采用这种原理制造。

在速度差法中，根据接收和计算模式的不同，先后又有时差法、频差法、时频法等多种类型的超声波流量计。从超声波流量计发展的历史来看，首先出现的是时差法，但由于当时超声测流理论认为时差法的测量精度受液体温度变化的影响较大，而且当时采用的转换方式使时差法误差较大，分辨率不高，所以到 20 世纪 70 年代后，时差法被兴起的频差法取代。

近代由于数字电路技术的发展，计量频率数比较容易提高测量精度和分辨率，所以频差法超声波流量计在国际上大批生产并被广泛使用。图 4.41 所示为超声波流量计的原理，流量计由两个探头（超声波发生和接收元件）和主机两部分组成，其优点是水头损失极小，电耗很低，测量精度一般在 ±2% 内，在使用中可以计量瞬时流量，也可计量累计流量。探头的安装部位要求上游的直管段长度不小于 10 倍管径，下游的直管段长度不小于 5 倍管径。目前国产的超声波流量计已可测得管径为 100~2 000 mm 的任何管道的流量，信号可传送至 30~50 m 处。

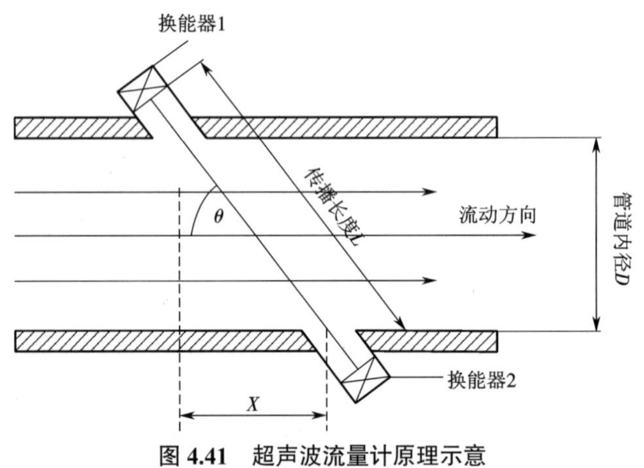

图 4.41 超声波流量计原理示意

3. 插入式涡轮流量计

插入式涡轮流量计主要由变送器和显示仪表两部分组成，其测量原理如图 4.42 所示。利用变送器的插入杆将一个小尺寸的涡轮头插到被测管道的某一深处，液体流过管道时推动涡轮头中的叶轮旋转，在较大的流量范围内，叶轮的旋转速度与流量成正比。因为磁阻式传感器的检测线圈内的磁通量周期性变化，在检测线圈的两端产生电脉冲信号，从而测出涡轮叶片的转数而测得流量。实验证明，在较大的流量范围内，变送器产生的电脉冲流量信号的频率与流体流过管道的体积流量成正比，其关系可用下式表示：

$$Q=\frac{f}{K} \tag{4-14}$$

式中 Q——流量，m^3/s；

f——流量信号的频率，次/s；

K——变送器的仪表常数，次/m^3。

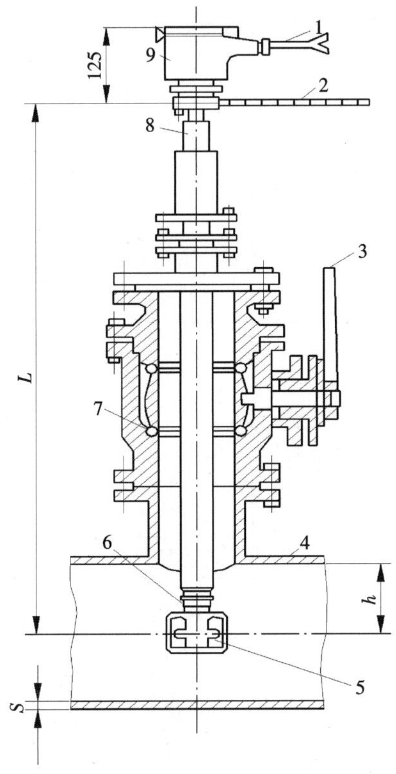

图 4.42　插入式涡轮流量计

1—信号传送线；2—定位杆；3—阀门；4—被测管道；5—涡轮头；6—检测线圈；7—球阀；8—插入杆；9—放大器

一般保证仪表常数精度的流速范围为 0.5~2.5 m/s。目前，这种流量计用于管径为 200~1 000 mm 的管道，仪表常数的精度为 ±2.5%。插入式涡轮流量计目前还没有专门的型号命名，一般沿用变送器的型号作为流量计的型号。例如，LWCB 型插入式涡轮流量变送器与任何一种型号的显示仪表配套组成的插入式涡轮流量计就称为 LWCB 型插入式涡轮流量计。

目前国产的插入式涡轮流量计有 LWC 型与 LWCB 型。LWC 型必须断流才可在管道上安装和拆卸，所以只用于可以随时停水的管道，否则应安装旁通管道。而 LWCB 型不断流即可在管道上安装和拆卸，无须安装旁通管道。

4. 插入式涡街流量计

涡街流量计又称卡门涡街流量计，它是根据德国学者卡门发现的旋涡现象研制的测流装置，是 20 世纪 70 年代在流量计领域崛起的一种新型流量仪表。

卡门认为，液体通过一个非流线型的障碍挡体时，在挡体两侧会周期性地产生两列内旋的旋涡。当两列旋涡的间距 h 与同列两个相邻的旋涡之间的距离 L 之比（图 4.43）$h/L \leqslant 0.281$ 时，产生的旋涡是稳定的，经得起微扰动，称为稳定涡街，命名为卡门涡街（vortex street）。插入式涡街流量计就是按此原理研制的，如图 4.44 所示。其主要部件为传感器和转换器等。传感器包括障碍挡体和检测元件，障碍挡体是用不锈钢制成的多棱柱型复合挡体结构，这种复合挡体结构可以产生强烈而稳定的旋涡。由旋涡的频率 f 与流体的流速 v 成正比，与挡体的特征宽度 d 成反比的关系，可写出下式：

$$f = Sr \times \frac{v}{d} \tag{4-15}$$

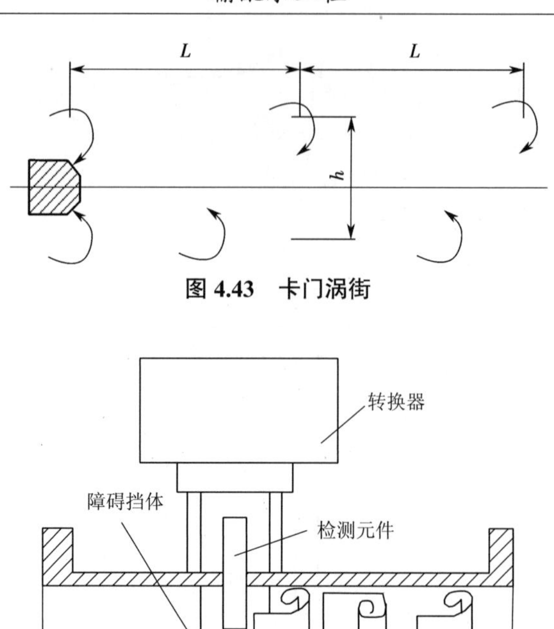

图 4.43 卡门涡街

图 4.44 插入式涡街流量计

式(4-15)中的 Sr 为比例关系数,称为斯特劳哈尔(Strouhal)数,它是雷诺数的函数。又因 $Q=vA$,可得

$$f=Sr\times\frac{Q}{Ad}$$

令

$$K=\frac{Sr}{Ad}$$

则得

$$f=KQ \tag{4-16}$$

式(4-16)中的 K 为流量计的仪表常数。式(4-16)表明管道中的流量与旋涡的频率成正比。

涡街流量计又称旋涡流量计,它无可动件,结构简单,安装方便,量程范围较宽,测量精度一般为 ±1.5%~±2.5%。目前旋涡流量计可测量管径为 50~1 400 mm 的管道的流量,较常用的是 LVCB 型插入式旋涡流量计。

5. 均速管流量计

均速管流量计是基于早期的毕托管测速原理发展而来的一种新型流量计。其研究始于 20 世纪 60 年代末期,国外称其为阿纽巴(Annubar)流量计。它主要由双法兰短管、测量体铜棒、导压管、差压变送器、开放器和流量显示、记录仪表等组合而成,其结构如图 4.45 所示。其是根据流体的动、势能转换原理,综合毕托管和绕流圆柱体的应用技术制成的。在管道内插入一根扁平、光滑的铜棒作为测量体，在其朝向水流方向的一侧沿轴线按一定间距钻两对或两对以上的测压孔，各测压孔是相通的，传到测量体铜棒上各点的压值经平均后由总压引出管经传压细管引入压差变送器的高压腔内。在铜棒背向水流方向的一侧中央钻一个测压孔（此测压孔与另一侧的测压孔在中空的铜棒中是隔开的），它所测得的值代表整个管道截面上的静压值。实验资料表明，此处测得的静压值比实际静压值低 50% 左右，因而可得到比正常值大得多的差压值。此静压值用传压细管引入压差变送器的低压腔内。这样压差计测得的压差的平方根即反映了测量截面上平均流速的大小。平均流速与流量成正比，从而可得

$$Q = \mu\sqrt{h} \tag{4-17}$$

式中　Q——流量，m^3/h；

μ——流量系数（理论上换算的系数单位是 $m^{3.5}/h$），出厂前由厂方标定；

h——均速管流量计测得的压差，m。

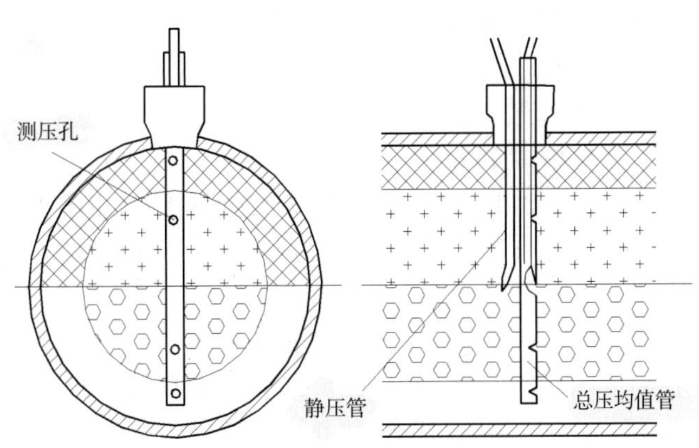

图 4.45　均速管流量计

4.7.3　起重设备

为了方便安装、检修或更换设备，大、中型泵站要设置起重设备，小型泵站可采用临时起重设备。

1. 起重设备的选择

泵房中必须设置起重设备，以满足机组安装与维修的需要。起重设备的服务对象主要为水泵、电动机、阀门、管道。选择什么起重设备取决于服务对象的重量。

常用的起重设备有移动吊架、单轨吊车梁和桥式行车（包括悬挂起重机）三种，除移动吊架为手动外，其余两种既可手动，也可电动。

表 4.2 为参照规范给出的起重量与可采用的起重设备的类型，可作为设计时的基本依据。泵房中的设备一般应整体吊装，因此，起重量应以最重的设备并包括起重葫芦吊钩为标准。选择起重设备时，应考虑远期机泵的起重量。但是对大型泵站，当设备的重量大到一定程度时，就应考虑解体吊装，一般以 10 t 为限。凡是解体吊装的设备，应取得生产厂方的同意，并在操作规程中说明，同时在吊装时注明起重量，防止发生超载吊装事故。

表 4.2 泵房内起重设备的选择

起重量 /t	起重设备的类型
<0.5	固定吊钩或移动吊架
0.5~2.0	手动或电动起重设备
>2.0	电动起重设备

2. 起重设备的布置

起重设备的布置主要是研究起重机的设置高度和作业面两个问题。设置高度从泵房的天花板至吊车的最上部分应不小于 0.1 m，从泵房的墙壁至吊车的凸出部分应不小于 0.1 m。

桥式行车轨道一般安设在壁柱上或钢筋混凝土牛腿上。如果采用手动单轨悬挂式吊车，则无须在机器间内另设壁柱或牛腿，可利用厂房的屋架，在其下面装上两条工字钢作为轨道即可。

（1）吊车的安装高度应能保证在下列情况下无阻地进行吊运工作。

①吊起重物后，能从机器间内的最高机组或设备顶上越过。

②在地下式泵站中，能将重物吊至运输口。

③如果汽车能开入机器间，能将重物吊到汽车上。

泵房的高度与泵房内有无起重设备有关。当无起重设备时，应不小于 3 m（进口处室内地坪或平台至屋顶梁底的距离）；当有起重设备时，应通过计算确定。

其他辅助房间的高度可采用 3 m。

（2）起重设备的作业面。所谓作业面是指起重吊钩服务的范围，它取决于所用的起重设备。固定吊钩配置葫芦，能竖直起举而无法水平运移，只能为一台机组服务，即作业面为一点。单轨吊车的运动轨迹是一条线，它取决于吊车梁的布置。横向排列的水泵机组，在机组轴线的上空设置单轨吊车梁；纵向排列的机组，则设于水泵和电动机之间。进出设备的大门一般按单轨吊车梁居中设置。若有大门平台，应按吊钩的工作点和最大设备的尺寸来计算平台的大小，并且要考虑承受最重设备的负载。在条件允许的情况下，为了扩大单轨吊车梁的服务范围，可以采用如图 4.46 所示的 U 形布置方式。轨道的转弯半径可按起重量确定，并与电动葫芦的型号有关，如表 4.3 所示。

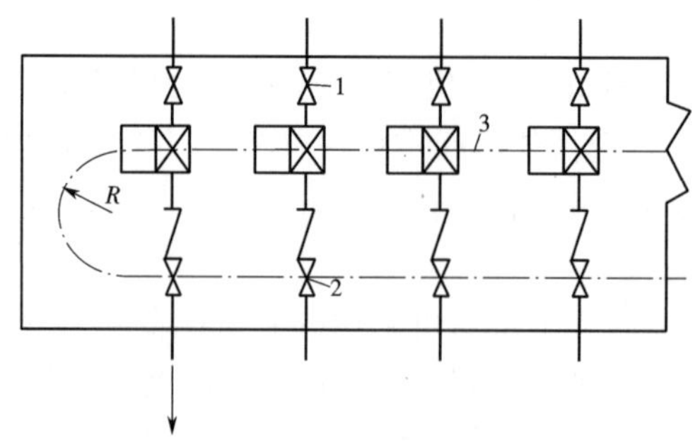

图 4.46 U 形单轨吊车梁布置图

1—进水阀门；2—出水阀门；3—单轨吊车梁

表 4.3　按起重量确定转弯半径

电动葫芦的起重量 /t（CD_1 型和 MD_1 型）	最大转弯半径 *R*/m
≤0.5	1.0
1~2	1.5
3	2.5
5	4.0

U 形布置具有选择性。水泵的出水阀门在每次启动与停车时都是必须要操作的，故又称操作阀门，容易损坏，检修概率高。所以一般选择出水阀门作为吊运对象，使单轨弯向出水闸阀，因而出水闸阀布置在一条直线上较好。同时，吊轨转弯处与墙壁或电气设备之间要注意保持一定的距离，以确保安全。

桥式行车具有纵向和横向移动的功能，它的服务范围为一个面。但吊钩落点与泵房墙壁有一定的距离，故沿墙壁形成一个环状区域（图 4.47），为行车工作的死角区。出水闸阀平时极少启闭，不易损坏，可放在死角区。当泵房为半地下室时，可以利用死角区修筑平台或走道，不致影响设备的起吊。对圆形泵房，死角区的大小通常与桥式行车的布置有关。

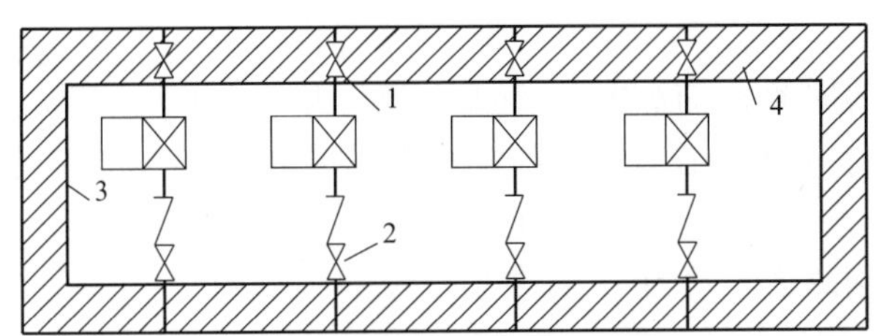

图 4.47　桥式行车工作范围图

1—进水阀门；2—出水阀门；3—吊车边缘工作点轨迹；4—死角区

4.7.4　通风与采暖设备

泵房内一般采用自然通风。地面式泵房为了改善自然通风条件，往往设有高低窗，并且保证足够的开窗面积。当泵房为地下式或电动机功率较大，自然通风不够时，特别是南方地区，夏季气温较高，为使室内温度不超过 35 ℃，以保证工人有良好的工作环境，并改善电动机的工作条件，宜采用机械通风。

机械通风分为抽风式和排风式。前者是将风机放在泵房上层窗户顶上，通过接到电动机排风口的风道将热风抽至室外，冷空气自然补充。后者是在电动机附近安装风机，将电动机散发的热气通过风道排至室外，冷空气自然补进。

对埋入地下很深的泵房，当机组容量大，散热较多，只采用排出热空气，自然补充冷空气的方法运行效果不够理想时，可采用进出两套机械通风系统。

泵房通风设计主要是布置风道系统与选择风机，选择风机的依据是风量和风压。

根据所产生的风压的大小，风机分为低压风机（全风压在 100 mmH_2O 以下）、中压风机（全风压为 100~300 mmH_2O）和高压风机（全风压在 300 mmH_2O 以上）。

泵房通风要求的风压一般不大，故大多采用低压风机。

风机按作用原理和构造上的特点分为离心式和轴流式两种。泵房中一般采用轴流式风机，如图 4.48 所示。当风机的叶轮转动时，气流沿轴向流过风机。

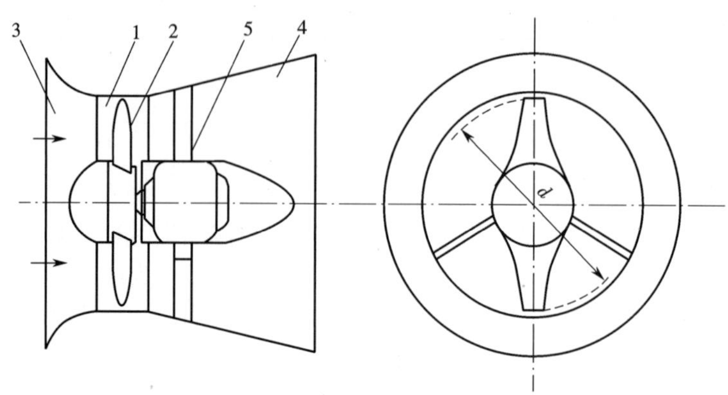

图 4.48 轴流式风机

1—圆形风筒;2—叶片和轮毂;3—钟罩形吸入口;4—扩压管;5—电动机和轮毂罩

一般来说，轴流式风机应装在圆筒形外壳内，并且叶轮末端与机壳内表面之间的空隙不得大于叶轮长度的 1.5%。如果吸气侧没有风管，则圆筒形外壳的进风口处须设置边缘平滑的喇叭口。

在寒冷地区，泵房应考虑采暖设备。泵房采暖温度：对自动化泵站，机器间为 5 ℃；对非自动化泵站，机器间为 16 ℃。在计算大型泵房的采暖时，应考虑电动机散发的热量，也应考虑冬季天冷时可能出现的低温。辅助房间的室内温度在 18 ℃以上。小型泵站可用火炉取暖，我国南方地区多用此法。大、中型泵站可考虑集中采暖。

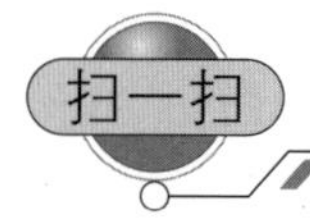

【二维码 4-12】

4.7.5 其他设施

1. 排水设施

泵房内由于水泵填料盒滴水、闸阀和管道接口处漏水、拆修设备时泄放存水、地沟渗水等，常须设置排水设施，以保持泵房环境整洁和安全运行（尤其是电缆沟不允许积水）。地下式或半地下式泵房一般设置手摇泵、电动排水泵或水射器等排除积水。地面式泵房积水可以自流入室外下水道。无论是自流还是提升排水，泵房内的地面上均需设置地沟集水。排水泵也可通过液位控制自动启闭。设计排水设施时应注意：

（1）泵房内要设排水沟，坡度大于 0.01，坡向集水坑，且集水坑容积为 5 min 的排水泵流量；

（2）排水泵的设计流量可选 10~30 L/s；

（3）自流排水时，必须设止逆阀，以防雨水倒灌。

2. 通信设施

泵站内的通信十分重要，一般在值班室内安装电话，供生产调度和通信之用。电话间应具有隔声效果，以免噪声干扰。

3. 防火与安全设施

泵站防火主要是防止用电起火和雷击起火。起火的原因可能是用电设备超负荷运行，导线接头接触不良，电阻发热使导线的绝缘物质或沉积在电气设备上的粉尘自燃。短路的电弧能使充油设备爆炸。江河边是雷击较多的地区，设在这里的泵房如果没有可靠的防雷保护措施，便有可能发生雷击起火。

雷电是一种大气放电现象，在放电过程中会产生强大的电压和电流，电压可达几十万至几百万伏，电流可达几千安。雷电流的电磁作用对电气设备和电力系统的绝缘物质的影响很大。泵站中的防雷保护措施常用的是避雷针、避雷线和避雷器三种。

泵站的安全设施除了防雷保护外，还有接地保护和灭火器材的使用。接地保护是接地线和接地体的总称。当电线、设备绝缘破损，外壳接触漏电时，接地线便把电流导入大地，从而消除危险，保证安全（图 4.49）。

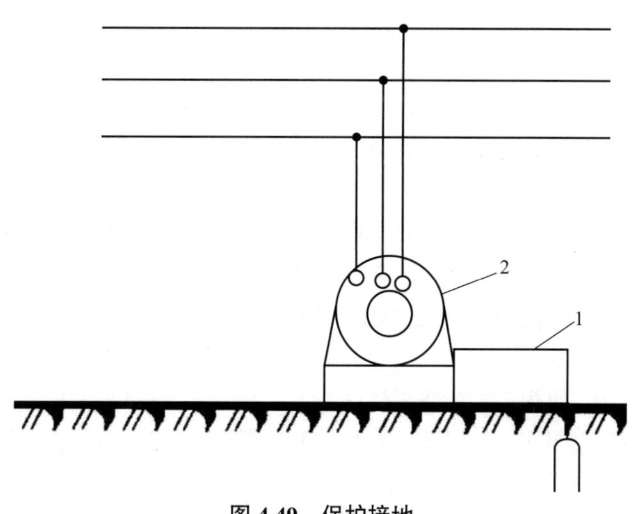

图 4.49　保护接地

1—接地线；2—电动机外壳

图 4.50 所示为电气的保护接零。它是指电气设备具有中性零线，把中性零线与设备外壳用金属线与接地体连接起来。它可以防止由于变压器高低压线圈间的绝缘破损而造成高压电加于用电设备，危害人身安全。380 V/220 V 或 220 V/127 V 中性线直接接地的三相四线制系统的设备外壳均应采用保护接零，三相三线制系统的电气设备外壳均应采用保护接地。

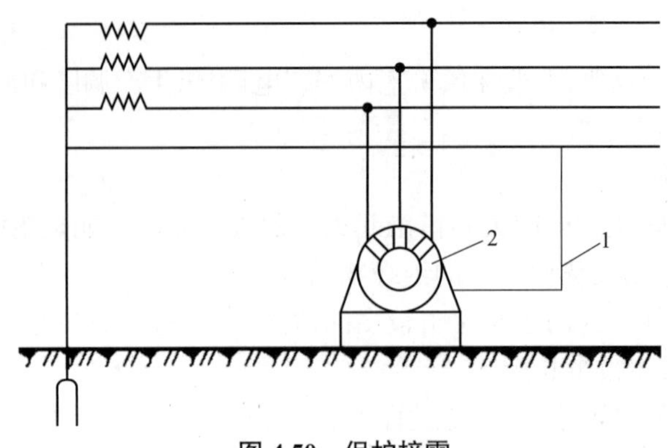

图 4.50 保护接零

1—零线;2—设备外壳

泵站中常用的灭火器材有四氯化碳灭火器、二氧化碳灭火器、干式灭火器等。

4.8 给水泵站的工艺设计

4.8.1 设计资料

设计泵站所需的资料可分为基础资料和参考资料两部分。

1. 基础资料

基础资料对设计具有决定性作用和不同程度的约束性。它往往不能按照设计者的意图与主观愿望任意变动,是设计的主要依据。主管部门对设计工作的主要指示、决议、设计任务书、有关的协议文件、工程地质、水文与水文地质、气象、地形等都属于这一类。

①设计任务书。

②规划、人防、卫生、供电、航道等部门同意在一定地点修建泵站的正式许可文件。

③地区气象资料:最低、最高气温,冬季采暖计算温度,冻结平均深度和起止日期,最大冻结层厚。

④地区水文与水文地质资料:水源的高水位、常水位、枯水位,河流的含砂量、流速、风浪情况等,地下水的流向、流速、水质情况和对建筑材料的腐蚀性等。

⑤泵站所在地附近地区一定比例的地形图。

⑥泵站所在地的工程地质资料、抗震设计烈度资料。

⑦用水量、水压资料(污水泵站还应有水质分析资料)和给排水制度。

⑧泵站的设计使用年限。

⑨电源的位置、性质、可靠程度、电压、单位电价等。

⑩与泵站有关的给排水构筑物的位置与设计标高。

⑪水泵样本,电动机和电器产品目录。

⑫管材和管配件的产品规格。

⑬设备材料单价表,预算工程单位估价表,地方材料和价格,劳动工资水平等资料。

⑭扩建或改建工程还应有原构筑物的设计资料、调查资料、竣工图或实测图。

2. 参考资料

参考资料仅供参考，不能作为设计的依据，如各种参考书籍、口头调查资料、某些历史性纪录、某些尚未生产的产品目录等都属于这一类。

①地区内现有泵站的运行情况调查资料，泵站形式，建筑规模和年限，结构形式，机组台数和设备性能，历年大修次数，曾经发生的事故及其原因分析、解决方法，冬季采暖、夏季通风情况，电源或其他动力来源等。

②地区内现有泵站的设计图、竣工图或实测图。

③地区内现有泵站的施工方法和施工经验。

④施工中可能利用的机械和劳动力的来源。

⑤其他有关参考资料。

4.8.2　设计步骤和方法

泵站工艺设计的步骤和方法如下。

（1）确定设计流量和扬程。

$Q_{设}$采用城市最高日最高时用水量。

$$H_{p}=(Z_{0}-Z_{p}+H_{0}+h_{管网}+h_{输水}+h_{站内})\times 1.05 \tag{4-18}$$

式中　H_{P}——泵站按 $Q_{设}$供水时的扬程，m；

Z_{0}——管网最不利点的标高，m；

Z_{p}——泵站吸水池最低水面标高，m；

H_{0}——管网最不利点的自由水头，m；

$h_{管网}$——最高日最高时的管网水头损失，m；

$h_{输水}$——最高日最高时的输水管水头损失，m，有时输水管很短，这部分包括在 $h_{管网}$内；

$h_{站内}$——泵站内吸水、压水管路系统的水头损失，m，由于此时泵站尚未设计好，吸水、压水管路也未布置，故水流通过管路的水头损失是未知的，一般假定此数为 2 m 左右；

1.05——安全系数。

（2）选择水泵和电动机。

选择水泵的型号，工作泵和备用泵的台数。注意选定的工作泵的最大供水量和扬程应满足 $Q_{设}$和 H_{P}，同时要使水泵的效率较高。建议工作泵采用 3~6 台，备用泵一般采用 1~2 台，型号与泵站内最大的工作泵相同。若现有水泵不合适，可以采用调节水泵性能的方法，如切削叶轮等。

必须强调：选泵一定要根据用水量变化曲线，注意用水概率较高的范围，使选定的方案在该用水范围内有较高的运行效率，同时要考虑远近期结合，水泵的吸水性能、泵型、台数等因素，确定出最佳方案。

根据所选泵的轴功率和转数选用电动机。如果机组由水泵厂配套供应，则不必另选。

（3）设计机组的基础。

在初步选好机组后，即可查水泵和电动机产品样本得到机组的安装尺寸（或机组底板的尺寸)和总重量,据此进行基础的平面尺寸和深度的设计。

(4)布置机组和管道。

在水泵台数不多(不超过 6 台)时,机组最好采用单行排列或斜向排列。在选用单级单吸泵的情况下,两种单向排列图式(轴线平行或在一条直线上)均可考虑,选用双吸泵时,应采用轴线平行的布置形式。

机组布置应使泵站工作可靠,管理方便,管道布置简单,建筑面积和跨度最小,并考虑发展的可能性。

机组布置应满足给排水工程设计与施工规范的有关要求。

一般每台泵有一根独立的吸水管,吸水管上不设闸阀,但当吸水池水位有可能比水泵安装位置高时应设闸阀。

压水管应该彼此连通,连通管后的总压水管的根数等于管网的输水管数,一般至少为两根(中、小型泵站多为两根,大型泵站为两根以上)。为了减小泵站的面积,连通管和不常开关的闸阀可设在泵站外。每台水泵的压水管上都应该有止逆阀和闸阀,此外,连通管上应设闸阀,闸阀的数量应该根据发生事故时必须保证的供水安全程度确定。在任一管道、机组、闸阀或止逆阀发生事故时泵站都不允许断水,但供水量可适当降低,应与管网的供水保证率相一致。

(5)计算水泵的吸水管和压水管的直径。

吸水管、压水管的直径应按最大流量和设计流速确定。

(6)计算水泵的安装高度。

根据选定的水泵,可在手册中的水泵性能曲线上查出最大允许吸上真空高度 H_s。必须注意泵的 H_s 在抽水量不同时也不同,因而应根据泵在可能的工作范围内的最大抽水量查出对应的 H_s。如果水泵安装地点的气压和温度不是标准气压和温度,应对 H_s 进行修正,变为 H_s',并由下式计算泵的安装高度 H_{ss}:

$$H_{ss} = H_s' - h_s - \frac{v_1^2}{2g} \tag{4-19}$$

式中 h_s——吸水管中的水头损失,m;

$\frac{v_1^2}{2g}$——真空表处的水头损失,m。

当管道布置已定时,配件与管段也已定,可以根据地形条件确定水泵的安装高度。这时由于立管长度未定(图 4.51),沿程水头损失未知,但水平长度 L 已知,可近似地令 $H_{ss}=X$,所以有

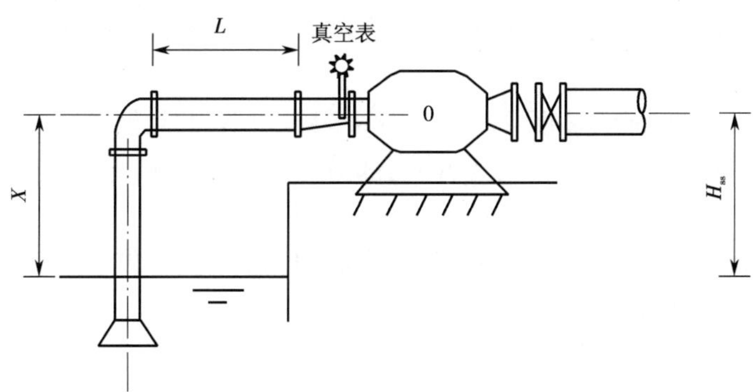

图 4.51 管道布置

$$H_{ss}=H_s'-(H_{ss}+L)i-h_{局部}-\frac{v_1^2}{2g} \tag{4-20}$$

式中 i——吸水管的水力坡度,可查表。

或

$$H_{ss}=\frac{H_s'-\dfrac{v_1^2}{2g}-h_{局部}-h_{水平}}{1+i} \tag{4-21}$$

由式(4-21)计算得到的 H_{ss} 为最大允许安装高度,水泵的安装高度可以比 H_{ss} 小,而不能比 H_{ss} 大。泵站中各泵的 H_{ss} 是不一样的,而泵站的地面是一样高的,因而采用最小的 H_{ss} 为最不利情况,以此为标准(该台泵的泵轴标高起控制作用)来确定其余各泵和管道的安装高度。

(7)选择泵站中的附属设备。

(8)确定泵站的建筑高度。

泵站的建筑高度取决于水泵的安装高度、泵站内有无起重设备和起重设备的型号等,有关计算见《给水排水设计手册》。

(9)确定泵站的平面尺寸,初步规划泵站总平面。

机组的平面布置确定以后,泵站机器间的最小长度 L 也就确定了,如图 4.30 所示。查有关资料,按一定的比例将水泵机组的基础和吸水、压水管道上的管配件、闸阀、止逆阀等画在同一张图上,逐一标出尺寸并相加,就可以得出机器间的最小宽度 B,如图 4.31 所示。

L 和 B 确定后,再考虑修理场地等因素,便可最后确定泵站机器间的平面尺寸。

泵站的总平面布置包括变压器室、配电室、机器间、值班室、修理间等单元。

总平面布置的原则是:运行管理安全、可靠,检修、运输方便,经济、合理,并且考虑到发展的余地。

变电、配电设备一般设在泵站的一端,有时也可将低压配电设备置于泵房内。

泵房内装有立式泵或轴流泵时,配电设备一般装设在上层或中层平台上。

控制设备一般设于机组附近,也可以集中装设在附近的配电室内。

配电室内设有各种配电柜,因此应便于电源进线,且应紧靠机组,以节省电线,便于操作。配电室与机器间应能通视,否则应分别安装仪表和按钮(切断装置),以便发生故障时在两个房间内均能及时切断主电路。

变压器若发生故障,易引起火灾或爆炸,故宜将变压器设置于单独的房间内,且位于泵站的一端。

值班室应与机器间、配电室相通,而且一定要靠近机器间,且能很好地通视。

修理间的布置应便于重物(如设备)的内部吊运和向外运输。因此,修理间的外墙上往往开有大门。

进行总平面布置时,尽量不要因为设置配电间而把泵房的跨度增大。

(10)向有关工种提出设计任务。

(11)审校,会签。

(12)出图。

(13)编制预算。

4.8.3 泵站的技术经济指标

泵站的技术经济指标包括单位水量基建投资、输水成本、电耗三项,其值的大小取决于泵站的基建总投资、年运行费用、年总输水量和生产管理费用。这几项指标在设计泵站时可作为方案技术经济比较的参考;而在泵站投产运行以后,则是改进经营管理,降低输水成本和节约电耗的主要依据。

泵站的基建总投资 C 包括土建、配管、设备、电气照明等。初步设计或扩初设计时,按概算指标进行计算;在施工图设计阶段,按预算指标进行计算;工程投产后,按工程决算进行计算。

泵站的年运行费用 S 包括以下几项。

(1)折旧和大修费 E_1。

(2)电费 E_2,全年的电费可按下式计算:

$$E_2 = \frac{\sum Q_i H_i T_i}{1000\eta_{\mathrm{p}}\eta_{\mathrm{m}}\eta_{\mathrm{n}}}\rho g\alpha \tag{4-22}$$

式中 Q_i——一年中泵站随季节变化的平均日输水量, $\mathrm{m^3/s}$;

H_i——对应于 Q_i 的泵站输水扬程,m;

T_i——一年中泵站的平均工作时间,h;

ρ——水的密度,取 $\rho = 1$ kg/L;

η_{p}——水泵的效率,%;

η_{m}——电动机的效率,%;

g——重力加速度,$\mathrm{m/s^2}$;

η_{n}——电网的效率,%;

α——1 kW·h 电的价格,元/(kW·h)。

(3)工资福利费 E_3:取决于劳动组织、劳动定员和职工的平均工资水平。

(4)经常养护费 E_4。

(5)其他费用 E_5。

则

$$S = E_1 + E_2 + E_3 + E_4 + E_5 \tag{4-23}$$

故单位水量基建投资

$$c = \frac{C}{Q} \tag{4-24}$$

式中　C——泵站的基建总投资，元；

Q——泵站的设计日供水量，m^3。

输水成本为

$$s = \frac{S}{\sum Q} \tag{4-25}$$

式中　S——泵站的年运行费用，元；

$\sum Q$——泵站全年的总输水量，m^3。

在泵站的日常运行中，电耗是衡量其是否正常经济运行的重要指标之一，通常电耗 e_c 为抽送 1 000 m^3 水实际耗费的电能，即

$$e_c = \frac{E_c}{Q} \times 1\,000 \tag{4-26}$$

式中　E_c——泵站一昼夜（或一段时间）所耗费的电能，kW·h，可以从泵站内的电表中查得；

Q——泵站一昼夜（或一段时间）所抽送的水量，m^3，可以从流量计中查得。

泵站运行的理论电耗（或叫比电耗，即每小时将 1 000 m^3 水提升 1 m 所耗费的电能）可参考式（2-5）并用下式计算：

$$e_c' = \frac{Q'H'\rho g t}{1000 \times 3\,600 \eta_p \eta_m \eta_n} == \frac{1\,000 \times 1 \times 1\,000 \times 9.81 \times 1}{1000 \times 3\,600 \eta_p \eta_m \eta_n} = \frac{2.72}{\eta_p \eta_m \eta_n} \tag{4-27}$$

取 $\eta_p \eta_m \eta_n$ =0.68，则

$$e_c' = \frac{2.72}{0.68} = 4.03 \ \text{kW·h}$$

泵站实际的比电耗应按每台水泵在不同的运行状态下（即在一定的流量和扬程下连续运行若干小时）分别进行计算，把实际的比电耗与理论比电耗进行比较，便可看出每台水泵是否在最经济、合理的状态下运行，从而可以改进水泵的工作，设法提高其工作效率。

4.9　送水泵站设计示例

送水泵站设计流程图如图 4.52 所示。

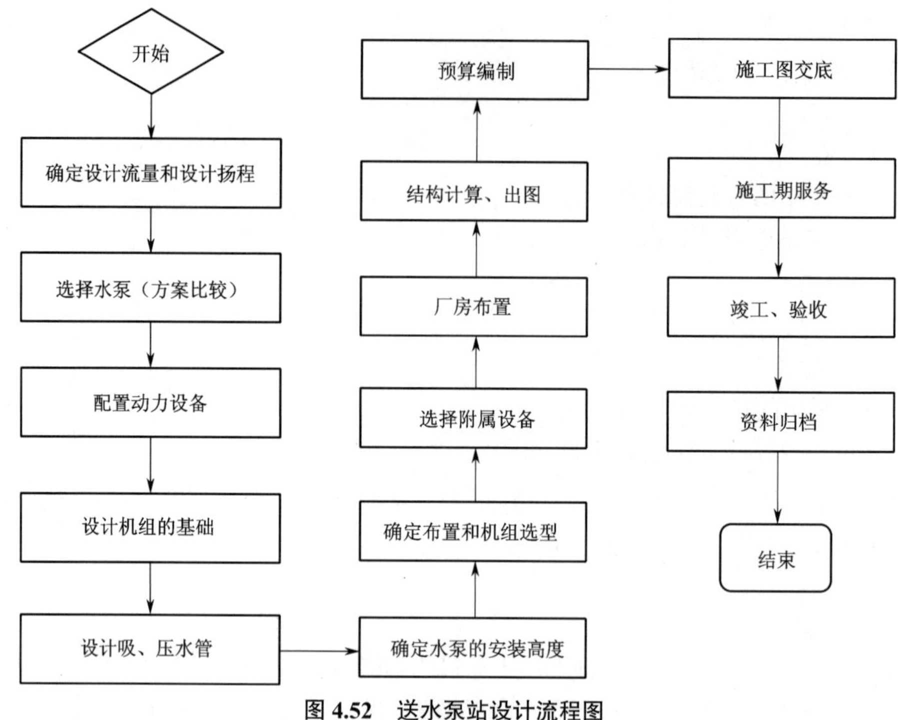

图 4.52　送水泵站设计流程图

4.9.1　泵站设计流量和设计扬程的确定

送水泵站设计工况点的确定主要包括设计流量和设计扬程的计算。

1. 设计流量的确定

泵站的设计流量 Q_{max} 采用城市最高日最高时用水量，与给水管网的设计流量相同。例如本示例，在给水管网设计阶段，根据《室外给水设计标准》（GB 50013—2018）对城市最高日用水量进行计算后，结合给水系统设计资料和用水变化情况，计算得到最高日最高时用水量为 625.44 L/s，作为泵站的设计流量。

2. 设计扬程的确定

进行最高日最高时工况下的管网平差计算，泵站到管网控制点的水头损失为 6.89 m，泵站内吸水、压水管路系统的水头损失取 2.5 m，管网控制点标高为 23.6 m，泵站吸水井最低水位为 17.5 m，管网控制点所需的自由水头为 20.0 m，则设计扬程参照式（4-5）计算如下：

$$H_p' = (23.6 - 17.5 + 20.0 + 6.89 + 2.5) \times 1.05$$
$$= 37.26 \text{ m}$$

3. 校核工况点的确定

校核工况点的设计流量在设计工况点的基础上增加消防用水量，如根据有关消防规范的要求查得城市消防用水量为 90 L/s，消防水头取 10.0 m，在消防工况下泵站到管网控制点的水头损失为 14.96 m，则消防时泵站的总供水量为

$$Q' = 625.44 + 90 = 715.44 \text{ L/s}$$

消防时泵站的扬程

$$H_p' = (23.6 - 17.5 + 10.0 + 14.96 + 2.5) \times 1.05 = 35.24 \text{ m}$$

4.9.2　水泵选型

水泵的选择包括确定水泵的型号和台数。必须注意选定的工作泵(并联)的最大供水量和扬程应满足 Q_{max} 和 H_p,同时要使水泵的效率较高。建议工作泵采用 3~6 台,备用泵一般采用 1~2 台,型号与泵站内最大的工作泵相同。若现有水泵不合适,可以采用调节水泵性能的方法,如切削叶轮等。

1. 画设计参考线

在水泵的综合性能图(4.2.2 节)上通过连接以下两点得到选泵时参考的管路特性曲线——设计参考线。

如根据泵站的设计工况点计算得到泵站的设计流量、设计扬程分别为 625.44 L/s、37.26 m,管网控制点标高、吸水井最低水位、管网控制点的自由水头分别为 23.6 m、17.5 m、20.0 m,则设计参考线的第一点:

$$Q=0, H=Z_0-Z_P+H_0=23.6-17.5+20.0=26.1\text{ m}$$

第二点

$$Q=Q_{max}=625.44\text{ L/s}, H=H_p=37.26\text{ m}$$

即得工况点 a(625.44,37.26)、b(0,26.1),连接 a、b 两点,并由 a 作水平线 ac。ab 大致表示管网特性,即所需的扬程与流量的关系,而 ac 线表示最大扬程。由 ab 与 ac 构成的三角形区是选泵的参考范围,可以较快地选出合适的水泵。根据设计参考线,一共有 20Sh-13、14Sh-13A、12Sh-13、10Sh-9A 四种泵位于由 ab 与 ac 构成的三角形区内,可考虑采用。参考 4.2.2 节的内容,对这四种泵选择几种不同的组合方案进行比较。

2. 确定选泵方案

参考 4.2.2 节中表 4.1 的方法用表列出各方案中每台泵或每种泵的组合在哪个用水量变化范围内使用,以及其能源浪费情况和效率的高低。

必须强调:选泵一定要根据用水量变化曲线,注意用水概率较高的范围,使选定的方案在该用水范围内有较高的运行效率,同时要考虑远近期结合,水泵的吸水性能、泵型、台数等因素,确定出最佳方案。选好泵后,还必须按照发生火灾时的供水情况校核泵站是否能满足消防要求。

例如,根据以上选泵方法最终确定选泵方案为两台 12Sh-13 和一台 14Sh-13A,并进一步根据水泵的型号确定动力设备。

3. 配置动力设备

动力设备采用电动机,当水泵选定后,就可以根据水泵样本载明的电动机来选择。水泵样本参见《给水排水设计手册》(以下简称《手册》)。如果选择的水泵是要求改变转速或切削叶轮的,则功率和转数应该根据比例率或切削率计算,并据此确定电动机的参数。选择电动机时一般考虑四个因素:水泵的轴功率 $N_{轴}$,水泵的转数 n,周围的环境和电源电压。

注意,水泵样本中常配有合适的电动机,一般可据此选择。当需要自行配置电动机时,可根据确定的电动机参数结合《手册》的内容进行选择。

根据上述选泵方案,所选水泵配备的电动机的参数如表 4.4 所示。

表 4.4 电动机的参数

水泵型号	轴功率/kW	转数/(r/min)	电动机型号	功率/kW	转数/(r/min)	电压/V
12Sh-13	76.2~86	1 450	Y280M-4	90	1 480	380
14Sh-13A	121~136	1 470	JS-116-4	155	1 475	380

4.9.3 水泵基础的平面尺寸和深度

在确定了水泵和电动机之后，机组(水泵与电动机)的尺寸可从《手册》的水泵样本中查到。基础的平面尺寸和深度依据机组底盘的尺寸或水泵、电动机的地脚螺栓的位置，按 4.4.2 节和《手册》的有关规定计算。

查水泵与电动机样本，计算出 12Sh-13 型水泵机组(不带底座)基础的平面尺寸。

基础长：$L = 1\,230 \times 0.001 + 0.5 = 1.73$ m；

基础宽：$B = 450 \times 0.001 + 0.5 = 0.95$ m。

计算出 14Sh-13A 型水泵机组(不带底座)基础的平面尺寸。

基础长：$L = 1\,490 \times 0.001 + 0.5 = 1.99$ m；

基础宽：$B = 620 \times 0.001 + 0.5 = 1.12$ m。

基础高度 H 按基础质量是机组总质量的 3 倍计算，即 $H = 3W/LB\gamma$(γ 为基础所用材料的容重，对混凝土基础，$\gamma = 2\,400$ kg/m^3)。

计算过程如表 4.5 所示，经过高度校核，该高度满足基础质量的要求。

表 4.5 基础计算表

水泵型号	W_p/kg	电动机型号	W_m/kg	$W=W_p+W_m$/kg	L/m	B/m	H/m
12Sh-13	709	Y280M-4	634	1 343	1.73	0.95	1.02
14Sh-13A	1 105	JS-116-4	1 040	2 145	1.99	1.12	1.20

4.9.4 泵站机组的布置

机组布置应满足的要求参见 4.4.3 节和手册的有关内容。在水泵台数不多(不超过 6 台)时，机组最好采用单行排列或斜向排列。选用 S、Sh、SA 型泵时，应采用轴线平行的布置形式。机组布置应使泵站工作可靠，管理方便，管道布置简单，建筑面积和跨度最小，并考虑发展的可能性。

本示例中的送水泵站为矩形。由于 S 型单级双吸离心泵的特点为侧向进、出水，故采用机组横向排列的方式。横向排列的优点是跨度小，水力条件好，进、出水管顺直，电耗低，缺点是泵房长度较大。

本示例中给水泵站的布置形式如图 4.53 所示。

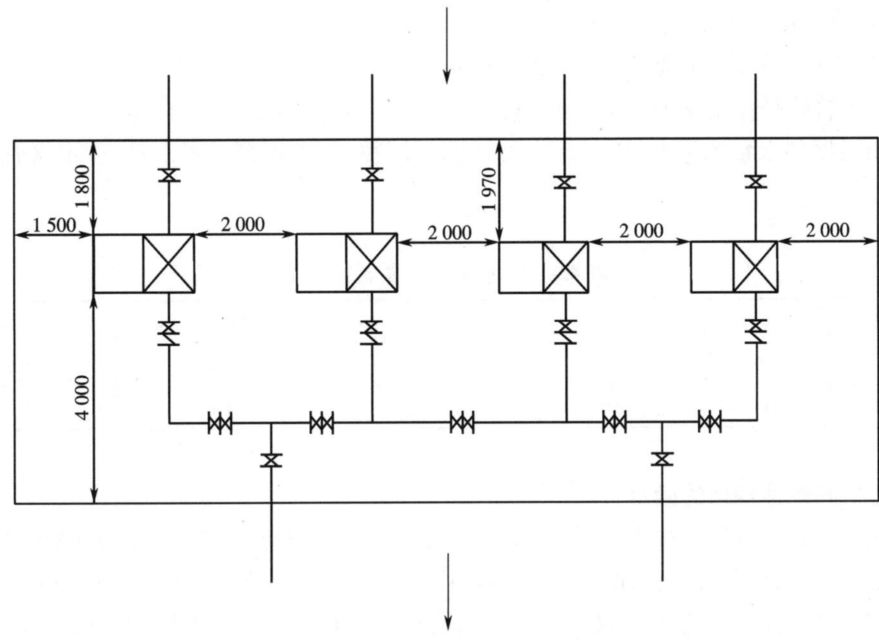

图 4.53　给水泵站布置形式简图

4.9.5　吸水管和压水管的设计

在确定了机组布置图式之后，就可以进行吸水管和压水管的设计。

1. 布置图式

一般吸水管从专设的吸水池或直接从清水池中吸水（注意：应该从能分成两个完全隔开的独立水池的吸水池或清水池中吸水）。由于水泵的吸水高度有限，为防止气蚀，创造有利的吸水条件，对吸水管路的基本要求为：不漏气、不积气、不吸气。一般每台泵有一根独立的吸水管，吸水管上不设闸阀，但当吸水池水位有可能比水泵安装位置高时，为避免检修时水进入泵站，必须在吸水管上设置闸阀。

压水管应该彼此连通，连通管后的总压水管的根数等于管网的输水管数，一般至少为两根（中、小型泵站多为两根，大型泵站为两根以上）。为了减小泵站的面积，连通管和不常开关的闸阀可设在泵站外。每台水泵的压水管上都应该有止逆阀和闸阀，此外，连通管上应设闸阀，闸阀的数量应该根据发生事故时必须保证的供水安全程度确定。在任一管道、机组、闸阀或止逆阀发生事故时泵站都不允许断水，但供水量可适当降低，应与管网的供水保证率相一致。在确定了管道布置图式之后，就可以进行管径的计算。

2. 管径计算

吸水管管径应根据泵的最大抽水量和设计流速确定。最大抽水量是泵单独工作或并联时可能出现的最大出水量。设计流速可按下述原则确定：

① $d < 250$ mm，设计流速采用 1.0~1.2 m/s；

② $d \leqslant 250$ mm，设计流速采用 1.2~1.8 m/s。

当水泵为自灌式时，设计流速可增至 1.6~2.0 m/s。

压水管管径按最大流量和设计流速确定。设计流速可按下述原则确定：

① $d<250$ mm，设计流速采用 1.5~2.0 m/s；

② $d \geqslant 250$ mm，设计流速采用 2.0~2.8 m/s。

总压水管管径在泵站内按上述原则确定，在泵站外按输水管管径确定。

例如根据各水泵的最大抽水量，经过计算与调整，得出各泵的吸水管、压水管管径如表 4.6 所示。

表 4.6 吸水管、压水管管径计算

水泵型号	流量/(L/s)	吸水管管径/mm	吸水管流速/(m/s)	压水管管径/mm	压水管流速/(m/s)
12Sh-13	220	450	1.38	350	2.29
14Sh-13A	340	600	1.20	450	2.14

3. 管材和配件规格的确定

泵站内的管道可用焊接钢管，管道上的配件，如弯头、三通、四通、大小头、吸水喇叭口等均可采用钢板焊制，管道上的闸阀、止逆阀可用法兰式接头的铸铁制品，其规格可由《手册》第 10 册查得，口径应和管径一致。一般吸水管和连通管上不常开的闸阀采用手动，直径大于 400 mm 的闸阀可采用电动，出水管上的闸阀因开关频繁采用电动。有关闸阀的选型参见《手册》第 10 册（常用的闸阀、止逆阀规格索引见手册第 3 册）。

配件的规格可以根据管道直径和管道布置图式确定，如弯头口径和管道直径相同，大小头按前后的管径确定，三通、四通亦根据前后连接管道直径确定其规格。在草图上各种配件可用符号表示，这部分参考《手册》第 1 册中的有关给排水图例。

4. 管道敷设地点

当泵站为地面式或埋深不大，站内管道直径小于 500 mm 时，管道一般设在管沟中，管沟的宽度视管径的大小而定（这部分可参考《手册》第 3 册中有关管路布置的章节或 4.5.3 节的内容），沟底应有 1% 的坡度，坡向集水坑。

站内管道直径大于 500 mm 时，可设在专门的地下室中，这时闸阀应在机器间内的地面上操作，地下室高度不小于 1.8 m，地下室顶盖应有部分能揭开，以便把管件运入或拆出。半地下式泵站（埋深为 2~3 m）可把管道直接设在地板上。

4.9.6 水泵安装高度的计算

根据选定的水泵，可在手册中的水泵性能曲线上查出最大允许吸上真空高度 H_s。必须注意泵的 H_s 在抽水量不同时也不同，因而应根据泵在可能的工作范围内的最大抽水量查出对应的 H_s。如果水泵安装地点的气压不是 10.336 mH_2O，水温不是 20 ℃，应将 H_s 修正为 H'_s。

水泵安装高度的计算方法参照 4.8.2 节中的有关公式。卧式泵的 H_{ss} 应从吸水池最低水位算至泵轴（大泵则算至吸水口上端）。h_s 包括从吸水喇叭口到真空表安装处的所有水头损失（沿程与局部）。$v_1^2/2g$ 可以根据最大抽水量和真空表处的过水断面面积计算。当管道布置已定时，配件与管段也已定，所以吸水管中的局部水头损失 $h_{局部}$ 应按水力公式计算，其中局部阻力系数由《手册》查得。

例如,12Sh-13、14Sh-13A 两种型号的泵的管路部件尺寸如表 4.7 所示。

表 4.7　水泵的管路部件尺寸

水泵型号	压水管内径/mm	水泵压水口直径/mm	水泵吸水口直径/mm	吸水管内径/mm	吸水管长度/m	吸水喇叭口直径/mm
12Sh-13	350	250	300	450	5	650
14Sh-13A	450	300	350	600	5	900

在本示例中,大气压为标准大气压 10.336 mH_2O,水温为 35 ℃,需要对 H_s 进行修正。

12Sh-13 型水泵最大抽水量为 220 L/s,最大允许吸上真空高度 H_s 为 4.5 m,

$$H_s' = H_s - (10.33 - h_a) - (h_{va} - 0.24)$$
$$= 4.5 - (10.33 - 10.33) - (0.574 - 0.24)$$
$$= 4.166\ \text{m}$$

吸水管段水力坡度 i=0.004 24,吸水管段长度为 5 m。

$$h_{水平} = 5 \times 0.004\ 24 = 0.021\ 2\ \text{m}$$

真空表安装处的水头损失为

$$\frac{v_1^2}{2g} = 0.097\ \text{m}$$

$h_{局部}$包括喇叭口处水头损失、弯管处水头损失与大小头处水头损失三部分。

$$h_1 = 0.2 \times v^2 2g = 0.004\ 4\ \text{m}, h_2 = 1.01 \times \frac{v_1^2}{2g} = 0.097\ 97\ \text{m}, h_3 = 0.19 \times \frac{v_1^2}{2g} = 0.017\ 46\ \text{m}$$

则该泵的安装高度参考式(4-20)计算:

$$H_{ss} = \frac{4.166 - 0.097 - 0.004\ 4 - 0.097\ 97 - 0.017\ 46 - 0.021\ 2}{1 + 0.004\ 24}$$
$$= 3.91\ \text{m}$$

同理,14Sh-13A 型水泵最大抽水量为 340 L/s,最大允许吸上真空高度 H_s 为 3.5 m,安装高度为 2.98 m。

对每一台水泵列出吸水管路上的水头损失,如表 4.8 所示。

表 4.8　吸水管路上的水头损失

水泵型号	管件名称	局部阻力系数	最大流量/(L/s)	最大流速/(m/s)	$\frac{v_1^2}{2g}$	水头损失/m	最大安装高度/m
12Sh-13	吸水喇叭口	0.2	220	0.66	0.022	0.004 4	3.91
	90° 弯头	1.01	220	1.38	0.097	0.097 97	
	大小头	0.19	220	1.38	0.097	0.017 46	
14Sh-13A	吸水喇叭口	0.2	340	0.53	0.014	0.002 8	2.98
	90° 弯头	1.01	340	1.20	0.073	0.073 73	
	大小头	0.2	340	1.20	0.073	0.014 6	

计算得到的 H_{ss} 为最大允许安装高度，水泵的安装高度可以比 H_{ss} 小，而不能比 H_{ss} 大。泵站中各泵的 H_{ss} 是不一样的，而泵站的地面是一样高的，因而采用最小的 H_{ss} 为最不利情况，以此为标准（该台泵的泵轴标高起控制作用）来确定其余各泵和管道的安装高度。

4.10 给水泵站的构造特点

4.10.1 取水泵站的构造特点

地面水源取水泵站往往建成地下式的。地下式取水泵站由于存在临水埋深，在结构上要求承受土压和水压，泵房筒体和底板应不透水，且有一定的自重，以抵抗浮力，这就大大增加了基建投资。因此，地下式泵房应尽可能减小平面尺寸，以降低工程造价。在地质条件允许时，取水泵站多采用沉井法施工，因此大都采用圆形结构。其缺点是布置机组和其他设备时不能充分利用建筑面积，此外，安设吊车也有一定的困难。有时泵房的地下部分是椭圆形的，而地上部分做成矩形。泵房筒体的水下部分用钢筋混凝土结构，水上部分可用砖砌。泵房底板一般采用整体浇筑的混凝土或钢筋混凝土底板，并与水泵机组的基础浇成一体。为了减小平面尺寸，有时也采用立式水泵。配电设备一般放置于上层，以充分利用泵房内的空间。压水管路上的附件（如止逆阀、闸阀、水锤消除器、流量计等）一般设在泵房外的闸阀井（或称切换井）内。这样不仅可以减少泵房的体积，而且当压水管道损坏时，水流不致向泵房内倒灌而淹没泵房。泵站与切换井间的管道应敷设于支墩或钢筋混凝土垫板上，以免不均匀沉陷。泵站与吸水井分建时，吸水管常放在钢筋混凝土暗沟内，暗沟上应留出入的人孔，暗沟的尺寸应保证工人可以进入检查、处理漏水、漏气事故。当需要换管子时，可以通过人孔把管子取出来。暗沟与泵房连接处应设沉降缝，以防不均匀沉降而导致管道破裂。

泵房内壁四周应有排水沟，水汇集到集水坑中，然后用排水泵抽走。排水泵的流量可选用 10~30 L/s，其扬程由计算确定。

由于取水泵站抽的是未经处理的浑水，因此一般需要另外接入自来水作为水泵机组的水封用水。

在地下式泵站中，竖直交通可设 0.8~1.2 m 宽的坡度为 1：1 或稍小的扶梯，每两个中间平台之间不应超过 20 级踏步。站内一般不设卫生间、贮藏室，但应设电话与各种指示信号，以便调度联系。为防止火灾，泵站内、外要设置灭火设备。

地下式取水泵站扩建有一点困难，所以在第一次修建时即应考虑将来的扩建问题。通常泵房是一次建成的，设备分期安装。泵站内的机器间的电力照明按 1 m^2 地板 20~25 W 计算。

泵站的大门应比最大设备外形尺寸大 0.25 m。对特别笨重的设备，应预先留出安装孔。为了保证泵房内有良好的照明，应在泵房的纵墙方向开窗，窗户面积通常应大于地板面积的 1/7~1/6，最好为 1/4。

当泵房附近没有修理场地时，应在泵房内留出 6~10 m^2 的面积，供修理和放置备用零件用。

4.10.2　送水泵站的构造特点

送水泵站的特点是水泵机组较多，占地面积较大，但吸水条件好。因此，大多数送水泵站建成地面式或半地下式。

地面式泵站的优点是施工方便，造价较低，运行条件较好。在地下式泵站内，启动水泵比较方便。在地下式泵房中，应设置排除积水的管道，该管道上应装有止逆阀，以防止下大雨时雨水倒流。若泵房地坪标高低于室外排水管标高，则应设置抽水设备。

送水泵站由于机组较多，因而附属的电气设备和电缆线也较多。在进行工艺设计时，应结合土建与供电的要求一并考虑。但是送水泵站的土建造价通常比电能耗费小，因此在设计送水泵站时，要着重注意工艺上的要求和布置，土建结构应满足工艺布置的要求。

送水泵房属于一般的工业建筑，常用的是柱墩式基础，墙壁用砖砌筑于地基梁上，外墙可以是一砖、一砖半或两砖厚，根据当地的气候寒暖而定。为了防潮，墙身用防水砂浆与基础隔开。对装有桥式行车的泵房，墙内须设置壁柱。机组运行时，由于震动而发出很大的噪声，从而影响工人的健康。因此，首先应保证机组安装的质量，同时要把机组与基础连接好，如有必要亦可采取消声措施。在管道穿过墙壁处采用柔性穿墙套管也可削弱噪声的传播强度。泵房设计还应考虑抗震和人防的要求。从抗震的角度出发，泵房最好建成地下式或半地下式。如果地下水位很高，施工困难或受其他限制，不能修建地下式，也可设计成地面式，但要尽量做到平、立面简单，体形规整，不做局部凸出的建筑。泵站内还应有水位指示器，当清水池或水塔水位最高或最低时，便可自动发出灯光或响声。

4.10.3　深井泵站的构造特点

深井泵站通常由泵房和变电所组成。深井泵房的形式有地面式、半地下式和地下式三种。不同形式的泵房各有其优缺点。地面式的造价最低，建成投产迅速；通风条件好，室温一般比半地下式的低 5~6 ℃；操作管理与检修方便；室内排水容易；水泵电动机运转噪声扩散快，音量小；但出水管弯头配件多，不便于工艺布置，且水头损失较大。半地下式的比地面式的造价高；出水管可不用弯头配件，便于工艺布置；水力条件好，可稍节省电耗和日常运行费用，人防条件较好；但通风条件较差，夏季室温高；室内有楼梯，有效面积减小；操作管理，检修人员上下，机器设备上下搬运均较不便；室内地坪低，不利于排水；水泵电动机运转时声音不易扩散，音量大；地下部分土建施工困难。地下式的造价最高；施工最困难；防水处理复杂；室内排水困难；操作管理、检修不便；但人防条件、抗震条件好；因不受阳光照射，故夏季室温较低。

实践表明，以上三种形式以前两种为好。

深井泵房平面布置一般很紧凑，因此选用尺寸较小的设备对减小平面尺寸有很大的意义。设计时应与机电设备密切配合，选择效能高、尺寸小、占地少的机电设备。

此外，深井泵房设计还应注意泵房屋顶的处理，屋顶检修孔的设置和泵房的通风、排水等问题。

4.11 给水泵站的发展趋势

4.11.1 给水泵站的节能

城市供水企业是用电大户，而给水泵站机泵的电耗占到了整个供水系统电耗的95%~98%，因此在建设节约型社会的大环境中，泵站节能具有十分重要的意义，应成为发展过程中永恒的主题，并且体现在泵站的设计、运行、管理等每一个环节。

1. 给水泵站的节能设计

泵站的选泵规则是流量、扬程及其变化规律。对取水泵站而言，这个变化规律体现为供水量的逐日变化、水源水位的逐日逐时变化；对送水泵站和加压泵站而言，这个变化规律主要体现为用水量的逐日逐时变化。而实际上，由于缺乏基础资料，这些变化规律是难以掌握的，传统的设计方法大多只顾及满足最不利工况点的要求，以至所选水泵机组对泵站的工况变化适应性较差，造成能量的浪费。

泵站的节能设计就是在满足现行有关规范的条件下，为了适应日后运行中实际工况的变化，在设计阶段就根据当时的技术经济条件考虑适当的节能措施，以使泵站的运行实现安全、高效的目标。这些节能措施包括：泵型的合理选择、调速装置的采用、切削叶轮、管道经济管径的确定、低能耗阀件的采用等。

水泵选型是泵站节能的基础，因此应建立各种泵型的数据库，存储泵的型号、流量、扬程、轴功率、配用功率、效率、进出口径、转速、气蚀性能、安装尺寸、生产厂家等信息。经多种方案的技术经济比较，最后选定优质、高效的泵及其组合。当泵站的工况变化幅度很大时（如水源水位涨落幅度大时，取水泵站的扬程变化很大；用水量变化大的城市，其送水泵站流量变化也大），泵组合也难以达到节能的要求，就必须采用调速或切削叶轮的方式。下面主要就考虑调速装置的选泵方法进行简单说明。

1）考虑调速装置的选泵原则

（1）为适应各种工况变化，宜采用调速泵与定速泵联合运行。

（2）仍以最不利工况作为选泵依据，即调速泵以额定转速与定速泵联合运行时，应满足最大用水量时的流量和扬程要求。当流量减小时，可通过关停泵或降低调速泵的转速来适应工况的变化。

（3）在绝大多数工况下，定速泵与调速泵均应在高效范围内工作，这是选择调速装置的基本出发点。

（4）调速泵的转速一般不宜上调。下调时转速不能过低，否则效率会下降。而且转速下降到一定程度时，由于 Q-H 性能曲线下移过多，零流量时的静态扬程小于定速泵的工作扬程，导致调速泵出水受阻，调速泵不能与定速泵并联运行。调速泵的转速一般控制在其额定转速的 50% 左右。

（5）考虑调速装置后，泵站内水泵的型号一般不超过两种。调速泵应按主力泵考虑，其台数以两台为宜，以使调速泵经常在高效范围内运行，并避免定速泵的频繁启停。

2）选泵方法

设有一个送水泵站，已知最高日最高时供水量为 Q，经管网平差后泵站的扬程为 H_p，现考虑变速调节后进行选泵。

选用两台调速泵，其额定转速时的设计工况点流量为 Q_1；选用 n 台定速泵，其额定转速时的设计工况点流量为 Q_2。为适应泵站工况点的变化（流量的变化），泵的开启情况如表 4.9 所示。

表 4.9　调速泵站泵的工作情况

工况	Ⅰ	Ⅱ	Ⅲ	Ⅳ
流量范围	Q_{min}~Q_1	Q_1~(Q_1+Q_2)	(Q_1+Q_2)~($2Q_1+Q_2$)	($2Q_1+Q_2$)~($2Q_1+nQ_2$)
开泵情况	一调	一调一定	两调一定	两调 n 定
调速泵的最小流量	Q_{min}	Q_1-Q_2	$Q_1/2$	$Q_1-Q_2/2$

此时调速如下。

对工况Ⅰ，从理论上讲，调速泵的最小流量为 Q_{min}，当 Q_{min} 较小时，调速泵的最小流量就比较小，要求调速泵的转速就比较低，很可能使其效率降低太多。为了保持泵的高效率，据许多文献报道，调速泵的流量一般不宜小于额定流量的一半，即 $Q_1/2$。因此，对工况Ⅰ，当流量处于 $Q_1/2$~Q_1 的范围时，采用变速调节；当流量小于 $Q_1/2$ 时，调速泵的转速不再降低，而是辅以闸阀进行调节。

对工况Ⅱ，要求 $Q_1-Q_2\geqslant Q_1/2$，即

$$Q_1\geqslant 2Q_2 \tag{4-28}$$

对工况Ⅲ，已经满足调速泵的最小流量 $Q_1/2$ 大于或等于额定流量的一半的要求。

对工况Ⅳ，只要满足式（4-28），恒有 $Q_1-Q_2\geqslant Q_1/2$。因此，式（4-28）就成为选泵的控制条件之一，在通常情况下，取 $Q_1=2Q_2$。

工况Ⅳ的最大流量 $2Q_1+nQ_2$ 应大于或等于管网的最高日最高时流量 Q。

由于送水泵站一般实行出口恒压控制，故泵的扬程基本不变，即 $H=H_p$。

表 4.9 覆盖了泵站的流量变化范围，因此，选泵的控制条件为

$$\begin{cases}2Q_1+nQ_2=Q\\ Q_1=2Q_2\\ H=H_p\end{cases} \tag{4-29}$$

式中　Q_1——调速泵在额定转速时的设计工况点流量，m^3/h；

n——定速泵的台数；

Q_2——定速泵的设计工况点流量，m^3/h；

Q——最高日最高时管网流量，m^3/h；

H——定速泵与调速泵的扬程，m；

H_P——泵站出口设定压力，m。

在式（4-29）中，Q、H_P 已知，待求的是 Q_1、Q_2、n、H，尚缺一个方程。

实际选泵时，先给出几个 n 值，获得相应的几个方案，再结合泵样本和参数，经技术经济

比较后确定最佳方案。

如果调速泵与定速泵选用同一种型号,则泵站的开泵情况如表 4.10 所示。

表 4.10 调速泵与定速泵同型号时泵的工作情况

工况	Ⅰ	Ⅱ	Ⅲ	Ⅳ
流量范围	$Q_{min}-Q_1$	Q_1-2Q_1	$2Q_1-3Q_1$	$3Q_1-(2+n)Q_1$
开泵情况	一调	两调	两调一定	两调 n 定
调速泵的最小流量	Q_{min}	$Q_1/2$	$Q_1/2$	$Q_1/2$

此时,选泵的控制条件为

$$\begin{cases}(2+n)Q_1=Q\\ H=H_p\end{cases} \tag{4-30}$$

式中 n——定速泵的台数;

Q_1——调速泵在额定转速时的设计工况点流量,m^3/h;

Q——最高日最高时管网流量,m^3/h;

H——定速泵与调速泵的扬程,m;

H_p——泵站出口设定压力,m。

选泵方法与上一种情况相同。选泵后应核定在表 4.9 或表 4.10 中的各个工况下泵(包括调速泵与定速泵)是否工作在高效区内,若未工作在高效区内,则应重新选泵。

3)算例

已知某供水泵站最高日最高时供水量 $Q=1.80\ m^3/s$,经管网平差后泵站出口压力(从清水池水面算起)为 $H_p=33.5$ m。

(1)选用不同型号的泵。

方案一:设 $n=1$,则根据式(4-29)可求得 $Q_2=0.36\ m^3/s$, $Q_1=0.72\ m^3/s$, $H=33.5$ m。由水泵特性曲线(Q_2-H)选用一台定速泵 14Sh-13A;由水泵特性曲线(Q_1-H)选用两台调速泵 24Sh-19。

方案二:设 $n=2$,则可求得 $Q_2=0.30\ m^3/s$, $Q_1=0.60\ m^3/s$, $H=33.5$ m。由水泵特性曲线(Q_2-H)选用两台定速泵 14Sh-13A;由水泵特性曲线(Q_1-H)选用两台调速泵 20Sh-13。

方案三:设 $n=3$,则可求得 $Q_2=0.257\ m^3/s$, $Q_1=0.514\ m^3/s$, $H=33.5$ m。由水泵特性曲线(Q_2-H)选用三台定速泵 12Sh-13A;由水泵特性曲线(Q_1-H)选用两台调速泵 20Sh-13。

比较以上三种方案,可知方案二为好,即选用两台定速泵 14Sh-13A、两台调速泵 20Sh-13。

(2)选用同型号的泵。

方案一:设 $n=1$,则可求得 $Q_1=0.60\ m^3/s$, $H=33.5$ m,选用三台 20Sh-13 型泵(一台定速,两台调速)。

方案二:设 $n=2$,则可求得 $Q_1=0.45\ m^3/s$, $H=33.5$ m,如果仍选用 Sh 型泵,只能选四台 20Sh-13 型泵(两台定速,两台调速)。

很显然方案二与方案一相比是很不合理的,因此采用方案一。

究竟选用两台定速泵 14Sh-13A 与两台调速泵 20Sh-13，还是选用三台同型号的 20Sh-13（两调一定）呢？从泵站布置和管理的角度来看，当然是后者较好。

泵站中的吸水管、压水管和输水管的管径对泵站节能也有较大的影响。管径越大，水头损失越小，泵站的运行费用就越低。但管径增大会使管路的投资增加。因此必须根据泵站运行费用和管路投资之和最小的原则来确定管径，此管径称为经济管径。

此外，泵站设计时还应考虑电动机和配电系统的节能，主要措施是选用高效的电动机。我国分别于 1982 年、1992 年、2003 年定型生产了 Y 系列、Y2 系列、Y3 系列电动机，2005 年定型生产了 YX3 系列高效电动机，2010 年定型生产了 YE3 系列超高效电动机，2012 年开始研发 YE4 系列超高效电动机。Y 系列电动机效率平均值仅为 87.3%，YX3 系列电动机效率平均值为 90.3%，YE3 系列电动机效率平均值为 91.7%。从节约能源、保护环境的角度出发，高效率电动机是国际发展趋势。目前我国针对电动机的能效限定值制定了相应的国家标准：《电动机能效限定值及能效等级》（GB 18613—2020）、《高压三相笼型异步电动机能效限定值及能效等级》（GB 30254—2013）。凡是达不到国标强制要求的产品，将不能继续生产和销售。

2. 给水泵站的节能运行与改造

已经建成的给水泵站绝大多数是传统设计方法的产物，且基本上采用定速泵的运行方式。如取水泵站的设计流量是按最高日平均时流量确定的，设计扬程是根据水源枯水位确定。而在实际中最大日流量 $Q_{d,max}$ 一般出现在夏季，此时作为水源的江河正处于汛期，泵的静扬程最小；水源枯水位一般出现在冬季，而此时用水量较少。也就是说现行设计规范中所要求的设计流量 $Q_{d,max}$ 与设计扬程 H_{max} 一般是不可能同时出现的，因而据此选出的泵是超出实际要求的，会造成运行时的能量浪费。再如送水泵站是根据最高日最高时流量和对应的扬程来选泵的，而在一年当中出现这种工况的时间是相当有限的，大多数时间机组的容量高出实际工况的要求。因此，无论是取水泵站还是送水泵站，在运行中必须辅以各种管理手段才能保证高效运行。

取水泵站的流量一般是恒定的，而扬程随着水源水位的变化而变化。因此，一般采用“恒流量变压力”的控制方式。可通过采取调速、切削叶轮等节能措施来达到此目的。水位变幅较大的取水泵站有时可考虑在洪水位期间减少一台泵运行。

送水泵站的工况变化比取水泵站更频繁、更复杂。对多泵站的城市输配水系统，各个送水泵站的流量和压力必须由供水企业的调度中心通过优化调度确定，是随时变化的。但为了控制方便，目前常常采用“恒流量变压力”的方式来控制泵的运行，要达到“变流量恒压力”的目的，常常通过泵的组合、调速来实现。

当实际工况与泵站的设计工况相差很远时，泵站的改造是必要的。另外，机泵的老化和新型节能设备的出现也对泵站提出了改造的要求。

我国工业和信息化部会根据能效要求逐年公布一批淘汰的机电产品名单，同时提出替代这些机电产品的新型号，其目的是逐步以节能型的机泵产品替代效率低的机泵产品。在一些供水历史较长的供水企业中，役龄在 20 年以上的机泵设备所占比例不小，这些设备有的因年限过长机械磨损大，效率低下，有的本身质量就不够高，经过长期运行，质量方面的弱点就暴露无遗。对这样的供水企业，应从经济效益和供水安全性出发，提出更新改造计划和措施。

4.11.2 给水泵站SCADA系统

SCADA(supervisory control and data acquisition)系统即监控与数据采集系统,是将先进的计算机技术、工业控制技术、通信技术有机地结合在一起的系统,既具有强大的现场测控功能,又具有极强的组网通信功能,是自动化领域广泛应用的重要系统之一。泵站SCADA系统的主要作用是对泵站运行的各种参数进行实时采样,对采样数据进行实时处理并形成科学的运行方案,向控制机构发出指令,对泵站实施调节控制。给水泵站SCADA系统的建设是城市智慧供水的必要条件,是保障泵站安全、高效运行的必要措施。

1. 泵站SCADA系统的功能

泵站SCADA系统应具有如下基本功能。

(1)数据实时采集。对泵站需要了解其运行参数,掌握其运行工况。需要实时采集的数据有泵站出水压力、流量、流量累积,电动机电流、电压、有功电度、无功电度,水池(或水源)水位,原水浊度,各泵运行时间,闸阀开启状态等。

(2)数据实时传输。所有采集到的数据由现场发射设备发送后,由通信网络及时传送到调度中心的接收设备,接收设备再将采集到的检测数据传输到调度中心的SCADA服务器。

(3)信息实时处理。检测到的数据(信息)通过软件系统进行实时处理,服务生产需要。其功能包括:

①设备参数实时显示;

②设备参数超限报警;

③历史数据查询;

④参数变化趋势分析;

⑤泵站生产报表(日、月、年);

⑥历史数据存储;

⑦用水量逐时变化分析;

⑧调度方案生成和下达。

(4)控制远程执行。接收调度中心下达的控制命令,及时向远程监控站发送指令来控制相关设备的运行,从而实现泵站的科学调度。控制功能应达到:开、停机自动控制,事故停机实时控制,机组运行最优控制。

一个现代的泵站SCADA系统不但具有调度和过程自动化的功能,也具有管理信息化的功能,而且向着决策智能化的方向发展,这为泵站的安全运行、优化调度提供了强有力的保障。

2. 给水泵站SCADA系统的组成

城市给水泵站SCADA系统是城市给水管网SCADA系统的重要组成部分。现代SCADA系统一般采用多层体系结构,多由设备层、控制层、调度层、信息层等构成。

1)设备层

设备层的设备一般安装于被控生产过程的现场。典型的设备是各类传感器、变送器和执行器,它们将生产过程中的各种物理量转换为电信号(一般变送器)或数字信号(现场总线变送器）送往控制层，或者将控制层输出的控制量（电信号或者数字信号）转换成机械位移，带动调节机构，实现对生产过程的控制。因此设备层的设备是生产状态与信息的直接感知者，是控制的最终实施者。

2）控制层

控制层往往设有多个控制站，每个控制站与相应的设备层连接，接收设备层提供的生产过程状态信息，按照一定的控制策略计算出所需的控制量并送回设备层（即发出执行指令）；同时对接收的状态信息进行一些必要的转换和处理之后送到其他控制站和上层的调度层。

控制层的各个控制站连成控制网络，以实现数据交换。当给水泵站 SCADA 系统作为给水管网 SCADA 系统的一部分建设时，取水泵站、送水泵站、加压泵站均作为给水管网 SCADA 系统的一个控制站。控制层一般由可编程逻辑控制器（PLC）、远程终端单元（RTU）组成。

3）调度层

调度层一般设有监控站（操作员站）、维护站（工程师站）、数据站（服务器）、通信站等，往往由多台计算机连成局域网。

监控站是操作员与操作系统相互交换信息的人机接口。通过监控站，操作员可以监视生产设备的运行情况，读出每个过程变量的数值或状态，判断每个控制回路是否正常工作，并且可随时进行手动或自动控制方式的切换，修改给定的参数，调整控制量，操作现场设备，以实现对生产过程的干预。另外，还可打印各种报表。为了实现上述功能，监控站一般由一台具有较强图形功能的微机和相应的外部设备组成。

维护站是为了实现工程师对控制系统的配置、组态、调试、维护所设置的工作站，通过它可实时修改监控站和控制层的数据与软件程序。维护站的另一个作用是对各种设计文件进行归类和管理。因此，维护站一般由一台微机和一定数量的外部设备组成。

数据站的主要任务是存储过程控制的实时数据、实时报警、实时趋势等与生产密切相关的数据，同时进行事故分析、性能优化计算、故障诊断等。

通信站主要用来与外界系统进行通信，如给水泵站 SCADA 系统与供水企业 MIS（management information system，管理信息系统）、供水管网 GIS（geographic information system，地理信息系统）通信等。

4）信息层

信息层可提供全球范围内的信息服务与资源共享，包括与供水企业的内部网络共享信息。信息层可以通过广域网（如国际互联网）将 SCADA 系统的所有信息发布到全球，也可在世界任何地方进行远程调度与维护。

由于取水泵站、送水泵站往往属于某个水厂的管理范围，因此泵站 SCADA 系统的控制层、调度层可以与水厂过程控制系统的监控层合并建设。图 4.54 为某水厂过程控制系统的示意图。该控制系统采用集散型控制（distributed control）方式。所谓集散型控制就是指挥权集中、控制权分散。它具有如下特点。

（1）集中管理，分散控制。可在中控室对车间的各种设备进行控制和管理，还能在车间控制室通过控制器对车间的设备进行控制，还可以在现场就地控制，以避免集中式控制系统存在的危险，即主机一发生故障，整个控制系统就会停止运转。当调度网络发生故障时，不会影响控制层中各控制站的控制功能,当某个控制站发生故障时,操作员可就地对设备进行控制。

(2)可使操作、调试人员从就地控制、车间控制逐步过渡到中央控制,方便调试、安装,利于操作。

(3)可维护性好,维修方便。检修系统的任一部分,不会影响其他部分的自动运行。

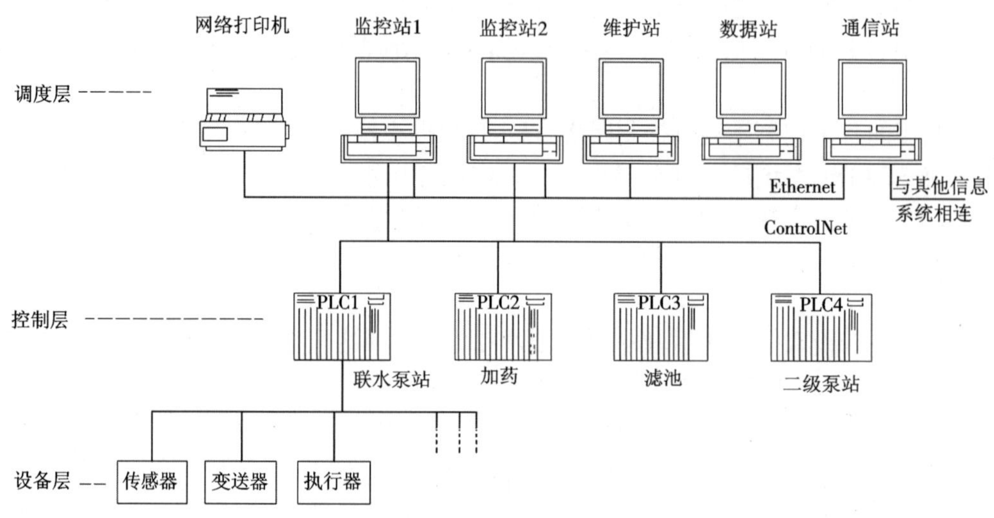

图 4.54 泵站(水厂)SCADA 系统

第 5 章　排水泵站

5.1　概述

5.1.1　排水泵站的分类

提升污(废)水、污泥的泵站统称为排水泵站。排水泵站通常按以下方法分类。

(1)按排水性质,排水泵站可分为污水(生活污水、生产污水)泵站、雨水泵站、合流泵站、污泥泵站等。

(2)按在排水系统中的作用,排水泵站可分为中途(区域)泵站、终点(总提升)泵站。中途泵站通常是为了避免排水干管埋深过大而设置的。终点泵站是为了将整个城镇的污水或工业企业的污水输送到污水处理厂,将处理后的污水排入受纳水体或进行回用而设置的。

(3)按水泵启动前的引水方式,排水泵站可分为自灌式泵站和非自灌式泵站。

(4)按泵房的平面形状,排水泵站可分为圆形泵站、矩形泵站、组合形泵站。

(5)按集水池与水泵间的组合情况,排水泵站可分为合建式泵站和分建式泵站。

(6)按水泵与地面的相对位置,排水泵站可分为地下式泵站和半地下式泵站。

(7)按水泵的操纵方式,排水泵站可分为人工操作泵站、自动控制泵站和遥控泵站。

5.1.2　排水泵站的基本组成

排水泵站的基本组成有格栅、集水池、机器间、辅助间,有时还附有专用变电所等。

1. 格栅

格栅一般安装在集水池内,用来拦截雨水、生活污水和工业废水中大块的悬浮物和漂浮物,以保护水泵叶轮和管道配件,避免堵塞和磨损,保证水泵正常运行。

2. 集水池

集水池的功能是在一定程度上调节来水量的不均匀性,以保证水泵在较均匀的流量下高效率工作。集水池的尺寸应满足水泵吸水装置和格栅的安装要求。

3. 机器间(水泵间)

水泵间用来安装水泵机组和有关辅助设备。

4. 辅助间

为满足泵站运行和管理的需要所设的辅助性用房称为辅助间,主要有控制室、值班室、修理间、贮藏室等。

5. 专用变电所

专用变电所的设置应根据泵站电源的具体情况确定。

5.1.3 排水泵站的基本类型

排水泵站有多种形式,应根据进水的排水管渠的埋设深度、来水流量、水泵机组的型号和台数、水文地质条件、施工方法等因素,从泵站造价、布置、施工、运行等方面综合考虑确定。下面介绍几种典型的排水泵站。

(1)图 5.1 所示为合建式圆形排水泵站。其采用卧式污水泵,自灌式工作。此种形式适用于中、小型排水泵站,水泵台数不宜超过 4 台。

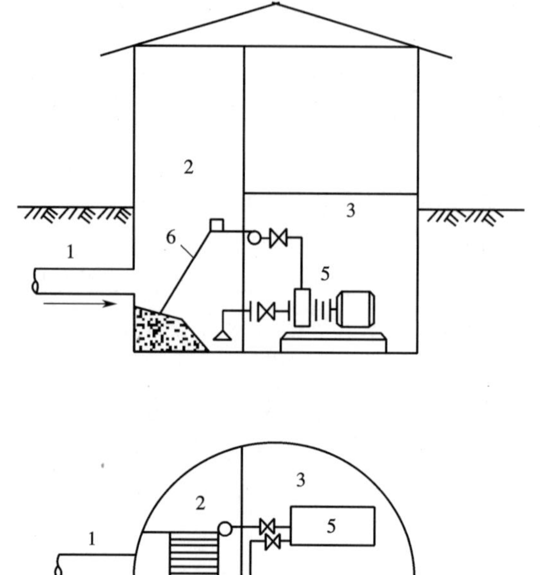

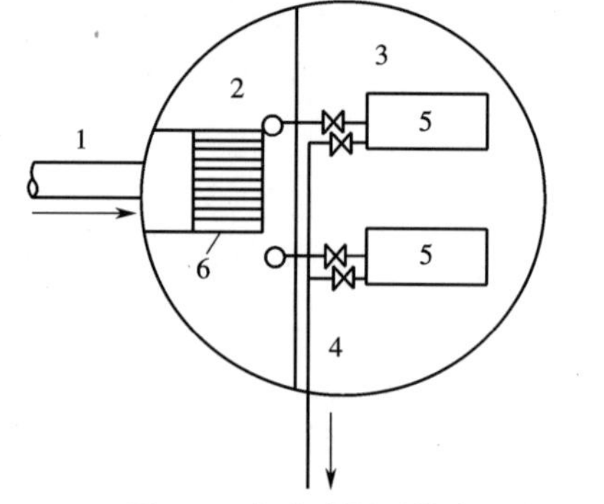

图 5.1 合建式圆形排水泵站

1—排水管渠;2—集水池;3—机器间;4—压水管;5—卧式污水泵;6—格栅

这种泵站的优点是:圆形结构,受力条件好,便于采用沉井法施工;水泵易于启动,运行可靠性高;易于根据吸水井水位实现自动控制。其缺点是:机器间内机组和附属设备的布置较困难;站内交通不便;自然通风和采光不好;当泵房较深时,工人上下不方便,且电动机容易受潮。

这种形式的泵站如果将卧式机组改为立式机组,可以减小泵房面积,降低泵房造价。另外,电动机安装在上层,使工作环境和条件得以改善。

(2)图 5.2 所示为合建式矩形排水泵站。其采用立式污水泵,自灌式工作。此种形式适用于大、中型泵站,水泵台数一般为 4 台或更多。

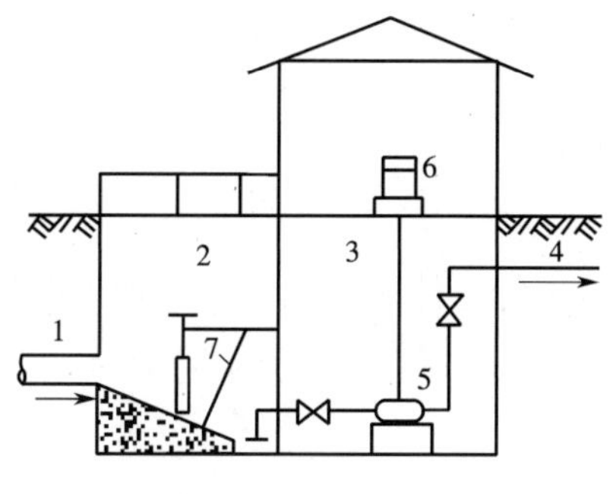

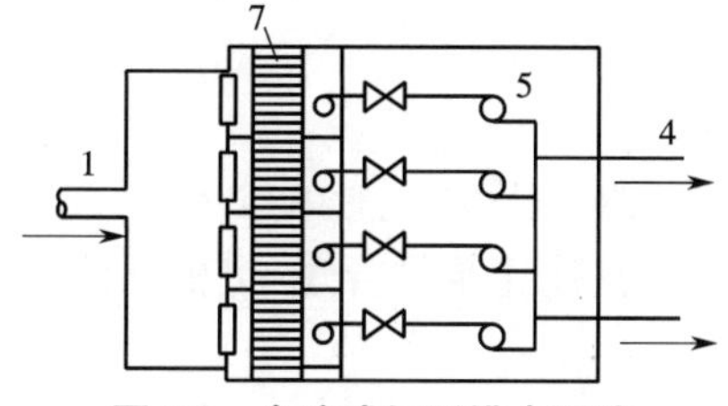

图 5.2　合建式矩形排水泵站

1—排水管渠;2—集水池;3—机器间;4—压水管;5—立式污水泵;6—立式电动机;7—格栅

这种泵站的特点是:采用矩形机器间,管路和机组的布置较方便;水泵启动操作简便,易于实现自动化;电气设备在上层,电动机不易受潮,工人操作管理条件较好;建设费用较高,当土质较差、地下水位较高时,不利于施工。

(3)图 5.3 所示为分建式矩形排水泵站。其采用卧式水泵,非自灌式工作,集水池与泵站分开建设。当土质差、地下水位高时,为了降低施工难度和工程造价,采用分建式是合理的。

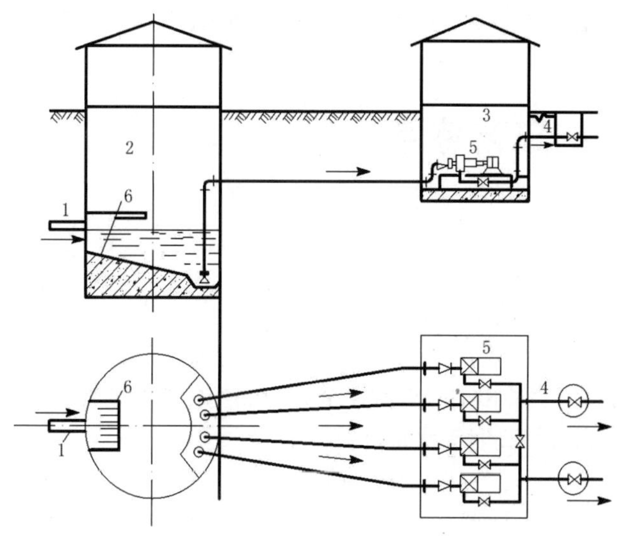

图 5.3　分建式矩形排水泵站

1—排水管渠;2—集水池;3—机器间;4—压水管;5—水泵机组;6—格栅

这种泵站的优点是:结构处理较简单;充分利用水泵的吸水能力,使机器间埋深较小;机器间没有污水渗漏,卫生条件较好。其缺点是:吸水管路较长,压力损失大;需要引水设备,启动水泵频繁,操作较麻烦。

5.1.4 排水泵站的一般规定

1. 排水泵站的规模

排水泵站的规模应按排水工程总体规划所划分的远近期规模设计,应满足流量发展的需要。排水泵站的建筑物宜按远期规模设计,水泵机组可按近期水量配置,可根据当地的发展随时增装水泵机组。

2. 排水泵站的占地面积

泵站的占地面积与泵站的性质、规模和所处的位置有关,可参考国内各城市已有泵站的资料。

3. 排水泵站单独建设的规定

城市排水泵站一般规模较大,对周围环境影响较大,因此宜采用单独的建筑物。工业企业和居住小区的排水泵站是否与其他建筑物合建,可根据污水的性质和泵站的规模等因素确定。

4. 排水泵站的位置

排水泵站的位置应视排水系统的需要而定,通常建在需要提升的管(渠)段,并设在距排放水体较近的地方。应尽量避免拆迁,少占耕地。由于排水泵站一般埋深较大,且多建在低洼处,因此泵站的位置要考虑地质和水文地质条件,要保证不被洪水淹没,要便于设置事故排放口和减小对周围环境的影响,同时要考虑交通、通信、电源等条件。

【二维码 5-1】

5.2 污水泵站的工艺特点

5.2.1 水泵的选择

污水泵站选泵的方法与给水泵站基本相同。

1. 泵站的设计流量

城市污水的流量是不均匀的;污水量在全天内的变化规律也难以确定。因此,污水泵站的设计流量一般按最高日最高时污水量计算。

2. 泵站的扬程

泵站的扬程 H 可按下式计算:

$$H = H_{ss} + H_{sd} + \sum h_s + \sum h_d + H_c \tag{5-1}$$

式中 H_{ss}——吸水地形高度,m,为集水池最低水位与水泵轴线的高程差;

H_{sd}——压水地形高度,m,为水泵轴线与输水最高点(一般为压水管出口处)的高程差;

$\sum h_s$、$\sum h_d$——吸水管路、压水管路总的水头损失，m；

H_c——安全压力，m，一般取 1~2 m。

3. 水泵型号和台数的选择

应根据污水的性质确定污水泵或杂质泵的型号。当提升酸性或腐蚀性废水时，应选用耐腐蚀泵；当提升污泥时，应选择污泥泵。污水泵站由于一般扬程较低，可选用立式离心泵、轴流泵、混流泵、潜水污水泵等。

小型泵站（最高日污水量在 5 000 m^3 以下）水泵台数可按 1~2 台配置；大型泵站（最高日污水量超过 15 000 m^3）可按 3~4 台配置。

应尽可能选择同型号的水泵，以方便施工与维护，也可以采用大、小泵搭配的方式，以适应流量的变化。

应尽可能选择性能好、效率高的水泵，使泵站长期工作于高效区。

污水泵站一般可设一套备用机组，当水泵台数超过 4 台时，除设一套备用机组外，仓库还应存放一套。

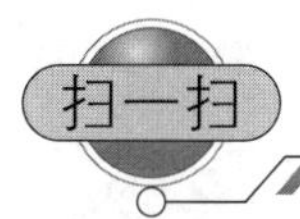

【二维码 5-2】

5.2.2　集水池

1. 集水池容积的确定

集水池容积的大小与污水的来水量变化情况、水泵的型号和台数、泵站的操作方式和工作制度等因素有关。集水池容积过大，会增加工程造价；如果容积过小，则不能满足其功能要求，同时会使水泵频繁启动。所以，在满足格栅、吸水管的安装要求，保证水泵工作的水力条件，能够将流入的污水及时抽走的前提下，应尽量减小集水池容积。

污水泵站的集水池容积一般可按不小于泵站内最大一台水泵 5 min 的出水量确定。

对小型泵站，当夜间来水量较小而停止运行时，集水池应能满足储存夜间来水的要求。

初沉污泥泵站和消化污泥泵站，集水池容积按一次排入的污泥量和污泥泵的抽升能力计算；活性污泥泵站，集水池容积按排入的回流污泥量、剩余污泥量和污泥泵的抽升能力计算。

对自动控制的污水泵站，集水池容积可按下述原则确定。

泵站为一级工作时：

$$W=\frac{Q_0}{4n} \tag{5-2}$$

泵站为二级工作时：

$$W=\frac{Q_2-Q_1}{4n} \tag{5-3}$$

式中　W——集水池容积，m^3；

Q_0——泵站为一级工作时，水泵的出水量，m^3/h；

Q_1、Q_2——泵站为二级工作时(泵站可按两种流量出水),一级、二级工作水泵的出水量,m^3/h;

n——水泵每小时的启动次数,一般取 $n = 6/h$。

集水池的有效水深一般采用 1.5~2.0 m。污水泵站的集水池宜设置冲泥和清泥等设施,以防止池中的大量杂物沉积腐化,影响水泵正常吸水和污染周围环境。

2. 集水池布置的原则

集水池的布置应考虑改善水泵吸水的水力条件,减少滞流和涡流,以保证水泵正常运行。布置时应注意以下几点。

①泵的吸水管或叶轮应有足够的淹水深度,以防止水位变化或形成涡流时吸入空气。

②水泵的喇叭口应与池底保持所要求的距离。

③水流应均匀、顺畅、无旋涡地流进水泵吸水管。每台水泵的进水水流条件基本相同,水流流道不要突然扩大或改变方向。

④集水池进口的流速和水泵吸入口的流速尽可能小。

污水泵房的集水池前应设置闸门或闸槽,以便集水池清洗或水泵检修时使用。

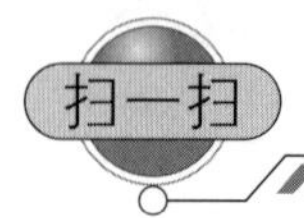

【二维码 5-3】

5.2.3 机器间的布置

1. 机组布置

污水泵站中机组的台数一般不超过 3~4 台,而且不论是立式泵还是卧式泵,都从轴向进水,一侧出水。因而常采用水泵轴线平行(并列)的布置形式,如图 5.4 所示。图 5.4(a)、(c)适用于卧式污水泵,图 5.4(b)适用于立式污水泵。

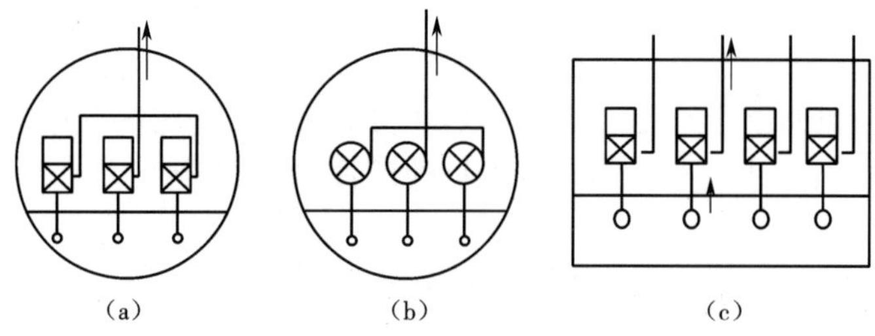

图 5.4 排水泵站机组布置

(a 卧式污水泵 (b)立式污水泵 (c)机组台数较多的矩形泵站

为了满足安全防护要求和便于机组检修,泵站内主要机组的布置、基础间距和通道的尺寸可参照给水泵站的要求。

2. 管道布置

(1)吸水管路布置。每台水泵应设置一根单独的吸水管。这样不但可以改善水泵的吸水条件,而且可以减小管道堵塞的可能性。

吸水管的流速一般采用 1.0~1.5 m/s,不得低于 0.7 m/s。当吸水管较短时,流速可适当提高。

吸水管进口端应装设喇叭口，其直径为吸水管直径的 1.3~1.5 倍。吸水管路在集水池中的位置和各部分之间的距离可参照给水泵站的有关规定。

当排水泵房设计成自灌式时，吸水管上应设有闸阀（轴流泵除外），以方便检修。非自灌式工作的水泵采用真空泵引水，不允许在吸水管口上装设底阀。因底阀极易堵塞，会影响水泵启动，而且会增大吸水管阻力。

（2）压水管路布置。压水管的流速一般不小于 1.5 m/s。当两台或两台以上水泵合用一根压水管时，如果仅一台水泵工作，其流速不得小于 0.7 m/s，以免管内发生沉积。单台水泵的出水管接入压水干管时，不得自干管底部接入，以免停泵时杂质在此处沉积。

当两台或两台以上水泵合用一根出水管时，每台水泵的出水管上应设置闸阀，并且在闸阀和水泵之间设止逆阀；如采用单独的出水管，并且为自由出流，一般可不设止逆阀和闸阀。

3. 管道敷设

泵站内的管道一般明装。吸水管一般置于地面上。压水管多架空安装，沿墙设在托架上。管道不允许从电气设备的上面通过，不得妨碍站内交通、设备吊装和检修，通行处的地面距管底不宜小于 2.0 m，管道应稳固。泵房内地面敷设管道时，应根据需要设置跨越设施，例如活动踏梯或活动平台。

4. 泵房内部标高的确定

泵房内部标高的确定主要依据进水管（渠）底标高或管内水位标高。合建式的自灌式泵站集水池板与机器间底板标高相同；非自灌式泵站机器间底板较高。

（1）集水池各部标高。集水池最高水位如图 5.5 所示，对小型泵站，为进水管（渠）底标高；对大、中型泵站，为进水管（渠）水位标高。集水池的最低设计水位应满足所选水泵吸水头的要求。自灌式泵房尚应满足水泵叶轮浸没深度的要求。

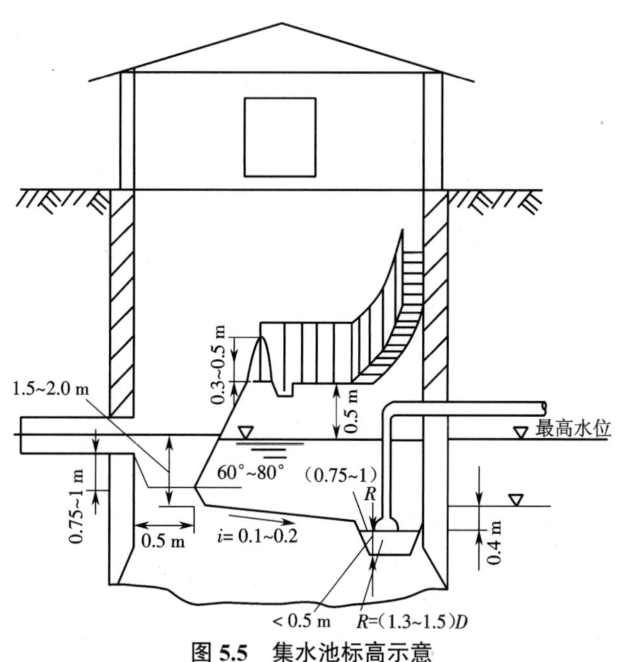

图 5.5　集水池标高示意

集水池池底应设集水坑，倾向坑的坡度不宜小于 10%。集水坑的尺寸取决于吸水管的布置，并应保证水泵有良好的吸水条件。吸水喇叭口朝下安装在集水坑中，喇叭口下缘距坑底的距离 h_1 不得小于吸水管管径（R）的 80%，且不得小于 0.5 m；边缘距坑壁 L_1 为（0.75~1）R；喇叭口在最低水位以下的淹没深度 h 不得小于 0.4 m；喇叭口之间的净距不得小于 1.5 倍的喇叭口直径 D。

清理格栅的工作平台应高出集水池最高水位 0.5 m 以上，其宽度视清除方法而定：采用人工格栅不小于 1.2 m，采用机械格栅不小于 1.5 m。安装格栅的下部小平台与进水管底的距离应不小于 0.5 m，顺水方向的宽度 L_2 为 0.5 m。格栅安装倾角 α 为 60°~80°。为了便于检修和清洗，从格栅工作平台至池底应设爬梯。

（2）水泵间各部标高。对自灌式泵站，水泵轴线标高可据喇叭口下缘标高和吸水管上配件的尺寸确定。对非自灌式泵站，水泵轴线标高可据水泵的允许吸上真空高度和当地条件确定。水泵基础标高可由水泵轴线标高推算，进而确定机器间的地面标高及其他内部标高。机器间上层平台一般应比室外地面高 0.5 m。

5. 主要辅助设备

（1）格栅。水泵前必须设置格栅，格栅一般由一组平行的栅条或筛网制成。栅条间隙可根据水泵性能 D 确定，栅条间隙一般应小于水泵叶片间隙，见表 5.1。

表 5.1 污水泵前格栅的栅条间隙

水泵的名称、型号		栅条间隙/mm
离心泵	$2\frac{1}{2}$ PWA	≤20
	4PWA	≤40
	6PWA	≤70
	8PWA	≤90
轴流泵	20ZLB-70	≤60
	28ZLB-70	≤90

栅条的断面形状主要有正方形、圆形、矩形、带半圆的矩形等。

为了降低工人的劳动强度，宜采用机械格栅。机械格栅不宜少于 2 台，如果采用 1 台，应设备用的人工格栅。

污水过栅流速一般采用 0.6~1.0 m/s，栅前流速为 0.6~0.8 m/s，通过格栅的压力损失一般为 0.08~0.15 mH_2O。

（2）计量设备。由于污水中含有较多杂质，在选择计量设备时应考虑防堵塞问题。污水泵站的计量设备一般设在出水井口的管渠上，可采用巴氏计量槽、计量堰等，也可以采用电磁流量计或超声波流量计等。

（3）引水设备。污水泵站一般采用自灌式工作，不需要设引水设备。当水泵采用非自灌式（吸水式）工作时，必须设置引水设备，可采用真空泵、水射器，也可以采用真空罐或密闭水箱引水。当采用真空泵引水时，抽水时间为 3~5 min，并需在真空泵与污水工作泵之间设置气水分离罐。

（4）排水设备。为了确保排水泵房的运行安全，应有可靠的排水设施。排水泵站工作间的排水方式与给水泵站基本相同。为了便于排水，水泵间地面宜有 0.01~0.015 的坡度，坡向排水沟，排水沟以 0.01 的坡度坡向集水坑。对非自灌式泵站，集水坑内的水可以自流排入集水池，在集水坑与集水池之间设一根连接管道，管道上设阀门，可根据集水坑水位和集水池水位开阀排放。当水泵吸水管能产生真空时，可从水泵吸水管上接出一根水管伸入集水坑，在管上设阀门；当需要抽升时，开启管上的阀门，靠水泵吸水管中的负压将集水坑中的水抽走。

当水泵间的污水不能自流排除，又不能利用水泵吸水管中的负压抽升时，应设专门的排水泵，将坑中的污水抽到集水池。

（5）反冲设备。由于污水中含有大量杂质，会在集水坑内沉积，所以应设压力冲洗管。一般从水泵压水管上接出一根 DN50~100 的支管伸入集水坑，定期进行冲洗，由水泵抽走。

（6）采暖、通风、防潮设备。由于集水池较深，污水中的热量不易散失（污水的温度一般为 10~12 ℃），所以一般不需要采暖设备。水泵间如果需要采暖，可采用火炉、暖气，也可采用电辐射板等采暖设施。

排水泵站的集水池通常利用通风管自然通风，通风管的一端伸至清理工作平台以下，另一端伸出屋面并设通风帽。水泵间一般采用自然通风，当自然通风满足不了要求时，应采用机械通风，保证水泵间夏季温度不超过 35 ℃。

（7）起重设备。起重设备的选择方法与给水泵站相同。

（8）事故溢流井和出水井。在小型泵站中可以采用单道闸门溢流井，在大、中型泵站中宜采用双道闸门溢流井。

出水井有淹没式、自由式和虹吸式三种出流方式。淹没式出水井水泵压水管出口淹没在出水井水面以下，为防止停泵时干渠中的水倒流，出口处要设拍门或挡水溢流堰；自由式出流即压水管出口位于出水井水面之上，可以防止停泵时水倒流，省去管道出口的拍门或溢流堰；虹吸式出流具有以上两种出流方式的优点，既充分利用了水头，又能防止水倒流，但需要在虹吸管顶部设真空破坏装置，以便在停泵时破坏虹吸，截断水流。

排水泵站还应设有照明、消防、防噪声等设备（施）和工作人员生活设施等。

5.2.4　污水泵站的构造特点与示例

1. 污水泵站的构造特点

由于污水管渠埋深较大，且污水泵多采用自灌式工作，因而污水泵站常建成地下式或半地下式。又因为泵站多建于地势低洼处，所以泵站地下部分常位于地下水位以下，在结构上应考虑防渗、防漏、抗浮、抗裂等。污水泵站地下部分一般采用钢筋混凝土结构，泵房地面以上部分可采用框架结构。

为了改善吸水条件，应尽量减小吸水管长度，因而常将集水池与水泵间合建，只有当合建不经济或施工困难时才考虑分建。当合建时，可将集水池与水泵间用无门窗的不透水隔墙分开，以防集水池中的臭气进入水泵间。集水池与水泵间应单独设门。

在地下式泵站中，扶梯通常沿泵房周边布置，如果地下部分超过 3 m，扶梯中间应设平台，其尺寸可采用 1 m×1 m。扶梯的宽度一般为 0.8 m，坡度可采用 1∶0.75，最陡不得超过 1∶1。

当泵站有被洪水淹没的可能时，应有防洪设施，如采用围堤将泵站围起来，或提高水泵间的进口门槛高程。防洪设施标高应高出当地洪水位 0.5 m 以上。

2. 污水泵站示例

图 5.6 为圆形合建式污水泵站的工艺设计图。该泵站地下部分采用沉井施工，钢筋混凝土结构；上部采用砖砌筑。集水池与水泵间用不透水的钢筋混凝土隔墙分开。井筒内径为 9 m。

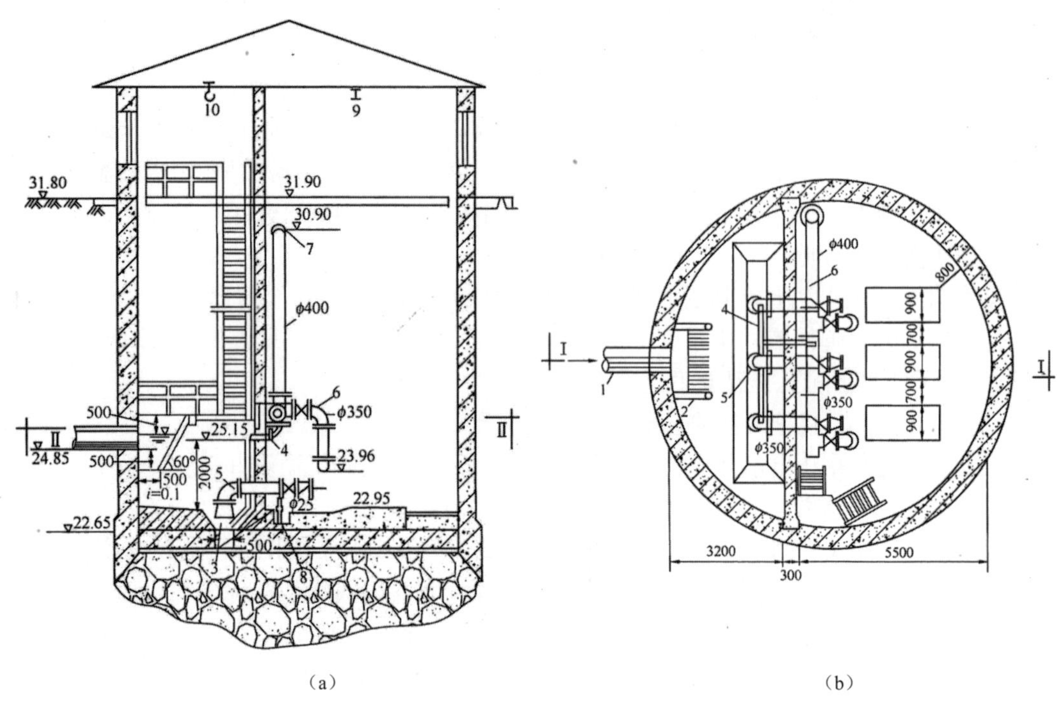

图 5.6 圆形合建式污水泵站的工艺设计图

(a)I-I 剖面图 (b)II-II 剖面图

1—来水干管；2—格栅；3—吸水坑；4—冲洗水管；5—吸水管；6—压水管；7—弯头水表；8—25 mm 吸水管；9—单梁吊车；10—吊钩

泵站设计流量为 200 L/s，扬程为 230 kPa。采用三台 6PWA 型卧式污水泵（其中两台工作，一台备用）。每台水泵设计流量为 100 L/s，每台水泵均设有单独的吸水管，管径为 350 mm，因采用自灌式工作，所以每台水泵的吸水管上均设有闸门；每台水泵采用 DN350 的压水管，管上装有闸门，三台水泵共用一根压水干管，管径为 400 mm。

集水池容积按一台泵 5 min 的出水量计算，其平面面积为 16.5 m^2，有效水深为 2 m，容积为 33 m^3。集水间内设人工格栅一个，宽 1.5 m，长 1.8 m，倾角为 60°。采用人工清除污物。工作平台高出最高水位 0.5 m。

在压水干管的弯头部位安装有弯头流量计。水泵间采用集水坑集水，从水泵吸水管上接出一根 DN32 的支管伸入集水坑，排除积水。从水泵出水干管上接出 DN50 的冲洗水管，通入集水池的吸水坑中，进行反冲洗。

水泵间起重设备采用单梁吊车，集水间设置吊钩。

5.3　雨水泵站

当雨水管道出口处水体水位较高,雨水不能自流排出,或水体最高水位高出排水区域的平均高程时,应设雨水泵站。雨水泵站的基本特点是流量大,扬程小,因此多采用轴流式水泵,有时采用混流泵。雨水泵站的一般工艺流程如下:进水管→进水闸井→沉砂池→格栅间→前池→集水池→水泵间→出水井→出水管→出水闸井→出水口。

5.3.1　雨水泵站的基本类型

雨水泵站集水池与水泵间一般合建。根据集水池与水泵间的相对位置,雨水泵房可分为以下两类。

(1)干室式泵房(图 5.7)一般分为三层。上层为电动机间,安装电动机和其他电气设备;中层为水泵间,安装水泵轴和压水管;下层为集水池。集水池设在水泵间下面,用不透水的隔墙分开。集水池中的雨水只允许进入水泵内,不允许进入机器间。因此,电动机运行条件好,检修方便,卫生条件也好。其缺点是泵站结构复杂,造价较高。

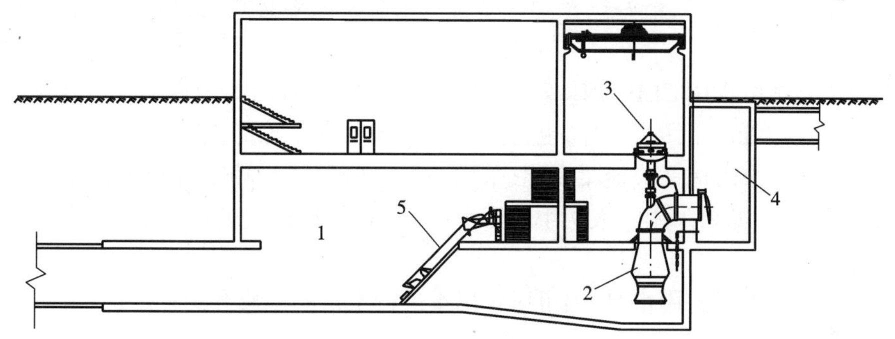

图 5.7　干室式泵房示意

1—集水池;2—立式水泵;3—立式泵机组;4—出水井;5—格栅

(2)湿室式泵房(图 5.8)。电动机间下面即是集水池,水泵浸入集水池内。这种形式的泵房虽然结构比干室式泵房简单,造价低,但水泵检修不如干室式泵房方便,泵站内潮湿,卫生条件差。

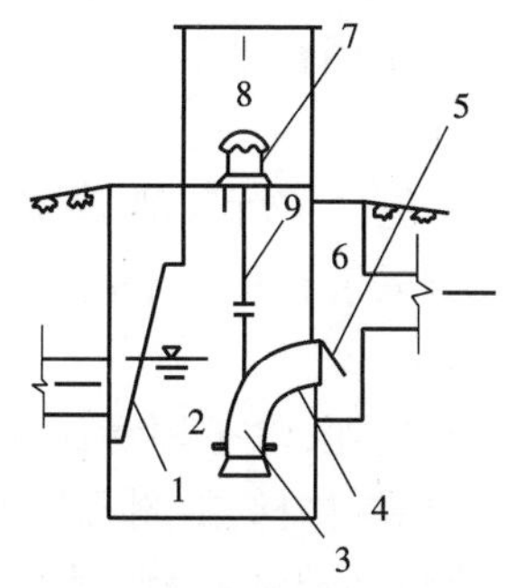

图 5.8　湿室式泵房示意

1—格栅;2—集水池;3—立式水泵;4—压力管;5—拍门;6—出水井;7—立式电动机;8—电动机间;9—传动轴

城市雨水泵站一般宜为干式泵站，使用轴流泵的封闭底座，以利于维护、管理。

5.3.2 水泵的选择

1. 设计流量和扬程

雨水泵站的设计流量应按进水管渠的设计流量计算。合流泵站内雨水和污水的流量要分别按照各自的标准进行计算。当泵站内雨水、污水分成两部分时，应分别满足各自的工艺要求；当污水、雨水合用一套装置时，应既要满足污水的要求，也要满足合流来水的要求，同时还要考虑流量的变化。

泵站的扬程应满足从集水池平均水位到出水池最高水位所需扬程的要求。出水口水位变动较大的雨水泵站要同时满足在最高扬程下出水量的需要。

【二维码 5-4】

2. 水泵的型号和数量

水泵的型号不宜太多，最好选择同一型号的水泵。如果必须大、小搭配，型号也不宜超过两种。

大型雨水泵站可选用 ZLB、ZL、ZLQ 型水泵，不少于 2~3 台，最多不宜超过 8 台。合流泵站的污水部分除可选用污水泵外，也可选用小型立式轴流泵或丰产型混流泵。

雨水泵站的水泵考虑适应流量变化，采用一大一小两台水泵时，小泵的出水量不宜小于大泵出水量的 1/2。如果采用一大两小三台水泵，小泵出水量不宜小于大泵出水量的 1/3，依此类推。

雨水泵站可以不设备用水泵，因可以在旱季进行水泵的检修和更换。

5.3.3 集水池

雨水泵站集水池一般不考虑调节作用。雨水泵站集水池的容积不应小于最大一台水泵 30 s 的出水量。

集水池有效水深是最高水位与最低水位之间的距离。集水池最高水位可以采用进水管渠的管顶高程，当设计进水管为压力管时，集水池的设计最高水位可高于进水管管顶，但不得使管道上游的地面冒水；最低水位可采用相当于最小一台水泵流量的进水管水位高程，也可以采用略低于进水管渠底部的高程。

城市雨水泵站集水池的作用常常包含了沉砂池、隔栅井、前池和集水池（吸水井）的功能，因此还要考虑清池挖泥。如果隔栅安装在集水池内，还应满足隔栅和水泵吸水喇叭口安装的要求，保证良好的吸水条件。

雨水泵站集水池在旱季进行清池挖泥，除了用污泥泵排泥外，还要为人工挖泥提供方便。敞开式集水池要设置通到池底的出泥楼梯，封闭式集水池要设排气孔和人行通道。

雨水泵站大多采用轴流泵和混流泵。轴流泵无吸水管段，只有一个流线型的喇叭口，集水池的水流状态会对水泵叶轮进口的水流条件产生直接影响，从而影响水泵的性能。如果布置不当，池内会因流态紊乱产生旋涡而卷入空气，空气进入水泵后，会出现水泵的出水量不足、效率下降、电动机过载等现象，也会出现气蚀现象，产生噪声和振动，使水泵运行不稳定，导致轴承磨损和叶轮腐蚀等。所以要求集水池内的水必须平稳、均匀地流向各水泵的吸水喇叭口，避免产生旋流。在设计集水池时应注意以下事项。

（1）集水池中的水要均匀地流向各台水泵。要求流道不要突然扩大或突然改变方向。可在设计中控制水流的边界条件，如控制扩散角，设置导流墙等，见表 5.2 中Ⅰ、Ⅲ、Ⅳ。

（2）水泵的布置、吸水口的位置和集水池形状的设计应不致引起旋涡，见表 5.2 中Ⅰ、Ⅲ、Ⅳ、Ⅴ。

（3）集水池中的水流速度尽可能缓慢。过栅流速一般采用 0.8~1.0 m/s；栅后至集水池的流速最好不超过 0.7 m/s；水泵入口的行进流速不超过 0.3 m/s。

（4）水泵与集水池壁之间不应有过大的空隙，以免产生旋涡，见表 5.2 中Ⅱ。

（5）一台水泵的上游应避免设置其他水泵，见表 5.2 中Ⅳ。

（6）水泵喇叭口应在水下具有一定的淹没深度，以防止空气吸入水泵。

（7）集水池进水管要淹没出流，使水流平稳入池，避免带入空气，见表 5.2 中Ⅵ、Ⅸ。

（8）封闭的集水池应设透气管，以排除积存的空气，见表 5.2 中Ⅶ。

（9）进水明渠应布置成不会发生水跃的形式，见表 5.2 中Ⅷ。

（10）为防止产生旋涡，必要时应设置适当的涡流防止壁与隔壁，见表 5.2 中Ⅲ、Ⅴ。

表 5.2　集水池设计的好例与坏例

序号	坏例	注意事项	好例
Ⅰ	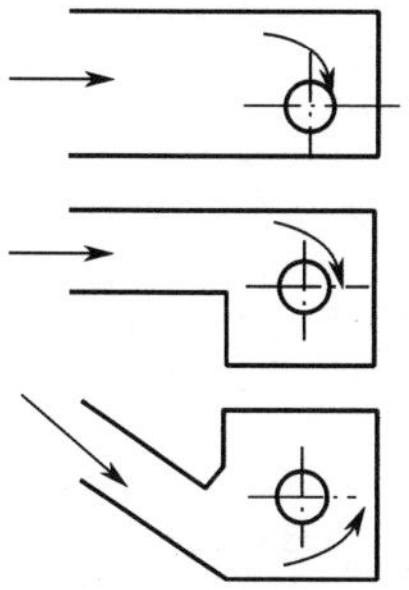	（2） （1,2） （1,2）	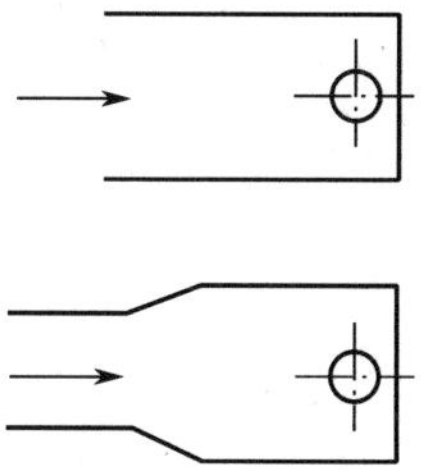
Ⅱ	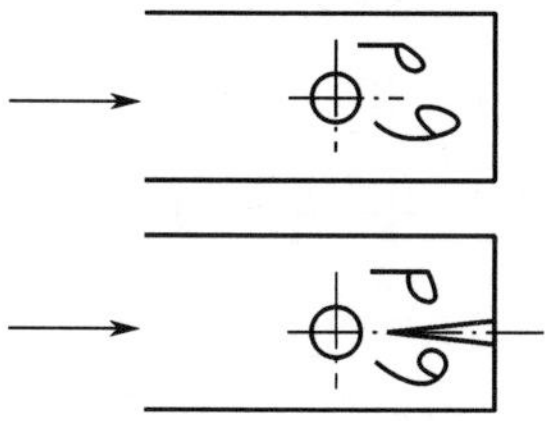	（4） （4）	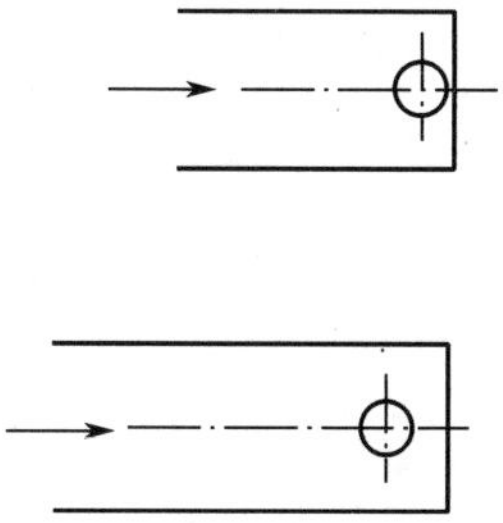

续表

序号	坏例	注意事项	好例
Ⅲ	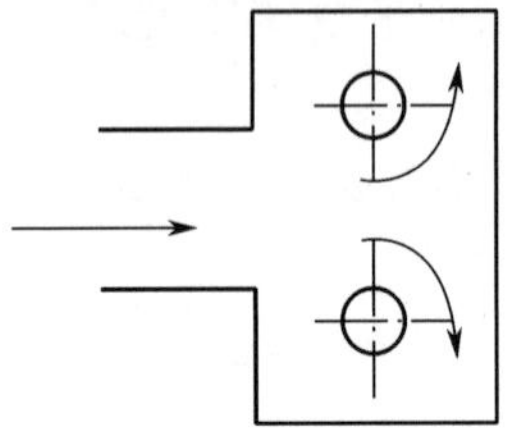	(1),(2),(10)	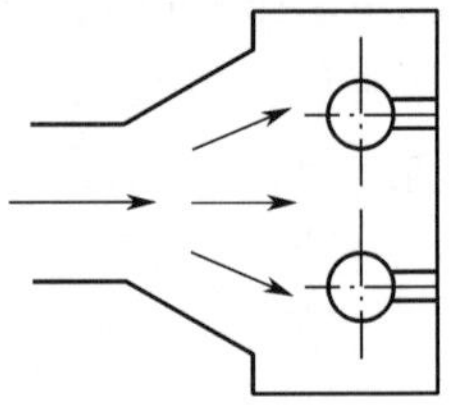
Ⅳ	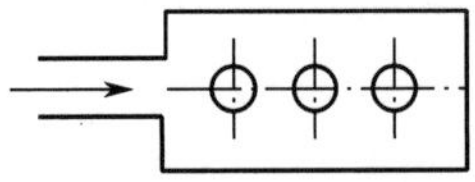 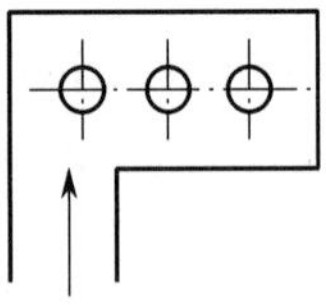 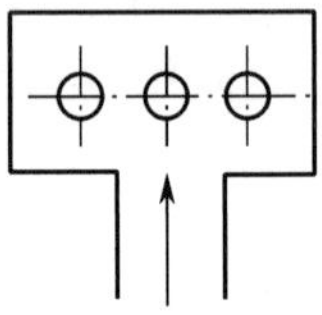	(1),(5) (1),(2) (1),(2)	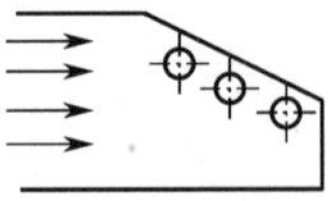 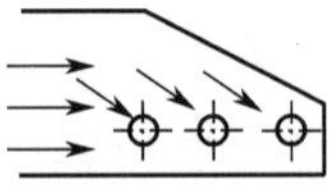 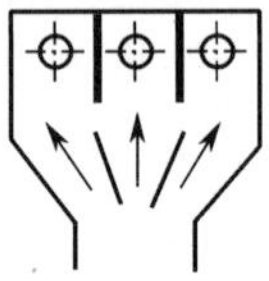 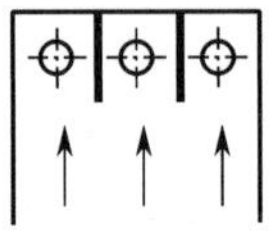
Ⅴ	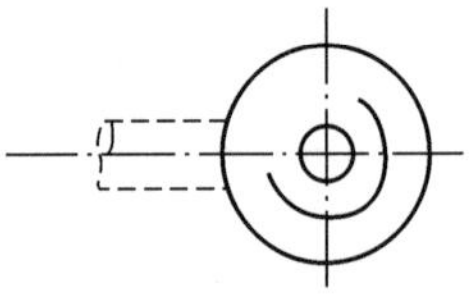	(2),(10)	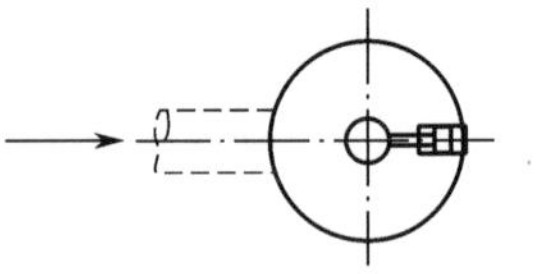
Ⅵ	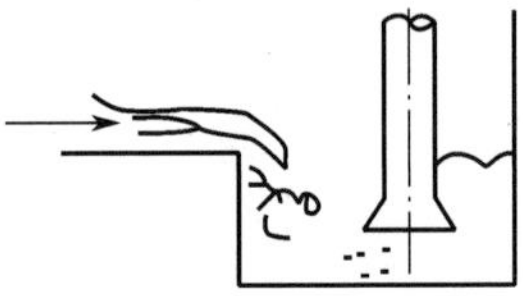 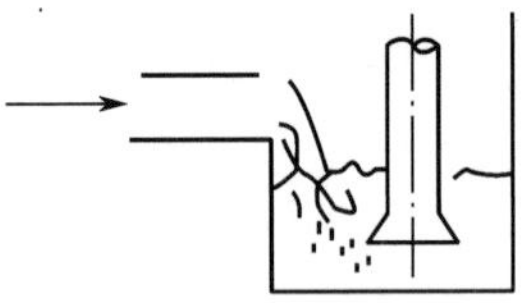	(7) (7)	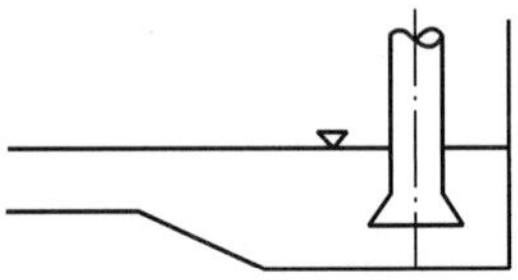 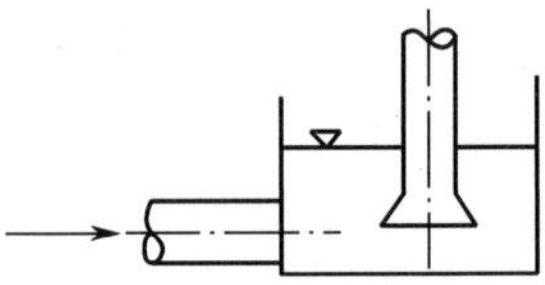
Ⅶ	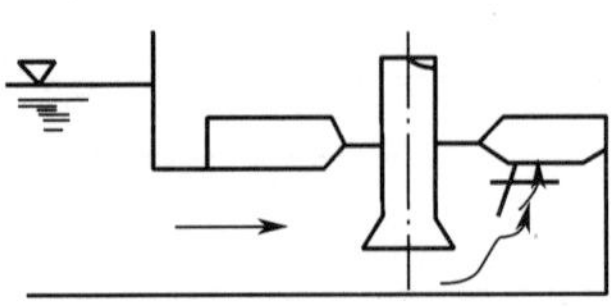	(8)	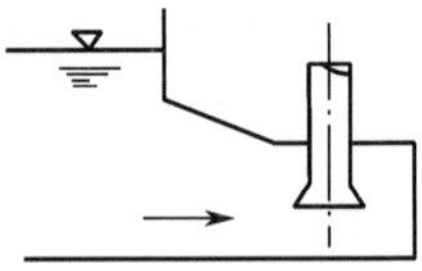 池内积存的空气可以排除

续表

序号	坏例	注意事项	好例
Ⅷ		(9)	
Ⅸ		(7)	

5.3.4 出流设施

雨水泵站的出流设施一般包括溢流井、超越管、出水井、出水管、排水口,如图 5.9 所示。

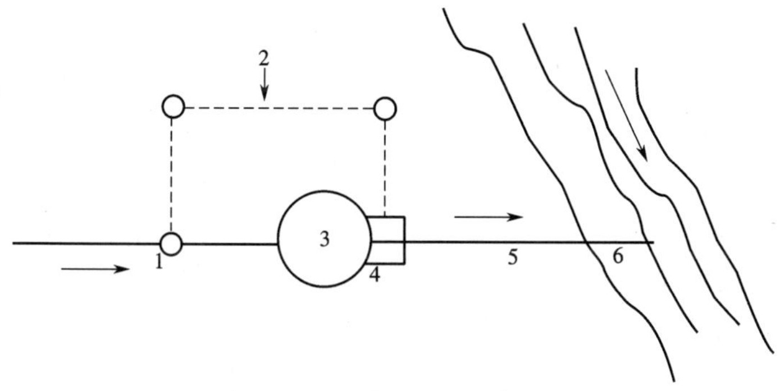

图 5.9　出流设施示意

1—溢流井;2—超越管;3—泵站;4—出水井;5—出水管;6—排水口

各台水泵出水管末端的拍门设在出水井中,当水泵工作时,拍门打开,雨水经出水井、出水管和排水口排入水体中。出水井一般设在泵房外面,可以多台泵共用一个,也可以每台泵设一个,以共用居多。溢流管(超越管)的作用是:当水体不高,排水量不大时,可自流排出雨水;当突然停电,水泵发生故障时,排泄雨水。溢流井中应设置闸门,不用时应关闭。

排水口的设置应考虑对河道的冲刷和对航运的影响,所以应控制出口的水流速度和方向,一般出口流速为 0.6~1.0 m/s,如果流速较大,可以采用八字墙以扩大出口断面,降低流速。出水管的方向最好向河道下游倾斜,避免与河道垂直。

5.3.5 雨水泵站的内部布置与构造特点

1. 机组和管路布置

雨水泵站中的水泵多采用单排并列布置。相邻机组的间距要求可参考给水泵站。每台水泵各自从集水池中抽水,并独立排入出水井中。

由于轴流泵没有吸水管,为了保证良好的吸水条件,要求吸水口与集水池底之间的距离应使吸水口和集水池底之间的过水断面面积等于吸水喇叭口的面积,这个距离为 $D/2$ 最好

（D 为吸水喇叭口的直径），当增大到 D 时，水泵效率反而下降。如果要求这个距离必须大于 D，需在吸水喇叭口下设一个涡流防止壁（导流锥），如图 5.10 所示。

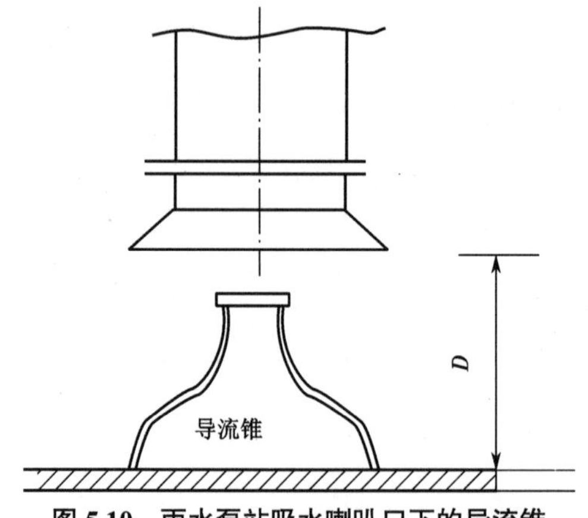

图 5.10 雨水泵站吸水喇叭口下的导流锥

吸水喇叭口下边缘至池底的高度称为悬高。对中、小型立式轴流泵，悬高可取（0.3~0.5）D，但不宜小于 0.5 m；对卧式水泵取（0.6~0.8）D，但不得小于 0.3 m。

吸水喇叭口要有足够的淹没深度，一般取 0.5~1.0 m。当进水管立装时不小于 0.5 m；当进水管水平安装时，管口上缘的淹没深度不小于 0.4 m。淹没深度还要用水泵的气蚀余量或水泵样本要求的淹没深度进行校核。

吸水喇叭口侧边缘与池侧壁的净距称为边距。当池中只有一台水泵时，要求边距等于吸水喇叭口的直径 D；当池中有多台水泵，且 $D<1.0$ m 时，边距等于 D；当 $D>1.0$ m 时，边距为（0.5~1）D。各台水泵吸水喇叭口的中心距离应大于或等于 $2D$。

由于轴流泵的扬程较低，所以压水管路要尽量短，以减少能量损失。轴流泵的吸、压水管上不得设闸门，只设拍门，拍门前要设通气管，以排除空气和防止管内产生负压。

水泵泵体与出水管之间用活接头连接，以在检修水泵时不必拆除出水管，并且可以调整组装时的偏差。

水泵的传动轴要尽量短，最好不设中间轴承，以免出现泵轴不同心的现象。立式泵当传动轴长超过 1.8 m 时，必须设置中间轴承和固定支架。

2. 雨水泵站中的辅助设施

（1）格栅。在集水池前应设置格栅。格栅可以单独设置在格栅井中，也可以设在集水池进水口处。单独设置的格栅井通常建成露天式，四周设围栏，也可以在井上设置盖板。雨水泵站和合流泵站最好采用机械清污装置。格栅的工作平台应高出集水池最高水位 0.5 m 以上，平台的宽度应按清污方式确定（同污水泵站）。平台上应做渗水孔，并装自来水龙头，以便冲洗。格栅宽度不得小于进水管渠宽度的 2 倍。格栅栅条间隙可以采用 50~100 mm。

（2）起重设备。设立式轴流泵的雨水泵站，电动机间一般设在水泵间的上层，应在电动机间设起重设备。当泵房跨度不大时，可以采用单梁吊车；当泵房跨度较大或起重量较大时，应设桥式行车。电动机间的地板上要设水泵吊装孔，且在孔上设盖板。电动机间应有足够的净空高度，当电动机功率小于 55 kW 时，应不小于 3.5 m，当电动机功率大于 100 kW 时，应不小于 5.0 m。

(3)集水池清理与排泥设施。为便于排泥,集水池内应设集泥坑,集水池以不小于 0.01 的坡度坡向集泥坑,并应设置污泥泵或污水泵进行清池排泥。

雨水泵站中的排水设施、采暖与通风设施、防潮设施等与污水泵站相同。

3. 雨水泵站的构造特点

雨水泵站一般采用集水池、水泵间、电动机间合建的方式。集水池和机器间的布置可以采用矩形、方形、圆形、下圆上方的形式。在一般情况下,机器间宜布置成矩形,以便于水泵安装和维护管理。采用沉井法施工时,地下部分多采用圆形结构,泵房筒体和底板采用钢筋混凝土连续整体浇筑。

图 5.11 为圆形合建干室式雨水泵站设计实例。该泵站设计流量为 10.60 L/s,设计扬程为 12 mH_2O,从图中可以看出其工艺设计要点如下。

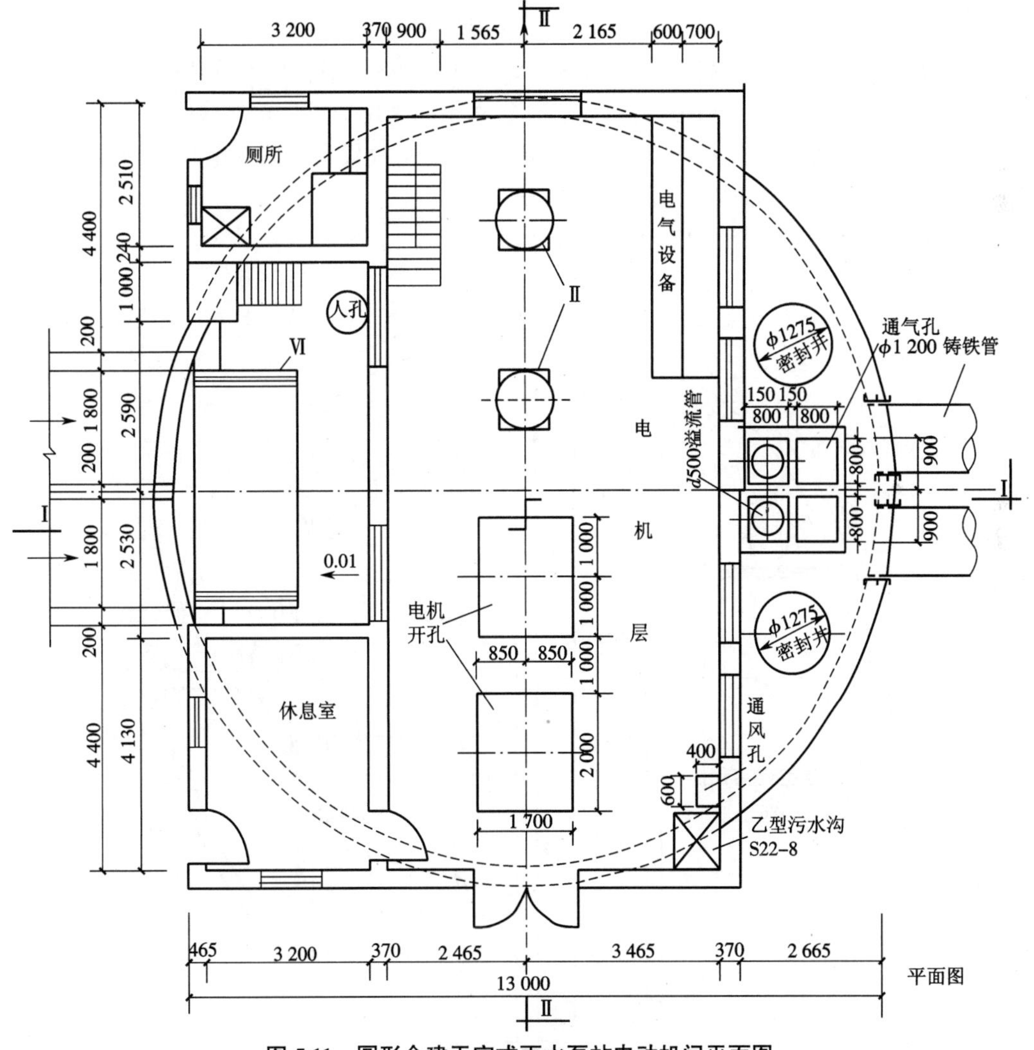

图 5.11 圆形合建干室式雨水泵站电动机间平面图

(1)该泵站采用沉井法施工,集水池、格栅、机器间、出水池合建。该泵站总高度为 14.5 m,共分三层:上层为电动机间,中层为水泵间,下层为集水间。

（2）根据设计流量、扬程并考虑流量的变化情况，选用四台 40ZLQ-50 型轴流泵、500 KWTDL 型同步立式电动机。当水泵叶片安装角为 −4° 时，单台水泵抽水量 $Q = 2.3\sim3.0\ m^3/s$，扬程为 14.8~9.6 mH_2O。在设计扬程下，四台水泵的总排水能力为 9.2~12 m^3/s，满足设计要求。

（3）集水池容积按不小于一台水泵 30 s 的流量确定，有效水深为 2.0 m。集水间内装有 4.2 m × 1.8 m 的格栅一个，为了起吊格栅和清除污物，在集水池上部设置 Sh_5 型手动吊车一部。集水池内设有集泥坑，并设有 $2\frac{1}{2}$PWA 型污水泵一台，以排泥和清池。

（4）水泵间呈矩形，机组单排并列布置，相邻两机组的间距为 4.5 m。水泵间总长 13 m，宽 5.93 m。每台水泵有单独的出水管至出水井，管径为 1 000 mm，采用铸铁管，管端设拍门。电动机间上部设手动单梁吊车一部，起重量为 2 t，起吊高度为 8~10 m。水泵间设有 100 mm × 30 m 的排水沟，沿水泵间出水井一侧布置，坡度为 0.002，并设有集水坑，坑内集水由污水泵排入集水池。由于水泵轴长近 5 m，所以必须设中间轴承。

（5）泵站设有出水井两座，均为封闭井，设有溢流管、通气管、放空管和压力排水管。

（6）电动机间和集水池利用门窗自然通风，水泵间采用通风管自然通风。

（7）泵房上部建筑为矩形组合式的砖砌建筑物。电气设备布置在电动机间内，值班室、休息室、卫生间均设在地面以上层。

（8）泵站工艺设计如图 5.11 至图 5.14 所示。

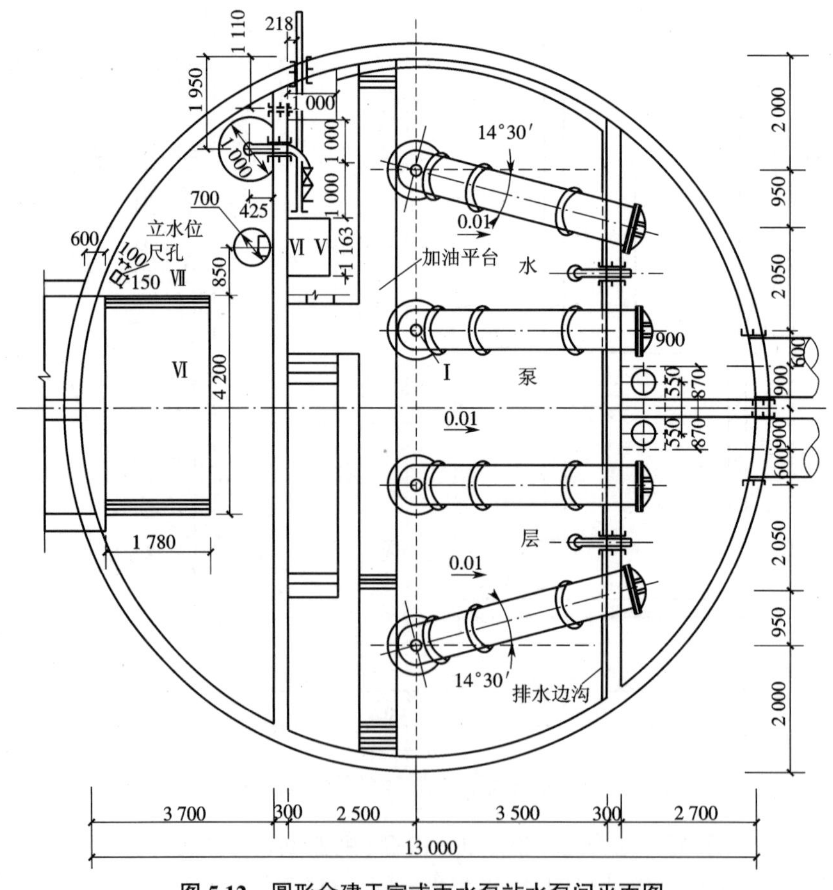

图 5.12 圆形合建干室式雨水泵站水泵间平面图

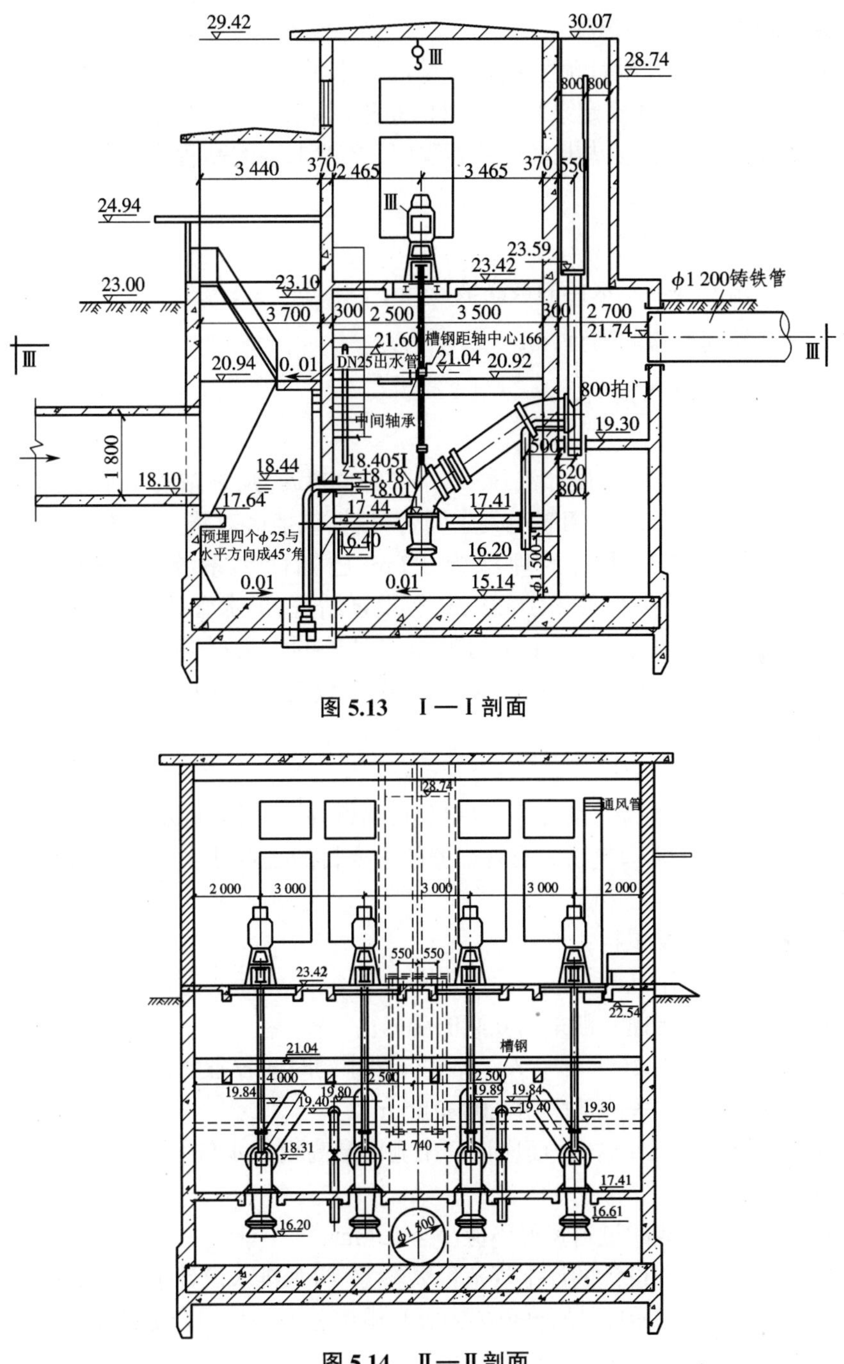

图 5.13　Ⅰ—Ⅰ剖面

图 5.14　Ⅱ—Ⅱ剖面

5.3.6　雨水泵站的设计步骤与示例

雨水泵站的设计主要包括确定泵站的出水量和扬程、设计格栅、选择水泵、设计集水池、布置泵站机组、设计泵站平面和高程、选择附属设备。

1. 确定泵站的出水量和扬程

依据雨水系统的最大设计流量确定泵站的出水量，并依此确定泵站出水管的根数和管径；依据雨水系统的设计确定泵站进水管的高程（即泵站起始端的高程），同时根据本地区对覆土深度的要求确定泵站出水管的高程（即泵站末端的高程），采用下式计算泵站的扬程

$$H=(Z_p-Z_q+\Delta h)\times\beta \tag{5-4}$$

式中 Z_p——泵站末端排入水体的最高液位，m；

Z_q——泵站起始端的高程，m；

Δh——泵站的水头损失，m；

β——安全系数。

例如，某雨水系统的最大设计流量 Q_{max} = 50 000 L/s，则泵站的出水量为 50 m³/s。泵站出水管选择两根 DN2000 的钢筋混凝土圆管，根据该地区对覆土深度的要求（覆土深度不得小于 0.7 m），设计出水管的埋深为 0.7 m，已知雨水系统设计的进水管埋深为 10.98 m，故进、出水管的高程差为 10.28 m（假设泵站进、出水管地面标高一致）；同时，预设泵站内的水头损失为 1 m，自由水头为 1 m，泵站外的水头损失为 1 m，则总的水头损失预设为 3 m；为了保证泵站的安全和可靠，将安全系数设置为 1.05，根据式（5-4）可计算得泵站的扬程为 14 m。

2. 设计格栅

格栅和格栅平台一般露天设置，可以单独设格栅井，也可同进水闸门合建成闸箅井，还可以同集水池合建成整体构筑物。布置格栅的主要目的是拦截水中较大的杂质，为雨水泵站提供有利的工作环境。

格栅的设计要求主要包括：

①过栅流速一般采用 0.6~1.0 m/s；

②格栅前渠道内的流速一般采用 0.4~0.9 m/s；

③格栅倾角一般采用 45°~75°，人工格栅倾角小的时候较省力，但占地多；

④通过格栅的水头损失一般采用 0.08~0.15 m；

⑤格栅间必须设置工作台，台面应该高出栅前最高设计水位 0.5 m，工作台上应有安全和冲洗设施；

⑥格栅间工作台两侧的过道宽度不应小于 0.7 m。

雨水泵站格栅布置和设计的详细规范可以参考《给水排水设计手册》第 5 册城镇排水。

格栅的设计参数主要包括栅条间隙数（n）、栅槽宽度（B）和合适的格栅清污机。栅条间隙数（n）和栅槽宽度（B）分别依据以下两式计算：

$$n=\frac{Q_{max}\sqrt{\sin\alpha}}{bhv} \tag{5-5}$$

式中 Q_{max}——雨水泵站最大设计流量，m³/s；

α——格栅倾角；

b——栅条间隙宽度，m；

h——栅前水深，m；

v——过栅流速，m/s。

$$B = S(n-1)+bn \tag{5-6}$$

式中　S——栅条宽度，m。

例如，设计栅前水深为 4.1 m，过栅流速为 1.0 m/s，栅条间隙宽度为 0.08 m，格栅倾角为 45°（为减少入口处的杂物，设 2 道格栅）。根据上述设定条件，可以求得栅条间隙数 $n=128$。设栅条宽度为 0.01 m，可得 $B=11.51$ m。依据格栅的设计参数选择 BLQ-Y-4500 型移动式格栅清污机。

3. 选择水泵

雨水泵的选择主要遵循以下原则：

①在流量、扬程合适的基础上，选择效率较高的水泵；

②尽量选择相同类型、相同口径的水泵。

雨水泵站的特点是流量大、扬程小，故主要使用立式轴流泵；雨水泵通常在旱季检修，不设置备用泵，但工作泵要同时满足设计频率和初期雨水的需要，一般不少于 2 台。

例如，已知水泵的工况点为 $Q=50\ \mathrm{m^3/s}$、$H=14$ m，根据雨水系统的选泵原则，选择 5 台流量大、扬程小的 HL6435-10 型立式混流泵，叶片安装角为 0°。

4. 设计集水池

雨水泵站设计集水池的目的主要是调节水量，使水泵处于良好的工作状态，降低能耗。集水池主要的布设原则如下。

（1）集水池的有效容积不小于最大一台水泵 30 s 的出水量。

（2）集水池的布置应尽量满足进水水流平顺的要求和水泵吸水管的安装条件。雨水泵站以轴流泵为主，没有吸水管，所以集水池中的流态会直接影响叶轮进口的水流条件，故在布置集水池时应注意：

①采用正向进水，来自不同方向的进水应先在站前汇合，再进入集水池；

②进入集水池的水要平缓地流向各台水泵，进水扩散角不宜大于 45°，流速要均匀，防止出现旋流、回流。

（3）集水池中的水流速度应尽可能缓慢，栅后至集水池的流速最好不超过 0.7 m/s，水泵入口的行进流速不超过 0.3 m/s。

（4）为防止产生旋涡，必要时应设置适当的涡流防止壁或隔壁。

例如，设计集水池为长方形，且集水池最低水位距进水管管底 3.88 m（依据 HL6435-10 型立式混流泵的安装要求），最高水位与进水管管顶相平，即集水池最低水位埋深为 12.48 m，池顶埋深为 10.98 m，有效水深为 1.5 m。根据集水池的设计体积 $V=10\times30=300\ \mathrm{m^3}$，可以得到集水池的底面积 $S=V/h=200\ \mathrm{m^2}$。根据格栅宽度设计，集水池的宽度为 12 m，则集水池的平面尺寸为 12 m × 17 m。

5. 布置泵站机组

泵站机组的布置应保证工作安全、可靠，安装、拆卸、维修、管理方便，尽量减少接头和配件，使水头损失最小，面积选取适当，并考虑发展的可能性，如增加水泵，小泵换大泵，泵房扩建等。布置的主要参数如下。

①单排布置时，若电动机容量不大于 55 kW，布置间距不小于 1.0 m；若电动机容量大于 55 kW，布置间距不小于 1.2 m。

②泵房的主要通道宽度不应小于 1.2 m。

泵站机组的详细布置参数可参考《给水排水设计手册》第 5 册城镇排水。

例如，雨水系统的水泵间设置为矩形，并采用双排并列布置。依据设计规范和所选电动机的功率，确定相邻两个机组之间和机组与墙面的净距为 1.2 m。根据规范的要求，泵房的主要通道宽度不应小于 1.2 m。

6. 设计泵站平面和高程

泵站的布置应根据排水体制（分流制或合流制），水泵的型号、台数，进、出水管的管径、高程、方位，站址的地形、地貌、地质条件，施工方法，管理要求等因素确定，主要遵循以下原则。

（1）雨水泵站、合流泵站水泵较多，规模较大，除了小型泵站的集水池和机器间采用圆形、下圆上方形或矩形外，大、中型泵站多采用包括梯形的前池、矩形的集水池、机器间和倒梯形的出水池的组合形。组合形泵站采用明开、半明开方法施工，大型泵站或软土地基泵站还可采用连续壁桩梁支护、逆作法等深基坑处理技术施工。

（2）雨污水合流泵站一般采用进水池、出水池、集水池分建，机器间合建的方式。在设计中，根据雨污水进、出水方向和高程的不同，充分利用地下结构的空间，实现雨水、污水两站合一的效果。

（3）大型雨水泵站、合流泵站有时还兼有排涝、排咸或引灌的要求。由于各种来水均有各自的工艺流程，在工艺布置时要使几个部分既成为有机的整体，又保持其独立性。一般将地上部分建成通跨的大型厂房，地下部分根据各个流程的要求，制定出平面和高程互相交错的布置方案，以达到合理、紧凑、充分利用空间的目的。

（4）泵站布置有许多新的形式。如前进前出的泵站，将出水池放在进水池上部，结构更加紧凑；在软土地基上建设的大型泵站采用卵形布置，具有较好的水力条件。

例如，雨水泵站选择长方体形的合建干室式，共分三层：上层为电动机间，中层为水泵间，下层为集水间。下层的集水间高 5.38 m，平面尺寸为 20 m × 9 m；中层的水泵间双排并列布置 5 台立式混流泵，平面尺寸为 20 m × 9 m，高 5.55 m；上层的电动机间和办公区高 10 m，平面尺寸为 20 m ×（9 + 17 + 7）m。

7. 选择附属设备

根据雨水泵站的设计需要和水泵、电动机等设备的需要选择合适的附属设备，如轴承、拍门、起重机、通气管、法兰、弯头、污水泵等。

5.4 雨水泵站调蓄

5.4.1 雨水泵站调蓄的目的

雨水泵站调蓄不同于其他调蓄，考虑的是水质问题，通过在雨水泵站前设置调蓄截留设施，收集、储存雨水系统的初期雨水和旱季存水等高污染负荷水，进行水质处置后排入受纳河道，以控制其对水体的污染负荷。

5.4.2　雨水泵站调蓄池

1. 调蓄池的布置

雨水泵站调蓄池的设置应尽量利用现有设施，其位置应根据调蓄目的、排水体制、管网布置、溢流管下游水位高程和周围环境等综合考虑后确定。雨水泵站调蓄池应设置清洗、排气和除臭等附属设施和检修通道；用于控制径流污染的雨水泵站调蓄池出水应接入污水管网，当下游污水处理系统不能满足雨水泵站调蓄池放空的要求时，应设置雨水泵站调蓄池出水处理装置。

2. 调蓄池的设计要求

雨水泵站调蓄池设计参数的计算应参照《室外排水设计规范》(GB 50014—2021)中的有关内容进行。

①需要控制面源污染、削减排水管道峰值流量、控制地面积水、提高雨水利用程度时，宜设置雨水泵站调蓄池。

②雨水泵站调蓄池的设置应尽量利用现有设施。

③雨水泵站调蓄池的位置应根据调蓄目的、排水体制、管网布置、溢流管下游水位高程和周围环境等综合考虑后确定。

④用于控制合流制排水系统的径流污染时，雨水泵站调蓄池的有效容积(用于分流制排水系统径流污染控制和用于削减排水管道峰值流量)按《室外排水设计规范》计算。

⑤用于提高雨水利用程度时，雨水泵站调蓄池的有效容积应根据降雨特征、用水需求和经济效益等确定。

⑥雨水泵站调蓄池的放空时间按《室外排水设计规范》中的规定计算。

⑦雨水泵站调蓄池应设置清洗、排气和除臭等附属设施和检修通道。

⑧用于控制径流污染的雨水泵站调蓄池出水应接入污水管网，当下游污水处理系统不能满足雨水泵站调蓄池放空的要求时，应设置雨水泵站调蓄池出水处理装置。

此外，雨水泵站调蓄池的布置与设计还应参考所在地区的排水系统、海绵城市建设的有关要求。

【二维码 5-5】

3. 调蓄池的调蓄能力分析

雨水泵站调蓄池确定截留上限应当结合计算机技术和数学方法，对雨水水质变化情况进行模拟，其结果可以作为设计参考，以保证对径流污染的有效控制，同时节省成本，节约资源和能源。

第 2 篇　给水管网

第 6 章　给水管网概论

6.1　给水系统的组成与功能

对于现代化的城市和大型工业企业,供水问题显然是至关重要的。其不仅在生活、生产和消防方面,而且在城市或企业环境方面,诸如绿化浇水、街道广场的洒水,河流、湖泊和各种水造景观,对当代人的生活生产条件、生活生产环境和生活生产质量都起着非常重要的作用。如果说过去给水系统是城市的生命线,那么现在已经进一步提高到生态环境和人的生命质量的高度。

给水系统就是一套向现代化城市和企业供水的大型、复杂和多元化的工程系统。它的功能概括地讲就是向其服务对象提供足够的水量,并按要求的水质和水压来供水,同时要保证连续性、可靠性和卫生安全性。这些功能不是被抽象地、随意地提出即可,而是需要由一整套相关技术标准和规范来制约,因此完成规定的供水任务不是轻而易举的事,给水系统有其完整的结构。为了向现代化城市和工业企业供水,给水系统必须具有一些必要的组成部分,这些部分有其各自特定的基本功能。

给水系统的这些组成部分与其各自的功能,因环境条件和供水对象的需求不同可能千差万别,但总体上可以分成两大类型,即简单的(或一般的)给水系统和复杂的(或特殊的)给水系统。

一般给水系统如图 6.1 所示。

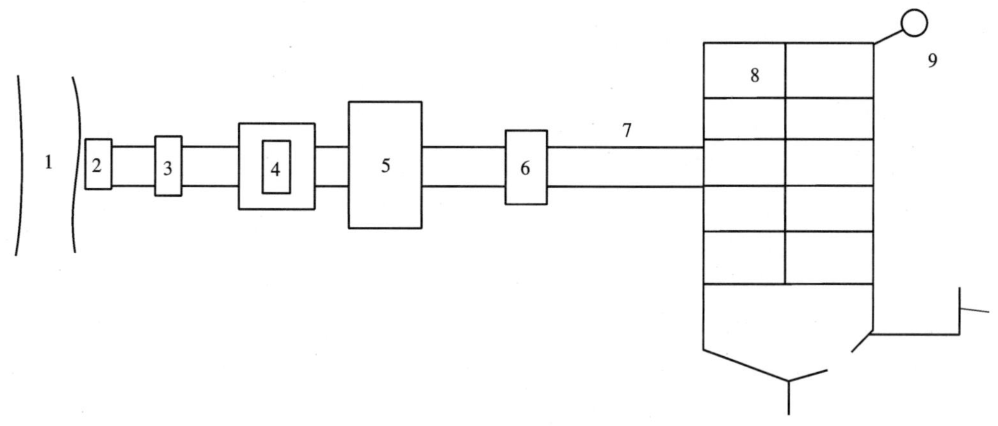

图 6.1　一般给水系统示意图

1—地面水源;2—取水构筑物;3—一级泵站;4—水处理构筑物;5—清水池;
6—二级泵站;7—输水管;8—配水管网;9—水塔或高地水池

给水系统各组成部分的功能如下。

(1)水源是给水系统最必要的组成部分,它向系统提供水量足够和水质符合要求的原水。地面水源是两大水源之一,包括江河、湖泊、水库,甚至海洋。另一大水源是地下水源,与地面水源有所不同，但其功能与地面水源是一样的。

（2）一级泵站、水处理构筑物、输水管和水塔是否必要和如何配置，需根据水源性质和用户需求而定。其影响因素多且复杂，主要因素包括水源和用户对水质、水量、水压的需求情况，水源和用户地理的平面和高程相对关系，地形和地质条件等。由这些不同条件可以派生出各种不同的系统。

（3）清水池、二级泵站和配水管网是直接为用户服务的给水系统最必要的组成部分，它们与水源、取水构筑物等组成最简单的给水系统。以深层地下水作为水源，以深井作为取水构筑物的小型给水系统如图 6.2 所示。

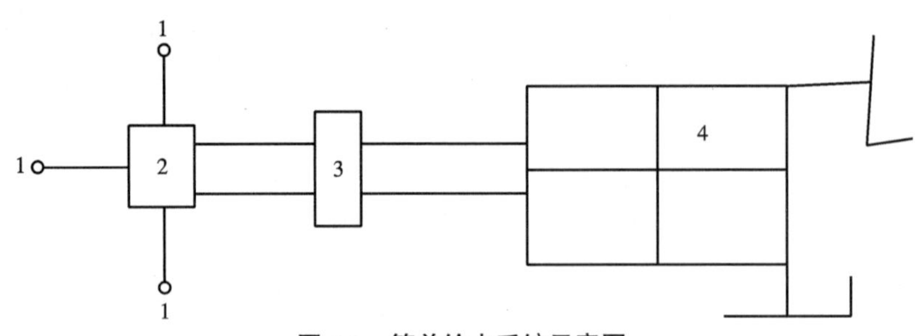

图 6.2 简单给水系统示意图

1—取水深井；2—集水池；3—二级泵站；4—配水管网

6.2 影响给水管网布置的因素

给水管网的布置，应紧密配合城市和工业区的建设规划，从全局考虑而又分期分批实施，既要保证能及时满足供水对水质、水量、水压的要求，又要与今后发展相衔接。因此，影响给水管网布置的因素是多方面的，简单归纳为如下几个主要方面。

1. 城市规划和布局的影响

从水源选择、输水系统方案确定、水源和输水卫生防护地带的设置，到供水枢纽工程（水处理厂、储水池、供水泵站）方案确定和配水管网的布置等，都必须以城市和工业区的发展建设规划为依据。例如，城市人口的发展、居住区和城市建设的计划、城市水环境和水资源的现状与未来，甚至于航运和水系、近城区农业、畜产养殖、灌溉、农产品加工等，都对给水管网的布置有决定性的影响。

城市和工业区规划中的各用水户或用水点对水质、水量和水压的要求可能有较大差别时，其规划和布局对给水管网的布置有重大影响。如水质要求不同而水量又各具相当规模，或者水压要求不同而水量又各具相当规模，这两种情况在工业企业中出现较多，为了降低经常性的运行费用，即使初期投资稍有提高，也应采用分系统供水。前者这种对水质要求不同的称为分质供水，后者这种要满足不同水压要求的称为分压供水。这两种情况都可以用图 6.3 表示。

图 6.3 代表分质供水系统，用实线管网表示优质水（满足城市生活用水和工业企业对优质水的要求），在水厂中经过充分处理使水质达标后的优质水由专门的泵站送入用水区；虚线管网表示水质较差，但也经过一定处理达到相应水质要求的一般工业用水或生活杂用水，

这些水会被送至相应的用水地区。

图 6.3 还可以代表分区系统，如实线管网代表压力要求较高的用户（一般城市建筑按六层考虑，服务水头以 28 m 计），虚线管网代表压力要求较低的用户（包括城市生活杂用水和工业企业用水，最低服务水头根据用户要求设计，但最低不得低于 10 m）。

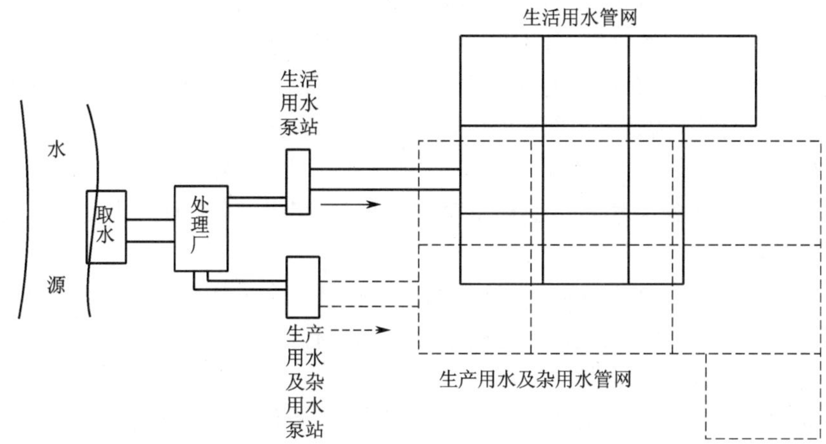

图 6.3　分系统供水（分质或分压）

在以上的分系统中，当然也可以是既分质又分压，因为在分质供水系统中往往压力可能不同，同样道理在分压供水系统中有可能对水质的要求也不同。相反，在下一节中要讲到的因地形高差较大设计的城市生活用水的分压供水系统，其对水质的要求则是相同的。

在上述分质供水中的水源，都是来自天然水源（地面水源或地下水源）。为了节省天然水源，对水质要求不高的用水，也可以考虑不取天然水源，而是将城市排水中可以回收利用的水进行处理后使之成为再生水作为这部分用水，这个过程称为再生水回用，这种分质供水系统如图 6.4 所示。

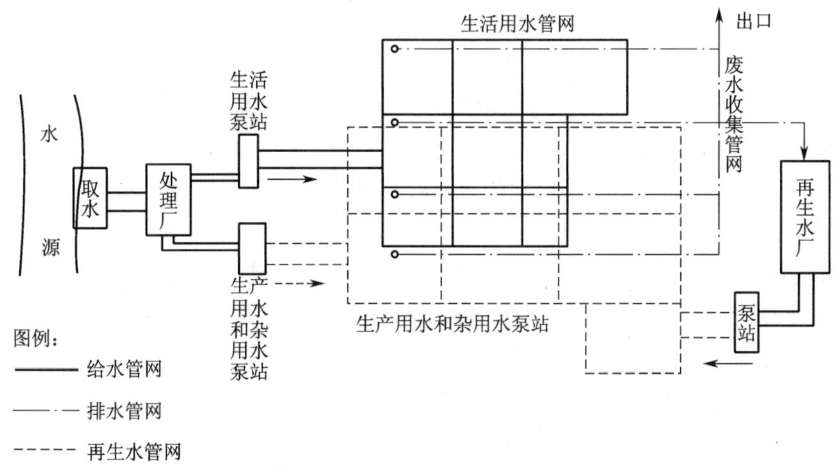

图 6.4　有再生水回用的分质供水系统

图 6.4 中有两种不同的分质供水管网（实线和虚线管网），排水由废水收集管网（点画线）完成。废水被收集并送入水处理厂，经处理达到回用再生水水质指标后由泵站送至再

生水管网(虚线管网),这类再生水也称为中水。

2. 水源的影响

水源的影响主要体现在水源的种类(地下水源还是地面水源,天然水源还是再生水源)、水源地与给水区的距离、水质条件等方面。

地面水源又有江河、湖泊、水库、海洋等之分,地下水源又有浅层地下水、深层地下水和泉水之别,这些不同类型的水源,首先带来的是取水构筑物的千差万别。

(1)如果当地有丰富而适用的地下水源,则可根据水文地质勘察结果在地下水流向的上游端甚至是城市内开凿管井群(深井群)或大口井(浅井),将井群中的井水用管道引入集水井(水位较深时)或集水池(水位较浅时)。地下水一般较清澈,经消毒后即可满足对水质的要求,可由泵站加压送至用户。这样系统和流程都比较简单。但高盐度的水或高氟的水等,则需要进行处理。

反之,如果当地缺乏地下水源,而具备水量足够且适合采用的地面水源,则可在地面水源地建取水构筑物(其类型根据水源地的条件不同而有很多种),再将地面水源经处理厂处理,在达标后,由泵站加压送往用户。

(2)水源地的条件不同对给水系统影响很大。如水源地的高程较高,能借重力向地势低的用水地区输水,这样可以省去泵站而完成重力输配水。

(3)作为一个大型的现代化城市,用水量往往很大,水源地更不止一处,因此水源地的配置对给水管网的布置影响很大,来自各个方向的供水,必然会有不同的管网布置方式。

(4)另外,当城市附近不具有水质、水量满足要求的水源时,必须从远处寻求水源,用长距离的输水管渠将水引来,有时这种引水是跨地区或者跨流域的,如举国闻名的“引滦入津”和全世界闻名的“南水北调”,这两大工程都与天津相关,给天津市整个给水系统的结构带来了重大影响;天津市北部原宝坻县(现宝坻区)取地下水经过近百千米纵贯天津市向南引至北大港工业区送水,还在渤海边取海水向西引水供北大港工业区用水;还有塘沽碱厂利用海水等。此外,近年来因为干旱缺水,国家多次进行了季节性的“引黄济津”,解决水资源严重不足的问题。

由于天津市是一个水源不足的城市,所以其水源类型和引水方式多种多样,有本地区的地面水源和地下水源,还有更主要的长距离跨地区和跨流域引水,又有海水利用等。

3. 城市地形的影响

地形条件对给水系统的布置影响很大,主要影响水源点在城市中的布置以及管网在城市内的布局,现举如下几例。

(1)沿河流两侧城市与河流基本呈平行的势态且都有建设发展。如图 6.5 所示,城市平行于河流且于南北岸均有建设发展,但河流北岸市区地势高差较大(地形等高线密集),而南岸基本上属平地,高差不大(地形等高线稀疏),此时可采取地形高差压力分区管网。两岸都从河流上游取水,经处理送入城市,这是一致的。但城市管网的布置不同,河流北岸因地形高差大,故按压力进行分区供水,泵站内设两套压力不同的机组,低压泵供低区,高压泵供高区,这就形成了所谓的并联分压供水。这里特别要说明,供水水泵的压力有较大的差别,而两管网中的实际服务水头却没有原则差别,河流南岸地势较平坦,很自然就形成图 6.5 中所示的布置。

(2)图 6.5 中北岸城市布局如果不是沿河流方向的,而是沿北方向延伸的,便采用如图

6.6 所示的串联压力分压管网。这里低区泵站的水量满足高低两区的水量要求，而水压只满足低区要求，在管网末端利用余压将高区所需水量输入高区储水池，再由高区泵站用一般压力送入管网。这种串联分压供水方式称为串联压力分区；而前述的并联分压供水方式称为并联压力分区，其中两区各自担负分区的水量，而两组泵的压差相差甚大。

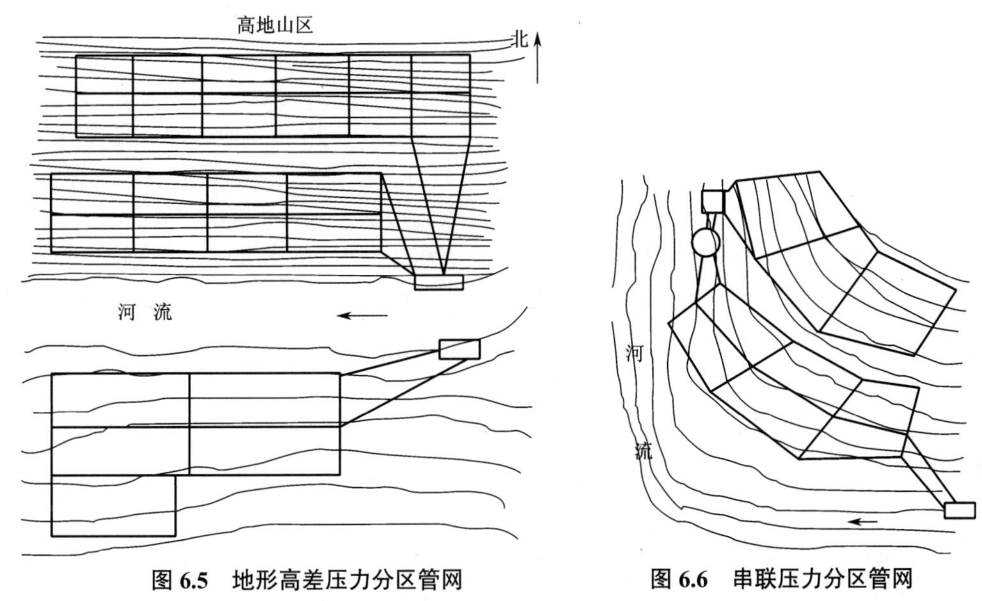

图 6.5　地形高差压力分区管网　　图 6.6　串联压力分区管网

（3）城市发展布局肯定对管网布置有很大的影响，但反过来，在相同的地区条件下，即水源、地形和城市发展布局相类似的条件下，也可能有不同的管网布置。如图 6.7 所示同一城市，既可以布置成并联压力分区，也可以布置成串联压力分区。按地区高差分区的给水管线布置，一般大管线沿等高线平行布置，小管线沿垂直布置（输水管沿最短路径布置）。

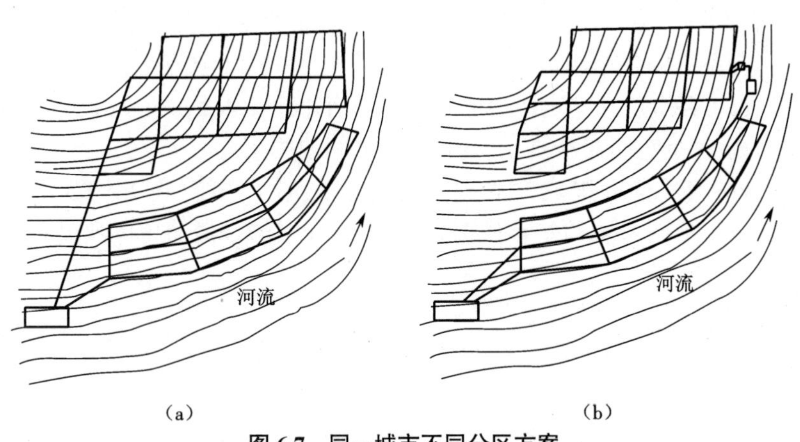

图 6.7　同一城市不同分区方案

（a）并联压力分区方案　（b）串联压力分区方案

无论采用串联压力分区还是并联压力分区，一般高区和低区的压差为 20~45 m，关键是划定分区的界线，一般分界沿等高线划分，以确定管网的具体位置，其原则主要是节约能量，尽量减少能量的浪费，均衡合理调剂两区的压力分布。因此，要对多个分界方案进行水力计算、分析并比较,然后才能确定最终的分界方案。要选择在服务水头相同的条件下,管网造价不高且总能量费用最省的方案。

4. 水塔或高地水池

一般在中、小城镇或工业企业的给水管网系统中,在较高地点设置水塔以调节水量,当有适合的高地且其地形高度足够时,可设置高地水池来代替水塔。高地水池可以具有比水塔更大的调节容量,但其造价低于水塔。

水塔或高地水池的调节作用对管网工作时的水力工况具有重要影响,而且这种影响随水塔或高地水池在管网中位置的不同而有微妙的变化。将水塔或高地水池设置在管网的前端(靠近供水泵站的管网始端)、中间或末端时,分别称为前置水塔、中间水塔或对置水塔。

水塔的设置位置一般尽可能地选择高地,以降低水塔上水箱的高度,从而节省成本、降低造价。对于平原城市根本无可利用的地形时,水塔的位置主要取决于城市规划,依此来选择合适的建设地点。至于高地水池,其位置的可选择性很小,主要条件是地形高度:地形低了,变成较低的水塔;地形过高,埋设深度过大,也是不适宜的。有的城市水塔或高地水池也可能不止一处,这要根据需要与条件而定。

一般大城市的管网,因为水量较大,设置水塔解决不了多少问题,因为水塔中水箱的容量实在太小,若有适合的条件可以考虑建高地水池。另一方面,往往采用调节水池和调节泵站联合工作,在用水低峰时使管网剩余水进入调节水池储备起来,在管网用水高峰时调节泵站将水池中的储备水送入管网,这种工作的好处是很大的,不仅能调节管网水量,均衡管网各时段及管网各点的压力,而且能使管网总的能量消耗有所降低。

6.3 给水系统各个组成部分之间的工作关系

弄清楚给水管网的工况之前,首先要研究给水系统各个组成部分之间的工作关系,因为给水管网是整个给水系统不可分割的一部分,要在整个给水系统大环境条件下完成自己的工作,必然要求全系统的各个组成部分密切协调配合,一起既经济又安全地完成供水任务,将满足要求水质、足够水量和一定压力的水送到所有用户。因此,本节给水系统各个组成部分之间的工作关系就是它们在水质、水量和水压之间的关系。

由于给水系统有不同的组成方案,下面以典型的给水系统(图 6.1)为例来进行分析。特别提醒读者注意,不同系统的差异是很大的,以下介绍的是最简单的典型系统,旨在为初学者建立一个基本概念。

6.3.1 水源和水源地

首先水源的选择应该满足水源水质和取水量的要求。水压即水位,在有的情况下也起决定性的作用,水源水位及其变化必须满足取水条件的要求,对这一问题在以后水源及取水工程中专门讨论,此处只讲水质和水量。

1. 水质

水源水质必须满足《生活饮用水水源水质标准》(CJ 3020—1993)的规定,具体水质指标如表 6.1 所示。

表 6.1　生活饮用水水源水质分级(CJ 3020—1993)

项目	标准限值	
	一级	二级
色 / 度	色度不超过 15 度,并不得呈现其他异色	不应有明显的其他异色
浑浊度 / 度	≤ 3	
嗅和味	不得有异臭、异味	不应有明显异臭、异味
pH 值	6.5~8.5	6.5~8.5
总硬度(以碳酸钙计)/(mg/L)	≤ 350	≤ 450
溶解铁 /(mg/L)	≤ 0.3	≤ 0.5
锰 /(mg/L)	≤ 0.1	≤ 0.1
铜 /(mg/L)	≤ 1.0	≤ 1.0
锌 /(mg/L)	≤ 1.0	≤ 1.0
挥发酚(以苯酚计)/(mg/L)	≤ 0.002	≤ 0.004
阴离子合成洗涤剂 /(mg/L)	≤ 0.3	≤ 0.3
硫酸盐 /(mg/L)	<250	<250
氯化物 /(mg/L)	<250	<250
溶解性总固体 /(mg/L)	<1 000	<1 000
氟化物 /(mg/L)	≤ 1.0	≤ 1.0
氰化物 /(mg/L)	≤ 0.05	≤ 0.05
砷 /(mg/L)	≤ 0.05	≤ 0.05
硒 /(mg/L)	≤ 0.01	≤ 0.01
汞 /(mg/L)	≤ 0.001	≤ 0.001
镉 /(mg/L)	≤ 0.01	≤ 0.01
铬(六价)/(mg/L)	≤ 0.05	≤ 0.05
铅 /(mg/L)	≤ 0.05	≤ 0.07
银 /(mg/L)	≤ 0.05	≤ 0.05
铍 /(mg/L)	≤ 0.0 002	≤ 0.0 002
氨氮(以氮计)/(mg/L)	≤ 0.5	≤ 1.0
硝酸盐(以氮计)/(mg/L)	≤ 10	≤ 20
耗氧量(高锰酸钾法)/(mg/L)	≤ 3	≤ 6
苯并(α)芘 /(μg/L)	≤ 0.01	≤ 0.01
滴滴涕 /(μg/L)	≤ 1	≤ 1
六六六 /(μg/L)	≤ 5	≤ 5
百菌清 /(μg/L)	≤ 0.01	≤ 0.01
总大肠菌群 /(个 /L)	≤ 1 000	≤ 10 000
总 α 放射性 /(Bq/L)	≤ 0.1	≤ 0.1
总 β 放射性 /(Bq/L)	≤ 1	≤ 1

该标准将生活饮用水源水质分为两级。

一级水源水为水质良好。符合此标准的地下水源只需进行消毒处理,地表水源经过滤处理和消毒后即可供生活饮用,由送水泵站经管网供给用户。

二级水源水为水质受轻度污染。符合此标准的水源经常规处理(如絮凝、沉淀、过滤、消毒等)后,如其水质达到现行《生活饮用水卫生标准》(GB 5749)的要求,可供生活饮用,由送水泵站经管网供给用户。

水质超过二级标准限制的水源水,不宜作为生活饮用水。若限于条件需加以利用时,应采用相应的净化工艺进行处理,达到现行《生活饮用水卫生标准》(GB 5749)的规定,取得省、市、自治区卫生厅(局)及主管部门的批准后,方可供水。

同时,水源水质还应满足现行《地表水环境质量标准》(GB 3838)和《地下水质量标准》(GB/T 14848)中关于饮用水水源的相关规定。水源水中如含有表 6.1 中未列入的有害物质,应视具体情况按有关规定执行。此外,在各种特定情况下还受相应的一系列"规范""规定"或"标准"约束。

2. 水量

水源水量应满足城市取水量的要求,为了保证取水安全可靠,地面水源可取水量应根据水文勘测报告,地下水源可取水量应根据水文地质勘测报告提出的可开采量,并与城市水利主管部门协调配合来确定。

为了保护水源及水源地免受侵犯和污染,应按照有关水源及水源地在卫生防护方面的要求和规定严格执行。

6.3.2 取水构筑物和一级泵站

1. 水质

取水构筑物和一级泵站的水质在一般情况下取决于水源水质。应该注意从水源至取水构筑物之间的水质卫生防护,严格禁止水质污染。

2. 水量

城市给水系统的水量按最高日设计用水量确定后,取水构筑物和水厂中处理构筑物的设计流量与一级泵站基本上保持协调一致,都是按最高日设计用水量计算。但重要的是应严格控制水源与取水构筑物之间的水量流失、蒸发、渗漏等,保证可取水量不致受到影响。

一日之中各小时的水量是怎样分配的呢?是否可以按以前讲过的用水量变化曲线来计算,以符合管网供水量的要求呢?答案是否定的,它们是按 24 h 均匀工作的。其理由有两方面:一方面,在日供水总量一定的条件下,24 h 平均分配水量的值最小,相应地取水构筑物、一级泵站和处理构筑物的规模可最小,从而节省成本、降低造价;另一方面,水处理构筑物一般为了保证其处理的高效稳定,尽量要求负荷稳定,特别是水量不要大起大落。因此,在达到一定规模的给水系统中,取水构筑物、一级泵站和水处理构筑物一般都是按三班制 24 h 均匀工作来设计的,而在乡、镇或特别小型供水设施中才考虑一班制或两班制运转,按 8 h 或 16 h 设计。

最高日平均时流量为

$$Q_{\rm I}=\frac{\alpha_Q Q_{\rm d}}{T} \tag{6-1}$$

式中　$Q_{\rm I}$——水厂一级泵站最高日平均时流量，m^3/d；

$Q_{\rm d}$——最高日流量，m^3/d（按水厂全天出水量计算，其中未包括水厂自用水量）；

α_Q——水厂自用水量系数，其中包括沉淀池排泥、滤池反冲洗和生产过程中的用水；

T——一级泵站每日工作的小时数，一般 $T = 24$ h。

α_Q 取决于水处理工艺、构筑物类型、原水水质及生产排水回收程度等因素，一般可取 $\alpha_Q = 1.05 \sim 1.10$；当取地下水而无须处理时，$\alpha_Q = 1$，则

$$Q_{\rm I}=\frac{Q_{\rm d}}{T}$$

而在淡化除盐等处理中，此 α_Q 接近于 2 甚至超过 2，即制成 1 m^3 水要用 2 m^3 原水。

3. 水压

一级泵站从取水构筑物或与其相连的吸水井抽水，送水到处理构筑物，一般不是远距离输水。一级泵站的水压取决于处理构筑物起始端的设计水面高程与吸水井最低设计水位高程之差。而后者又取决于水源设计最低水位减去水源至吸水井之间的落差。以上三者之间的水压关系可以用图 6.8 表示。

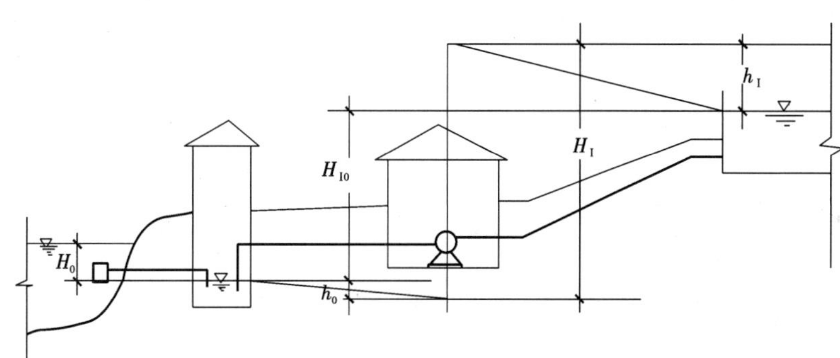

图 6.8　一级泵站前后水压关系

由图 6.8 可知：

（1）H_0 为水源设计最低水位与吸水井之间的水位降落，主要为取水头部进水时的水头损失与管道中的水头损失（包括局部损失和沿程损失）之和，m；

（2）H_{I0} 为一级泵站的静扬程，等于处理构筑物起始端的最高水位与吸水井中最低设计水位之差，m；

（3）h_0 为吸水井至水泵吸水管路系统的全程水头损失，m；

（4）$h_{\rm I}$ 为一级泵站至处理构筑物起始端的全程水头损失，m；

（5）$H_{\rm I}$ 为一级泵站设计扬程，m，有

$$H_{\rm I}=H_{\rm I0}+h_0+h_{\rm I} \tag{6-2}$$

以上讨论的各个水位、扬程和流量都按设计最不利工况考虑，即吸水侧水位按设计最低水位，出水侧水位按设计最高水位，流量按最高日平均流量考虑，依此计算相应的水头损失

和扬程。

6.3.3 水处理系统

1. 水质

在一般城市中，给水系统的水质按城市居民生活要求考虑，水源水质要求前已述及，处理后出水水质要满足《生活饮用水卫生标准》（GB 5749—2022），参见表 6.2。因为进水要满足水源水质要求，出水要满足卫生标准，所以按此要求进行水处理过程。

2. 水量

前已述及，处理构筑物是 24 h 均匀工作的，小时流量与一级泵站一致，即

$$Q_{\mathrm{I}} = \frac{\alpha_Q Q_{\mathrm{d}}}{T}$$

表 6.2 生活饮用水卫生标准（GB 5749—2022）常规指标及限值

指标	项目	标准
微生物指标	总大肠菌群 /（MPN/100 mL 或 CFU/100 mL）[a]	不应检出
	大肠埃希氏菌 /（MPN/100 mL 或 CFU/100 mL）[a]	不应检出
	菌落总数 /（CFU/mL）	100 水源和净水技术受限为 500
感官性状和一般化学指标	色度（铂钴色度单位）	15
	浑浊度（散射浑浊度单位）/NTU	1 水源和净水技术受限为 3
	臭和味	无异臭、异味
	肉眼可见物	无
	pH 值	不小于 6.5 且不大于 8.5
	铝 /（mg/L）	0.2
	铁 /（mg/L）	0.3
	锰 /（mg/L）	0.1
	铜 /（mg/L）	1.0
	锌 /（mg/L）	1.0
	氯化物 /（mg/L）	250
	硫酸盐 /（mg/L）	250
	溶解性总固体 /（mg/L）	1 000
	总硬度（以 $CaCO_3$ 计）/（mg/L）	450
	高锰酸盐指数（以 O_2 计）/（mg/L）	3
	氨（以 N 计）/（mg/L）	0.5

续表

指标	项目	标准
毒理学指标	砷 /(mg/L)	0.01
	镉 /(mg/L)	0.005
	铬(六价)/mg/L	0.05
	铅 /(mg/L)	0.01
	汞 /(mg/L)	0.001
	氰化物 /(mg/L)	0.05
	氟化物 /(mg/L)	1.0
	水源和净水技术受限为 1.2	0.01
	硝酸盐(以 N 计)/(mg/L)	10
	水源和净水技术受限为 20	0.06
	三氯甲烷(使用液氯、次氯酸钙及氯胺消毒时 /(mg/L)[b]	0.06
	一氯二溴甲烷 /(mg/L)[b]	0.1
	二氯一溴甲烷 /(mg/L)[b]	0.06
	三溴甲烷 /(mg/L)[b]	0.1
	三卤甲烷(三氯甲烷、一氯二溴甲烷、二氯一溴甲烷、三溴甲烷的总和)/(mg/L)[b]	该类化合物中各种化合物的实测浓度与其各自限值的比值之和不超过 1
放射性指标	总 α 放射性 /(Bq/L)[c]	0.5(指导值)
	总 β 放射性 /(Bq/L)[c]	1(指导值)

注：

a MPN 表示最可能数；CFU 表示菌落形成单位。当水样检出总大肠菌群时，应进一步检验大肠埃希氏菌；当水样未检出总大肠菌群时，不必检验大肠埃希氏菌。

b 水处理工艺流程中预氧化或消毒方式：

——采用液氯、次氯酸钙及氯胺消毒时，应测定三氯甲烷、一氯二溴甲烷、二氯一溴甲烷、三溴甲烷、三卤甲烷、二氯乙酸、三氯酸；

——采用次氯酸钠时，应测定三氯甲烷、一氯二溴甲烷、二氯一溴甲烷、三溴甲烷、三卤甲烷、二氯乙酸、三氯乙酸、氯酸盐；

——采用二氧化氯与氯混合氯消毒剂时，应测定亚氯酸盐、氯酸盐、三氯甲烷、一氯二溴甲烷、二氯一溴甲烷、三溴甲烷、三卤烷、二氯乙酸、三氯乙酸；

——当原水中含有上述污染物，可能导致出厂和末梢水的超标风险时，无论采用何种预氧化或消毒方式，都应对其进行测定。

c 放射性指标超过指导值，应进行核素分析和评价，判定能否饮用。

3. 水压

由于一般生活饮用水的常规水处理系统构筑物中都采用无压流，而且中间一般没有加压过程，以水面标高表示其无压流程示例如图 6.9 所示。由图可以看出，一级泵站来水进入絮凝沉淀池起始端水位设计工作标高为 13.70 m，进入快滤池后为 12.80 m，清水池最高水位为 10.30 m，吸水井最低水位为 6.30 m，送水泵站按此最低水位进行设计。可以算出，处理厂全流程的水头损失为 13.70 − 6.30 = 7.40 m。

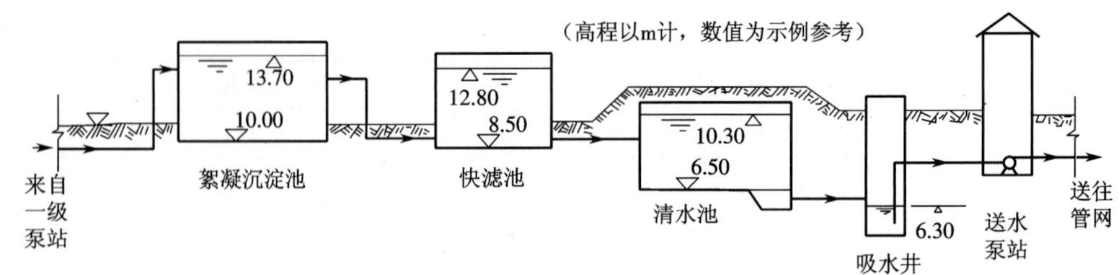

图 6.9　处理构筑物高程示意简图

6.3.4　清水池

1. 水质

在给水系统中，清水池具有承先启后的重要作用。其可以为消毒剂提供一定的作用时间，如用氯消毒，一般在过滤以后的水中加氯再将水注入清水池，至少停留 30 min 以使氯起到消毒作用，此时的水质要保证达到卫生标准的要求。清水池是储存合格饮用水的重要构筑物，保证进水水质和储水不受任何污染是重要任务，日常运行中应加强卫生维护。

2. 水量

清水池的另一个重要作用是水量的储备与调节。清水池之前的系统组成部分按小时平均流量工作，其后按供水曲线工作。如由统一的给水系统给城市消防用水供水时，清水池中还应储存消防用水，其容量足够 2 h 火灾延续时间所需的水量。至于消防流量的计算，应按城市人口及建筑情况，根据有关消防规范中对同时发生火灾的次数及每处火灾的消防流量的规定来决定。一般情况下，这种容积（消防）为数百至上千立方米，城市越小，此容积也越小，但占清水池总容积的比例越大；反之，城市越大，此容积越大，而占清水池总容积的比例却越小。一般水厂会考虑厂内生产用水和事故储备用水而增加清水池的容积。

因为一级泵站和处理构筑物是均匀工作的，向清水池均匀地注水；而送水泵站是非均匀工作的，自清水池非均匀地抽水，两者之间的调节作用就在于清水池。不难看出，清水池的调节容积取决于一级泵站来水（即处理构筑物的出水）曲线与送水泵站的送水曲线之间的消长关系。现举例计算如下，以示计算原理与方法。计算过程如表 6.3 所示。

表 6.3　清水池调节容积计算

时段	调节容积计算（按全日水量的百分数计）		
	一级泵站来水*	送水泵站出水	设定清水池存水（如初值为 0）
00:00—01:00	4.17	1.5	2.67
01:00—02:00	4.17	1.5	5.34
02:00—03:00	4.16	1.5	8.01
03:00—04:00	4.17	1.5	10.68
04:00—05:00	4.17	2.5	12.35
05:00—06:00	4.16	3.5	13.02
06:00—07:00	4.17	4.5	12.69
07:00—08:00	4.17	5.5	11.36

续表

时段	调节容积计算（按全日水量的百分数计）		
	一级泵站来水*	送水泵站出水	设定清水池存水（如初值为 0）
08:00—09:00	4.16	6.25	9.28
09:00—10:00	4.17	6.25	7.20
10:00—11:00	4.17	6.25	5.12
11:00—12:00	4.16	6.25	3.04
12:00—13:00	4.17	5	2.21
13:00—14:00	4.17	5	1.38
14:00—15:00	4.16	5.5	0.05
15:00—16:00	4.17	6	-1.78
16:00—17:00	4.17	6	-3.61
17:00—18:00	4.16	5.5	-4.94
18:00—19:00	4.17	5	-5.77
19:00—20:00	4.17	4.5	-6.10
20:00—21:00	4.16	4	-5.93
21:00—22:00	4.17	3	-4.76
22:00—23:00	4.17	2	-2.59
23:00—24:00	4.16	1.5	0.00

注：* 表示一级泵站来水按 24 h 均匀供水为 100/24（%），取近似值。

由表 6.3 中计算，最多储水量为 13.02%，而最少储水量为 -6.1%，故实际储水容积应为

$$13.02\% - (-6.1\%) = 19.12\%$$

水塔的调节容积同样也按此法计算。

但不论是清水池、水塔，还是其他调节池，在设计计算时来水和出水的曲线可能有不同的方案，因此在实际工作中也可能用不同的数据多次计算，以下提供编程框图，如图 6.10 所示，读者可试编一个程序计算一下。

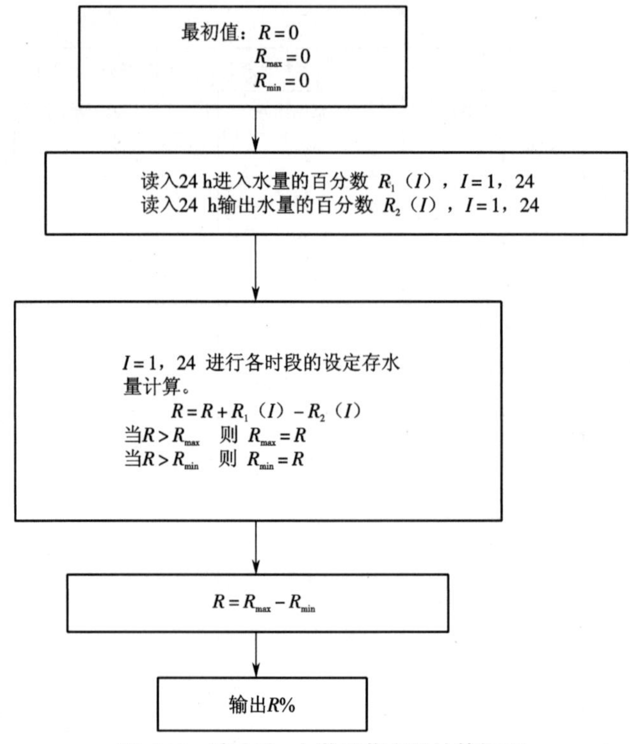

图 6.10　清水池、水塔调节容积计算框图

得出清水池调节容积占最高日处理水量($\alpha_Q Q_d$)的百分数 R% 后，即可计算出应有的清水池调节容积为

$$W_1=\alpha_Q Q_d R/100 \tag{6-3}$$

式中　W_1——清水池调节容积，m^3；

R——清水池调节容积占最高日处理水量的百分数，%。

清水池的总有效容积为

$$W_q=W_1+W_2+W_3+W_4 \tag{6-4}$$

式中　W_q——清水池总有效容积，m^3；

W_2——消防用水储备水量，m^3；

W_3——水厂生产用水储备水量，m^3；

W_4——水厂安全储备水量和水池压底水量等，m^3。

消防用水储备水量 W_2 应按有关消防规定计算，根据城市总人口数，参考表 6.4 选定同一时间内的火灾处数 n_{xf} 及每处灭火用水量 q_{xf}，可计算出其消防流量

$$Q_{xf}=n_{xf}q_{xf} \tag{6-5}$$

式中　Q_{xf}——消防设计总流量，L/s；

n_{xf}——同一时间火灾处数；

q_{xf}——一处灭火用水量，L/s。

【二维码 6-1】

规范要求清水池中的消防储备水能维持 2 h 延续时间的消防，按此计算消防储备水量应为

$$W_2 = Q_{xf} \times 2 \times 3\,600 / 1\,000 = 7.2 n_{xf} q_{xf}$$

水厂生产用水储备水量 W_3 根据生产运行实际操作情况决定，主要是沉淀或澄清构筑物的排泥和过滤构筑物的反冲洗水。水厂安全储备水量和水池压底水量根据设计具体情况决定。

表 6.4　城镇、居住区室外的消防用水量

人数 / 万人	同一时间内的火灾次数 / 次	一次灭火用水量 /（L/s）
≤ 1.0	1	15
≤ 2.5	1	20
≤ 5.0	2	30
≤ 10.0	2	35
≤ 20.0	2	45
≤ 30.0	2	60
≤ 40.0	2	75
≤ 50.0	3	75
≤ 60.0	3	90
≤ 70.0	3	90
≤ 80.0	3	100
≤ 100	3	100

注：城镇的室外消防用水量包括居住区、工厂、仓库（含堆场、储罐）和民用建筑的室外消火栓用水量。当工厂、仓库和民用建筑的室外消火栓用水量按相应规范计算大于此值时，应取较大值。

3. 水位

清水池的水一般来自滤池，为了保证滤池的正常工作，清水池的最高设计水位应低于滤池的最高设计水位，这一高差因滤池设计和厂区布置的不同而有所不同。图 6.9 中快滤池最高设计水位为 12.80 m，而清水池最高设计水位为 10.30 m，两者高差为 2.5 m。

6.3.5　送水泵站

1. 水质

送水泵站的水质是经过水处理构筑物处理，加氯消毒后，又在清水池经过一定时间的作用，达到水质卫生标准的水质。

2. 水量

送水泵站的水量分两种情况：一是管网中有水塔、高地水池或调节水池；二是管网中既无水塔和高地水池，也无调节水池。前者送水量分两级或三级供水，其供水量就是清水池的出水量，其分级和各级水量由设计方案决定。后者按用水曲线变化送水（见后面有关章节的用水量变化表或用水量变化曲线），并根据管网实时工作的水量和水压对送水泵站进行调度操作。

3. 水压

送水泵站的水压与管网中是否有水量调节构筑物（水塔、高地水池、调节水池）等有很大的关系，以下分几种情况进行说明。

无水塔时的管网由送水泵站从清水池吸水直接经管网输水至各用水户，要使水泵提供的压力达到管网最不利点（也称控制点）所要求的水压高度。所谓最不利点，就是只要这一点的压力能满足管网所要求的压力高度，则管网中所有节点的压力都能满足要求，而且一般都能超过这一压力要求。最不利点的位置应是距离送水泵站既远又高的地方，从城市地形看，最高的点很易看出，最远的点也不难判定，但既高又远往往不能同时满足，这就要通过水力分析计算得出，这是本书的重要内容之一。

图 6.11 是管网中无水塔时的最高用水时和最低用水时水压线变化示意图。

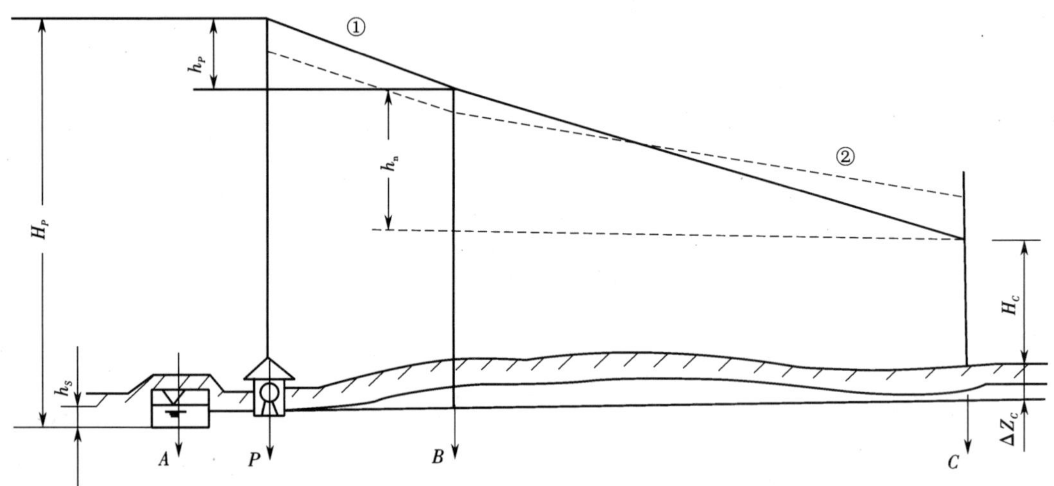

图 6.11　水塔的管网水压线示意图

图 6.11 中 A 点处为清水池的位置；P 点处为送水泵站的位置；B 点处为输水管与管网连接的位置，因此 PB 地段为输水管所在地段；C 点处为最不利点的位置，故 BC 区域内为全部管网。

$$H_P = \Delta Z_C + H_C + h_S + h_P + h_n \tag{6-6}$$

式中　H_P——送水泵站在最高用水时的总扬程，m；

ΔZ_C——管网控制点 C 处的地面高程与清水池设计最低水面高程之差，m；

H_C——管网控制点 C 处所需的管网最小服务水头，m；

h_S——水泵吸水管中的水头损失，m；

h_P——水泵压水管及输水管中的水头损失，m；

h_n——管网中的水头损失，m。

以上各水头损失都应按相应的最高用水时进行流量计算得到的最高用水时的水力坡线取得，即图 6.11 中的实线①。同理，最低用水时的水力坡线也有相应于最低用水时的变化，此时整个水力坡线变缓，送水泵站的扬程变小，而控制点的压力反而有所升高，如图 6.11 中的虚线②。

图 6.12 是管网前端设有水塔（这里叫作前置水塔）时的水压线变化示意图。

图 6.12 中水塔出水侧的压力按水塔中最低水位算起，而水塔进水侧的压力按水塔中最高水位算，二者之差以 h_T 表示，即水塔水箱中设计水位差。水压线在 T 点形成不连续现象，而实际上水压线是连续的，并且进水管和出水管往往就是同一根管线。这样的表示方法完全是从最不利情况考虑的，即当水塔水位最低时还能保证满足最不利点的水压要求，同时当水塔压力最高时水泵总扬程也能保证满足供水要求。

应当说明的是，现代大中城市的给水管网中一般都没有水塔，这主要是因为用水量很大，而水塔水箱的容积较小，起不了多少调节作用。如果有适当地形可利用，则可建高地水池。反之，在中小城镇，特别是在工业企业中，采用水塔的情况较多。

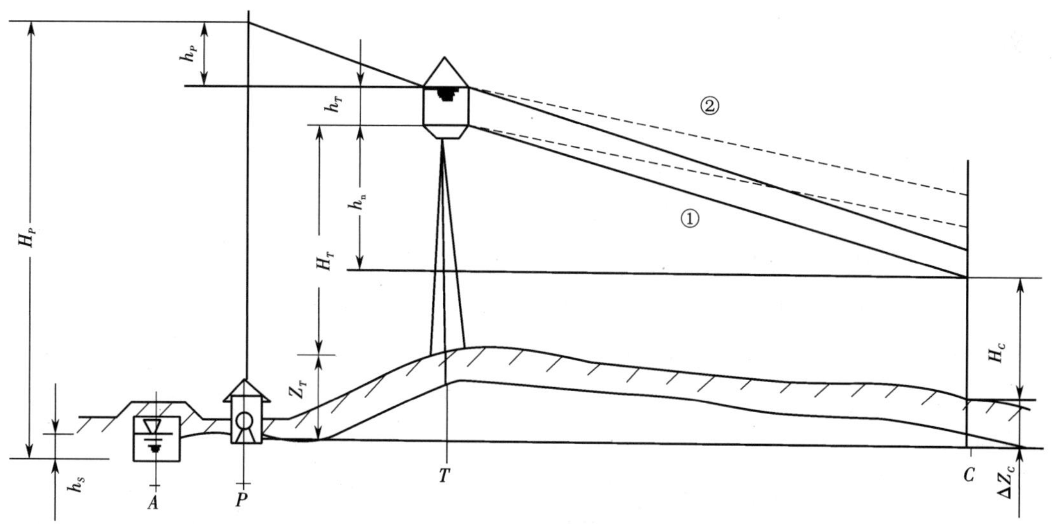

H_T——水塔水箱最低水位设计高度，m；Z_T——水塔水箱的地面高程与清水池设计最低水面高程之差，m

图 6.12　前置水塔的管网水压线示意图

水泵扬程与式（6-6）相仿，只是多了一项 h_T，即

$$H_P = \Delta Z_C + H_C + h_S + h_n + h_T + h_P \tag{6-7}$$

式中　h_T——水塔水箱或高地水池中的最高水位与最低水位之差，一般就是设计储水深度，m。

需要说明的是，水塔往往并不全是前置水塔，也有对置（或称后置，放在管网末端，在管网系统中与送水泵站遥遥相对）水塔，更多的则是中间水塔，水塔设在用水区（即管网）的中间。水塔的位置主要是由平面布置和地形高度所决定的。中间水塔的水压关系稍复杂些，图 6.13 为中间水塔的水压线变化示意图。图中实线表示最高用水时的水压线，此时水塔向管网供水；而虚线表示最低用水时的水压线，此时送水泵站供管网用水有余，将水送入水塔。

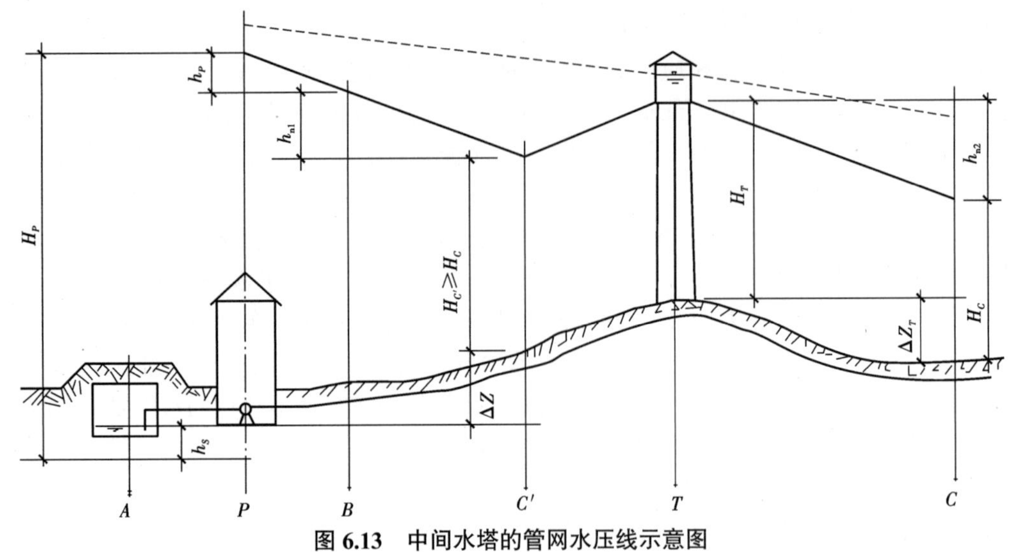

图 6.13 中间水塔的管网水压线示意图

根据图 6.13 中所示水压线的关系得

$$H_T = H_C + h_{n2} - \Delta Z_T \tag{6-8}$$

和

$$H_P = \Delta Z + H_{C'} + h_{n1} + h_P + h_S \tag{6-9}$$

式中 H_T——水塔水箱最低水位设计高度,m;

h_{n1}, h_{n2}——管网中的前部水头损失及后部水头损失,m;

ΔZ_T——水塔地面与管网末端控制点的地面高差,m;

ΔZ——管网前部某水压最低点与清水池最低水位的高程差,m;

$H_{C'}$——与上述点相应的实际水压高度,m。

可以仿此方法推出求最低用水时的总扬程的计算公式。但是要注意:此时为什么管网末端的实际压力要比 H_C 高;送水泵站的总扬程可能大于、可能小于、也可能接近于前述最高用水时的总扬程的原因和受何因素的影响。

根据分析还可以进一步求出对置水塔情况下最高用水时和最低用水时的水压线图,并推出计算水箱设置高度及两种用水情况下的送水泵站总扬程的公式。

为了说明图 6.13 中的水力情况,提出一个供水分界线的概念。管网系统中在某种设计时段内,有不止一处供水构筑物(如上述送水泵站和水塔两处供水构筑物)时,两者(或更多)之间由压力的平衡关系形成各自的供水区域,这些供水区域之间的分界点的连接线形成了假想的供水分界线,如图 6.14 所示为中间水塔供水与送水泵站供水之间的供水分界线。

必须说明,这种供水分界线不是固定的,而是动态的,是在管网中的用水量、送水泵站的压力、水塔的水位高度和管网中水头损失等多种因素相互作用下的某种暂时平衡的状态。

还应该指出,以上各图所表示的水压线并不是唯一的,也就是说同一系统在同一状况下同一时刻的水压线不是只有一条,而是有很多条。如图 6.14 所示的中间水塔水压线应该是沿通过 1~9 这几点的路径所作出的。注意图中 C' 是供水分界线上的点,可有很多种选择,

只要是通过 P、B、C'、T、C 这些点,中间不论经过什么路径(管段、节点),实质上都是等价的。

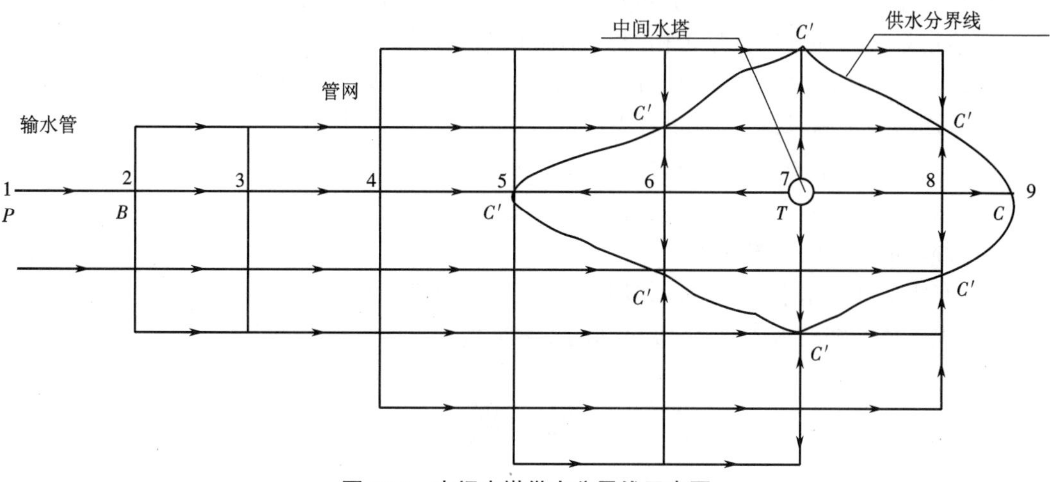

图 6.14　中间水塔供水分界线示意图

6.3.6　输配水管网

1. 水质

过去人们在水质方面只注意水质处理环节,认为水厂出水达标了就可以保证供水的水质卫生安全。现在才逐渐认识到这是很不够的,出厂时虽然达标,但水质存在不稳定性,包括物理化学方面的不稳定性和生物化学方面的不稳定性,在储存和输配过程中水质会自己发生一些变化,这是水质内部因素引起的水质恶化。还有另一种水质以外的因素引起的水质恶化,主要是由储存和输配构筑物的材质性能与外部环境的污染物进入输配水系统所引起的。所以会出现出厂水质达标而用户取用的水质不合格的现象。因此,在输配水全过程的设计、施工、运行中都要考虑水质卫生的安全问题。

2. 水量和水压

输配水系统中的水量不同于此前其他各构筑物的水量情况,在那些构筑物中水量是相对稳定的,可以按设计计算状况来定量。如前所述,管网中有水量调节构筑物时,送水泵站按分级供水,其分级的级数和各级水量由设计方案决定;管网中没有水量调节构筑物时,按用水曲线供水。这只是对管网整体而言的,实际上对管网内的各个部分,不论是水量还是水质和水压,都是随时间而动态变化的。目前,只是从总体上讨论水量的平衡和水压的分布情况,在这方面管网的水量和水压与送水泵站的水量和水压是密不可分的。

思考题

1. 给水系统是否必须包括取水构筑物、水处理构筑物、泵站、输水管和管网、调节构筑物等,哪种情况下可省去其中一部分?

2. 给水系统的功能有哪些? 请分类说明。

3. 水源对给水系统布置有哪些影响?
4. 城市规划对给水系统布置有哪些影响?
5. 什么是统一给水、分质给水和分压给水,哪种系统目前用得最多?
6. 给水系统各部分流量是否相同? 若不同,是如何调节的?
7. 给水系统中的水质是如何变化的? 哪些水质必须满足国家标准?
8. 取用地表水源时,给水系统各组成部分按什么流量设计?
9. 如何确定有水塔和无水塔时的清水池调节容积?
10. 已知用水量曲线时,怎样定出二级泵站工作线?
11. 哪些情况下应设置水塔?
12. 有水塔和无水塔的管网,二级泵站的计算流量有何差别?
13. 无水塔和网前水塔时,二级泵站的扬程如何计算?

习 题

已知:某城市自来水系统的一级泵站供水、二级泵站送水和管网用水量的变化如下表所示。

试求:

(1)该系统用水量的时变化系数 $K_h = ?$

(2)清水池的调节容积 $W_{R1} = ?$

(3)水塔的调节容积 $W_{T1} = ?$

时间段	一泵站供水 /%	二泵站送水 /%	管网用水 /%
00:00—01:00	4.17	2.50	3.00
01:00—02:00	4.17	2.50	3.20
02:00—03:00	4.16	2.50	2.50
03:00—04:00	4.17	2.50	2.60
04:00—05:00	4.17	4.50	3.50
05:00—06:00	4.16	4.50	4.10
06:00—07:00	4.17	4.50	4.50
07:00—08:00	4.17	4.50	4.90
08:00—09:00	4.16	4.50	4.90
09:00—10:00	4.17	4.50	5.60
10:00—11:00	4.17	4.50	4.90
11:00—12:00	4.16	4.50	4.70
12:00—13:00	4.17	4.50	4.40
13:00—14:00	4.17	4.50	4.10
14:00—15:00	4.16	4.50	4.10
15:00—16:00	4.17	4.50	4.40

续表

时间段	一泵站供水 %	二泵站送水 %	管网用水 %
16:00—17:00	4.17	4.50	4.30
17:00—18:00	4.16	4.50	4.10
18:00—19:00	4.17	4.50	4.50
19:00—20:00	4.17	4.50	4.50
20:00—21:00	4.16	4.50	4.50
21:00—22:00	4.17	4.50	4.80
22:00—23:00	4.17	4.50	4.60
23:00—24:00	4.16	4.50	3.30
累计	100.00	100.00	100.00

第 7 章　给水系统设计用水量

7.1　城镇用水分类、要求和用水量标准

7.1.1　用水分类

城镇用水的种类有很多,各类用水对水质、水量有不同的要求,规划或设计时应分情况考虑。以下是对城镇用水的粗略分类,可能既不完整又有重叠之处。

1. 城镇居民生活用水

城镇居民是城镇供水最主要的对象和最大的用户。对其供水就是要满足城镇居民在家庭生活中的各种用水需求,主要包括饮用、炊事、洗浴、清洁(洗衣、家庭清洁、冲厕、车辆及各种生活用品的清洁)和家庭浇树、浇花等。

2. 城镇单位生活用水

城镇单位生活用水包括学校、机关、医院、部队、办公楼等的用水,其主要用途与居民生活用水相似,有个别情况的特殊要求用水。

3. 公用建筑用水

公用建筑用水包括商场和超级市场、宾馆、饭店、公园、会展中心和各种展览场馆、游乐场所、洗浴场所、游泳场馆等的用水。

4. 消防用水

扑救火灾时所需的消防供水,一般根据火场用水量统计资料及相关规范要求确定。

5. 工业企业用水

现代化大型企业的用水具有上述全部的用水性质和内容,但是对于工业企业,最主要的是工业生产用水,一般如下。

(1)在生产过程中,水参与到产品生产中,成为产品不可缺少的组成部分,如食品工业中的各种酒类产品和饮料产品、化工工业产品、轻工产品如纸浆等。另外还有水虽然不是产品的组成部分,但会在生产过程中用到,如纺织品印染等。

(2)在生产过程中需要用水清洗机械设备、原材料及产品。

(3)很多生产过程都要使用蒸汽,为此要消耗大量的水。

(4)在生产过程中为了给加工品和设备降温要用水,多数情况下这类用水要循环回用,被称作循环冷却水。

(5)在生产过程中为了改善生产条件、提高产品质量和生产效率而进行采暖、空气调节(包括降温、除尘、调节湿度等)需要用水。

(6)有的生产过程将水作为原材料、加工品或废弃物等的运输介质,如火力发电厂(或其他工厂的大型燃煤锅炉)的水力除灰系统、选煤厂的浮选煤系统等。

(7)在生产过程中(上班时间内)工作人员的生活用水和消防用水。

6. 城镇景观环境用水

城镇景观环境用水分为观赏性景观（有河道类、湖泊类和水景类）用水、娱乐性景观（同样有河道类、湖泊类和水景类）用水和地下水人工回灌用水。

7. 城镇杂用水

这类用水范围较广、类型较多，有的与以上用水相重叠。但是由于城镇日益发展，用水量增大，对水资源的需求压力加重，有必要特别列出来，以引起注意。这类用水至少包括以下几项（其中按使用功能有的与前面重复）：

（1）公共厕所及各种类型建筑物室内厕所的冲洗；

（2）城镇、小区、楼群和庭院道路、广场的清扫与洒水；

（3）城镇所有（包括室内）树木、草地等的绿化洒水；

（4）清洗各种车辆、道路设施和市容环境的清洁用水；

（5）工程施工过程中的用水；

（6）消防用水。

8. 未预见用水

未预见用水量是指给水工程设计计算总用水量时，对于难于预测的各项因素而准备的用水量。

9. 管网漏损水量

管网漏损水量是水在输配过程中漏失的水量。

要特别指出的是，以上分类方法是本书提出来的。根据中华人民共和国建设部批准的《室外给水设计标准》（GB 50013—2018），将上述第 1~3 类用水合并为“综合生活用水”；保留第 4、5、8、9 类和浇洒市政道路、广场和绿地用水；第 6、7 类是本书根据当前发展情况列入的，本标准中只有其中的浇洒市政道路、广场和绿地用水。《室外给水设计标准》（GB 50013—2018）中只确定了以下六类用水：

（1）综合生活用水（包括居民生活用水和公共建筑用水）；

（2）工业企业用水；

（3）浇洒市政道路、广场和绿地用水；

（4）管网漏损水量；

（5）未预见用水；

（6）消防用水。

【二维码 7-1】

将居民生活、公建及单位用水综合而成“综合生活用水”，这是在设计计算方法上的一个重大改变，而本书增加的“城镇景观环境用水”和“城镇杂用水”中所新增的各类用水，反映了国内现实生活的新变化。

这些类型繁多的用水，水质、水量、水压都有各自不同的要求，一般来说要根据不同用户的性质和要求以及相关的标准、规范等法定文件确定。

如城镇居民生活用水，水源水质要求由《生活饮用水水源水质标准》（CJ 3020—1993）规定；生活饮用水水质由《生活饮用水卫生标准》（GB 5749—2022）规定；直饮管道供水和罐装水由《饮用净水水质标准》（CJ 94—2005）规定；生活杂用水由《城市污水再生利用 城市杂用水水质》（GB/T 18920—2020）规定。对城镇居民生活用水的水量、水压等问题，由《室外给水设计标准》（GB 50013—2018）规定。消防用水由《消防给水及消火栓系统技术规范》（GB 50974—2014）、《建筑设计防火规范》（GB 50016—2014）等规定。

其他用水也都有相应的标准或规范文件可循，这些文件都是由国家有关机关制定颁布的，具有一定的权威性和法规意义，在相关的技术工作和技术文件编制中应遵守和执行。

这里仅就一般城镇居民生活用水和城镇消防用水的水质、水量、水压要求进行简单介绍。（其他用水的详细规定，请查阅相关的规范性文件。）

7.1.2 居民生活用水要求及用水量标准

（1）居民生活用水定额如表 7.1 所示，综合生活用水定额如表 7.2 所示。

表 7.1 居民生活用水定额 单位：L/（人·d）

城市规模分区	用水情况	超大城市	特大城市	Ⅰ型大城市	Ⅱ型大城市	中等城市	Ⅰ型小城市	Ⅱ型小城市
一区	最高日	180~320	160~300	140~280	130~260	120~240	110~220	100~200
	平均日	140~280	130~250	120~220	110~200	100~180	90~170	80~160
二区	最高日	110~190	100~180	90~170	80~160	70~150	60~140	50~130
	平均日	100~150	90~140	80~130	70~120	60~110	50~100	40~90
三区	最高日	—	—	—	80~150	70~140	60~130	50~120
	平均日	—	—	—	70~110	60~100	50~90	40~80

注：

①居民生活用水是指城市居民日常生活用水。

②超大城市是指城区常住人口 1 000 万人及以上的城市，特大城市是指城区常住人口 500 万人以上 1 000 万人以下的城市，Ⅰ型大城市是指城区常住人口 300 万人以上 500 万人以下的城市，Ⅱ型大城市是指城区常住人口 100 万人以上 300 万人以下的城市，中等城市是指城区常住人口 50 万人以上 100 万人以下的城市，Ⅰ型小城市是指城区常住人口 20 万人以上 50 万人以下的城市，Ⅱ型小城市是指城区常住人口 20 万人以下的城市。以上包括本数，以下不包括本数。

③一区包括：湖北、湖南、江西、浙江、福建、广东、广西、海南、上海、江苏、安徽。

二区包括：重庆、四川、贵州、云南、黑龙江、吉林、辽宁、北京、天津、河北、山西、河南、山东、宁夏、陕西、内蒙古河套以东和甘肃黄河以东的地区。

三区包括：新疆、青海、西藏、内蒙古河套以西及甘肃黄河以西的地区。

④经济开发区和特区城市，根据用水实际情况，用水定额可酌情增加。

⑤当采用海水或污水再生水等作为冲厕用水时，用水定额应相应减少。

表 7.2 综合生活用水定额 单位：L/（人·d）

城市规模分区	用水情况	超大城市	特大城市	Ⅰ型大城市	Ⅱ型大城市	中等城市	Ⅰ型小城市	Ⅱ型小城市
一	最高日	250~480	240~450	230~420	220~400	200~380	190~350	180~320
	平均日	210~400	180~360	150~330	140~300	130~280	120~260	110~240

续表

城市规模分区	用水情况	超大城市	特大城市	Ⅰ型大城市	Ⅱ型大城市	中等城市	Ⅰ型 小城市	Ⅱ型 小城市
二	最高日	200~300	170~280	160~270	150~260	130~240	120~230	110~220
	平均日	150~230	130~210	110~190	90~170	80~160	70~150	60~140
三	最高日	—	—	—	150~250	130~230	120~220	110~210
	平均日	—	—	—	90~160	80~150	70~140	60~130

注：
综合生活用水是指城市居民日常生活用水和公共建筑（和单位）用水，但不包括浇洒市政道路、广场和绿地用水。

【二维码 7-2】

（2）生活饮用水，必须符合现行国家标准《生活饮用水卫生标准》（GB 5749—2022）的有关规定。

（3）当按建筑层数确定生活饮用水管网上的最小服务水头时：一层为 10 m，二层为 12 m，二层以上每增高一层增加 4 m。

（4）工业企业生产用水量、水质和水压，应根据生产工艺要求确定。工业企业内工作人员上班时的生活用水量，应根据车间性质确定，一般可采用 25~35 L/（人·班），时变化系数为 2.5~3.0。另外，淋浴用水量应根据车间卫生特征确定，对于其中因工作需要淋浴的人员一般可采用 40~60 L/（人·班），延续时间为 1 h。

（5）公共建筑内的生活用水量，应按现行国家标准《建筑给水排水设计标准》（GB 50015—2019）执行。

（6）消防用水量、水压及延续时间等，应符合现行国家标准《建筑设计防火规范》（GB 50016—2014）和《消防给水及消火栓系统技术规范》（GB 50974—2014）的有关规定。

（7）浇洒市政道路、广场和绿地用水量，应根据路面、绿化、气候和土壤等条件确定。浇洒市政道路和广场用水量可根据浇洒面积按 2.0~3.0 L/（m^2·d）计算，浇洒绿地用水量可按浇洒面积以 1.0~3.0 L/（m^2·d）计算。

（8）城镇配水管网的漏损水量宜按综合生活用水，工业企业用水，浇洒市政道路、广场和绿地用水量之和的 10% 计算，当单位供水量管长值大或供水压力高时，可按现行行业标准《城镇供水管网漏损控制及评定标准》（CJJ 92—2016）的有关规定适当增加。

（9）未预见用水量应根据水量预测时难以预见因素的程度确定，宜采用综合生活用水，工业企业用水，浇洒市政道路、广场和绿地用水，管网漏损水量之和的 8%~12%。

此外，还提出了一个大的综合指标，即“城市综合用水量”，它是指水厂总供水量，包括前述综合生活用水、工业用水、市政用水及其他用水的总用水量。一般情况下，工业用水和居民生活用水是其中的重要组成部分，鉴于我国各城市的工业结构、生产规模和技术水平千差万别，因此难于提出城市综合用水定额，但是给出了城市综合用水量的调查数据（表 7.3）以供参考。

表 7.3　城市综合用水量调查数据　　单位:L/(人·d)

城市类型用水分区	超大城市	特大城市	Ⅰ型大城市	Ⅱ型大城市	中等城市	Ⅰ型小城市	Ⅱ型小城市
一区	419~661	419~545	224~345	278~520	238~474	207~424	187~380
二区	226~312	251~317	230~343	184~327	146~301	119~243	98~263
三区	—	—	—	195~233	189~445	140~148	149~282

7.2　用水量的变化与计算

7.2.1　用水量的变化

一般来说,用水量在一年之中的不同季节、月份、日期和在一天内的 24 h 之间都可能发生波动,称为用水量的变化。影响这种变化的因素很多,如季节的变化,天气的变化,工作日、休息日和节假日的变化,在一天之内随着时间的推移各个小时用水量也不一样。用水量定额是一个平均值,而且是在设计年限内要达到的用水量最高年份的平均值,由此引出三个重要的反映用水量变化情况的参数,即年变化系数 K_Y、日变化系数 K_d 和时变化系数 K_h。

在设计年限内的设计用水量(即最高年用水量)与期限内平均的年用水量之比值,叫作年变化系数 K_Y。年变化系数由规划或统计数据确定。

在一年中,最高日用水量与平均日用水量之比值,叫作日变化系数 K_d。

在用水量最高日内,最高小时用水量与平均小时用水量之比值,叫作时变化系数 K_h。

日变化系数在规划设计时可由其定义直接导出的下式确定:

$$K_d = \frac{Q_d}{Q_Y / 365} \tag{7-1}$$

式中　K_d——日变化系数;

Q_d——最高日用水量,m^3/d;

Q_Y——全年用水量,m^3/a。

因此,平均日用水量

$$Q_{ad} = \frac{Q_Y}{365} = \frac{Q_d}{K_d} \tag{7-2}$$

式中　Q_{ad}——平均日用水量,m^3/d。

同理,时变化系数因为特指最高日用水条件下的比值,可用下式表示:

$$K_h = \frac{Q_h}{Q_d / 24} \tag{7-3}$$

式中　K_h——时变化系数;

Q_h——最高日最高时用水量,m^3/h。

对于在运行中的给水系统,可以根据运行统计记录或自动监测的数据库,得出每小时的用水量记录,做出用水量变化曲线,并以相对于全日用水总量的百分数表示,某三个城市用水量最高日各小时用水量占各自城市的最高日用水量的百分比如表 7.4 所示。

表 7.4　某三个城市时用水量变化

时间	时用水量(占全日总用水量的百分比 /%)		
	某中等城市时用水量	某大城市时用水量	某特大城市时用水量
00:00—01:00	1.50	2.50	3.35
01:00—02:00	1.50	2.60	3.25
02:00—03:00	1.50	3.00	3.30
03:00—04:00	1.50	3.20	3.20
04:00—05:00	2.50	3.50	3.25
05:00—06:00	3.50	4.10	3.40
06:00—07:00	4.50	4.50	3.85
07:00—08:00	5.50	4.90	4.45
08:00—09:00	6.25	4.90	5.20
09:00—10:00	6.25	5.60	5.05
10:00—11:00	6.25	4.90	4.85
11:00—12:00	6.25	4.70	4.60
12:00—13:00	5.00	4.40	4.60
13:00—14:00	5.00	4.10	4.55
14:00—15:00	5.50	4.10	4.75
15:00—16:00	6.00	4.40	4.70
16:00—17:00	6.00	4.30	4.65
17:00—18:00	5.50	4.50	4.35
18:00—19:00	5.00	4.80	4.40
19:00—20:00	4.50	4.50	4.30
20:00—21:00	4.00	4.50	4.30
21:00—22:00	3.00	4.50	4.20
22:00—23:00	2.00	4.20	3.75
23:00—24:00	1.50	3.30	3.70
百分比之和	100.00	100.00	100.00
K_h	1.50	1.35	1.25

为了直观地表示时用水量的变化情况,引用了不同规模城市的时用水量变化曲线如图 7.1 至图 7.3 所示。从时用水量变化表特别是变化曲线可以看出下列规律。

(1)三种不同类型的城市时用水量都有相同的变化规律,即夜间用水量较小、白天用水量较大,而且在午间和晚饭前后形成两个高峰,但城市越大波动幅度越小。可以推出,特大型城市随着规模扩大,其时用水量变化曲线进一步趋于平缓;反之,中小型城市的规模越小,其时用水量变化曲线的变化幅度越大。

(2)变化曲线不是以水量的绝对值表示,而是以相对的百分数表示,故有可比性。全天用水量按 100% 计,则每小时的平均值约为 4.167%,由此可计算出各城市的时变化系数。

(3)根据时用水量变化曲线,可以合理调节供水量的大小,调度水泵站的运转工作。

在具体设计中可根据《室外给水设计标准》(GB 50013—2018)第 4.0.9 条:“城镇供水的时变化系数、日变化系数应根据城镇性质和规模、国民经济和社会发展、供水系统布局,结合现状供水曲线和日用水变化分析确定。当缺乏实际用水资料时,最高日城市综合用水的时变化系数宜采用 1.2~1.6,日变化系数宜采用 1.1~1.5。当二次供水设施较多采用叠压供水模式时,时变化系数宜取大值。”这是根据国内 666 个城市 2002—2014 年调查统计的最高日供水变化曲线,得出最高日城市综合用水的变化系数。经过综合分析研究后,规定时变化系数宜采用 1.2~1.6,日变化系数宜采用 1.1~1.5。大中城市的用水比较均匀, K_h 值较小,可取下限;小城市可取上限,个别小城镇的变化系数可以突破上限。

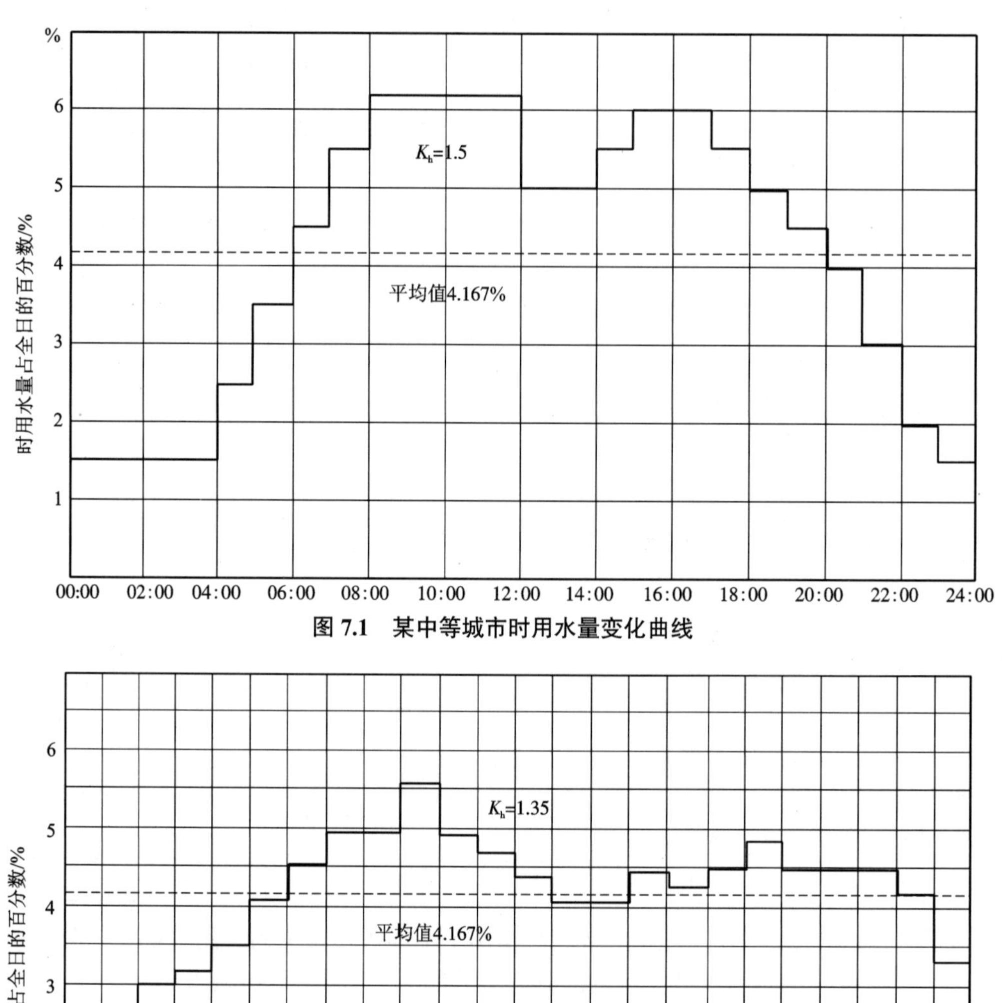

图 7.1　某中等城市时用水量变化曲线

时用水量占全日的百分数/%

K_h=1.35

平均值4.167%

00:00 02:00 04:00 06:00 08:00 10:00 12:00 14:00 16:00 18:00 20:00 22:00 24:00

图 7.2　某大城市时用水量变化曲线

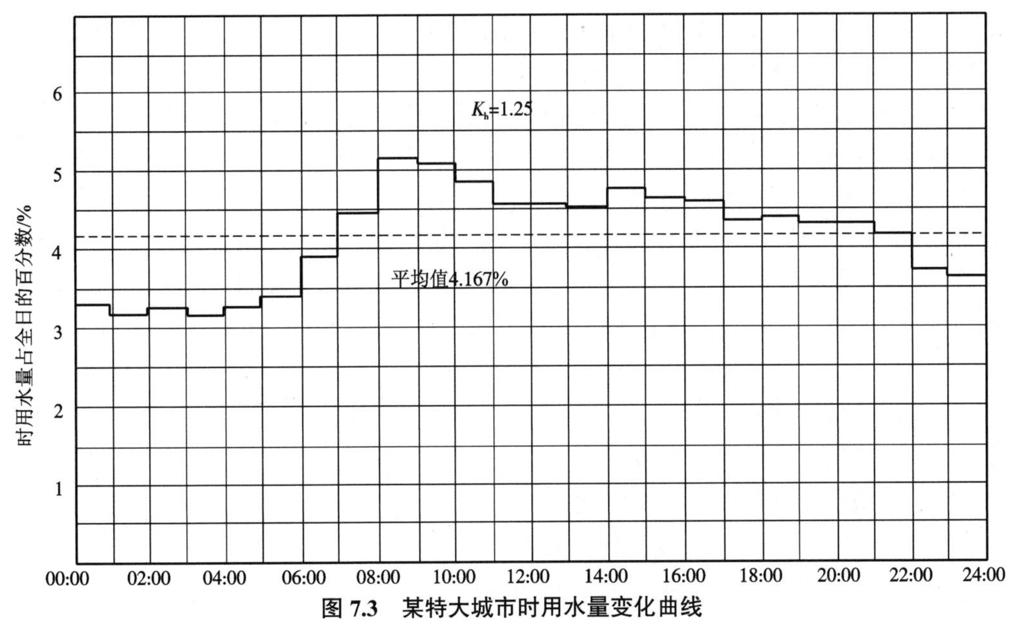

图 7.3　某特大城市时用水量变化曲线

7.2.2　用水量的计算

计算城市总用水量时，应包括设计年限内系统应供给的全部用水。

1. 综合生活用水量

如前所述，综合生活用水指城市居民生活用水和公共建筑用水（包括团体单位），但不包括浇洒市政道路、绿地用水和其他市政用水。对于城市给水系统应参照前述表 7.2 综合生活用水定额中的规定选用。选用时应按地理分区、城市大小、城市发展情况、经济水平、人民生活和住房条件等选取具体的数值，并考虑城市近期发展和远期规划，结合现状和附近地区的用水情况，还要估计水资源和水价的影响。综合考虑以上各种影响用水量增加或降低的因素，恰当地决定用水量定额采用值。

根据对以上诸多因素的考虑，在同一个城市的同一给水管网系统中可能有不同的用水量定额值，应对各不同值分别计算再求和。

此算法的综合生活用水量可按下式计算：

$$Q_1 = \sum q_i N_i / 1\,000 \tag{7-4}$$

式中　Q_1——系统中综合生活用水总量，m^3/d；

q_i——各供水区的综合生活用水量定额，L/（人·d）；

N_i——各供水区的规划人口数，人。

这里要注意的是，在“综合生活用水定额”表中提出的 q_i 的数值，有“最高日”和“平均日”两种，采用的是哪一种，计算出的 Q_1 就是相应的那一种，一般在计算中统一采用最高日用水量。

2. 工业企业用水量

对于大中型城市中的工业企业，由于涉及多个不同类型、不同行业，很难分门别类地搜集和统计各种企业的用水量资料，因此一般采用两种指标来计算，即按万元产值计算用水量指标和按工业用地计算用水量指标。

对于大中型城市的给水系统，由于在同一城市中存在多个不同行业的工业企业，即使是同一行业的不同企业之间的用水情况也不一致，又因为难以搜集和统计各企业的用水量资料，因此一般采用万元产值用水量指标来计算城市的生产用水量。所谓万元产值用水量指标，就是按当地每年的工业用水总量除以当年的工业总产值得出该年的万元产值用水量，根据历史统计资料计算多年的数据并进行曲线拟合，得出某种形式的万元产值用水量的统计表达式。可根据城市在给水系统设计期的万元总产值数计算出万元产值用水量：

$$Q_2 = P \cdot Q_P / 365 \tag{7-5}$$

式中 Q_2——最高日工业企业用水总量，m^3/d；

P——城市工业总产值，万元 / 年；

Q_P——万元产值用水量标准，m^3/ 万元。

确定万元产值用水量指标时，还要按城市发展规划，参照相关或类似地区的万元产值用水量指标。随着管理水平的提高、工艺条件的改进、产品结构的调整和工业产值的增长，万元产值用水量指标一般是逐年降低的。

对于小型城市、工业区或镇，除了可用上述工业总产值法进行用水量计算外，也可以通过对设备数量或产品数量逐项进行用水量统计计算，另外还需考虑厂区生活用水和职工上班时的生活用水（一般 25~35 L/（人·班））和淋浴用水（一般 40~60 L/（人·班））。

3. 消防用水量

室外消防用水量定额，应根据《建筑设计防火规范》（GB 50016），按同一时间内的火灾次数（处数）和一次灭火用水量确定，并作为参考，其取值应不小于表 7.5 的规定。

表 7.5 城镇、居住区室外消防用水量

人数 / 万人	同时发生火灾次数	一次灭火用水量 /（L/s）	人数 / 万人	同时发生火灾次数	一次灭火用水量 /（L/s）
≤ 1.0	1	15	≤ 30.0	2	60
≤ 2.5	1	20	≤ 40.0	2	75
≤ 5.0	2	30	≤ 50.0	3	75
≤ 10.0	2	35	≤ 70.0	3	90
≤ 20.0	2	45	>70.0	3	100

4. 浇洒道路和绿地用水

原国家标准《室外给水设计规范》（GB 50013—2006）规定：浇洒道路用水量，按照路面情况和气候条件，一般宜采用 2.0 L/（次·m^2），每天 1~2 次；绿地用水量，按绿化面积、气候和土壤条件，一般采用 4.0 L/（次·m^2）。而现行国家标准《室外给水设计标准》（GB 50013—2018）第 4.0.6 条规定："浇洒市政道路、广场和绿地用水量应根据路面、绿化、气候和土壤等条件确定。浇洒道路和广场用水可根据浇洒面积按 2.0~3.0 L/（m^2·d）计算，浇洒绿地用水可根据浇洒面积按 1.0~3.0 L/（m^2·d）计算。"新标准加大了灵活性。

5. 管网漏损水量

根据《室外给水设计标准》(GB 50013—2018)第 4.0.7 条规定:“城镇配水管网的基本漏损水量宜按综合生活用水,工业企业用水,浇洒市政道路、广场和绿地用水量之和的 10% 计算,当单位供水量管长值大或供水压力高时,可按现行行业标准《城镇供水管网漏损控制及评定标准》CJJ 92 的有关规定适当增加。”

6. 未预见用水

根据《室外给水设计标准》(GB 50013—2018)第 4.0.8 条规定:“未预见水量应根据水量预测时难以预见因素的程度确定,宜采用综合生活用水,工业企业用水,浇洒市政道路、广场和绿地用水,管网漏损水量之和的 8%~12%。”

以下用一个计算实例说明各指标的用法及计算方法。

例 7.1　我国西部四川沱江边某中小型城市,规划人口 25 万人,自来水按人口的普及率为 95%。除自备水源外,还有由城市给水系统供水的工业企业 8 家,其主要情况及用水资料简况如表 7.6 所示。城市需要取用统一管网浇洒的道路面积为 40 hm^2,需要取用统一管网浇洒的绿化面积为 100 hm^2。试计算全管网最高日设计用水量。

表 7.6　某市 8 家主要工业企业用水量情况

企业编号	工业产值 /(万元/d)	生产用水		生产班制小时段	各班职工数/人		各班淋浴人数/人	
		定额 /(m^3/万元)	重复利用率 /%		一般车间	高温车间	一般车间	污染车间
1	21.2	410	50	06:00—14:00, 14:00—22:00	250	110	190	50
2	17.8	180	35	00:00—08:00, 08:00—16:00, 16:00—24:00	180	20	60	15
3	9.6	65	10	09:00—17:00	170	35	95	20
4	32.4	84	65	07:00—15:00, 15:00—23:00	420	50	280	35
5	5.9	150	15	00:00—08:00, 08:00—16:00, 16:00—24:00	120	10	85	8
6	70.8	240	52	09:00—17:00	710	60	290	25
7	7.4	95	12	06:00—14:00, 14:00—22:00, 22:00—06:00	110	15	58	10
8	83.5	70	18	09:00—17:00	820	40	370	28

解　(1)综合生活用水量。根据表 7.2,该市人口为 25 万人,不满 50 万人,属于Ⅰ型小城市,位于四川,属于二区,综合生活用水定额最高日用水量应为 120~230 L/(人·d),考虑到该市比较发达,人们生活水平较高,经济条件较好,公路、铁路交通便利,又靠近大城市,流动人口较多,商业、贸易、文化都很发达,且水资源又较丰富,水质和取水条件都较好,同时参考了相邻的类似城市,也参考了相邻的用水量较大及较小的城市,选取最高日用水定额为

230 L/(人·d)。

故该市最高日综合生活用水量为

$$Q_1 = 230 \times 250\,000 / 1\,000 \times 0.95 = 54\,625\ \text{m}^3/\text{d}$$

(2)工业企业用水量。工业企业用水量分两部分计算,第一部分为生产用水,第二部分为生活用水。生产用水部分根据表 7.6 提供的依据计算,如表 7.7 所示。

表 7.7 工业企业生产用水量计算

企业编号	工业产值 /(万元 /d)	生产用水			生产用水量 /(m³/d)
		定额 /(m³/ 万元)	重复利用率 / %	实用定额 /(m³/ 万元)	
1	21.2	410	50	205	4 346
2	17.8	180	35	117	2 082.6
3	9.6	65	10	58.5	561.6
4	32.4	84	65	29.4	952.6
5	5.9	150	15	127.5	752.3
6	70.8	240	52	115.2	8 156.2
7	7.4	95	12	83.6	618.6
8	83.5	70	18	57.4	4 792.9
共计	248.6				22 262.8

在计算时,表 7.7 中的第 1、2、3、4 栏都来自表 7.6;第 5 栏为第 3 栏与(1 减第 4 栏百分数的差)之乘积,如 2 号企业为 $180 \times (1-0.35) = 117$;第 6 栏为第 2 栏与第 5 栏之乘积,如第 3 号企业为 $9.6 \times 58.5 = 561.6$;最后第 6 栏合计为 22 262.8 m³/d,即所求生产用水量 Q_{2A}。

职工上班时的生活用水部分在表 7.8 中计算。

表 7.8 工业企业职工生活和淋浴用水量计算表

企业编号	班制	生活用水 /(m³/d)				淋浴用水 /(m³/d)				日用水量合计 /(m³/d)
		一般车间 25 L/(人·班)		高温车间 35 L/(人·班)		一般车间 40 L/(人·班)		污染车间 60 L/(人·班)		
		每班人数	日用水量	每班人数	日用水量	每班人数	日用水量	每班人数	日用水量	
1	2	250	12.50	110	7.70	190	15.20	50	6.00	41.40
2	3	180	13.50	20	2.10	60	7.20	15	2.70	25.50
3	1	170	4.25	35	1.23	95	3.80	20	1.20	10.48
4	2	420	21.00	50	3.50	280	22.40	35	4.20	51.50
5	3	120	9.00	10	1.05	85	10.20	8	1.44	21.69
6	1	710	17.75	60	2.10	290	11.60	25	1.50	32.95
7	3	110	8.25	15	1.58	58	6.96	10	1.80	18.59
8	1	820	20.50	40	1.40	370	14.80	28	1.68	38.38
共计										240.50

在计算时，表 7.8 中第 1、2、3、5、7、9 栏的数据都来自表 7.6，第 4 栏的数据为用水定额、第 2 栏、第 3 栏三者之积，其他第 6、8、10 栏依此类推；第 11 栏为第 4、6、8、10 栏四者之和；最后第 11 栏合计为 240.50 m^3/d 为所求生活和淋浴用水的总量 Q_{2B}。

从上述计算结果，工业企业最高日用水总量为

$$Q_2 = Q_{2A} + Q_{2B} = 22\,262.8 + 240.5 = 22\,503.3\ \text{m}^3/\text{d}$$

由此可以看出，工业企业的生活和淋浴用水总量占工业企业总水量的 1% 左右，占城市总用水量的比例更小，因此这一部分水量是否有必要详细计算，读者可根据具体情况决定。

（3）消防用水量。参考表 7.5（今后读者在实用中应参考现行有效的相关规范）可以看出，人数多于 20 万人而少于 30 万人时，室外消防同时发生火灾 2 次，每次用水量 60 L/s。

因此，消防流量为

$$Q = 2 \times 60 = 120\ \text{L/s}$$

注意此处消防流量以“L/s”计，而不是在一定时段内的总水量。

（4）浇洒市政道路和绿地用水量。考虑当地气候等情况，浇洒市政道路取 2.5 L/（m^2·d），每日按 1 次计算；绿地用水根据当地土壤和气候条件，一般平均取 2.0 L/（m^2·d）。

因此，浇洒市政道路和绿地用水量 Q_3 为

$$Q_3 = (2.5 \times 40 \times 10\,000 + 2 \times 100 \times 10\,000) / 1\,000 = 3\,000\ \text{m}^3/\text{d}$$

（5）管网漏损水量。这部分水量按正常供水（以上各项用水中消防用水除外）最高日用水量的 10% 计算，则

$$\begin{aligned} Q_4 &= 0.10 \times (Q_1 + Q_2 + Q_3) \\ &= 0.10 \times (54\,625 + 22\,503.3 + 3\,000) \\ &= 8\,012.83\ \text{m}^3/\text{d} \end{aligned}$$

（6）未预见用水量。这部分水量按正常供水（以上各项用水中消防用水除外）最高日用水量的 8%~12% 计算，如取 12%，则

$$\begin{aligned} Q_5 &= 0.12 \times (Q_1 + Q_2 + Q_3 + Q_4) \\ &= 0.12 \times (54\,625 + 22\,503.3 + 3\,000 + 8\,012.83) \\ &= 10\,576.9\ \text{m}^3/\text{d} \end{aligned}$$

（7）最高日设计用水量（正常工作时，不包括消防用水）为

$$\begin{aligned} Q_d &= Q_1 + Q_2 + Q_3 + Q_4 + Q_5 \\ &= 54\,625 + 22\,503.3 + 3\,000 + 8\,012.83 + 10\,576.9 \\ &= 98\,718.03\ \text{m}^3/\text{d} \end{aligned}$$

取 $Q_d = 100\,000\ \text{m}^3/\text{d}$ 设计。

通过以上计算，得出如下重要结果：

（1）该市给水系统设计最高日正常用水量 $Q_d = 100\,000\ \text{m}^3/\text{d}$；

（2）该市给水系统设计消防用水流量 $Q_f = Q = 120\ \text{L/s}$。

这两个设计参数在之后给水系统各部分的计算中要用到。

思考题

1. 设计城市给水系统时应考虑哪些用水量？
2. 居住区生活用水量定额是按哪些条件制定的？
3. 影响生活用水量的主要因素有哪些？
4. 城市大小和消防流量的关系如何？
5. 怎样估计工业生产用水量？
6. 说明日变化系数 K_d 和时变化系数 K_h 的意义。它们的大小对设计流量有何影响？

习　题

1. 某城市最高日用水量为 1.5×10^5 m³/d，每小时用水量变化如习题 1 表所示，求：(1)最高日最高时和平均时的流量；(2)绘制用水量变化曲线；(3)拟定二级泵站工作线，确定泵站的流量。

习题 1 表

时间	00:00—01:00	01:00—02:00	02:00—03:00	03:00—04:00	04:00—05:00	05:00—06:00	06:00—07:00	07:00—08:00
用水量 /%	2.53	2.45	2.50	2.53	2.57	3.09	5.31	4.92
时间	08:00—09:00	09:00—10:00	10:00—11:00	11:00—12:00	12:00—13:00	13:00—14:00	14:00—15:00	15:00—16:00
用水量 /%	5.17	5.10	5.21	5.21	5.09	4.81	4.99	4.70
时间	16:00—17:00	17:00—18:00	18:00—19:00	19:00—20:00	20:00—21:00	21:00—22:00	22:00—23:00	23:00—24:00
用水量 /%	4.62	4.97	5.18	4.89	4.39	4.17	3.12	2 .48

2. 位于一区的某城市，用水人口 65 万人，求该城市的最高日居民生活用水量和综合生活用水量。

3. 某城市最高日用水量为 1.5×10^5 m³/d，管网中无水塔，用水量变化曲线参照图 7.1，求最高日最高时、平均时、一级和二级泵站的设计流量（单位为 m³/s）。

第 8 章　给水管网系统设计计算

8.1　给水管网的计算课题

在给水工程的规划和设计中，要保证完成供水功能，即在保证安全、卫生、水质、水量、水压要求的前提下，以尽可能少的投资和尽可能低的经营费用，实现城市各种用水的供给。

给水工程总投资中，输水管渠和配水管网（包括管道、管网上的各种附属设施）费用所占比例是很大的。各地的统计材料显示，这部分投资占全系统总投资的大部分或绝大部分，多数占 70%~80%。因此，必须认真对待这部分工程的建设，进行多种方案技术经济的比较，详尽而审慎地考虑各种设计情况和条件，并处理好当前和未来、近期和远期的各种关系，得出经济合理的最佳方案。

8.1.1　几种不同的计算情况

按照《室外给水设计标准》（GB 50013—2018）第 7.1.10 条规定："配水管网应按最高日最高时用水量及设计水压进行计算，并应按下列 3 种设计工况校核：①消防时的流量和水压要求；②最大转输时的流量和水压要求；③最不利管段发生故障时的事故用水量和水压要求。"

城市的新建、改建或扩建的给水管网设计，应按各种可能发生的情况计算，并分别满足各种情况下的特定要求，按规范分别进行如下讨论。

1. 最高日最高时正常供水情况下进行计算

这是管网计算中应最主要考虑的情况，此时的设计总流量为最高日最高时流量，一般以 m^3/h、m^3/s、L/s 计。

前面已能计算出最高日用水量 Q_d（以 m^3/d 表示），再考虑乘以时变化系数并除以 24 h，即为最高日最高时流量。2018 年修订的《室外给水设计标准》（GB 50013）第 4.0.9 条规定："城镇供水的时变化系数、日变化系数应根据城镇性质和规模、国民经济和社会发展、供水系统布局，结合现状供水曲线和日用水变化分析确定。当缺乏实际用水资料时，最高日城市综合用水的时变化系数宜采用 1.2~1.6，日变化系数宜采用 1.1~1.5。当二次供水设施较多采用叠压供水模式时，时变化系数宜取大值。"

此时供水水压应满足最不利点的最小服务水头要求，此水头由送水泵站设计来保证。正常工作时的服务水头要求，根据《室外给水设计标准》（GB 50013—2018）第 3.0.10 条规定："给水管网水压按直接供水的建筑层数确定时，用户接管处的最小服务水头，一层应为 10 m，二层应为 12 m，二层以上每增加一层应增加 4 m。当二次供水设施较多采用叠压供水模式时，给水管网水压直接供水用户接管处的最小服务水头宜适当增加。"

因此，在前例已算出正常供水的最高日用水量 Q_d=100 000 m^3/d 的情况下，设计选取时变化系数为 K_h=1.5，则最高日最高时设计流量 Q 为

$$Q_s = K_h \times Q_d / 24 = 1.5 \times 100\,000 / 24 = 6\,250 \text{ m}^3/\text{h} \tag{8-1}$$

或

$$Q_s = 6\,250 \times 1\,000 / 3\,600 = 1\,736.1 \text{ L/s} \tag{8-2}$$

2. 最高日最高时加消防流量和水压进行校核

校核的目的是在满足正常工作的同时，还要满足校核条件下的工作要求。如不满足校核要求，即此时管网最不利点的水压不满足要求或某些管段流速过大，那么应放大部分关键管段的直径，以提高服务水头或降低管段流速以达到要求值。

消防时的管网校核是以最高时用水量确定的管径为基础，然后按最高时用水流量加上消防流量进行流量分配，求出消防时的管段流量和水头损失。由式(8-2)可知，最高日最高时设计流量 Q_s=1 736.1 L/s，而消防流量 Q_f=120 L/s，故消防校核的设计流量：

$$Q_m=Q_s+Q_f=1\,736.1+120=1\,856.1 \text{ L/s} \tag{8-3}$$

计算水头损失时考虑在控制点、最高最远点、靠近大用水户等处布置着火点，通过水力计算，求出最小的服务水头。按现行的有关规范，消防发生时按低压消防制考虑管网中的消防服务压力，应有不低于 10 m 的自由水头。

从以上分析可以看出：消防时管网流量大于正常工作时的流量，而所需自由水头小于正常工作时的水头。因此，在这两种情况下，设计流量和所需水头是互为消长的。其结果是消防时流量增加了，管网中的水压降必然加大，而所需的自由水头反而减小，水压降和控制点自由水头之和与正常供水时相比有可能变大，也有可能变小，从而按最高用水时确定的水泵扬程在消防时可能有余，也可能不足。如果扬程有余，则消防校核就可通过；反之扬程不足，则需要修改以前的设计。

修改的途径可能有两个：一个是增设一套消防水泵，以达到消防时的压力要求；另一个是当消防扬程大的不太多时，可放大一部分管段的管径，以降低水头损失，从而使两种状况下的扬程接近。提高扬程必然增加日常运行的电耗，从而增大运行费用；放大管径则增加建设投资。

一般当管网供水长度大而城市总水量小，且设计楼层不高时，由于消防水量所占比例较大，而管网水头损失较大，消防校核计算时水压不利。反之，当管网供水长度相对不大而城市总水量较大，且因大城市按六层 28 m 服务水头计算时，则相反，即消防校核计算时有可能所需扬程低于正常最高用水时的扬程。这是因为需要的服务水头由 28 m 降为 10 m，而大城市由于消防流量的增加远远达不到增加 18 m 的水头损失。

3. 最大转输时的流量和水压校核

前面讲过前置水塔、中间水塔及对置水塔(如有地形可以利用也可以说是前置池、中间池及调节水池)，并且讲了部分水压曲线。所谓最大转输，是针对对置水塔(或调节水池)或靠管网后端的中间水塔(或调节水池)而言的一种特殊工况。转输指当水塔处于进水情况下，水由送水泵站经过管网输送到水塔，往水塔充水。这样对水塔而言，其前端的管网在给用户供水的同时起到向水塔输水的作用，这就是管网向水塔“转输”水。最大转输中“最大”的含义是当水进入水塔量最大时，管网水头损失较大，处于一种不利的状况，因而对此流量和水压关系要进行校核，使送水泵扬程满足最大转输的要求。由于在一般城市供水系统中较少用水塔，这种校核情况就很少使用了。

4. 最不利管段发生故障时的事故用水量和水压校核

供水系统不仅影响千家万户，而且对某些生产的用水安全起到很重要的作用，一旦停水，不仅会造成经济损失，而且容易引发安全事故和造成不良的社会影响。事故校核就是要在管网局部发生事故的情况下，对整个管网的工作进行安全评估。

事故校核的要求是当管网中有一段很主要的管段发生事故要停水时，还能靠送水泵站和管网保证正常最大用水时的 70% 以上的水量和原服务水压。但是对工业企业内的管网系统事故流量按具体要求规定。

事故校核中“事故用水量”的取值为正常高时用水量的 70%。而服务水压考虑消防情况下，最不利点保证最小的服务水头，这是消防规范要求的，这对大城市的管网比较有利，火灾时一般都能保证 10 m 的自由水头。

8.1.2　计算情况的分类与计算步骤

从以上几种设计和校核情况可以将计算概括为设计和校核两类任务，更重要的是工程实际中有新管网的设计和原有旧管网的扩建或改造的情况，相应地分成两类课题。

1. 第一类课题——管网设计计算

（1）管网定线。决定管网计算图形，确定各环、各管段、各节点，分别编号并定管长。

（2）求出管网的总设计流量。将总设计流量分配到各个管段上，或计算沿线流量，将管段上的流量转化为节点流量。

（3）按节点流量平衡分配各管段的流量。拟定管径，并初步计算各管段的水头损失。

（4）若初次计算的各管段水头损失不满足环路闭合差的要求，重新调整管段流量，再计算管段水头损失，并求闭合差。重复这一阶段的三步，直到闭合差满足一定要求为止。

（5）从控制点到送水泵站沿任一路径求各个管段水头损失之和（在达到上述闭合差后，沿任何路径计算的结果都不应超过误差限），再加上控制点服务水头和地面高程，即得出送水泵站出水所应达到的水压高程。

（6）根据（5）计算出的送水泵站出水水压高程求泵站设计扬程。

2. 第二类课题——管网校核计算

如属于前面所讲的几种校核课题，则步骤大部分与第一类课题相同。由于是校核课题，上述第（1）步已完成，故没有上述的第（1）步。

（1）同第一类课题第（2）步。

（2）与第一类课题的第（3）步相同，只是一般不重新拟定管径，对少数可能过小的管径要适当放大。

（3）此后各步同第一类课题的第（4）~（6）步。

如属于扩建改造任务，则基本计算步骤同第一类课题，不同的是首先要对新增或扩建改造的管段定线并相应地修改图形，其余内容与之相同。

另外还有一种情况，既非新建系统，也不是已有系统的扩建改造，而是对现有管网的水力状况分析，这完全是另一类问题，实际上扩建改造也有类似要求，要计算应首先简化管网图形。

8.1.3　管网的简化原则与方法

城市给水管网的计算以现有管网的核算和扩建计算最为常见，为计算方便，常依据水力等效原理，将局部管网进行简化，保留主要的干管，略去一些次要的、水力条件影响较小的管线。管网越简化，计算工作量越低，然而过分简化的管网，计算结果难免与实际用水情况差别较大。因此，管网简化是在保证计算结果与实际情况接近的前提下进行的，简化后的管网与实际管网应具有相同的水力条件，即水力等效。如两条并联管道简化为一条后，在总输水量相同的情况下，应具有相同的水头损失。

1. 串联管道的简化

当两条或两条以上管道串联使用时，设它们的长度和直径分别为 l_1，l_2，⋯，l_N 和 d_1，d_2，⋯，d_N，如图 8.1 所示，可以将它们等效简化为一条直径为 d、长度为 l 的管道，则管道的长度 $l=l_1+l_2+\cdots+l_N$

单个管段的水头损失为：

$$h_f=k\frac{q^n}{d^m}l \tag{8-4}$$

式中　k,n,m——常数和指数。

根据水力等效原则，管道直径为

$$d=\left(l/\sum_{i=1}^{N}\frac{l_i}{d_i^m}\right)^{\frac{l}{m}} \tag{8-5}$$

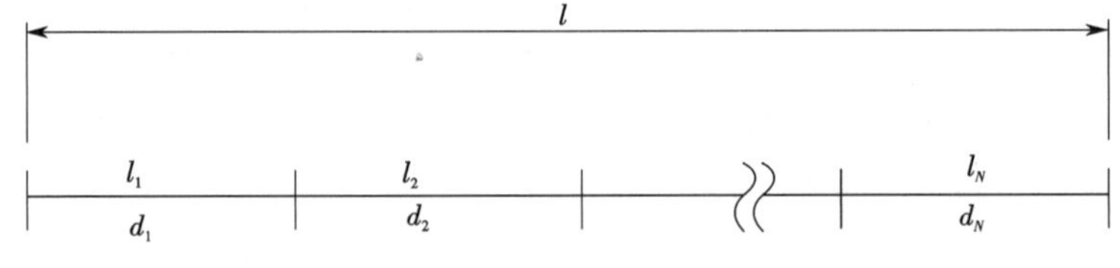

图 8.1　管道串联示意图

2. 并联管道的简化

当两条或两条以上管道并联使用时，各并联管道的长度 l 相等，设它们的直径和流量分别为 d_1，d_2，⋯，d_N 和 q_1，q_2，⋯，q_N，如图 8.2 所示，可以将它们等效简化为一条直径为 d、长度为 l 的管道，则管道输送的总流量为

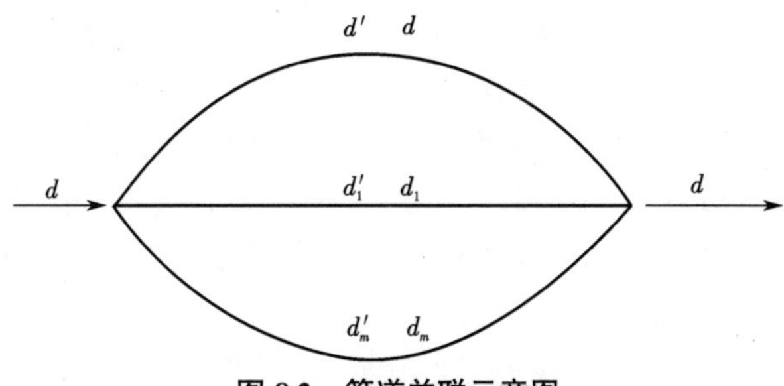

图 8.2　管道并联示意图

$q = q_1+q_2+\cdots+q_N$

根据水力等效原则和式(8-4),得

$$k\frac{q^n}{d^m}l = k\frac{q_1^n}{d_1^m}l = k\frac{q_2^n}{d_2^m}l = \cdots = k\frac{q_N^n}{d_N^m}l \tag{8-6}$$

则

$$d = \left(\sum_{i=1}^{N} d_i^{\frac{m}{n}}\right)^{\frac{n}{m}} \tag{8-7}$$

当并联各管道直径相等,即 $d_1=d_2=\cdots=d_N$ 时,则

$$d = \left(Nd_i^{\frac{m}{n}}\right)^{\frac{n}{m}} = N^{\frac{n}{m}}d_i \tag{8-8}$$

8.2　集中流量、沿线流量和节点流量

8.2.1　管网中水量分布情况

水由管网向分散在各处的大大小小的用户分配,而各种管线分配的方式是有所不同的。

1. 分配管

在管网中居于“第一线”配水的管线应是分配管。从用户数来说,小用水户几乎全部是从分配管取水,另外有部分中等用水户也是从分配管取水。因此,假如用图形示意来表示分配管的配水情况则如图 8.3 所示。A、B 两点之间表示分散流量。

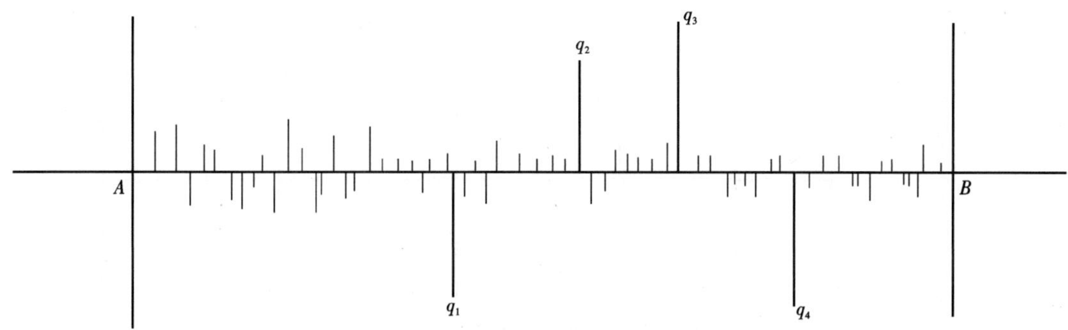

图 8.3　分配管配水及沿线流量示意图

图 8.3 中 AB 表示分配管，与 AB 管线在 A、B 两点相交的是支干管或其他的配水管，在配水管上能看见长短不一、距离不等的小竖线，其中有 4 根比较长，这些线条每一根代表一条给用户供水的用户配水管，这些线条的长度不是表示管道的长度，而是按相对比例表示各用户取水量的大小。可以看出，用户取水量大小不一，其位置在分配管上分布也很不规则，但是用户配水管的数目比较多，取水量都比较小，只有少数几根取水量较大的中等用水户。

像这样的配水图显然无法逐户逐段进行流量计算。计算时可根据大量观察和理论推导，首先近似地将这种沿线流量转换为均布流量，如图 8.4 所示。配水管 AB 沿线向两侧均匀配水，其分配的总流量等于图 8.3 中各沿线流量之和。设以 q_i 表示 AB 配水管上各中、小用户的沿线流量，则 $Q_{si}=\sum_i q_i$ 表示沿线流量之和，其值就是该管段的全部均布流量，由此可引申出一个很重要，而且今后会经常用到的概念或计算参数——比流量 q_s。

$$q_s=\frac{\sum_i q_i}{l}=\frac{Q_{si}}{l} \tag{8-9}$$

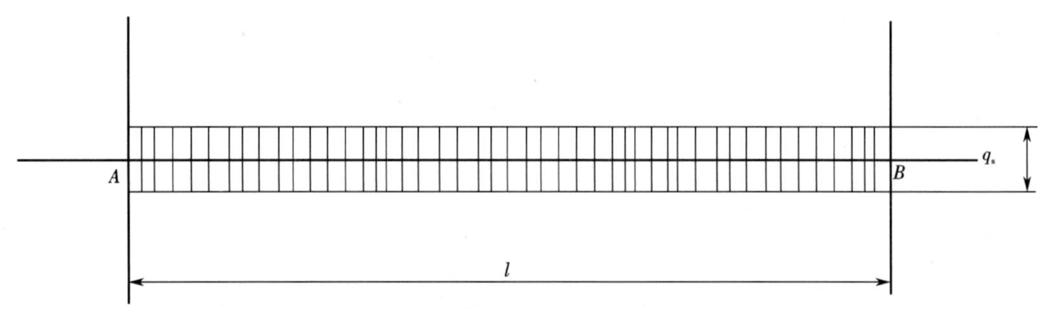

图 8.4　沿线流量转换为均布流量示意图

比流量就是将分配管上距离不等且大小不等的非均匀沿线流量转换为该管线沿全长均匀分布的单位管长担负的配水量。

2. 次干管

对于配水任务来说，次干管起到“第二线”的作用，主要是将水从主干管输送到配水管，同时供水给沿线的大用户和个别中、小用户。图 8.5 是次干管配水的假想图形。CD 是次干管，在其上用分配管送出各个沿线流量 $Q_1,Q_2,\cdots,Q_8$，这些沿线流量与分配管相同，也转换为均布流量，从而产生比流量。依此类推，次干管向上连接主干管，再向上通过输水管与泵站相连，形成输配系统。

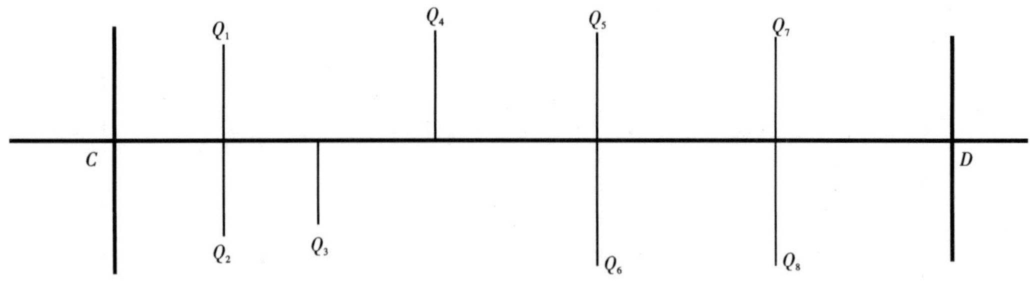

图 8.5　次干管配水和沿线流量示意图

3. 管网中的配水管和输水管

严格来说,各个不同的分配管、各个不同的次干管以及分配管与次干管之间,各自的比流量是不相等的,这样就给计算工作带来很大的麻烦,当管网规模很大时,分别计算是非常困难的。因此,实际工作中常根据大量的经验采取进一步简化,将分配管和次干管取统一的比流量,而主干管主要起输水作用,一般不连接小口径的分配管(供水部门在管网的管理中,一般不允许在大口径的主干管上直接接用户,这主要是从管网的安全和管理角度考虑)。这样,管网中的各管线又可以分为两种:一种是起输水作用的输水管和主干管,另一种是起配水作用的次干管和分配管。但这只是一个大体上的分类,在实际工程中没有明确和绝对的界限。

8.2.2　集中流量与均布流量

前面讨论的主要是将分散的沿线流量转换为均布流量的问题,但是有一类用户,集中在配水管的某一点取用大量水,这种用户的数目不算太多,可以逐个考虑,分别计算,称之为集中流量。图 8.6 为在一部分管网中的集中流量与均布流量。

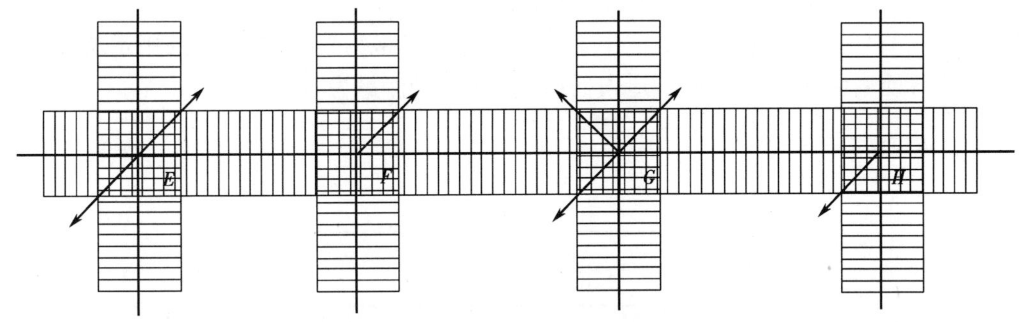

图 8.6　集中流量与均布流量示意图

图 8.6 中 E、F、G、H 四点有集中流量流出,同时各管线都有沿线均布流量。一般集中流量都设在用水点附近的管网节点上,如果在大用户附近原来没有布置管网节点,那么也应在该处为此专门增加一处节点,以便于以后计算时使用。

那么,什么是管网上的节点,什么是管段呢? 在管网计算简图中(计算简图并不是管网实际的完整的图形,而是经过简化整理加工的图形,它既能代表真实管网,又便于分析计算),符合下列各种情况的点上设置节点,两节点之间的管线即为管段。

(1)管线交叉点上。

(2)管径改变点上。

(3)有特大流量输出的地方或大用户附近,也就是流量改变的地方。

(4)管材改变点,也就是阻力系数或水力计算公式有变化的地方。

(5)其他需要设置的地方。

(6)除以上情况外,如特长管线,虽不属于上述情况,但也可以考虑在管线的适当位置增设一节点;如管线拐弯处,也不属于上述情况,一般没必要设节点,但如果利用程序绘图,那么也应设一节点。

总之管网上所有可能改变流量、压力、计算参数、计算公式等的地方,诸如水池、水塔、泵站等处都应设置节点。

8.2.3 节点流量

图 8.7 为集中流量与均布流量转化为节点流量示意图，在管段 I—J 之间有比流量为 q_s 的均布流量，在两节点附近另有 $Q_1,Q_2,\cdots,Q_5$ 共 5 个大用户的集中流量。这样的流量分布无法对各管段进行水力计算，必须进一步转化，因此引出“节点流量”这一概念。

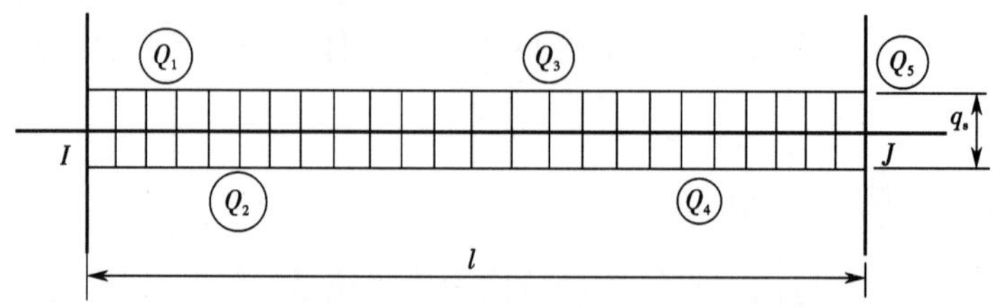

图 8.7 集中流量与均布流量转化为节点流量示意图

将均布流量转化为节点流量的原理是求出一个沿线不变的折算流量 q，使其产生的水头损失等于沿线变化的流量 q_x 产生的水头损失。

如图 8.8 所示，管段长度为 l，向下流管段转输的流量为 q_t，沿线用户的用水流量为 q_l。假设沿线各处流量是均匀的，则管道内任意断面 x 处的流量为

$$q_x = q_t + \frac{l-x}{l} q_l \tag{8-10}$$

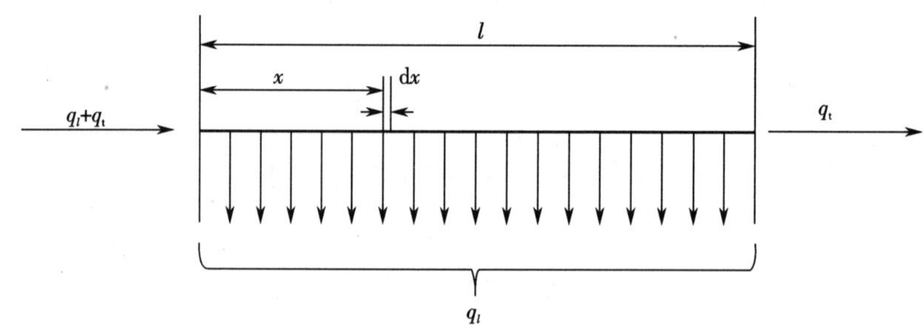

图 8.8 沿线流量折算成节点流量

管段 dx 中的沿程水头损失为

$$\mathrm{d}h = k\frac{(q_t + \frac{l-x}{l} q_l)^n}{d^m}\mathrm{d}x \tag{8-11}$$

管道 l 的水头损失可表示为

$$h = \int_0^l k\frac{(q_t + \frac{l-x}{l} q_l)^n}{d^m}\mathrm{d}x \tag{8-12}$$

得

$$h = k\frac{(q_t + q_l)^{n+1} - q_t^{\,n+1}}{(n+1)d^m q_l} l \tag{8-13}$$

为了简化计算，将沿线流量分配到管道的起端和末端的节点上，将其转化为节点流量。

假设分配到末端的沿线流量为 αq_l，其余沿线流量分配到起端，则通过管道的流量为

$$q = q_t + \alpha q_l \tag{8-14}$$

式中 α——流量折算系数。

根据水力等效原则，应有

$$h = k\frac{(q_t + q_l)^{n+1} - q_t^{n+1}}{(n+1)\ d^m q_l}l = k\frac{(q_t + \alpha q_l)^n}{d^m}l \tag{8-15}$$

取水头损失公式的指数 n=2，令 $\gamma = q_t/q_l$，代入式（8-15）可得

$$\alpha = \sqrt{\gamma^2 + \gamma + \frac{1}{3}} - \gamma \tag{8-16}$$

从式（8-16）可见，流量折算系数 α 只与 γ 有关，在管网末端的管段，因转输流量 q_t 为 0，即 γ=0，则

$$\alpha = \sqrt{\frac{1}{3}} = 0.577$$

在管段的起端，转输流量远大于沿线流量，即 $\gamma \to \infty$，则 $\alpha \to 0.5$。因此，管段在管网中的位置不同，γ 值不同，流量折算系数 α 也不等。为了便于计算，通常统一采用 α=0.5，即将管道沿线流量近似的一分为二，分配到起端和末端。虽然这样分配无论对管网的起端还是末端都会带入一定的误差，但这种计算误差在工程上是允许的。

根据以上理论推导，将图 8.7 中的沿线流量平均分配在节点 I 和节点 J 上化为节点流量，故两节点由均布流量换算的节点流量为

$$q_{I1} = q_{J1} = \frac{1}{2}q_s l \tag{8-17}$$

其次，将集中流量分配在其位置附近的节点上，因 Q_1、Q_2 靠近节点 I，而 Q_3、Q_4 与 Q_5 靠近节点 J，故

$$q_{I2} = Q_1 + Q_2 \tag{8-18}$$

$$q_{J2} = Q_3 + Q_4 + Q_5 \tag{8-19}$$

因此，这两节点对管段 I—J 上均布流量和集中流量负荷转变来的节点流量为

$$q_I = q_{I1} + q_{I2} = \frac{1}{2}q_s l + Q_1 + Q_2 \tag{8-20}$$

$$q_J = q_{J1} + q_{J2} = \frac{1}{2}q_s l + Q_3 + Q_4 + Q_5 \tag{8-21}$$

以上计算的两节点流量只是考虑在管段 I-J 两侧配水的均布流量和集中流量，实际在两节点 I、J 上还分别接有其他管段，因此节点流量应考虑所有与该节点相连接的管段的配水负担，如以节点 L 为例，假设其配水图形如图 8.9 所示。

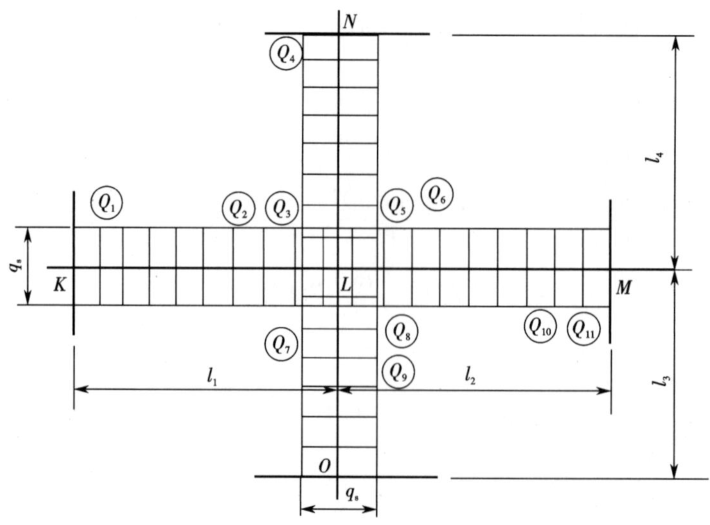

图 8.9 节点流量计算图

类似还有与节点 L 相关联的管段 4 根：$L—K$, $L—M$, $L—N$, $L—O$。假定它们均布流量的比流量都是 q_s，由其转化来的节点流量为

$$q_{L1} = \frac{1}{2}(l_1 + l_2 + l_3 + l_4)q_s \tag{8-22}$$

同理，分配在节点 L 上的由集中流量转变来的节点流量为

$$q_{L2} = Q_2 + Q_3 + Q_5 + Q_6 + Q_7 + Q_8 + Q_9 \tag{8-23}$$

节点 L 流量为

$$q_L = q_{L1} + q_{L2} = \frac{1}{2}(l_1 + l_2 + l_3 + l_4)q_s + Q_2 + Q_3 + Q_5 + Q_6 + Q_7 + Q_8 + Q_9 \tag{8-24}$$

8.2.4 枝状管网的管段计算流量与环状管网的流量分配

为了进行管网分析，求出节点流量是必要的，但还不够，最后还要求出通过各个管段的计算流量，这一步工作称为管段的流量分配。各个管段的计算流量简单来说就是该管段下游各节点的节点流量与通过此节点向后输送的转输流量之和。对于环状管网和枝状管网，其流量分配的方法和难易程度是完全不同的。现先以枝状管网为例，说明其原理与方法。

图 8.10 所示为一枝状管网，设其中各节点流量已求出，根据“各个管段的计算流量是其下游节点流量与向后输送的转输流量之和”的原理，可以很简单直接地表示如下。

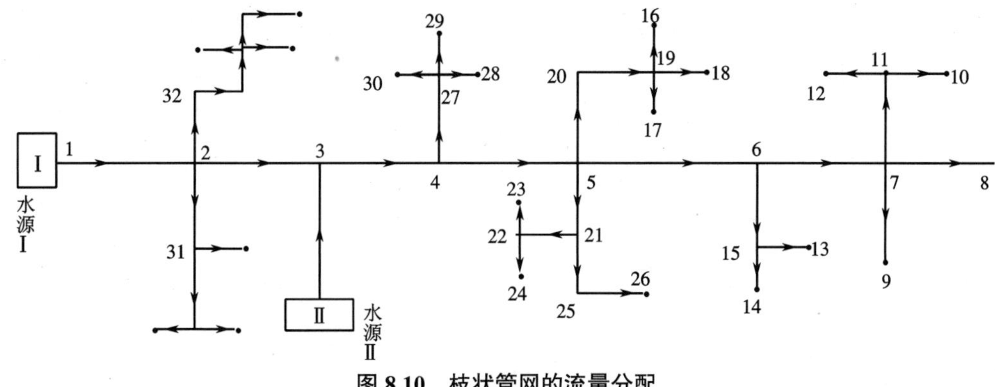

图 8.10　枝状管网的流量分配

设用 q_i 表示图 8.10 中没有画出的节点 i 的节点流量。由枝状管网的特点，即水流方向一定，可知水流由水源向后流向管网终点。如以 q_{5-6} 表示管段 5—6 的管段计算流量，则很显然有下列关系：

$$q_{5-6}=q_6+q_7+q_8+q_9+q_{10}+q_{11}+q_{12}+q_{13}+q_{14}+q_{15}$$

$$q_{5-20}=q_{16}+q_{17}+q_{18}+q_{19}+q_{20}$$

$$q_{5-21}=q_{21}+q_{22}+q_{23}+q_{24}+q_{25}+q_{26}$$

同理可写出：

$$q_{4-5}=q_{5-6}+q_{5-20}+q_{5-21}+q_5 \tag{8-25}$$

如以 q_{I}，q_{II} 分别表示水源 I 和水源 II 的供水流量，则

$$q_{2-3}=q_{3-4}+q_3-q_{\mathrm{II}} \tag{8-26}$$

$$q_{\mathrm{I}}=q_2+q_{2-3}+q_{2-32}+q_{2-31} \tag{8-26}$$

由以上各式可以看出，枝状管网的流量分配比较简单，各个管段的流量容易求出，并且每一管段有其唯一的流量分配值。同时还可以看出，流入任一节点的流量，必然等于流出该节点的流量，包括管段流量和节点流量，这就是节点上的流量平衡，或者说是每一节点的水流连续性，用公式表示可写成：

$$\sum q_{i-j}+q_i=0 \tag{8-28}$$

式中　i——所讨论节点的编号；

j——与节点 i 相关联的管段另一端节点的编号；

q_{i-j}——管段 i—j 的管段流量；

q_i——节点 i 的节点流量。

式(8-28)中的符号约定为流入节点的流量取负，流出节点的流量为正。读者可试用式(8-28)对比以上各节点流量平衡的计算式。另外，此式是根据物质平衡关系得出的，无须进行证明。

环状管网的基本原理和关系与枝状管网相同，但是情况复杂得多，根本问题在于它是多路通水，流量经过的管线有不同的选择，因此其管段流量在满足节点流量平衡的前提下，同一管段流量是不唯一的。这一特点决定了环状管网的一系列特性，特别是给管网的各种计算带来了一系列复杂问题，并提出了各种复杂的课题。

以图 8.11 的环状管网为例，取节点 6 加以分析，离开节点 6 的流量为节点流量 q_6 和管段流量 q_{6-7}，流向节点 6 的管段流量为 q_{5-6}，q_{2-6}，q_{10-6}，因此根据节点流量平衡方程有

$$q_6 + q_{6-7} - q_{5-6} - q_{2-6} - q_{10-6} = 0 \tag{8-29}$$

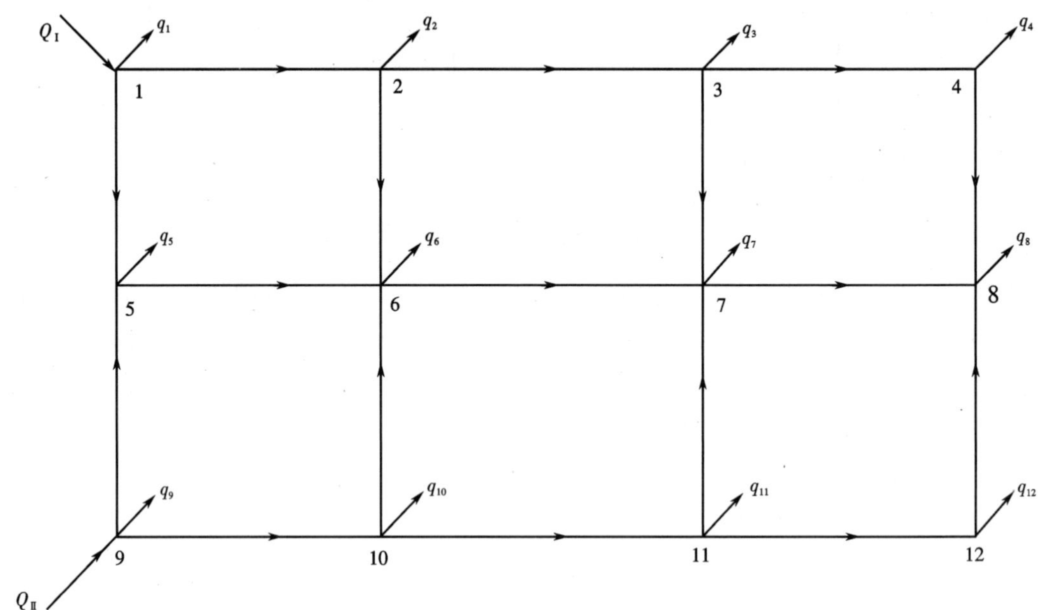

图 8.11　环状管网的流量分配

同理，对水源点 1 和水源点 9 分别有

$$q_1 + q_{1-2} + q_{1-5} - Q_{\rm I} = 0 \tag{8-30}$$

$$q_9 + q_{9-5} + q_{9-10} - Q_{\rm II} = 0 \tag{8-31}$$

可以看出，对任一节点，如以水源节点 1 为例，由于 $Q_{\rm I}$ 和 q_1 是已定的数，只需满足 q_{1-2}+ q_{1-5}= $Q_{\rm I} - q_{\rm I}$，其中 q_{1-2} 与 q_{1-5} 的任意组合都符合平衡要求，故其值不唯一。只要是在环形线路上，取任何节点来分析，都会得到同样的结论。

环状管网有无数个流量分配方案，且都能保证供给用户所需的水量，同时满足节点流量平衡的要求。因为流量分配方案不同，所以在每一方案下所选的管径有很大差别，这使得管网的总造价差别很大，而且管网输配所需的能量也有差别。因此，控制管径选择的范围和流速的范围，使之不至于相差太远是最一般的实用措施。

由于管段分配流量不唯一，其结果又影响到管径的选择，从而影响管网的造价和能量费用，这一问题很自然地迫使人们寻求运用优化的方法去求解最优流量分配方案。但可惜的是，不管是理论探索还是实践研究，对环状管网而言，流量最优分配方案是不存在的，这在 20 世纪 40 年代苏联学者的专著中已经着重阐明了（П Ф Мощнин,《Методы технико-экономического расчета водолроводных сетей》, Стройиздат, 1950——П Ф 莫西宁，《给水管网技术经济计算法》，苏联建筑出版社，1950 年），因此流量分配问题只有相对经济而没有最优化。至于实践研究，只用一句话就可以证明，最优流量分配的结果，必然是枝状管网，环路管段分配流量为零，从而管径为零，环状管网萎缩成为枝状管网才是最优化的流量分配。这既不符合原定的环状管网前提，也不满足供水安全的要求。需要指出的是，没有最优的流量分配，但流量

得到合理分配以后,求解最优的管径组合应是我们探讨的课题。

由上述可知,环状管网流量分配时,应在维持环状管网图形不变的情况下,同时考虑管网的经济性和可靠性,一般在满足可靠性要求的前提下,力求管网经济。因此,一般计算中,在分配流量时要考虑以下几条原则。

(1)按照管网的主要供水方向,首先初步拟定各管段的水流方向。

(2)参考管网水流方向,在管网末端选择离送水泵站远,且地形较高之处作为管网控制点,也即管网最大供水和事故时要保证最低水头的最不利点,全管网其他各点的水头都会大于此点的水头,即规范规定的最小服务水头。

(3)为了供水安全,从送水泵站到控制点之间,按管网定线的线路选几条平行的主干线,在这些主干线中大致均匀地分配水量,分配水量时应符合节点流量平衡的条件,即满足水流连续性的要求。

(4)和干管相交的连接管,一是起配水作用;二是起输水作用;三是当干管出现事故停水时,起平行干管之间的连通作用。此管段发生事故时流量可能达到相当大的值,虽然在正常工作时流量并不是很大,但为保证安全,这类管段的管径不能太小。为保证安全供水,一般干管之间的连接管,或同一环中大管与小管之间的管径差别不能太大,可以控制在二到三挡。

由于实际管网情况复杂,上述原则在具体情况中难以掌握操作,必须结合实际情况进行探索,试行分配,逐步体会摸索,总结经验,并在此基础上试行分配各管段的流量值,一次可能不太满意,可以经过多次修改,直至达到满意为止。但这并不是最后的管段流量,只是初步拟定的管段流量,作为初步选择管径的根据,此时只满足节点流量平衡条件,并不满足水力计算中的能量平衡条件,这就是环状管网与枝状管网的不同。根据初步拟定的流量选定管径后,要做进一步的水力平差计算,即调整管段流量,使之满足能量平衡条件,这才是水力计算的初步结果,此方面问题稍后讨论。

8.2.5　比流量的确定

在前面讨论比流量 q_s 时,引入了式(8-9),但这个公式是针对某一个管段而言的,对整个管网的各个管段,甚至每一个管段而言,该如何处理呢?另外,上面的算法是沿管长分布的,是否还有其他方法呢?

沿线均布流量分布的计算方法一般有两种,但都是用近似的办法来计算的。

1. 按管长分布

按管长分布最基本的假定是沿线均布流量沿管线长度均匀分布,并且其量与管长成正比,而且与管径无关,式(8-9)就是在此假定情况下得出的。实际上,给水管网中的比流量是有很大变化的,最主要的是管网形状和各管段所处位置的用水条件,前者指每单位长度所服务的范围,后者指所服务地段的建筑层数、人口密度、卫生设备完善程度、生活水平等诸多因素所决定的用水量大小。这样,不同地段上相同长度的管段担负的水量是不同的。另外一个重要因素,按管线功能分工有主干管、次干管和配水管,按管长平均分布是难于照顾这么多的影响因素的。

因此,我们提出在按长度均匀分布的基础上,根据各管段不同的实际布水情况考虑一个

布水系数 b_i，其中 i 表示各管段的编号。布水系数在一般情况下取为 1，在考虑管段布水负担不同的情况下可令其大于或小于 1，将相关的各管段长度乘以此系数 b_i，把长度修改为分布水量的计算长度，再由比流量和计算长度即可求出各管段的均布流量。

不过这里应该注意的是，用此法计算时，应先计算各管段计算长度的总和再求比流量，而不能按实际管段长度求比流量。这一方法的具体计算请参考例题 8.1。

2. 按管段服务面积分布

按照供水总量全部均匀分布在总管长上求比流量的方法忽略了各管线实际供水负担的差别（图 8.12）。图 8.12 中 *A—B* 与 *C—D* 两管段，按长度分布统一的比流量计算，其均布流量是一样的，因为两管段的长度一样。但实际上由图 8.12 可以看出，这两管段的供水负担是很不一样的，管段 *A—B* 只负担一侧 a 地段内的用水，而另一侧是河流，显然没有供水任务；而 *C—D* 管段一侧 b 地段内负担的供水任务与 *A—B* 管段负担的 a 地段供水任务基本相同，但另一侧 c 地段内有更大的供水负担，因此实际上两管段的均布流量相差甚大。因此，将按管段长度计算比流量和均布流量改为按面积计算比流量和均布流量，应该比较准确些，但是计算的工作量和复杂程度将增加很多。特别是按长度计算时，由于管段长度参数在此后计算中是必须用到的，但各地段的面积不仅在此后不再用到，而且计算起来非常琐碎，非常容易引起错误，因此目前在实际中应用并不多，仍然普遍采用管长法计算。在按管长计算中引入布水系数 b_i 以后，不仅在一定程度上改进了布水方法，而且比按面积计算有更多的优点。

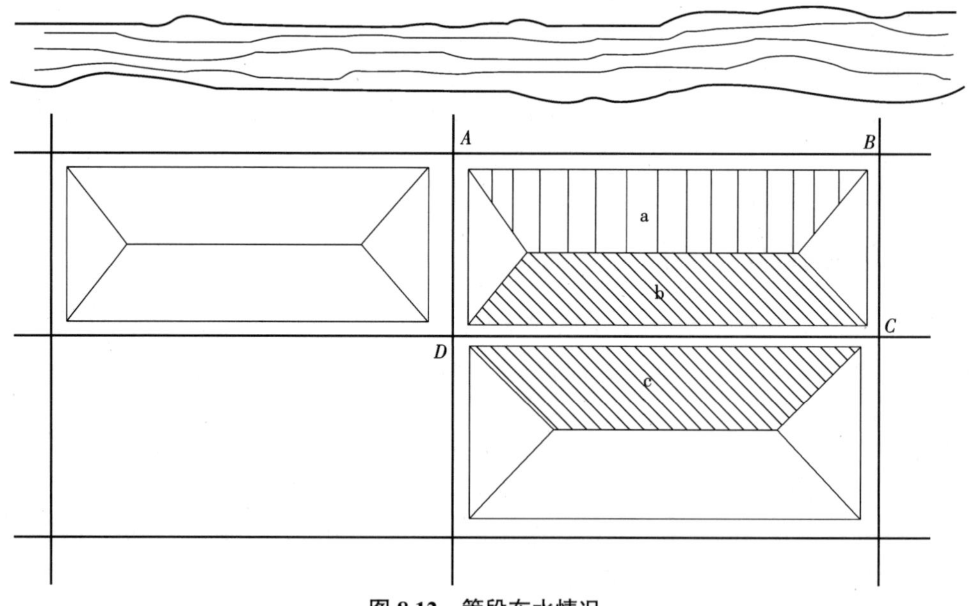

图 8.12 管段布水情况

例 8.1 设已知某城市平面图如图 8.13 所示，城市在沱江北岸，南北有三条主干道纵贯市区并各有跨江公路桥通达南岸，东西方向有六条主要道路，另外还有纵横次干道。城市地形基本上北高南低，有一定的高差。水源在城市西部的河段，东岸建有水厂。城市东部是工业区，位于河流的下游，也是主导风向的下方。

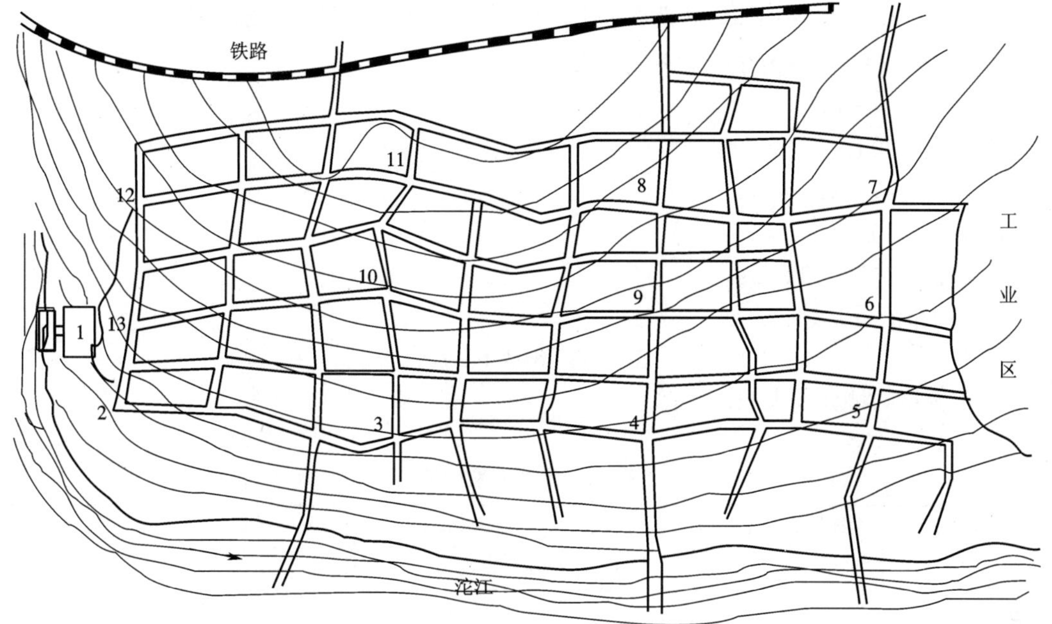

图 8.13　某城市平面图

城市最高日总用水量 3.2×10^4 m^3/d，时变化系数选定 K_h=1.35，工业用水、公共建筑用水、市政用水、浇洒用水、水厂自用水都包括在其中。

设城市给水管网定线方案已经作出，如图 8.14 所示。为了看起来清楚方便，所以单独画出来，两图中的节点位置、编号是相对应的，只是为了简洁、清楚，管线稍微有些简化取直。

问题：计算此管网各节点的节点流量。

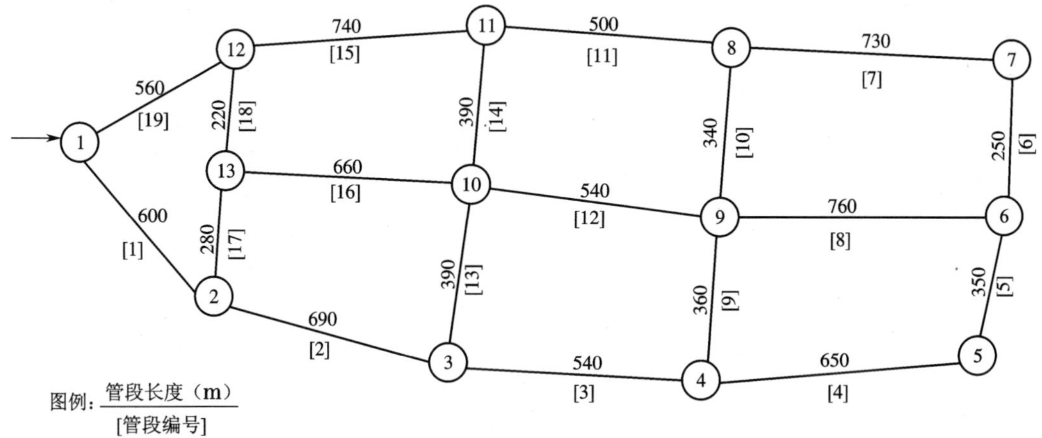

图 8.14　管网简图

解　图 8.14 中表示了节点编号（在圆圈内）、管段编号（在方括号内）及管段长度（在管段旁）。统计此管网有 19 个管段、13 个节点及 7 个环。

（1）求最高日最高时的秒流量：

$$Q_M = 1.35\times32\,000\times1\,000/24/3\,600 = 500\ \text{L/s}$$

其中，K_h=1.35 L，1 000 用于将 m^3 换算成 L，24 和 3 600 用于将日换算成时和秒。

（2）根据调查，集中流量值和分布情况如下：

5 号节点 24.8 L/s；

6 号节点 20 L/s；

7 号节点 39 L/s；

8 号节点 30 L/s。

集中流量共计 113.8 L/s。

（3）均布流量共计：

$$500-113.8=386.2\ \text{L/s}$$

均布流量的计算如表 8.1 所示。

表 8.1　沿线流量计算

管段编号	管段长度 / m	布水系数	计算长度 /m	沿线流量 /（L/s）	比流量
1	600	0	0	0	
2	690	0.5	345	13.8	
3	540	0.5	270	10.8	
4	650	0.5	325	13.0	
5	350	1	350	14.0	
6	250	1	250	10.0	
7	730	0.5	365	14.6	
8	760	2	1 520	60.8	
9	360	2	720	28.8	
10	340	2	680	27.2	比流量 $q_s=\frac{386.2}{9\,655}=$ =0.04 L/（s·m）
11	500	0.5	250	10.0	
12	540	2	1 080	43.2	
13	390	2	780	31.2	
14	390	2	780	31.2	
15	740	0.5	370	14.8	
16	660	2	1 320	52.8	
17	280	0.5	140	5.6	
18	220	0.5	110	4.4	
19	560	0	0	0	
共计	9 550		9 655	386.2	

（4）节点流量的计算。将上述沿线流量转化为节点流量（管段两端节点各负担一半），并与该节点的集中流量合并计算，结果如表 8.2 所示。

表 8.2　节点流量计算

节点编号	集中流量 /(L/s)	沿线流量转化为节点流量 /(L/s)				节点流量 /(L/s)
		相关管段 / 流量	相关管段 / 流量	相关管段 / 流量	相关管段 / 流量	
1	0	(水源点)				−500
2	0	2/6.9	17/2.8			9.7
3	0	2/6.9	3/5.4	13/15.6		27.9
4	0	3/5.4	4/6.5	9/14.4		26.3
5	24.8	4/6.5	5/7.0			13.5+24.8
6	20.0	5/7.0	6/5.0	8/30.4		42.4+20.0
7	39.0	6/5.0	7/7.3			12.3+39.0
8	30.0	7/7.3	10/13.6	11/5.0		25.9+30
9	0	8/30.4	9/14.4	10/13.6	12/21.6	80.0
10	0	12/21.6	13/15.6	14/15.6	16/26.4	79.2
11	0	11/5.0	14/15.6	15/7.4		28.0
12	0	15/7.4	18/2.2			9.6
13	0	16/26.4	17/2.8	18/2.2		31.4
共计	113.8					−500+500

将以上计算结果标在管网计算草图上，并在图上标注有关的计算内容，如图 8.15 所示。

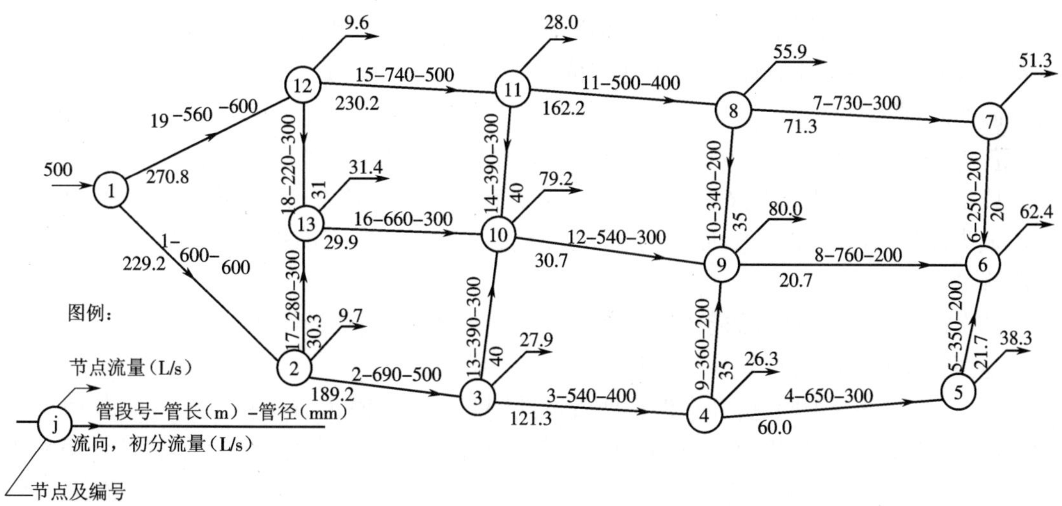

图 8.15　管网水力差计算准备图

8.3　环状管网的管段计算流量

求出节点流量后，就可以进行管网的流量分配，以确定管段的计算流量，据此才可以继续往下进行设计计算。但是环状管网的流量分配颇为复杂，因为各管段的流量与其后各节点流量没有枝状管网那样确定性的关系，而且各管段的流向不同于枝状管网的流向是唯一且确定的。这样，在保持节点流量平衡的情况下各管段流量是不唯一的，甚至方向也有可能是相反的，此关系如图 8.16 所示。

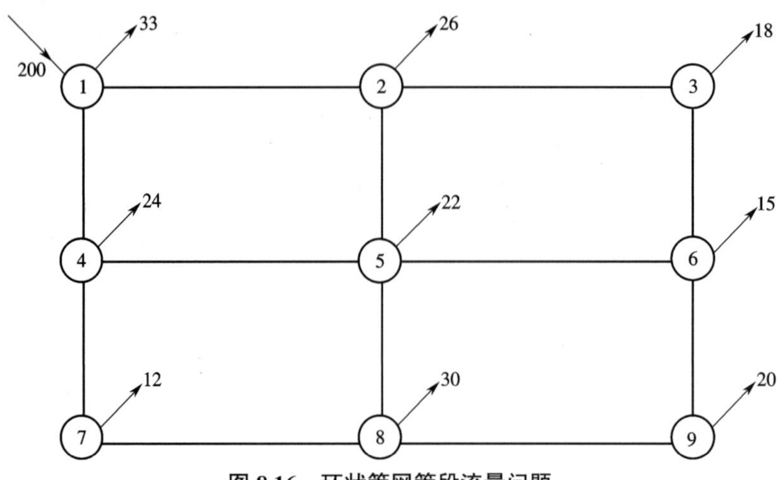

图 8.16 环状管网管段流量问题

如图 8.16 所示，已知节点 9 流出的节点流量为 q_9=20 L/s；首先假定与节点 9 相连的两个管段 q_{8-9} 和 q_{6-9} 为负，即都流向节点 9，因此根据节点流量平衡条件有

$$q_9 + q_{8-9} + q_{6-9} = 0$$

即

$$q_{8-9} + q_{6-9} = -20 \text{ L/s}$$

满足这一条件的解是无穷多的，更何况此两管的流向都是假定的。同理，在其他各节点上都是这样。这一问题的解决，就不能仅依靠数学理论和手段了，有必要考虑工程技术及经济方面的问题。

首先，如果单纯从经济方面考虑，图 8.16 中向节点 9 输送 20 L/s 的流量只用一根较短的管段最为经济，即取管段 6—9 输送 20 L/s 至节点 9，而管段 8—9 流量为零，从而取消此管段最为经济。但这样一来，原有的环状管网就会变为枝状，与前提不符，因此两管段都应分配流量。

其次，在保留环状结构的条件下，确定水流方向使水流路径最便捷、最短才最为经济，因此上述两管段流量都流向节点 9 最为经济。

最后，只剩下一个问题，即在保证两管段共同向节点 9 输送 20 L/s 的条件下，如何给这两管段分配输水量，其实质就是分配均匀程度的问题。一方面，要考虑这两管段的作用和功能，按主干管、干管、配水管的作用而分轻重。干管粗、用户多的就多分配流量，反之则少分。另一方面，由于此两段管在同一环内，应考虑在较粗管发生事故停水时，另一较细管也能保证供水，不至于使该管段水头损失过大，从而影响到管网的供水量或水压。环状管网终究有许多不同的流量分配方案可取，根据每种分配方案所得出的管径组合也有所不同，管网的造价和所需能量费用之和是不相等的。因此，人们很自然会想到是否有一种方法能实现最经济的分配？本书在前文中提及关于最经济流量分配的问题，结论是否定的，所以只能根据以上几点技术和经济考虑初步分配，结果如图 8.15 所示。

环状管网各管段流量分配的主要步骤如下。

(1)按照管网的主要供水方向,初步拟定各管段的水流方向,并拟定管网的控制点。根据管网的布局,初拟控制点可能不止一个;根据地形变化,控制点也可能不在管网的末端。

(2)为了可靠供水,从送水泵站到控制点,沿供水主导方向选定几条主要的大致平行的干管线,在其中较均匀地分配流量,这样分配时应满足节点平衡的条件,并使某一管段在发生事故停水时,其流量由别的管段分担,不致增加过多的流量。

(3)和干管线相交的连接管,其作用除了配水外,更重要的是联络平行干管,调剂各干管之间的负担,并起到事故时输水的作用。当与其直接连接的干管发生故障时,或在不同工况下时,可能转输比平时大的流量,因此连接管中的分配流量有一定的灵活性。

(4)多水源的管网,应由每一水源的供水量定出其大致的供水范围,然后从水源开始,沿供水主导方向进行流量分配,直到各水源供水交汇的节点。

由于实际管网的管线错综复杂,并受大用户和水源位置的影响,决定流量分配的因素多变,一切原则都只能作为参考,灵活运用。结合管网的具体情况对流量分配进行拟定并随时修改,最后决定一个分配方案,进行下一步工作。

按此原则和步骤,例 8.1 管网的流量分配如图 8.15 所示。

8.4 管径的决定

管段流量确定后,就要确定各管段的直径,这是输配系统设计的主要任务,也是其重要目标。但是在最终确定之前,还要解决一系列问题。从水力学的角度看,流量、管径、流速三者之间存在以下确定性关系:

$$q = Av = \frac{\pi D^2}{4} v \tag{8-32}$$

式中 q——管段流量,m^3/s;

A——水流断面面积,m^2;

D——管段直径,m;

v——管内水流速度,m/s。

故各管段的管径应为

$$D = \sqrt{\frac{4q}{\pi v}} \tag{8-33}$$

由此可知,要确定管径 D,除流量 q 外,又引入了一个流速参数 v。

从技术角度考虑,流速不宜太高,也不宜过低。管网中的水锤现象是难以避免的,影响水锤波发生和危害程度的因素之一就是水流速度,根据给水管网的实际情况和运行给水管网经验,一般流速最高不应超过 2.5~3.0 m/s;在输送浑浊原水时,为了防止管内沉积,一般最低流速不应低于 0.6 m/s。因此,从技术角度考虑,流速限制的范围很宽,难于据此来确定管径。因此,在上述范围内,还要根据各方面的具体经济条件,考虑管网造价和运行管理费用(其中最主要的是供水的电力费用),来确定经济的流速。从式(8-33)可以看出,管径和流速的平方根成反比。当流量一定时,如果流速取值小,则管径相应较大,管网造价较高,但管中水头损失相对较小，水泵所需扬程较小，故节省了经常性的供水电费；反之，如果流速取值较大，则管径相应较小，管网造价较低，但管中水头损失较大，水泵所需扬程较大，故提高了经常性的供水电费。

设以 M（元/年）表示每年的电费开支，以 C（元）表示管网的一次性总投资费用。如将 C 转化成年的费用则以折旧或回收资金的方式每年回收一定的投资，再加上每年的大修和经常性的运行管理和维护费的总和以 $\frac{p}{100}C$（元/年）表示，则年费用可以表示为：

$$W = \frac{p}{100}C + M \tag{8-34}$$

式中 W——年费用，元/年。

p——管网每年折旧（或资金回收）率加大修、运行管理和维护费等占 C 的百分数。

如果将此年费用中的两项分别表示成与流速 v 或与管径 D 的关系，可以用图 8.17 和图 8.18 示意。

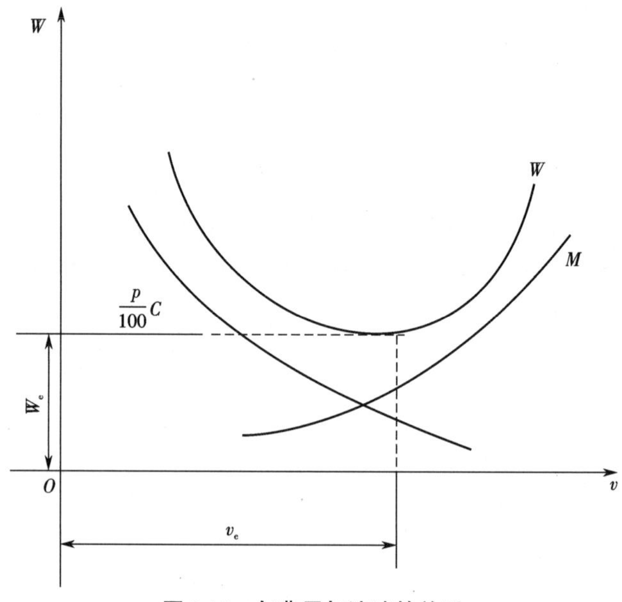

图 8.17 年费用与流速的关系

由图 8.17 可知：速度 v 越大，管网年费用 $\frac{p}{100}C$ 越低，反之运行中的电费开支 M 越高。这两者之和 W 是一条下凹的曲线，因而必有极小值 W_e，而该点的横坐标值为 v_e，称为“经济流速”。

同理，由图 8.18 可知：管径 D 越大，管网年费用 $\frac{p}{100}C$ 越大，反之运行中的电费开支 M 越小。这两者之和 W 是一条下凹的曲线，因而必有极小值 W_e，而对应该点的横坐标值为 D_e，称为“经济管径”。

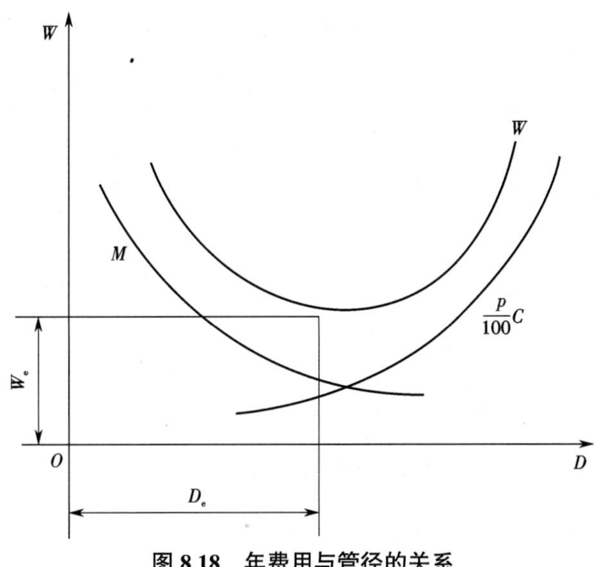

图 8.18　年费用与管径的关系

在工程实际中管径的决定在于使管网费用尽可能经济（而不在于最经济或追求 W 值为极小），在这方面有关学者进行了长期不懈的研究工作，20 世纪 40 年代苏联学者提出了“经济流速”和“经济管径”，后来国内外学者提出了“管网设计计算优化”的理论和方法。其中较为简便而实用的是苏联学者在“经济管径”基础上提出的“界限流量法”，通过确定相对经济且符合规格系列管径的方法来确定经济管径。其基本思路是在已知管段流量的条件下，经济管径必定是在两个相邻规格管径之间的某一值；反过来说，与此两个相邻规格管径分别对应的经济流量就是界限流量的上、下限。举一实例如表 8.3 所示，说明如下。

表 8.3　α=1.7 时的界限流量和经济流速

D/mm	α=1.7 时界限流量 /（L/s）		α=1.7 时经济流速 /（m/s）	
	下限	上限	下限	上限
100	—	6.8	—	0.878
150	6.8	15.9	0.390	0.904
200	15.9	29.3	0.508	0.935
250	29.3	47.5	0.599	0.968
300	47.5	81.0	0.672	1.146
400	81.0	149.0	0.645	1.186
500	149.0	241.1	0.759	1.228
600	241.1	411.1	0.853	1.454
800	411.1	756.6	0.818	1.505
1 000	756.6	1 223.7	0.963	1.558
1 200	1 223.7		1.082	

表 8.3 中在 D=500 mm 时流量的上限为 241.1 L/s，也就是 D=600 mm 时流量的下限，故

流量在 241.1~411.1 L/s 时取管径 D=600 mm；同理，如流量在 149.0~241.1 L/s 时，则应取管径 D=500 mm。而在边界上，如流量为 241.1 L/s，取 D=500 mm 或 D=600 mm 两者的经济效果是一样的，即取较小管径的管网投资年费用的节省与电费开支增高的代数和，正好与取较大管径的管网投资年费用的增高和电费开支降低的代数和相抵。如不然，当流量大于 241.1 L/s 时取较大管径，即 D=600 mm；反之当流量小于 241.1 L/s 时则取较小管径，即 D=500 mm。

表 8.3 中的数据来源于下式，当两档相邻规格管径为 D_{n-1} 与 D_n 时，两者之间的边界流量为（暂不在此进行推导）

$$q=\left(\frac{m}{f\alpha}\right)^{\frac{1}{3}}\left(\frac{D_n^{\alpha}-D_{n-1}^{\alpha}}{D_{n-1}^{-m}-D_n^{-m}}\right)^{\frac{1}{3}} \tag{8-35}$$

式中 q——两档相邻规格管径之间的边界流量，L/s；

m——水力计算公式 $h=10.293\,6n^2q^2l/D^{\frac{16}{3}}$ 中管径 D 的指数，取 $\frac{16}{3}$ 或 5.33；

α——管道造价费用公式 $c=a+bD^{\alpha}$ 中管径的指数，根据费用数据拟合求得，在本次计算中作为举例，取 $\alpha=1.7$；

f——管网经济计算中的经济因数，主要由几个关于经济方面及水力方面的参数计算求得，在本次计算中为了简化取 f=1，在具体应用时应根据工程地区的实际经济条件计算出此 f 值。

则式（8-35）变为

$$q=\left(\frac{5.33}{1.7}\right)^{\frac{1}{3}}\left(\frac{D_n^{1.7}-D_{n-1}^{1.7}}{D_{n-1}^{-\frac{16}{3}}-D_n^{-\frac{16}{3}}}\right)^{\frac{1}{3}} \tag{8-36}$$

根据此式计算出的假设某一系列计算管径下的各界限流量见表 8.3。表 8.3 中还给出了与界限流量相应的经济流速，同样可用于选取经济管径。如当流量为 260 L/s，取管径 D=600 mm 时，流速为 0.92 m/s 在经济流速范围内，也在界限流量 241.1~411.1 L/s 的范围内；若取 D=500 mm，流速为 1.32 m/s，或取 D=800 mm，流速为 0.52 m/s，都不在经济流速范围内。再假定流量为 242 L/s，如取管径为 D=500 mm，则流速为 1.23 m/s，超过经济流速的上限，而取 D=600 mm，则流速为 0.86 m/s，正好处在经济流速的下限以上。在其他界限流量附近考察时，都有这样类似的结果。所以，如果根据实际工程的具体经济资料，在确定了经济因数 f 以后，计算出如表 8.3 所示的界限流量和经济流速，就可以用于确定管径了。当然，具体确定管径时，还要从管网整体情况，管段在管网中所起的作用与地位，还有在同一环中各管段的管径相差不要太大等条件考虑。

按这套选管径的原则，在图 8.15 的分配流量的基础上，参考表 8.3 的界限流量或经济流速数据，将管径选择结果标注在图 8.15 上。由此结果可以看出，管网大多数管段是符合界限流量或经济流速范围的，但有几根不符合这一规律：管段 1、16、17、18、12、13、14 所选管径偏大，这也是很正常的，因为要考虑同一环的其他管段发生事故时的输水要求；另外管段 9、10、11 的管径稍显小，但流量超过不多，而且在今后平差过程中一般经过修改流量后会更合理一些。

应该注意的是,表 8.3 的数据是计算举例,并不能直接用于实际工程设计,一方面因为界限流量公式中的计算参数 m,α,f 在该式中是设定的,在具体的设计中可能会有所不同;另一方面界限流量值取决于相邻两个计算管径,表 8.3 中的计算管径也是设定的,具体设计应视所选用的实际规格而定。

8.5　管网水头损失的计算

给水管网的各管段两端节点的水压高程之差为该管段的水头损失,可用下式表达为

$$H_i - H_j = h_{i-j} \tag{8-37}$$

式中　H_i,H_j——管网起端 i 和终端 j 的水压高程,m;

h_{i-j}——管段 i—j 的水头损失,m。

其中 i,j 表示节点编号,水压高程一般简称为水压。在给水管网水力工况的讨论中应注意水压与自由水头的区别,不要混淆。

在给水管网水力计算中,由于管线长度相对较大,局部水头损失常常远小于沿程水头损失,所以一般对局部水头损失忽略不计,故只计算其沿线水头损失(或称为长度损失);当管线上连接配件较密而要考虑局部水头损失时,如果配件难以逐一计算,则可根据情况取局部水头损失以增加沿线水头损失的 5%~10% 计。如果要求逐个计算局部水头损失,第一种方法是按下式计算:

$$h = \sum \xi \frac{v^2}{2g} \tag{8-38}$$

式中　h——局部水头损失,m;

ξ——局部阻力系数;

v——计算速度,m/s;

g——重力加速度,9.8 m/s^2。

其中局部阻力系数 ξ 可参见表 8.4 中的数据。

表 8.4　局部阻力系数及当量管长

局部阻力配件	局部阻力系数 ξ	当量管长 L/D	局部阻力配件	局部阻力系数 ξ	当量管长 L/D
闸阀(全开)	0.39	13	180° 标准弯头	1.5	50
闸阀(3/4 开)	1.1	35	90° 弯(r/D=2)	0.3	9
闸阀(1/2 开)	4.8	160	90° 弯(r/D=8)	0.4	12
闸阀(1/4 开)	27	900	90° 弯(r/D=20)	0.5	18
球阀(全开)	10	350	渐扩管(d/D=0.75)	0.18	6
闸角阀(全开)	4.3	170	渐扩管(d/D=0.5)	0.55	18
止逆阀	4.0	130	渐扩管(d/D=0.25)	0.88	29
蝶阀(全开)	1.2	40	渐缩管(d/D=0.75)	0.18	6

续表

局部阻力配件	局部阻力系数 ξ	当量管长 L/D	局部阻力配件	局部阻力系数 ξ	当量管长 L/D
90° 标准弯头	0.9	30	渐缩管(d/D=0. 5)	0.33	10
45° 标准弯头	0.45	15	渐缩管(d/D=0.25)	0.43	14

注:r—转弯半径;D—公称直径;L—局部阻力的计算长度。

第二种方法是用当量管长法,即将局部水头损失折算成当量管长的沿程水头损失,在管段长度计算总水头损失时加上这一部分长度,当量管长可参考表 8.4。

关于管网中的沿程水头损失计算公式较多,而且不同的管内表面材料有不同的计算方法,有的计算公式适用于特定管材;有的计算公式适用于某些管材,对其内表面特征的不同用参数加以区别。读者在使用中应针对所使用管材及其内表面的特征查相关手册,寻求相对应或尽量接近的公式或表格。本书主要在概念和方法上介绍几种公式和算法。

8.5.1 舍维列夫公式

此公式是 20 世纪 40 年代苏联学者弗·阿·舍维列夫通过大量实验和理论研究得出并在其专著中提出的,另外其主要成果记录在其著作《钢管和铸铁管水力计算表》(1953 年苏联出版,在中国翻译出版时被译成《铁管和铸铁管水力计算表》),后来历经各版更新,直到现在国内应用得还比较普遍,但是只能用在内表面无涂层的钢管和铸铁管中。

其原始公式仍引用水力学中较普遍的形式:

$$h = l \times i \tag{8-39}$$

式中 h——管段水头损失,m;

l——管段长度,m;

i——管段水力坡度。

$$i = \lambda \frac{1}{d} \times \frac{v^2}{2g} \tag{8-40}$$

式中 λ——摩阻系数;

d——管道的计算内径,m;

v——(在计算内径和实际流量下的)管内流速,m/s;

g——重力加速度,9.81 $\mathrm{m/s^2}$。

舍维列夫公式的特点就在于摩阻系数 λ 的取值,并明确提出管道直径按计算内径,而不是管材的结构内径,更不是一般的公称直径。根据舍维列夫的推荐,由于考虑到管壁表面结垢影响,对于小于 300 mm 内径的管段,其计算内径应按结构内径减去 1 mm 计算,而大于或等于 300 mm 内径的管段,结垢的影响很小,故可忽略不计。根据舍维列夫的研究,摩阻系数 λ 取值与流速和管内流体的运动黏滞系数 $\nu(\mathrm{m^2/s})$ 有关,当速度与运动黏滞系数之比 $\frac{v}{\nu} \geqslant 9.2\times10^5\ \mathrm{m^{-1}}$ 时,有

$$\lambda = \frac{0.021}{d^{0.3}} \tag{8-41}$$

当 $\frac{v}{\nu} < 9.2\times10^5\ \mathrm{m}^{-1}$ 时，有

$$\lambda = \frac{1}{d^{0.3}}(1.5\times10^{-6} + \frac{\nu}{v})^{0.3} \tag{8-42}$$

为计算简便，一般取水温为 10 ℃，则 $\nu = 1.3\times10^{-6}\ \mathrm{m}^2/\mathrm{s}$，得

$$\lambda = \frac{0.017\,9}{d^{0.3}}(1+\frac{0.867}{v})^{0.3} \tag{8-43}$$

将式（8-42）和式（8-43）分别代入式（8-40）中，同时因为 $v \geqslant$ 或 $< 9.2\times10^5\times1.3\times10^{-6} = 1.196 \approx 1.2\ \mathrm{m/s}$，得出以下两式：

当 $v \geqslant 1.2$ m/s 时，

$$i = \frac{0.021}{d^{0.3}}\times\frac{1}{d}\times\frac{v^2}{2g} = 0.001\,07\frac{v^2}{d^{1.3}} \tag{8-44}$$

当 $v < 1.2$ m/s 时，

$$i = \frac{0.017\,9}{d^{0.3}}(1+\frac{0.867}{v})^{0.3}\times\frac{1}{d}\times\frac{v^2}{2g} = 0.000\,912\frac{v^2}{d^{1.3}}(1+\frac{0.867}{v})^{0.3} \tag{8-45}$$

根据舍维列夫的研究结果，上述公式只适用于旧钢管和旧铸铁管，至于新钢管和新铸铁管，他认为不分流速大小，摩阻系数分别为

新钢管

$$\lambda = \frac{0.015\,9}{d^{0.226}}(1+\frac{0.684}{v})^{0.226} \tag{8-46}$$

新铸铁管

$$\lambda = \frac{0.014\,4}{d^{0.284}}(1+\frac{2.36}{v})^{0.284} \tag{8-47}$$

但是，由于新钢管只是相对暂时的，使用一定时间就会成为旧钢管，旧钢管是永恒的，除了必要情况下用新钢管公式外，一般都用旧钢管公式，故目前一般文献手册、给水的水力计算表，使用的都是适用于旧钢管的公式，甚至不提新钢管公式。

以上计算是以水流速度和计算管径表示水力坡度，而在实际应用中往往以流量和计算管径表示水力坡度，即

当 $v \geqslant 1.2$ m/s 时，有

$$h = l\times i = \frac{0.001\,734\,6}{D^{5.3}}\times Q^2\times l \tag{8-48}$$

当 $v < 1.2$ m/s 时，有

$$h = l\times i = \frac{0.001\,478\,4}{D^{5.3}}(1+\frac{0.688D^2}{Q})^{0.3}\times Q^2\times l \tag{8-49}$$

根据以上两组式子作出的表格普遍适用于实际情况，请读者自行查阅相关手册。

8.5.2　巴甫洛夫斯基公式的简化——满宁公式

仍然利用原始公式：

$$h=\lambda\frac{l}{D}\times\frac{v^2}{2g}$$

由于

$$Q=\frac{\pi}{4}D^2\cdot v$$

或

$$v=\frac{4Q}{\pi D^2}$$

得

$$h=\lambda\frac{l}{D}\times(\frac{4Q}{\pi D^2})^2\frac{1}{2g}=\frac{8\lambda}{\pi^2 g}\times\frac{Q^2}{D^5}\times l=\frac{64}{\pi^2C^2}\times\frac{Q^2}{D^5}\times l$$

$$=k_0\times\frac{Q^2}{D^5}\times l=SQ^2 \tag{8-50}$$

或

$$i=\frac{h}{l}=S_0Q^2$$

式中 k_0——摩擦系数，其值与管材、管内表面粗糙度 n 等有关，$k_0=\frac{64}{\pi^2C^2}$；

C——谢才系数，$C=\sqrt{\frac{8g}{\lambda}}$；

S——管段的阻抗，实际上是阻力系数，代表管段水头损失与流量平方的比值，$S=\frac{64l}{\pi^2C^2D^5}$；

S_0——管段单位长度的阻抗，称为比阻抗，代表单位长度下的管段水头损失与流量平方的比值，$S_0=\frac{64}{\pi^2C^2D^5}$。

其余符号意义同前。

建立这一套关系是为了今后方便地使用哈代-克罗斯法进行平差计算。该法在具体运用时，用手算在苏联又分为安德利耶雪夫方法（在图上直接修改平差）和洛巴巧夫方法（在表上进行修改平差），还有后来的用程序进行的平差计算。使用阻抗和比阻抗进行平差计算都很方便，其主要原因是在平差过程中，管道的管材、性能、规格、长度等都不变，仅仅是对流量 Q 的修改，从而使计算简化，工作量减少。

现在的问题归结到如何决定式（8-50）中的阻抗 S 或比阻抗 S_0，也就是如何确定摩阻系数 λ 或谢才系数 C，四者有其一即可。

根据著名的巴甫洛夫斯基公式：

$$C=\frac{1}{n}R^y \tag{8-51}$$

式中 n——与渠道或管道内壁表面性质有关的参数，一般称粗糙度；

R——渠道或管道的水力半径，按水力学公式计算，一般以 m 计；

y——R 的指数。

此式适用于各种形式的明渠和管道，在水利工程中很重要且得到比较广泛的应用。

根据巴甫洛夫斯基的意见，指数 y 是随 n 与 R 变化的函数，他提出 y 的完全表达式为

$$y = 2.5\sqrt{n} - 0.13 - 0.75\sqrt{R} \times (\sqrt{n} - 0.10) \tag{8-52}$$

从实际意义来讲，此式才是真正意义上的巴甫洛夫斯基公式，而式（8-51）可以说是比较通用的公式，不同之处是 y 的表达式不同。有的学者提出了巴甫洛夫斯基简化公式，如格尼耶夫提出：

$$y = 1.5\sqrt{n} \tag{8-53}$$

而应用比较广泛的是满宁公式：

$$y = \frac{1}{6} \tag{8-54}$$

由此可推算出以下常数：

$$k_0 = \frac{64}{\pi^2 C^2} = \frac{64}{\pi^2 \times (\frac{1}{n} R^{\frac{1}{6}})^2} = \frac{64}{\pi^2 \times \left[\frac{1}{n}(\frac{D}{4})^{\frac{1}{6}}\right]^2}$$

$$= \frac{64 \times n^2 \times 4^{\frac{1}{3}}}{\pi^2 \times D^{\frac{1}{3}}} = 10.293\,6 \times \frac{n^2}{D^{\frac{1}{3}}} \tag{8-55}$$

$$S_0 = \frac{64}{\pi^2 C^2 D^5} = \frac{k_0}{D^5} = 10.293\,6 \times \frac{n^2}{D^{5.33}} \tag{8-56}$$

$$S = S_0 \times l = 10.293\,6 \frac{n^2 l}{D^{5.33}} \tag{8-57}$$

8.5.3　海曾-威廉公式

海曾-威廉公式为

$$h = \frac{10.67 q^{1.852}}{C_h^{1.852} D^{4.87}} l \tag{8-58}$$

式中　C_h——海曾-威廉公式的流量系数，为了区别于前述式子中的谢才系数 C，特加下标 h 以示区别。

另外，在其他参数不变情况下，C_h 值越大，管道输送流量越大，故不能用一般的阻抗、摩阻、粗糙度、阻力系数等类名称，而将其命名为流量系数。

式（8-58）中对于部分管道材料的 C_h 值参见表 8.5。

表 8.5　海曾-威廉公式流量系数 C_h 值

管道或内表面	C_h 值	管道或内表面	C_h 值
塑料管	150	新铸铁管、涂沥青或水泥的铸铁管	130
石棉水泥管	120~140	使用 5 年的铸铁管、焊接钢管	120
混凝土管、焊接钢管	120	使用 10 年的铸铁管、焊接钢管	110

续表

管道或内表面	C_h 值	管道或内表面	C_h 值
水泥衬里管	120	使用 20 年的铸铁管	90~100
陶土管	110	使用 30 年的铸铁管	75~90

根据式(8-58)也可以构成类似满宁公式的比阻抗的形式,由于

$$h=S_0Q^nl=\frac{10.67q^{1.852}}{C_h^{1.852}D^{4.87}}l$$

故

$$S_0=\frac{10.67}{C_h^{1.852}D^{4.87}} \tag{8-59}$$

或

$$S=S_0l=\frac{10.67l}{C_h^{1.852}D^{4.87}} \tag{8-60}$$

8.5.4 以上三式的分析比较与应用范围

(1)以上三式目前在国内外都有不同程度的应用,但由于历史渊源和习惯,在不同国家可能有不同的选择。在西方国家里多采用海曾-威廉公式,而不用舍维列夫公式;过去苏联和东欧国家,还有 20 世纪 50 年代以后的中国则多使用舍维列夫公式; 1949 年以前的中国则主要采用巴甫洛夫斯基公式及其简化的满宁公式,而改革开放以后,这三种公式在我国都有应用。

除此之外,中外文献中还提到柯尔勃洛克公式、库库什金公式、斯科别公式等。本书上面提到的只是被普遍应用的公式中的一部分,另外有的公式适用于一定管材等,读者在计算中可根据具体问题查阅相关文献。

(2)舍维列夫公式的应用有以下两个不便之处。

①舍维列夫公式适用于特定的管材(8.5.1 中介绍的公式针对的是钢管和铸铁管,此外还有针对石棉水泥管的,但目前已不用此种管材),但对管内表面的性质和材料不加以区分,在管内结垢或腐蚀的情况下无可调整的计算参数,而海曾-威廉公式可以调整流量系数 C_h 值,巴甫洛夫斯基公式及其简化的满宁公式可以调整粗糙度。

②舍维列夫公式按水流速度大小不同分成两个公式,因此在计算前首先要求出流速 v,然后判断采用哪个公式,这样就给计算带来很大的麻烦。为了计算方便,推出了水力计算表备查,解决了手工计算条件下的问题。而现在应用计算机程序进行计算,这些问题都不复存在了,只要在程序中加以比较、判断和选择就可以了。

(3)通过对此三式计算的结果进行比较,得出以下结论。

由于舍维列夫公式不必选用计算参数,而满宁公式要选定 n 值,海曾 - 威廉公式要选定 C_h 值,三者计算结果最接近时 n=0.013,C_h=100。现在此参数的基础上讨论如下。

①舍维列夫公式与海曾-威廉公式(取 C_h=100)相比较:

大管径(如取 D_j=1 000 mm)计算结果,前式比后式小 20%~30%;

中管径（如取 D_j=600 mm）计算结果，前式比后式小约 10%；

小管径（如取 D_j=300 mm）计算结果，前式比后式小约 5%；

细管径（如取 D_j=200 mm 及以下）计算结果，前式略大于后式。

②舍维列夫公式与满宁公式（取 n=0.013）相比较：

在高流速区（1.5 m/s 左右）与中流速区（1.0 m/s 左右），各种管径条件下两式结果比较接近；

在低流速区（0.5 m/s 左右）有明显变化，即大管径计算结果，前式比后式大 10%~17%，中管径计算结果，前式比后式大约 10%，小管径计算结果，前式比后式大约 5%。

从以上主要针对钢管和铸铁管两种常用管材在一般流速范围内和普通管径条件下的分析比较可得出结论，海曾-威廉公式（C_h=100）计算结果最高，舍维列夫公式居中，满宁公式（n=0.013）结果在低流速区偏小，在中流速和高流速区与舍维列夫公式接近。

反之，如果 C_h 取较大值则结果较小，n 取较大值时则结果较大。因此，在实际应用中，应对比实测数据，选择适当的 C_h 值或 n 值来调整公式及其参数是比较恰当的，也可以修改管段的计算直径，使计算值尽量符合实际值。

（4）在具体的水力平差计算中，不同公式适用于不同情况，在环状管网的手工平差时，使用舍维列夫公式较麻烦，可选其他两个公式，采用阻抗的计算较方便；如用程序进行计算可用任何公式；在没有平差要求（如输水管、枝状管网、各管段计算）时，可用任何公式，有的文献载有相应的计算表格可直接查阅，更为方便。

（5）要特别强调的是，以上公式主要是针对钢管和铸铁管而言，现在管材发展已多元化，对各种材质的塑料管、有内衬涂层的金属管、复合管材等，应加以区别而选用最适合的公式。在用程序计算时更容易忽略管材材质的区别而错误地使用统一的公式，这时应仔细区别不同管材使用不同公式，为此可以在程序中加入识别管材的标记，根据不同管段的标记自行选用不同的公式。

思考题

1. 给水管网的计算课题有哪几类？分述其主要计算步骤。
2. 什么叫比流量，怎样计算？比流量是否随着用水量的变化而变化？
3. 什么叫沿线流量？什么叫节点流量？
4. 为什么管网计算时须先求出节点流量？如何从用水量求节点流量？
5. 枝状管网是如何确定管段计算流量的？
6. 环状管网为什么要分配流量？分配流量时应考虑哪些要求？如何进行分配？
7. 什么叫管网年费用？分析它和管径与流速的关系。
8. 什么叫经济流速？什么叫经济管径？

习　题

1. 管网如习题 1 图所示，求管段数、节点数和环数之间的关系。

习题 1 图

2. 设在最高用水时，习题 1 图的泵站供水量占 4/5，水塔供水量占 1/5，试确定流量分配的主要流向，并写出 3—4—7—2—3 环中任一管段流量 q_{i-j} 和两端节点水压 H_i，H_j 的关系式。

3. 已知管网供水量如习题 3 表所示，枝状管网布置如习题 3 图，图中给出了地面高程、节点编号、管段编号和管长(m)，管网用水量的时变化系数 K_h=1.25。试计算该管网的沿线流量和节点流量。

习题 3 表

用水类别		单位	用水量
总沿线流量		m³/d	21 000
集中流量（最高时）	节点号:③	m³/h	100
	节点号:⑨	m³/h	110
消防流量	节点号:⑨	L/s	20
	节点号:⑤	L/s	15

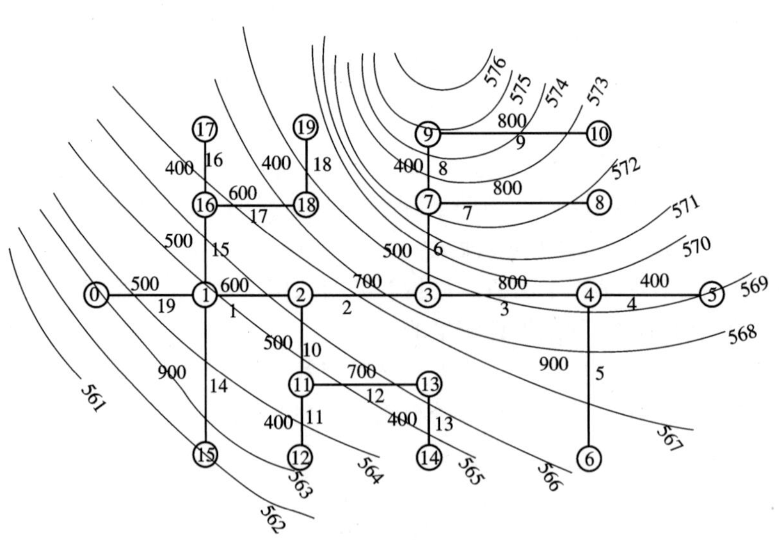

习题 3 图　枝状管网布置平面图(比例 1 : 20 000)

第 9 章　管网水力计算

9.1　管网水力计算的基础方程

首先分析管网水力计算的条件。对于任何管网，设其管段（Pipe）数以 P 表示，节点（Node）数以 N 表示，环（Loop）数以 L 表示，根据图论原理，三者之间有以下关系：

$$P = L + N - 1 \tag{9-1}$$

以如图 9.1 所示一环状管网拓扑图为例，其有 11 个节点（N=11），14 个管段（P=14），4 个环（L=4），满足：

14=4+11−1

以如图 9.2 所示一枝状管网拓扑图为例，其有 11 个节点（N=11），10 个管段（P=10），没有环（L=0），同样满足：

10=0+11−1

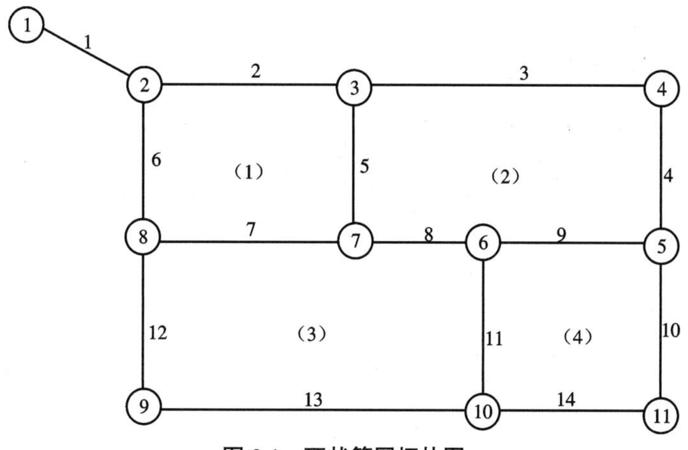

图 9.1　环状管网拓扑图

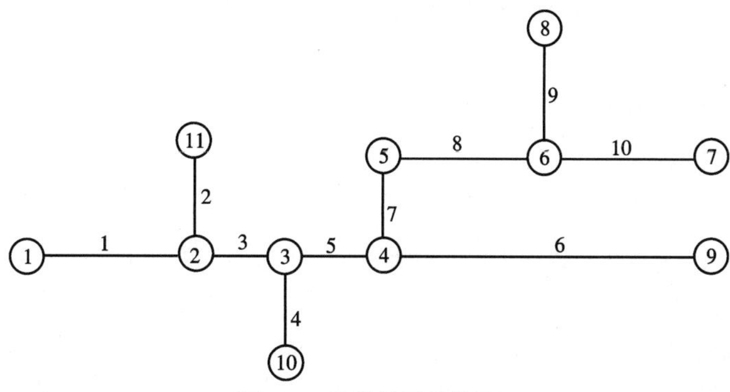

图 9.2　枝状管网拓扑图

由于枝状管网中不可能有环，L 恒为零，故可简化为管段数等于节点数减 1。

在实际计算中遇到的往往是环状和枝状共存的混合管网，如图 9.3 所示。

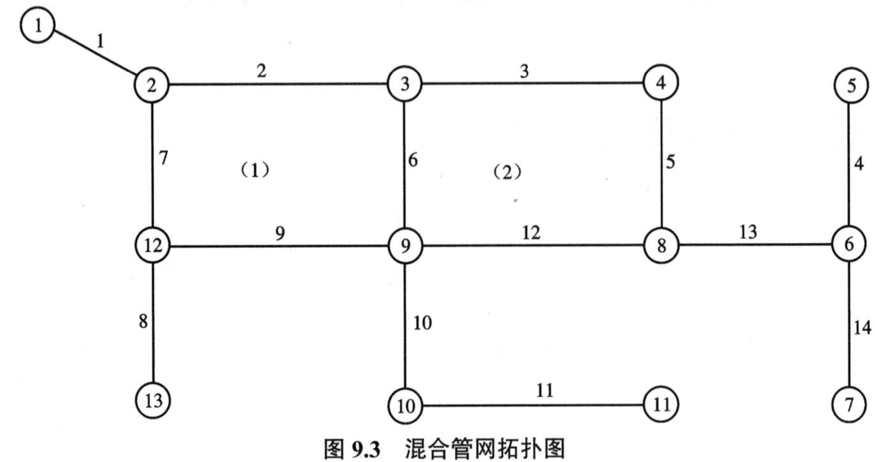

图 9.3　混合管网拓扑图

图 9.3 中有 14 个管段（P=14），13 个节点（N=13），2 个环（L=2），同样满足：

$$14=13+2-1$$

管网水力计算是基于质量守恒和能量守恒原理的，由此分别得出连续性方程和能量方程。

连续性方程体现在管网上，流向该节点的流量必然等于流出该节点的流量。如取流出节点的流量为正，流向节点的流量为负，对于有 N 个节点的管网，可以得出独立的连续性方程只有 N-1 个，因为在 N 个节点连续性方程中有且总有一个（只有一个，而且是任意一个）为非独立的相依方程。故 N-1 个节点连续性方程可表示为联立方程组：

$$\begin{cases}(q_i+\sum q_{i-j})_{i=1}=0\\(q_i+\sum q_{i-j})_{i=2}=0\\\quad\vdots\\(q_i+\sum q_{i-j})_{i=N-1}=0\end{cases}\tag{9-2}$$

式中各符号意义同前。

能量方程体现在每一环路中各管段水头损失之和必等于零。因为任一环都形成封闭的环路，故取顺时针方向为正，逆时针方向为负，L 个环路的能量方程可表示为

$$\begin{cases}\sum(h_{i-j})_{l=1}=0\\\sum(h_{i-j})_{l=2}=0\\\quad\vdots\\\sum(h_{i-j})_{l=L}=0\end{cases}\tag{9-3}$$

式中　h_{i-j}——管段 i—j 的水头损失（设水流方向顺时针为正，逆时针为负）；

l——环路编号；

L——环路总数。

环路最小循环路线是唯一确定的。

如水头损失用指数公式 $h=Sq^n$ 表示，则上述方程组可改写为以压力降表示的方程组，表示出管段流量和水头损失的关系：

$$\begin{cases}\sum(S_{i-j}q_{i-j}^n)_{l=1}=0\\\sum(S_{i-j}q_{i-j}^n)_{l=2}=0\\\quad\vdots\\\sum(S_{i-j}q_{i-j}^n)_{l=L}=0\end{cases}\tag{9-4}$$

由于

$$h_{i-j}=S_{ij}q_{i-j}^n\tag{9-5}$$

及

$$h_{i-j}=H_i-H_j$$

式中　H_i——节点 i 的水压标高；

H_j——节点 j 的水压标高。

而且节点在同一管段 $i—j$ 的两端，可得

$$q_{i-j}=\pm\left|\frac{H_i-H_j}{S_{i-j}}\right|^{1/n}\tag{9-6}$$

由于上式中（H_i-H_j）的值可能≥ 0 也可能 ≤0，而 $1/n$ 的值恒小于 1，为了避免负数开非整数次方，故先对（H_i-H_j）取绝对值，然后按实际方向取正负号。

又根据节点流量平衡条件，即连续性方程

$$q_i+\sum q_{i-j}=0$$

可得

$$q_i=-\sum_{i,j}\left[\pm\left|\frac{H_i-H_j}{S_{i-j}}\right|^{1/n}\right]\tag{9-7}$$

式中　$\sum\limits_{i,j}$——对与节点 i 相关的管段 $i—j$ 取和。

9.2　枝状管网的水力计算

枝状管网的含义很明显，而且前面以不同的方式多次提及，由于它的计算简单，所以先掌握这种方法可以作为今后进一步学习的基础。

一般小型给水系统在初期多为枝状管网，然后随着地区的发展和用水量的增加，根据情况逐步发展成环状管网或枝状和环状相结合的管网。

枝状管网各管段中的流量很容易确定而且唯一，只要遵循节点流量平衡的原则 $q_i+\sum q_{i-j}=0$，就可以从泵站沿水流方向依次往各个末端分配计算流量，也可以从各个末端逆水流方向往管网始端计算，两种方法相同而且结果也唯一。

管段流量一经确定，只要不修改原始参数，就不用如环状管网那样反复修改管段流量平差计算。根据管段流量可按经济流速确定管径，从而求得各管径的水头损失。将已经计算

求得的各个结果数据标注在管网计算草图上。根据地形数据，将地面标高也标注在图上各节点处，从图上初步选定一个末端节点，一般将距水源的最高最远点作为最不利点，也就是控制点。在管网较简单、较小型时，最高最远点比较容易判断，但是否是最不利点，还要看其所连接的管线是否直径小而流量大。这样选定以后，从这点开始逐渐逆水流方向往前推算各节点所需的水压标高，到与其他管段交汇点，再沿该管段顺水流方向往后推算各节点所需的水压标高，直到此枝的末端终点。到此可能有两种情况：第一，该终点如果服务水头大于或等于要求，则前一假设的最不利点正确，到此为止的计算暂时有效，回到交汇点再继续逆水流方向往前推算，继续重复上述过程直到供水起点为止；第二，该终点如果服务水头小于要求，则计算出此水头的差值，所有已计算了的节点水压都要增高这同一差值后再从交汇点继续计算。这样就可以最终计算泵站扬程了。当然也可以采用其他计算方法，只要正确高效就可以了。

下面举一个具体例子来说明枝状管网的计算方法。

例 9.1 某城镇人口为 12.5 万人，供水普及率为 80%，最高日用水量定额按平均 150 L/(人·d)计，最小服务水头为 160 kPa(16.32 mH_2O)。工业用水集中流量为 800 m³/d，在节点 7，两班 16 h 用水。管网初步布置成枝状管网，如图 9.4 所示，对该管网进行水力计算，求解各节点标高及管段水头损失。

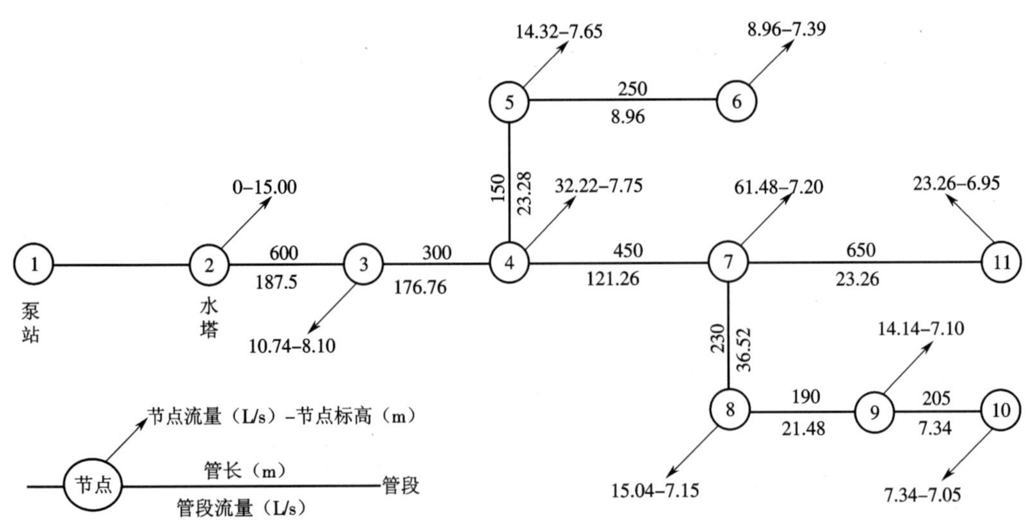

图 9.4 枝状管网布置草图

解 管网布置图中给出了节点位置和编号，管段长度和节点标高，计算以后标出的节点流量及管段流量。

现将算例逐步说明如下。

(1)总用水量的计算。

设计最高日生活用水量：

$$125\,000 \times 0.8 \times 0.15 = 15\,000 \text{ m}^3/\text{d} = 625 \text{ m}^3/\text{h} = 173.6 \text{ L/s}$$

工业用水量：

$$800/16 = 50 \text{ m}^3/\text{h} = 13.88 \text{ L/s} \text{ 取为 } 13.9 \text{ L/s}$$

系统总供水量：

$173.6 + 13.9 = 187.5$ L/s

（2）管线总长的计算（只计主要输配水管，不计泵站和水塔输水管及街区配水支管）。

$$\sum L = 300 + 150 + 250 + 450 + 230 + 190 + 205 + 650 = 2\,425\ \text{m}$$

（3）比流量及沿线流量的计算。

总流量 187.5 L/s 中，13.9 L/s 为集中流量，173.6 L/s 为均布流量，比流量为

$$q_s = \frac{173.6}{2\,425} = 0.071\,6\ \text{L/(m·s)}$$

沿线流量计算如表 9.1 所示。

表 9.1　沿线流量计算

管段	管长 /m	沿线流量 /（L/s）
3—4	300	21.48
4—5	150	10.74
5—6	250	17.90
4—7	450	32.22
7—11	650	46.53
7—8	230	16.46
8—9	190	13.60
9—10	205	14.67
合计	2 425	173.60

（4）节点流量的计算。

节点流量计算过程和结果如表 9.2 所示。

表 9.2　节点流量计算

节点	计算式	节点流量 /（L/s）
3	1/2 × 21.48	10.74
4	1/2 ×（21.48+10.74+32.22）	32.22
5	1/2 ×（10.74+17.90）	14.32
6	1/2 × 17.90	8.95
7（该点有集中流量）	1/2 ×（32.22+46.53+16.46）+13.90	61.50
8	1/2 ×（16.46+13.60）	15.03
9	1/2 ×（13.60+14.67）	14.14
10	1/2 × 14.67	7.34
11	1/2 × 46.53	23.26
合计		187.5

（5）计算管段流量。

根据管段流量参考经济流速确定管径，再计算流速和水头损失（采用铸铁管可直接查

水力计算表），计算如表 9.3 所示。

表 9.3　管网水力计算表

管段	流量 /（L/s）	管径 /mm	管长 /m	流速 /（m/s）	水头损失 /m
2—3	187.5	500	600	0.96	2.50 × 0.6=1.5
3—4	176.76	500	300	0.91	2.26 × 0.3=0.68
4—7	121.27	400	450	0.96	3.37 × 0.45=1.52
7—8	36.51	250	230	0.75	3.93 × 0.23=0.90
8—9	21.48	200	190	0.69	4.53 × 0.19=0.86
9—10	7.34	150	205	0.42	2.71 × 0.205=0.56
4—5	23.27	200	150	0.75	5.24 × 0.15=0.79
5—6	8.95	150	250	0.52	3.90 × 0.25=0.98
7—11	23.26	200	650	0.75	5.24 × 0.65=3.41

表 9.3 中水头损失的计算是由舍维列夫水力计算表中的铸铁管表 1 000i，再乘以长度，其单位为 km。

（6）从地形和管网布置看，最不利点可能是节点 10 或 11，这两点的高程接近，但 7—11 管段的水头损失为 3.41 m，而 7—8—9—10 支线的水头损失之和显而易见不足 3.00 m，故可以初步取定节点 11 为最不利点。从此点开始，首先置其自由水头为所要求的 16 m 最小服务水头，可计算出其水压标高为 16.00+6.95=22.95 m；然后向上流推算管段 7—11 水头损失为 3.41 m，得节点 7 的水压标高应为 22.95+3.41=26.36 m ，故此点的自由水头为 26.36−7.20= 19.16 m，然后分别推算上、下游其他各点，计算各节点的相关数据。

前面计算的结果和此处计算过程都表示在图 9.5 中。

（7）求得水塔水箱最低水位的设计高度为 30.06 m 标高，离节点地面高度为 15.06 m，并据此可以设计泵站扬程。

（8）其余各分枝管路依此可分别计算，结果如图 9.5 所示。

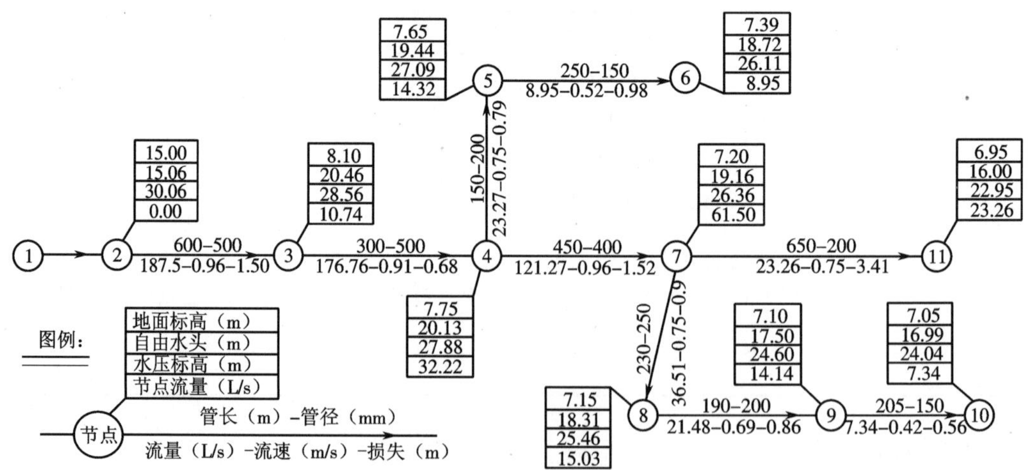

图 9.5　枝状管网计算图

9.3　环状管网的传统平差计算

环状管网的水力计算有不同的计算方法，这里介绍最简易实用的哈代-克罗斯法（也称为洛巴切夫法），让读者对环状管网的传统平差计算有个初步的了解，然后再介绍管网的计算理论和程序计算。

9.3.1　哈代-克罗斯法

为了求解式（9-3）的线性方程组，哈代-克罗斯和洛巴切夫同时提出了各环的管段流量用校正流量 Δq_i 调整的迭代方法。现以图 9.6 的四环管网为例，说明解环方程组的方法。

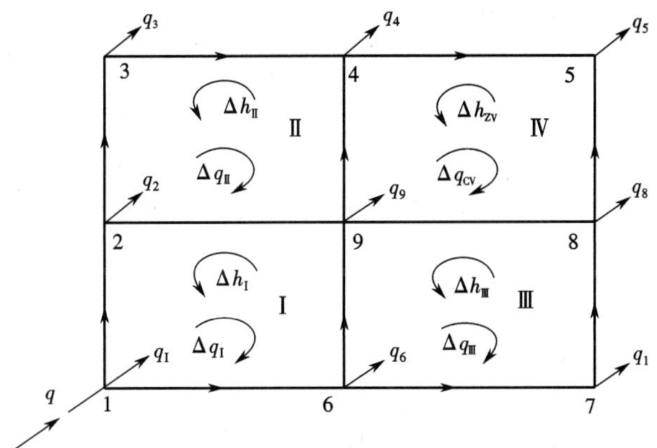

图 9.6　环状管网的校正流量计算

设初步分配的流量为 q_{ij}，水头损失公式 $h=sq^n$ 中的 n 取 2，可写出四个能量方程，以求解四个未知的校正流量 Δq_{I}，Δq_{II}，Δq_{III}，Δq_{IV}。

$$\begin{cases} s_{1-2}(q_{1-2}+\Delta q_{\mathrm{I}})^2+s_{2-9}(q_{2-9}+\Delta q_{\mathrm{I}}-\Delta q_{\mathrm{II}})^2- \\ \quad s_{6-9}(q_{6-9}-\Delta q_{\mathrm{I}}+\Delta q_{\mathrm{III}})^2-s_{1-6}(q_{1-6}-\Delta q_{\mathrm{I}})^2=0 \\ s_{2-3}(q_{2-3}+\Delta q_{\mathrm{II}})^2+s_{3-4}(q_{3-4}+\Delta q_{\mathrm{II}})^2-s_{4-9}(q_{4-9}- \\ \quad \Delta q_{\mathrm{II}}+\Delta q_{\mathrm{IV}})^2-s_{2-9}(q_{2-9}+\Delta q_{\mathrm{I}}-\Delta q_{\mathrm{II}})^2=0 \\ s_{6-9}(q_{6-9}-\Delta q_{\mathrm{I}}+\Delta q_{\mathrm{III}})^2+s_{9-8}(q_{9-8}+\Delta q_{\mathrm{III}}-\Delta q_{\mathrm{IV}})^2- \\ \quad s_{8-7}(q_{8-7}-\Delta q_{\mathrm{III}})^2-s_{6-7}(q_{6-7}-\Delta q_{\mathrm{III}})^2=0 \\ s_{4-9}(q_{4-9}-\Delta q_{\mathrm{II}}+\Delta q_{\mathrm{IV}})^2+s_{4-5}(q_{4-5}+\Delta q_{\mathrm{IV}})^2- \\ \quad s_{5-8}(q_{5-8}-\Delta q_{\mathrm{IV}})^2-s_{9-8}(q_{9-8}-\Delta q_{\mathrm{IV}}+\Delta q_{\mathrm{III}})^2=0 \end{cases} \tag{9-8}$$

校正流量 Δq_{I} 的大小和符号，可在解方程组时得出。

将式（9-5）按二项式定理展开，并略去 Δq_i^2 项，整理后得环 I 的方程如下：

$$(s_{1-2}q_{1-2}^2+s_{2-9}q_{2-6}^2-s_{1-6}q_{1-6}^2-s_{6-9}q_{6-9}^2)+2\left(\sum sq\right)_{\mathrm{I}}\Delta q_{\mathrm{I}}-2s_{2-9}q_{2-9}\Delta q_{\mathrm{II}}-2s_{6-9}q_{6-9}\Delta q_{\mathrm{III}}=0 \tag{9-9}$$

上式括号内为初步分配流量条件下，环内各管段的水头损失代数和，称为闭合差 Δh，因此可得出下列线性方程组：

$$\begin{cases}\Delta h_{\rm I}+2\sum(sq)_{\rm I}\Delta q_{\rm I}-2s_{2-9}q_{2-9}\Delta q_{\rm II}-2s_{6-9}q_{6-9}\Delta q_{\rm III}=0\\ \Delta h_{\rm II}+2\sum(sq)_{\rm II}\Delta q_{\rm II}-2s_{2-9}q_{2-9}\Delta q_{\rm I}-2s_{4-9}q_{4-9}\Delta q_{\rm IV}=0\\ \Delta h_{\rm III}+2\sum(sq)_{\rm III}\Delta q_{\rm III}-2s_{6-9}q_{6-9}\Delta q_{\rm I}-2s_{9-8}q_{9-8}\Delta q_{\rm IV}=0\\ \Delta h_{\rm IV}+2\sum(sq)_{\rm IV}\Delta q_{\rm IV}-2s_{4-9}q_{4-9}\Delta q_{\rm II}-2s_{9-8}q_{9-8}\Delta q_{\rm III}=0\end{cases} \tag{9-10}$$

式中 Δh_i——闭合差，等于该环内各管段水头损失的代数和；

$\sum(sq)_i$——该环内各管段的 $|sq|$ 值总和。

解得每环的校正流量公式如下：

$$\begin{cases}\Delta q_{\rm I}=\dfrac{1}{2\sum(sq)_{\rm I}}(2s_{2-9}q_{2-9}\Delta q_{\rm II}+2s_{6-9}q_{6-9}\Delta q_{\rm III}-\Delta h_{\rm I})\\ \Delta q_{\rm II}=\dfrac{1}{2\sum(sq)_{\rm II}}(2s_{2-9}q_{2-9}\Delta q_{\rm I}+2s_{4-9}q_{4-9}\Delta q_{\rm IV}-\Delta h_{\rm II})\\ \Delta q_{\rm III}=\dfrac{1}{2\sum(sq)_{\rm III}}(2s_{6-9}q_{6-9}\Delta q_{\rm I}+2s_{9-8}q_{9-8}\Delta q_{\rm IV}-\Delta h_{\rm III})\\ \Delta q_{\rm IV}=\dfrac{1}{2\sum(sq)_{\rm IV}}(2s_{4-9}q_{4-9}\Delta q_{\rm II}+2s_{9-8}q_{9-8}\Delta q_{\rm III}-\Delta h_{\rm IV})\end{cases} \tag{9-11}$$

管网计算就是解 L 个线性的 Δq_i 方程组，每个方程表示一个环的校正流量，待求的是使闭合差为零的校正流量 Δq_i。

对式（9-11）分析如下。

（1）任一环的校正流量 Δq_i 由两部分组成：一部分是受到邻环影响的校正流量，另一部分是消除本环闭合差 Δh_i 的校正流量。

（2）如果忽视环与环之间的相互影响，即每环调整流量时，不考虑邻环的影响，可使运算简化。

当 $h=sq^n$ 中 $n=2$ 时，可导出基环的校正流量公式如下：

$$\begin{cases}\Delta q_{\rm I}=-\dfrac{\Delta h_{\rm I}}{2\sum(sq)_{\rm I}}\\ \Delta q_{\rm II}=-\dfrac{\Delta h_{\rm II}}{2\sum(sq)_{\rm II}}\\ \Delta q_{\rm III}=-\dfrac{\Delta h_{\rm III}}{2\sum(sq)_{\rm III}}\\ \Delta q_{\rm IV}=-\dfrac{\Delta h_{\rm IV}}{2\sum(sq)_{\rm IV}}\end{cases} \tag{9-12}$$

写成通式则为

$$\Delta q_i=-\frac{\Delta h_i}{2\sum|s_{i-j}q_{i-j}|} \tag{9-13}$$

应该注意，上式中 Δq_i 和 Δh_i 的符号相反。

水头损失与流量为非平方关系时，即 $n\neq2$ 时，校正流量公式为

$$\Delta q_i = -\frac{\Delta h_i}{n\sum|s_{i-j}q_{i-j}^{n-1}|} \tag{9-14}$$

其中，Δh_i 是该环内各管段的水头损失代数和，分母是该环所有管段的 $s_{i-j}q_{i-j}^{n-1}$ 绝对值之和。

计算时，可在管网示意图上注明闭合差 Δh_i 和校正流量 Δq_i 的方向与数值。如闭合差 Δh_i 为正，用顺时针方向的箭头表示，反之用逆时针方向的箭头表示。

9.3.2　传统平差计算

综上，环状管网的水力平差计算缘于环的闭合差不等于零。第 8 章的环状网管段流量分配，选定管径后的结果如图 8.15 所示，如果继续计算出各管段的水头损失，然后就会发现 7 个小环的闭合差都不为零。

(1)水头损失计算公式。

在水头损失计算中采用满宁公式，如果统一取各管段粗糙度 n=0.013，则

$$h = 10.2936\frac{n^2Q^2l}{D^{5.33}} = SQ^2 \tag{9-15}$$

其中

$$S = 10.2936\frac{n^2l}{D^{5.33}}$$

当 n=0.013 时，与各管段管长 l(m)和管径 D(m)相应的各管段阻抗值计算如表 9.4 所示，将计算结果继续标注在各相关管段上。进一步计算各管段的 $h = SQ^2$，并标注在图 9.7 上，注意 Q 的单位应取 m^3/s。

表 9.4　各管段阻抗 S 值计算(当 n=0.013 时，$S = 10.2936\frac{n^2l}{D^{5.33}}$)

管段号	管长 l/m	管径 D/m	阻抗 S
1	600	0.60	15.887 6
2	690	0.50	48.282 8
3	540	0.40	124.127 4
4	650	0.30	692.326 6
5	350	0.20	3 236.176 2
6	250	0.20	2 311.554 4
7	730	0.30	777.536 1
8	760	0.20	7 027.125 5
9	360	0.20	3 328.638 4
10	340	0.20	3 143.714 0
11	500	0.40	114.932 9
12	540	0.30	575.163 7
13	390	0.30	415.396 0

续表

管段号	管长 l/m	管径 D/m	阻抗 S
14	390	0.30	415.396 0
15	740	0.50	51.781 6
16	660	0.30	702.977 8
17	280	0.30	298.233 0
18	220	0.30	234.326 0
19	560	0.60	14.828 5

注：在图 9.7 中计算结果只取整数部分，小数四舍五入。

（2）计算各环闭合差。

得出各管段的水头损失后，就可以对每一个小环计算闭合差。计算取同一小环内各管段的水头损失代数和，管段流向在该环内为顺时针则取水头损失为正，反之则取负。将每个小环的闭合差求出后也标注在图 9.7 上，由图 9.7 可以看出，有的环闭合差 Δh 为正，有的为负；有的较小如环 1 的 $\Delta h_1 = 0.211$，有的很大如环 3 的 $\Delta h_1 = 5.671$。对于手工计算一般要求小环闭合差的绝对值小于 0.5 m，同时整个管网大环闭合差的绝对值不大于 1.0 m。

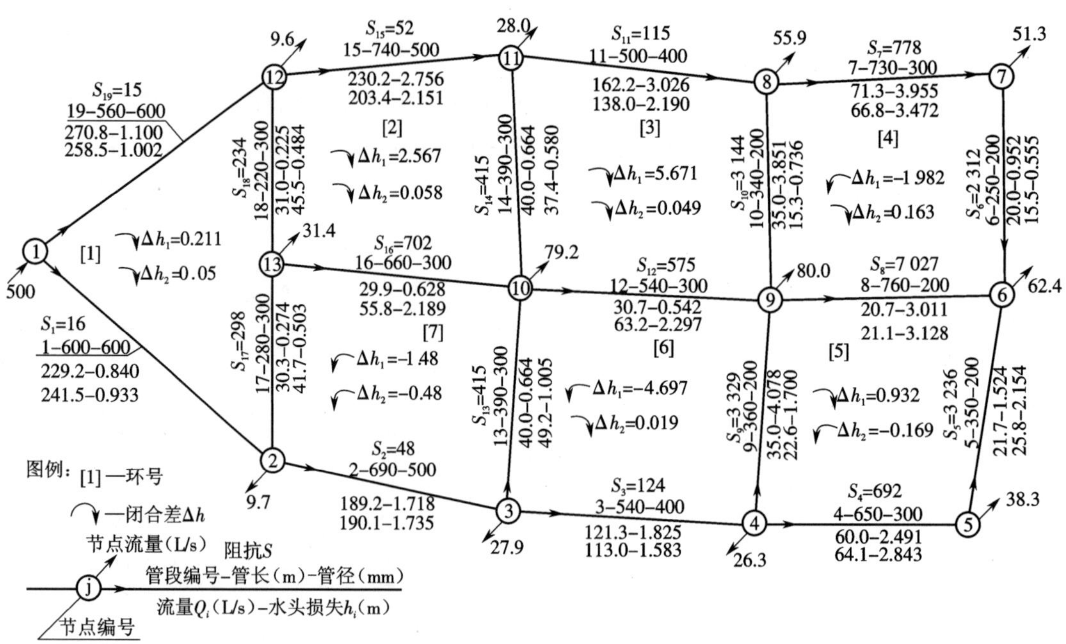

图 9.7 管网平差计算草图

闭合差过大，说明没有满足能量平衡方程的要求，要对管段流量进行修改，使之满足能量平衡方程，即闭合差 Δh 满足要求。这样对管段流量进行微调，使其达到要求的过程就称为平差，而且平差是逐环逐管段进行的，一般不可能经过一轮修改就达到要求，而是在反复多轮修改后才能达到要求。

(3)平差。

现在对图 9.7 中的管网进行第一次平差，首先对初次闭合差进行分析：环 [1] 已基本达到要求，暂时可以不修改，而其余各环的闭合差都较大，尤以 [3][6][2] 等环的闭合差特别大。由图 9.7 可以看出，环 [2][3] 闭合差是正方向的，环 [6] 的闭合差是负方向的，故平差主要在环 [2][3] 的正方向流量减小，负方向流量加大；而环 [6] 反之，即正方向流量加大，负方向流量减小。在这里特别要注意两点：第一点是闭合差较大的相邻两环间的公共管段，调整这些管段的流量具有关键性作用，如管段 8—9、4—9、13—10、10—9，这 4 条管段是很明显的例子，从数据的变化看，具有决定性作用；第二点是由于部分管段流量的调整，为了满足节点流量平衡的要求，其他各管段难免也要随之调整。

基于以上考虑，应先计算闭合差较大的环，校正流量值可按哈代-克罗斯法的式(9-13)进行估算或凭计算者的经验来拟定。

由图 9.7 可以看出，通过一次平差调整流量后，各环闭合差都已达到要求误差，基本能满足能量方程的要求。由图可见，节点 6 是管网末端的汇合点，该点的水压标高是最低的，只要此点地形不比附近其他点地形低太多，此点就可能是控制点。

(4)计算水头损失。

计算沿管线①$\xrightarrow{19}$⑫$\xrightarrow{15}$⑪$\xrightarrow{11}$⑧$\xrightarrow{7}$⑦$\xrightarrow{6}$⑥水头损失为

$$\sum h = 1.002 + 2.151 + 2.190 + 3.472 + 0.555 = 9.370\ \text{m}$$

计算沿管线①$\xrightarrow{1}$②$\xrightarrow{2}$③$\xrightarrow{3}$④$\xrightarrow{4}$⑤$\xrightarrow{5}$⑥水头损失为

$$\sum h = 0.933 + 1.735 + 1.583 + 2.843 + 2.154 = 9.248\ \text{m}$$

计算全管网的水头损失可取两者的平均值，小数点后保留两位有效数字，即

$$\sum h = \frac{1}{2}(9.37 + 9.25) = 9.31\ \text{m}$$

然后便可以计算水泵扬程等。

9.4　管网不同计算时刻的核算

管网计算的目的主要是为了确定管径及送水泵房的流量和扬程，前面所计算的是在最高日最高时正常供水情况下的流量，是针对这一工况的流量、管径和扬程。但实际工作中，管网工况时刻在变化，管径一旦施工完成不是轻易能改变的，而且流量和压力是动态的，工况核算的关键在于各种不同状态下管网中的流量和压力是否满足用户的要求。前面仅介绍了最大用水正常供水的工况，为此要考虑各种可能出现的工况，在一般工程中必须计算的工况主要有以下三种。

1. 最高日最高时正常供水

一般按此情况进行设计计算，据此来选定管径和求出送水泵房扬程，初步确定水泵机组台数和型号。

2. 最高日最高时需要消防

这是一种重要的核算工况，在最高日最高时正常供水量的基础上增加消防流量。消防流量的大小对于城市来说，应根据人口多少来决定火头数目和每处火头的流量；对于工业企

业，应根据占地面积和人数来决定火头数目，并根据最不利的建筑物火灾危险性和最大的建筑物体积来决定每个火头的一次性灭火用水量。

这样确定了消防流量后，再对该管网进行一次水力平差计算，此时一般暂不改动已选定的管径，只是在原有节点流量的基础上，按标准选定消防流量，分别布置在几处不利点，然后分配流量，进行平差计算。

继例 9.1，设选定两处火灾，布置在节点 5 和节点 7，各设流量为 50 L/s，利用程序计算的最高用水时发生消防环网平差程序计算结果如图 9.8 所示。从图中可以看出，各环的闭合差都不大。

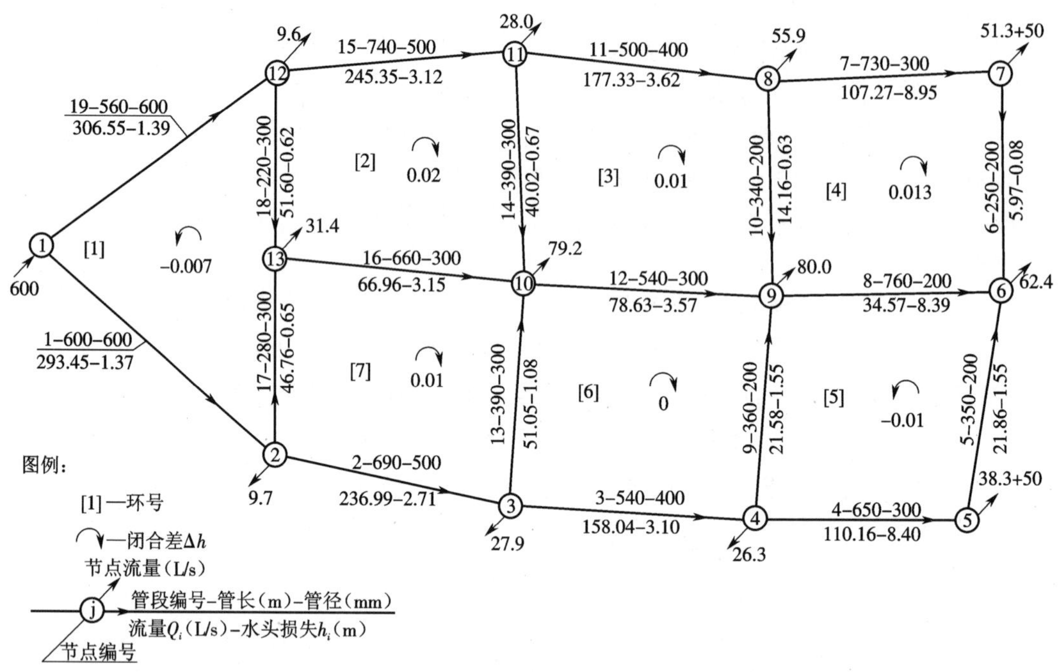

图 9.8 最高用水时发生消防环网平差程序计算结果图

消防校核的目的，一是检查管段的通过能力是否足够，主要是看各管段流速是否过大；二是计算消防时的总水头损失，据此判断是否可以采用原设计的泵组，还是要另选消防泵，如所需扬程很大，则要另选消防泵。

从计算结果看，流速和水头损失都不大，原管径设计可通过消防校核；至于总水头损失，如沿① $\xrightarrow{19}$ ⑫ $\xrightarrow{15}$ ⑪ $\xrightarrow{11}$ ⑧ $\xrightarrow{7}$ ⑦ $\xrightarrow{6}$ ⑥计算为

$$\sum h = 1.39 + 3.12 + 3.62 + 8.95 + 0.08 = 17.16 \text{ m}$$

与以前算出的最高时正常供水的总损失 9.25 m 或 9.37 m 比较，总水头提高了约 8 m，但是正常供水时的最小服务水头按楼层高度计，而最高时发生消防所需的服务水头按低压消防时只要 10 m。这样对本例而言，消防时并不必提高扬程，只需增加水泵台数以提高供水量即可。

3. 管网事故时需要消防

规范规定，要在管网主要干管发生事故，进行修复期间发生消防时，还能保证非事故地区的正常供水，并规定保证的供水量按消防加事故水量计算。事故水量的多少由工业企业

按生产性质和设备情况依生产消防安全具体规定计算，对于城市一般习惯按最高日最高时供水量的 70% 计算。

按例 9.1 计算，当最高供水量为 500 L/s，而消防水量为 100 L/s 时，事故加消防时的流量应为

$$0.7\times 500+100=450\ \text{L/s}$$

再利用程序进行计算，事故时发生消防环网平差程序计算结果如图 9.9 所示。

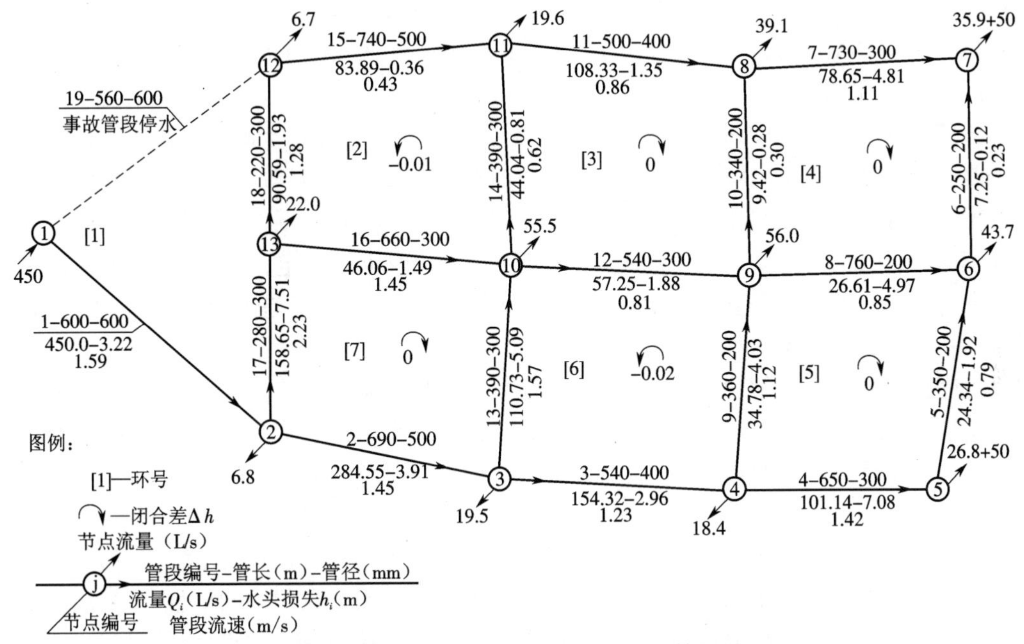

图 9.9　事故时发生消防环网平差程序计算结果图

从图 9.9 可以看出，假定原管网中的节点 1 与节点 12 间的管段 19 发生事故，则从图中取消（如虚线）；原管网中的节点 1 与节点 2 间的管段 1 变为枝状。各节点的事故流量为正常最高时的 70%，并在节点 5 和节点 7 设置消防流量，依此组织数据并形成新的数据文件进行计算，得出输出数据文件，再画出结果图。

从图 9.9 还可以看出，除节点 2 与节点 13 间的管段 17 流速较大（2.23 m/s），但还在能接受的范围内，其余各管段流速都不太大，故从管径的选择上基本能通过事故校核。

至于总水头损失，如任取一线①$\xrightarrow{1}$②$\xrightarrow{2}$③$\xrightarrow{3}$④$\xrightarrow{4}$⑤$\xrightarrow{5}$⑥$\xrightarrow{6}$⑦

$$\sum h=3.22+3.91+2.96+7.08+1.92+0.12=19.21\ \text{m}$$

计算结果上与消防时相差不多，故满足了消防扬程要求，也就可以满足事故时需要消防的扬程要求，此时流量为 450 L/s，既小于最大时消防流量 600 L/s，也小于最高时正常流量 500 L/s，故可以通过事故校核。

此时，按相关规范规定，还要核算最大转输的工况，但是本例在管网中没有设置水量调节构筑物，故没有此工况。如管网中有，则还要核算此工况，原理同上。

9.5 输配水系统的程序计算实例

由前几节可以看出,在给水管网水力计算中,最烦琐的就是水力平差计算,即反复进行重复计算,这种计算最适合交给计算机由程序进行了。在前一节中用简易计算程序计算了环网,给小型环网的计算带来了很大的方便,但是该程序的功能是很有限的,它仅适用于环状管网,不能用于枝状管网,而且它只有管段上的输出信息,没有节点上的输出信息,因此只能算是轻便简易型的程序,较适合初学者使用,而不适合在实际中应用,为此应开发功能强大、符合实用的程序。

从前文的手工计算中又可发现,哈代-克罗斯计算实质上是在不断计算出各管段流量的修正值 Δq ,但其修改是以环为单位的,在一环内各管段的 Δq 值是统一的,经过这次修正,按理论来说该环应该可以趋于平衡。当相邻两环共用某一管段时,受两环共同影响,管段流量要修正两次,因而修改其邻环时又破坏了本环的平衡,但可以肯定,各环的闭合差总的趋势是越来越小的,但这个过程收敛得较慢,需要反复计算,结果的误差也较大,计算工作量、计算时间和计算精度都不尽如人意。

程序计算就是为了解决这一类问题,不仅可以大幅度降低工作量、缩短计算时间和提高计算精度,更重要的是对于现代城市大型管网,水力平差计算所需的时间和工作量异常大,在实际许可范围内人工难以完成,从而无法进行,而程序计算使其变成了可以轻而易举实现的操作过程。

仍以上面的题目为例对三种基本情况进行计算。由于采用的方法是解节点方程,所以数据准备中没有也不需要与环相关的信息,而改用与管段和节点相关的信息。另外,与前法不同的是不用管段的初始分配流量,改由程序赋初值,这样使准备工作简化了很多。

9.5.1 最高日最高时正常供水情况

(1)输入数据文件,如表 9.5 所示(其中还有其他两种情况的数据)。

(2)输出数据文件,如表 9.6 所示。

(3)计算结果图,如图 9.10 所示,这类图都是用专门的平差输出绘图程序绘制的。

9.5.2 最高日最高时加消防时供水情况

(1)输入数据文件,如表 9.5 所示。

(2)输出数据文件,如表 9.7 所示。

(3)计算结果图,如图 9.11 所示。

9.5.3 事故时发生消防供水情况

(1)输入数据文件,如表 9.5 所示。

(2)输出数据文件,如表 9.8 所示。

(3)计算结果图,如图 9.12 所示。

表 9.5　输入数据文件 D.I

一	最高日最高时数据的输入格式	注释
1	19,13,20.,0.000 01,50,3,2,0,.01,.01,.000 01,1.	管段数,节点数,eps 等参数
2	1,2,2,3,3,4,4,5,5,6,6,7,7,8,9,6,4,9,9,8 8,11,9,10,3,10,10,11,12,11,13,10,2,13,13,12,1,12	本行按序输入管段两端的节点号
3	.6,.5,.4,.3,.2,.2,.3,.2,.2,.2,.4,.3,.3,.3,.5,.3,.3,.3,.6	本行按序输入各管径(m)
4	600,690,540,650,350,250,730,760,360,340 500,540,390,390,740,660,280,220,560	本行按序输入各管长(m)
5	-.5,.009 7,.027 9,.026 3,.038 3,.062 4,.051 3,.055 9 .08,.079 2,.028,.009 6,.031 4	本行按序输入各节点流量(m^3/s)
6	5,5,5,5,5,5,5,5,5,5,5,5,5	本行输入各节点标高(m)
7	.013,.013,.013,.013,.013,.013,.013,.013,.013,.013 .013,.013,.013,.013,.013,.013,.013,.013,.013	本行输入各管段粗糙度系数 n
二	最高日最高时加消防数据的输入格式	注释
1	19,13,20.,0.000 01,50,3,2,0,.01,.01,.000 01,1.	管段数,节点数,eps 等参数
2	1,2,2,3,3,4,4,5,5,6,6,7,7,8,9,6,4,9,9,8 8,11,9,10,3,10,10,11,12,11,13,10,2,13,13,12,1,12	本行按序输入管段两端的节点号
3	.6,.5,.4,.3,.2,.2,.3,.2,.2,.2,.4,.3,.3,.3,.5,.3,.3,.3,.6	本行按序输入各管径(m)
4	600,690,540,650,350,250,730,760,360,340 500,540,390,390,740,660,280,220,560	本行按序输入各管长(m)
5	-.6,.009 7,.027 9,.026 3,.088 3,.062 4,.101 3,.055 9 .08,.0 792,.028,.0 096,.0 314	本行按序输入各节点流量(m^3/s)
6	5,5,5,5,5,5,5,5,5,5,5,5,5	本行输入各节点标高(m)
7	.013,.013,.013,.013,.013,.013,.013,.013,.013,.013 .013,.013,.013,.013,.013,.013,.013,.013,.013	本行输入各管段粗糙度系数 n
三	事故时加消防数据的输入格式	注释
1	18,13,20.,0.000 01,50,3,2,0,.01,.01,.000 01,1.	管段数,节点数,eps 等参数
2	1,2,2,3,3,4,4,5,5,6,6,7,7,8,9,6,4,9,9,8 8,11,9,10,3,10,10,11,12,11,13,10,2,13,13,12,1,12	本行按序输入管段两端的节点号
3	.6,.5,.4,.3,.2,.2,.3,.2,.2,.2,.4,.3,.3,.3,.5,.3,.3,.3,.6	本行按序输入各管径(m)
4	600,690,540,650,350,250,730,760,360,340 500,540,390,390,740,660,280,220,560	本行按序输入各管长(m)
5	-.45,.006 8,.019 5,.018 4,.076 8,.043 7,.085 9,.039 1 .056,.055 5,.019 6,.006 7,.022	本行按序输入各节点流量(m^3/s)
6	5,5,5,5,5,5,5,5,5,5,5,5,5	本行输入各节点标高(m)
7	.013,.013,.013,.013,.013,.013,.013,.013,.013,.013 0.013,.013,.013,.013,.013,.013,.013,.013,.013	本行输入各管段粗糙度系数 n

表 9.6 最高日最高时计算输出数据文件 D.O

一、THE LIST OF NETWORK OF WATER SUPPLY PIPES BALANCING RESULTS（供水管网平差计算结果一览表）

NO.I	FROM NODE	TO NODE	D(I)/m	P(I)/m	N(I)	QL(I) / (L/s)	V(I)/ (m/s)	HL(I) /m	QJ(I)/ (L/s)	Z(I)/m	HJ(I)/ m	P(I)/m
1	1	2	0.60	600.0	0.013	242.31	0.86	0.93	-500.00	5.00	29.28	34.28
2	2	3	0.50	690.0	0.013	190.32	0.97	1.75	9.70	5.00	28.35	33.35
3	3	4	0.40	540.0	0.013	113.17	0.90	1.59	27.90	5.00	26.60	31.60
4	4	5	0.30	650.0	0.013	64.04	0.91	2.85	26.30	5.00	25.00	30.00
5	5	6	0.20	350.0	0.013	25.74	0.82	2.15	38.30	5.00	22.15	27.15
6	7	6	0.20	250.0	0.013	15.18	0.48	0.54	62.40	5.00	20.00	25.00
7	8	7	0.30	730.0	0.013	66.48	0.94	3.45	51.30	5.00	20.54	25.54
8	9	6	0.20	760.0	0.013	21.48	0.68	3.26	55.90	5.00	23.98	28.98
9	4	9	0.20	360.0	0.013	22.84	0.73	1.74	80.00	5.00	23.26	28.26
10	8	9	0.20	340.0	0.013	15.15	0.48	0.73	79.20	5.00	25.59	30.59
11	11	8	0.40	500.0	0.013	137.53	1.09	2.18	28.00	5.00	26.16	31.16
12	10	9	0.30	540.0	0.013	63.49	0.90	2.33	9.60	5.00	28.30	33.30
13	3	10	0.30	390.0	0.013	49.25	0.70	1.01	31.40	5.00	27.81	32.81
14	11	10	0.30	390.0	0.013	37.24	0.53	0.58				
15	12	11	0.50	740.0	0.013	202.78	1.03	2.13				
16	13	10	0.30	660.0	0.013	56.20	0.80	2.23				
17	2	13	0.30	280.0	0.013	42.28	0.60	0.54				
18	12	13	0.30	220.0	0.013	45.32	0.64	0.48				
19	1	12	0.60	560.0	0.013	257.69	0.91	0.99				

二、THE LIST OF BALANCING RESULTS CHECKOUT（平差校核结果一览表）

NO.I	H(I)/m	H1(I)/ m	H2(I)/ m	INDH	V(I)/ (m/s)	V1(I)/ (m/s)	INDV	QJ(I)/ (L/s)	QJL(I)/ (L/s)	INDQ		
1	0.93	0.93	0.93	0	0.86	0.86	0	-500.00	500.00	0		
2	1.75	1.75	1.75	0	0.97	0.97	0	9.70	9.70	0		
3	1.59	1.59	1.59	0	0.90	0.90	0	27.90	27.90	0		
4	2.85	2.85	2.85	0	0.91	0.91	0	26.30	26.30	0		
5	2.15	2.15	2.15	0	0.82	0.82	0	38.30	38.30	0		
6	0.54	0.54	0.54	0	0.48	0.48	0	62.40	62.40	0		
7	3.45	3.45	3.45	0	0.94	0.94	0	51.30	51.30	0		
8	3.26	3.26	3.26	0	0.68	0.68	0	55.90	55.90	0		
9	1.74	1.74	1.74	0	0.73	0.73	0	80.00	80.00	0		
10	0.73	0.73	0.73	0	0.48	0.48	0	79.20	79.20	0		
11	2.18	2.18	2.18	0	1.09	1.09	0	28.00	28.00	0		
12	2.33	2.33	2.33	0	.90	.90	0	9.60	9.60	0		

续表

二、THE LIST OF BALANCING RESULTS CHECKOUT（平差校核结果一览表）												
NO.I	H(I)/m	H1(I)/m	H2(I)/m	INDH	V(I)/(m/s)	V1(I)/(m/s)	INDV	QJ(I)/(L/s)	QJL(I)/(L/s)	INDQ		
13	1.01	1.01	1.01	0	0.70	0.70	0	31.40	31.40	0		
14	0.58	0.58	0.58	0	0.53	0.53	0					
15	2.13	2.13	2.13	0	1.03	1.03	0					
16	2.23	2.23	2.23	0	0.80	0.80	0					
17	0.54	0.54	0.54	0	0.60	0.60	0					
18	0.48	0.48	0.48	0	0.64	0.64	0					
19	0.99	0.99	0.99	0	0.91	0.91	0					

表 9.7　最高日最高时加消防计算输出数据文件 D.O

一、THE LIST OF NETWORK OF WATER SUPPLY PIPES BALANCING RESULTS（供水管网平差计算结果一览表）												
NO.I	FROM NODE	TO NODE	D(I)/m	P(I)/m	N(I)	QL(I)/(L/s)	V(I)/(m/s)	HL(I)/m	QJ(I)/(L/s)	Z(I)/m	HJ(I)/m	P(I)/m
1	1	2	0.60	600.0	0.013	293.51	1.04	1.37	−600.00	5.00	37.20	42.20
2	2	3	0.50	690.0	0.013	237.15	1.21	2.72	9.70	5.00	35.83	40.83
3	3	4	0.40	540.0	0.013	158.12	1.26	3.11	27.90	5.00	33.11	38.11
4	4	5	0.30	650.0	0.013	110.19	1.56	8.44	26.30	5.00	30.00	35.00
5	5	6	0.20	350.0	0.013	21.89	0.70	1.56	88.30	5.00	21.56	26.56
6	7	6	0.20	250.0	0.013	5.96	0.19	0.08	62.40	5.00	20.00	25.00
7	8	7	0.30	730.0	0.013	107.26	1.52	8.98	101.30	5.00	20.08	25.08
8	9	6	0.20	760.0	0.013	34.55	1.10	8.43	55.90	5.00	29.06	34.06
9	4	9	0.20	360.0	0.013	21.62	0.69	1.56	80.00	5.00	28.43	33.43
10	8	9	0.20	340.0	0.013	14.12	0.45	0.63	79.20	5.00	32.02	37.02
11	11	8	0.40	500.0	0.013	177.28	1.41	3.62	28.00	5.00	32.68	37.68
12	10	9	0.30	540.0	0.013	78.81	1.11	3.59	9.60	5.00	35.80	40.80
13	3	10	0.30	390.0	0.013	51.13	0.72	1.09	31.40	5.00	35.18	40.18
14	11	10	0.30	390.0	0.013	39.96	0.57	0.67				
15	12	11	0.50	740.0	0.013	245.24	1.25	3.12				
16	13	10	0.30	660.0	0.013	66.91	0.95	3.16				
17	2	13	0.30	280.0	0.013	46.66	0.66	0.65				
18	12	13	0.30	220.0	0.013	51.65	0.73	0.63				
19	1	12	0.60	560.0	0.013	306.49	1.08	1.39				

续表

二、THE LIST OF BALANCING RESULTS CHECKOUT（平差校核结果一览表）												
NO.I	H(I)/m	H1(I)/m	H2(I)/m	INDH	V(I)/(m/s)	V1(I)/(m/s)	INDV	QJ(I)/(L/s)	QJL(I)/(L/s)	INDQ		
1	1.37	1.37	1.37	0	1.04	1.04	0	-600.00	-600.00	0		
2	2.72	2.72	2.72	0	1.21	1.21	0	9.70	9.70	0		
3	3.11	3.11	3.11	0	1.26	1.26	0	27.90	27.90	0		
4	8.44	8.44	8.44	0	1.56	1.56	0	26.30	26.30	0		
5	1.56	1.56	1.56	0	0.70	0.70	0	88.30	88.30	0		
6	0.08	0.08	0.08	0	0.19	0.19	0	62.40	62.40	0		
7	8.98	8.98	8.98	0	1.52	1.52	0	101.30	101.30	0		
8	8.43	8.43	8.43	0	1.10	1.10	0	55.90	55.90	0		
9	1.56	1.56	1.56	0	0.69	0.69	0	80.00	80.00	0		
10	0.63	0.63	0.63	0	0.45	0.45	0	79.20	79.20	0		
11	3.62	3.62	3.62	0	1.41	1.41	0	28.00	28.00	0		
12	3.59	3.59	3.59	0	1.11	1.11	0	9.60	9.60	0		
13	1.09	1.09	1.09	0	0.72	0.72	0	31.40	31.40	0		
14	0.67	0.67	0.67	0	0.57	0.57	0					
15	3.12	3.12	3.12	0	1.25	1.25	0					
16	3.16	3.16	3.16	0	0.95	0.95	0					
17	0.65	0.65	0.65	0	0.66	0.66	0					
18	0.63	0.63	0.63	0	0.73	0.73	0					
19	1.39	1.39	1.39	0	1.08	1.08	0					

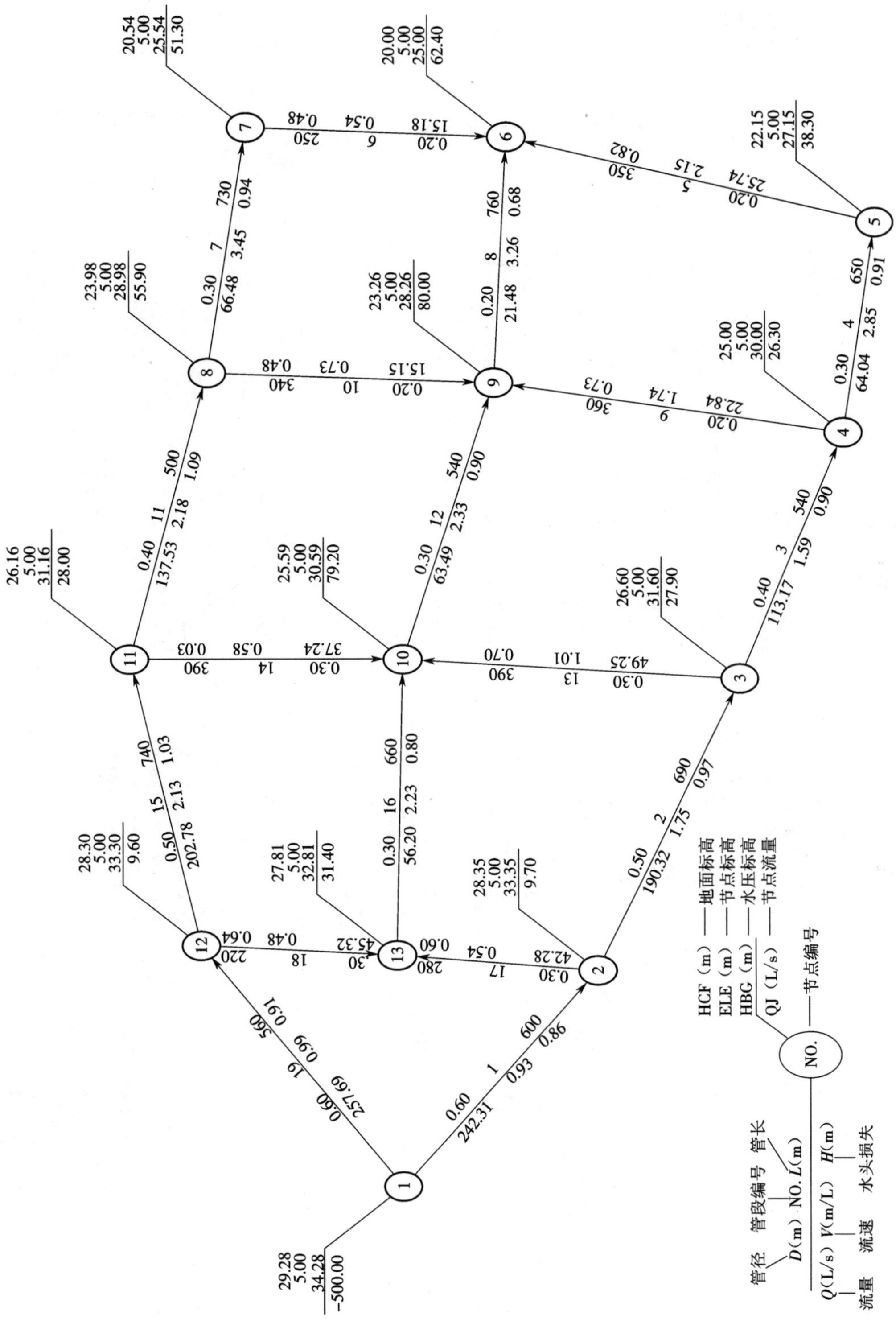

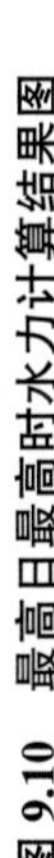

图 9.10　最高日最高时水力计算结果图

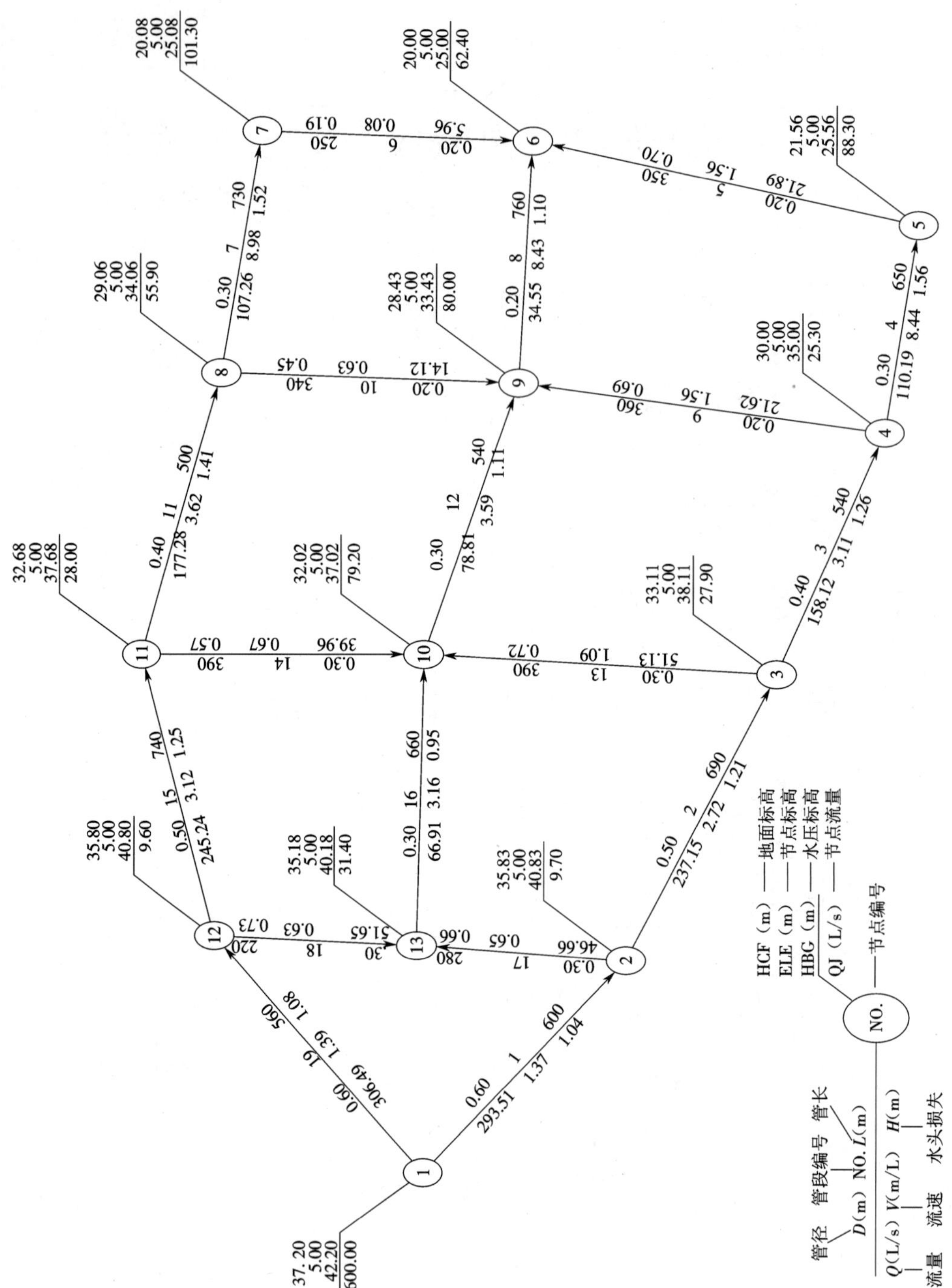

图 9.11 最高日最高时加消防水力计算结果图

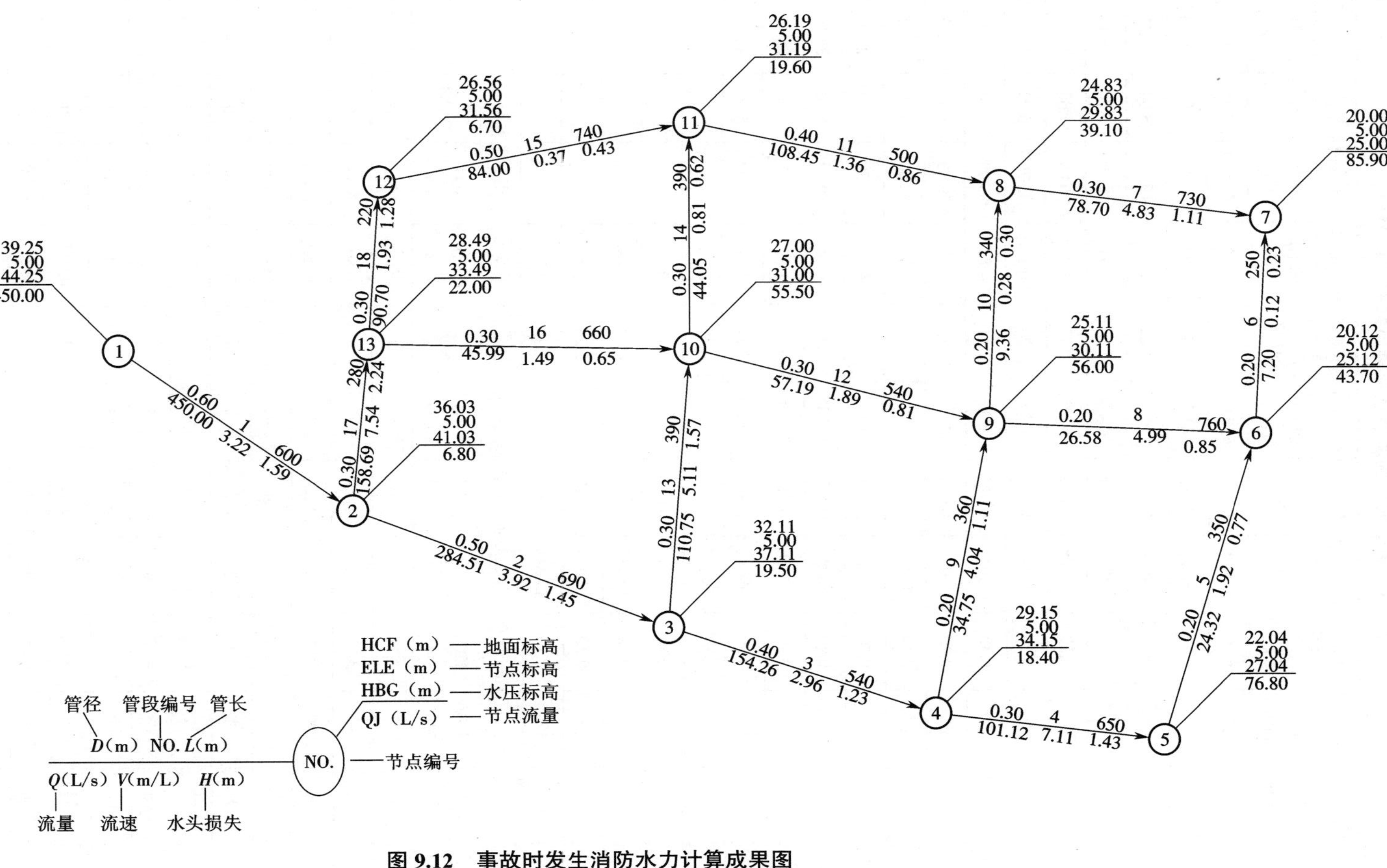

图 9.12　事故时发生消防水力计算成果图

表 9.8　事故时发生消防计算输出数据文件 D.O

一、THE LIST OF NETWORK OF WATER SUPPLY PIPES BALANCING RESULTS（供水管网平差计算结果一览表）												
NO.I	FROM NODE	TO NODE	D(I)/m	P(I)/m	N(I)	QL(I) / (L/s)	V(I)/m	HL(I) /m	QJ(I)/ (L/s)	Z(I)/ m	HJ(I)/ m	P(I)/m
1	1	2	0.60	600.0	0.013	450.00	1.59	3.22	-450.00	5.00	39.25	44.25
2	2	3	0.50	690.0	0.013	284.51	1.45	3.92	6.80	5.00	36.03	41.03
3	3	4	0.40	540.0	0.013	154.26	1.23	2.96	19.50	5.00	32.11	37.11
4	4	5	0.30	650.0	0.013	101.12	1.43	7.11	18.40	5.00	29.15	34.15
5	5	6	0.20	350.0	0.013	24.32	0.77	1.92	76.80	5.00	22.04	27.04
6	6	7	0.20	250.0	0.013	7.20	0.23	0.12	43.70	5.00	20.12	25.12
7	8	7	0.30	730.0	0.013	78.70	1.11	4.83	85.90	5.00	20.00	25.00
8	9	6	0.20	760.0	0.013	26.58	0.85	4.99	39.10	5.00	24.83	29.83
9	4	9	0.20	360.0	0.013	34.75	1.11	4.04	56.00	5.00	25.11	30.11
10	9	8	0.20	340.0	0.013	9.36	0.30	0.28	55.50	5.00	27.00	32.00
11	11	8	0.40	500.0	0.013	108.45	0.86	1.36	19.60	5.00	26.19	31.19
12	10	9	0.30	540.0	0.013	57.19	0.81	1.89	6.70	5.00	26.56	31.56
13	3	10	0.30	390.0	0.013	110.75	1.57	5.11	22.00	5.00	28.49	33.49
14	10	11	0.30	390.0	0.013	44.05	0.62	0.81				
15	12	11	0.50	740.0	0.013	84.00	0.43	0.37				
16	13	10	0.30	660.0	0.013	45.99	0.65	1.49				
17	2	13	0.30	280.0	0.013	158.69	2.24	7.54				
18	13	12	0.30	220.0	0.013	90.70	1.28	1.93				
二、THE LIST OF BALANCING RESULTS CHECKOUT（平均核校结果一览表）												
NO.I	H(I)/m	H1(I)/ m	H2(I)/ m	INDH	V(I)/ (m/s)	V1(I)/ (m/s)	INDV	QJ(I)/ (L/s)	QJL(I)/ (L/s)	INDQ		
1	3.22	3.22	3.22	0	1.59	1.59	0	-450.00	-450.00	0		
2	3.92	3.92	3.92	0	1.45	1.45	0	6.80	6.80	0		
3	2.96	2.96	2.96	0	1.23	1.23	0	19.50	19.50	0		
4	7.11	7.11	7.11	0	1.43	1.43	0	18.40	18.40	0		
5	1.92	1.92	1.92	0	0.77	0.77	0	76.80	76.80	0		
6	0.12	0.12	0.12	0	0.23	0.23	0	43.70	43.70	0		
7	4.83	4.83	4.83	0	1.11	1.11	0	85.90	85.90	0		
8	4.99	4.99	4.99	0	0.85	0.85	0	39.10	39.10	0		
9	4.04	4.04	4.04	0	1.11	1.11	0	56.00	56.00	0		
10	0.28	0.28	0.28	0	0.30	0.30	0	55.50	55.50	0		
11	1.36	1.36	1.36	0	0.86	0.86	0	19.60	19.60	0		
12	1.89	1.89	1.89	0	0.81	0.81	0	6.70	6.70	0		
13	5.11	5.11	5.11	0	1.57	1.57	0	22.00	22.00	0		

续表

二、THE LIST OF BALANCING RESULTS CHECKOUT（平均核校结果一览表）												
NO.I	H(I)/m	H1(I)/m	H2(I)/m	INDH	V(I)/(m/s)	V1(I)/(m/s)	INDV	QJ(I)/(L/s)	QJL(I)/(L/s)	INDQ		
14	0.81	0.81	0.81	0	0.62	0.62	0					
15	0.37	0.37	0.37	0	0.43	0.43	0					
16	1.49	1.49	1.49	0	0.65	0.65	0					
17	7.54	7.54	7.54	0	2.24	2.24	0					
18	1.93	1.93	1.93	0	1.28	1.28	0					

9.6　输配水系统计算的方程组

给水管网平差计算有不同的分类法，本书主要按形成的方程组分类，至于其解变量和方程组的数学解法就不再具体细分。

本书的计算方法即方程组紧密结合管网水力学的物理概念而分成以下三种。

（1）解环方程组法。其解变量是各小环的校正流量。不同于前面讲的传统计算中的逐环分别独立校正，该校正流量因邻环的影响而难于收敛，最终仍有较大的闭合差。而此处计算解方程组的方法，同时对各环的校正流量进行求解，从根本上消除了相邻环的相互影响，因此很快收敛，减小了闭合差并提高了计算速度。

（2）解节点方程组法。其解变量是各节点上的水压高度，当各节点水压高度一经求定，即各管段两端节点的水压一经求定，便可很容易地计算出各管段的水头损失，因而在各管段的管径、管长和粗糙度 n 值或流量系数 C 值已定的条件下，便能很容易地算出各管段的流量，并算出各管段的流速，使整个管网各种参数得解。

（3）解管段方程组法。其解变量是各管段上的参数，如管段流量、管段水头损失或管段上的流速这三者之一，解出了三者之一，便能很容易地算出其余二者。

以下分别简述三种方程组的有关问题。

9.6.1　解环方程组

环状管网在分配流量后，已经符合各个节点上的连续性方程 $Q_j+\sum q_{i-j}=0$ 的要求，其中 Q_j（前一节用 q_j）为 j 节点上的节点流量，q_{i-j} 为在同一节点 j 上相关联的各管段的流量，在运算过程中一般都将流进该节点的流量（包括节点流量和管段流量）取负号，流出该节点的流量取正号。

但根据分配流量选定管径和计算得出各管段水头损失以后，各环一般是不能满足能量平衡方程的，即

$$\sum h_{i-j}\neq 0$$

或

$$\sum S_{i-j}q_{i-j}^{n}\neq 0$$

式中，各管段的 S_{ij} 为已定常数，与管径、管长和管段阻抗性质 n 或 C 有关，均为已知，故将管段流量加以修正，但为了维持连续性方程，即节点流量平衡的要求，每环中的各管段修正流量一致，即对环 l 的修正流量为 Δq_l，经过修正后达到每环的能量平衡，则对环Ⅰ有：

$$\sum_{l} S_{i-j}(q_{i-j} \pm \Delta q_l)^n = 0 \quad (l=1,2,\cdots,L) \tag{9-16}$$

式中，L 为管网的小环总数。

若设 n=2（见 9.1 节），并考虑邻环的影响，可作出的方程组类似式（9-4）。

注意在方程组中：

（1）各管的阻抗 S_{ij} 是绝对值，而管段流向是有方向性的；

（2）各管段的流量 q_{ij} 本身一律视作正号；

（3）各环的校正流量是带有正负号的，取时针方向的正负；

（4）各管段水头损失的正负视其流向在所属环内的方向而定，如图 9.13 所示管段 2—5 在环Ⅰ内水头损失为正，而在环Ⅱ内水头损失为负。

这样的符号系统看来很不方便，特别是在程序计算中难以统一处理，因此在程序计算中专门给管道在各环中赋以流向的标记，这样问题就迎刃而解了。程序在计算中只要识别一下其标记就可以了，这样方程组中就可以全部取消负号而变成正号，而实际上的正负号由程序自己处理，此处为简化计就不在式中表示出来，下面写一个式子代表整个方程组：

$$\begin{aligned}\sum_{l=\mathrm{I}} h = {} & S_{1-2}(q_{1-2}+\Delta q_{\mathrm{I}})^2 + S_{2-5}(q_{2-5}+\Delta q_{\mathrm{I}}+\Delta q_{\mathrm{II}})^2 + S_{4-5}(q_{4-5}+\Delta q_{\mathrm{I}}+\Delta q_{\mathrm{II}})^2 + \\ & S_{1-4}(q_{1-4}+\Delta q_{\mathrm{I}})^2 \\ = {} & 0\end{aligned}$$

有的管段流量使用一个环的校正流量修正，而有的是用两个，到底用几个，用哪几个，则需要程序来判断和取舍，必须能自动统一行为，因此还要设一个标记。很明显，在环状管网条件下，一个管段至少属于一个环，但也可能属于两到三个环，因此可以用以下形式：

$$\begin{aligned}\sum_{l=I} h = {} & S_{1-2}(q_{1-2}+\sum_{12}\Delta q)^2 + S_{2-5}(q_{2-5}+\sum_{25}\Delta q)^2 + S_{4-5}(q_{4-5}+\sum_{45}\Delta q)^2 + \\ & S_{1-4}(q_{1-4}+\sum_{14}\Delta q)^2 \\ = {} & 0\end{aligned}$$

其中

$$\sum \Delta q = \begin{cases} \Delta q_k & \text{对环}k\text{中不与其他环相邻的管段，} k=\mathrm{I},\mathrm{II},\cdots \\ \sum \Delta q_k & \text{对环}k\text{中与其他环相邻的管段之校正流量要用相邻环}\Delta q\text{求和} \end{cases} \tag{9-17}$$

更进一步简化可以看出，上式中的 4 个管段都是属于环Ⅰ的，而且也是环Ⅰ的全部管段。同样，对于每一个环是由哪一些管段所组成也是有标记的，故可以简化为下列形式：

$$\sum_{l=\mathrm{I}} h = \sum \left[S_{i-j}(q_{i-j}+\sum_{ij}\Delta q)^2 \right]_{l=\mathrm{I}} = 0 \tag{9-18}$$

这样就可以将原始方程组各环的式子写出来。如果推广到有 L 个环的管网,则可写为

$$\begin{cases}\sum\limits_{l=1} h=\sum\left[S_{i-j}(q_{i-j}+\sum\limits_{ij}\Delta q)^2\right]_{l=1}=0 & \text{对环1}\\ \sum\limits_{l=2} h=\sum\left[S_{i-j}(q_{i-j}+\sum\limits_{ij}\Delta q)^2\right]_{l=2}=0 & \text{对环2}\\ \sum\limits_{l=3} h=\sum\left[S_{i-j}(q_{i-j}+\sum\limits_{ij}\Delta q)^2\right]_{l=3}=0 & \text{对环3}\\ \quad\vdots & \\ \sum\limits_{l=L} h=\sum\left[S_{i-j}(q_{i-j}+\sum\limits_{ij}\Delta q)^2\right]_{l=L}=0 & \text{对环}L\end{cases} \tag{9-19}$$

请注意,右端方括号内的形式完全相同,这正是程序计算所追求的表面形式简单而统一,但实际内容和含义却有相关的标记和下标相制约。

因此,我们就可以用一个通式将解环方程组概括如下:

$$\sum_{l=l} h=\sum\left[S_{i-j}(q_{i-j}+\sum_{ij}\Delta q)^2\right]_l=0 \quad (l=1,2,\cdots,L) \tag{9-20}$$

注意不要忘记其中参数是带有特别标记的。

下面进一步探讨如何解此方程组以求各环的校正流量 Δq_l 值。首先,可以肯定此方程组中的方程式数目为小环数 L 个,而待解的变量 Δq_l 也是 L 个,从数学理论和物理概念上看都是有唯一定解的。其次,只要 Δq_l 解出,方程组便得到满足,这样并不破坏节点平衡的连续性方程,从而平差任务得以完成,可以进行后续的计算工作。

但在此方程组的解变量为非线性的,因此应先将其化为线性的。

$$\sum_{l} h=\sum\left[S_{i-j}(q_{i-j}+\sum_{ij}\Delta q)^2\right]_l=\sum\left\{S_{i-j}\left[q_{i-j}^2+2q_{i-j}\times\sum_{ij}\Delta q+(\sum_{ij}\Delta q)^2\right]\right\}_l=0$$

因为 Δq 相对于 q_{ij} 很小,故可忽略其二次方项,则

$$\sum_{l} h=\sum\left\{S_{i-j}\left[q_{i-j}^2+2q_{i-j}\times\sum_{ij}\Delta q\right]\right\}_l\neq 0 \tag{9-21}$$

这样便带来了新的问题,就是由于忽略了二次方项引起的误差,使闭合差不为零,由此需要通过反复迭代计算逐步收敛到一定的允许误差范围之内,即

$$\sum_{l} h=\sum\left\{S_{i-j}\left[q_{i-j}^2+2q_{i-j}\times\sum_{ij}\Delta q\right]\right\}_l\leqslant\varepsilon \tag{9-22}$$

式中,ε 为设定的允许的闭合差误差限。

前面介绍的环法手工平差是迭代逐步近似,此处的方法也是迭代逐步近似,两者有什么本质区别和优点呢?前面的环法平差程序是逐环进行的,每环忽略的是邻环校正流量的影响。而此处讲的是各环同时统一校正,并考虑了两邻环的校正流量,忽略的是两邻环校正流量的代数和的平方值,在数量级上较前法所忽略的数据相差甚远。因此,该法的迭代次数较少且收敛速度较快,在大型管网的计算中有很明显的优势。随后的问题就是建立这种方程

组和解方程组。

9.6.2 解节点方程组

解节点方程组法，以各节点的水压高度为解变量，这样有许多好处。首先，各节点水压一经求定，很自然就满足各环的能量平衡方程：

$$\sum h_{i-j}=\sum S_{i-j}q_{i-j}^{n}=0$$

并且无任何闭合差可言。

为了简化计算和人工准备数据的工作，各管段流量可参考已定的管径和经验流速由程序赋以初值，这样各节点的流量平衡肯定无法满足连续性方程：

$$Q_j+\sum q_{i-j}\neq 0$$

即使初始流量经人工分配使之达到各节点流量平衡，满足连续性方程，但在后续的计算中也一定会破坏此平衡。

因此，解节点方程组的做法是不断修正节点水头，从而调整管段流量，最终达到节点流量基本平衡，从而完成平差。问题是如何通过上述方程组修正节点水头？

用 Q_j 代替式(9-7)中的 q_j，得

$$Q_j+\sum S_{i-j}^{-\frac{1}{n}}\left|H_i-H_j\right|^{\frac{1}{n}}=0 \tag{9-23}$$

由于环状管网的拓扑特性，所能建立的这类独立的方程只有 $N-1$ 个，这里 N 为节点总数，其余一个方程是该 $N-1$ 个方程的线性组合，因此只能解出其中 $N-1$ 个节点水压，必须有一个节点的水压由实际课题决定，如水源点的水压已定、最不利点的自由水头已定或管网中任一特征点的水压已定。

式(9-23)中待求的解变量为节点水压，可以看出独立的方程个数等于待求的解变量数，所以节点水压可以唯一确定。为了使方程组转化为线性方程组以便于求解，要使节点水压以线性的形式在方程组中出现，式(9-23)还要做一些变换。

设各节点的初始水压 H_j 假定以 e_j 表示，将其与各次迭代计算出来的 H_j 相区别，而在其后一次迭代中对以 H_j 置换 e_j 作为初始值，用此符号代入式(9-23)并线性化，可得

$$Q_j+\sum S_{i-j}^{-\frac{1}{n}}\left|e_i-e_j\right|^{\frac{1}{n}-1}\cdot(H_i-H_j)=0$$

或取

$$k_{ij}=S_{i-j}^{-\frac{1}{n}}\left|e_i-e_j\right|^{\frac{1}{n}-1}$$

则式(9-23)又转化为

$$Q_j+\sum k_{i-j}(H_i-H_j)=0\qquad(j=1,2,\cdots,\ N-1) \tag{9-24}$$

其中，i 属于 j 的相邻接的节点号。

这样建立的一组方程中共有 $N-1$ 个方程，可以解出除已知节点压力以外的其他 $N-1$ 个节点的水压。

设图 9.13 管网中节点数 $N=6$，根据上述原理列出 5 个独立的方程式。

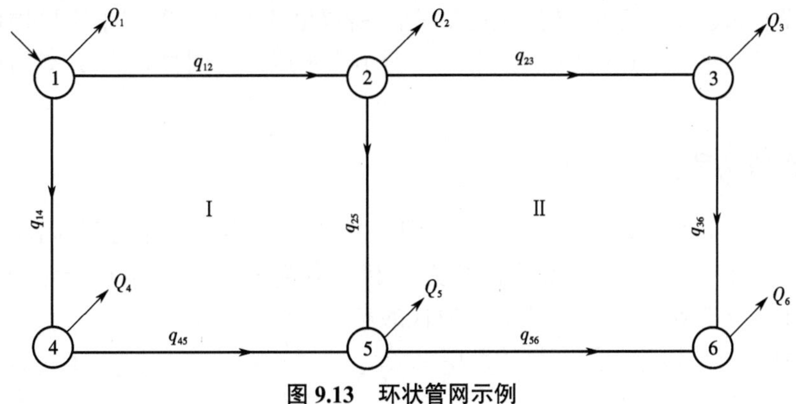

图 9.13　环状管网示例

对图 9.13 管网的各节点可写节点平衡式如下。

对节点 2:

$$Q_2+S_{2-1}^{-\frac{1}{n}}\cdot\left|e_2-e_1\right|^{\frac{1}{n}-1}(H_2-H_1)+S_{2-3}^{-\frac{1}{n}}\cdot\left|e_2-e_3\right|^{\frac{1}{n}-1}(H_2-H_3)+$$

$$S_{2-5}^{-\frac{1}{n}}\left|e_2-e_5\right|^{\frac{1}{n}-1}(H_2-H_5)=0$$

或

$$Q_2+k_{2-1}(H_2-H_1)+k_{2-3}(H_2-H_3)+k_{2-5}(H_2-H_5)=0$$

对节点 3:

$$Q_3+S_{3-2}^{-\frac{1}{n}}\left|e_3-e_2\right|^{\frac{1}{n}-1}(H_3-H_2)+S_{3-6}^{-\frac{1}{n}}\left|e_3-e_6\right|^{\frac{1}{n}-1}(H_3-H_6)=0$$

或

$$Q_3+k_{3-2}(H_3-H_2)+k_{3-6}(H_3-H_6)=0$$

同理对节点 4、5 和 6 可直接写出:

$$Q_4+k_{4-1}(H_4-H_1)+k_{4-5}(H_4-H_5)=0$$

$$Q_5+k_{5-2}(H_5-H_2)+k_{5-4}(H_5-H_4)+k_{5-6}(H_5-H_6)=0$$

$$Q_6+k_{6-3}(H_6-H_3)+k_{6-5}(H_6-H_5)=0$$

将以上方程加以整理,可得

$$\begin{cases}(k_{2-1}+k_{2-3}+k_{2-5})H_2-k_{2-1}H_1-k_{2-3}H_3-k_{2-5}H_5+Q_2=0\\(k_{3-2}+k_{3-6})H_3-k_{3-2}H_2-k_{3-6}H_6+Q_3=0\\(k_{4-1}+k_{4-5})H_4-k_{4-1}H_1-k_{4-5}H_5+Q_4=0\\(k_{5-2}+k_{5-4}+k_{5-6})H_5-k_{5-2}H_2-k_{5-4}H_4-k_{5-6}H_6+Q_5=0\\(k_{6-3}+k_{6-5})H_6-k_{6-3}H_3-k_{6-5}H_5+Q_6=0\end{cases}$$

解此联立方程组,除了其中一个节点水压已知外,可解得其余 5 个节点的水压,但是式中各系数 k 包括了各节点水压 H_i 的初始值 e_i,因此实际上没有达到收敛,要反复进行迭代,逐步收敛到各节点的(H_i-e_i)达到设定的某误差限,即可结束迭代,计算所需各参数,输出结果。

最后应该指出的是,按以上步骤解节点水压方程组,如果是解 $N-1$ 个方程求 $N-1$ 个节点水压，而没有将已知水压的节点引入方程组，所得出的 N-1 个节点水压只是相对的水压关系，必须将已知水压节点的压力值引入，对全节点水压进行调整修改，计算出最终的各节点水压。

9.6.3 解管段方程组

由于环状管网中的管段数为 P，求解管段的 P 个参数需要 P 个方程，因此要列出节点数为 N 的 N-1 个节点流量平衡的连续方程和环数为 L 的 L 个小环能量方程，共形成 $N-1+L=P$ 个独立有效的方程，解出 P 个管段的参数。

这里介绍以管段流量为解变量的模型。

对于 L 个环的能量方程可写为

$$\sum_{l} h_{i-j}=\sum_{l} S_{i-j} q_{i-j}^{n}=0 \quad (l=1,2,\cdots,L)$$

对于 N-1 个节点流量平衡的连续性方程可写为

$$Q_{j}+\sum q_{i-j}=0 \quad (j=1,2,\cdots,N-1)$$

这两类方程所形成的方程组中，后者为线性的，而前者为非线性的，故有一个转换，设 $k_{ij}=S_{ij}q_{ij}^{n-1}$，原能量方程转变为线性的，即

$$\sum_{l} h_{i-j}=\sum_{l} S_{i-j} q_{i-j}^{n-1} \cdot q_{i-j}=\sum_{l} S_{i-j} \cdot e_{i-j}^{n-1} q_{i-j}=\sum_{l} k_{i-j} q_{i-j}=0 \quad (l=1,2,\cdots,L) \tag{9-25}$$

e_{ij} 为 q_{ij} 的初始值，在迭代中以 q_{ij} 置换 e_{ij}，因此在解方程组中逐步逼近，使($q_{i-j}-e_{i-j}$)收敛到误差限以内就可以结束迭代。

以下举一个小环网的例子来说明此法。

例 9.2 如图 9.14 所示的环状管网，环数 $L=1$，节点数 $N=3$，故方程数 $P=N+L-1=3$，求解各管段流量。

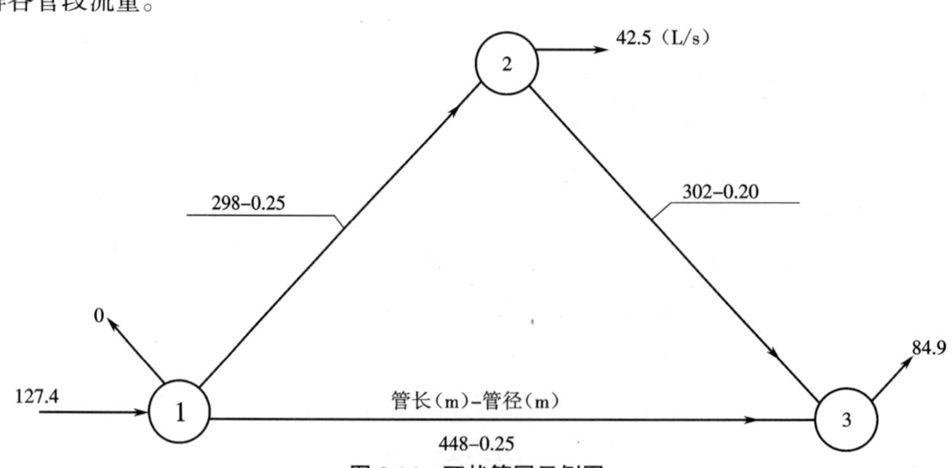

图 9.14 环状管网示例图

解 采用海曾–威廉公式，$C=120$，$n=1.852$。

列出节点方程 2 个及环方程 1 个：

$$\begin{cases}-q_{21}+q_{23}+42.5=0 & \text{对节点2} \\ -q_{23}-q_{13}+84.9=0 & \text{对节点3} \\ k_{12}q_{12}+k_{23}q_{23}-k_{13}q_{13}=0 & \text{对环}\end{cases}$$

将环方程展开,依下列公式将各 k 值先算出,并取各 $e_{i-j}=q_{i-j}$ 的初值都为 1:

$$k=\frac{10.67\times l\times 1}{C^{1.852}\times D^{4.87}}$$

得

$$k_{1-2}=\frac{10.67\times 298\times 1}{120^{1.852}\times 0.25^{4.87}}=383$$

$$k_{2-3}=\frac{10.67\times 302\times 1}{120^{1.852}\times 0.2^{4.87}}=1\ 152$$

$$k_{1-3}=\frac{10.67\times 448\times 1}{120^{1.852}\times 0.25^{4.87}}=576$$

并假设各 e_{i-j} 的初值简单取各 $e_{ij}=1$,则方程组的第 3 式改写为

$$383\times q_{12}+1\ 152\times q_{23}-576\times q_{13}=0$$

故全方程组为

$$\begin{cases}-q_{2-1}+q_{2-3}+42.5=0\\-q_{2-3}-q_{1-3}+84.9=0\\383q_{1-2}+1\ 152q_{2-3}-576q_{1-3}=0\end{cases}\tag{9-26}$$

解此联立方程组,得

$$q_{1-2}=57.95\ \text{L/s}$$

$$q_{1-3}=69.45\ \text{L/s}$$

$$q_{2-3}=15.45\ \text{L/s}$$

这是 q_{ij} 的初值,用其置换 e_{i-j},并重新计算 k_{ij} 值:

$$k_{12}=383\times 0.057\ 95^{0.852}=33.83$$

$$k_{13}=576\times 0.069\ 45^{0.852}=59.36$$

$$k_{23}=1\ 152\times 0.015\ 45^{0.852}=32.99$$

代入方程组的第 3 式:

$$33.83\times q_{1-2}+32.99\times q_{23}-59.36\times q_{13}=0$$

而方程组的前两式不变,再解此联立方程组,得三个解变量为:

$$q_{1-2}=70.30\ \text{L/s}$$

$$q_{1-3}=57.10\ \text{L/s}$$

$$q_{2-3}=27.80\ \text{L/s}$$

再修改 k_{ij} 值:

$$k_{1-2}=383\times 0.070\ 3^{0.852}=39.88$$

$$k_{1-3}=576\times 0.057\ 1^{0.852}=50.24$$

$$k_{2-3}=1152\times 0.027\ 8^{0.852}=54.42$$

第 3 次迭代的能量方程为

$$39.88\times q_{12}+54.42\times q_{23}-50.24\times q_{13}=0$$

解得:

$q_{1-2}=61.28\ \text{L/s}$

$q_{1-3}=67.12\ \text{L/s}$

$q_{2-3}=17.78\ \text{L/s}$

可认为此结果达到了一定的误差限,结束迭代。

实际上本例因为是手算,在离机的情况下数据的截断误差较大,因此计算值是很不精确的。

9.7 管网图的矩阵表示法

要进行输配水系统的程序计算,首先要建立起方程组;其次所建立的方程组要具有唯一解;最后通过求出的解变量可以推算出输配水系统中各种应有的参量,以满足工程实际的需要。通过前面的讨论已经提供了解决问题的基础,还要有一系列的方法和手段。其中首要的一项是要掌握关于"图论"的基本知识及其在输配系统中的应用。

本书提到过给水管网中某个元素在计算中被赋予某种"标记",其中有一种方法就是借助于图论的原理和以矢量或矩阵作为工具来实现。

为了适合于读者自学或参考,本书不在图论的理论、名词细节上多花费篇幅,而是在图论和输配系统的计算这两者之间建立起桥梁,因此提出了"管网图的矩阵表示法"这一节内容,供读者参考。有了图论这一工具,下一步就可以进行编程计算了。

9.7.1 节点–管段关联矩阵

有一管网图的图形如图 9.15 所示,此管网共有 5 个节点,以①、②、③、④和⑤表示;共有 7 根管段,以数字将每个节点和每个管段的关系完全表示出来,就称为完全关联矩阵,凡是点与边发生关联(即直接相连接)的,其矩阵元素置 1。根据这一原则,如以 $\boldsymbol{A}$ 表示此管网图的节点-管段完全关联矩阵,可以直接写出:

$$\begin{array}{c} \\ \boldsymbol{A}= \begin{array}{c}1\\2\\3\\4\\5\end{array} \end{array} \begin{array}{c} \begin{array}{ccccccc}1&2&3&4&5&6&7\end{array} \\ \begin{pmatrix} 1&0&0&0&1&1&0\\ 1&1&0&0&0&0&1\\ 0&1&1&0&0&0&0\\ 0&0&1&1&0&1&1\\ 0&0&0&1&1&0&0 \end{pmatrix} \end{array}$$

可以很容易看出,矩阵左边的 1~5 表示管网的节点,矩阵上面的 1~7 表示管网的管段。故矩阵的第 1 行中为 1 的各元素表示其代表的管段都与节点①相关联;反之为 0 的各元素,表示其代表的各管段都与节点①不相关联。同理其他各行也是如此。

另一方面对矩阵的各列加以分析,可以看出各列的元素中必有 2 个(既不多于,也不少于 2 个)为 1,其所在的行代表此管段两端的节点号,而其余元素必为 0。

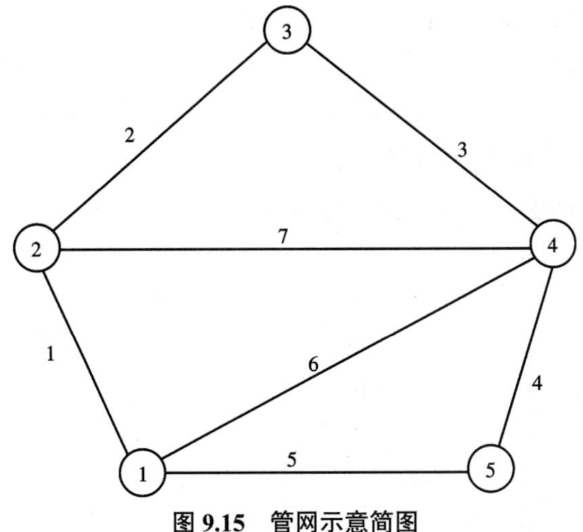

图 9.15　管网示意简图

由此可以看出,该矩阵最有用的是 14 个为 1 的元素,而矩阵的全部元素共有 5×7=35 个,其余 21 个元素为 0。实际计算中所遇到的管网多为数百个节点和较节点数更多的数百个管段,而实际管网所真正含有的管段和节点数以千计,按照这样的矩阵表示,其总元素的量将达数万个乃至数十万个(而其中有意义的仅有几百个到一千多个),就会形成大型稀疏矩阵。形成这样的矩阵要花费大量的人工,而且在计算机内占用大量的空间,运算时耗费很多的时间。因此,在今后的应用中,要寻求更便捷的方法。

9.7.2　有向图的节点–管段关联矩阵

给水管网在工作时,水在其中是流动的,而且流动有方向性,且一般环状管网中某些管段在不同时间段里可能流向相反。因此,表示管网的工作不仅要表示出相关关系,而且要表示出计算时刻的流向,可在前面讨论的基础上,加上正负号来表示带方向的完全关联矩阵。

以图 9.16 为例,管网图形的表示方法同上,只是在管段上画了箭头,表示管中的水流方向。

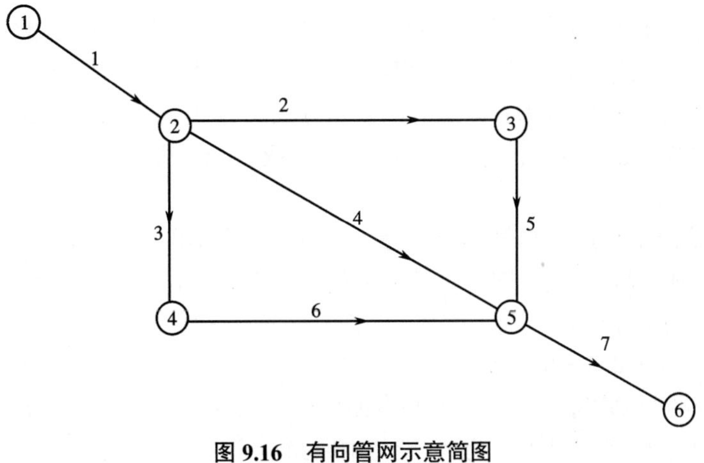

图 9.16　有向管网示意简图

构造管网的有向关联矩阵的方法可以概括如下。

以 $\boldsymbol{A}$ 表示此有向完全关联矩阵，令其元素为

$$a_{i-j}=\begin{cases}1 & \text{若管段}j\text{与节点}i\text{相关联，且管段}j\text{是从节点}i\text{流出的}\\ -1 & \text{若管段}j\text{与节点}i\text{相关联，且管段}j\text{是向节点}i\text{流入的}\\ 0 & \text{若管段}j\text{与节点}i\text{不相关联}\end{cases}$$

按此构造，图 9.16 的有向完全关联矩阵可写为

$$\boldsymbol{A}=\begin{array}{c}\\ 1\\2\\3\\4\\5\\6\end{array}\begin{array}{c}\begin{matrix}\underline{1} & \underline{2} & \underline{3} & \underline{4} & \underline{5} & \underline{6} & \underline{7}\end{matrix}\\ \begin{pmatrix}1 & 0 & 0 & 0 & 0 & 0 & 0\\ -1 & 1 & 1 & 1 & 0 & 0 & 0\\ 0 & -1 & 0 & 0 & 1 & 0 & 0\\ 0 & 0 & -1 & 0 & 0 & 1 & 0\\ 0 & 0 & 0 & -1 & -1 & -1 & 1\\ 0 & 0 & 0 & 0 & 0 & 0 & -1\end{pmatrix}\end{array}$$

除了使用正负号表示管段流向以外，其余与前面的表示方法和结果完全相同。

为了简单起见，今后凡是以节点号为行序，以管段号为列序的管段与节点相关的有向关联矩阵（图 9.16）就记为以下矩阵形式：

$$\boldsymbol{MA}=\begin{pmatrix}1 & 0 & 0 & 0 & 0 & 0 & 0\\ -1 & 1 & 1 & 1 & 0 & 0 & 0\\ 0 & -1 & 0 & 0 & 1 & 0 & 0\\ 0 & 0 & -1 & 0 & 0 & 1 & 0\\ 0 & 0 & 0 & -1 & -1 & -1 & 1\\ 0 & 0 & 0 & 0 & 0 & 0 & -1\end{pmatrix} \qquad (9\text{-}27)$$

上式中矩阵的表示形式只是将矩阵式以外的节点序号和管段序号取消了，但是要记住，节点关联的元素以行表示，管段所关联的元素以列表示，不要颠倒或混淆了。

9.7.3 环路–管段关联矩阵

在关联矩阵中无效的元素占绝大多数，也就是冗余的信息量太大，为此不得不寻求其他解决问题的办法。在之前讲到的解环方程组法中，需要所谓“环”的信息。图 9.17 所示为一环状给水管网，其中节点编号和管段编号的表示方法同前，环号暂时加了外方框。

该管网图的节点数 $N=14$，管段数 $P=19$，而环数 $L=6$。根据图论原理：

$$P=L+N-1$$

图 9.17 虽给出了节点的编号，但在回路矩阵中并不利用关于节点的信息，而是使用的是管段编号和小环编号的信息，图中带外方框的就是小环，如小环 1 是由管段 2、6、9、5 共四根管段所组成。所谓小环是区别于大环，如 2—3—4—8—15—18—17—16—12—5，或其他包含两个以上的小环如 2—6—13—16—12—5 形成的环。今后讨论的对象主要是小环，因此简称为环，这样可以将每个小环称为基本回路。如果确定回路即小环中的管段方向是在环中顺时针方向为正，逆时针方向为负，则基本回路矩阵的各元素为

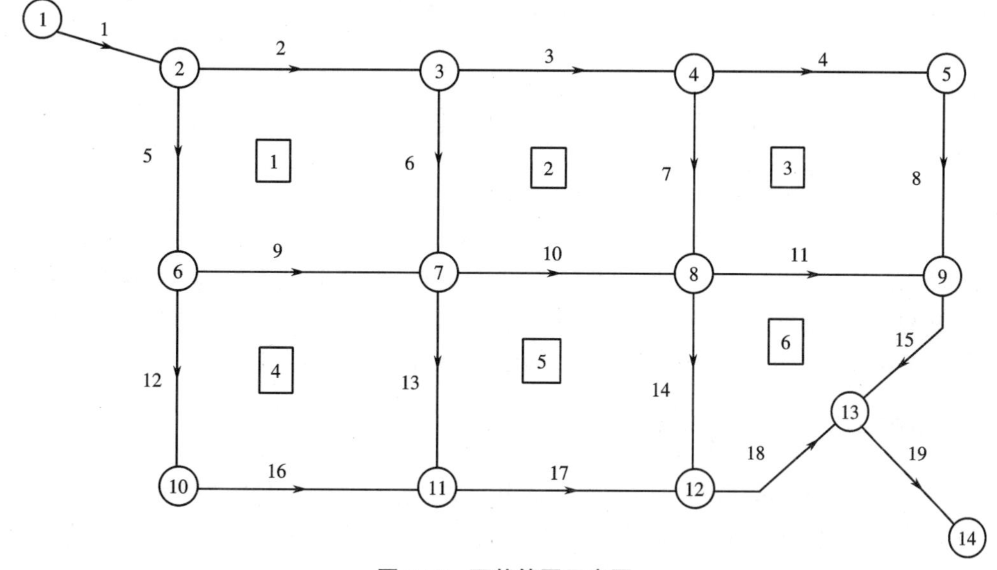

图 9.17　环状管网示意图

$$b_{i-j}=\begin{cases}1 & \text{若管段}j\text{在第}i\text{个环中，且管段的流向在该环中为顺时针}\\ -1 & \text{若管段}j\text{在第}i\text{个环中，且管段的流向在该环中为逆时针}\\ 0 & \text{若管段}j\text{不在第}i\text{个环中}\end{cases}$$

因此,图 9.17 中的管网环路-管段关联矩阵可以写为

$$\boldsymbol{MB}=\begin{array}{c} \\ 1\\2\\3\\4\\5\\6\end{array}\begin{array}{c}\begin{array}{ccccccccccccccccccc}1&2&3&4&5&6&7&8&9&10&11&12&13&14&15&16&17&18&19\end{array}\\ \left(\begin{array}{ccccccccccccccccccc}0&1&0&0&-1&1&0&0&-1&0&0&0&0&0&0&0&0&0&0\\0&0&1&0&0&-1&1&0&0&-1&0&0&0&0&0&0&0&0&0\\0&0&0&1&0&0&-1&1&0&0&-1&0&0&0&0&0&0&0&0\\0&0&0&0&0&0&0&0&1&0&0&-1&1&0&0&-1&0&0&0\\0&0&0&0&0&0&0&0&0&1&0&0&-1&1&0&0&-1&0&0\\0&0&0&0&0&0&0&0&0&0&1&0&0&-1&1&0&0&-1&0\end{array}\right)\end{array} \tag{9-28}$$

可以看出,此矩阵也是比较稀疏的,在今后的实际应用中根据具体情况还要寻求更高效的矩阵表示法。

9.7.4　管段-节点关联矩阵

无向图的完全关联矩阵相当于节点-管段关联矩阵,存在的主要问题是比较稀疏,因此本书提出紧凑高效且又能反映节点与管段全部相关关系的另一种关联矩阵,即管段与节点相关联的矩阵,仍以图 9.15 为例进行介绍。

构造此矩阵甚为简易,见表 9.9。

表 9.9 构造关联矩阵

节点号	管段号						
	1	2	3	4	5	6	7
一端	2	2	3	5	1	1	2
另一端	1	3	4	4	5	4	4

由表 9.9 可以看出，每一个管段肯定有两个端点，不会多也不可能少，乘以管段总数 P=7，总共只用 14 个数就能完全而充分地表示管网关系，可以取代原来的 35 个矩阵元素，而且全不为 0，也就是消除了 0 元素。如以 **MC** 表示此矩阵，则可以记为

$$\boldsymbol{MC}=\begin{pmatrix}2 & 2 & 3 & 5 & 1 & 1 & 2\\ 1 & 3 & 4 & 4 & 5 & 4 & 4\end{pmatrix}$$

矩阵的各列表示各管段号对应的两个端点的节点编号。在这种矩阵中的行数恒为 2。

以上是按无向图处理的。在环状管网水力计算时，管段中的水流方向可由水力计算程序解决。如果水流方向已初步拟定，而且读者想进行有向表示（如将图 9.15 标明流向后变为图 9.18），只要按一定思路拟定出矩阵元素的正、负符号方案，就可表示出有向矩阵。如以流出节点为正，流进节点为负，上述矩阵就可以改写为

$$\boldsymbol{MC}=\begin{pmatrix}-1 & 2 & 3 & -4 & -5 & 1 & -4\\ 2 & -3 & -4 & 5 & 1 & -4 & 2\end{pmatrix}$$

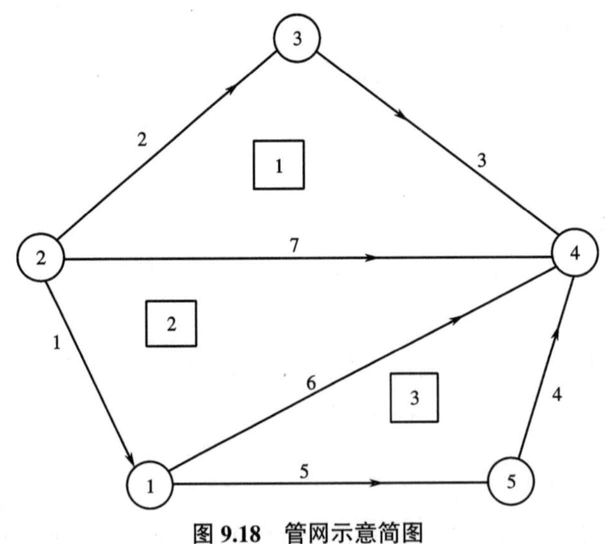

图 9.18 管网示意简图

很容易看出每列两元素中必定一个为正，另一为负，而且与上述矩阵不同的是这两列的初始位置可以互换。将图 9.17 用此矩阵表示可写为（不用表示流向的符号）：

$$\boldsymbol{MC}=\begin{pmatrix}1 & 2 & 3 & 4 & 2 & 3 & 4 & 5 & 6 & 7 & 8 & 6 & 7 & 8 & 9 & 10 & 11 & 12 & 13\\ -2 & -3 & -4 & -5 & -6 & -7 & -8 & -9 & -7 & -8 & -9 & -10 & -11 & -12 & -13 & -11 & -12 & -13 & -14\end{pmatrix}$$

可以看出，此矩阵用 2×19=38 个非零元素，完全替了前述 6×19=114 个元素的稀疏关联矩阵。

今后在实用中进一步简化,利用行的位置表示流向而省去负号,则流向起点为正,置于第 1 行;而流向终点为负,不用负号而置于第 2 行,故上矩阵变为

$$\boldsymbol{MC}=\begin{pmatrix}1&2&3&4&2&3&4&5&6&7&8&6&7&8&9&10&11&12&13\\2&3&4&5&6&7&8&9&7&8&9&10&11&12&13&11&12&13&14\end{pmatrix}$$

可以看出,此矩阵的信息既充分到最大限度,数据量又充分简约到最小限度,毫无冗余,此 **MC** 是我们实用中最重要的一例。

9.7.5　管段–小环关联矩阵

9.7.1 节和 9.7.2 节讲的是节点与管段之间的关联矩阵，9.7.3 节讲的是小环与管段之间的关联矩阵,信息都有较大的冗余量，9.7.4 节和本节中的矩阵都是没有冗余量的。本节介绍管段与小环之间的关联矩阵,其构成可概括描述如下：

$$d_{i-j}=\begin{cases}m & \text{若某一管段}i\text{—}j\text{有一侧属于}m\text{环,管段流向在该环内以时针为正、负}\\n & \text{若该管段}i\text{—}j\text{另一侧属于}n\text{环,正负号同上}\\0 & \text{若该管段}i\text{—}j\text{有任一侧不形成环路,无须正负号}\end{cases}\tag{9-29}$$

因此,图 9.18 可构成如下矩阵：

$$\boldsymbol{MD}=\begin{matrix}&1&2&3&4&5&6&7\end{matrix}\\\begin{pmatrix}-2&1&1&-3&-3&3&2\\0&0&0&0&0&-2&-1\end{pmatrix}$$

为了便于计算,请注意此矩阵的非零元素不要出现在第 1 行。

9.7.6　简化的节点–管段关联矩阵

节点-管段关联矩阵很大的缺点是冗余量过大,若节点数为 N,管段数为 P,其数据总量为 $N\times P$ 个,其中还包括有向图的正负号。如果要使用这类矩阵,可以加以改造,形成简化的矩阵,使数据量大为降低,但是还有一部分冗余。

还是以图 9.18 为例,其中采用了一个控制参数来控制矩阵的规模,即管网中一个节点所关联的最多管段数,设此控制参数名为 MNP,所述的管网中节点 4 关联的管段数最多,$MNP=4$,而节点 1、2 为其次,各关联 3 个管段,其余节点 3 和 5 仅关联 2 个管段,为最小数,这样可写成 $N\times MNP=5\times4=20$ 个元素,即 $N=5$ 行，$MNP=4$ 列的简约矩阵如下。其构成可概括描述如下：

$$e_{i-j}=\begin{cases}j & \text{若节点}i\text{与管段}j\text{相关}\\0 & \text{若节点}i\text{与管段}j\text{不相关}\end{cases}\tag{9-30}$$

可构成如下矩阵：

$$\boldsymbol{ME}=\begin{pmatrix}1&5&6&0\\1&2&7&0\\2&3&0&0\\3&4&6&7\\4&5&0&0\end{pmatrix}$$

如果根据所用程序或处理的方式不同而要表示方向,则

$$e'_{i-j}=\begin{cases}j & \text{若节点}i\text{与管段}j\text{相关且流离节点}\\-j & \text{若节点}i\text{与管段}j\text{相关且流向节点}\\0 & \text{若节点}i\text{与管段}j\text{不相关}\end{cases} \tag{9-31}$$

可构成如下矩阵:

$$\boldsymbol{ME'}=\begin{pmatrix}-1 & 5 & 6 & 0\\1 & 2 & 7 & 0\\-2 & 3 & 0 & 0\\-3 & -4 & -6 & -7\\4 & -5 & 0 & 0\end{pmatrix}$$

需要注意如下几点。

(1)此矩阵中的元素都是管段编号,而各行对应的是相关节点。

(2)各个管段号在矩阵中都出现 2 次,如果带方向,则必然一正一负,表示流向,正为流出相关节点,负为流向相关节点。

(3)元素总量为 $N\times MNP=5\times 4=20$ 个,有效元素为 $2\times P=2\times 7=14$ 个;此图的矩阵冗余量为 $N\times MNP-2\times P=20-14=6$ 个,即零元素为 6 个。当 MNP 较大且节点较多时,此冗余量也很可观。

9.7.7　简约的环–管段关联矩阵

可以模仿 **ME** 的构成方法来改造 **MB** 以构建新的环–管段关联矩阵。因为在 **MB** 中每一环关联的管段中冗余的零元素过多,因此为了压缩零元素到最低限度,模仿 **ME** 采用一个控制参数,即管网中一个环所关联的最多管段数,设此控制参数名为 MLP,图 9.17 各环都是 4 个管段,故最多也是 4 个管段,MLP=4。其构成可概括描述如下:

$$f_{ij}=\begin{cases}j & \text{若某一管段}j\text{属于第}i\text{环,且管段中水的流向在该环中为顺时针}\\-j & \text{若某一管段}j\text{属于第}i\text{环,且管段中水的流向在该环中为逆时针}\\0 & \text{若管段}j\text{不在第}i\text{个环中}\end{cases} \tag{9-32}$$

因此,图 9.17 中的管网矩阵可以由 **MB** 改建为

$$\boldsymbol{MF}=\begin{pmatrix}2 & 6 & -9 & -5\\3 & 7 & -10 & -6\\4 & 8 & -11 & -7\\9 & 13 & -16 & -12\\10 & 14 & -17 & -13\\11 & 15 & -18 & -14\end{pmatrix}$$

将 **MF** 与原 **MB** 相对比,可以发现两者完全可以相互转换,而且 **MB** 中各元素的位置是绝对固定的,其元素只为 ±1 或 0,而 **MF** 中同一行各元素的位置,即列位置可以是任意的。由于该管网图中各环都是由 4 个管段所组成,既没有多于 4 个管段的,也没有少于 4 个管段的,故毫无冗余的 0 元素,这是一个特例。

9.7.8 小结

管网图的矩阵表示方法可能还有很多,而且一般都与计算方法和程序有关,随着设计者的取向而不同,并没有统一的规律。

现在将以上几种矩阵表示方法进行概括,如图9.19所示。

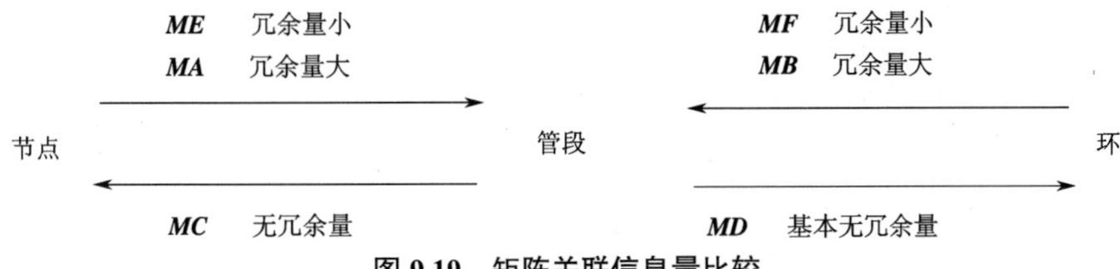

图9.19　矩阵关联信息量比较

由图9.19可以看出,从信息冗余量的角度来说,**MC**无冗余量,其矩阵容量为2行×*P*列=2*P*;**MA**的冗余量最大,其矩阵容量为*N*行×*P*列=*NP*;其余居于中间,依由小到大的次序按相对冗余量排列,如表9.10所示。

表9.10　各关联矩阵性质简表

序号	关联关系	矩阵	矩阵容量	冗余程度	应用
1	管段-节点关联矩阵	**MC**	$2\times P$	无冗余	推荐
2	管段-环关联矩阵	**MD**	$2\times P$	微量冗余	推荐
3	环-管段关联矩阵	**MF**	$L\times MLP$	少量冗余	可用
4	节点-管段关联矩阵	**ME**	$N\times MNP$	少量冗余	可用
5	环-管段关联矩阵	**MB**	$L\times P$	大量冗余	一般不用
6	节点-管段关联矩阵	**MA**	$N\times P$	特大量冗余	一般不用

注:*P*、*L*、*N*意义同前;
MLP—管网中一个环中最多的管段数;
MNP—管网中一个节点连接的最多管段数。

管网的矩阵表示方法可能还有许多,以上讲的只是一部分关联矩阵,使用时要根据计算的功能、方法和设计者的兴趣和偏好而定,没有绝对的判别标准,最主要是根据功能而定。此外,还有关于管网图的连枝矩阵、割集矩阵等,在讨论管网性能等研究计算中可能要用到,在一般工程设计和优化等计算中用以上几种就够了,读者要在重点体会、掌握和运用一两个关联矩阵的基础上,学会灵活变换,如果需要也可以进一步参考关于图论方面的文献。

思考题

1. 什么是连续性方程?什么是能量方程?
2. 枝状管网计算过程是怎样的?
3. 枝状管网计算时,干线和支线如何划分?两者确定管径的方法有何不同?

4. 什么叫控制点？每一管网有几个控制点？

5. 解环方程组的基本原理是什么？

6. 什么叫闭合差？闭合差大说明什么问题？手工计算时闭合差允许值是多少？

7. 为什么环状管网计算时，任一环内各管段增减校正流量Δq后，并不影响节点流量平衡的条件？

8. 校正流量Δq的含义是什么？如何求出Δq值？Δq和闭合差Δh有什么关系？

9. 应用哈代-克罗斯法解环方程组的步骤是什么？

10. 环状管网计算有哪些方法？

11. 按最高用水时计算的管网，还应按哪些条件进行核算，为什么？

习　题

1. 按解节点方程法求解习题 1 图的管网。

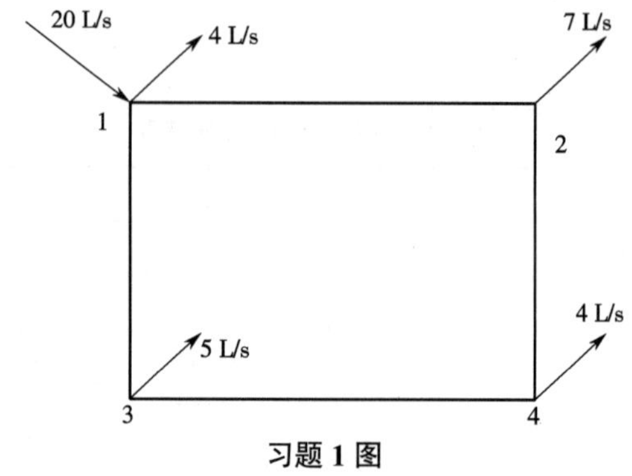

习题 1 图

2. 已知条件同第 8 章习题 3 及其计算结果，并要求最低自由水头为 20 m。试进行枝状管网的水力计算，求各管段直径、水头损失（用舍维列夫公式）、各节点的水压标高、自由水头高，并画出等水压线图。

3. 已知环状管网布置如习题 3 图所示，管网用水情况如习题 3 表所示，管网用水量的时变化系数K_h=1.3，自由水头为 24 m。试进行环状管网的水力计算，拟定初始流量分配，求各管段直径；进行水力平差计算（水头损失公式用海曾－威廉公式，C=100，计算采用$h=SQ^{1.852}$的形式），求各管段水头损失、各节点的水压标高、自由水头高，并画出等水压线和等自由水头线图。

习题 3 表

用水类别		单位	用水量
总沿线流量		m^3/d	25 000
集中流量（最高时）	节点号:2	m^3/h	150
	节点号:5	m^3/h	120

续表

用水类别		单位	用水量
消防流量	节点号:5	L/s	20
	节点号:3	L/s	15

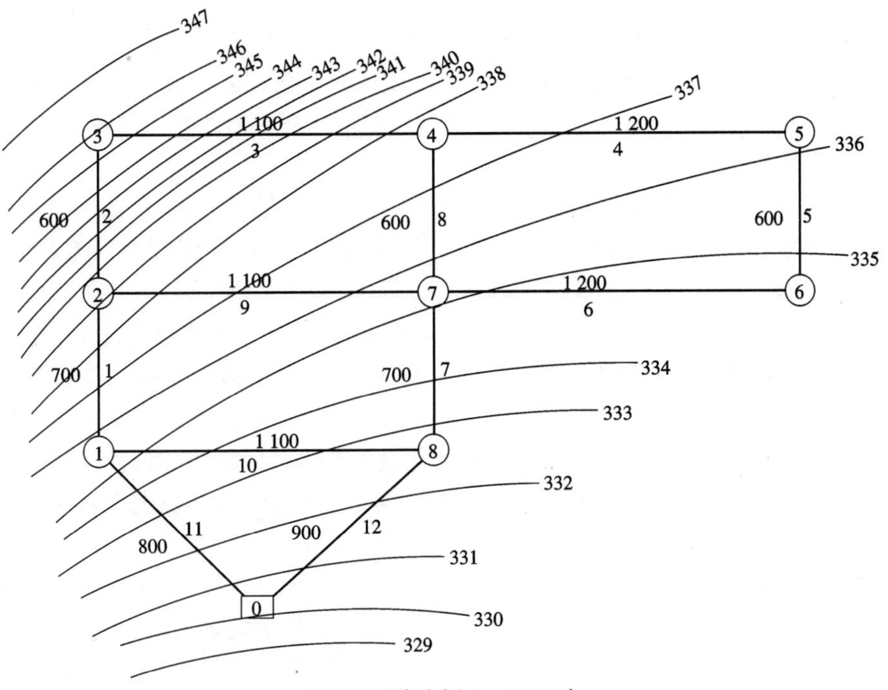

习题3图(比例1:20000)

第 10 章　给水管网的技术经济计算

此前讲的计算以技术方面的计算为主，主要考虑的是给水管网的水力条件和水力关系，满足各节点流量平衡的连续性方程，满足各小环闭合差为零的能量方程，管网最不利点的水压满足最小服务水头或消防时的水压要求以及设计水泵扬程满足管网不同工况下的要求等。而对经济方面的考虑还不够，仅仅是在选择管径时考虑到管道的平均经济流速，在实际工程中这是远远不够的。

我们知道，每段管径的选取方案单纯从技术上考虑是比较灵活的，但从经济和技术两方面考虑就复杂得多。例如，在流量已定的条件下，选用较大管径，会提高管网造价，但由于水头损失下降会降低电费，每一个管段都有这样的问题，整个管网综合在一起，就使管径的选取问题显得非常复杂而难于着手，这不同于独立的管段计算，只考虑自身的管段造价和电费的关系就可以了。整个管网的各个管段是相互联系又相互影响的，哪些管段的管径取得小些而其余的管径选大一些，才能使综合的总费用最低，这也是要解决的问题。这一问题目前已经有很好的解决方法了，就是给水管网的优化设计。而管网的技术经济管径计算就是比较传统且更加简单的管网优化计算方法。它的意义还在于通过这方面的学习可以很好地了解管网内部的规律，并建立经济流速和界限流量的概念等。

给水管网的技术经济计算开始推导时也与一般的优化方法相似，都要先建立目标函数和约束条件，不同之处是其后的解法，一般优化课题多用数学规划求解，而技术经济计算方法的提出是在 20 世纪三四十年代，当时计算技术和计算手段还很不发达，故采用的是手工计算和传统的数学处理方法求函数极值。目前，这种方法看来可能过时了，但其中蕴含的概念至今仍是有益的和可借鉴的，有的思路仍然具有实用价值和理论意义。

10.1　管网费用折算值

10.1.1　给水管网综合建造费用函数

给水管段每米长的综合建造费用在管网技术经济计算中一般采用以下公式：

$$C_D = a + bD^{\alpha}\text{（元 /m）} \tag{10-1}$$

式中　C_D——给水管段每米长的综合建造费用，元 /m；

D——管径，m；

a,b,α——综合建造费用公式中的待定常数、常系数和指数。

现收集到在我国华北某地 2003 年工程中一份统计资料的球墨铸铁管的综合造价，如表 10.1 所示。

表 10.1　综合造价统计拟合值及其误差

DN /m	球墨铸铁管统计综合造价 /(元/m)	$C_D = 150+3\,540D^{1.75}$ 拟合值/(元/m)	误差值 /(元/m)
0.2	365	361.74	−3.26
0.3	577	580.49	3.49
0.4	866	862.21	−3.79
0.6	1 592	1 598.00	6.00
0.8	2 549	2 545.58	−3.42
1.0	3 683	3 690.00	7.00
1.2	5 028	5 020.47	−7.53

这里要特别注意如下几点。

(1)公式 $C_D = a + bD^{\alpha}$ 是在 20 世纪 40 年代前后由苏联学者提出的，专在管网技术经济计算中使用。因为主要进行求函数极小值的数学处理，出于对函数连续、可求导、形式简单等方面的考虑而设计成这种形式。在探讨研究某些问题时可以考虑对此式进行探索，但在工程设计、规划等计算中不必生硬地照搬此式，因为根据收集到的资料很难高精度地拟合此式，而工程设计、规划等计算中要求费用计算数据确切，为此介绍两种思路供读者参考。

第一种，在一般工程中，可行性研究、规划、设计的各个阶段的估算、概算或预算都是具体的计算，不必拟合公式，直接采用原始的综合造价数值便是最恰当的方法。在这种场合下采用公式拟合，特别是用式(10-1)拟合是不恰当的。

第二种，在某些优化设计或优化运行中，或者在其他的探讨研究中，如果要在程序中进行费用的计算，难于也不适合人工在线干预，要求程序自动随时处理，这里有两个简便的办法。

其一，最为简单的处理思路。如采用表 10.1 中的数据，以 FORTRAN 语言为例进行说明，思路如下(如果采用其他语言，思路是类似的，不过具体表达的语句和语法不同而已)。

```
……
……
IF(D(I).EQ.0.2)   C(I)=365
IF(D(I).EQ.0.3)   C(I)=577
IF(D(I).EQ.0.4)   C(I)=866
……
……
IF(D(I).EQ.1.2)   C(I)=2 028
……(已取得了费用单价 C(I)值，进行后续费用计算)
……
```

这种方法很简单，只需在计算造价时，给程序提供一个类似于单价表的原始数据，程序会自动辨识并取相应的单价值，而后进行计算。

其二，一种很准确的拟合程序的思路。采用拉格朗日插值法，它的特点是在节点上的值拟合无误差,而且包含相应程序集的书中提供了插值法的计算程序,非常简单而实用。

(2)关于式(10-1)的拟合问题,目前有的书中介绍了六七十年前的作图求相关参数的方法。当年的学者们在有关内容的研究和撰书时采用了作图的辅助方法,在当年计算技术和计算手段还比较落后且计算机尚不普及的情况下也只能如此。时至今日,已有更好的计算技术和先进的工具。

当前在不少研究文献中,采用的是非线性拟合的算法,但式(10-1)多了一个常数项 a,给求解带来困难,一般花了很多工夫却难以得到理想的结果,这里提出一个"枚举线性拟合"的方法供参考。

对式(10-1)进行转换,首先用变量置换,改写成简单的线性函数关系:

$$C = a + bX \tag{10-2}$$

其中 $X = D^{\alpha}$,关于费用函数式中的 α 根据管道造价特性,我们知道:

$$1 < \alpha < 2$$

实际上,通过大量数据积累了经验,一般 α 值具有较窄的范围,多数为

$$1.4 < \alpha \leqslant 1.9$$

既然如此,我们可以用枚举的方式选取一定的步长,如 0.05,依次取 α 值为 1.40, 1.45, 1.50, …, 1.80, 1.85, 1.90,计算相应的 X 值,得出 $C = a + bX$ 的线性关系,作出线性拟合式,并计算相应的误差或判定标准,比较后选取其中最佳的 α 值,从而定下 a 和 b 值,即得出结果。这样看起来线性拟合的计算次数似乎多了,但实际上比非线性拟合的效率和精度都要高,而难度要降低很多。

(3)此外,管网费用公式还可以采用其他的函数形式,既不必拘泥于该式,也不要滥用该式于不恰当之处。即适合用什么形式就用什么形式,适合用在何处就用在何处。

10.1.2 管网的年费用折算值

管网的年费用由三部分构成。

1. 第一部分:管网的建造费用分摊成每年的费用 M_1(元/年)

已知管道的单价为 $C_D = a + bD^{\alpha}$,因此管网的总价应为

$$C_D = \sum_i (a + bD_i^{\alpha}) \times l_i \tag{10-3}$$

式中,$\sum_i$ 为对管网全部管段求和。我们要解决的问题是计算出将管网总造价分摊成每年应付出多少代价。管段是在若干年内逐步损耗掉的,也就是说管网总造价在一定年限内是逐年转移的。关于这种造价折算的方法,有以下两种方法,可择用其一。

(1)按综合折旧提成法:

$$E = p \times C \tag{10-4}$$

式中 E——综合折旧提成额,万元/年;

C——新投资总额加原固定资产的残值,万元;

p——综合折旧提成率。

因为按规定不同企业的各种固定资产折旧率是不一样的,计算比较麻烦,故采用综合折旧提成法进行简化。

（2）年等额资金回收法：

$$E = p_{\mathrm{f}} \times C \tag{10-5}$$

式中，p_{f} 为资金回收系数，%。

按照年等额资金回收法的理论，考虑到资金的时间价值，资金回收系数按下式计算：

$$p_{\mathrm{f}} = \frac{(1+i)^n \cdot i}{(1+i)^n - i} \tag{10-6}$$

式中　n——计算年期，年，一般按设计使用寿命年期计算；

i——设定投资收益率。

为了简化计算，更为了和国内当前给水企业的做法保持一致，在本书中采用综合折旧提成法进行计算。

这里要简单地解释一下折旧的基本概念。所谓折旧，是指固定资产在其使用过程中由于逐渐损耗而使资产量减少，采用一种逐年分摊的方式计入成本费用。

这种损耗一般有两种类型，二者可能同时并存。

（1）机械损耗。这是在生产过程中和自然过程中的损耗，如机器在运转过程中总是要渐渐用旧损坏的，厂房和任何设备随着使用其价值总是要降低的，用折旧的方法将损耗的资金摊入成本从而可以实现回收，这就是生产过程中产生的损耗。还有的设备甚至厂房可能暂时闲置不用，时间一长它原有的价值也要有所降低，这是自然过程中产生的损耗，即使是经常使用的设备和厂房，在很长时间里也会产生自然过程的机械损耗。机械损耗量是根据其实际使用寿命来计算的。

（2）精神损耗。精神损耗又分两种，一是相同功能的构筑物或设备在购买后由于市场价格的降低，从而引起原有价值的贬值；二是由于市场上出现了更有效的相关设备或构筑物，从而引起原有固定资产的贬值，其损耗量根据贬值的情况而定。

我国的折旧费计算方法是按年折旧率采用多年等量法计算。

折旧费的总和不但要在固定资产寿命终了时完全补偿原值，并要补偿经济寿命期内的全部大修费用。因此，综合折旧率包括基本折旧率和大修折旧率两部分，其计算公式为

$$\text{基本折旧率} = \frac{\text{固定资产原值}-(\text{残值}-\text{清理费用})}{\text{使用年限} \times \text{固定资产原值}} \times 100\% \tag{10-7}$$

$$\text{大修折旧率} = \frac{\text{使用期内大修费用总和}}{\text{使用年限} \times \text{固定资产原值}} \times 100\% \tag{10-8}$$

$$\text{年综合折旧提成费} = \text{固定资产总值} \times (\text{基本折旧率} + \text{大修折旧率}) \tag{10-9}$$

其中，清理费用是指为了回收已废弃的固定资产所发生的费用，包括折旧清理、外运、估价、销售或拍卖等所花的费用。

折旧率是由国家有关主管部门统一制定的，可以提供的参考量有：年基本折旧率取 4.1%；年大修折旧率取 2.4%；共计年综合折旧率为 6.5%。

管网年费用的第一部分，即（按综合折旧提成法）为

$$M_1 = p \times C = p \times \sum_i (a + bD_i^{\alpha}) \times l_i \tag{10-10}$$

其中，$p = 6.5\% = 0.065$。

按年等额资金回收法：

$$M_1 = p_f \times C = \frac{(1+i)^n \cdot i}{(1+i)^n - i} \times \sum_i (a + bD_i^\alpha) \times l_i \tag{10-11}$$

其中，i 和 n 视有关规定或参考有关文献，目前缺乏统一的规定，若采用 $i=0.05$，$n=20$ 年，则

$$p = \frac{(1+0.05)^{20} \times 0.05}{(1+0.05)^{20} - 0.05} = 0.050\ 96 = 5.096\%$$

国外文献介绍的数据较高，有的取 $i=0.07$，$n=15$ 年，则

$$p = \frac{(1+0.07)^{15} \times 0.07}{(1+0.07)^{15} - 0.07} = 0.071\ 82 = 7.182\%$$

随着我国经济改革和对外开放的步伐加快，经济界人士认为我国目前的固定资产折旧率偏低，很不利于企业的挖潜、革新和改造。现代全球科学技术发展很快，市场竞争激烈，设备、厂房的使用年限，不能只考虑有形的损耗，更要注意技术进步、设备更新换代等精神损耗，如设备、厂房的陈旧引起原材料和动力消耗量的增加，效率和生产质量的降低，安全隐患的提高，劳动者的健康伤害加大等。但折旧率的提高必然会导致利润的减少和产品价格的提高，这对全国经济来说是一个很大的课题，过去国务院曾发出关于提高固定资产折旧率的通知，指出工业交通企业固定资产折旧率要在增加盈利的基础上逐步提高。

2. 第二部分：输配系统的动力费用 M_2（元/年）

动力费用主要计算输配水的送水泵站的供水电费。

$$M_2 = \frac{\sum(QH)}{102\eta} \times 24 \times 365 \times \gamma \times \frac{E}{1\ 000} = 0.085\ 88 \frac{\sum(QH)}{\eta} \times \gamma E \tag{10-12}$$

式中 $\sum(QH)$——系统中各个泵站的 QH 之和，其中 Q 为每一泵站最高日最高时设计总流量，以 L/s 计，H 为各泵站在相应状况的泵组扬程，以 m 水柱计；

η——各泵站的综合效率，除水泵机组外，还要考虑厂内变配电、机械传送的效率；

γ——能量变化系数，为该系统全年动力费用的时平均值与按最高日最高时流量和相应的扬程计算的时动力费用之比值，为小于 1 的系数（其中全年动力费用参考本市原有的数据或相类似地区或规模、水平相近的其他城市的数据）；

E——电价，元/（1 000 kW · h），但其中除电度电价外，还应包括基本电价，参考类似系统或自己计算出，然后折合成每 1 000 kW·h 的单价，加入电度电价得 E。

3. 第三部分：其他的经营性费用 M_3（元/年）

其他的经营性费用包括维修（即小修）费、人工工资和福利、办公及管理费、各种税（国税、地税）费、周转资金的贷款利息等。这一部分难于估计，可按管网总造价的百分数取，比如取 $r=0.05\sim0.07$，故

$$M_3 = r \times \sum_i (a + bD_i^\alpha) \times l_i \tag{10-13}$$

因此，管网的年费用之总和为

$$F = M_1 + M_2 + M_3$$

$$F = (p+r) \times \sum_i (a + bD_i^\alpha) \times l_i + 0.085\ 88 \times \frac{\sum(QH)}{\eta} \times \gamma E \tag{10-14}$$

式中，F 为管网的年费用之总和（元/年）。

由于依式（10-14）计算费用的最小值（极小值），故省去不随管径 D 而变的部分，而且取

$$P = 0.085\,88 \times \frac{\gamma E}{\eta}$$

则式（10-14）化为管网的年费用折算值：

$$F_{\rm D} = (p+r) \times \sum_i bD_i^{\alpha} \times l_i + P\sum(QH) \tag{10-15}$$

再令式中 $\sum(QH)$ 分离，当多个泵站的扬程相等或近似时，有

$$\sum(QH) = (\sum Q) \times H$$

$$H = H_{\rm D} + \sum h$$

$$\sum Q = Q_T$$

式中　$H_{\rm D}$——管网服务压力；

Q_T——所有泵站的出水流量之和。

当多个泵站处于管网不同位置引起管网总水头损失对各泵站有明显差异时，应予以分开计算，即

$$\sum(QH) = \sum_i [Q_i \times (H_{\rm D} + \sum h)_i] \tag{10-16}$$

式中　Q_i——各泵站流量和；

$\left(\sum h\right)_i$——与各泵站位置相对应的管网水头损失。

为简化计算，按式（10-15）的简化情况处理，代入式（10-16）中，省去不随管径 D_i 而变的 $H_{\rm D}$，可写为

$$F_{\rm D} = (p+r) \times \sum_i bD_i^{\alpha} l_i + PQ_T(\sum h)_i \tag{10-17}$$

如果采用水头损失公式：

$$h = k\frac{q^n}{D^m} l = 10.293\,6n^2 \frac{q^2}{D^{5.33}} l$$

则　$k = 10.293\,6n^2$

$$F = (p+r) \times \sum_i (a + bD_i^{\alpha}) \cdot l_i + PQ_T(H_{\rm D} + \sum_j k\frac{q_j^n}{D_j^m} l_j) \tag{10-18}$$

式中，i 对全部管网取和；j 对沿水头损失计算路径取和，是 i 集合的一个真子集。

$F_{\rm D}$ 就是管网年费用的折算值，它代表的并不是真实的年费用，两者之间的差别是不随管径而变的常数项部分。而按式（10-17）推导求管网各 D_i 后，再加上省去的常数项部分 $(p+r) \times \sum_i al_i$ 和 $PQ_T H_{\rm D}$，或直接仍用 F 式计算才是管网的年费用。

10.2 输水管的技术经济计算

10.2.1 压力输水管的技术经济计算

泵站至水塔或输水管终点之间的管线为压力输水管，如图 10.1 所示。求使其年费用为最低的经济管径，亦即年费用的折算值为最小。

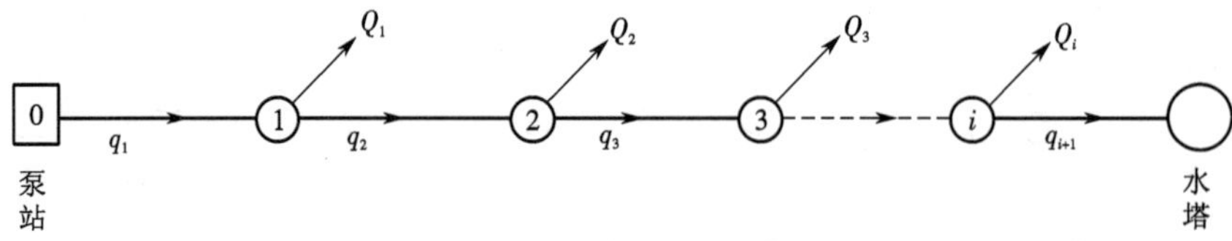

图 10.1 压力输水管图

输水管既不同于环状管网，也不同于枝状管网，它是首尾串联相接的无支管的管线。求其经济管径的方法就是求使费用函数为极小值的各管段的管径，故对 F_D 求导，并令 $\frac{\partial F_D}{\partial D_i}=0$，即得压力输水管的经济管径。

$$\frac{\partial F_D}{\partial D_i}=(p+r)\alpha bD_i^{\alpha-1}l_i+PQ_T[-mkq_i^{\,n}D_i^{-(m+1)}l_i]=0$$

故

$$D_i=\left[\frac{mPk}{(p+r)\alpha b}\right]^{\frac{1}{\alpha+m}}\cdot Q_T^{\frac{1}{\alpha+m}}\cdot q_i^{\frac{n}{\alpha+m}} \tag{10-19}$$

或

$$D_i=f^{\frac{1}{\alpha+m}}\cdot Q_T^{\frac{1}{\alpha+m}}\cdot q_i^{\frac{n}{\alpha+m}}=(fQ_Tq_i^n)^{\frac{1}{\alpha+m}} \tag{10-20}$$

$$f=\frac{mPk}{(p+r)\alpha b} \tag{10-21}$$

其中，f 称为经济因数。注意与 f 相关的计算中流量单位为 L/s，若使用 m^3/s，则当 $n=2$ 时，$\frac{f(\text{流量以L/s计})}{f(\text{流量以m}^3\text{/s计})}=10^{-9}$；而水头损失公式中流量单位为 m^3/s。

将 $P=0.085\,88\times\frac{\gamma E}{\eta}$ 代入式（10-21），则有

$$f=\frac{0.085\,88\gamma Emk}{(p+r)\alpha b\eta} \tag{10-22}$$

当输水管全线无流量分出时，$Q_i=0$，$q_1=q_2=\cdots=q_i=Q_T$，式（10-20）成为

$$D_i=D=(fQ_T^{n+1})^{\frac{1}{\alpha+m}} \tag{10-23}$$

可以证明 $\frac{\partial^2 F_D}{\partial D_i^2}>0$，故求得的 D_i 是使年费用为最低的技术经济管径及相应的年费用。

例 10.1　求如图 10.2 所示压力输水管线各管段的经济管径及相应的年费用。

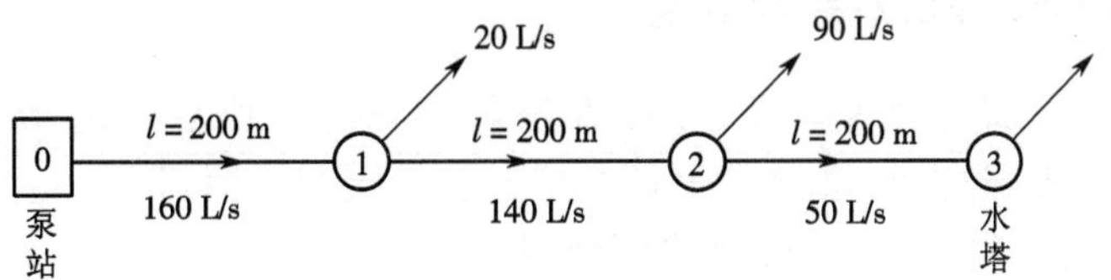

图 10.2　压力输水管计算图

解　已知该工程管网中 a =150，b =3 540，α =1.75。水头损失计算按满宁公式取 n=0.013，当流量单位取 L/s 时，k=1.74 × 10^{-9}，m=5.33。其余经济参数如下：p=0.065，r=0.07，γ=0.4，E=511 元 /(1 000 kW · h)，η=0.7，$P=0.085\,88\,\dfrac{\gamma E}{\eta}=0.085\,88\times0.4\times511/0.7=25.08$，管网最低服务压力为 H_D=20 m。

$$f=\frac{mPk}{(p+r)\alpha b}=\frac{5.33\times25.08\times1.74\times10^{-9}}{(0.065+0.07)\times1.75\times3\,540}=2.78\times10^{-10}$$

得输水管各管段直径如下：

$$D_{0-1}=(fQ_Tq_{01}^{n})^{\frac{1}{\alpha+m}}=(2.78\times10^{-10}\times160\times160^2)^{\frac{1}{5.33+1.75}}=0.384\text{ m}$$

取规格管径(球墨铸铁管)

$$D_{0-1}=0.4\text{ m}$$

$$D_{1-2}=(2.78\times10^{-10}\times160\times140^2)^{\frac{1}{5.33+1.75}}=0.37\text{ m}$$

取规格管径(球墨铸铁管)

$$D_{1-2}=0.4\text{ m}$$

$$D_{2-3}=(2.78\times10^{-10}\times160\times50^2)^{\frac{1}{5.33+1.75}}=0.276\text{ m}$$

取规格管径(球墨铸铁管)

$$D_{2-3}=0.3\text{ m}$$

此输水管的建造费用为

$$M_1=[(150+3\,540\times0.3^{1.75})+(150+3\,540\times0.4^{1.75})\times2]\times200=460\,982.59\text{ 元}$$

输水管三段的水头损失之和为

$$\sum h=10.293\,6\times0.01^{32}\times\left(\frac{0.05^2}{0.3^{5.33}}+\frac{0.14^2}{0.4^{5.33}}+\frac{0.16^2}{0.4^{5.33}}\right)\times200=2.61\text{ m}$$

此式中流量单位以 m³/s 计。

此输水管的年运行电费：

$$M_2=\frac{0.085\,88\times0.4\times511}{0.7}\times160\times(20+2.61)=90\,718.41\text{ 元 / 年}$$

此式中流量 160 以 L/s 计，H_D = 20 m。

管网年费用之总和为

$$\begin{aligned}F&=(p+r)\times M_1+M_2=0.135\times460\,982.59+90\,718.41\\&=62\,232.65+90\,718.41=152\,951.06\text{ 元 / 年}\end{aligned}$$

10.2.2 重力输水管的技术经济计算

重力输水管中,水靠重力而流动,不需要外部动力驱动,因此不发生动力费用的消耗,这是与压力输水管的不同之处,虽然费用函数中省去了能量费用部分,但引入了一个约束条件:输水管水头损失之和不大于可资利用的水头。

设输水管起点压力已知为 H(m),终点要求压力为 H_D(m),则可利用的水头为 $H-H_D$(m),而输水管水头损失之和为 $\sum h_i$(m),则

$$\sum h_i \leqslant H-H_D \text{ 或 } H-H_D-\sum h_i \geqslant 0$$

由于

$$h_i = k\frac{q_i^n}{D_i^m}l_i \text{ 或 } D_i = \left(\frac{kq_i^n l_i}{h_i}\right)^{\frac{1}{m}}$$

管网年费用折算值为

$$F_D = (p+r)\sum_i bD_i^\alpha l_i = (p+r)b\sum_i \left(\frac{kq_i^n l_i}{h_i}\right)^{\frac{\alpha}{m}} l_i \tag{10-24}$$

此处的经济计算是求解在满足 $H-H_D-\sum h_i \geqslant 0$ 的条件下,使 F 值最小的各 D_i 值,即解函数的极小值问题。可用拉格朗日条件极值法,于是变为求下列函数的最小值,其中以各管段水头损失取代管径作为解变量,以 $F(h)$表示此函数(此处 F 表示 Function,与原表示“费用”的 F 区别开),以 λ 表示拉格朗日系数,可写为

$$F(h) = F_D + \lambda(H-H_D-\sum h_i) = (p+r)b\sum_i \left(\frac{kq_i^n l_i}{h_i}\right)^{\frac{\alpha}{m}} l_i + \lambda(H-H_D-\sum h_i) \tag{10-25}$$

求函数 $F(h)$对 h 的偏导数,并令其等于零,得

$$\begin{cases} \dfrac{\partial F(h)}{\partial h_1} = -\dfrac{\alpha}{m}(p+r)bk^{\frac{\alpha}{m}} q_1^{\frac{n\alpha}{m}} l_1^{\frac{\alpha+m}{m}} h_1^{-\frac{\alpha+m}{m}} - \lambda = 0 \\ \dfrac{\partial F(h)}{\partial h_2} = -\dfrac{\alpha}{m}(p+r)bk^{\frac{\alpha}{m}} q_2^{\frac{n\alpha}{m}} l_2^{\frac{\alpha+m}{m}} h_2^{-\frac{\alpha+m}{m}} - \lambda = 0 \\ \qquad\vdots \\ \dfrac{\partial F(h)}{\partial h_l} = -\dfrac{\alpha}{m}(p+r)bk^{\frac{\alpha}{m}} q_l^{\frac{n\alpha}{m}} l_l^{\frac{\alpha+m}{m}} h_l^{-\frac{\alpha+m}{m}} - \lambda = 0 \end{cases} \tag{10-26}$$

该方程组中如果将常数项分离可写成:

$$q_l^{\frac{n\alpha}{m}} l_l^{\frac{\alpha+m}{m}} h_l^{-\frac{\alpha+m}{m}} = -\lambda \bigg/ \left[\frac{\alpha}{m}(p+r)\ bk^{\frac{\alpha}{m}}\right] = \text{const} \tag{10-27}$$

其中,$-\lambda/(\frac{\alpha}{m}(p+r)bk^{\frac{\alpha}{m}})$对全部输水管各管段为常数。

式(10-27)可写成:

$$q_l^{\frac{n\alpha}{\alpha+m}} / (h_l / l_l) = \text{const} \tag{10-28}$$

即

$$q_l^{\frac{n\alpha}{\alpha+m}} / i_l = \text{const}$$

由此可建立各管段之间的水力关系：

$$\begin{cases} i_2 = (\dfrac{q_2}{q_1})^{\frac{n\alpha}{\alpha+m}} i_1 \\ i_3 = (\dfrac{q_3}{q_1})^{\frac{n\alpha}{\alpha+m}} i_1 \\ \vdots \\ i_l = (\dfrac{q_l}{q_1})^{\frac{n\alpha}{\alpha+m}} i_1 \end{cases} \tag{10-29}$$

$$\sum h = h_1 + h_2 + \cdots + h_l = i_1[l_1 + (\frac{q_2}{q_1})^{\frac{n\alpha}{\alpha+m}} l_2 + (\frac{q_3}{q_1})^{\frac{n\alpha}{\alpha+m}} l_3 + \cdots + (\frac{q_l}{q_1})^{\frac{n\alpha}{\alpha+m}} l_l] \tag{10-30}$$

或

$$i_1 = \sum h / \sum_{i=1}^{P} (\frac{q_i}{q_1})^{\frac{n\alpha}{\alpha+m}} l_i \tag{10-31}$$

及

$$i_l = (\frac{q_l}{q_1})^{\frac{n\alpha}{\alpha+m}} i_1 \quad (l=2,3,\cdots,P)$$

且

$$D_l = (10.293\,6 \times 0.013^2 \times \frac{q_l^2}{i_l})^{\frac{1}{m}}$$

式中，P 为输水管的管段总数，0.013 为管材粗糙度 n 值，q_l 以 m^3/s 计。

输水管总建造费用为

$$C = \sum_{i=1}^{P} (a + bD_i^{\alpha}) \times l_i \tag{10-32}$$

例 10.2　重力输水管示意如图 10.3 所示，起点和终点的水压差 $\sum h = H - H_D = 25 - 20 = 5$ m，求输水管各管段的管径，其费用公式同前。

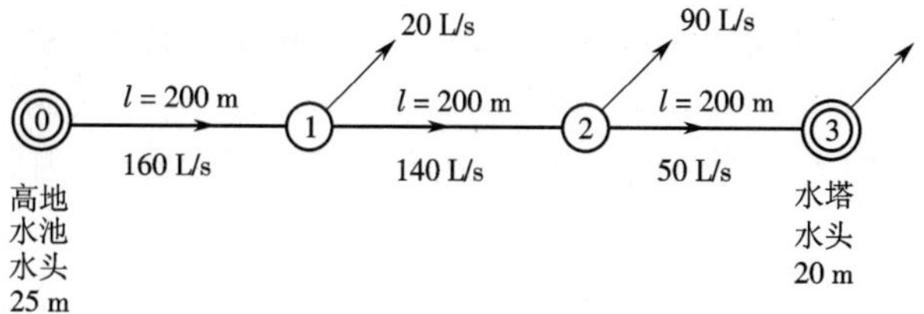

图 10.3　重力输水管计算图

解　已知 $n = 2$，$\alpha = 1.75$，$m = 5.33$，代入费用公式求 i_1：

$$i_1 = 5/[\ (\frac{160}{160})^{\frac{2\times1.75}{1.75+5.33}} + (\frac{140}{160})^{\frac{2\times1.75}{1.75+5.33}} + (\frac{50}{160})^{\frac{2\times1.75}{1.75+5.33}}\ ]/200 = 0.010\,00$$

$$i_2 = i_1 \times \left(\frac{140}{160}\right)^{\frac{3.5}{7.08}} = 0.009\ 36$$

$$i_3 = i_1 \times \left(\frac{50}{160}\right)^{\frac{3.5}{7.08}} = 0.005\ 63$$

复核总水头损失：

$$i_1 \times 200 + i_2 \times 200 + i_3 \times 200 = (0.010\ 00 + 0.009\ 36 + 0.005\ 63) \times 200 = 5\ \text{m}$$

根据 i_1 计算各管段管径：

$$D_1 = (10.293\ 6 \times 0.01^{32} \times 0.16^2 / 0.010\ 00)^{\frac{1}{5.33}} = 0.360\ \text{m}$$

$$D_2 = (10.293\ 6 \times 0.01^{32} \times 0.14^2 / 0.009\ 36)^{\frac{1}{5.33}} = 0.349\ \text{m}$$

$$D_3 = (10.293\ 6 \times 0.01^{32} \times 0.05^2 / 0.005\ 63)^{\frac{1}{5.33}} = 0.259\ \text{m}$$

取球墨铸铁管规格管径：

$D_1 = 0.4$ m

$D_2 = 0.4$ m

$D_3 = 0.3$ m

结果分析：将以上压力输水管和重力输水管计算结果进行对比，首先将计算数据综合，如表 10.2 所示。

表 10.2　压力输水管与重力输水管计算结果比较

管段	压力输水管各段管径 /m		重力输水管各段管径 /m	
	计算值	选定规格值	计算值	选定规格值
0—1	0.384	0.4	0.360	0.4
1—2	0.37	0.4	0.349	0.4
2—3	0.276	0.3	0.259	0.3

从计算结果可知，压力输水管计算总水头损失为 2.61 m，重力输水管计算可利用的水头为 5 m，因此提供了较多的能量，管径的计算值都较压力输水管的计算值有明显的减小，并且按此计算，总水头损失正好等于设定总水压差 5 m。但对于规格管径，由于可选范围较小，使压力输水管和重力输水管的管径完全相同。这样一来，由于两种情况下管径一样，造价和水头损失也相同。但要指出的是，在设计中应该留有余地，因为输水管始端是高地水池，末端是水塔，这两端的压力是不可改变的，如果所选管径稍小，充分利用了所提供的 5 m 水头，可一旦流量要求加大或管道阻力变大，就不能满足使用要求，因此适当留有余地是合理的。

10.3　管网的技术经济计算

关于环状管网的优化课题，首先就是在管网定线完成后流量分配的最优化问题，即寻求一种使管网最为经济的流量分配方案。虽然部分学者在这方面进行了一些努力，但对这一问题，早已有学者从理论上证明了没有最经济的流量分配，只有在合理流量分配条件下的经济管径方案。因此，本书对前一问题不再作讨论，仅就后一经济管径的计算问题做介绍。

经济管径的解法有不同的算法，人们很自然地想到用数学规划中的非线性规划方法求解，当然这是最理想的途径，但是对全管网进行非线性规划计算存在着很实际的困难，主要就是解变量的数目太大，而且约束条件比较苛刻，求解比较困难，不易实际应用。如果在管网的扩建改造中，大量现有的管道不变，只需改造少数管段，并新增或延长某些管线，对这些管段进行优化计算，实践证明这是有很重大的实际意义和经济价值的。

这里讨论的是另一种优化算法，即采用拉格朗日条件极值的算法，这是传统的技术经济管径计算算法。由于理论上对管段数目没有限制，过去大型管网实际上难以进行水力计算，也就难以进行技术经济计算。时至今日，大型乃至特大型管网的水力计算既无任何障碍，也不存在不可克服的困难，特别是当前计算机硬件配置水平已提供了非常方便的计算条件，不仅适用于给水管网的水力计算，同时也适用于给水管网的传统优化设计，是技术经济管径计算的极好工具。

给水管网的技术经济管径计算原理和前面的重力或输水管的计算相同，极值的条件也是非常相似的，以下分两种情况讨论。

10.3.1　起点水压未定的管网

众所周知，管网中任意管段在摩阻状况和管长一定的情况下，在管段流量、管径和水头损失这三个可变因素之间有一定的定量变换关系，其中一般管段流量是先决条件，因此管径和水头损失之间就有了确定的关系。输水管的计算可先定经济水头损失，再求经济管径，当然也可以直接定经济管径。本书仍以先求经济水头损失为便。

管网的技术管径计算推导的原理基本上与输水管相同，只是在求函数 F_D 的极小值时，还应满足小环 $\sum h = 0$ 的水力条件，这点与输水管不同。此外，节点流量平衡条件在流量分配时已经满足，这与输水管的情况一致。

现以图 10.4 所示的环状管网为例进行分析，图中已标明节点流量、各管段和环、管段流向和总流量 Q、节点编号等。设在节点 9 上的 H_9 为控制点的水压标高。

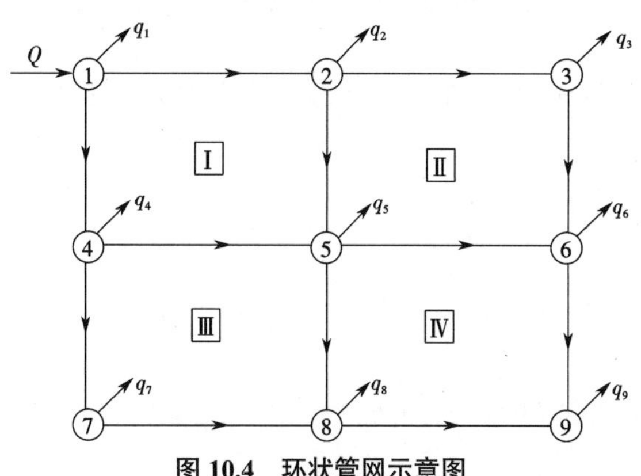

图 10.4　环状管网示意图

管网的管段数 $P = 12$，节点数 $N = 9$，环数 $L = 4$。管网起点的水压标高 H_1 与控制点水压标高之差为

$H_1-H_9=\sum h_{1-9}$

如选定管线路径为 1—2—3—6—9,则可写为

$H_1=h_{1-2}+h_{2-3}+h_{3-6}+h_{6-9}+H_9$

或选定管线路径为 1—4—7—8—9,则可写为

$H_1=h_{1-4}+h_{4-7}+h_{7-8}+h_{8-9}+H_9$

应用拉格朗日未定乘数法可写为

$F_{un}(h)=F_D+\lambda_1 f_1+\lambda_2 f_2+\cdots$

式中, f_1, f_2——已知的约束条件;

λ_1, λ_2——拉格朗日未定系数。

由式(10-15)已知:

$$F_D=(p+r)\sum_i bD_i^{\alpha}l_i+P\sum(QH)$$

由于

$$h_{i-j}=k\frac{q_{i-j}^n}{D_{i-j}^m}l_{i-j}$$

或

$$D_{j-i}=\left(\frac{kq_{i-j}^n l_{i-j}}{h_{i-j}}\right)^{\frac{1}{m}}$$

同理可得:

$$F_D=(p+r)b\sum_{ij=1}^{12}k^{\frac{\alpha}{m}}q_{i-j}^{\frac{n\alpha}{m}}l_{i-j}^{\frac{\alpha+m}{m}}h_{i-j}^{-\frac{\alpha}{m}}+P\sum(QH) \tag{10-33}$$

故

$$\begin{aligned}F_{un}(h)=&(p+r)b\sum_{ij=1}^{12}k^{\frac{\alpha}{m}}q_{i-j}^{\frac{n\alpha}{m}}l_{i-j}^{\frac{\alpha+m}{m}}h_{i-j}^{-\frac{\alpha}{m}}+PQH_1+\lambda_{\mathrm{I}}(h_{1-2}+h_{2-5}-h_{4-5}-h_{1-4})+\\&\lambda_{\mathrm{II}}(h_{2-3}+h_{3-6}-h_{2-5}-h_{5-6})+\lambda_{\mathrm{III}}(h_{4-5}+h_{5-8}-h_{4-7}-h_{7-8})+\\&\lambda_{\mathrm{IV}}(h_{5-6}+h_{6-9}-h_{5-8}-h_{8-9})+\lambda_H(H_1-h_{1-2}-h_{2-3}-h_{3-6}-h_{6-9}-H_9)\end{aligned} \tag{10-34}$$

求函数 $F_{un}(h)$对起点压力 H 和 12 个管段水头损失 h_{ij} 的偏导数,并令其等于零,得 13 个式子如下。

(1) $\frac{\partial F_{un}}{\partial H_1}=PQ+\lambda_H=0$。

(2) $\frac{\partial F_{un}}{\partial h_{1-2}}=-(p+r)\frac{\alpha}{m}\cdot bk^{\frac{\alpha}{m}}q_{1-2}^{\frac{n\alpha}{m}}l_{1-2}^{\frac{\alpha+m}{m}}h_{1-2}^{-\frac{\alpha+m}{m}}+\lambda_{\mathrm{I}}-\lambda_H=0$。

(3) $\frac{\partial F_{un}}{\partial h_{2-3}}=-(p+r)\frac{\alpha}{m}\cdot bk^{\frac{\alpha}{m}}q_{2-3}^{\frac{n\alpha}{m}}l_{2-3}^{\frac{\alpha+m}{m}}h_{2-3}^{-\frac{\alpha+m}{m}}+\lambda_{\mathrm{II}}-\lambda_H=0$。

(4) $\frac{\partial F_{un}}{\partial h_{3-6}}=-(p+r)\frac{\alpha}{m}\cdot bk^{\frac{\alpha}{m}}q_{3-6}^{\frac{n\alpha}{m}}l_{3-6}^{\frac{\alpha+m}{m}}h_{3-6}^{-\frac{\alpha+m}{m}}+\lambda_{\mathrm{II}}-\lambda_H=0$。

(5) $\dfrac{\partial F_{un}}{\partial h_{6-9}}=-(p+r)\dfrac{\alpha}{m}\cdot bk^{\frac{\alpha}{m}}q_{6-9}^{\frac{n\alpha}{m}}l_{6-9}^{\frac{\alpha+m}{m}}h_{6-9}^{-\frac{\alpha+m}{m}}+\lambda_{\text{IV}}-\lambda_{H}=0$。

(6) $\dfrac{\partial F_{un}}{\partial h_{1-4}}=-(p+r)\dfrac{\alpha}{m}\cdot bk^{\frac{\alpha}{m}}q_{1-4}^{\frac{n\alpha}{m}}l_{1-4}^{\frac{\alpha+m}{m}}h_{1-4}^{-\frac{\alpha+m}{m}}-\lambda_{\text{I}}=0$。

(7) $\dfrac{\partial F_{un}}{\partial h_{4-7}}=-(p+r)\dfrac{\alpha}{m}\cdot bk^{\frac{\alpha}{m}}q_{4-7}^{\frac{n\alpha}{m}}l_{4-7}^{\frac{\alpha+m}{m}}h_{4-7}^{-\frac{\alpha+m}{m}}-\lambda_{\text{III}}=0$。

(8) $\dfrac{\partial F_{un}}{\partial h_{7-8}}=-(p+r)\dfrac{\alpha}{m}\cdot bk^{\frac{\alpha}{m}}q_{7-8}^{\frac{n\alpha}{m}}l_{7-8}^{\frac{\alpha+m}{m}}h_{7-8}^{-\frac{\alpha+m}{m}}-\lambda_{\text{III}}=0$。

(9) $\dfrac{\partial F_{un}}{\partial h_{8-9}}=-(p+r)\dfrac{\alpha}{m}\cdot bk^{\frac{\alpha}{m}}q_{8-9}^{\frac{n\alpha}{m}}l_{8-9}^{\frac{\alpha+m}{m}}h_{8-9}^{-\frac{\alpha+m}{m}}-\lambda_{\text{IV}}=0$。

(10) $\dfrac{\partial F_{un}}{\partial h_{2-5}}=-(p+r)\dfrac{\alpha}{m}\cdot bk^{\frac{\alpha}{m}}q_{2-5}^{\frac{n\alpha}{m}}l_{2-5}^{\frac{\alpha+m}{m}}h_{2-5}^{-\frac{\alpha+m}{m}}+\lambda_{\text{I}}-\lambda_{\text{II}}=0$。

(11) $\dfrac{\partial F_{un}}{\partial h_{4-5}}=-(p+r)\dfrac{\alpha}{m}\cdot bk^{\frac{\alpha}{m}}q_{4-5}^{\frac{n\alpha}{m}}l_{4-5}^{\frac{\alpha+m}{m}}h_{4-5}^{-\frac{\alpha+m}{m}}-\lambda_{\text{I}}+\lambda_{\text{III}}=0$。

(12) $\dfrac{\partial F_{un}}{\partial h_{5-6}}=-(p+r)\dfrac{\alpha}{m}\cdot bk^{\frac{\alpha}{m}}q_{5-6}^{\frac{n\alpha}{m}}l_{5-6}^{\frac{\alpha+m}{m}}h_{5-6}^{-\frac{\alpha+m}{m}}-\lambda_{\text{II}}+\lambda_{\text{IV}}=0$。

(13) $\dfrac{\partial F_{un}}{\partial h_{5-8}}=-(p+r)\dfrac{\alpha}{m}\cdot bk^{\frac{\alpha}{m}}q_{5-8}^{\frac{n\alpha}{m}}l_{5-8}^{\frac{\alpha+m}{m}}h_{5-8}^{-\frac{\alpha+m}{m}}+\lambda_{\text{III}}-\lambda_{\text{IV}}=0$。

从以上各式中可以概括出一定的规律：第(2)~(5)四个式子为一组，其相关的管段位于选定路径 1—2—3—6—9 上，各管段方向为所在环的正方向，式中的拉格朗日系数为正，而水压约束条件式的拉格朗日系数为负；第(6)~(9)四个式子为一组，其相关管段位于管网边缘，且在本例的图形中，其方向在相关环中都是逆时针方向，故各环的拉格朗日系数为负；第(10)~(13)四个式子为一组，其相关管段同时位于两相邻环中，两环的拉格朗日系数的正负号取决于管段在两环中的方向，因此一正一负。

以上 13 个式子中引入了 5 个拉格朗日系数，都是待定系数。为减少解变量，需设法消除这 5 个待定系数。分析各式子可以看出，将各节点的相关管段的式子分别组合起来可以得出 8 个节点方程，同时消除了 5 个待定系数。

例如，组合与节点 1 相关的(1)(2)(6)三式得

$$(p+r)\frac{\alpha}{m}\cdot bk^{\frac{\alpha}{m}}\left(q_{1-2}^{\frac{n\alpha}{m}}l_{1-2}^{\frac{\alpha+m}{m}}h_{1-2}^{-\frac{\alpha+m}{m}}+q_{1-4}^{\frac{n\alpha}{m}}l_{1-4}^{\frac{\alpha+m}{m}}h_{1-4}^{-\frac{\alpha+m}{m}}\right)-PQ=0 \tag{10-35}$$

为简化计算，令

$$A=\frac{P}{(p+r)\frac{\alpha}{m}bk^{\frac{\alpha}{m}}} \tag{10-36}$$

即

$$P=A\cdot(p+r)\frac{\alpha}{m}\,bk^{\frac{\alpha}{m}}$$

及

$$a_{i-j}=q_{i-j}^{\frac{n\alpha}{m}}l_{i-j}^{\frac{\alpha+m}{m}} \tag{10-37}$$

将式(10-36)和式(10-39)代入式(10-35),节点 1 可简化为

$$a_{1-2}\cdot h_{1-2}^{-\frac{\alpha+m}{m}}+a_{1-4}\cdot h_{1-4}^{-\frac{\alpha+m}{m}}-AQ=0$$

可以看出,上式是相对于节点 1 上管段关系的,其中第三项相当于水源节点的特有项,与前两项符号相反可看作是流向相反。同样依次可以列出节点 2 至 8 的管段关系。

对节点 2:

$$a_{1-2}\cdot h_{1-2}^{-\frac{\alpha+m}{m}}-a_{2-3}\cdot h_{2-3}^{-\frac{\alpha+m}{m}}-a_{2-5}h_{2-5}^{-\frac{\alpha+m}{m}}=0$$

对节点 3:

$$a_{2-3}\cdot h_{2-3}^{-\frac{\alpha+m}{m}}-a_{3-6}\cdot h_{3-6}^{-\frac{\alpha+m}{m}}=0$$

对节点 4:

$$a_{1-4}\cdot h_{1-4}^{-\frac{\alpha+m}{m}}-a_{4-5}\cdot h_{4-5}^{-\frac{\alpha+m}{m}}-a_{4-7}h_{4-7}^{-\frac{\alpha+m}{m}}=0$$

对节点 5:

$$a_{2-5}\cdot h_{2-5}^{-\frac{\alpha+m}{m}}+a_{4-5}\cdot h_{4-5}^{-\frac{\alpha+m}{m}}-a_{5-6}h_{5-6}^{-\frac{\alpha+m}{m}}-a_{5-8}h_{5-8}^{-\frac{\alpha+m}{m}}=0$$

对节点 6:

$$a_{3-6}\cdot h_{3-6}^{-\frac{\alpha+m}{m}}+a_{5-6}\cdot h_{5-6}^{-\frac{\alpha+m}{m}}-a_{6-9}h_{6-9}^{-\frac{\alpha+m}{m}}=0$$

对节点 7:

$$a_{4-7}\cdot h_{4-7}^{-\frac{\alpha+m}{m}}-a_{7-8}\cdot h_{7-8}^{-\frac{\alpha+m}{m}}=0$$

对节点 8

$$a_{5-8}\cdot h_{5-8}^{-\frac{\alpha+m}{m}}+a_{7-8}\cdot h_{7-8}^{-\frac{\alpha+m}{m}}-a_{8-9}h_{8-9}^{-\frac{\alpha+m}{m}}=0$$

这类方程从形式上看完全类似于管网水力计算中的节点流量平衡的形式,在这里姑且也称之为节点方程。同理,对于节点 9 列此方程,应是节点 1~8 方程的线性组合,故有独立方程 $N-1=8$ 个。要解 $P=12$ 个管段,正好补充 $L=4$ 个能量方程 $\sum h_{i-j}=0$,共计$(N-1)+L=$ 12 个方程,可解 $P=12$ 个管段的水头损失 h_{i-j},从而求得各管段的经济管径。

列出全部非线性方程组是比较容易的,但解此非线性方程组却颇为困难。将上列方程组的各项同除以 A,可得

$$\frac{a_{1-2}h_{1-2}^{-\frac{\alpha+m}{m}}}{A}+\frac{a_{1-4}h_{1-4}^{-\frac{\alpha+m}{m}}}{A}-Q=0$$

$$\frac{a_{1-2}h_{1-2}^{-\frac{\alpha+\mathrm{m}}{\mathrm{m}}}}{A}-\frac{a_{2-3}h_{2-3}^{-\frac{\alpha+m}{m}}}{A}-\frac{a_{2-5}h_{2-5}^{-\frac{\alpha+m}{m}}}{A}=0$$

$$\frac{a_{2-3}h_{2-3}^{-\frac{\alpha+\mathrm{m}}{\mathrm{m}}}}{A}-\frac{a_{3-6}h_{3-6}^{-\frac{\alpha+m}{m}}}{A}=0$$

$$\frac{a_{1-4}h_{1-4}^{-\frac{\alpha+m}{m}}}{A}-\frac{a_{4-5}h_{4-5}^{-\frac{\alpha+m}{m}}}{A}-\frac{a_{4-7}h_{4-7}^{-\frac{\alpha+m}{m}}}{A}=0$$

$$\frac{a_{2-5}h_{2-5}^{-\frac{\alpha+m}{m}}}{A}+\frac{a_{4-5}h_{4-5}^{-\frac{\alpha+m}{m}}}{A}-\frac{a_{5-6}h_{5-6}^{-\frac{\alpha+m}{m}}}{A}-\frac{a_{5-8}h_{5-8}^{-\frac{\alpha+m}{m}}}{A}=0$$

$$\frac{a_{3-6}h_{3-6}^{-\frac{\alpha+m}{m}}}{A}+\frac{a_{5-6}h_{5-6}^{-\frac{\alpha+m}{m}}}{A}-\frac{a_{6-9}h_{6-9}^{-\frac{\alpha+m}{m}}}{A}=0$$

$$\frac{a_{4-7}h_{4-7}^{-\frac{\alpha+m}{m}}}{A}-\frac{a_{7-8}h_{7-8}^{-\frac{\alpha+m}{m}}}{A}=0$$

$$\frac{a_{5-8}h_{5-8}^{-\frac{\alpha+m}{m}}}{A}+\frac{a_{7-8}h_{7-8}^{-\frac{\alpha+m}{m}}}{A}-\frac{a_{8-9}h_{8-9}^{-\frac{\alpha+m}{m}}}{A}=0$$

再将 $\frac{a_{i-j}h_{i-j}^{-\frac{\alpha+m}{m}}}{A}$ 用 $x_{i-j}Q$ 表示，则以上方程组化为以下形式，以节点 1(水源点)为例：

$$x_{1-2}Q+x_{1-4}Q-Q=0$$

对照图 10.4，可以认为上式对应于节点 1 上的流量平衡关系，而 x_{1-2} 和 x_{1-4} 分别表示管段 1-2 和管段 1-4 的管段流量占总流量 Q 的比例。如果再进一步变换：

$$x_{1-2}+x_{1-4}=1$$

可以认为在水源节点的两管段上，x_{1-2} 与 x_{1-4} 之和等于 1，因此称 x_{ij} 为虚流量，表明从水源点流入的虚流量为 1，分成两管段的虚流量为 x_{1-2} 和 x_{1-4}，并且二者之和正好与水源的虚流量平衡。

相似地，对其他各节点同样可写成：

$$x_{1-2}-x_{2-3}-x_{2-5}=0$$
$$x_{2-3}-x_{3-6}=0$$
$$x_{1-4}-x_{4-5}-x_{4-7}=0$$
$$x_{2-5}+x_{4-5}-x_{5-6}-x_{5-8}=0$$
$$x_{3-6}+x_{5-6}-x_{6-9}=0$$
$$x_{4-7}-x_{7-8}=0$$
$$x_{5-8}+x_{7-8}-x_{8-9}=0$$

可以看出，节点方程共有 N-1 个，再加上 L 个能量方程 $\sum h_{i-j}=0$，故可解出 P 个管段的水头损失 h_{i-j}。为此要建立 h_{i-j} 与 x_{i-j} 之间的关系。由于

$$x_{i-j}=\frac{a_{i-j}h_{i-j}^{-\frac{\alpha+m}{m}}}{AQ} \tag{10-38}$$

而且由式(10-39)，故

$$x_{i-j}=\frac{q_{i-j}^{\frac{n\alpha}{m}}\cdot l_{i-j}^{\frac{\alpha+m}{m}}\cdot h_{i-j}^{-\frac{\alpha+m}{m}}}{AQ} \tag{10-39}$$

可得经济水头损失公式：

$$h_{i-j}=\frac{(q_{i-j}^{\frac{n\alpha}{\alpha+m}}\cdot l_{i-j})\cdot x_{i-j}^{-\frac{m}{\alpha+m}}}{(AQ)^{\frac{m}{\alpha+m}}} \tag{10-40}$$

又由

$$h_{i-j}=k\cdot\frac{q_{i-j}^{n}}{D_{i-j}^{m}}\cdot l_{i-j}$$

由以上两式可解得

$$D_{i-j}=k^{\frac{1}{m}}\cdot A^{\frac{1}{\alpha+m}}(x_{i-j}\cdot Q\cdot q_{i-j}^{n})^{\frac{1}{\alpha+m}}=(k^{\frac{\alpha+m}{m}}\cdot A\cdot x_{i-j}\cdot Q\cdot q_{i-j}^{n})^{\frac{1}{\alpha+m}}$$

由式(10-37)，可改写 A 为

$$A=\frac{mPk}{(p+r)\cdot\alpha\cdot b\cdot k^{\frac{\alpha+m}{m}}}=f\cdot k^{-\frac{\alpha+m}{m}}$$

即

$$f=A\cdot k^{\frac{\alpha+m}{m}}$$

故

$$D_{i-j}=(f\cdot x_{i-j}\cdot Q\cdot q_{i-j}^{n})^{\frac{1}{\alpha+m}} \tag{10-41}$$

此处要特别补充的一点是，前面对图 10.4 中的前 8 个节点列方程，因为其与第 9 个节点的方程是线性相关的。但是图 10.4 的节点 9 有其特殊性，这种节点叫管网的汇合点，这类方程与水源点有重要的相似之处，可以写出：

$$x_{8-9}+x_{6-9}=1$$

因此，解技术经济管径的课题归结为解下列方程组。

对水源点或汇合点：

$$\sum x_{i-j}=1 \tag{10-42}$$

对一般节点：

$$\sum x_{i-j}=0 \tag{10-43}$$

对各小环：

$$\sum q_{i-j}^{\frac{n\alpha}{\alpha+m}}l_{i-j}x_{i-j}^{-\frac{m}{\alpha+m}}=0 \tag{10-44}$$

对于节点可列出第一类式子 $N-1$ 个，对于小环可列出第二类式子 L 个，故可以解出 P 个虚流量 x_{i-j}，从而可解出 P 个 D_{i-j}。此时已知条件是总流量 Q，各管段初步分配流量 q_{i-j}，管长 l_{i-j}，经济因数 f 及其中的各个已知参数，即 p, r, α, b(4 个经济参数)，k, m(2 个技术参数)和 P(含 γ, E, η 三个技术经济参数)。然后初步分配 x_{i-j}，此时应满足第一类节点方程，但不满足第二类环方程，故应对 x_{i-j} 进行平差重分配，直到满足为止，所得即为 x_{i-j} 的解。代入经济管径公式，计算出各 D_{i-j} 之值，然后取相近而较大的规格管径，完成了经济管径的计算。

对虚流量的平差计算与实际流量的平差计算进行对比，如表 10.3 所示。

表 10.3　虚、实管网参数对比

	实际流量平差	虚流量平差
管段流量	q_{i-j}	x_{i-j}
节点平衡	$Q_i+\sum q_{i-j}=0$	$\sum x_{i-j}-1=0$，对水源点、单汇合点 $\sum x_{i-j}=0$，对中途一般节点
管段水头损失	$h_{i-j}=k\cdot\dfrac{q_{i-j}^n}{D_{i-j}^m}\cdot l_{i-j}=S_{i-j}\cdot q_{i-j}^n$	$h_{fi-j}=q_{i-j}^{\frac{n\alpha}{\alpha+m}}\cdot l_{i-j}\cdot x_{i-j}^{-\frac{m}{\alpha+m}}=S_{fi-j}\cdot x_{i-j}^{-\frac{m}{\alpha+m}}$
管段阻抗	$s_{i-j}=k\cdot\dfrac{q_{i-j}^n}{D_{i-j}^m}$	$S_{fi-j}=q_{i-j}^{\frac{n\alpha}{\alpha+m}}\cdot l_{i-j}$
小环平衡	$\sum h_{i-j}=\sum s_{i-j}\cdot q_{i-j}^n=0$	$\sum h_{fi-j}=\sum S_{fi-j}\cdot x_{i-j}^{-\frac{m}{\alpha+m}}=0$

在各管段的 x_{i-j} 求定后，除可计算各管段的 D_{i-j} 外，还可以求各管段的经济流速 v_{i-j} 或各管段的经济水力坡度 i_{i-j}。

$$v_{i-j}=\frac{q_{i-j}}{\frac{\pi}{4}D_{i-j}^2}=\frac{4q_{i-j}}{\pi D_{i-j}^2}=\frac{4q_{i-j}}{\pi(fx_{i-j}Qq_{i-j}^n)^{\frac{2}{\alpha+m}}} \tag{10-45}$$

$$i_{i-j}=\frac{kq_{i-j}^n}{D_{i-j}^m}=\frac{kq_{i-j}^n}{(fx_{i-j}Qq_{i-j}^n)^{\frac{m}{\alpha+m}}} \tag{10-46}$$

例 10.3　如图 10.5 所示，已知各管段长度以 m 计，各管段初次分配流量以 L/s 计，各节点流量以 L/s 计，设经济因数 $f=1$，$n=2$，$m=5.33$，$\alpha=1.75$，求各管段的经济管径。

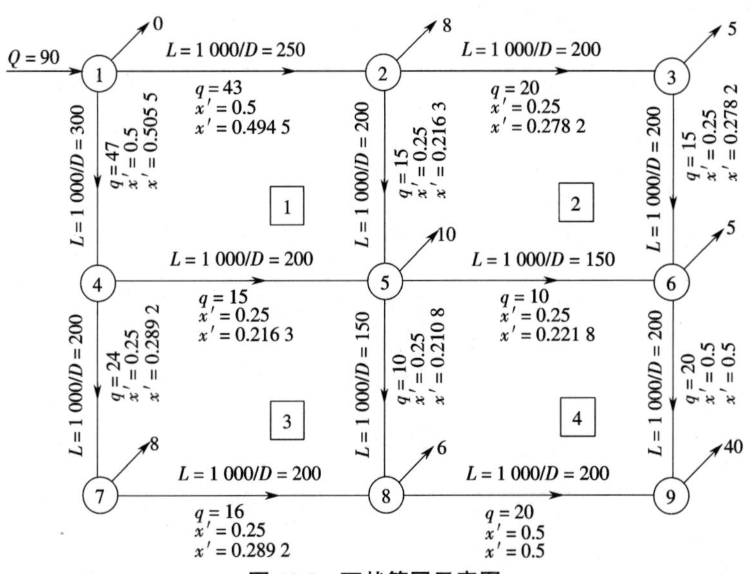

图 10.5　环状管网示意图

解 （1）设初次分配各管段的假想流量列在图 10.5 中，可见在水源点和汇合点 $\sum x_{i-j}=1$，而其他节点 $\sum x_{i-j}=0$。

（2）计算各管段的虚阻抗 $S_{fi-j}=q_{i-j}^{\frac{n\alpha}{\alpha+m}}\cdot l_{i-j}$，其中 $\frac{n\alpha}{\alpha+m}=\frac{2\times1.75}{1.75+5.33}$=0.494 4，为了计算简单，取近似值 $\frac{n\alpha}{\alpha+m}=0.5$。

参考表 10.3 计算各 S_{fi-j}，如表 10.4 所示。

表 10.4　虚阻抗计算

管段 $i—j$	q_{i-j}/（L/s）	q_{i-j}/（m^3/s）	l_{i-j}/m	$q_{i-j}^{\frac{n\alpha}{\alpha+m}}\cdot l_{i-j}=S_{fi-j}$
1-2	43	0.043	1 000	207
2-3	20	0.020	1 000	141
1-4	47	0.047	1 000	217
2-5	15	0.015	1 000	122
3-6	15	0.015	1 000	122
4-5	15	0.015	1 000	122
5-6	10	0.010	1 000	100
4-7	24	0.024	1 000	155
5-8	10	0.010	1 000	100
6-9	20	0.020	1 000	141
7-8	16	0.016	1 000	126
8-9	20	0.020	1 000	141

（3）计算各管段的虚水头损失 h_{fi-j}，如表 10.5 所示。计算时参照表 10.3，其中 $-\frac{m}{\alpha+m}=\frac{-5.33}{1.75+5.33}=-0.752\,8$，为了简化计算，取 $-\frac{m}{\alpha+m}=-0.75$。计算所得各管段虚水头损失如表 10.5 第 4 列所示。

（4）计算各环的虚闭合差 $\sum h$。

$$\sum_1 h_f=h_{f1-2}+h_{f2-5}-h_{f4-5}-h_{f1-4}=348+345-345-365=-17$$

$$\sum_2 h_f=h_{f2-3}+h_{f3-6}-h_{f5-6}-h_{f2-5}=398+345-282-345=116$$

$$\sum_3 h_f=h_{f4-5}+h_{f5-8}-h_{f7-8}-h_{f4-7}=345+282-356-438=-167$$

$$\sum_4 h_f=h_{f5-6}+h_{f6-9}-h_{f8-9}-h_{f5-8}=282+237-237-282=0$$

（5）经过一次平差后的各管段流量如表 10.5 第 5 列所示。再计算各管段虚水头损失，填入表 10.5 第 6 列中。

表 10.5　虚水头损失计算

管段 i—j	虚阻抗 S_{fi-j}	初分虚流量 x_{i-j}	初次虚水头损失 h_{fi-j}	平差后虚流量 x'_{i-j}	平差后虚水头损失 h'_{fi-j}	q_{i-j} /(m³/s)	计算 D_{i-j}/m	选用 D /mm
1	2	3	4	5	6	7	8	9
1-2	207	0.50	348	0.494 5	374	0.043	0.261 8	250
2-3	141	0.25	398	0.278 2	368	0.020	0.196 7	200
1-4	217	0.50	365	0.505 5	362	0.047	0.274 8	300
2-5	122	0.25	345	0.216 3	385	0.015	0.175 0	200
3-6	122	0.25	345	0.278 2	318	0.015	0.181 4	200
4-5	122	0.25	345	0.216 3	385	0.015	0.175 0	200
5-6	100	0.25	282	0.221 8	309	0.010	0.156 7	150
4-7	155	0.25	438	0.289 2	393	0.024	0.208 3	200
5-8	100	0.25	282	0.210 8	321	0.010	0.155 6	150
6-9	141	0.50	237	0.500 0	237	0.020	0.213 7	200
7-8	126	0.25	356	0.289 2	320	0.016	0.185 7	200
8-9	141	0.50	237	0.500 0	237	0.020	0.213 7	200

$$\sum_1 h'_f = h'_{f1-2}+h'_{f2-5}-h'_{f4-5}-h'_{f1-4} = 374+385-385-362 = 12$$

$$\sum_2 h'_f = h'_{f2-3}+h'_{f3-6}-h'_{f5-6}-h'_{f2-5} = 368+318-309-385 = -8$$

$$\sum_3 h'_f = h'_{f4-5}+h'_{f5-8}-h'_{f7-8}-h'_{f4-7} = 385+321-320-393 = -7$$

$$\sum_4 h'_f = h'_{f5-6}+h'_{f6-9}-h'_{f8-9}-h'_{f5-8} = 309+237-237-321 = -12$$

如果要求严格，再继续进行平差计算，但为了简化，认为以上闭合差基本达到误差要求，可结束平差，进行下一步计算。

（6）根据已求出的 x_{i-j} 按式（10-41）计算各管段的技术经济管径：

$$D_{i-j} = (f \cdot x_{i-j} \cdot Q \cdot q_{i-j}^{n})^{\frac{1}{\alpha+m}}$$

已知 $f = 1$，$Q = 90$ L/s，$n = 2$，$\alpha = 1.75$，$m = 5.33$，计算结果见表 10.5 第 8 列。

（7）由于计算的各 D_{i-j} 结果都是非规格管径，故取近似的规格管径，填入表 10.5 第 9 列，即为所求。表中有三个管段（1—4，2—5，4—5）的计算值都是两相邻标准管径的中间值，所以选用管径值时比较灵活，表 10.5 中所选管径取值偏向较大的标准管径，这是因为环 1 在管网的前端，连接水源点，可以保证安全，利于流量的传输。

（8）进行实际流量 q_{i-j} 的平差计算，由于计算是从初步分配各管段流量 q_{i-j} 开始，后选用技术经济管径 D_{i-j}，因此各环的闭合差肯定不为零，应继续进行平差，使闭合差小于预定标准，此时可以分别按两种情况进行处理。

第一种情况：当平差以后的各管段流量与初次分配流量变化不太大，对管径和流速没有重大影响时，就可以认为计算结束，进入管网费用的计算，此处不再重复。

第二种情况：当管网复杂时，平差结果可能与初次分配流量有较大的实质性差别，首先检查管径布局是否有不合理之处，如果管径布局合理，那么不用重新计算，同上结束计算转入管网费用计算；如果发现管径布局不合理，则应从第(2)开始进行重新一轮的全面计算，直到得到想要的结果才能结束。

10.3.2 起点水头已定的管网

同重力输水管相类似，如高地水池作为水源送水进管网起端，或从现有管网引出的新扩建管网，即起点水头已定的情况，仍以图 10.4 为例进行分析。管网起点(节点 1)来自水源，其水压标高已知，控制点 9 的水压标高为设计所要求，也是已知，管网作用水头为这两点的水压标高之差，为定值，故管网总水头损失应小于或等于所能利用的水压，即 $H=H_1-H_9$，选定水头损失计算路线为 1—2—3—6—9，则有下列关系：

$$H = H_1 - H_9 = \sum h_{i-j} = h_{1-2} + h_{2-3} + h_{3-6} + h_{6-9}$$

由于没有为此管网付出的电能费用，写出费用函数如下：

$$F_{\text{un}}(h) = (p+r)\cdot b\sum_{ij=1}^{12} k^{\frac{\alpha}{m}} q_{i-j}^{\frac{n\alpha}{m}} l_{i-j}^{\frac{\alpha+m}{m}} h_{i-j}^{-\frac{\alpha}{m}} + \sum_{L=\mathrm{I}}^{\mathrm{IV}} \lambda_L\left(\sum h_{i-j}\right)_L + \lambda_H(H_1 - h_{1-2} - h_{2-3} - h_{3-6} - h_{6-9} - H_9) \tag{10-47}$$

式中 L——环号，依次为Ⅰ、Ⅱ、Ⅲ、Ⅳ；

$\sum\limits_{L} h_{i-j}$——各环的闭合差。

以下推导过程与前相似，此处从略。最后得出的经济管径公式与前相同，不同之处在于经济因数 f，就此简单分析如下。

由式(10-42)可知经济水头损失可表示为

$$h_{i-j} = \frac{\left(q_{i-j}^{\frac{n\alpha}{\alpha+m}}\cdot l_{i-j}\right)\cdot x^{-\frac{m}{\alpha+m}}}{(AQ)^{\frac{m}{\alpha+m}}}$$

而虚水头损失为

$$h_{\text{fi}-j} = q_{i-j}^{\frac{n\alpha}{\alpha+m}}\cdot l_{i-j}\cdot x_{i-j}^{-\frac{m}{\alpha+m}}$$

故两者之间的关系为

$$h_{i-j} = \frac{h_{\text{fi}-j}}{(AQ)^{\frac{m}{\alpha+m}}} \tag{10-48}$$

借助于可利用水压 H 等于总水头损失 $\sum h_{i-j}$ 的关系可写为

$$H = \sum h_{i-j} = \frac{\sum h_{\text{fi}-j}}{(AQ)^{\frac{m}{\alpha+m}}} \tag{10-49}$$

可解

$$A = \frac{\left(\sum h_{\text{fi}-j}\right)^{\frac{\alpha+m}{m}}}{H^{\frac{\alpha+m}{m}} Q} \tag{10-50}$$

换算成起点水压已定时环状管网的经济因数 f 为

$$f=A\cdot k^{\frac{\alpha+m}{m}}=\frac{(\sum h_{fi-j})^{\frac{\alpha+m}{m}}}{H^{\frac{\alpha+m}{m}}Q}\cdot k^{\frac{\alpha+m}{m}}=\frac{1}{Q}\left(\frac{k\sum h_{f-ij}}{H}\right)^{\frac{\alpha+m}{m}} \tag{10-51}$$

因此得其经济管径公式为

$$D_{i-j}=(f\cdot x_{i-j}\cdot Q\cdot q_{i-j}^{n})^{\frac{1}{\alpha+m}}=\left(\frac{k\sum h_{fi-j}}{H}\right)^{\frac{1}{m}}(x_{i-j}\cdot q_{i-j}^{n})^{\frac{1}{\alpha+m}}$$

$$=\left[\frac{k\sum(q_{i-j}^{\frac{n\alpha}{\alpha+m}}\cdot l_{i-j}\cdot x^{-\frac{m}{\alpha+m}})}{H}\right]^{\frac{1}{m}}(x_{i-j}\cdot q_{i-j}^{n})^{\frac{1}{\alpha+m}} \tag{10-52}$$

这是最后的经济管径计算公式,其中分子是沿某一水头损失路线取和,而不是小环或全管网取和。

简单总结如下。

(1)起点水压未定和已定两类管网都可以应用经济管径计算的通式解决,不同的只是 f 的计算方法:

$$D_{i-j}=(f\cdot x_{i-j}\cdot Q\cdot q_{i-j}^{n})^{\frac{1}{\alpha+m}}$$

(2)起点水压未定时,受动力费用计算参数 P 的影响:

$$f=\frac{mPk}{(p+r)\alpha\cdot b}$$

而起点水压已定时,充分利用所给的水压 H 与电力费用无关:

$$f=\frac{1}{Q}\left(\frac{k\sum h_{fi-j}}{H}\right)^{\frac{\alpha+m}{m}}$$

其余各计算步骤与环节是一样的。

例 10.4　设同上例见图 10.5,必要用的图形和数据重复于图 10.6,求解各管段的经济管径。

解　已知可利用水压 $H=20$ m,除 f 要计算外,其余各管段的流量 q_{i-j}、虚流量与例 10.3 相同,如表 10.6 所示。

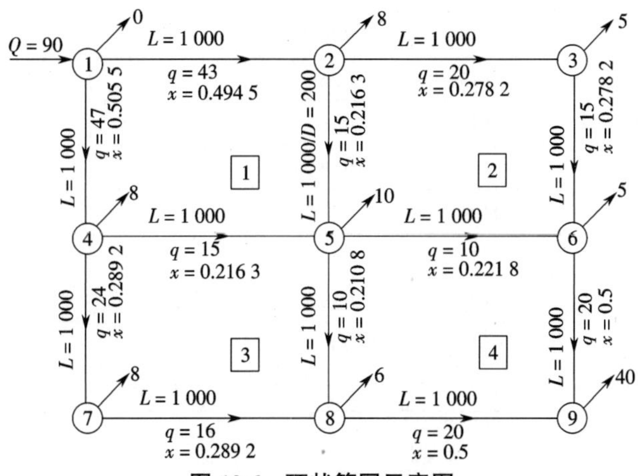

图 10.6　环状管网示意图

下面计算 $(\frac{k\sum h_{fi-j}}{H})^{\frac{1}{m}}$。

（1）$k=10.293\,6\times n^2=10.293\,6\times 0.013^2$。

（2）$H=20$ m。

（3）$\sum h_{i-j}=h_{f1-2}+h_{f2-3}+h_{f3-6}+h_{f6-9}=374+368+318+237=1\,297$。

所以

$$(\frac{k\sum h_{fi-j}}{H})^{\frac{1}{m}}=(\frac{10.293\,6\times 0.013^2\times 1\,297}{20})^{\frac{1}{5.33}}=0.664$$

按公式

$$D_{i-j}=(\frac{k\sum h_{fi-j}}{H})^{\frac{1}{m}}(x_{i-j}\cdot q_{i-j}^{n})^{\frac{1}{\alpha+m}}=0.664\times(x_{i-j}\cdot q_{i-j}^{2})^{\frac{1}{7.08}}$$

将计算结果填于表 10.6 第 4 列，与表 10.5 第 8 列相比较，各管径的计算值普遍减小，这是因为作用水头较大，能量充足，故计算管径较小，充分利用了作用水头。参照计算管径选用管径后，复核作用水头，因为还未经过平差，故取外围两个半环总水头损失的平均值：

$$\sum h=\frac{1}{2}[(h_{1-2}+h_{2-3}+h_{3-6}+h_{6-9})+(h_{1-4}+h_{4-7}+h_{7-8}+h_{8-9})]$$

$$=\frac{1}{2}[(5.20+3.70+2.08+3.70)+(6.22+5.33+3.37+3.70)]$$

$$=\frac{1}{2}(14.68+18.62)=\frac{1}{2}\times 33.3=16.65<20\text{ m}$$

表 10.6 经济管径计算

管段	管段虚流量 x_{i-j}	q_{i-j} /(m³/s)	计算 D_{i-j} /m	选用 D /mm	$h_{i-j}=10.293\,6\times 0.013^2\,q_{i-j}^2\times 1\,000/D_{i-j}^{5.33}$
1	2	3	4	5	6
1—2	0.494 5	0.043	0.244 2	250	5.20
2—3	0.278 2	0.020	0.183 5	200	3.70
1—4	0.505 5	0.047	0.254 2	250	6.22
2—5	0.216 3	0.015	0.163 3	200	2.08
3—6	0.278 2	0.015	0.169 2	200	2.08
4—5	0.216 3	0.015	0.163 3	200	2.08
5—6	0.221 8	0.010	0.141 6	150	4.28
4—7	0.289 2	0.024	0.194 3	200	5.33
5—8	0.210 8	0.010	0.145 1	150	4.28
6—9	0.500 0	0.020	0.199 4	200	3.70
7—8	0.289 2	0.016	0.173 3	200	3.37
8—9	0.500 0	0.020	0.199 4	200	3.70

对比表 10.5 和表 10.6，从计算结果看，其中 2—5、3—6、4—5 三管段选稍大管径，因此

留有一定余地,其余各管径基本靠近计算值;从选用结果,除 1—4 管段,后选管径较前小一号,其余管段两者相同。

表 10.5 管段 1—4 的 $h_{1-4}=2.35$ m,而表 10.6 管段 1—4 之 $h_{1-4}=6.22$ m,故后者利用了 (6.22−2.35) = 3.87 m 的水头。

10.4　界限流量

如果我们回到技术经济管径的通式上:

$$D_{i-j}=(f\cdot x_{i-j}\cdot Q\cdot q_{i-j}^{n})^{\frac{1}{\alpha+m}}$$

当管网收缩成一条输水管时,$x_{i-j}=1$,则

$$D_{i-j}=(f\cdot Q\cdot q_{i-j}^{n})^{\frac{1}{\alpha+m}}$$

当输水管全线无流量分出时,$Q=q$,则

$$D_{i-j}=(f\cdot q^{n+1})^{\frac{1}{\alpha+m}}$$

此式也可以看作各管段独立工作,不考虑各管段在管网中的地位与作用(即 $x_{i-j}=1$),各管段将水流由其起端送往其终端($Q=q$)时,管网各管段的技术经济管径的计算公式。在简化计算时,管网的各管段也可以按此式来定管径。由此我们也可以引申出在这种“独立管段”的计算中更有实用价值的方法。但问题在于,按公式得出来的管径计算值一般都不是管径的规格值,在实际应用上只能取近似的规格管径,从而造成了一定的经济偏差,由此引出界限流量的概念。

如取某一种规格管径 d_i 来分析,可以计算出它在输送某一流量值条件下的年折算费用,在不同流量下具有不同的年折算费用。流量偏大或偏小时年折算费用都会较高,在某一中间流量时年折算费用有极小值,如图 10.7 所示。

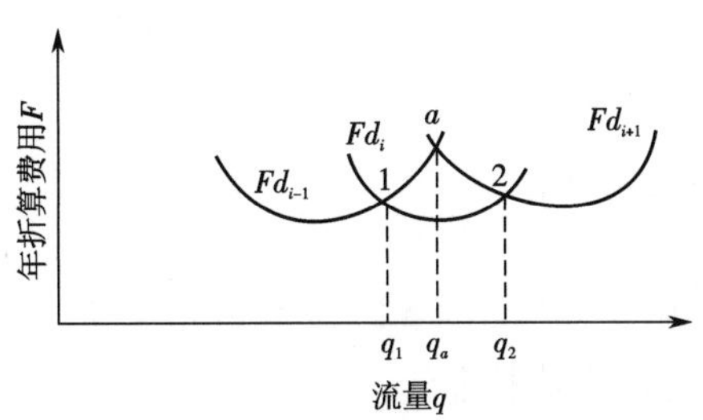

图 10.7　界限流量示意图

图 10.7 中假定连续三个规格管径 $d_{i-1}<d_i<d_{i+1}$,相应的费用曲线为 Fd_{i-1}、Fd_i、Fd_{i+1},表示三个规格管径在设计流量 q 下的年折算费用的变化曲线,两相邻规格管径的年折算费用是相同的。故当流量为 q_1 时取管径 d_{i-1} 与取管径 d_i 的费用相等,即 $Fd_{i-1}=Fd_i$;同理,当流量为 q_2 时 $Fd_i=Fd_{i+1}$,而在流量 q_1 与 q_2 之间的经济管径应为规格管径 d_i。反之,流量如果小于 q_1 而在一定范围内的规格管径应为 d_{i-1},或流量大于 q_2 而在一定范围内的规格管径应为 d_{i+1}。因此,相应于各规格管径必有其相应的经济流量范围,对于 d_i 而言即为 q_1~q_2,这就是 d_i 的界限流量。

界限流量值的范围大小除与一系列的经济参数和水力参数有关外，还与规格管径的取值有关。如图 10.7 中 q_1 是 d_{i-1} 的界限流量的上限，q_2 是 d_{i+1} 界限流量的下限，但是如果规格管径的值在相邻的两规格 d_{i-1} 与 d_{i+1} 之间没有 d_i 这一规格，从而没有曲线 Fd_i，则曲线交点 1 和 2 都不存在，而有两相邻曲线 Fd_{i-1} 和 Fd_{i+1} 的交点 a，则 q_a 为 d_{i-1} 界限流量的上限（而不是 q_1），也是 d_{i+1} 界限流量的下限（而不是 q_1）。规格管径的分档越密，界限流量的范围越小，从而使年折算费用值越来越经济。

要计算各种规格管径的界限流量值，应写出相邻两规格管径如 d_i 和 d_{i+1} 的年折算费用：

$$Fd_i=(p+r)\cdot bD_i^{\alpha}\cdot l_i+P\cdot Qkq_i^n l_i D_i^{-m}$$

由于前面约定按单根管独立考虑，取 Q=q，故

$$Fd_i=(p+r)\cdot bD_i^{\alpha}\cdot l+P\cdot kq^{n+1}lD_i^{-m}$$

及

$$Fd_{i+1}=(p+r)\cdot bD_{i+1}^{\alpha}\cdot l+P\cdot kq^{n+1}lD_{i+1}^{-m}$$

在界限流量处 Fd_i=Fd_{i+1}，故

$$(p+r)\cdot bD_i^{\alpha}\cdot l+P\cdot kq^{n+1}lD_i^{-m}=(p+r)\cdot bD_{i+1}^{\alpha}l+Pkq^{n+1}lD_{i+1}^{-m}$$

$$b(p+r)\cdot(D_i^{\alpha}-D_{i+1}^{\alpha})=P\cdot kq^{n+1}(D_{i+1}^{-m}-D_i^{-m})$$

$$q^{n+1}=\frac{b(p+r)}{Pk}\left(\frac{D_i^{\alpha}-D_{i+1}^{\alpha}}{D_{i+1}^{-m}-D_i^{-m}}\right) \tag{10-53}$$

根据

$$f=\frac{mPk}{(p+r)\alpha b}$$

可写

$$\frac{b(p+r)}{Pk}=\frac{m}{f\alpha}=\frac{1}{f\dfrac{\alpha}{m}}$$

$$q=\left(\frac{1}{f\dfrac{\alpha}{m}}\right)^{\frac{1}{n+1}}\left(\frac{D_i^{\alpha}-D_{i+1}^{\alpha}}{D_{i+1}^{-m}-D_i^{-m}}\right)^{\frac{1}{n+1}} \tag{10-54}$$

因此，计算出在管径 d_i 和 d_{i+1} 之间的界限流量为 q，只要将经济参数、水力参数和相邻两规格管径确定后，即可得其间的界限流量 q。

当取 $f=1$，$\alpha=1.7$ 和 $\alpha=1.8$，$m=5.33$、$n=2$ 时，计算界限流量值和经济流速，如表 10.7 所示。

表 10.7 界限流量和经济流速计算示例

界限流量 /（L/s）					经济流速 /（m/s）				
D /mm	$\alpha=1.7$		$\alpha=1.8$		D /mm	$\alpha=1.7$		$\alpha=1.8$	
	最小	最大	最小	最大		最小	最大	最小	最大
100	—	5.7	—	5.3	100	—	0.737	—	0.685

续表

界限流量 /(L/s)					经济流速 /(m/s)				
D /mm	$\alpha=1.7$		$\alpha=1.8$		D /mm	$\alpha=1.7$		$\alpha=1.8$	
	最小	最大	最小	最大		最小	最大	最小	最大
125	5.7	9.3	5.3	8.7	125	0.472	0.763	0.439	0.714
150	9.3	15.9	8.7	15.0	150	0.530	0.904	0.496	0.853
200	15.9	29.3	15.0	27.9	200	0.508	0.935	0.480	0.890
250	29.3	47.5	27.9	45.5	250	0.599	0.968	0.570	0.927
300	47.5	70.7	45.5	68.1	300	0.672	1.000	0.644	0.964
350	70.7	99.2	68.1	96.0	350	0.735	1.032	0.708	0.999
400	99.2	133.4	96.0	129.6	400	0.790	1.062	0.765	1.032
450	133.4	173.4	129.6	169.2	450	0.839	1.091	0.815	1.064
500	173.4	241.1	169.2	236.3	500	0.884	1.228	0.862	1.204
600	241.1	358.8	236.3	353.7	600	0.853	1.269	0.836	1.251
700	358.8	503.7	353.7	498.9	700	0.933	1.309	0.919	1.297
800	503.7	677.1	498.9	673.5	800	1.002	1.347	0.993	1.340
900	677.1	880.4	673.5	878.9	900	1.064	1.383 9	1.059	1.382
1 000	880.4	1 114.5	878.9	1 116.3	1 000	1.209	1.419	1.119	1.421
1 100	1 114.5	1 380.7	1 116.3	1 387.1	1 100	1.173	1.452 8	1.175	1.460
1 200	1 380.7	—	1 387.1	—	1 200	1.221	—	1.227	—

注:①此表计算参数 $f=1, m=5.33, n=2$;
②此表作为计算示例,实际应用时,相邻两管径应取规格管径计算,各计算参数 f, α, m, n 也应选用实际值;
③前表 10.3 中当相邻两管径与此表一致时,界限流量值相同,否则不相同,经济流速也如此。

思考题

1. 什么是年费用折算值?其中管网造价是怎样进行折算的?
2. 为什么流量分配后才可求得经济管径?
3. 压力输水管的经济管径公式是根据什么概念导出的?
4. 重力输水管的经济管径公式是根据什么概念导出的?
5. 经济因素 f 和哪些技术经济指标有关?
6. 重力输水管如有不同流量的管段,它们的流量和水力坡度之间有什么关系?
7. 经济管径公式 $D_{i-j}=(fx_{i-j}Qq_{i-j}^{n})^{\frac{1}{\alpha+m}}$ 是如何推导的?
8. 起点水压已知和未知的两种管网,经济管径的公式有哪些不同?
9. 为何进行界限流量计算?

习　题

1. 重力输水管由 $l_{1-2}=300\text{ m}, q_{1-2}=100\text{ L/s}; l_{2-3}=250\text{ m}, q_{2-3}=80\text{ L/s}; l_{3-4}=200\text{ m}, q_{3-4}=40\text{ L/s}$ 三条管段组成。设起端和终端的水压差 $H_{1-4}=H_1-H_4=8\text{ m}, n=2, m=5.33, \alpha=1.7$,试求各管段经济直径。

2. 设经济因素 $f=0.86, \dfrac{\alpha}{m}=\dfrac{1.7}{5.33}$,试求 300 mm 和 400 mm 两种管径的界限流量。

3. 用习题 3 表中的数据求承插式预应力混凝土管的水管建造费用公式 $c=a+bD^{\alpha}$ 中的 a,b,α 值。

习题 3 表

管径 D/mm	500	600	700	800	900	1 000	1 200	1 400
造价 C/(元/m)	273.03	341.91	421.11	495.90	603.01	715.72	921.20	1 258.84

第 11 章　给水管网工程规划

11.1　给水管网系统规划布置

给水管网系统通过与二级泵站和调节构筑物联合协调、共同工作，向用水区输送水，并分配到所有的用户。

11.1.1　规划与布置所需基础资料

供水系统的建设与运行的合理性取决于管网系统的规划布置是否正确合理，而要做到这一点就必须充分而准确地掌握相关的基础资料，并要周密地进行实地勘察，以下各资料是最必要的：

（1）所涉及地区范围内的地形图；

（2）城市发展的详细规划；

（3）城市道路的详细规划；

（4）各种地下管线的现状和规划资料（如给水、污水、雨水、煤气、热力、电力、通信等）；

（5）各种管道材料的资源情况及技术经济资料；

（6）各种管道配件，管网上所需的各种闸、阀参数监测的仪器仪表资源与技术经济资料；

（7）相关地区的地形、地质、地下水、气象、地震等自然条件资料；

（8）该地区社会政治、经济、文化、人民生活发展情况；

（9）与工程建设有关的各方面技术经济资料，如工程施工、路面修复、征地与拆迁、水价、电价、劳动工资、各种税费等；

（10）其他各种相关资料或特殊要求的资料等。

11.1.2　给水管网布置的原则

给水管网布置应考虑的问题很多，有些因素是相互制约甚至相互抵触的，因此必须结合远近期的要求综合协调，考虑全局，分清主次。

（1）按照城市总体规划和城市详细规划的要求，考虑分期分步骤的具体实施方案。

（2）根据用水户的分布情况和用水要求，合理将管网分布在整个供水区。在满足配水功能的条件下尽可能缩短输水路线、配水路线和管网总长度，总的原则是将水既安全便捷又经济地输送至各用户，并保证提供所要求的水质、水量及水压。

（3）为安全起见，一般要布置成环状管网；对于个别边远地区，当允许间断供水时，可考虑布置成树状管网。同理，在发展初期，用户太集中、用水量不是很大的情况下，也可先期施工成树状管网，随着发展逐步连接完善成环状管网，最终保证在短时间故障内尽可能将停水用户限制在尽量小的范围内。

（4）在市区，管网一般布置在城市道路一侧（道路不太宽时）或两侧（道路特别宽时）；

在野外，应充分考虑地形、地物、地质条件及天然和人为障碍物，尽量减少拆迁，不占用农田或少占用农田。

（5）管网在布置时，一般其输水功能和配水功能既相互结合又有所分工。如一般大直径的管段主要用于输水；而中等直径的管段从大直径的管段上接出，用于配水；还有小直径的管段从中等直径的管段上接出，给中小用户供水。其中，大直径和中等直径的管段都形成环路，以保证供水安全，而小直径的管段不形成环形。大直径管段一般是城市主干管，配水管不直接接在上面，这主要是为了尽量避免在其上多开孔，一方面降低产生故障、损坏和漏水的可能性，另一方面也便于管网调度和事故检修等。在一个城市整个管网系统的管道总长度中，一般管径越大的管道其总长度越小，管径越小其总长度越长，分布面也越广。

（6）在特殊的条件或环境下，是否要设置水量调节设施（水塔、水池及泵站），是否要进行水压分区、串联或并联压力分区，是否考虑分质管网系统供水，如必须有这些考虑，那么要在经过技术经济比较后再选定方案。

（7）特别注意在分质供水管网中，严格禁止非生活饮用水采用任何形式与生活饮用水管网相连，以保证生活饮用水的水质卫生安全。

（8）与（7）同样的考虑，各单位自备生活饮用水供水系统，也不允许与城市生活饮用水管网相连，不论自备水源的水质达到多高的标准。如在某自备水单位以城市供水作为备用水源时，应采取有效的安全隔断措施，防止自备水源的水进入城市供水管网。

（9）城市供水局部管网压力不足，为保证某部分或某些单位用水压力要求而应加压时，应设加压泵站并设置吸水井，不应设管道增压泵从管道直接抽水加压，必须在管道上设加压泵时只能从很大管径的管道上抽取较少量的水。

（10）各种地下管网之间的间隔、距离与高差，以及管网上的各种闸阀、配件、消火栓和井的距离都应满足相关的规定要求。管线在城市道路中的埋设位置应符合现行国家标准《城市工程管线综合规划规范》（GB 50289）的规定。

（11）输配水干管在有必要穿越铁路、高等级公路、河流、山体或谷地时，应选择经济合理的路线。

在管线规划时应该考虑的布置原则还有很多，不一一列举，在学习期间只能初步了解，综合考虑，学会运用这些原则。更多的规范与规划原则要在实践工作中逐步掌握，才能做到统筹兼顾、协调配合，满足方方面面的技术经济要求，做出好的规划。

11.1.3 给水管网的布置形式

给水管网布置形式原则上有三种，即树状式、环状式和树状环状混合式。

如图 11.1 所示是枝状管网的一例。水厂从河流取水经处理后用两条输水管送入管网，管网布置在河流两侧，依地形和道路走势布置，呈树枝状。这种布置形式的管网可靠性很差，不论哪一点出事故，其后的所有管线都要停水，影响一大片用户。另外，越往末端水压越低，管线越长，管网压力分布越不合理。再者管网末端的用水量小，停留时间可能很长，有的地方甚至出现死水。这类管网的建设费用较低，但是水量、水压、水质上的安全保证较差。一般中小城镇或中小工业区在建设初期多采用这种形式，随着城镇经济的发展，最终逐步发展形成树枝环状混合形式。

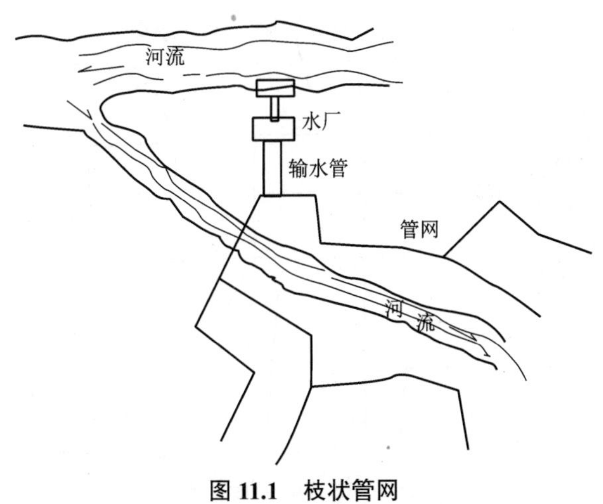

图 11.1　枝状管网

如图 11.2 所示是环状管网的一例。该系统取地下水、井群的来水进入集水池，再由泵站送入管网。管网沿路布置，呈环网状。与树状管网比较，这种布置形式的管网可靠性较好，某点出现事故，一个方向停止了供水，但从另一个方向仍然可以向后方供水，缩小了停水范围。另外，由于有不同方向、多根管段向管网后端供水，管网前段与末端的压力差较小，网内压力较均衡。再者管网呈环形，出现死水的机会较少。这类管网的建设费用较高，而水量、水压、水质上的保证较好。大中城镇或大中工业区一般采用这种形式。

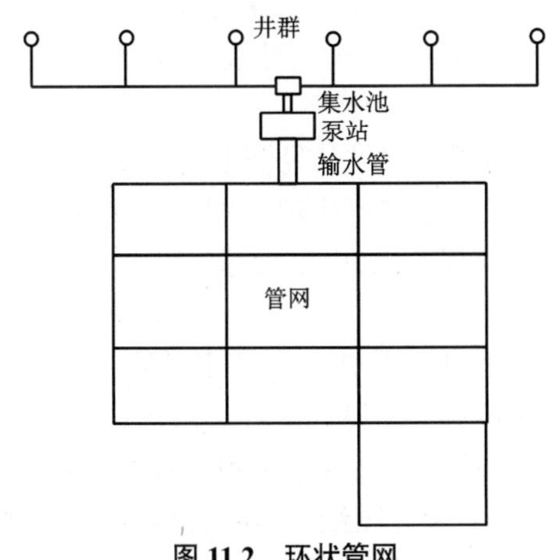

图 11.2　环状管网

如图 11.3 所示是树状环状混合管网的一例。该系统有三处水源，即一处地表水源和两处地下水源，从整体上说，三处水源用管网连成环状管网，但从很多局部看又形成了几个树状管网。这种情况主要是受地形、地物的限制，特别是比较分散的个别单位或小用户的分布情况，造成有些地方不宜或很难形成环状管网。应该说在实际情况中，真正单纯的环状管网很少或者可以说根本就没有，除了树状管网外，就应该是这种混合管网了。一般的现代大、中、小城市往往都是以环状管网为基本骨干，在边远地区、发展新区、庭院或小区以及市中心区的居民楼群间，都是树状管网。但在城市供水管网总体上起骨干和控制作用的是其中的环状管网，树状管网只起部分配水作用，对于这种以环状管网为主的混合管网，在工程实际中一般还是称之为环状管网。

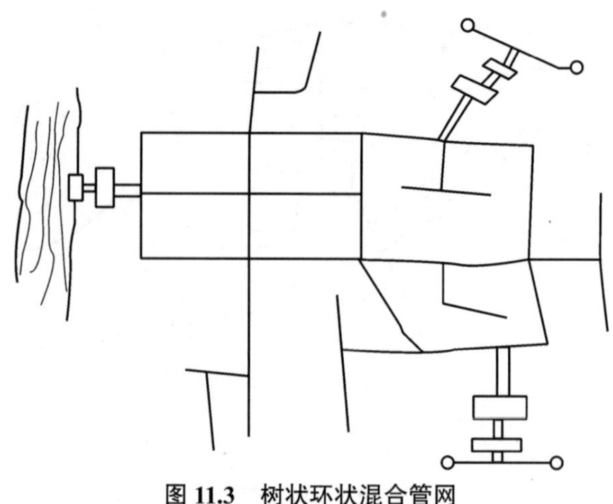

图 11.3 树状环状混合管网

11.1.4 给水管网工程的建设程序

给水管网工程的建设程序一般包括提出项目建议书、可行性研究、编制设计文件、组织施工、竣工验收及交付使用五步，具体如下。

1. 提出项目建议书

项目建议书是项目建设单位或项目法人综合调查研究国民经济的发展、国家和地方中长期规划、产业政策、生产力布局、国内外市场、所在地的内外部条件后提出的，主要是从宏观上来衡量项目建议的必要性，同时初步分析建设的可行性。

2. 可行性研究

根据批准的项目建议书，对项目建设从经济上、技术上进行可行性论证，从环保方面进行环境影响评价，并对不同建设方案进行比较，提出可行性研究报告，然后经由计划和环保部门审批，如获批准，按照项目隶属关系，由主管部门组织实施。

3. 编制设计文件

可行性研究和环境影响评价报告按规定程序审批后，企业法人通过招投标或其他形式确定设计单位，编制初步设计和施工图设计文件。由建设单位（称甲方）编制计划任务书，再由设计单位（乙方）根据批准的计划任务书和设计委托书进行工程设计。给水管网工程初步设计文件应包括设计说明书、设计图纸、主要工程数量、主要材料设备数量和工程概算，施工图设计文件应包括设计说明书、设计图纸、工程数量、材料设备表、修正概算或施工图预算。

4. 组织施工

由施工单位（丙方）根据审批的设计图纸进行施工，并且由建设单位聘请监理部门进行工程监理。

5. 竣工验收、交付使用

工程建成以后交建设单位验收使用。

11.2　给水管网定线

11.2.1　管网定线的一般原则

现代化的城市给水管网中,由于城市地域面积大,管网总长度很长,一般将管网中各管线按作用和重要性划分成主干管、干管(或次干管)和配水管(也叫作分配管)三个等级,一般在配水管以下才与各用户管相连。

管网布置的原则是:管线遍布于整个给水区,保证全部用户所应有的水质、水量和水压;必须安全可靠,当局部管网发生事故时,将停水面积压缩到尽可能最小;力求沿最短路线将水输送到沿途所有用户,并使管网总造价和管网的能量费用最低;按照城市规划的发展,便于给水系统分期建设,逐步实施,并留有充分发展的余地。

决定管网定线的走向和具体位置的重要因素主要有:供水区街道、道路的地形地物,街区和用户的分布,街区的大小和形状,大用户的分布位置,河流、铁路、桥梁、其他建筑物等人为或天然障碍及其位置,水源、水塔、水池、泵站及其他有关设施的布置情况等。

11.2.2　三级主要管线的定线

1. 主干管的定线

主干管的作用是将水以最短路线向后输送给各次干管和大用户,而不是直接配给分散的小用户。由于主干管的管线较少,投资大,影响范围广,事故后果严重,施工和维修管理的难度都大,在定线时必须了解沿线地面和地下构筑物的情况,综合考虑各方面的相互影响作用,不仅是现状,还要考虑到近期和远期各方面的工程建设措施,相互协调配合。

当道路宽度在 35 m 以内时,主干管只布置在一侧,当道路更宽时,可根据侧向支管的密度大小考虑是否要两侧布管,以避免侧向管频繁穿越重要的道路,而且不便于管道维修。

主干管定线时,要分析主要供水区,大用水户,管网中水池、水塔、调节泵站的分布情况,现状和规划路网的分布情况等从而确定主干管的敷设路线。

2. 次干管的定线

次干管是从主干管引水并输送至各用水区的管道,其作用兼有输水和配水的功能,同时也起到平行主干管之间的联络作用。

除功能不同以外,次干管在定线中应考虑的地形、地物、城市规划、地下构筑物等情况,与主干管定线都是相同的。

3. 配水管的定线

配水管的主要功能是起配水作用,同时它还给下一级配水管线或一些树状管线输水。

配水管定线时的一般要求是:配水管主要与次干管相连,从其中引水,一般尽量不或少与主干管相连,以减少当配水管发生事故时对主干管的影响,因为城市内配水管的数量较多、总长度较大,在配水管上进行接管操作或漏水检修的情况较多。

11.2.3　其他有关问题

（1）配水管可能直接配水到较大的用户，但一般在城市中配水管以下还要连接为数众多的树状配水支管用来向各个分散的用户配水。

（2）区分管线种类的主要依据是管径，一般说主干管用大管径，次干管用中等管径，配水管及其以下是小管径。但这种大、中、小如何定量是一个模糊不定的概念，这要根据城市大小即给水系统规模大小而定。比如对于一个特大型城市，其配水管的直径可能为 *DN*300~*DN*400，而对于一个小型城市，其主干管的直径也不过如此了。所以各功能类型的管径具体范围要根据研究对象确定，只要相对能区别开就可以了，而且这三类管线的管径范围也不可能绝对划分开，可能存在重复或过渡的管段，但配水支管最小管径应根据消防供水要求不小于 *DN*200。

（3）各种管线的平面与高程布置，应满足地下管线和构筑物综合设计的要求，一般给水管线距离其他地下管线或构筑物的水平净距离可以参考表 11.1，具体设计时应按照当时有效的相关规范进行。

【二维码 11-1】

表 11.1　给水管线与其他地下管线或构筑物的最小水平净距

管线或构筑物名称	与给水管线的水平净距 /m	管线或构筑物名称	与给水管线的水平净距 /m
建（构）筑物	1.0~3.0	管沟	1.5
污水、雨水管线	1.0~1.5	乔木	1.5
再生水管线	0.5	灌木	1.0
低中压燃气管	0.5	地上杆柱（通信照明< 10 kV）	0.5
次高压 B 燃气管	1.0		
次高压 A 燃气管	1.5	地上杆柱（高压塔基础边）	3.0
直埋热力管线	1.5	道路侧石边缘	1.5
电力管线	0.5	有轨电车钢轨	2.5
通信管线	1.0	铁路钢轨（或坡脚）	5.0

注：①水平净距下限只适用于给水管径小于或等于 200 mm 时，当给水管径大于 200 mm 时取上限；

②压力小于 0.01 MPa 为低压燃气管线，压力 0.0.1~0.4 MPa 为中压，压力 0.4~0.8 MPa 为次高压 B，压力 0.8~1.6 MPa 为次高压 A。

（4）给水管线与其他地下管线或构筑物之间的最小垂直净距，可参考表 11.2，具体设计时应按照当时有效的相关规范执行。

至于给水管线的覆土深度（从地面到管道顶部的外表面的垂直高度）一般要求不小于当地土壤的冰冻深度，且抗上部载重车等的活动荷载，因此最小覆土深度可考虑不小于

0.6 m,管径越大要求越深,具体可参照《城市工程管线综合规划规范》GB 50289。

表 11.2　给水管线与其他地下管线之间的最小垂直净距

管线名称	与给水管线的垂直净距 /m	管线名称	与给水管线的垂直净距 /m
污水、雨水管线	0.40	保护管电力管线	0.25
热力管线	0.15	再生水管线	0.50
燃气管线	0.15	管沟	0.15
直埋通信管线	0.50	涵洞(基底)	0.15
保护管、通道通信管线	0.15	电车(轨底)	1.00
直埋电力管线	0.50*	铁路(轨底)	1.00

注:* 用隔板分隔时不得小于 0.25 m。

(5)闸阀类的布置原则。

①给水管网上的阀门主要是为了在满足事故时、检修时、接管或改装时切断相应管段的要求。大口径阀门造价很高,施工、操作和管理都不易,从这方面讲应少设阀门。但干管对管网影响大,安全要求高,停水范围广,从这方面讲又希望干管上多设阀门。因此干管上阀门的距离应考虑这两方面因素综合平衡而定,一般可参考的干管上闸门间距为 500~1 000 m。

配水管上的闸门一般设在与干管相连接处,当配水管较长,与其相连的用户较多时,中间可以考虑增设闸门。由于管径较小,闸门造价较低,施工、操作、管理难度不大,所以可以适当增设闸门以方便维修管理。

②消火栓的设置应遵守专门的消防规范,一般采用地上式消火栓,消火栓在管线上的布置间距应根据街道和建筑物的具体情况,依消防规范要求而定,但最大间距不应超过 120 m,其连接的管径不应小于 100 mm。消火栓尽可能设在交叉路口和醒目处,周围不能有障碍物,如邮筒、电话亭等,且距建筑物不小于 5 m,距车行道边不大于 2 m。

③排气阀、泄水阀、流量测量装置、压力测量装置等管网附属设施和配件,应按照要求设置在适当的位置。其中排气阀设在干管的各个局部最高点,泄水阀设在干管的各个局部最低点。

11.3　给水规划用水量

11.3.1　规划前应考虑的主要问题和情况

在规划前,应充分考虑以下几个方面的问题和情况。

(1)城市水源情况,包括符合规划中各种用水水质标准的江、河、湖、海、地下水、再生水的水资源量和水质情况,对这些问题做周密的调查、取证和统计、研究。

(2)充分考虑城市水源量和城市用水量之间的综合平衡,并留有足够而必要的余地,特别要超前考虑好邻近城市乃至区域或流域的水资源供需发展的影响。

（3）规划应考虑长期影响增长或负增长的各种可能因素。如采取节约用水的技术措施和管理措施；对工业用水采取计划用水进行工业结构调整及生产技术进步，提高工业用水重复利用率；城市杂用水采用再生水源、改革水价和加强人们的节水意识等都可以使用水量增长速度减缓甚至负增长。反之，城市人口的增长，工业生产和社会经济的发展，人们居住条件的改善和生活水平的提高、第三产业和公共建筑的大量涌现等必然促成用水量的增长。规划人员对此应做大量深入的调查研究工作，并做出定性和定量的评估。

（4）根据现行《城市给水工程规划规范》（GB 50282—2016）的规定，城市给水工程规划的主要内容应包括：预测城市用水量，进行城市水资源与城市用水量之间的供需平衡分析，选择给水水源和水源地，确定给水系统布局，明确主要给水工程设施的规模、位置、用地控制，设置应急水源和备用水源，提出水源保护、节约用水和安全保障等措施。其中城市用水量应结合水资源状况、节水政策、环保政策、社会经济发展状况、城市规划等要求预测。

11.3.2 城市用水量的规划方法

城市用水量的规划方法有很多种，用于给水排水工程规划时，要选择合理可行的方法，就必须进行多种方法的分析比较，然后选择最合理且结果接近实际的方法。以下介绍几种简单实际而又常用的方法。

1. 城市综合用水量指标法计算

城市给水工程统一供给的用水量预测宜采用表 11.3 中的指标。

表 11.3 城市按人口综合用水量指标 单位：$m^3/(万人\cdot d)$

区域	城市规划						
	超大城市	特大城市	大城市		中等城市	小城市	
			Ⅰ型	Ⅱ型		Ⅰ型	Ⅱ型
一区	0.50~0.80	0.50~75	0.45~0.75	0.40~0.70	0.35~0.65	0.30~0.60	0.25~0.55
二区	0.40~0.60	0.40~0.60	0.35~0.55	0.30~0.55	0.25~0.50	0.20~0.45	0.15~0.40
三区	—	—	—	0.30~0.50	0.25~0.45	0.20~0.40	0.15~0.45

注：① 超大城市指城区常住人口 1 000 万人及以上的城市，特大城市指城区常住人口 500 万人以上 1 000 万人以下的城市，Ⅰ型大城市指城区常住人口 300 万人以上 500 万人以下的城市，Ⅱ型大城市指城区常住人口 100 万人以上 300 万人以下的城市，中等城市指城区常住人口、50 万人以上 100 万人以下的城市，Ⅰ型小城市指城区常住人口 20 万人以上 50 万人以下的城市，Ⅱ型小城市指城区常住人口 20 万人以下的城市。（以上包括本数，以下不包括本数）

② 一区包括：湖北、湖南、江西、浙江、福建、广东、广西、海南、上海、江苏、安徽。

二区包括：重庆、四川、贵州、云南、黑龙江、吉林、辽宁、北京、天津、河北、山西、河南、山东、宁夏、陕西、内蒙古河套以东和甘肃黄河以东的地区。

三区包括：新疆、青海、西藏、内蒙古河套以西和甘肃黄河以西地区。

③用水人口为城区常住人口。

④本表指标已包括管网漏失水量。

综合生活用水量的预测如需要单独进行，应根据城市特点、居民生活水平等因素确定，宜采用表 11.4 中的指标。

表 11.4 人均综合生活用水量指标 单位:L/(人·d)

区域	城市规划						
	超大城市	特大城市	大城市		中等城市	小城市	
			Ⅰ型	Ⅱ型		Ⅰ型	Ⅱ型
一区	250~480	240~450	230~420	220~400	200~380	190~350	180~320
二区	200~300	170~280	160~270	150~260	130~240	120~230	110~220
三区	—	—	—	150~250	130~230	120~220	110~210

注:综合生活用水为城市居民日常生活用水和公共设施用水之和,不包括市政用水和管网漏失水量。

2. 不同类别用地用水量指标法计算

在城市总体规划阶段,估计城市给水工程统一供水的给水干管管径或预测分区的用水量时,可按照表 11.5 不同类别用地用水量的指标确定。

表 11.5 不同类别用地用水量指标 单位:$m^3/(hm^2 \cdot d)$

类别代码	类别名称		用水量指标
R	居住用地		50~130
A	公共管理与公共服务设施用地	行政办公用地	50~100
		文化设施用地	50~100
		教育科研用地	40~100
		体育用地	30~50
		医疗卫生用地	70~130
B	商业服务业设施用地	商业用地	50~200
		商务用地	50~120
M	工业用地		30~150
W	物流仓储用地		20~50
S	道路与交通设施用地	道路用地	20~30
		交通设施用地	50~80
U	公共设施用地		25~50
G	绿地与广场用地		10~30

注:①类别代码参照现行国家标准《城市用地分类与规划建设用地标准》(GB 50137—2011)相关规定;
②本指标已包括管网漏失水量。
③超出本表的其他各类建设用地的用水量指标可根据所在城市具体情况确定。

当进行城市水资源供需平衡分析时,城市给水工程统一供水部分所要求的水资源供水量为城市最高日用水量除以日变化系数,得出平均日用水量,再乘以供水天数。日变化系数应根据城市性质和规模、产业结构、居民生活水平、气候等因素分析确定。在缺乏资料时,宜采用 1.1~1.5。

《城市用地分类与规划建设用地标准》(GB 50137—2011)规定,按人口指标或按用地指标计算,给水规模应根据城市给水工程统一供给的城市最高日用水量确定。

当城市给水工程规划中的水源地位于城市规划区以外时,水源地和输水管道应纳入城市给水工程规划范围;当输水管道途经的城镇需由同一水源供水时,应对取水和输水工程规模进行统一规划。城市给水系统规划应统筹居住区、公共建筑再生水设施建设,提高再生水利用率。

思考题

1. 管网布置应满足什么要求?
2. 管网布置有哪几种基本形式,各适用于何种情况及其优缺点?
3. 一般城市是哪种形式的管网,为什么采用这种形式?
4. 管网定线应考虑哪些原则?

第 12 章　给水系统管道材料与管网附属构筑物

12.1　管道材料的应用情况

目前,给水管网中所用的管道材料种类比较多,但是在一定的应用环境与条件下往往有最佳选择,如果选择得当,将会带来好的技术经济效果,工程技术人员对此应该有足够的重视。

给水管道所用管材应考虑管内水压、管外土压、工程规模大小、工程重要程度和要求、所在地的环境、管内水质、管外土质、气温变化、地质地震条件、管道材质及施工条件等综合情况,并通过技术经济比较来选定。

一般工程中普遍常用的是工厂制造的,符合相关规格标准的金属管材,按一定公称压力(PN)和一定公称管径(DN)的规格生产。

中华人民共和国成立初期,灰口铸铁管主要用于中等管径,小管径和大管径主要使用钢管。20 世纪 60 年代前后,由于国内大口径管道使用量增加,而当时金属管材不足,特别是钢材匮乏,便开发研制了自应力混凝土管(管径不大于 500 mm)和预应力混凝土管(管径一般不大于 1 400 mm),这样不但节省了钢材,而且产品价格低于钢铁管材。混凝土管采用承插式胶圈接头,便于施工,在一定时期内得到了比较广泛的应用,有资料统计报道,20 世纪 80 年代期间,其年用量达到 5 000 km。20 世纪八九十年代,国内逐步引进技术和设备制造预应力钢筒混凝土管,并在山东、苏州、无锡、东莞、深圳等城市给水管网中应用,已敷设管径为 2.6 m 和 3.0 m 的大管径管道,而且有向管径 3.0 m 以上发展的趋势。

灰口铸铁管用于给水管网存在较多的缺点,如强度较低,漏水、爆管的事故较多,内表面较粗糙,水头损失大,浪费能量,管径不能太大等。国外于 20 世纪 40 年代末已大规模工业生产球墨铸铁管。我国自 20 世纪 90 年代初以来,在中国城镇供水协会的大力支持下,球墨铸铁管行业发展迅猛,经过 30 多年的实践使用,其安全性、实用性已被供水行业普遍认可,2013 年国内年产量已达到 300 多万吨,是 1990 年的 11 倍。截至 2006 年,已敷设有 1.6 m、2.0 m、2.6 m 等管径的大口径管道,年用量超过 40 万吨,在很大程度上替代了钢管。中、小管径的球墨铸铁管材在更大范围内取代了灰口铸铁管。

在中、小管径范围内,各种化学管材的研制、开发、生产和应用具有重要的意义。从资源和原材料上讲,节省金属材料和水泥,从而也节省能源,保护环境。相对于传统钢材、铸铁、水泥等材料生成的管道,塑料管道具有质量轻、运输与施工方便、耐腐蚀、生产能耗较低等优势。我国在 20 世纪 60 年代开始将热塑性塑料管材用于农村给水工程,同时也逐步在城市小口径给水管网中应用。20 世纪 80 年代引进热固性塑料管材,开始在化工管道工程中应用。1997 年和 1999 年国家建设部等 5 个部、局两次联合发布的有关化学管材的发展规划和推进化学建材产业化的文件中要求推广应用硬聚氯乙烯(PVC-U)管、聚乙烯(PE)管、玻璃钢夹砂管、塑料金属复合管、无规聚丙烯(PP-R)管道等,大力开发新型复合改性塑料管和配套管件,逐步限制、淘汰镀锌钢管、传统铸铁管,要求到2000年,新建小区内的户外给水管必须使用塑料管,城市新建供水管工程应优先使用管径400 mm以下的塑料管。到2014年,塑料管道在全国各类管道中市场占有率为40%~50%,生产量为1 300万吨,其中市政工程管道约占2/3,建筑工程管道约占1/3。

PVC-U管是国内最早研制开发的用于埋地给水管道的塑料管材,拥有强度高、弹性模量大、方便安装、施工造价低等优点。到20世纪80年代后期,在青海察尔汗盐湖的盐渍化土层中成功敷设了管径630 mm、长59.8 km的PVC-U输水管道。在城市供水方面,在济南、青岛、沈阳、郑州等许多城市通过试点后推广应用。国内已有几十家上规模的给水PVC-U管材生产厂。到20世纪90年代后期,根据国家推广化学管材的要求,一批大中城市,如上海、广州等制定了应用塑料给水管的规定,并予以实施。有资料显示,目前全国有20家以上企业的年生产能力已超过10万吨,工艺技术水平仍在不断提高。截至2014年,PVC-U管道约占塑料管道总产量的55%,主要用于给水(30%)、排水(40%)和护套(20%)等,另有10%左右的软管和复合软管,主要用于输送液体、粉体、气体、混合物等。

PE管可连续不断挤出成型,或用熔接的方式连接100米以上而无须管件接头,适于进行长管整体敷设,且不受地形变化的限制。但是其强度较低,在城市给水中的应用受到限制。20世纪90年代国内开发引进高强度PE管,因为其具有耐磨、防酸耐腐蚀、耐高温、耐高压等特点,常被用作市政工程首选管材,主要用在污水处理行业。目前,我国已有一批专业生产PE管的制造厂,可生产大口径管材,在大连已敷设直径630 mm的给水管道。截至2014年,PE管道约占塑料管道总产量的25%,其增长速率为各类塑料管材中最快的。

可用于给水管道的热塑性塑料管道还有聚丙烯(PP)管、聚丁烯(PB)管、氯化聚氯乙烯(CPVC)管、交联聚乙烯(PE-X)管等,可用于水温70 ℃以上的冷热水管道,主要用于建筑内部的冷热水管和连接室外小区内埋地的给水进户管道,其最大管径为630 mm。由于传统镀锌钢管在使用几年后,管内容易产生大量锈垢,流出的液体不仅污染洁具,而且夹杂着由不光滑内壁滋生的细菌,国内外都有明文规定在建筑物给水中禁止使用,中国建设部等四部委也发文明确从2000年起禁用镀锌管作为供水管,因此采用各种热塑性塑料管和复合材料管作为更新换代的管材是必须采取的措施。

用于埋地给水管道的热固性塑料管主要是玻璃纤维增强热固性树脂夹砂管,称增强塑料夹砂(RPMP)管,俗称玻璃钢管。其结构为内外层是玻璃纤维增强树脂,中间是砂层,制造工艺有长纤维在内模外缠绕制造(Veroc法)或短纤维在外模内离心制造(Hobas法)两种。前者内模缠绕制造的RPMP最大管径可达4.0 m;后者外模内离心工艺制造的RPMP最大管径可达2.4 m,对中低压输水工程较为适宜,在满足相同刚度的前提下,此方法生产成本更低。我国20世纪90年代初先后引进制造生产线,近年来我国自己制造的RPMP管已在许多城市的给水管道工程中应用,已敷设的管径为500~1 600 mm, 1999年用量统计已超过200 km。夹砂玻璃钢管以其优异的耐腐蚀性能、轻质高强、输送流量大、安装方便、工期短和综合投资低等优点,成为输水工程和供水管网工程的较佳选择。

总之,目前我国可用于埋地给水管道的管材产品已有钢、铸铁和混凝土等无机材料和各种热塑性塑料、热固性树脂等高分子有机材料制造的各种管材产品,品种齐全多样;管径有从最小到最大 3 000 mm 及以上各种规格系列;压力有 0.2 MPa~2.0 MPa 以上多种等级。

但是必须指出,各种管道材料,不论其是什么材质、管径多大和压力多少,都有各自的特点,包括它的优点、缺点和适用条件。因此,在选用材料时首先必须对各种材质熟悉了解,掌握清楚其适用条件,结合工程的实际环境和要求、地区情况和经济状况,并进行技术经济比较,采用符合要求的、既经济合理又安全可靠的管材。

12.2　管材简介

这里将给水管网所能用到的管道材料的基本知识作简单介绍,使读者有一个概括的了解,为今后工作中继续深入调查研究打下基础。

1. 钢管

中、小管径的钢管(Steel Pipe, SP)材料,尤其是建筑给水用的传统镀锌钢管,今后将被逐渐淘汰并被塑料管所代替。给水管网中钢管的管径有 200~3 600 mm,最大管径 4 000 mm,400 mm 以下的钢管较少,一般采用的管径大于 600 mm。本书主要介绍大、中型管径特别是大于管径 1 400 mm 的埋地给水钢管,其是广泛应用的管材之一,在给水管网中,通常只在管径大和水压高处,因地质、地形条件限制或穿越铁路、河谷和地震区域时使用。制管钢材为碳素结构钢。直径小于 2 000 mm 的可用工厂制造的螺旋缝焊接;直径大于 2 000 mm 的一般为现场直缝焊接。当直径≥ 1 400 mm,压力不大于 1.0 MPa,覆土高度不大于 4.0 m 时,管壁总厚度一般为管内径的 1/150~1/120。

钢管的主要特点是能耐高压、耐振动、质量较轻、单管的长度大且接口方便,管材和管件易加工,在抗弯、抗拉、韧性、抗冲击等方面具有很大优势。但其承受外荷载的稳定性差,耐腐蚀性差,故必须进行内、外表面的防腐,其防腐层材料和施工质量是影响其使用寿命的决定性因素。外层防腐用 2~3 层玻璃布环氧煤沥青涂层和阴极保护,内层防腐用水泥砂浆内衬。

外防腐国外已广泛采用三层 PE 或 PP 薄膜外防腐技术,现场焊接接头采用 PE 热收缩套管防腐。内防腐国外采用环氧树脂防腐涂层内衬,有两种相应的工艺,一种是液体环氧涂层,另一种是粉末热熔涂层,成都已将其用于直径 2 400 mm 的输水钢管工程。目前,国内已可以提供在内外壁用环氧粉末、PVC、PE 等涂料喷涂的大口径钢管用于埋地给水管道。还必须指出,钢管内壁经环氧或特种防腐涂料涂衬以后,水流与管内壁的摩阻系数比水泥砂浆内衬的小,且不易结垢,因而可以减小阻力,增大通水能力或节约送水电能,同时还可以保持水质,因此应大力推广在钢管中应用新型防腐涂层。

钢管普遍采用橡胶圈柔性承插连接或机械连接。在直径 600 mm 以上的管道中焊接连接也很普遍。内衬会被焊接的热量局部破坏,所以管道末端必须裸露,在连接处加内衬。

钢管所用配件如三通、四通、弯管和渐缩管等,由钢板卷焊而成,也可直接用标准铸铁配件连接。

2. 灰口铸铁管

灰口铸铁管(Grey Cast Iron Pipe, GCIP)在我国过去埋地管网中占统治地位,这与当时的技术、经济、社会和管网规模等多种因素有关,长期以来使用灰口铸铁管有其优越性的一面，主要是其具有较强的耐腐蚀性。但其缺点也比较突出，主要是由连续铸管工艺的缺陷造成的，如其强度低、脆性大、耐压小、不抗冲击力、易漏水、易爆管、安全性能低，给生产带来很大的损失，近年来已形成被逐渐淘汰的趋势，不仅新工程已不采用，不少城市还逐渐更换掉原有的灰口铸铁管，推广使用球墨铸铁管。

3. 球墨铸铁管

球墨铸铁管（Ductile Iron Pipe，DIP）也称可延性铸铁管，这种管材是在我国改革开放后开始发展起来的，是我国过去普遍使用的 GCIP 的代替品。它是用优质铁水经过球化和孕育处理，用离心铸造工艺生产而成，其强度比钢还高，延伸率大于 10%，强度和水压试验等指标均与钢管相当，抗腐蚀力优于钢管。同时，球墨铸铁管机械加工性能好，可焊接、可切割、可钻孔，很少发生爆管、渗水和漏水现象，可以降低管网漏损率，减少管网维修费用。

【二维码 12-1】

球墨铸铁管道长度在 500~9 000 mm，其中承插直管长度应符合表 12.1 的规定，法兰管长度应符合表 12.2 的规定。按管的公称通径（mm）有 DN40~DN2600 共 30 种。

表 12.1 承插直管长度

单位：mm

公称直径 DN	标准长度
40 和 50	3 000
60~600	4 000 或 5 000 或 5 500 或 6 000 或 9 000
700 和 800	4 000 或 5 500 或 6 000 或 7 000 或 9 000
900~2 600	4 000 或 5 000 或 5 500 或 6 000 或 7 000 或 8 150 或 9 000

表 12.2 法兰管长度

单位：mm

管子类型	公称直径 DN	标准长度
整体铸造法兰直管	40~2 600	500 或 1 000 或 2 000 或 3 000
螺纹连接或焊接法兰直管	40~600	2 000 或 3 000 或 4 000 或 5 000 或 6 000
	700~1 000	2 000 或 3 000 或 4 000 或 5 000 或 6 000
	1 100~2 600	4 000 或 5 000 或 6 000 或 7 000

离心球墨铸铁管的最小公称壁厚为 6 mm，非离心球墨铸铁管和管件的最小公称壁厚为 7 mm。

鉴于球墨铸铁管延伸率较大，故采用柔性接口较好。

球墨铸铁管的内涂层有：普通硅酸盐水泥砂浆、硅酸盐水泥砂浆、抗硫酸盐水泥砂浆、高铝（矾土）水泥砂浆、矿渣水泥砂浆、带有封面层的水泥砂浆，如聚氨酯、聚乙烯、环氧树脂、环氧陶瓷、沥青漆等。要求管道内衬材料不会对水质造成不好的影响，有优越的防腐蚀性能，附着力强，长时间通水也不会使附着力下降，内衬层不易受到损伤，即使局部受损，也不会引起周围内衬层的劣化。

球墨铸铁管的外涂层有:喷涂金属锌、涂刷富锌涂料、喷涂加厚金属锌层、聚乙烯管套、聚氨酯、聚乙烯、纤维水泥砂浆、胶带、沥青漆、环氧树脂等。外表面涂刷喷锌涂层应符合《球墨铸铁管、管件、附件及其接头. 外部镀锌. 第 1 部分:终饰层用金属锌》(ISO 8179-1—2017)的规定,外表面涂刷富锌涂料应符合《球墨铸铁管、管件、附件及其接头. 外部镀锌. 第 2 部分:富锌涂层》(ISO 8179-2—2017)的规定,外表面涂刷沥青漆应符合《球墨铸铁管 沥青涂层》(GB/T 17459—1998)的规定,外表面用聚乙烯管套应符合《球墨铸铁管场地应用聚乙烯套管》(ISO 8180—2006)的规定,其他涂层要求符合供需双方的协议。

球墨铸铁管未经退火处理称为铸态球墨铸铁管。这种管材的物理力学性能接近球墨铸铁管,但其延伸率很小,仍属刚性管。因其价格比球墨铸铁管低,曾在一些城镇给水管道中采用。

4. 自应力混凝土管

自应力混凝土管(Self-Prestressed Concrete Pipe, SPCP)是我国早期研制开发的独有管材,国外没有与此类似的。它是利用离心工艺制造,在制管过程中利用膨胀水泥的化学作用,使混凝土在固化过程中产生膨胀,然后使管材中的纵向钢筋和环向钢筋都产生一定的拉力(这就叫自应力),管材成品时管体中的混凝土在环向和纵向处于受压状态,从而提高了对外荷载作用的抵抗力。现有产品规格中管径为 DN100~DN600 的自应力混凝土管,工作压力可达 0.6 MPa 以上。由于这种管材目前尚未有相应的结构设计规范,因此不宜用于设计内压大于 0.8 MPa,覆土大于 2.0 m,管径大于 300 mm 的给水管道工程。由于这种管道材料制造工艺较简单,管材价格较便宜,过去在城镇给水管道工程中应用较多,在大城市中要求较高的地方应用较少,可用在郊区或农村等水压较低的次要管线上。

5. 预应力混凝土管

预应力混凝土管(Prestressed Concrete Pipe, PCP)有两种结构类型,分别由管芯缠丝工艺(俗称三阶管)和振动挤压工艺(俗称一阶管)使管体在环向受到预加应力;而纵向预加应力对这两种工艺都是采用先张法工艺。目前已较少使用一阶管法制造工艺。

预应力管最小管径为 DN400,管长每节为 5 m,静水压力分五个等级:0.4 MPa,0.6 MPa,0.8 MPa,1.0 MPa 和 1.2 MPa。管道接头都是承插式胶圈柔性接头,用土基敷设,施工方便。自 20 世纪 60 年代应用比较广泛的为 DN1200 及其以下的管材,其特点是造价低、抗震性能强、管壁光滑、水利条件好、耐腐蚀、爆管率低,但质量大,不便于运输和安装。

PCP 的机械强度虽不如钢管,但仍能抗受较大的内压,目前常用的工作内压在 1.0 MPa 以下。PCP 耐腐蚀性能好,无须内外防腐,价格比金属管材便宜,对管径小于或等于 DN1000,管道压力小于 0.5 MPa 的给水管道,可作为选用管材,但必须根据相关的管道结构设计规范进行具体的验算后再选用要求等级的管材。由于其本身存在较多的缺陷,以及其他管材的发展和广泛使用,PCP 近一二十年来在我国大型城市供水工程中已很少使用。

6. 预应力钢筒混凝土管

预应力钢筒混凝土管(Prestressed Concrete Cilinde Pipe, PCCP)的构造类似于上述管芯缠丝工艺的预应力管,其管芯为钢筒与混凝土复合结构,充分而又综合地发挥了钢材的抗拉、易密封和混凝土的抗压、耐腐蚀性能,具有高密封性、高强度和高抗渗的特性。该管道材料不仅综合了普通预应力混凝土输水管和钢管的优点,而且尤其适用于大口径、高工压和高覆土的工程环境。钢筒的钢板厚度大于或等于 1.5 mm。管道连接采用胶圈止水的钢制承插口柔性接头,此承插口与管芯的钢筒焊接,因而具有很强的抗渗能力。这种管材有两种结构形式:一种为内衬式(PCCP-L),即钢筒在管芯外壁,用离心法工艺浇筑管芯混凝土;另一种为埋置式(PCCP-E),即钢筒埋在管芯混凝土中部,用立式振捣法工艺浇筑混凝土。国家建材行业标准规定 PCCP-L 规格管径为 600~1 200 mm;PCCP-E 规格管径为 1 400~4 000 mm。管材内压等级有 9 个:0.4 MPa、0.6 MPa、0.8 MPa、1.0 MPa、1.2 MPa、1.4 MPa、1.6 MPa、1.8 MPa 及 2.0 MPa。

7. 硬聚氯乙烯管

硬聚氯乙烯(PVC-U)管为挤出成型的内外壁光滑的平壁管,常用工程外径为 20~630 mm 共有 14 种规格,公称压力在 0.6~1.6 MPa 分为 5 个等级,允许水温为 0~45 ℃,用于建筑物内外(架空或埋地)的一般用途和饮用水输送。其耐化学腐蚀性能比以上各种材质都好,可用于酸碱性环境和介质,输送水不产生污染,可保证水质稳定,是取代镀锌钢管和灰口铸铁管的主要材料之一。为了推广使用,还需开发质量高、规格齐全的管配件和阀门。

8. 聚乙烯管

以高密度聚乙烯树脂为主要原料,经挤出成型的高密度聚乙烯(PE)管,适用于建筑物内外(架空或埋地)给水用,该管材不适用于输送温度超过 45 ℃的水。埋地聚乙烯管道系统应选用最小要求强度不小于 8.0 MPa 的聚乙烯混配料生产的管材和管件。聚乙烯管道输送生活饮用水流体阻力小、输水能耗低、水质稳定、管道施工方便、连接可靠,是一种安全、卫生、具有发展潜力的工程管道。

直管长度一般为 6 m、9 m、12 m。公称管径有 DN16~DN1000,共 29 种规格;壁厚随公称管径和公称压力而异,范围为 2.3~59.3 mm;公称压力为 0.4 MPa~1.6 MPa 共有 6 个等级,允许输送水温为 0~40 ℃。

管材、管件、管道附件的连接可采用热熔连接(热熔对接、热熔承插连接、热熔鞍形连接),电熔连接(电熔承插连接、电熔鞍形连接),机械连接(锁紧型和非锁紧型承插式连接、法兰连接、钢塑过塑连接)。可用专用熔接设备将管材在沟槽上部或场地上连接成几十米甚至几百米的整体管道,可进行弹性敷设,不受施工现场地形变化的影响。大于或等于 DN63 的管道不得采用手工热熔承插连接,聚乙烯管材、管件不得采用公称直径螺纹连接和粘接。连接时严禁明火加热。

9. 交联聚乙烯管

交联聚乙烯(PE-X)是通过化学物质或高能射线将线性或轻度支链形的聚乙烯(PE)转化为二维或者三维网状结构的聚乙烯。按照交联形式,PE-X 管材可以分为过氧化物交联聚乙烯(PE-Xa)管、硅烷交联聚乙烯(PE-Xb)管和辐射交联聚乙烯(PE-Xc)管。PE-X 管材优异的耐热性能、耐冷性能、耐磨性、安全性能和性价比,使其成为目前建筑用管的首选材料。除可以用于建筑工程中冷热水管道、饮用水管道外, PE-X 管材还常用于地面采暖系统或常规取暖系统。

PE-X 管材与其他塑料管材相比,其显著优点包括:①不含增塑剂,不会霉变和滋生细菌;②不含有害成分,可应用于饮用水传输;③耐腐蚀性好,能经受大多数化学药品的腐蚀;④耐压性能好,常温下工作压力有 1.25 MPa 和 2 MPa 两个等级;⑤隔热效果好,节约能源;⑥能够任意弯曲,不会脆裂;⑦在同等条件下,水流量比金属管大;⑧抗蠕变强度高,其强度随使用时间的变化不显著,寿命可达 50 年之久;⑨可配金属管,省去连接管件,降低安装成本,缩短安装周期,便于维修。

三种 PE-X 管材性能比较如表 12.3 所示。

表 12.3　三种 PE-X 管材性能比较

项目	PE-Xa 管	PE-Xb 管	PE-Xc 管
交联结构	二维网状结构为主	三维网状结构为主	三维网状结构为主
外观	较透明	乳白色	淡黄色
管身软硬程度	较软	较硬	较硬
耐划伤能力	较差	好	好
热稳定性	差	好	较好
生产稳定性	差	好	好
后处理	恩格尔法不需要,盐浴法需要	需要蒸汽或热水处理	需要辐射处理
生产成本	低	中	高
优点	透氧率低、柔韧性好、弯曲施工时较容易	壁厚且交联均匀,质量稳定,耐热、耐压较高	加工工艺稳定,制品纯净,电气性能优越
缺点	交联点分布不均,生产工艺和产品质量不稳定	较 PE-Xa 管硬,投资较 PE-Xa 管大	交联点分布不均,管硬、发黄,设备投资高
交联度	≥ 70%	≥ 65%	≥ 60%

10. 耐热聚乙烯管

耐热聚乙烯管(PE-RT)全称三层阻氧型耐热聚乙烯管,是以中等密度聚乙烯(PE)为基体材料制成的具有更好的耐高温性能,可以用于冷热水管的非交联聚乙烯管材。由于具有独特的分子链结构和结晶结构,因此有良好的柔韧性和加工性能,在高温条件下有良好的耐静液压性能。PE-RT 管材当前主要应用于饮用冷热水输送系统和地板辐射采暖系统。

PE-RT 管根据耐高温静液压强度等级的不同,可分为 PE-RT Ⅰ型管和 PE-RT Ⅱ型管,与 PE-RT Ⅰ型管相比, PE-RT Ⅱ型管具有更高的耐静液压强度。此外,由于生产过程无须交联工艺,故产品均质性好,且具有环保、安装方便等优势。

11. 聚丙烯管

聚丙烯管(Polypropylene Pipe, PP)是热塑性塑料管材,具有与上述材料相同的优点,可用熔接连接,管材和管件同质熔化为一体,没有可拆卸的卡套或压式接头,安全可靠、永不渗漏。PP 管的其他特性还包括:无毒、无锈蚀、不结垢;质量轻,密度仅为钢管的 1/8,易于安装、搬运、连接;内壁光滑,压力损失小,水流速快;耐高温,可用于输送 90~100 ℃的热水。

PP 管材料有Ⅰ型、Ⅱ型和Ⅲ型。Ⅰ型指均聚聚丙烯(PP-H),是由丙烯均聚物加入适量的抗冲击剂等共混而成;Ⅱ型指嵌段共聚聚丙烯(PP-B),是一种由丙烯与不超过 50% 的另一种(或多种)烯烃单体共混而成;Ⅲ型指无规共聚聚丙烯(PP-R),是由乙烯与丙烯在分子链中随机地、均匀地聚合而成。其中,PP-R 管材料性能优于其他两类。

PP-H(Polyproplyene-Homo)管是一种高分子量、低熔流率的均聚聚丙烯管材,是对普通 PP 材料进行 β 改性,使其成为具有极好的耐化学腐蚀性,并耐磨损、耐高温、抗腐蚀、抗老化和绝缘性好的优质产品,使它即使在低温下也有优异的抗冲击强度,增加了静液压强度,增进了耐化学品性能。PP-H 管还具有热稳定型性好、抗化学药物性佳、可蠕变、张力大、不溶于有机溶剂、不干裂、无毒性等特性。

PP-B(Polypropylene-Block copolymer)管是一种热塑性加热管,有较好的低温抗冲击性,低温脆化点为 -5 ℃,耐高温性差,适用温度范围为 0~60 ℃,一般用于冷水系统或温度不超过 60 ℃的低压水系统。

PP-R(Polypropylene-Random copolymer)管采用无规共聚聚丙烯,既可挤出成为管材,也可注塑成为管件。与 PP 均聚物相比,无规共聚物改进了光学性能(增加了透明度,并减少了浊雾),提高了抗冲击性能,增加了挠性,降低了熔化温度,从而也降低了热熔接温度;同时在化学稳定性、水蒸气隔离性能和器官感觉性能(低气味和味道)方面与均聚物基本相同。在性能方面, PP-R 占优, PP-R 要比 PP 更柔韧,降低了 PP 低温脆性的弱点,不过同样的,PP-R 的刚性较 PP 有所降低。PP-R 管质量轻、耐腐蚀、不结垢、使用寿命长。

三种 PP 管材中,管材抗冲击性能 PP-R>PP-B>PP-H,管材热变形温度 PP-H>PP-B>PP-R,管材刚性 PP-H>PP-B>PP-R,管材常温爆破温度 PP-H>PP-B 和 PP-R,管材耐化学腐蚀性 PP-H>PP-B 和 PP-R。相对于其他 PP 管材, PP-R 管材的突出优点是既改善了 PP-H 的低温脆性,又在较高温度下(60 ℃)具有良好的耐长期水压能力,特别是作为热水管使用时,长期强度均较 PP-H 和 PP-B 好。

12. 聚丁烯管

聚丁烯(PB)管是由聚丁烯、树脂并添加适量助剂,经挤出成型的热塑性加热管。聚丁烯是一种高分子惰性聚合物,它具有很高的耐温性、持久性、化学稳定性和可塑性,无味、无臭、无毒,是目前世界上最尖端的化学材料之一,有"塑料黄金"的美誉。该管材质量轻、柔韧性好、耐腐蚀,用于压力管道时耐高温特性尤为突出,可在 95 ℃下长期使用,最高使用温度可达 110 ℃。管材表面粗糙度为 *Ra* 0.007 μm,不结垢,无须作保温,保护水质,使用效果很好。

13. 丙烯腈-丁二烯-苯乙烯工程塑料管

丙烯腈-丁二烯-苯乙烯(ABS)工程塑料管属于化学建材管的一种,是由丙烯腈、丁二烯、苯乙烯三种单体组成的热塑性塑料,具有优良的综合性能。ABS 管的比密度为钢管重量的 1/7,降低了结构质量;流体阻力小;化学性能稳定,密封性能好;塑料管材降低了原材料的消耗,减轻了人工劳动强度,大大节省了工程的投资。

ABS 管的突出优点是具有良好的机械强度和较高的抗冲击韧性,一般是 PVC-U 管的 5 倍,在遭受外力袭击时仅发生韧性变形;适用温度范围广(-20~80 ℃),该产品除常温型外,还有耐热型、耐寒型。该管材一般采用承插式连接,采用溶剂型胶粘剂粘接密封,具有施工简便效果好,固化速度快,黏合强度高,避免了一般管道存在的跑、冒、滴、漏现象。

14. 钢塑复合管

钢塑复合管是一种新兴的管材,简称钢塑管,包括涂塑复合钢管和衬塑复合钢管两大类。

涂塑复合钢管的基管为焊接钢管或无缝钢管,且同一管径有多种壁厚,涂塑材料为环氧树脂或聚乙烯。在对钢管内壁进行喷染、磨砂处理后将基管加热,再由真空吸涂机在钢管内产生真空后吸涂粉末涂料并高速旋转,使粉末涂料涂覆在钢管内壁;公称直径小于 150 mm

时可采用镀锌钢管,其余可采用涂塑方式外防腐。

衬塑复合钢管的基管与涂塑管相同,且同一管径亦有多种壁厚。内衬塑材料为氯化聚氯乙烯(CPE)、聚乙烯(PE)、无规共聚聚丙烯(PP-R)、硬聚氯乙烯(PVC-U)、交联聚乙烯(PE-X)和耐热聚乙烯(PE-RT)六种材料。通过共挤出法将塑料管挤出成型并外涂热熔性粘接层,然后套入钢管内一起在衬塑机组内加热、加压并冷却定型后,再将塑料管复合在钢管内壁;外防腐为镀锌层、涂塑层或外覆聚乙烯层。

钢塑复合管有如下几个优点。①供水可靠:涂塑管、衬塑管由于外壁为钢管,不会因为塑料层被阳光直射和暴露在空气中而使管道变形老化,因此抗紫外线能力强,无外界腐蚀作用的情况下管道寿命可以等同于建筑物的设计寿命;此外,常规 DN15 管径的壁厚为 2.8 mm,故强度和承压能力都很优秀,接近于纯金属管。②安全卫生:由于钢塑复合管内壁附着材料为聚乙烯(PE)等高分子有机材料,所以同时具备塑料管道的安全卫生性能,无毒卫生,不会改变水质,可保证生活饮用水水质。③环保节能:钢塑复合管内壁涂衬的是与塑料管材相同的涂料,内壁光滑,粗糙度低(仅为钢管和铜管的 1/3~1/2),管道水损小,节约输水能源,且金属材料都具有一定的保温性能。

钢塑复合管的缺点有:生产技术复杂、施工难度大、维修更换过程烦琐、回收率低、再生率低、不利于可持续循环利用。

15. 铝塑复合管

铝塑复合管外壁为高密度聚乙烯(HDPE),内壁为交联聚乙烯(PE-X),中间以一层厚约 0.3 mm 的薄铝带焊接成管状骨架, PE 与铝合金之间采用与二者均能亲和的热熔胶。这种结构使铝塑复合管成为集金属管与塑料管优点于一身的新型管材,它具有质量轻、强度高、耐腐蚀、寿命长、高阻隔性、抗静电、流阻小、不回弹、安装简便等特点。

铝塑复合管作为新型管材,尚存在一些不足:① HDPE 产品质量不够稳定,影响挤出性能和机械性能;② PE-X 多以进口为主,有效期只有半年,无法大量储存,国产 PE-X 交联指标不稳定;③热熔胶质量不稳定;④国内没有批量生产高伸长率、高拉伸强度的铝箔,铝带质量稳定性差;⑤国内产品规格、品种不齐全;⑥铝塑复合管的接头、管件结构复杂,且多采用铸黄铜,材料成本高。

16. 玻璃纤维增强热固性树脂夹砂管

玻璃纤维增强热固性树脂夹砂管(RPMP)在国内目前有离心浇铸玻璃纤维和玻璃纤维缠绕两种制管工艺。前者管径为 DN200~DN2400 共 20 种规格;公称压力分 0.4 MPa、0.6 MPa、1.0 MPa、1.6 MPa、2.5 MPa 五个级别;环刚度(*SN*)分 2 500 N/m²、5 000 N/m²、10 000 N/m² 共 3 个等级。后者管径为 DN100~DN3000 共 27 种规格;公称压力分 0.25 MPa、0.6 MPa、1.0 MPa、1.6 MPa、2.0 MPa 共 5 个级别;环刚度(*SN*)分 1 250 N/m²、2 500 N/m²、5 000 N/m²、10 000 N/m² 共 4 个等级。

【二维码 12-2】

RPMP 管为内外壁都光滑的平壁管,采用复合材料管材,具有较热塑性塑材管更强的耐

腐蚀性能和不产生水的二次污染的优点，输送水的温度可达 80 ℃。连续工艺缠绕管管长可达 20 m 以上，定长工艺缠绕管管长可达 8 m 以上，一般采用承插式胶圈密封柔性接头；离心管管长均为 6 m，采用套筒式胶圈密封柔性接头。在相同的使用条件下，质量只有钢材的 1/4 左右，预应力钢筋混凝土管的 1/10~1/5，因此便于运输和施工。目前国内大都用于管径 600~1 600 mm 的输水管道工程，价格接近平钢管。

在选材中除考虑工作压力外，更需注重管材的刚度和做好管道的基础，减少管道不均匀沉降，确保安全、正常运行。

17. 玻璃纤维增强塑料夹砂管

玻璃纤维增强塑料夹砂管（FRPM）属于化学建材管的一种，按《玻璃纤维增强塑料夹砂管》（GB/T 21238—2016）的规定，有离心浇筑玻璃纤维和玻璃纤维缠绕两种制管工艺。管径为 DN100~DN4 000；压力等级为 0.1~2.5 MPa；环刚度等级为 1 250~10 000 N/m^2；介质最高温度不超过 50 ℃；内衬层可采用间苯不饱和聚酯树脂或乙烯基酯树脂或双酚型树脂，且必须满足《食品安全国家标准 食品接触用塑料树脂》（GB 4806.6—2016）和《食品安全国家标准 食品接触用塑料材料及制品》（GB 4806.7—2016）的要求；采用承插式胶圈密封柔性接头或套筒式胶圈密封柔性接头。

FRPM 摩阻系数小，设计采用的 n 值为 0.009~0.01，从而可极大地降低水头损失，节约能耗。此外，由于无须作内、外防腐，所以质量轻，运输方便，施工快捷。

FRPM 在选材中除要考虑工作压力外，更需注重管材的刚度和做好管道的基础和回填，减少管道不均匀沉降，防止管道变形，确保安全、正常运行。

12.3 管网附件

给水管网除了水管以外，还应设置各种附件，以保证管网的正常工作。管网的附件主要有调节流量用的阀门、供应消防用水的消火栓，其他还有控制水流方向的单向阀、安装在管线高处的排气阀和安全阀等。

12.3.1 闸阀

闸阀也称闸板阀，是指闭关件（闸板）沿通路中心线垂直方向移动的阀门。闸阀通常具有的优点包括：流体阻力小；开闭所需外力小；介质的流向不受限制；全开时，密封面受工作介质的冲蚀较小；体形比较简单，铸造工艺性较好。闸阀的不足之处有：外形尺寸和开启高度都较大，安装所需空间较大；开闭过程中，密封面间有相对摩擦，容易引起擦伤现象；闸阀一般都有两个密封面，给加工、研磨和维修造成了一定困难。

常用的一种闸阀如图 12.1 所示。其中起启闭作用的是闸板，由阀杆带动在阀体内沿阀座做升或降的移动，从而开启或封闭水道。在开启或封闭的升降过程中，其外部的阀杆相对于手轮同步升降，可以很明显地看出闸板的升降位置，故称为明杆，又因闸板和闸板槽的侧剖面成楔形，以便于相对运动，且使密封接触良好，故还称为楔式闸阀。闸阀型号前面的一串字符都有其特定的含意，本例的 Z417-10 依次代表：闸阀、法兰连接、明杆楔式单阀板、铜合金密封面、公称压力为 1.0 MPa。

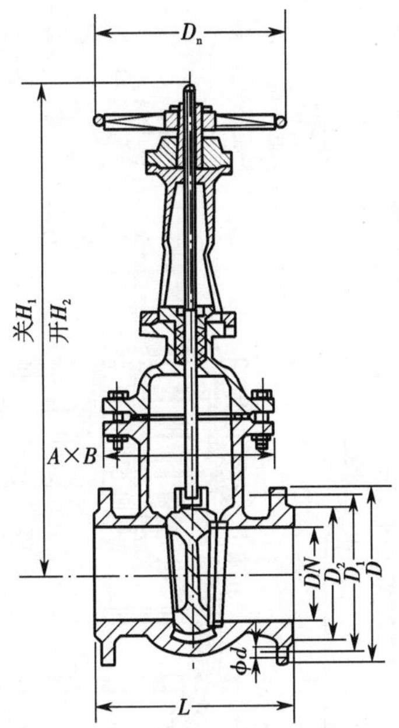

图 12.1　Z41T-10 型明杆楔式闸阀

图 12.2 所示为电动暗杆楔式闸阀。它由电动机带动闸阀的启闭，开启时闸杆下部位于提升起来的闸板中间，故在闸外看不见闸杆升出，故称为暗杆。这种闸阀还有一个重要的特点是当其口径较大时（当 DN ≥ 700 mm 时），有一个小的（DN = 100 mm）旁通阀（又称跨闸）。旁通阀的作用是当开启或关闭闸阀时，由于闸阀两面（上游和下游）的压力差造成闸阀启闭的摩擦力很大而难于启用，这时由旁通阀来平衡闸阀两面的压力，使闸阀易于启闭。要开闸阀时先开旁通阀，闸阀两面压力差降低后再开闸阀；要关闭时先关闸阀，使其完成关闭后再关旁通阀。总之，闸阀动作时两面的压强始终近似相等。

【二维码 12-3】

另外，这种闸阀除了电动机启闭外，还装有手轮，可以手动启闭，手轮主要用于微动，大口径阀门要完全开启或关闭，需要较长时间和大量人工，故一般用电动机启闭。

$Z945^{T}_{W}\text{-}\overset{2.5}{\underset{10}{6}}$ 符含义依次为：闸阀、电动机驱动、法兰连接、暗杆楔式单阀板、铜合金（T）或由阀体直接加工的密封材料（W）、公称压力为 0.25 MPa，0.60 MPa 或 1.0 MPa。

12.3.2　蝶阀

蝶阀中起启闭作用的阀件不同于上述升降式的闸板，而是在阀体内部绕固定轴旋转的阀门，当蝶板平面旋转到与管道轴线垂直时就关闭了水流，当平行时成最大开启度。蝶阀底座的材质通常是人造橡胶，用以扣紧闸板或阀体。蝶阀结构简单、质量轻、体积小、开启速度快，可在任意位置安装。

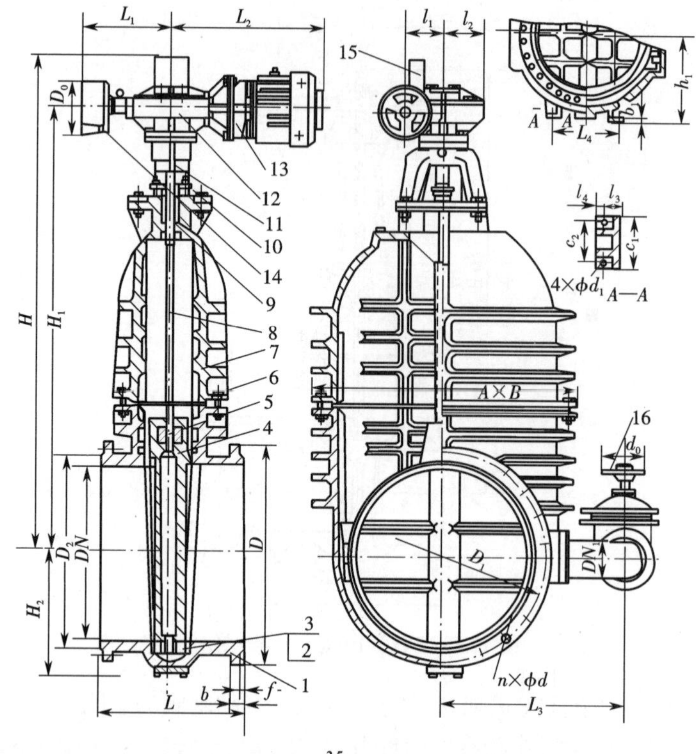

图 12.2 Z945$^{T}_{W}$-$\overset{2.5}{\underset{10}{6}}$型电动暗杆楔式闸阀

1—阀体;2—阀体密封圈;3—闸板密封圈;4—闸板;5—阀杆螺母;
6—垫片;7—阀盖;8—阀杆;9—填料;10—填料压盖;11—传动支座;
12—传动装置;13—电动机;14—手轮;15—行程控制器;16—旁通阀

图 12.3 所示为对夹式蝶阀,其结构紧凑,形小体轻,与管道的连接形式是对夹式,就是由蝶阀两端的管道法兰将蝶阀直接连接起来夹在中间,所以叫对夹式,安装好后,蝶板在阀体和管道空间中旋转,起到启闭作用。

蝶阀于埋地管上难于检修,故较少采用,而在厂、站内使用很方便,故被大量采用。图 12.4 所示为法兰连接的电动蝶阀。

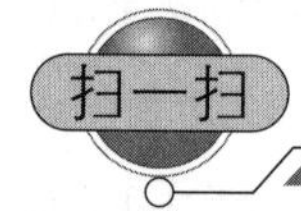

【二维码 12-4】

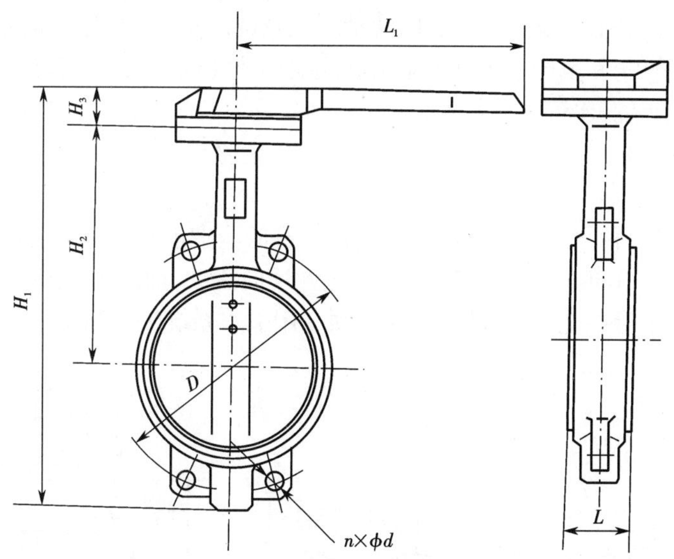

图 12.3　D71X 型手柄传动对夹式蝶阀外形尺寸

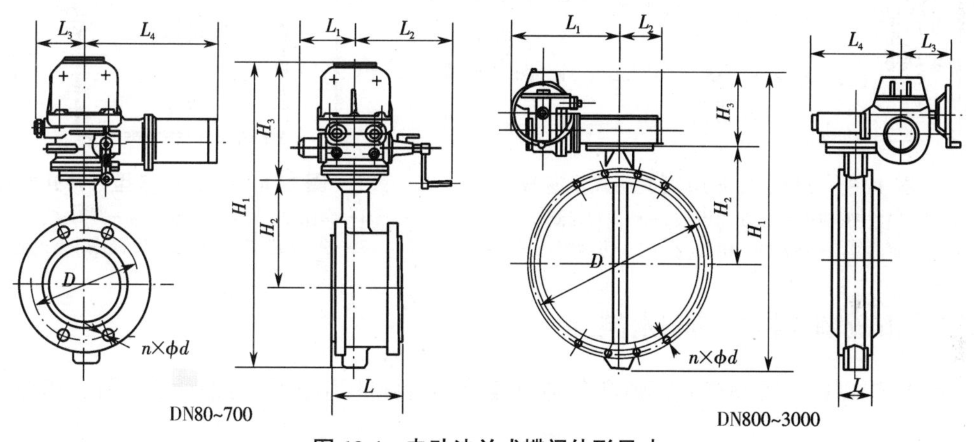

图 12.4　电动法兰式蝶阀外形尺寸

12.3.3　止逆阀

止逆阀又称止逆阀或单向阀，用于在有压管道中防止水流倒流，限制按原水流方向由高压侧向低压侧流动，当由于某种原因使管道中压力有所变化，高压端压力突然降低或低压端压力突然升高时，止逆阀自动关闭而防止水倒流。止逆阀一般安装在水压大于 196 kPa 的水泵压水管上，防止因突然停电或发生其他事故时水发生倒流而损坏水泵设备。

图 12.5 所示为旋启式止逆阀，水流方向由左向右，在压力作用下顶开阀瓣而流向下游，只要保持一定的流速，此阀就能畅通。一旦压力有变化，阀瓣就在重力的作用下旋转，封闭水流通道，反向压差越大，阀瓣关闭越紧，从而防止了倒流。

从其原理可以看出，这种止逆阀只能装在水平管道上。另外，为了防止突然间产生水锤，在止逆阀上设有常开旁通阀，用以减缓止逆阀的关闭速度，减轻或消除水锤，但要完全截止倒流，还要人工关闭此旁通阀，而且恢复水流时，也需要人工打开此旁通阀。

止逆阀的主要问题，一是正常工作时要消耗大量的能量，二是发生事故时突然关闭会产生水锤，为此人们研制和生产了各种低阻力和缓闭的止逆阀，读者在实际工作中选用时应多做调查研究和技术经济比较。

12.3.4　底阀

底阀实质上是一种止逆阀，也称止逆阀，是一种低压平板阀。它安装在垂直管道底部进水口处，只允许水自底部进入向上流动，而不允许反向流动，如图 12.6 所示。它适用于水泵吸水口，可保持吸水管中充水，启动水泵时无须专用引水系统吸气抽水。

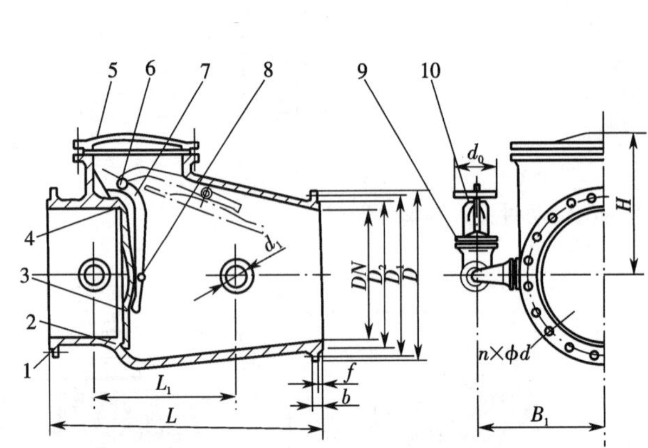

图 12.5　H44T(X)-10 型旋启式止逆阀

1—阀体；2—阀体密封圈；3—阀门；4—阀门密封圈；5—阀盖；6—销轴(甲)；7—摇杆；8—销轴(乙)；9—旁通阀；10—手轮

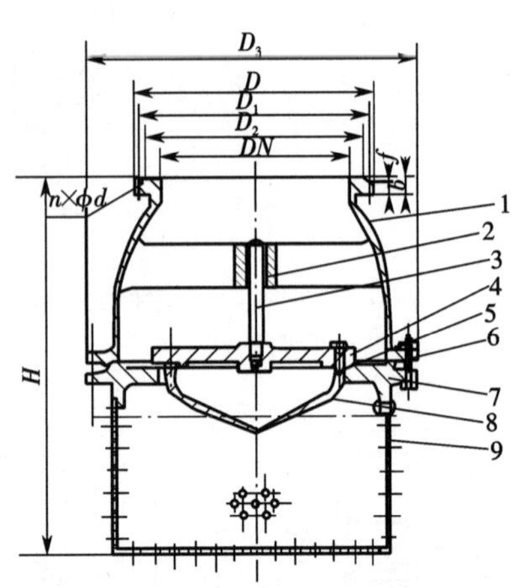

图 12.6　H42X-2.5 型升降式底阀

1—阀体；2—铜套；3—阀杆；4—阀瓣；5—密封圈；6—垫片；7—连接法兰；8 阀座；9—过滤网

12.3.5　市政消火栓与消防水鹤

城镇范围内，一般设有人行道和各种市政公用设施的道路下，给水管道应设置市政消火栓系统。

室外消火栓分地上式和地下式两类，如图 12.7 和图 12.8 所示。市政消火栓宜采用地上式室外消火栓；在严寒、寒冷等冬季结冰地区宜采用干式地上式室外消火栓，并宜增设消防水鹤。当采用地下式室外消火栓时，地下消火栓井的直径不宜小于 1.5 m，且当地下式消火栓的取水口在冰冻线以上时，应采取保温措施。

市政消火栓宜采用 DN150 的室外消火栓，并应符合下列要求：

(1)室外地上式消火栓应有一个直径为 150 mm 或 100 mm 和两个直径为 65 mm 的栓口；

(2)室外地上式消火栓应有直径为 100 mm 和 65 mm 的栓口各一个；

(3)地下式市政消火栓应有明显的永久性标志。

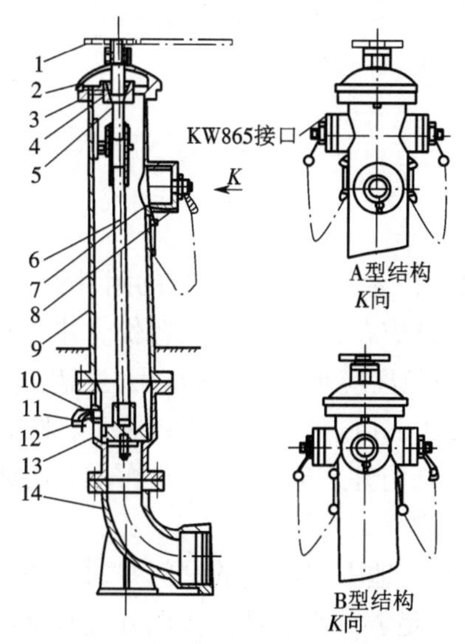

图 12.7　地上式消火栓结构

1—消火栓扳手；2—帽盖；3—填料压；4—填料；5—阀杆；6—阀门总成；7—100 mm 出水嘴；8—100 mm 出水嘴盖；9—检体；10—排水板；11—排水弯头；12—卵石；13—阀体；14—承插弯管

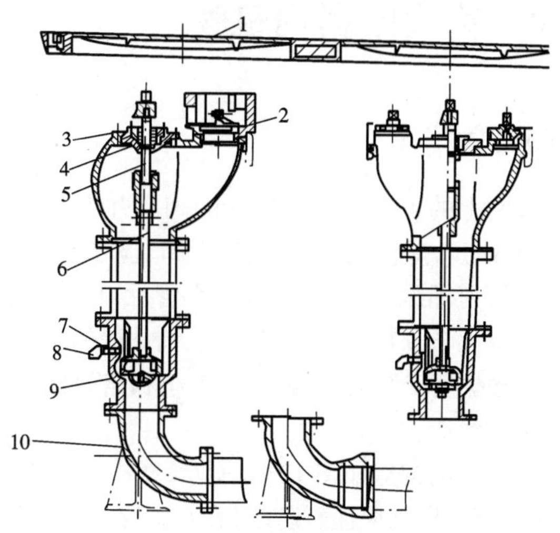

图 12.8　地下式消火栓结构

1—地面井溶；2—出水嘴盖；3—填料压；4—填料；5—阀杆；6—阀瓣总成；7—排水板；8—排水弯头；9—阀体；10—承插弯管

室外消火栓的公称压力分为 1.0 MPa 和 1.6 MPa 两种，按进水口连接形式可分为承插式和法兰式。其中，承插式室外消火栓公称压力为 1.0 MPa，法兰式室外消火栓公称压力为 1.6 MPa。

室外消火栓的安装形式分为支管安装和干管安装。支管安装又分为浅装和深装。地上式室外消火栓的干管安装形式根据是否设有检修蝶阀和阀门井室分为无检修阀干管安装和有检修阀干管安装两种。

消火栓与消防水鹤的布置和安装可参见标准图集《室外消火栓及消防水鹤安装》（13S201）。

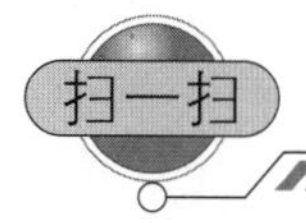

【二维码 12-5】

12.3.6　排气阀

管网在建成通水时，或检修后通水时，会有大量空气被水带走，但仍会有相当多的空气聚集在管网的局部高处；另外，水在管网中长时间停留，由于水温、水压的变化，也会从水中析出气体，聚集在管网的局部高处。管网中气体的聚积，会减小过水断面，阻碍水流，增加管线的水头损失，因此要求在管网的局部高点安装自动排气阀，使管线投产或检修后通水时，管内空气可经此阀排出。自动排气阀有单口和双口两种，图 12.9 所示为单口自动排气阀，可垂直安装在地下水平管道上的排气阀井内，也可以与管网的其他配件共用阀门井。排气阀的口径与管线直径之比一般取 1∶8~1∶12。

12.4 管网附属构筑物

12.4.1 阀门井

管网上的附件安装在配套的阀门井内，其平面尺寸由水管直径和安装的附件种类、数量、尺寸决定，应使阀门的安装、拆卸、检修和操作方便，且应布置紧凑，降低造价。井的深度取决于管道埋深。但是，井底到水管承口或法兰盘底的距离应至少为 0.1 m，法兰盘和井壁的距离宜大于 0.15 m，从承口外缘到井壁的距离应在 0.3 m 以上，以便于接口施工。阀门井的形式根据所安装的附件类型、大小和路面材料而定。阀门井一般用砖砌，也可用石砌或钢筋混凝土建造。

阀门井的构造如图 12.10 所示，寒冷地区应注意防冻，地下水位高的阀门井，其井底、井壁、水管穿井壁处应注意防水，在水管穿越井壁处应保持足够的水密性。阀门井应有整体抗浮稳定性。

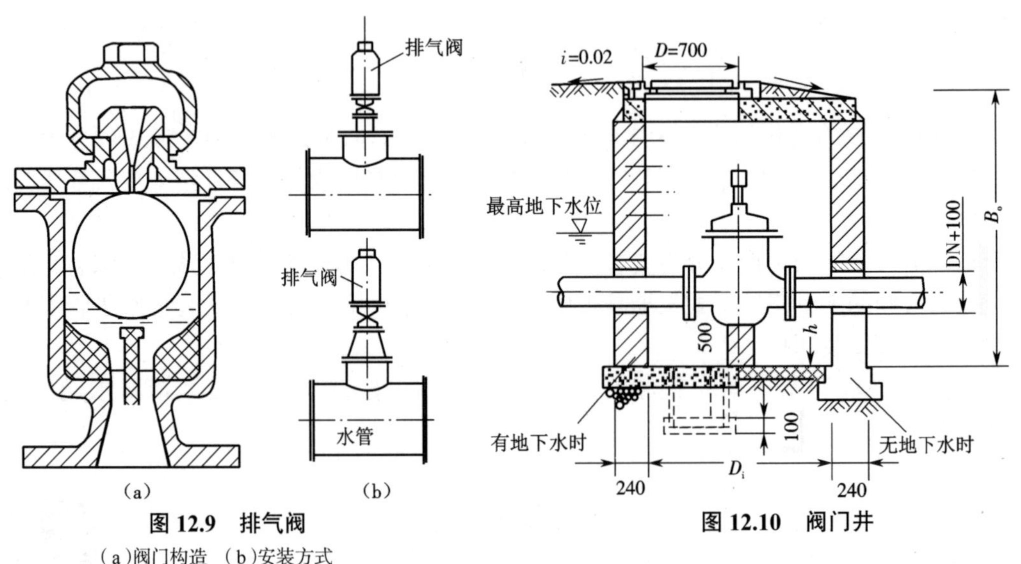

图 12.9 排气阀

(a)阀门构造 (b)安装方式

图 12.10 阀门井

12.4.2 支墩

由于承插接口强度不高、不受张力，故承插接口管线的弯管处、三通处、水管尽端的盖板上、缩管处，由于管内水压产生的拉力，可能使承插接口松动甚至拉脱，因此在这些部位要在地下设置支墩，对管道加以支撑，以平衡管内拉力，防止事故。但当管径小于 300 mm 或转弯角度小于 10°，且水压力不超过 980 kPa 时，因接口本身足以承受拉力，可不设支墩。图 12.11 所示为水平方向上的弯管支墩，施工完成后会随管道一起回填埋地。

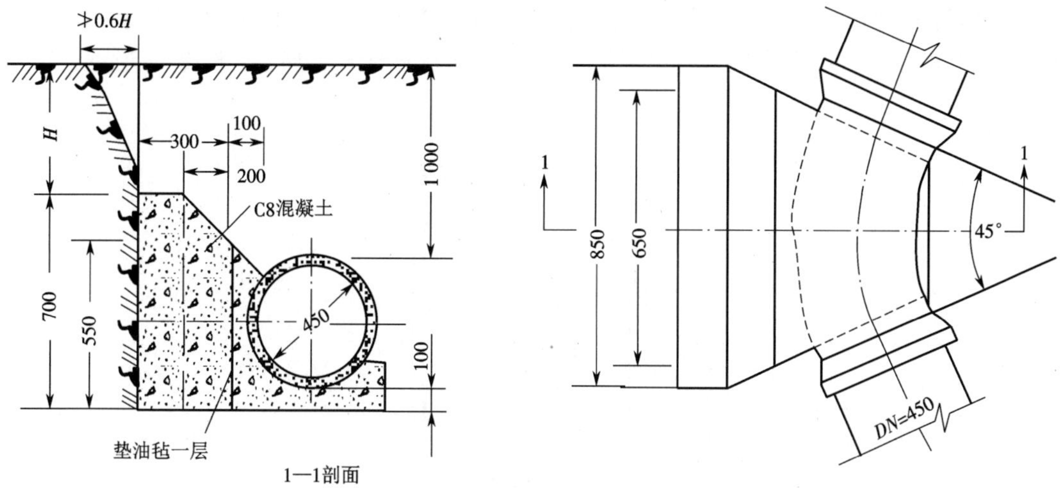

图 12.11　水平方向弯管支墩

12.4.3　管线防护设施

管线穿越铁路、公路或河谷时，必须采取相应的防护措施，一方面要求保护管线不受到破坏；另一方面要求给水管线在正常运行或发生事故漏水时不影响到铁路、公路或河谷。

管线穿越铁路或交通频繁的公路时，水管应加设钢筋混凝土防护套管，如图 12.12 所示，套管内的水管外应有托架或滚轴，以便水管敷设或修理时，可以从套管中抽出，而不必破坏路面；而且在管道发生事故漏水时，水可以沿套管流入路两侧的井中排除，也不影响路面。套管直径根据施工方法而定，大开挖施工时应比给水管直径大 300 mm，管顶法施工时应比给水管直径大 600 mm。管线穿越临时铁路、一般公路或非主要路线且水管埋设较深时，可不设套管，但应尽量将铸铁管接口放在铁路两股道之间，并用青铅接头，钢管则应有防腐措施。

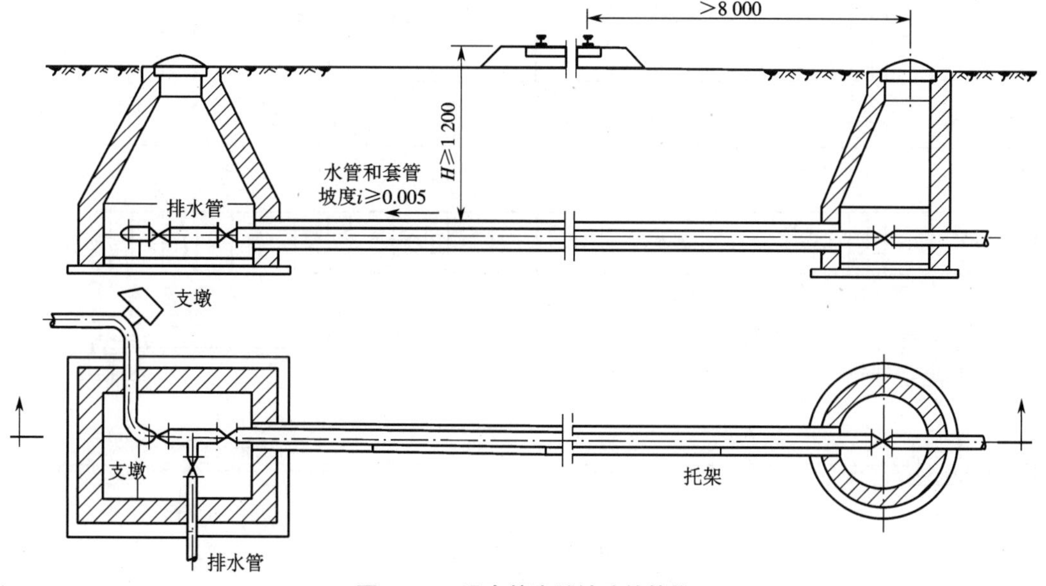

图 12.12　设套管穿越铁路的管线

管线穿越河川或山谷时，可利用现有桥梁架设水管或倒虹管，也可以建造专用的水管桥，给水管架设在现有桥梁的人行道下最为经济，施工检修比较方便，如图 12.13 所示。

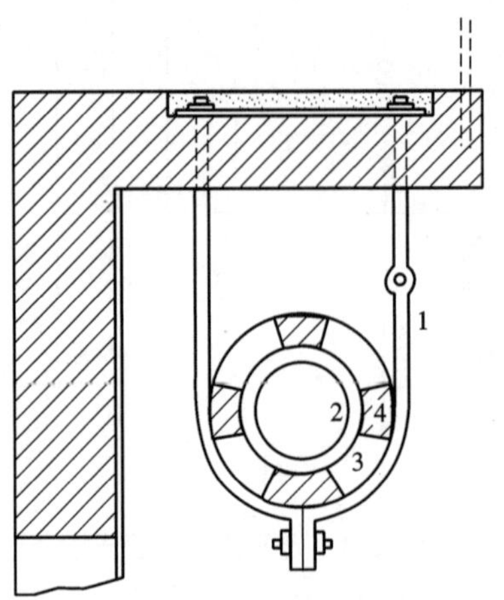

图 12.13　桥梁人行道下架管法

1—吊环；2—水管；3—隔热层；4—块

倒虹管如图 12.14 所示，其优点是隐蔽，从河底穿越不影响航运，但施工和检修不便。倒虹管的修建应在河床稳定，河床、河岸不受冲刷的河段，设置一条或并列两条倒虹管，两端应设阀门井，井内设阀门和排水管。阀门井顶部标高应位于发生洪水时不致淹没的高度。倒虹管顶部在河床以下的深度，在通航区内不小于 1.0 m，非通航区内不小于 0.5 m。倒虹管一般用钢管，并必须加强防腐措施。倒虹管直径按流速大于不淤流速计算，通常小于上下游的管线直径，以降低造价和增加流速，减少管内淤积。

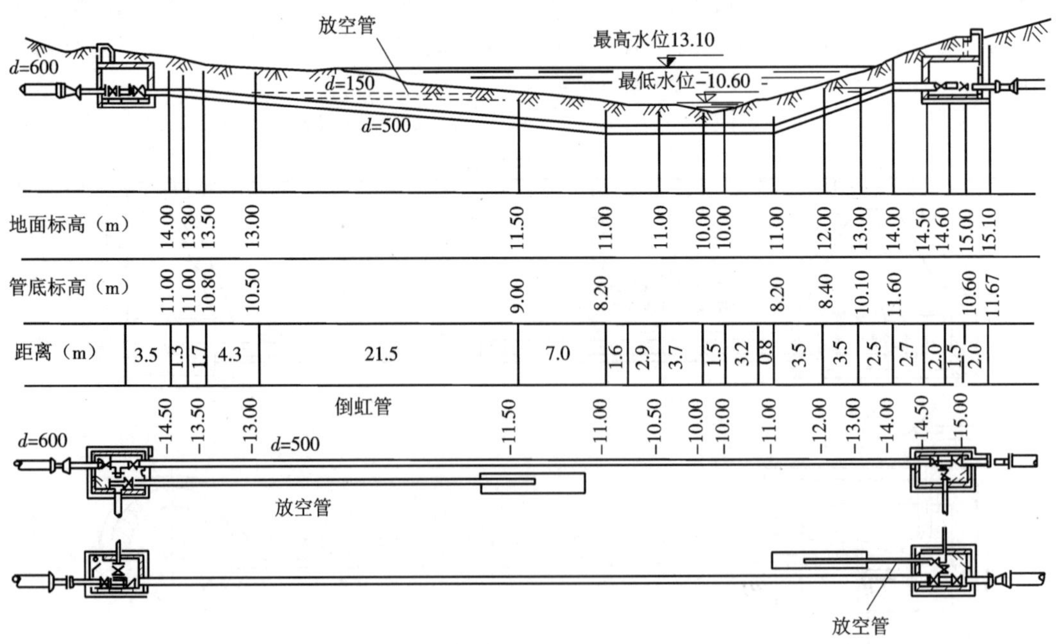

图 12.14　倒虹管

12.4.4　管网附属设施节点详图

在管网上设置各种附件时，应考虑到各种不同管径、不同管材和各种附件之间的相互连接措施，以便采用相应的管道配件进行连接，并决定各种阀门井的尺寸。为此必须在进行管网施工图设计时，用标准符号绘制详细的节点详图，以便确定其连接措施、各部尺寸乃至施工操作方法。设计时，首先要在管网总图上确定阀门、消火栓、排气阀等主要附件的位置和各管道的接口方式，然后选定节点上的各个管配件，用标准的符号逐一画出各个节点上的配件和附件。特殊的配件也应在图中注明，以便于加工。设置在阀门井内的阀门和地下式消火栓应在图上表示。阀门的大小和形状应尽量统一，形式不宜过多。

图 12.15 所示为其管网节点详图，该图表示了管网的一个局部，作出了 5 个节点和 2 处管道过河管桥的倒虹管节点详图。图中数字表示各管段的长度（m）和管径（mm）。其中 4 个节点为三通和双闸阀构造，另 1 个节点为 2 个三通、1 个弯头和大小头与三闸阀组合的构造，管道为承插接头。根据这些构造的布置和施工要求决定阀门井的尺寸。

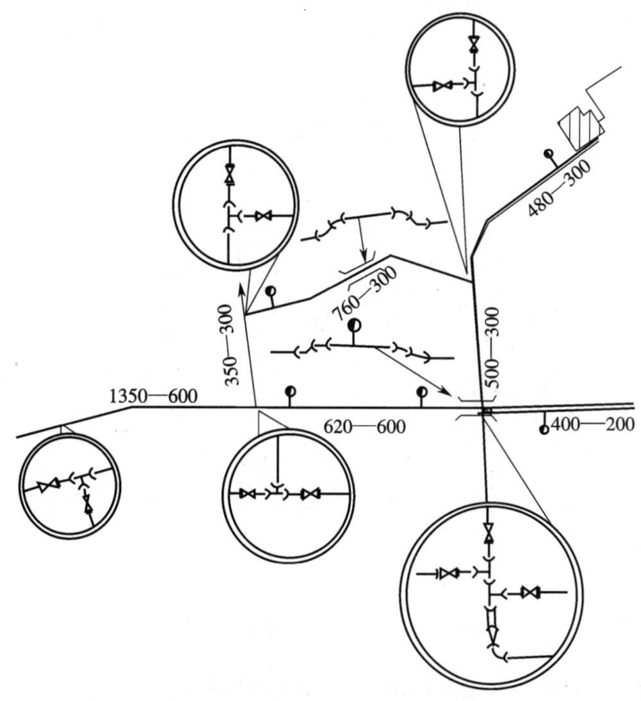

图 12.15　管网附属设施节点详图

节点详图可不按比例绘制，而根据节点构造的复杂程度，按绘图和阅图的需要从原点处引出绘制，管线方向和相对位置要与管网总图保持一致。

12.5　调节构筑物

一般情况下，水厂的取水构筑物是按照最高日平均时设计的，但配水设施则需要满足用户逐时用水量的变化，为此需要设置调节构筑物调节管网内的流量，平衡二者的负荷变化。常见的调节构筑物有水池和水塔。

12.5.1 水池

在给水系统中，水池是常用的水量调节构筑物，用于调节处理前的原水、处理后的清水、管网中的供水、建筑物中的二次供水，一般设在水处理厂或地下水出流管的末端，多为地面式或地下式，需要水泵加压后向外供水。

给水工程中常用钢筋混凝土水池、预应力钢筋混凝土水池、砖石结构水池等。在建筑物内还用钢、塑料或玻璃钢等材料，而室外给水系统中主要用钢筋混凝土水池，如图 12.16 所示。

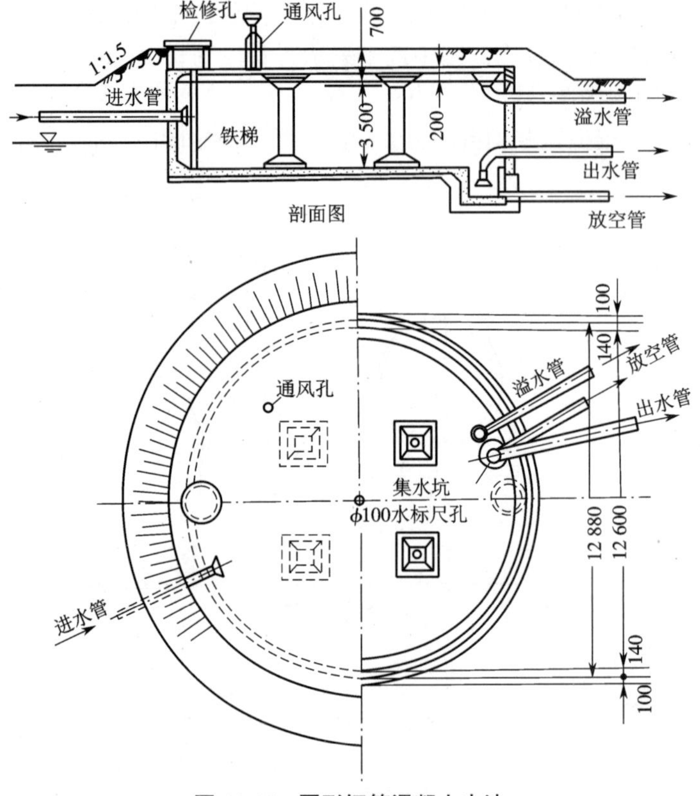

图 12.16 圆形钢筋混凝土水池

当水池容积较小时（如小于 2 500 m³），一般采用圆形较经济；当水池容积较大时，采用矩形或方形较为经济。水池如果用于盛放清水则要求加盖。水池要求装备的设施很重要，为了保证正常安全运行和维护，必须安装一系列设施，其中应有单独的进水管、出水管，安装部位应保证池内水流的循环。其他设施包括溢流管，其管径与进水管相同；清洗和放空的排水管，连接到集水坑内，管径一般按可以 2 h 内将池水放空计算；清水池之间的连接管、通气孔、检修人孔、导流墙、水位标尺或水位监测计等，要考虑好它们的高程位置和平面布置，有的还应考虑设置数量，如通气孔和导流墙等。容积在 1 000 m³ 以上的水池，至少应设两个检修孔。为使池内自然通风，应设若干通风孔，高出水池覆土面 0.7 m 以上。池顶覆土厚度视当地平均室外气温而定，一般在 0.5~1.0 m，气温低则覆土厚些。当地下水位较高，水池埋深较大时，覆土厚度需按抗浮要求决定。

此外，水池还要考虑覆土防渗、保温、抗浮、施工、选材等问题。

12.5.2　水塔

由于水塔中的水柜（水箱）容积不能如地面水池那样大，在一般城市供水系统中已很少采用，但在小城镇、工业企业、小区或农村中还普遍使用且多采用钢筋混凝土结构或钢结构。

图 12.17 所示为某钢筋混凝土水塔，主要由塔体、水柜（水箱）、管道和基础组成，进水管、出水管与塔下管网相连，两者可合用，其下是一根管道与管网相连，向上分成两根管道与水柜相通，为的是使进出水产生循环，避免形成死水。进出管口应在水柜的高水位附近。当进水管与出水管合用时，在与管网相连接处应装单向阀（图 12.17 未标示），以防止管网压力降低时，水塔存水向管网回流；同时在出水管上也应装单向阀（图 12.17），以防止水从底部进入水柜，破坏循环，同时避免冲起底部沉淀。

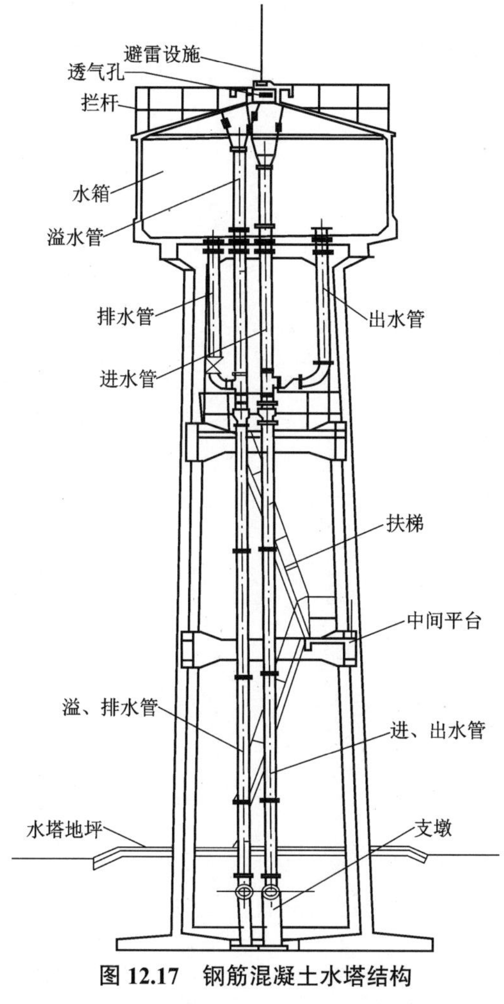

图 12.17　钢筋混凝土水塔结构

为了疏导水柜溢流设溢流管，为了便于检修、清洗、放空设排水管。与水池相同，溢水管上不设阀门，而排水管上设阀门，并且两管在水柜外可以相连，再引至水塔下。

如果水塔较高，其竖直的立管会受温度的影响和水塔结构的沉降而产生伸缩，应安装伸缩接头。水塔外露于大气，其中水柜和管道应注意保温和采暖。

水塔塔体用来支撑水柜，常用钢筋混凝土、砖石或钢材建造。塔体形状有圆筒形和支柱式。水塔基础可采用单独基础、条形基础和整体基础。为了正常运行与维护，还要安装相关的一些设施，如水位标尺或水位监测计、避雷器、爬梯、通气孔、人孔等。

思考题

1. 常用水管材料有哪几种？各有什么优缺点？
2. 阀门起什么作用？有几种主要形式？各安装在哪些部位？
3. 排气阀和泄水阀应在哪些情况下设置？
4. 阀门井起什么作用？它的大小和深度如何确定？
5. 哪些情况下水管要设支墩？应放在哪些部位？
6. 水塔和水池应布置哪些管道？

第 13 章　输水工程

13.1　输水管渠设计的基本原理

输水系统的功能有两个：将水从水源地输送到净水厂，即原水输水系统；将处理后的水由净水厂输送到配水管网，即净水输水干管。后者的输水距离一般较近，前者的输水距离可能较远，最远的可能有上千千米。这种系统具有非常重要的社会价值和经济意义。

一般较短的净水厂输送干管是与供水配水管网连接在一起的，因此在规划、设计和计算中一般统一考虑。本章所讲的输水工程主要是原水输水系统，且侧重于长距离的输水系统。

原水输水系统的输水方式按压力可分为重力输水和压力输水两种；与地面的关系又可分为地埋式（管道、渠道、隧道），地表式（明渠）和架空式（渡槽），应根据所经过路线的地面标高和坡度变化，地形、地质、地物情况与技术经济条件决定。而在实际工程中，由于输水系统沿线地形总有多种变化，根据实际情况常将各种输水方式相结合。

13.1.1　地埋式管道输水

地埋式管道输水是一种常用的输水方式，它有以下多方面的优点：

（1）卫生防护条件好，水质受外界环境的影响较小，不受污水、污物的污染；

（2）密闭式输水水量有保证，没有蒸发损失，渗漏损失少，不受非法截流取水影响；

（3）适用地域广，不受气候影响，没有水面结冰的危害，不产生污水、流冰等；

（4）占地比明渠等少，受自然条件、地区地形、地物条件的限制少，输水线路所经之处破坏少，易恢复，较少改变原有的自然和生态情况；

（5）管道维护量少，运行管理工作量少；

（6）对地形、地物、穿越障碍物的适应性强，特别是对压力式输水具有较好的适应能力；

（7）管材可以适应多种选择。

13.1.2　渠道输水

渠道有明渠和暗渠之分，其中压力暗渠的主要特点与地埋式管道有许多相似之处，压力暗渠所承受的水压设计值较埋地式管道要小，但其过水断面可以大于管道，由于水力半径大，所以摩阻损失小，节能效果较好。

明渠都属于重力流，渠内水压降至最低程度，渠外土压也降至最低程度，从这点来说其结构力学条件是最为有利的，加之渠道的节能特性，它一般适用于大流量或特大流量的情况，如果结合原有河道、沟渠等加以改造、整理，则可减少工程量。

与埋地式管道的优点相对应，明渠输水存在以下一些主要的缺点。

（1）明渠输水的损耗水量大，包括渗漏量、蒸发量、人为非法截流量；

（2）卫生防护条件不利，易受外界环境的影响，污水、污物、人为污染很难避免，水质无法保证；

（3）永久性占地多，受自然条件的影响大，受地区地形、地物条件的限制多，输水沿线破坏了原有的自然状况，不可恢复；

（4）受地区气候条件影响，在寒冷地区有冰冻危害；

（5）渠道维护管理工作量大；

（6）对地形、地物、障碍物的适应性差；

（7）建筑材料限制性强。

13.1.3 输水系统供水保证率

根据《室外给水设计标准》（GB 50013—2018），“输水干管一般不宜少于两条”，“当有安全贮水池或其他安全供水措施时，也可修建一条输水干管”。输水管的数目应根据所要求的保证程度在确保技术经济性的条件下确定。一般多水源供水的系统或供水系统中有调蓄容量可供事故修复期供水的可采用单线输水。由于输水管工程的工程量较大，投资较高，在实际工程中采用单线输水的情况较多，因此在设计上均应有全面的、符合实际的、保证安全运行的方案。

（1）对单线输水系统，可采用调节水池，其最小容积为

$$W = \alpha QT \tag{13-1}$$

式中 W——调节水池的最小容积，m^3；

α——事故供水系数；

Q——设计流量，m^3/h；

T——发生事故允许的最长停水时间，h。

事故供水系数参考如下：对于一般城市生活用水，α=0.7~0.75；对于生产用水，应视工艺要求而定。

根据要求确定的停水时间可参考表 13.1。

表 13.1 输水系统事故检修时间

长距离输水方式		事故检修与恢复供水时间 /h
重力流明渠、暗渠输水		72~120
压力流管道输水	<DN400	12
	DN400~DN1000	15~20
	DN1 200~DN2000	24~36
	>DN2 000	36~48

（2）长距离输水系统中，如果是重力流，那么可以充分利用地形，可在沿线的适当地点，利用地形起伏的变化修建调节水库。

（3）采用双管输水时，在有条件时应沿输水管一定距离设连接管，将两平行的双管连通，以便输水管某处发生事故时缩短停水线的长度，尽可能维持高的通水能力。要使干管的任意段发生事故而切断时，全系统仍能保证通过事故水量，对城镇供水系统而言，此事故水

量为设计水量的 70%；对工业企业供水系统而言，事故水量根据工艺要求确定；系统中还应包括消防用水量。

（4）对压力输水系统（包括管道和渠道），应特别注意水锤产生的可能，应采取防止水锤产生和消除水锤的措施，在管渠系统中应防止积聚气体，并采取排放气体的措施，以确保安全运行。长距离输水管线上正确安装排气阀是系统正常运行的关键。排气阀的作用，一是系统建成通水或维修后充水时将管内空气排出；二是停运放水时通过排气阀吸入空气，避免输水管渠内部形成负压而破坏管渠和接口；三是排出正常运行时水中析出的溶解气体，以防形成气囊影响水流。排气阀与输水管渠连接处要装闸阀，以备排气阀检修时使用。

13.1.4　排水与放空设施

管渠敷设后，通水前还应有一系列操作：要彻底清除管渠内遗留的工具、材料和杂物；排除施工时的积水和泥沙；对管渠进行清洗和消毒，按操作规程要求，使输水管渠输送水质符合卫生要求；压力式管渠按操作规程要求进行水压试验，使之满足设计压力要求。这些过程完成后才能回填、覆土。为此输水管渠必须在各段的局部低处设置压力人孔和排水闸阀，并在河渠附近设置排水设施和排水出路。排水管口径应具有一定通水能力，一般为主管渠口径的 1/4~1/2。但对大型输水管渠而言，要求的排水管口径可能会过大，可在一处设多个排水管以减小口径。设计时排水管底应不高于输水管渠底，以便于输水管渠中的水排放干净。

此外，输水管渠的设计和敷设还要根据工程具体情况和环境条件来考虑，还要解决一系列问题，如支墩、基础、温度应力、埋深与覆土、防止管道上浮、水锤防护、排气设施、人孔、管道标志等。

13.2　引滦入津工程概况

我国天然水资源比较贫乏，而且在地理分布上又很不平均，天津乃至华北地区水资源缺乏，已经影响到经济发展和人民生活改善。长期以来，我国为解决水资源问题做了极大的努力，从各方面开源和节流，取得了不少成绩，但从根本上改善的重要途径之一是远距离、跨流域调水。天津市自 20 世纪七八十年代就严重缺水，极大地阻碍了地区经济的发展，1981 年党中央果断作出“引滦入津”的决策，这个史无前例的跨流域大型引水工程正式开工。

引滦入津工程是一项跨流域的综合性大型输水工程，沿线长达 234 km，总共有 215 个工程项目，其中包括开凿 11.39 km 长的穿越分水岭的引水隧洞，多处穿越河流工程，加固于桥水库大坝，新建一座水库和一个水厂，开挖土石方 2 600 余万立方米，整治河道 108 km，开挖干渠 70 km，埋设输水钢管 16.3 km，建大、小桥梁 100 多座，倒虹管 10 条，大型泵站 6 座，扬水点 18 个，闸 33 座。

引滦入津工程跨越滦河和海河两大流域，将滦河水引到海河，流经路线为潘家口水库出水，经大黑汀水库，穿越分水岭隧洞，引入黎河，进入于桥水库，再经州河，过九王庄渠首闸进入输水明渠，至尔王庄水库，再由输水管道送至宜兴埠泵站，提升压力后用暗管输送至水厂。沿线以倒虹管穿越多条河道。主要工程简单介绍如下。

1. 水源地:潘家口水库

此水库位于河北省北部地区,承德市南部,属滦河流域中游,滦河是华北地区水量比较丰富的河流。水库受水面积为 3 万多平方千米,库容量为 29 亿多立方米。国务院决定每年从潘家口水库给天津放水 1.0×10^9 m³。水库的水质好,含泥沙杂质较少,是相当理想的水源。

2. 引滦入黎穿山引水隧洞

在迁西县与遵化县(现遵化市)交界处,开凿一条长 11.39 km 的穿越分水岭的引水隧洞(其中明挖箱涵 1 720 m),建一座分水枢纽工程、一座防洪闸。涵洞宽 5.7 m,高 6.25 m,设计水深 3.93 m,校核水深 4.77 m,全段纵坡坡度为 1∶1 200,过流量 60 m³/s,是当时国内最长的引水隧洞。

3. 黎河整治

河长 56.33 km,按流量为 60 m³/s 整治,沿河险工护砌 20 处,建桥梁 35 座。

4. 加固于桥水库大坝

于桥水库建于 1959 年, 1960 年开始拦洪蓄水,防洪库容为 1.3×10^9 m³,相应水位为 26.5 m 大沽高程,坝顶高程 27.5 m,需增高至 28.7 m,防浪墙高 29.92 m,坝长 2 000 余米,加固工程包括基础处理、大坝加高、坝坡修整等项目。

5. 整治州河

自于桥水库坝下至九王庄蓟运河止长 54 km,利用州河输水,设计流量按引滦水量 50 m³/s,加上农用水 50 m³/s 计算,共 100 m³/s。沿线险工 25 处,其中包括围埝工程、一批农田水利工程等。

6. 修建专用输水明渠与水工建筑物

新挖、扩挖专用输水明渠 64 km,渠底纵坡坡度为 1∶20 000,上口宽 50 m。在九王庄新建渠首闸一座,改建新引河河闸两座。明渠穿越鲍丘河、潮白新河、北京排污河、永定新河等,修建倒虹管 12 条,其中明渠穿越河流和河流穿越明渠各 6 条。修建桥梁 75 座,大型泵站 6 座和容量为 4 500 m³ 的尔王庄水库 1 个。

7. 尔王庄水库工程

尔王庄水库作为天津市新开河水厂、芥园水厂和凌庄水厂三个水厂的调蓄水库,对水厂供水起安全保证作用,位于宝坻尔王庄东北低洼地,地面高程为 1.4 m,水库面积为 11 km²,四周围堤长为 14.63 km,防浪墙顶高程为 8.04 m,围堤顶宽为 7 m,顶高程为 6.84 m,正常水位为 5.5 m,水库周围挖截流渗渠,并设有排水设施。

8. 沿线建泵站(4 座)

(1)潮白新河泵站。其设计流量为 50 m³/s,选用 18CJ-63 型轴流泵 7 台(5 用 2 备),扬程为 6.3 m,前池水位高程为 0.1 m,后池水位高程为 4.65 m。此泵站在雨季兼顾农田排涝,排涝采用钢筋混凝土箱涵,断面为 3.3 m × 3.2 m,长 127.96 m。

(2)尔王庄泵站。此泵站及其后至新引河专用明渠设计流量为 30 m³/s,泵站内设有两座泵房:其一为明渠输水提升泵房,设计流量为 30 m³/s,装有 18CJ-34 型轴流泵 5 台(3 用 2 备),扬程为 3.4 m;其二为暗渠输水提升泵房,与尔王庄水库补库泵合用泵房,内设 CJQ-90 型轴流泵 10 台,其中 3 台为补库泵, 7 台为暗流提升泵(5 用 2 备),每台泵流量为 4~5 m³/s,扬程为 9~10 m。

（3）大张庄泵站。此泵站是明渠泵站的最后一个泵站，设计流量为 30 m³/s，水泵型号与潮白新河泵站相同，为 18CJ-63 型轴流泵，该泵站兼雨季农田排涝功能，前池水位为 1.21 m，后池水位为 2.9 m。

（4）宜兴埠泵站。此泵站位于暗渠末端，是进入市区前的最后一级泵站，设计流量为 19.1 m³/s。站内设两组水泵：一组水泵向西河水厂送水，采用 32SA-10 型泵 12 台（9 用 3 备），每台泵流量为 1.42 m³/s，扬程为 48 m；另一组水泵向新开河水厂送水，采用 32SA-19 型泵 6 台（4 用 2 备），每台泵流量为 1.6 m³/s，扬程为 26 m。

9. 引滦入厂输水钢管

（1）从宜兴埠泵站至西河水厂输水钢管长 10.67 km，直径为 2 500 mm，壁厚为 20 mm，流量为 12.73 m³/s。

（2）从宜兴埠泵站至新开河水厂输水钢管长 3.73 km，直径为 1 800 mm，壁厚为 16 mm，流量为 6.37 m³/s。

引滦入厂输水钢管路线如图 13.1 所示。

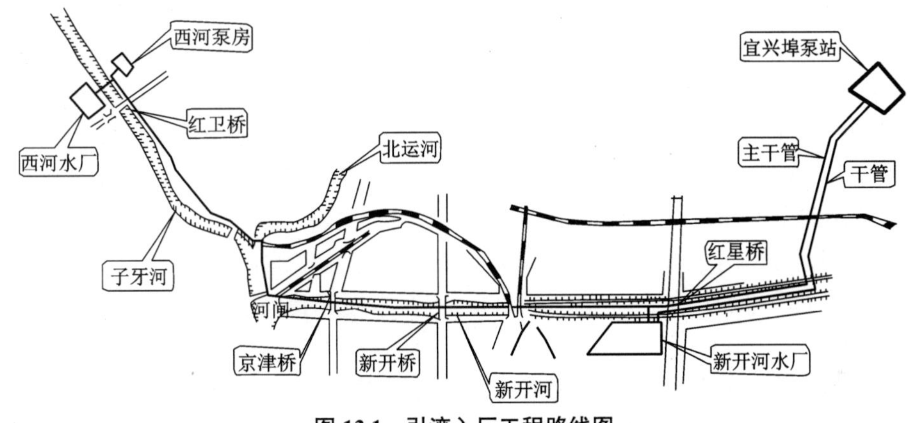

图 13.1　引滦入厂工程路线图

钢管内防腐采用水泥砂浆喷涂，外防腐采用三布四油加强防腐层，并设阴极保护防腐装置。管道穿越河道采用沉管法施工；闹市区段采用顶管法施工；穿越铁路加用套管；在闸阀及其他接头法兰零件处装有伸缩接头。

10. 建设新开河水厂与其他各项配套工程

建设新开河水厂与其他各项配套工程，包括市内配水干管工程、农田水利配套工程、外部供电工程（变电站、输电线路等）、通信设施工程等，开挖土石方 2 600 万余立方米，浇筑混凝土 70 万余立方米。

引滦入津工程正式开工是在前期大量调查研究、勘察设计、准备的基础上，于 1982 年 5 月 11 日，由天津市政府在引滦入黎引水隧洞中段所在地的河北省遵化县开启的。1983 年 8 月 15 日全线试通水，1983 年 9 月 11 日正式通水。引滦入津工程建成通水至今已安全运行 30 余年，为天津的生存与发展提供了极为重要的物质基础，创造出巨大的经济效益、社会效益和环境效益，天津市更是通过水源保护、绿化、美化工程等，使引滦入津这条“生命线”成为天津市一道靓丽的文化生态“风景线”，享有“古有都江堰，今有引滦线”的美称。

时至 21 世纪，随着天津市以及整个北方地区的发展和人民生活水平的日益提高，水资源的严重不足日益显现，为进一步解决包括首都北京和环渤海重镇天津在内的整个北方地区的水资源问题，需要实现一项全新的工程，这就是举世闻名的“南水北调”工程。

13.3 南水北调工程概况

“南水北调”工程举世闻名，该工程引长江水到北方，是我国又一项大型跨流域、远距离输水工程壮举，也是迄今为止世界上规模最大的调水工程，工程横穿长江、淮河、黄河、海河四大流域，涉及十余个省（自治区、直辖市），输水线路长，工程规模和难度国内外均无先例。南水北调工程承载了我国数代人的梦想，现在这种“梦想”已经逐步变为现实。

13.3.1 南水北调总布局简介

长江水资源丰富，多年平均流量约 9.6×10^{11} m^3，特枯年有 7.6×10^{11} m^3。长江的入海量占天然流量的 94% 以上，因此绝大部分流量是白白入海了，从长江流域调出部分水量，缓解北方地区的缺水是完全有可能的。

经过近 50 年的勘测、规划和研究，在分析、比较 50 多种规划方案的基础上，选定了长江上游、中游和下游的三个规划调水区，从而分别形成了南水北调的西线、中线和东线三条调水路线，与长江、黄河、淮河和海河形成四横三纵的总体格局。利用黄河贯穿我国西部到东部的天然优势，通过黄河对水量进行重新调配，可协调我国北方西部、中部和东部经济社会发展与水资源需求的关系，达到我国水资源南水北调、东西互济的优化配置目标。

南水北调西线、中线、东线三路的年调水总量规划年平均调水量为 7×10^{10} m^3，相当于西北地区和黄淮海平原增加一条黄河的水量，可基本缓解我国北方地区水资源严重短缺的现状。

南水北调与北方的黄河、淮河、海河的水资源开发相结合，可增加城镇和工业供水每年 300 多亿立方米，增加农田灌溉面积 1.5 亿亩（1 亩 =666.666 666 7 m^2），同时还有提高排涝能力、发展航运和保护生态环境等综合利用效益。到 21 世纪把我国建成中等发达国家、基本解决华北平原与黄河中上游地区的水资源短缺以及 700 多万人长期饮用高氟水和苦咸水的问题，实现这一总体设想，大约需要 50 年或更长的时间。

13.3.2 西线规划研究概况

自 20 世纪 50 年代起，开始考察西线调水的路线。黄河水利委员会在 1978—1985 年多次进行了西线考察，把研究重点放在现实可行、规模不宜过大的方案上。研究范围是从长江上游引水到黄河上游，路线是从长江上游的干流通天河和主要支流雅砻江与大渡河的上游分三条路线进入黄河上游，三条线路的位置在四川省与青海省的交界处，从四川省北部引水向东北方向进入青海省的南部输入黄河上游。从这三条河向黄河引水北调，距离最短，工程难度较小，可调水量多年平均不会超过 200 亿立方米，水量还是比较少的，不可能解决整个北方的缺水问题，只能主要解决青海、甘肃、宁夏、内蒙古、陕西、山西 6 省的缺水问题，必要时也可向黄河下游补水。因此，西线调水主要应当用于最缺水的西北地区。“七五”期间已完成了其中的雅砻江调水规划研究；“八五”期间继续完成通天河、大渡河调水规划研究和西线总体规划研究。按原计划完成这些超前期工作之后,可进行西线的具体规划工作。

根据方案的工程规模、可调水量、工程地质条件、技术可行性、海拔高程、施工条件、经济指标等因素,经综合比选,工程总体布局如下:大渡河、雅砻江支流达曲—贾曲联合自流线路,调水 40 亿立方米;雅砻江阿达—贾曲自流线路,在雅砻江干流建阿达引水枢纽,调水 50 亿立方米;通天河侧仿—雅砻江—贾曲自流线路,在通天河干流建侧仿引水枢纽,调水 80 亿立方米,共调水 170 亿立方米。

该方案具有下移、集中的特点,避开了自然条件恶劣、严重缺氧的地区,对生态影响相对较小;在具体实施过程中,可以相互联系,能由远及近,逐步实施,节省大量勘测、交通和施工等基础工程费用。

西线调水工程截至目前还没有开工。这项工程地处高寒和人烟稀少的地区,为了早日弄清楚将来调水的可能性与合理性,必须开展方案研究工作,这项工作要耗费大量人力、物力,且要经历一个较长期的艰苦的工作过程,只有这样才能为以后的设计和施工做好科学依据和准备。三条河调水 170 亿立方米,基本上能够缓解黄河上中游地区 2050 年前左右的缺水状况,但从发展战略考虑,要实现西北地区经济、环境的可持续发展,尚需扩大水源。因此,规划时还研究了从西南的澜沧江、怒江向黄河调水作为西线后续的远景水源。初步研究结果认为,从澜沧江、怒江可以自流调水到黄河,后续水源可调水量 160 亿~200 亿立方米,后续线路均能与目前规划的三条引水线路相衔接。后续水源调水拟从怒江东巴水库引水,串联澜沧江吉曲、扎曲、子曲,在玉树以上入通天河侧仿水库,与南水北调西线工程相衔接。

13.3.3　中线工程概况

南水北调中线工程包括由长江干流引水(简称引江)和由汉江的丹江口水库引水(简称引汉)两部分,其中一期工程是从长江最大支流汉江中上游的丹江口水库调水,在丹江口水库东岸河南省淅川县九重镇境内的工程渠首开挖干渠,经长江流域与淮河流域的分水岭方城垭口穿江淮分水岭,沿华北平原中西部边缘开挖渠道,在荥阳通过隧道穿过黄河,沿京广铁路西侧北上,自流到北京市颐和园团城湖的输水工程。二期工程丹江口水库可调水量可达 130 亿~140 亿立方米。根据受水区需调水量要求,再研究后期或远景(2050 年)从长江干流增加调水量的方案。

20 世纪 50 年代在汉江上兴建丹江口水库时,主要是为了汉江的防洪,南水北调工程启动后,在设计坝顶高程为 175 m 的情况下,按坝顶高程为 162 m 施工,汉江年平均可调水量为 144.6 亿立方米。丹江口大坝加高后,丹江口水库正常蓄水位达到 170 m,最小调节库容达到 98 亿立方米,对近期调水量可以进行完全调节,基本做到“按需供水”。

南水北调中线工程输水干渠地跨河南、河北、北京、天津 4 个省、直辖市。受水区域为沿线的南阳、平顶山、许昌、郑州、焦作、新乡、鹤壁、安阳、邯郸、邢台、石家庄、保定、北京、天津等 14 个大、中城市。重点解决河南、河北、北京、天津 4 个省、直辖市的水资源短缺问题,为沿线十几座大、中城市提供生产生活和工农业用水。中线工程至河北省徐水县(现徐水区)西黑山村分水后,一路继续北上到北京,另一路由天津负责建设,路线走向总体由南向东北,沿线经过河北省保定地区的徐水、容城、高碑店、雄县，廊坊地区的固安、霸州、永清、安次，天津市的武清、北辰和西青区，最后入外环河。中线工程供水范围内总面积为15.5万平方千米。中线输水干渠总长1 277 km，天津输水支线长155 km。

丹江口水库水质可达到一类水质标准，而且南水北调总干渠为专用输水河道，不与其他河道通汇，因此可保持水质不受污染。汉江水进入天津支线后，采用全封闭的涵管式输水方式，汉江来水水质远优于滦河来水和黄河来水，有较大可能达到二类水质标准。南水北调中线工程设有1个水质保护中心，全权负责沿线的水质保护工作；分布有4个固定实验室，负责具体监测业务；另布设有13个自动监测站，30个固定监测断面。

南水北调工程河南省调水37.69亿立方米，河北省调水34.7亿立方米，北京市调水12.4亿立方米，天津市调水10.2亿立方米，城市居民优质饮用水能够得到保证，干旱年份一些城市将不再出现"水荒"现象。对于数百万长期饮用高氟水、苦咸水和其他含有害物质的深层地下水的当地农民来说，中线工程将从根本上改善饮水质量。

考虑到季节性变化等因素，南水北调的流量可能不均匀，为了确保对天津的供水，计划在武清区王庆坨修建一座调蓄水库，设计总库容为2 000万立方米。2019年9月，王庆坨水库正式开闸蓄水，在两个月内完成引江水1 200万立方米的任务，南水北调水源大部分将用于天津城市生活用水，少部分用于生态用水，但不能用于农业和补充地下水。

从河北省徐水县至天津市外环河的天津干线采用国际先进的大口径PCCP管，管道直径达4 m，而到此前为止国内最大的此类管道直径为3 m，此次管道口径创了全国之最。

天津干线采用双管并铺方式，即铺设两根平行的直径4 m的管道，由于采用管道输送，没有明渠的水质污染和蒸发水量损失，渗漏也尽可能降到最低，较少受外界环境的影响。此外，由于采用埋地式管道，土地可以复耕，不浪费土地资源，不影响地面河道、交通及地貌地物、原有的生态和环境条件。天津干线将穿越48条河流、4条铁路和8条公路干道。由于徐水县至天津市外环河的地面高程差为63 m，因此天津干线中的水完全自流到天津。

南水北调中线重点工程包括穿黄工程、调水竖井、大坝加高、输水隧洞、U形渡槽。

（1）穿黄工程是南水北调中线总干渠穿越黄河的关键性工程，也是南水北调中线干线工程总工期中的控制性项目。穿黄工程位于河南省郑州市以西约30 km处，荥阳市境内，总长19.30 km。穿黄隧洞长4.25 km，双洞平行布置，隧洞内径为7.0 m，采用盾构法施工。穿黄隧洞是南水北调工程中规模最大、单项工期最长、技术含量最高、施工难度最大的交叉建筑物。穿黄工程调水竖井的作用是将中线调来的长江水从黄河南岸输送到黄河北岸，向黄河以北地区供水，同时在水量丰沛时可向黄河补水。调水竖井井壁为双层结构，外层为地下连续墙形式，厚1.5 m，深76.6 m；内层为0.8 m厚的钢筋混凝土现浇衬砌，采用逆作法施工。

（2）丹江口水利枢纽大坝加高工程同样是南水北调中线工程的控制性工程，加高工程是在丹江口水利枢纽初期工程的基础上进行培厚、加高和改造。大坝加高后，总库容增加116亿立方米，可保证多年均衡地向北方调水，实现向京、津、豫、冀等北方地区提供可靠、稳定和清洁水源的目的。

（3）输水隧洞指北京西四环的暗涵工程，有两条内径为4 m的有压输水隧洞，穿越北京市五棵松地铁站。这是世界上第一次大管径浅埋暗挖有压输水隧洞从正在运营的地下车站下部穿越，创下暗涵结构顶部与地铁结构距离仅 3.67 m、地铁结构最大沉降值不到 3 mm 的纪录。

（4）南水北调中线湍河渡槽和沙河渡槽均为三向预应力 U 形渡槽，渡槽内径为 9 m，单跨跨度为 40 m，最大流量为 420 m^3/s，采用造槽机现场浇筑施工，其渡槽内径、单跨跨度、最大流量属世界首例。

南水北调中线工程于 2003 年 12 月 30 日开工，历时 11 年建设，于 2014 年 12 月 12 日正式通水。截至 2020 年 6 月 3 日，南水北调中线一期工程累计输水量达 300 亿立方米，工程惠及北京、天津、石家庄、郑州等沿线 19 个大、中城市，6 000 多万居民喝上了南水北调水。

13.3.4　东线工程概况

南水北调东线工程从江苏扬州江都水利枢纽引水，利用并扩建京杭运河和与其平行的部分河道，并设 13 个梯级泵站扬水北送，总扬程为 65 m，途经高邮湖、洪泽湖、骆马湖、南四湖（指串联在一起的微山湖、昭阳湖、独山湖、南阳湖，1960 年修筑二级湖坝，将南四湖分成上级湖和下级湖）与东平湖。出东平湖后，分两路输水，一路向北，在山东的位山通过倒虹输水隧洞穿过黄河后，沿京杭运河自流到天津的北大港水库，其输水主干线长约 1 156 km；另一路向东，经新辟的胶东地区输水干线接引黄济青渠道，向胶东地区供水，经过南运河到天津市郊后可沿永定河等河道或用输水管道送水到北京。南水北调东线工程跨越江苏、山东、河北、天津四省市，主要为黄淮海平原东部、胶东地区、京津冀地区提供生产生活用水。

南水北调东线工程规划为三个阶段，第一期工程主要以黄河以南的河道整治，穿黄工程，胶东、鲁北地区的输水干线设置为主；第二期工程增加向河北、天津供水，扩大北调规模，并延伸至天津北大港水库；第三期工程扩大胶东地区输水干线西侧 240 km 河道。

东线工程的总体规划以 2030 年发展水平的供水要求为目标，拟定调水工程规模为抽长江水设计能力 800 m^3/s，过黄河为 200 m^3/s，入天津为 100 m^3/s，向胶东地区供水为 90 m^3/s。按远景轮廓规划，调水工程规模可根据以后发展要求，扩大到抽长江水为 1 400 m^3/s，过黄河为 700 m^3/s，入天津为 250 m^3/s。东线工程各段设计能力如表 13.2 所示。

表 13.2　东线工程各段调水规模

区段		输水工程设计能力 /（m^3/s）	
		总体规划 2030 年水平	远景设想
长江—洪泽湖	抽长江	800	1 400
	进洪泽湖	800	1 400
洪泽湖—骆马湖	出洪泽湖	850	1 100
	进骆马湖	750	1 050
骆马湖—南四湖	出骆马湖	700	900
	进下级湖	600	850
南四湖区	进上级湖	550	800

续表

区段		输水工程设计能力/(m^3/s)	
		总体规划 2030 年水平	远景设想
南四湖—东平湖	出上级湖	500	700
	进东平湖	450	700
穿黄河	穿黄工程	200	700
黄河—卫运河	位临运河	400	700
	进卫运河	400	700
卫运河—南运河	进南运河(捷地以南)	250	250
	进南运河(捷地以北)	200	250
入天津		100	250

按此规划调水工程的供水能力与实际的调水供需平衡的水量调配,拟定规划调水量:从长江抽水量多年平均为每年 148.17 亿立方米(比现状增抽长江水 92.64 亿立方米);入南四湖下级湖水量为 78.55 亿立方米;入南四湖上级湖水量为 66.12 亿立方米;过黄河调水量多年平均为每年 37.68 亿立方米;到胶东地区水量为 21.29 亿立方米。多年平均毛增供水量 106.21 亿立方米,其中增抽长江水 92.64 亿立方米,增加利用淮水 13.57 亿立方米。扣除损失后的净增供水量为 90.70 亿立方米,其中江苏 28.20 亿立方米,安徽 5.25 亿立方米,山东 37.25 亿立方米,河北 10.00 亿立方米,天津 10.00 亿立方米。增供水量中非农业用水约占 86%。如北方需要,除上述供水量外,可向生态和农业供水 12 亿立方米。

总体规划主体工程主要包括:扩挖和新挖河道土方 6.63 亿立方米;在 13 个抽水梯级上新建和扩建泵站 34 处,增加水泵装机 52.93 万千瓦;穿黄河工程一处,其中在黄河河底以下 70 m 处开凿两条(先完成一条)内径为 9.3 m 的输水隧洞,每条长 624 m;各种涵闸、桥梁等配套构筑物 400 余座,混凝土工程量 489 万立方米,砌石 645 万立方米;增设输电线路 1 300 余千米;除利用黄河以南的洪泽湖、骆马湖、南四湖、东平湖等蓄水外,在黄河以北扩建和新建 5 座平原水库。

东线工程在硬件技术方面的关键主要有两个:一是穿黄工程;二是大流量低扬程机泵。穿黄工程经过多年勘测、试验和规划设计,最后通过在黄河河底以下 70 m 的岩溶地层中开凿勘探试验洞,基本上解决了技术问题。我国已能大量制造大流量水泵机组,且新型水泵试研究也达到了世界先进水平。

2019 年 6 月 21 日,南水北调东线一期工程北延应急试通水顺利完成,东线水已经顺利进入天津市,并沿途补给河北沧州部分地区用水,为华北地区地下水超采综合治理提供了补充水源。

有关部门和专家对东线工程中的环境影响问题进行了研究,《中华人民共和国水法》第二十一条特别强调,跨流域引水工程,必须进行全面规划和科学论证,统筹兼顾引出和引入流域的用水需要,防止对生态环境的不利影响。世界各国不少跨流域调水计划也往往受到来自环境保护方面的压力,如美国有的州甚至立法明令禁止跨流域调水。在南水北调东线工程中主要的环境问题是调水对长江下游和长江口的影响,其他影响包括长江口海水入侵、海口淤积、水质恶化以及血吸虫病扩散到北方、北方灌区土壤次生盐渍化等,调水对长江水生生物的生态环境的影响等一系列问题也有待进一步研究。

最后应指出的是,引滦入津和南水北调两大工程是很庞大而复杂的工程,由于笔者参考的是不同时期和不同来源的文献资料,因此情况和数据存在误差在所难免,主要给读者提供一个知识性的总体概念,不当之处希望多提供宝贵意见。

第 3 篇　排水管道系统

第 14 章　排水管道系统

14.1　概述

现代城市需要建设一整套的工程设施来收集、输送、处理、再生污水和雨水，此工程设施称为排水工程。排水工程包括雨水系统和污水系统，应遵循从源头到末端的全过程管理和控制，是涉及“源、网、厂、河（湖）”的系统工程。雨水系统实现雨水的收集、输送，径流的下渗、滞留、调蓄、净化、利用和排放，解决排水内涝防治和径流污染控制的问题。污水系统由污水收集、处理、再生和污泥处理处置组成，主要解决水质问题。

城镇排水管道系统的作用就是及时可靠地排除城镇区域内产生的生活污水、工业废水和降水，使城镇免受污水和暴雨积水之害，从而给城镇创造一个舒适、安全的生存和生产环境，使城镇生态系统的能量流动和物质循环正常进行，维持生态平衡，保证可持续发展。

14.1.1　污水的分类和性质

按照来源，污水可分为三类：生活污水、工业废水和降水。

1. 生活污水

生活污水是日常生活产生的污水，它来自住宅、公共场所、机关、学校、医院、商店以及工业企业的盥洗室、厕所、厨房等。这些污水中含有大量有机物质，如碳水化合物、蛋白质、脂肪等，还含有大量肥皂和合成洗涤剂，以及病原微生物等。这类污水如果直接排入水体或土壤，会使水体或土壤受到污染。因此这类污水应妥善收集、处理后才能排入水体、灌溉农田或再生利用。

2. 工业废水

工业废水是工业企业生产过程中产生的废水，它来自车间或矿场，这类废水水质、水量有很大的差异。根据水被污染的程度，工业废水又分为两大类：生产污水和生产废水。

生产污水是在生产过程中受到较严重污染的水。这类污水中往往含有大量有机物、无机物，有的含有氰化物、铬、汞、铅等有毒物质。这类污水对水体或土壤污染严重，其中的有毒物质会毒死水体或土壤中的原有生物，破坏原有的生态系统。这类污水应优先考虑单独收集、处理，并应达标后排放，或在生产中再利用。

生产废水是在生产过程中受到轻度污染或仅水温升高的水，如生产中的冷却水，通常经适当处理后即可重复使用或直接排放。

3. 降水

降水即大气降水，包括液态降水（雨、露）和固态降水（雪、冰雹、霜等）。这类污水比较清洁，一般不需处理即可直接排入水体。但初期雨水往往挟带大量大气、地面和屋面上的各种污染物质，应予以控制。降水的另一个特点是量大流急，若不及时妥善排除，往往会积水成灾，阻碍交通，淹没房屋，危害生活、生产。所以，需对这类降水进行转输、调蓄，及时输送至受纳水体排放。

14.1.2 排水体制

如前所述,在城镇和工业企业中通常有生活污水、工业废水和雨水。这些污水可采用同一管道系统来排除,也可采用各自独立的管渠系统来排除。在一个区域内收集、输送污水和雨水的方式,称为排水体制。

排水体制主要分为两大类:合流制和分流制。

1. 合流制

用同一管道系统收集、输送污水和雨水的排水方式,称为合流制。

最早出现的合流制排水系统是将混合污水收集后不经处理直接就近排入水体(直排式合流制系统),这种排水系统造价低、施工管理方便,但污水不经处理直接排入水体,使受纳水体遭受严重污染,因此这种排水体制正在逐渐被淘汰。

为了保护环境,人们将直排式合流制排水系统改进为截流式合流制排水系统(图14.1)。即在河岸边建造一条截流干管,同时在合流干管与截流干管相交前或相交处设置截流井,并在截流干管下游设置污水处理厂。晴天和初雨时,所有的混合污水都通过截流干管送至污水处理厂,经处理后排入水体;随着降水量的增加,雨水径流量也增加,当混合污水量超过截流干管的设计输水能力后,一部分混合污水经过截流井溢出直接排入水体,另一部分混合污水通过截流干管送至污水处理厂,经处理后排入水体。

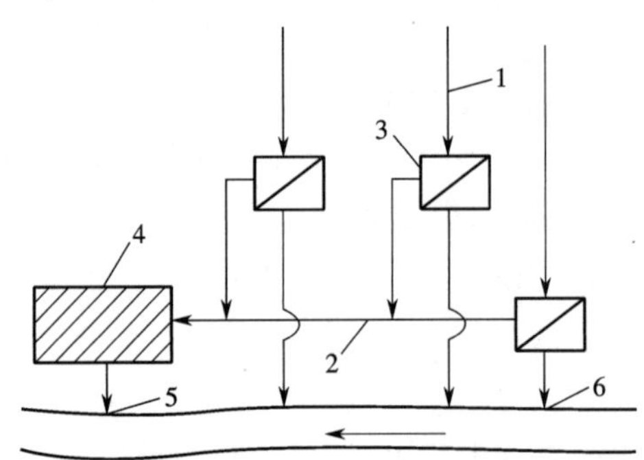

图 14.1 截流式合流制排水系统

1—合流干管;2—截流干管;3—截流井;4—污水处理厂;5—出水口;6—溢流出水口

这种排水体制比直排式合流制前进了一大步。但在雨天,仍然可能有相当一部分混合污水未经处理直接排入水体,使水体遭受污染。此外,其污水处理厂的污水水量、水质在晴天和雨天变化较大,使污水处理厂运行管理复杂。解决这两大问题的方法有:在截流井之后设置贮水池,下雨时将部分混合污水储存在贮水池,待雨停之后,把积蓄的混合污水陆续送至污水处理厂进行处理后再排入水体。

国内外在改造旧城区的直排式合流制排水系统时,通常采用截流式合流制。

2. 分流制

分别用雨水管渠和污水管道收集、输送雨水和污水的排水方式,称为分流制(图 14.2)。排除城镇污水或工业废水的系统称为污水排水系统,排除雨水(道路冲洗水)的系统称为雨水排水系统。

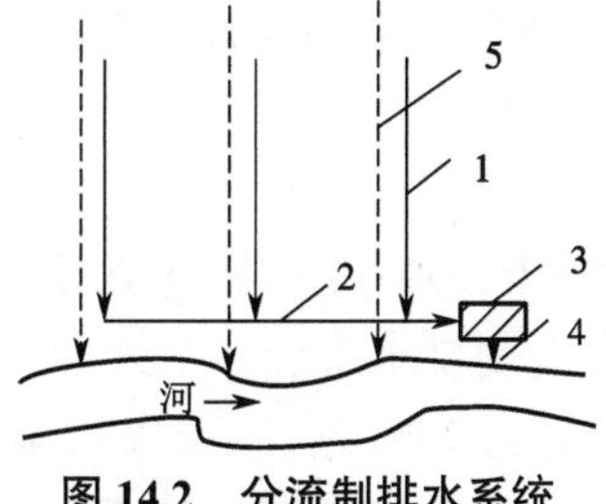

图 14.2　分流制排水系统

1—污水干管；2—污水主干管；3—污水处理厂；4—出水口；5—雨水干管

分流制排水系统又分为完全分流制和不完全分流制两种排水系统(图 14.3)。其中，完全分流制排水系统具有污水排水系统和雨水排水系统，而不完全分流制只有污水排水系统，未建雨水排水系统，雨水沿天然地面、街道边沟、水渠等原有渠道系统排泄，或者为了补充原有渠道系统输水能力的不足而修建部分雨水道，待城市进一步发展再修建雨水排水系统而转变成完全分流制排水系统。

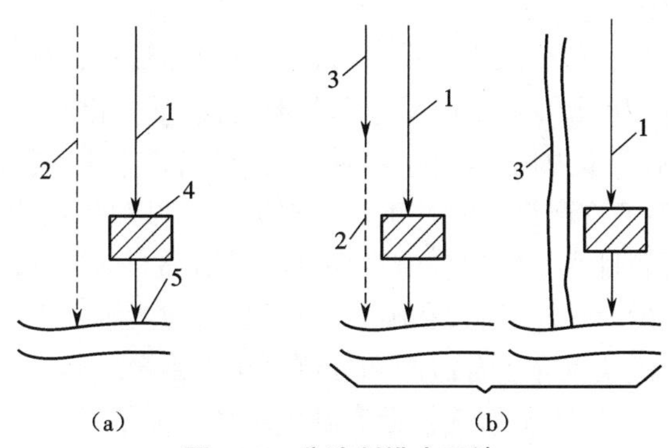

图 14.3　分流制排水系统

(a)完全分流制　(b)不完全分流制

1—污水管道；2—雨水管道；3—原有渠道；4—污水处理厂；5—出水口

在一个城镇中，有时采用的是混合制排水系统，即既有合流制又有分流制的排水系统。混合制排水系统通常是在具有合流制排水系统的城镇中需要扩建排水系统时出现的。在大城市中，因各区域的自然条件以及修建条件有很大差别，可以因地制宜地在各区域选用不同的排水体制，但应注意不同排水体制管网之间的连接问题。

14.1.3　排水体制的选择

合理选择排水系统的体制是排水系统规划和设计的重要问题，它不仅从根本上影响到排水系统的设计、施工和维护管理，而且对城镇和工业企业的规划、环境保护有着深远的影响。排水体制的选择应根据城镇的总体规划，结合当地的地形特点、水文条件、水体状况、气候特征、原有排水设施、污水处理程度和处理后再生利用等因地制宜地确定。下面通过三个方面进一步分析比较各种排水体制的使用情况。

1. 从环境保护方面分析

分流制排水系统卫生情况较好城镇所有用水过程产生的污水和受污染的雨水径流(一般指初期雨水)都纳入污水系统。截流式合流制排水系统在雨天有相当一部分混合污水未经处理直接排入水体，使水体遭受较严重的污染，随着经济建设的发展，河流的污染日益严重，这种污染甚至会达到不可容忍的程度。

2. 从工程造价方面分析

合流制排水系统由于只敷设一个管道系统，故管道投资比分流制排水系统低，据经验估计可节省造价 20%~40%。虽然合流制排水系统污水处理厂的造价比分流制大一些，但管道部分的造价一般占排水工程总造价的 70% 左右，所以从排水工程的总造价来看，合流制排水系统比分流制排水系统低得多，这是合流制排水系统的主要优点。对发展地区，如初期只建设污水排水系统，则可大大减少工程初期的投资，又可缩短工期，较快地发挥工程效益，待有条件后，再进一步建设雨水排水系统。当然，采用这一建设方案一定要慎重，要结合城镇规划和道路建设情况，如果城镇道路一期规划即采用高级路面，就不便采用上述方案。但合流制排水系统的截流管、提升泵站和污水处理厂的容量都比分流制排水系统多；合流制排水系统管道的埋深也必须因同时排除工业废水和生活污水而要求比雨水排水系统管道的埋深加大，这样就增加了部分施工费用。故二者的工程造价在不同情况下可能差异很大。

3. 从运行管理方面分析

分流制排水系统的管道部分由于设计时可以保证自清流速，管中一般不会发生沉淀，管理简单；其污水处理厂因晴天和雨天流入的污水水质、水量变化较小，管理也较简单。合流制排水系统的管道，在晴天水力情况不佳，容易沉淀阻堵；在雨季，暴雨在管中产生冲击力极强的水流，可将管中原有的部分沉积物冲走。但根据一些城镇排水管道管理的经验，合流制排水系统的管道较分流制排水系统的管道容易沉淀阻堵，故其管理较分流制排水系统复杂；其污水处理厂的污水水量、水质在晴天和雨天变化较大，使污水处理厂运行管理复杂。

混合制排水系统的优缺点介于合流制和分流制排水系统之间。

从上述分析可知，分流制排水系统较合流制排水系统灵活，比较容易适应社会发展的需要，又能符合城市卫生的要求，是城镇排水体制发展的方向。《室外排水设计标准》（GB 50014—2021）规定，除降雨量少的干旱地区（年均降雨量少于 200 mm）外，新建地区的排水系统应采用分流制。《室外排水设计标准》（GB 50014—2021）中关于排水体制选择的原则见【二维码 14-1】。

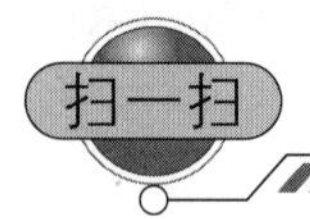

【二维码 14-1】

14.2 排水系统的构成

如前所述，收集、输送、处理、再生污水和雨水的设施以一定方式组合成的总体称为排水系统。

14.2.1 城镇污水排水系统

城镇污水排水系统由下面几个部分组成。

1. 室内污水管道系统和设备

室内污水管道系统和设备的作用是收集建筑物内的生活污水，并将其排至室外的小区污水管道中。

在住宅和公共建筑内，各种卫生器具既是人们用水的器具，也是承受污水的器具，它们是生活污水系统的起端，即卫生器具收集室内生活污水，通过室内污水管道和排水附件将污水输送至室外污水管道系统。这部分内容详见“建筑给水排水工程”。

2. 室外污水管道系统

室外污水管道系统是分布在建筑物外的污水管道系统，埋设在地面以下，并依靠重力流输送污水。由居住小区污水管道、城市污水管道以及管道系统的附属构筑物组成。

小区污水管道沿建筑物敷设，形成一个排水系统（图 14.4）。其任务是将建筑物排出的污水输送至街道污水管道中或将污水简单处理后排入城市污水管道中。

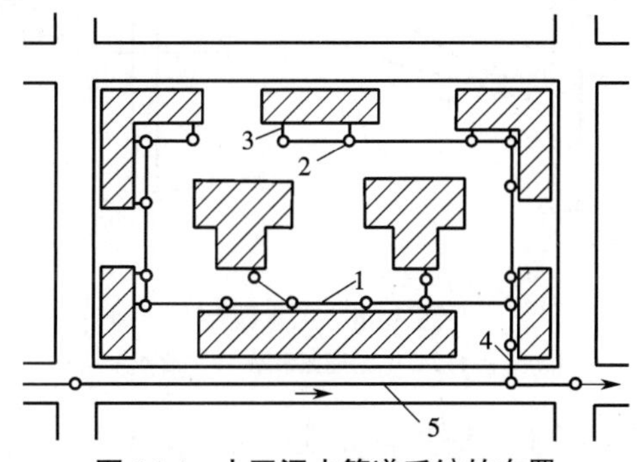

图 14.4　小区污水管道系统的布置

1—污水管道；2—检查井；3—出户管；4—接户管；5—街道污水管

城市污水管道沿街道敷设，形成一个排水系统（图 14.5）。它由支管、干管和主干管组成，支管直接承接居住小区污水，干管汇集支管污水并转输至主干管，最后由主干管将污水输送至污水处理厂。

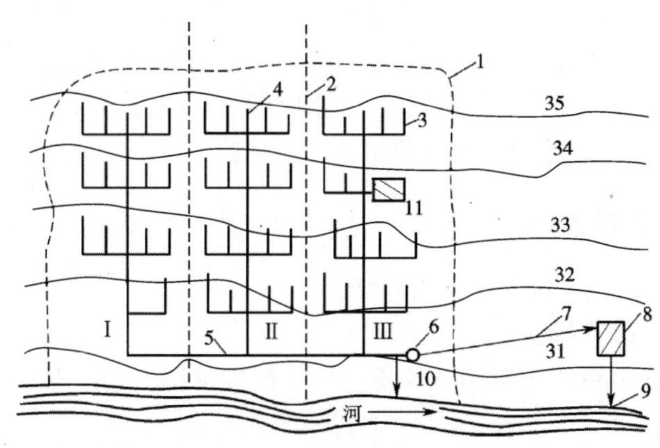

图 14.5　城市污水管道系统总平面示意

Ⅰ、Ⅱ、Ⅲ—排水流域

1—城市边界；2—排水流域分界线；3—支管；4—干管；

5—主干管；6—总泵站；7—压力管道；8—污水处理厂；

9—出水口；10—事故排出口；11—工厂

污水管道系统的附属构筑物包括检查井、跌水井、倒虹管和出水口等，其作用和构造详见第18章。

3. 污水泵站和压力管道

污水一般以重力流排除，但有时受地形等条件的限制需要把地势低处的污水向高处提升，这时就需要设置泵站。

污水泵站按其在排水系统中所处的位置，可分为中途泵站、局部泵站、终点泵站等（图14.6）。当管道埋深超过最大值时，设置中途泵站，以提高下游管道的高程；当城市某些地区地势较低时，需设局部泵站，将地势较低处的污水抽升到地势较高地区的污水管道中；在污水管道系统末端需设置终点泵站，使其后的污水处理厂等构筑物可设置在地面上，以降低污水处理厂的造价。

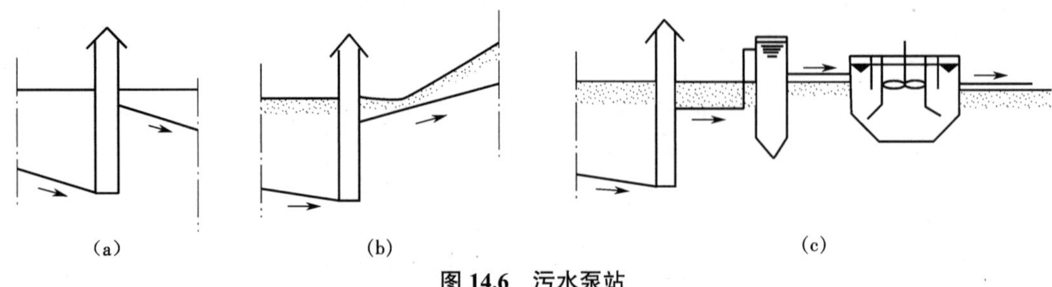

图14.6 污水泵站

(a)中途泵站 (b)局部泵站 (c)终点泵站

压送从污水泵站出来的污水至地势较高地区的管道或污水处理厂的承压管道，称为压力管道。

4. 污水处理厂

处理和利用污水、污泥的一系列构筑物和附属构筑物的总和，称为污水处理厂，这部分内容在"水质工程学"中介绍。

5. 出水口和事故排出口

污水排入水体的渠道和出口，称为出水口，它是整个城市污水排水系统的终点设备。事故排出口是在污水排水系统的中途，在某些容易发生故障的设施前面，例如倒虹管前或总泵站前，设置的辅助性出水渠，一旦发生故障，污水就通过事故排出口直接排入水体。

污水再生利用、污泥处理处置或资源化利用系统也是排水系统的重要构成部分。

14.2.2 工业废水排水系统

工业废水排水系统由下面几个部分组成。

1. 车间内部排水管道系统

车间内部排水管道系统主要用于收集各种生产设备排出的工业废水，并将其排至车间外部的厂区管道系统。

2. 厂区管道系统

厂区管道系统是分布在工厂以内、车间以外的污水管道系统，用于收集、输送各车间排出的工业废水。如果系统较大，也可分为支管、干管和主干管。要根据污水的性质将工业废水分别排入城镇污水管网、水体或厂区废水处理站进行处理和利用。

如废水水质符合《污水排入城镇下水道水质标准》(GB/T 31962—2015)规定的要求【二维码 14-2】,可将工业废水直接排入城镇排水管道,与城镇污水混合进入城镇污水厂处理后再排入水体,这样比较经济、合理;否则,应在厂区设置废水处理站,将废水预处理后再排放;较洁净的工业废水如水质符合《污水综合排放标准》(GB 8978—1996)等规定的排放标准【二维码 14-3】可直接排入水体。

【二维码 14-2】

【二维码 14-3】

3. 污水泵站和压力管道

只有在地势低洼,污水难以靠重力流排入下游时才设置污水泵站和压力管道。

4. 废水处理站

废水处理站是回收和处理工业废水与污泥的场所。

5. 出水口

出水口是废水排入水体的渠道和出口。

在管道系统中,同样也设置检查井等附属构筑物。在接入城镇排水管道前宜设置检测设施。

14.2.3　雨水排水系统

雨水排水系统由下面几个部分组成。

1. 建筑物雨水管道系统和设备

屋面檐沟、天沟、雨水斗用来收集建筑物屋面雨水,并通过雨水落水管、立管等将雨水输送至室外地面或室外雨水管道中。这部分内容详见“建筑给水排水工程”。

2. 室外雨水管渠系统

室外雨水管渠系统是分布在建筑物外的雨水管渠系统,敷设在地面以下,并依靠重力流输送雨水。它由小区或厂区雨水渠道、城镇雨水管渠和管道系统的附属构筑物组成。

雨水管渠系统的附属构筑物包括检查井、雨水口、溢流井和出水口等。雨水口用来收集地面雨水,地面雨水通过雨水口进入城镇雨水管渠。雨水管渠系统的附属构筑物的作用和构造详见第 18 章。

3. 雨水泵站和压力管道

在较低洼的地区或地形平坦但雨水管道较长的地区(如我国的上海、武汉),雨水难以靠重力流排入水体时,需设置雨水泵站。雨水泵站的装机容量大、造价高,而且只在雨天工作,使用率低,故一般尽量不设或少设。

4. 排洪沟

必须在位于山坡或山脚下的城镇和工厂的外围设置排洪沟,有组织地拦阻并排除山洪径流,以免城镇和工厂受到山洪的破坏。

5. 出水口

雨水排入水体的渠道和出口,称为出水口。

6. 内涝防治设施

内涝防治设施应包括源头控制设施、雨水管渠设施和综合防治设施。源头控制设施包括雨水渗透、雨水收集利用设施等。综合防治设施包括城市水体(自然河湖、沟渠、湿地等)、绿地、广场、道路、调蓄池和大型管渠等。这部分内容详见本书“19.4 城镇内涝防治”部分。

上述各排水系统的组成部分,对每一个具体的排水系统来说并不一定完全具备,必须结合当地条件来确定排水系统所需要的组成部分。

14.3 排水系统的规划、布置原则和平面布置形式

14.3.1 排水系统的规划原则

排水工程是现代化城镇和工业企业不可缺少的一项重要设施,是城镇和工业企业基本建设的重要组成部分,同时也是控制水污染、改善和保护环境的重要工程措施。

排水工程的设计对象是新建、扩建和改建的城镇、工业区和居住区的永久性室外排水工程。它是收集、输送、处理和再生污水和雨水的工程。排水工程包括雨水系统和污水系统。雨水系统包括源头减排工程、排水管渠工程和排涝除险工程,实现雨水的收集、输送,径流的下渗、滞留、调蓄、净化、利用和排放,解决排水内涝防治和径流污染控制的问题。污水系统由污水收集、处理、再生和污泥处理处置组成,主要解决水质问题。城镇排水系统规划是通过在一定时期内统筹安排、综合布置和实施管理城镇排水、污水处理等子系统及其各项要素,协调各子系统的关系,以促进水系统的良性循环和城市的健康持续发展。

排水工程的规划与设计应遵循下列原则。

(1)应符合区域规划以及城镇、工业企业的总体规划,应和其它工程建设密切配合。如总体规划中的规划年限、工程规模、建筑界线、功能分区布局等是排水规划设计的依据。而城镇道路规划、竖向规划、地下设施、人防工程规划等单项工程规划对排水的规划设计都有影响,要从全局出发,合理处置,使其构成有机整体。排水工程设计应以经批准的城镇总体规划、海绵城市专项规划、城镇排水与污水处理规划和城镇内涝防治专项规划为主要依据,从全局出发,综合考虑规划年限、工程规模、经济效益、社会效益和环境效益,正确处理近期与远期、集中与分散、排放与利用的关系,通过全面论证,做到安全可靠、保护环境、节约土地、经济合理、技术先进且适合当地实际情况。

(2)应与水资源、城镇给水、水污染防治、生态环境保护、环境卫生、城市防洪、交通、绿地系统、河湖水系等专项规划和设计相协调。根据城镇规划蓝线和水面率的要求,应充分利用自然蓄水排水设施,并应根据用地性质规定不同地区的高程布置,满足不同地区的排水要求。

(3)应与邻近区域内的雨水系统和污水系统相协调。一个区域的排水系统可能影响邻

近区域,特别是影响下游区域的环境质量,故在确定该区的处理水平的处置方案时,必须在较大区域范围内综合考虑。根据排水工程专业规划,有几个区域同时或几乎同时修建时,应综合考虑雨水和污水再生利用的需求、设施建设和运行维护的规模效应、施工周期等因素,确定处理和处置设施集中或分散的布置。如考虑合并起来处理和处置的可能性,即实现区域排水系统,其经济效益可能更好,但施工期较长。

(4)应在不断总结科研和生产实践经验的基础上,积极采用新技术、新工艺、新材料、新设备。随着科学技术的发展,新技术还会不断涌现,凡是在国内普遍推广、行之有效和有完整可靠科学数据的新技术,都应积极纳入,鼓励采用经过鉴定、节地节能和经济高效的新技术。

(5)必须认真贯彻执行国家和地方有关部门制定的现行有关标准、规范或规定。

14.3.2 排水管网的布置原则

(1)按照城镇总体规划和建设情况统一布置,分期建设。结合当地实际情况布置排水管网,进行多方案经济技术比较。

(2)先确定排水区域和排水体制,然后布置排水管网,应按照从干管到支管的顺序进行布置。管渠平面位置和高程应根据地形、土质、地下水位、道路情况、原有的和规划的地下设施、施工条件及养护管理方便等因素综合考虑确定,并应与源头减排设施和排涝除险设施的平面和竖向设计相协调。

(3)排水干管应布置在排水区域内地势较低或便于雨污水汇集的地带,充分利用地形,采用重力流排除污水和雨水,不设或少设提升泵站,并使管线最短和埋深最小,当无法采用重力流或重力流不经济时,可采用压力流。

(4)排水管宜沿城镇道路敷设,并与道路中心线平行,宜设在快车道以外。

(5)协调好与其他管道、电缆和道路等地下设施的关系,考虑好与接户管、工业企业内部管网的衔接。

(6)规划时要考虑到使管渠的施工、运行和维护方便。

(7)远近期规划相结合,考虑发展,尽可能安排分期实施。

14.3.3 排水管道的平面布置形式

排水管道一般布置成树状网。

1. 排水系统干管的布置形式(以地形为主要考虑因素)

(1)正交式布置:排水干管与地形等高线垂直相交,如图 14.7(a)所示。这种布置形式的干管长度短,管径小,排水迅速,投资最省。它适用于地势向水体适当倾斜地区的雨水排水系统。

(2)截流式布置:排水干管的布置形式同正交式,主干管沿水体敷设,如图 14.7(b)所示。这种布置形式具有与正交式布置同样的优点。它适用于地势向水体适当倾斜地区的污水排水系统和截流式合流制排水系统。

(3)平行式布置:排水干管沿与等高线平行的方向敷设,主干管与等高线或与河道成一定的角度倾斜敷设,如图 14.7(c)所示。它适用于地势向水体有较大倾斜地区的排水系统。这种布置形式可避免干管坡度或流速过大而使管渠受到严重冲刷或需设置过多的跌水井。

(4)分区式布置:将排水区域按地势不同分为高地区、低地区两种排水区域,高地区污水靠重力流直接流入污水处理厂,而低地区污水用水泵抽送到高地区干管或污水处理厂,如图 14.7(d)所示。它适用于排水区域的地势高低相差很大,低地区污水不能靠重力流流至污水处理厂的情况。

(5)分散式布置:在排水区域内划分若干个排水流域,各排水流域具有各自的排水系统,如图 14.7(e)所示。这种布置形式的干管具有长度短、管径小、管道埋深浅等优点,但污水处理厂数量多。它适用于排水区域内地形复杂、形成天然分区或地势平坦、面积大的城市,如上海等城市。

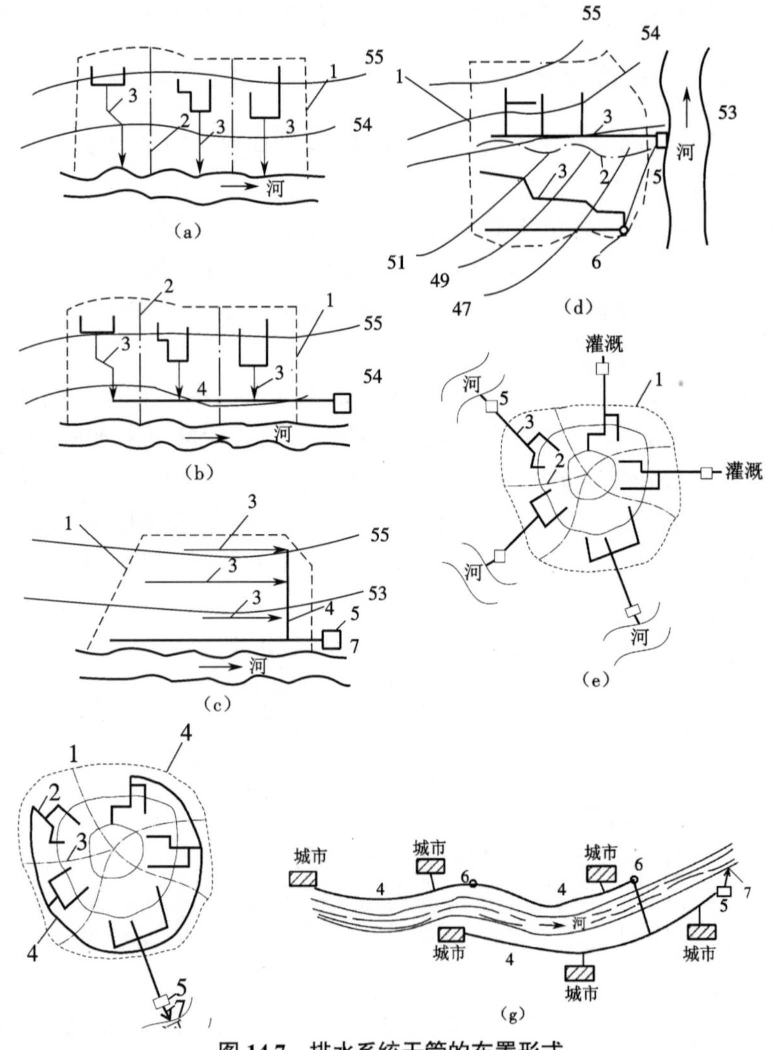

图 14.7 排水系统干管的布置形式

(a)正交式 (b)截流式 (c)平行式 (d)分区式 (e)分散式 (f)环绕式 (g)区域集中式

1—城市边界;2—排水流域分界线;3—干管;4—主干管;5—污水处理厂;6—污水泵站;7—出水口

(6)环绕式布置:沿四周布置主干管,将各干管的污水截流送往污水处理厂,即由分散式布置发展成环绕式布置,如图 14.7(f)所示。这种布置形式主要出于建造污水处理厂用地不足,建造大型污水处理厂的基建投资和运行管理费用较建造小型污水处理厂经济等原因。

(7)区域集中式布置:将两个或两个以上城镇地区的污水排水系统连接合并,将污水输送到一个大型污水处理厂集中处理,如图 14.7(g)所示。这种布置形式可大大降低污水处理厂的基建和运行管理费用,节约用地,而且便于管理和提高处理效果,减少对环境的污染,并对水资源的综合治理有利,但整个工程规模大,排水管道长,总投资大,施工、运行管理难度大。所以,采用时必须慎重,应根据城市规划、环境要求、自然条件、污水情况、建设投资等综合考虑,合理确定排水系统布局,分期建设,还应运用系统工程理论和方法,应用现代计算机技术,进行计算分析,建立数学模型,求得最优方案。

2. 排水系统支管的布置形式

排水系统支管的布置取决于地形和建筑特征,并应便于用户接管排水。其一般有以下三种形式:

(1)低边式,在街坊狭长或地形倾斜时采用,如图 14.8(a)所示;

(2)围坊式,在街坊地势平坦且面积较大时采用,如图 14.8(b)所示;

(3)穿坊式,当街坊内部建筑规划已确定,或街坊内部管道自成体系时,支管可穿越街坊布置,如图 14.8(c)所示。

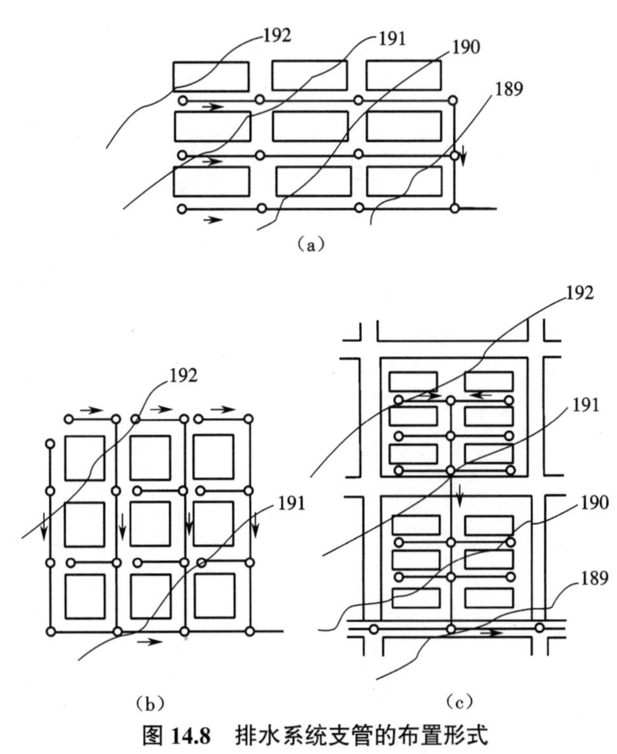

图 14.8　排水系统支管的布置形式

(a)低边式　(b)围坊式　(c)穿坊式

思考题

1. 污水分为哪几类?各类污水的主要特征是什么?

2. 什么是排水体制?排水体制有哪几种?每种排水体制各有何特点?如何选择排水体制?

3. 城镇污水排水系统、工业废水排水系统和雨水排水系统各由哪些部分组成？每个组成部分的作用是什么？

4. 试以地形为主要考虑因素，说明排水系统干管布置形式的种类和适用条件。

5. 什么是区域排水系统？其有哪些优缺点？

6. 排水系统的规划设计通常需要哪些方面的资料？

7. 工业废水是否可以直接排入城市排水系统？为什么？

8. 排水工程的规划与设计应遵循哪些原则？

9. 排水管道的平面布置形式有哪些？

第 15 章　污水管道系统的设计

15.1　概述

15.1.1　设计内容

污水管道是由收集和输送城镇污水的管道及其附属构筑物组成的，应根据城镇总体规划和建设情况统一布置，分期建设。

污水管道系统设计的主要内容包括：

（1）确定设计方案，划分排水流域，布置管道系统；

（2）污水管道设计流量计算；

（3）进行污水管道水力计算，确定管道断面尺寸、设计坡度、埋设深度等设计参数；

（4）设计和计算污水管道系统中的某些附属构筑物；

（5）确定污水管道在道路横断面上的位置；

（6）绘制管道平面图和纵剖面图；

（7）计算工程量，编制工程概预算等文件。

15.1.2　设计资料

规划设计必须以可靠的资料为依据。设计人员接受设计任务后，需做一系列的准备工作。一般应先了解和研究设计任务书和批准文件的内容，弄清关于本工程的范围和要求，然后赴现场踏勘，分析、核实、收集、补充有关的基础资料。进行污水管道系统设计，通常需要以下几方面的资料。

1. 有关明确任务的资料

凡进行城镇（地区）的排水工程新建、改建和扩建工程的设计，一般需要了解与本工程有关的城镇（地区）的总体规划以及道路、交通、给水、排水、电力、电信、防洪、环保、燃气、园林绿化等各项专业工程的规划。这样可进一步明确本工程的设计范围、设计期限、设计人口数；拟用的排水体制；污水处置方式；受纳水体的位置及防治污染的要求；各类污水量定额及其主要水质指标；现有雨水、污水管道系统的走向，排出口位置和高程；与给水、电力、电信、燃气等工程管线及其他市政设施可能的交叉；工程投资情况等。

2. 有关自然因素方面的资料

（1）地形图：进行大型排水工程设计时，在初步设计阶段要求有设计地区和周围 25~30 km 范围内的总地形图，比例尺为 1∶10 000~1∶25 000，等高线间距 1~2 m。中小型排水工程设计时，要求有设计地区总平面图，城镇可采用比例尺 1∶5 000~1∶10 000，等高线间距 1~2 m；工厂可采用比例尺 1∶500~1∶2 000，等高线间距为 0.5~2 m。在施工图阶段，要求有比例尺 1∶500~1∶2 000 的街区平面图，等高线间距 0.5~1 m。

(2)气象资料:包括气温、湿度、风向、气压、当地暴雨强度公式或当地降雨量记录等。

(3)水文水质资料:包括河流的流量、流速、水位、水面比降、洪水情况、水温、含沙量、水质分析与细菌化验资料,城市、工业取水及排涝情况,河流利用情况及整治规划情况。

(4)地质资料:包括土壤性质、土壤冰冻深度、土壤承载力、地下水位、地下水有无腐蚀性、地震等级等。

3. 有关工程情况的资料

有关工程情况的资料包括道路等级、路面宽度和材料,地面建筑物和地铁、人防工程等地下建筑物的位置高程,给水、排水、电力、电信、燃气等各种地下管线的位置,本地区建筑材料、管道制品、机械设备、电力供应、施工力量等方面的情况。

污水管道系统设计所需的资料范围比较广泛,其中有些资料虽然可由有关单位提供,但为了取得准确、可靠的设计基础资料,设计人员必须深入实际对原始资料进行详细分析、核实和必要的补充。

15.1.3 设计方案

在掌握了较完整、可靠的设计基础资料后,设计人员根据工程的要求和特点,对工程中一些原则性的、涉及面较广的问题提出各种解决办法,这样就形成了不同的设计方案。这些方案除满足相同的工程要求外,在技术经济上是互相补充、互相独立的。因此,必须深入分析各设计方案的利弊和产生的各种影响。分析时,对一些具有方针政策性的问题,必须从社会和国民经济发展的总体利益出发考虑。比如,城镇的生活污水与工业废水是分开处理还是合并处理的问题,污水是分散处理还是集中处理的问题,排水体制的选择问题,污水处理程度和污水排放标准的问题,设计期限的划分与相互衔接的问题等。由于这些问题涉及面广,且有很强的方针政策性,因此应从社会的总体经济效益、环境效益、社会效益综合考虑。此外,还应从各设计方案内部与外部的各种自然、技术、经济和社会方面的联系与影响出发,综合考虑它们的利与弊。

经过评价与比较后确定的最佳方案即为最终的设计方案。

15.2 污水管道定线和平面布置组合

设计方案确定后,可确定排水区界,划分排水流域,进行污水管道定线和平面布置组合。

15.2.1 划分排水流域

排水区界是污水管道系统设置的界限,它是根据城镇总体规划的设计规模确定的。

在城镇规划确定的排水区界内,一般根据地形和竖向规划将排水区域划分成若干个排水流域。

(1)在丘陵和地形起伏的地区:可按等高线画出分水线,排水流域的分界线与地形的分水线基本一致,由分水线所围成的地区即为一个排水流域。

(2)在地势平坦、无明显分水线的地区:可根据排水面积的大小划分排水流域,使各相邻排水流域的管道系统能合理地分担排水面积,以便在干管埋深合理的条件下,排水流域内的污水和雨水都能自流排出。

15.2.2　污水管道定线

管道定线是污水管道设计的重要环节，是设计是否经济、合理的先决条件。

1. 定线的定义

在设计区域总平面图上确定污水管道的位置和走向，称为污水管道系统的定线。

2. 定线的顺序

管道定线一般按主干管、干管、支管的顺序进行。

合流制排水系统截流主干管一般平行于水体布置，坡向污水处理厂，合流干管坡向截流主干管。分流制排水系统污水主干管的数量取决于污水处理厂的数量，雨水主干管的数量取决于雨水出水口的数量。污水主干管通常布置在城市中地势最低的地方，其走向取决于污水处理厂的位置。另外，布置主干管时要注意保证其所经过的各排水流域内的干管均能自流接入。每一个排水流域内至少有一条干管，一般布置在地势较低处，坡向主干管，且布置时应保证排水流域内的所有支管均能自流接入。支管直接接纳街坊的污水，布置时要便于建筑排水管自流接入。

3. 定线的原则

应尽可能在管线较短和埋深较小的情况下，让最大区域的污水自流排出。

为了实现这一原则，在定线时必须很好地研究各种条件，使拟定的路线能因地制宜地利用有利因素而避免不利因素。

4. 定线的影响因素

定线时通常考虑的几个因素包括：地形和用地布局；排水体制和线路数目；污水处理厂和出水口位置；水文地质条件；道路宽度；地下管线和构筑物的位置；工业企业和产生大量污水的建筑物的分布情况等。

（1）地形。在一定条件下，地形一般是影响管道定线的主要因素。定线时应充分利用地形，使管道的走向符合地形的趋势，一般宜顺坡排水。在排水区域的较低处敷设主干管或干管，这样干管或支管的污水能自流排入，而横支管的坡度尽可能与地面坡度一致。

（2）污水处理厂和出水口的数目与位置。污水处理厂和出水口的数目与位置将影响到主干管的数目与位置。例如，在大城市或地形复杂的城市，可能要建几个污水处理厂分别处理与利用污水，这就需要敷设几条主干管；在小城市或地形倾向于一方的城市，通常只设一个污水处理厂，则只需敷设一条主干管。

（3）排水体制。分流制排水系统一般有两个或两个以上的管道系统，定线时必须在平面和高程上互相配合。采用合流制排水系统时，要确定截流干管和溢流井的正确位置。若采用混合制排水系统，则在定线时应考虑两种体制管道的连接方式。

（4）地质条件、地下构筑物和其他障碍物。应将管道特别是主干管布置在坚硬、密实的土壤中，尽量避免或减少管道穿越高地、基岩浅露地带，或基质土壤、不良地带，尽量避免或减少管道与河道、山谷、铁路和各种地下构筑物交叉，以降低施工费用、缩短工期和减少日后养护工作的困难。管道定线时，若管道必须经过高地，可采用隧洞或设提升泵站；若管道必须经过土壤不良地段，应根据具体情况采取不同的处理措施，以保证地基与基础有足够的承载能力；当管道无法避开铁路、河流、地铁或其他地下建(构)筑物时，管道最好垂直穿过障碍物，并根据具体情况采用倒虹管、管桥或其他工程设施。

(5)街道宽度和交通情况。排水管道宜沿城镇道路敷设，并与道路中心线平行，通常布置在人行道、绿化带或慢车道下，尽量避开快车道。污水干管应避开交通繁忙地段，否则不利于检修。如不可避免，应充分考虑施工对交通和路面的影响。敷设的管道应是可巡视的，要有巡视养护通道。对道路红线宽度超过 40 m 的城镇干道，宜在道路两侧布置排水管道，以减少横穿管，减小管道埋深。

为了增大上游干管的直径，减小敷设坡度，以减小整个管道系统的埋深，将产生大流量污水的工厂或公共建筑物的污水排出口接入污水干管起端是有利的。

管道定线，不论在整个城市还是在城市的局部地区都有可能形成几个不同的定线方案。比如，常遇到由于地形或河流的影响而把城市分割成了几个天然的排水流域，此时是设计一个集中的排水系统还是设计多个独立分散的排水系统？当管线遇到高地或其他障碍物时，是绕行还是设置泵站，或设置倒虹管，还是采取其他措施？管道埋深过大时，是设置中途泵站将管位提高还是继续增大埋深？凡此种种，在不同地区、不同城市的管道定线中都可能出现。因此，应对不同的设计方案在同等条件和深度下进行技术经济比较，选出一个最优的管道定线方案。

15.2.3 选择控制点

在污水排水区域内，对管道系统的埋深起控制作用的地点称为控制点。如各条管道的起点大都是这条管道的控制点。这些控制点中离出水口最远的一点，通常就是整个管道系统的控制点。具有相当大深度的工厂污水排出口或某些低洼地区的管道起点，也可能成为整个管道系统的控制点。这些控制点的管道埋深影响整个污水管道系统的埋深。

在保证街坊排水管道能自流接入的前提下，尽可能地减小控制点排水管道的埋深，对节省工程投资有着十分重要的意义。当减小埋深后不能满足管道对最小覆土厚度的要求时，可采取措施对管道进行保护。在局部地势低洼处，重力排水会造成整个管网埋深过大，应进行局部提升。

排水管道为重力流，由明渠均匀流水力计算公式可知，流量越大，在设计充满度下，所采用的管径也越大，相应的水力坡度就越小。因此，在控制点处适当增大管道所负担的排水面积，加大排水量，能有效地减小管道坡度，减小下游管道的埋深。

安排好控制点的高程：一方面应根据城市竖向规划，保证排水区域内各点的污水都能够排出，并考虑发展，在埋深上适当留有余地；另一方面应避免因照顾个别控制点而增大全线管道埋深。对后一点，可分别采取下列几项办法和措施：

(1)局部管道覆土较浅时，采取加固措施、防冻措施；

(2)穿过局部低洼地段时，建成区采用最小管道坡度，新建区将局部低洼地带适当填高；

(3)必要时采用局部提升办法。

15.2.4　管道平面布置组合

管道定线方案确定后，便可组成污水管道平面布置图。排水系统干管和支管可参照本书“14.3.3　排水管道的平面布置形式”布置。

在初步设计时，污水管道系统的总平面图包括干管、主干管的位置、走向和主要泵站、污水处理厂、出水口等的位置等。在技术设计时，管道平面图包括全部支管、干管、主干管、泵站、污水处理厂、出水口等的具体位置和资料。

15.3　污水设计流量的确定

污水系统的设计流量是指污水管道及其附属构筑物能保证通过的污水最大流量，应包括旱季设计流量和雨季设计流量。

径流污染控制是海绵城市建设的一个重要指标。因此，污水系统的设计也应将受污染的雨水径流收集、输送至污水厂处理达标后排放，以缓解雨水径流对河流的污染。在英国、美国等国家无论排水系统是合流制还是分流制，污水干管和污水厂的设计中都会在处理旱季流量之外，预留部分雨季流量处理能力。根据当地的气候特点、污水系统的收集范围以及管网质量，雨季设计流量可以是旱季流量的 3~8 倍。

旱季设计流量应按下式计算：

$$Q_{dr}=Q_d+Q_m+Q_u \tag{15-1}$$

式中　Q_{dr}——旱季设计流量，L/s；

Q_d——设计综合生活污水量，L/s；

Q_m——设计工业废水量，L/s；

Q_u——入渗地下水量，L/s，在地下水位较高地区，应予以考虑。

雨季设计流量是在旱季设计流量基础上，根据调查资料增加截流雨水量。截流雨水量应根据受纳水体的环境容量、雨水受污染情况、源头减排设施规模和排水区域大小等因素确定。

15.3.1　设计综合生活污水量计算

综合生活污水是指居民生活和公共服务产生的污水。居民生活污水指居民日常生活中洗涤、冲厕、洗澡等产生的污水。公共建筑污水指娱乐场所、宾馆、浴室、商业网点、学校和办公楼等产生的污水。

1. 计算公式

设计综合生活污水流量一般按下式计算：

$$Q_{\mathrm{d}}=\frac{nNK_{\mathrm{z}}}{24\times 3\,600} \tag{15-2}$$

式中　Q_{d}——设计综合生活污水流量，L/s；

n——综合生活污水定额，L/(人·d)；

N——设计人口数，人；

K_z——综合生活污水量总变化系数，即最高日最高时污水量与平均日平均时污水量的比值。

2. 综合污水定额

综合生活污水定额应根据当地采用的用水定额，结合建筑内部给水排水设施水平确定，可按当地实际用水定额的90%计，建筑内部给排水设施水平不完善的地区可适当降低。若当地缺少实际用水定额资料，可根据《城市居民生活用水量标准》（GB/T 50331—2002）和《室外给水设计标准》（GB 50013—2018）规定的居民生活用水定额（平均日）和综合生活用水定额（平均日），结合当地的实际情况选用。然后根据当地建筑内部给水排水设施水平和给水排水系统完善程度确定综合生活污水定额。

如有本地区或相似条件地区实际统计的生活用水量（或当地污水量定额），综合生活污水量定额也可按实际生活用水量（或当地污水量定额）计算。

3. 设计人口

设计人口是计算污水设计流量的基本数据，是污水排水系统设计期限终期的规划人口数。该值由城镇（地区）总体规划确定。设计时应按近期和远期的发展规模，分期估算出各期的设计人口，在设计分期建设的工程项目时，应采用各个分期的计算人口作为该项目的设计人口。

由于城镇性质或规模不同，城市工业、仓储、交通运输、生活居住用地占城镇总用地的比例和指标不同，因此在计算污水管道服务的设计人口时，常用人口密度与服务面积相乘得到，即

$$N = pF \tag{15-3}$$

式中 p——人口密度，即单位面积上的居民数，人/10^4 m²；

F——排水区域的面积，10^4 m²。

人口密度表示人口分布的情况，是住在单位面积上的人口数，以人/hm²或人/10^4 m²为单位。若计算人口密度所用的地区包括街道、公园、运动场、水体等在内时，该人口密度称为总人口密度；若所用的面积只是街区内的建筑面积时，该人口密度称为街区人口密度。在规划或初步设计时，污水量根据总人口密度计算；而在技术设计或施工图设计时，一般采用街区人口密度计算。

人口密度取决于城市的性质和各地区内建筑物的层数。目前，各大中城市建设了不少高层建筑，估算人口时应注意其人口密度比低层建筑地区大的特点。

4. 综合生活污水量变化系数

由于综合生活污水定额是个平均值，因此根据设计人口和生活污水定额计算所得的是污水平均流量。而实际上流入污水管道系统的污水量时刻都在变化，夏季与冬季污水量不同，一日中日间和晚间的污水量也不同，日间各小时的污水量也有很大的差异。可以用变化系数来表示它的变化程度，变化系数分为日变化系数（K_d）、时变化系数（K_h）和总变化系数（K_z）。

一年中最大日污水量与平均日污水量的比值称为日变化系数。

最大日最大时污水量与最大日平均时污水量的比值称为时变化系数。显然有

$$K_z = K_d K_h \tag{15-4}$$

通常，污水管道的设计断面是根据最大日最大时污水量确定的，因此需要求出污水的总变化系数。然而，一般城市缺乏日变化系数和时变化系数的数据，直接采用式（15-3）求总变化系数有困难。我们知道，污水量是随着人口和污水量的变化而变化的。人口多，污水量大，则流量的变化系数小。也就是说，总变化系数和平均流量之间有一定的关系，平均流量越大，总变化系数越小。

综合生活污水量变化系数可根据当地实际综合生活污水量变化资料确定。无测定资料时，新建项目可按《室外排水设计标准》（GB 50014—2021）取值（【二维码 15-1】）；改、扩建项目可根据实际条件，经实际流量分析后确定，也可按【二维码 15-1】的规定，分期扩建。

【二维码 15-1】

由式（15-2）和式（15-3）可得

$$Q_d = \frac{npFK_z}{24 \times 3\,600} = q_0 F K_z \tag{15-5}$$

式中　q_0——污水比流量，$L/(s \cdot 10^4\ m^2)$，$q_0 = \frac{np}{24 \times 3\,600}$，指设计管段单位排水面积的平均污水流量；

其余符号含义同前。

15.3.2　设计工业废水量计算

设计工业废水量应根据工业企业特点确定，包括工业企业生活污水量和工业企业生产废水量，即

$$Q_m = Q_{m1} + Q_{m2} \tag{15-6}$$

式中　Q_m——设计工业废水流量，L/s；

Q_{m1}——工业企业生活污水设计流量，L/s；

Q_{m2}——工业企业生产废水设计流量，L/s。

1. 工业企业生活污水设计流量

工业区内生活污水量 的确定，应符合现行国家标准《建筑给水排水设计标准》GB 50015—2019 的有关规定，包括管理人员和车间工人的生活污水量和淋浴水量。

工业企业生活污水设计流量可按下式计算：

$$Q_{m1} = \sum \frac{ABK}{3\,600T} + \sum \frac{CD}{3\,600} \tag{15-7}$$

式中　Q_{m1}——工业企业生活污水设计流量，L/s；

A——各类生产车间最大班职工人数，人；

B——各类生产车间职工生活污水定额，L/（人·班）；

K——各类车间生活污水量时变化系数，通常一般车间或污染较轻车间生活污水量时

变化系数以 3.0 计，热车间或污染较重车间生活污水量时变化系数以 2.5 计；

C——各类车间最大班使用淋浴的职工人数，人；

D——各类车间的淋浴污水定额，L/(人·次)；

T——每班工作时数，h。

淋浴时间以下班后 60 min 计。

工业企业内职工生活污水和淋浴污水定额可参照下述取值：管理人员的最高日生活污水定额可取 30 L/(人·班)~50 L/(人·班)，车间工人的生活污水定额应根据车间性质确定，宜采用 30 L/(人·班)~50 L/(人·班)，淋浴最高日污水定额，可采用 40 L/(人·次)~60 L/(人·次)。

各类车间性质应根据现行国家标准《工业企业设计卫生标准》GBZ1 中的车间卫生特征分级确定(【二维码 15-2】)。

【二维码 15-2】

2. 工业企业生产废水设计流量

工业企业生产废水设计流量按下式计算：

$$Q_{m2} = \frac{mMK'}{3\,600T} \tag{15-8}$$

式中 Q_{m2}——工业企业生产废水设计流量，L/s；

m——生产过程中单位产品的废水量定额，L/单位产品；

M——产品的平均日产量；

T——每日生产时数，h；

K'——工业废水量变化系数，根据工艺特点和工作班次确定。

工业企业生产废水量按单位产品的废水量计算，或按实测的排水量计算，并与国家现行的工业用水量有关规定协调。在设计新建工业企业时，可参考生产工艺过程与其相似的已有工业企业的数据来确定。当工业废水量定额的资料不易取得时，可以工业用水量定额(生产单位产品的平均用水量)作为依据估计工业废水量。工业企业生产废水量随行业类型、采用的原材料、生产工艺特点和管理水平等的不同而差异很大。我国是一个水资源短缺的国家，城市缺水问题尤为突出，国家对水资源的开发利用和保护十分重视，有关部门制定了各工业的用水量规定，排水工程设计应与之相协调。

工业企业生产废水量的日变化一般较小，日变化系数可视为 1，而时变化系数一般很大，因生产性质和生产工艺过程不同而不同。某些工业企业废水量的时变化系数如下，可供参考：冶金工业 1.0~1.1；化学工业 1.3~1.5；纺织工业 1.5~2.0；食品工业 1.5~2.0；皮革工业 1.5~2.0；造纸工业 1.3~1.8。

15.3.3 入渗地下水量计算

在地下水位较高的地区，受当地土质、地下水位、管道和接口材料、施工质量、管道运行时间等因素的影响，当地下水位高于排水管道时，排水系统设计应适当考虑入渗地下水量 Q_u。入渗地下水量宜根据实际测定资料确定，一般按单位管长和管径的入渗地下水量计，也可按平均日综合生活污水和工业废水总量的 10% ~15% 计，还可按每天每单位服务面积的入渗地下水量计（【二维码 15-3】）。

【二维码 15-3】

上述确定城镇污水设计总流量的方法假定排出的各种污水在同一时间出现最大流量，污水管道设计采用这种简单累加的方法来计算流量。但在设计污水泵站和污水处理厂时，如果也采用各种污水最大时流量之和作为设计依据，将很不经济。因为各种污水最大时流量出现的可能性较小，各种污水汇合时，可能互相调节而使高峰流量降低，这样就必须考虑各种污水流量的逐时变化，即知道一天中各种污水每小时的流量，然后将相同小时的各种污水流量相加，求出一天中流量的逐时变化，取最大时流量作为设计总流量。将按这种综合流量计算法求得的最大污水量作为污水泵站和污水处理厂构筑物的设计流量，是比较经济合理的。当缺乏污水量逐时变化资料时，一般采用式（15-6）计算设计流量。

15.4　污水管道的水力计算

15.4.1　污水流动特点

污水由支管流入干管，由干管流入主干管，由主干管流入污水处理厂，管道由小到大，分布类似河流，呈树枝状，与给水管道的环状网完全不同。污水在管道中一般靠管道两端的水面高差从高处向低处流动。在大多数情况下，管道内部是不承受压力的，即靠重力流动。

污水的流动与清水的流动略有不同，但总体来说，污水中水分一般在 99% 以上，所含悬浮物质极少，因此可假定污水的流动服从一般水流流动的规律，并假定管道内的水流是均匀流。

在污水管道中实测流速的结果表明管内的流速是有变化的。这主要是由管道中流量的变化造成的。管道交汇处产生回水，造成上游流速减小；管道跌水处造成下游流速增大；管道转弯处和检查井内有水头损失而引起流速减小；管道接缝处和管道内可能产生沉淀，使管壁具有不同的粗糙度，进而引起流速的变化；管道坡度不同也会引起流速的变化；等等。但在直线管段上，当流量没有很大的变化又无沉淀物时，管内污水的流动状态接近均匀流。

15.4.2　水力计算公式

虽然污水管道中实际的污水水流属于多相、非恒定、非均匀流，但在进行设计计算时为了简化计算过程，一般假设其为单相、恒定、均匀流。常用的均匀流基本公式如下。

流量公式：

$$Q = \omega v \tag{15-9}$$

流速公式：

$$v = C\sqrt{Ri} \tag{15-10}$$

式中 Q——设计流量，m^3/s；

ω——过水断面面积，m^2；

v——流速，m/s；

R——水力半径（过水断面面积与湿周的比值），m；

i——水力坡度（等于水面坡度，也等于管底坡度）；

C——流速系数（或称谢才系数），$C = f(n, R)$。

求 C 值的经验公式，常用的有巴甫洛夫斯基公式和曼宁公式。

（1）巴甫洛夫斯基公式：

$$C = \frac{1}{n}R^y$$

式中

$$y = 2.5\sqrt{n} - 0.13 - 0.75\sqrt{R}(\sqrt{n} - 0.10)$$

n——管壁粗糙系数（【二维码 15-4】）。

（2）曼宁公式：

$$C = \frac{1}{n}R^{1/6}$$

其为巴甫洛夫斯基公式的特例，则

$$Q = \omega v = \omega C\sqrt{Ri} = \omega \frac{1}{n}R^{1/6}\sqrt{Ri} = \frac{1}{n}\omega R^{2/3}i^{1/2} \tag{15-11}$$

公式（15-10）为恒定流下的流速计算公式，非恒定流计算条件下的流速计算应根据具体数学模型确定。

【二维码 15-4】

15.4.3 设计变量

从水力计算公式（15-9）和式（15-10）可知，设计流量及设计流速与过水断面有关，而流速则是管壁粗糙系数、水力半径和水力坡度的函数。

为保证排水管道投入使用后，在运行过程中具有良好的水力条件，不易堵塞，不受冲刷，排水畅通，使用寿命延长，维修工作量减少，在《室外排水设计标准》（GB 50014—2021）中对这些因素作了规定，设计计算时应予遵守。

1. 设计充满度

在设计流量下，污水在管道中的水深 h 和管道直径 D 的比值称为设计充满度（或水深比），如图 15.1 所示。

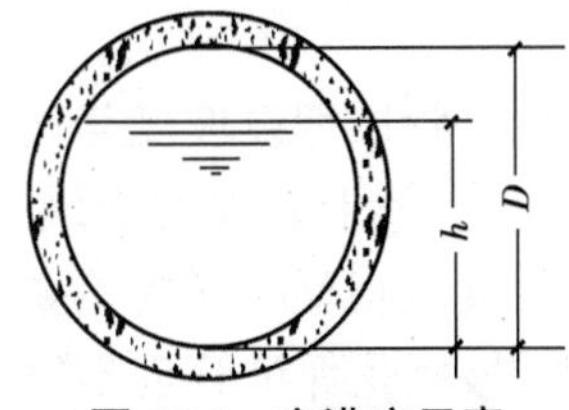

图 15.1　充满度示意

当 h/D=1 时，称为满流；当 h/D<1 时，称为非满流或不满流。

《室外排水设计标准》（GB 50014—2021）规定，重力流污水管道应按非满流进行计算（【二维码 15-5】）。

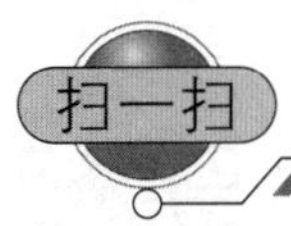

【二维码 15-5】

这样规定的原因如下。

（1）为未预见的水量增长留有余地。污水流量时刻在变化，很难精确计算，而且雨水或地下水可能通过检查井盖或管道接口渗入污水管道。因此，有必要保留一部分管道断面，为未预见水量的进入留有余地，避免污水溢出影响环境卫生，同时使渗入的地下水顺利流泄。

（2）有利于通风。污水管道内沉积的污泥可能分解析出一些有害气体。此外，污水中如含有汽油、苯、石油等易燃液体时，可能形成爆炸性气体。故需留出适当的空间，以利于管道的通风，排除有害气体。

（3）便于管道的疏通和维护管理。

2. 设计流速

与设计流量和设计充满度相应的平均流速称为设计流速。当污水流速较小时，污水中所含的杂质可能下沉，发生淤积；当污水流速增大时，可能产生冲刷，甚至损坏管道。因此，为了防止管道中发生淤积或冲刷，设计流速不宜过小或过大，应在最大和最小允许流速范围之内。

最小设计流速是保证管道内不致发生淤积的流速。这一最低限值既与污水中所含悬浮物的成分和粒度有关，又与管道的水力半径、管壁粗糙度系数有关。从实际运行情况看，流速是防止管道中污水所含的悬浮物沉淀的重要因素，但不是唯一的因素。引起污水中的悬浮物沉淀的决定因素是充满度，即水深。根据国内污水管道实际运行情况的观测数据并参考国际经验，污水管道的最小设计流速在设计充满度下为 0.6 m/s，明渠为 0.4 m/s。含有金属、矿物固体或重油杂质的生产污水管道，其最小设计流速宜适当加大，其值要通过试验或运行经验确定。

最大设计流速是保证管道不被冲刷损坏的流速。该值与管道材料有关，通常金属管道的最大设计流速为 10 m/s，非金属管道的最大设计流速为 5 m/s，非金属管道的最大设计流速经过试验验证可适当提高。我国《室外排水设计标准》（GB 50014—2021）规定，污水和合流污水收集、输送时，不应采用明渠。

排水管道采用压力流时，压力管道的设计流速宜采用 0.7~2.0 m/s。

3. 最小设计坡度

污水管道系统设计时，通常采用直管段埋设坡度与设计地区的地面坡度基本一致，以减小埋设深度，但管道坡度造成的流速应等于或者大于最小设计流速，以防止管道内产生沉淀，这在地势平坦或管道走向与地面坡度相反时尤为重要。因此，将相应于最小设计流速的坡度，称为最小设计坡度。最小设计坡度是保证管道不发生淤积的坡度。

由式（15-10）可以看出，最小设计坡度与水力半径有关，而水力半径是过水断面面积与湿周的比值。所以，不同管径的污水管道由于水力半径不同，应有不同的最小设计坡度；管径相同的管道因充满度不同，水力半径不同，也应有不同的最小设计坡度。当在给定设计充满度下，管径越大，相应的最小设计坡度值也就越小。所以只需规定最小管径的最小设计坡度值即可。目前，我国采用的污水管道的最小管径为 300 mm，相应的最小坡度为 0.003。若管径增大，最小坡度小于 0.003(【二维码 15-6】)。

【二维码 15-6】

4. 最小管径

在污水管道系统的上游，污水设计流量很小，若根据流量计算，则管径很小。根据养护经验，管径过小极易堵塞。此外，采用较大的管径，可选用较小的坡度，使管道埋深小。因此，为了养护工作的方便，常规定一个允许的最小管径。计算所得的管径如果小于最小管径，则采用规定的最小管径，而不采用计算所得的管径。《室外排水设计标准》（GB 50014—2021）规定，污水管道的最小管径为 300 mm。随着城镇建设的发展，街道、楼房增多，排水量增大，应适当增大最小管径，并调整最小设计坡度。

当污水管道系统上游管段的计算设计流量小于最小管径在最小设计流速和最大充满度情况通过的流量时，这个管段可以不进行水力计算，而直接采用最小管径和相应的最小坡度作为设计参数。这种在进行水力计算时可以不进行计算而直接选取最小管径和最小坡度的管段称为不计算管段。对这些管段，为了养护方便，当有适用的冲洗水源时，可考虑设置冲洗井。

5. 污水管道的埋设深度

通常污水管网投资占污水工程总投资的 50%~75%，而构成污水管道造价的挖填沟槽、沟槽支撑、排除地下水、管道基础、管道铺设各部分占造价的比重与管道埋设深度和开槽支撑方式有很大关系。总体来说，管道埋深越大，造价越高，施工期越长。因此，在设计时应尽量减小管道系统的埋深。

管道埋设深度有以下两个意义：

（1）覆土厚度，指管道外壁顶部到地面的距离（图 15.2）；

（2）埋设深度，指管道内壁底部到地面的距离（图 15.2）。

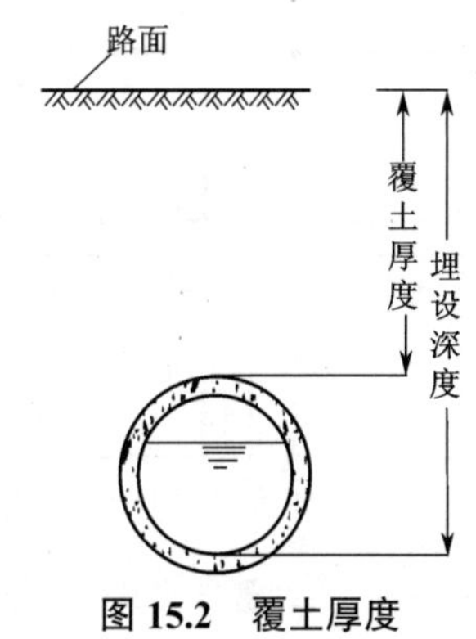

图 15.2　覆土厚度

这两个数值都能说明管道埋设深度。为了降低造价，缩短施工期，管道埋设深度越小越好。但覆土厚度应有一个最小限值，以满足技术上的要求，这个最小限值称为最小覆土厚度。

《室外排水设计标准》（GB 50014—2021）规定，管顶最小覆土厚度应根据管材强度、外部荷载、土壤冰冻深度和土壤性质等条件，结合当地埋管经验确定。管顶最小覆土厚度宜为人行道下 0.6 m，车行道下 0.7 m。不能执行上述规定时，需对管道采取加固措施。

在一般情况下，排水管道宜埋设在冰冻线以下，这样有利于安全运行。当该地区或条件相似地区有浅埋经验或采取过相应的措施时，也可埋设在冰冻线以上，浅埋数值应根据该地区的经验确定，这样可节省投资，但会增加运行风险，应综合比较确定。

污水管道中的污水依靠重力流动，当管道的坡度大于地面坡度时，管道的埋深就越来越大，在地形平坦的地区更为突出。埋深越大，则工程造价越高，当地下水位高时更是如此，并且会给管道施工带来困难。因此，必须根据技术经济指标和施工方法定出管道埋深允许的最大值，该值称为最大允许埋深。

15.4.4　水力计算方法

在污水管道的平面布置完成和污水流量、设计数据确定后，即可进行管道的水力计算。水力计算的目的是根据管道的定线划分设计管段，确定设计管段的设计流量，并计算各管段采用的管道尺寸、坡度和标高，为绘制施工图、统计工程量、编制工程概算准备条件。

1. 划分设计管段

若两个检查井之间的管段采用的设计流量不变，且采用相同的管道尺寸和坡度，称之为设计管段。但在划分设计管段时，为了简化计算，不需要把每个检查井都作为设计管段的起讫点，因为在直线管段上，为了清通管道，需要每隔一定距离处设置检查井。根据管道布置图，凡是预计有流量接入和坡度改变的检查井均可作为设计管段的起讫点，为了便于计算，设计管段的起讫点应编上号码（图 15.3），然后计算每一设计管段的设计流量。

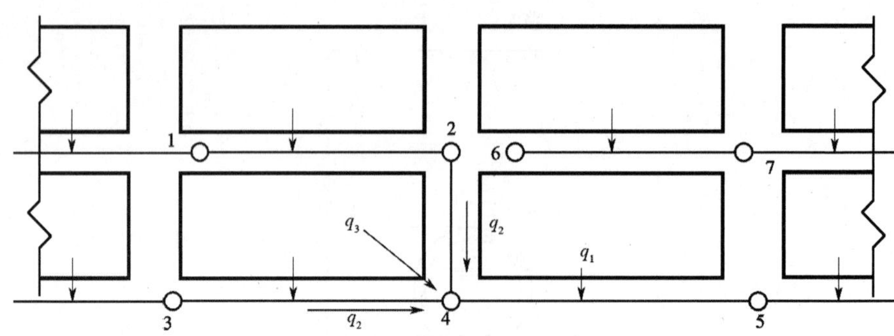

图 15.3 设计管段的设计流量

2. 确定设计管段的设计流量

每一设计管段的污水设计流量可能包括下列几种流量，如图 15.3 所示。

（1）从街坊流入设计管段的本段污水流量 q_1 。

（2）从上游管段和旁侧管段流入设计管段的转输污水流量 q_2 。

（3）从工业企业或其他产生大量污水的建筑物流入设计管段的集中污水流量 q_3 。

对某一设计管段而言，本段污水流量 q_1 是沿街坊变化的，即从管段起点的零增加到终点的全部流量。但为了安全和计算方便，通常假定本段污水集中在起点进入设计管段，而且流量不变。只有本段污水的设计管段，流量可参照公式（15-5），即

$$q_1 = Fq_0K_Z \tag{15-11}$$

式中 q_1——设计管段的本段污水流量，L/s；

F——设计管段的本段街坊服务面积，$10^4\ m^2$；

K_z——本段生活污水量总变化系数；

q_0——单位面积的平均流量，即比流量，L/(s · $10^4\ m^2$)，其求法可具体参见“15.3.1 设计综合生活污水量计算”一节。

包括本段污水流量 q_1 、转输污水流量 q_2 和集中污水流量 q_3 的设计管段 4—5 总流量 Q 可用下式计算：

$$Q = \Sigma Fq_0K_z + q_3 \tag{15-12}$$

式中 ΣF——本段街坊服务面积和各上游居住区服务面积的总服务面积。

初步设计时，只计算干管和主干管的流量。技术设计时，应计算全部管道的设计管段。

3. 水力计算方法

确定设计流量之后，即可由上游管段开始，进行各设计管段的水力计算。《室外排水设计标准》（GB 50014—2021）规定，污水管道按非满流进行计算。因此，所选择的管道断面尺寸必须在规定的设计充满度和设计流速下能够排泄设计流量。管道坡度一方面要使管道尽可能与地面坡度平行敷设，以免增大管道埋深；另一方面又不能小于最小设计坡度，以免管道内流速达不到最小设计流速而产生淤积，也应避免管道坡度太大而使流速大于最大流速而导致管壁受冲刷。

具体计算中，已知设计流量 Q 和管道粗糙系数 n ，需要求管径 D 、水力半径 R 、充满度 h/D、管道坡度 i 和流速 v 。式（15-13）中未知数较多，有 5 个，必须先假定 3 个求其他 2 个，这

样的数学计算极为复杂。为了简化计算，常采用水力计算图或水力计算表进行计算。

所谓水力计算图或水力计算表，是将流量、管径、坡度、流速、充满度、粗糙系数等各水力因素之间的关系绘制成图或者表，便于使用。非满流圆形管道的水力计算可以用水力计算图进行。水力计算图的粗糙系数 $n=0.014$，每张图适用于一种管径，管径从 150 mm 至 3 000 mm（附录 1）。图中包括 6 个水力因素：管径 D、粗糙系数 n、充满度 h/D、坡度 i、流速 v 和流量 Q。对每一张图，D 和 n 是已知数，图上的曲线表示 Q、v、i、h/D 之间的关系，如图 15.4 所示。在这 4 个因素中，一般 Q 是已知数，再知道 1 个就可以查出其他 2 个。现举例说明这些图的用法。

例 15.1　已知 $n=0.014$、$D=300$ mm、$Q=30$ L/s、$i=0.004$，求 v 和 h/D。（【二维码 15-7】）

【二维码 15-7】

例 15.2　已知 $Q=48$ L/s、$i=0.000\ 5$，水力计算满足《室外排水设计标准》（GB 50014—2021）要求的条件，求管径 D。（【二维码 15-8】）

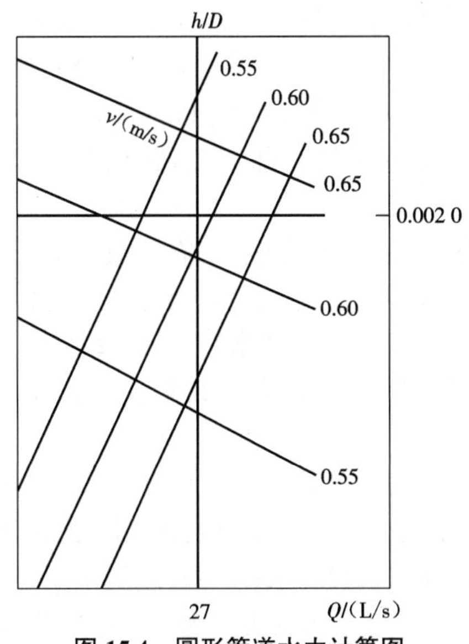

图 15.4　圆形管道水力计算图

【二维码 15-8】

也可以采用水力计算表（【二维码 15-9】）进行计算。每一张表的管径 D 和粗糙度系数 n 是固定的已知数，表中有 Q、v、i、h/D 4 个因素，知道其中任意 2 个便可求出另外 2 个，

表中没有的可以用内插法求出。

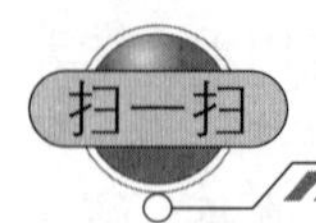

【二维码 15-9】

15.4.5 水力计算步骤

水力计算从上游管段开始依次向下游管段进行，一般列表进行计算。本节介绍水力计算的基本步骤，具体污水管道系统的设计步骤将结合下一节的设计计算实例进行讲解。

（1）从管道平面布置图上量出每一设计管段的长度。

（2）计算每一设计管段的地面坡度（地面坡度 = 地面高差 / 距离）作为确定管道坡度时的参考。

（3）确定起始管段的管径、设计流速 v、设计坡度 i 和设计充满度 h/D。

（4）确定其他管段的管径 D、设计流速 v、设计充满度 h/D 和管道坡度 i。

（5）计算各管段上端、下端的水面、管内底标高和埋设深度。

进行排水管道水力计算时，应注意的问题如下。

（1）必须细致研究管道系统的控制点，以便确定管道系统的埋深。控制点常位于本区的最远或最低处，它们的埋深将控制该区污水管道的最小埋深。各条管道的起点、低洼地区的个别街坊和污水出口较深的工业企业或公共建筑都是研究控制点的对象。

（2）必须细致研究管道敷设坡度与管线经过地段的地面坡度之间的关系，以尽量减少工程投资，使确定的管道坡度在保证最小设计流速的前提下，既不使管道的埋深过大，又便于支管的接入。

（3）水力计算自上游依次向下游逐段进行。在一般情况下，随着设计流量逐段增加，设计流速也应相应增大；如流量保持不变，流速不应减小。只有在管道坡度由大骤然变小的情况下，设计流速才允许减小。设计流量逐段增加，设计管径也应逐段增大，但在管道坡度骤然变陡处，管径可根据水力计算由大变小，但不得超过 2 级，并不得小于相应条件下的最小管径。

（4）在地面坡度太大的地区，为了减小管内水流速度，防止管壁被冲刷，管道坡度应小于地面坡度。这就有可能使下游管段的覆土厚度无法满足最小覆土厚度的要求，甚至使管道露出地面，因此需在适当的地点设置跌水井，管段之间采用跌水连接或采用陡坡管道。

（5）水流通过检查井时，有局部水头损失。为了尽量降低这项损失，检查井底部在直线管道上要严格采用直线，在管道转弯处要采用平滑的曲线。通常直线检查井可不考虑局部水头损失。在应考虑局部水头损失之处，可以按水力学的基本公式和有关参数进行计算。

（6）在旁侧管与干管的连接点处，要考虑干管的已定埋深是否允许旁侧管接入。同时，为避免旁侧管和干管产生逆水和回水，防止在干管中发生沉积、堵塞，旁侧管中的设计流速不应大于干管中的设计流速。若支管的管位较高，应在支管接入干管前进行跌水处理。

15.5　污水管道的设计

如前所述,根据确定的设计方案进行污水管道设计,主要内容和步骤包括:

(1)在适当比例的总体布置图上,划分排水流域,布置管道系统,绘制管道平面图;

(2)根据设计人口数、污水量标准,计算各管段污水设计流量;

(3)确定控制点,并根据地形、干支管布置,确定起点、出口和中间各控制点的高程;

(4)进行污水管道水力计算,确定管道断面尺寸、设计坡度、埋设深度和高程;

(5)确定污水管道在道路横断面上的位置,绘制管道纵剖面图。

关于如何划分排水流域、进行管道定线和平面布置组合,如何选取控制点、确定管道系统的设计流量和进行水力计算等内容,前已述及。本节重点就如何确定污水泵站的设置地点、污水管道在街道横断面上的位置、污水管道的衔接问题进行讲述,并举例说明污水管道的设计计算。

15.5.1　设置泵站

前已述及,在排水管道系统中,由于地形条件等因素的影响,通常可能需设置中途泵站、局部泵站和终点泵站(具体见第 1 篇 5.1.1 和第 3 篇 14.2.1)。

为了不因城市中局部低洼区域污(雨)水的排放而造成整个管道系统埋深增大,对建筑物的地下室、人防建筑、地铁车站、立交道路底层的污(雨)水应设局部泵站提升。

排水管道一般采用重力流,因而管道需沿水流方向以一定的坡度倾斜敷设,在地势平坦的地区,管道将越埋越深,达到一定深度后,施工费用将急剧增加,施工技术也随之变得复杂,甚至难以实施,这时需设置中途泵站,将离地面较远的污(雨)水提升到离地面较近的高度。

污水排至污水处理厂,要进入修建在地面上的处理构筑物进行处理,需设终点泵站加以提升。雨水直接排入水体,当水体洪水位高于流域地面标高时,也需设终点泵站加压排放。

排水管道中的泵站应尽可能离开居住建筑和需要保持安静的公共建筑。同时,排水管道系统的设计应以重力流为主,不设或少设泵站。当无法采用重力流或采用重力流不经济时,如当排水管道翻越高地或长距离输水时,可采用压力流。

泵站设置的具体位置应考虑环境卫生、地质、电源和施工等条件,并征询规划、消防、环保、城建等部门的意见确定。

15.5.2　确定污水管道在街道下的位置

在城市道路下有很多管线工程,如给水管、污水管、煤气管、热力管、雨水管、电力电缆、电信电缆等(【二维码 15-10】)。在工厂道路下,管线工程的种类更多。此外,在道路下还可能有地铁、地下人行横道、工业用隧道等地下设施。为了合理安排其在空间中的位置,必须在各单项管线工程规划的基础上,进行综合规划和统筹安排,以利于施工和日后的维护管理。

【二维码 15-10】

由于污水管道为重力流管道，管道（尤其是干管和主干管）的埋设深度较其他管线深，且有很多连接支管，若管线位置安排不当，会造成施工和维修的困难。再加上污水管道难免渗漏、损坏，会对附近建筑物、构筑物的基础造成危害或污染生活饮用水，因此污水管道与建筑物间应有一定的距离。

排水管道与其他地下管线（或构筑物）的水平和竖直最小净距，应根据两者的类型、高程、施工先后和管线损坏的后果等因素，按当地城镇管道综合规划确定，也可按《室外排水设计标准》（GB 50014—2021）中的相关规定采用（【二维码 15-11】）。

【二维码 15-11】

排水管道与其他地下管道、建筑物、构筑物等的相互位置应符合下列要求：敷设和检修管道时，不应互相影响；排水管道损坏时，不应影响附近建筑物、构筑物的基础，不应污染生活饮用水。污水管道、合流管道与生活给水管道交叉时，应敷设在生活给水管道的下面。再生水管道与生活给水管道、合流管道、污水管道交叉时，应敷设在生活给水管道的下面，宜敷设在合流管道和污水管道的上面。各种管线布置发生矛盾时互让的原则：新建让已建，临时让永久，小管让大管，压力管让重力流管，可弯管让不可弯管，检修次数少的让检修次数多的。

15.5.3 污水管道的衔接

1. 污水管道的衔接

污水管道在管径、坡度、高程、方向发生变化和支管接入的地方都需要设置检查井。设计时必须考虑在检查井内上、下游管道衔接时的高程问题。管道在衔接时应遵循以下两个原则：

（1）尽可能提高下游管段的高程，以减小管道埋深，降低造价；

（2）避免上游管段中形成回水而造成淤积。

管道衔接的方式通常有管顶平接和水面平接两种，如图 15.5（a）和图 15.5（b）所示。

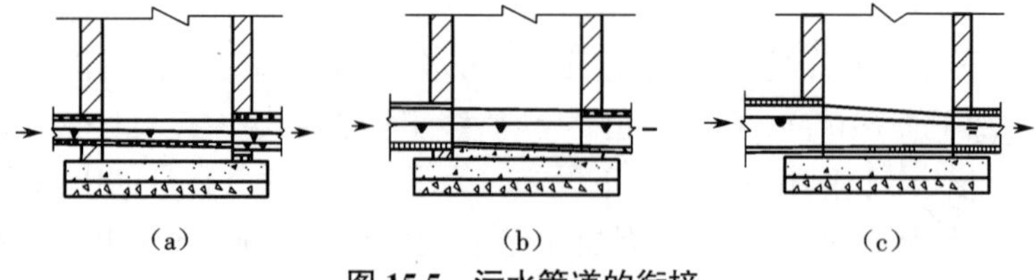

图 15.5 污水管道的衔接

（a）管顶平接 （b）水面平接 （c）管底平接

水面平接是指在水力计算中，使上游管段终端和下游管段起端在设定的设计充满度下水面相平，即上游管段终端与下游管段起端的水面标高相同。由于上游管段中的水量（水面）变化较大，污水管道衔接时，上游管段的实际水面标高有可能低于下游管段的实际水面标高，因此采用水面平接时，上游管段中可能形成回水。

管顶平接是上游管段终端和下游管段起端的管顶标高相同。采用管顶平接时，上游管段中的水量（水面）变化不至于在上游管段产生回水，但下游管段的埋深将增大。这对平坦地区或埋设较深的管道，有时是不适宜的。

无论采用哪种衔接方式，下游管段起端的水面和管底标高都不得高于上游管段终端的水面和管底标高。因此，在山地城镇，有时上游大管径（缓坡）接下游小管径（陡坡），这时便应采用管底平接如图 15.5（c）所示。

设计排水管道时，应防止在压力流的情况下使接户管发生倒灌。

当地面坡度很大时，为了调整管内流速，采用的管道坡度可能小于地面坡度，为保证下游管段的最小覆土厚度和减小上游管段的埋深，可根据地面坡度采用跌水连接，如图 15.6 所示。

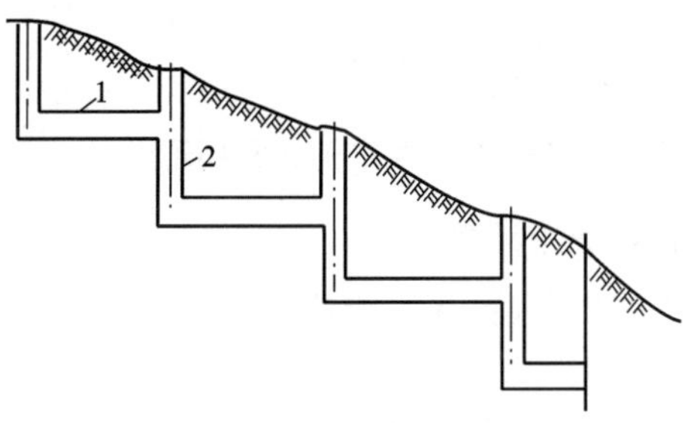

图 15.6　管段跌水连接

1—管段；2—跌水井

在旁侧管道与干管交汇处，若旁侧管道的管底标高比干管的管底标高高很多，为保证干管有良好的水力条件，最好先在旁侧管道上设跌水井再与干管相接。反之，若干管的管底标高高于旁侧管道的管底标高，为了保证旁侧管道能接入干管，干管在交汇处设跌水井，以增大干管埋深。

提升连接是由于上游管道末端埋深已较大，通过设置提升泵站提升后再与下游管道连接，以减小下游管道的埋深，降低工程造价。

2. 压力管的衔接

重力流管道系统可设排气和排空装置，在倒虹管、长距离直线输送后的变化段宜设置排气装置。设计压力管时，应考虑水锤的影响，在管道的高点和每隔一定距离处，应设排气装置；在管道的低点和每隔一定距离处，应设排空装置；压力管接入自流管道时，应有消能设施。当采用承插式压力管时，应根据管径、流速、转弯角度、试压标准和接口的摩擦力等因素，通过计算确定是否应在竖直或水平方向转弯处设置支墩。

15.5.4　污水管道系统设计计算举例

例 15.3　图 15.7 为某市一小区平面图。已知居住区人口密度为 350 人/10^4 m^2，居民生活污水定额为 120 L/(人·d),火车站和公共浴室的设计污水量分别为 3 L/s 和 4 L/s,工厂甲和工厂乙的工业废水设计流量分别为 25 L/s 和 6 L/s。生活污水和经过局部处理后的工业废水全部送至污水处理厂。工厂甲废水排出口的管底埋深为 2 m。

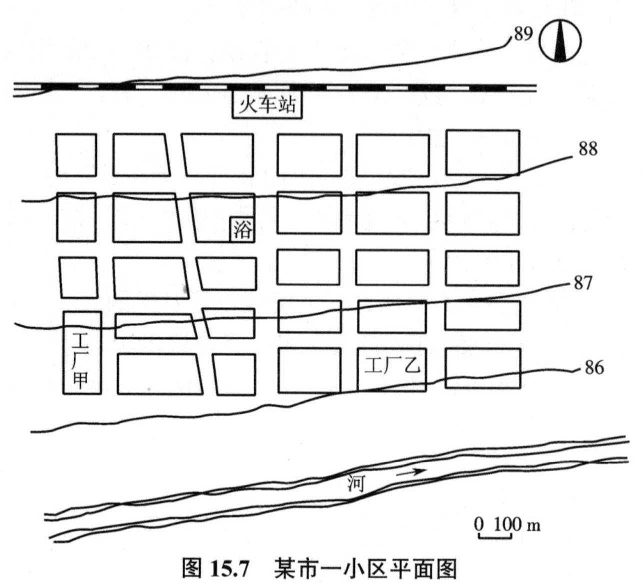

图 15.7 某市一小区平面图

试进行该小区污水管道的设计计算。

解 具体设计计算方法和步骤请扫【二维码 15-12】。以下为设计计算过程的关键步骤提示。

(1)在小区平面图上布置污水管道。由小区平面图可知,该小区地势自北向南倾斜,坡度较小,无明显的分水线,可划分为一个排水流域。

(2)街区编号并计算其面积。将各街区编号,并按各街区的平面范围计算它们的面积。

(3)划分设计管段,计算设计流量。列表进行各设计管段设计流量的计算。首先根据居住区人口密度和污水定额计算出比流量;然后根据设计管段接纳的本段流量和转输流量计算该设计管段的生活污水平均流量,并查总变化系数,计算出该设计管段的生活污水设计流量;最后根据集中流量计算出该设计管段的设计总流量。

(4)水力计算。水力计算从上游管段开始依次向下游管段进行,一般列表进行计算。进行管道水力计算时应注意的问题参见“15.4.5 水力计算步骤”。

(5)绘制管道平面图和纵剖面图。污水管道平面图和纵剖面图是污水管道设计的主要图纸。设计阶段不同,图纸表现的深度亦有所不同。图 15.8 为本例题的管道平面图,图 15.9 为本例题的主干管纵剖面图。

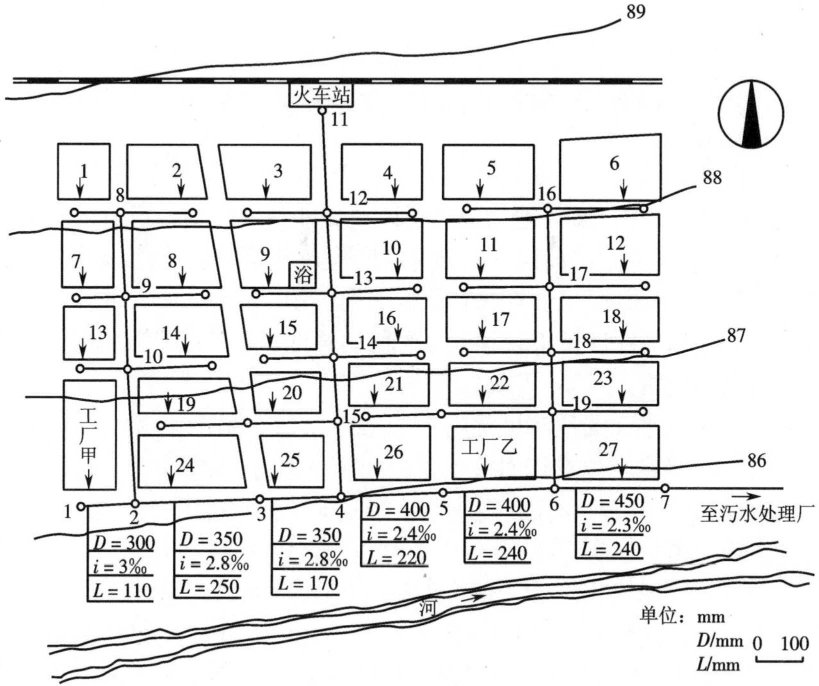

图 15.8　某小区污水管道平面图（初步设计）

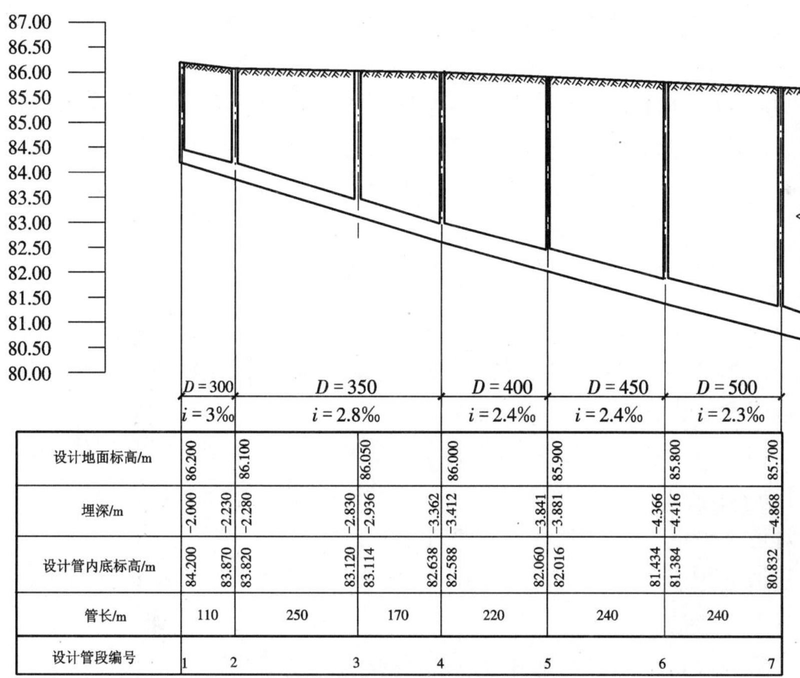

设计管段编号	1–2	2–3	3–4	4–5	5–6	6–7
设计地面标高/m	86.200	86.100	86.050	86.000	85.900	85.800, 85.700
埋深/m	−2.000, −2.230	−2.280, −2.830	−2.936, −3.362	−3.412, −3.841	−3.881, −4.366	−4.416, −4.868
设计管内底标高/m	84.200, 83.870	83.820, 83.120	83.114, 82.638	82.588, 82.060	82.016, 81.434	81.384, 80.832
管长/m	110	250	170	220	240	240

图 15.9　某小区主干管纵剖面图

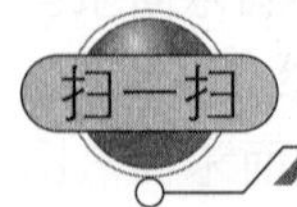

【二维码 15-12】

初步设计阶段的管道平面图就是管道总体布置图。通常采用的比例尺为1∶5 000~1∶10 000,图上有地形、地物、河流、风玫瑰或指北针等。已有的和设计的污水管道用粗线条表示,在管线上画出设计管段起讫点的检查井并编上号码,标出各设计管段的服务面积,可能设置的中途泵站、倒虹管或其他特殊构筑物、污水处理厂、出水口等。初步设计阶段的管道平面图上还应注明主干管各设计管段的长度、管径和坡度。此外,图上应有管道的主要工程项目表和说明。

施工图阶段的管道平面图比例尺常用1∶1 000~1∶5 000,图上的内容基本同初步设计阶段,但要求更详细、确切。要求标明检查井的准确位置,污水管道与其他地下管线或构筑物的交叉点的具体位置、高程,居住区街坊连接管或工厂废水排出管接入污水干管或主干管的准确位置和高程。图上还应有图例、主要工程项目表和施工说明。

污水管道的纵剖面图反映管道沿线的高程,它是和平面图相对应的,图上用单线条表示原地面高程线和设计地面高程线,用双线条表示管道高程线,用双竖线表示检查井。图中还应标出沿线支管接入处的位置、管径、高程;与其他地下管线、构筑物或障碍物的交叉点的位置和高程;沿线的地质钻孔位置和地质情况等。在纵剖面图的下方有一个表格,表中列有检查井号、管道长度、管径、坡度、地面标高、管内底标高、埋设深度、管道材料、接口形式、基础类型。有时也将流量、流速、充满度等数据注明。采用的比例尺,一般横向为1∶500~1∶2 000;纵向为1∶50~1∶200。工程量较小,地形、地物较简单的污水管道工程亦可不绘制纵剖面图,只需将管径、坡度、管长、检查井的高程和交叉点等注明在平面图上即可。

思考题

1. 什么是污水量的日变化、时变化、总变化系数?居住区生活污水量总变化系数为什么随污水平均日流量增大而减小?

2. 通常采用什么方法计算城市污水设计总流量?这种计算方法有何优缺点?

3. 污水管道中的水流是否为均匀流?污水管道的水力计算为什么仍采用均匀流公式?

4. 污水管道定线的一般原则和方法是什么?

5. 污水管道的覆土厚度和埋设深度是否为同一含义?污水管道设计时为什么要限定覆土厚度或埋深的最小值?

6. 在污水管道进行水力计算时规定了哪些限制?为什么?

7. 何谓污水管道系统的控制点?在通常情况下应如何确定控制点的高程?如何确定控制点的管道埋深?

8. 污水管道水力计算的目的是什么?

9. 什么叫设计管段?如何划分设计管段?每个设计管段的设计流量可能包括哪几部分?

10. 设计管段之间的管道在检查井中有哪些衔接方式？衔接时应注意些什么问题？
11. 什么样的管段称为不计算管段？在什么情况下采用最小设计坡度？
12. 地面坡度如何影响管道的水力计算？
13. 试归纳总结污水管道水力计算的方法、步骤。水力计算要注意些什么问题？

习　题

1. 某肉类加工厂每天宰杀牲畜 258 t，废水量标准为 8.2 m^3/t，总变化系数为 1.8，三班制生产，每班工作 8 h。最大班职工人数为 860 人，其中在高温和污染严重车间工作的职工占总人数的 40%，使用淋浴人数按 85% 计；其余 60% 的职工在一般车间工作，使用淋浴人数按 30% 计。工厂居住区面积为 9.5 hm^2，人口密度为 580 人/hm^2，生活污水量标准为 160 L/(人·d)。各种污水由管道汇集至污水处理站，试计算该厂的最大时污水设计流量。

2. 某城镇的居住面积为 500 hm^2，人口密度为 400 人/hm^2，生活污水量定额为 190 L/(人·d)。城镇内有一家工厂，最大班职工人数为 1 200 人，热车间有职工 500 人，使用淋浴人数按 90% 计；一般车间有职工 700 人，使用淋浴人数按 50% 计。工业废水最大时流量为 50 L/s。城镇内有一家医院，设有 1 000 张病床，污水量定额为 22 L/(人·床)，每日工作 24 h，时变化系数为 2.0。试确定如下内容：

（1）该城镇污水总管设计流量是多少；

（2）如果该城镇地势平坦，则总管设计管径和设计坡度是多少。

3. 习题 3 图为某工厂工业废水干管平面图。图上注明了各废水排出口的位置、设计流量和各设计管段的长度，检查井处的地面标高如习题 3 表所示。排出口 1 的管底标高为 218.9 m，其余各排出口的埋深均不小于 1.6 m。该地区土壤无冰冻。要求列表进行干管的水力计算，并将计算结果标注在平面图上。

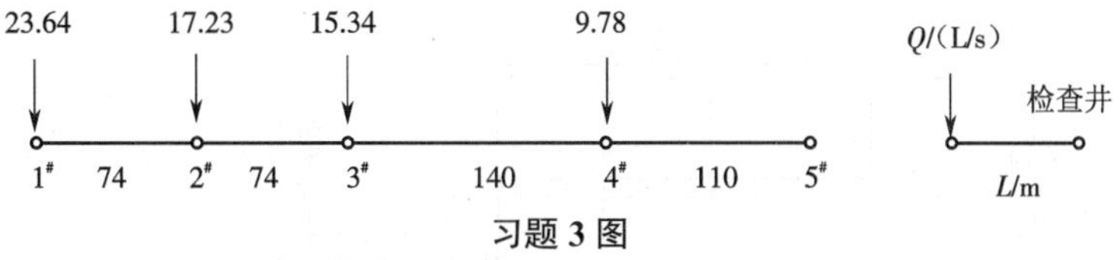

习题 3 图

习题 3 表

检查井编号	地面标高 /m	检查井编号	地面标高 /m
1	25.320	4	24.610
2	25.100	5	24.000
3	24.820		

4. 某市一个街坊的平面布置如习题 4 图所示。该街坊的人口密度为 400 人/hm^2，生活污水定额为 140 L/(人·d)，工厂的生活污水设计流量为 8.24 L/s，淋浴污水设计流量为 6.84 L/s，生产污水设计流量为 26.4 L/s，工厂排出口的地面标高为 43.5 m，管底埋深为 2.2 m，土壤

冰冻最大深度为 0.75 m,河岸堤坝顶标高为 400 m。试确定如下内容:

(1)进行该街坊污水管道系统的定线;

(2)进行从工厂排出口至污水处理厂的各管段的水力计算;

(3)按适当的比例绘制管道平面图和主干管纵剖面图。

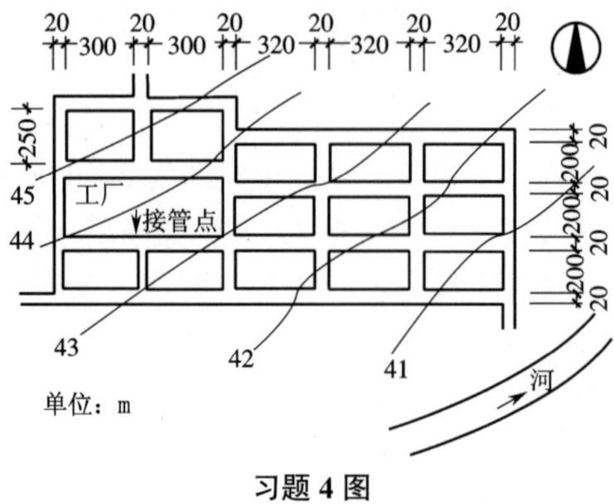

习题 4 图

第 16 章　雨水管渠系统的设计

本章“雨水管渠系统”指的是雨水系统中的“排水管渠”部分，是由雨水口、雨水管渠、检查井、出水口等构筑物组成的一整套工程设施。雨水管渠是应对短历时强降雨状况下的安全排水设施。在雨水管渠系统中，管渠是主要组成部分，所以合理、经济地进行雨水管渠的设计具有重要的意义，故本章主要介绍雨水管渠的设计。源头减排的内容详见第 4 篇第 19 章。雨水管渠设计的主要内容包括：

（1）确定当地暴雨强度公式；

（2）划分排水流域，进行雨水管渠的定线；

（3）根据当地气象条件、地理条件与工程要求等确定设计参数；

（4）计算设计流量和进行水力计算，确定设计管段的断面尺寸、坡度、管底标高及埋深。

16.1　雨量分析

16.1.1　我国的降雨特点

我国各地降雨量分布极不均匀，大体趋势是从沿海到内陆、从南到北依次递减。等降水量线的走向大致是东北—西南。这些特点与我国的地理位置有密切关系。我国西部伸入亚欧大陆的中心，东部、南部濒临世界最大的海洋——太平洋，大部分地区属季风区，因此东南湿润、西北干旱。我国台湾的基隆，年降水量曾达 3 660 mm；处于新疆塔里木盆地东南缘的且末，年降水量仅为 18 mm。

我国降水量的季节分布特点是大部分地区集中在夏季，而冬季降水量最少。除长江以南、岭南以北和台湾、新疆部分地区外，其他地区夏季降雨量占全年总降雨量的 40% 以上。长江、黄河之间的地区夏季降雨量占全年总降雨量的 50%~60%，黄河以北的地区在 70% 以上，华北平原和内蒙古东部达 70%~80%，西北各地在 60% 以上，西南各地在 50%~60%。

我国各地降雨还有一个特点，即雨水的大部分往往在极短的时间内降落，降雨强度十分猛烈，这个特点对雨水管道的设计有很大的影响。因此，对暴雨的研究是非常重要的。

16.1.2　雨量分析要素

降雨现象的分析是用降雨量、降雨历时、暴雨强度、降雨面积和重现期等因素来表示降雨的特征。

1. 降雨量和降雨历时

1）降雨量

降雨量是降雨的绝对量，即降雨深度，用 H 表示，单位为 mm；也有用单位面积上的降雨体积（L/hm^2）来表示的，可以由雨量记录直接求得。在研究降雨时，很少以一场雨为对象，而常以单位时间为对象。例如，年平均降雨量是对降雨进行多年的观测所得的各年降雨量的平均值，是一个常用的描述地区气候的要素；月平均降雨量是多年观测所得的各月降雨量的平均值；年最大日降雨量是多年观测所得的一年中降雨量最大一日的降雨量。

2）降雨历时

降雨历时指降雨过程中的任意连续时段，可以指一场雨的全部降雨时间，也可以指其中的个别时段，用 t 表示，单位为 h 或 min，可以从自记雨量计的记录纸上读得。

观测降雨的仪器有雨量器和自记雨量计两种。自记雨量计能自动连续地把降雨过程记录下来。立式自记雨量计的工作原理请扫【二维码 16-1】。

【二维码 16-1】

2. 暴雨强度

暴雨强度是单位时间内的降雨量，即单位时间的平均降雨深度，用 i 表示。

$$i=\frac{H}{t} \tag{16-1}$$

式中 i——暴雨强度，mm/min；

H——降雨量，mm；

t——降雨历时，min。

在工程上暴雨强度常用单位时间单位面积上的降雨体积计，用 q（L/（hm²·s））表示，q 和 i 的关系如下：

$$q=\frac{1\times 1\,000\times 10\,000}{60\times 1\,000}i=166.7i\approx 167i \tag{16-2}$$

暴雨强度是描述降雨的重要指标，暴雨强度越大，雨越猛烈。在一场雨中，暴雨强度是随降雨历时而变化的，显然所取的降雨历时越短，暴雨强度就越大。根据自记雨量计的累计雨量曲线可以计算不同降雨历时的最大暴雨强度，如表 16.1 所示。

表 16.1　不同降雨历时的最大暴雨强度

降雨历时 t/min	降雨量 H/mm	暴雨强度 i/（mm/min）	所选雨段	
			起	止
5	4.0−1.0 = 3.0	0.60	19:23	19:28
10	4.6−1.0 = 3.6	0.36	19:23	19:33
20	5.1−0.9 = 4.2	0.21	19:20	19:40
30	6.3−0.9 = 5.4	0.18	19:20	19:50
40	6.6−0.9 = 5.7	0.14	19:20	20:00
50	6.9−0.9 = 6.0	0.12	19:20	20:10
60	7.0−0.9 = 6.1	0.10	19:20	20:20

3. 降雨面积和汇水面积

降雨面积是指降雨所笼罩的面积，汇水面积是指雨水管渠汇集和排除雨水的地面面积，用 F 表示，以公顷（hm^2）或平方千米（km^2）为单位。

降雨在面积上的分布在工程计算中是非常引人注意的问题。降雨在面积上的强度变化是很大的，大雷雨有时穿过 1~5 km^2 的地带，有时则降落在面积达数百至数千平方千米的范围内，在此降雨面积内的不同地点、同一降雨时间的降雨量都不相同。在大型水利工程的设计中，要考虑大流域面积上的降雨情况，降雨在整个流域面积上的分布是不均匀的，设计时采用的降雨资料必须考虑到暴雨强度（i）、降雨历时（t）和汇水面积（F）三个因素。但在城市、工业区和机场的雨水管网系统设计中，汇水面积比较小，最远点的集水时间一般不超过 3~5 h，更通常的是不超过 60~120 min，因此降雨分布不均匀的程度也就比较小，可以假定在这种汇水面积上各处暴雨强度相同，而不考虑降雨面积的影响。

这种较小的汇水面积一般为 300~500 km^2，称为小汇水面积。一般在北方干旱区 ≤300 km^2，在南方多雨区 ≤500 km^2，流域长度 ≤30 km。设计小汇水面积的雨水管道系统，要选用暴雨强度特大的雨作为设计根据。这种雨的特点是暴雨强度大、降雨历时短、降雨面积小，称之为暴雨，它是设计雨水管道应该选择的降雨资料。

4. 降雨的重现期和频率

雨水管道的设计任务是及时排除雨水，防止地面积水。最理想的情况是雨水管道的管径可以排泄当地最大暴雨的径流，但这样做工程投资大得惊人，是不现实的，同时也是不必要的。因此，在分析小汇水面积内的暴雨时，除了考虑暴雨强度（i）和降雨历时（t）的关系外，还必须考虑到这次暴雨的 i 和 H 的相应值出现的机会，按若干年出现一次的暴雨来设计。这个若干年出现一次暴雨的间隔时间，称为重现期。

对应于特定降雨历时的暴雨强度服从一定的统计规律，可以通过长期的观测数据计算某个特定降雨历时的暴雨强度出现的经验频率，简称暴雨强度频率，采用经验频率公式如式（16-3），即大于或等于某暴雨强度发生的可能性，用 N（%）表示。

重现期定义为在一定长的统计期间，大于或等于某统计对象出现一次的平均间隔时间，用 P（a）表示。重现期与暴雨强度频率之间的关系如式（16-4）所示。

$$N=\frac{m}{n+1}\times100\% \tag{16-3}$$

$$P=\frac{1}{N}=\frac{n+1}{m} \tag{16-4}$$

式中　N——暴雨强度频率，%；

m——大于或等于某暴雨强度发生次数的累计值，即计算的子样在系列中按大小顺序排列的序号；

n——资料年数；

P——重现期，a。

当每年只取一个代表性数据组成统计序列时（年最大值法选样），n 为资料年数，求出的频率值为“年频率”如式（16-3）；当每年取多个数据组成统计序列时（年多个样法选样），求出的频率值称为“次（数）频率”，此时经验频率公式如式（16-5），重现期与经验频率之间的关系式如式（16-6）：

$$N=\frac{m}{nM+1}\times100\% \tag{16-5}$$

$$P=\frac{1}{N}=\frac{nM+1}{m} \tag{16-6}$$

式中 M——每年选取的雨样数。

规划设计时，要求以"年"为单位的频率（或重现期），故需对上式进行换算，即将次（数）频率转换为年频率。换算关系有多种，可选择合适的换算关系。

例 16.1 由某地气象台取得 20 年的自记雨量计记录资料，从每年的降雨资料中选择 6 场最大暴雨记录。降雨历时分别为 5、10、15……120 min，暴雨强度分别为 i_5、i_{10}、i_{15}……i_{120}，然后不论年次，按数值大小进行排列，再从中选择资料年数的 4 倍的最大个数作为统计的基础资料。如降雨历时为 10 分钟的暴雨强度 i_{10}，利用式（16-5）求出各暴雨强度的次频率。可以查出 $i_{10} \geqslant 3.57$ mm/min 的次频率为 $N=\dfrac{m}{nM+1}\times 100\%=\dfrac{1}{20\times 4+1}=1.23\%$。【二维码 16-2】为该地暴雨强度次频率的计算表。

【二维码 16-2】

如暴雨强度频率 $N=1\%$，即大于或等于这个暴雨强度在一年内可能发生 1% 次，或者在 100 年内可能发生一次（不能认为每隔 100 年必然发生一次），也就是重现一次的时间间隔平均为 100 年。又如暴雨强度频率 $N=50\%$，即大于或等于这个暴雨强度在 100 年内可能发生 50 次，这个暴雨强度重现一次的时间间隔平均为 2 年，即 $P=2$ a。

雨水管道有一定的埋深，管道的检查井允许在暴雨期间短时充水，所以管道在 P 年内盛满一次，并不等于地面上在 P 年内泛水一次。因此，根据具体情况，按若干年重现一次来设计雨水管道是经济、合理的，而按当地历史上的最大暴雨径流来设计是不必要的。

还有一点应当指出：重现期是反映事物在时间过程中较好的指标，但是它有一定的局限性。因为自记雨量计的记录资料总是有限的，如观测的年限是 20 年，利用这 20 年的资料计算重现期，是假定在历史的长河中，用这 20 年的降雨规律来典型地代表整个历史时期，这显然是不符合实际情况的，记录资料的年份越少，其代表性越差，即使记录资料的年份较长多，如增加到 100 年，也只能说它的代表性更好些，但终究只能是代表，而不能把这一有限的历史时期同无限的历史等同起来。同时，也要看到另一面，工程设计计算的精度也是相对的。总之，要辩证地看重现期的意义，正确地加以运用，解决工程上的问题。

我国与发达国家和地区的雨水管渠设计重现期对比参见【二维码 16-3】。

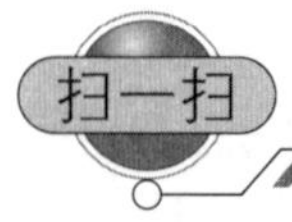

【二维码 16-3】

16.1.3 暴雨强度公式

暴雨强度 i（或 q）、降雨历时 t、重现期 P 之间存在着一定的内部联系，不同地点的降雨有不同的关系，暴雨强度公式的形式也不相同。暴雨强度公式是在分析整理各地的自记雨量计记录资料的基础上，按一定的方法推求出来的。暴雨强度公式是暴雨强度 i（或 q）、降

雨历时 t、重现期 P 三者间关系的数学表达式，是设计雨水管渠的依据。

因此，必须对当地的自记雨量计记录资料进行统计分析，找出各个因素之间的关系，然后用适当形式的暴雨强度公式来表示这个规律。暴雨强度公式的形式应力求简单，避免烦琐，便于设计人员使用。

我国的暴雨强度公式较多采用

$$i=\frac{a}{(t+b)^n} \tag{16-7}$$

或

$$i=\frac{A_1(1+c\lg P)}{(t+b)^n} \tag{16-8}$$

或

$$q=\frac{167A_1(1+c\lg P)}{(t+b)^n} \tag{16-9}$$

式中　$i(q)$——设计暴雨强度，mm/min（L/（hm²·s））；

t——降雨历时，min；

P——设计重现期，a；

a，A_1，c，b，n——参数，根据统计方法进行计算确定。

这种公式的形式比较适合我国的国情，与我国的暴雨规律配合较好，对历时频率的适应范围也较广泛。具有 20 年以上自记雨量计记录资料地区的排水系统，设计暴雨强度公式应采用年最大值法，按《室外排水设计标准》（GB 50014—2021）的有关规定编制（参见附录 2）。我国部分城市的暴雨强度公式见附录 3。

许多学者对暴雨强度公式的形式进行了研究，各国都制定了适合本国国情的公式形式。【二维码 16-4】为一些国家的暴雨强度公式。

【二维码 16-4】

暴雨强度公式编制流程如图 16.1 所示。《室外排水设计标准》（GB 50014—2021）给出了暴雨强度公式的编制方法：年多个样法取样与年最大值法取样。前者适用于具有 10 年以上自记雨量计记录资料的地区，后者适用于具有 20 年以上自记雨量计记录资料的地区。现今我国各地都已具有 30~40 年以上自记雨量计记录资料，特别是自 20 世纪 60 年代后期起国内气象与水利部门已改作年最大值法取样。国内外推荐使用年最大值法取样，步骤如下。

（1）本方法适用于具有 20 年以上自记雨量计记录资料的地区，有条件的地区可用 30 年以上的雨量系列，暴雨样本取样方法可采用年最大值法。若在时段内任一时段超过历史最大值，宜进行复核修正。

（2）降雨历时采用 5 min、10 min、15 min、20 min、30 min、45 min、60 min、90 min、120 min、150 min、180 min 共 11 个历时。重现期宜按 2 年、3 年、5 年、10 年、20 年、30 年、50 年、100 年统计。

（3）取样方法为每年每个历时选取一个最大值按大小排序作为基础资料，然后不论年次，将每个历时的子样数据按大小次序排列，作为统计的基础资料。选取的各历时降雨资料应采用经验频率曲线或理论频率曲线加以调整，一般采用理论频率曲线，包括皮尔逊Ⅲ型分布曲线、指数分布曲线和耿贝尔分布曲线（耿贝尔分布曲线更适宜年最大值法取样）。根据确定的频率曲线，得出重现期、暴雨强度和降雨历时三者之间的关系，即 P 、i、t 关系值，如图 16.2 所示。

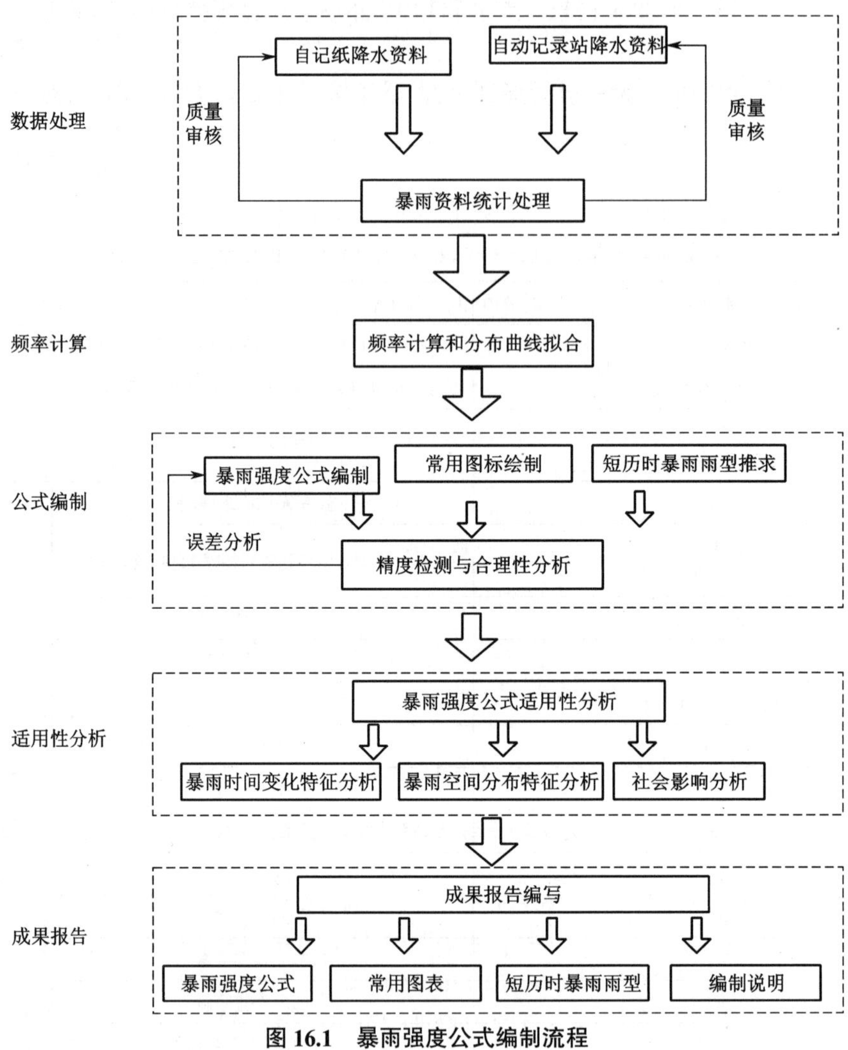

图 16.1　暴雨强度公式编制流程

（4）根据 P 、i、t 关系值求解 A_1 、c、b 和 n 各个参数。可用图解法、解析法、图解与计算结合法等方法进行。为提高暴雨强度公式的精度，一般采用高斯—牛顿法。将求得的各个参数代入式（16-9），即得当地的暴雨强度公式。

（5）计算抽样误差和暴雨强度公式均方差。宜按绝对均方差计算，也可辅以相对均方差计算。重现期为 2~20 年时，在一般强度的地方，绝对均方差不宜大于 0.05 mm/min；在较大强度的地方，相对均方差不宜大于 5%。

我国部分城市的暴雨强度公式见附录 3，其他主要城市的暴雨强度公式可参见《给水排水设计手册》(第三版)第 5 册或各地官方发布的最新暴雨强度公式。

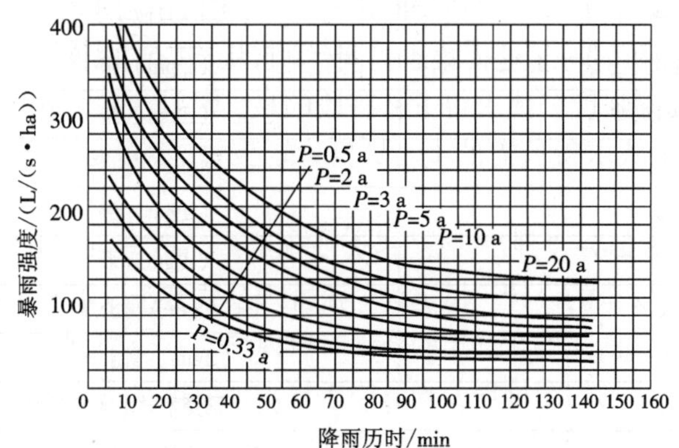

图 16.2　暴雨强度—降雨历时曲线

16.2　雨水管渠设计流量的确定

雨水落到地面,由于地表覆盖情况不同,一部分渗透到地下,一部分蒸发,一部分滞流在地势低洼处,剩下的雨水沿地面的自然坡度形成地面径流进入附近的雨水口,并在管渠内继续流行,通过出水口排入附近的水体。所以,如何正确地确定雨水管渠设计流量是设计雨水管渠的重要内容。

16.2.1　雨水管渠设计流量计算公式

小汇水面积(小于 2 km^2)上暴雨所产生的相应于设计频率的最大流量即为雨水管渠的设计流量,我国目前常采用推理公式法计算小汇水面积上的最大流量,推导方法见【二维码 16-5】。

【二维码 16-5】

采用推理公式法计算雨水管渠设计流量,可按式(16-10)与式(16-11)计算。雨水管网模型计算见第 4 篇第 22 章的内容。

$$Q = 167\Psi F i_0 \tag{16-10}$$

$$Q = \Psi F q = \Psi F \frac{167 A_1 (1 + c \lg P)}{(t + b)^n} \tag{16-11}$$

式中　Q——雨水管渠设计流量,L/s;

Ψ——综合径流系数;

F——汇水面积,hm^2;

q——设计暴雨强度,L/(hm^2·s);

t——降雨历时,min。

我国雨水管渠的设计一直沿用上述推理公式法，推理公式法的计算方法是假定管渠中的水流为恒定均匀流，求得水流在管道中的流行时间；再假定雨水在地面的水流流速等于管渠中的水流流速，降雨历时等于地面集水时间（雨水从相应汇水面积的最远点地面流到管渠入口的时间），由暴雨强度公式求得下一管段的最大设计流量。选择一个可行的管径作为设计管径，由水力公式求得所需的水力坡度（或选择一个可行的水力坡度，求出所需的管径）。

应用恒定均匀流推理公式进行计算，最大的优点是简单迅速。由于使用了历史最大降雨资料，能够得到偏于安全的设计。恒定均匀流推理公式基于以下假设：降雨在整个汇水面积上的分布是均匀的；暴雨强度在选定的降雨时段内均匀不变；汇水面积随集水时间增大的速度为常数。因此，恒定均匀流推理公式适用于较小规模排水系统的计算，当应用于较大规模排水系统的计算时会产生较大的误差。

《室外排水设计标准》（GB 50014—2021）指出：当汇水面积大于 2 km^2 时，应考虑区域降雨和地面渗透性能的时空分布不均匀性和管网汇流过程等因素，采用数学模型法计算雨水设计流量。近年来，随着城市径流污染问题的日益突出，各种精度较高的城市水文、水力计算模型的建立显得越来越重要。国外在这方面取得了很大进展，许多模型已广泛应用于雨水管道系统的规划、设计和管理。当前市场上应用比较广泛的模型软件有英国的综合流域排水模型软件 InfoWorks ICM、丹麦 DHI 的 MIKE 系列、美国 EPA 的 SWMM 等。各个软件都有各自的特点和适用性，在选择模型软件的过程中，应根据项目的特点和需求进行选择。模型可对整个城市的降雨、径流过程进行较准确的水量（降雨与径流量）和水质（降雨与径流的水质和受纳水体的水质）的模拟。

16.2.2 基本参数的确定

1. 径流系数 Ψ

降落到地面上的雨水只有一部分沿地面的坡度流进雨水管渠。在排水工程中，径流量指降落到地面的雨水超出一定区域内的地面渗透、滞蓄能力后多余的水量，由地面汇流至管渠到受纳水体的流量的统称。径流量只是雨水量的一部分，一定汇水面积内地面径流量与降雨量的比值称为径流系数 Ψ，其值小于 1。

降雨条件（包括强度、历时、雨峰位置、雨型、前期雨量、强度递减情况、全场雨量、年雨量等）和地面条件（包括覆盖、坡度、汇水面积及其宽长比、地下水位、管渠疏密等）是影响径流系数的两大基本因素。其中，降雨条件中的前期雨量对径流系数的影响比较突出。由此可见，精确确定径流系数是很重要且困难的。目前，径流系数常采用按地面覆盖种类确定的经验数值，如表 16.2 所示。

表 16.2 径流系数

地面覆盖种类	径流系数 Ψ	地面覆盖种类	径流系数 Ψ
各种屋面、混凝土和沥青路面	0.85~0.95	干砌砖石或碎石路面	0.35~0.40
大块石铺砌路面或沥青表面处理的碎石路面	0.55~0.65	非铺砌土路面	0.25~0.35
级配碎石路面	0.40~0.50	公园或绿地	0.10~0.20

通常汇水面积是由各种性质的地面覆盖所组成的，随着它们所占的面积比例的变化，径流系数也各异。因此，整个汇水面积上的综合径流系数应按地面覆盖种类加权平均计算，即

$$\Psi_{av}=\frac{\sum F_i\Psi_i}{F} \tag{16-12}$$

式中　F_i——汇水面积上各类地面覆盖面积，hm^2；

Ψ_i——与各类地面覆盖相应的径流系数；

F——全部汇水面积，hm^2。

在设计中，应严格执行规划控制的综合径流系数，综合径流系数大于 0.7 的地区应采用渗透、调蓄等措施。一般城镇建筑密集区综合径流系数 $\Psi=0.60\sim0.70$，城镇建筑较密集区综合径流系数 $\Psi=0.45\sim0.60$，城镇建筑稀疏区综合径流系数 $\Psi=0.20\sim0.45$。径流系数取值若偏小，实际上就是降低了设计标准。采用推理公式法进行内涝防治设计校核时，宜提高表 16.2 中规定的径流系数，具体方法见【二维码 16-6】。国外的一些综合径流系数和我国一些城市的综合径流系数值见【二维码 16-6】。

【二维码 16-6】

2. 设计重现期 P

推理公式法假设设计流量的重现期等于设计暴雨的重现期。暴雨强度随着重现期不同而不同。在雨水管渠设计中，若选用较长的设计重现期，计算所得的设计暴雨强度大，管渠的断面相应大，对防止地面积水是有利的，但经济上则因管渠设计断面的增大而增加了工程造价；若选用较短的设计重现期，管渠断面可相应减小，这样虽然可以降低工程造价，但可能排水不畅，导致地面积水，严重时会给生产、生活带来损失。因此，必须结合我国国情，从技术和经济方面统一考虑。

雨水管渠设计重现期应根据汇水面积的地区建设性质、城镇类型、地形特点和气候特征等因素，经技术和经济比较后按《室外排水设计标准》(GB 50014—2021)的规定取值(【二维码 16-7】)，并应和道路设计相协调。

【二维码 16-7】

内涝防治设计重现期应根据城镇类型、积水影响程度和内河水位变化等因素，经技术和经济比较后按【二维码 16-8】中内涝防治设计重现期的规定取值，并应符合下列规定：

(1)人口密集、内涝易发且经济条件较好的城镇，宜采用规定的上限；

(2)目前不具备条件的地区可分期达到标准；

(3)当地面积水不满足规定的要求时，应采取渗透、调蓄、设置雨洪行泄通道和内河整治等措施；

(4)超过内涝防治设计重现期的暴雨，应采取应急措施。

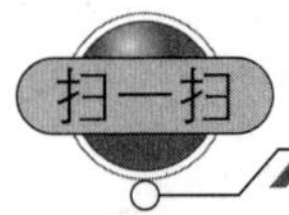

【二维码 16-8】

3. 设计降雨历时 t

当 $t=\tau_0$ 时，将产生最大雨水流量。所以，在设计中通常用汇水面积最远点的雨水流到雨水管渠入口的地面集水时间作为设计降雨历时。

雨水管渠的降雨历时包括地面集水时间和管渠内雨水流行时间，计算公式为

$$t=t_1+t_2 \tag{16-13}$$

式中 t——降雨历时，min；

t_1——地面集水时间（应根据地面集水距离、地面坡度和地面覆盖种类计算确定，一般采用 5~15 min），min；

t_2——管渠内雨水流行时间，min。

1）地面集水时间 t_1 的确定

地面集水时间是管渠起点断面在设计重现期、设计降雨历时的条件下达到设计流量的时间，确定这个时间要考虑地面集水距离、汇水面积、地面覆盖种类、地面坡度和暴雨强度等因素。在设计工作中，应结合具体条件恰当地选定。如 t_1 选用过大，将造成排水不畅，以致管道上游地面经常积水；如选用过小，将使雨水管渠尺寸加大而增加工程造价。根据国内资料，地面集水时间大多不经计算，按经验确定。在地势平坦、地面覆盖种类接近、暴雨强度相差不大的情况下，地面集水距离是决定集水时间长短的主要因素。地面集水距离的合理范围是 50~150 m，比较适中的范围是 80~120 m。国外常用的 t_1 值见【二维码 16-9】。

【二维码 16-9】

2）管渠内雨水流行时间 t_2 的确定

t_2 是雨水在管渠内的流行时间，即

$$t_2=\sum\frac{L_i}{60v_i} \tag{16-14}$$

式中 L_i——各管段的长度，m；

v_i——各管段满流时的水流速度，m/s。

16.2.3 雨水管段设计流量计算

应用推理公式，管段设计流量计算公式如下：

$$Q_{i-j}=\frac{167A_1(1+C\lg P)}{(t_1+t_{2i}+b)^n}\sum_{1\leq i<j}\psi_i F_i \tag{16-15}$$

式中 Q_{i-j}——管段 i—j 的设计流量，L/s；

t_{2i}——管段 i—j 的雨水流行时间，min；

F_i、ψ_i——管段 i—j 上游各汇水面积（hm²）和径流系数；

其余符号同前。

如图 16.3 所示，A 点为雨水集水面积上的最远点，管段 1—2 上的降雨历时为 t_1；管段 2—3 上的降雨历时为 t_1+t_{22}，这里，t_{22} 为管段 1—2 内的流经时间；管段 3—4 上的降雨历时为 t_1+t_{23}，这里，t_{23} 为管段 1—2 和管段 2—3 的流经时间之和。各管段设计流量分别为

$$\begin{cases} Q_{1\text{-}2}=\dfrac{167A_1\left(1+C\lg P\right)}{\left(t_1+b\right)^n}\psi_1F_1 \\ Q_{2\text{-}3}=\dfrac{167A_1\left(1+C\lg P\right)}{\left[t_1+\dfrac{L_{1\text{-}2}}{60v_{1\text{-}2}}+b\right]^n}\left(\psi_1F_1+\psi_2F_2\right) \\ Q_{3\text{-}4}=\dfrac{167A_1\left(1+C\lg P\right)}{\left[t_1+\dfrac{L_{1\text{-}2}}{60v_{1\text{-}2}}+\dfrac{L_{2\text{-}3}}{60v_{2\text{-}3}}+b\right]^n}\left(\psi_1F_1+\psi_2F_2+\psi_3F_3\right) \end{cases} \tag{16-16}$$

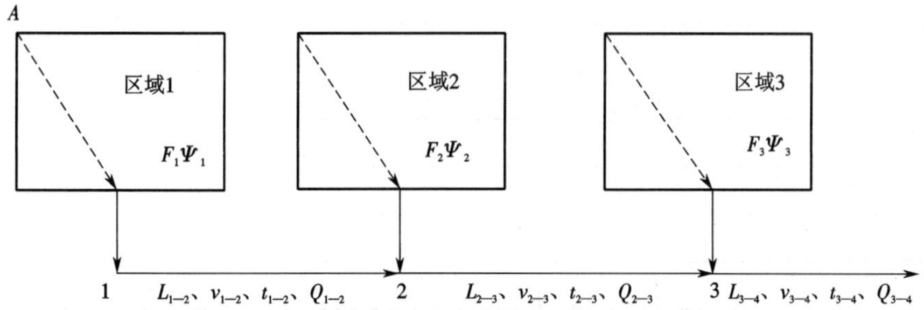

图 16.3　雨水管段设计流量和雨水流行时间计算图

应用上述公式计算雨水管段设计流量时，随着计算管段数量的增加，集水面积不断增大，但暴雨强度逐渐减小，因而有可能出现管道系统中的下游管段计算流量小于上游管段计算流量的结果。也就是说，图 16.3 中的 Q_{3-4} 可能会小于 Q_{2-3} 或 Q_{1-2}。当出现这种情况时，应设定下游管段计算流量等于上游管段计算流量。

16.3　特殊情况下雨水设计流量的确定

16.3.1　特殊情况概述

城市雨水管道系统的设计流量是基于整个排水流域的汇水面积线性增大的假设条件求得的，在某些特殊情况下不能直接采用极限强度理论来计算雨水设计流量。以下情况就属于特殊情况：

（1）当汇水面积的平面形状很不规则，前部（上游）狭长，后部（下游）宽阔，或几个相距较远的独立区雨水交汇处径流面积的增大极不均匀时；

（2）当汇水面积内地面坡度变化较大、各部分的径流系数或设计重现期有显著的差

别时；

在上述特殊情况下，排水流域的最大流量可能不是在全部汇水面积产生径流时，而是在部分汇水面积产生径流时，在设计时要予以注意。

16.3.2 两个独立排水流域雨水设计流量的确定

目前，特殊情况下雨水设计流量的确定通常采用近似计算方法：按推理公式式（16-11）分别计算全部汇水面积产生径流时的设计流量与部分汇水面积产生径流时的设计流量，选择其中较大的作为设计流量。下面通过一个实例来说明两个有一定距离的独立排水流域的雨水干管交汇处的最大设计流量的计算方法。

例 16.2 有一条雨水干管，接收两个独立排水流域的雨水径流。如图 16.4 所示，F_A 为城市中心区汇水面积，F_B 为城市近郊工业区汇水面积，试求 B 点的雨水设计流量。

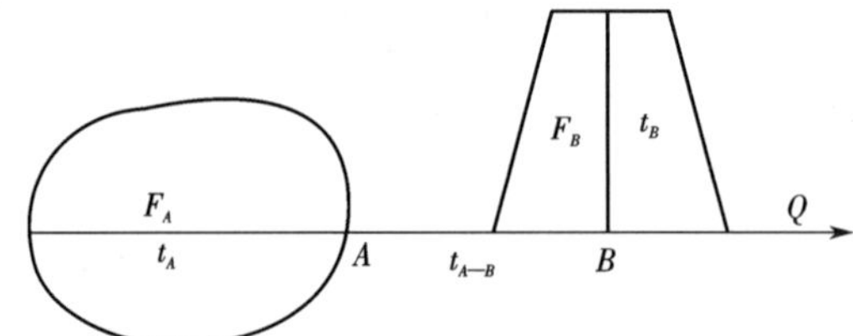

图 16.4 两个独立排水流域雨水汇流示意

已知：（1）$P=2$ a 时的暴雨强度公式为 $q=\dfrac{1\,625}{(t+4)^{0.57}}\,(\mathrm{L/(hm^2\cdot s)})$；

（2）综合径流系数 $\Psi=0.5$；

（3）$F_A=30\ \mathrm{hm^2}$，$t_A=25$ min，$F_B=15\ \mathrm{hm^2}$，$t_B=15$ min，$t_{A-B}=10$ min。

解题过程见【二维码 16-10】。

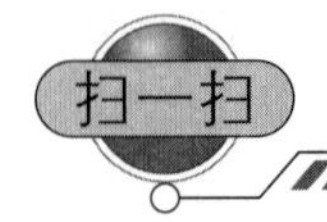

【二维码 16-10】

16.3.3 多个设计重现期地区雨水管渠流量的确定

随着城市的不断发展，市政基础工程的规模越来越大，在雨水管渠设计中，根据地区特点，同一排水系统采用不同的设计重现期的设计问题较常见。其一般有两种计算方法：邓氏计算法与集中流量计算法，本书仅介绍第一种方法。

邓氏计算法根据径流的成因、概念，其流量计算可以概括为以下两条计算准则。

（1）各区域干管交汇点的上游管渠，根据各区域的重要性和具体特点确定的设计重现期进行相应的常规计算。

（2）因上游各区域所用的设计重现期不同，需假设在上游区域所采用的高重现期设计暴雨来临时，上游低重现期区域的管渠因泄水能力不够而产生积水，管渠中将产生压力流，此时实际泄水能力假设为原设计流量的 1.2 倍（称为压力系数，该取值是粗略的估算参数，压力系数与管道敷设地形、管道埋深、上下游管道的重现期差别均有关系，实际规划或设计时可由管渠计算确定），因此全流域可以统一在高重现期设计暴雨雨力 A_{max} 下计算各区域的当量泄量系数 $K_i = A_i/A_{max}$，全流域的设计流量 Q 为

$$Q = 166.7(1.2K_1\psi_1F_1 + 1.2K_2\psi_2F_2 + \cdots\cdots)\frac{A_{max}}{(t+b)^n} \tag{16-17}$$

式中：$166.7 \times 1.2K_1\psi_1F_1A_{max}/(t+b)^n$ 为区域 1 在高重现期暴雨时进入管道的流量；其余项的含义类似。应保证 $1.2K_i \leqslant 1.0$，当计算值大于 1.0 时，取 1.0。

下面通过举例计算说明如何应用邓氏计算法确定多个设计重现期地区的雨水管渠设计流量。

例 16.3　某地区暴雨强度公式为 $i = \dfrac{16.72 + 19.49\lg P}{(t+16.81)^{0.93}}$，如图 16.5 所示，计算图中各管段的流量。已知：$t = t_1 + \sum\dfrac{L}{v}$，$t_1$=10 min，$\psi = 0.60$，各管段平均流速 v=1.0 m/s，管长 120 m。

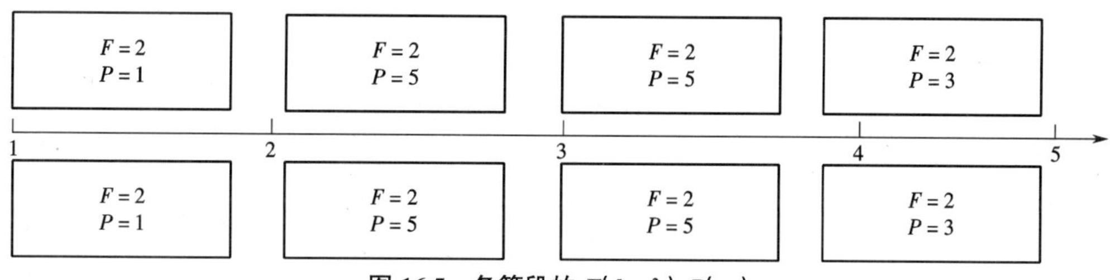

图 16.5　各管段的 F（hm^2）、P（a）

解题过程见【二维码 16-11】。

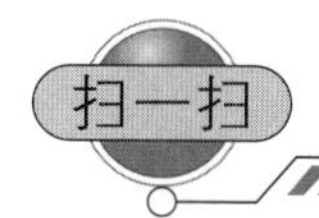

【二维码 16-11】

16.3.4　部分面积参与径流的雨水管渠流量的确定

一般城市的雨水管渠汇水面积较小，可利用推理公式计算整个汇水面积上产生的全面积径流。但绝大多数管渠的实际产流面积（ψF）并不是随降雨历时完全均匀增大的，实践表明：对渗水性较强且集流时间较长的流域，产生流域最大径流的造峰历时 t_{max} 往往短于流域的集流时间 $t = t_1 + \sum\dfrac{L}{v}$，即不是全面积径流产生最大流量，而是部分面积径流产生最大流量，计算公式为

$$Q = i\psi\beta F \tag{16-18}$$

式中　β——产生最大流量的径流面积完全度系数，$\beta = \dfrac{f}{F} \leqslant 1$，$f$ 为相应造峰历时 t_{max} 的最大径流面积，当径流面积随降雨历时不均匀增大时割除的面积（$F - f$）应该

是流域水文形状的尖角部分。

造峰历时 t_{max} 的推理公式：

$$t_{max}=\frac{\psi b}{n-\psi} \tag{16-19}$$

式中：b 与 n 为暴雨强度公式 $i=\frac{A}{(t_{max}+b)^n}$ 中的参数。

式(16-19)适用于 $b>0$、$\psi<n$ 的情况；当 $\psi\geqslant n$ 时为全面积径流，用 $Q=i\psi F$ 计算。

例 16.4 设某地的暴雨强度公式为 $i=\frac{4.8}{(t+10)^{0.625}}$，$\psi=0.50$，全流域面积为 60 hm^2，流域集流时间为 50 min，径流面积随降雨历时增大的比例见表 16.3，求流域的最大流量。

解题过程见【二维码 16-12】。

表 16.3 径流面积增大比例

降雨历时/min	0~0.1	0.1~0.2	0.2~0.3	0.3~0.4	0.4~0.5	0.5~0.6	0.6~0.7	0.7~0.8	0.8~0.9	0.9~1.0	$\sum t=50$ min
径流面积增大比例	0.039 6	0.076 4	0.093 6	0.119 8	0.137 4	0.143 2	0.140 7	0.127 6	0.090 0	0.033 5	$\sum F=60$ hm^2

【二维码 16-12】

16.4 雨水管渠设计与计算

16.4.1 雨水管渠系统的平面布置特点

1. 利用地形排水

雨水管渠应尽量利用自然地形坡度以最短的距离靠重力流排入附近的池塘、河流、湖泊等水体中。

在一般情况下，当地形坡度较大时，雨水干管宜布置在地形低洼处或溪谷线上；当地形平坦时，雨水干管宜布置在排水流域的中间，以尽可能扩大重力流排除雨水的范围。

当管道排入池塘或小河时，出水口的构造比较简单，造价不高，就近排放时，管线较短，管径较小，埋深也较小，施工方便。因此，雨水干管的平面布置宜采用分散出水口式的管道布置形式，这在技术、经济上都是合理的，如图 16.6 所示。

但当河流的水位变化很大，管道出口离常水位较远时，出水口的构造就比较复杂，造价较高，不宜采用过多的出水口。这时宜采用集中出水口式的管道布置形式，如图 16.7 所示。

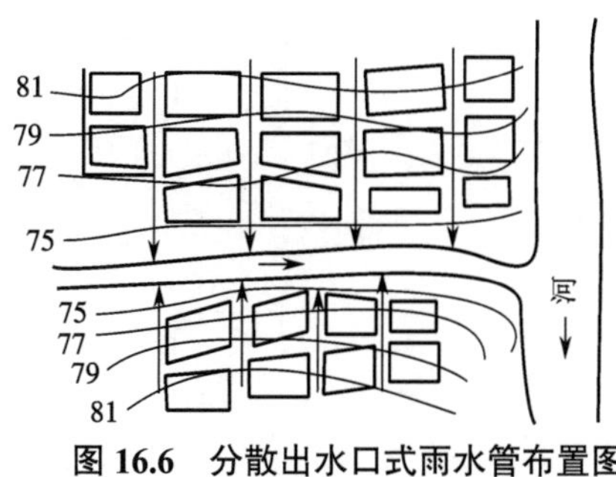

图 16.6　分散出水口式雨水管布置图

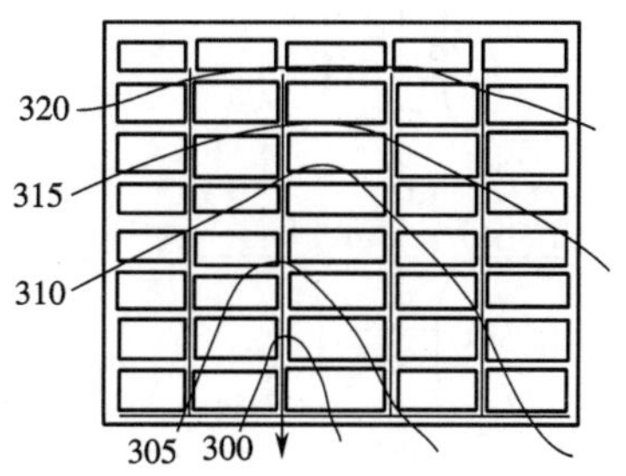

图 16.7　集中出水口式雨水管布置图

当地形平坦,且地面平均标高低于河流的洪水位标高时,需要将管道适当集中,在出水口前设雨水泵站,使雨水经提升后排入水体。应尽可能使通过雨水泵站的流量最小,以节省泵站的工程造价和经常运转费用,有条件时应进行可靠性校核。

2. 雨水管渠系统布置宜结合城镇总体规划

应根据建筑物的分布、道路布置、街坊内部的地形、出水口位置等布置雨水管道,使雨水以最短距离排入街道低侧的雨水口从而进入管道。

雨水管道应平行于道路敷设,且宜布置在人行道或绿化带下,而不宜布置在快车道下,以免在维修管道时影响交通或管道被压坏。道路红线宽度超过 40 m 的城市干道,宜在道路两侧布置雨水管道。

雨水干管的平面和竖向布置应考虑与其他地下构筑物(包括各种管线和地下建筑物等)在相交处相互协调,排水管道与其他各种管线(构筑物)在竖向布置上要求的最小净距见相关规范的有关规定。在有池塘、洼地的地方,可考虑利用水体调蓄雨水,并宜根据控制径流污染、削减径流峰值流量、提高雨水利用程度的需求,设置雨水调蓄和处理设施。在有连接条件的地方,可以考虑雨水管渠系统之间或同一圩区内排入不同受纳水体的自排雨水系统之间的连接,以便提高系统的可靠性

3. 雨水口的布置

雨水口的形式、数量和布置,应按汇水面积所产生的流量、雨水口的泄水能力和道路形式确定。雨水口宜设置在汇水点(包括集中来水点)和截水点上,其间距宜为 25~50 m,容易产生积水的区域应适当增加雨水口的数量。当道路纵坡坡度大于 0. 02 时,雨水口的间距可大于 50 m,形式、数量和布置应根据具体情况和计算确定。当坡段较短(一般在 300 m 以内)时,可在最低点处集中收水,雨水口的数量应适当增加,或面积应适当增大。十字路口处,应根据雨水径流情况布置雨水口,如图 16.8 所示。

4. 有条件时应尽量采用明渠排水

在城郊或新建工业区、建筑密度较低的地区和交通量较小的地方,可考虑采用明渠,以节省工程费用,降低造价。

在城市市区或工厂内,由于建筑密度较高,交通量较大,采用明渠虽可降低工程造价,但会给生产和生活带来许多不便,使道路的立面和横断面设计受到限制,桥涵费用也会增加。若管理养护不善,明渠容易淤积,滋生蚊蝇,影响环境卫生,所以一般采用暗管。

暗管接入明渠,应考虑淤积问题,宜安排适当的跌差,端墙和护砌做法按出水口处理,如图 16.9 所示。

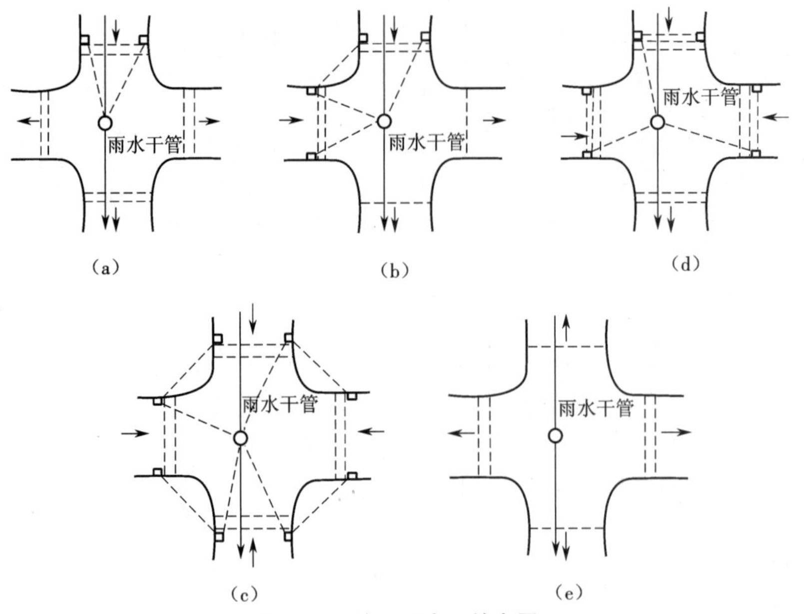

图 16.8　路口雨水口的布置

(a)一路汇水三路分水　(b)十字路汇水两路分水　(c)三路汇水一路分水
(d)四路汇水(最不利情况)　(e)四路分水

明渠接入暗管,一般有跌差,护砌做法和端墙、格栅等均按进水口处理,如图 16.10 所示,并在断面上设渐变段,一般长 5~10 m。

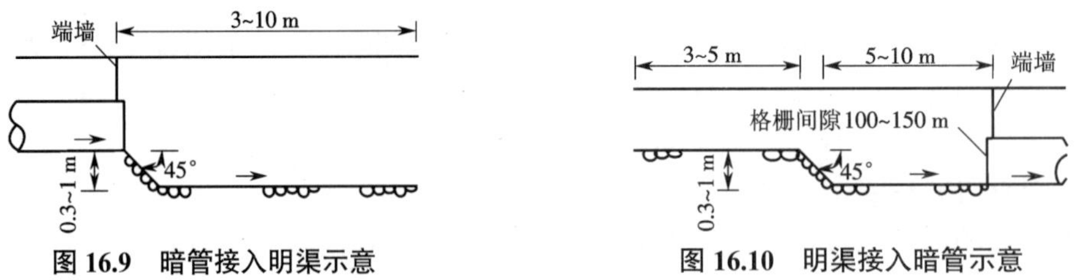

图 16.9　暗管接入明渠示意　　**图 16.10　明渠接入暗管示意**

16.4.2　雨水管渠系统的设计规定

1. 设计充满度

雨水管渠系统按满流设计,即 $h/D=1$,并应考虑排放水体水位顶托的影响。

雨水管渠系统按满流设计的原因:雨水中主要含有泥沙等无机物质,雨水管渠系统溢流对环境卫生的影响不是很严重;相应于较高设计重现期的暴雨强度的降雨历时一般不会很长,也就是说,雨水管渠系统溢流时间一般较短,短时溢流一般不会造成严重影响。

明渠超高不得小于 0.2 m。

2. 设计流速

雨水经常会把地面的泥沙挟带到雨水管渠,为了防止泥沙在管渠中沉淀而造成管渠堵塞,雨水管渠的最小流速应大于污水管的最小流速,雨水管渠系统最小设计流速在满流时为 0.75 m/s,明渠最小设计流速为 0.4 m/s。

为了防止雨水管渠管壁被冲刷而损耗,对雨水管渠最大设计流速的规定为:金属管最大设计流速为 10 m/s，非金属管最大设计流速为 5 m/s，明渠按【二维码 16-13】的规定采用。

【二维码 16-13】

3. 最小管径和最小设计坡度

雨水管道：最小管径为 300 mm，最小设计坡度为 0.003（塑料管为 0.002）。

雨水口连接管：最小管径为 200 mm，最小设计坡度为 0.010。

4. 最小埋深与最大埋深

具体规定同污水管道。

16.4.3　水力计算方法

下列计算方法适用于汇水面积小于 2 km^2 的情况。

计算公式与污水相同，但按满流设计，即 $h/D = 1$。

计算方法与污水相似，也是按水力计算图表进行。

在工程设计中，通常在选定管径之后，n 即为已知值，钢筋混凝土 $n = 0.013$，所以只剩下 3 个未知数，即 D、i、v。

这样，在实际应用中就可以参照地面坡度假定管底坡度，从水力计算图（附录 1）或表中求得 D、v 值，并使所求得的 D、v、i 值符合水力计算基本数据的技术规定。

下面举例说明其运用。

例 16.5　已知：$n = 0.013$，设计流量经计算为 $Q = 200$ L/s，该管段的地面坡度为 $i = 0.004$。试计算该管段的管径 D、管底坡度 l 和流速 v。

设计采用 $n = 0.013$ 的水力计算图，如图 16.11 所示。解题思路见【二维码 16-14】。

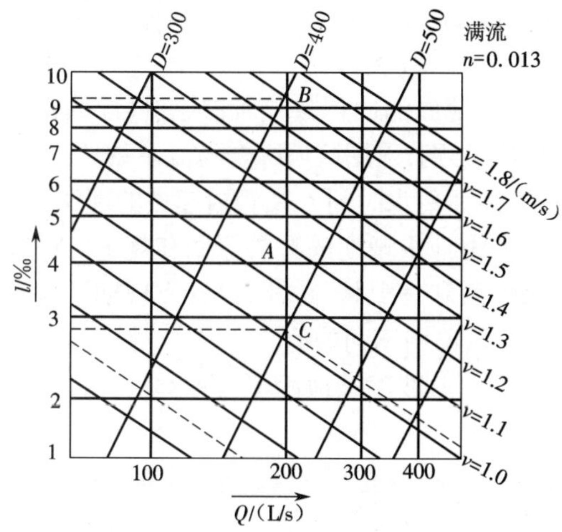

图 16.11　钢筋混凝土圆管水力计算图

（图中 D 以 mm 计）

【二维码 16-14】

16.4.4　设计计算步骤

首先要收集和整理设计地区的各种原始资料，包括地形图、城市或工业区的总体规划、水文、地质、暴雨等资料，作为基本的设计数据；然后根据具体情况进行设计。

（1）划分排水流域及管道定线。

根据地形的分水线和公路、铁路、河道对排水管道布置的影响情况，并结合城市总体规划图或工厂总平面布置图，划分排水流域，进行管渠定线，确定雨水排水流向。当地形平坦，无明显分水线时，排水流域的划分可以按城市主要街道的汇水面积拟定。

要结合建筑物分布及雨水口分布，充分利用各排水流域内的自然地形布置管道，使雨水以最短距离按重力流就近排入水体。在总平面图上绘出各流域的干管和支管的具体平面位置。

（2）划分设计管段。

根据管道的具体位置，在管道转弯处、管径或坡度改变处、有支管接入处或两条以上管道交汇处，以及超过一定距离的直线管段上都应设置检查井。把两个检查井之间流量没有变化且预计管径和坡度也没有变化的管段定为设计管段，并从管段上游往下游按顺序进行检查井的编号。

（3）划分并计算各设计管段的汇水面积。

各设计管段汇水面积的划分应结合地形坡度、汇水面积的大小以及雨水管道布置等情况而划定。地形较平坦时，可按就近排入附近雨水管道的原则划分汇水面积；地形坡度较大时，应按地面雨水径流的水流方向划分汇水面积。将每块面积进行编号，计算其面积的数值并注明在图中。注意：汇水面积除街区外，还包括街道、绿地。

（4）确定各排水流域的径流系数值。

通常根据排水流域内各类地面的面积数或所占比例，计算出该排水流域的综合径流系数值。也可以根据规划的地区类别，采用区域综合径流系数。

（5）确定设计重现期 P、地面集水时间 t_1 及管道起点的埋深。

前已述及，确定雨水管渠设计重现期的有关原则和规定。设计时应结合该地区的地形特点、汇水面积的地区建设性质和气象特点选择设计重现期。各个排水流域雨水管道的设计重现期可选用同一值，也可以选用不同的值。

根据该地建筑密度情况、地形坡度和地面覆盖种类、街区内设置雨水暗管与否，确定雨水管道的地面集水时间。

管道起点埋深应考虑当地冰冻深度及支管的接入标高等条件。

（6）求单位面积径流量 q_0。

q_0 是暴雨强度 q 与径流系数 Ψ 的乘积，称单位面积径流量。即

$$q_0 = q \cdot \Psi = \frac{167A_1(1+c\lg P)\cdot\Psi}{(t+b)^n} = \frac{167A_1(1+c\lg P)\cdot\Psi}{(t_1+t_2+b)^n}\,(L/(\mathrm{hm^2\cdot s}))$$

显然，对于具体的雨水管道工程来说，式中的 P、t_1、Ψ、A_1、b、c、n 均为已知数，因此 q_0 只是 t_2 的函数。只要求得各管段的管内雨水流行时间 t_2，就可求出相应于该管段的 q_0 值。

（7）列表进行雨水干管及支管的水力计算，以求得各管段的设计流量，并确定出各管段的管径、坡度、流速、管底标高及管道埋深。

（8）绘制雨水管道平面图及纵剖面图。

16.4.5　计算实例

例 16.6　某街区排水系统规划如图 16.12 所示，地势平坦，试进行该雨水排水系统主干管的水力计算。

已知城市暴雨强度公式为

$$q=\frac{3\ 340\left(1+1.43\lg P\right)}{\left(t+15.8\right)^{0.93}}\left(\mathrm{L}/\left(\mathrm{hm}^2\cdot\mathrm{s}\right)\right)$$

该街区采用暗管排除雨水，管材采用圆形钢筋混凝土管，管道起点埋深为 1.40 m。河流常水位为 23 m，最高洪水位为 24 m。综合径流系数根据地面覆盖种类和相应的面积按照式（16-12）计算得 0.6。第 4 篇“22.4　SWMM 模型模拟实例”将对此例题进行模拟。

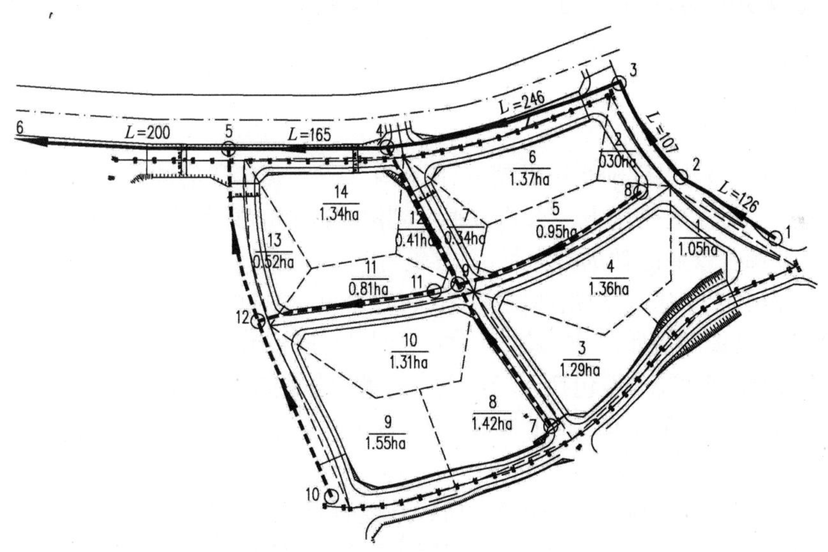

图 16.12　某街区雨水管道平面布置图（初步设计）

解题思路如下。

（1）根据街区地形图划分汇水面积，在河岸边设置出水口，布置雨水管道。

（2）根据地形和管道布置情况划分设计管段。对设计管段的检查井依次编号，量出设计管段的长度，确定各检查井的地面标高。

（3）按就近排入附近雨水管道的原则划分每一设计管段所承担的汇水面积，然后将每块汇水面积编号，计算汇水面积。

(4)水力计算:采用列表的方法进行雨水管道设计流量和水力计算,从管段起端开始,依次向下游进行。

(5)绘制雨水管道纵剖面图。

解题步骤见【二维码 16-15】。

【二维码 16-15】

例 16.7 上述管网系统的提升泵站处设有溢流口与管段 5—6 相连接,试校核在泵站不工作的条件下,管网系统的排水能力。

解题步骤见【二维码 16-16】。

【二维码 16-16】

16.5 城镇河湖工程的设计与计算简介

16.5.1 概述

我国许多城镇都是沿江河水系发展的,因为在天然河流岸边的冲积平原兴建城市,有利于城镇的发展。但是,这些依山傍水的城镇受到洪水威胁的概率较大。由洪水泛滥造成的灾难,在国内外都有惨痛的教训。为了尽量减少洪水造成的危害,保护城镇、工厂的生产安全和人民的生命财产安全,必须重视城镇防洪,认真做好城镇的防洪规划和设计。

城镇河湖是城镇的重要组成部分,水体按形态特征分为江河、湖泊和沟渠三大类,湖泊包括湖、水库、湿地、塘堰,沟渠包括溪、沟、渠。这些水体按功能分为水源地、生态水域、泄洪通道、航运通道、雨洪调蓄水体、渔业养殖水体、景观游憩水体等;岸线按功能分为生态性岸线、生活性岸线和生产性岸线。

城镇河湖工程指一般城镇区域内的河湖,流域面积较小。对大型城市河湖及其附属构筑物,尚需参考《给水排水设计手册》(第三版)第 7 册《城镇防洪》和其他有关文献。本节只概略介绍城镇河湖防洪设计标准、洪流量的计算、城镇河湖工程设计等。

16.5.2 防洪设计标准

为保证防洪安全,应尽量在城镇上游地区采取拦蓄、截流、疏导等工程措施,以减少进入城镇的洪水流量。在进行防洪工程设计时,首先要确定洪峰设计流量,然后根据该流量拟定工程规模。为了准确、合理地拟定某项工程规模,需要根据该工程的性质、范围和重要性等因素,选定某一频率作为计算洪峰流量的标准,称为防洪设计标准。在实际工作中,常用重现期衡量设计标准的高低,即重现期越长,设计标准就越高,工程规模也就越大;反之,设计标准就越低，工程规模也就越小。

《防洪标准》（GB 50201—2014）规定，城市防护区应根据政治、经济地位的重要性、常住人口或当量经济规模指标确定防护等级，见【二维码 16-17】。对于城镇河流流域面积较小（<30 km²）的地区，对本区域以内涝为主的，应根据城镇类型、积水影响程度和水位变化等因素，经技术、经济比较后按【二维码 16-8】中内涝防治设计重现期的规定确定。

此外，我国的水利、电力、铁路、公路等部门，根据所承担工程的性质、范围和重要性，都制定了部门的防洪标准。

【二维码 16-17】

16.5.3　洪流量的计算

本节仅针对缺乏资料的小汇水面积的洪流量，介绍一些简单的计算方法。

在缺乏水文资料时，可利用下列经验公式进行洪流量计算，但如何选用，还应根据当地的实际调查资料确定。

（1）交通运输部公路科学研究院的经验公式：当没有暴雨资料，汇水面积 F 小于 10 km² 时，可按下式计算：

$$Q_p = K_p F^m \tag{16-20}$$

式中　Q_p——设计洪峰流量（m³/s）；

m——面积指数，当 $F \leqslant 1$ km² 时 $m = 1$，当 1 km² $< F <$ 10 km² 时，由【二维码 16-18】表 1 查取；

K_p——流量模数，根据地区划分和设计标准，由【二维码 16-18】表 2 查取。

（2）水科院水文研究所的经验公式：通过洪水调查，对汇水面积 F 小于 100 km² 时提出的经验公式为

$$Q_p = KS_p F^{\frac{2}{3}} \tag{16-21}$$

式中　S_p——暴雨雨力，即降雨历时 $t = 1$ h 的暴雨强度（mm/h）；

F——汇水面积，km²；

K——洪峰流量参数，可查【二维码 16-18】表 3。

【二维码 16-18】

16.5.4　城镇河湖工程设计简介

1. 河道工程设计

河道通常包含人工河道、自然河道和水库，既可以给人们的生活提供基本用水保障，也

可以为农业灌溉提供用水，对城镇的发展有重要价值。河道工程设计包括对河道和沿线建筑物的设计计算。河道工程建设主要基于防洪安全考虑，以更好地发挥其综合效益。

在进行现有河道或新开河道工程设计时，应根据地区和流域规划，拟定河道工程的设计方案，主要包括河道平面、纵断面、横断面的形式和尺寸，新建、改建的水工建筑物和交叉建筑物的类型和孔口尺寸。首先对初拟的方案进行河道和沿线建筑物的水力计算；再对所选定的控制断面由下而上地推算河道的水面曲线，并根据初步计算成果对初拟的各种数据进行调整；然后重新计算，以得到符合要求的设计方案。重大项目或情况复杂时，应进行工程方案比较。

流经城镇地区的河道所受限制较多，要求较高，并需与其他市政工程配合进行。在设计中应充分考虑各种有关因素，确保河道本身和沿河各种建筑物的安全，并发挥河道在美化环境、改善居民生活条件等方面应有的功能。

确定设计方案后，河道各点的设计流量和设计水位也随之确定。此时即可开始进行河道和建筑物的具体设计。

2. 湖泊工程设计

城市湖泊指位于城市城区或近郊的中小型湖泊。湖泊有美化环境、改善气候、提供游憩场所、调节水量、拦蓄洪水等功能，还可进行水产养殖。随着城市的发展，这些湖泊可能面临各种各样的整治或改造。原来城镇外围未被开发的湖泊可能逐渐融入城区，面临着全新的开发，不管是整治还是开发都是为了让城市湖泊更适应城市发展的需要。在城镇地区整治或新建湖泊应根据当地情况综合考虑，充分发挥湖泊的功能。

湖泊工程设计原则如下。

（1）应符合城镇规划，充分考虑水利、园林、旅游、水产等方面的结合，发挥综合效益。

（2）新建湖泊工程宜利用低洼荒地，地基渗透性小，地下水位较高的地带；有水量充足、水质良好的水，以补充或更换湖水；应设置适当的进水和退水设施，保证湖泊工程运用安全、灵活。

（3）湖泊周围的污水不得排入湖泊，必要时应采取污水截流措施。经处理符合国家排放标准的方可排入。

思考题

1. 暴雨强度与最大平均暴雨强度的含义有何区别？

2. 暴雨强度公式是由哪几个表示暴雨特征因素之间关系的物理量构成的数学表达式？推求暴雨强度公式有何意义？我国常用的暴雨强度公式有哪些形式？

3. 在雨水管道水力计算中，对设计充满度、设计流速、最小管径和最小设计坡度是如何规定的？为什么这样规定？

4. 什么叫雨水的单位面积径流量？如何计算雨水的单位面积径流量？

5. 计算雨水管渠的设计流量时，怎样确定暴雨强度？

6. 地面集水时间的含义是什么？怎样确定地面集水时间？

7. 雨水设计重现期如何确定？

8. 雨水管道为什么按满流进行设计？

9. 进行雨水管道设计计算时，在什么情况下会出现下游管段的设计流量小于上游管段的设计流量？若出现应如何处理？

10. 如何理解各计算管段的最大径流量不是发生于一场雨？如何理解各设计管段的最大径流量不是同时发生？

11. 雨水管渠水力计算的方法和步骤是什么？

12. 城市防洪工程等级与哪些因素有关？

习　题

1. 从某市一场暴雨的自记雨量计记录中求得 5、10、15、20、30、45、60、90、120 min 的最大降雨量分别是 13、20.7、27.2、33.5、43.9、45.8、46.7、47.3、47.7 mm，试计算各降雨历时的最大平均暴雨强度 i、q 值。

2. 某地有 20 a 自记雨量计记录资料，每年取 20 min 暴雨强度值 4~8 个，不论年次而按大小排列，取前 100 个作为统计资料。其中 $i_{20}=2.12$ mm/min 排在第 2 个，试问该暴雨强度的重现期为多少年？如果雨水管渠设计中采用的设计重现期分别为 2 a、1 a、0.5 a 的 20 min 暴雨强度，那么这些值应排在第几个？

3. 北京市某小区面积为 22 hm²，其中屋面面积占该小区总面积的 30%，沥青道路面积占 16%，级配碎石路面面积占 12%，非铺砌土路面面积占 4%，绿地面积占 38%。试计算该小区的综合径流系数。当采用设计重现期 $P=5$ a、2 a、1 a、0.5 a 时，试计算设计降雨历时 $t=20$ min 时的雨水设计流量各是多少。

4. 某街坊雨水管道平面布置如习题 4 图所示。各设计管段的本段汇水面积标注在图上，单位为 hm²，假定设计流量均从管段起点进入。已知当重现期 P=2 a 时，暴雨强度公式为 $i=\dfrac{20.154}{(t+18.768)^{0.784}}$(mm/min)。经计算，径流系数 $\Psi=0.6$，取地面集水时间 $t_1=10$ min，各管段长度以 m 计，$L_{1-2}=120$ m，$L_{2-3}=130$ m，$L_{3-4}=200$ m，$L_{3-5}=200$ m。该街坊地势平坦，地面标高均为 45.400 m。试进行该雨水管道的水力计算。

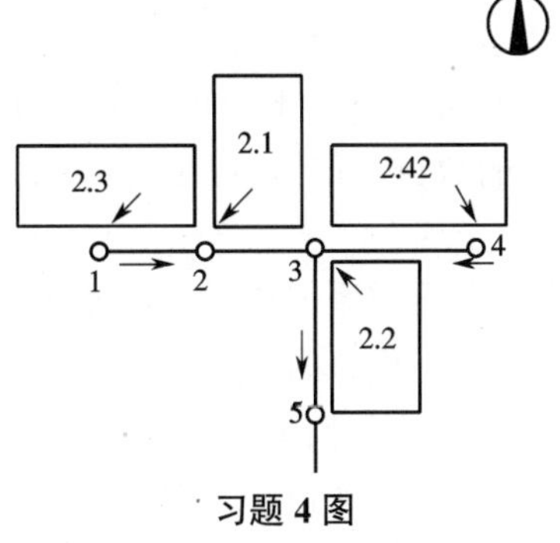

习题 4 图

第 17 章　合流制管道系统的设计

17.1　合流制管道系统的使用条件、布置与运行特点

17.1.1　合流制管道系统的使用条件

合流制管道系统因在同一管道内排除所有的污水，所以管线单一，管道的总长度减少。但合流制截流管、提升泵站和污水处理厂都较分流制大，截流管的埋深也因为同时排除生活污水、工业废水和雨水而要求比单设的雨水管道的埋深大。在暴雨天，有一部分混有生活污水和工业废水的混合污水溢入水体，使水体受到一定程度的污染。我国和其他一些国家由于合流制排水管道的过水断面很大，晴天流量很小、流速很低，往往在管底发生淤积，降雨时雨水将沉积在管底的大量污物冲刷起来带入水体，造成污染。因此，《室外排水设计标准》(GB 50014—2021)规定，除降雨量少的干旱地区外，新建地区应采用分流制，降雨量少一般指年均降雨量在 200 mm 以下。现有合流制排水系统应通过截流、调蓄和处理等措施控制径流污染，还应按照城镇排水规划的要求加大排水管网的改建力度，经方案比较后实施雨污分流改造。当汇水范围内不具备建造雨水调蓄池收集受污染径流的条件时，可通过提高截留干管截留倍数(定义见 17.2.2)的方法，避免溢流污染。

17.1.2　截流式合流制排水系统的布置与运行特点

常用的截流式合流制管道系统是在临河的截流管上设置截流井。

1. 截流式合流制排水系统的布置特点

(1)管道的布置应使所有服务面积上的生活污水、工业废水和雨水都能合理地排入管道，并能以可能的最短距离排入水体。

(2)沿水体岸边布置与水体平行的截流干管，在截流干管的适当位置上设置截流井，使超过截流干管设计输水能力的那部分混合污水能顺利地通过截流井就近排入水体。

(3)必须合理地确定截流井的数目和位置，以尽可能减少对水体的污染、减小截流干管的尺寸和缩短排入渠道的长度。

从对水体的污染情况看，合流制管道系统中的初降雨水虽被截留处理，但溢流的混合污水水质总比一般雨水差，为改善水体卫生，保护环境，截流井的数目宜少，且应尽可能设置在水体的下游。从经济上讲，为了减小截流干管的尺寸，截流井的数目多一点好，这可使混合污水早一点溢入水体，降低截流干管下游的设计流量。但是截流井过多，会增加截流井和排入水体的渠道的造价，在截流井离水体较远、施工条件困难时更是如此。当截流井的溢流堰口标高低于水体最高水位时，需在排放渠道上设置防潮门、闸门或排涝泵站。为降低泵站造价和便于管理，截流井应适当集中，不宜过多。

目前，我国许多城市的旧城区仍采用合流制排水系统，而新建区和工业区则多采用分流

制排水系统,特别是当生产污水中含有有毒物质,其浓度又超过允许的卫生标准时,必须采用分流制排水系统,或者必须预先对这种污水单独进行处理到符合要求后,再排入合流制管道系统。

2. 截流式合流制排水系统的运行特点

晴天时,管网系统在非满流条件下运行,一般充满度较小,流速也较小。在不设底流槽的条件下,会有大量固体颗粒沉积于管底。截流管以非满流将生活污水和工业废水送往污水处理厂处理。雨天时,随着雨水量的增加,截流管以满流将生活污水、工业废水和雨水的混合污水送往污水处理厂处理。当雨水径流量继续增加到混合污水量超过截流管的设计输水能力时,截流井开始向水体溢流混合污水,随雨水径流量的增加,溢流量增大。当降雨时间继续延长时,由于降雨强度的减弱,雨水截流井处的流量减小,溢流量减少。最后,混合污水量又重新小于或等于截流管的设计输水能力,溢流停止。

在降雨时,由于送至污水处理厂的污水水质、水量均在变化,对污水处理厂的运行管理有一定影响。

17.1.3　合流制排水系统对环境的影响

1. 合流制排水系统的水质特点

合流制管网中污水的水质是变化的。晴天时,管网中只有城市污水,其水质受城市的功能和工业废水所占比例影响;雨天时,受雨水的稀释比影响。值得注意的是,雨水流入不仅带入了径流冲刷的污染物,而且把一部分沉积于管渠底部的污染物也冲刷起来进入混合污水之中。所以,雨水的作用不仅是稀释污水,也有可能使混合污水的水质比原有污水还差,国内外均有过相关报道。

2. 对受纳水体的影响

直接排放式合流制对受纳水体造成的污染已经达到了不能容忍的程度,国内外均有对水质影响进行模拟计算的数学模型,其计算结果和实测资料均证明了这一点,故必须对排水体制加以改造。

截流式合流制可以把初降雨水送至污水处理厂处理,这对水体保护有一定的优越性,但排出大量的溢流混合污水可能造成受纳水体污染,应加以注意。

在污水处理厂前部设一个大型调节池,有的城市在地下修建大型调节水库,将合流制的全部混合污水处理后再排至水体,可以保护受纳水体,从环保方面来说对水体的影响最小。

3. 对污水处理厂运行管理的影响

合流制污水处理厂的水质、水量不断变化,不仅设计流量比分流制污水处理厂大,而且会给运行管理带来一定的困难。因此,合流制污水处理厂的处理水量和处理程度都应该用生态环境经济学的方法科学选定。

17.2　合流制排水管道的设计流量

合流制排水系统的设计流量按降雨条件进行计算,即合流制排水系统的设计流量为雨水设计流量与污水平均流量之和。截流式合流制排水管道按以下公式计算。

17.2.1 第一个截流井上游管道的设计流量

图 17.1 为设有截流井的合流管道,设计流量计算公式为

$$Q = Q_d + Q_m + Q_s \tag{17-1}$$

式中 Q——设计流量,L/s;

Q_d——设计综合生活污水量,L/s;

Q_m——设计工业废水量,L/s;

Q_s——雨水设计流量,L/s。

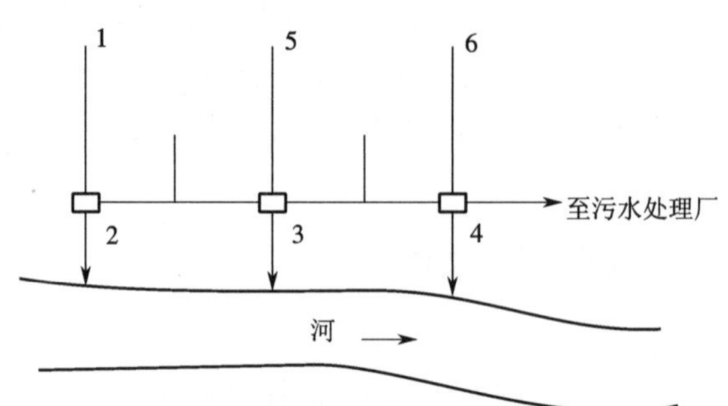

图 17.1 设有截流井的合流管道

在实际进行水力计算时,当综合生活污水量与工业废水量之和(按平均日污水量计)比雨水设计流量小很多时,例如有人认为综合生活污水量与工业废水量之和小于雨水设计流量的 5%,其流量一般可以忽略不计,因为它们的加入往往不影响管径和管道坡度,即使综合生活污水量和工业废水量较大,也没有必要把三部分设计流量之和作为合流管道的设计流量,因为这三部分设计流量同时发生的可能性很小。

由于 $Q_d + Q_m$ 相对较小,因此按 Q 设计计算所得的管径、坡度和流速,应用 $Q_d + Q_m$ 进行校核,检查管道在此情况下输污水是否满足不淤的最小流速要求。

17.2.2 截流井下游管道的设计流量

合流制排水管道在截流干管上设置了截流井后,对截流干管的水流情况影响很大。不从截流井泄出的雨水量,通常按平均日污水量即 $Q_d + Q_m$ 的指定倍数计算,该指定倍数称为截流倍数 n_0,如果流到截流井的雨水流量超过 $n_0(Q_d+Q_m)$,则超过的水量由截流井泄出,并经排放管道泄入水体。截流的合流污水可输送至污水厂或调蓄设施。输送至污水厂时,设计流量应按下式计算:

$$Q' = (n_0+1)\times(Q_d+Q_m) \tag{17-2}$$

式中 Q'——截流后污水管道的设计流量,L/s;

n_0——截流倍数,合流制排水系统在降雨时被截流的雨水径流量与平均日污水量的比值。

公式(17-2)是截流后污水管道的设计流量,当管道下游有其他污水或者截流的合流污水汇入时,汇入点后污水管道的设计流量应叠加汇入的污水量,见公式(17-3)。此外,设计

中应保证截流并输送到污水厂的流量与下游污水厂的雨季设计流量相匹配，避免厂前溢流。

$$Q' = (n_0 + 1)(Q_d + Q_m) + Q'_s + (Q'_d + Q'_m) \tag{17-3}$$

式中 Q'——截流井后污水管道的设计流量，L/s；

$Q'_d + Q'_m$——截流井后汇入的其他污水量，L/s；

Q'_s——截流井以后汇水面积的雨水设计流量，L/s。

按新的汇水面积的集水时间计算，即从溢流（或调节池等可以对流量进行调蓄作用的构筑物）开始按 $t_2 = 0$ 进行计算。

17.3 合流制排水管道的水力计算要点

合流制排水管道一般按满流设计，水力计算的设计数据包括设计流速、最小坡度和最小管径等，基本上和雨水管道相同。

17.3.1 截流井上游合流管道的计算

截流井上游合流管道的计算与雨水管道的计算基本相同，只是它的设计流量包括雨水、综合生活污水和工业废水。合流管道的雨水设计重现期一般应比同一条件下雨水管道的设计重现期适当提高，有的专家认为可提高 10%~25%。合流管道还应与城镇内涝防治系统中的其他设施相协调，并应满足内涝防治的要求。因为虽然合流管道中的混合污水从检查井溢出街道的可能性不大，但合流管道泛滥时溢出的混合污水比雨水管道泛滥时溢出的雨水所造成的损失要大些。为了防止出现这种情况，合流管道的设计重现期和允许的积水程度一般都需从严掌握。

17.3.2 截流干管和截流井的计算

截流干管和截流井的计算主要是合理地确定所采用的截流倍数 n_0。根据 n_0 值，可按式（17-2）计算截流干管的设计流量和通过截流井泄入水体的流量，然后即可进行截流干管和截流井的水力计算。从环境保护的角度出发，为使水体少受污染，应采用较大的截流倍数。但从经济上考虑，截流倍数过大，会增加截流干管、提升泵站和污水处理厂的造价，同时造成进入污水处理厂的污水水质和水量在晴天和雨天的差别甚大，给运行管理带来相当大的困难。为使整个合流管道排水系统的造价合理和便于运行管理，不宜采用过大的截流倍数，截流倍数的选用原则见【二维码 17-1】。合流制排水系统截流倍数的分析计算可采用流域排水数学模型软件。

【二维码 17-1】

17.3.3 晴天旱流情况校核

关于晴天旱流污水量的校核，应使旱流时的流速满足污水管道最小流速的要求。当不能满足这一要求时，可修改设计管段的管径和坡度。由于合流管道中旱流污水量相对较小，特别是上游管段，旱流校核时往往不易满足最小流速的要求。此时，可在管道底设底流槽以保证旱流时的流速，或者加强养护管理，利用雨水冲洗管道，以防淤塞。

17.3.4 计算实例

图 17.2 是某市一个区域的截流式合流干管的计算平面图。该市的暴雨强度公式为 $q=\dfrac{167(47.17+41.66\lg P)}{t+33+9\lg(P-0.4)}$，设计重现期 P 采用 2 a，地面集水时间为 10 min。该设计区域综合径流系数为 0.45，设计人口密度按 200 人/hm² 计算，综合生活污水量标准按 100 L/(人·d)计，截流干管的截流倍数 n_0 采用 3，管道粗糙度系数 $n=0.013$，街道管网起点埋深为 1.700 m，河流最高月平均洪水位为 12.000 m。试进行截流式合流干管水力计算，并校核河水是否会倒灌至截流井。

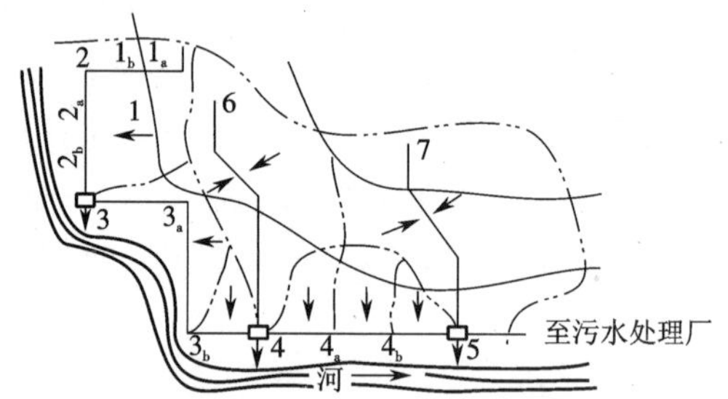

图 17.2 某市一个区域的截流式合流干管的计算平面图

计算原始数据如表 17.1 所示。

表 17.1 计算原始数据

管段编号	管长/m	排水面积/hm²		工业废水设计流量/(L/s)	地面标高/m	
		本段	转输		起点	终点
$1\text{-}1_a$	75	0.60	—	1.5	20.200	20.000
$1_a\text{-}1_b$	75	1.40	0.60	3.1	20.000	19.800
$1_b\text{-}2$	100	1.80	2.00	6.4	19.800	19.550
$2\text{-}2_a$	80	0.70	3.80	8.5	19.550	19.550
$2_a\text{-}2_b$	120	4.50	4.50	14.5	19.550	19.500
$2_b\text{-}3$	150	3.80	9.00	18.5	19.500	19.450
$3\text{-}3_a$	300	2.00	—	0.18	19.450	19.500
$3_a\text{-}3_b$	270	2.80	2.00	0.43	19.500	19.450
$3_b\text{-}4$	300	2.20	4.80	0.61	19.450	19.450

续表

管段编号	管长 /m	排水面积 /hm²		工业废水设计流量 /(L/s)	地面标高 /m	
		本段	转输		起点	终点
$4\text{-}4_a$	230	2.95	—	0.13	19.450	19.450
$4_a\text{-}4_b$	280	3.10	2.95	0.28	19.450	19.500
$4_b\text{-}5$	200	2.50	6.05	0.4	19.500	19.500

解题思路如下。

(1)计算降雨量。

(2)计算综合生活污水量。

(3)计算合流干管设计流量,即雨水量、综合生活污水量和工业废水量之和。

(4)根据设计流量查水力计算表得出设计管径和坡度,校核旱流情况,校核河水是否会倒灌至截流井。

解题步骤见【二维码 17-2】。

【二维码 17-2】

17.4　合流制排水管道的改造

城市排水管道系统一般随城市的发展而相应地发展。最初,城市往往用合流制明渠直接排除雨水和少量污水至附近水体。随着工业的发展和人口的增加与集中,为保证市区的卫生条件,便把明渠改为暗管,污水仍基本上直接排入附近水体。但随着社会与城市的进一步发展,直接排入水体的污水量迅速增加,已经造成水体的严重污染,为保护水体,多个城市开始实施排水系统的截污改造工程,将直排式合流制排水系统改造为截流式合流制排水系统。但在城市的发展中,随着截污系统服务范围的快速扩大,原设计本就偏低的截流倍数进一步降低,污水处理厂的规模、工艺和排放标准又缺少对合流制系统截流水量的配套设计,很快便造成系统的截流和处理能力不足,污染依然严重。

根据《中国城市建设统计年鉴》,2016—2020 年全国排水管道长度持续增长,由 57.7×10^4 km 增长到 80.3×10^4 km,增长了 39.2%。截至 2020 年,我国仍有城市合流制管道 10.1×10^4 km,占城市排水管道总长度的 12.6%,且在 31 个省级行政区(港澳台地区未列入统计)均有分布,主要集中在老城区。故合流制改造的任务仍任重而道远。

由于合流制及其排水系统的特征和外部条件的综合影响,导致我国各个城市合流制问题危害程度、现存排水基础设施运行情况差异极大,并具有一定程度的区域性特征。不同城市经济条件和发展水平有差异,故其在短期内要实现的改造目标、实施策略、面临的困难和具体做法具有显著的差异性。

17.4.1 改合流制为分流制

《室外排水设计标准》(GB 50014—2021)规定,现有合流制排水系统应通过截流、调蓄、和处理等措施控制径流污染,还应按照城镇排水规划的要求,经方案比较后实施雨污分流改造。将合流制改为分流制可以杜绝溢流的混合污水对水体的污染,因而是一个比较彻底的改造方法。这种方法由于雨污分流,需处理的污水量相对较少,污水在成分上的变化也相对较小,所以污水处理厂的运行管理较易控制。通常,在具有下列条件时,可考虑将合流制改造为分流制:

(1)住房内部有完善的卫生设备,便于将生活污水与雨水分流;

(2)工厂内部可清浊分流,便于将符合要求的生产污水接入城市污水管道系统,将处理后达到要求的生产废水接入城市雨水管渠系统,或将其循环使用;

(3)城市街道的横断面有足够的位置,允许设置由于改成分流制而增建的污水管道,并且不至于对城市的交通造成过大的影响。

一般来说,住房内部的卫生设备目前已日趋完善,将生活污水与雨水分流比较易于做到;但工厂内的清浊分流因已建车间工艺设备的平面位置与竖向布置比较固定而不太容易做到;至于城市街道,则往往由于旧城市(区)的街道比较窄,加之年代已久,地下管线较多,交通也较频繁,常使改建工程的施工极为困难。例如,美国芝加哥市区若将合流制全部改为分流制,据称需投资 22 亿美元,重修因新建污水管道所破坏的道路需几年到十几年。此外,"合改分"还面临污染总量是否有所减少,削减的污染总量与"合改分"所付出的巨额工程投资和社会影响是否匹配;基础设施大规模改造带来的社会影响和阻碍;社区改造与改造后移交涉及的相关物权、管理权等部门责权和司法问题;改造后的持续性违规混接和排放问题及其监管等难题。因此,大部分城市在核心区域的雨污分流改造工作举步维艰,有些城市完成了部分城区的改造,有些城市只在局部区域市政主干线路完成了部分不完全的分流改造,这些工程如果不能顺利完成后续的整体改造并做好系统衔接,将成为低效的"夹生"工程。

17.4.2 合流制溢流(combined sewer overflows,CSO)控制

将合流制改为分流制往往由于投资大、施工困难等原因而较难在短期内实现。对于现有合流制排水系统,应科学分析现状标准、存在问题、改造难度和改造经济性,结合城市更新,采取源头减排、截流管网改造、现状管网修复、调蓄、溢流堰(门)改造等措施,提高截流标准,控制溢流污染。源头减排、局部雨污分流改造、管网截流能力提升(管道系统的优化,如实时控制、管网修复等)、调蓄、调蓄及处理、污水处理厂升级改造等工程技术措施在管网中的应用如图 17.3 所示。

《城市排水工程规划规范》(GB 50318—2017)指出,合流制区域应优先采取源头减排措施,以减少进入管网的径流量。源头控制既包括同时具有径流总量减排和径流污染物处理功能的低影响开发设施的实施和改造,也包括场地内的雨污分流改造。其中,低影响开发(LID)或绿色基础设施(GI)能直接减少雨水排入合流制或分流制管网系统,同时提供雨水径流净化处理的功能。经过多年的发展,调蓄设施在美国、德国、日本等发达国家的应用比

较广泛，既包括地上、地下调蓄池，也包括一些兼具调节、调蓄功能的深层隧道。我国部分城市根据空间条件和既存系统特征，主要利用深层地下或城郊空间进行分散或集中的调蓄和处理，以达到溢流控制的目的。通过调整对雨水径流的处理流程、增设雨水径流处理工艺或增加就地处理措施等方式应对水量、水质变化，或用调蓄设施临时储存合流污水，并在雨后送回处理设施处理后排放。

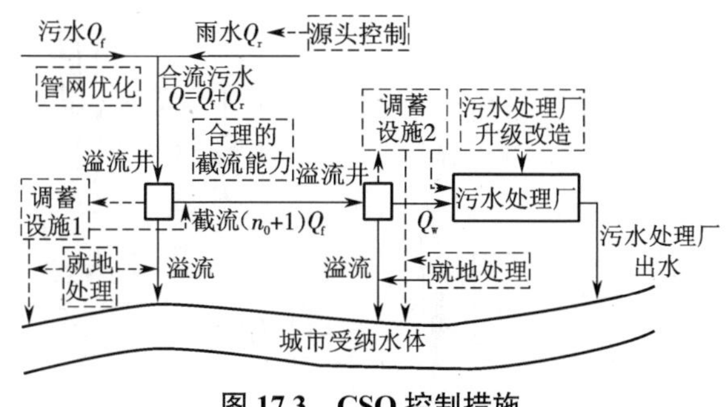

图 17.3　CSO 控制措施

Q_f—污水量；Q_r—雨水流量；Q—合流污水流量；n_0—截流倍数；Q_w—污水处理厂处理量

不同地区由于气候条件、空间条件、基础设施建设与管理情况等方面的差异，会造成对合流制溢流控制技术策略选择上的差异。各城市需结合实际条件因地制宜地制定系统策略，采取多种技术措施综合整治。

17.4.3　修建全部处理的污水处理厂

在降雨量较小或对环境质量要求特别高的城市，对合流制系统进行改造时可以不改变合流制排水系统的管道系统，而是通过修建大的污水处理厂和蓄水水库，对全部雨污混合污水进行处理的途径来实现改造。这种方法在近年逐渐为人们所认识。它可以从根本上解决城市点污染源和面污染源对环境的污染问题，而且可以不进行管网系统的大型改造。但它要求污水处理厂的投资大，且运行管理水平较高，同时还应注意蓄水水库的管理和污染问题。

17.4.4　合流制与分流制的衔接

一个城市根据不同的情况可能采用多种排水体制。这样，在一个城市中就可能有分流制与合流制并存的情况。在这种情况下，存在两种管道系统的连接方式问题。《室外排水设计标准》（GB50014—2021）规定：雨水管渠系统和合流管道系统之间不得设置连通管；合流管道系统之间可根据需要设置连通管。

当合流管道中雨天的混合污水能全部经污水处理厂进行二级处理时，两种管道系统的连接方式比较灵活。当合流管道中雨天的混合污水不能全部经污水处理厂进行二级处理时，也就是当污水处理厂的二级处理设备的能力有限，或者合流管道系统中没有储存雨天的混合污水的设施，而必须从污水处理厂的二级处理设备之前溢流部分混合污水进入水体时，两种管道系统之间就必须采用如图 17.4 所示的（a）、（b）方式连接，而不能采用（c）、（d）方式连接。（a）、（b）连接方式是合流管道中的混合污水先溢流，然后与分流制的污水管道系统连接，两种管道系统汇流后，全部污水都将通过污水处理厂进行二级处理后再行排放。

(c)、(d)连接方式则或是在管道上,或是在初次沉淀池中,两种管道系统先汇流,然后从管道上或从初次沉淀池后溢流部分混合污水进入水体,这无疑会造成溢流混合污水更大程度的污染。因为在合流管道中已被生活污水和工业废水污染了的混合污水又进一步受到分流制排水管道系统中生活污水和工业废水的污染。为了保护水体,这样的连接方式是不允许的。

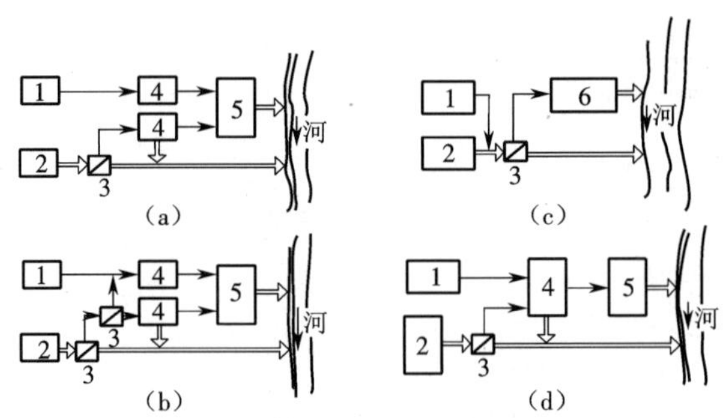

图 17.4 合流制与分流制排水管道系统的连接方式

1—分流区;2—合流区;3—截流井;4—初沉池;5—曝气池与二沉池;6—污水处理厂

应当指出,城市合流制排水管道系统的改造是一项很复杂的工作。因此,排水管道系统的改造必须根据当地的具体情况,并与城市规划相结合,在确保水体免受污染的条件下,充分发挥原有管道系统的作用,使改造方案既有利于保护环境,又经济合理、切实可行。

思考题

1. 试述合流管道的特点和使用场合。
2. 截流倍数 n_0 的含义是什么?怎样确定 n_0 的数值?
3. 试述合流管道系统设计流量的计算方法。进行合流管道系统水力计算应注意些什么?
4. 对城市合流制排水管道应如何改造?

习 题

某市一工业区拟采用合流制排水管道系统,其平面图如习题图所示。该市的暴雨强度公式为 $q=\dfrac{167\times(47.17+41.66\lg P)}{t+33+9\lg(P-0.4)}$ (L/(hm²·s)),设计重现期采用 2 a, $t_1=10$ min, $\Psi=0.42$,设计人口密度为 350 人/hm²,综合生活污水量标准为 150(L/(人·d)),截流干管的截流倍数 $n_0=3$,管道起点埋深为 1.700 m,河水平均洪水位为 21.000 m,管段的长度和工业废水量见习题表 1,各检查井的地面标高见习题表 2。试进行管道水力计算。

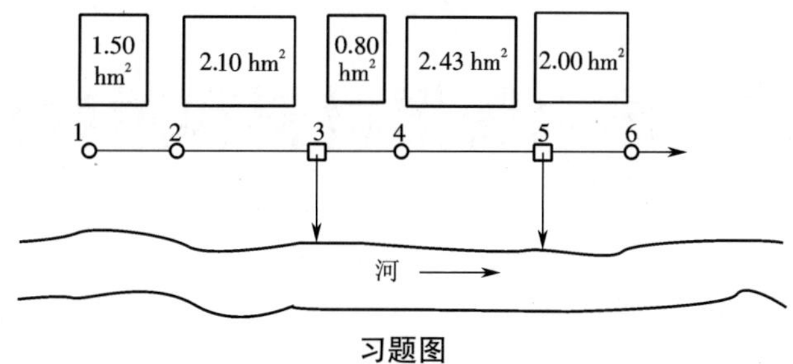

习题图

习题表 1

管段编号	管长/m	本段工业废水量/(L/s)	管段编号	管长/m	本段工业废水量/(L/s)
1—2	80	15	4—5	150	60
2—3	140	20	5—6	90	12
3—4	60	15			

习题表 2

检查井编号	地面标高/m	检查井编号	地面标高/m
1	25.320	4	24.610
2	25.100	5	24.000
3	24.820	6	23.400

第 18 章 排水管渠材料和附属构筑物

18.1 排水管渠断面形式

18.1.1 对排水管渠断面形式的要求

排水管渠的断面形式应根据设计流量、埋设深度、工程环境条件,同时结合当地施工、制管技术水平和经济、养护管理要求综合确定,宜优先选用成品管。排水管渠的断面形式必须满足以下要求:

(1)在静力学方面,管渠必须有较好的稳定性,在承受各种荷载时是稳定、坚固的;

(2)在水力学方面,管渠断面应具有最强的排水能力,并在不淤流速下不发生沉淀;

(3)在经济方面,管道造价是最低的;

(4)在养护管理方面,管道断面应便于冲洗和清通,不易淤积,大型和特大型管渠的断面应方便维修、养护和管理。

18.1.2 排水管渠的常用断面形式

排水管渠的断面形式很多,如图 18.1 所示,常用的有圆形、矩形、梯形和卵形等。

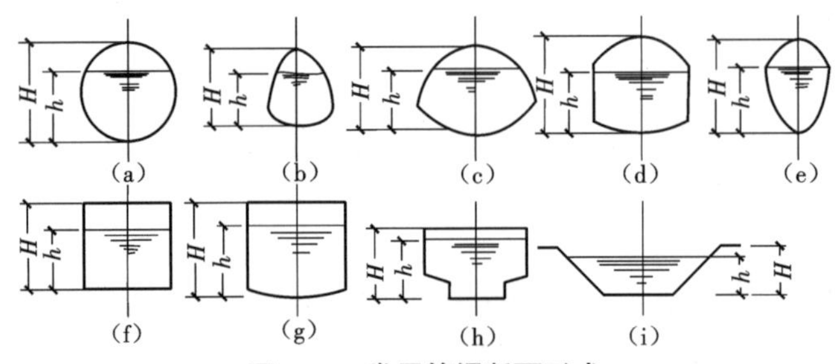

图 18.1 常用管渠断面形式

(a)圆形 (b)半椭圆形 (c)马蹄形 (d)拱顶矩形 (e)卵形
(f)矩形 (g)带弧形流槽的矩形 (h)带底流槽的矩形 (i)梯形

圆形断面有较好的水力性能,在一定坡度下,指定面积的断面具有最大的水力半径,因此流速高、流量大。此外,圆形管便于预制,使用材料经济,结构强度高,对外的抵抗能力强,在运输、施工、维修等方面也较便利,因此是最常用的一种断面形式。

矩形断面可以就地浇制或砌筑,使用较灵活,可按需要调节深度,以增大排水量。受当地制管技术、施工环境条件和施工设备等限制,能力不足时即用现浇箱涵;在地势较平坦的地区,采用矩形断面箱涵敷设,可减小埋深。

卵形断面适用于流量变化大的场合,合流制排水系统可采用卵形断面。

梯形断面适用于明渠,它的斜坡取决于土壤的性质和铺砌的材料。

具体选用时应综合考虑下列因素后确定:受力稳定性好;断面过水流量大,在不淤流速下不发生沉淀;工程综合造价经济;便于冲洗和清通。

18.2　排水管渠材料

18.2.1　对排水管渠材料的要求

用于排水系统的管渠材料必须满足以下要求。

(1)排水管渠要有足够的强度,以承受外部的埋设土压力和内部的水压力,管渠内部的水压力是由于污水泵、倒虹管、冲洗管道堵塞产生的。此外,排水管渠还要能够承受运行过程中的动荷载,具有保证在运输和施工中不致损坏的强度。

(2)排水管渠应具有较好的抗渗性能,以防污水渗出或地下水渗入。污水从管中外渗,将污染地下水和附近的水体,或破坏管道和附近房屋的基础。地下水渗入管渠内,不但会降低管渠的过水能力,还将增加污水泵站和处理构筑物的负荷。

(3)排水管渠应具有较好的水力性能,管渠内壁应整齐、光滑,以减小水流阻力,使排水通畅。

(4)管材还应有抵抗污水中的杂质冲刷和磨损的作用,也应该具有抗腐蚀性能,以免在污水或地下水的侵蚀作用下损坏。

(5)排水管渠应就地取材,并考虑到预制管件及快速施工的可能,以使管渠的造价、运输费和施工费尽量节省。

(6)排水管渠材料还应具有使用年限长、养护工作量小的特点。

18.2.2　常用的排水管渠

目前,国内常用的排水管渠主要有钢筋混凝土管、钢管和铸铁管、排水塑料管(包括高密度聚乙烯双壁波纹管、硬聚氯乙烯双壁波纹管、硬聚氯乙烯环形肋管、高密度聚乙烯缠绕结构壁管、玻璃钢夹砂管等)、砖石砌筑沟渠、预制混凝土沟渠、混凝土模块沟渠等。另外还有大型钢筋混凝土沟渠(适用于特大断面)、石砌渠道(适用于出产石料的地方或流速很大的地方)等。

1. 混凝土管和钢筋混凝土管

混凝土管和钢筋混凝土管一般在制管厂预制,也可在现场浇制。预制管常用离心法制造,管壁均匀、密实,质量较好。

混凝土管的管径一般不超过 600 mm,每节长度为 1 m。为了抗外压,直径大于 400 mm 时,最好加钢筋。钢筋混凝土管长 1~3 m。各种混凝土管和钢筋混凝土管的规格尺寸,可查阅各种有关产品目录和手册。

混凝土管和钢筋混凝土管便于就地购买或就地取材制造,价格较低。混凝土管用于自流管,不承受内压力;钢筋混凝土管或预应力混凝土管可承受压力,可用于泵站或倒虹管。

2. 陶土管

陶土管又称缸瓦管,由塑性黏土制成,根据使用要求,可制成无釉管和有釉管,有釉管又可分为单面釉管和双面釉管，管壁涂釉可增加管材的耐腐蚀性、防渗性、耐酸性和光滑度。若采用耐酸黏土和耐酸填充物，还可以制成特种耐酸陶土管。陶土管管径一般为100~600 mm，耐酸陶土管最大公称直径国内可做到800 mm，每节长300~1 000 mm，接口为承插式水泥砂浆抹口。陶土管如图18.2所示。

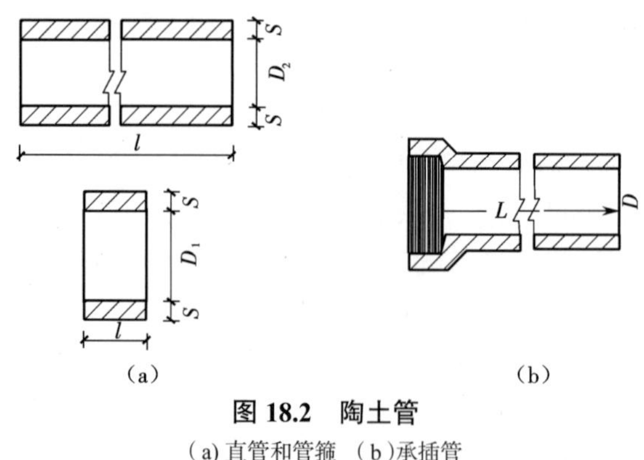

（a） （b）

图 18.2 陶土管

（a）直管和管箍 （b）承插管

3. 石棉水泥管

石棉水泥管是用石棉纤维和水泥制成的，管径为75~500 mm，长度为3~ 4 m，接口用套环平口接合。石棉水泥管具有强度大、密实不渗水、表面光滑、阻力系数小、抗腐蚀、质量轻、易加工、长度大等优点，但有性质脆、不耐磨等缺点。

4. 塑料排水管

塑料管材具有环保节能、寿命长、质量轻、化学稳定性好、使用方便等优点，在排水管道建设中得到了广泛的使用。近些年，我国排水工程中采用较多的埋地塑料排水管品种主要为硬聚氯乙烯管（UPVC管，管径主要使用范围为225~400 mm）、聚乙烯管（PE管，包括高密度聚乙烯（HDPE）管，管径主要使用范围为500~1 000 mm）和玻璃纤维增强塑料夹砂管（FRPM管，管径主要使用范围为600~2 000 mm）等，无规共聚聚丙烯（PPR）、聚丁烯（PB）、聚丙烯腈-丁二烯-苯乙烯（ABS）等材料的应用也越来越广泛。

塑料排水管的内径为15~4 000 mm，可广泛应用于排水管道工程设计中，在满足室内外排水和工业废水排水需求的前提下，应根据工程要求和技术经济比较进行选择和应用。

5. 金属管

常用的金属管有铸铁管和钢管。室外重力流排水管道一般很少采用金属管，仅在特殊要求的工程中采用。抗震设防烈度大于8度或地下水位高、流沙严重的地区也采用金属管，其他工况使用较少。因为污水通常具有腐蚀性，故管道需要采用水泥砂浆内衬和沥青外涂层。

6. 大型排水管渠

排泄大量水流的管渠称为大型排水管渠，当管径超过2 m时，可用方形、矩形、梯形、拱形等管渠，当工厂中预制或运输不方便时，可以在现场制造。制造大型排水管渠所用的材料有砖、石、混凝土、混凝土块、钢筋混凝土块等，可以在现场浇筑或砌筑。图18.3（a）为大型方沟排水渠，其沟壁用砖砌，沟基和沟盖采用钢筋混凝土，沟盖可以预制，施工较方便；图18.3（b）为大型预制拱形渠道，渠顶用钢筋混凝土砌块砌制，渠壁和基础以混凝土浇制。还可以设计成各种形式，使用不同的材料，制成符合多种要求的管渠。

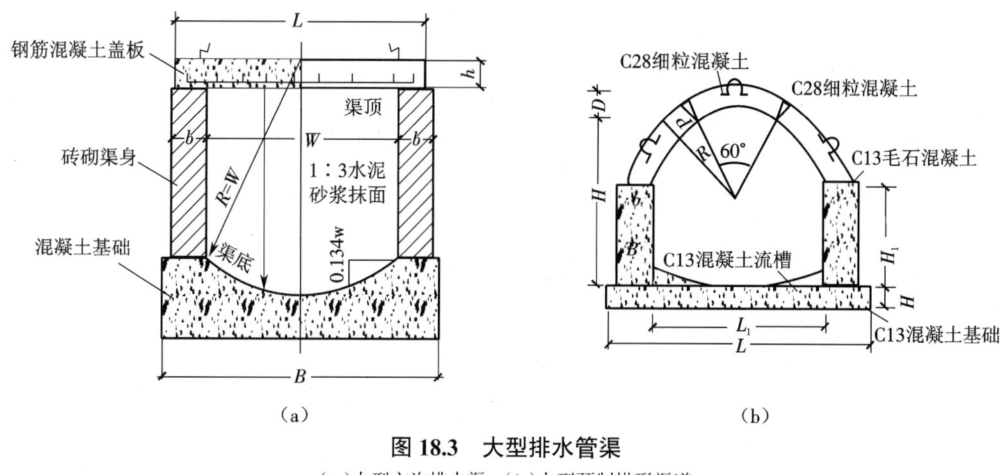

（a）　　（b）

图 18.3　大型排水管渠

（a）大型方沟排水渠　（b）大型预制拱形渠道

18.2.3　排水管渠材料的选择

管渠材料是事关排水系统能否正常使用的关键所在，因此必须依据工程的具体情况合理选择管渠材料，确保排水系统畅通。设计时应考虑就地取材，根据水质、断面尺寸、土壤性质、地下水侵蚀性、内外所受压力、耐腐蚀性、止水密封性、现场条件、施工方法等因素进行选择。

（1）技术因素：例如施工环境、抗腐蚀和抗不均匀沉降等因素。在有内压力的沟段，必须用金属管、钢筋混凝土管、预应力钢筋混凝土管或石棉水泥管；在地震区、施工条件较差的地区（地下水位高、有流沙等）和穿越铁路处等，宜采用金属管；而一般地区的重力流管道常采用陶土管、混凝土管、钢筋混凝土管和塑料排水管。当输送侵蚀性漏水或管外有侵蚀性地下水时，最好用陶土管、塑料排水管；当侵蚀性不太强时，可以考虑用混凝土管由特种水泥浇制的混凝土管和石棉水泥管（可加衬层）。

（2）经济因素：在选择排水管渠时，应尽可能就地取材，采用易于制造、供应充足、运输方便的管材，还要考虑管材的技术经济性，包括管渠本身的价格、施工费用和使用年限。在施工条件差（地下水位高或有流沙等）的场合，采用较长的管道可以减少管接头，降低施工费用；在地基承载力差的场合，采用强度高的长管对基础的要求低，可以减少敷设费用。总之，选择管渠材料时，在满足技术要求的前提下，应尽可能就地取材，采用当地易于自制、便于供应和方便运输的材料，以使运输和施工总费用降至最低。

（3）排除雨水时通常采用钢筋混凝土管、渠或用浆砌砖、石等大型渠道。

（4）埋地塑料排水管可采用硬聚氯乙烯管、聚乙烯管和玻璃纤维增强塑料夹砂管。需要注意的是埋地塑料排水管的使用，应满足以下规定：

①根据工程条件、材料的力学性能和回填土的压实度，按环刚度（埋地塑料排水管的抗外压负载能力）复核覆土深度；

②设置在机动车道下的埋地塑料排水管不应影响道路质量。

常见的几种管材的优缺点比较见表 18.1。

表 18.1 常见的几种管材的优缺点比较

管材种类	优点	缺点	适用条件
钢管和铸铁管	1. 质地硬固,抗压、抗震性好; 2. 每节管子较长,接头少,加工方便	1. 综合造价高; 2. 钢管对酸、碱的防腐性较差,必须衬涂防腐材料,并注意绝缘,内、外防腐的施工质量直接影响管道的使用寿命	适用于受高内压、高外压或对抗渗透要求特别高的场合,如泵站的进、出水管,穿越其他管道的架空管,穿越铁路、河流、谷地等的管道
钢筋混凝土管和混凝土管	1. 造价低,耗费的钢材少; 2. 大多数在工厂预制,也可现场浇制; 3. 可根据不同的内压和外压设计制成无压管、低压管、预应力管和轻重型管等; 4. 采用预制管时,现场施工时间较短	1. 单节管较短,接头较多; 2. 大口径管质量重,搬运不便; 3. 容易被含酸、碱的污水侵蚀; 4. 抗沉降、抗震性差	钢筋混凝土管适用于自流管、压力管或穿越铁路(常用顶管施工)、河流、谷地(常做成倒虹管)等的管道; 混凝土管适用于管径较小的无压管
陶土管(无釉、单面釉、双面釉)	1. 双面釉耐酸碱、抗蚀性强; 2. 便于制造	1. 质脆,不宜远运,施工不便,不能受内压,抗弯、抗拉性差; 2. 单节管短,接头多; 3. 管径小,一般不大于 600 mm; 4. 有的断面尺寸不规格	适用于排除侵蚀性污水或管外有侵蚀性地下水的自流管
砌体沟渠	1. 可砌筑成多种形式的断面,如矩形、拱形、圆形等; 2. 抗蚀性较好; 3. 可就地取材	1. 断面小于 800mm 时不宜施工; 2. 现场施工时间较预制管长	适用于大型排水系统工程
塑料排水管	1. 质量轻,单节管长,利于施工安装; 2. 抗蚀性好; 3. 内壁光滑,粗糙度系数小; 4. 使用周期长	1. 价格较高; 2. 抵抗集中外力和不均匀外力的能力较弱,对基础和回填施工质量要求较高	适用于排除侵蚀性污水或管外有侵蚀性地下水的环境

18.3 排水管道接口

排水管道能否正常工作,保持其不透水性和耐久性,除正确选材外,还在很大程度上取决于敷设管道时接口的质量。管道接口应有足够的强度、不透水性,能抵抗污水或地下水的侵蚀,有一定的弹性且易于施工。钢筋混凝土管和混凝土管常用接口分为刚性接口和柔性接口。刚性接口为水泥砂浆抹带接口和钢丝网水泥砂浆抹带接口;柔性接口采用橡胶圈、密封圈等柔性嵌缝材料,具体形式有承插口、企口、钢承口、双插口、双胶圈钢承插口等,见表 18.2。管道接口应根据管道材质和地质条件确定,并应符合现行国家标准《室外给水排水和燃气热力工程抗震设计规范》(GB 50032)的有关规定。当管道穿过粉砂、细砂层并在最高地下水位以下,或在地震设防烈度为 7 度及以上设防区时,应采用柔性接口。如遇特殊情况,则需专门设计接口。

表 18.2　钢筋混凝土管和混凝土管接口的适用条件和做法

接口名称	适用条件	做法
水泥砂浆抹带接口、钢丝网水泥砂浆抹带接口	用于地基土质较好的开槽施工雨水管，平口管和企口管均可使用	接口处用 1∶2.5 或 1∶3 水泥砂浆抹成半椭圆形的砂浆带，带宽 200~250 mm，中间厚 25~30 mm（钢丝网水泥砂浆抹带接口在带中设置钢丝网，钢丝网锚入混凝土基础内，与抹带接触部分的管外壁凿毛），每隔 20 m 左右设柔性接口，接口与混凝土基础的柔性接缝位置一致
承插口	适用于开槽施工雨水管和污水管	在承口和插口间嵌入滑动式橡胶圈。DN ≥ 1 000 mm 的污水管道采用柔性材料嵌缝，采用聚硫或聚氨酯密封膏封堵
企口	适用于雨水管和污水管，管径一般大于或等于 1 000 mm，开槽、顶管施工均可	在承口和插口间嵌入滑动式橡胶圈。DN ≥ 1 000 mm 的污水管道采用柔性材料嵌缝，采用聚硫或聚氨酯密封膏封堵
钢承口	一般用于顶管施工雨水管和污水管，管径一般大于或等于 1 000 mm	承口部分为钢制，在承口和插口间嵌入滑动式橡胶圈。污水管道采用柔性材料嵌缝，采用聚硫或聚氨酯密封膏封堵。钢套环需进行防腐处理
双插口	一般用于顶管施工雨水管和污水管，管径一般大于或等于 1 000 mm	管道两端均为插口，连接处为钢套环，在两端嵌入滑动式橡胶圈。污水管道采用柔性材料嵌缝，采用聚硫或聚氨酯密封膏封堵。钢套环需进行防腐处理
双胶圈钢承插口	适用于顶管施工污水管，管径一般大于或等于 1 000 mm	在承口和插口间嵌入两道滑动式橡胶圈，并在两道橡胶圈之间预留打压孔。污水管道采用柔性材料嵌缝，采用聚硫或聚氨酯密封膏封堵。可采用管口打压试验替代全管段闭水试验

塑料管（重力流）应直线敷设，当遇到特殊情况需折线敷设时，应采用柔性连接，其允许偏转角应满足要求。不同的塑料管采用不同的连接方式，最常用的连接方式包括单密封圈承插连接、双密封圈承插连接、套管承接、螺纹连接、胶黏剂承插连接、电热熔带连接等。

除上述常用的管道接口外，化工、石油、冶金等工业的酸性废水管道需要采用耐酸的管道接口。目前，有些单位研制了防腐蚀接口材料——环氧树脂浸石棉绳，使用效果良好。也有使用玻璃布、煤焦油、高分子材料制成的柔性接口材料等。但这些接口材料尚未广泛采用。

18.4　排水管道基础

管道的基础（图 18.4）是保证管道质量的重要部分，若基础不当，会使管道沉陷、断裂、错口、漏水，造成排水困难并污染地下水和附近水体。因此，必须重视管道基础的设计和施工。

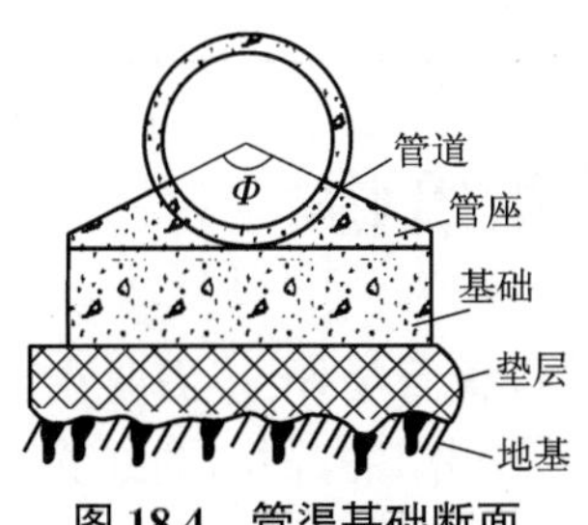

图 18.4　管渠基础断面

18.4.1 排水管道基础的组成

排水管道的基础一般由地基、基础和管座三部分组成,如图 18.4 所示。

地基是沟槽底的土壤部分。它承受管道和基础的重量、管内水重、管上土压力和地面上的荷载。

基础是管道与地基间经人工处理或专门建造的设施,其作用是使管道较集中的荷载均匀分布,以减小对单位面积地基的压力,如原土夯实、混凝土基础等。

管座是管道下侧与基础之间的部分,设置管座的目的在于使管道与基础连成一个整体,以减小对地基的压力和对管道的反力。管座包角的中心角(Φ)越大,单位面积的地基所受的压力和地基对单位面积的管道的作用反力越小。

为保证排水管道系统安全正常运行,管道的地基与基础要有足够的承受荷载的能力和可靠的稳定性,否则排水管道可能发生不均匀沉陷,造成管道错口、断裂、渗漏等现象,导致对附近地下水的污染,甚至影响附近建筑物的基础。一般应根据管道本身情况及其外部荷载的情况、覆土的厚度、土壤的性质合理地选择管道基础。

18.4.2 常用的管道基础

常用的管道基础见表 18.3。管道地基处理、基础形式和沟槽回填土压实度应根据管道材质、管道接口和地质条件确定,相关设计和施工应严格执行现行国家标准《给水排水工程管道结构设计规范》(GB 50332)、《给水排水管道工程施工及验收规范》(GB 50268)和《建筑地基处理技术规范》(JGJ 79)等的规定,也可参考国家标准图集 06MS201《市政排水管道工程及附属设施》的做法。

表 18.3 常用的管道基础

基础种类	适用条件	方法
砂垫层基础	开槽施工的柔性接口混凝土管、塑料排水管	管底部分的砂石垫层厚度为 100~300 mm,选用粒径小于或等于 25 mm 的天然级配砂石、级配碎石、石屑或中粗砂等材料,根据管材等级和覆土情况选用 90° 、120° 、150° 、180° 等不同角度的砂垫层基础
顶管基础	顶进施工的柔性接口混凝土管、雨水或污水管	管道下部 135° 范围内为原状土,不得超挖
混凝土基础	开槽施工的刚性接口混凝土管、雨水管,管道覆土厚度在 0.7~7 m	根据管材等级和覆土情况选用 120° 、180° 等不同角度的混凝土基础,每隔 20 m 左右设柔性接缝,接缝设置在管道接口处

18.5 排水管渠系统的构筑物

为了完成排除污水的任务,除设置管渠外,还需要在管网系统中设置一些附属构筑物。这些构筑物包括检查井、跌水井、溢流井、冲洗井、倒虹管、雨水口、出水口、水封井等。这些构筑物有的数量很多(如检查井),有的造价很高(如倒虹管)。因此,如何使这些构筑物建筑得经济、合理,充分发挥其最大作用,是排水管渠设计和施工中的重要课题之一,应慎重研究,不可轻视。

18.5.1　雨水口

雨水口是在雨水管渠或合流管道上收集雨水的构筑物。街道路面上的雨水首先经雨水口通过连接管流入排水管渠。

雨水口的形式、数量和布置应按汇水面积所产生的流量、雨水口的泄水能力和道路形式确定。道路(广场)情况、街坊和建筑情况、地形情况(应特别注意汇水面积较大、地形低洼的积水地点)、土壤条件、绿化情况、降雨强度、汇水面积所产生的流量、雨水口的泄水能力等因素决定着雨水口的设置。雨水口的构造包括进水箅、井筒和连接管三部分,如图 18.5 所示。

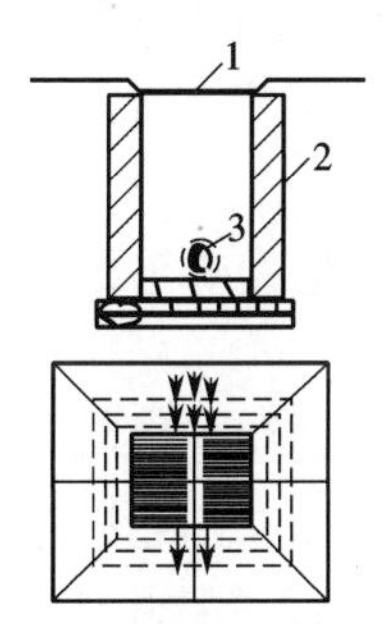

图 18.5　平箅雨水口的构造

1—进水箅;2—井筒;3—连接管

1. 雨水口的设置

(1)布设位置:雨水口宜设置在汇水点(包括集中来水点)和截水点。前者如道路上的汇水点、街坊中的低洼处、河道或明渠改建暗沟以后原来向河渠进水的水路口、靠地面淌流的街坊或庭院的水路口、沿街建筑物的雨落管附近(繁华街道上的沿街建筑物的雨落管应尽可能以暗管接入雨水口)等。后者如道路上每隔一定距离的地方、沿街各单位出入路口上游、人行横道线上游(分水点情况除外)等。十字路口雨水口的布置如图 16.8 所示。雨水口不宜设置在道路分水点、地势高的地方、其他地下管道的上方。

(2)设置数量:雨水口设置数量主要依据来水量而定。雨水口串联时一般不宜多于 3 个,雨水口只宜横向串联,不应横、纵向一起串联。雨水口和雨水连接管流量应为雨水管渠设计重现期计算流量的 1.5~3.0 倍,并应按该地区内涝防治设计重现期进行校核。立箅式雨水口的宽度和平箅式雨水口的开孔长度、开孔方向应根据设计流量、道路纵坡和横坡等参数确定。

(3)设置间距:雨水口设置间距应根据前述有关因素和实践经验确定,16.4.1 已论述。

(4)箅面高:道路横坡坡度不应小于 1.5%,平箅式雨水口的箅面标高应比周围路面标高低 3~5 cm,立箅式雨水口进水处路面标高应比周围路面标高低 5 cm。当设置于下凹式绿地中时,雨水口的箅面标高应根据雨水调蓄设计要求确定,且应高于周围绿地平面标高。

(5)与检查井的连接:雨水口以连接管接入检查井,连接管管径应依据箅数和泄水量通过计算确定。连接管坡度一般不宜小于 0.01，每段长度一般不宜大于 25 m。下穿式立体交叉道路排水系统雨水口连接管管径不应小于 300 mm。

2. 雨水口的构造要求

（1）要产生良好的进水效果：经验证明铸铁平箅进水孔隙长边方向与来水方向一致的进水效果较好，750 mm × 450 mm 的铁箅进水量较大，比较适用。在有大量树叶、杂物的地方易堵塞箅子，应加设立式进水孔。目前，一些地区开始尝试应用具有防堵塞功能且进水量大的新型雨水口，例如拦截式防堵雨水口、涡轮立体雨水口、专用于下穿式立体交叉道路排水系统的大过水量装配式雨水口等。

（2）易于施工养护：构造要简单，宜采用成品雨水口。雨水口井深度不宜大于 1 m，否则不易养护且会增加投资。在交通繁忙、行人稠密的地区，可根据养护经验设置沉泥槽。遇特殊情况需要浅埋时，应采取加固措施。有冻胀影响地区的雨水口深度，可根据当地的经验确定。

（3）安全、卫生：雨水口宜设置防止垃圾进入雨水管渠的装置。合流制系统中的雨水口应采取防止臭气外逸的措施，一般可采取设置水封或翻板等机械隔离形式，或投加药剂等措施。

（4）位于道路下的雨水口强度应满足相应等级道路的荷载要求。

3. 雨水横截沟

雨水横截沟可以看作多组雨水口沿道路横断面方向布置的特殊形式，在征得相关管理部门的许可后，一般设置于纵坡大于横坡的道路上，在拦截雨水径流方面较雨水口有较大的优势，其截流量大、效率高。雨水横截沟设置数量应根据汇水面积和雨水横截沟下的雨水收集系统的过水能力确定。雨水横截沟箅面应与路面齐平。

18.5.2 检查井

为了便于对管道系统进行定期检查和淤塞时清通，满足管道连接的需求，必须在管线上设置检查井（窨井）。在井中以明槽代替管道，检查井也作连接上下游管道之用。

检查井设置位置：管道方向转折处；管道坡度改变处；管道断面（尺寸、形状、材质）、基础、接口变更处；管道交汇处；直线管道上每隔一定距离处；特殊用途处（跌水、截流、溢流、连通、设闸、通风、沉泥、冲洗、倒虹吸、顶管、断面压扁的进出口等处）。

《室外排水设计标准》（GB 50014—2021）规定，检查井直线段的最大间距一般按【二维码 18-1】采用。

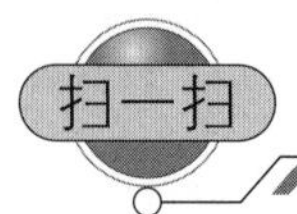

【二维码 18-1】

检查井由井底（包括基础）、井身和井盖（包括盖底）三部分组成，如图 18.6 所示。

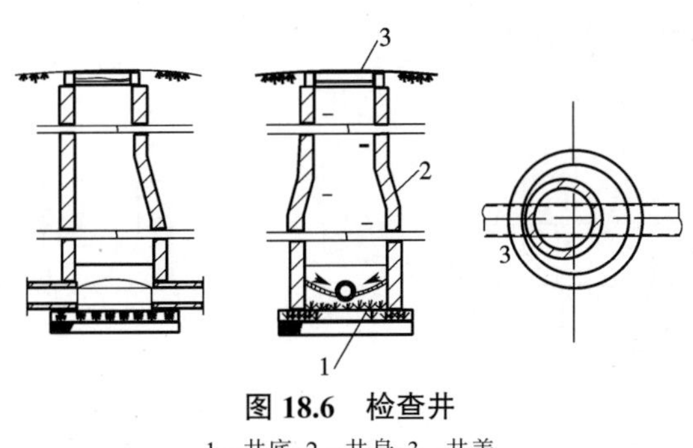

图 18.6　检查井

1—井底;2—井身;3—井盖

1. 构造要求

检查井井底应设流槽(参看图 18.7),使水流流过检查井时阻力较小。在污水干管每隔适当距离的检查井内,需要时可设置闸槽,主要用于流量、流速都较大的管道断流检修,适用于管径 200~1 000 mm 的管道。在排水管道每隔适当距离的检查井内和泵站前一检查井内,宜设置沉泥槽(便于将养护时从管道内清除的污泥,从检查井中用工具清除),深度宜为 0.5 m~0. 7 m。接入检查井的支管(接户管或连接管)管径大于 300 mm 时,支管数不宜超过 3 条,否则会导致维护管理工人操作不便。

2. 施工要求

检查井宜采用成品井(钢筋混凝土成品井或塑料成品井,不应使用实心黏土砖砌检查井),污水和合流污水检查井应进行闭水试验,防止污水外渗。在压力管道上应设置压力检查井。检查井与管道接口处,应采取防止不均匀沉降的措施。位于车行道的检查井,应采用具有足够承载力和稳定性良好的井盖与井座。设置在主干道上的检查井的井盖基座宜和井体分离,可避免不均匀沉降时对交通的影响。宜采用具有防盗功能的井盖。位于路面上的井盖,宜与路面持平;位于绿化带内的井盖,不应低于地面,以防地面径流水从井盖流入井内,井盖可高出地面,但不能妨碍观瞻。排水系统检查井应安装防坠落装置(防坠落网、防坠落井篦等)。为防止建筑物和小区接出管道误接,产生雨污混接现象,污水管、雨水管和合流污水管的检查井井盖应分别标识“污”“雨”和“污”。

3. 尺寸要求

井口、井筒和井室的尺寸应便于养护和检修,在我国北方及中部地区,冬季检修时,因工人操作时多穿棉衣,井口、井筒小于 700 mm 时,出入不便,对需要经常检修的井,井口、井筒大于 800 mm 为宜。爬梯和脚窝的尺寸、位置应便于检修和上下安全,砖砌检查井内不宜设钢筋爬梯。检修室高度在管道埋深许可时宜为 1. 8 m,污水检查井由流槽顶算起,雨水(合流)检查井由管底算起。

18.5.3　跌水井

当上下游管道的高度相差很大,需要消除水流能量时,或需要将支管接到埋深较大的干管上时,常设置跌水井。管道跌水水头为 1.0~2.0 m 时,宜设跌水井;跌水水头大于 2.0 m 时,应设跌水井。其他设置条件如下:

(1)管道中的流速过大,需要加以调节处;

(2)管道垂直于陡峭地形的等高线布置,按照设计坡度将要露出地面处;

（3）管道遇地下障碍物，必须跌落通过处；

（4）当淹没排放时，在水体前的最后一个井。

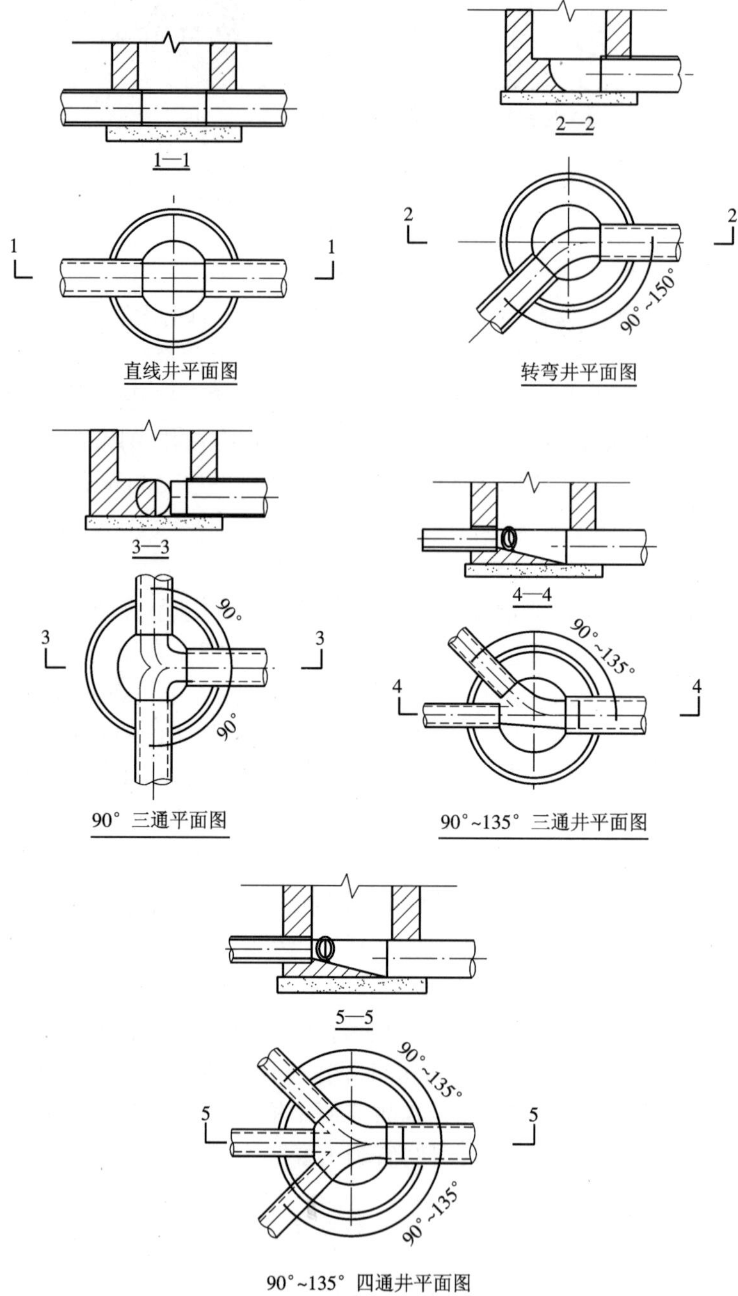

图 18.7 圆形排水检查井流槽形式

跌水井有竖管式（图 18.8）、竖槽式（图 18.9）和阶梯式（图 18.10）三种形式。跌水井的形式、适用条件详见《市政排水管道工程及附属设施》（06MS201）。跌水井的进水管管径不大于 200 mm 时，一次跌水水头高度不得大于 6 m；管径为 300~600 mm 时，一次跌水水头高度不宜大于 4 m，跌水形式可采用竖管或矩形竖槽；管径大于 600 mm 时，一次跌水水头高度和跌水形式应通过水力计算确定。管道转弯处不宜设跌水井。污水和合流污水管道上的跌水井，宜设排气通风措施，并应在该跌水井和上下游各一个检查井的井室内部及这三个检查井之间的管道内壁采取防腐蚀措施。

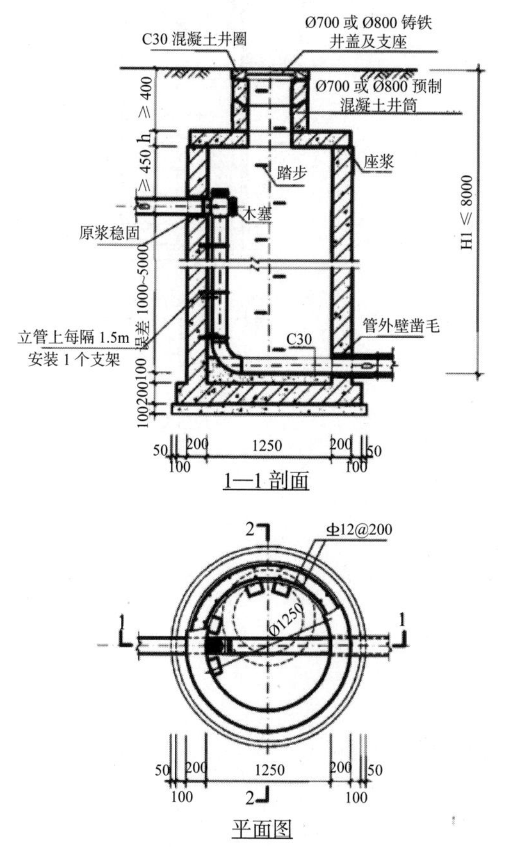

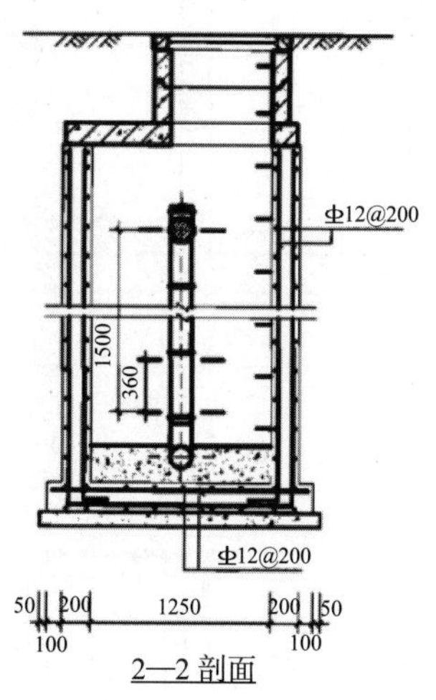

图 18.8　竖管式混凝土跌水井

18.5.4　截流设施

合流污水的截流可采用重力截流和水泵截流。截流设施的位置，应根据溢流污染控制要求、污水截流干管位置、合流管道位置、调蓄池布置、溢流管下游水位高程和周围环境等因素确定。

截流井宜采用槽式，也可采用堰式或槽堰结合式。槽式截流效果好，不影响合流管道的排水能力，管道高程允许时，应选用槽式。当选用堰式或槽堰结合式时，堰高和堰长应进行水力计算。截流井形式如图 18.11 所示。

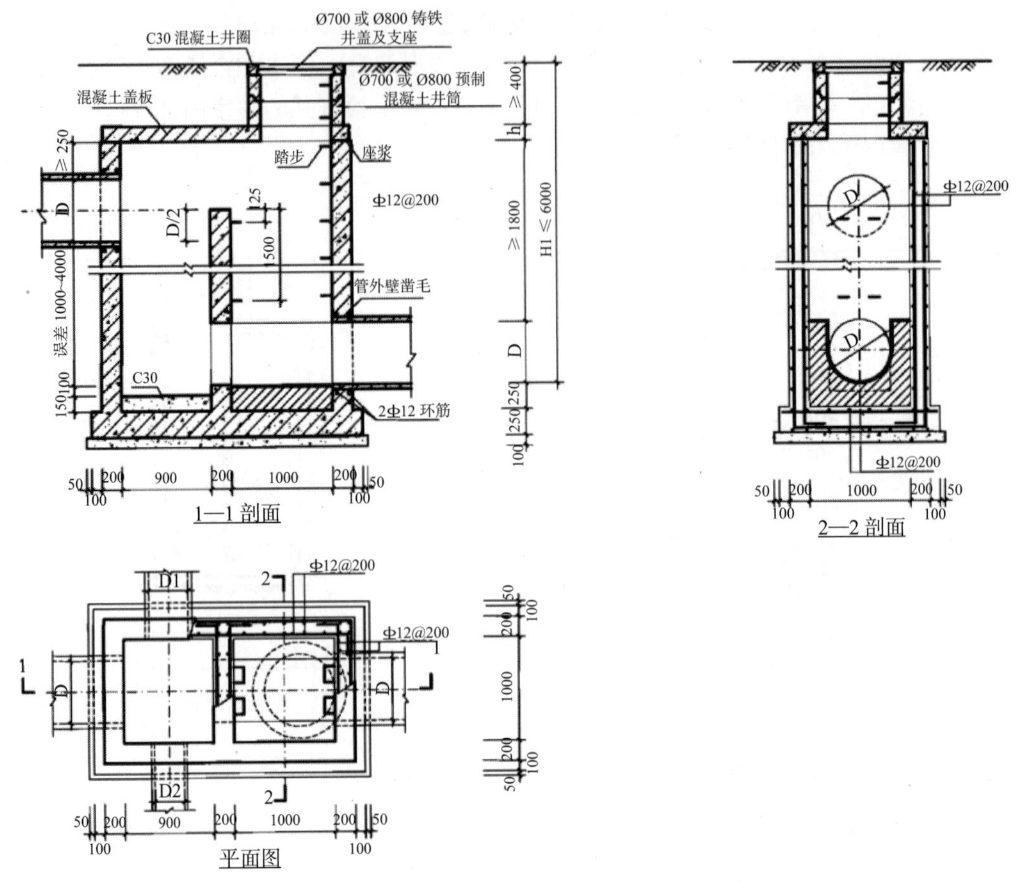

图 18.9 竖槽式混凝土跌水井

截流井溢流水位应在设计洪水位或受纳管道设计水位以上，以防止下游水倒灌，当不能满足要求时，应设置闸门等防倒灌设施，并应保证上游管渠在雨水设计流量下的排水安全。

18.5.5 水封井

水封井是一旦废水中产生的气体发生爆炸或火灾时，防止其通过管道蔓延的重要安全装置。当工业废水能产生引起爆炸或火灾的气体时，其管道系统中必须设置水封井。国内的石油化工厂、油品库和油品转运站等含有易燃易爆的工业废水的管道系统中均需设置水封井。当其他管道必须与输送易燃易爆废水的管道连接时，连接处也应设置水封井。

水封深度与管径、流量和废水含易燃易爆物质的浓度有关，水封深度不应小于 0.25 m。水封井上宜设通风设施，可将井内的有害气体及时排出，其直径不得小于 100 mm，设置时应注意：避开锅炉房或其他明火装置；不得靠近操作台或通风机进口；通风管有足够的高度，使有害气体在大气中充分扩散；通风管处设立标志，避免工作人员靠近。水封井底应设沉泥槽，方便养护，深度一般采用 0.5~0.7 m。

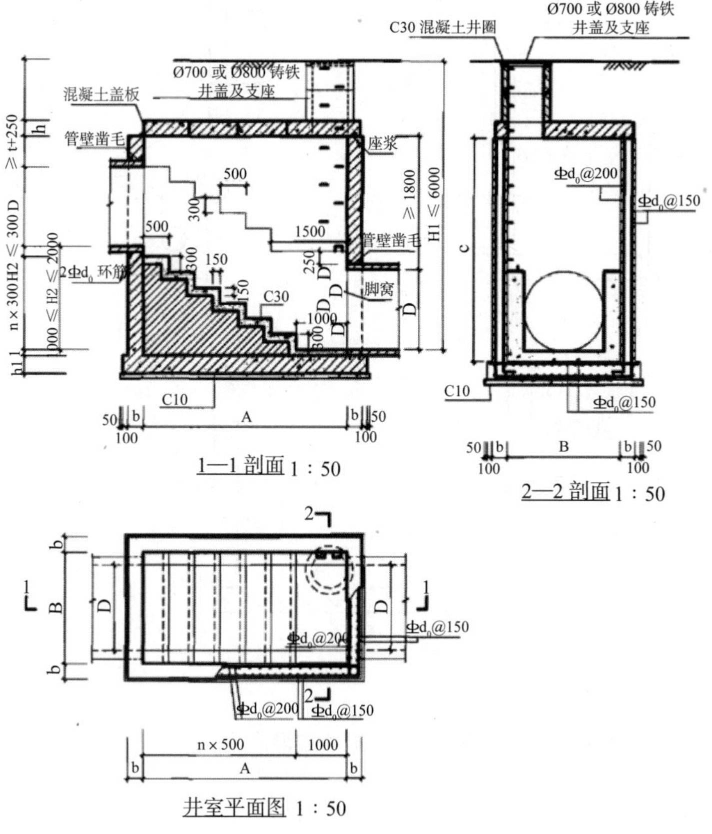

图 18.10　阶梯式混凝土跌水井

水封井应设在产生上述废水的排出口处和干管上每隔适当距离处。水封井和同一管道系统中的其他检查井均不应设在车行道上和行人众多的地段，并应适当远离产生明火的场地。水封井的构造如图 18.12 所示。

18.5.6　倒虹管

1. 设置及组成

污水管穿过河道、旱沟、洼地或地下构筑物等障碍物不能按原高程径直通过时，应设倒虹管。倒虹管由进水井、下行管、平行管、上行管和出水井组成。进出水井内应设闸槽或闸门，设计时必须确保在事故发生或维修时，能顺利发挥作用。倒虹管进水井前的检查井，应设置沉泥槽，其作用是沉淀泥土、杂物，保证管道内水流通畅。

倒虹管要尽可能与障碍物轴线垂直，以缩短长度。通过河道地段的要求是地质条件良好，否则要改变倒虹管位置，无选择余地时，也可以考虑相应处理措施。

通过河道的倒虹管，不宜少于两条，以便一条发生故障时，另一条可继续使用，平时也能逐条清通，近期水量不能达到设计流速时，可使用其中的 1 条，暂时关闭另一条。通过谷地、旱沟或小河时，因维修难度不大，可采用一条。通过铁路、航运河道、公路等障碍物时，应符合与该障碍物相交的有关规定。

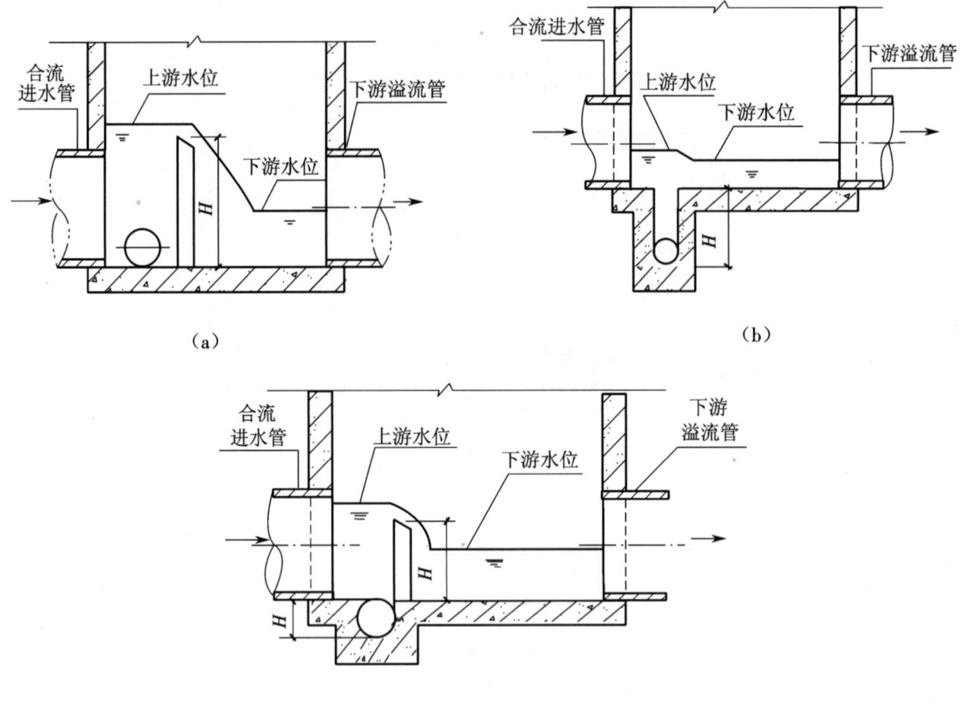

图 18.11 截流井形式

(a)堰式 (b)槽式 (c)槽堰结合式

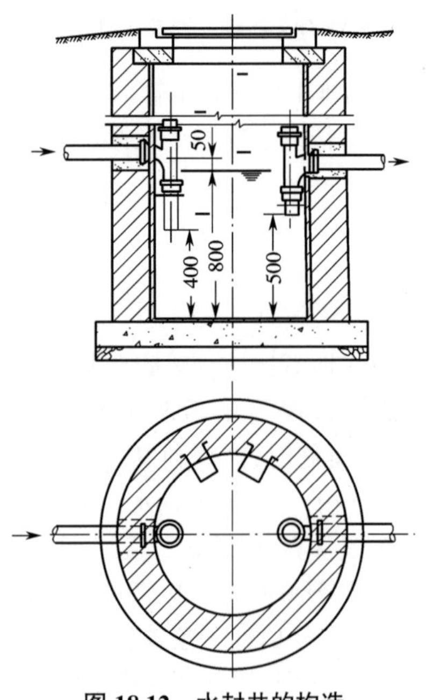

图 18.12 水封井的构造

2. 类型

倒虹管有多折型和凹字型两种(图 18.13)。多折型适用于河面与河滩较宽阔、河床深度较大的情况，需用大开挖施工，所需施工面较大；凹字型适用于河面与河滩较窄，障碍物面积与深度较小的情况，可用大开挖施工，有条件时还可用顶管法施工。

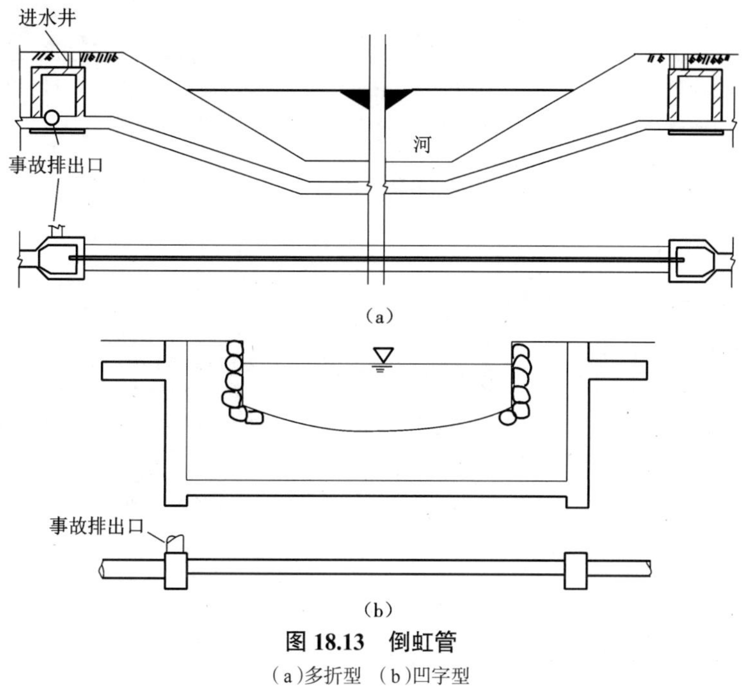

图 18.13　倒虹管

（a）多折型　（b）凹字型

3. 设计参数

倒虹管的最小管径宜为 200 mm，一般采用金属管或钢筋混凝土管，设计流速应大于 0.9 m/s，并应大于进水管内的流速，当流速达不到 0.9 m/s 时，应增加定期冲洗措施，冲洗流速不小于 1.2 m/s。合流管道设倒虹管时，应按旱流污水量校核流速，不能达到最小流速 0.9 m/s 时，应采取相应的技术措施，例如对合流制倒虹吸管可设两条，分别使用于旱季旱流和雨季合流两种情况。

倒虹管的管顶距规划河底距离一般不宜小于 1.0 m，穿越航运河道，其位置和管顶距规划河底距离应与当地航运管理部门协商确定，并设置标志，遇冲刷河床应考虑防冲措施。进水端宜设置事故排出口。

倒虹管进出水井的检修室净高宜高于 2 m。进出水井较深时，井内应设检修台，其宽度应满足检修要求。当倒虹管为复线时，井盖的中心宜设在各条管道的中心线上。

18.5.7　出水口

出水口一般由端墙、翼墙、海漫、下游护砌等组成。出流形式一般有淹没式和自由式两种。污水一般采用淹没式出流，雨水一般采用自由式出流。出水口分为八字式、一字式、门字式三种形式，如图 18.14 至图 18.16 所示。八字式出水口用于管道正交排入河道，此时河道坡度较缓；一字式出水口用于管道与河道顺接；门字式出水口用于管道正交排入河道，此时河道坡度较陡。

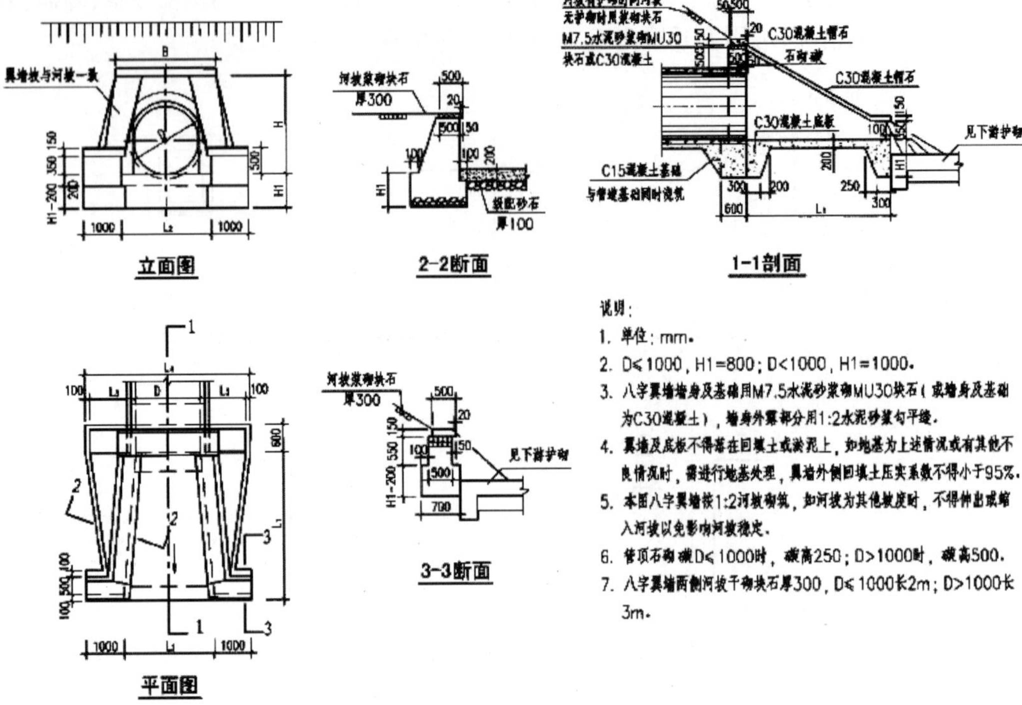

图 18.14 八字式管道出水口(浆砌块石或混凝土)

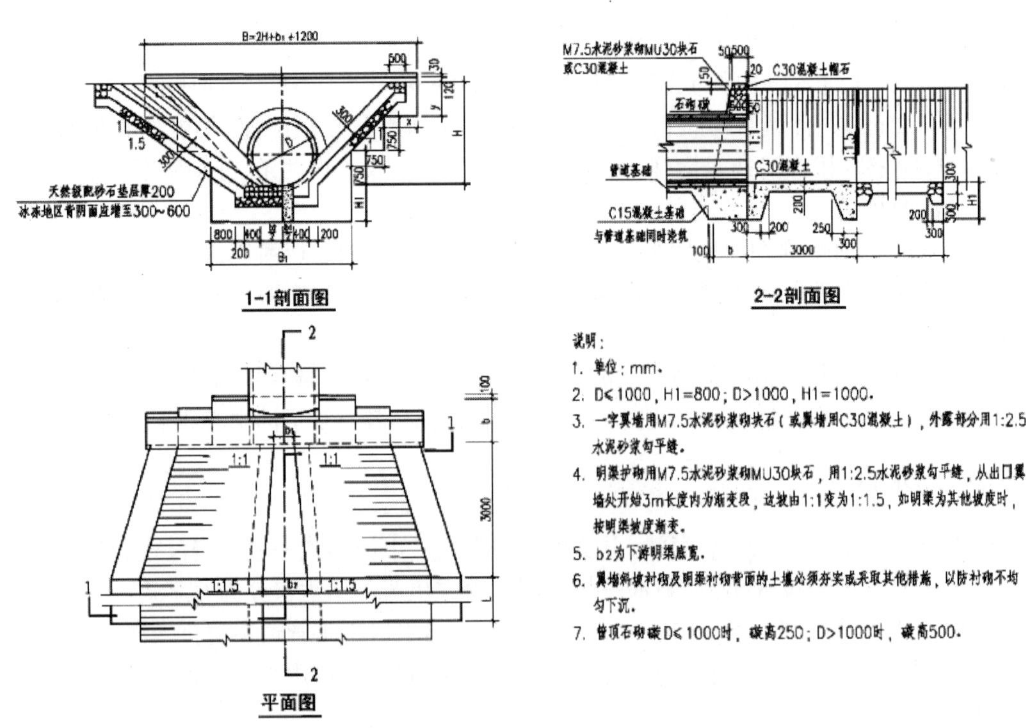

图 18.15 一字式管道出水口(浆砌块石或混凝土)

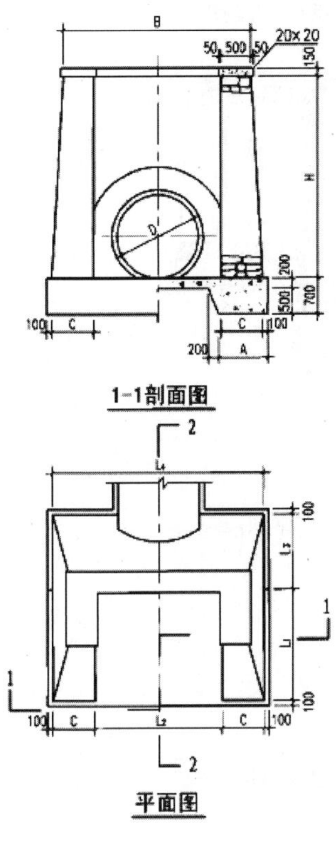

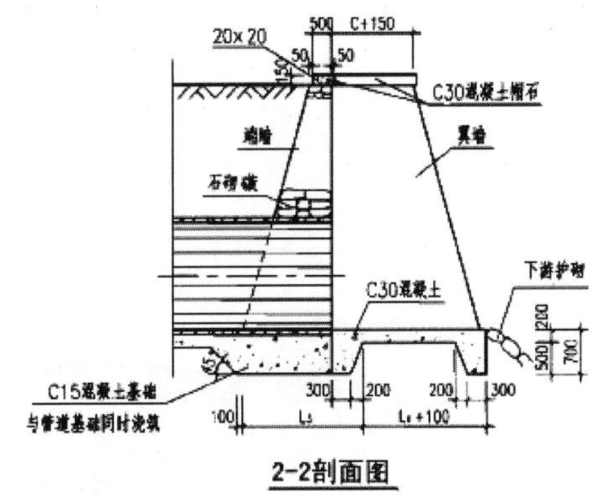

说明：

1. 单位：mm。
2. 端墙和翼墙均用M7.5水泥砂浆砌MU30块石，墙身外露部分用1:2水泥砂浆勾平缝（或端墙和翼墙用C30混凝土）。
3. 墙基和底板都要求落在原状土上，如地基被扰动或地基软弱时，应进行地基处理。
4. 管顶石砌碳D≤1000时，碳高250；D>1000时，碳高500。

图 18.16　门字式管道出水口（浆砌块石或混凝土）

出水口的设计包括位置、形式、出口流速等，应根据受纳水体的水质要求、水体的流量、水位变化幅度、水流方向、波浪状况、稀释自净能力、地形变迁和气候特征等因素确定。设计应取得规划、卫生、环保、航运等有关部门的同意，如原有水体是鱼类通道或重要水产资源基地，还应取得相关部门的同意。其设计要求：对航运、给水等水体原有的各种用途无不良影响；能使排水迅速与水体混合，不妨碍景观和影响环境；岸滩稳定，河床变化不大，结构安全，施工方便。

出水口应采取防冲刷、消能、加固等措施，并设置标志。仅设翼墙的出水口易受水流冲刷致底部被掏空，甚至底板被打断损坏，危及岸边，一般在底部打桩或加深齿墙。当出水口跌水水头较大时，尚需考虑消能。

有冻胀影响地区的出水口应考虑用耐冻胀材料砌筑，一般用浆砌块石，出水口的基础应设在冰冻线以下。

18.5.8　换气井

污水中的有机物常在管道中沉积而厌氧发酵，发酵分解产生的甲烷、硫化氢等气体如与一定体积的空气混合，在点火条件下将发生爆炸，甚至引起火灾。为防止此类事故发生，同时也为保证在检修排水管道时工作人员能较安全地进行操作，有时在街道排水管的检查井上设通风管，使此类有害气体在住宅竖管的抽风作用下随同空气沿庭院管、出户管和竖管排入大气。这种设有通风管的检查井称为换气井，如图 18.17 所示。

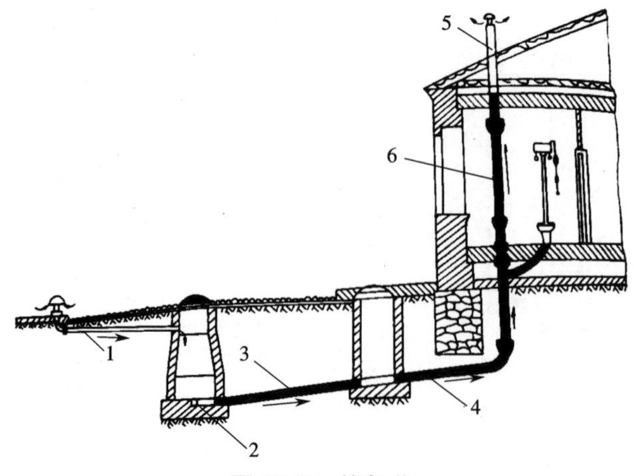

图 18.17 换气井

1—通风管；2—街道排水管；3—庭院管；4—出户管；5—透气管；6—竖管

18.5.9 管桥

管道以桥梁形式跨越河道、湖泊、海域、铁路、公路、山谷等天然或人工障碍专用的构筑物称为管桥。管桥通常有以下几种形式。

（1）在道路桥上铺设管道。设计道路桥时，应考虑放置管道的位置，一般将管道置于桥的侧边或桥板下特设的箱涵内。

（2）修建承载管道的专用桥。管道多明铺于专用桥面上或加箱涵保护，管道上应设排气阀、伸缩接头，在寒冷地区要采取防冻措施。专用桥还应考虑设置人行便道。

（3）管道本身作为拱桥或吊桥桥体，此时必须采用钢管。

管桥比倒虹管易于施工，检修维护方便，且造价低。管桥也可作为人行桥，无航运的河道可考虑采用。管桥只适用于小流量污水。管道在上桥和下桥处应设检查井，管桥应每隔 40~50 m 设检修口。上游检查井应设有事故排放口。

18.5.10 冲洗井

当污水管内的流速不能保证自清时，为防止淤塞，可设置冲洗井。

冲洗井有两种做法：人工冲洗和自动冲洗。自动冲洗井一般采用虹吸式，其构造复杂，造价很高，目前已很少采用。人工冲洗井的构造比较简单，是一个具有一定容积的普通检查井。冲洗井出流管道上设有闸门，井内设有溢流管，以防止井中水深过大。冲洗水可利用上游来的污水或自来水。用自来水时，供水管的出口必须高于溢流管管顶，以免污染自来水。

冲洗井一般适用于管径小于 400 mm 的较小管道，冲洗管道的长度一般为 250 m 左右。

18.5.11 防潮门

临海城市的排水管道往往受潮汐的影响，为防止涨潮时潮水倒灌，在排水管道出水口上游的适当位置应设置装有防潮门（或平板闸门）的检查井，如图 18.18 所示。临河城市的排水管道为防止高水位时河水倒灌，有时也采用防潮门。

防潮门一般用铁制造，其座口部略倾斜，倾斜度一般为 1∶10~1∶20。当排水管道中无水时,防潮门靠自重密闭。当上游排水管道来水时,水流顶开防潮门排入水体。涨潮时,防潮门靠下游潮水的压力密闭,潮水不会倒灌入排水管道。设置了防潮门的检查井井口应高出最高潮水位或最高河水位,或者井口用螺栓和盖板密封,以免潮水或河水从井口倒灌至城镇。为使防潮门工作可靠、有效,必须加强维护管理,经常清除防潮门座口上的杂物。

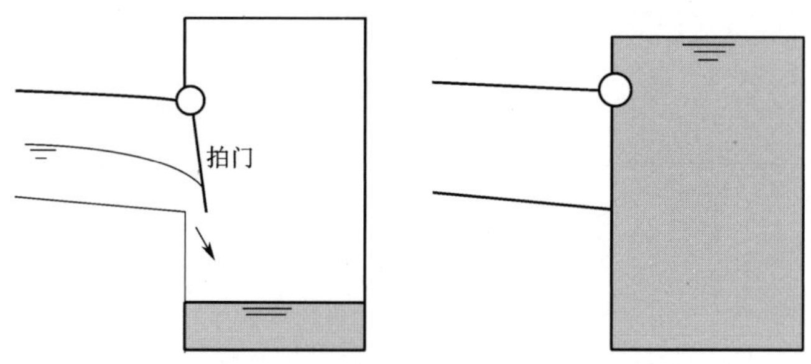

图 18.18　装有防潮门的检查井

思考题

1. 对排水管渠材料有何要求? 常用的排水管渠材料有哪几种? 各有什么优缺点? 在选择排水管渠材料时应考虑哪些问题?

2. 排水管渠的断面形式必须满足哪些要求? 为什么常采用圆形断面?

3. 说明检查井的作用、基本构造和设置位置。

4. 检查井的底部为什么要做流槽?

5. 跌水井的作用是什么? 常用的跌水井有哪些形式?

6. 雨水口是由哪几部分组成的? 雨水口的类型有哪几种? 说明雨水口的设置位置。

7. 倒虹管由哪些部分组成? 在什么情况下设置倒虹管? 设计倒虹管时应注意哪些问题?

8. 常用的出水口有哪些形式?

9. 截流井的作用是什么? 常用的截流井有哪些形式?

第 4 篇　输配水工程新概念、新技术

第 19 章　低影响开发与海绵城市建设

随着城市化的快速发展，城市雨水问题日益突出。低影响开发与海绵城市建设由于具有内涝缓解、径流污染控制、雨水资源化利用等多重功能，并兼具景观美化、水环境修复等多种效果，近年来在发达国家得到了越来越广泛的应用。为了大力推进建设自然积存、自然渗透、自然净化的“海绵城市”，节约水资源，保护和改善城市生态环境，促进生态文明建设，低影响开发与海绵城市建设在国内也得到快速发展。

国内部分城市建设了“海绵城市”示范工程，已初见成效。随着雨水收集设施和低影响开发设施在各地新型城市化建设过程中的推广和应用，极大地减轻了城市雨水管网的负担，缓解了城市内涝的问题。同时，低影响开发建设模式对城市径流雨水源头减排具有刚性约束，通过优先利用自然排水系统和建设生态排水设施，能够充分发挥城市绿地、道路、水系等对雨水的吸纳、蓄渗和缓释作用，有效缓解城市内涝，削减城市径流污染负荷，节约水资源，保护和改善城市生态环境，为建设具有自然积存、自然渗透、自然净化功能的海绵城市提供重要保障。

19.1　低影响开发

低影响开发（low impact development，LID）是雨水综合利用源头化、生态化和综合化发展的一种工程技术和管理措施，是一种新的雨水管理、利用思维理念和工程技术方法，是解决日益严重的面源污染问题的一大重要思想。低影响开发一词起源于美国，约于 20 世纪 70 年代第一次在佛蒙特州的土地规划中被提出，80 年代在多个地区的环境敏感区域规划中出现，主要针对城市水源地等敏感区的保护，避免城市开发对生态环境的不利影响。低影响开发早期比较有影响的应用始于 20 世纪 90 年代初马里兰州乔治王子郡提出的从源头避免场地开发对自然水文特征的负面影响的“低影响开发”，并在多处居住区、停车场建设了生物滞留等设施进行工程示范，取得了良好的效果。此后，美国环保署（EPA）对低影响开发的相关理论与规划设计方法进行了总结研究，并于 1999 年发布了低影响开发的规划设计（Low Impact Development Design Strategies：An Integrated Design Approach）与水文分析（Low Impact Development Hydrologic Analysis）手册（【二维码 19-1】）。

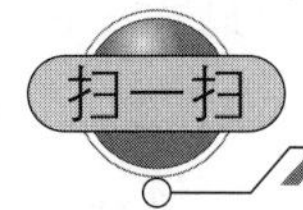

【二维码 19-1】

国内对低影响开发的研究与推广始于 20 世纪 90 年代，通过借鉴德国、日本等发达国家关于雨水利用的技术，提出将雨水集蓄利用、渗透等多重功能相结合的“雨水综合利用”的概念，随着雨水管理理念和技术的不断发展，低影响开发与绿色基础设施的理念逐渐引起了城市雨水领域学术界和工程界的关注。2011 年，低影响开发被列入国家“十二五”重大水专

项课题,通过水专项课题研究与示范工程建设,进一步从理论层面明确了低影响开发的内涵、目标、设计方法等,并带动了低影响开发在不同领域和范围的工程应用,也为后续的海绵城市建设奠定了基础。2013 年,国务院办公厅印发了《关于做好城市排水防涝设施建设工作的通知》,开始从国家层面明确提出积极推行低影响开发建设模式,并要求在各地"排水防涝综合规划"中落实低影响开发的建设要求。2014 年,住房和城乡建设部(以下简称住建部)发布了《海绵城市建设技术指南——低影响开发雨水系统构建(试行)》,明确提出了低影响开发的概念和相关规定(【二维码 19-2】)。尽管如此,低影响开发设计在我国总体上仍处于探索阶段。

【二维码 19-2】

19.1.1 低影响开发的内涵与设计原则

1. 低影响开发的内涵

低影响开发指在场地开发过程中采用源头、分散式措施维持场地开发前的水文特征,也称为低影响设计(low impact design)或低影响城市设计和开发(low impact urban design and development, LIUDD)。其核心是通过源头、分散式的措施实现城市径流污染和总量管理,维持场地开发前后水文特征不变,包括径流总量、峰值流量、峰现时间等。重点在于采用生态化的措施,如渗透、过滤、储存、蒸发和滞留等,尽可能从源头、分散式地维持城市开发建设过程前后的水文特征不变,有效缓解城市化带来的道路不透水面积增大,土壤下垫面硬化造成的径流总量、径流峰值与径流污染增加等对环境的不利影响。

最初 LID 的基本核心是通过在场地源头进行分散式控制,维持场地开发前后水文特征不变,从而削减城市地表径流量和峰值流量。但随后为有效控制初期雨水中的大部分污染物而提出了水质控制的目标。在干旱少雨、水资源匮乏和地下水过量开采地区如何收集和储存雨水也格外重要,因此低影响开发的概念内涵得到进一步拓展,即在水量控制(雨水收集)和水质控制(水质净化)的基础上进一步纳入了雨水的资源化利用这一理念。对雨水进行资源化利用能够减少对环境水体的污染、对淡水资源的使用和对地下水的开采,进而达到减少人为活动对自然水资源的干扰,依靠水生态系统的自我调节能力实现水生态修复的目的。雨水的源头下渗、收集和蒸发同样能减少进入污水处理厂的水量,从而降低污水处理厂的运行负荷,减少能源消耗和产生的气体污染物,最终实现区域健康水循环。

低影响开发最初强调的是源头、分散式控制,但与发达国家相比,我国大部分城市土地开发强度较大。按照国际惯例,一个地区土地开发强度达到 30% 是警戒线,超过该强度,人的生存环境就会受到影响。发达国家人口密度小,土地开发强度较低,绿化率较高,例如英国伦敦的土地开发强度仅为 23.7%,日本东京的土地开发强度最高也只有 29.4%,因此在场地源头有充足的空间来滞留、消纳场地开发后径流的增量(总量和峰值)。但我国城市土地开发强度普遍较大,土地资源十分紧张,例如北京、上海、深圳等城市的土地开发强度远超过 30%,珠三角和长三角等地区的土地开发强度均在 30% 以上,东莞的土地开发强度已超过

43%，是香港的两倍多。仅在场地源头采用分散式措施，难以实现开发后径流总量和峰值流量不大于开发前的目标，所以必须借助于中途和末端措施来综合实现城市开发后水文特征接近于开发前。

目前，低影响开发在我国的内涵已延伸至源头、中途和末端不同尺度的控制措施。城市建设应在城市规划、设计、实施等环节纳入低影响开发的内容，并统筹协调城市规划、排水、园林、道路交通、建筑、水文等专业，共同落实低影响开发控制目标。因此，从广义来讲，低影响开发指在城市开发建设过程中采用源头削减、中途转输、末端调蓄等多种手段，通过渗、蓄、净、用、排等技术，实现城市良性水文循环，提高对径流雨水的渗透、调蓄、净化、利用和排放能力，维持或恢复城市的“海绵”功能。

2. 低影响开发的设计原则

低影响开发是通过雨水源头控制维持和保护土地开发前的自然水文状态，并使对生态环境的影响最小的理念和方法，需贯穿项目规划和建设的全过程。在建设过程中，强调首先利用非工程技术保护现有自然因素，其次利用工程技术使场地水文维持在自然状态。低影响开发的工程技术一般具有小型、分散、易与景观结合等特点，其注重源头控制，可广泛应用于不同开发强度的城市新建和改建项目。这里涉及的“源头”“小型”“分散”是相对的，与研究区域的大小和相对位置有关，并且我国城市低影响开发雨水控制利用系统也不是狭义上的“源头”雨水系统，而是源头与末端相结合的综合控制利用系统，不仅包含生物滞留设施、种植屋面等小型分散设施，还包含多功能调蓄水体等大型集中设施，从而最大限度地缓解城市缺水压力，降低径流污染和合流制溢流污染，并提升城市排水防涝标准。

低影响开发雨水系统的构建与所在区域的规划控制目标、水文、气象、土地利用条件等关系密切，因此城市低影响开发雨水控制利用系统的设计应遵循一定的原则：

（1）保护性开发原则，在土地开发过程中保护天然坑塘、湿地、泛洪区和生态廊道等水敏感性区域；

（2）水文干扰最小化原则，应优先通过分散、生态的雨水调蓄技术增加雨水的下渗和蒸发量，以维持区域在开发前的自然植被状态下的外排雨水总量、峰值流量，同时削减污染物总量；

（3）因地制宜原则，各地应根据本地气候、水文、地形、地质、土壤类型、城市用地空间等特点，考虑当地水环境保护和水涝控制要求，合理确定径流控制目标、径流控制设施的选择与规划布局方案；

（4）多专业协调原则，低影响开发雨水系统的构建应与城市道路交通、园林绿地、给排水与水利等系统的规划与设计相衔接。

19.1.2　低影响开发的控制目标、技术措施和在雨水管网中的应用

1. 低影响开发的控制目标

目前，低影响开发的控制目标已从最初的水量控制发展为水量控制、水质控制与水生态修复等多重目标，具体又可分为总流量控制、峰值控制、径流污染控制、资源化利用等。其中，总流量控制一般以年为单位，即多年平均径流外排总量不超过某一值，其对应的径流系数是年均外排径流系数；峰值控制可通过调节、调蓄、下渗减排、延缓汇流时间等途径实现；

径流污染去除机理与低影响开发设施的类型有关,具体包括沉淀、过滤、吸附、光降解、生物降解等途径;资源化利用包括直接收集回用和渗透补给地下水等途径。不同地区应根据当地的气候特点、水环境现状等,选择其中一个或多个目标作为低影响开发的控制目标。各目标之间既有区别又有联系,如图 19.1 所示。如径流污染控制一般对资源化利用和总流量控制有一定效果。雨水收集利用对总流量、峰值、径流污染控制均有一定效果。总流量控制对峰值、径流污染控制和资源化利用均有一定效果。鉴于径流污染控制目标、资源化利用目标大多可通过总流量控制实现,各地低影响开发雨水系统的构建可选择总流量控制作为首要的规划控制目标。

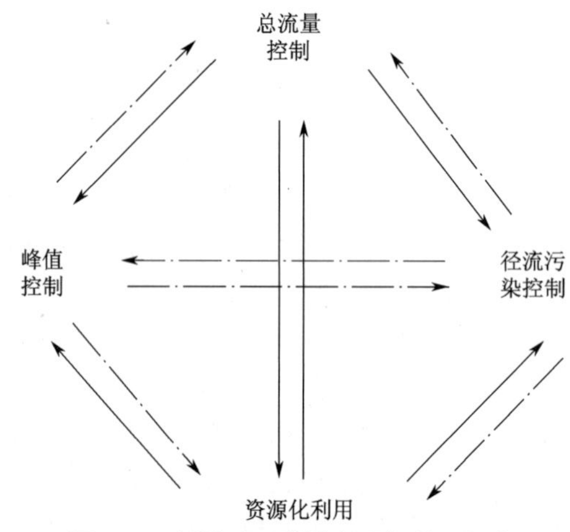

图 19.1 低影响开发控制目标关系示意

1)总流量控制

总流量控制指建设区域多年平均径流外排总量的控制。低影响开发措施主要通过控制频率较高的中、小降雨事件实现总流量控制目标,其原理是在场地源头采用透水铺装、生物滞留等设施,实现雨水径流的原位下渗、储蓄、滞留和蒸发,从而达到总量削减的目的。不同地区的地理条件(地形、土壤渗透性)、气候条件和设施的设计参数(设施规模,下凹深度,过滤层介质的孔隙率、厚度等)不同,上述因素都会影响总量削减能力。一般低影响开发设施的渗透性越好,蓄渗能力越强,总流量控制效果越好;设施规模越大、调蓄容积越大,总流量控制效果越好。

不同降雨强度条件下低影响开发设施的总流量控制效果如图 19.2 所示,图中阴影部分表示 LID 措施径流削减总量。由图 19.2(a)可知,在小雨条件下,由于降雨量小,降雨强度低,产流速率小于低影响开发设施下渗速率,所以基本不产流、不外排,达到接近 100% 的总量削减率;随着降雨强度的增大,低影响开发措施对雨水径流的总量削减率逐渐降低,因为随着降雨强度进一步增大,径流总量增加,但低影响开发设施的径流削减量是不变的,所以总量削减率越低。因此,低影响开发设施在中、小降雨条件下对总流量的削减比较明显,而在暴雨条件下对总流量的削减能力较弱,甚至可忽略不计。在实践中,各地在确定年径流总量控制率时,还需要综合考虑多方面因素(【二维码 19-3】)。

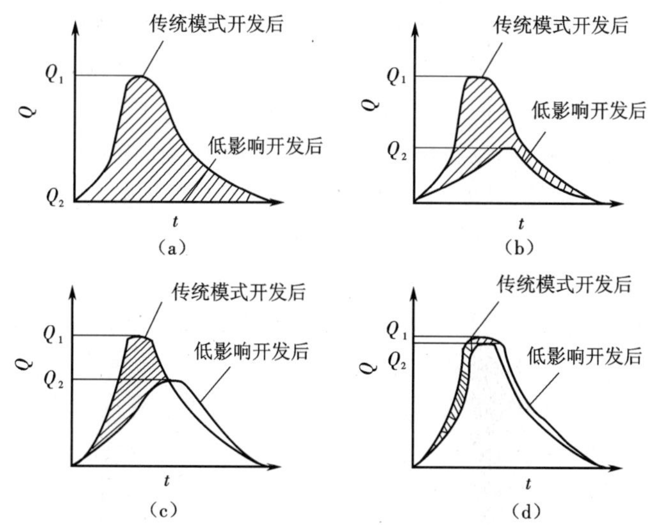

图 19.2　不同降雨强度条件下低影响开发设施的总流量控制效果

(a)小雨　(b)中雨　(c)大雨　(d)暴雨

【二维码 19-3】

2)峰值控制

低影响开发峰值控制包括峰值流量削减和峰值时间延迟，主要体现在低影响开发设施的原位促渗减排、滞留、调蓄作用和断接、不透水面积最小化、延长汇流路径等技术和非技术措施的调控作用方面。低影响开发措施对中、小降雨事件的峰值控制效果一般较好，对特大暴雨事件的峰值控制效果往往较差，虽可起到一定的错峰、延峰作用，但峰值削减幅度往往较小。由图 19.2 可知，随着降雨强度的增大，峰值削减率(即传统模式开发后峰值与低影响开发后峰值的差值与传统模式开发后峰值的比值)降低，峰现时间提前，并且逐渐与传统模式开发后峰值趋于重合。此外，雨型和降雨历时对 LID 设施的峰值控制效果影响也较大，降雨总量相同时，LID 设施对长历时降雨峰值削减效果较好，主要是由于短历时的大雨在短时间内产生较大的径流量，LID 设施的渗透能力、调蓄容积在短时间内达到饱和，结果导致大部分径流溢流外排。因此，为保障城市安全，在低影响开发设施的建设区域，城市雨水管渠和泵站的设计重现期、径流系数等设计参数仍然应当按照《室外排水设计标准》(GB 50014—2021)中的相关标准执行(【二维码 19-4】)。

【二维码 19-4】

3)径流污染控制

在低影响开发设施的应用中，大部分 LID 设施可通过物理、化学和生物作用有效去除径流中的污染物。径流污染控制是低影响开发的控制目标之一，既要控制分流制径流的污染物总量，也要控制合流制溢流的频次或污染物总量。各地应结合城市水环境质量要求、径流污染特征等确定径流污染综合控制目标和污染物指标，污染物指标可采用悬浮物（SS）、化学需氧量（COD）、总氮（TN）、总磷（TP）等。

LID设施常位于场地源头，并具有渗透、沉淀、过滤、吸附等净化作用。国内外大量研究表明，源头部分初期冲刷明显，初期的20%径流中的污染负荷占整场降雨的80%，因此通过LID设施控制初期雨水可有效控制雨水径流污染负荷。在一般情况下，LID设施的径流污染控制往往通过控制径流总量来实现，比如发达国家普遍采用水质控制容积法，即把需要控制的污染物量换算成需要控制的径流体积，并进一步换算成设计降雨量或总量控制率，从而用于确定LID设施的规模。在城市径流污染物中，SS往往与其他污染物指标具有一定的相关性，因此一般可采用SS作为径流污染控制指标，低影响开发雨水系统的年SS总量去除率一般可达到40%~60%。所以，当总量控制率和设施的悬浮物去除率确定后，即可确定悬浮物总去除率。例如若污染物浓度以事件平均浓度计，当年径流总量控制率为90%时，低影响开发设施的SS去除率为90%，则年SS总量削减率为81%。

2. 低影响开发技术措施简介

为了实现场地开发后预期的水文特性指标，将自然环境和地段加以整合，消除大块场地以管道作为雨水径流终端的需求。低影响开发技术措施主要包含两种：非结构性措施和结构性措施。

非结构性措施包括一些政策措施，也包括场地规划设计措施，即通过与景观设计、城市规划等学科结合，对街道、建筑、绿地等进行合理的规划布局。

结构性措施即采用一些小尺度和分散式的可落地技术措施将雨水回收利用起来。常用低影响开发技术措施具有滞留、渗透、过滤、净化和收集等方面的特点。常用的结构性LID例子有雨水收集、绿色屋顶、屋面落水管分流和旱井、生态滞留池、植被过滤带、增强型草洼地与植被缓冲、可渗透铺装和其他雨水管理技术措施（【二维码19-5】），详细介绍可参见19.3节。

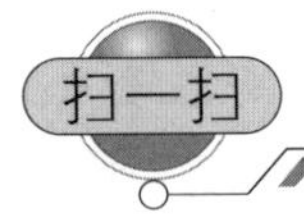

【二维码19-5】

3. 低影响开发在雨水管网中的应用

低影响开发理念越来越被广泛地认可和重视，它对城市雨水收集、利用和排放都产生了较大的影响，随之而来的是给城市雨水管网系统的规划带来了变化。目前，基于LID理念的雨水管网规划在城市规划实践中已有很好的应用。

1）在住宅小区内的应用

伴随着城市化建设，大量居民涌入城镇，小区的品质和数量急剧上升，高品质生态小区内景观水系众多、绿化率高，可充分利用小区内的景观水系对雨水加以利用，不仅可以减少小区内景观水系的给水补给，有效节约水资源，而且可以提高小区的防洪标准，有效减小雨水对下游水体的污染负荷。对建设规模相对较小的居住区，采用渗渠、渗管将绿化带内的雨水收集于蓄水池内，用于小区内的绿化浇灌。对已经建成的住宅小区，建筑屋面可采用屋顶绿化加以装饰与改造，既可改善整个城市的景观视觉效果，又可减轻大气污染和削减雨水污染负荷，调节城市气温与湿度，改善建筑屋顶的性能和温度。

2）在公建内的应用

公建大型屋面比较多，大型屋面一般采用金属屋面或者水泥砖保护层屋面。在降雨过程中，初期径流中所含污染物的量较中、后期的雨水径流大很多，水质相对较差。采取容积弃流型、小管弃流型雨水收集措施，可将屋面雨水收集于蓄水池内，所收集的雨水基本可以满足企业内绿化浇灌和道路冲洗的需求。初期弃流雨水排入企业内的污水管道，最终排往污水处理厂进行集中处理。

3）在市政道路中的应用

市政道路采用透水路面，透水垫层厚度不小于 150 mm，孔隙率不应小于 30%，并应满足相应的承载力要求，保证冬季不发生冻胀。路面宜高于路边绿地 5~10 cm，并应确保雨水顺畅地流入绿地；雨水口宜设在汇水面的低洼处，顶面标高宜低于地面 10~20 mm。通过以上模式的建设，径流系数可有效减小，即在相同的降雨量下收集到的雨水会减少，一些小雨对市政排水管道而言甚至不会形成径流，而且径流的水质会明显改善，尤其是雨水中的 SS 含量会很少。通过采取低影响开发措施，可对进入市政雨水管道的雨水起到延时排放、削减污染的作用，避免城市内涝现象的发生，改善下游受纳水体的水质。

19.1.3　低影响开发的关键参数设计

低影响开发建设项目是一项复杂的系统工程，应以相关职能主管部门、企事业单位作为责任主体，落实有关低影响开发雨水系统的设计。适宜作为低影响开发系统构建载体的新建、改建、扩建项目，应在园林、道路交通、排水、建筑等各专业设计方案中明确体现低影响开发的设计内容，由于其工程技术的选用与区域特性关联度极高，且具有较高的弹性度，所以需根据区域的开发现状、用地特征等实时进行调整，以落实低影响开发控制目标。

1. 低影响开发设计基本程序

低影响开发项目设计过程一般按照以下程序进行。

首先，低影响开发系统的规划设计应根据项目所在地区的气候、水文、地形、地质、土壤类型、用地构成和城市用地空间等特点，考虑当地的水环境保护和水涝控制要求，合理确定径流减排目标。

其次，应通过非工程技术的应用，合理规划用地布局和竖向设计，为后期工程技术的应用提供条件。

再次，应根据项目的竖向设计、土地利用和管线布局等对场地进行汇水区划分，并通过水文/水力分析分别计算项目总减排目标（径流总量、峰值流量、污染物总量）和每个子汇水区的减排目标，当项目总减排目标和各子汇水区的减排目标无法实现时，应通过相邻项目场地或本项目场地相邻子汇水区内的雨水设施共同实现。

最后，应结合场地条件反复通过技术可行性分析，按照最大限度应用的原则，依次优先选择有效的单项或组合技术实现径流减排目标。为使径流雨水得到有效的收集和排放，还应合理规划地表汇流路径，并设计有效的截污和径流转输设施，使雨水控制利用设施之间及设施与室外排水、水利等系统之间良好衔接。

2. 低影响开发关键设计参数

低影响开发设施以控制频率较高的中、小降雨事件为主，其设计参数一般采用年径流总量控制率，即通过自然和人工强化的入渗、滞留、调蓄和回用等作用，多年平均场地雨水径流中得到控制的量（包括削减和经过 LID 设施后外排的流量）占全年总雨量的比例。年径流总量控制率在一般情况下取 80%~85%，其所对应的年外排径流系数为 0.15 ~0.20（接近于开发前的自然地表状态），这一数值是借鉴发达国家的实践经验（发达国家一般取 80% ~ 90%）并结合我国的实际情况得到的，当年径流总量控制率超出这一范围时，投资效益会急剧下降，LID 设施的占地面积也会急剧增大。此外，雨水的过量收集、减排会导致原有水体的萎缩或影响水系统的良性循环。进行总量控制率统计分析时，样本总量一般不少于 30 年的降雨资料，根据统计样本不同，总量控制率又可分为降雨场次总量控制率和降雨产生的径流总量控制率。降雨场次总量控制率是小于或等于某一设计降雨量的降雨场次之和占总降雨场次的比例；而计算径流总量控制率时，要根据降雨量和下垫面条件计算出每场降雨的径流量，然后计算出小于或等于某一设计降雨量的降雨产生的径流量之和与统计样本径流总量的比例。由于不同城市降雨特征、下垫面构成差异较大，所以降雨场次总量控制率与径流总量控制率之间的对应关系也不同。在实际应用中，降雨量的测量比径流量的测量更方便、快捷，所以通常使用降雨场次总量控制率作为 LID 设施的设计参数，关于总量控制率的详细计算过程和方法可参考《海绵城市建设技术指南——低影响开发雨水系统构建（试行）》（【二维码 19-6】）。

【二维码 19-6】

19.2 海绵城市建设

2011 年，中国城镇化率首次超过 50%，标志着我国从农业大国迈入城市化的工业大国。城市化进程的发展改变了天然流域的地表覆盖状况，使得不透水地面面积大大增大，从而改变了流域的自然水文过程，下渗、滞蓄、蒸发量减少，地表径流的汇流过程加快，峰值增大、提前，径流总量大量增加，导致市政排水管道的负担不断加重，大大增加了城市洪涝风险；与此同时，地表径流冲刷地面携带的污染物排放到城市河道、湖泊和河口，又给受纳水体带来了严重的面源污染，影响了河湖生态系统，并由此引发一系列的城市生态问题。因此当前城市雨洪灾害和水污染问题成为制约我国城市生态文明发展和生态城市建设的核心问题。然而，水资源短缺、水质污染、洪水、城市内涝、地下水位下降、水生物栖息地丧失等水问题的综合征带来的水危机并不是水利部门或者某一部门管理下的问题，而是系统性、综合性的问题，急需一个更综合、全面的解决方案。为了解决城市缺水和生态恶化问题，把有限的雨水留下来，改善城市的生态环境，消除城市内涝隐患，建设自然积存、自然渗透、自然净化的"海绵城市"的理念被提到国家战略层面上来。2014 年 11 月，住房和城乡建设部出台了《海绵城市建设技术指南——低影响开发雨水系统构建（试行）》；2015 年 10 月，国务院办公厅发布了《关于推进海绵城市建设的指导意见》。由此可见,海绵城市建设是新时代城市转型发展的需要,不仅能够推进生态文明建设、绿色发展,还可以推进供给侧结构性改革,推动城市发展方式转型,提升城市基础建设的系统性。海绵城市已成为未来城市建设的主导方向和可持续发展的新型城市建设模式。

19.2.1　海绵城市的理论内涵和技术体系

1. 海绵城市的理论内涵

水环境与水生态问题是跨尺度、跨地域的系统性问题,水问题产生的本质是水生态系统整体功能失调,因此解决水问题的出路不在于河道与水体本身,而在于水体之外的环境。要解决水环境与水生态问题,有必要把研究对象从水体本身扩展到水生态系统,通过生态途径对水生态系统的结构和功能进行调理,增强水生态系统的供给服务、调节服务、生命承载服务和文化精神服务功能,通过跨尺度构建基于水生态的基础设施,并结合多类具体技术构建基于灰绿结合的多目标现代城市雨洪控制系统,这是“海绵城市”的核心。

《海绵城市建设技术指南——低影响开发雨水系统构建(试行)》中对海绵城市的概念进行了明确的定义:指城市能够像海绵一样,在适应环境变化和应对自然灾害等方面具有良好的“弹性”,下雨时吸水、蓄水、渗水、净水,需要时将蓄存的水“释放”并加以利用。海绵城市背后隐藏的深层内涵可以分解为以下几方面。

1)“海绵城市”需包含以景观为载体的水生态基础设施

因为土地生命系统具备复杂而丰富的生态系统服务功能,所以城市的每一寸土地都具备一定的雨洪调蓄、水源涵养、雨污净化等功能,这是“海绵城市”构建的基础。但是在土地生命系统中存在某些潜在的关键性的空间格局,它们在物种保持和扩散的保护过程中有异常重要的意义,因此需要考虑如何在有限的土地上尽可能用最少的地、最佳的格局达到最有效地维护景观中各种生态过程的健康和安全的目的。所以,对关键性水过程而言,也存在着这样一个关键性的空间格局,通过土地和城市的规划与设计,最终落实成为灰绿结合的弹性水生态基础设施。有别于传统的工程性的、缺乏弹性的灰色基础设施,这种水生态基础设施是一个有生命的系统,它并不是为单一功能目标而设计的,而是用来综合、系统、可持续地解决水问题,为人类提供最基本的生态系统服务,它是城市发展的刚性骨架。它不仅仅维护了城市雨涝调蓄、水源保护和涵养、地下水回补、雨污净化、栖息地修复、土壤净化等重要的水生态过程,而且可以在空间上被科学辨识并落地操作。这就是“海绵”的含义,它不是一个虚的概念,它对应的是实实在在的空间格局;构建“海绵城市”既是建立相应的水生态基础设施,也是最高效和集约的途径。

2)“海绵城市”建设需以跨尺度的生态规划理论和方法体系为基础

城市水问题的解决前提是保护区域水循环过程,这就意味着水问题的解决方案必须是跨尺度的,即“海绵城市”的构建需要不同尺度的承接、配合。

从宏观层面讲,“海绵城市”的构建重点是研究水系统在区域或流域中的关键空间格局,进行水生态安全分析,并将其落实在土地利用总体规划和城市总体规划中,成为区域的生态基础设施。通过判别对水源保护、洪涝调蓄、生物多样性保护、水质管理等功能至关重要的景观要素及其空间位置,构建围绕生态系统服务的水生态安全格局。此外,水系统还可以发挥雨洪调蓄、水质净化、栖息地保护和文化休憩功能，即作为区域的生态基础设施，为下一步实体“海绵系统”的建设奠定空间基础。

从中观层面讲，“海绵城市”主要研究如何有效利用规划区域内（如城区、乡镇、村域尺度，或者城市新区和功能区块）的河道、坑塘，并结合集水区、汇水节点分布，合理规划并形成实体的“城镇海绵系统”，最终落实到土地利用控制性规划甚至城市设计，综合性解决规划区域内的滨水栖息地恢复、水量平衡、雨污净化、文化游憩空间规划设计和建设问题。

从微观层面讲，“海绵城市”必须落实到具体的“海绵体”，包括公园、小区等区域和局域集水单元的建设，在这一尺度对应的是一系列的水生态基础设施建设技术的集成，包括保护自然的最小干预技术、与洪水为友的生态防洪技术、加强型人工湿地净化技术、城市雨洪管理绿色海绵技术、生态系统服务仿生修复技术等，这些技术重点研究如何通过具体的景观设计方法让水系统的生态功能发挥作用。

3）“海绵城市”建设的主旨是利用多种技术集成综合解决城市生态问题

由于水是流动和循环的，所以水生态系统的影响因素并不在于水体本身，它与流域内的其他自然过程和人类活动是紧密相连的。所以，水域、水体不仅为水生态系统服务，而且为整个生态系统提供重要且无可替代的服务。例如，在佛蒙特州的森林资源调查表明，90% 的鸟类栖息地在距河岸 150~170 m 的范围内；人类也喜好栖水而居，因此形成了庞大的以水为核心的文化遗产。所以，从水问题出发，构建以跨尺度水生态基础设施为核心的“海绵城市”，能综合解决城市生态问题，包括区域性的城市防洪体系构建、生物多样性保护和栖息地恢复、文化遗产网络和游憩网络构建等，也包括局域性的雨洪管理、水质净化、地下水补充、棕地修复、生物栖息地保育、公园绿地营造以及城市微气候调节等。

2. 海绵城市的技术体系

“海绵城市”的提出有其深厚的理论基础，又是一系列具体雨洪管理技术的集成和提炼，所以可以将一系列古今中外技术纳入“海绵城市”的技术体系中，归纳起来主要有以下三类。

（1）让自然做工的生态设计技术。自然生态系统生生不息，为维持人类生存和满足人类需要提供各种条件和过程，生态设计就是要让自然做工，强调人与自然过程的共生和合作关系，从更深层的意义上说，生态设计是一种最大限度地借助于自然力的最少设计。任何技术的使用都要尊重自然，而不是依赖工程措施，以“改变场地原本稳定的生态环境”为代价来实施“生态建设”。

（2）古代水适应技术遗产。先民在长期的水资源管理和与旱涝灾害抗争的过程中，积累了大量具有朴素生态价值的经验和智慧，增强了人类适应水环境的能力。在城市和区域尺度，古代城乡聚落适应水环境方面的已有研究散见于聚落地理方面的研究。在城市规划界，吴庆洲等人做了大量卓有成效的研究。水利方面的相关遗产也非常丰富，俞孔坚等研究了黄泛平原古代城市的主要防洪治涝的适应性景观遗产，并总结出了“城包水”“水包城”和“阴阳城”等水适应性城市形态，饱含着古人应对洪涝灾害的生存经验，对今天的城市水系治理、防洪治涝规划和土地利用规划等仍大有裨益。同时，古代人民还开发了丰富的水利技术，例如我国有着 2500 年历史的陂塘系统，它同时提供水文调节、生态净化、水土保持、生物多样性保护、生产等多种生态系统服务。

（3）当代西方雨洪管理的先进技术，包括 LID 技术、水敏感城市设计、绿色基础设施、最佳管理措施等，相关研究成为近年来城市水问题研究的热点。

总体来讲，海绵城市要求保护水生态环境，将雨水作为资源合理储存起来，以解决城市不时缺水之需，体现了对水环境和雨水资源可持续的综合管理思想。同时，海绵城市建设应遵循生态优先等原则，将自然途径与人工措施相结合，在确保城市排水防涝安全的前提下，最大限度地实现雨水在城市区域的积存、渗透和净化，促进雨水资源利用和生态环境保护。在海绵城市建设过程中，应统筹自然降水、地表水和地下水的系统性，协调给水、排水等水循环利用的各个环节，并考虑其复杂性和长期性，其面对洪涝或者干旱、适应各种水环境危机的灵活性和韧性。图 19.3 所示为构建海绵城市的排水防涝思路。

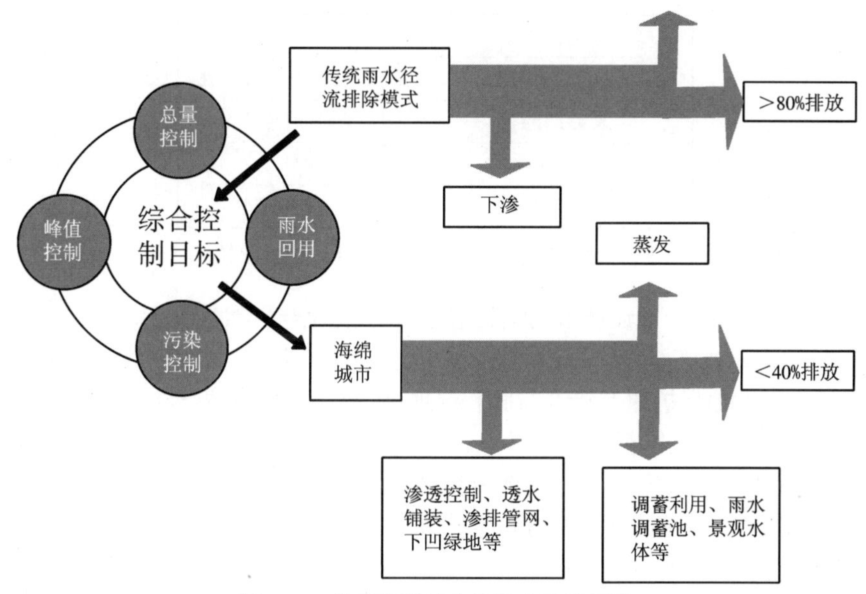

图 19.3　构建海绵城市的排水防涝思路

19.2.2　海绵城市建设的理念和途径

1. 海绵城市建设的理念

海绵城市建设是在城镇化的大背景下，雨水资源得不到充分、有效的利用，城市水循环系统和生态系统进一步恶化的情况下提出来的。在这种情况下，如果不引进海绵城市的建设模式，我国的城市地表径流量就会大幅度增加，从而引发洪涝积水、河流水系生态恶化、水污染加剧等问题。海绵城市就像一块海绵那样，能把雨水留住，让水循环利用起来，把初期雨水径流的污染削减掉。

1）海绵城市的本质——使城镇化与资源环境协调、和谐

海绵城市的本质是改变传统城市建设理念，实现与资源环境的协调发展。在“成功的”工业文明达到顶峰时，人们习惯于战胜自然、超越自然、改造自然的城市建设模式，结果造成了严重的城市病和生态危机；而海绵城市遵循的是顺应自然、与自然和谐共处的低影响发展模式。传统城市利用土地进行高强度开发，海绵城市则实现人与自然、土地利用、水环境、水循环的和谐共处；传统城市开发方式改变了原有的水生态，海绵城市则保护原有的水生态；传统城市的建设模式是粗放式的，海绵城市对周边的水生态环境则是低影响的。传统城市

与海绵城市建设模式比较如图 19.4 所示。海绵城市建设应统筹低影响开发雨水系统、城市雨水管渠系统和超标雨水径流排放系统。低影响开发雨水系统可以通过对雨水的渗透、储存、调节、转输与截污净化等功能,有效控制径流总量、径流峰值和径流污染;城市雨水管渠系统即传统排水系统,应与低影响开发雨水系统共同组织径流雨水的收集、转输与排放;超标雨水径流排放系统用于应对超过城市雨水管渠系统设计标准的雨水径流,一般通过综合选择自然水体、多功能调蓄水体、行泄通道、调蓄池、深层隧道等自然途径或人工设施构建。以上三个系统并不是孤立的,也没有严格的界限,三者相互补充、相互依存,是海绵城市建设的重要基础元素。

传统城市		海绵城市	
	改造自然		顺应自然
	以利用土地为主		人与自然和谐共处
	改变原有生态		保护原有生态
	粗放式建设		低影响开发
	地表径流量大		地表径流量小

图 19.4　传统城市与海绵城市建设模式比较

2)海绵城市的目标——让城市"弹性适应"环境变化与自然灾害

(1)保护原有水生态系统。通过科学、合理地划定城市的"蓝线""绿线"等开发边界和保护区域,最大限度地保护原有河流、湖泊、湿地、坑塘、沟渠、树林、公园草地等生态体系,维持城市开发前的自然水文特征。

(2)恢复被破坏的水生态。对在传统粗放式城市建设模式下已经受到破坏的城市绿地、水体、湿地等,综合运用物理、生物和生态等技术手段,使其水文循环特征和生态功能逐步得以恢复和修复,并维持一定比例的城市生态空间,促进城市生态多样性提升。我国很多地方在结合点源污水治理的同时推行"河长制",治理水污染,改善水生态,获得了很好的效果。

(3)推行低影响开发。在城市开发建设过程中,合理控制开发强度,减少对城市原有水生态环境的破坏,留足生态用地,适当开挖河湖沟渠,增大水域面积。此外,从建筑设计开始,全面采用屋顶绿化、可渗透路面、人工湿地等促进雨水积存净化。通过低影响开发措施及其系统组合有效减少地表水径流量,减小暴雨对城市运行的影响。

3)转变排水防涝思路

传统的市政模式认为,雨水排得越多、越快、越通畅越好,这种"快排式"的传统模式没有考虑水的循环利用。海绵城市遵循"渗、滞、蓄、净、用、排"的六字方针,把雨水的渗透、滞留、集蓄、净化、循环使用和排水密切结合,通过城市基础设施规划、设计和空间布局实现统筹规划内涝防治、径流污染控制、雨水资源化利用和水生态修复等多个目标。经验表明,在正常的气候条件下,典型海绵城市可以截流 80% 以上的雨水,如图 19.5 所示。

4)开发前后的水文特征基本不变

以低影响开发为核心指导思想的海绵城市建设,可以实现建设前后径流总量和峰值流量保持不变,在渗透、调节、储存等各方面的作用下,径流峰值的出现时间也可以基本保持不变,如图 19.6 所示。水文特征的稳定可以通过源头削减、过程控制和末端处理来实现。

总之,设立尊重自然、顺应自然的海绵城市是系统地解决城市水安全、水资源、水环境问题的有效措施。通过“自然积存”来实现削峰调蓄,控制径流量;通过“自然渗透”来恢复水生态,修复水的自然循环;通过“自然净化”来减少污染,实现水质的改善,为水的循环利用奠定坚实的基础。

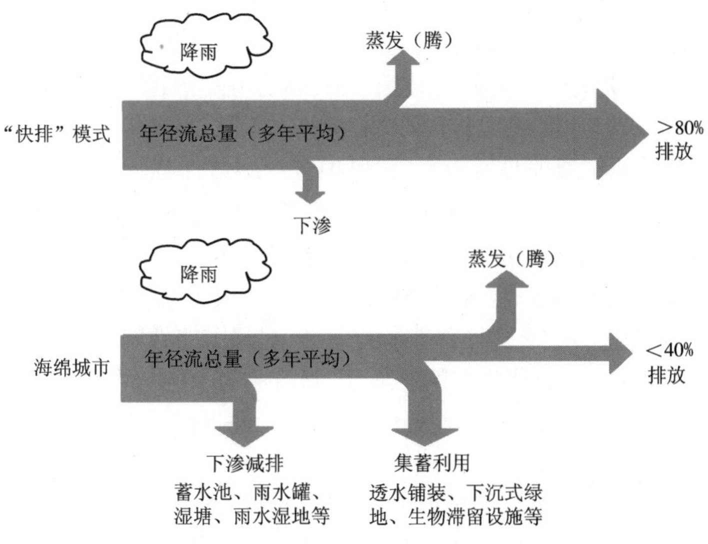

图 19.5　海绵城市转变排水防涝思路

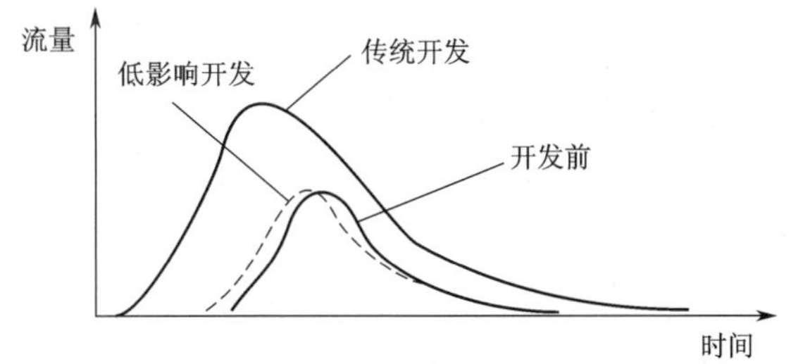

图 19.6　低影响开发水文原理示意(引自《海绵城市建设技术指南——低影响开发雨水系统构建(试行)》)

2. 海绵城市建设的途径

1)区域水生态系统的保护和修复

(1)识别生态斑块。一般来说,城市周边的生态斑块按地貌特征可分为三类:第一类是森林草甸;第二类是河流湖泊和湿地或者水源的涵养区;第三类是农田和原野。各斑块内的结构特征并非一定具有单一类型,大多呈混合交融的状态。按功能来划分,可将其分为重要生物栖息地、珍稀动植物保护区、自然遗产和景观资源分布区、地质灾害风险识别区和水资源保护区等。凡是对地表径流量产生重大影响的自然斑块和自然水系,均可纳入水资源生态斑块,对水文影响最大的斑块需要严加识别和保护。

(2)构建生态廊道。生态廊道具有对各生态斑块进行联系或区别的功能。通过分别对各斑块与廊道进行综合评价与优化,使分散的、破碎的斑块有机地联系在一起,成为更具规模和多样性的生物栖息地和水生态、水资源涵养区,为生物迁移、水资源调节提供必要的通道与网络。这涉及水文条件的保持和水的循环利用，尤其是调峰技术和污染控制技术。

（3）划定全规划区的蓝线与绿线。以国家级的生态城示范区深圳光明新区为例，在规划区范围内严格实施蓝线和绿线控制，保护重要的坑塘、湿地、园林等水生态敏感地区，维持其水资源的涵养性能。同时，在城乡规划建设过程中，实现宽广的农村原野和紧凑的城市和谐并存，人与自然和谐共处，这是实现可持续发展重要的、甚至唯一的手段。

（4）水生态环境的修复。这种修复立足于净化原有的水体，通过截污、底泥疏浚、构建人工湿地、生态砌岸和培育水生物种等技术手段，将劣五类水提升到具有一定自净能力的四类水水平，或将四类水提升到三类水水平。

（5）建设人工湿地。湿地是城市之肾，保护自然湿地，因地制宜地建设人工湿地，对维护城市生态环境具有重要意义。以杭州的西溪湿地为例，原来当地农民养了 3 万多头猪，并把猪粪作为肥料直接排到湿地里，以增加湿地水藻培养的营养度来增加鱼的产量，造成了水体严重污染。后来重新规划设计为湿地景区，养猪场变成了充满自然野趣的休闲胜地，更重要的是，出水口水体的 COD 浓度只有进水的一半，起到了非常好的调节削污作用。整个湿地像一个大地之肾，把水里的营养素留下来，滋养当地的水生植物和鱼类，虽然鱼的产量下降了，但品质得到了提升，生态鱼比市场上的普通鱼价格提高了一倍。

2）城市规划区海绵城市设计与改造

海绵城市建设必须借助良好的城市规划作为分层设计来明确要求。

（1）城市总体规划。既要强调自然水文条件的保护、自然斑块的利用、紧凑式的开发等方略，还必须因地制宜确定城市年径流总量控制率等控制目标，明确城市低影响开发的实施策略、原则和重点实施区域，并将有关要求和内容纳入城市水系、排水防涝、绿地系统、道路交通等相关专项或专业规划。

（2）专项规划，包括城市水系统、绿地系统、道路交通等基础设施专项规划。其中，城市水系统规划涉及供水、节水、污水（再生利用）、排水（防涝）、蓝线等要素；在绿色建筑方面，由于节水占了较大比重，故绿色建筑也被称为海绵建筑，并把绿色建筑的建设纳入海绵城市发展战略之中。城市绿地系统规划应在满足绿地的生态、景观、游憩等基本功能的前提下，合理地预留空间，并为丰富生物种类创造条件，对绿地和周边硬化区域的雨水径流进行渗透、调蓄、净化，与城市雨水管渠系统、超标雨水径流排放系统相衔接。道路交通专项规划要协调道路红线内、外用地空间的布局与竖向设计，利用不同等级道路的绿化带、车行道、人行道和停车场建设雨水滞留透设施，实现道路低影响开发控制目标。

（3）控制性详细规划。分解和细化城市总体规划和相关专项规划提出的低影响开发控制目标和要求，提出各地块的低影响开发控制指标，并纳入地块规划设计要点，作为土地开发建设的规划设计条件，统筹协调、系统设计和建设各类低影响开发设施。通过详细规划可以实现指标控制、布局控制、实施要求、时间控制这几个环节的紧密协同，同时还可以把顶层设计和具体项目的建设运行管理结合在一起。（【二维码 19-7】）

【二维码 19-7】

3）建筑雨水利用与中水回用

在海绵城市建设中，建筑设计与改造的主要途径是推广普及绿色屋顶、透水停车场、雨水收集利用设施和建筑中水的回用（建筑中水回用率一般不低于 30%）。首先，将建筑中的灰水和黑水分离，将雨水、洗衣洗浴水和生活杂用水等污染程度较轻的"灰水"简单处理后回用于冲厕，可实现节水 30%。其次，通过绿色屋顶、透水地面和雨水储罐收集到的雨水经过净化既可以作为生活杂用水，也可以作为消防用水和应急用水，可大幅提高建筑用水节约和循环利用，体现低影响开发的内涵。综上所述，对整体海绵建筑设计而言，为同步实现屋顶雨水收集利用和灰色水循环综合利用，可将整个建筑的水系统设计成双管线，抽水马桶供水采用雨水和灰水双水源。

19.2.3　海绵城市建设与低影响开发的关系

1. 低影响开发是海绵城市建设的重要指导思想

城市不透水地面扩张会对降雨径流量、径流水质、河道水质、热岛效应等产生重要的影响，导致流域的自然生态系统发生明显的退化。传统城市开发对自然地形地貌的破坏、对自然径流排放通道与滞蓄空间的侵占等，也是导致城市洪涝灾害、生态破坏等问题加重的重要原因。海绵城市的核心理念即转变传统粗放的城市开发建设模式，最大限度地减少城市开发对原有自然水文特征的破坏。自然水文过程主要包括降水、蒸散发、径流等要素，因此海绵城市建设的实质即对城市降雨径流的综合管控，其核心指导思想即低影响开发，具体体现在城市山水林田湖草生态格局构建，蓝绿线划定，用地空间布局、竖向管控等多个方面。低影响开发理念不仅适用于新城建设，而且适用于旧城更新及其面临的污染和内涝等复杂问题的综合解决，需要落实到城市规划建设的各个方面。

2. 低影响开发技术措施在海绵城市建设中的应用

前文提到，低影响开发在技术层面更强调在源头尺度应用雨水花园等分散、小型、绿色的雨水径流控制措施，主要以径流总量控制为目标。从这个角度看，低影响开发在海绵城市核心技术体系中主要突出源头减排，重点体现在源头径流控制系统中。但是需要注意的是，在海绵城市建设中，对不同的项目尺度，低影响开发强调的"源头控制"通常具有相对的概念，既可针对城市某二级开发地块的雨水径流源头减排，也可从城市流域的视角将以排水分区为单元的城市雨水径流综合管控视为源头控制。因此，源头径流控制系统在落实径流总量与污染控制目标，实现源头减排的基础上，需要重点落实与城市雨水管渠系统、超标雨水径流排放系统相应目标与控制措施的综合衔接要求。

从这个角度看，海绵城市中所指的低影响开发并不完全等同于源头减排，其技术措施应涵盖对雨水径流具有"渗、滞、蓄、净、用、排"的不同功能、不同尺度的绿色雨水设施，既包括绿色屋顶、雨水花园等分散源头减排设施，也包括雨水塘、雨水湿地等对雨水径流峰值、水质等综合控制的集中设施（参见【二维码 19-8】）低影响开发视频资料）。常见的应用于海绵城市建设的低影响开发措施有雨水花园、下沉式绿地、植草沟、透水铺装和湿塘、蓄水池、旱溪、初雨弃留设施、生态停车场等其他海绵设施（【二维码 19-9】）。

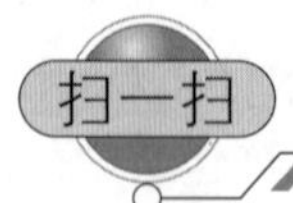

【二维码 19-8】

【二维码 19-9】

19.3 雨水资源综合利用

19.3.1 城市雨水综合利用概述

海绵城市确定的目标核心是通过海绵城市建设，使 70% 的降雨就地消纳和利用。所以，在海绵城市建设过程中，实现雨水的"蓄"和"用"，发展雨水收集技术，加强雨水综合利用，是一个具有创新性的资源开发工作和途径，也是我国海绵城市发展战略的基本要求。

根据城市雨水利用的形式，目前的应用技术主要分为三大类：一是以提高土地入渗能力，补充地下水为目的的雨水渗透技术；二是以雨水作为回用水源的雨水收集利用技术；三是以削减洪峰流量、延迟洪峰时间为目的的单纯的雨水调蓄排放。

雨水渗透技术是一种雨水的间接利用技术，其核心是通过增大下垫面渗透系数的方式，涵养和回补地下水资源，使地下水资源得到进一步恢复，避免城市地面沉降、海水倒灌等问题的发生。雨水渗透技术还可以减少随城市的开发建设而来的硬化地面面积增大、暴雨径流系数增大、暴雨径流总量增加、洪峰流量峰值大而集中等人类活动对环境的扰动。雨水渗透技术主要包括强化地面表层渗水性、修建地下蓄排水系统、进行雨水径流主动回灌三方面的内容，资源性缺水地区宜采用渗透技术作为雨水利用的主要方式。

雨水收集利用技术是对雨水进行一系列的收集、转输、处理之后，使雨水水质达到一定要求，作为城市补充资源补充城市自来水和中水的缺口，以进行下一步利用，如可用作对水质要求不高、用水量却较大的绿化、道路浇洒、消防、建筑用水等。这样大大缓解了城市用水需求日益增加而水资源却严重不足的矛盾。

雨水调蓄排放即利用雨水蓄集设施，先蓄存后排放。储存一定时间的雨水，可以减小雨水管网压力，在城市降水较多和较集中的时候实现调峰的作用，优化城市地面径流，减小城市内涝的范围，控制城市洪峰的产生，形成对雨水危害的综合控制。

在城市雨水利用中，无论采用哪种方式都需要进行基本设施的建设，雨水利用设施需按照相应的标准进行规划和设计。

19.3.2 雨水综合利用技术措施

1. 透水铺装

透水铺装是一种硬化地面的铺设方式，通过采用大空隙结构层或排水渗透设施使雨水通过铺装结构就地下渗，从而达到消除地表径流、雨水还原地下等目的，它是一种新兴的城市铺装形式。雨水通过这种方式透过土层还可以得到过滤净化,因此透水铺装具有涵养水分、改善人居环境和提高交通安全、舒适性等功能,故有良好的发展前景。

1)透水铺装结构

透水铺装结构应符合《透水砖路面技术规程》(CJJ/T 188—2012)、《透水沥青路面技术规程》(CJJ/T 190—2012)和《透水水泥混凝土路面技术规程》(CJJ/T 135—2009)的规定。一般来讲,透水铺装结构从下到上依次为土基层、垫层、基层、过滤层、面层,如图 19.7 所示。

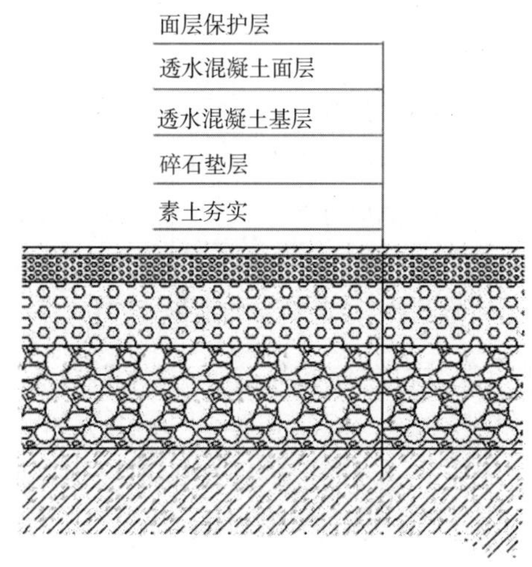

图 19.7　透水铺装结构示意

土基层在整个透水铺装的最底层,受到最大荷载,是整个结构稳定的基础。若雨水透过透水铺装后在此长期滞留容易影响土基层的稳定性。

垫层一般由粗砂、中砂、小粒径碎石等构成,或者使用土工布代替,主要用于防止雨水等渗入土基层。

基层是透水铺装中储存雨水的关键部分,具有较大的孔隙率。

过滤层,一是找平,并起到承受荷载的作用;二是过滤大颗粒污染物和杂质,防止基层孔隙被堵塞。

面层是直接承受荷载的透水铺装表层,与雨水直接接触,需要承载车辆和行人,应坚实且平整,具有透水性。

图 19.8 是典型的城市透水铺装工作示意。其上只有薄膜式的流动地表水,因水流动很快,所以必须在面层下面先放一层碎石层。碎石层的孔隙具有蓄水功能。待碎石层满水后,水再从砂层渗下去。待砂层饱和后,盲管吸水并排入下水道中。透水铺装上石下砂,可与上砂下石的雨水花园构成有效的雨水排水系统。

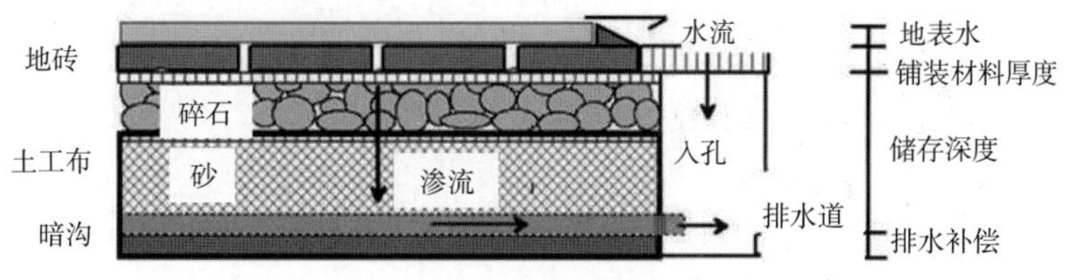

图 19.8　典型城市透水铺装工作示意

2）透水铺装材料

应用于透水铺装的材料包括透水混凝土、透水砖、透水沥青、透水网、排水网等。

透水混凝土是一种多孔、轻质、无细骨料混凝土，是将水泥、特殊添加剂、骨料、水采用特殊配比混合，在粗骨料表面包覆一层胶结料，相互黏结而形成的孔穴均匀分布的蜂窝状结构，属于全透水类型，有很好的透水性、保水性、通气性，水能够很快地渗透混凝土，其胶结材料用量少、施工简单，是较常用的透水铺装材料。透水混凝土路面结构自下到上依次为素土夯实、级配碎石、60~200 mm 厚的透水混凝土，如图 19.9 所示。

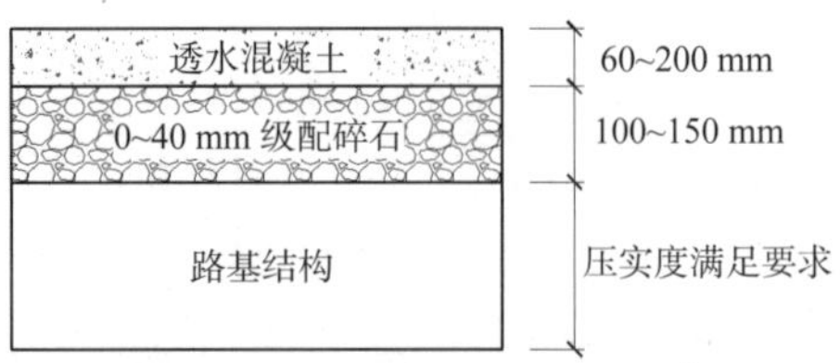

图 19.9 透水混凝土路面结构示意

透水砖具有不积水、排水快、抗压性强等优点。透水砖分为普通透水砖、聚合物纤维混凝土透水砖、彩石复合混凝土透水砖、彩石环氧通体透水砖、混凝土透水砖等。透水砖路面适用于对路基承载能力要求不高的人行道、步行街、休闲广场、非机动车道、小区道路、停车等场合，按照柔性路面设计方法进行路面结构设计。图 19.10 为城市常见透水砖铺设示意。

图 19.10 城市常见透水砖铺设示意

PP 透水网（图 19.11）是环保型土工合成材料，是以热熔性聚丙烯制成的连续长纤维多孔材料，可快速排放由于暴雨渗透到地下的积水，且不会造成水土流失。PP 透水网具有如下特点：①优良的抗压性能，最高抗压强度可达 200 kPa，并且即使达到最大压缩形变，仍能保持一定的过水断面，维持良好的排水能力；②快速的集水排水性能，PP 透水网的表面开孔率可达 70%~95%，可使集水排水有机统一，利用率高；③抗淤积，不易堵塞，PP 透水网表面是凹凸不平的立体透水面，渗水可全面均匀透入，且阻力小，不易黏附泥沙；④质量轻，易于施工，密度为 900~960 kg/m^3，且具有良好的可裁剪性，便于施工。

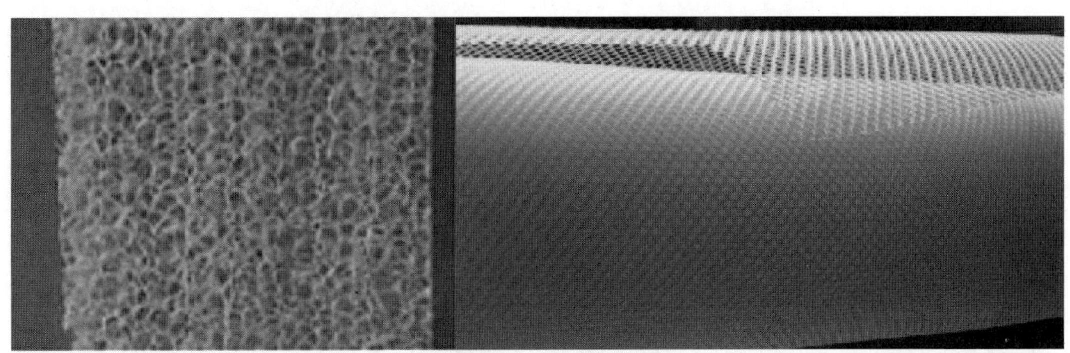

图 19.11　PP 透水网

防嵌排水网是可在长期高压条件下保证排水性能的高强度透水铺装材料,其在结构上分为上、中、下三层,上、下两层为网状结构,可以起到支撑、透水和防嵌的作用,中间一层为支撑结构,由若干直线支撑肋条平行排列构成,如图 19.12 所示。防嵌排水网已成功运用于北京奥运会场区。

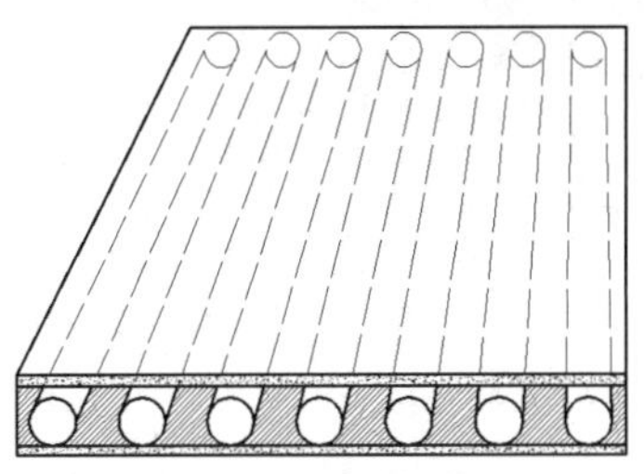

图 19.12　防嵌排水网

透水铺装主要适用于广场、停车场、人行道和车流量、荷载较小的道路,如建筑与小区道路、市政道路的非机动车道等,透水沥青混凝土路面还可用于机动车道。但应注意,透水铺装应用于以下区域时,还应采取必要的措施防止次生灾害或地下水污染的发生:可能发生陡坡坍塌、滑坡灾害的区域;湿陷性黄土、膨胀土和高含盐土等特殊土壤地质区域;使用频率较高的商业停车场、汽车回收和维修点、加油站和码头等径流污染严重的区域。

2. 下凹式绿地

下凹式绿地是高程低于周围路面或硬化地面 5~25 cm 的绿化地面,也称为低势绿地。与"花坛"相反,其理念是利用开放空间承接和储存雨水,起到减少径流外排的作用。一般来说,低势绿地对下凹深度有一定要求,其土质多未经改良,而且其内部植物多以本土草本为主。

下凹式绿地是一种雨水收集单元,它与普通绿地一样可以直接渗透区域内的雨水,同时还能收集来自不透水路面的雨水径流,雨水可由路缘石缺口引入下凹式绿地中。下凹式绿地中设有溢流口,溢流口的高度低于硬化路面,发生降雨事件时,部分雨水渗入地下,多余的雨水从溢流口排入市政雨水管网,所以能降低源头产流、控制中途汇流。

下凹式绿地也是一种雨水净化和渗透设施。绿地作为一种具有截污功能的汇水面,土壤和植物根系会对降雨形成径流过程中所携带的污染物,比如悬浮物等起到一定的削减作用,草皮可以大量滞留有害的金属,树木的根系可以吸收水中的溶解质,减少雨水中污染物的含量，通过下沉绿地中的植物对污染物的吸附、净化和分解，可以有效防止城市雨水资源的面源污染，并为植物提供生长所需的营养物质。另外，经过绿地净化后的雨水，水质比较洁净，可以有效补给地下水资源，同时降低景观灌溉的频率，节约城市水资源。下沉绿地还能增大空气湿度，调节小气候，缓解城市热岛效应，进而改善周边的生态环境，营造适宜的居住环境。因此，设计时应最大限度地发挥绿地的自然净化功能，减少雨水径流污染物。同时，在居住区中可以结合居民需求设计休憩空间。图 19.13 所示为下凹式绿地。

图 19.13　下凹式绿地(【二维码 19-10】)

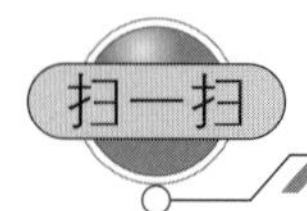

【二维 19-10】

下凹式绿地可广泛应用于城市建筑与小区、道路、绿地和广场。对径流污染严重，设施底部渗透面距离季节性最高地下水位或岩石层小于 1 m、距离建筑物基础小于 3 m(水平距离)的区域，应采取必要的措施防止次生灾害的发生。

3. 雨水湿地

雨水湿地是由基质、微生物、植物等要素综合作用的湿地生态系统，是一种高效的径流污染控制设施，具有操作、维护简单易行，耐冲击负荷能力强，建造、运行费用低，湿地植物可回收利用，生态景观效应强等优点。雨水湿地可分为雨水表流湿地和雨水潜流湿地，一般为防渗型，以维持雨水湿地植物所需要的水量。图 19.14 为雨水湿地示意。

1)雨水湿地的作用机理

雨水湿地对主要污染物的去除机理如下：①有机物的去除主要靠植物根系和基质对大的有机物的截留与破碎，胞外酶的水解，异养微生物的厌氧、好氧分解代谢等；②氮的去除主要包括对颗粒态氮和溶解态氮的作用，颗粒态氮主要通过物理的沉淀、截留和吸附作用去除，溶解态氮则通过氨化、硝化、反硝化、氨的挥发、植物和微生物吸收等作用去除；③磷主要靠基质的络合、沉淀等物理化学作用，植物吸收、菌类的吸收同化、微生物正常的同化和聚磷菌的过量摄磷等生物作用和非生物作用而去除；④重金属在雨水湿地中的去除机理包括基质的过滤、吸附、共沉淀、植物吸收、离子交换和微生物吸收、同化作用等。

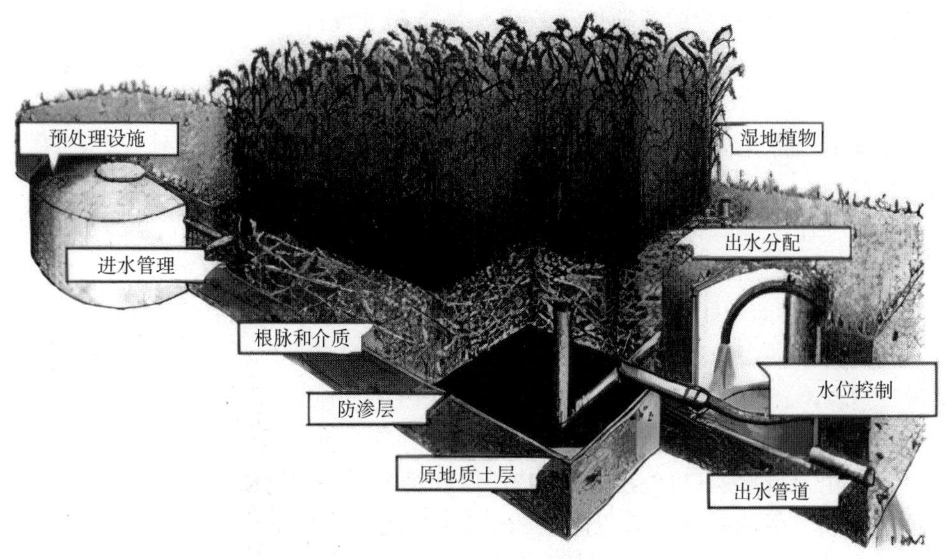

图 19.14　雨水湿地示意(【二维码 19-11】)

【二维码 19-11】

2)雨水湿地的影响因素

雨水湿地是一个复杂的污水处理生态系统,其对雨水的处理效果除与雨水水质、水力负荷、水文特征、水力停留时间、布水系统设计等运行参数有关外,还受以下几个重要因素影响。

(1)湿地植物。湿地植物是湿地的重要组成部分,种植植物的湿地处理效果明显优于没有种植植物的湿地;湿地植物种类繁多,不同植物对污染物的吸收处理效果不同,不同植物的根系不同又会引起根区泌氧程度不同,造成湿地微生物分解转化污染物的能力不同,从而使不同种类的湿地植物对雨水湿地的污水净化效果存在一定的差异。

(2)基质(填料)。基质可以是当地土壤,也可以由火山岩、陶粒、石灰石、砾石、矿渣、沸石等按照一定比例组成。在湿地系统中,基质不仅是植物生长和微生物附着的床体,而且还是废水净化中离子交换、专性与非专性吸附、螯合作用、沉降、截滤等过程进行的场所。基质的铺设深度影响处理效果,太浅出水水质不易达到要求,太深处理效果提升不明显,还会造成经济负担。另外,基质的氧化还原电位、孔隙率、比表面积等理化性质都影响污水的净化效果。

(3)微生物。湿地中的微生物在有机物的降解转化、脱氮除磷方面都发挥着重要作用,从而直接影响处理效果;同时,溶解氧、pH 值、温度、Eh(氧化还原电位)等可以影响微生物群落的组成和分布,从而间接影响湿地处理效果。湿地中的微生物主要有细菌、真菌、放线菌、藻类、原生动物和后生动物等,其数量和种类在湿地中的不同区域均不同,其中细菌是湿地微生物中数量最多的。

雨水湿地应当满足的要求包括:进水口和溢流出水口设置碎石、消能坎等消能设施,以防止水流冲刷和侵蚀；设置前置塘对径流雨水进行预处理；沼泽区是雨水湿地的主要净化区，包括浅沼泽区和深沼泽区，浅沼泽区水深范围一般为 0~0.3 m，深沼泽区水深范围一般为 0.3~0.5 m。

雨水湿地适用于具有一定空间条件的建筑与小区、城市道路、城市绿地、滨水带等区域。

4. 绿色屋顶

绿色屋顶是在建筑物的屋顶种植树木花卉，可在降雨时有效截留雨水，并利用雨水为屋顶的树木花卉提供水源，增大城市绿化面积。绿色屋顶是城市区域中一类特殊的土地覆盖类型，与不透水下垫面相比，绿色屋顶具有更多的生态功能，国外已有很多城市将暴雨管理理念作为一种缓解城市雨洪和控制面源污染的方式，它是调控屋顶径流的有效途径。绿色屋顶的设计可参考《种植屋面工程技术规程》（JGJ 155—2013）。

1）绿色屋顶的构成

绿色屋顶由蓄排水层、过滤层、土壤基质层和植被层构成（图 19.15），一般根据绿色屋顶的基质厚度将其分为拓展型绿色屋顶和密集型绿色屋顶。拓展型绿色屋顶主要利用草坪、地被、小型灌木和小型乔木，其基质层较薄，施工方便，造价低廉，养护简单；密集型绿色屋顶基质层较厚，造价较高，养护要求高，可以支持大型灌木和攀缘植物生长。绿色屋顶对绿化面积有一定的要求，如加拿大多伦多的绿色屋顶建设规定，绿化面积需占屋顶面积的 20%~60%，美国要求绿化面积需占 50%。

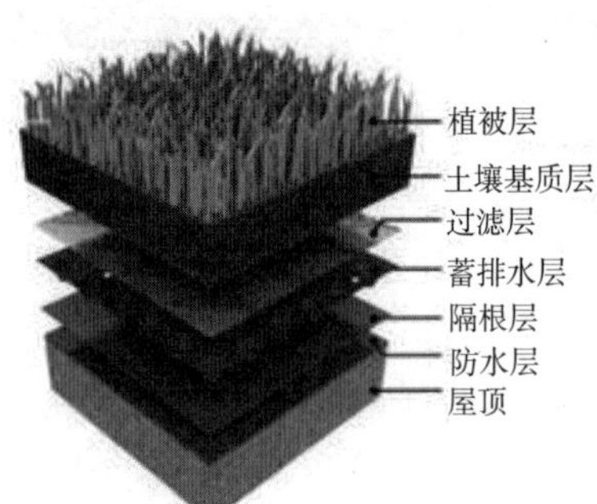

图 19.15　绿色屋顶及其应用(【二维码 19-12】)

【二维码 19-12】

2）绿色屋顶的作用机理

绿色屋顶对径流量和径流水质均有一定的调控作用。

绿色屋顶对径流量的调控作用包括：绿色屋顶的基质或基质中的吸收剂可以吸纳部分降水；绿色屋顶的植物通过拦截、蓄积可以削减部分屋顶径流；水分可以滞留在植物表面，随后通过蒸发作用回到大气中；在降雨初期，绿色屋顶可以延迟产流时间和达到径流峰值的时间，在降雨结束后，可以延续产流时间，从而降低屋顶径流速度，进而缓解城市地表径流压力。

绿色屋顶对径流水质的调控作用包括:通过屋顶植被层截留并吸纳部分天然雨水,借助植物和土层中的微生物降解积累的污染物质;通过基质层土壤的过滤、渗透作用净化天然雨水,除去其中的污染物质。

3)绿色屋顶的影响因素

(1)基质厚度。绿色屋顶的基质厚度与其年均截流量有密切关系,密集型绿色屋顶的平均径流系数为 0.25,即截流效果为 75%,拓展型绿色屋顶的平均径流系数为 0.5,在一定范围内,绿色屋顶对雨水的截流能力与基质厚度成正比。已有研究表明, 200 mm 的基质厚度最有利于绿色屋顶发挥其雨水截流功能。

(2)基质组成和含水量。绿色屋顶的基质一般由颗粒物、碎砖屑、碎瓦片等组成。小粒径颗粒物和有机颗粒物的含量越高,其对雨水的截流能力越好。研究表明,由颗粒物碎砖屑组成的基质比碎瓦基质效果好,而由细瓦片组成的基质蓄水能力是粗瓦片的 2 倍;当基质中粒径小于 1 mm 的颗粒物比例提高时,绿色屋顶的蓄水能力和截流能力增强。此外,绿色屋顶的基质应具有一定的蓄水能力,当达到饱和时,其对雨水的蓄流能力便会下降。

(3)植被。植被的类型和覆盖度对绿色屋顶也有一定的影响。因屋顶环境比较特殊,如土壤薄、水分少、风大、高温等,因此选择植物不宜选择高大乔木,而应选择抗旱耐寒能力强的植物。不同区域的气候和本地树种差异较大,应因地制宜选择适合当地的植物。目前,在屋顶绿化中最常用的植物是景天科植物,其品种繁多,为多年生肉质草本,表皮有蜡质粉,气孔下陷,可减少蒸腾,是典型的旱生植物,无性繁殖力强,且矮小抗风,不需要大量水肥,耐污染,因此应用较为广泛。

绿色屋顶适用于符合屋顶荷载、防水等条件的平屋顶建筑和坡度 ≤ 15° 的坡屋顶建筑。

5. 植草沟

植草沟是种有植被的地表沟渠,可收集、输送和排放径流雨水,同时具有一定的雨水净化功能,可用于衔接其他单项设施、城市雨水管渠系统和超标雨水径流排放系统,是雨水资源化利用的有效途径之一。图 19.16 所示为植草沟。

图 19.16　植草沟(【二维码 19-13】)

【二维码 19-13】

1)植草沟的分类和应用

植草沟包括标准传输型植草沟、渗透型干式植草沟和常有水湿式植草沟,如图 19.17 所示。

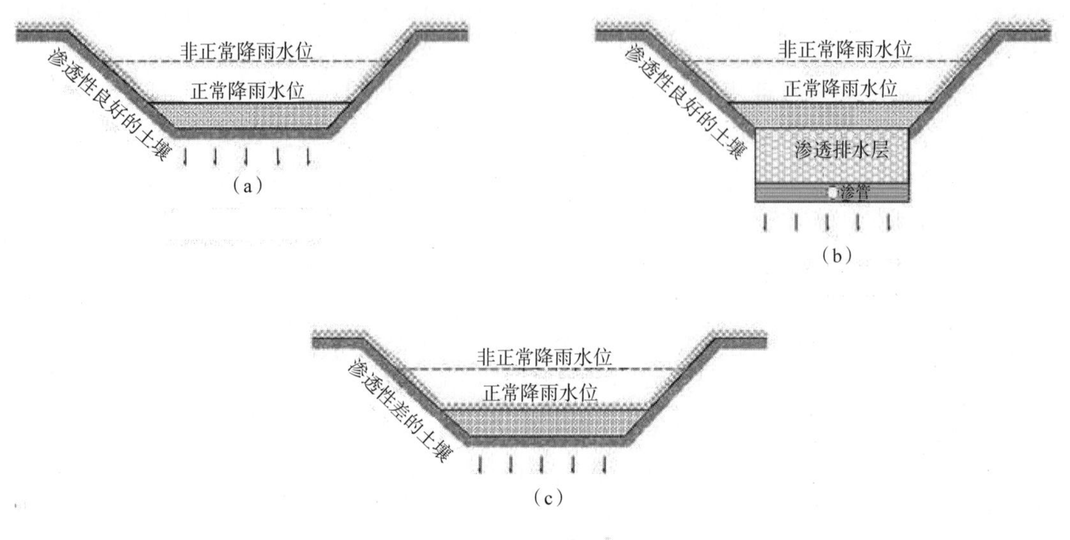

图 19.17 植草沟断面图

(a)传输型植草沟 (b)干式植草沟 (c)湿式植草沟

传输型植草沟是指开阔的浅植物型沟渠,沟底采用透水性土壤,用来进行雨水径流的预处理和输送,维护简单且成本低,多用于高速公路、人口密度低的居住区、工业区和商业区来代替普通灰色排水管道。

干式植草沟是指开阔且覆盖有植被的沟渠,沟底采用透水性较好的土壤进行过滤,并在土壤下铺设管道,将植草沟对雨水径流的传输、渗透、过滤能力进行了强化。其功能相对完善,多用于城市居住区,需要定期进行维护除草。

湿式植草沟沟底为湿式的沼泽状土壤。湿式植草沟底部长时间积水,容易滋生蚊蝇且产生异味,不适用于城市内部。

2)植草沟的功能

(1)雨水调控。对初期降雨或者高频率小降雨事件的雨水径流控制是植草沟的主要功能,当发生中雨、大雨或暴雨时,植草沟的主要作用是削减径流并传输地表来不及排走的雨水径流,将它们排入下一个雨水处理设施,从而延迟径流洪峰到来的时间。研究表明,当降雨强度小于 30 mm 时,植草沟对总径流量和洪峰流量具有明显的削减作用,但是当降雨强度增大时,植草沟削减径流量的效果明显减弱,仅作为运输雨水径流的工具。

(2)污染物去除。植草沟可通过对降雨径流的沉淀、过滤、渗透、持留和生物降解作用,将雨水径流中的污染物去除。研究表明,植草沟可有效减少悬浮固体颗粒、有机污染物和金属离子。初期径流金属污染物浓度较高时,经过植草沟,多数金属可在植草沟表层 5 cm 的土壤中沉积。干式植草沟对污染物的去除率高于传输型植草沟和湿式植草沟。

3）植草沟的影响因素

植草沟对雨水的调控和对污染物的去除受到多方面因素的影响。

（1）坡度。坡度包括植草沟纵向坡度和断面边坡坡度。雨水在植草沟中是靠重力流输送的，因此纵向坡度对植草沟的运行有重要作用，如果纵向坡度偏小，雨水的径流流速小，植草沟对污染物的去除效果好，但雨水在植草沟内的输送过程中渗透量大；如果纵向坡度偏大，雨水的径流流速大，输送过程中雨水的损失量小，但对雨水的处理效果也下降。一般而言，传输型植草沟的纵向坡度为 1%~5%，干式植草沟和湿式植草沟没有最小纵向坡度的限制，但干式植草沟的最大纵向坡度为 25%。当实际地形原始坡度偏大时，可将植草沟做成阶梯状，或在植草沟中间设置堰体，从而减小径流流速，进而提升对污染物的处理效果。断面边坡坡度的取值范围为 1/4~1/3，径流可以较小的深度和流速在植草沟内流动。

（2）植草沟草的高度、最大有效水深和断面高度。植草沟内的草需高度合适，当草过低时，起不到截留雨水的作用，而当草过高时，植草沟在水流冲击下稳定性较差，因此草的高度一般为 50~150 mm；最大有效水深为草高度的一半；植草沟断面高度应大于最大有效水深，且最大不宜大于 0.6 m。

（3）水力停留时间。水力停留时间越长，植草沟对污染物的去除效果越好。一般而言，径流雨水在传输型和湿式植草沟的水力停留时间为 6~8 min，在干式植草沟中的水力停留时间为 24 h。

（4）植草沟长度和底宽。植草沟越长，对净化径流雨水越有利，其长度最好大于 30 m，若达不到要求，可通过增加植被的厚度、减小植草沟的纵向坡度、调整弯曲度等措施，增加径流在植草沟内的水力停留时间。植草沟底部越水平，越有利于截留雨水，且底部宽度为 0.5~2 m 时，对雨水的处理效果最好。

植草沟适用于建筑与小区内道路，广场、停车场等不透水面的周边，城市道路和城市绿地等区域，也可作为生物滞留设施、湿塘等低影响开发设施的预处理设施。植草沟还可与雨水管渠联合应用，在场地竖向允许且不影响安全的情况下也可代替雨水管渠。

6. 塘系统

雨水资源化利用中的塘系统与污水处理技术中的稳定塘类似，也是人工适当修整并设置围堤和防渗层的集水池塘。此外，塘系统通常具有永久性水位区、延时滞留区等不同的功能区，以便其通过物理截留吸附、化学沉淀和生物作用去除有机污染物、重金属和氮磷等营养元素。塘系统主要有湿塘、调节塘等。

1）湿塘

湿塘是指具有雨水调蓄和净化功能的景观水体，雨水可作为其主要的补水水源。湿塘可结合绿地、开放空间等场地条件设计为多功能调蓄水体，平时发挥正常的景观、休闲、娱乐等功能，暴雨发生时发挥调蓄功能，实现土地资源的多功能利用。湿塘可有效削减较大区域的径流总量、径流污染和峰值流量，是缓解城市内涝的重要组成部分，如图 19.18 所示。

图 19.18　湿塘(【二维码 19-14】)

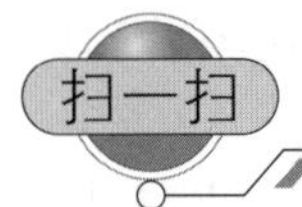

【二维码 19-14】

湿塘一般由进水口、前置塘、主塘、溢流出水口、护坡及驳岸、维护通道等构成。湿塘结构示意如图 19.19 所示。

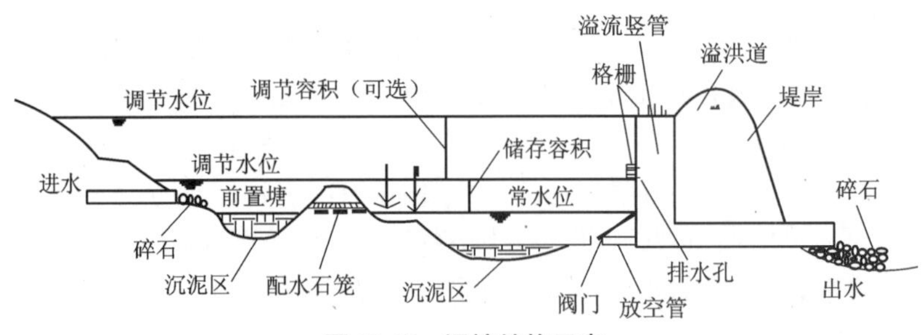

图 19.19　湿塘结构示意

湿塘的设计规模、运行模式、组分构成等均是影响其作用发挥的因素，因此湿塘应满足如下要求。

（1）进水口和溢流出水口应设置碎石、消能坎等消能设施，防止水流冲刷和侵蚀。

（2）前置塘为湿塘的预处理设施，起到沉淀径流中的大颗粒污染物的作用。池底一般为混凝土或块石结构，以便于清淤。前置塘应设置清淤通道及相关的防护设施，驳岸形式宜为生态软驳岸，边坡的坡度（垂直：水平）一般为 1：8~1：2，前置塘沉泥区的容积应根据清淤周期和所汇入径流雨水的悬浮物负荷确定。

（3）主塘一般包括常水位下的永久容积和储存容积，永久容积的水深一般为 0.8~2.5 m，储存容积一般根据所在区域的相关规划提出的“单位面积控制容积”确定。具有峰值流量削减功能的湿塘还包括调节容积，调节容积应在 24~28 h 内排空；主塘与前置塘间宜设置水生植物种植区（雨水湿地），主塘驳岸宜为生态软驳岸，边坡的坡度（垂直：水平）不宜大于 1：6。

（4）溢流出水口包括溢流竖管和溢洪道，排水能力根据下游雨水管渠或超标雨水径流排放系统的排水能力确定。

（5）湿塘应设置护栏、警示牌等安全防护与警示设施。

2）调节塘

调节塘也称干塘，以削减峰值流量为主，由进水口、调节区、出口设施、护坡、堤岸构成，可以通过合理设计使其具有渗透功能，起到一定的补充地下水和净化雨水的作用，如图 19.20 所示。

图 19.20　调节塘（【二维码 19-15】）

【二维码 19-15】

调节塘设计应满足以下要求。

（1）进水口应设置碎石、消能坎等消能设施，防止水流冲刷和侵蚀。

（2）一般应设置前置塘对径流雨水进行预处理。

（3）调节区深度一般为 0.6~3 m，塘中可种植水生植物以减小流速、提升雨水净化效果；塘底部渗透面距离季节性最高地下水位或岩石层不应小于 1 m，距离建筑物基础不应小于 3 m（水平距离）。

（4）调节塘出水设施一般为多级出水口，以控制调节塘水位，从而增加雨水的水力停留时间（一般不长于 24 h）。

（5）调节塘应设置护栏、警示牌等安全防护与警示设施。

7. 其他技术

针对城市雨水径流应实施分散式控制，针对不同特征的汇水区，因地制宜地采用各种生态方法对雨水径流进行处理。除透水铺装、下凹式绿地、雨水湿地、绿色屋顶、植草沟等具有代表性、应用研究比较广泛的生态措施外，具有代表性的城市雨水径流处理技术还包括过滤设施、人工土壤渗流设施、集成化处理设备等。

1）过滤设施

过滤设施的作用是汇集雨水径流并使其通过过滤填料，处理后的出水汇入雨水排水系统，进入城市污水管网进行再处理或者直接排入受纳水体。过滤设施的核心部分是过滤填料，常见的填料有砂、树叶、土壤等。过滤设施不仅起到截留大的悬浮物、净化水体的作用，而且在雨水流经该设施时会发生化学吸附转化、生物降解吸收等作用，从而降解雨水中的污染物。图 19.21 为多介质滤池示意。

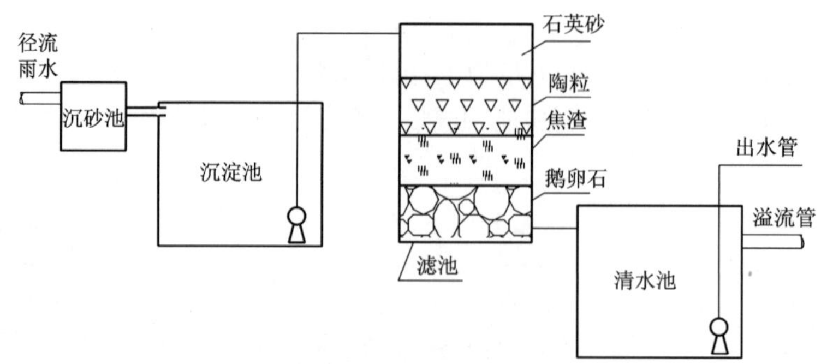

图 19.21 多介质滤池示意(【二维码 19-16】)

【二维码 19-16】

2)人工土壤渗流设施

人工土壤渗流设施主要作为蓄水池等雨水储存设施的配套雨水设施,以使雨水达到回用水水质指标,类似于复杂型生物滞留设施。其适用于有一定场地空间的建筑与小区、城市绿地,雨水净化效果好,易与景观结合。

3)集成化处理设备

集成化处理设备是近年来发展起来的雨水集成化、设备化处理设施。其以雨水资源化利用为目的,对多种技术进行组合集成。与国内相比,发达国家对雨水的处理技术付诸管理和工程实践较早,集成化处理设备相对完善。

19.3.3 雨水管理设计趋势

水资源综合管理是针对水文循环的一种总体设计策略。水资源综合管理设计综合考虑各种水源,以满足不同的要求或终端需求,建立适当的水文层次,满足未来的需求。

当前雨水管理设计中存在的几个主要趋势包括:采用多功能蓄水池,规模体量不一;新建或改造水体和湖泊,赋予其多重功能,既作为公共空间,又能蓄积雨水和防洪;通过创新的被动式灌溉方法打造“绿轴”,进行街道和公共空间的绿化。

1. 智能多功能蓄水池

蓄水池的大小根据洪水管理目标而定,在非泛洪时期也能利用其存储功能。智能多功能蓄水池规模可大可小,小到一片洼地,大到整个街区。利用适当的技术手段,如遥感勘测和实地测量,使智能多功能蓄水池能实现以下功能,避免出现设施闲置:

(1)防洪蓄水功能;

(2)雨水收集功能,如采用智能技术,能在洪水发生前快速放干池中雨水,就能兼具防洪蓄水功能;

(3)当蓄水池不提供防洪或雨水收集功能时,可提供分散式高峰日饮用水或 A 级储水系统(如采用智能技术,能在洪水发生前快速放干池中的雨水)。

2. 多功能水体或湖泊

多功能水体或湖泊注重设计细节，主要包括两大设计要素：一是分散式雨水处理系统，包括大颗粒污染物截留、常规湿地、漂浮湿地、岩石浅滩、大型植物等；二是水体之间的内部循环系统。通过以上设计成功让水体未来长期的养分负荷明显下降，消除藻化现象，保持水体健康，改善水体的休闲环境。另外，可以通过引入湿地和可持续水源灌溉等方式平衡注入水体的雨水，包括其他创新灌溉方法，如筑堤来储存过量的雨水，也有助于减少干旱季节对饮用水的消耗。总体来讲，多功能水体主要实现以下功能，让闲置情况最小化：防洪蓄水功能；雨水收集功能；水质处理功能；营造社区休闲环境。

3.“绿轴”与街道景观

传统街道景观设计一般会创造低水位环境，这样的环境一般夏季容易温度过高，导致社区环境不甚宜人。在这样的环境中，街道无法满足行道树的生长需求，根系生长区有限，往往导致树木和景观植被保留率低，有的地区平均降雨量低，土壤体较差，也会影响街道绿化的实施。

要建设创新型“绿轴”就要考虑街道上树木和景观植被的需求，尽可能多地为景观保有水分。“绿轴”和街道景观设计的好处包括：幼苗长成的速度更快，营造出具有更多绿色植物的可持续街道环境；更多地利用当地收集的雨水，降低对供水管网的依赖；改善环境，通过缓和城市热岛效应、鼓励更多的户外休闲散步活动来改善社区健康状况。

19.4　城镇内涝防治

近年来，我国 60% 以上的城市发生过严重的雨洪内涝灾害，给社会和人民生活带来了极大的影响，造成了数亿元的财产损失。城镇洪涝灾害发生的主要原因有：①由于受气候异常变化的影响，城市遭受设计年限外的特大暴雨袭击，例如 50 年一遇甚至 100 年一遇的特大暴雨；②城市雨水排放设施建设落后，缺乏城市内涝防控宏观规划，雨水系统设施建设标准低，管理和控制措施不完善；③在雨水系统的规划设计和建设中，只强调排放或快速排放，未注意雨水的渗透、储蓄、调节和利用。

城镇内涝防治是一项系统工程，主要包括工程性措施和非工程性措施两大类。其中，工程性措施包括建设雨水渗透设施、调蓄设施、利用设施和雨水行泄通道，还包括对市政排水管道和泵站进行改造，对城市内河进行整治等；非工程性措施包括建立内涝防治设施的运行监控体系、预警应急机制和相应的法律法规等。通过源头控制、排水管道完善、城镇涝水行泄通道建设和优化运行管理等综合措施的综合应用，有效防治城镇内涝。

19.4.1　源头控制

源头控制设施又称为低影响开发设施和分散式雨水管理设施，其核心是维持场地开发前后水文特征不变，包括径流总量、峰值流量、峰现时间等。从水文循环的角度，要维持径流总量不变，就要采取渗透、储存等方式，实现开发后一定量的径流不外排；要维持峰值流量不变，就要采取渗透、储存、调节等措施削减峰值、延缓峰现时间。主要通过多种不同形式的低影响开发设施及其系统组合，有效减少降雨期间的地表水径流量，减轻排水管渠设施的压力，实现源头控制。

1. 合理规划，科学管理

美国、日本等国在城镇内涝防治设施上投入较大，城镇雨水管渠设计重现期一般采用5~10年。美国各州还将排水干管系统的设计重现期规定为100年，排水系统的其他设施分别具有不同的设计重现期。日本也将设计重现期不断提高，《日本下水道设计指南》（2009年版）规定，排水系统的设计重现期在10年内应提高到10~15年。我国在修订《室外排水设计规范》时也提出按照地区性质和城镇类型，并结合地形特点和气候特征等因素，经技术经济比较后，适当提高雨水管渠的设计重现期，并与发达国家的标准基本一致。我国内涝防治设计重现期需根据《室外排水设计标准》（GB 50014—2021）的相关规定确定（【二维码19-17】）。

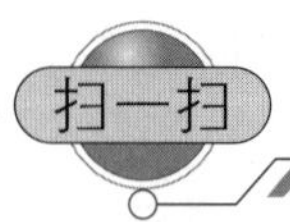

【二维码 19-17】

另外，在改造老城区和新建城区的过程中，规划是影响和制约防洪排涝问题的关键。要从根本上解决城镇内涝问题需要根据城市排涝的实际需求，在制定内涝综合整治方案时就考虑建设完善的排水系统功能项目，拟定合理的应急措施，从而系统地、逐步地实现市区内涝的防治和消除。同时，应加快相关政策的制定，提高对雨洪水利用工作的认识和重视程度，进一步强化雨洪水利用。相关政府应考虑出台激励政策，鼓励用雨水来灌溉、洗车、冲厕、进行道路冲扫和消防等。

2. 增设源头减排调蓄设施

在城镇内增设源头减排设施，通过渗透、滞留、调蓄等措施，削减暴雨峰值流量，延长管网排水时间，提高管网排水适应能力，以有利于城市内涝的控制。

源头减排控制设施包括雨水渗透、雨水收集利用设施等，设施类型与城镇雨水利用一致，但当用于内涝防治时，设施规模应根据内涝防治标准确定。其中，增设雨水收集利用设施，可以在屋顶落水处放置收集雨水的“集水桶”，同时优化街道和建筑的合理布局；增大植被和可透性沙地的面积，可在建设道路时多采用以碎石、水泥为主要原料，经成型工艺处理后制成的具有较强渗透性能的混凝土透水砖，促进雨水下渗，建设地下蓄水池，鼓励洗车企业多建储水设施等滞留雨水，缓解城市内涝。

3. 增加城市绿化

增大城市绿化面积，不但有助于城市环境和热岛现象的改善，也有利于城市在暴雨情况下的防洪排洪。可以在建筑顶部种植低矮植物形成“屋顶花园”，在道路两侧的树木下面建造树池盖板，在小区内部和城市广场内修建下沉式绿地“雨水花园”，改原有的水泥、柏油等硬式停车位为镂空植草式生态草坪停车场，从而通过植物滞留与土壤渗透吸收雨水，减少雨水的污染与径流。适当设置植草沟，不仅可以收集、输送和排放径流雨水，同时具有一定的雨水净化功能，可有效衔接其他单项设施、城市雨水管渠系统和超标雨水径流排放系统。

除上述设施外，还可使用前文所述的生物滞留设施、渗透塘、渗井、湿塘、雨水湿地、雨水罐、调节塘、调节池、渗管/渠、初期雨水弃流设施、人工土壤渗流设施等。

19.4.2　雨水管渠

多年以来，由于雨水管理理念落后、政策法规不健全、规划设计方法不够科学、先进理论指导缺乏、管理措施不到位，我国大部分城市的雨水排水建设严重落后于城市发展，城市内涝频频发生。城市雨洪管理多集中于北京、上海、深圳等比较发达地区的个别项目中，并没有形成系统的城市雨洪管理体系。

在城市建设中，城市雨水管渠系统即传统排水系统，应与低影响开发雨水系统共同组织径流雨水的收集、转输与排放。而超标雨水径流排放系统，用于应对超过城市雨水管渠系统设计标准的雨水径流，一般通过综合选择自然水体、多功能调蓄水体、行泄通道、调蓄池、深层隧道等自然途径或人工设施构建超标雨水径流排放系统。

1. 优化雨水管渠设计

近几年，城市建设进程逐步加快，而城市的“地下血脉”的建设却被忽视。据了解，相当多的城市地下管道老旧严重，应加快老城区的排水系统改造，进行管道内疏浚，清除淤泥，重新铺设管道，拉通管网，增加雨水口等。可以增大收水井箅的密度，提高收水效率，使因雨水无法及时收入管道而产生积水的情况减轻。另外，可以在易涝路段增设雨水口，加大雨水支管管径，改造局部雨水干管，解决内涝问题。

在新建雨水管渠时，雨水管渠设计应适应汇水面积径流和控制汇水面积径流，使其适应雨水管渠的排水能力。同时，利用地形排水，使雨水管渠尽量利用自然地形坡度以最短的距离靠重力流排入附近的池塘、河流、湖泊等水体中。并且雨水管渠布置与城市规划相协调，应根据建筑物的分布、道路的布置和街坊内部的地形等布置雨水管道，使街区内的绝大部分雨水以最短的距离排入街道低侧的雨水口。

新建、改建、扩建排水设施必须实行雨污分流，雨水管道与污水管道不得混接。对低洼地段和易出现内涝区域，适当增设排水管道，确保主干管、支干管、末梢管有效连接，体系配套。

2. 设置管渠调蓄设施

降水充足时可将高峰时的雨水径流暂时储存在调蓄设施中，待流量下降后，再从调蓄设施中将水排出，从而削减峰值流量，减小下游雨水干管的管径，提高地区的排水标准和防涝能力，减少内涝灾害。一般设置于排水管渠之外的源头调蓄设施和深层排水隧道都具有调节雨水峰值流量的功能。

管渠调蓄设施的建设应和城市景观、绿化、排水泵站等设施统筹规划、相互协调，并应利用现有河道、池塘、人工湖、景观水池等设施建设雨水调蓄池，以削减排水管渠的峰值流量，降低建设费用，取得良好的经济效益和社会效益。管渠调蓄设施用于削减排水管道的洪峰流量时，其有效容积应通过比较其上下游的流量过程线，运用数学模型计算确定。当缺乏上下游的流量过程线资料时，可采用脱过系数法计算。

3. 加强对雨水管渠的清理

城镇繁华的街区和道路路面污染物较多，有的地方雨水管道与污水管道混接，有的地方忽视雨水管渠的维护、清理，甚至雨水口成为街道清扫和污水倾倒的排污口，而这些污染物携带大量垃圾、污泥、细菌、重金属等，使得雨水成为城镇水体的重要污染物源。城镇雨洪内涝也会威胁到现有公共基础设施的安全,其高流动性会导致侵蚀和淹没城市街道,使城镇居民生活和社会正常秩序受到影响,严重的会形成巨大的洪涝灾害。

所以,需联合城管、建设等部门,共同对雨水管渠加强监管。加大管网巡查维护力度,实行定人、定岗、定责,坚持日常巡查,重点部位重点巡查,确保排水设施巡查、管理、维护到位,做到第一时间发现和解决问题。在暴雨来袭前,应及时疏通管道和雨水口的淤堵,提前做好汛前城市排水系统的疏浚工作,并对排水管、雨水井、盖板沟、明暗渠、出水口等市区排水设施进行拉网式整治,开展清掏工作,确保管道畅通并能正常发挥作用。

19.4.3 综合防治设施

综合防治设施的建设应以城镇总体规划和内涝防治专项规划为依据,结合地区降雨规律和暴雨内涝风险等因素,统筹规划,合理确定建设规模。

综合防治设施包含道路、河道、城镇水体、绿地、广场、调蓄隧道等设施,其承担着在暴雨期间调蓄雨水径流、为雨水提供行泄通道和最终出路等重要任务,是满足城镇内涝防治设计重现期标准的重要保障。综合防治设施的建设应遵循低影响开发的理念,充分利用自然蓄排水设施,发挥河道行洪的能力和水库、洼地、湖泊调蓄洪水的功能,合理确定排水出路。

综合防治设施具有多种功能时,应在规划和设计阶段对各项功能加以明确并相互协调,优先保障降雨和内涝发生时人民的生命和财产安全,维持城镇安全运行。

1. 绿地调蓄

绿地调蓄工程根据调蓄空间设置方法的不同分为生物滞留设施和浅层雨水调蓄池。生物滞留设施是利用绿地本身建设的调蓄设施,包括下凹式绿地、雨水花园等;浅层雨水调蓄池是采用人工材料在绿地下部的浅层空间建设的调蓄设施,以增强对雨水的调蓄能力,此类绿地调蓄设施适用于土壤入渗率低、地下水位高的地区。

城市道路、广场、停车场和滨河空间等宜结合周边绿地空间建设调蓄设施,并应对硬化地面产生的地表径流进行调蓄控制。可结合道路红线内外的绿化带、广场和停车场等开放空间的场地条件和绿化方案,分散设置雨水花园、下凹式绿地和生态树池等小规模调蓄设施;滨河空间可建设干塘等大规模调蓄设施。

不同类型绿地调蓄设施的调蓄量应根据雨水设计流量和调蓄工程的主要功能经计算确定。当调蓄设施具备多种功能时,总调蓄量应为按各功能计算的调蓄量之和,调蓄高度和平面面积等参数应根据设施类型和场地条件确定。

2. 广场调蓄

广场调蓄指利用城市广场、运动场、停车场等空间建设的多功能调蓄设施,以削减峰值流量为主,通过与城市排水系统结合,在暴雨发生时发挥临时调蓄功能,提高汇流区域的排水防涝标准;无降雨发生时,广场发挥其主要的休闲娱乐等空间功能,从而获得多重效益。

为减少污染物随雨水径流汇入广场,应在广场调蓄设施入口处设置格栅等拦污设施。为防止雨水对广场空间造成冲刷侵蚀,避免雨水长时间滞留和难以排空,广场调蓄应设置专用的雨水进出口。广场调蓄设施应设置警示牌,标明该设施发挥调蓄功能的启动条件、可能被淹没的区域和目前的功能状态,并应设置预警预报系统。

3. 调蓄隧道

对内涝易发、人口密集、地下管线复杂、现有排水系统改造难度较大的地区，可设置调蓄隧道系统，用于削减峰值流量、控制降雨初期的雨水污染或控制合流溢流污染。

调蓄隧道的设计应在城市管理部门对地下空间的开发和管理统一部署下进行，与城市地下空间利用与开发规划相协调，合理实施。

调蓄隧道的主要功能包括：提高区域的排水标准和防洪标准，降低水浸风险；大幅度削减降雨初期雨水，实现污染控制。所以，调蓄隧道的调蓄容量应在满足该地区的城镇排水与污水处理规划的前提下，依据内涝防治总体要求，结合调蓄隧道的功能设置综合确定。

调蓄隧道系统应由综合设施、管渠、出口设施、通风设施和控制系统组成。

19.5　低影响开发与海绵城市工程案例

19.5.1　海绵城市背景下居住区景观规划设计研究

1. 西雅图 High Point 居住区

西雅图位于华盛顿州的西北角，处于温带海洋气候带，在普吉特海湾和华盛顿湖之间。西雅图的雨季从每年 11 月到次年 3 月，旱季为每年 4 月到 10 月。西雅图气候温和，空气湿润，每年降雨量为 952.5 mm，因此有“雨城”之称。

High Point 居住区于 2003 年开始重建，2009 年建成。居住区内现有 1 600 栋独立住房，保留了 150 棵原有乔木，新栽植了 2 500 棵乔木。该小区以建立一个环境友好型居住区并保护郎费罗河流域的生态环境为目标，将 LID 措施引入居住区的改造设计中，实现多种措施的联动效果，使改造后的 High Point 居住区成为 LID 模式的经典之作。将自然开放式排水系统与居民私人住宅的雨水排放结合在一起，通过对不透水铺装面积的限制、对屋顶雨水排放的要求、对雨水排放点的管理，运用植被浅沟、雨水花园、透水铺装、调蓄池、居住区内的开放空间等来模拟自然的水文过程。同时，将居住区内的 LID 设施与景观规划设计相结合，创造居住区内的池塘公园、袖珍公园等供居民使用的开放式活动区域，利用场地设置地下蓄水空间，利用道路两旁的植被浅沟与居住区内的道路构建生态步行系统。该居住区改造前后对比如图 19.22 所示。

图 19.22　西雅图 High Point 居住区改造前后对比(【二维码 19-18】)

【二维码 19-18】

LID 技术在本项目中的应用主要体现在以下几个方面。

1)透水铺装的应用和铺装面积的减小

High Point 居住区新方案的亮点之一在于铺装材料的使用,社区中街道和停车场全部使用透水性材料铺装(图 19.23),是华盛顿州唯一使用透水性材料铺地的街区。透水铺装拥有较持久且效果良好的效益,能在雨水流经时减小雨水的径流量,减少城市管道排水系统的负担,增加雨水的下渗量,回补地下水,同时能在下渗过程中过滤雨水中的杂质污染物,起到减轻水源污染的作用。虽然这种材料相对于传统材料存在造价高和耐久性差的不足之处,但是从长远来看,在环境经济上产生的长久效益是巨大的。此外,在不必要的区域不设置铺装或者减小铺装面积也是有效的方法。这种铺装方式特别适合面积较大的区域,并且可以有效提高该区域的绿地率。

图 19.23 High Point 居住区透水铺装(【二维码 19-19】)

【二维码 19-19】

2)雨水花园

在应用透水铺装和减小铺装面积后,若还不能够达到降低雨水排放量的要求,则可以将过多的雨水交给雨水花园来处理,从而增加雨水的过滤和下渗如图 19.24 所示。通常的做法是在区域内选择一小块低洼地做雨水花园并种植大量乡土植物,以便在雨天能够通过其自然水文作用来截留雨水。经过雨水花园的截流过滤,在到达植草浅沟前,雨水中的污染物可以减少 30%。雨水花园一般种植的是当地植物,不但不会给当地生态环境带来影响,还能更好地适应当地生态环境，并且雨水花园造价低、维护成本低，既能降低建设管理开支，又能让景观更加丰富。

图 19.24　High Point 居住区雨水花园(【二维码 19-20】)

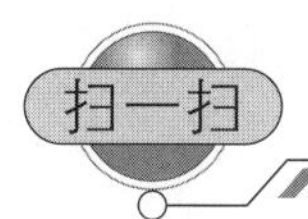

【二维码 19-20】

3)多方式屋顶排水

由于 High Point 居住区内较高的建筑密度，带来了很大面积的屋顶汇水，对社区的自然开放式排水系统来说，屋顶雨水收集成为一个重要的组成部分。设计者提供了多种屋顶排水方式，以根据不同住宅的建筑特点和美学需求等进行搭配，最终目的是让屋顶雨水能够迅速得到收集，并且排入植草浅沟或者公共雨洪排放系统中，如图 19.25 所示。整个屋顶排水的设计分为两个阶段，首先是落水阶段，也就是将屋顶与地面通过落水管进行连接，让屋顶雨水能够下落到地面，这个阶段要注意的是设计适当的设施减缓雨水下落对地面的冲击，设计者提供了导流槽、雨水桶、涌流式排水装置和敞口式排水管四种下落方式。其次是导流阶段，就是将落入地面的屋顶雨水通过地表导流、导流渠、阶梯式导流渠和导流花园等方式排入到汇水线中，最终流向住宅区的调蓄水池中。设计者根据场地的规模、地表条件和坡度的大小等因素提供不同的导流方式。出于美学需求，导流槽可以依据住户的喜好设计成不同的风格样式，让其成为社区的环境艺术品，既能导流又能增加景观程度。

4)植草浅沟

植草浅沟就是将植被种植在地表沟渠中，该措施能够在重力的作用下收集并过滤雨水。该社区的改造方案中设计了一个独特的雨水网络系统，该系统全部由植草浅沟组成，沿着住宅区的道路分布在道路单侧或双侧的绿化带中，从而遍布整个社区，如图 19.26 所示。它能够收集处理屋顶雨水和街道雨水，然后通过公共雨洪排水系统将水排走。整个社区中的道路基本都设计为单坡向，并且在路缘石上做了开口，植草浅沟沿着街道路边设置，能够顺利接纳雨水。根据各区域的排水量大小，植草浅沟设计的深浅宽窄各不相同。雨水较多的区域设计较宽和较深的植草浅沟，同时设计有滞留水池，并配有溢水口，水深超过高度就直接从雨水管道排放到设置在北区的调蓄水池中。

图 19.25 **High Point** 居住区不同屋顶排水方式【二维码 19-21】

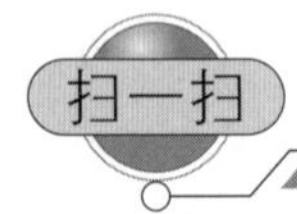

【二维码 19-21】

图 19.26 **High Point** 居住区植草浅沟(【二维码 19-22】)

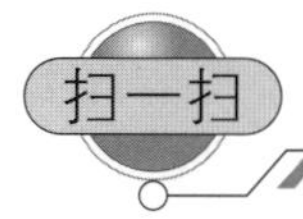

【二维码 19-22】

5）调蓄水池

调蓄水池能够储蓄较多的水，是一项重要的雨洪控制设施，可以起到滞洪的作用，还能净化生态环境。调蓄水池储蓄的水既可以用于灌溉，也可以用于保存净化水源等。该社区在设计调蓄水池的过程中，通过合理搭配形状、位置和容积等因素，结合园林景观和城市绿地进行综合布局，打造出适合社区的雨水景观，如图 19.27 所示。

图 19.27　High Point 居住区调蓄水池（【二维码 19-23】）

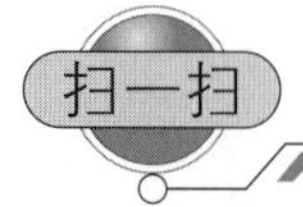

【二维码 19-23】

6）其他 LID 措施

High Point 居住区还结合了渗透沟、屋顶绿化、土壤改良等一系列 LID 措施进行改造，致力于发展绿色舒适、生态宜居的住宅区，坚持可持续发展的优良特性，得到了一致的好评，成为绿色社区的经典之作。

High Point 居住区根据自身的场地条件，运用了植草浅沟、雨水花园、渗透沟、调蓄水池等多种技术措施来模拟自然水文过程。将个人的住宅雨水控制同居住区整体的雨洪控制结合，对个人的雨水排放提供标准要求，在雨水管末端做景观处理，同时将 LID 设施结合景观设计，将公园的大面积地下空间作为储水设施，并在步行道两侧设置植草浅沟，一方面满足雨洪管理的要求，另一方面增加景观效益，为居住人群营造了一个生态舒适、景观优美的现代居住区。

2. 厦门洋唐居住区

厦门是我国 2014 年公布的第一批海绵城市试点城市之一。洋唐居住区位于福建省厦门市翔安区。厦门属于亚热带海洋性季风气候区，全年温和多雨，夏无酷暑，冬无严寒，年均气温为 21 ℃，年均降水量为 1 100 mm，降雨多集中在 5—6 月，且受太平洋温差气流影响，平均每年遭受台风灾害 5~6 次。

洋唐居住区场地高程较高，场地内部水系独立，内有公园水体，绿地和水体面积较大，且有一半未完全建设土地，但居住区地下构筑物顶板覆土较浅，下垫面渗透能力较差。所以洋唐居住区的海绵化改造主要集中在道路、绿地、屋顶和水体，如图 19.28 所示。

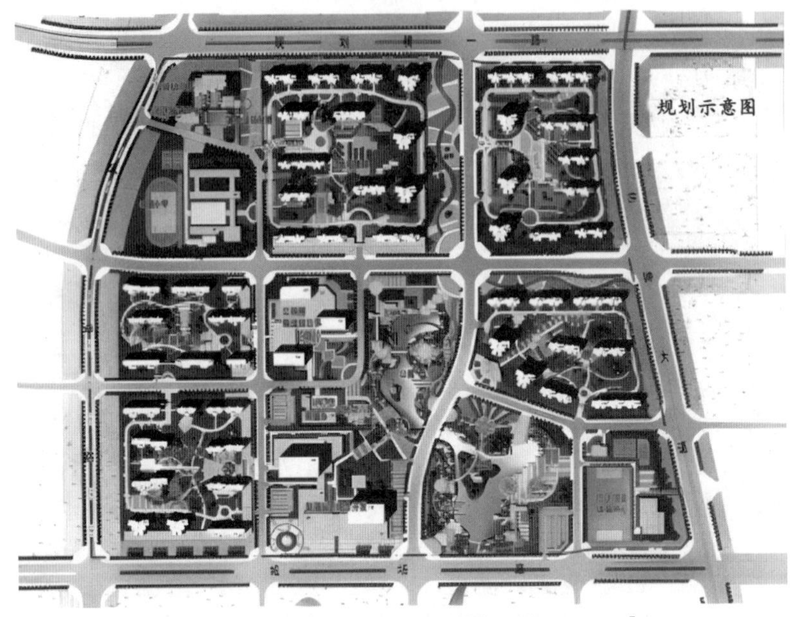

图 19.28　洋唐居住区规划方案【二维码 19-24】

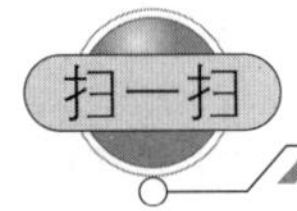

【二维码 19-24】

（1）在道路建设方面，对路缘石设置开口，引导雨水径流流入机动车道路两旁的绿化带中设置的下凹绿地中，并在开口处设置沉砂池净化流入的雨水径流，同时在下凹绿地内按一定的距离布置砾石缓冲槽，用以减缓径流速度。下凹绿地内设置溢流雨水口，当降雨强度过大时，下凹绿地内不能承载的雨水能从溢流雨水口排出。在下凹绿地内的雨水一部分通过自然下渗回补地下水资源，另一部分不能充分下渗的雨水依靠绿地下埋藏的软式透水管排入末端湿塘。

（2）在绿地改造方面，在居住区周边的绿地内布置生物滞留池，承接来自周边道路、下凹绿地和排水暗沟的雨水，同时在生物滞留池的基础上布置雨水花园，雨水花园主要布置在道路交叉口和视线节点，以提升居住区环境的景观效果。此外，洋唐居住区的北侧地块中有一处 50 m 宽的绿地，在此处设置了一段仿自然溪流蜿蜒曲折的旱溪，旱溪在大量降雨时可以滞留、渗透、净化、传输其承接的雨水，涵养地下水源，在枯水时可以结合绿化、景观小品作为居民的活动空间。

（3）洋唐居住区已建成的建筑多为内排，即落雨管多设置在室内，故将部分已经建成的硬化广场和道路改为透水铺装的形式，将屋顶绿化设计为模块化绿色屋顶。除此之外，居住区的改造还整体增大了透水铺装的面积，居住区南侧有一处较大的绿地，此处改造为湿塘用以受纳居住区内承接的雨水资源，这样使居住区内的各项雨水生态管理设施成为一个系统，减少雨水的外排。

（4）洋唐居住区是一个拥有较大降雨量且绿地资源相对丰富的居住区。在它的海绵社区建设中，充分应用现状条件，在绿地内设置旱溪和湿塘，中间道路和建筑部分依靠植草浅沟、下凹绿地和雨水花园连接，滞留、净化、运输雨水资源，在末端排入湿塘前设置前置塘进行沉淀。

19.5.2　城市公园绿地的海绵化改造

由于城市土地大部分被硬化铺装，阻碍了水的自然循环，雨季时大量雨水只能通过道路汇聚到排水管道排放到附近水体中，我国城市中这种普遍以“排”为主的雨水管理方式严重忽略了对宝贵的雨水资源的利用。传统的公园绿地规划方式通常过度追求大水面、大广场，使城市失去了透水性下垫面的功能。在我国现有的绿地管理中，多采用快排模式，依靠管渠、泵站等设施，追求“快速排出”和“末端收集”控制，却忽视了绿地在排水中削峰减流、控制径流污染的重要作用。这使得城市绿地不仅没有成为城市生态系统中的生产者，反而因为人工灌溉而成了高耗水、高耗能的水资源消费者。面对这些问题，城市公园绿地的海绵化改造成为海绵城市建设的重要承载部分，除要满足市民休闲娱乐、改善城市环境等传统功能外，还要解决城市的雨水管理问题。

青岛李沧文化公园的海绵化改造即按照“汇集下渗、截污转输、滞留蓄存、循环回用”的改造思路构建公园绿地海绵体系。改造场地所在区域位于山东省青岛市李沧区，东临夏庄路、南衔北园路、西靠枣园路、北面隔东大村河与顺河路相接，主要服务人群为周边社区居民。该区总占地面积约为 15.4 hm^2，现状水域面积约为 1.8 hm^2，用地类型主要有疏林草地、园地、山地、水体和少部分保留建筑。结合青岛的城市水资源形势，李沧文化公园的海绵化改造按照“汇集下渗、截污转输、滞留蓄存、循环回用”的思路，结合“渗、滞、蓄、净、用、排”的技术要素，从现状基底条件出发，采用植草沟、台地护坡挡墙、生态旱溪、渗透塘、透水铺装等海绵设施组合对公园进行改造。

1. 雨水下渗设施组合模块

（1）透水铺装。道路和广场是产生雨水径流的主要场地，作为园内面积较大的不透水下垫面，其透水铺装改造意图通过人工手段使硬质地面海绵化，使场地径流有组织地汇集与下渗。保留园内部分完好的青石板主园路和花岗岩入口广场，根据不同场地需求用透水地坪、透水砖等海绵材料替换破损的园路和广场铺装。局部采用增大铺装间隙、增加植被种植的方式扩大渗透面积。

（2）台地护坡。公园内的山坡地因开发建设、雨水冲刷等原因，产生了水土流失、生态群落结构缺失等问题。在对山体边坡进行改造时，转变传统的全面砌护的改造思路，综合考量边坡稳定和雨水管理的协同，采用生态措施护坡。横向依据台地分布做梯级拦蓄渠，利用毛石砌筑护坡挡墙，在挡墙上下两端分别布设缓冲带，减缓雨水冲击和增大径流下渗速度；纵向设置引流沟引导径流快速有序排放。同时，利用置石、生态木桩形成挡土墙，坡面补植乡野草花，形成具有景观、渗透和收纳功能的台地花园。

2. 雨水转输设施组合模块

（1）生态旱溪。公园改造前仅北侧溪流具备传输功能，无法形成完整的雨水传输路线。通过重新梳理山体冲沟和水系流线，在公园南侧增设生态旱溪，利用人工手段模拟自然界中的干涸溪床，构建通畅的雨水传输网络，并利用植被和卵石打造生态景观。在枯水期，花草点缀的自然石底面呈现出独特景观；雨季来临，生态旱溪作为海绵设施发挥滞留、增加雨水下渗和转输的生态功能。

（2）植草沟。公园改造方案首先降低道路两侧绿地，使其低于路面高程，并增设植草沟，利用密集的植被增大渗透面积，同时起到传输径流的作用。路面径流沿有切口的路缘石流向植草沟，使原本分散排放的雨水汇聚起来，经线性植草沟传输至调节塘或其他滞留设施，部分溢流雨水通过溢流管连接地下排水管渠输送至蓄水池内。在纵坡坡度较大的路段设置由砾石、砖块等制作的消能土坎，使线性植草沟呈阶梯状，逐级削减雨水径流。

3. 雨水蓄存设施组合模块

（1）雨水花园。雨水花园选址于园内低洼区域，再通过人工挖掘形成有一定深度的下沉绿地，功能以滞蓄径流为主，净化为辅。在绿地结构层内增设卵石储水滞留层，优先保证雨水滞留；花园内种植多种植被，与土壤和各种生物共同营造生物净化群落，实现净化、蓄存小流量的降雨；花园内设置溢流口，避免长时间积水导致地表堵塞和沉积。

（2）调节塘。公园改造方案共设置 3 处调节塘，面积约为 390 m^2，依据现状地形和储水需求分散布置于主入口北侧、湖体西侧和南侧。在塘边设置自然块石形成围合空间，利用卵石铺底减小流速，确保滞留更多的雨水，种植湿生植物增强净化效果和景观效果。当塘内蓄存雨量超出调蓄能力时，通过溢流管将多余的雨水输送至其他储水设施。在枯水期，调节塘作为公园休闲娱乐区使用，在降雨时作为蓄水容器。

（3）生态湿塘。在公园东北侧地势低洼处布置生态湿塘，利用场地高差和重力势能将转输设施汇集的雨水和周边区域的径流导入塘内。前端设置前置塘过滤径流中的部分污染物质后，再将其输送至湿塘。湿塘内永久保持平衡水位，利用水生植被、浮游生物和底栖动物形成多条生态链，以达到削减径流、控制径流污染的效果。

4. 雨水循环回用

公园内收集储存的雨水经过滤净化后通过水泵加压释放，通过植被灌溉、景观水体补给、厕所冲洗和地下水补给四种途径实现循环利用。雨水循环回用设计不仅解决了公园内大量的用水需求，同时减小了市政管网压力，有效降低了管理成本。

19.5.3 城市道路的海绵化改造

城市道路是城市基础设施建设的重要组成部分，关系到城市发展、市民出行和货物运输等，随着快速城市化，道路面积不断增大，道路在建成区占比高，极大地改变了径流特征，同时成为面源污染的重要影响因素。传统的“边沟—雨水口—市政管线”的道路雨水排水方式存在汇流速度快、无法蓄存、雨水冲刷速度快、道路绿化带耗水严重的问题。特别是当城市降水量较大时，会出现道路雨水口不足或不畅造成的路面积水，甚至道路排水倒灌的现象，如图 19.29 所示。

图 19.29　传统城市的道路雨水口

“海绵化”道路改造就是将城市道路从雨水问题“诱发地”转变为雨水问题“解决地”，使道路排水的收集、输送、净化、利用、排放等环节有机统一并协调运用，实现资源和能源的有效利用。

城市道路的海绵化改造具体方式有以下几种。

1. 道路两侧改造

人行道外侧镶边石抬高，从“滞”和“蓄”两个方面控制雨水。由于部分道路人行道外侧绿化带高于人行道，因此把人行道外侧镶边石抬高，使外侧绿化带雨水滞留在绿化带内，从而减小降水进入排水系统的速度。

设置下沉式树池带，改变以往单个树坑的方式，把 4~5 个树坑连成一个树池带，以增强蓄水能力。将溢流口设在慢车道边，把树池带末端溢流口位置的路缘石降低，超过拦蓄深度的雨水通过降低的路缘石排入市政排水设施。当树池带上游的路缘石开孔并且加大局部慢车道的横坡坡度以加强收水效果时，雨水可以通过路缘石进入树池带，人行道树池主要收纳、下渗人行道和非机动车道范围的汇水。当树池带侧缘石下沉 20 cm，树池带中的蓄水深度 >20 cm 时，雨水可以通过溢流口进入雨水管道，如图 19.30 所示。

图 19.30　道路两侧改造(【二维码 19-25】)

【二维码 19-25】

2. 道路铺装改用透水铺装

透水铺装可以与绿地、水体共同创造良好的环境综合效益，有着丰富的生态功能。通过减少地表径流减少了地面污染物，降低了自然水体的污染；透水铺装的良好通透性使其表面温度更加均衡，在一定程度上起到了降温加湿作用；透水铺装还能起到吸收噪声、减少反射的作用，如图 19.31 所示。应当注意的是，透水铺装对道路路基强度和稳定性产生的潜在风险较大时，可采用半透水铺装结构。

图 19.31　道路透水铺装(【二维码 19-26】)

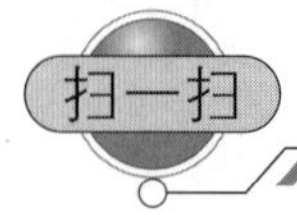

【二维码 19-26】

3. 结合生物滞留设施

路边绿化构造海绵城市让城市更有弹性，更有抵御暴雨洪涝灾害的能力。道路绿化不仅能在视觉上呈现美丽的效果，更重要的是能对雨水进行过滤和储存。例如，下沉式绿地内置雨水溢流口，且雨水溢流口高程在绿地高程与地面高程之间。由于下沉式绿地高程较低，硬化地面上的雨水会流向绿地，在绿地上汇聚，绿地上的植物、土壤会截留和净化雨水，无法容蓄的雨水会排入雨水管网，作为地下水的补充，如图 19.32 所示。

图 19.32　下沉式绿地(【二维码 19-27】)

【二维码 19-27】

4. 结合管道排水优化设计

在进行排水系统设计时,应在海绵城市理念的指导下优化设计,增大排水管径,增强道路积水点的强排能力,在积水点增设泵站,以寻求用最科学、合理、经济的方式安排排水设施,通过排水管道设施尽快将路面积水排出去,确保路面通畅,如图 19.33 所示。

(a)　　(b)　　(c)

图 19.33　管道排水优化设计(【二维码 19-28】)

(a)增强道路积水点的强排能力　(b)增大排水管径　(c)在积水点增设泵站

【二维码 19-28】

以珠海横琴岛宝兴路为例。每到台风季节或雨季，珠海横琴岛宝兴路 118 号总会积水，常常积水 30 cm 以上。2016 年，珠海取得国家住房和城乡建设部批准成为海绵试点城市，横琴新区 20.06 km^2 被纳入示范区，目前采取 PPP 模式（Public-Private Partnership，即政府和社会资本合作，是公共基础设施中的一种项目运作模式）开展海绵城市示范项目建设。在横琴滨海湿地公园（芒洲片）西南向不远处的宝兴路，一条下沉式的绿化带尤为引人注目。该绿化带高程低于市政道路，且绿化带与道路之间的"花基"（隔离墙）上每隔几米就有一个孔。每逢下雨时，地面积水可以通过小孔顺流到绿化带，经缓冲进入下水口，随后汇集到一个地下蓄水池。这样既减少了路面积水，也使直接排放到管沟里的雨水相应减少，从而减轻了城市排涝排洪的压力，避免了"落雨大、水浸街"的现象。

这个细微的雨水收集模式变化，背后是横琴建设"海绵城市"样板区的理念和实践。《横琴新区城市总体规划（2014—2030）》明确了要采用"海绵城市"的发展模式，通过透水地面、绿色屋顶、下凹绿地等低冲击开发手段，滞蓄洪水和山洪，减小城市防洪排涝压力，并制定了综合径流系数不超过 0.50 的建设目标。2015 年底，横琴投入近 24 亿元开建"国际居住区市政基础设施及配套工程"，运用道路下凹式绿化带、初期雨水弃流装置等技术，恢复横琴新区开发区域的水文功能。据介绍，横琴海绵城市示范区的规划范围为东至环岛东路—环岛北路—中心大道一线，南至大横琴山第一层山脊线，西至磨刀门水道，北至环岛北路—桂风路—琴海北路一线。除了横琴宝兴项目外，横琴新区国际居住区市政基础设施及配套工程、中心沟雨水系统等项目均被纳入其中。据了解，横琴新区国际居住区市政基础设施及配套工程总投资约 24 亿元，涉及区域内 21 条约 1.8 万 m 的城市道路和配套管线、交通、绿化等工程，充分运用了道路下凹式绿化带、初期雨水弃流装置等技术，使横琴新区开发区域的水文功能尽量接近开发之前的状况。

目前，在横琴，通过建设城市湿地公园、下沉式绿地、集雨型绿地和雨水湖等"海绵城市"项目，一个"山、水、林、湖、湿地"一体化的漂浮在海上的城市海绵体已经隐约成型。

【二维码 19-29】

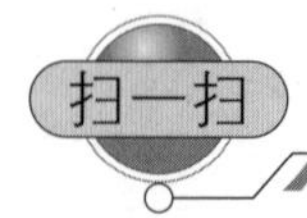

【二维码 19-30】

【二维码 19-31】

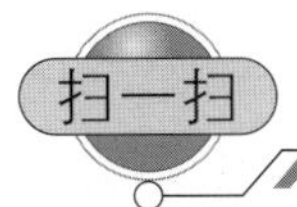

【二维码 19-32】

19.6　海绵城市发展趋势和展望

19.6.1　海绵城市发展趋势

1. 引入弹性城市和垂直园林建筑的精细化设计

建筑是城市最基础的细胞，如果建筑对雨水能呈现海绵特性，那么城市离“海绵”也就不远了。

（1）引入弹性城市的设计理念。弹性城市（resilient city）是目前国际上非常流行的概念。所谓弹性城市，指城市能够准备响应特定的多重威胁并从中恢复，并将其对公共安全健康和经济的影响降至最低的能力 。联合国建议打造“弹性城市”应对自然灾害，城市必须在制定低碳可持续发展路线的同时，采取措施提高其弹性应对的能力。弹性城市涉及方方面面，从城市应对气候变化引起的水资源短缺的弹性来看，一旦把水循环利用起来，每利用一次就等于水资源增加了一倍，利用两次就增加了两倍，依此类推。如果通过反渗透等技术实现水资源的 *N* 次利用，就可以做到城市建设与水资源和谐发展，这就是一种“水资源弹性”。新加坡目前已经达到此类弹性城市的标准。新加坡从马来西亚调水基本上作为一种水保障，并把调来的水加工成纯净水返销到马来西亚；在其国内，则通过中水回用、海水淡化、雨水利用基本满足民众生活和产业用水，这就是 *N* 次用水的一种体现。总之，弹性城市在水方面的要求就是尽管外界的水环境发生了变化，但都可以保持城市供水系统的良好运转，这是现代科学技术对解决城市水资源短缺问题的一种创新。

（2）结合园林设计的理念。如果把中水和雨水在建筑中充分综合利用，就可以把整个园林搬到建筑上去，即垂直园林建筑。这种建筑整体上呈现出海绵状态，能将雨水充分收集利用，实现中水回用，排到自然界中的水体污染物几乎等于零，所有的营养素都能在建筑内循环利用，并且绿色植物还能够固定二氧化碳。如果城市广泛推广垂直园林建筑，不仅可显著减少地表水径流量，而且会营造出非常美妙且可以四季变化的城市景观。

2. 海绵城市（社区）结合水景观再造

海绵建筑推而广之就是海绵社区。在快速城镇化到来之前，我国许多地方曾经有过良好的城市水景观，被称为“山水城市”。当代城市规划师应该传承历史文化，回归社区魅力，增加社区凝聚力，通过由下而上的再设计，将社区水的循环利用和景观化、人性化相融合，并结合特定的历史文化，开展海绵社区建设。

与此同时，海绵社区建设可以激发起居民爱护水环境、呵护水环境、敬重水环境的心态，实现人类与自然水生态和谐相处的目标。以杭州为例，杭州曾经有一条浣纱河，传说是当年西施浣纱的河流。这条河穿过许多社区，如果把文化融入浣纱河水景观的复建中，完全可以再现当年人水和谐的美景，留住这段美妙的记忆，而且能够控制水污染，最大限度地减小对水环境的影响。

3. 引入碳排放测算

我国是世界上最大的碳排放国，国务院已决定建立具有中国特色的碳交易市场，在我国内部首先实现公平的碳排放权交易。海绵城市建设能够在很大程度上减少碳排放，因为传统的外地调水特别是长距离供水需消耗大量的能源资源，属高碳排放工程。美国南加州和旧金山湾地区的城市化区域通过实施低影响开发技术，碳减排效果十分显著(图 19.34)，按照碳减排的程度分成低、中、高三个级别，可以看到，在高影响条件下，每年的碳减排量非常巨大。如果把海绵城市建设模式引发的碳减排拿到碳交易市场上进行交易，变成现金，则可以有效减少项目的投资，产生稳定、持久的投资回报。

在南加州和旧金山湾地区的城市化区域施行低扰动技术可能达到的效果：

	节水(英亩-英尺/年)	节能(百万瓦时/年)	CO_2 减排(百万吨 CO_2 等价)
低	229 000	573 000	250 500
中	314 500	867 000	379 000
高	405 000	1 225 500	535 500

生物滞留池

可渗透路面

绿色屋顶

注：1 英亩-英尺/年 =3.91×10^{-5} m³/s

图 19.34 被动雨水处理

4. 分区测评，以奖代补，奖优罚劣

我国地域辽阔，气候特征、土壤地质等天然条件和经济条件差异较大，城市径流总量控制目标也不同。住房和城乡建设部出台的《海绵城市建设技术指南——低影响开发雨水系统构建(试行)》对我国近 200 个城市 1983—2012 年日降雨量进行统计分析，将我国大陆地区大致分为五个区，并给出了各区年径流总量控制率 α 的最低和最高限值，即Ⅰ区($85\% \leqslant \alpha \leqslant 90\%$)、Ⅱ区($80\% \leqslant \alpha \leqslant 85\%$)、Ⅲ区($75\% \leqslant \alpha \leqslant 85\%$)、Ⅳ区($70\% \leqslant \alpha \leqslant 85\%$)、Ⅴ区($60\% \leqslant \alpha \leqslant 85\%$)。

根据我国的年径流总量控制率分区建立测评体系，研究充分利用中央财政资金以奖代补、奖优罚劣的方式，加快引导和推动各地海绵城市建设。

5. 海绵城市建设智慧化

海绵城市建设可以与国家正在开展的智慧城市建设试点工作相结合，实现海绵城市的智慧化，重点放在社会效益、生态效益显著的领域和灾害应对领域。智慧化的海绵城市建设能够结合物联网、云计算、大数据等信息技术手段，使原来非常困难的监控参量变得容易实现。未来将实现智慧排水和雨水收集，对管网堵塞采用在线监测并实时反应；通过智慧水循环利用，可以达到减少碳排放、节约水资源的目的；通过遥感技术对城市地表水污染总体情况进行实时监测；通过暴雨预警与水系统智慧反应及时了解分路段积水情况，实现对地表径流量的实时监测，并快速做出反应；通过集中和分散相结合的智慧水污染控制与治理，实现雨水和再生水的循环利用等。

此外,在建筑智慧化方面,可以通过公共建筑水耗在线监测显示公共建筑水耗、能耗的排名情况。根据试点城市调查,建筑单位面积水耗最高和最低相差十倍之多,有的建筑由于设计和运维问题,水管出现了严重的漏损,这些缺陷都可以通过公共建筑水耗在线监测系统诊断出来。将水耗情况在媒体上进行公开排名,有助于建筑管理和产权单位清楚地认识水耗情况,主管部门可以要求对水耗高的建筑进行强制性改造,明确控制性、指标性和针对性措施,从而推动整个城市的水循环利用和用水效率得到提升。在这方面,新西兰和澳大利亚做得非常好,低影响雨水设计系统通过数字模型和信息化技术的精细化管理,能够把 GIS、云计算这些技术落实到位,并使海绵城市智慧起来。

智慧的海绵城市是逐步推进的。例如,通过网格化、精细化设计将城市管理涉及的事、部件归类,系统标准化等使现场管理快、准、好。在此基础上推行城市公共信息平台建设,通过智慧城管平台主动发现问题,并有预见性地应对。最后,通过物联网智能传感系统实现实时监测。通过以上这些优化设计,可以使我国城市迅速地、智慧地、弹性地应对水问题。智慧的海绵城市离不开这样一个循环:信息的监测收集→信息的传输→准确地指挥→迅速地执行→对结果进行反馈修正。这样一种信息的循环利用模式可以使海绵城市高效和智慧地运行。

19.6.2　我国海绵城市建设的趋势展望

长期来看,我国城市雨水系统建设模式必然向海绵城市——低影响开发雨水系统建设模式转变。无论是工程界、学术界,还是政府管理者都已经清晰地认识到原有的目标单一、高碳排放、高污染、粗放型的雨水排放模式难以为继。但从一些雨水管理领先国家的推进经验来看,这一转变和新体系的建立绝非一蹴而就的事,而是一个长期而艰巨的系统工程,必须在管理理念、政策机制等方面有重大突破和重点支持,必须建立系统的基础理论、工程技术体系、专业人才队伍和培育新型的产业等,期望在短期内快速见效,恐欲速而不达。

我国海绵城市建设的试点,正是向这个方向转变迈进的一大步和跨越式发展的尝试。我们应该让海绵城市建设真正成为“美丽中国”和未来“绿色城镇化”的有力抓手和一种长效机制,充分发挥其在我国的城镇化和城市群建设发展过程中的重要历史作用,为我国人民共谋宏伟福祉、共创安康环境服务,为中华民族的伟大复兴和繁荣富强奠定良好的地理环境和资源条件基础。

思考题

1. 在我国海绵城市建设中需要注意什么?
2. 简要说明海绵城市理念在建设实践过程中存在哪些主要问题。
3. 建设好海绵城市,可以着手的绿色基础设计有哪些?
4. 建设好海绵城市,可以着手的灰色基础设计有哪些?
5. 简要说明海绵城市建设的必要性。

第 20 章 信息化技术在给排水管道规划、设计、管理中的应用

20.1 建筑信息模型(BIM)技术简介

20.1.1 BIM 技术基础知识

1. BIM 的概念

1)“BIM”一词的产生

信息技术近几十年来的飞速发展和广泛应用,对各行各业产生的深远影响举世公认。在工程建设领域,计算机应用和数字化技术展示了其特有的潜力,成为工程技术在 21 世纪发展的命脉。在过去的几十年中, CAD(computer aided design,计算机辅助设计)技术的普及推广使建筑师、工程师从手工绘图走向电子绘图。甩掉图板,将图纸转变成计算机中的 2D 数据,可以说是工程设计领域的第一次革命。但是二维图纸应用的局限性非常大,不能直观体现建筑物的各类信息,所以在建筑设计中制作实体模型也是经常使用的建筑表现手段。

BIM(building information modeling,建筑信息模型)正是这样一种技术、方法、机制和机会,通过集成项目信息的收集、管理、交换、更新、存储过程和项目业务流程,为建设项目生命周期中的不同阶段、不同参与方提供及时、准确、足够的信息,支持项目不同阶段之间、不同参与方之间、不同应用软件之间的信息交流和共享,以实现项目设计、施工、运营、维护效率和质量的提高,使工程建设行业生产力水平持续提升。

BIM 这一概念起源于 20 世纪 70 年代的美国,由查克·伊士曼博士提出,他认为:建筑信息模型是将一个建设项目在整个生命周期内的所有几何特性、功能要求与构件的性能信息综合到一个单一的模型中,同时这个单一模型的信息中还包括施工进度、建造过程的过程控制信息。

2002 年,Autodesk 收购三维建模软件公司 Revit Technology,首次将 building information modeling 的首字母连起来使用,成为今天众所周知的“BIM”, BIM 技术开始在建筑行业广泛应用。

2)“BIM”的含义

依据《建筑信息模型应用统一标准》(GB/T 51212—2016)2.1.1 条, 建筑信息模型(BIM)是在建设工程及设施全生命期内,对其物理和功能特性进行数字化表达,并依此设计、施工、运营的过程和结果的总称。

“BIM”可以指代“Building Information Model”“Building Information Modeling”“Building Information Management”这三个相互独立又彼此关联的概念。Building Information

Model 是建设工程(如建筑、桥梁、道路)及设施的物理和功能特性的数字化表达,可以作为该工程项目相关信息的共享知识资源,为项目全生命期内的各种决策提供可靠的信息支持。Building Information Modeling 是创建和利用工程项目数据在其全生命期内进行设计、施工和运营的业务过程,允许所有项目相关方通过不同技术平台之间的数据互用,在同一时间利用相同的信息。Building Information Management 是使用模型内的信息支持工程项目全生命期信息共享的业务流程的组织和控制,其效益包括集中和可视化沟通、更早进行多方案比较、可持续性分析、高效设计、多专业集成、施工现场控制、竣工资料记录等。

2. BIM 技术的特点

BIM 技术具有可视性、协调性、模拟性、优化性、可出图性等特点,贯穿于工程项目规划、设计、施工、运维等方方面面,服务于参与项目的各方。

1)可视性

BIM 的可视性即"所见即所得",让线条式的构件形成三维的立体实物图形展示在人们面前,是一种能够同构件之间形成互动和反馈的可视性。在 BIM 中,由于模型三维的立体实物图形可视,从而使项目设计、建造、运营过程可视。BIM 所提供的可视化不仅可用于效果图的真实模拟展示、报表的生成和工程材料用量的查询等,更重要的是,项目设计、建造、运营过程中的沟通、讨论、决策等都可以在可视化的状态下进行,提高了信息的传递效率。

2)协调性

"协调"一直是建筑业工作中的重点内容,不管是施工单位还是业主、设计单位,无不在做着协调和相互配合的工作。基于 BIM 进行工程管理,有助于工程各参与方进行组织协调工作。通过 BIM 建筑信息模型可在建筑物构造前期对各专业的碰撞问题进行协调,生成并提供协调数据。

Ⅰ.设计协调

设计协调指的是通过 BIM 三维可视化控件和程序自动检测,可对建筑物内的机电管线和设备进行直观布置模拟安装,检查是否碰撞,找出问题所在和冲突矛盾之处,还可调整楼层净高、墙柱尺寸等,从而有效避免传统方法容易造成的设计缺陷,提升设计质量,减少后期修改,降低成本和风险。

Ⅱ.整体进度规划协调

整体进度规划协调指的是基于 BIM 技术对施工进度进行模拟,同时根据施工经验和知识进行调整,极大地缩短施工前期的技术准备时间,并帮助各类各级施工管理人员更好地理解设计意图和施工方案。以前施工进度通常是由技术人员或管理层敲定的,容易出现下级人员信息断层的情况。如今,BIM 技术的应用使得施工方案更高效、更完美。

Ⅲ.成本预算、工程量估算协调

成本预算、工程量估算协调指的是应用 BIM 技术可以为造价工程师提供各设计阶段准确的工程量、设计参数和工程参数,这些工程量和参数与技术经济指标结合,可以计算出准确的估算、概算,再运用价值工程和限额设计等手段对设计成果进行优化。同时,基于 BIM 技术生成的工程量不是简单的长度和面积的统计,专业的 BIM 造价软件可以进行精确的 3D 布尔运算(布尔运算是数字符号化的逻辑推演法,包括联合、相交、相减)和实体减扣,从而获得更符合实际的工程量数据,并且可以自动形成电子文档进行交换、共享、远程传递和永久存档,在准确率和速度上都较传统统计方法有很大的提高,有效降低了造价工程师的工作强度,提高了工作效率。

Ⅳ.运维协调

BIM 系统包含多方面信息,如厂家价格信息、竣工模型、维护信息、施工阶段安装深化图等,BIM 系统能够把成堆的图样、报价单、采购单、工期图等统筹在一起,呈现出直观、实用的数据信息,可以基于这些信息进行运维协调。

3)模拟性

BIM 不仅能模拟设计出构筑物模型,还可以模拟不能在真实世界中进行操作的事物。如在设计阶段,BIM 可以按设计需要进行模拟实验,例如节能模拟、紧急疏散模拟、日照模拟、热能传导模拟等;在招投标和施工阶段,BIM 可以进行 4D 模拟(三维模型加时间信息),也就是根据施工的组织设计模拟实际施工,从而确定合理的方案用以指导施工,还可以进行 5D 模拟(4D 模拟加费用信息),从而实现成本控制;在后期运营阶段,BIM 还可以进行日常紧急情况的模拟,例如地震人员逃生模拟、消防人员疏散模拟等。

4)优化性

整个设计、施工、运营的过程就是一个不断优化的过程。没有准确的信息得不到合理的优化结果,BIM 模型提供了构筑物实际存在的信息,包括几何信息、物理信息、规则信息等,还提供了构筑物建造过程信息。目前,基于 BIM 的优化可以做以下方面的工作。

(1)项目方案优化:把项目设计和投资回报分析结合起来,设计变化对投资回报的影响可以实时计算出来,这样业主对设计方案的选择就不会主要停留在对形状的评价上,而是更准确地了解哪个项目设计方案更符合自身的需求。

(2)特殊项目的设计优化:特殊项目占整个工程项目的比例不大,但却是施工难度比较大和存在施工问题比较多的地方,对这些内容的设计施工方案进行优化,可以带来显著的工期和造价改进。

5)可出图性

运用 BIM 技术,除了能够进行建筑平、立、剖面图和详图的输出外,还可以输出施工图样、构件加工图等。

Ⅰ.施工图样输出

将建筑、结构、电气、给排水、暖通等专业的 BIM 模型整合后,进行管线碰撞检查,可以输出综合管线图(经过碰撞检查和设计修改,消除了相应的错误以后)、综合结构留洞图(预埋套管图)、碰撞检查报告和建议改进方案。

Ⅱ.构件加工指导

(1)构件加工图输出。通过 BIM 模型对建筑构件的信息化表达,可在 BIM 模型上直接生成构件加工图,不仅能清楚地传达传统图样的二维关系,而且对复杂的空间剖面关系也可以清楚地表达,同时还能够将离散的二维图样信息集中到一个模型当中,这样的模型能够更加紧密地实现与预制工厂的协同和对接。

(2)构件生产指导。在生产加工过程中,BIM 信息化技术可以直观地表达出配筋的空间关系和各种参数,能自动生成构件下料单、派工单、模具规格参数等生产表单,并且能通过可视化的直观表达帮助工人更好地理解设计意图,可以形成 BIM 生产模拟动画、流程图、说明图等辅助培训的材料,有助于提高工人生产的准确性和质量效率。

(3)实现预制构件的数字化制造。借助工厂化、机械化的生产方式,采用集中、大型的生产设备将 BIM 信息数据输入设备，就可以实现机械的自动化生产，这种数字化建造的方式可以提高工作效率和生产质量。

3. BIM 应用软件介绍

1）BIM 应用软件概述

BIM 技术使得数据能够在各学科之间进行信息流动，可以解决建筑业中的信息孤岛、信息割裂等问题。但是这需要很多 BIM 软件共同应用才能实现，目前还没有哪一个软件能够做到仅用一个软件就完成 BIM 全过程应用。迄今为止，BIM 应用软件多达 60 多个，但主流 BIM 应用软件大致可以分为以下三大系列。

（1）以建模为主的 BIM 基础软件。BIM 基础软件是可用于建立能为多个 BIM 应用软件所使用的 BIM 数据的软件。一般利用 BIM 基础软件建立具有建筑信息数据的模型，该模型可用于基于 BIM 技术的专业应用软件。简单来说，它主要用于项目建模，是 BIM 应用的基础。目前，常用的软件有美国 Autodesk 公司的 Revit 软件、匈牙利 Graphisoft 公司的 ArchiCAD 等。

（2）以提高工作效率为主的 BIM 工具软件。BIM 工具软件是利用 BIM 基础软件提供的 BIM 信息数据开展各种工作的应用软件。例如，可以利用由 BIM 基础软件建立的建筑模型进行进一步的专业配合，如节能分析、造价分析，甚至施工进度控制。目前，常用的软件有美国 Autodesk 公司的 Ecotect 建筑采光模拟和分析软件、广联达公司的 MagiCAD 机电深化设计软件，还有基于 BIM 技术的工程量计算软件、 BIM 审图软件、 5D 管理软件等。

（3）以协同和集成应用为主的 BIM 平台软件。BIM 平台软件是能对各类 BIM 基础软件和 BIM 工具软件产生的 BIM 数据进行有效管理，以支持建筑全生命期 BIM 数据的共享应用的应用软件。这类软件架构了一个信息共享的平台，各专业人员可以通过网络共享和查看项目数据信息，避免了以往信息变更沟通不及时而导致的错误。目前，常用的软件有美国 Autodesk 公司的 BIM360 系列。

BIM 技术对工程建设领域的作用和价值已在全球范围内得到业界认可，并在工程项目上得以快速发展和应用，BIM 技术已成为继 CAD 技术之后行业内的又一个最重要的信息化应用技术。

2）Autodesk Revit

Revit 作为我国建筑业 BIM 体系中使用最广泛的软件之一，是 Autodesk 公司一套系列软件的名称。目前，以 Revit 技术平台推出的专业版模块包括 Autodesk Revit Architecture（建筑模块）、Autodesk Revit MEP（设备模块）、Autodesk Revit Structure（结构模块）三个专业设计工具模块，以满足设计中各专业的需求。

Revit 系列软件在 BIM 模型构建过程中的主要优势体现在以下三个方面。

（1）具备智能设计优势 。Revit 软件能够综合建筑构件的全部参数信息智能化地完成建模过程。软件可以将建筑、结构、给排水、暖通、电气专业作为一个整体进行设计，通过设计信息在各专业间的传递与共享使各专业的 BIM 模型紧密联系在一起，共同构成整个建筑系统的 BIM 模型。通过软件的智能分析功能，设计人员可以对配套设备专业的管道系统进行优化设计，在实际施工之前尽可能减少设计失误。另外，软件还可以进行智能化修改，对模型进行修改只需要对相应的构件参数信息进行修改即可。软件的智能化信息传递过程使构件的修改信息能在各专业间准确传递，各专业设计人员可以根据其他专业的修改信息及时调整本专业的设计方案,从而使模型修改变得轻松、简便。

(2)设计过程实现参数化管理。在使用 Revit 软件构建 BIM 模型时,在软件的参数化驱动支持下,建模过程可以实现参数化管理。通过专业间的协同设计,各专业将本专业的设计内容通过中心文件的形式共享到协同设计平台。各参与方能够依靠协同设计平台获得最新的模型构建信息,在设计成果可视化条件下,各专业间的沟通更便捷,使协同设计效率大大提升。

(3)为项目各参与方提供全新的沟通平台。Revit 软件构建的 BIM 模型集合了模型所有设计构件的基本信息,在模型内所有设计人员都可以得到完整的设计信息,设计人员可以通过 BIM 模型向业主方提供与建筑实体在功能上完全相似的设计成果。各专业设计人员可以在同一个模型内对所有专业的设计信息进行参数化管理,通过信息的交流与共享发现设计中存在的错误。同时,软件可以在实际施工前对模型内的构件进行碰撞检查,使施工过程中可能出现的问题在设计阶段得到解决,最终达到提高施工质量的目的。

Autodesk Revit 软件为学生、教师和教育机构提供免费访问设计软件、创意工具和学习资源的权限,在其教育社区界面进行注册,审核通过后即可获得教育许可。

4. 国内外 BIM 技术应用概况

1)国外应用情况

BIM 从美国发展起来,逐渐扩展到欧洲各国和日本、韩国等发达国家和地区,目前 BIM 在这些国家的发展态势和应用水平都达到了一定的程度,应用领域贯穿整个设计阶段、施工阶段、建成后的维护和管理阶段。大企业已经具备 BIM 技术能力,同时 BIM 技术专业咨询公司已经出现,可为中小企业应用 BIM 提供有力的支持。

在美国,大多数建筑项目都已应用 BIM,有统计数据表明,2009 年美国建筑业 300 强企业中 80% 以上都应用了 BIM 技术。同时,在政府的引导推动下,形成了各种 BIM 协会、BIM 标准。俄亥俄州政府于 2009 年底规定:凡是政府类项目,造价在 400 万美元以上或机电造价占项目总造价 40% 以上的,必须使用 BIM 技术。

英国政府也要求在 2016 年以后所有的政府工程都必须使用 BIM 技术。

在韩国,已有多个政府机关致力于 BIM 应用标准的制定。建设事业局制定了 BIM 实施指南和路线图,要求 2012—2015 年 500 亿韩元以上的建筑项目全部采用 4D 设计管理系统;2016 年实现全部公共设施项目使用 BIM 技术。

日本 BIM 技术起步较晚, 2009 年才开始研究广泛推广的可能性,但发展迅速,现已扩展到全国范围,并上升到政府推进的层面。

2)国内应用情况

我国 BIM 技术应用在 2010 年前后逐渐兴起和发展。

2015 年 6 月,住房和城乡建设部发布《关于推进建筑信息模型应用的指导意见》(建质函〔2015〕159 号),标志着我国 BIM 技术进入全面应用阶段。我国的 BIM 发展正处于水平过渡和提升阶段,主要具体表现为项目型 BIM 技术应用向企业级和行业级 BIM 技术应用过渡,分散式和任务式 BIM 技术模块向广泛化和标准化 BIM 技术过渡。

目前, BIM 技术在建筑类工程中有一定的运用,包括上海世博会场馆、上海中心大厦、北京大兴国际机场等都在不同程度上采用了 BIM 技术,化工、电力等行业的 BIM 应用已经有相当高的水平。设计企业对 BIM 软件的应用主要涉及方案设计、扩初建模、能耗分析、施工图生成和协同设计等方面。而施工企业对 BIM 软件的应用主要涉及模型检查、施工方案模拟、三维模型渲染、VR（virtual reality，虚拟现实）宣传显示等方面。

随着行业的发展和需求的凸显，广泛应用 BIM 技术将成为中国工程建设行业未来的发展趋势。相对于欧美、日本等发达地区与国家，中国的 BIM 技术应用与发展比较滞后，BIM 标准的研究还处于起步阶段。因此，在已有规范与标准保持一致的基础上，构建 BIM 的中国标准成为非常紧迫与重要的工作。同时，中国 BIM 标准如何与国际使用的标准（如美国 BIM 标准）有效对接，政府与企业如何推动中国 BIM 标准的应用都将成为今后工作的挑战。

3）国内 BIM 技术应用难点

BIM 技术在实际应用中具有显著的优势，但在国内的应用与推广中仍存在很多问题，主要包含以下五个方面。

（1）缺少理论研究和顶层设计。目前，我国所用的 BIM 理论体系和实现工具主要从国外引进，包括 IFC、IFD、IDM 等标准和现在广泛应用的 Autodesk 软件，导致我国 BIM 推广缺乏理论基础和核心技术，缺少国内自主研发的系统软件，欠缺工程保密性，在未来某阶段可能受制于美国、英国等发达国家。

（2）缺乏复合型 BIM 人才。BIM 从业者首先应熟练掌握 BIM 理念，还应具备工程专业背景和项目实践经验；不仅需掌握 BIM 操作技能和软件，还要能结合实际需要制定 BIM 方案，即 BIM 技术推进需要复合型人才。然而，目前我国建筑企业极度缺少复合型 BIM 人才，极大地阻碍了建筑企业的 BIM 推广。

（3）BIM 应用广度和深度不够。目前，BIM 主要应用于建筑工程领域，包括建筑工程设计、施工和运营维护等，在市政、道路、交通等领域应用较少。在建筑领域中，BIM 应用也是专项应用多，集成应用少；单阶段应用多，阶段协同应用少；技术应用多，协同管理应用少。数据丢失和重复建模现象时有发生，导致很难发挥 BIM 的集成化、协同化等优势，限制了 BIM 的发展和应用。

（4）BIM 标准需进一步完善和强化。BIM 技术推广需要交换传递数据、统一应用标准等，但目前国内数据交换难和数据孤岛问题普遍存在。国外的 IFC 数据标准不太符合我国国情，而国内缺乏系统的 BIM 标准体系，导致各 BIM 软件间的协同和推广存在障碍。

（5）国产 BIM 软件相对匮乏。我国建筑领域 BIM 软件众多，但主要局限于建模技术应用，性能分析、进度分析、成本管控、施工管理、协同建造等方面的软件相对匮乏。大多数 BIM 软件集成性能过低，各软件数据互通困难，与项目和企业管理系统集成的软件更少。

5. BIM 技术未来发展趋势

BIM 与大数据、云计算、物联网、GIS 等信息技术集成应用是 BIM 技术的发展方向，以物联网为基础、云计算为手段，实现数据和信息采集、传递、监控，设计、施工、运维管理等各阶段全过程和各专业信息有效顺畅传递与利用，全产业链的数据传递和共享，提升建筑业发展水平。

云计算本质上是用户终端通过远程连接获取存储、计算、数据库等计算资源，在资源分布上包括“云”和“云终端”。将云计算运用在 BIM 技术中，即体现出 PC、手机、平板电脑等设备在 BIM 技术中的应用。将 BIM 模型共享在云端，便于多方进行信息获取，实现了基于 BIM 的信息化。运用便携式设备通过旋转、缩放、隐藏等功能来查看 BIM 模型中的任意部位，实现了对施工现场的管理，远程指导施工、检查和记录施工现场，替代了传统的现场管理方式，可以有效改善工地责任大、监管难的现状。这是信息管理和实时协作的新方式，真正体现了 BIM 的魅力。

随着物联网技术的高速发展，BIM 技术在运维管理阶段的应用也迎来一个新的发展阶段。物联网被称为继计算机、互联网之后，世界信息产业的第三次浪潮。业内专家认为，物联网一方面可以提高经济效益、节约成本；另一方面可以为全球经济的复苏提供技术动力。目前，美国、欧盟、日本、韩国等都在投入巨资深入研究物联网。我国也高度重视物联网的研究，工业和信息化部会同有关部门，在新一代信息技术方面开展研究，已形成支持新一代信息技术发展的政策措施和相关标准。将物联网技术和 BIM 技术相融合，并引入建筑全生命周期的运维管理阶段，将带来巨大的经济效益。

地理信息系统（GIS）是一种通过使用计算机获取大量地理信息并对其进行多样性处理的系统，GIS 技术则是通过这一系统的处理结果来解决实际问题的一种空间信息分析技术，不仅可以有效地管理具有空间属性的各种资源环境信息，对资源环境管理和实践模式进行快速和重复的分析测试，便于制定决策，并进行科学和政策标准评价，而且可以有效地对多时期的资源环境状况和生产活动变化进行动态监测和分析比较，明显地提高工作效率和经济效益，为解决资源环境问题和保障可持续发展提供技术支持。某市政管道项目将 BIM 与 GIS 结合，从方案比选、论证到设计优化、校核、协调，再到施工配合、维护，最后到模型入库，基本实现全过程应用，结果表明，二者优势互补，工程与周边因素融合，效果出色。

除此之外，BIM 还可以与 3D 打印、虚拟现实（virtual reality，VR）技术等工业领域的新兴技术相结合，打通社会全产业链，推动人类社会向“智能社会”全面进步。

6. 国内外 BIM 相关规范标准

BIM 标准是推动我国 BIM 技术落地、快速推广的重要手段，对 BIM 技术进步和国家技术体系的建立有很大作用。BIM 标准对推动 BIM 技术发展的意义分为两方面：一是指导和引导意义，BIM 标准把建筑行业已经形成的一些标准成果提炼出来，形成条文来指导行业工作；二是评估监督作用，BIM 标准可规范工程建筑行业的工作，虽然不能百分百对工作质量进行评判，但能提供一个基准来评判工作是否合格。

目前，BIM 标准很多，但是有 3 个基础标准国内外都认同：IFC，即工业基础类（Industry Foundation Classes，ISO 16739），对应 IT 信息部分；IDM，即信息交付手册（Information Delivery Manual，ISO 29481），对应使用者交付协同；IFD，即国际字典框架（International Framework for Dictionaries，ISO 12006-3）语言。这 3 个标准构成了整个 BIM 标准体系的基本框架。

1）国外 BIM 标准

2004 年，美国就开始编制美国国家 BIM 标准。3 年后，发布了“NBIMS-US 1.0”，即《国家建筑信息模型标准（第一版）》。这是美国首次颁布的完整且具有指导性和规范性的标准，其基于 IFC 数据格式的建筑信息模型在不同行业之间信息交互的要求，实现了建筑信息化并促进了商业进程，对推广 BIM 技术应用起到很大作用。2012 年，在国际协同联盟组织（Industry Alliance for Interoperability，IAI）大会上，Building SMART 联盟发布了“NBIMS-US2.0”。2015 年，又发布了“NBIMS-US 3.0”，主要内容包括 BIM 参考标准、信息一致性标准、信息交换标准、BIM 实践标准。

在英国,多家建筑类企业共同成立了"AEC(UK)BIM 标准"项目委员会。在该委员会的推动下,2009 年"AEC(UK)BIM Standard"出台。目前,该标准为英国国内的行业推荐标准。2015 年,又发布了"AEC(UK)BIM 2.0",主要内容涉及模型、对象、单个组件和模型命名规则。由于标准编写者大都来自一线,所以更利于实践。

韩国政府和机构也大力制定 BIM 标准并推广,2010 年 1 月颁布了《建筑领域 BIM 应用指南》《韩国设施产业 BIM 应用基本指南书——建筑 BIM 指南》《BIM 应用设计指南——三维建筑设计指南》。

2)国内 BIM 标准

相较于国外,我国 BIM 标准起步较晚,2010 年,清华大学软件学院 BIM 课题组提出了《中国建筑信息模型标准框架研究》(CBIMS),主要包括三个方面的内容:数据交换格式标准 IFC、信息分类及数据字典 IFD 和流程规则 IDM。

2016 年,《建筑信息模型应用统一标准》(GB/T 51212—2016)发布。该标准对建筑信息模型应用提出了基本要求,是我国第一部建筑信息模型应用的基础标准,是我国建筑信息模型应用及相关标准研究和编制的重要依据。其内容主要涉及建筑信息模型在工程各实施阶段的建立、共享和应用,包括模型数据要求、应用要求、项目或企业实施要求等内容。

2017 年,《建筑信息模型施工应用标准》(GB/T 51235—2017)发布。该标准是为贯彻执行国家技术经济政策,规范和引导施工阶段建筑信息模型应用,提升施工信息化水平,提高信息应用效率和效益而制定的,适用于施工阶段建筑信息模型的创建、使用和管理。

同年,《建筑工程设计信息模型分类和编码标准》(GB/T 51269—2017)发布。该标准在参考相关美国 BIM 标准分类和编码的基础上,结合我国实际国情进行了一些本土化的调整,整体上在数据结构和分类方法方面与美国基本相同,但具体内容则有所不同。

2018 年,《建筑信息模型设计交付标准》(GB/T 51301—2018)发布。该标准是为规范建筑信息模型设计交付,提高建筑信息模型的应用水平而制定的,适用于建筑工程设计中应用建筑信息模型建立和交付设计信息,各参与方之间和参与方内部信息传递的过程。

同年,《建筑信息模型制图标准》(JGJ/T 448—2018)发布。该标准是为规范建筑工程设计的信息模型制图表达,提高工程各参与方识别设计信息和沟通协调的效率,适应工程建设的需要而制定的,适用于新建、扩建、改建的民用建筑和一般工业建筑设计的信息模型制图。

2021 年,《建筑信息模型存储标准》(GB/T 51447—2021)发布。制定该标准的目的是规范建筑信息模型数据在建筑全生命期各阶段的存储和交换,保证数据存储与传递的安全,主要技术内容包括总则、术语与缩略语、基本规定、核心层数据模式、共享层数据模式、应用层数据模式、资源层数据模式、数据存储与交换。

此外,一些地方 BIM 标准也已经发布执行,例如北京市地方标准《民用建筑信息模型设计标准》(DB11/T 1069—2014),已于 2014 年 9 月 1 日正式实施;上海市工程建设规范《建筑信息模型应用标准》(DB/TJ 08-22-2—2016),已于 2016 年 9 月 1 日正式实施。

20.1.2 BIM 技术在输配水工程中的应用

1. BIM 技术在输配水工程中的应用概述

基于 BIM 技术具有协同设计、信息共享等无可比拟的优势,现今 BIM 已被越来越多地应用在各类工程项目中。尽管其在输配水工程中的应用还很少,目前只是在少数泵站工程、市政管道和综合管廊方面等有部分应用,但已经有很多机构或单位开始在这一领域进行研究和尝试。

在输配水工程的设计阶段, BIM 技术可用于工程选址、管道选线、主要建(构)筑物选型、地质和场地仿真分析、各专业模型构建、结构平立剖面检查、碰撞检查、三维管线综合、工程量统计等。BIM 技术所实现的各专业的可视化协同联动设计,能有效减少设计冲突与误差,提高图纸会审的便利度和效率,缩短设计周期。同时,水闸、泵站等闭合性要求高,统一的 BIM 设计模型可以提供完整的工程信息,加深对工程全貌和重点、难点的分项工程的研究和理解。BIM 技术所具有的三维可视化模拟功能,还能提前预测水闸、泵站启闭方案是否合理,便于制定最优的启闭方案。

在施工阶段, BIM 技术的应用同建筑类工程基本一致。借助设计阶段提供的信息化实体模型, BIM 技术可以进行多维施工分析,模拟设计工程的施工场地和施工过程等,例如施工方案模拟、虚拟进度和实际进度比对、三维施工场地布置、施工资料管理、施工安全管理、施工质量控制、施工成本管理、复杂节点安装模拟、预制构件加工、竣工模型构建等。这极大地提高了读图的效率,提升了施工质量与效率,减少了施工环节人力资源、物质资源的浪费,有效提高了施工场地运行效率和安全性。

输配水工程在建设竣工后,水闸、泵站、管网等的管理单位希望各种设施设备都处于安全和高效的运行状态,实现防汛安全和经济利益的统一,这一阶段本质上也是 BIM 技术应用最具价值的阶段。这一阶段 BIM 技术可以用于空间管理、运营系统建设、资产管理、主要工点视频监控、设备运行管理、设施维修养护管理、应急事件管理、水位等安全监测、设施设备虚拟检修等。在这一阶段,利用 BIM 技术建立完备、准确的设施设备状态信息库,便于管理;掌控项目的不同工况条件下的运行状态,实现空间、资产、人员管理和应急管理等业务化管理的优化,提高工程的效率和效益,实现社会效益增值。同时,也便于行政管理部门同步实现相关设施设备生产和安全的预防性监管。

2. BIM 技术在泵站项目中的应用

泵站项目在建模方面基本与民用建筑相似,但是工艺和设备专业的族库需要一定时间的积累,在此以上海市沈杜泵站项目为例进行说明,如图 20.1 所示。

图 20.1　上海市沈杜泵站效果图

1)设计阶段

在该项目的设计阶段,BIM 技术可以实现正向设计、冲突检测和三维管线综合等。

Ⅰ. 基于 BIM 的正向设计

BIM 技术在设计中应用的初衷是直接在三维环境中进行设计,利用三维模型和其中的工程建设所需要的相关信息自动生成所需要的图档,并应用于工程建设的整个阶段,这个过程就是 BIM 正向设计。实际上,这也是设计手段的最终发展阶段。

在该项目中进行了 BIM 正向设计的尝试,建筑和结构两个专业的设计方案、初步设计和施工图设计全部在三维模型的基础上完成,实现了完全的正向设计。由于出图时间的要求和技术的限制,其他专业的模型是基于二维图纸的后 BIM 应用,如图 20.2 所示。因此,在该项目中涉及基于 BIM 的协同设计和二维与三维之间的设计协调工作。虽然没有实现全专业的 BIM 协同设计,但是目前这种混合工作模式代表了一种现状,有一定的参考价值。

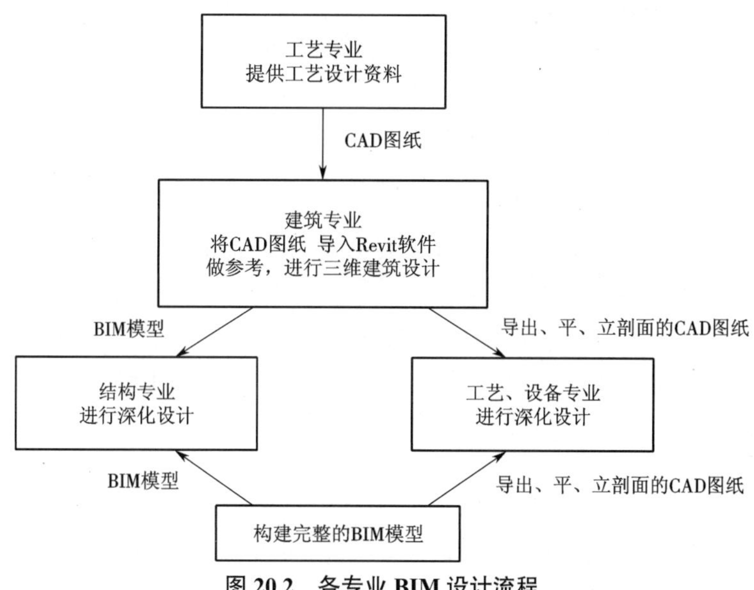

图 20.2　各专业 BIM 设计流程

Ⅱ. 冲突检测和三维管线综合

在 BIM 应用的过程中,一般在设计阶段和施工前均需要进行碰撞检测和管线综合检查,设计阶段的管线综合检查只针对设计图纸,而设备选型的确定需要在施工阶段完成,因此在施工前还要进行二次管线综合检查。

但因为该项目是 EPC(engineering procurement construction,工程总承包)项目,设备厂家可提前介入,总承包单位可提前确定设备选型,根据实际使用的设备构建族(族是 BIM 软件中组成项目的单元,同时是参数信息的载体,是一个包含通用属性集和相关图形表示的图元组),因此只需要在设计阶段进行碰撞检测和管线综合检查,提高了工作效率。

基于构建的各专业 BIM 模型,通过 Navisworks 软件进行各专业之间的碰撞检测,设定碰撞检测的原则,利用软件检查发现模型中的碰撞,并进行记录。根据碰撞检测的结果,各专业进行协调并修改设计。涉及多个专业时,需要通过协调会解决。在完成设计修改后,再次进行碰撞检测,直到问题得到最终解决。在完成碰撞检测后,最终的模型将进行阶段性保存,并整理二维图纸,生成施工图纸。

2)施工阶段

在该项目的施工阶段，BIM技术可以实现模型变更管理、费用管理、质量管理、进度管理、安全管理等。

(1)模型变更管理。为确保项目BIM技术的实际应用,施工现场的工程师可以根据相关变更流程及时对BIM模型进行调整并出具相关变更手续,确保竣工BIM模型的可追溯性。按流程完成变更并对模型进行调整后,系统将对本次变更的系列过程资料予以记录，并保留完整的变更前后模型对比。同时,将变更记录一并纳入运维系统,确保运维人员掌握在建过程中的项目变更内容。

(2)费用管理。BIM模型的工程量统计功能可以辅助进行工程费用的控制。Revit软件的统计功能,对工程桩、门窗、暖通管道等进行工程量统计,同时可以以此为基础,结合成熟的造价软件进行造价分析。

(3)质量管理。在质量管理方面,该项目结合BIM技术采取了多种质量管理措施,并进行了多种尝试。其中包括利用BIM技术对复杂的施工方案进行模拟,指导施工人员施工;对复杂的节点,利用BIM模型向施工人员展示和介绍、传达设计意图;将移动设备带至施工现场,以方便结合设计模型和图纸进行现场指导;将先进的测量设备带至现场,辅助施工放线等。

(4)进度管理。通过对BIM技术的应用,可以更直观地展示项目进展情况和工程成本,同时通过项目管理平台对计划情况与实际情况进行类比,能够提前预警进度滞后和费用超支情况,确保项目在受控范围内,实现管理目标。

(5)安全管理。可以通过BIM技术建立施工场地模型和施工脚手架模型,做好施工安全方案,结合现场视频监控进行施工现场的安全管理。

3)运维阶段

在泵站运行维护及管理阶段,可以基于BIM信息模型建立项目运维管理系统,进而实现三维浏览、设备管理、运行监测、工程管理等功能,也可以通过BIM模型与GIS模型的结合形成项目管理平台,使项目数据可视化,信息展示更加直观,进而实现项目信息关联查询、配套设施和设备智能化运行管理、对泵站出入口进行人流统计等功能,提高泵站运维管理水平和管理效率。

在该项目的实施过程中，BIM建模覆盖建筑、结构、暖通、排水、给水、电气等全专业设计内容。同时,经过对施工过程的优化和调整,将完整的竣工BIM信息模型延续至项目运维阶段,方便管理,为项目管理平台获取项目全内容数据模型打下扎实的基础。

Ⅰ.基于BIM的项目管理系统

基于BIM的运维管理系统采用一个支撑三级应用的架构,以BIM和5D数据库作为整个系统的支撑,负责BIM模型转换入库和泵站运维的5D(空间+时间+内容)数据的存储。

(1)感知层:通过视频监控、物联网等手段采集泵站运行过程中产生的所有数据。

(2)通信层:将感知层采集到的数据传输到BIM平台存入5D数据库,同时将系统报警信息通过移动互联网推送到用户手机。

（3）应用层：使用 BIM 支撑平台和感知层采集到的数据，向用户提供三维浏览、设备管理、运行监测、工程资料管理等功能。

Ⅱ . BIM+GIS 的平台设计

可以根据泵站的实际位置，将泵站 BIM 模型无缝集成到平台的 GIS 环境中，在平台集成三维模型的同时，也可以将建模过程中所录入的几何、类型等所有属性一并导入，自动形成关联，从而可以实现设计和施工信息与运维阶段信息的共享。通过 BIM 模型与 GIS 模型的结合，利用统一的数据标准，可以实现地理设计和 BIM 结合，项目管理人员在运维阶段可以对项目周边的道路、管线、建筑环境等模型进行直观、可视化的浏览和漫游，如图 20.3 所示。

图 20.3　基于 BIM 与 VR 技术的泵房漫游

Ⅲ . 项目信息关联查询

基于 BIM 的项目管理系统，所有信息可以形成一个闭合的信息环。通过选择相关模型，可以快速查询与其关联的所有信息和文件，这些文件包括图纸、附件、维护维修日志、操作规程等。同时，也可以通过查询图纸等信息，定位到与之相关联的所有模型构件。闭合的信息环为运维人员掌握和管理所有的设备和日常运维信息提供了高效的管理手段。

此外，运维管理平台系统可以与监视监控系统相结合，开发用于读取泵站自动化运行系统监控数据的数据库软件平台，将各种设备的工作状态信息及时反馈到项目管理系统中，实现对泵站项目各种配套设施和设备的智能化监控。

Ⅳ . 设备运行智能化监测

通过 BIM 模型可以整合泵站自动化运行监控系统的监控数据，将设备工作状态信息及时反馈到 BIM 平台，实现对泵站项目中配套设施和设备的智能化监控，如图 20.4 所示。在 BIM 模型中可以随时查看设备的设计参数、工作状态、维护预案、维护记录、维护路径等信息，当设备发生故障时，可以通过 BIM 模型快速、准确地对故障设备进行三维定位，帮助维护人员快速分析故障原因，调用并显示相应的解决方案分类提示。

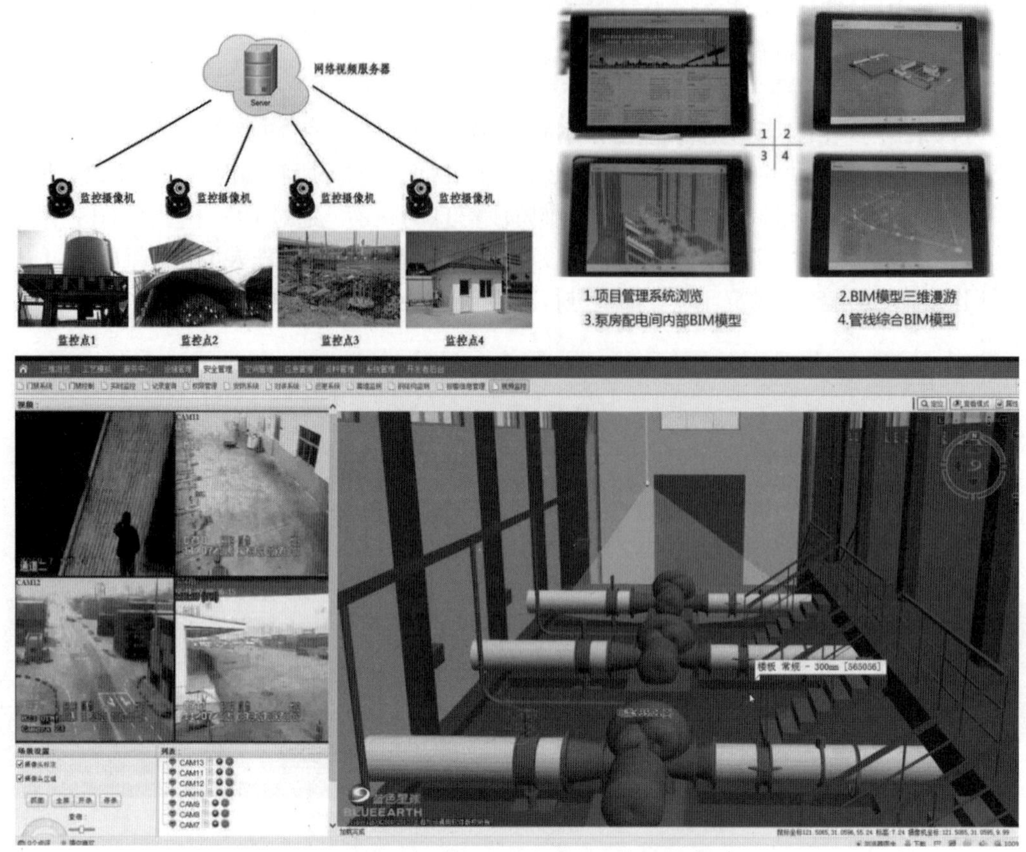

图 20.4 沈杜泵站 BIM 技术远程移动端监控

3. BIM 技术在管廊项目中的应用

综合管廊工程往往体量大、专业多、施工组织复杂,无论是设计阶段还是施工阶段都极易碰到意外变化。传统方法往往需要将图纸一改再改,现场一再出现设计变更,使得施工进度缓慢,施工效率低,施工期一再延长。而 BIM 技术借助其可视性、协调性、模拟性、优化性等特点,能够显著提高设计图纸的准确率和施工效率,使工程设计、建造等环节更加经济、高效,这就使得 BIM 技术在管廊工程设计中被广泛关注。

1)设计阶段

在设计阶段, BIM 技术可用于场地分析,如可结合工程周边地形、建筑等信息进行场地仿真,梳理项目沿线的各类边界条件,可将规划控制线,土地权属相关信息,建筑、构筑物分布图,已有管线、高压线等信息导入 BIM,使方案避让更易判断,减少冲突,为工程决策提供重要依据;通过方案设计、建模方案比选,展示本工程的道路、管线、管廊模型,为项目决策提供可视化工具。

例如,某市地下综合管廊Ⅱ标段项目,在规划阶段,利用 BIM、无人机航拍、GIS 等技术对管廊区域内的场地进行分析和地形建模,提供虚拟踏勘平台。在设计阶段,将场地模型与管廊模型合成,统计并比较不同方案的土方量,进行管廊方案比选;同时,在三维空间中对管廊、管线、道路进行错、漏、碰、缺检查;最后,通过剖切得到二维图纸,分专业进行工程量统计,并插入图纸形成完整的施工图。

2)施工阶段

通过延用设计阶段的数据模型,或者通过开发信息共享接口,可以将设计过程中建立的 BIM 应用于施工过程模拟与管理,从而充分利用已有的设计阶段结果,将设计阶段的信息与施工阶段的信息有效地结合,充分发挥 BIM 带给管廊工程施工的技术变革和提升。此外,通过基于 BIM 的施工阶段的模拟可以掌控施工进度,科学、有效地进行施工组织。

例如,在上面提到的项目的施工阶段,基于 BIM 三维可视化技术,提前对施工场地布置进行三维立体策划,可有效避免二次搬运和事故发生;同时,设计阶段模型在 BIM 平台进行施工方案模拟优化,可实现施工进度的科学管理和工程成本的科学管控;可视化技术交底,消除传统施工交底的沟通障碍;此外,利用二维码技术,将构件属性、过程管理、验收资料、现场人员 / 材料 / 机器设备、企业文化等信息归于二维码中,通过用移动终端扫描二维码反馈各类信息,实现工程管理信息化。

3)运维阶段

在运维阶段,将 BIM 与 GIS、管控平台(图 20.5)相结合,可以真正实现管廊数据的全生命周期传导,构建信息化、规范化、三维可视化的管廊运维管理体系,实现数据传导、三维可视化、互动展示、仿真培训等。

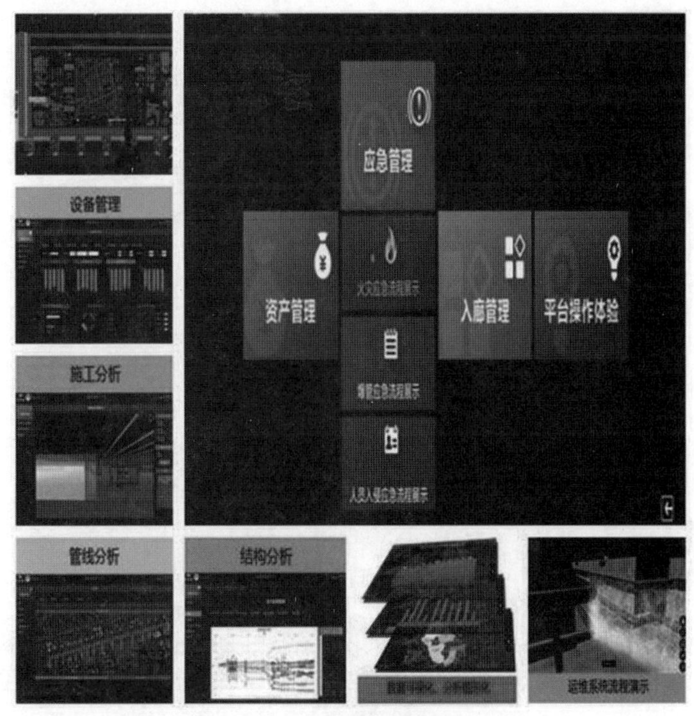

图 20.5　综合管廊智慧管控平台

(1)数据传导。以 BIM 数据库为基础,构建涵盖综合管廊全生命周期的数据中心,通过智慧管廊管控平台,实现与监控中心的信息联动,动态反映综合管廊的实时数据。

(2)三维可视化。基于 BIM 三维模型的动态数据,结合 GIS、环境检测、人员定位、结构检测、管线检测等技术,实现对廊体、附属设施、入廊管线、廊内人员的三维可视化管理。

(3)互动展示。基于 BIM 模型,结合 GIS、移动互联、人体工程学等专业技术,将各种专业数据融合,建立图形化、数字化的运维管理汇报展示系统,并应用在管廊参观段的观摩展示。

(4)仿真培训。基于 BIM 三维模型,结合虚拟现实技术,可实现虚拟场景下的廊内漫游和针对管廊运维管理人员的仿真培训。

20.1.3 BIM 技术应用实例

本节就如何在实际工程项目中应用 BIM 技术进行举例说明。所选工程位于营口港仙人岛港区，BIM 技术用于 30 万吨级原油码头工程中的水域管廊项目设计。该管廊项目涉及专业众多,包括给排水专业、暖通专业、电控专业、油工艺专业、结构专业、土建专业等。在此主要就 BIM 技术在管廊设计阶段中的应用,尤其就管道专业模型的搭建、各专业模型间的碰撞检查进行重点讲解。

利用 Revit 软件绘制完成的给排水专业管道模型图和码头工程整体模型图设计阶段部分成果图如图 20.6、图 20.7 所示。具体设计过程和需考虑的要点等详情请扫描【二维码 20-1】。

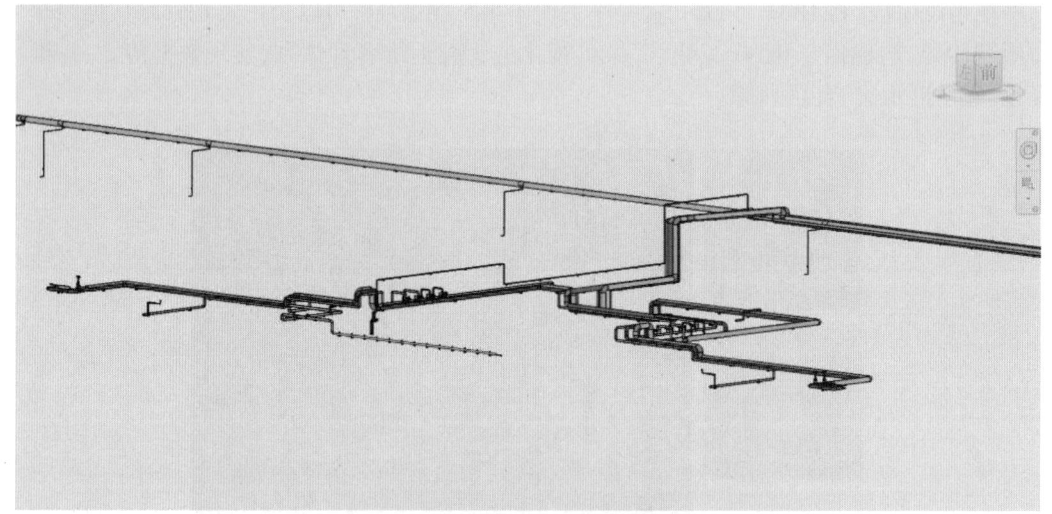

图 20.6 给排水专业管道模型图

图 20.7 码头结构成果图

【二维码 20-1】

20.2　物联网与智慧水务

20.2.1　物联网概述

物联网是在计算机互联网的基础上，利用 RFID、无线数据通信等感知和通信技术构造的一个覆盖世界上万事万物的“internet of things”。本质上，物联网是通信网和互联网的拓展应用和网络延伸，它利用感知技术与智能装置对物理世界进行感知识别，通过网络传输互联进行计算、处理和知识挖掘，实现人与物、物与物的信息交互和无缝连接，达到对物理世界实时控制、精确管理和科学决策的目的。概括来说，物联网就是物物相连的互联网。这有两层意思：其一，物联网的核心和基础仍然是互联网，是在互联网的基础上延伸和扩展的网络；其二，其用户端延伸和扩展到了任何物品与物品之间，进行信息交换和通信，也就是物物相息。

物联网是在通信网络的基础上，针对不同应用领域，利用具有感知、通信和计算功能的智能物体自动获取现实世界的信息，并将这些对象互联，实现全面感知、可靠传输、智能处理，构建人与人、人与物、物与物互联的智能信息服务系统。物联网结构主要由三个层次组成，即感知层、网络层和应用层，此外还包括信息安全、网络管理等公共支撑技术。

感知层是物联网的最底层，其功能为“感知”，即通过传感网络获取环境信息。感知层主要分为两个层面：①数据采集，主要是用于数据采集的智能感知设备，这些设备能够自动感知外部物理信息，包括 RFID、传感器、多媒体终端等；②数据处理，主要是各种终端的网络接入和信息处理。随着终端设备性能的日益增强，感知层在整个物联网结构中所承担的任务越来越多，很多原先在服务端的工作开始逐渐下沉到感知层来执行。

网络层位于物联网三层结构中的第二层，其功能为“传送”，即通过通信网络进行信息传输。网络层作为纽带连接着感知层和应用层，它由各种私有网络、互联网、有线和无线通信网等组成，相当于人的神经中枢系统，负责将感知层获取的信息安全、可靠地传输到应用层，然后根据不同的应用需求进行信息处理。物联网的网络层基本上综合了已有的全部网络形式来构建更加广泛的“互联”。每种网络都有自己的特点和应用场景，互相组合才能发挥出最大的作用，因此在实际应用中，信息往往经由任何一种网络或以几种网络组合的形式传输。

应用层分为物联网中间件和物联网行业应用两部分。物联网中间件位于下层，实现感知硬件和应用软件之间的物理隔离和无缝连接，海量数据的高效汇聚、存储，通过数据挖掘、智能数据处理计算等，为物联网行业应用提供安全的网络管理和智能服务。物联网行业应用位于上层，为不同行业提供物联网服务，可以是智慧水务、智慧医疗、智能交通、智能家居、智能物流等，主要由应用层协议组成。不同的行业需要制定不同的应用层协议，根据各应用场景和工艺形成适合该垂直市场的客户的各种应用，其中智慧水务是物联网应用中很典型的场景。

20.2.2 智慧水务

1. 智慧水务概述

随着水资源短缺和水环境污染等问题的日渐突出，在物联网、云计算、大数据、移动互联网等新一代信息技术的推动下，智慧水务应运而生，而且成为传统水务转型升级的重要方向。智慧水务是通过数采仪、无线网络、水质水压表等在线监测设备实时感知城市供水、排水系统的运行状态，采用可视化的方式有机整合水务管理部门与供排水设施，形成“智慧水务系统”，对海量的水务信息进行及时分析与处理，并提出相应的处理结果辅助决策建议，以更加精细和动态的方式管理水务系统的整个生产、管理和服务流程，从而达到“智慧”的状态。图 20.8 所示为智慧水务系统一览图。

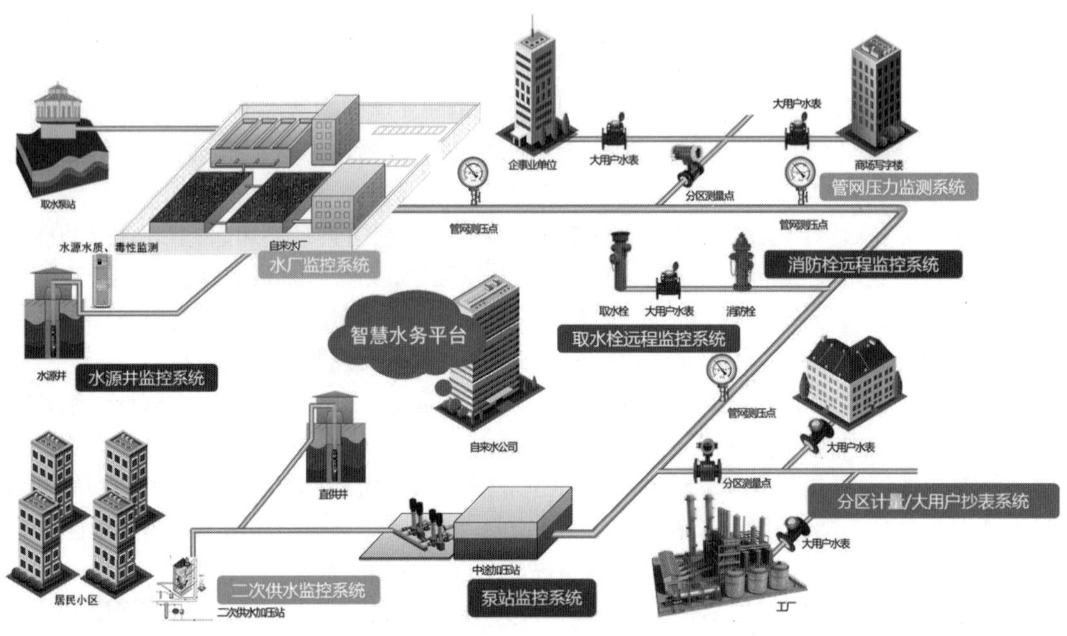

图 20.8 智慧水务系统一览图(【二维码 20-2】)

构建集水源监管、城市供水、排水、污水处理、水资源回收利用和水环境保护于一体的“智慧水务”运营管理平台，实现水务全产业链的协同化管理。

利用物联网和新型传感器等技术实时、自动采集水资源流动全过程涉及的基础数据；对城市水源、供水管网、水厂、泵站、污水处理厂等涉水区域进行全网监测；对液位、压力、流量、温度、水质等异常情况进行及时报警，并对管网漏损进行监测管理。

实现水厂生产调度管理，根据用户需求量和历史数据分析预测用水负荷，有效指导生产计划，确保城市安全、有序供水，提升用户满意度。

实现涉水区域全过程水质的动态监测；制定源头水、饮用水、排污水、回收利用水等不同类型水的质量检测指标，对未达标的情况，系统进行报警，并对相关水域进行隔离、查找原因、解决问题，从而保证和提高水质。

基于 GIS 系统，整合城市供水管网、泵站、水源地、排污口等基础数据资源，实现“智慧水务”调度指挥管理与决策的可视化；同时，实现 GIS 与视频监控的集成与联动，为应急处理提供方便。

针对泵站、曝气池、蓄水设施等重点能耗单元，进行能源数据的自动采集、实时监控，并对能耗进行动态分析、优化控制；通过对能源数据的统计分析，实现企业能效分析和负荷预测；基于水务能耗模型，实现能源平衡与优化，促进节能降耗。

对水务相关的设备设施，实现档案、维护保养、检维修、检定、报废等全生命周期的管理；实现智能设备的互联、互通、远程管控与运维；对设备的运行状态、执行效率、能耗情况等进行实时跟踪与监控、分析与优化，从而提高设备的综合能力和应用效率。

构建“智慧水务”应急调度指挥系统，实现集安全事故、应急预案、资源调度、模拟仿真于一体的可视化、数字化安全应急管理，通过涉水区域流程图、GIS 跟踪、视频监控、移动应用等多种方式，实现安全应急事件的动态感知、智能分析与辅助决策，提高水务应急调度管理能力。

构建“智慧水务”大数据平台，对水务相关信息进行深度挖掘与统计分析，构建水力动态模型，为合理调配水资源、准确预测供水趋势、及时预警水污染等提供数据支撑，实现智能化、科学化决策。

构建城市水务门户平台，支持平板电脑、手机终端，用户可以随时随地查询水务公共信息，跟踪用水量，还可以预约相关服务，反馈异常和问题，提高办事效率和服务质量；水务相关调度人员和领导可以随时随地监控、处理业务，提高应急事件的响应速度。

2. 智慧水务规划和设计应遵循的基本原则

（1）高可靠性：应选用符合工业级标准的成熟定型产品，系统具有自诊断与容错功能，计算机辅助诊断与修复功能，抗干扰和防雷措施；适当设计硬件、软件和网络的冗余功能；可以独立运行，即当部分设备发生故障或通信中断时，其余的设备可以独立完成其基本任务；力求成为免维护或少维护系统。

（2）实用性：系统应具有优秀的人机界面、全功能汉字处理和显示功能、生动的图像控制技术；采用通用的计算机和通信软件；发生故障时有显示和声光报警，操作方便。

（3）开放性：系统应为开放式结构，应用软件均采用模块化结构设计，具有可扩展性。

（4）先进性：应充分利用当前先进、实用的技术手段，采用成熟的设计方案，选用成熟的硬软件产品，在系统设计上可考虑一定的前瞻性。

（5）安全性：系统环境必须严格遵循国家信息系统安全防护规范，注重权限管理、安全隔离等措施，构建边界防护、网络防护、主机防护、应用防护等多层面的立体安全防护体系，确保系统安全，尤其是控制功能的应用安全。

（6）经济性：系统设计应以应用需求为依据，可适当超前，选择性价比最优的系统配置方案。

3. 智慧水务建设项目的立项工作应符合的规定

（1）在项目立项前期，建设单位应提出项目建议书。项目建议书应包括以下基本内容：

①项目建设的必要性和依据；

②项目建设内容、实施条件和实施方案的初步设想；

③预计工期、投资估算和资金来源；

④经济效益和社会效益的初步评价。

（2）供水信息化系统建设项目应进行可行性研究。可行性研究报告应包括下述内容：

①编制依据、编制原则、工程范围、采用的主要规范和标准；

②项目的现状和存在的问题，项目建成后预计达到的效果；

③项目建设目标，整体方案分析，建设规模，工期安排；

④采取的技术路线，技术方案的论证，不同技术方案的比较和推荐方案；

⑤效益（社会和环境）分析，包括投资估算、财务分析、效益（利润、环境保护、安全生产等）分析；

⑥投资估算和资金筹措计划；

⑦项目实施工期和进度计划；

⑧结论、建议和待解决的问题；

⑨项目可行性研究报告的附图，应包括各方案的系统框图、方案比较示意图表等。

（3）建设单位可委托第三方具有相应资质的咨询机构，或组织专家委员会对项目可行性研究报告进行审查、核实和评价，并给出决策意见。

4. 智慧水务建设项目的设计工作应符合的规定

（1）应根据批准的可行性研究报告进行初步设计。设计文件应满足项目投资概算、编制设备采购招标文件和施工准备等工作的要求。其中应包括以下内容：

①设计说明书；

②设计图纸，应包括系统的总体结构图、各子系统的结构图、网络的拓扑结构图、仪表配置图、I/O 信号表、设备和主要材料的规格和数量表；

③工程概算书，应由编制说明、概算表和经济分析三部分组成。

（2）应根据批准的初步设计进行施工图设计。设计文件应满足施工招标、施工安装、材料设备订货、非标设备制作、编制施工预算的要求，并作为工程监理和验收的依据。其中应包括以下内容。

①施工图设计说明书。

②施工图，总体结构图；设备平面布置图、安装图；配电系统安装图、接线图；电缆清册；I/O 信号表和端子接线图；防雷系统安装图；各类仪表的安装图、接线图；人机界面的设计图；控制回路逻辑流程框图和相关工艺说明。

③工程预算书。

5. 智慧水务应包含的基本专业业务信息系统

（1）智慧水务业务系统：

①办公信息化系统（由内网门户网站、数据中心、办公系统等构成“供水信息一体化综合管理平台”）；

②客户报装系统；

③查表和营业收费系统；
④呼叫中心系统；
⑤输配水、排水管道地理信息系统（GIS）；
⑥漏损控制系统；
⑦设备与资产管理系统；
⑧厂站自动化系统（DCS）；
⑨供水中心调度系统（调度 SCADA、供水管网水力模型）；
⑩水质信息管理系统（水质模型、LIMS）；
⑪ 辅助决策系统；
⑫ 企业网站；
⑬ 企业网络和网络安全系统。

（2）对已建的供排水信息系统进行升级改造或新建信息系统，应保证互联互通和信息共享。

（3）应对各个孤立运行的信息系统进行整合与集成，宜利用物联网、云计算、大数据等新的信息技术，实现各信息系统的互联互通、信息共享和智慧应用。

（4）供排水企业各专业业务信息系统之间信息共享，在全面整合集成平台化前，可建立通信接口获取关联信息。

6. 智慧水务信息系统的架构

智慧水务信息系统宜由数据采集层（物联感知与网络通信）、数据及服务支撑层、应用层和展示层“四个层次”，信息安全保障、标准规范和建设管理“三个体系”构成，如图 20.9 所示。

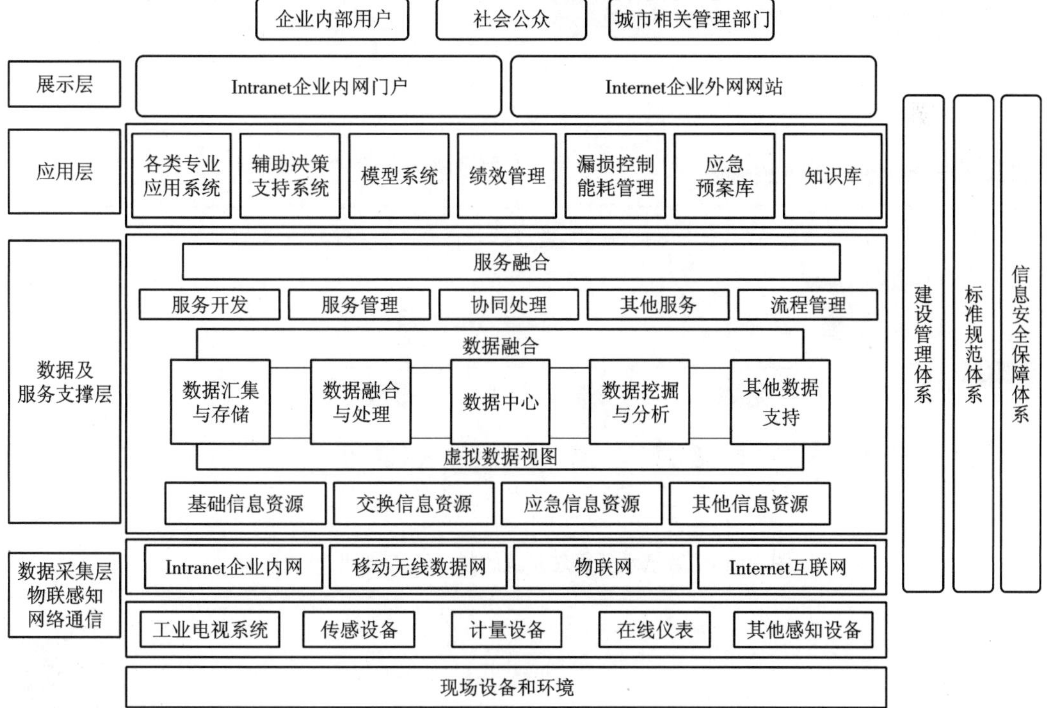

图 20.9　智慧水务信息系统的架构

其中,“四个层次”的基本功能应符合下列规定。

(1)数据采集层应具备数据的感知采集和网络通信功能,宜以物联网技术为核心,通过各类传感技术、检测设备、视频监控等技术手段,按需、稳定、可靠地获取供水过程的基础数据。各专业应用系统的数据可通过系统骨干网获取。

(2)数据及服务支撑层应具备对来自数据采集层和各专业业务系统的异构数据进行融合、集成、清洗、转化、加载的功能,建立统一的数据中心,为数据挖掘和分析提供基础和保证。宜以云计算和大数据技术为核心,结合传统数据仓库技术、数据挖掘技术、统计分析等实现全结构数据的统一存储、分布式部署、集中分析、高效访问、统一决策,为决策支持提供辅助服务。

(3)应用层应涵盖在数据采集层、数据及服务支撑层的基础上建立的各专业业务应用系统,具备为企业内部用户、社会公众、城市相关管理部门等提供整体的信息化应用和服务的功能。

(4)展示层体现在企业内网门户、企业外网网站,可在移动终端、移动APP展示。

7. 智慧水务管理系统的架构

典型的智慧水务管理系统的架构如图20.10所示,其可分为省市级平台、区县级平台和现场管理级平台三部分。智慧水务管理系统可根据当地的实际需求,在图中所示结构的基础上灵活选择少于或多于三级的系统拓扑结构。特大城市的供水系统可根据实际需要,将专业应用系统或过程控制自动化系统细分为二级,采用四级结构;中小型城市的供水信息系统可将三级合并,采用二级结构。

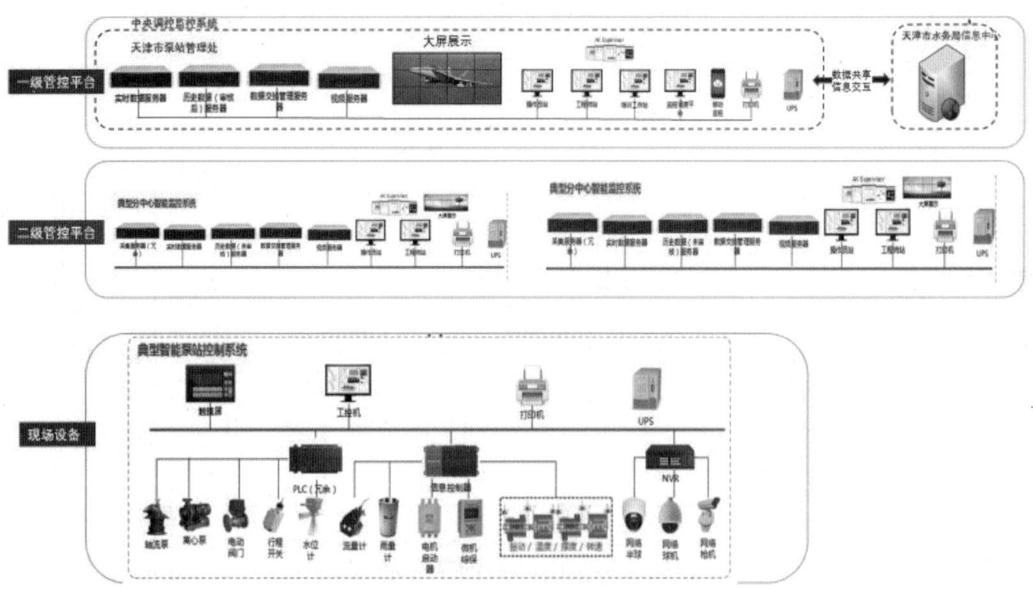

图 20.10 智慧水务管理系统的架构(【二维码 20-3】)

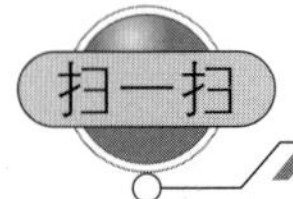

【二维码 20-3】

20.2.3　物联网在智慧水务中的应用案例

当前智慧水务在城市中的应用主要包括水厂的管理、供水管网的监控、泵站的管理和排涝管理等。这里以一个基于 Niagara 物联网框架技术的城市级排涝泵站智慧管理系统为例介绍物联网在智慧水务中的应用。

1. 项目建设的背景

该项目建设范围包括纳入全市排涝体系的主要大中小型泵站和泵站管理中心、8 个分中心。包括泵站管理处，18 座排涝泵站全部进行信息化整体更新改造，新城区 17 座排涝泵站的信息接入，搭建市级排涝指挥调度中心平台，通过项目建设实现各泵站现地、监控分中心、排涝指挥调度中心三级监控与管理，最终在排涝指挥调度中心实现对以上所有泵站信息的远程动态监视和运行调度，同时为后续泵站的接入预留接口。

该市排涝泵站智慧管理系统是建立在市水务局、市泵站管理处、各区水务局等已有信息资源的基础上，通过系统深度整合、业务流程再造、资源充分利用等方式打造的一个涉及市水务局多项业务的“大平台”。

围绕该项目建设目标，本次项目建设的任务主要包括通信传输网络完善、中心城区 18 座排涝泵站自动化改造和排涝中心调度控制系统建设、新城区 17 座排涝泵站的信息接入、市级排涝泵站智慧管理系统建设、安全应急备份系统建设、泵站智慧调度辅助决策系统建设等 6 个方面的内容。

2. 项目现状

经过近几年排涝泵站建设与自动化改造项目的实施，全市排涝信息化水平有了长足的进步，在全市雨污水抽排、排涝抢险等工作中发挥了重要作用。

1）泵站自动化

城市排涝调度中心为中心城区泵站抽排调度的枢纽，配备有气象预报接收系统、雨量计量系统、泵站远程信息收集系统等重要软硬件设备。

在自动化建设方面，各泵站建设内容不统一，分别建设了泵站计算机监控系统、视频监控系统、管理信息系统、传输系统，通过中控室实现了泵站的自动化控制，但各系统间无法交互。

2）通信传输网络

目前已初步建成水务业务网，形成了核心交换区、数据中心区、网络管理区、楼层终端接入区、对外应用服务区、办公终端接入区、综合视频监控平台区、网络内联区、其他单位互联区、网络外联区 10 个区域，详见图 20.11。

通过自建和租用电信 MSTP 专网，实现了与区水务局、区级水务管理单位、直属二级单位、总段及泵站节点和大中型水库节点的互联互通，为该项目相关单位数据共享交换、视频会商、联控联调等提供了安全、稳定的通信传输保障。在对外应用服务区，通过 DMZ 区实现了与现地数据采集终端的数据传输，为后续排涝泵站现地监测监控数据和监控视频的汇集提供了建设条件。

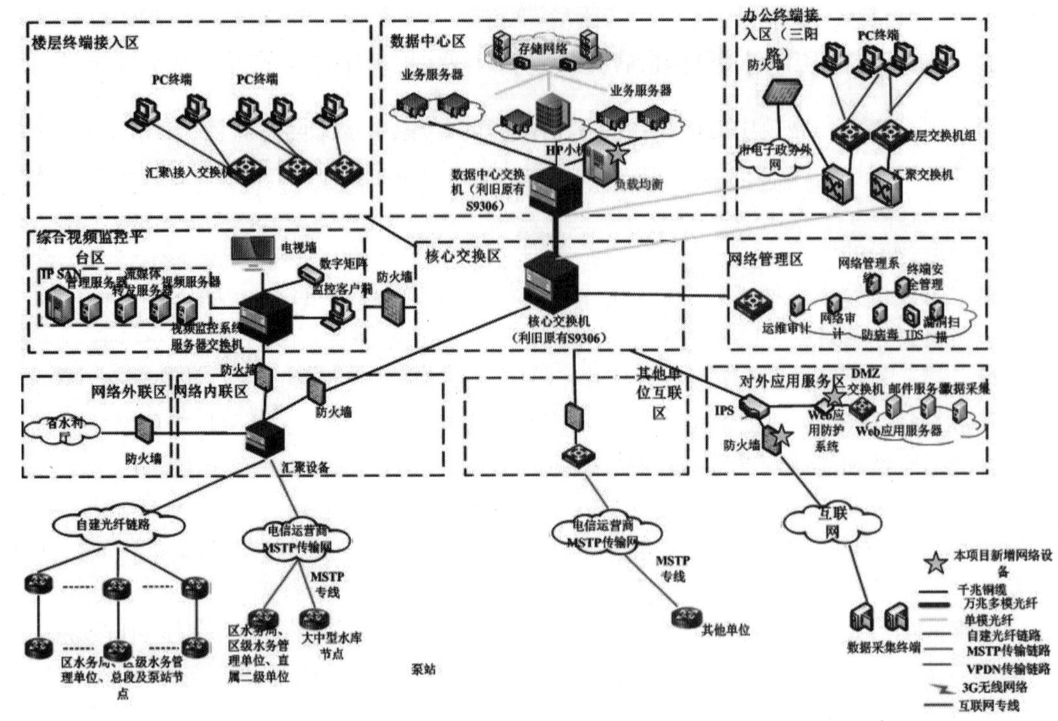

图 20.11　水务业务网现状拓扑图(【二维码 20-4】)

经过对该水务排涝系统现状的分析，现有系统的问题主要表现在以下方面。

Ⅰ. 基础运行环境不够完善，缺乏数据统一管理机制

目前，该市水务局尚未建立统一的数据中心，服务器、存储器、网络资源分散放置，未能实现基础设施的集约化管理和资源的按需分配；数据分散存储，资源整合程度较差，未形成“一数一源”的存储与更新机制；尚未实现与局外部相关单位的数据共享交换，信息开发利用程度不高，同时全市尚未建立泵闸综合调度平台，无法满足水环境的科学调度、优化调度和精细化调度管理的需要。

Ⅱ. 业务系统分散，资源整合程度不高

该市水务局早期信息化建设基于不同需求陆续提出，没有统一梳理与规划，各系统根据不同部门的业务需求独立建立，系统之间技术标准不统一，数据相互独立，无法共享，信息孤岛严重。随着该市水务局业务的深入开展，各部门间将产生更多的数据共享需求，亟须进行系统资源的整合，通过数据接口实现系统之间数据的流转，通过门户进行信息的统一发布。

Ⅲ. 管理模式存在薄弱环节，信息化程度不足

目前，该市水务管理由该市水务局负责，日常工作多依靠人工巡查检查、值班人员上报报表等方式进行，具有一定的滞后性，难以及时、有效地管理好水务工作，信息化程度不高。具体体现在以下几方面。

(1)数据维护方面,目前依靠人工简单纸质文件记录与管理,采集的数据格式不统一,不能及时更新并统一存储,缺乏高效数据更新机制,需要建设数据接收处理系统,利用数据库对资料进行统一保存和管理。

(2)设备维护方面,设备维护的数量多、类型多、周期长,完全依靠人工纸质记录与管理,工作量大、效率低,亟须建立设备维护管理信息系统代替人工管理,提高设备维护的精细度和效率。

Ⅳ.工程调度以人工经验为主,调度决策缺少辅助决策系统支撑

该市经过数十年的水利建设,形成了以长江堤防、泵闸为主体的城市中心区水利工程体系。目前,各工程调度仍依靠人工发布指令、人工操作工程设备的方式实现,自动化程度与水利现代化的要求存在差距;该市水务局无法全面及时掌握河道水位、工程运行情况,调度指令发布存在延时性,调度方案缺少辅助决策系统支撑,因此亟须建立重点工程运行状态监控系统,并结合河道、管网水位监测信息,通过建立城市河网与管网耦合模型来实时模拟不同降雨条件下城市河道水位、流量、低洼地带积水情况等,为城市防洪减灾调度提供调度预案参考,从而辅助决策,过到实时调度、精细调度、科学调度的目的。

Ⅴ.保障体系尚不健全,维保和应急能力不足

由于水务信息化建设是一项技术性、兼容性、渗透性都很强的复杂系统工程,对组织协调和技术队伍保障要求很高。随着水务信息化资源的不断整合,信息化维护工作量成倍增加,但全系统的网络安全仍存在漏洞,应用安全隐患凸显,缺少内容级安全管理。信息化建设和管理缺乏协调,信息化运行维护和安全管理体系尚不完善,信息化资源效益不能得到及时发挥,不能有效保障水务信息化更好、更快地发展。现有信息化设施和信息化系统的维护保障技术人员已远不能满足实际的维护需求,导致信息化成果的可靠性降低。水务信息化应急预案尚不完善,在设备、系统出现故障时准备不足,人员配备不到位,应急通信保障措施欠缺,与防汛应急调度的高可靠、高稳定要求还有较大差距。

3. 项目需求

1)业务需求

Ⅰ.完善水务设施监管的技术手段

充分利用云计算、移动物联网等技术,构建统一的业务协同工作平台,实时监视水利工程设施的运行、维修和养护情况,为实施工程的有效监控,确保水务工作调度有方、管理有力、处理有据提供数据支持和技术支撑。

Ⅱ.实现与相关单位的互联互通、数据共享

为充分发挥该市水务局与气象、水文、环保、交通等部门收集掌握的监测信息在城市防洪除涝与水资源保护中的作用,建立部门间数据共享交换机制,开发水务与相关部门信息交换平台,实现监测数据、管理与治理部门、突发事件处置等信息的共享交换,为水务相关管理部门、社会公众等提供服务。

Ⅲ.提升科学调度、精细调度能力和水平

充分利用自动化、模型等技术,在监测数据和运行环境的支持下,模拟不同工况条件下的调度实施效果,生成科学、合理的调度方案,实现外围水系、城区水系的联合调度运行,为该市防洪排涝科学决策提供支撑。

Ⅳ. 强化水务设施管理应用

通过信息化提升现有水务工程设施的功能和能力，为该市防洪减灾、保障工程良性发展、科学调控运行提供服务保障。

2）接口需求

系统的接口需求如下。

Ⅰ. 接口规范

对各类接口进行严格、合理的控制是软件系统开发中最重要的任务之一，整个软件项目及其各子系统都必须对接口进行严格的控制。

硬件接口主要包括各子系统与各种设备（包括终端和各种输入 / 输出设备）之间的连接约定，硬件接口使用主干网和局域网相结合的总线型拓扑结构支撑网络环境，信息管理子系统的架构是 B/S 模式，此处的网络接口一般是作为网络通信基础的网络协议，如 TCP/IP、HTTP 等。

软件接口是进行软件互操作的基础，在系统设计时应定义好软件的数据交换格式、软件的接口命名规范等标准格式，从而保证各功能在系统集成时可以协作运行。在系统中，Windows 2000、Windows XP、Linux 多种操作系统并存，为它们之间的信息交换提供接口。

Ⅱ. 人机界面

用户界面的设计应满足：

（1）人机界面友好，操作简便，条理清楚，响应迅速；

（2）界面简洁、清晰，层次鲜明，能屏蔽不需要的信息；

（3）界面风格一致，标识符号统一；

（4）重要信息突出，具有动感；

（5）尽量采用图形、图像、动画等多媒体技术，促进使用者的理解；

（6）系统设计人性化，提供给用户统一、简洁的界面，让用户用得明白，操作方便。

Ⅲ. 软件接口

接口层通过向各级系统提供网络接口、数据接口和系统接口，使各类信息得到充分共享，成为一个有机的整体。这里的软件接口具体指大军山泵站信息化系统中各子系统之间的接口，这些接口反映了系统基本架构，根据不同组成部分进行描述。

Ⅳ. 通信接口

通信接口主要包括应用系统与服务器、监控系统与现地开关柜和智能仪表之间的接口。

开关量信号包括控制回路断线、断路器未储能、断路器分合闸位置、手车试验位置、手车运行位置、延时电流速断、带时限过电流保护动作跳闸（事故报警）、接地开关合闸位置等，要求原厂家提供自动化接口并接入信息化系统。

开关柜、励磁柜、综合保护装置或变压器等原厂家配置的智能仪表应具有通信功能，提供通信接口协议范围，如 IEC61850、IEC60870-5、SC-1801、部颁 CDT、101、103、104、MODBUS 等，方便将信号接入信息化系统。

3）性能需求

系统的性能需求如下。

（1）稳定性：要求系统软硬件整体及其功能模块具有稳定性，在各种情况下都不会出现死机现象，更不能出现系统崩溃现象。

(2)可靠性:要求系统数据采集、传输、处理、查询、分析、计算、维护的正确性和准确性。

(3)容错性:对使用人员在操作过程中出现的可能导致信息丢失的操作能推理纠正或给予正确的操作提示。

(4)可扩展性:要求系统从规模上、功能上易于扩展和升级,应制定可行的解决方案,预留相应的接口。

(5)时间特性:信息化平台对系统的响应时间、更新处理时间、数据转换与传输时间、运行效率都有一定的要求,因此在系统设计、模型算法等方面要有所考虑,采用高效、合理的方法和算法,以提高系统运行效率。

4)安全需求

安全建设是为了保证系统运行的安全,在系统遇到故障(包括硬件损坏和软件系统崩溃等)时有效避免信息丢失和破坏,并尽快恢复系统的正常运行。系统的安全需求如下。

Ⅰ.网络安全性

系统应具有高度的安全保障特性,能保证数据的安全和具备一定的保密措施,执行重要功能的设备应具有冗余备份,防止数据意外丢失。

系统应采取实时杀毒措施,确保数据存取的安全性,防止各种病毒感染。关于病毒库的维护与更新,需建立更新维护机制,有专人管理。

Ⅱ.操作权限管理

系统对每一功能操作提供检查和校核,当操作有误时能自动禁止并报警。任何自动或手动操作都能记录、存储并提示或指导。

在人机通信中设操作员控制权口令。按控制层次实现操作闭锁,其优先顺序为现地控制层第一,分中心监控层第二,中心层第三。

Ⅲ.通信安全性

系统的通信设计需求保证信息中的一个错误不会导致系统关键性的故障。

当站控层和现地控制单元的通信涉及控制信息时,对响应有效信息或没有响应有效信息给出明确、肯定的指示;当通信失败时,能够重复通信并发出报警信息。

Ⅳ.设备安全性

具有电源故障保护和自动重新启动功能;能预置初态和重新预置;设备本身具有自检能力,并能故障报警;系统中任何地方单个元件的故障不应造成生产设备误动;系统中的各类电源、电源电缆、信号电缆、网络设备与通信系统、电气设备与元器件、监视设备与传感仪器都应该做好防雷措施。

Ⅴ.数据安全

数据访问安全:根据不同内容的数据和不同级别的用户设置不同的数据访问权限。

数据传输安全:在远程进行数据访问和流程报批的过程中,通过加密传输保证数据传输安全性。

数据存储安全:各泵站分中心设置专业数据库数据存储设备,用于泵站各类数据的存储,同时通过数据共享与交换系统将重要数据传送至市水务局调度中心,作为数据备份的一种方式,后期市水务局平台设计时将考虑数据异地容灾。

4.排涝泵站智慧管理系统总体设计

如图20.12所示,整个系统从结构上分为三层:智慧管理系统中心层、分中心层、智能泵站层，三层结构的建设内容包括 1 个中心、8 个分中心、中心城区 18 个泵站的改造建设和新城区 17 个泵站的信息接入。

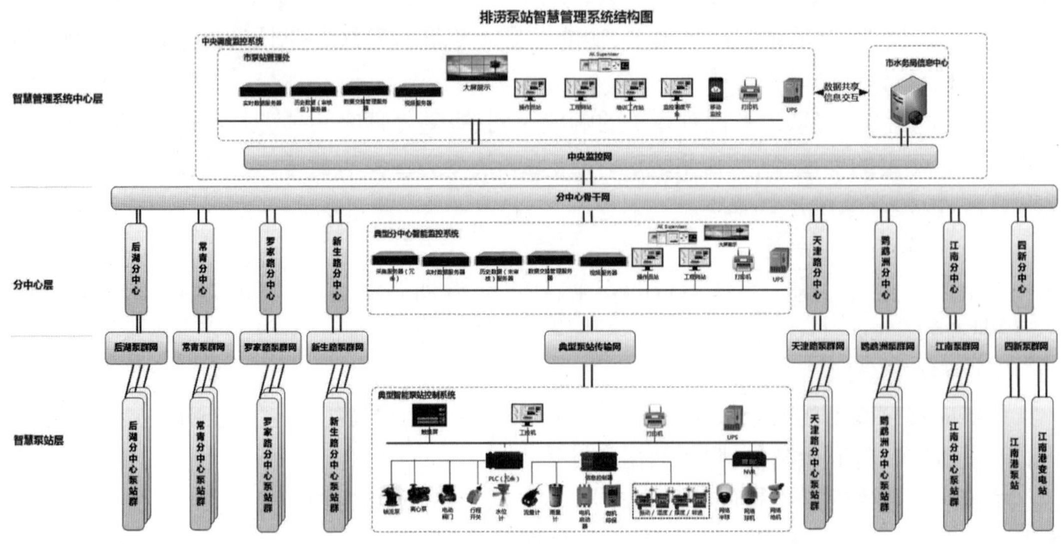

图 20.12　排涝泵站智慧 管理系统结构图(【二维码 20-5】)

【二维码 20-5】

智慧管理系统中心层是中央调度监控系统，包括市级排涝智慧管理中心的监控调度控制平台软件、智慧调度管理应用软件、实时数据服务器、历史数据服务器、统一数据交换和管理服务器、视频服务器、中央监控网络与安全、IP 语音视频会商系统及广播系统、大屏幕系统、调度大厅、指挥大厅和机房环境改造工程。市级排涝智慧管理中心软件通过统一数据交换服务与市水务局信息中心实现数据共享和信息交互。

分中心层是区域智能监控系统，8 个分中心的建设内容包含分中心监控调度控制平台软件、分中心智慧调度管理应用软件、数据采集服务器、数据交换管理服务器、分中心骨干网络与安全、IP 语音可视电话及广播系统、电力监控系统、大屏幕及机房环境改造工程。

智能泵站层实现了 18 个泵站的智能化、自动化和信息化，建设内容包含泵站 PLC 控制系统和软件、信息控制器和软件、工控机监控软件、泵站网络与安全、泵站设备健康评估系统、泵站水文监测和采集、泵站电力监控系统、视频监控系统、无线对讲及广播系统。

通过上述系统设计，实现该市排涝泵站智慧管理系统的软硬件总体构架。

5. 排涝泵站智慧管理系统软件设计

1）智慧管理系统的架构

该项目软件系统在技术实现上划分为四个层次，由下至上分别是基础设施层、信息管理层、平台层和应用层。这四个层次与总体架构中的相应层次一一对应，系统技术架构如图 20.13 所示。

图 20.13　系统技术架构(【二维码 20-6】)

【二维码 20-6】

基础设施层采用虚拟化、云计算、负载均衡、高可用等技术构建计算资源池和存储资源池，提高核心服务器和存储设备的复用率和动态配置能力，从而节约后续购置、运行和管理成本；实现无缝兼容 IaaS，使系统能够对接公有 / 私有云平台，实现系统处理能力的快速水平扩展，方便应对已有泵站扩容和后续新泵站纳管。

信息管理层将各泵站采集的各类数据统一存储在融合数据库中，为平台服务提供数据支撑。对音视频数据采用专有的存储技术，保证对音视频文件访问和存档的效率。通过索引、分布式文件系统和大数据技术提高数据访问效率，丰富数据共享应用形式。

平台层是连接信息管理层和应用层的桥梁，应用支撑平台采用统一认证/鉴权技术、工作流管理技术、数据集成管理技术、内容管理技术、数据总线技术、日志监控等为上层应用提供应用集成，数据交换平台采用消息队列技术、WebService 技术、日志复制技术、总线技术、数据抽取转换与加载技术等为上层应用提供数据交换支撑。

应用层包括设施设备管理、监控预警、辅助决策分析、运行调度、视频监控等系统和综合门户网站，也包括本项目拟集成的和建成后拟集成的各业务应用系统。上述应用的接入方式包括 Web 客户端接入(Html5/CSS/JavaScript/Ajax/JSP/Servlet)和 Web 服务接入两种。可访问系统的用户通过 Web 客户端方式访问应用系统和网站。水利行业外部的应用系统可采用 Web 服务方式获取数据资源。

应用集成框架通过调用应用支撑平台的统一用户管理、统一权限管理等组件完成对各个应用系统的集成，实现单点登录(SSO)、身份认证和权限控制；通过空间信息技术和搜索服务技术为应用系统提供相应的服务;通过即时通信技术为综合门户中的IM门户建设提供支撑。

该项目的信息来源主要有直接采集、间接采集两种方式,直接采集内容包括新建各类监测站在线监测信息、通过移动终端填报信息、系统加工处理信息、中间成果信息等,间接采集内容主要包括各类共享交换信息。不同来源的信息按照其生产部门分别汇集到泵站数据库中,为各类业务系统、各类用户提供信息服务。

2)智慧管理系统的功能

根据业务需求和业务流程设计,泵站管理中心排涝调度应用系统主要从实时监测告警、辅助决策分析、综合运行调度、应急抢险救灾、移动排涝信息管理等五个方面提供服务。

Ⅰ.实时监测告警

综合应用现有的基础地理信息、遥感影像、互联网地图等资源,集成与整合泵站基础数据、现地监测数据、视频监控数据、运行调度数据等,气象等部门的预报数据、实时降雨数据,交管部门的积水视频监视信息等,在排涝智慧调度模型的支持下,构建全市“排水形势一张图”,实现各类信息的关联融合、可视化展示。

支持信息自动报警,可实现监测信息的超标、超限报警和设施的故障报警。当监测值发生异常或监测设备发生故障时,报警系统可通过闪烁、声音、短信等方式进行自动报警,提示工作人员采取应对措施对异常情况进行处理。

Ⅱ.辅助决策分析

基于排涝专家知识库、排涝智慧调度模型等技术,构建辅助决策支持与分析系统,为全市排涝形势分析、排水趋势预测、排涝泵站优化运行和经济运行调度提供辅助支撑。

Ⅲ.综合运行调度

结合该市城市排涝工作实施方案的相关要求,根据排涝指挥调度机构的主要职责分工、排涝运作机制、排涝主要工作内容和措施构建综合运行调度系统,为排涝日常工作调度、大到暴雨排涝工作调度、大暴雨排涝应急调度和特大暴雨抗灾调度提供支持。

Ⅳ.应急抢险救灾

在突发事件的事前预防、事发应对、事中处置和善后管理过程中建立必要的应对机制,以实现对各级各类突发事件应急管理的统一协调指挥,实现公共安全应急数据及时、准确,信息资源共享,指挥决策高效,切实提高政府处置突发事件的能力。

Ⅴ.移动排涝信息管理

将PC端排涝业务移植至手机、平板电脑等移动终端,提高排涝管理工作的时效性、快速性、便捷性。

应用系统软件的总体功能框架如图20.14所示。

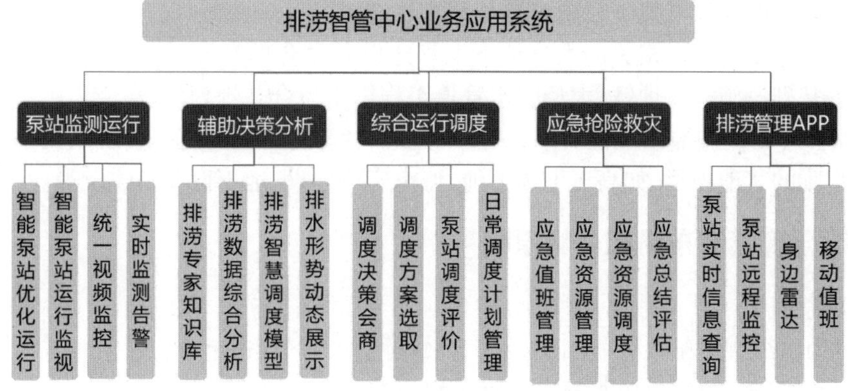

图 20.14　应用系统软件的总体功能框架

20.3　综合管廊

综合管廊又叫综合管沟或共同沟，是将电力、通信、给水、供热、制冷、中水、燃气、垃圾真空管等两种以上的管线集中建设在同一地下空间而形成的一种现代化、科学化、集约化的城市基础设施，如图 20.15 所示。

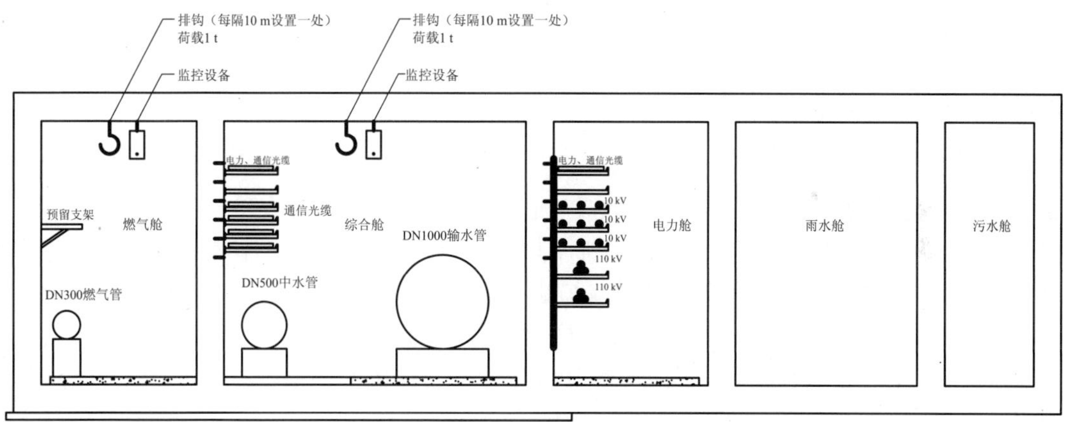

图 20.15　综合管廊和入廊管线示意

综合管廊有效利用了地下空间，节约了城市空间资源，同时避免了各专业管线分别施工、不定期开挖对城市道路和周边环境的影响，对改善城市面貌和保障城市安全都具有不可估量的重要作用。

20.3.1　综合管廊的规划原则

（1）综合管廊应符合城市总体规划，并与城市地下空间开发利用统筹规划，同地面建筑进行有序的立体开发。

（2）综合管廊应尽量选择土地开发强度大、交通量大、地下管线复杂、人口密集、地下空间规划利用前景较好的新建城区进行规划，并且应优先选择土地价值、城市化水平、地下空间利用程度较高的大型城建项目同步进行开发建设。

（3）综合管廊应结合相关的大型地下工程建设时序合理安排近、中、远期建设规划，如与重大地下基础设施——地铁、大型引水管道工程等项目合并规划建设。

（4）综合管廊应按照系统性要求，从技术先进、经济合理的角度综合规划需要纳入统一布设综合管廊的其他项目，如高压电缆下地、城市广场建设、地下商业街建设等。

20.3.2 综合管廊的布局和分舱原则

1. 布局原则

（1）电力电缆宜位于水介质（自来水、雨水、再生水等）管道上方。

（2）给水管道宜位于再生水管道、雨水管道上方。

（3）热力管道应高于供水管道和重油管道，并且供水管道应做绝热层和防水层。

（4）污水管线入廊应采用管道方式，不应利用综合管廊结构本体，同时污水管道应设置在综合管廊的底部。

2. 分舱原则

（1）雨水管道建议分舱，污水管道埋深大，可以单独建舱。

（2）110 kV 及以上的电力电缆不应与通信电缆同侧布置，建议单独设置电力舱。

（3）天然气管道应在独立舱室内敷设。

（4）热力管道采用蒸汽介质时应在独立舱室内敷设。

（5）热力管道不应与电力电缆同舱敷设。

20.3.3 综合管廊节点设计

综合管廊会合、分支、转弯和其他需要设置节点处称为综合管廊节点。综合管廊节点主要分为两大类：一类是管廊自身节点，包括三通和四通节点、管线分支口、端头出线节点等；另一类是各种出入口，包括人员出入口、逃生口、吊装口和通风口等。节点的形式分为十字型、丁字型、转折型等。综合管廊节点设计应满足以下要求：

（1）综合管廊的每个舱室都应设置人员出入口、逃生口、吊装口、进风口、排风口、管线分支口等，节点的数量和间距应满足《城市综合管廊工程技术规范》（GB 50838—2015）的规定；

（2）综合管廊的人员出入口、逃生口、吊装口、进风口、排风口等露出地面的构筑物应满足城市防洪的要求，并应采取防止地面水倒灌和小动物进入的措施；

（3）综合管廊的管线分支口应满足全部预留和设计管线进出、管线交叉、安装作业等方面的要求；

（4）综合管廊节点处不同种类的管线交叉可按照上返或下穿的方式考虑，节点处可采取局部加高、加宽或下沉的措施，以满足管线交叉、检修、人员通行、排水、通风和逃生等方面的要求。

20.3.4　综合管廊附属设施

1. 通风装置

综合管廊位于地下，空气流通不畅，同时管廊内有些管线（如泥管、气管）可能发生泄漏，因此必须设置通风装置以达到换气的目的。管廊内如有散热的管道（如空气管），也需设通风装置以达到散热的目的。天然气管道舱和有污水管道的舱室需采用强制通风装置。

2. 排水设施

结构缝处渗水、供水管道接口渗漏水、事故爆管排水、冲洗排水等原因可能引起管廊内积水，因此应设置自动排水设施，排水量和排水区间应符合《城市综合管廊工程技术规范》（GB 50838—2015）的相关规定，排水管就近接入市政雨水系统，同时排水管还需设置止逆阀以防雨水倒灌，并加锁。

3. 方向标志

在综合管廊节点处和进出口处应设置明显的方向标志，可用灯箱指示走向、位置、通行方向。

4. 照明系统

综合管廊直线段应有照明系统，在管廊出入口、转弯、交叉处和设备安置处应加强照明。综合管廊通道空间一般紧凑狭小、环境潮湿，其中需要进行管线的安装施工作业，施工人员或工具较易触碰到照明灯具，因此综合管廊中的照明灯具应满足防潮、防外力冲撞、防触电等要求。安装在天然气管道舱的照明灯具应符合现行国家标准《爆炸危险环境电力装置设计规范》（GB 50058—2014）的相关规定。

20.3.5　市政管线入廊利弊

（1）给水管线入廊有利于管道日常维护、安全监管和运营、节约用水；可以避免外界因素引起的自来水管爆裂，如土壤腐蚀；同时有利于给水管线的扩容。但给水管线入廊需解决防腐、结露等技术问题。

（2）排水管线入廊宜采用分流制，重力自流会加大管廊整体埋深，增大断面尺寸并增加工程投资；排水管道冒溢和有害易燃气体会增加综合管廊的安全隐患。因此排水管线入廊需要开展详细、严密的论证。

由于管线自身的特点和建设成本的影响，目前已建成的综合管廊大都包括电力、通信、给水、供热和中水管道，较少包括燃气（必须单独建立舱室并添加专门的配套设施）、污水、雨水管道（若为重力管道，需有一定的坡度，并且添加专门的配套设施）。目前北京、上海、深圳、苏州、西安、沈阳等少数城市建有综合管廊，据不完全统计，全国建设里程约为 800 km。综合管廊未能大面积推广的原因不是资金问题，也不是技术问题，而是意识、法律和利益纠葛问题。

第21章 管网管理与维护

给水排水管道的管理和维护是保证给水排水系统安全运行的重要日常工作,内容包括:

(1)建立完整和准确的技术档案和查询系统;

(2)管道检漏和修漏;

(3)管道清垢和防腐蚀;

(4)用户接管的安装、清洗和防冰冻;

(5)管网事故抢修;

(6)检修阀门、消火栓、流量计、水表等。

为了做好上述工作,必须熟悉管网的情况、各种设备的安装部位和性能、用户接管的位置等,以便及时处理。

21.1 管网资料管理方法

21.1.1 管网技术资料管理

技术管理部门必须及时详细掌握管网现状资料,应建立完整的管网技术档案,逐步搭建管网信息体系。大中城市的给水排水管道可以街道为区域单位列卷归档,作为信息数据查询的索引目录。

管网技术资料应包括以下内容:

(1)管线图,标明管线的属性信息(管材、管径、管龄等)、位置、埋深,阀门、消火栓的布置位置、编号,用户接管的直径和位置等,它是管网养护检修的基本资料;

(2)管线过河、穿越铁路和公路的构造详图;

(3)各种管网附件的记录数据和图文资料,包括安装年月、地点、口径、型号、开关状态、节点编号、检修记录等;

(4)管网设计文件和施工图文件、竣工记录和竣工图;

(5)管网运行、改建、维护记录数据和文档资料;

(6)中途加压泵站等附属设施的详细数据,包括位置、输水方向、设计扬程、设计供水量、水泵相关参数(型号、台数、单泵额定扬程等)和供水管网调节水池的地面标高、池底标高、容积、上限水位、下限水位、地理位置等。

管线埋在地下,施工完毕覆土后难以看到,因此应及时绘制竣工图,将施工中的修改部分随时在设计图纸中更正。竣工图应在管沟回填土以前绘制,图中标明给水管线的位置、直径、埋管深度、承插口方向、配件形式和尺寸、阀门形式和位置,其他有关管线(例如排水管线)的直径和埋深等。竣工图上的管线和配件位置可用搭角线表示,注明管线上某一点或某一配件到某一目标的距离,便于及时进行养护检修。节点详图不必按比例绘制,但管线方向和相对位置必须与管网总图一致,图的大小根据节点构造的复杂程度而定。

21.1.2　管网地理信息系统

随着城市设施的不断完善和给水排水管道设计、运行的智能化和信息化发展，需要建立完整、准确的管网地理信息系统，系统建设应以地理信息技术为基础，以城市基础地形图和供水管网数据为核心，实现供水管网数字化、动态化、可视化管理，为供水管网的规划、设计、施工、运营、评估提供可靠依据和科学评估，从而提高供水系统管理的效率、质量和水平，满足现代化城市发展和管理的需求。

地理信息是表征地理圈或地理环境固有要素或物质的数量、质量、分布特征、联系和规律等的数字、文字、图像和图形等的总称。地理信息系统（geographic information system，GIS）是收集、存储、管理、描述、分析地球表面、空间和地理分布有关数据的信息系统，是跨越地球科学、信息科学和空间科学的应用基础学科，主要研究地理空间信息处理和分析并提出一系列基本问题，如空间对象表达与建模、空间关系推理机制、空间信息的控制基准、空间信息的认知与分析、GIS 设计与评价、GIS 应用模型与可视化、空间信息的政策与标准等，它具有四部分主要功能，即信息获取与输入、数据存储与管理、数据转换与分析和成果生成与输出。

城市给水排水管道地理信息系统是融计算机图形和数据库于一体，存储和处理给水排水系统空间信息的高新技术，它把地理位置和相关属性有机结合起来，根据实际需要准确、真实、图文并茂地输出给用户，借助其独有的空间分析功能和可视化表达进行各项管理和决策，满足管理部门对供水系统的运行管理、设计和信息查询的需要。给水排水管道地理信息系统可以将给水系统和排水系统分开处理，也可以统一成一个信息系统。给水排水管道地理信息系统的主要功能是给水排水管道的地理信息管理，包括泵站、管道、管道阀门井、水表井、减压阀、泄水阀、排气阀、用户资料等。建立管网系统中央数据库，全面实施管网系统档案管理系统，为管网系统规划、改建、扩建提供图纸和精确的数据。准确确定管道的埋设位置、埋设深度，管道井和阀门井的位置，供水管道与其他地下管线的布置和相对位置等，以减少由于开挖位置不正确造成的施工浪费和开挖时对通信、电力、燃气等地下管道的损坏带来的经济损失和其他严重后果。提供管网优化规划设计、实时运行模拟、状态参数校核、管网系统优化调度等技术性功能的软件接口，实现供水管网系统的优化、科学运行，降低运行成本。

管网地理信息系统的空间数据信息主要包括与供水系统有关的各种基础地理特征信息（如地形、土地使用、地表特征、地下构筑物、河流等）和供水系统本身的各种地理特征信息（如检查井、水表、管道、泵站、阀门、水厂等）。

管网地理信息系统整体框架如图 21.1 所示。为规范和统一给水排水管道地理信息系统建设的技术要求，满足管网规划设计、工程建设、设施勘察和安全运行管理的需要，应对管线要素的分类与编码方法、管线数据分层、数据结构设计、管线数据库建立、数据交换内容与格式、信息系统设计和安全保密等内容进行明确定义，保障管网系统建设的科学化、规范化和流程化。

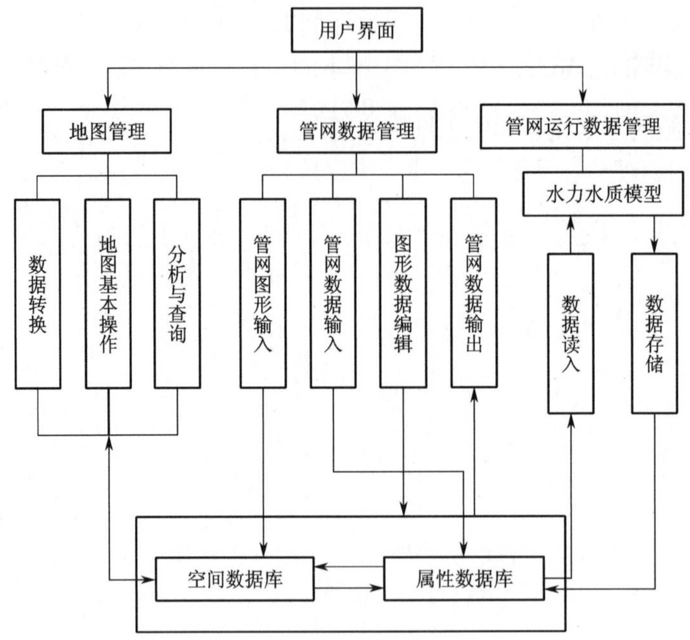

图 21.1 管网地理信息系统整体框架

管网属性数据按实体类型分为节点属性、管道属性、阀门属性、水表属性等。节点属性主要包括节点编号、节点坐标(X、Y、Z)、节点流量、埋深、地面标高、节点所在道路名等。管道属性包括管道编号、起始节点号、终止节点号、管长、管径、管材、管道粗糙系数、施工日期、维修日期、设计承压能力等。阀门属性主要包括阀门编号、阀门坐标(X、Y、Z)、阀门种类、口径、年代、阀门开启状态、阀门所在道路名等。水表属性主要包括水表编号、水表坐标(X、Y、Z)、水表种类、水表用户等。在管网系统中采用地理信息系统,可以使图形和数据之间的互相查询变得十分方便、快捷。由于图形和属性被看作是一体的,所以得到了图形的实体号也就得到了对应属性的记录号,并获得了对应的数据,而不用在属性数据库中从头到尾地搜索一遍来获取数据。

GIS 与管网水力水质模型相连接后,水力水质模型可以调用 GIS 属性数据库中的相关数据对供水系统进行模拟、分析和计算,并将模拟结果存入 GIS 属性数据库,利用计算机系统实现对供水管网的全面动态管理是市政设施信息化建设和管理的重要组成部分,也是市政设施现代化管理水平的重要体现。

21.1.3 管网故障信息收集

管网故障信息收集过程可分为两个阶段,且应填写相应的两种记录:一次性登记卡片和永久性台账。

一次性登记卡片由检修队在每个故障的现场填写,卡片中应描述下列情况:

(1)故障日期(年、月、日);

(2)何处发生故障(故障管段号或作为管段边界的检查井号);

(3)检修起止时间(检修队应完成检修、冲洗、试验等工作);

(4)检修管段的材料、直径和长度;

（5）管段损坏的性质（裂缝、破裂、小孔、管段折断、接头损坏、装于管段上的管件或阀件损坏）；

（6）由观测或推测得出的损坏原因（管壁锈蚀、交通荷载作用、接头填料脱出、接头填料质量不符合要求等）。

同上述情况对应，由管网运行服务部门的检修队填写管网管段损坏的永久性台账或登记簿。永久性台账的内容应按照年月次序记录，不仅应包括上述内容，还应包括检修队相关信息、管段使用信息等。管网故障信息可以作为给水管线可靠性数值指标的资料。

21.2　给水管网监测与漏损检测

21.2.1　给水管网水压和流量监测

管网水压监测有助于了解管网的工作情况和薄弱环节，管网水压监测设备的选择应考虑以下因素。

（1）压力量程范围：应选择稍微大于出厂压力和管网实际压力的最大量程，一般可选择 0.4 MPa 和 0.6 MPa，在一般情况下不超过 1.0 MPa。

（2）压力精度与准确度：压力精度等级应不低于 ±0.5%。

（3）设备的通信模式和通信能力：可根据实际需求选择就地采集数据的通信模式或具有远传通信功能的通信模式，其中就地采集的数据应可通过 RS232、USB 接口、蓝牙和 PAD 通信模式中的一种或多种传入计算机，远传通信应采用 GPRS、GSM 和 SMS 通信模式中的一种或多种通过网络实时访问数据。

（4）设备的防水性能：井内安装时，设备的防护等级应达到 IP68。

（5）设备采集数据时间间隔和设备存储数据容量：设备采集数据时间间隔应可设置与调整，最小可调整的时间间隔应不短于 5 min；设备存储数据容量应尽可能大，最少能存储 1.6 万个数据点的数据。

（6）供电方式：根据现场安装环境和实际需要，可选择内置电池供电、外接电池供电或采用市电，采用内置供电在每 15 min 远传一次数据的情况下可持续工作时间不短于 3 年。

测定管网的水压应在有代表性的测压点进行。测压点的选定既要真实反映水压情况，又要均匀、合理布局，使每一个测压点能代表附近地区的水压情况。测压点以设在大、中口径的干管道上为主，不宜设在进户支管上或大量用水的用户附近。测压时可将压力表安装在消火栓或给水龙头上，定时记录水压，有能自动记录压力的仪器更好，可以得到 24 h 的水压变化曲线。根据测定的水压资料，按 0.5~1.0 m 的水压差在管网平面图上绘出等水压线，由此反映各条管线的负荷。整个管网的等水压线最好均匀分布，如某一地区的等水压线过密，表示该处管网的负荷过大，所用的管径偏小。等水压线的密集程度可作为今后放大管径或增敷管线的依据。等水压线标高减去地面标高得出各点的自由水压，即可绘出等自由水压线，据此可了解管网内是否存在低压供水区。

给水管网流量监测是现代化供水管网管理的重要手段，准确的流量计量设备既能满足每日高峰流量和季节性流量变化的需求，又能准确地测量。流量监测设备的选择一般考虑以下影响因素：

（1）管径，一般 DN300 及以下的管径可采用水表，DN300 以上的管径选择流量计；

（2）流量计量范围；

（3）峰值流量时的压力损失；

（4）是否需要双向测量；

（5）数据通信的要求，信号输出至少具备脉冲输出或 RS485 通信中的一种模式；

（6）设备的防水性能，满足 IP68 的防护等级。

除此之外，还有使用温度、设备价格、设备安装要求、维护成本等影响因素。现普遍采用电磁流量计或超声波流量计，它们具有安装、使用方便，不增大管道中的水头损失的特点，容易实现数据的计算机自动采集和数据库管理。

1. 电磁流量计

电磁流量计由变送器和转换器两部分组成。变送器被安置在被测介质的管道中，将被测介质的流量变换成瞬时的电信号，而转换器将瞬时的电信号转换成 0~10 mA 或 4~20 mA 的统一标准直流信号，作为仪表指示、记录、传送或调节的基础信息数据。

电磁流量计有如下主要特点：变送器的测量管道内无运动部件，因此使用可靠，维护方便，寿命长；在高峰流量下压力损失小，也没有测量滞后现象，可以用来测量脉冲流量；测量管道内有防腐蚀衬里，故可测量各种腐蚀性介质的流量；测量范围大，满刻度量程连续可调，输出的直流信号可与电动单元组合仪表或工业控制机联用。但其价格一般相对较高，并且在多数情况下需外接电源。

2. 超声波流量计

超声波流量计的测量原理主要是利用超声波传播速度差，对流体流动时与静止时超声波在流体中传播的情形进行比较，由于流速不同会使超声波的传播速度发生变化。若静止流体的声速为 C，流动流体中的速度为 v，当声波传播方向与流体流动方向一致（顺流方向）时，声波传播速度为（$C+v$），而当声波传播方向与流体流动方向相反（逆流方向）时，声波传播速度为（$C-v$）。在距离为 L 的两点上放两组超声波发生器与接收器，可以通过测量超声波传播时间求得流速 v。传播速度法从原理上看是测量超声波传播途径上的平均流速，因此该测量值是平均值。所以，它和一般的面平均值（真平均流速）不同，其差异取决于流速的分布。将用超声波传播速度差测量的流速 v 与真正的平均流速之比称为流量修正系数，其值可以作为雷诺数 Re 的函数表述，其中一个简单的公式为

$$k = 1.119 - 0.11\lg Re \tag{21-1}$$

式中 k——流量修正系数；

Re——雷诺数。

瞬时流量可以用经修正的平均流速和传播速度差与水流的横截面面积的乘积来表示：

$$Q = \frac{\pi D^2}{4k} v \tag{21-2}$$

超声波流量计的主要优点是在管道外测流量，可实现无妨碍测量，只要能传播超声波的流体皆可用此法来测量流量，也可以对高黏度液体、非导电性液体或者气体进行测量。管道式超声波流量计精度一般低于管道式电磁流量计，高精度超声波流量计均为多声道或管段式，而中、小口径管段式超声波流量计通常用于实流标定，具有 0.5% 的准确度，但在实际应

用过程中，由于现场管道的内径、壁厚、圆度都无法精确测量等诸多因素，会使测量准确度代于标称准确度。

除了电磁流量计和超声波流量计，一般管径在 DN300 及以下时可采用智能远传水表。智能远传水表是在普通水表上加电子采集模块组成，电子采集模块完成信号采集、数据处理和存储并将数据通过通信线路传给中继器或手持式抄表器。表体采用一体化设计，它可以实时地将用户用水量记录并保存，每块水表都有唯一的代码，当智能远传水表接收到抄表指令后可及时将水表的数据上传给管理系统。

水表的选用需首先考虑水表的工作环境，然后按通过水表的设计流量产生的水表压力损失接近和不超过规定值确定水表的口径。在一般情况下，公称直径不大于 DN50 时，应采用旋翼式水表；公称直径大于 DN50 时，采用螺翼式水表；水表流量变化幅度很大时，应采用复式水表。室内设计应采用湿式水表。当用水均匀时，应按设计秒流量不超过水表的常用流量来确定水表的公称直径。当有消防流量要求时，需进行流量校核，保证总流量不超过水表的最大流量。

21.2.2　给水管网漏损检测

当前，随着我国水资源和能源短缺问题的加剧，供水行业对提高供水效益、节能减排高度重视。我国城市给水管网漏损严重，造成了巨大的水资源和能源浪费，引发了公共环境危害，增加了供水系统的建设、生产和管理成本，降低了供水管理水平和服务质量。

有效控制并降低给水管网漏损意义重大。首先，降低给水管网漏损不但是节约水资源的措施，而且挽回的是优质水资源；其次，降低给水管网漏损可以有效降低供水企业的水处理药耗、电耗，增加企业收益；再次，降低给水管网漏损可以减小水厂处理规模，给水管网、相应的建筑物和设施的规模，节约供水企业在建设上的投资；最后，有效减少或避免水从管网泄漏，可以减小漏水对城市环境的影响，减少或避免漏水造成的地面塌陷等灾害。因此降低给水管网漏损可以节约水资源，降低能耗和公共环境危害，推迟或减少给水系统的建设投资，具有节能减排的巨大经济效益和社会效益，快速、有效的漏损检测是实现给水管网漏损控制的先决条件。

常用漏损检测方法可分为被动检漏法和主动检漏法。被动检漏法是待地下管道漏水冒出地面后，发现漏水并进行检修的方法。被动检漏法只有依靠专门人员进行巡查查漏和用户报漏两种方式，虽然检漏费用低，但发现的漏损以明漏为主，往往大量漏水后才能发现。因此，被动检漏法适合埋在泥土地下，附近无河道和下水管的输水管线。主动检漏法是在地下管道漏水冒出地面前，采用各种检漏方法和相应的仪器主动检查地下管道漏水的方法。主动检漏法包括听音检漏法、不间断流量检测法、最小夜间流量法、干管流量分析法、雷达检漏法、氢气检漏法、红外热成像法、瞬态流测定法、渗漏预警法、人工神经网络技术检漏法等。

（1）听音检漏法。给水管网漏损检测设备通常是通过检测漏水声而对漏水点进行定位的。听音检漏法可分为阀栓 / 地面听音法、相关检漏法和漏水声自动记录监测法三种。阀栓听音法是用听漏棒或电子放大听漏仪等听音仪器直接在管道的可接触点听测由漏水点产生的漏水声，从而确定漏水管道，缩小漏水检测范围。地面听音法是在通过预定位方法确定漏水管段后，用电子放大听漏仪在地面听测地下管道的漏水点，并进行精确定位。这种方法通常在水泥路面和管道埋设不深时检漏效果较好，对绿化带、土路等探测效果不佳，有时根本无法检测。相关检漏法是当前最先进、最有效的一种检漏方法，特别适用于环境干扰噪声大、管道埋设太深或不适宜用地面听音法的区域，用相关仪可快速、准确地测出地下管道漏水点的精确位置。漏水声自动记录监测法采用先进的监测设备——泄漏噪声自动记录仪，它是由多台数据记录仪和 1 台控制器组成的整体化声波接收系统，当装有专用软件的计算机对数据记录仪进行编程后，只要将数据记录仪放在管网的不同位置，如消火栓、阀门等处，按预设时间同时自动开 / 关数据记录仪，便可记录管道各处的漏水声信号，该信号经数字化自动存入数据记录仪中，并通过专用软件在计算机上进行处理，从而快速探测装有数据记录仪的管网区域内是否存在漏水点。

（2）不间断流量检测法。该方法是在小区进口、出口安装检测仪器、检测水流量，每周采集一次数据，并对其进行分析，计算出系统中每一地区单位 ELSB（服务管线爆裂等价数）用户数，将该数最低的地区作为首要检测目标。该法成本低、效率高。

（3）最小夜间流量法。该方法是借助流量检测仪记录器连续自动测量并记录某一时段内的流量值。数据处理方法是将夜间测得的最小流量与日平均用水量比较，如果最小时用水量与日平均时用水量的比值超过某一比例，即认为可能出现漏损。

（4）干管流量分析法。该方法可分为管网运行和管网停止运行两种分析方法。管网停止运行的方法要求阀门能严密关闭，干管两端、出水阀门均关闭，仅留意安装有水表的旁通管。漏水量可由水表精确读出，调整封闭系统可缩小待检测漏损区域。管网运行的具体做法为将一对电磁流量计放入待测主管线两端，以测定管线中心流速，定时读数、调换两只流量计、调节流量，对各种流量读数进行特定的流量分析判定管线是否漏水。此法可以将漏损检测缩小到 1~1.5 km 范围内，准确率极高。

（5）瞬态流测定法。利用瞬态流进行管网漏损点测定是近几年来兴起的管网测漏方法。利用管网中流体的瞬态变化，考虑漏损点出现对流态的影响，应用网格法或者反问题法进行瞬态分析，确定管段漏点。现在有效的瞬态分析方法分为两种：阻尼法和反射波法。目前瞬态流测定法处于实验室研究阶段，在实际应用中尚未有实质进展。

（6）渗漏预警法。将多台记录仪（LOG）安装在管网的不同地点，如消火栓、阀门或暴露管道等处，统计记录管网的噪声信号，通过分析 LOG 记录的噪声强度和噪声宽度判断是否有漏点，使用户能及时发现管道是否存在渗漏或大的泄漏，起到检测和预警的作用，从而降低爆管概率和减少供水安全事故的发生。记录仪需要永久性安装，成本高，检测范围有限，只能应用于特定用水区域的检测。渗漏预警法只能在夜间的特定时间段使用，并且只能确定漏损管道的大致范围，还必须运用相关仪、听漏仪等配套设备才能确定漏损点的精确位置，所以在推广应用上受到很大限制。

主动检漏法除了上述几种检漏方法外，还有雷达检漏法，其费用高，易受现场实际情况影响，仪器对不同土质、埋深、管材等复杂情况适应性差；氢气检漏法，用于主干管或用户支管的检漏，在郊区应用较多，但在我国城市复杂的环状管网、繁忙的交通情况下难以应用；红外热成像法，在春、秋季的探测效果比较理想，由于夏季地面温度高、冬季路面积雪的原因，在冬、夏季的漏损检测会受到影响；人工神经网络技术检漏法，神经网络模型通过自学习、自联想建立对管道故障的自判断能力模型，当系统环境变化或误报警纠正后，自动更新网络参数，以适应不同的管网系统和场合，但该方法缺乏现场实测数据来训练，实验室水力管网理想化模拟又易脱离实际，只能辅助其他方法使用。

给水管网埋设于地下，具有隐蔽性强、状况难以判断的特性，因此为了确认供水管网内的漏水量，必须通过各种仪器的使用实现对地下设施的积极管理，听漏仪、管线定位仪等为不可或缺的常规设备。

听漏棒是最早出现的漏损检测仪器，它结构简单，只需要一个尖头的金属棒和一个小碗状的测量仪器，用于察听管件、消火栓或入户接口。随着技术的发展，陆续出现了电子耳、薄膜听漏仪、电子放大听漏仪等测量仪器。

管线定位仪的作用是准确确定地下管线的走向和掩埋深度，主要利用电磁感应原理，探测对象需具有一定的导电性。管线定位方法有两种，即极大值法和极小值法，一般先用极大值法找到管线的大致位置，然后利用极小值法精确定位。

除此之外，检漏设备还包括相关仪、探地雷达、机械式听音杆等。

21.2.3　漏损控制方法

供水管网漏损主要分为物理漏损和表观漏损。物理漏损指由于各种类型的管线漏点、管网中的水箱和水池等渗漏和溢流造成的实际水量损失。表观漏损指由于仪表计量和读数误差、未注册用户用水、管理因素、账务错误等导致实际被用户用掉，对供水企业来说却流失的水量。造成供水管网物理漏损的原因复杂，其影响因素也很多，如管道材质不佳、管道接口质量不好、施工质量不高、温度变化大、其他工程影响、管道防腐不佳、道路交通负载过大（覆土较浅）、运行水压过高、水锤破坏、自然灾害等。引起供水管网表观漏损的原因主要有水量计量仪表误差，抄表读数、财务等数据错误，偷盗水、人情水等管理不善，用户拒查导致的水费欠收等。

控制物理漏损的方法主要有以下四种：

（1）严格把控管道材料与安装管理；

（2）提高维修速度与质量；

（3）实现主动的供水管网漏损检测；

（4）实施有效的管网压力控制。

表观漏损主要从减少偷盗水行为、减小计量误差、减小人为误差和减小财务误差四个方面进行控制。这些降低管网漏损的方法均涉及管网管理的要求，如管网材料选用、管网维修养护、管网检漏、管网分区、管网压力管理、计量管理、用水管理、管网水质管理等要求，在规范和提高管网管理水平的基础上采用一定的技术手段，可实现对管网漏损的控制。在漏损控制中，最重要的是能够利用现有的手段和技术达到比较好的效果。在长效管理中可以考虑采用先进的技术手段实现智能化管理。

21.3　管道防腐蚀与修复

21.3.1　管道防腐蚀

腐蚀是金属管道的变质现象，其表现方式有生锈、坑蚀、结瘤、开裂、催化等。金属管道与水或潮湿的土壤接触后,会因化学作用或电化学作用产生的腐蚀而遭到损坏。按照腐蚀过程的机理,腐蚀可分为没有电流产生的化学腐蚀和形成原电池而产生电流的电化学腐蚀(氧化还原反应)。给水管网在水中、土壤中的腐蚀和流散电流引起的腐蚀都是电化学腐蚀。

防止管道腐蚀的方法如下。

1. 采用非金属管材

使用预应力或自应力钢筋混凝土管、玻璃钢管、塑料管等非金属管材,可有效避免管道腐蚀。

2. 管壁涂保护层

金属管道的防腐质量直接关系到管道的寿命、输水能力和水质。在金属管道表面涂油漆、水泥砂浆、沥青等,以防止金属和水相接触而发生腐蚀。例如,可将明设钢管表面打磨干净后,先刷 1~2 遍红丹漆,干后再刷 2 遍热沥青或防锈漆;埋地钢管可根据周围土壤的腐蚀性选用各种厚度的正常、加强和特强防腐层;球墨铸铁管外防腐宜采用镀锌和刷环氧煤沥青。

3. 阴极保护

采用管壁涂保护层的方法并不能做到非常完美,这就需要进一步寻求防止水管腐蚀的措施。阴极保护是保护水管的外壁面不受土壤侵蚀的方法。根据腐蚀电池的原理,两个电极中只有阳极金属发生腐蚀,所以阴极保护的原理就是使金属管成为阴极,以防止腐蚀。

阴极保护有两种方法:一种是使用消耗阳极材料,如铝、镁、锌等,隔一定距离将其用导线连接到管线(阴极)上,在土壤中形成电路,结果是阳极被腐蚀,管线得到保护,这种方法常在缺少电源、土壤电阻率低和水管保护涂层良好的情况下使用;另一种是通入直流电的阴极保护,将埋在管线附近的废铁和直流电源的阳极连接,电源的阴极接到管线上,可以防止管线腐蚀,这种方法适宜在土壤电阻率高(约 2 500 Ω·cm)或金属管外露的情况下使用。

21.3.2 管道清垢和涂料

由于输水水质、水管材料、流速等因素,水管内壁会逐渐被腐蚀而增大水流阻力,水头损失逐步增大,输水能力随之下降。根据有些地方的经验,内壁涂沥青的铸铁管使用 10~20 年后,粗糙系数 n 可增大到 0.016~0.018,内壁未涂水泥砂浆的铸铁管使用 1~2 年后 n 即达到 0.025,而内壁涂水泥砂浆的铸铁管虽经长期使用,粗糙系数仍基本上保持不变。为了防止管壁腐蚀或积垢后降低管线的输水能力,除新敷设的管线内壁事先采用水泥砂浆涂衬外,对已埋设的管线有计划地进行刮管涂料、清除管内壁积垢并加涂保护层,以恢复输水能力,节省输水能量费用和改善管网水质,这也是管理工作中的重要措施。

1. 管线清垢

产生积垢的原因很多。例如:金属管内壁被水侵蚀,水中的碳酸钙沉淀;水中的悬浮物沉淀;水中的铁、氯化物和硫酸盐含量过高,铁细菌、藻类等微生物滋长繁殖等。从根本上解决问题,改善所输送水的水质是很重要的。

金属管线清垢的方法很多,应根据积垢的性质来选择。

1)松软的积垢,可提高流速进行冲洗

冲洗时流速比平时流速提高 3~5 倍，但压力不应高于允许值。每次冲洗的管线长度为 100~200 m。冲洗工作应经常进行，以免积垢变硬后难以用水冲去。

用压缩空气和水同时冲洗效果更好，其优点如下：

（1）清洗简便，水管中无须放入特殊的工具；

（2）操作费用比刮管法、化学酸洗法更低；

（3）工作进度较其他方法快；

（4）用水流或气—水冲洗并不会破坏水管内壁的沥青涂层或水泥砂浆涂层。

水力清管时，管垢随水流排出。起初排出的水混浊度较高，之后逐渐下降，冲洗工作直到出水完全澄清时为止。用这种方法清垢所需时间不长，管内的绝缘层不会破损，所以可以作为新敷管线的清洗方法。

2）坚硬的积垢，须用刮管法清除

刮管法所用刮管器有多种形式，都是用钢丝绳绞车等工具在积垢的水管内来回拖动。刮除小口径水管内的积垢，可用刮管器的切削环在水管内壁的积垢上刻划深痕，然后用刮管环把管垢刮下，最后用钢丝刷刷净。大口径管道可用旋转法刮管，情况与刮管器类似，由钢丝绳拖动装有旋转刀具的封闭电动机。刀具可用与螺旋桨相似的刀片，也可用装在旋转盘上的链锤，刮垢效果好。

刮管法的优点是工作条件较好，刮管速度快；缺点是刮管器和管壁的摩擦力很大，往返拖动比较困难，并且管线不易刮净。

也有用由软质材料制成的清管器清通管道的。清管器用聚氨酯泡沫制成，其外表面具有高强度材料的螺纹，外径比管道直径稍大，清管操作由水力驱动，大、小管径均适用。其优点是成本低，清管效果好，施工方便，且可延长结构期限，清管后不涂衬也能保持管壁表面的良好状态。它可清除管内沉积物、泥沙和附着在管壁上的铁细菌、铁锤氧化物等，管壁的硬垢（如钙垢、二氧化硅垢等）也能清除。清管时，通过消火栓或切断的管线，将清管器塞入水管内，利用水压力以 2~3 km/h 的速度在管内移动。约有 10% 的水从清管器和管壁之间的缝隙流出，将管垢和管内沉积物冲走。冲洗水的压力随管径增大而减小。软质清管器可任意通过弯管和阀门。这种方法具有成本低、效果好、操作简便等优点。

除机械清管法外，还可采用酸洗法，即将一定浓度的盐酸或硫酸溶液放进水管内，浸泡 14~18 h 以去除碳酸盐和铁锈等积垢，再用清水冲洗干净，直到出水不含溶解的沉淀物和酸为止。由于酸溶液除能溶解积垢外，也会侵蚀管壁，所以加酸时应同时加入缓蚀剂，以保护管壁少受酸的侵蚀。这种方法的缺点是酸洗后水管内壁变光洁，如水质有侵蚀性，以后锈蚀可能更快。

2. 管壁防腐涂料

管壁积垢清除以后，应在管内衬涂保护涂料，其目的有三：保证输水水质，避免管道在此结垢；减小输水摩阻，恢复原输水能力；堵塞轻微的穿孔，减少管道漏水。如果清垢只是去除水垢和一些松软的积垢，可能没有必要重换衬里。但是如果在金属管道的表面进行清洗，那么管道结节还会产生，可能出现红水问题。这样就有必要通过更换管道内衬或者改变水质（如调整 pH 值、加入腐蚀抑制剂）最小化腐蚀。水泥砂浆或者环氧树脂不会显著减小内径，是配水管道典型的优先选用的衬里材料。

水泥砂浆内衬靠自身的结合力和管壁承托，结构牢靠，粗糙系数比金属管小，除对管壁起物理性能保障作用外，也具有防腐的化学性能；水泥与金属管壁接触，局部将具有较高的pH值。

环氧树脂具有耐磨性、柔软性、紧密性，用环氧树脂和硬化剂混合的反应性树脂可以形成快速、强劲、耐久的涂膜。环氧树脂一次喷涂的厚度为0.5~1 mm，便可满足防腐要求。使用速硬性环氧树脂涂衬后，经过2 h的养护，清洗排水后管道便可投入运行。

三种基本类型的涂衬方法为喷涂法、挂膜法和倒置法。

（1）喷涂式内衬就是把水泥砂浆或者环氧树脂喷涂到管道的内表面，在管道重新服务之前整修。喷涂法适用于管径为75~4 500 mm、管线长度为150 m左右的管道修复。

（2）挂膜式内衬是把新的薄壁管道拉进清洗过的管道，在新旧管道之间的环形间隙灌浆，予以固结，形成一种管中管结构。这种方法可用于旧管中无障碍、管道无明显变形的场合，其缺点是过水断面有一定的损失。

（3）倒置式内衬使用浸透热固性树脂的软管做内衬材料。首先将浸有树脂的软管翻转并用夹具固定在待修复管道入口处，然后利用水或气压使软衬管浸有树脂的内里转到外面，并与旧管的内壁黏结。一旦软衬管到达终点，向管内注入热水或蒸汽，使树脂固化，形成一层紧贴旧管内壁、具有防腐防渗功能的坚硬内衬。饱和树脂管固化前的柔性和内部压力可使其充填裂隙、跨过间隙、绕过弯曲段。置入后，浸有树脂的软衬管形成内径比旧管稍小的新管，但形状和原管一致。使用这种技术可修复铸铁管、钢管、混凝土管、水泥管、石棉管等多种管材的地下管道，尤其适用于交通拥挤、地面设施集中、采用常规的开挖地面方法无法修复和更新的管道。

21.3.3 管道更换技术

管道更换技术按是否开挖分为开挖铺管和非开挖铺管；按管线位置分为另行安排规划位置与原管位置；按换管口径分为口径改大与口径不变。本节根据是否开挖介绍几种常用方法。

1. 开挖铺管

开挖铺管是最常用的换管方法，并以按规划的新位置铺设较大口径的新管为主要方式。若由于种种原因必须在原管位置更换新管，则应首先铺设临时管道，解决沿线用户的用水问题，从而增加了工程造价。

2. 非开挖铺管

非开挖铺管也称作原位更换法，指以待更换的旧管为导向，在将其切碎或压碎的过程中将新管拉入或顶入的换管技术。在城市的某些道路上，交通拥挤、管线密布、路面构造坚固、管道埋深较大，加之花草树木和其他设施的存在，使开挖铺管方法的费用昂贵，因此出现了多种非开挖铺管方法。根据破坏旧管和植入新管的方式不同，将原位更换方法分为爆管法和吃管法。

1）爆管法

爆管法又称破碎法或胀管法，是使用爆管工具从进口坑进入旧管管口，在动力作用下挤碎旧管，并用扩孔器将旧管的碎片挤入周围的土层，同时牵引等口径或更大口径的新管及时取代旧管，以达到去旧换新的目的。

爆管施工一般分为三个步骤：准备工作、爆管更换和清洗。准备工作包括开挖两个工作坑、暴露所有的接头和焊接 PE(polyethylene，聚乙烯)管。两个工作坑之间的长度一般是保证能在一天内恢复管道正常运行为准，通常为 70~100 m。在现场将 PE 管焊接成所要求的长度，并进行压力试验和消毒。

爆管施工的速度取决于多种因素，包括地层条件，一般为 18~40 m/h。在有些地层和更换长管道时，还要使用润滑液以减小摩擦力。新管拉入并与分支管道连接好后，便可进行回填工作坑和地表复原工作。爆管法适用于大部分管道的更换，尤其适用于由脆性材料制成的管道。

按照爆管工具的不同，爆管法可分为气动爆管法、液动爆管法和切割爆管法。

2)吃管法

吃管法是使用特殊的隧道掘进机，以旧管为导向，将旧管连同周围的土层一起切削破碎，形成相同直径或更大直径的孔，同时将新管顶入，完成管线的更换。

21.4　给水管网水质管理方法

引起给水管网水质变化的主要原因：管道内壁腐蚀和出厂水水质不稳定，导致管网中发生生物污染，引起浊度升高；管网附件设施(如阀门、水表、管件)长期浸泡在水中，一旦损坏，污水即进入管道中；管道与水池连接不合理；用户蓄水箱或其他地下水池未定期冲洗；人孔盖松动；消火栓不常使用或检修形成死水区；管网分区后形成死水端。下面对给水管网水质管理方法进行介绍。

21.4.1　维持管网水质

维持管网水质是管网水质管理方法之一。有些地区的管网中出现红水、黄水、浑水和水发臭、色度升高等，其原因除出厂水水质指标不合格外，还由于水管中的积垢在水流冲击下脱落，管线尽端的水流停滞，或管网边缘地区余氯不足而致细菌繁殖等。

为保持管网的正常水量或水质，除提高出厂水水质外，还可采取以下措施：

(1)通过给水栓、消火栓和放水管定期放去管网中的部分“死水”，并借此冲洗水管；

(2)长期未使用的管线或管线尽端在恢复使用时必须冲洗干净；

(3)管线延伸过长时，应在管网中途加氯，以增加管网边缘地区的剩余氯量，防止细菌繁殖；

(4)尽量采用非金属管道，定期对金属管道清垢、刮管和涂衬水管内壁，确保输水能力不致明显下降；

(5)无论在新敷管线竣工后还是旧管线检修后均应冲洗消毒，消毒之前先用高速水流冲洗水管，然后用 20~30 mg/L 的漂白粉溶液浸泡一昼夜以上，再用清水冲洗，同时连续测定排出水的浊度和细菌含量，直到合格为止；

(6)定期清洗水箱和水塔等。

21.4.2 防回流污染技术

交叉连接指饮用水管道与非饮用水管道不合理的连接。这种连接可能导致非饮用水向饮用水管道回流，以致危及用水安全。由于城市生活饮用水管道除了主要供应居民的生活饮用水外，还必须供应其他用途的用水，因此交叉连接是必然存在的。

回流指饮用水系统与非饮用水系统连接时，非饮用水通过交叉连接进入饮用水系统的现象。在回流条件下，污染物可能以背压回流和虹吸回流方式进入饮用水。

背压回流是因交叉连接处下游压力变化，大于上游压力而引起的回流。与饮用水系统相比，当非饮用水系统具有较高的水压时，可能发生背压回流。背压回流也可能由非饮用水系统的水泵或者其他类型的产压设备造成。典型情况包括：有锅炉、水加热器等加热设备，因水温升高发生热膨胀而引起；存在第二水源等。各种背压回流将导致非饮用水回流到饮用水系统。

虹吸回流是因交叉连接处上游压力变化，出现负压或低压而引起的回流。典型情况有：管道在某一管段缩小管径，因文丘里效应产生负压；水泵运行时在吸水管部位产生动态负压；多个自闭式冲洗阀同时冲洗或其他原因导致上游流量突然增大，而又无有效的限流措施，产生负压抽吸现象；外部给水管网爆管造成负压抽吸等。

针对回流问题，《室外给水设计标准》(GB 50013—2018)中规定：城镇生活饮用水管网严禁与非生活饮用水管网连接，严禁与各单位自备的生活饮用水供水系统直接连接。《给水系统防回流污染技术规程》(CECS 184—2005)中规定：生活饮用水管道不得因虹吸回流或背压回流而受污染。生活饮用水管道应采取防回流污染措施或设置防回流污染装置，防止回流污染。

防回流污染措施和防回流污染装置大致有 6 种，即空气隔断、减压型回流防止器、双止逆阀回流防止器、压力型真空破坏器、大气型真空破坏器和软管接头真空破坏器，可分别用于不同的回流和污染危险等级场合。

1. 空气隔断

空气隔断是在饮用水系统和污染源之间进行的一种物理隔离，是用水点后、受水点前的水力通路因空气介入而中断的无阻碍空间距离。饮用水系统出水口和污染源最大水位之间的无障碍间隙应不小于饮用水系统出水口内径的 2.5 倍，且不应小于 25 mm。

空气隔断被认为是最安全、最简单的防回流污染方法。然而，空气隔断会带来一些水头损失，因此仅可用于管路中断，当下游管段需要从水源获得压力时不能采用该方法。

空气中含有大量细菌、粉尘和空气受污染的场所，不应采取空气隔断作为防回流污染措施。

2. 回流防止器

回流防止器又称为防污染隔断阀，包括减压型回流防止器和双止逆阀回流防止器。这两种设备用来防止背压回流和虹吸回流现象。二者都由两个独立工作、关闭紧密、弹性固定、设有测试端口的止逆阀串联组成，两个止逆阀通常以弹簧连接。二者的区别是减压型回流防止器在两个止逆阀之间还有一个水力控制排水阀，其安装位置低于第一个止回阀。

减压型回流防止器的安装要求环境清洁，且应有足够的安装和维修空间。减压型回流防止器宜明装，室外安装时宜设置在地面上。减压型回流防止器应设置在单向流动的水平管道上，阀盖朝上，排水口朝下。阀体上标示的方向应与水流方向一致。减压型回流防止器应采用有足够强度的支撑和固定装置，不应将阀体重量传递给两端管道，也不应使外部荷载作用在阀体上。减压型回流防止器应采用间接排水方式，排水能力应有测试数据。排水器出口离地面的高度不应小于 300 mm，不应被水淹没，安装地点应有排水设施。减压型回流防止器可用于高危险环境。

双止逆阀回流防止器是一种防止管道中的压力水逆向流动的两个独立止逆阀串联装置，可用于有害污染的支管源头和连接压力流，但不可用于有毒污染物的防回流控制。

3. 真空破坏器

真空破坏器是一种能自动消除给水管道内的真空，有效防止虹吸回流的装置。其分为压力型、大气型和软管接头型，具体介绍参见表 21.1。

表 21.1　真空破坏器

类型	压力型真空破坏器	大气型真空破坏器	软管接头型真空破坏器
定义	给水管道内压力降至某一设定的压力时先行断流，其后产生真空时导入大气防止虹吸回流的真空破坏器	给水管道内压力小于大气压时导入大气的真空破坏器	专用于连接软管的真空破坏器
适用条件	可用于连续液体的压力管道	可用于非长期充水或充水时间每天累计不超过 12 h 的配水支管	可用于有可能被软管接驳的水嘴或洒水栓等终端控制阀件处，通常用于不长期充水或充水时间每天累计不超过 12 h 的配水支管
规格	DN20~DN50	DN10~DN50	DN20，PN1.0 MPa
安装要求	垂直安装于配水支管的最高点，其位置应高出最高用水点或最高溢流水位 300 mm 以上	安装在终端控制阀件的下游，垂直安装于配水支管的最高点，并高出下游最高溢流水位 150 mm 以上	紧贴安装于终端控制阀件出口端，其位置应高出地面 150 mm 以上

注：(1)压力型和大气型真空破坏器不得安装在水表后面，不得安装在通风柜或通风罩内；
(2)设置压力型真空破坏器的场所应有排水和接纳水体的措施；
(3)安装真空破坏器前应彻底冲洗管路；
(4)在严寒和寒冷地区，当设置在非采暖房间或室外时，应采取保温防冻措施。

21.4.3　配水系统冲洗

配水系统冲洗包括打开适当的消火栓或者泄水装置，去除沉积物，消除低氯量，解决口感、气味、浊度等问题，并从管道上去除生物膜，改善供水水质。冲洗可以是整个供水系统运行的一个环节，也可以是对用户水质投诉的回应措施。通常利用消火栓进行冲洗。管道水力清洗可在管网系统建模的基础上进行。根据管网的拓扑结构、阀门布置、消火栓布局确定管道冲洗方向和流速，并预计管道冲洗对周围环境的影响。管道冲洗应符合下列要求：一般以上游管道的自来水为冲洗水源，冲洗后的水可通过临时放水口排至附近河道或排水管道，用户支管可在水表周期换表时进行冲洗；通常先冲洗小管道再冲洗大管道，阀门和消火栓应缓慢启闭以避免发生水锤，配水管可与消防栓同时进行冲洗；冲洗水流应排放至合适的地方,以避免破坏或扰乱交通,安装放水口时,其冲洗管接口应严密,并设有闸阀、排气管和放水龙头等,弯头处应进行临时加固;应在适当的位置安装消火栓扩散器。应该在适宜的温度下冲洗管道,高寒地区不宜在冬季进行管道冲洗,保证水流在道路和人行道上不会冰冻;冲洗时尽量避开用水高峰,不能影响周围的正常用水;应根据实际情况选择节水高效的冲洗工艺。

开启消火栓应能产生一定的流速,以冲洗管道中的固体沉积物。最小流速应为 0.6 m/s,使沉积物呈悬浮状态;最大流速应控制在 3 m/s,减小水锤发生的可能性。当管道的水质浊度小于 1.0 NTU 时方可结束冲洗。管径较大时,提高流速困难,水力清洗效果不理想,而且耗水量过大。

冲洗可以为管网维护人员提供测量消火栓出流压力和流量的机会,从而评价消火栓的日常情况。在冲洗过程中应记录用水总量,作为评价未计量水量的依据。消毒剂的交替使用可以提高冲洗效果,消毒剂的改变和冲洗中的高流速对去除已经适应某种消毒剂的生物膜具有良好的效果。冲洗完毕后,管内应存水 24 h 以上,再取水化验,色度、浊度合格后进行管道消毒。

21.4.4 水质连续自动监测系统

水体中污染物的浓度随环境条件,如污染源的排放情况、气象和季节等的不同而变化。要及时掌握水体水质的变化情况,对水质做出符合实际情况的评价,为水质控制提供可靠的依据,就要有足够的具有代表性的监测数据。建立用计算机控制的水质连续自动监测系统,使水质监测发展到一个新的水平。其中,国家城市供水水质监测网各监测站的检测项目应与国际标准接轨,实验室配置应达到国内一流水平,具备解决本区域重大水质问题的能力;地区级城市监测站(经省级认证)应具备检测所有常规项目的能力,可解决本地区一般的水质问题;其他城市监测站和大中城市的水厂化验室应具备检测生产控制项目的能力。水厂的浊度、余氯实行在线检测并定期对比检验,结合生产需要进行水处理工艺试验,提供工艺方案和参数。

水质连续自动监测系统一般由一个监测中心(总站)、若干个固定监测站(子站)和信息、数据传输系统(电台)组成。总站是整个自动监测系统的指挥中心,它由功能齐全的微型计算机系统和联络用的无线电台组成。它的任务是向子站发布各种工作指令,管理子站的工作;按规定的时间收集各子站的监测数据并处理;为了检索和调用监测数据,还能将各种数据存储在磁盘上,建立数据资料库。子站由水样采集装置、检测仪表(包括污染项目的检测仪表和水文气象的检测仪表)、微型计算机(包括外围设备)和本站电台组成。子站的任务是接收总站的工作指令,对各种检测项目自动进行检测;对监测数据进行必要的处理,例如基本值的计算、显示或打印简单报表;将监测数据短期存储,并能按总站的调令,通过无线传输系统将监测数据传送给总站。无论是总站还是子站,它们的工作都是在计算机的管理下自动进行的。因此,在建立自动监测系统的同时,要为总站和子站的计算机编制所需的工作程序。

水质自动监测站通常为固定监测站,也设有流动监测站(水质监测车、水质监测船)以辅助固定监测站的工作。水质固定监测站是连续工作的,因此水样也要连续采集并供给检测仪器。通常将潜水泵安装在采样位置一定深度的水面下，经输水管道将水样输送到子站监测室内的高位水箱中。潜水泵的安装方式大体可分为两种：一种是固定式，另一种是浮动式。固定式安装方便，但是采水深度会随水位的涨落而改变，因此在水位变化大的水域中使用时不能保持恒定的采水深度。浮动式是将潜水泵安装在浮舟上，因浮舟始终漂浮在水面上，无论水位如何变化，采水深度始终保持不变。潜水泵安装点至岸边最好架设一个管理桥，以便维修。

能否取得具有代表性的水样，是水质污染监测的关键。采样点要分布在河系的不同地点（左岸附近、河心、右岸附近）、不同深度（表层、中层、底层）和不同断面（清洁、污染、净化断面），同时也要注意采样时间的选择，一般根据气象、水力和沿岸污染源排放的情况确定。通常采样方法有以下几种。

（1）瞬时采样：在规定的时间、地点取瞬时样。

（2）周期采样：有定时周期采样，用定时装置按预先设定的采样周期自动采集某一时间的水样或不同时间的混合样；还有定流量周期采样，用累积流量测量装置，预先设定累积流量达某一定值时启动采样器采集一定量的水样。

（3）连续采样：有定速连续采样，以恒定流速连续采样，可监测水质的偶然污染，但未考虑水流的变化；还有变速连续采样，用比例采样装置，电动机转速是可变的，由水位变动来自动控制，使采集的水样量与流量成比例。

测定所需的水样量视检测项目的多少和检测方法而定，一般是 10~20 L/min。为了提高响应速度、不产生严重的滞后现象，水泵的实际输水能力应大一些，水压保持在 15 m 左右。水泵的进水口必须有过滤器，防止堵塞或泥沙沉积。

从水泵到监测室的输水管道越短越好，以免水质在输送过程中发生变化，特别是溶解氧，输水管道的长度一般不超过 5~25 m。管道要避光安装，以防藻类生长和聚集。

由于河流、湖泊等天然水中总是或多或少地携带着各种漂浮物和泥沙，即使在进水口安装过滤器，也不能完全杜绝输水管道和配水槽堵塞的现象，因此仍有可能发生因堵塞造成的缺测事故。一个较好的办法是安装两套水泵和输水装置，采用交替使用的办法，定期对停止使用的一套装置用清洁的自来水或压缩空气进行反向冲洗。水样经输水管道送至监测室内的高位水箱后，泥沙就沉积在箱底，澄清水则以溢流的方式分配到各检测仪器所在的检测池中，多余的水经排水管道排放出去。

各水质监测站检测出的污染物数据用有线或无线电信号传送到监测中心。总站设有计算机和各种外围设备，收集各子站的实测数据；计算时平均、日平均、月平均值，打印报表，绘制各种污染曲线、图形，累积存储数据；向各子站发送开机、停机、校正、检误、取水等遥控指令，向工厂排放源或水系下游发出污染警报或预报。同时，可根据数据建立管网水力模型，并进一步建立水质模型，利用水质模型进行在线控制。根据生物可降解有机物、细菌、余氯、pH 值、水温等参数与水质变化的关系，预报管网中的余氯、细菌等指标的变化，为改善管网水质提供决策依据。

管网水质监测应按照科学分布、区别对待的原则，在管网中设置一定数量的在线实时余氯、浊度检测仪表，有条件的城市可以每 10 km^2 管网设置 1 个在线实时水质监测点。对管网水质实施监测，检测项目和频率应符合现行国家标准《生活饮用水卫生标准》（GB 5749—2006）、《二次供水工程技术规程》（CJJ 140—2010）和《城市供水水质标准》（CJ/T 206—

2005)的有关规定。

21.5 排水管道管理与维护

21.5.1 排水管道管理与维护存在的问题

1. 缺乏系统性规划

就当前城市排水管网的实际运行和应用情况而言,很多城市的相关部门存在重建设、轻管理的情况,并且在建设过程中也未能够依据小区域和大流域两者间的关系进行系统性规划,最终造成排水管网建设完成后,其作用未能得以充分发挥。

2. 数据分散、缺乏系统性

数据分散、缺乏系统性是当前城市排水管网资料管理存在的主要问题,很多相关数据缺乏完全性和全面性,不能体现复杂管网的特点和上下游关系,查询分析方法效率不高,导致在管理方面的分析决策水平层次简单,决策主要凭借主观判断。另外,在排水管网的实际管理过程中,数据分散还会造成水力分析、调度分析、应急事故分析与布局优化分析缺乏相关的科学依据,无法实现流域级别综合模式,在危机事件的应对上缺乏有效手段,最终影响整体的管理水平。

3. 检测、养护和监测技术手段落后

在城市排水管网管理过程中,传统检测技术落后,多以肉眼进行观察与判断,不但难以发现危害,而且无法掌握管道内部实际运行情况。另外,管道养护模式落后,效率低,劳动强度大,很难得到理想效果。

21.5.2 排水管道管理的发展趋势与新技术简介

1. 排水管道管理的发展趋势

1)融入可持续发展的理念

从可持续发展的理念出发,完善各项工作,从整体上提升排水管道的管理质量,做好前期的规划工作,和城市发展的方向相结合,保障排水管道的前期规划能够科学化落实,使排水管道的建设符合当前的城市后发展需要,保障排水管道长期良好运行。

2)优化创新管理模式

为保障城市排水管网良好运行,优化创新管理模式至关重要,例如:全生命周期管理模式。全生命周期管理模式是指对排水管网的规划设计和投产运行的整个过程进行管理,即按照规划设计—建设投运—周期性养护—周期性检测—维修和改造—报废重置等整个生命周期进行管理,形成全流程的预防性养护维修管理系统,有助于从整体上保障排水管网的良好运行。全生命周期管理模式是动态的,结合实际情况可进行调整优化,从而提升排水管网管理的质量水平。

例如芜湖市建设了城市污水管理信息系统,充分利用雨污水管网普查成果,借助现代物联网、GIS、网络通信、传感控制、计算机等信息技术手段,建立起涵盖城市污水处理"全生命周期"的"业务流"信息化管理,实现了"一张图"的"实时动态"三维一体化展示,"四个关键节点”(污染源、管网、泵站、处理厂)的水质水量“动态监控”,污水排放、传输、提升与处理“过程化管控”,“跨部门”的联动管理应急指挥,“多维数据”的预警预报辅助决策,进一步提升了城市污水管理水平,保障了城市公共服务质量和城市安全。

3)强化排水管网管理措施

有些居民为能够更加方便地排污,将自家的排污管道与排污口直接连接,不但影响周围人们的正常生活,还会导致污染问题。所以,在当前城市排水管网管理中,有必要进一步加强和完善相关管理措施,有效提升管理水平和管理质量。在实际管理工作过程中,管理人员应当积极分析管理措施中存在的不足之处,使管理措施更加全面,更加科学,更好地保障城市排水管网管理工作。

2. 排水管道管理新技术简介

1)GIS 技术

前文已介绍过 GIS 技术在给水排水管网信息管理中的应用,结合GIS、云计算、大数据等技术,建立智慧排水管网系统,进行排水管网管理工作,可以提高排水管网的整体管理质量水平。智慧排水管网是指采用先进的信息技术,对城市水务运行进行智能化的管理,是城市管理信息化水平的重要标志。智慧排水管网系统由管网信息数据库和管网系统平台两部分组成。管网信息数据库是构建智慧排水管网系统的基础与核心。作为平台基础,数据库存储管网的基本信息,包含属性数据和空间数据。其中属性数据包含埋深、规格、材质、走向、铺设时间和权属等数据,空间数据包含点线面要素的空间坐标数据。系统平台建立于数据库基础之上,通过操纵数据库中的数据,实现可视化展示、分析、管理、判断和编辑等功能。

智慧排水管网系统在各个城市的实践表明,管网的信息化不仅能为城市管理提供科学的决策,并且为城市正常运行、环境保护、应急抢险等提供强大的信息平台。随着人们对在管理中采用信息化和数字化技术意识的提高和新技术的发展,智慧排水管网将具有广阔的应用前景。以常州市排水管网信息系统为例,该系统能够实现管网监测与分析,诊断排水管道积泥、管道封堵等问题,当暴雨季节来临时,可发挥排水管道最大的排水能力,把暴雨灾害造成的损失控制到最小。该工程曾获建设部优质示范工程。

2)B/S 和 M/S 技术

基于互联网技术大背景, B/S 技术对客户端和服务器的结构进行有效改进,形成一种全新的系统化结构。在应用这项技术对排水管道进行检修和管理的过程中,用户主要通过相应的客户端浏览器进行相应的访问工作,无须安装其他浏览软件,只需要链接相应的网址,在客户端所提供的相应的服务器上进行相应工作的处理和解决,系统会将最终的处理结果以网页访问的形式传达给相应的管理部门和用户群体,使管理者能便捷地查询。

在排水管道系统中应用的 M/S 技术主要结合全球定位技术(GPS)、地理信息分析技术(GIS)、无线通信技术(CDMA)等多种高新技术,可实现系统功能的拓展和延伸,实现动态的远程操作和管理,实现维护和管理的移动拓展。应用这项技术能够将各项工作需求移动到管网现场进行操作作业,操作者可通过无线通信技术将现场相应的情况实时动态地传递到指挥管理部门,使其能够对故障管网区域的实际情况进行全面了解和分析,从而为解决排水管道系统问题提供科学决策。

将 B/S、M/S 技术相结合运用到排水管网维护中,可充分利用二者快捷、简便、时效性强的特点构建排水管网维护数据库,该数据库涵盖系统数据和维护数据,监管和维护人员可随时随地查阅排水管网出现的问题和历史检修情况，利于定期检测维护工作的开展。与此同时，可在保障系统简单运行的基础上将监控中心的信息和维护现场的工作信息相交换，使检测中心的技术人员能通过直观观察分析部分难度较大的问题，指导现场维护人员开展工作，提高排水管道维护效率。

以某市为例，该市基于 B/S 与 M/S 混合架构开发了城市排水管道巡查养护 WebGIS 系统，其可充分发挥不同系统的优势，其中 B/S 子系统实现了管网数据的网络发布与共享，用户可通过登录该网站对排水管道的空间地图、资产信息和业务数据进行简便、快捷的浏览、查询，还可进行网络结构分析、统计分析和巡查养护工单维护；M/S 子系统可部署到具有 GPS 功能的 PDA 手机上，实现巡查养护过程中地图数据的下载与查看和现场信息的采集与上传，借助 GPRS 或 3G 网络可实现外业人员与监控中心信息的及时沟通，业务操作人员可在监控中心对现场巡查养护情况进行动态监管，对发现的问题及时处理，如图 21.2 所示。管网养护功能模块主要用于制订管网的养护计划，并对养护工单进行管理和统计，包括养护计划制订、养护工单管理和养护工单统计。通过登录 B/S 子系统，管理人员可以随时获取管网巡查线路、管网设施状态、工作人员的空间分布等信息，便于对巡查工作进行动态监管，及时发现排水管道系统的问题，处置在管网巡查中发现的积水、堵塞、坍塌等突发事件，保障管网的安全、高效运行。

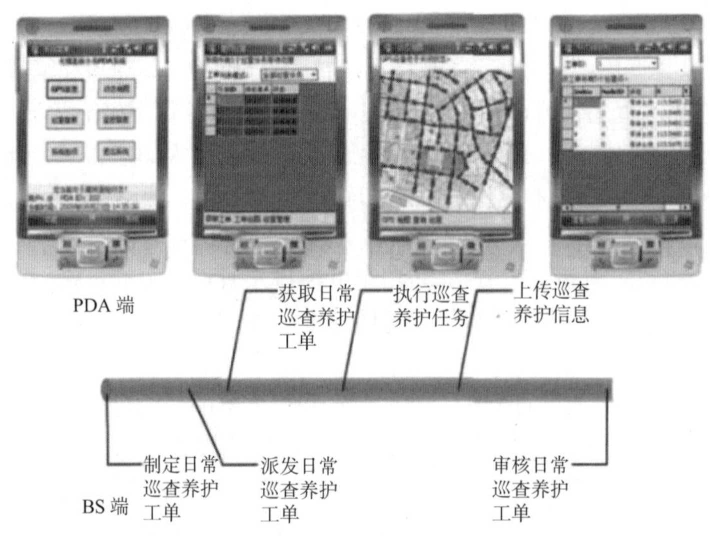

图 21.2 某排水管道 M/S 子系统管网养护流程示意

3）物联网技术

建立排水管道物联网系统，通过对运行参数的长期监测，辅助应急事件的预警与处置，从而制定科学、合理的管网养护方案。排水管道物联网主要由感知层、网络层和应用层组成。

感知层主要由位于排水系统各个关键节点上的液位、流量、水质、毒性等在线监测仪表和视频监控设备组成，利用网络技术将信息传输至应用层，通过识别筛选、建模分析获取有针对性的实时应用信息，智能地制定各种运行调控措施。

网络层是连接感知层和应用层的纽带。目前的网络技术包括 4G、5G、Zigbee、Wlan、Wimax、UWB、WSN、蓝牙和移动通信等形式，可根据排水系统采集点的分布特点采用不同的网络技术。排水管道数据采集点分布较分散，采用有线网络费用较高，无线传输较适宜，如 3G、GPRS 网络等；在进行排水管道流量、液位监测时，需要实现井下设备与井外中继器的即时通信，可采用 Zigbee 等短距离无线通信技术。

应用层是整个排水管道物联网的中枢机构，汇聚了排水管理各项业务应用中的公共或可复用的业务处理逻辑，形成了标准化的软件资源。在排水运营管理方面，需要建立数据中心，构建云服务平台，为管网委托运营提供支持；在排水设施资产管理方面，需要利用 GIS 对排水管道空间分布和结构数据进行管理，并通过感知层的监测和检测设备监控排水系统的动态运行规律；通过数据甄别、数理统计与排水管道模型等综合分析模式的应用，辅助排水系统的业务管理，为排水户管理、泵站调度、应急处置、设施升级改造等具体业务工作提供支持。

以浙江省某市为例，该地建设了城市排水管道物联网监测管理系统，系统具有设备管理、数据查看、日志查询、统计分析、数据对比、报警信息等功能，支持 WebServices 的数据接口，网络端主要实现对监测设备的地图定位显示（图 21.3），具有实时监测数据、历史监测数据和设备属性信息的查询、下载和统计分析功能，并利用智能算法评估实时监测数据，若发现管网异常情况，将及时进行风险报警。软件在线自动升级，提供手机端微信报警与数据查询服务。

图 21.3　系统实时地图界面

物联网还可结合 GIS 等技术的优势研发智慧城市排水管理系统，以保证排水管道信息的高效管理和服务。GIS 技术具备地理图形和空间定位的空间型信息管理功能，在信息综合和评价上具有优势；物联网技术主要通过传感器系统搭建物联网信息平台，能够及时、准确地获取排水体系的水位、流量、雨量等相关信息，保证安全隐患的及时排查，为排水管道的稳定运行提供保障。此外，将 PLC 等远程控制技术融入智慧城市排水管道建设可以使管理者远程控制管网的运行状态,如泵站的运行与停止。另外,使用雨洪模型模拟降雨情况,结合实时数据和视频监控建立内涝预警机制,可以对重点地区进行防范和控制。

4)CCTV 管道检测技术

在城市排水管道管理过程中,为使管网安全运行得到较好的保证,十分必要的一个方面就是定期进行检查,但是人工检查耗时耗力,而且效果不好,因此在进行管道检测的时候可以采用 CCTV(closed circuit television)这一现代化检查技术进行整个城市排水管道的检查,如图 21.4 所示。应用该技术,可对新管道进行验收,并且能够较好的掌握老旧管道的内部情况,从而更好地掌握管道实际运行情况,当前该技术已经广泛地应用在实际检查工作中。

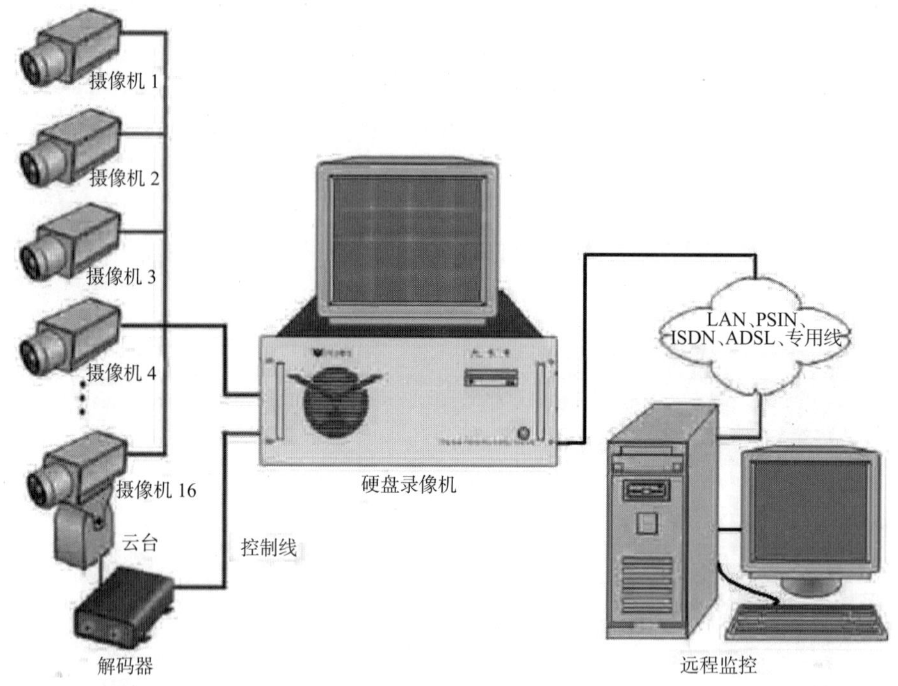

图 21.4 CCTV 组成示意

CCTV 由摄像头、机器人爬行器和灯光等组成,将 CCTV 和相应的信息设备相连接,可实现对系统的实时监控。该项技术应用到排水管道系统中需要提前规划好摄像头的安装位置,从而更好地保证监控排水系统中的关键部位,并将信息保存起来,一旦系统的某些部位出现不正常运行情况,就可以根据相应的信息数据确定发生故障的范围,实现高效定位故障位置,及时进行维修。

以烟台某开发区为例,为了提升城市管网安全,2020 年该区引进了 CCTV 管道机器人,对开发区排水管道进行内窥检测和清淤工作,加快了城镇排水管道、污染源排查检测、污水收集、黑臭水体整治的提质增效工作,如图 21.5 所示。CCTV 检测设备的爬行器和灯光系统完全由带遥控操纵杆的监视器控制,操作简单,移动方便,采用内窥式检查、非开挖修复方法,能有效避免道路反复开挖,不仅可以做到"查明一处、处理一处",对存在的淤堵问题进行精准化"点对点"处理,而且能对管道内部的结构性缺陷和功能性缺陷生成详细的检查报告；另外，机器人作业过程机械化程度高，在有效提高工作效率的同时，可以将有限空间作业风险降到最低，将项目施工对市民正常生活、生产的影响降到最低。

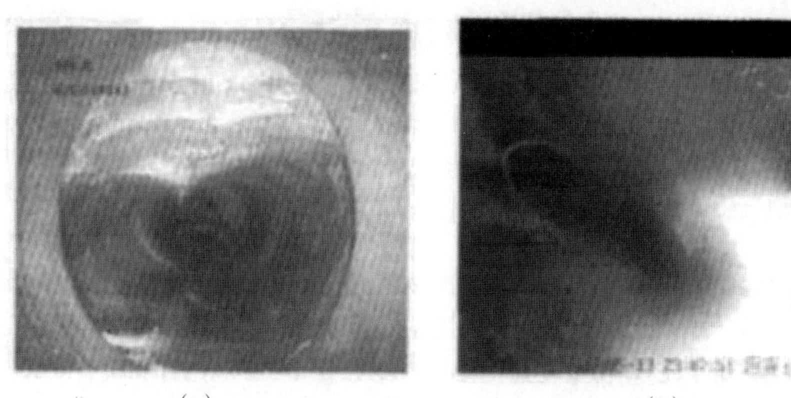

（a）　（b）

图 21.5　CCTV 检测到的管道竣工验收时常见的质量问题

（a）环刚度不够　（b）不开槽施工回拖 HDPE（high density polyethylene，高密度聚乙烯）管变形

第 22 章　计算机在排水管道设计计算中的应用

22.1　概述

计算机科学作为新技术的带头学科和先导技术，强有力地推动世界从社会工业化向社会信息化的方向发展。随着社会经济的腾飞和人民生活水平的提高，对排水系统工程设计、运行管理的要求也不断提高。排水管道设计计算经历了从初步利用计算机绘图和简单计算到利用计算机提高设计效率、优化设计计算、降低工程建设投资、优化排水工程设施的运行和管理，计算机所起到的作用和带来的经济效益不言而喻。

传统排水管道设计中的水力与高程计算是一项工作量很大的简单、机械的迭代计算，既费时又枯燥。目前，各大设计院的工程设计人员主要使用商业化软件进行设计与计算，例如鸿业管立得、杰图等。这些软件的基础原理是设计手册中列出的通过多年经验总结而形成的通用计算方法，但也仅将排水管道设计计算从手算带入电算阶段，对规模较大、复杂性较高的排水管道系统，如何选择最优的设计、施工、运行和管理方案，仅凭设计人员的工作经验很难做到。有些学者指出，一般用传统方法计算出的方案要比优化设计方案费用高 5%~15% 甚至更多。

自 20 世纪 60 年代开始，在总结经验和分析的基础上，逐步建立了各种给水排水工程系统或过程的数学模型，从而发展到了以定量和半定量为标志的给水排水工程“合理设计和管理”的阶段。与此同时，随着系统分析方法、计算技术和电子计算机手段的发展，对各种类型的给水排水系统开展了最优化的研究与实践。自 20 世纪 70 年代至今，美国、日本和欧洲的一些发达国家在给水排水管道和处理工程系统方面，不仅在方法学和计算机程序上取得了各种研究成果，而且日益广泛地将其所研制的各种计算程序软件应用于给水排水工程的计算机辅助设计和自动化运行管理，并获得了明显的效益。这不仅使设计人员从查阅图表的繁杂过程中解脱出来，加快了设计进度，而且使整个排水管道系统得到了优化设计，提高了设计质量。

本章第 2、3 节分别介绍排水管道设计计算的电算程序和排水管道系统优化设计与模型，第 4 节使用 SWMM 模型软件对第 3 篇第 16 章例 16.6 的设计计算结果进行模拟，评估其设计计算的合理性。

22.2　排水管道设计程序

22.2.1　污水管道设计程序

1. 主要计算公式

1）流量计算

比流量　$q_0=\dfrac{n_0 p}{86\ 400}$

本段平均流量　$q_1=q_0F$

合计平均流量　$q=q_1+q_2$

总变化系数　$\lg K_z=-0.115\ 6\lg Q+0.505\ 2$

居民生活污水设计流量　$Q_1=qK_z$

管段污水设计流量　$Q=Q_1+Q_2+Q_3$

2）水力计算

设计流速　$v=\dfrac{1}{n}R^{\frac{2}{3}}I^{\frac{1}{2}}$

充满度　$h/D=f(\theta)$（图 22.1）

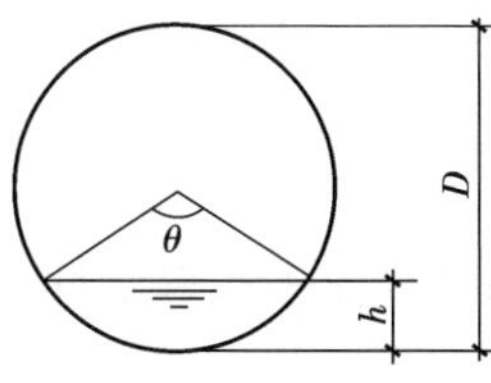

图 22.1　*h/D* 与 *θ* 关系

水力半径　$R=\dfrac{D}{4}(1-\sin\theta/\theta)$

水力坡度　$I=\left(\dfrac{vn}{R^{\frac{2}{3}}}\right)^2$

水面与管中心的夹角　$\theta=f(Q,D,v,\theta)$

$$=\frac{8Q}{D^2v}+\sin\theta$$

或　$\theta=f(Q,D,I,\theta)=\dfrac{8nQ}{R^{\frac{2}{3}}I^{\frac{1}{2}}D^2}+\sin\theta$

3）高程计算

地面坡度　$i=\dfrac{h_1-h_2}{L}$

管段起端管内底标高　$h_3=h_1-H_1$

管段终端管内底标高　$h_4 = h_3 - IL$

管段起端水面标高　$h_5 = h_3 + h$

管段终端水面标高　$h_6 = h_4 + h$

管段起端管顶标高　$h_7 = h_3 + D$

管段终端管顶标高　$h_8 = h_4 + D$

管段起端埋深　$H_1 = h_1 - h_3$

管段终端埋深　$H_2 = h_2 - h_4$

式中　p——人口密度,人/hm^2;

n_0——居住区生活污水量标准,L/(人·d);

F——本管段服务的排水面积,hm^2;

q_2——本段转输平均流量,L/s;

Q_2——本段集中污水设计流量,L/s;

Q_3——本段转输集中污水设计流量,L/s;

n——管壁粗糙系数;

D——管径,m;

L——管段长度,m;

h——水深,m;

h_1——管段起端地面标高,m;

h_2——管段终端地面标高,m。

2. 约束条件

在污水管道水力计算过程中,可能涉及的约束条件可归纳为以下几个方面。

1)管径

管径对污水管道水力计算的约束反映在两个方面,①规定了最小管径(即可选管径的下限),具体规定是街坊或厂区内为 200 mm,街道下面为 300 mm。②由于管道规格的限制,在计算过程中管径递增或递减是非连续、非均匀的。当管径小于 500 mm 时,管径递增或递减以 50 mm 为一级;当管径大于 500 mm 时,则以 100 mm 为一级递增或递减。

2)流量

在计算中确定管径时,应避免小流量选大管径,故应明确各种管径对应最小流速(最小充满度)时所通过的流量为最小流量,见表 22.1。当管段设计流量小于某一管径的最小流量时,只能选小一级的管径。但当管段设计流量小于 12.50 L/s 时,管径只能选 200 mm。

表 22.1　D 与 Q_{min} 的关系

D/mm	Q_{min}/(L/s)	D/mm	Q_{min}/(L/s)	D/mm	Q_{min}/(L/s)	D/mm	Q_{min}/(L/s)
200	12.50	450	47.73	900	205.88	1 800	1 193.34
250	15.12	500	59.00	1 000	248.91	2 000	1 580.47
300	21.06	600	85.52	1 200	404.75	2 200	2 037.84

续表

D/mm	Q_{min}/(L/s)	D/mm	Q_{min}/(L/s)	D/mm	Q_{min}/(L/s)	D/mm	Q_{min}/(L/s)
350	30.29	700	115.74	1 400	610.54	2 400	2 570.04
400	37.45	800	150.38	1 600	871.68	2 600	3 181.55

3)充满度

为适应污水流量的变化和利于管道通风,污水管道按非满流计算。各种管径相应的最大设计充满度见【二维码 15-4】,这为设计确定了充满度的上限值。为合理利用管道断面,减少投资,应考虑确定一个最小充满度作为设计的下限值,各种管径的最小充满度建议不宜小于 0.25。以最大和最小充满度为约束条件,选用设计充满度,可以最佳地确定管径,达到优化的目的。

4)流速

污水管段的设计流速介于最小流速(0.6 m/s)和最大流速(金属管 10 m/s,非金属管 5 m/s)之间。不同管径的圆形钢筋混凝土管在相应的最大充满度下的最大流速是不同的,见表 22.2。在程序设计中最大流速不宜过高,应根据地形而定,地形坡度大时可取高值,反之取低值。

表 22.2　D 与 v_{max} 的关系

D/mm	v_{max}/(m/s)	D/mm	v_{max}/(m/s)	D/mm	v_{max}/(m/s)	D/mm	v_{max}/(m/s)
200	3.19	450	4.09	900	4.68	1 800	4.99
250	3.09	500	3.46	1 000	4.54	2 000	4.97
300	2.95	600	3.57	1 200	4.87	2 200	4.95
350	3.48	700	3.96	1 400	4.92	2 400	4.99
400	3.78	800	4.33	1 600	4.81	2 600	4.90

5)坡度

规范只规定了最小管径的最小设计坡度。实际上,各种管径都有对应的最小设计坡度,见表 22.3。为保证管道的运行和维护管理,也应考虑确定各种管径的最大设计坡度。最大设计坡度应为各种管径的管道充满度达到最大值且流速接近和小于最大流速时所对应的坡度,见表 22.4。在平坦地区污水管道的水力坡度应用最小设计坡度约束,而地形坡度大的地区则应用最大设计坡度约束。

表 22.3　D 与 I_{min} 的关系

D/mm	I_{min}/‰	D/mm	I_{min}/‰	D/mm	I_{min}/‰	D/mm	I_{min}/‰
200	4.0	450	1.3	900	0.6	1 800	0.5
250	3.0	500	1.13	1 000	0.5	2 000	0.5
300	2.2	600	0.9	1 200	0.5	2 200	0.5
350	2.0	700	0.725	1 400	0.5	2 400	0.5

续表

D/mm	I_{min}/‰	D/mm	I_{min}/‰	D/mm	I_{min}/‰	D/mm	I_{min}/‰
400	1.5	800	0.6	1 600	0.5	≥2 600	0.5

表 22.4 D 与 I_{max} 的关系

D/mm	I_{max}/‰	D/mm	I_{max}/‰	D/mm	I_{max}/‰	D/mm	I_{max}/‰
200	100	450	50	900	25	1 800	11
250	70	500	30	1 000	20	2 000	9.5
300	50	600	25	1 200	18	2 200	8.5
350	50	700	25	1 400	15	2 400	7.5
400	50	800	25	1 600	12	2 600	6.5

6)连接方式

污水管道在检查井处的连接方式一般有水面平接和管顶平接两种。无论采用哪种方式连接,均不应出现下游管段上端的水面、管底标高高于上游管段下端的水面、管底标高的情况,且应尽量减小下游管段的埋深,这在高程计算部分是重要的约束条件之一。

7)埋深

有关埋深的约束可从三个方面考虑:①管道起点的最小埋深,根据地面荷载、土壤冰冻深度和支管衔接要求确定;②管道最大埋深,根据管道通过地区的地质条件确定,当管道计算埋深达到或超过该值时,应设中途泵站,提升后的管道埋深仍按最小埋深考虑;③管道坡度小于地面坡度时,为保证下游管段的最小覆土厚度和减小上游管段的埋深,应采用跌水连接。

由于污水管道水力计算涉及的影响因素多,因而程序设计的约束条件亦多,而有些约束条件之间是相互制约的。如流速、坡度、管径之间的关系是流速与坡度成正比,当流量一定时,流速则与管径成反比,因而如何协调三者之间的关系而做到优选管径,在程序设计中是必须考虑的。又如充满度与流速之间也是相互制约的,流速增大,充满度减小,反之充满度增大。因此,如何优选流速、充满度满足约束条件的要求,达到优化设计的目的也是必须考虑的。再如管径、坡度、充满度也是一组相互制约的关系。当流量一定时,管径增大,坡度减小,充满度亦减小;在相同管径下,坡度减小,充满度增大;在相同坡度下,管径增大,充满度减小。在设计和应用程序时,若最小充满度、最大坡度、最小坡度设置不当,就可能在试运行程序中出现死循环。综上所述,在开发和应用污水管道水力计算程序时,应充分理解约束条件之间的相互制约关系。

污水管道水力计算的计算机原理框图如图 22.2(a)所示。

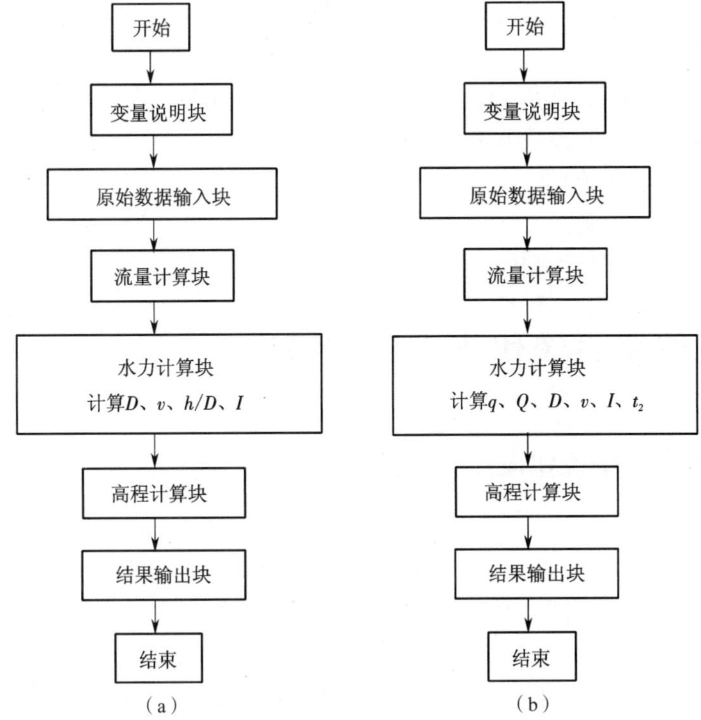

图 22.2　排水管道水力计算的计算机原理框图

(a)污水管道　(b)雨水管道

22.2.2　雨水管道设计程序

1. 主要计算公式

暴雨强度　$q=\dfrac{167A_1(1+c\lg P)}{(t_1+t_2+b)^n}$

雨水设计流量　$Q=\psi qF$

管内雨水流行时间　$t_2=\sum\dfrac{L}{60v}$

雨水在管内的设计流速　$v=\dfrac{1}{n}R^{2/3}I^{1/2}$

式中各符号的含义在前面已有介绍,不再重述。其中,A_1、c、b、n 已知;设计重现期 P、地面集水时间 t_1 可根据设计地区的具体条件确定;径流系数 ψ 可计算或选用;F 为管段服务的全部汇水面积。

2. 约束条件

管径:最小管径为 300 mm,即为可选管径的下限。当管径小于 500 mm 时,管径递增或递减以 50 mm 为一级;当管径大于 500 mm 时,则以 100 mm 为一级递增或递减。

流量:假定设计流量均从管段起端进入。当设计降雨历时很长,在计算中出现下游管段的设计流量小于上一管段的设计流量的情况时,仍采用上一管段的设计流量。

充满度:设计充满度 $h/D=1$,即按满流设计。

流速:最小设计流速为 0.75 m/s,最大设计流速的规定同污水管道,设计流速介于最小和最大流速之间。

坡度:相应于最小管径 300 mm 的最小设计坡度为 0.003。管径增大,坡度相应减小;当管道坡度小于地面坡度时,设跌水井。

连接方式:采用管顶连接。

埋深:规定同污水管道。

雨水管道水力计算的计算机原理框图如图 22.2(b)所示。

22.3 排水管道系统优化设计与模型

22.3.1 排水管道系统优化设计

1. 概述

排水管道系统的最优化设计和计算以最优化数学理论为基础,以经济因素为目标函数,以水力要素为约束条件,寻求造价最低、水力最优,即技术先进、经济合理、安全实用的排水管道系统优化设计方案。

排水管道系统优化设计通常涉及以下三个问题:

(1)最优排水分区和最优集水范围的确定;

(2)管网系统布局优化;

(3)在管道布局确定的情况下,管道水力参数和泵站的优化设计方案。

在进行管道规划设计时,这三个问题是相互关联的,必须综合考虑才能获得优化效果。

传统的排水管道优化设计工作过程:掌握设计基础资料;按照管道定线和系统布置的原则,确定出一种或几种较合理的管道系统布局图;计算各设计管段的设计流量;以水力计算图或水力计算表和有关的设计规定作为控制条件,从上游到下游依次进行各设计管段的水力计算,求出各管段的管径、坡度和在检查井处的管底标高、埋设深度;凭经验对管段的管径和坡度等进行适当的调整,以达到经济、合理的目的。

传统的排水管道优化设计合理程度受到设计人员个人能力的限制,而且计算采用反复查阅图表(或使用水力计算软件)的方法进行,工作效率低、时间长、精度低,不利于设计方案的优化,而且会导致造价偏高,难以满足城市建设和环境保护的需要。

为了探求排水管道系统的最优设计方法,需进行大量的研究和实践。随着计算机技术的发展,排水管道的优化研究与计算机技术结合得越来越紧密,开发了很多水力参数的设计模型和优化算法,成为提高系统设计水平、设计效率的重要工具,但这些模型、算法并不适用于每一项工程,因此不断涌现出新的适用性更强的管道优化设计方法。

2. 数学模型

排水管道系统优化设计计算模型是基于费用函数的带有整数约束的多阶段非线性规划模型,投资偿还期 T 年内的总费用目标函数为

$$\min F=\sum_{i=1}^{m}\left\{\left(1+e_{\mathrm{p}}T\right)C_{\mathrm{p}}\left(D_i,x_i,L_i\right)+\phi_i\left[\left(1+e_{\mathrm{pu}}T\right)C_{\mathrm{pu}}\left(Q_i\right)+C_{\mathrm{op}}\left(Q_i,H_i\right)\right]\right\}$$

$$+\sum_{i=1}^{n}(1+e_{\mathrm{d}}T)C_{\mathrm{d}}(D_i,y_i)$$

式中　m——管段数；

n——检查井数；

ϕ_i——0-1 变量，$\phi_i=0$ 表示管段 i 不设提升泵站，$\phi_i=1$ 表示管段 i 设置提升泵站；

D_i、x_i、L_i、Q_i——管段 i 的管径（m）、管底平均埋深（m）、管长（m）、设计流量（L/s）；

C_{p}、C_{d}、C_{pu}——管线造价、检查井造价、提升泵站造价，元；

e_{p}、e_{d}、e_{pu}——管线、检查井、提升泵站的年折旧和维修率；

C_{op}——提升泵站的运行费用，元；

y_i——检查井深度，m；

H_i——水泵提升扬程，m；

F——排水管道系统总费用，元；

T——投资偿还期，年。

费用函数通过数学关系式或图形、图像的方式来描述工程费用特征及其内在的联系，是工程费用资料的概括或抽象。一般雨（污）水管渠系统的费用函数包括整个系统在投资偿还期内的基建费用和运行维护费用。

（1）基建费用，包括管线造价 C_{p}、检查井造价 C_{d}、提升泵站造价 C_{pu}，这里所述的各类造价均包括材料、设备和施工费用。

（2）运行维护费用，包括提升泵站的运行费用 C_{op}，管线、检查井、提升泵站的年折旧和维修费用。在投资偿还期 T 内，管线、检查井、提升泵站的年折旧及维修率分别为 e_{p}、e_{d}、e_{pu}。

约束条件与 22.2 节中一致，主要是设计规范中的规定，线性约束数学表达式为

$$I_{\min}\leqslant I_i\leqslant I_{\max}$$

$$v_{\min}\leqslant v_i\leqslant v_{\max}$$

$$H_{\min}\leqslant H_{i1}\leqslant H_{\max}$$

$$H_{\min}\leqslant H_{i2}\leqslant H_{\max}$$

$$(h/D)_{\min}\leqslant(h/D)_i\leqslant(h/D)_{\max}$$

$$v_i\geqslant v_{\mathrm{iu}}$$

$$D_i\geqslant D_{\mathrm{iu}}$$

$$D_i\in D_{\text{标}}$$

式中　$I_{\min}$、$v_{\min}$、$H_{\min}$、$(h/D)_{\min}$——最小允许设计坡度、最小允许设计流速（m/s）、最小允许埋深（m）和最小允许设计充满度；

$I_{\max}$、$v_{\max}$、$H_{\max}$、$(h/D)_{\max}$——最大允许设计坡度、最大允许设计流速（m/s）、最大允许埋深（m）和最大允许设计充满度；

H_{i1}、H_{i2}——管段 i 的上、下端埋设深度，m；

I_i、v_i、$(h/D)_i$、D_i——管段 i 的设计坡度、设计流速（m/s）、设计充满度和管径（m）；

v_{iu}、D_{iu}——标准规格管径集。

3. 排水管道系统优化设计方法

1)管网平面优化布置

在城市排水管网的规划设计过程中,合理的系统布置形式是管网最优化的前提和基础。管网定线的优化就是在一定的排水分区条件下,确定排水管道走向和干支管结构布置形式,使管网的投资最小。

应用于管网平面优化布置的方法包括试算法、排水线法、最小生成树法、图论法、简约梯度法、递阶优化设计法、集中流量法、进化算法等。

2)已定管线的优化设计

在管网布置已定的情况下,对某一设计管段而言,当设计流量确定后,满足设计规范要求的管径、坡度和埋深有多种组合,但总存在一组管径和坡度组合使得管材费用和管道敷设费用最低。对由多管段组成的管网系统,上游管段的设计结果直接影响到下游管段参数的选用,使一段管段的设计参数最优,并不一定能使整个管道系统最优,而排水管道实际参数的优化就是要使整个工程最优。

应用于已定管线的优化设计方法包括线性规划法、非线性规划法、动态规划法、直接优化法、遗传算法等。

部分排水管道系统优化设计方法简介见【二维码 22-1】。

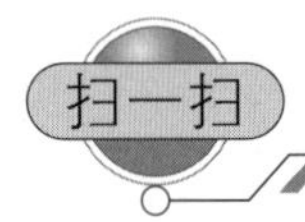

【二维码 22-1】

22.3.2 排水管道模型

1. 概述

改革开放以来,我国城镇化率不断提升,据中国国家统计局数据,2011 年我国城镇人口比例已经达到 51.27%,首次超过了农村人口;2021 年我国城镇化率已经达到 64.72%。根据中国社会科学院的研究数据,2035 年我国城镇化率预计会达到 70% 以上。随着高速城市化进程,城市的硬化面积增大,地区极端暴雨天气频发,导致暴雨产流增加,汇流速度加快,加大了城市内涝灾害风险。

频发的城市内涝严重影响了社会的秩序和人民的生活,暴露了城市排水体系无法适应城市建设高速发展的问题,给人们的生活带来了不便,同时对我国的社会经济生产造成了巨大损失。如何合理地防治内涝,如何使大量的雨水为我所用成为热点问题。2013 年,国务院发布了《国务院办公厅关于做好城市排水防涝设施建设工作的通知》(国办发〔2013〕23 号),住建部发布了《住房城乡建设部关于印发城市排水(雨水)防涝综合规划编制大纲的通知》(建城〔2013〕98 号);习近平总书记在 2013 年 12 月的中央城镇化工作会议上要求,"建设自然积存、自然渗透、自然净化的海绵城市";2014 年 11 月,住建部出台了《海绵城市建设技术指南——低影响开发雨水系统构建(试行)》;2014 年 12 月,住建部、财政部、水利部三部委联合启动了全国首批海绵城市建设试点城市申报工作。2017 年,住建部发布国家标准《城镇内涝防治技术规范》(GB 51222—2017)和《城镇雨水调蓄工程技术规范》(GB 51174—2017)。可见,为应对日益突出的城市内涝灾害,提高城市的排水防涝能力,国家先后出台了一系列相关的政策、规范，并提出了应用数学模型进行设计的要求。

2. 推理公式法的局限性

我国排水管道和排水系统规划、管理、设计一般采用恒定均匀流理论、推理公式法进行管道设计计算，该方法由于自身假设条件的限制（忽略了不同雨型的不同特性与降雨的时空性），当汇水面积较小时，其计算精确度较高，但当汇水面积较大时，计算结果精度偏低。

此外，在城市管网模拟中，恒定流假设不能表示管网内水流的真实状态，也难以计算管网内的水流情况随时间变化的实时过程。我国许多城市的排水管道在设计时并没有为未来的发展预留足够的空间。在一些工程中，管网的埋深、输水能力等均不能满足目前的需要，甚至一些工程的施工过程也会因建设资金问题而受到影响。这些排水管道系统在运行时经常发生淤积或堵塞，从而对城市的生态环境造成了一定的影响和破坏。

随着城市化进程的不断推进，城镇地区下垫面条件发生了较大变化，城市雨洪排水管道的设计和铺设直接改变了水文汇流条件，从而让传统的水文模型对城市水文系统的模拟近乎失效。故采用传统计算方法规划、设计排涝系统存在诸多不合理之处。

3. 模型的应用与发展

《室外排水设计规范》（GB 50014—2006）引入了数学模型的概念，对雨水设计流量的计算，规定“当汇水面积大于 2 km^2 时，应考虑区域降雨和地面渗透性能的时空分布不均匀性和管网汇流过程等因素，采用数学模型法确定雨水设计流量”。建部下发的《城市排水（雨水）防涝综合规划编制大纲》中提出“推荐使用水力模型进行现状排水能力评估及城市内涝风险评估”。而在海绵城市建设、预防与治理城市内涝灾害、黑臭河道治理方面，模型模拟也逐渐成为各类工程措施实施效果评估的重要手段。可见，在未来的城市排水工程的研究、规划和设计、运行管理中，数学模型法将扮演愈发重要的角色。

在此背景下，进一步加强模型在城市排水系统规划与设计中的研究与运用，对城市内涝的防治乃至我国城市现代化的发展都显得至关重要。一些欧美发达国家长期致力于排水系统模型的研发，将模型广泛应用于城市排水系统的规划、设计、改造，在世界各地都有许多成功的案例，在城市内涝防治方面积累了宝贵的经验。而我国对这一领域的研究起步较晚，相关模型的应用研究较少。近些年，我国相关研究人员正在积极地研发适用于我国国情的排水模型，设计人员在城市排水系统的规划与设计中也加强了对数学模型的运用。

在计算机科学高度发展的今天，信息化和集成化已经逐步渗透到市政工程设计领域。计算机水力模拟（CHM）、管理信息系统（MIS）、地理信息系统（GIS）、专家信息系统（EIS）等技术已经被广泛应用到市政工程和其他相关领域。城市雨水管网的模拟能使雨水和污水管道内部的雨水径流、管网内部流体汇流的过程更加清晰，随着计算机模拟在科学领域扮演越来越重要的角色，它在排水管道优化设计、提高设计的标准和可靠性、改进传统设计方法等方面发挥的作用也越来越大。

此外，在面对复杂水体和复杂管网时，近几年的工程实践普遍偏向于利用多软件相结合的集成软件链对整个管网进行预测。在近些年的研究中也有比较多的实例，美国在 2010 年开发出 SWMM、WASP 和 GIS 集成的办法控制纽约中央公园的降雨排水和地面径流汇流。随着遥感（RS）技术的成熟与应用范围的更加广泛，与 RS 专业软件结合也将成为城市排水管道模型的发展趋势。

4. 模型的分类

根据建模理论、建模目的和建模方法的不同，模型有不同的分类。

（1）按建模理论不同，分为水动力学模型和水文学模型。水动力学模型以连续性方程和动量方程为基础，模拟坡面汇流过程；水文学模型是根据系统分析的方法，把汇水区域视为一个个灰箱或黑箱系统，建立起输入与输出的关系。

（2）按建模目的不同，分为水量模型、水质模型、经济模型和安全模型。它们的描述基础都是数学关系式。用数学关系式描述管网水流连续性和能量守恒的模型即为水量模型；描述管网水质变化规律的模型即为水质模型；描述管网建设、管理成本和经济效益的模型即为经济模型；描述管网安全性的模型即为安全模型。

（3）按建模方法不同，分为数学模型和计算机模型。数学模型是计算机模型的算法基础。

5. 国内外模型与软件

国外常用雨洪模型与国内模型、软件见表 22.5 与表 22.6，可以发现模型模拟技术广泛应用于城市排水管道的规划、设计和改造等领域。

表 22.5 国外常用雨洪模型

模型	发行方	模型类型	模拟方式	动力模型	水质模拟	可视化界面
DR3M-QUAL	USGS	水文模型	连续模拟 / 暴雨事件	是	包含	ANNIE
FEQ	USGS	水力模型	暴雨事件	否	不包含	否
HEC-HMS	HEC	水文模型	连续模拟 / 暴雨事件	否	不包含	是
HEC-RAS	HEC	水力模型（回水）	静态	UNET	不包含	是
HSPF/BASINS	EPA	水文模型	连续模拟 / 暴雨事件	否	包含	是
InfoWorks CS	Wallingford	水文模型 / 水力模型	连续模拟 / 暴雨事件	是	包含	是
MIKE 11	DHI	水力模型（明渠）	暴雨事件	是	包含	是
MOUSE	DHI	水文模型 / 水力模型	连续模拟 / 暴雨事件	是	包含	是
P8	Wm. W. Walker, Jr.	水文模型	连续模拟 / 暴雨事件	否	包含	菜单
Santa Barbara	供应商	水文模型	暴雨事件	否	不包含	第三方
SCS	NRCS	水文模型	暴雨事件	否	不包含	是
SLAMM	R.Pitt	水文模型	连续模拟	否	包含	否
SWMM	EPA/OSU	水文模型 / 水力模型	连续模拟 / 暴雨事件	是	包含	是 / 第三方
UNET	HEC	水力模型	暴雨事件	是	不包含	HEC DSS

表 22.6 国内模型、软件

软件名称	功能和应用
城市雨水径流模型（SSCM）	我国最早自研发的模型，该模型对城市雨水径流的模拟比较精确
城市雨水径流模型（CSYJM）	利用地理信息系统和实时模拟技术实现在线监控
数字排水软件（Digital Water）	能够为实时监测信息提供数据接口，可以方便地进行管网数据的维护更新，能够满足城市排水管道数字化管理的要求，并在在线监测、自动率定、动态分析、模型校验等方面具有一定优势
暴雨排水模拟系统（HYSWMM）	用模型法对雨水排水系统进行科学、准确的模拟计算，并能够运用二维模拟算法，结合城市三维地形，进行淹没分析、城市内涝规划与设计
Uwater-Drainage 数字排水平台	以 SWMM 为基础，扩展了与 CAD 数据双向通信、模型参数自动化估算、径流系数法和城市内涝模拟分析四个模块

SWMM、InfoWorks CS、MOUSE 已经被国内众多机构和学者所使用，因此对模型使用者来说，遇到实际问题时如何选择合适的模型就成为一个难题。表 22.7 从不同角度对 SWMM、InfoWorks CS、MOUSE 进行了对比分析，提供了一种比较机制，模型使用者可以根据实际情况进行对比选择。

表 22.7　三种常用雨洪模型对比

对比内容	SWMM	Info Works CS	MOUSE（现包含于 Mike Urban 中）
气象输入	温度、降水、风速、蒸发	温度、降水、风速、蒸发	温度、降水、风速、蒸发
入流方式	节点入流	节点入流	侧向入流、节点入流
产流模块	HORTON 模型、GREEN-AMPT 模型、SCS 曲线	径流模型、固定比例径流模型、固定渗透模型、GREEN-AMPT 模型、HORTON 模型、SCS 曲线	时间面积曲线、运动波、线性水库、单位线长系列模拟（RDI 模型）
汇流模块	非线性水库模型	双层水库模型、SWMM 径流模型、Dcsbordes 径流模型	
水质模块	地表径流水质，污染物输移	生活、工业污水，污染物输移	地表径流水质，废污水，污染物输移、降解
管道模块	恒定流、运动波、动力波	圣维南方程组	恒定流、运动波、动力波
地下水模块	双层地下水模型	无	地下水库（RDI 模型）
泥沙模块	无	永久沉积和泥沙运移	地表沉积、管道沉积、泥沙运移
旱流模块	节点入流定义旱流量、渠道入渗、人工设定模拟步长	居民生活污水、工业废水、渠道入渗、自动设定模拟步长	污废水、渠道入渗、人工设定模拟步长
二维模块	无	二维地面洪水演算模型	二维漫流模型
工程措施	管道、堰、孔、闸门、蓄水池、泵站等	管道、堰、孔、闸门、蓄水池、泵站等	管道、堰、孔、闸门、蓄水池、泵站等
数据接口	GIS、AutoCAD、GoogleEarth 都能实现对接	GIS、AutoCAD、GoogleEarth 都能实现对接	GIS、AutoCAD、GoogleEarth 都能实现对接

6. 排水管道模型常用软件简介

1）SWMM

SWMM（storm water management model，暴雨洪水管理模型）由美国环保署（EPA）在 20 世纪 70 年代开始开发，经过不断的完善和升级，目前已经发展到 SWMM 5. 1 版本。SWMM 是一个动态的降水—径流模拟模型，主要用于模拟城市某一单一降水事件或长期的水量和水质。其径流模块部分综合处理各子流域的降水、径流和污染负荷。其汇流模块部分则通过管网、渠道、蓄水和处理设施、水泵、调节闸等进行水量传输。SWMM 的数学模型、原理包括地表产流原理、入渗模型、地表汇流模型、管网汇流模型。

SWMM 由 4 个计算模块和 1 个服务模块组成，如图 22.3 所示。4 个计算模块分别为产流模块、输移模块、扩展输送模块和存储 / 处理模块。通过计算模块，SWMM 可以对地面径流、管网输送、污水处理单元等的水量、水质进行动态模拟，最终得到输入城市受纳水体的水量和水质的动态结果和排水情况。服务模块的主要功能是进行一些计算后的处理表达，如统计、绘图等。

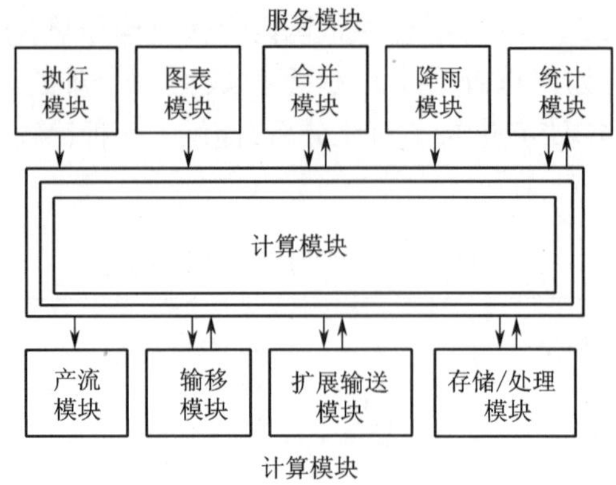

图 22.3　SWMM 模块的组成

SWMM 具有简单、实用、容易上手的特点，不仅适用于城市管道水力学模型构建，而且适用于明渠水力学模型构建，还适用于多种土地利用下垫面情况，用户可以免费使用并获得源代码对模型进行定制。SWMMH 5.0 软件的获取见【二维码 22-2】。

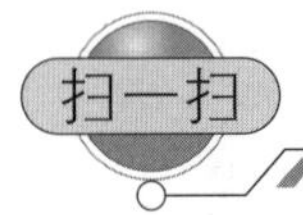

【二维码 22-2】

SWMM 的典型应用包括：

(1)控制洪水的排水系统组件设计和尺寸确定；

(2)控制洪水和保护水质的滞留设施及其组件尺寸确定；

(3)自然渠道系统泛洪区的地图绘制；

(4)最小化合流制排水管道溢流的设计控制策略；

(5)评价进流量和渗入对污水管道溢流的影响；

(6)研究污染物负荷中的非点源污染物负荷；

(7)评价 BMP(best management practices，最佳管理措施)降低预计污染物负荷的有效性。

SWMM 已被世界各国的研究者广泛用于研究城市暴雨径流污染和城市排水系统的管理 。SWMM 可为城市排水规划确定系统管线走向、断面尺寸和排涝应急方案比选提供参考，通过模拟检查井溢流和淹没的全过程，使反映排水效果的关键环节得以准确量化。其应用已从暴雨径流水力模拟扩展到雨水补给地下水设计、水体污染评估、非点源污染的削减目标优化、污水系统和建筑排水系统设计等方面。

SWMM 还可与地理信息系统(GIS)等技术联用。由于城市地表特征和排水管道的复杂性，构建 SWMM 城市排水管道模型成为一项繁重而复杂的工作，而 GIS 的快速发展为此提供了技术支持。在城市排水管道模拟中，汇水区特征、汇水区自动划分和属性数据自动提取、城市排水管道布局等具有显著的地理位置特性，利用 GIS 可以有效管理这些空间数据，并能提供相应的 GIS 分析，如拓扑分析、三维分析等。

2)InfoWorks CS

InfoWorks CS 是英国 HR Wallingford 集团下属的 Wallingford 软件公司开发的城市排

水系统模型，最新版本已经发展到 InfoWorks CS 11。InfoWorks CS 为市政给排水提供了别具一格的、完整的系统模拟工具，可以仿真模拟城市水文循环，进行管网局限性分析和方案优化，准确、快速地进行网络模拟。InfoWorks CS 利用时间序列仿真计算引擎对排水系统和相关的附属设施进行仿真模拟，可以完整地模拟回水影响、逆流、各种复杂的管道连接和辅助调控设施等，既可用于雨水管网、污水管网和合流制管网建模理论分析，也可用于实时运行管理、设计和规划方面的模拟。

InfoWorks CS 的主要计算模块包括以下部分：①集水区旱流污水模块，主要用以分析并动态模拟城镇居民生活污水、渗入流和工业商业废水的入流情况；②集水区暴雨降雨—径流模块，利用分布式模型模拟并计算降雨的径流情况；③管道流体计算模块，进行水力计算时主要利用圣维南方程式计算明渠流流动情况；④集水区集水计算模块，可以自动提取积水区域的产流情况和相关汇水面积；⑤实时控制模块，对溢流、污染物和沉积物的排放，优化存储，最小化资产使用情况进行实时控制；⑥水质及沉砂输送模块，可以集成 UPM 和 SIMPOL 工具并输出标准报告，同时能够预测水质和污染负荷，提供沉积物和河床输送沉砂情况；⑦洪水图形和坡面漫流。

InfoWorks CS 功能强大，操作相对复杂；需要付费，不能进行定制。但其具有良好的前处理、后处理程序，动态结果展示更加直观；产汇流模型可选择的余地较多，适用性更好；实现了与 GIS、AutoCAD 等专业软件的对接；更加适用于城市管道水力学模型构建。

InfoWorks CS 不受基于共享软件的固有限制，能够接入多种不同的模块和端口。而且经过专业测试这款软件，比其他同类型的处理模拟软件模型速度快 2 倍以上。工程上经常利用这款软件进行各种核算和模拟，不仅能够为工程设计提供支撑，也能为工程运行和决策提供技术平台。InfoWorks CS 排水模拟系统的工作原理如图 22.4 所示。

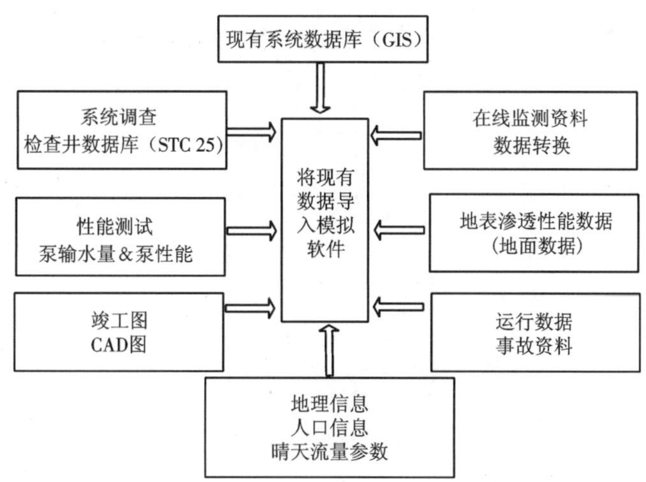

图 22.4　InfoWorks CS 排水模拟系统的工作原理

22.4　SWMM 模型模拟实例

SWMM 作为一款功能齐全、界面友好、易于使用的优秀免费软件，得到广泛应用，成为许多商业软件的核心，该模拟软件（包含使用手册）由同济大学翻译，汉化版名称为SWMMH，本节例题所用软件即为汉化版，后文不进行区分。

SWMM进行建模操作分为5个步骤，分别为工程设置、绘制建模对象、设定模型参数值、运行并校正模拟和查看模拟结果。本节以第3篇第16章例16.6为例进行模拟运算，管网水力计算的完整数据见【二维码22-3】。

【二维码22-3】

22.4.1 工程设置

创建一个新的工程项目，需设定工程项目的参数默认值，这样可简化后续的数据输入任务。点击菜单栏—工程—缺省进行设置，设置方法如下。

1. 缺省ID标签

在SWMM模型中，ID标签子页面用于对第一次创建的可视工程组件进行命名。对每个对象类型，如果对象的缺省名称仅为简单的数字，可以在相应的输入字段里输入标签前缀（可自行设置）或将字段设置为空白。在最后的字段中，当要加入一个数字等后缀作为缺省的标签时，可以输入一个步长。例如，对管道，加入前缀C并且设置步长为1，则创建管道时，它们的缺省名称是C1、C2、C3等。对象的缺省名称可以通过属性编辑器进行更改，对象可以是可见对象，也可以是不可见对象。排水管道系统建模中的缺省ID标签如图22.5所示，当前使用的流量单位显示在界面状态菜单。

图22.5 缺省ID标签

2. 缺省子汇水面积属性

由于各子汇水面积的属性不同，所以应根据各子汇水面积的具体水文特性设置各子汇水面积的初始值。图22.6所示为子汇水面积缺省参数，其中各子汇水区的面积、宽度、坡度根据例 16.6 的结果输入，在绘制各子汇水区时可输入相应参数的数值（下文介绍）。其他相同的参数可统一设置，例如不渗透性（%）设为 60（平均径流系数为 0.6），不渗透面积粗糙系数 N 值设为 0.015，渗透面积粗糙系数 N 值设为 0.03，不渗透面积洼地蓄水设为 1.5 mm，渗透面积洼地蓄水设为 6.5 mm。渗入模型有三种：HORTON、GREEN-AMPT、CURVE-NUMBER。根据文献资料选择 HORTON 模型，确定 HORTON 公式的参数为 76 mm/h、3 mm/h 和 2.5 mm/h。SWMM 关键参数的选取见【二维码 22-4】。

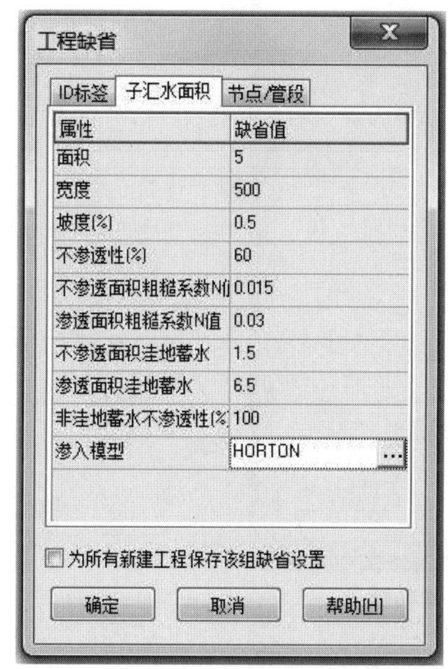

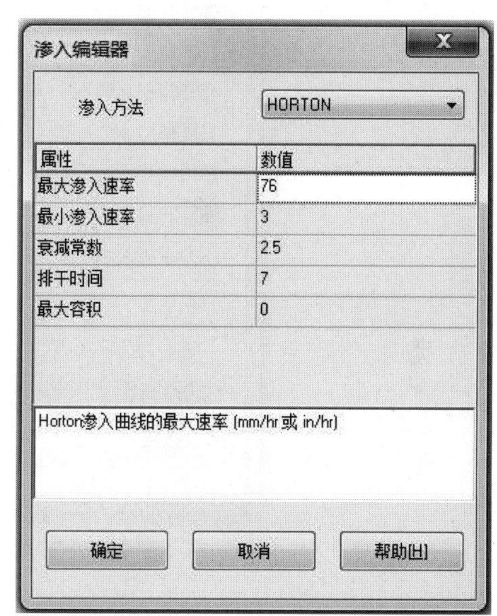

图 22.6　子汇水面积缺省参数

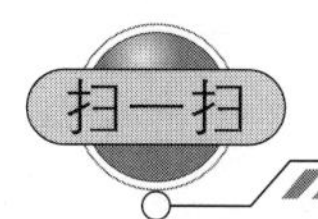

【二维码 22-4】

3. 缺省节点 / 管段属性

图 22.7 所示为节点 / 管段缺省参数，其中节点内底、节点最大深度、管渠长度根据例 16.6 的结果输入，在绘制各对象时可输入相应参数的数值（下文介绍）。最初设定渗入模型时，可首先设置排水管道形状，此例雨水管道均为圆形钢筋混凝土管，故管渠几何特性选择 CIRCULAR。SWMM 中的管渠几何特性包括梯形、矩形等各种形状。SWMM 可以采用公制单位或者美制单位，流量单位可以直接在界面状态菜单选择（图 22.5）或在缺省值框中进行设定，如 CMS（m^3/s）、LPS（L/s）等，其他参数的单位一般自动为公制单位（或设定为公制单位）。若建模最初没有统一设置单位，在建模过程开始后中途再设置，则之前输入的数据的单位不会根据设置之后的单位自动调整，需要逐个修改，加大了工作量。管渠粗糙系数取 0.013，演算方法为运动波，其余参数采用默认值。

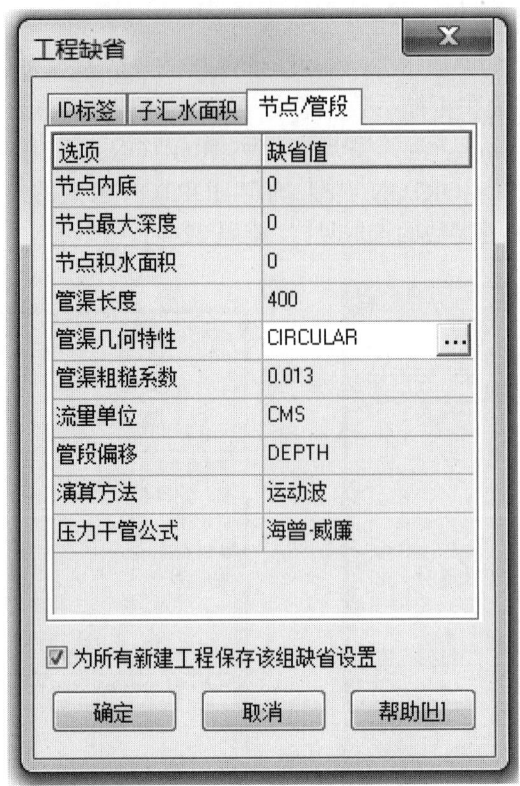

图 22.7　节点 / 管段缺省参数

22.4.2　绘制建模对象

在 SWMM 界面窗口中的研究面积地图中绘制要研究的排水系统平面图，如图 22.8 所示。点击工具栏中的添加雨量计，点击添加节点（铰点 / 检查井），点击添加排放口，点击添加管段，点击绘制子汇水区。注意：绘制管段时即已确定水流方向，流向为从上游节点流向下游节点。

在排水系统平面图上可以直接方便地对各个对象进行查询和编辑，该图显示对象的位置和对象之间的距离，但不能反映对象的物理大小，当自动长度为“关”时，图中表达的是对象的空间关系，对尺寸和距离没有精确表达，尺寸和距离可通过对象属性进行设置。

在图中可以选择一些对象的属性，如可以用不同的颜色显示不同节点处的水质或连接导管的流速。这些颜色用图例表示，并可以进行编辑。还能够在图中直接添加新的对象和对已存在的对象进行编辑、删除、重新设置。

对较大的模型，若直接用图表示其空间位置关系比较困难，有以下两种方法。

（1）在研究面积地图后加载一张背景图，可以是街道、地形、规划或任何相关的图片、图画，在背景图上可以直接进行排水系统节点和连接的数字化操作，画出各子汇水区的形状和大小，添加汇流方向箭头和对象符号，显示标签和数值属性。背景图最好用只改变大小但没有变形的源文件图，在图中可以打印地图，复制到剪切板或作为 DXF 文件、Windows 元文件输出。

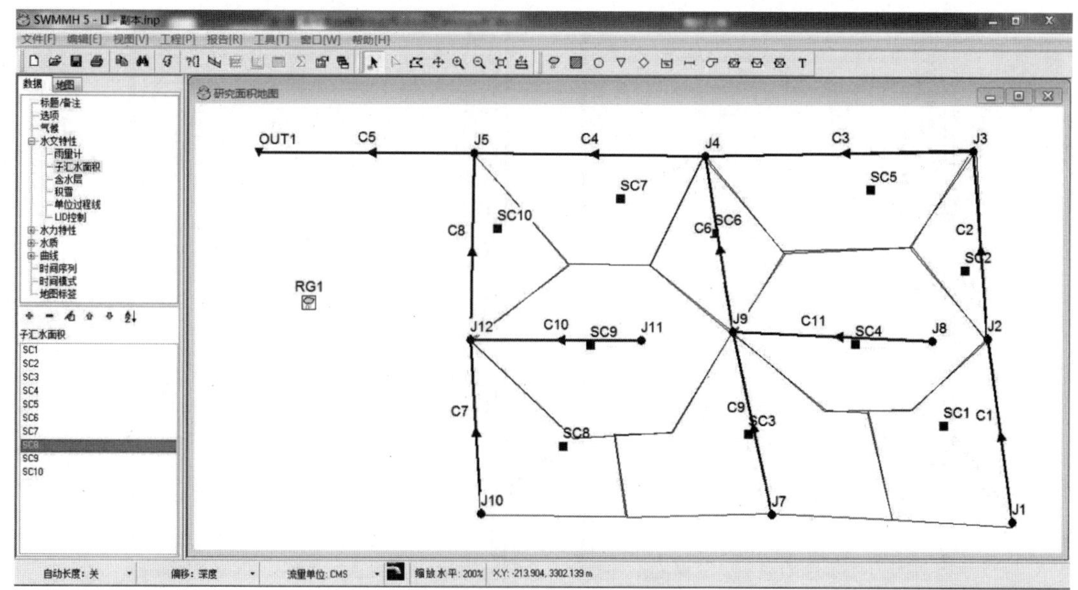

图 22.8　研究区域对象显示图

（2）利用 GIS 将 CAD 中的数据（管网的空间位置、高程、管长、管径、流向、坡度等属性数据）输入模型中，没有完整资料的，可以通过实际勘测获得。通过整理、统计、分类得到完整、详细的数据记录，并对数据进行检查。在进行汇水区划分时，利用 ArcGIS 水文分析中的 Basins 划分功能和 Thiessen 自动划分多边形方法对汇水区进行划分，再通过 GIS 的修改工具对划分后的子汇水区进行调整。在研究区域地势相对平坦、地面坡度较小，利用自然汇水得到的汇水区划分不能反映实际的汇水情况时，应通过泰森多边形和修改工具进行调整，并计算汇水子流域面积、宽度和地表平均坡度等数据。在进行汇水区划分时，输入数据为 Geodatabase 组织方式，通过泰森多边形生成的汇水区的面积和宽度会自动生成。

22.4.3　设定模型参数值

当研究区域对象显示图窗口中显示了所有对象之后，可以录入这些对象的运行参数，在录入过程中，可以单个编辑（双击对象），也可以选择具有相同属性参数值的对象统一编辑。对象的属性包括输入数值的文本框、可供选择的下拉列表、支持数据的直接输入框、专门的编辑器，并且当前编辑的字段将用高亮字体和白色背景显示。对取值相同的参数可以统一编辑，从而减少工作量。如果采用外部文件导入方式建立研究面积地图，可以直接进行排水系统节点和连接的数字化操作，一旦图像输入系统中，它的属性就不可以在 SWMM 中进行编辑了。

1. 管渠、节点（铰点 / 检查井）属性设置

新建工程前已经对取值相同的参数进行缺省设置，绘制管渠时，名称、进水节点、出水节点均自动编号，故只需将最大深度（管径）与长度的数据输入即可。节点（铰点 / 检查井）只需输入（管）内底标高，值得注意的是此标高为最低的（管）内底标高，如图 22.9 所示。数据均与第 3 篇第 16 章例 16.6 同。

管渠 C1

属性	数值
名称	C1
进水节点	J1
出水节点	J2
描述	
标签	
形状	CIRCULAR
最大深度	0.6
长度	126
粗糙系数	0.013
进水偏移	0
出水偏移	0
初始流量	0
最大流量	0
进口损失系数	0
出口损失系数	0

用户指定的管渠名

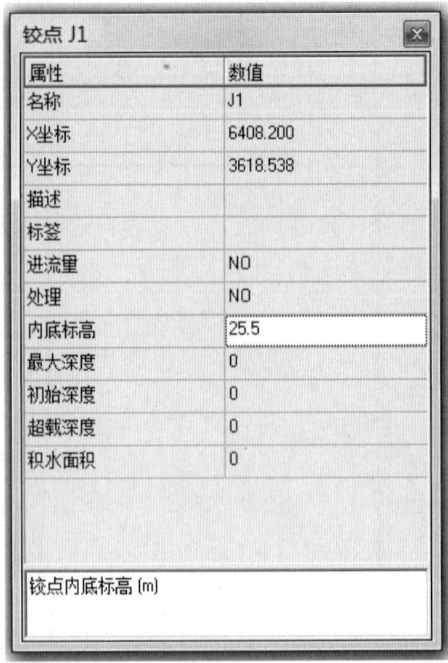
铰点 J1

属性	数值
名称	J1
X坐标	6408.200
Y坐标	3618.538
描述	
标签	
进流量	NO
处理	NO
内底标高	25.5
最大深度	0
初始深度	0
超载深度	0
积水面积	0

铰点内底标高 (m)

图 22.9 管渠、节点(铰点 / 检查井)属性设置框

2. 子汇水面积属性设置

子汇水面积还需要设置的关键属性为提供汇流区域降雨数据的雨量计、从子汇水面积接收径流的排水系统节点。打开子汇水面积属性设置框(图 22.10)可见其所有的属性值，此排水系统中的所有子汇水面积利用相同的雨量计 RG1，不同的子汇水面积的径流排入不同的节点，输入 J1 作为 SC1 的出水口，输入 J2 作为 SC2 的出水口，输入 J3 作为 SC3 的出水口(其他略)。子汇水面积(单位为 hm^2)的数据与第 3 篇第 16 章例 16.6 同。

子汇水面积 SC1

属性	数值
名称	SC1
X坐标	5595.663
Y坐标	4694.742
描述	
标签	
雨量计	RG1
出水口	J1
面积	1.05
宽度	102
坡度(%)	0.056
不渗透性(%)	60
不渗透性粗糙系数N值	0.015
渗透性粗糙系数N值	0.03
不渗透性洼地蓄水	1.5
渗透性洼地蓄水	6.5

用户指定的子汇水面积名

图 22.10 子汇水面积属性设置框

宽度又称子汇水区特征宽度，其计算方法有很多，这里介绍比较常用的两种（在此采用第二种方法）：①采用面积除以流长的方法，流长可以假定为子汇水区边界上距离子汇水区出口最远的那一点至出口的距离，然后用子汇水区的面积除以流长得到特征宽度，也可以采用近似的方法，比如采用边界上距离出口最远的那个折点来计算流长，在 GIS 中提取子汇水区的折点，然后简单计算一下便可以得到流长；②采用面积开方的方法，这种方法比较简单，将子汇水区近似为矩形，假定特征宽度为面积的平方根，有些人在计算时还会将平方根乘以一个系数，但是这个系数如何取是一个问题。

坡度为子汇水区地面平均坡度，此处代入管段的地面坡度。

将所有子汇水区的属性输入后（其他参数值已在工程缺省中设置），就完成了 SWMM 建模，排水系统平面图如图 22.11 所示（注：OUT1 即为节点 J6，故图中没有 J6）。

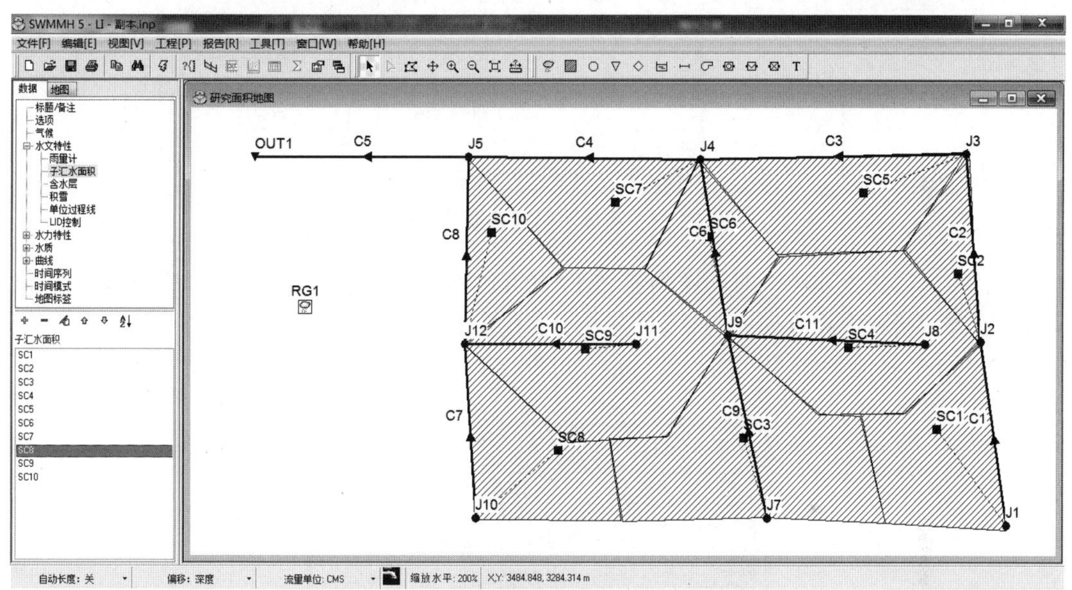

图 22.11　SWMM 建模后的排水系统平面图

3. 降雨过程线的生成与雨量计属性设置

我国市政雨水管渠的设计通常选择强度最大的降雨作为设计标准，这种降雨的特点是强度大、历时短。此处采用芝加哥降雨合成线法（CHM）模拟降雨情景（暴雨强度公式见第 3 篇第 16 章例 16.6），重现期为 2 a，降雨历时为 2 h，降雨过程线如图 22.12 所示。

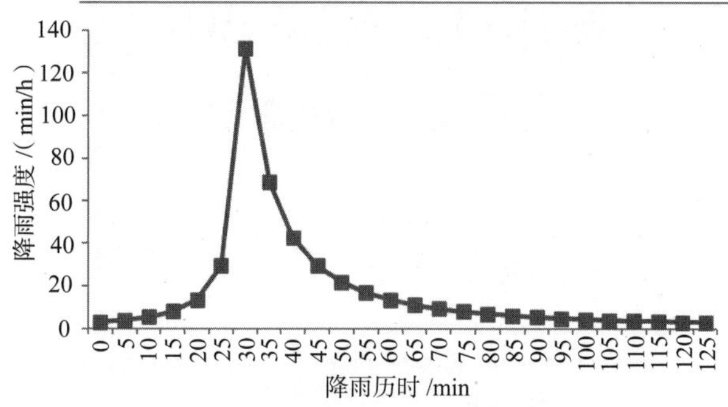

图 22.12　不同重现期下的降雨过程线

将上述不同降雨情景的降雨数据加载至 SWMM，方法如下：从数据浏览器中选择对象的时间序列类，点击浏览器中的 ✚ 按钮，添加相应重现期的降雨数据，如图 22.13 所示，点击“确定”按钮。

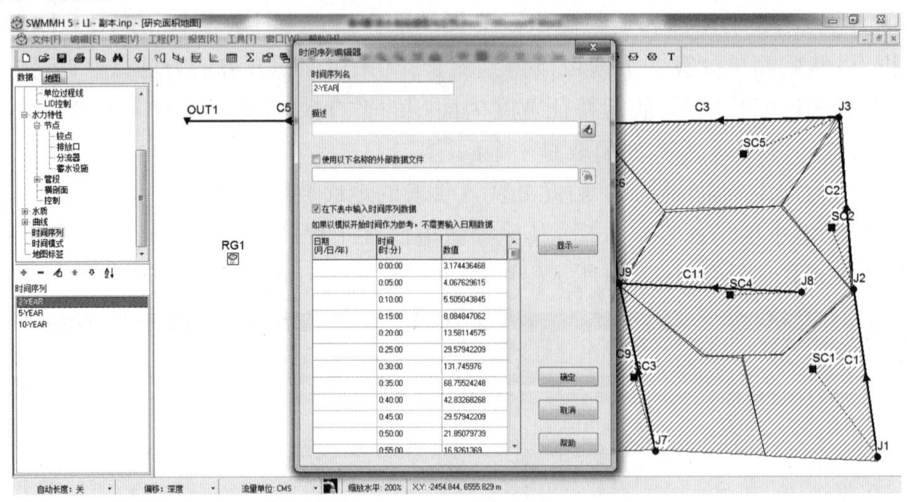

图 22.13　添加不同重现期的降雨数据

最后，只需将上述某一时间序列作为工程的降雨输入源，在雨量计属性中选中即可。例如，希望模拟研究面积重现期为 2 a 的暴雨，则雨量计属性的序列名选择“2-YEAR”，时间间隔设为 5 min，其他参数（设置）为默认值，如图 22.14 所示。

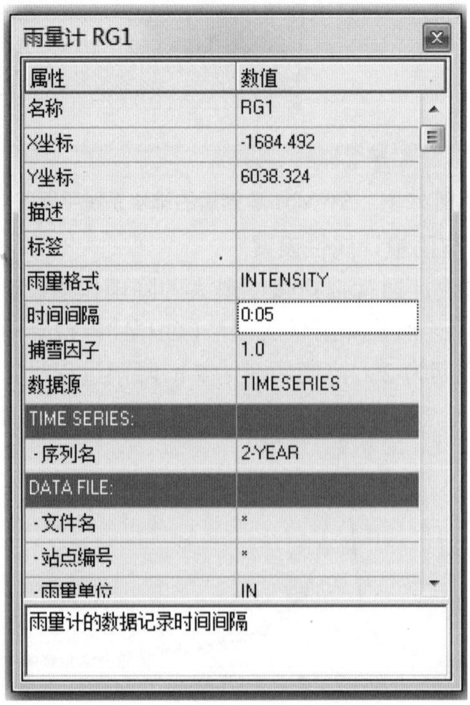

雨量计 RG1

属性	数值
名称	RG1
X坐标	-1684.492
Y坐标	6038.324
描述	
标签	
雨量格式	INTENSITY
时间间隔	0:05
捕雪因子	1.0
数据源	TIMESERIES
TIME SERIES:	
-序列名	2-YEAR
DATA FILE:	
-文件名	*
-站点编号	*
-雨量单位	IN

雨量计的数据记录时间间隔

图 22.14　雨量计属性设置框

22.4.4 运行并校正模拟

设置了描述流域的各种参数以后，结合不同的模拟情景设置模拟选项（如常用、日期、时间步长、动态波、文件），就可以执行模拟了，模拟选项的设置（其他参数为默认值）如图 22.15 所示。每次模拟执行完毕后，SWMM 模型会提示该次模拟中水力模型的连续性错（包括时间步长设置得太长或导管设置得太短），这一步骤在建模上称为数学测试（testing），主要是为保证模拟运行结果在允许误差范围内。点击工具栏中的 ，显示模拟运行结果，如图 22.16 所示。

如果模拟过早结束运行，运行状态将显示运行不成功。状态报告包括错误的状态、代码和问题的描述（如错误 138 表示节点 J10 定义的初始水深大于最大深度）。导致程序提前结束可能的原因有：未知的 ID 错误（一个对象与另一个没有被定义的对象有联系时，会出现这种错误提示，如子流域的出口被指定为 J13，但是没有以这个名字命名的子流域或节点）、文件错误（常见的错误提示有用户的电脑上找不到该文件、文件格式不正确、用户没有对存放数据的文件写入数据的权利，故文件不能被打开写入数据）、参数设置错误（如错误 159 表示雨量计 RG1 的记录间隔长于时间序列间隔）、连续性错误（当模拟成功运行后，会在运行状态窗口显示汇流、径流路径、污染物径流路径等连续性错误。这些错误显示的是系统中模拟之间的差值百分数，如果这个百分数超过某个值，比如 10%，那么这个模拟结果就被认为是不合理的。最常见的连续性错误包括时间步长设置得太长或导管设置得太短）、不稳定的径流结果。

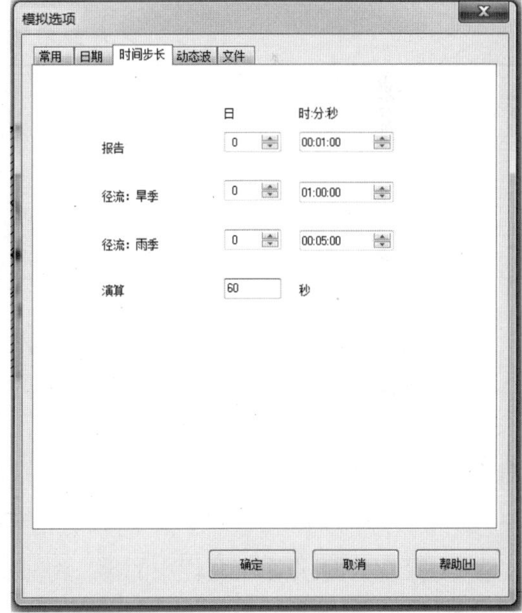

图 22.15 模拟选项设置

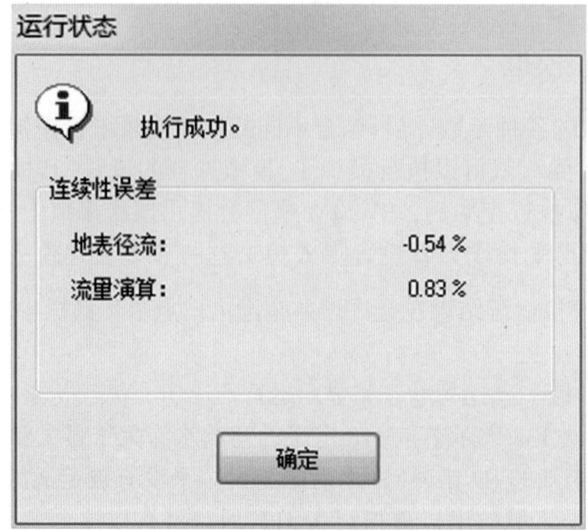

图 22.16　模拟运行结果

22.4.5　查看模拟结果

模拟完毕后,可以通过多种形式展示其结果,如流量时距图、管段高程剖面线图、散点图、数据表格等。为了便于决策,还需要对模拟结果进行分析处理。若模拟结果来自长期的连续模拟,还可以对模拟结果进行统计分析。通过 SWMM 模型可以获得的模拟结果类型见表 22.8。

表 22.8　模拟结果类型

模拟对象	模拟物理量
节点	水深、水头、溢流量、侧向入流量、总入流量、体积
管段	流量、水深、流速、弗劳德常数、管道容量
汇水子区域	降雨量、降雨损失量、径流量
整个系统	降雨量、降雨损失量、径流量、总入(出)流量、总溢流量、蓄水量

下面主要讲述模拟结果的四种展示形式。

1. 时间序列图

时间序列图可以展现研究对象(最多 6 个)的某一变量的逐时变化情况。在展现研究对象的变化过程时,首先选择所研究对象的类型,如管段,包括流量、水深、流速、弗劳德常数、管道容量;再从软件的研究面积地图上选择要显示的对象,编号并添加。以节点(铰点/检查井)深度为例,点击工具栏中的 ,将显示时间序列图对话框(图 22.17),选择对象类型和变量(节点和深度),将希望绘制的对象加入绘制管段列表,点击“确定”按钮,创建图形,如图 22.18 所示。

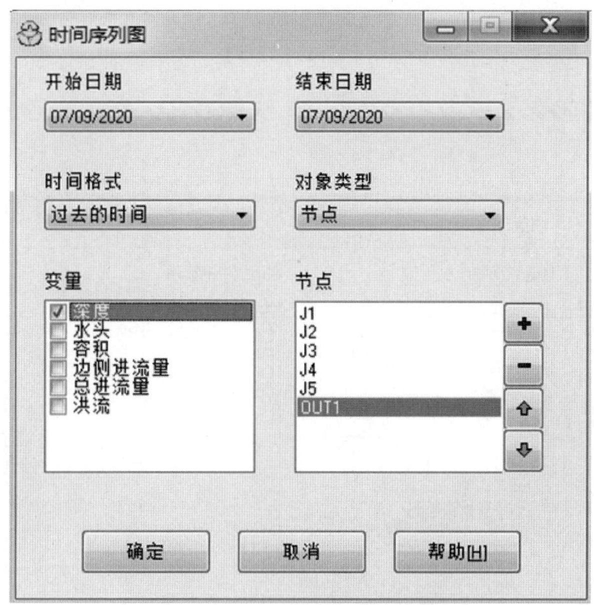

图 22.17 时间序列图对话框

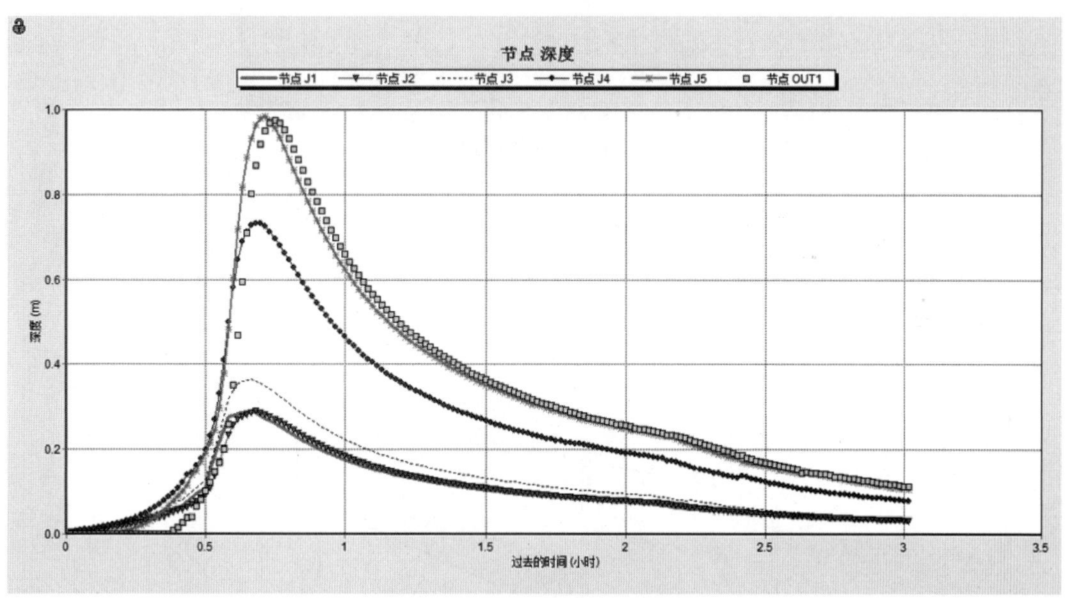

图 22.18 节点深度时间序列图

2. 剖面线图

剖面线图（点击工具栏中的 ）展现同一时间排水系统中连接和节点的模拟水深与它们之间的距离的关系，既可以形象、直观地表达管道、检查井、泵站、调蓄设施等的竖向位置关系，也可以动态地展示（动画控制位于地图浏览器）管道、检查井、泵站、调蓄设施中水位的变化情况见【二维码 22-5】。在对模拟结果进行展示时，应先确定剖面线图中研究管段的起始节点和结束节点，通过查找排水路径确定该路径中所包括的管段（图 22.19）。剖面线图某一时刻的动态展示效果（管道水位变化剖面线图）如图 22.20 所示。

【二维码 22-5】

图 22.19 剖面线图对话框

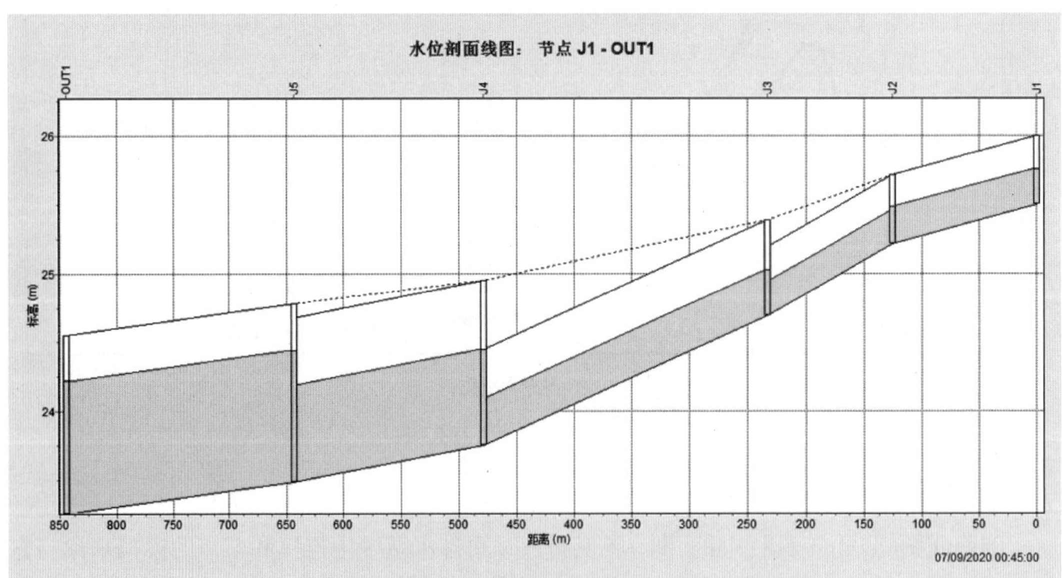

图 22.20 管道水位变化的剖面线图

3. 散点图

散点图显示的是两个变量之间的关系，如管道中水流的速率和节点中水深的关系。散点图通过对比不同研究对象的不同模拟值，找出其中的关联性。图 22.21 是管段 C9 流量和其上游节点 J7 深度的散点图。

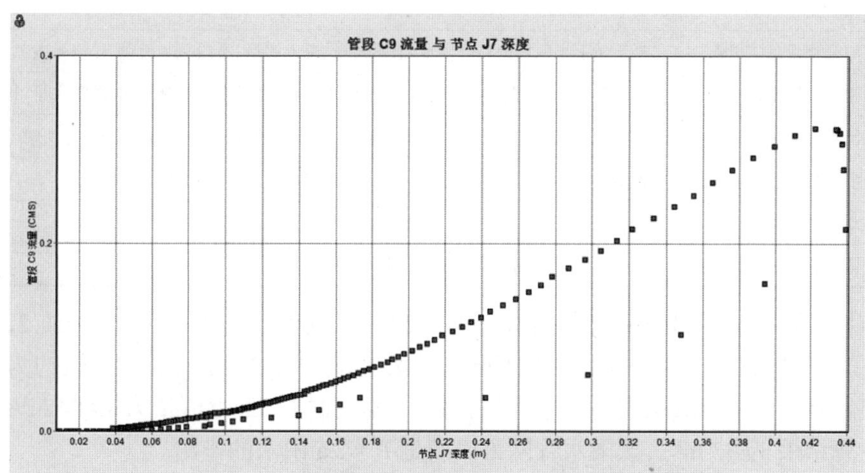

图 22.21　管段 C9 流量与节点 J7 深度的散点图

4. 数据表格

点击工具栏中的 ，可以将选择的变量和对象的时间序列结果以列表形式显示，有以下两种列表格式：根据对象列表，即把一个对象的几个变量的时间序列列表；根据变量列表，即把几个对象的一个变量的时间序列列表。

5. 查询与统计

利用地图查询功能（点击工具栏中的 ）可以确定研究面积地图中满足特定准则（例如洪流节点，速度小于 2 m/s 的管段等）的对象，并在地图中显示出来，也可以确定哪些子汇水面积具有 LID 控制，哪些节点具有外部进流量。

完成连续性模拟之后，点击工具栏中的 Σ 可以执行输出的任何变量的统计频率分析，报告包含事件总结统计表格；事件排序表格，包括它们的日期、历时和程度；选择事件统计的历史过程图；事件数值频率分析图。

22.4.6　状态报告

每次模拟运行结束后，SWMM 将提供一份模拟结果报告，该报告是所有模拟情况的总览统计表，来自模拟结果的时间序列，包含：主要有效模拟选项的总结；运行过程中遇到的任何错误状况列表；工程输入数据的总结性列表（如果在模拟选项中已征询）；从模拟使用的每个降雨文件中读取的数据总结；模拟中采用的控制规则行为的描述（如果在模拟选项中已征询）；整个系统的质量连续性误差；具有最大单个流量连续性误差的节点名；用在流量演算中时间步长尺寸的管渠名（仅使用变化的时间步长选项时）；具有最大流量不稳定性指标数值的管段名；演算时间步长的范围和认为是恒定状态百分比的信息。状态报告的主要项目一览表见表 22.9。

表 22.9 状态报告的主要项目一览表

报告类型	内容
子汇水区域径流量总结报告	每个子汇水区域的总降雨量、总蒸发量、总入渗量、本段总径流量、径流系数
节点水深总结报告	每个节点的平均水深、最大水深、最大水力坡度、最大值出现时间、总积水量、积水总历时
管段流量总结报告	最大流量、最大值出现时间、最大流速、长度系数、最大设计流量、淹没总历时
分类别流量总结报告	管道中的不同水流状态总结
连续性误差最大的节点	—
演算时间步长总结报告	最大时间步长、最小时间步长、平均时间步长等

本节模拟运行后的部分状态报告如图 22.22 所示，完整状态报告见【二维码 22-6】。该区降雨深度约为 38 mm，渗入地下约 15 mm，地表径流约为 23 mm，径流系数约为 0.6。报告总结显示：没有节点超载、发生洪水，没有管渠超载，排放口最大流量为 1.484 m³/s，小于手算水力计算结果 1.633 m³/s，该雨水管网可以满足 $P=2$ a 雨水的排出。

【二维码 22-6】

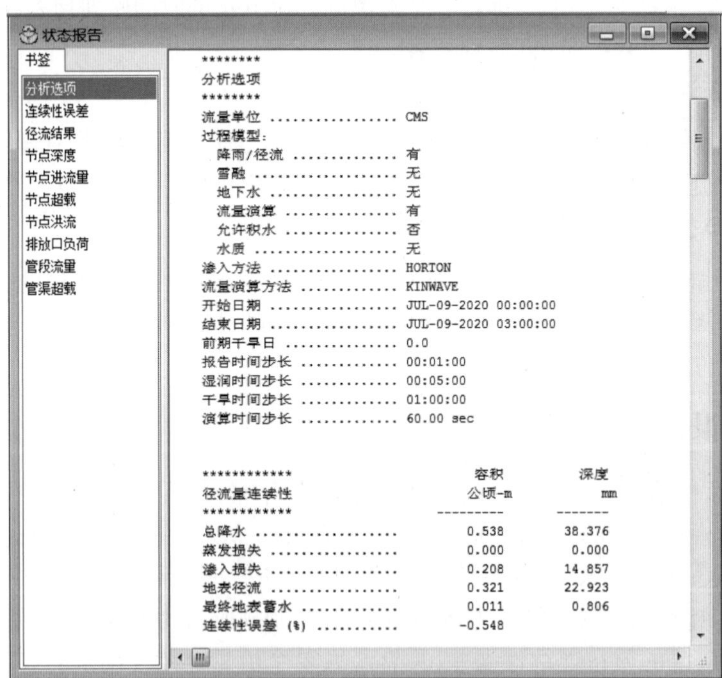

图 22.22 模拟运行后的部分状态报告

第 23 章　给水管网系统模型与应用

23.1　给水管网系统模型概述

23.1.1　给水管网系统模型的意义

近年来,给水系统的很多设计、运行、管理与调度问题越来越多地采用给水管网系统模型进行分析和计算。通过模型模拟,可以获得快捷准确的水力计算结果、管网在不同工况下的水力水质状态,可以为管网新建、改扩建设计,管网的运行情况分析和优化调度提供必要的依据。进行给水系统模拟模型的研究,一方面在节省人力、提高计算速度与准确性的同时,在诸多新建、改扩建输配水系统的方案中及时进行综合技术经济的比较,以确定最佳的方案;另一方面通过引入计算机模型,用数值分析、图论等数学理论对管网进行分析、建模、编程来解决管网水力水质模拟模型的问题。这不仅对自来水企业提高科学化和现代化管理水平有着重大的实用价值,而且具有相当重要的理论指导意义。

23.1.2　给水管网系统模型的应用

给水管网系统模型可以用来进行特定工况下系统水力水质状态的模拟分析。这里的模拟指的是用数学方法表述真实系统的过程。模型模拟可以在不破坏实际给水管网系统运行的条件下预测系统对多种情况的反应。

给水系统是由水厂、泵站、管道、阀门、用户等水力要素组成的大型复杂网络系统。给水管网运行时,管网状态随用户用水量变化而随机变化,很多状态变量和参数未知,运行着的管网的已知量仅限于少量流量、压力监测信息。如何利用少量元素的测流值、测压值和管路网络拓扑结构推求其他元素的状态变量以确定管网水力状态是一个值得研究的问题。

此外,为保障管网系统水质安全,需要全面了解现有管网的水质变化情况和各用户节点的水质状况。在复杂的城市供水管网系统中,不可能对所有管段和节点的水质变化进行现场监测,只能人工抽样测试,或者建立在线监测系统。在实际管网中,监测系统的建立易受到实际工程条件的限制,且建设费用和运行费用较高,故系统中配置的监测点不可能很多。因此,可行的办法是选择少量监测点进行水质监测,并根据监测数据建立管网水质模型,对水质的变化趋势进行模拟和预测,进而进一步提高管网水质管理水平。

23.1.3　给水管网系统模型基础理论概述

1. 管网水力学基本方程

在给水管网中各个水力组件是相互连接的,每个组件都会受到相邻组件的影响。在整个管网系统中,质量守恒定律、能量守恒定律定义了组件之间的相互关系。

1）连续性方程（质量守恒）

一般形式：

$$f_i(q)=\sum_{j=1}^{m}q_j+Q_i=0 \quad (i=1,2,\cdots,n-1) \tag{23-1}$$

用矩阵描述：

$$f_i(q)=\sum_{j=1}^{m}a_{ij}q_j+Q_i=0 \quad (i=1,2,\cdots,n-1) \tag{23-2}$$

简记为

$$F(\boldsymbol{q})=\boldsymbol{Aq}+\boldsymbol{Q}=\boldsymbol{0} \tag{23-3}$$

式中 $\boldsymbol{A}=[a_{ij}]$，称为该管网有向线性图的关联矩阵。

若 $a_{ij}=1$，则管段 j 与顶点 i 关联，且 i 是 j 的起点；若 $a_{ij}=-1$，则管段 j 与顶点 i 关联，且 i 是 j 的终点；若 $a_{ij}=0$，则管段 j 与顶点 i 不关联。

2）能量方程（能量守恒）

一般形式：

$$\varphi_r(q)=(\sum_{j=1}^{m}h_j)_r=(\sum_{j=1}^{m}S_jq_j^{\alpha})_r=0 \quad (r=1,2,\cdots,p) \tag{23-4}$$

用矩阵描述：

$$\varphi_r(q)=\sum_{j=1}^{m}L_{rj}S_j\left|q_j\right|^{\alpha-1}q_j=0 \quad (r=1,2,\cdots,p) \tag{23-5}$$

简记为

$$\varphi(\boldsymbol{q})=\boldsymbol{LRq}=\boldsymbol{0} \tag{23-6}$$

式中 $\boldsymbol{R}=\mathrm{diag}\{r_1, r_2,\cdots, r_m\}$，为对角矩阵；

$r_j=S_j\left|q_j\right|^{\alpha-1}$，$\alpha$ 值常取 1.852 或 2；

若 $L_{rj}=1$，则管段 j 在第 r 个回路中，j 的方向与回路 r 的方向一致（顺时针为正）；

若 $L_{rj}=-1$，则管段 j 在第 r 个回路中，j 的方向与回路 r 的方向相反；

若 $L_{rj}=0$，则管段 j 不在第 r 个回路中。

由 L_{rj} 构成的矩阵 $\boldsymbol{L}$（$r=1,2,\cdots,\boldsymbol{p},j=1,2,\cdots,m$）为有向图的基本回路矩阵。

3）求解管网问题

实际供水系统不是由单个管段组成的，不能用单独的连续性方程和能量方程来求解。根据所使用的方法，系统中的每个节点都必须有一个连续性方程，每个管段（或环）都必须有一个能量方程。实际系统有成千上万个这样的方程，求解这些方程的最早系统方法是由哈迪·克罗斯（Hardy Cross）（1936）提出的。随着数字计算机的发明产生了计算能力强大的矩阵计算方法，这些算法能建立并且求解矩阵形式的管网水力学方程。因为能量方程是非线性的，所以不能直接依据流量和水头损失求解。这些算法可以在给出初始估计解的基础上不断迭代计算，直至解的误差在指定范围内，此时则认为得到了水力学方程的解。（【二维码 23-1】）

【二维码 23-1】

2. 管网水质模拟

水质模型是水力管网模拟模型的直接延伸，具有多种分析功能。迁移、混合和衰减反应是水质模型中具有代表性的基本物理过程和化学反应。从供水管网来看，由于自来水绝大部分在封闭管路中流动，流体只在一个坐标方向上流动，且速度分布也只与一个空间坐标有关，所以管网大部分按一维流体考虑。

选取管网中的某一管段 i 作为研究对象，称之为系统。假定水体（以下称流体）流入系统后，由于流体在整个管截面上各处的流速完全相等，当不考虑管段中的物质由于湍动混合、分子扩散和流速变化而产生的轴向扩散运动时，通过质量衡算得到水质模型的管段方程为

$$\frac{\partial C_i}{\partial t} = -u_i \frac{\partial C_i}{\partial x} + R\left(C_i\right) \tag{23-7}$$

式中　u_i——管中液体流速；

C_i——任一管段 i 中的流体浓度；

R——反应率，指管段内的化学反应，对单组分反应来说，主流体反应与壁流反应的反应率分别如下。

主流体反应方程：

$$R_{\mathrm{b}} = KC^n \tag{23-8}$$

式中　K——反应常数，可由经验值得出；

n——反应级数。

壁流反应方程：

$$R_{\mathrm{w}} = \frac{2K_{\mathrm{w}}K_{\mathrm{f}}C}{r\left(K_{\mathrm{w}} + K_{\mathrm{f}}\right)} \tag{23-9}$$

式中　K_{w}——壁流反应系数，可由经验值得出；

K_{f}——物质传输系数，可由舍伍德（Sherwood）经验公式得出；

r——管段半径。

假定流体流入节点，混合是完全的且是瞬间完成的，即不考虑时间、化学反应等因素。那么对管网中的某一节点来说，由质量守恒定律有

管段流入量 + 水源流入量 = 管段流出量 + 节点流出量

得到节点混合方程：

$$C_{i|x=0} = \frac{\sum_{j \in J_k} Q_j C_{j|x=L_j} + Q_{\mathrm{s}} C_{\mathrm{s}}}{\sum_{i \in I_k} Q_i + Q_k} \tag{23-10}$$

式中　$C_{i|x=0}$——管段 i 起始点的浓度，mg/L；

$C_{j|x=L_j}$——管段 j 结束点的浓度，mg/L；

x——管段的长度,m;

I_k——流入节点 k 的管段组;

J_k——流出节点 k 的管段组;

L_j——管段 j 的长度,m;

Q_j——管段 j 的流量, L/s ;

Q_i——管段 i 的流量, L/s ;

C_s——进入节点 k 的外部水源浓度, mg/L ;

Q_s——进入节点 k 的外部水源流量, L/s ;

Q_k——流出节点 k 的流量, L/s 。

23.2 给水管网系统模型建立方法

如上一节所述,供水模型是真实系统的一种数学描述。在建立模型之前,搜集描述管网的信息是必要的。因此,需要梳理构建模型所用的各个数据源,并将给水管网系统中的要素概化为模型的基本组件,在模型中进行数学描述。图 23.1 为给水管网系统建模数据流程图。

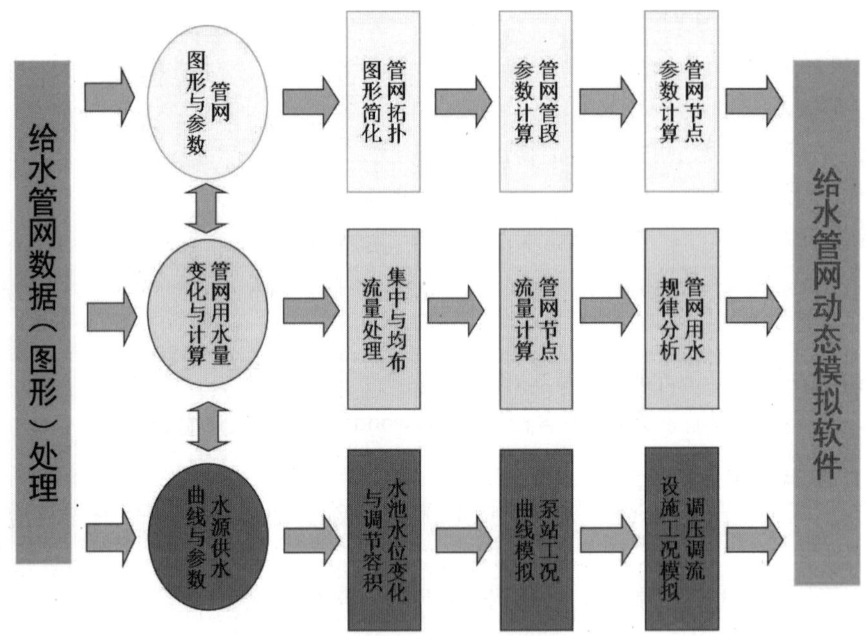

图 23.1　给水管网系统建模数据流程图

23.2.1 模型构建数据资料

构建供水模型所需的数据可以有许多具体的数据源,最常用的有地图、资料和数据,包括给水管网系统图、管网电子数据与地图、用户信息和用水量数据、地形图、竣工图等。

1. 给水管网系统图

通过给水管网系统图能够全面认识一个供水系统，自来水公司所整理的系统图在大多数情况下可能包括以下信息：

（1）给水管网的拓扑结构与布局；

（2）系统其他设施的位置、参数等基本信息，如给水厂、加压泵站、水箱和阀门等；

（3）各个压力区域、分区计量边界；

（4）城市自然情况、地势分布、规划情况等背景信息；

（5）其他实用信息。

2. 管网电子数据与地图

自来水公司所积累的管网系统的电子数据与地图包括非图形的数据库（如包含管网系统的管段、构件清单、设备采购清单和设备清单的数据库等），图形的计算机辅助设计图（CAD），或者综合了管网图形和管材、管径等信息的地理信息系统图（GIS）。

3. 用户信息和用水量数据

用户信息和用水量数据包括自来水公司所积累的供水区域内的用户位置分布情况、用户类型、用户与计量水表对应情况等，自来水公司营业部门所积累的用户用水量数据、用水规律分析等，在此基础上可通过对管网中用户用水量结构的分析，找出对管网用水量影响较大的用户作为管网中的大用户。

4. 地形图

地形图用一系列的等高线来表示地面高程。等高线将处于同一高程的点相连接，可以将等高线看作地表水平“切片”的一条外轮廓线。通过将地形图叠加到管网模型图上，可以在整个系统中利用插值法得出连接节点和其他位置的地面高程。

5. 竣工图

在施工过程中设计图可能因实际情况受限而不断修改，这会造成原始规划设计和实际建成系统不一致。因此，绝大部分自来水公司实行工程竣工验收，并生成一组竣工图或记录图，以记录系统实际建成状况。在要求管道长度、配件的类型和位置、高程等有较高的精确度的场合，竣工图尤其有用。竣工图也可以为其他系统构件提供可靠的描述，如水箱和泵站。

23.2.2　模型表示方法

给水管网系统模型中应包含管网系统的所有构件，并且定义这些构件的单元如何连接。管网由节点和连接组成，其中节点表示系统中特殊位置点的特征，而连接表示节点之间的关系。

1. 管网构件单元

给水管网系统模型有许多种类型的节点单元，包括管道的连接节点，水箱、水库、水泵节点，阀门节点。模型使用连接单元来描述管道与这些节点的关系，像控制阀和水泵这样的单元有时也被归为连接而非节点。表 23.1 列出了每一种模型单元在模型中表示的单元类型和主要建模目的。

表 23.1 常见管网模型单元

单元	类型	主要建模目的
水库	节点	给系统提供水
水箱	节点	储存系统中过量的水,并在高峰期放水
连接节点	节点	向系统输入或从系统输出水
管道	连接	把水从一个节点向另一个节点转移
水泵	节点或连接	增大水力坡度,以克服海拔高差和摩擦损失
阀门	节点或连接	在系统中按指定标准控制水流或水压

2. 管网拓扑结构

管网建模另一方面最基本的数据要求是对管网拓扑结构有精确的表示,详细记载管网拓扑结构包括哪些单元和这些单元是如何相互连接的。拓扑信息通常可以从系统图中直接读取,其一般包括管道直径、长度、材料和其他数据。

23.2.3 模型基本组件

1. 水库

一个水库在模型中表示一个边界节点,其既可以向系统供水也可以接收系统来水,并且有很大的容量,从而使其水位不受影响而保持恒定。

水库用来模拟总水头不受用水速率影响的水源,水库的总水头一般受到其他因素(如水文条件等)的控制。湖泊、地下水、水井等在供水模型中通常表示为水库。水库主要需要两个信息,即总水头和水质。

2. 水箱

水箱也是边界节点,但是其与水库不同,水箱的水力坡度线随入流和出流的水量上下波动。水箱的储水容积是有限的,并且水箱可能被完全充满或者完全放空(但需要注意真实系统设计和运行时一般还留有安全库容,以避免这种情况发生)。

3. 节点

节点通常是两条或两条以上管道交汇的位置。然而事实上,节点并不一定都是管网的交汇点,它也有可能是一条单独管道的末端节点(通常是一条管道的盲端)。节点的另一个主要作用就是为水体从系统中出流或向系统入流(有时也指负的出流)提供一个具体位置。

4. 管道

在管网中,利用管道从一个节点向另一个节点输运水流。实际的管线中可能包含多种不同的配件,如弯头、隔离阀门等,建模时应根据管网的实际连接情况,多个管段和相关的配件合并为一个单一的管线单元。模型管线在其长度范围内有相同的特征(管径、管长、管材等)。

5. 水泵

水泵是一个以增大水力坡度的方式给系统注入能量的单元。水泵用来提高液体的水头,以克服管道水头损失和到用水点的高程差值。

6. 阀门

阀门是一个以不同程度打开和闭合改变水流阻力，从而控制水流通过管道运动的单元。阀门根据功能可以划分为以下几种基本类型：隔离阀、单向阀、高度阀、控制阀、排气阀和真空破坏阀等（根据实际功能，阀门的类型在模型中还可以进一步细分，不同模型软件对阀门的描述也不尽相同）。

23.2.4　建模过程中的管网简化方法

所谓管网简化，就是从实际系统中去掉一些比较次要的给水组件或设施。在实际建模过程中都要对模型进行简化，这样可以帮助建模工作人员得出可靠、准确的结果。将一个复杂管网系统中的每个用户、连接管、闸阀和其他构件都包含在模型内会造成过大的数据处理与建模工作量，并且增加模型计算结果的不确定性。Eggener 和 Polkowski（1976）在管网建模过程中移除管道时，首次研究了管网简化，以测试模型结果的敏感性。他们发现，在正常需水量下，大量管道可以被合并或拆除，而不会对压力产生较大的影响。

在构建模型的过程中确定一条管道是否应该被简化往往并没有绝对的标准，不同的供水管网系统之间可能有很大的区别。对一个小管径系统，如家庭供水管道或者消防用水装置系统，在流量估算方面的小差别就可能对系统的水头损失产生明显的影响。而对一个大城市供水系统，某个局部管网需水量的变化对管径较大的输水干管系统影响可能不大。

然而对不同模型的简化，存在着明显的对立观点。一些建模人员认为，一个模型不能超过几百个构件，因为没有人能够理解一个大型模型中包含的所有数据。其他建模者主张，模型应该包含所有管道与组件，这样数据输入相对容易一些，可以由管网地理信息系统或其他管网图形数据资料直接导入，建模经验较少的数据处理人员也不需要确定是否应该将某个单元包含在模型中。利用这种方法，人们可以使用数据库搜索、单元组件自动确认算法和需水量分配程序生成各种应用的简化模型。实际上，大多数管网模型介于这两种简化策略之间。简化程度取决于模型的使用目的，建模工作人员的职责是很好地理解模型的使用目的，并基于此目的选择合适的模型详细程度。

23.3　EPANET

23.3.1　EPANET 简介

EPANET 是美国环保（Environmental Protection Agency，EPA）开发的开源软件。通过 EPANET 可以执行有压管网水力和水质特性延时模拟的计算机程序，从而模拟管网中的水头、水质、水量等多项指标。其主要功能是管网水力状态分析和水质状态分析，并且从中衍生出一些诸如实时监控调整、管网调度、漏损分析等与实际问题相关的软件和算法。

给水系统水力和水质特性的模拟是给水系统设计、运行和管理的基本依据和重要工具，历来受到供水企业、科研和教学部门的重视。EPANET 作为一款功能齐全、界面友好、易于使用的优秀免费软件，得到广泛应用，成为许多商业软件的核心，也为给水系统的科学研究提供了便利(【二维码 23-2】)。

【二维码 23-2】

目前,该模型软件的官方最新版本是 EPANET 2.2(2020.5.18),有安装与免安装版本和新增的在线手册,并且在 GitHub 中有对软件持续的开发与修复。【二维码 23-3】

【二维码 23-3】

目前，EPANET 已有中文版本,名为 EPANETH,由上海同济大学环境科学与工程学院翻译制作,为国内的学习者和开发人员使用软件提供了方便。(【二维码 23-4】)

【二维码 23-4】

在 EPANET 的界面中可以清晰地呈现管网的节点与管段,通过不同组件的连接构成给水管网模型,模拟运行后能够在表格或图表中呈现水头、水质等各项指标,并且能够进行长时间的延时动态模拟,从而有助于观察管网的动态变化。

23.3.2 EPANET 功能特性

1. 原理与功能参数

在 EPANET 中,管网包括管道、节点(管道连接节点)、水泵、阀门和蓄水池(或者水库)等组件,主要操作过程是通过节点与管道的连接构成管网,通过设置节点需水量和水库水池模拟用水和供水,从而实现水的输配过程。管网模拟的主要原理是利用迭代技术基于“梯度算法”求解“节点—环方程组”,实现水力平差。在给水过程中,一方面能够实时显示节点水压、管道流速等水力信息;另一方面可以设置不同化学物质的参数,模拟余氯、水龄等水质指标的变化过程。

在 EPANET 中,软件操作界面主要分为工具栏、管网地图、浏览器三部分。其中,工具栏主要由文件区、数据区、运行区、分析区、选择区、组件区构成,可以分别进行打开文件、数据复制、管网运行、数据分析、调整地图比例、组件选择等操作,如图 23.2 所示。

File Edit View Project Report Window Help

图 23.2 工具栏

管网地图是软件的主要部分,可以在这里绘制管网,如图 23.3 所示。管网地图可以衬入背景、调整缩放比例、选择不同的组件并查看信息,通过鼠标右键的“Options”选项可以进一步详细地调整管网显示的细节,如节点尺寸、水流流向箭头、显示标签等。在软件界面底部还有状态栏,它显示了当前自动长度开启状态、流量单位、管网是否运行、缩放比例和当前位置的横纵坐标。其中,自动长度可以通过鼠标右键打开或关闭,开启后绘制的管段的长度将根据比例自动生成。

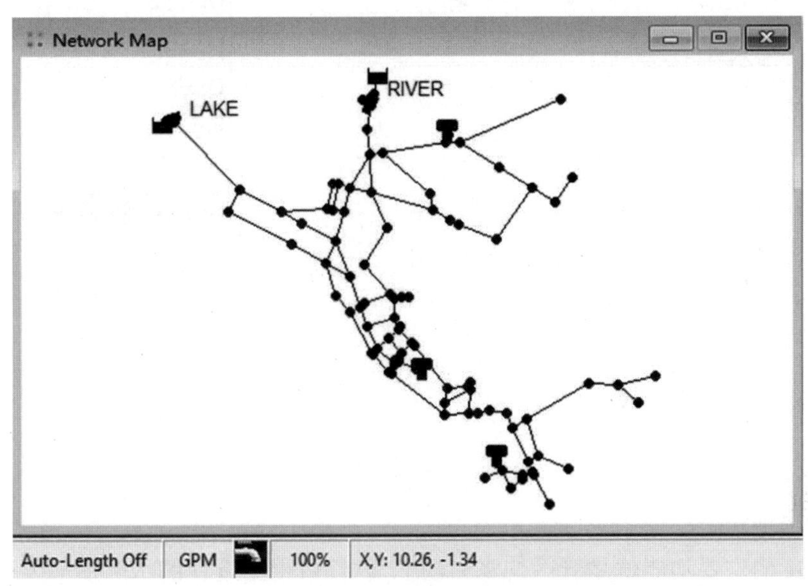

图 23.3 管网地图

浏览器位于 EPANET 界面的右侧,主要用于浏览管网中组件的状态和调整模拟分析的参数,如图 23.4 所示。在浏览器的“Data”一栏中,一方面可以检查不同组件的编号,调整模式、曲线等,并可以点击检查和修改其相关参数;另一方面可以调整模拟分析的规则,在“Data”下的“Options”中可以调整水力水质分析的必要参数,调整模拟时间和步长等。浏览器的“Map”一栏的主要功能是在地图中显示数据和调整时间轴,节点和管段可以分别指定不同的参数,并且能够在地图中修改颜色显示,可以在地图中直观地观察到节点或管段参数的分布情况。时间轴可以通过手动拖拽或自动播放来改变管网地图当前显示的时间,用于延时模拟时改变当前时间。

在绘制管网之前需要设置一些缺省参数,如长度单位、流量单位、水头损失公式、试算次数、精度等。不同的管网组件需要设定不同的参数,如普通节点通常需要设置节点需水量和标高,管段需要设置长度和直径,水泵需要设置特性曲线,水库需要设置总水头等。节点型组件包括普通节点、水池、水库;管段型组件包括普通管段、水泵、阀门。

EPANET 提供了一些命令行语句,包括简单控制和基于规则控制,可以在软件中输入控制语句,为管网的运行建立规则。除了在界面进行操作, EPANET 也开发了程序员工具箱,通过调用动态链接库等文件可以方便地在主流编程软件中进行调用,实现在不运行 EPANET 软件的情况下使用程序进行管网的模拟分析,为管网分析结合其他算法的衍生技术的开发提供有力的支持。

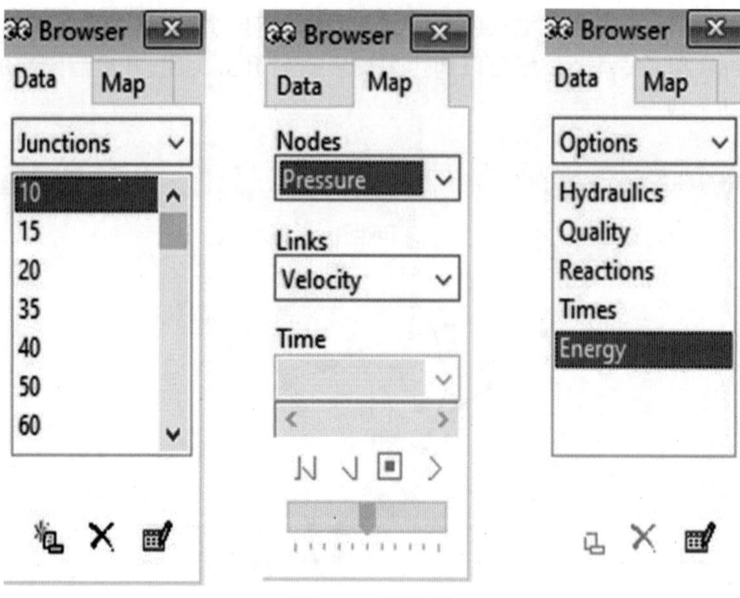

图 23.4　浏览器

2. 水力模拟功能

EPANET 的主要功能就是管网的水力模拟，软件可根据选择的水头损失公式自动计算沿线和局部水头损失进行平差工作，并且可以进行水力参数的分析。

水力模拟主要分为以下几个步骤。

1）建立完整的管网拓扑结构，并设定好相关参数

进行水力模拟首先应绘制好管网，管网中应包括水库或水池，并设置水头或水位高度，管网中的节点应设置需水量，管段应设置管长和管径。在设置时应注意默认单位是否与实际情况一致。

2）模拟运行

点击工具栏中的运行按钮"Run"即可进行模拟，倘若未出现警告和报错，则表示管网水力模拟运行成功，会显示运行成功字样"Run was successful"。出现警告表示管网可以运行，但出现了某些需要注意的反常问题，系统会显示出现警告信息"Warning message was generated. See Status Report for details"，此时在状态报告"Status Report"中会注明何时哪个组件出现了问题，以便用户及时发现和修正。图 23.5 为警告信息示例。

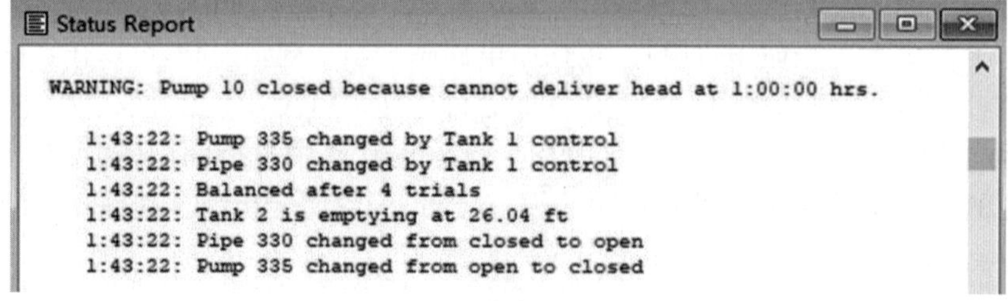

图 23.5　警告信息示例

倘若运行后出现报错信息，则表示管网本身可能存在问题，导致无法进行输水，一般需

要重新检查拓扑结构。此时在状态报告“Status Report”中会显示相应的错误代码，用户可以根据 EPANET 提供的错误代码在用户手册中查找来发现问题。

3）延时模拟

延时模拟的管网模型呈现的是单一状态，称之为瞬时模型；有时需要对管网进行长时间的模拟，这样的模型称为延时模型。将瞬时模型改进为延时模型需要设置模式“Patterns”，EPANET 中的模式是一串乘子数列，代表了一串时间序列的乘子，作用于一个数值从而产生一个新的时间序列数列。如某模式有 24 h 的乘子，并作用于某节点的需水量，那么该节点每个小时的需水量就会根据模式的乘子变化，从而模拟一天内不同时间需水量的变化。模式不仅可以应用于需水量，还可以应用于水库水头、水泵等组件。模式能够保存和加载，用户可以将常用的模式保存，以便后续的读取。图 23.6 为模式示例。

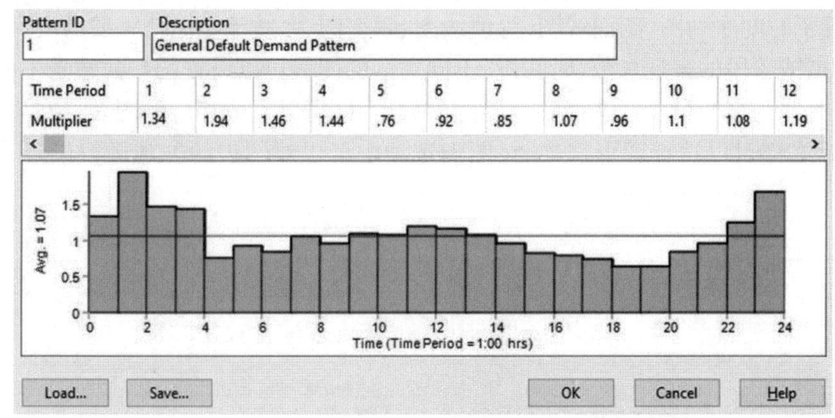

图 23.6　模式示例

在进行延时模拟时，应事先设置模拟时间和时间步长，在浏览器的选项“Options”中选择时间选项“Times”进行设置，总模拟时间“Total Duration”是延时模拟的总时间长度，水力模拟时间步长“Hydraulic Time Step”是每次水力模拟的时间间隔，如总模拟时间设置为 24，水力模拟时间步长设置为 1，则表示每隔 1 h 进行一次水力模拟，一共进行 24 次水力模拟。设置完成后点击运行“Run”就可以进行延时模拟。

4）结果显示与分析

模拟完成后可以在浏览器的地图选项“Map”中选择节点或管段代表的参数，如节点压力、管段流速等，并且可以在管网地图中设置颜色阈值，这样可以较直观地在管网地图中观察某些参数的分布情况。可以在下面的时间轴中调整管网地图的呈现时刻，通过手动拖拽或自动播放的方式显示管网的变化情况。

在进行水力模拟之后，还可以对不同的水力指标进行观察和分析。EPANET 提供了表格和图表的方式帮助用户进行分析。在工具栏中选择表格工具“Table”，在“Type”中可以选择节点或管段、瞬时或延时选项；在“Columns”中可以选择想要显示的参数，并可以设置多个；在过滤器选项卡“Filters”中可以选择某些特定范围的数据。表格呈现的数据可以使用工具栏中的复制按钮“Copy”复制到剪切板中，方便后续制作报表。图 23.7 为表格选项和结果示例。

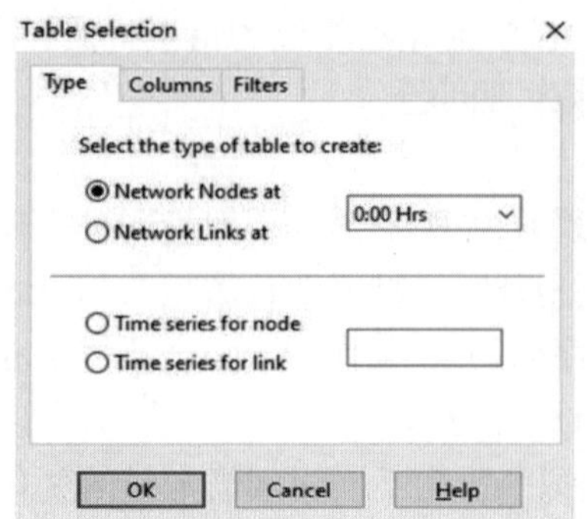

Network Table - Nodes at 0:00 Hrs

Node ID	Demand GPM	Head ft
Junc 10	0.00	295.81
Junc 15	620.00	137.13
Junc 20	0.00	158.00
Junc 35	1637.00	163.70
Junc 40	0.00	145.00
Junc 50	0.00	140.00

图 23.7　表格选项和结果示例

在工具栏的图表选项中，通过“Graph”可以生成图表。在图表选项（图 23.8）中，EPANET 内置了时间序列图、剖面线图、等值线图、频率图、系统流量图。一般需要用户设置图表类型、节点或管段的表征参数、时间段，不同类型的图表可以设置的参数数量不同，有些为单一变量，有些为多变量。在选择好需要的参数后，便可以生成相应的图表。在生成的图表上点击鼠标右键可以选择图形选项，在图形选项中可以对图表的外观进行设置，如背景颜色、轴标题、最大值、最小值等。

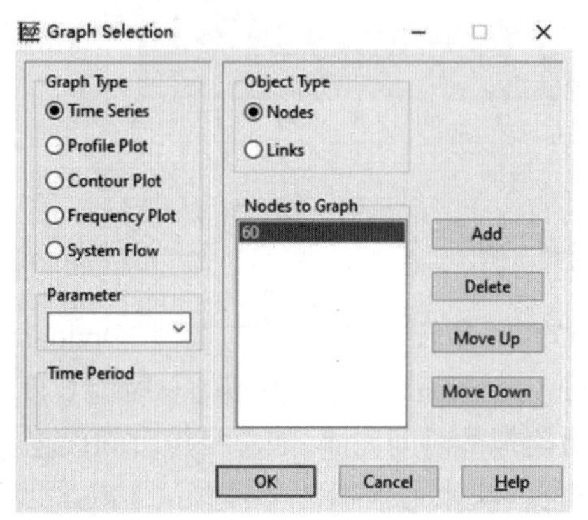

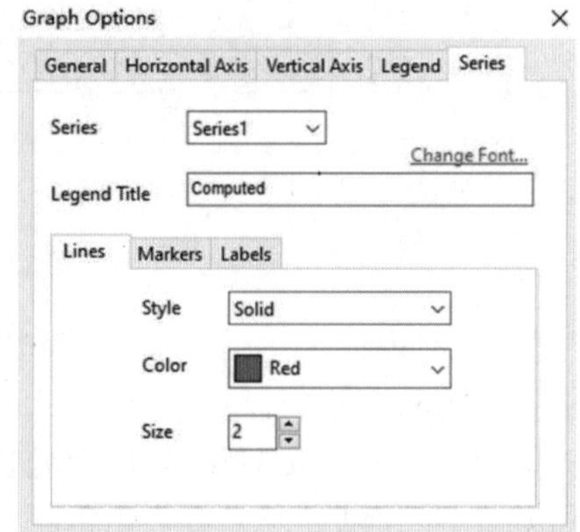

图 23.8　图表选项

3. 水质模拟功能

水质模拟主要用于研究化学物质或水龄在管网给水过程中的变化过程，所以一般使用延时模拟。EPANET 中规定了化学物质在管道中的迁移规则、混合规则和化学反应规则，用于模拟物质在管网中的迁移和反应。EPANET 水质求解器的控制方程组基于质量守恒原理和反应动力学，它描述了管道中的推流迁移、管道节点与蓄水设施中的混合，将它们表示成一组具有时变系数的微分方程组，根据初始条件、边界条件、水力条件求解物质的浓度，同时基于反应动力学制定了水体反应和管壁反应的规则。为了跟踪离散水体在管道中移动的变化和节点处固定时间步长下的混合，EPANET 使用了基于拉格朗日时间的方法。

在 EPANET 中进行水质模拟主要有以下几个步骤。

1）建立完整的管网拓扑结构，并设定好相关参数

水质模拟建立在水力模拟的基础上，与水力模拟相似，水质模拟也需要完整的管网拓扑

结构，并将相关参数设定好。但水质模拟需要选择想要模拟的内容，EPANET 中提供了三种水质模式，分别为化学物质、追踪、水龄。在浏览器的选项“Options”中选择水质选项“Quality”进行设置，参数“Parameter”一栏中的“Chemical”“Trace”“Age”分别代表化学物质、追踪、水龄三种水质模式。其中，化学物质选项对应的是余氯或其他污染物等化学物质在管网中的反应和迁移，需要设定浓度单位和反应级数，化学反应的相关内容在选项下的反应选项“Reactions”中调整，在反应选项中需要设置水体和管壁反应级数，同时规定反应的相关系数，不同的化学物质有不同的反应级数和相关系数。选择了化学物质模式后，应在水源处（水库或水池）对水质的初始值进行设置。图 23.9 为水质分析选项和反应选项。

Quality Options

Property	Value
Parameter	Chemical
Mass Units	mg/L
Relative Diffusivity	1.0
Trace Node	Lake
Quality Tolerance	0.01

Reactions Options

Property	Value
Bulk Reaction Order	1
Wall Reaction Order	First
Global Bulk Coeff.	0.0
Global Wall Coeff.	0.0
Limiting Concentration	0.0
Wall Coeff. Correlation	0.0

图 23.9　水质分析选项和反应选项

追踪选项“Trace”可以选择一个节点进行追踪，能够在管网中显示来自某个节点的水量在整个管网中的分布结果，设置时需要在“Trace Node”一栏中选定一个节点。水龄选项是为了研究水在管网中停留的时间。

2）延时模拟

在设定好水质模式和相关参数后就可以进行模拟运行了，由于水质模拟一般关注水质的变化情况，所以一般应使用延时模拟，应对某些参数事先设定好相应的模式“Patterns”。点击运行按钮“Run”就可以进行水质模拟。同样，若没有显示警告或报错信息，则表示运行成功，会显示“Run was successful”字样。

3）结果显示与分析

与水力模拟相似，水质模拟的参数也可以进行显示与分析。在浏览器的地图选项中选择节点或管段代表的水质指标，就可以在管网地图中呈现水质模拟结果，通过调整时间轴可以直观地观察到水质的变化过程。同样，水质分析也可以使用与水力分析相同的表格或图表进行分析，具体操作流程见水力模拟。

23.3.3　EPANET 模型示例

下面结合实际应用，以一个 EPANET 模型为示例介绍建模的过程，主要步骤如下。

1. 绘制管网

在 EPANET 中使用工具栏中不同组件的组合可以绘制管网，详见 23.3.2 中的原理与功能参数，若具备管网平面图或街道俯视图等，在绘制时可以在工具栏视图“View”下的衬图选项“Backdrop”中打开图片文件，当前版本支持“bmp”“emf”“wmf”格式的图片文件。加载后打开状态栏中的自动长度功能“Auto-Length”，沿衬图铺设管段和节点，可以在一定程度上提升管网绘制的效率。但应当注意，完成绘制后应核算模型中管段长度与实际管网资料中管长的对应情况。

倘若已经具备管网的 CAD 文件，则可以将 CAD 文件导出为 EPANET 支持的文件。具体方法是在 CAD 中使用“多段线”代表管段进行绘制，要注意每两个节点之间只能存在一条独立的多段线，一条多段线上不能出现两个以上节点。在绘制时可以将不同管径的管段设置为不同的图层，以便导入 EPANET 可以自动生成管径。绘制完成后使用 CAD 导出 dxf 格式的文件，并且使用格式转换软件 dxf2epa 对文件进行转换，首先选择导入文件和导出文件的文件名与文件目录，在选择图层选项中选择需要导出的图层，在导出设置中设置不同图层的管径，软件会根据 CAD 文件中的图层自动分配管径，也可以对管径进行自行调整，设置完成后导出 inp 文件，如图 23.10 所示。

选择文件 | 选择图层 | 导出设置

DXF中图层名称	管　径
0	0
DN200	200
DN300	300
DN400	400
DN500	500
DN600	600

设置容差：1　　导出INP文件(E)

图 23.10 “dxf”文件转成“inp”文件

导出的 inp 文件是 EPANET 中的管网文件“Network”，可以直接在 EPANET 中打开，打开后的管段管长、管径、组件编号都自动生成。其他组件如水库、水池、水泵、阀门等需要手动添加。CAD 管网导出 inp 文件的结果见【二维码 23-5】。

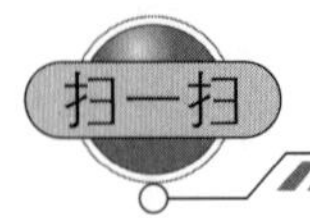

【二维码 23-5】

2. 设置参数

管网拓扑结构检查无误后进行参数的设置，由于管段的管长和管径已经自动生成，所以只需设置其他参数，如节点需水量、节点标高等。设置参数时在右侧浏览器“Data”一栏的节点选项“Junction”中选择相应编号的节点或直接用鼠标左键双击选择节点，在弹出的节点信息框中进行修改，如基本需水量“Base Demand”、标高“Elevation”，如图 23.11 所示。

Junction 28

Property	Value
*Junction ID	28
X-Coordinate	7993.58
Y-Coordinate	4996.03
Description	
Tag	
*Elevation	0
Base Demand	2.9526
Demand Pattern	
Demand Categories	1

图 23.11　节点信息框

在管网节点较多的情况下一次手动点击输入会消耗大量时间,所以可以使用导入导出的方式对参数进行设置。具体方法如下:首先在文件选项“File”中选择导出“Export”管网文件“Network”,将会生成当前工程文件的 inp 文件,再从保存目录中使用记事本等工具打开,就可以以文本形式显示当前管网的参数,将相应的部分复制到表格文件中,会自动排列行和列,用户可以根据实际情况将文本或表格形式的需水量数据填充替换掉原有的数据,并且再次复制到 inp 文件中,保存后在 EPANET 中打开 inp 文件,此时节点的基本需水量已经全部设置完成。同样的方法也可以用于设置其他组件的参数。图 23.12 所示为 inp 文件的部分内容。

```
文件(F)  编辑(E)  格式(O)  查看(V)  帮助(H)
[TITLE]
 Exported by Dxf2EPANET  CWS 2003-2008


[JUNCTIONS]
;ID              Elev      Demand            Pattern
1        0       2.9526                      ;
2        0       2.9526                      ;
3        0       2.9526                      ;
4        0       2.9526                      ;
5        0       2.9526                      ;
6        0       2.9526                      ;
7        0       2.9526                      ;
8        0       2.9526                      ;
9        0       2.9526                      ;
10       0       2.9526                      ;
11       0       35                          ;
12       0       2.9526                      ;
```

图 23.12　inp 文件的部分内容

不同的组件需要设置不同的参数,比如水泵需要设置水泵特性曲线“Curves”,延时模拟需要设置模式“Patterns”,水库需要设置水头“Total head”。图 23.13 所示为水泵特性曲线设置。

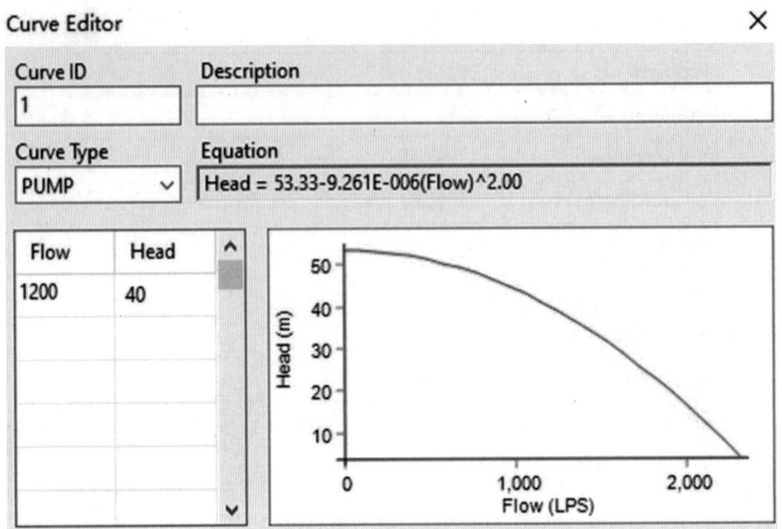

图 23.13　水泵特性曲线设置

3. 模拟运行

完成相关参数的设置后，在工具栏中点击运行按钮“Run”，当未显示警告或报错信息时，出现“Run was successful”字样，则代表运行成功，如图 23.14 所示。

Run Status

Run was successful.

OK

图 23.14　运行成功

4. 水力模拟分析

管网模型运行成功后，可以进行相应的水力分析，最常关注的指标是节点水压，因为这是供水管网能否正常供水的依据。首先观察整个管网的水压分布情况，在浏览器地图“Map”一栏的节点“Nodes”里选择水压“Pressure”，此时管网地图中出现了图例，用鼠标右键点击图例可以设置不同颜色的水压阈值，完成后可以较直观地观察管网压力分布状况。同时，可以拖动右侧浏览器的时间轴观察一段时间的管网水压变化情况。(【二维码 23-6】)

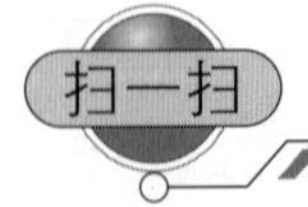

【二维码 23-6】

倘若需要具体的数值，则使用表格功能，在工具栏中点击表格按钮“Table”，选择某时刻或某时间段和节点编号，在“Columns”中勾选压力“Pressure”，便可以得到压力的具体数据，如图 23.15 所示。

Time Hours	Pressure m
0:00	30.60
1:00	33.58
2:00	34.42
3:00	34.96
4:00	30.85
5:00	43.81

图 23.15　某节点一段时间的变化情况

使用图表功能可以直观地呈现压力变化和分布情况,在工具栏中点击图表按钮“Graph”,选择需要的图表类型和节点并生成图表, EPANET 中内置了多种不同类型的图表,用户可以根据需要选择合适的类型。图 23.16 为某两个节点的压力变化折线图。

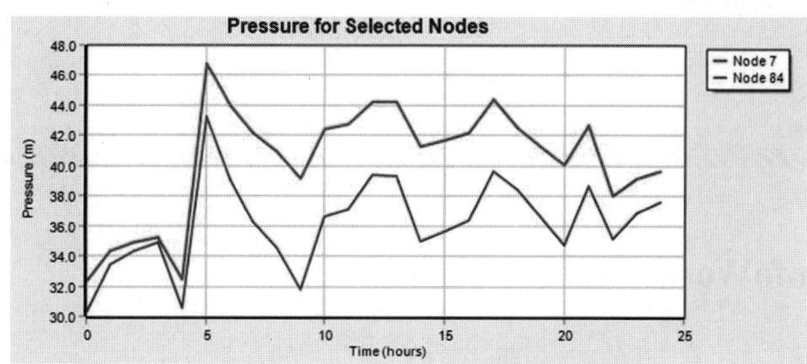

图 23.16　某两个节点由压力变化折线图

5. 水质模拟分析

进行水质模拟分析前,应先设置相关的水质分析参数,下面以余氯为例进行水质模拟。

首先在浏览器的“Data”下选择选项“Options”,再选择水质选项“Quality”,在参数“Parameter”一栏中选择化学物质“Chemical”,表示此时水质模式是某种化学物质,单位设置为“mg/L”。由于不同物质具有不同的特性,需要设置其反应级数等参数,在选项“Options”中选择反应“Reactions”,设置水体、管壁反应级数和反应的相关系数,如图 23.17 所示。

Reactions Options

Property	Value
Bulk Reaction Order	1
Wall Reaction Order	First
Global Bulk Coeff.	-0.45
Global Wall Coeff.	-0.5
Limiting Concentration	0
Wall Coeff. Correlation	0

图 23.17　反应级数和相关系数设置

设置完成后在水源处（水库）设置出厂的余氯浓度，打开水库的信息框，选择初始浓度"Initial Quality"，设置为合适的数值（示例设置为 0.35 mg/L）。

参数设置完成后，点击工具栏中的运行按钮"Run"，在设置无误的情况下显示"Run was successful"，表示运行成功。

结果显示与分析和水力模拟相似，在浏览器"Map"中的节点或管段选择化学物质"Chemical"，此时管网地图中显示的是余氯浓度。使用表格工具的过程与水力模拟相同，在"Columns"中选择"Chemical"即可。同样，也可以使用图表工具进行分析，由于化学物质在管网中有迁移和反应的过程，所以一般设置较长的模拟时间，本工程设置为 3 d，对节点或管段的余氯浓度生成图表，可以观察到其余氯浓度的变化情况。

水质模式中的水龄选项"Age"与化学物质的设置相似，但不需要设置与反应相关的参数，管网中会显示管段中水的水龄，单位是小时。而追踪模式"Trace"主要用于观察来自某个节点的水量的分配情况，需要设置追踪节点，在管网中表示所有管段的水量来自此节点的百分比。（【二维码 23-7】）

【二维码 23-7】

23.4 InfoWorks WS Pro

23.4.1 InfoWorks WS Pro 简介

HR Wallingford 集团公司始创于 1947 年，成立之初为英国政府的水力学研究站，1982 年从环境部私有化，1987 年成立了 Wallingford 软件公司，为集团公司的软件产品和系统提供开发服务。Wallingford 软件公司致力于为水工业开发世界领先的软件工具，并在全球建立销售和客户支援网络。其产品包括数据管理和网络模拟软件，适用于城市给排水系统、污水系统、河流治理和海岸工程方面的规划设计和即时调度。

InfoWorks 为 Wallingford 软件公司的标志性产品，包括 InfoWorks CS 雨水、污水收集系统水力水质模拟，InfoWorks WS 供水管网水力水质模拟，InfoWorks RS 河流系统水力水质模拟和 InfoNet 水力网络基础设施信息管理。

InfoWorks WS Pro 是 InfoWorks WS 的升级版本，采用具有图形分析功能的关系数据库，集水力模拟、GIS、模型管理和成果可视化表现、资产规划管理等功能于一体，提供了一个可以细致、精确、灵活地模拟供水管网系统的一体化工作环境。（【二维码 23-8】）

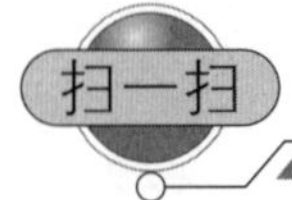

【二维码 23-8】

23.4.2　InfoWorks WS Pro 建模工具

InfoWorks WS Pro 创建主数据库后，通过数据接口将收集的各类数据导入，在各子库中添加数据，利用拓扑结构检查、网络简化与合并、用水量调整、推断缺失数据等建模工具，即可完成供水模型的建立。

1. 与外部数据的接口模块

InfoWorks WS Pro 的数据导入中心（图 23.18）包含背景图层接口、整体模型导入接口和实时数据导入接口。InfoWorks WS Pro 能够重复导入 GIS 平台数据和 shp 文件，直接读取 Geodatabase 数据库数据，将 GIS 的相关地理信息，如道路、河流、建筑等作为背景图层；内置的 ODIC 开放式数据接口可以更新主流 GIS 系统中的数据或者从 GIS 系统中导出的 shp 或其他通用格式文件；数据更新过程有清晰的数据流程控制，采用与 GIS 数据匹配的字典，利用匹配的字典库可以重复有控制的更新，将 GIS 中新增的或属性改变的对象更新到模型中，同时将 GIS 中已经删除的对象在模型中删除；能够直接导入 EPANET、Stoner 等其他模型软件的数据；具有与 AutoCAD、Excel、Access、SQL、Oracle 的接口；内置实时数据配置接口，用于链接实时数据文件。既可以输入模拟运行的控制数据（如阀门的开启状态、泵站的运行方案等作为模拟计算的输入条件），又可以导入校核数据，还可以对导入的数据进行分析和查看。对用户而言，可以按需要选取 SCADA 系统中任意时段的数据，导入 InfoWorks WS 用于模型计算和校核。

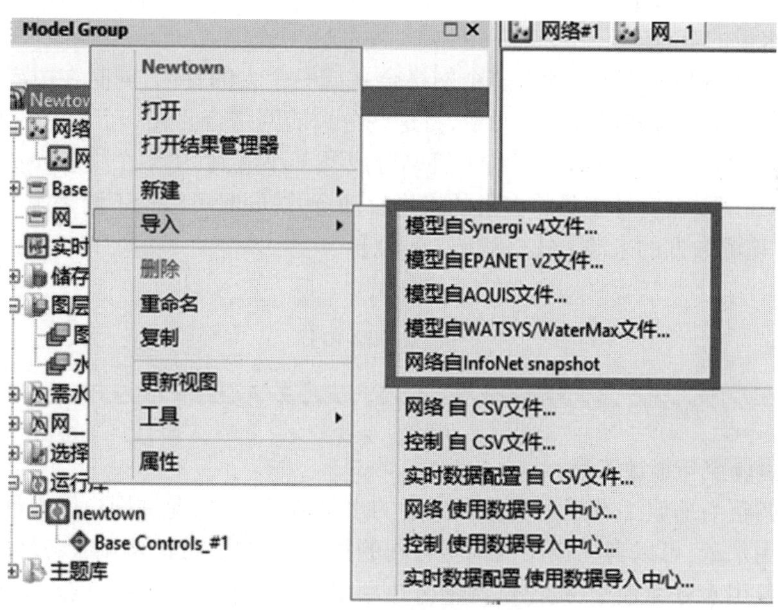

图 23.18　数据导入中心

InfoWorks WS Pro 的数据导出中心包含计算与查询结果输出接口、整体模型输出接口和视图输出接口（如 Google Earth、jpg、CAD 文件）。

2. 拓扑结构检查工具

连接性检查工具，查找并自动定位管网中孤立的节点、孤立的管线、孤立的分支管网，一且定位后就可以对照原始数据(如 GIS 背景图、CAD 背景图)批量删除或连接孤立的节点与管线,或手工处理孤立的分支管网的边界连接情况,当处理大量的管网拓扑结构时,往往能够大大节省建模人员的时间。

接近性检查工具,能够自动查询并定位非常接近的节点与管线,如某节点距离某管线只有 0.5 m,但却不在该管线上,这可能是由于输入时的手误,这种错误连接性检查工具是无法检查出来的,但它会影响管线的输水路径,造成与实际不符,因此可以用接近性检查工具自动批量查找并定位出来,然后结合相应的现场资料或经验进行修正。

管线隔离跟踪工具,能够查找出当选定的管线出现问题,如爆管或漏水时,应当关闭的阀门或管段,并确定出阀门关闭会影响的用户,出具相应的关阀报告。

QL 自定义查询工具,查找各种错误,包括重叠、哑铃形、缺少节点等任何管网中存在的数据问题。(【二维码 23-9】)

【二维码 23-9】

3. 网络简化与合并工具

InfoWorks WS Pro 管网简化器可以按照设定的规则对整个管网或选定的部分管网进行自动简化,包括分支管网的去除简化与短小管线的合并简化。分支管网的去除简化即某一管径以下的管网删除,同时不破坏连接性;短小管线的合并简化即合并为长管线,并选择是否保留有用水量的节点。

InfoWorks WS Pro 能够自动将多个网络合并成一个大的管网,同时在边界的地区将重合的管线或节点自动合并成唯一的对象,将这些分离的网络合并成一个整合的大管网,并确保不出现重复的对象。这样有利于将大管网分成几个小管网,由多个模型人员分别同时进行编辑,最终利用模型合并工具将多人的工作自动合并,同时可以给不同来源的数据设定数据标签,随时追溯数据的来源。(【二维码 23-10】)

【二维码 23-10】

4. 用水量调整与缩放工具

用水量调整与缩放工具是一个非常灵活的水量调整工具,允许用户以多种方式轻松调整管网中的用水量,可以自动按比例调整管网的整体用水量、按比例调整各转输节点水量、按比例调整各用水分类水量、按比例调整区块用水量,无须修改管网中的水量数据,增强了模型创建的灵活性,方便了用户的管网水量管理工作,提高了工作效率。图 23.19 为需水量缩放表。

Demand Scaling - 需水量缩放 Model: Newtown - New Estate (TUT) + Newtown Control Simple E...

Category	DMA35Dom (Factored Demand)			DMA40Dom (Factored Demand)			DMA45Dom (Factored Demand)			All Unspecified Categories		
Area Code	Model (m^3/hr)	Ratio	Actual (m^3/hr)	Model (m^3/hr)	Ratio	Actual (m^3/hr)	Model (m^3/hr)	Ratio	Actual (m^3/hr)	Model (m^3/hr)	Ratio	Actual (m^3/hr)
1	.000	1.000	.000	.000	1.000	.000	.021	1.000	.021	.000	1.000	.000
35	9.177	1.000	9.177	.000	1.000	.000	.042	1.000	.042	.000	1.000	.000
40	.021	1.000	.021	14.312	1.000	14.312	.000	1.000	.000	.000	1.000	.000
45	.021	1.000	.021	.000	1.000	.000	12.875	1.000	12.875	.000	1.000	.000
Unknown	.000	1.000	.000	.000	1.000	.000	.000	1.000	.000	.000	1.000	.000
Totals:	9.219	1.000	9.219	14.312	1.000	14.312	12.937	1.000	12.937	.000	1.000	.000

Show scaling by: Area　Category　Both
Add Category...　Remove Categories...
Show Leakage Loss　Show Direct Demand　Alternative Demand
Reload　Save
Enable Transfer Flow Scaling

图 23.19　需水量缩放表

5. 内置缺失数据推断工具

InfoWorks WS 同时内置了缺失数据推断工具,能够根据事先设定好的推断原则推断缺失的数据,保证在无法取得准确的管网资料的情况下,能够依据周围的数据情况自动推断出缺失的数据,确保数据的质量,同时给缺失的数据戴上数据标签(即设定颜色),以保证在得到准确的数据后能够替换掉推断的数据,同时帮助模型人员了解数据的质量。

6. 其他辅助工具

InfoWorks WS 提供了 20 种其他辅助工具,用于模型的建立和分析,如选择库、标注库、图层库、主题库等。

选择库:用于对管网中的任意关心对象进行选择,拖拽的方式方便共享和演示。

标注库:用于管理和存储对管网、运算结果等的各种标注,拖拽的方式方便共享和演示。

图层库:用于管理各种背景图层,包括 GIS 背景,设置显示属性等。

主题库:用于对建立的各种主题进行管理,拖拽的方式能轻松实现各种主题的显示和叠加。

23.4.3　InfoWorks WS Pro 应用功能

InfoWorks WS Pro 系统不仅提供了用以存储管网和调度控制数据的主数据库,还附带了相关的模块来导入、创建和编辑这些数据,将关系数据库、强大的水力引擎和空间分析工具相结合,集成管网资产管理和商务计划的需求,形成了一个完整的模型管理解决方案。用户可以使用 InfoWorks WS Pro 模拟管网在各种情况下的工况,并利用丰富的图表工具协助分析模拟结果。该系统包含水力计算模块、爆管评估模块、分区模拟模块、漏损定位模块、水质计算模块、运行优化模块等。

通过软件的多模块组合计算, InfoWorks WS Pro 可以实现多场景应用。InfoWorks WS Pro 能够应用于设计部门。例如,进行供水管网总体规划设计和投资效益优化分析,评估管网状况等。具体可以对管网状态进行分析,对新建、改建、扩建方案进行模拟,在满足水力条件的前提下比较各个方案的经济性,优化投资;如需要新增减压阀、控制阀、增压泵站等,从水力学的角度提供设置位置的方案,并可以分析运行方式,辅助选型;分析管网现状,明确管网存在的问题和缺陷,如找出低压区,模拟分析,得出解决方案等;模拟管网运行数据,与实测值进行比较分析，找出管网中可能存在的问题，比如实际阀门可能由于各种原因半关或全关，而档案记录中却没有等；对压力过低、流速过高或过低的节点、管道进行报警设置，为调度或管网改造提供依据。

InfoWorks WS Pro 能够应用于管网运营部门。例如，进行压力、漏损管理，管网工况分析，预警分析等。具体可以通过模型进行压力管理和管网分区管理，减少动力支出，评估区域漏损，辅助漏损控制；模拟不同用水工况，如最高时、平均时、事故时、消防时管网水力状况的变化，评估现行运行方式是否满足管网需求；模拟分析供水管网系统在不同工况下的风险区域，动态显示危险管段（流速过高或过低、压力过高区域等）和供水低压区域，为管网改造和降低风险提供依据。

InfoWorks WS Pro 能够应用于管网调度部门。例如，制定辅助调度和工程关阀预案，制订管网水质管理、管网养护计划等。具体可以比较调度预案的关键点的压力、流速、水损、费用等，帮助调度人员积累经验；逐步确定白天、夜晚、工作日、节假日、不同季节等不同用水量调度模式；进行爆管、阀门事故、停电应急调度等；评估大口径阀门启闭所造成的水锤威胁；模拟阀门启闭的不同顺序引起水流返流冲刷管垢的次数，从而得出引起返流数最小的方案，避免潜在的水质和水锤威胁；分析管网的水龄和余氯，对水龄较大、余氯不达标的区域进行管网改造，降低水质风险；模拟水质污染事故，动态显示管网污染物质的扩散范围，计算扩散时间和扩散浓度，统计受影响范围，并帮助查找污染源，给出应急处理预案；为排水口设置、管网排放冲洗或管网改造方案提供依据；录入管网的物理属性信息，如管材、管龄、管径、地理位置（如过河管等）、道路情况（繁忙 / 重卡 / 集装箱 / 土壤类型）、服务对象（学校、医院或用水量较大、停水影响大的企业，如电厂、石化企业等）；录入管网的运行属性权重，如爆管次数、漏损次数、修复次数、用户投诉次数等；对根据静态数据得出的管道进行水力计算，评估每根管道爆管对周围管网的影响。

1. 工作组式数据管理

InfoWorks WS Pro 采用中央数据库、工作组分类的方式，管理模型和与模型相关的所有数据，确保数据的共享，避免一次模拟需要一个数据库所带来的不便。各时期的管网、模拟方案和相关的数据、分析工具均存储在中央数据库中，按照管网、水量、控制、实时数据、运行库等子库的形式分类管理。（【二维码 23-11】）

【二维码 23-11】

2. 子库分类管理

模型运行或分析的相关数据均采用子库的形式管理，并且可以重复使用，如管网库、用水量曲线库、控制库、统计查询库、图层库、主题库、调度方案库、工作空间库等。每个子库都可以新增、派生，每个方案的任何数据编辑均可以在同一数据中完成，采用增量存储方式。

3. 管网设施分层管理

管网设施，如节点、阀门、水库、管道、消火栓、水表等分层管理，并可对每类设施进行显示设置，如显示与否、显示颜色、线型、显示比例、标注与否等。

4. 水力计算模块

lnfoWorks WS 使用了 WesNet 引擎的加强版，能够仿真模拟输水管网和管网中的各种设施，包括泵、阀、水库等以及其各种灵活的运行方式；能够模拟管网中的各类设施，包括定速泵、变频泵、水池、各种调流和调压阀门等；能够模拟泵、阀等设施的多种调度方式，包括按时间、按目标点压力、按目标管段流量等来调节泵、阀的启闭。动态水力计算结果应当包括但不局限于压力、最大压力、最小压力、平均压力、流量、流速、流向、最大流速、最小流速、水损、每米水损、流向改变次数等。

该模块可以实现管网模拟分析功能、管网事故分析功能、管网规划设计功能、预案分析功能和预警功能。

管网模拟分析功能指 InfoWorks WS Pro 既可以进行静态仿真模拟，又可以根据用户自定义的时间间隔进行动态仿真模拟，分析管网的用水量时变化模式，掌握管网中的流量、流速、水损、水力坡降等各种状态，连接 SCADA 系统进行数据比较。模拟结果可以采用主题图、曲线、表格、动画动态标注等方式查看。(【二维码 23-12】)

【二维码 23-12】

管网事故分析功能指 InfoWorks WS Pro 能够在事故发生之前模拟各种可能潜在的事故(如水泵检修停运、水泵突然发生故障停运、闸或阀门突然无法启闭、各种预想的事故等)，分析事故对用户的影响，同时制定相应的应急措施，让调度人员、管理人员在发生事故之前获得处理问题的经验，提高快速反应和应急处理的能力。通过工作空间库可以自定义显示各种应急预案并进行管理，需要时可非常便捷、快速地查看分析结果。

管网规划设计功能指 InfoWork WS Pro 能够通过设置不同的用水量分配方式、管线位置、管径大小、泵站运行方式、阀门调度等生成不同的管网设计方案，从压力控制点和关键点的压力、各管道的流量和流速等方面进行比较评估，在满足管网供水安全的基础上计算不同方案的管网造价和运行能耗费用，辅助规划人员决策；能够进行新供水系统的设计和新水厂、水库、增压泵站的安排；能够对现有系统进行改建、扩建设计；能够根据对用户用水量的近期、中长期预测与规划确定各种用水模式，评估系统在各个时期的运行状况和输水能力、空间，从而能够从整体上及时进行水量的宏观调配。

预案分析功能指 InfoWorks WS Pro 能够通过对各种工况进行模拟形成预案，在可用工作空间库中进行各种预案对比，统计分析预案中水泵的运行工况曲线，查看其是否运行在高效区、各泵站的进出水总量、各水厂的用水总量等情况。

预警功能指 InfoWorks WS Pro 能够对管网中的低压区、高压区，低流速、长水龄的区域进行高亮预警显示，并提供多种分析工具，帮助用户发现并分析原因，模拟不同解决方案或缓解方案。

5. 爆管分析模块

InfoWorks WS Pro 的爆管分析模块能够自动考虑水力条件，分析并确定相应的关阀方案，提供相应的爆管关阀报告，报告内容包括关闭的阀门、关闭的管线和爆管影响的区域。同时，爆管分析模块能够自动评估如果发生爆管,关闭阀门后造成管网中压力降低的程度或供水量减少的程度,并给出评估报表。自来水公司可以预先假设爆管点,用模型去模拟分析,确定关阀方案,并评估影响范围,结合考虑修复时间,提前制定应急预案。(【二维码 23-13】)

【二维码 23-13】

6. 分区模拟模块

InfoWorks WS Pro 的 DMA 分区管理工具可以帮助用户查找分区边界,防止出现阀门漏关或水表、流量仪漏装造成分区不严密的情况,还可以评估关阀对用户用水的影响,提供分区关阀依据。DMA 分区确定后, InfoWorks WS Pro 能够对管网进行分区计算,与进行正常的模拟计算相同,无须对管网进行切割处理。自来水公司可对每个管理分区进行模拟计算,进而可以进行更细致的分析和评估。

7. 漏损定位模块

InfoWorks WS Pro 通过分析监测值与模拟值的差别,提供漏损点试算分析工具,逐步缩小漏损范围,确定漏损区域。这样可以为自来水公司提供一种测试区域压力的方式来辅助漏损的定位,提高检漏的效率。InfoWorks WS Pro 还能够通过用水量区域分析器(DAA)来估量城镇特定区域的漏损水量。简而言之,即通过集中对营业收费系统的用户用水量数据与 SCADA 系统、相似的监测系统实际监测得到的用水量低峰时期的实际流量和压力数据的分析计算,根据分配和指定的节点流量,利用内嵌的 DMA 分析计算原则,计算出各区块的未曲线化水量和漏损水量。供水管网各区块的水量平衡分析和整个管网的流量平衡分析实现了管网中的产销差平衡,为供水管网的水力模拟提供了更详尽和精确的用水量信息。(【二维码 23-14】)

【二维码 23-14】

8. 水质计算模块

InfoWorks WS Pro 将水质模型与水力仿真完全集成,能够对所有节点和管道的守恒和非守恒物质进行迁移、扩散、转化等浓度变化计算,模拟污染物的扩散,制定应急预案,并辅助追查污染源;能够对管网水龄和水源流径进行分析,方便查找水龄较长、流速较低的区域,帮助业主制定应对方案(改变管网拓扑或者定期冲洗、排放);能够模拟不同水厂的供水范围,为水厂供水范围的调整提供依据(尽可能让综合制水单价低的水厂多供水)。用户可以在实时条件下创建各种复合状况,比如重金属或其他各种危险物质所带来的污染。水质仿真结果可用主题图、图表或数字表格显示出来,可以多点比较、二维和三维显示、动态数据图文显示等多种方式呈现。(【二维码 23-15】)

【二维码 23-15】

9. 能耗优化模块

InfoWorks WS Pro 能够模拟在满足用水量的约束条件下，考虑水泵的可用状态、运行特性，阀门调度设施的运行特性并结合电价要求，运用搭载的优化算法，以能耗成本为目标函数，得到能耗成本优化方案。优化原则：在时间上，选择在电价低谷启用水泵，在电价高峰利用水池调蓄容积供水；在空间上，启用单位能耗较低的泵站 / 水厂输送更多水量；对单座泵站，更多地启用单位能耗较低的水泵组合；将管网压力维持在合理水平，避免富余过多压力等。

能耗优化模块分为 Cost Management 和 BalanceNet，都能够自动计算得到选定水泵和阀门的调度指令时间序列。Cost Management 适用于离线调度方案的确定，可以得到满足近远期要求的水泵组合，制定能耗最优的典型工况调度预案。BalanceNet 适用于实时在线优化，以简化模型计算结果作为方案评估依据，计算速度快。

参考文献

第 1 篇

[1] 许仕荣，张朝升，韩德宏. 泵与泵站 [M].6 版. 北京：中国建筑工业出版社，2016.

[2] 张福先，董志华.《室外给水设计标准》GB 50013—2018 解读 [M]. 北京：中国建筑工业出版社，2020.

[3] 中华人民共和国住房和城乡建设部. 室外给水设计标准：GB 50013—2018[S]. 北京：中国计划出版社，2019.

[4] 中华人民共和国住房和城乡建设部. 泵站设计规范：GB 50265—2010[S]. 北京：中国计划出版社，2011.

[5] 上海市政工程设计研究总院（集团）有限公司. 给水排水设计手册：第 3 册 城镇给水 [M]. 北京：中国建筑工业出版社，2016.

[6] 中国市政工程西北设计研究院有限公司. 给水排水设计手册：第 11 册 常用设备 [M]. 北京：中国建筑工业出版社，2014.

[7] A brief history of pumps[J]. World pumps，2009，2009（508）：30-32，34，36-37.

[8] 严煦世，刘遂庆. 给水排水管道系统 [M].3 版. 北京：中国建筑工业出版社，2014.

[9] 冯卫民，于永梅. 水泵及水泵站 [M]. 北京：中国水利水电出版社，2016.

[10] 中华人民共和国住房和城乡建设部. 室外排水设计标准：GB 50014—2021[S]. 北京：中国计划出版社，2021.

[11] 住房和城乡建设部城市建设司. 海绵城市建设技术指南：低影响开发雨水系统构建（试行）[M]. 北京：中国建筑工业出版社，2015.

[12] 中华人民共和国住房和城乡建设部. 城市排水工程规划规范：GB 50318—2017[S]. 北京：中国建筑工业出版社，2017.

第 2 篇

[1] 朱向东，胡川晋.《建筑设计防火规范》图解 [M]. 北京：机械工业出版社，2015.

[2] 中华人民共和国住房和城乡建设部. 建筑给水排水设计标准：GB 50015—2019[S]. 北京：中国计划出版社，2019.

[3] 中华人民共和国住房和城乡建设部. 建筑设计防火规范：GB 50016—2014[S]. 北京：中国计划出版社，2015.

[4] 中华人民共和国住房和城乡建设部. 城市污水再生利用　城市杂用水水质：GB/T 18920—2020[S]. 北京：中国标准出版社，2020.

[5] 中华人民共和国建设部. 饮用净水水质标准：CJ 94—2005[S]. 北京：中国标准出版社，2005.

[6] 中华人民共和国建设部. 生活饮用水水源水质标准：CJ 3020—1993[S]. 北京：中国标准出版社，1994.

[7] 国家环境保护总局. 地表水环境质量标准：GB 3838—2002[S]. 北京：中国标准出版社，

2002.
[8] 中华人民共和国卫生部. 生活饮用水卫生标准：GB 5749—2006[S]. 北京：中国标准出版社，2007.
[9] 中华人民共和国住房和城乡建设部. 室外排水设计标准：GB 50014—2021[S]. 北京：中国计划出版社，2021.
[10] 中华人民共和国住房和城乡建设部. 消防给水及消火栓系统技术规范：GB 50974—2014[S]. 北京：中国计划出版社，2014.
[11] 中华人民共和国住房和城乡建设部. 室外给水设计标准：GB 50013—2018[S]. 北京：中国计划出版社，2019.
[12] 杜海涛. H 市供水管网运行监测系统构建与应用研究 [D]. 合肥：安徽建筑大学，2017.
[13] 中华人民共和国水利部. 城市综合用水量标准：SL 367—2006[S].
[14] 韩亦方. 半个世纪的梦想：南水北调规划的研究历程 [J]. 南水北调与水利科技，2003（S1）：10-13，49.
[15] 田海涛，裴永刚. 北京市农村供水小时变化情况分析 [J]. 北京水务，2016（5）：37-40.
[16] 姚远. 典型小城镇生活用水特性研究及生活用水量预测 [D]. 重庆：重庆大学，2006.
[17] 周晶. 多泵站配水管网分时分级供水研究 [D]. 沈阳：沈阳建筑大学，2011.
[18] 严煦世，刘遂庆. 给水排水管道系统 [M].2 版. 北京：中国建筑工业出版社，2008.
[19] 潘胜. 贵州省镇宁县农村供水时变化系数测定分析 [J]. 江西建材，2015（4）：107.
[20] 邱银锋，吴志恒，叶成林，等. 基于逐时用水量曲线确定二级泵站供水曲线的方法 [J]. 净水技术，2016，35（6）：71-74.
[21] 边际. 集镇用水量时变化系数的测定 [J]. 吉林水利，1994（1）：34-35.
[22] 万小侠，王彦荣. 交联聚乙烯管国内外发展概况 [J]. 合成树脂及塑料，2011，28（1）：71-75.
[23] 裴忠文，杨旭东. 居民用水时变化系数与管网漏失率方程的研究 [C]//第九届中国城镇水务发展国际研讨会论文集. 南宁：中国城市科学研究会，中国城镇供水排水协会，2014：3.
[24] 王儒涛. 辽阳市城区供水规律分析 [J]. 吉林水利，2018（4）：48-50.
[25] 周克梅，窦建军，姜伟. 南京市二次增压供水方式的合理选择 [J]. 中国给水排水，2007（2）：86-91.
[26] 赵慧仙. 南水北调东线穿黄探洞工程通过验收 [J]. 水力发电，2012，38（8）：9.
[27] 朱正伟，徐青，唐鸿儒. 南水北调东线工程泵站自动化系统设计关键技术 [J]. 南水北调与水利科技，2011，9（3）：10-12，42.
[28] 姜永生. 南水北调东线工程环境影响及对策 [M]. 合肥：安徽科学技术出版社，2012.
[29] 长江年鉴编纂委员会. 长江年鉴 2002[M]. 武汉：长江年鉴社，2002.
[30] 叶建辉. 天津市城市需水供水分析研究 [D]. 天津：天津大学，2016.
[31] 柳景青. 调度时用水量预测的系统理论方法及应用研究 [D]. 杭州：浙江大学，2005.
[32] 柳景青. 用水量时间观测序列中的分形和混沌特性 [J]. 浙江大学学报（理学版），2004（2）：236-240.
[33] 国务院南水北调工程建设委员会办公室建设管理司. 预应力钢筒混凝土管（PCCP）工

程 [M]. 北京：中国水利水电出版社，2012.

[34] 于巍然. 中国金属学会铸铁管委员会铸态球墨铸铁管技术交流会在苏州召开 [J]. 城镇供水，1997(2)：44.

第 3 篇

[1] 中华人民共和国住房和城乡建设部. 室外排水设计标准：GB 50014—2021[S]. 北京：中国计划出版社，2021.

[2] 北京市市政工程设计研究总院有限公司. 给水排水设计手册：第 5 册 城镇排水 [M].3 版. 北京：中国建筑工业出版社，2017.

[3] 严煦世，刘遂庆. 给水排水管道系统 [M].3 版. 北京：中国建筑工业出版社，2014.

[4] 季民，黎荣，刘洪波，等. 城市雨水控制工程与资源化利用 [M]. 北京：化学工业出版社，2017.

[5] 李树平，刘遂庆. 城市排水管渠系统 [M]. 2 版. 北京：中国建筑工业出版社，2016.

[6] 全国勘察设计注册工程师公用设备专业管理委员会秘书处. 全国勘察设计注册公用设备工程师给水排水专业执业资格考试教材：第 2 册 排水工程 [M].3 版. 北京：中国建筑工业出版社，2019.

[7] 中华人民共和国住房和城乡建设部. 污水排入城镇下水道水质标准：GB/T 31962—2015[S]. 北京：中国标准出版社，2016.

[8] 国家环境保护总局. 污水综合排放标准：GB 8978—1996 [S]. 北京：中国标准出版社，1996.

[9] 马耀平，郭平侠，朱文涛. 多个重现期雨水管渠系统的设计 [J]. 城市道桥与防洪，2011(11)：81-84，151.

[10] 韩忠峰. 城市湖泊的作用及整治工程的环境影响 [J]. 环境，2006(S1)：12-13.

[11] 袁海江. 河道工程建设与管理思考 [J]. 建设科技，2017(20)：130.

[12] 高珊珊，赵雷，刘继. 塑料排水管材中的材料选择与研究 [J]. 塑料工业，2018，46(11)：111-114.

[13] 吴皓辉. 城市合流制截污管网溢流污水防控技术分析 [J]. 绿色环保建材，2019(11)：73，76.

[14] 杨正，赵杨，车伍，等. 典型发达国家合流制溢流控制的分析与比较 [J/OL]. 中国给水排水，2020，36(14)：1-16[2020-08-18]. http://kns.cnki.net/kcms/detail/12.1073.tu.20200525.1340.002.html.

[15] 邢玉坤，曹秀芹，柳婷，等. 我国城市排水系统现状、问题与发展建议 [J]. 中国给水排水，2020，36(10)：19-23.

[16] 赵杨，车伍，杨正. 中国城市合流制及相关排水系统的主要特征分析 [J/OL]. 中国给水排水，2020，36(14)：1-21[2020-08-18]. http://kns.cnki.net/kcms/detail/12.1073.TU.20200602.1335.002.html.

[17] 闫攀，赵杨，车伍，等. 中国城市合流制溢流控制的系统衔接关系剖析 [J/OL]. 中国给水排水，2020，36(14)：1-16[2020-08-18]. http://kns.cnki.net/kcms/detail/12.1073.TU.20200612.1210.002.html.

[18] 中国建筑标准设计研究院. 市政排水管道工程及附属设施 [M]. 北京：中国计划出版社，2007.

第 4 篇

[1] 路浩东，叶雯. 建筑信息模型（BIM）概论 [M]. 重庆：重庆大学出版社，2017.

[2] 鲍学英. BIM 基础及实践教程 [M]. 北京：化学工业出版社，2016.

[3] 朱溢镕，焦明明. BIM 概论及 Revit 精讲 [M]. 北京：化学工业出版社，2018.

[4] 杨海涛. 智慧水务 BIM 应用实践 [M]. 上海：同济大学出版社，2019.

[5] 米向荣，侯铁. 智慧管廊全生命周期 BIM 应用指南 [M]. 北京：中国建筑工业出版社，2018.

[6] 王光炎，吴琳. BIM 建模及应用基础 [M]. 北京：北京理工大学出版社，2017.

[7] 赵雪锋，刘占省. BIM 基本理论 [M]. 北京：机械工业出版社，2018.

[8] 蒋力俭，张吕伟. 中国市政设计行业 BIM 指南 [M]. 北京：中国建筑工业出版社，2017.

[9] 中华人民共和国住房和城乡建设部. 建筑信息模型应用统一标准：GB/T 51212—2016 [S]. 北京：中国建筑工业出版社，2017.

[10] 张乐. BIM（建筑信息模型）标准研究综述 [J]. 装饰装修天地，2020（7）：130.

[11] 周翠. BIM 技术应用现状与发展概述 [J]. 建筑技术，2018，49（S2）：40-43.

[12] 冯大阔，肖绪文，焦安亮，等. 我国 BIM 推进现状与发展趋势探析 [J]. 施工技术，2019，48（12）：4-7.

[13] 王佳媛. BIM 技术在给水泵站工程全生命周期中的应用研究 [D]. 青岛：青岛理工大学，2017.

[14] 马军，张石磊，王莎莎. 基于 BIM 和 GIS 技术在管廊全生命周期的应用 [J]. 智能建筑与智慧城市，2018（12）：47-49.

[15] 肖春红，ACAA 教育. Autodesk Revit 2019 中文版实操实练 [M]. 北京：电子工业出版社，2019.

[16] 刘新月，王芳，张虎伟. Autodesk Revit 土建应用项目教程 [M]. 北京：北京理工大学出版社，2018.

[17] 中华人民共和国住房和城乡建设部. 关于印发《海绵城市建设技术指南——低影响开发雨水系统构建（试行）》的通知（建城函〔2014〕275 号）[Z]. 2014-10-22.

[18] 车伍，赵杨，李俊奇，等. 海绵城市建设指南解读之基本概念与综合目标 [J]. 中国给水排水，2015（8）：1-5.

[19] 王建龙，王明宇，车伍，等. 低影响开发雨水系统构建关键问题探讨 [J]. 中国给水排水，2015，31（22）：6-12.

[20] 王通，蔡玲. 低影响开发与绿色基础设施的理论辨析 [J]. 规划师，2015，31（S1）：323-326.

[21] 贾海峰，姚海蓉，唐颖，等. 城市降雨径流控制 LID BMPs 规划方法及案例 [J]. 水科学进展，2014，25（2）：260-267.

[22] DAMODARAM C，GIACOMONI M H，PRAKASH KHEDUN C，et al. Simulation of combined best management practices and low impact development for sustainable stormwater management[J]. Journal of the American Water Resources Association，2010，46（5）：970-918.

[23] 樊华，吴雅芳. 城市降雨径流污染及其控制管理的研究进展 [J]. 江西化工，2007（1）：

14-17.
[24] 李立青，尹澄清，何庆慈，等. 城市降水径流的污染来源与排放特征研究进展 [J]. 水科学进展，2006，17(2)：288-294.
[25] 李浩. 城镇化率首次超过 50% 的国际现象观察 [J]. 城市规划学刊，2013(1)：43-50.
[26] 王浩. 中国水资源问题及其科学应对 [EB/OL]. [2011-09-21]. http://zt.cast.org.cn/n435777/n435799/n13215955/n13216711/13324916.html.
[27] 龚子同. 中国水问题的出路 [J]. 地球科学进展，1998，2(13)：113-117.
[28] 候玉栋，李树平，周巍巍，等. 城市内涝现状分析与应对措施探讨 [C]//《中国给水排水》杂志社第九届年会论文集. 2012：185-188.
[29] 俞孔坚. 让雨洪不是灾害，而成福音 [J]. 新湘评论，2012，(18)：38-39.
[30] 2012 中国水资源公报 [EB/OL]. [2013-12-15]. http://www.mwr.gov.cn/zwzc/hygb/szygb/qgszygb/201405/t20140513_560838.html.
[31] 2011 中国水资源公报 [EB/OL]. [2012-12-17]. http://www.mwr.gov.cn/zwzc/hygb/szygb/qgszygb/201212/t20121217_335297.html.
[32] 张雪娇. 我国水环境治理中引入海绵城市理念方法的引用研究 [J]. 价值工程，2020，39(9)：32-33.
[33] 俞孔坚，李迪华，段铁武. 生物多样性保护的景观规划途径 [J]. 生物多样性，1998(3)：3-5.
[34] WENGER S. A review of the scientific literature on riparian buffer width, extent and vegetation[M]. Georgia：University of Georgia Press，1999.
[35] 吴庆洲. 论北京暴雨洪灾与城市防涝 [J]. 中国名城，2012(10)：4-13.
[36] 俞孔坚，张蕾. 黄泛平原古城镇洪涝经验及其适应性景观 [J]. 城市规划学刊，2007(5)：85-91.
[37] 杨阳，林广思. 海绵城市概念与思想 [J]. 南方建筑，2015(3)：59-64.
[38] 仇保兴. 海绵城市(LID)的内涵、途径与展望 [J]. 给水排水建设科技，2015(3)：1-7.
[39] 崔晓春，张元广，谢兴龙，等. 雨水综合回收利用技术助力海绵城市建设 [J]. 低碳世界，2018(10)：178-179.
[40] 杨建中. 浅谈城市雨水综合利用 [J]. 中国新技术新产品，2015(16)：149.
[41] 张辰. 植草沟对雨水径流量及径流污染控制研究 [D]. 武汉：华中科技大学，2019.
[42] 王怀鋆. 城市内涝灾害成因分析及其防治对策 [J]. 南方农机，2019，50(24)：235.
[43] AMEC Environment and Infrastructure. Green infrastructure stormwater management practices for small commercial development：city of Atlanta stormwater guidelines[R]. 2014.
[44] 中华人民共和国住房和城乡建设部. 室外排水设计标准：GB 50014—2021[S]. 北京：中国计划出版社，2021.
[45] 王瑞雯. 城市雨水管渠系统计算方法及优化设计研究 [D]. 合肥：合肥工业大学，2018.
[46] 孙亮. 城市河道水环境综合整治方式研究 [J]. 中国设备工程，2019(19)：220-221.
[47] 北京市市政工程设计研究总院有限公司. 给水排水设计手册：第 5 册 城镇排水 [M].3 版. 北京：中国建筑工业出版社，2017.
[48] 王焕梅. 基于"海绵城市"理念的城市园林绿地建设 [J]. 绿色环保建材，2020(1)：249-

250.

[49] 杜垚,李增玉,文韬,等.玉溪东风广场雨水收集系统的设计与施工[J].中国给水排水,2019,35(12):77-80.

[50] 胡龙,戴晓虎,唐建国.深层排水调蓄隧道系统关键技术问题分析[J].中国给水排水,2018,34(8):17-21.

[51] 钟素娟,刘德明,许静菊,等.国外雨水综合利用先进理念和技术[J].福建建设科技,2014(2):77-79.

[52] 吕华薇,董志国.绿色市政道路中的雨水利用技术[J].给水排水,2012(S1):183-187.

[53] WANG J,CHE W,LI J,et al. Green building on the basis of low impact development theory and practices[C]// 2011 International Conference on Electric Technology and Civil Engineering,Lushan,China,2011.

[54] THORN B, CARRANO A, WOOD C, et al. Design, development, and deployment of low impact solar ovens for impoverished populations[C]// 2006 IIE Annual Conference and Exposition,Orlando,FL,United States,2006.

[55] SUN J, SHI K. Rain water utilization in urban design: a case study of the street natural drainage program in Seattle America[C]// 2nd International Conference on Civil Engineering and Building Materials. Hong Kong,China,2012.

[56] 李俊奇,刘洋,车伍,等.城市雨水减排管制与经济激励政策的思考[J].中国给水排水,2010(20):28-33.

[57] DOERFLER U, SCHEUNERT I. S-triazine herbicides in rainwater with special reference to the situation in Germany[J]. Chemosphere,1997,35(1-2):77-85.

[58] 李中锋,李丹颖,王志强.德国的水资源管理与技术创新[J].中国水利,2009(23):62-64.

[59] KRAEMER R A, PIOTROWSKI R. Financing urban rainwater management in Germany[J]. European water pollution control,1995,5(4):48-58.

[60] 李俊奇,刘洋,车伍.发达国家雨水管理机制及政策[J].城乡建设,2011(8):75-76.

[61] 张莉霞.日本绞尽脑汁节水[J].资源节约与环保,2005(3):36.

[62] 廖朝轩,高爱国,黄恩浩.国外雨水管理对我国海绵城市建设的启示[J].水资源保护,2016,32(1):42-45,50.

[63] WILBANKS T J , SATHAYE J . Integrating mitigation and adaptation as responses to climate change: a synthesis[J]. Mitigation and adaptation strategies for global change, 2007, 12(5):957-962.

[64] 谭琪,丁芹.低影响开发技术理论综述及研究进展[J].中国园艺文摘,2014(3):54-56,94.

[65] 王文亮,李俊奇,车伍,等.城市低影响开发雨水控制利用系统设计方法研究[J].中国给水排水,2014,30(24):12-15.

[66] 彭佳佳.海绵城市背景下居住区景观规划设计研究[D].北京:北方工业大学,2018.

[67] 陈盛达,李树平,姜晓东.绿色屋顶维护与管理[J].环境科学与管理,2016,41(7):81-84.

[69] 邓卓. 基于 LID 理念下的居住区景观设计研究 [D]. 长沙：中南林业科技大学 ,2017.

[69] 余进. 基于低影响开发理念的重庆市居住区雨水花园设计探讨 [D]. 成都：四川农业大学，2016.

[70] 俞孔坚，李迪华，袁弘，等. "海绵城市" 理论与实践 [J]. 城市规划，2015，39(6)：26-36.

[71] 托马斯·M. 沃斯基. 高级供水系统建模与管理 [M]. 北京：中国水利水电出版社，2016.

[72] BRKIĆ D，PRAKS P. Short overview of early developments of the hardy cross type methods for computation of flow distribution in pipe networks[J]. Applied sciences，2019.

[73] LEWIS A. EPANET2 users manual. www.epa.gov/nrmrl/wswrd/dw/epanet/EN 2manual，2002-09.

[74] 李树平. 同济大学环境科学与工程学院给水排水管道课题组 EPANETH2[EB/OL]. http://www.waternetwork.cn/Data/List/rjxz-z，2009-07.

[75] HR WALLINGFORD. InfoWorks WS Pro[EB/OL]. http://www.hrwallingford.com.cn/software/infoworks-ws-pro，2020-09.

[76] 斯图尔特·汉密尔顿，罗尼·麦肯齐. 供水管理与漏损控制 [M]. 北京：中国建筑工业出版社，2017.

附 录

附录 1 排水管道水力计算图

【二维码 FL-1】

附录 2 暴雨强度公式的编制方法

【二维码 FL-2】

附录 3 我国部分城市暴雨强度公式

【二维码 FL-3】